다윈의 위험한 생각

DARWIN'S DANGEROUS IDEA

다윈의 위험한 생각

대니얼 C. 데닛

신광복 옮김

Evolution and the Meanings of Life

바다출판사

친구이자 스승인

밴 콰인에게

일러두기

1. 본서는 국립국어원 한국어 어문 규범을 따랐고, 외래어의 경우 외래어 표기법(문화체육관광부 고시 제2017-14호)을 따랐다. 단, 외래어의 경우 이미 익숙한 지명 및 기관 명칭은 관례에 따랐다.
2. 본서에서 단행본과 정기간행물 등은 겹꺽쇠(《 》)로 표기했으며, 논문 · 기사 · 단편 · 시 · 장절 등의 제목은 홑꺽쇠(〈 〉)로 표기했다.
3. 본서에서 언급되는 해외 저작명은 국내에 출간된 제목을 따랐으며, 국내에 번역되지 않은 저작의 제목은 직역하거나 독음을 그대로 적었다.
4. 본문의 각주 중 옮긴이가 설명을 보충하기 위해 작성한 것은 [옮긴이]로 표시하였다.
5. 생물명 중 라틴어 학명은 기울임체로 표시하였다.

차례

추천의 글

철학자로 환생한 다윈을 만나다

우리 시대의 위대한 철학자이자 인지과학자인 대니얼 데닛(1942년 3월 28일 출생)이 2024년 4월 19일 세상을 떠났다. 그는 세상 그 누구보다 논쟁을 즐기기에 늘 예리한 사람이었지만 동료들의 사랑과 존경을 받은 성숙한 인격의 소유자이기도 했다. 마음, 의식, 지향성, 지능, 문화, 종교에 이르기까지 지성계의 난제들만 골라 독창적 해법을 창안한 우리 시대의 진정한 지적 영웅이었다.

데닛은 미국 터프츠대학교 인지연구소 소장으로 지난 60년 동안 심리철학, 생물철학, 인지과학의 영역에서 혁신적인 주장들을 펼쳐온 세계적인 철학자이다. 주로 마음의 내용content과 의식consciousness의 문제에 천착해온 그는, 대체로 '내용'에 대해서는 도구주의적 입장을, '의식'에 관해서는 반실재론적 입장을 견지해온 것으로 평가받고 있다. 하지만 이런 입장들에 다다르게 된 여정은 다른 철학자들에 비해 유별난데, 그 이유는 자신의 철학적 논의를 위해 진화학과 인지과학을 자유자재로 사용했기 때문이다.

그렇게 탄생한 철학적 개념 중 하나가 지향성intentionality이다. 그는 자신의 저서들(《내용과 의식Content and Consciousness》, 《지향적 태도The Intentional Stance》, 《다윈의 위험한 생각Darwin's Dangerous Idea》, 《마음의 종류Kinds of Minds》, 《뇌자녀Brainchildren》 등)에서 이 개념을 발전시켜 마음 읽기mind reading 능력에 대한 이해의 지평을 활짝 열었다. 지향성은 '무언가에 관한' 것이며 마음 읽기란 '어떤 주체의 정신 상태에 관한' 믿음, 곧 2차 지향성과 동일하다. 인간과 동물의 지향성은 그에게 진화의 산물일 수밖에 없다. 이 책 《다윈의 위험한 생각》에서 도드라져 보이듯이, 데닛은 당대의 탁월한 철학자들 중에서도 진화론을 자신의 철학에 가장 생산적으로 활용한 학자였다.

게다가 그는 지난 반세기 동안 진화생물학의 대가들 사이에 벌어진 치열한 논쟁에서 빼놓을 수 없는 논객이기도 했다. 그의 《다윈의 위험한 생각》에는 진화생물학의 여러 쟁점들에 대한 그의 독특한 생각들이 흥미롭게 펼쳐져 있을 뿐만 아니라 그런 생각들이 가질 수 있는 다양한 철학적 함의들도 녹아 있어, 그의 대표작이라 할 만하다.

다윈 이후로 진화생물학자들 사이에서 가장 활발히 논의된 쟁점은 자연선택의 본성에 관한 것이다. 좀 더 세분하면, 자연선택이 과연 어떤 수준에서 작용하고 있는가에 관한 물음(선택의 단위 문제)과 자연선택의 힘이 얼마나 강력한가에 관한 물음(적응주의 문제)이 그것이다. 데닛은 이 두 가지 쟁점에 대해 각각 '유전자 선택론'과 '적응주의'를 강력하게 옹호해왔다. 이런 견해는 《이기적 유전자》(1976/1988)로 유명한 영국 옥스퍼드대학교의 동물행동학자 리처드 도킨스와 《진화와 게임이론Evolution and Theory of Games》(1982)을 쓴 영국 서섹스대학교의 진화이론학자 존 메이너드 스미스의 견해와 일치한다. 좀 더 정확하게 표현하자면, 데닛은 이들의 진화론을 철학적으로 더욱 그럴 듯하게 포장해주었다. 그래서, 어떤 이들은 도킨스, 메이너드 스미스, 데닛 등을 한데 묶어서 "극단적 다윈주의자"라는 꼬리표를 달아주기도 했다.

하버드대학교의 고생물학로서 진화론의 대중화에 앞장섰던 스티븐 J. 굴드(1941~2002)는 이들을 가장 싸늘하게 대했던 반대자였다. 굴드는《뉴욕 리뷰 오브 북스》에 쓴《다윈의 위험한 생각》에 대한 서평(1997)에서 급기야 데닛을 "도킨스의 애완견"이라고 칭하면서 비평의 수준을 넘어서기도 했다. 굴드가 이렇게까지 분을 참지 못한 이유는 데닛이 그 책에서 굴드의 중심 주장들—대표적으로 반적응주의, 단속평형설—을 강력하게 조목조목 비판했기 때문이다. 특히, 데닛은 다윈의 점진론에 대한 대안인 양 제시된 굴드의 단속평형설이 사실은 속 빈 강정일 뿐이라고 조소함으로써 가뜩이나 자존심이 강한 굴드의 심기를 매우 불편하게 만들었다.

이처럼 이 책은 최고 전문가들의 흥미로운 지적 게임을 일반 대중들에게까지 널리 확산한 기념비 같은 책이다. 이 책은 출간 직후부터 동료들의 뇌를 자극하면서도 동시에 교양 있는 대중들을 매료시킨 초장기 베스트셀러이다. 이 책 속에는 데닛의 철학적 스타일이 진하게 묻어 있다. 무릎을 치게 만드는 적절한 예제, 그럴듯한 비유, 품격 높은 농담 등이 넘쳐나면서도 독자의 직관intuition을 마구 펌프질한다. 그래서 독자들이 자신의 오랜 통념을 날려버리게까지 만든다.

필자는 2001년 영국 런던정경대학(LSE)의 다윈세미나에서 데닛을 처음 만났다. 그때 그는 전설적인 세미나(리처드 도킨스, 존 메이너드 스미스, 헬레나 크로닌 같은 당대 최고의 진화학자들의 모임, 1990-2006)의 초청 연사로 왔고, 나는 방문학생으로 그 세미나에 정기적으로 참여하고 있었다. 작은 세미나여서 통성명도 하고 연구 얘기도 가볍게 나누었지만 그때 나는 마치 연예인 옆에 우연히 앉게 되어 어쩔 줄 몰라 하는 일반인 같았다.

그러다가 박사학위를 마치고 최재천 생명다양성재단 대표(당시 서울대학교 생물학과 교수)의 연결을 통해 데닛의 날개 밑에서 박사후과정을 밟을 수 있는 행운을 누렸다(2006-2007). 그런 후 서울대학교 교수의 첫 연구년을 맞아 다시 1년을 더 배울 수 있었다(2013-2014). 단연코 내 지적 인생의 정점이라고 말할 수 있다(그래서 그의 부재가 더욱 슬프다).

그에게서 많은 것을 배웠지만 그중에서 가장 큰 것은 '과학으로 철학을 보고, 철학으로 과학을 보는' 그의 독특한 방법론이다. 이 만만치 않은 책의 독자들은 이 말이 무슨 뜻인지 이해하게 될 것이다.

2016년 세상을 떠난 MIT의 인공지능학자 마빈 민스키는 데닛을 이렇게 소개하곤 했다. "지구를 대표하여 외계인과 지적 대결을 펼쳐야 할 사상가를 선발해야 한다면, 나는 주저 없이 데닛을 선택할 것이다." 나는 이렇게 덧붙이려 한다. "지구의 데닛이 대체 누군지 알기 위해 외계인이 그의 저서들을 찾아보려 할 때 지구인을 위해 숨겨야 할 한 권의 책이 있다면 그것은《다윈의 위험한 생각》이다." 이 역작에는 데닛의 이전 저작과 이후 저작 들의 모든 것이 들어 있다. 철학자로 화려하게 환생한 다윈을 만나보시라!

장대익 진화학자 및 과학철학자

옮긴이의 글

다윈의 혁명적 생각에 대한 혁명적 생각

만능산Universal Acid. 모든 것을 다 녹인다는 가상의 만능 용매. 어쩌다 우리의 실험실에 만능산이 한 방울 생겨버렸다고 가정해보자. 어찌 될까? 만능산은 우선 그것을 담은 용기를 녹인 후 책상을, 바닥을, 건물을, 필사적으로 도망치는 우리를, 그리고 지표의 모든 것을 다 녹이고, 마침내 지구 내핵까지도 집어삼킬 것이다. 상상이 이쯤에 이르면, 우리는 지구에 만능산이 없음에 안도하며 다시 하던 일로 돌아갈 것이다. '그 공상 참 오싹했네' 하고 생각하면서. 그런데 1995년에 대니얼 데닛은 그것이 절대 공상이 아니라는 대담한 주장을 발표한다. 지구엔 만능산 같은 것이 진짜로 있었으니, 바로 다윈의 발상이라는 것이다.

다윈 이론의 핵심이 과학자들에게 수용된 과정은 흔히 '생물학 혁명'이라 불린다. 생물학 혁명은 뉴턴의 역학 혁명보다 규모도 작고 인간의 세계관 전환에 미친 영향도 크지 않다고 평가되어왔다. 그러나 데닛에 따르면, 다윈의 핵심 아이디어들은 그전의 생물학적 사고방식만 바꾼 것이 아니라, 심리학, 윤리학, 정치학, 종교적 생각은 물론, 우주론에까지 부식력을 행사했다. 데닛의 말이 옳다면, 다윈의 아이디어야말로 실로 거의 모든 면에서 인간의 구식 세계관을 녹여버리고, "그 먹어치운 자리에 혁명을 겪은 새로운 세계관을 남겨" 놓은, 지식 세계의 정교한 만능산인 셈이다. 그리고 옮긴이가 보기에 데닛의 이런 생각 역시 다윈의 아이디어만큼이나 혁명적이다. 또한 데닛이 자기 생각을 굳건히 밀고 나가는 데 사용한 생각 도구들의 목록도 혁명적이다.

데닛이 제공하는 유용한 생각 도구들

의식에 대해 말할 때도, 자유의지에 대해 말할 때도, 그리고 진화에 대해 말할 때도 데닛은 언제나 유용한 생각 도구들을 우리에게 쥐여준다. 그리고 그 생각 도구들을 이용하여 고찰하면, 그저 신비롭게만 보이던 현상들의 이면이 완연한 과학적 연구 대상으로 드러난다는 것도 잘 보여준다. 그런 틈새를 들여다볼 때면 '생각 도구가 인간의 지능을 높여준다'는, 데닛이 좋아했던 그레고리 리처드의 말에 고개가 끄덕여진다. 그런가 하면, 반대 진영 사상가들이 상자에 복잡하게 묶어놓은 매듭들을 데닛의 생각 도구들로 하나하나 끄르고 잘라 그 요란한 상자가 사실은 텅 빈 것임을 보게 될 때면 통쾌하기까지 하다.

이 책 전체에 걸쳐 흩어져 있는 생각 도구들을 한데 모아보면 대략 다음의 리스트가 만들어진다.

- 역설계: 설계에 의해 이미 만들어진 산물을, 그 설계도(설계 프로그램, 그리고/또는 설계에 사용된 데이터) 없이 다시 거꾸로 설계해 보는 것을 말한다. 생물에 대한 역설계는 적응주의적 접근의 주요 관점이며 진화 탐구는 이것 없이는 진행될 수 없다.

- 지향적 태도: 이해하려는 대상을 욕구, 동기 등에 의해 추동되는 지향계로 간주하고 그 대상의 행위 이유를 찾고 이를 설명하거나 행위를 예측하는 것. 소위 '하등생물'에 대해서도 이 태도를 적용하면 많은 통찰을 얻을 수 있다.
- 누구에게 이득인지 묻기: 때로는 행위자가 자신이 아닌 다른 것에 이득이 되는 행위를 할 수도 있는데, 그럴 경우에는 역설계를 할 때 관점을 다르게 잡아야 하므로 이 질문을 하고 또 제대로 답하는 것이 매우 중요하다. '유전자의 눈' 관점이나 '밈의 눈' 관점 등은 이것을 묻지 않으면 얻을 수 없다.
- 크레인과 스카이후크 비유: 설계공간 안의 한 지점에서 좀 더 환경에 적합한 다른 지점까지 이동하는 것은 자연선택을 통한 진화에 의해 이루어지는 것인데, 이는 신에 의해 허공에 기적처럼 떠 있는 스카이후크에 매달려 이동하는 것이 아니라, 땅에 발붙인 비기적적인 크레인에 의해 더 높이 다져진 기초 위로 올려 놓아지는 것과 같다. 하나의 크레인이 다져 놓은 기초 위에 또 다른 크레인이 놓여 기초를 더 높게 다져 놓으면 진화의 산물은 더 높은 곳까지 들어올려질(올려 놓아질) 수 있다. 크레인에 의한 과정들은 단 한 번의 기적도 없이 계속 누적될 수 있다.
- 탐욕스러운 환원주의와 좋은 환원주의: 환원주의는 무조건 두려워해야 할 것이 아니라 과학과 생물철학에 꼭 필요한 것이다. 다만 두 가지 환원주의를 구분할 필요는 있다. 탐욕스러운 환원주의는 크레인 없이도 모든 설명이 가능하다는 입장이며, 좋은 환원주의는 스카이후크 없이도 모든 것이 설명되리라는 입장이다.
- 부유하는 합리적 근거: 이해력을 갖추지 않은 생물들의 행동이나 그것들을 생겨나게 한 설계에도 합리적인 이유가 있지만, 그 이유들이 그 생물들'의' 이유는 아닌데, 이처럼 생물들에게 포착되지 못하는 이유, 자연선택 자체만이 가지는 이유를 '부유하는 합리적

근거'라 한다. 그러나 인간은 그 이유들을 포착하여 표상할 수 있으므로, 인간에게 포착된 이유들은 더 이상 부유하는 것이 아닌, 인간에게 정박된 이유가 된다.

- 생성과 시험의 탑: 능력과 이해력의 진화는 점진적이지만, 불완전하게나마 단계를 판단할 수 있게 진행된다. 데닛의 명명에 따르면, 다윈 생물, 스키너 생물, 포퍼 생물, 그레고리 생물 순으로 더 높은 능력과 이해력을 지닌 생물들이 출현한다. 이 단계들을 아래부터 쌓아놓은 것을 '생성과 시험의 탑'이라 부른다. 마음 도구를 쓸 수 있는 그레고리 생물은 지구에는 아직 인간뿐이다.
- 과도단순화: 때로는 문제를 과도하게 단순화시켜보면 전체가 조망되고 임시적 해법이나 해법의 실마리가 보일 수도 있다.
- 생물학은 근본적으로 공학과 유사하며, 아예 생물학을 공학으로 볼 수도 있다.
- 문헌학 또는 고문서학에서 정본을 찾는 방식을 우리 주제에 접목하면 많은 문제를 해결할 통찰을 얻을 수 있다.
- 동결된 우연: 프랜시스 크릭이 제시한 개념으로, 우연히 발생했으나 그로 인해 역사의 방향이 바뀌게 된 사건들을 말한다. 지구상의 변화들은 동결된 우연이 연속적으로 쌓여 형성된 것이다.
- 바벨의 도서관: 보르헤스의 소설에 등장하는, 인간이 상상할 수조차 없는 모든 내용의 책들이 (그리고 내용이랄 것이 없는 모든 책들도) 들어 있는 곳. 모든 (상상도 하지 못할 것까지 포함된) 염기서열이 들어 있는 '멘델의 도서관', 모든 프로그램(실행될 수 없는 것까지도)이 다 들어 있는 '도시바 도서관' 등으로 개념을 변화시켜갈 수 있다.

데닛이 정리한 다윈의 위험한 아이디어

데닛은 다윈의 위험한 아이디어를 크게 두 가지로 축약한다. 첫째는 "종이 분화되는 과정은 알고리즘이다"라는 발상이고, 둘째는 "자연선택 과정은 알고리즘이긴 하지만 무목적적이고 점진적이다"라는 발상이다.

첫째 아이디어는 모두가 알다시피 다음과 같은 '알고리즘으로서의 자연선택 과정'으로 바뀌어 서술될 수 있다.

If(1) 생물이 다양한 부분에 있어 다양하다.
If(2) 생물의 기하급수적 증가와 생존경쟁이 존재한다.
If(3) 변이 중 일부는 유용하다.
If(4) 변이는 유전된다.
Then 일부는 생존경쟁에서 자손을 남길 높은 가능성을 얻고,
if(4)에 따라 자신과 유사한 특성을 가진 자손을 생산한다.

그리고 '알고리즘'이라는 말은 그 과정의 다음 세 가지 특징을 지님을 함축한다.

- 기질 중립성: 연필, 볼펜 등 무엇으로 인수분해를 하든 같은 결과가 나오는 것처럼, 알고리즘은 그 실행 매질을 가리지 않는다.
- 무마음성: 아주 뛰어난 결과물을 만드는 알고리즘도, 바보(심지어는 마음이 없는 존재)라도 수행 가능한foolproof 것이다.
- 결과 보장: 알고리즘을 수행할 때 실수하지만 않는다면 동일한 알고리즘에서는 동일한 결과가 나온다.

두 번째 아이디어에서는 '점진성'과 함께 '무목적성'도 매우 중요한 함의를 지닌다. 무목적성이란 말 그대로 목적을 지니지 않는다는 것인데, 여기서는 특히 진화라는 것이 '우리', 즉 인간을 만들기 위한 목적으로 진행되지는 않았음을 가리킨다.

그런데 이 부분에서 인간이 현재 사용하고 있는 알고리즘과의 유비에 너무 집착한 나머지, 알고리즘을 짠 인격적 주체를 찾으려 하면 안 된다고 데닛은 경고한다. 그렇게 하면 다시 신을 상정하는 목적론으로 돌아가버리고 말기 때문이다. 데닛에 의하면, 그리고 다윈에 의하면 알고리즘을 짠 주체는 없으며, 자연선택이라는 알고리즘 자체가 눈먼 과정이다.

다윈의 아이디어의 위험한 귀결들 (1) — 탐구 방식들의 변혁

데닛은 일단 '종분화'라는 것을 받아들이면 '존재의 대사슬'이나 '존재의 사다리' 이미지가 버려지고 '생명의 나무' 이미지로 종들 사이의 관계를 이해하게 됨을 지적한다. 그리고 그렇게 되면 '하등한' 존재로부터 '우등한' 존재로 일직선으로 이어지는 설계 축적 개념 및 열등(하등)과 우등의 개념이 버려지면서, 생명의 나무에서 가장 잔가지 쪽에 있는 존재, 즉 가장 위쪽에 그려지는 존재들은 말 그대로 가장 최근에 생긴 존재일 뿐, 아래에 있는 존재들보다 설계가 더 많이 들어갔거나 더 우등한 존재를 뜻하는 것은 아님이 드러난다. 그리고 데닛은 이 '생명의 나무' 도식과, 이를 가능하게 한 것이 무목적적이고 무마음적인 알고리즘이라는 아이디어를 함께 수용하면 생명관과 우주관 및 연구 방식에 다음과 같은 근본적인 변화가 일어난다고 하나하나 짚어준다.

(1) 특수 창조 개념 폐기

종분화라는 개념 자체가 하나의 종이 여러 이유로 (다른 종으로 변화하거나) 둘 이상의 종으로 분화된다는 것이다. 이는 지적설계자인 신이 종을 하나하나 설계하여 만들었으므로 종은 고정 불변이라는 특수 창조의 교조와는 완전히 배치된다. 따라서 종분화를 받아들이면 특수 창조 개념은 폐기될 수밖에 없다.

(2) 본질주의 타파

다윈 전에는 종마다 그 종의 본질이 있다고 여겼다. 그러나 다윈의 점진적 종분화 개념에 따르면 '현저한 변이'와 '서로 다른 종'을 구분할 방법은 없다. 현저한 변이가 나중에 서로 다른 종으로 나타날지 아닐지도 지금의 관찰로는 알 수 없다. 그리하여 다윈 이후에는 '종의 본질'이라는 것은 그저 퇴화한 아리스토텔레스적 정돈의 문제일 뿐, 유용한 학문적 대상이나 결과물은 아니게 되었다.

(3) 고찰의 순서 전복

우리는 '종분화'가 어느 시점에 일어날지 계산할 수 없다. 한 종에서 지금 보이는 격리 현상이 종분화의 시작인지 아닌지는 그 후손들이 겪어나갈 역사에 의해 결정되는 것이지 지금 예측할 수 있는 것은 아니다. 따라서 종분화를 말하려면 우리는 지금 보이는 '후손'들에서 시작해서 시간을 거슬러 올라가며 소급적 역추적을 할 수밖에 없다.

(4) 종 개념 탐구의 원리 뒤집기

변이를 통해 새로운 종이 생기는 것은, 무언가의 '나타남'에 의한 것이 아니라, 중간 사례의 '사라짐'에 의한 것이다.

(5) 'What for'라는 질문의 과학성 회복

'왜why'라는 질문은 원인cause을 묻는 '어떻게 해서how comes' 질문과 이유reason를 묻는 '무엇을 위해what for' 질문으로 나뉜다. 다윈 전에는 '무엇을 위해'라는 것은 신의 의도나 목적으로 귀결되는 것이었으므로 그 질문은 해서는 안 되는 것으로 여겨져왔다. 그러나 다윈은 신이 퇴출된 자리에 자연선택을 앉힘으로써, '이유'를 묻는 질문을 해도 그것이 자연선택의 이유로 귀결되는 과학적 답을 요구하게 될 뿐, 신이 상정되는 목적론으로 퇴행하지 않게 만들었다. 그리고 그럼으로써 생물학과 생물철학을 하려면 '무엇을 위해' 질문을 꼭 던져야 하도록 상황을 반전시켰다.

(6) 역설계의 함의가 바뀜

역설계란 설계자의 의중을 짐작하는 활동이다. 다윈 전에는 생물 설계자가 신이었으므로 생물 역설계는 생물학자가 절대로 해서는 안 될 행위로 치부되었다. 그러나 다윈 덕분에 무마음적이고 무목적적이고 점진적인 자연의 과정이 설계자가 되었으므로, 생물 역설계는 대자연의 과정이 무슨 이유에서 그렇게 진행되었는지를 묻는 과학적 활동이 되었다.

다윈의 아이디어의 위험한 귀결들 (2) — 세계관의 전복

다윈 전의 세계관은 본문 123쪽에 그려진 '우주피라미드'로 대변된다. 단 하나의 지적설계자, 즉 신이 꼭대기에 존재하며 마음, 설계, 질서, 혼돈, 무無를 다 창조했다는 것이다. 그러나 다윈은 적절한 자유도와 제한만 있는 질서에서 충분한 시간이 지나면 설계와 같은 것이 발견됨을 주장했다. 데닛은 다윈의 이 주장을 "내게 질서와 시간을 달라, 그러면 나는 설계를 주겠다"라고 요약한 바 있으며, 좀 더 현대적인 예(콘웨이의 라이프 게임. 웹에서 검색하면 쉽게 찾을 수 있다. 직접 해보시라)를 들어 다윈의 주장이 사실임을 보여준다. 그리고 마치 만능산이 접촉물들을 아래쪽이든 위쪽이든 가차 없이 녹여 나가듯이 다윈의 주장이 우주피라미드의 한중간인 질서에서 시작하여 위와 아래를 점점 부식시킨다는 것을 설명한다. 그리고 다윈의 아이디어가 신의 필요성과 '마음-먼저' 관점을 부식시키고 피라미드의 각 단계로 이행하는 메커니즘도 부식시킨 후, 그 자리를 무목적적이고 점진적인 과정으로 대체해놓았으며, 그리하여 생성 또는 창조의 방향이 완전히 바뀌며 옛 세계관이 남김없이 전복됨을 데닛은 생생하게 보여준다.

(1) 법칙부여자(제정자)에서 법칙발견자로

다윈 전에는 '법칙부여자로서의 신'이 있었다. 당시의 믿음에 따르면, 신은 무와 혼돈도 만들었지만 질서도 만들었고, 거기에서 한 발 더 나아가 법칙과 그 법칙을 따르는 설계도 만들었다. 좀 더 설계가 축적된, 마음을 가진 존재인 우리도 만들었음은 물론이다. 그러나 다윈의 아이디어를 따른다면 자연에 법칙을 부여한 지성적 존재 따위는 없다. 그저 자연법칙을 발견한, 그것도 물리적 태도가 아닌 설계적 태도로 현상을 고찰하여 그것을 발견할 수 있는 지성적 존재, 즉 '우리'라는 법칙발견자가 있을 뿐이다.

(2) 마음: 원인에서 결과로

마음은, 다윈 전에는 우주피라미드의 매우 위쪽에 위치하며 무언가를 만드는 원인으로 여겨졌다. 신(의 마음)이 인간을 만들고, 인간(의 마음)이 많은 사물을 만드는 식으로 말이다. 그리고 그 '마음'은 과학이 침범할 수 없는 최후의 보루였다. 그러나 데닛에 따르면 다윈 이후에는 마음도 진화의 '결과(산물)'인 것으로 바라볼 수 있게 되었고, 그럼으로써 신비로울 것 하나 없는 과학적 연구 대상이 되었다.

(3) 의미와 지향성

다윈 전에는 의미와 지향성이 신의 마음에서 비롯되어 인간에게 상의하달식으로 전달된 것이었으므로, 의미와 지향성은 인격체의 마음과는 떼려야 뗄 수 없는 관계였으며 처음부터 완전하고 진정한 것이었다. 그러나 다윈의 아이디어를 받아들인다면 의미와 지향성 역시 아래로부터 하의상달식으로 생성된 것이 되어버리므로, 최초의 지향성과 의미는 지금 인간의 것과 같은 '진정한' 것이 아니었고, 의사疑似 지향성(부유하는 합리적 근거)의 시기를 거치며 수십억 년에 걸쳐 인간의 것과 같은 것으로 진화한 것이라고 보아야 한다.

(4) 우주피라미드가 완전히 뒤집히다

데닛의 비유에 의하면, 진화는 설계공간에서 (스카이후크가 아닌) 크레인에 의해 진행되는 과정이다. 따라서 설계공간의 모든 탐사는 연결되어 있다. 우리의 자손과 자손의 자손, 그 자손의 자손의 자손……뿐 아니라 우리 두뇌의 소산물과 그 소산물의 소산물, 소산물의 소산물의 ……소산물들까지. 그러므로 인간 문화의 모든 성과들(언어, 예술, 종교, 윤리, 과학)을 발달시킨 과정은 세균이나 포유류, 호모 사피엔스 등을 발달시킨 과정과 근본적으로 동일하다. 신의 특별한 창조 같은 것은 없으며 생명과 생명의 모든 소산물은 단일한 관점으로 바라볼 수 있다. 윤리마저도 신이 인간에게 명령한 것이 아닌, 선택 과정에 의해 진화하여 나온 것으로 보아야 한다는 뜻이다. 물론 신도 인간이 만든 문화의 일부, 즉 자연선택과 연속선상에 있는 생산의 '결과물'이지 창조의 주체가 아니게 된다.

이처럼 신마저 원인이 아닌 진화의 산물이 되어버림으로써 다윈 전의 우주피라미드는 완전히 전복된다. 실로 다윈의 아이디어라는 만능산 한 방울이 옛것들을 모두 부식시켜버리고 그 자리를 변화를 겪은 새로운 것들로 채워넣은 것이며, 이를 보여주고자 했던 데닛의 혁명적 프로젝트 역시 완벽한 성공을 거둔 것이다.

데닛의 집요함과 독창성이 빚어낸 대작을 번역하며

데닛은 60년이 채 안 되는 시간 동안 20여 권의 책과 수백 편의 논문을 썼다. 모든 논문과 모든 책이 다 뛰어난 걸작이라는 평가를 받고 있지만, 이 책은 여러모로 특이한 대작이다. 목차에서 짐작되듯이 다루는 주제의 범위가 어마어마하게 넓은데, 그 광대한 지식 체계들이 단 한 방울에 불과한 다윈의 아이디어에 의해 차례차례 뒤집히는 과정을 정말로 집요하게 파헤쳐 보여준다. 그것도 아주 꼼꼼하고 선명하게. 읽고 상상하다 보면 정말 숨이 막힐 지경이다. 실제 만능산이 있어 그것이 접촉물을 부식시켜가는 과정을 직접 관찰하며 그대로 묘사만 한다 해도 이렇게까지 잘하지는 못할 것이다.

이런 흔치 않은 책에 번역자로 자기 이름을 올린다는 것은 번역하는 사람에게 있어 커다란 영광이 아닐 수 없다. 이 지면을 빌려, 이 책의 번역을 맡겨주신 바다출판사와 형이상학적 개념들을 잘 옮길 수 있게 많은 도움을 주신 한국외국어대학교의 이승일 교수님, 그리고 번역을 무사히 마치도록 여러 방면으로 도움을 주신 한국교원대학교의 양경은 교수님께 깊은 감사를 드린다.

사실 이 책의 번역은 옮긴이 개인에게는 “꿈★은 이루어진다”의 현실판이기도 하다. 석사학위 과정 2년차의 어느 날, 한 선배가 물었다. "가장 좋아하는 과학철학자는 누구예요?" 그때는 대답하지 못했다. 솔직히 그때까지는, 거의 모든 면에서 나와 의견이 일치하는 과학철학자를 보지 못했기 때문이었다.

그러다가 박사학위 과정 수업에서 데닛의 논문들에 대해 발표하게 되면서 그의 독창성과 위트와 방대한 지식에 한껏 매료되었으며, 여차저차한 과정을 거쳐 데닛 세미나 팀을 조직하기에 이르렀다. 그리고 드디어 이 책(물론 영문판 원서)의 세미나가 시작되었다. 좌장으로서 세미나를 진행하면서, 매주 머리카락이 쭈뼛쭈뼛 설 정도의 짜릿함을 맛보았다. 사람이 어떻게 이런 식으로까지 생각할 수 있을까, 어쩜 이런 식으로 상대를 무력화시킬 수 있을까, 어찌 이리 기발하게 상대의 논증을 뒤집을 수 있을까, 어떻게 여기까지 자신의 논증을 확장할 수 있을까. 너무 놀랍고도 좋아서 눈물이 날 것 같았다. 그즈음에는 질문을 받던 석사 2년차의 그날로 돌아가, 0.1밀리초도 망설이지 않고 "제가 제일 좋아하는 과학철학자는 대니얼 데닛이에요"라고 대답하는 상상을 참 자주 했다.

그 후 데닛 책 세미나가 몇 권 더 이어지고 개인적으로 그의 저작들을 더 읽어가면서 데닛은 나의 지적 영웅이 되었다. 그리고 그럴수록 이 책만큼은 꼭 번역해보고 싶다는 열망이 점점 커졌다. 그래서 꽤 오랜 시간에 걸쳐 여기저기에 문의해보았다. 내가 이 책을 번역할 기회가 있겠느냐고. 그러나 그때마다 불가능하다는 답변만이 돌아왔고, 길고 긴 시간은 열망을 무심히 풍화시켰다. 그러던 어느 날, 바다출판사로부터 전화가 걸려왔다. "《다윈의 위험한 생각》을 번역할 수 있게 되었어요!" 이게 "꿈★은 이루어진다"가 아니면 뭐란 말인가.

'꿈'은 이루어졌으나, 그 꿈을 '현실의' 책으로 아름답게 구현하여 세상에 내놓는 것은 또 다른 문제였다. 원서들을 읽을 때 이미 예감했던 것처럼, 그리고 앞서 출판된 《박테리아에서 바흐까지, 그리고 다시 박테리아로》를 번역할 때 뼈에 촘촘히 새겨졌던 것처럼, 내가 매료되었던 그 영어식 위트와 운율 가득한 장문은 한국어로 리듬감 있게 살리기가 너무도 힘들었고, 나를 탄복시켰던 문화 전반에 걸친 그의 박식함은 어느 선까지 옮긴이 주를 달아야 할까를 깊이 고민하게 만들었다. 그리고 그의 집요하고도 섬세한 단어 선택과 표현들은 오역에 대한 두려움을 갖게 하기에 충분했다. 그렇지만 이것은 옮긴이의 한계에 대한 일종의 '넋두리'일 뿐, 번역서에서 발견될 수도 있는 오역이나 오류들을 데닛 탓으로 돌리려는 것은 결코 아니다. 혹여 그런 것들이 눈에 띄게 된다면 그건 정말이지 전적으로 옮긴이의 역량 부족이나 주의 부족에 의한 것이니, 부디 옮긴이만을 탓해주시길 바란다. 데닛의 원래 문장 하나하나는 모두 그 자체로 또렷하고 완벽하며 더없이 아름답다.

고맙습니다, 데닛.

울고 웃었던 번역 기간이 끝나고 (옮긴이의 글과 색인을 제외한) 원고를 다 넘긴 후 다른 일들을 정신없이 하는 와중에 데닛의 부고가 떴다. 한동안 정신이 멍했다. 원한다고 해서 아무 절차 없이 찾아가 만날 수 있는 분도 아니고, 또 계속 건강이 좋지 않았음을 잘 알고 있었는데도 말이다. 가족들의 슬픔은 또 어쩌나 하는 주제넘은 생각도 들었다. 마침 그때 읽고 있던 회고록 안의 데닛 가족이 농장에서 눈부신 웃음을 사방에 퍼뜨리며 행복을 만끽하고 있었기에 더 그랬으리라.

회고록과 부고 사이에서 한참을 헤매고 있다가, 나는 그와 한번 만나지도 못한 채 그저 먼 타국에서 그의 글을 번역한 사람 중 하나일 뿐이라는 냉정한 현실이 자각되면서 머리가 다시 차가워졌다. 그리고 이

내 그가 학자이자 작가라서, 내가 평생 틈틈이 읽어도 다 소화하지 못할 정도의 많은 논문과 책을 남겨놓은 사람이라서 참 다행이라는 생각이 들었다. 책을 펼치면 언제나 그가 (어딘가 슬슬 불안해지는) 웃음을 지으며 말을 걸어오니까. 논문을 열면 짓궂은 미소와 함께 번뜩이는 생각 도구들을 보여주니까. 그리고 무엇보다, 이 세상에 둘도 없을 독창적인 지적 유산들을 엄청나게 남겨주었고, 그것들에 관한 논의가 지속되는 한, 그는 고인故人이 아니라 언제나 현재진행형인 논쟁에서 선명한 목소리로 상대와 대적하는 논자論者일 테니까.

자칭 "훌륭한 유물론자"인 데닛은 '명복' 같은 것을 믿지 않을 듯해서, 세상을 떠난 그에게 아래의 말로 인사를 하려 한다. 그리고 아무리 열심히 생각해봐도, 내가 그에게 건넬 수 있는 인사말로는 이보다 더 좋은 것이 떠오르지 않는다.

고맙습니다, 대니얼 클레멘트 데닛.

2025년 3월

신광복

서문

다윈이 제시한 자연선택에 의한 진화 이론은 언제나 나를 매료시켜왔다. 그러나 지난 수년 동안 나는 끈질긴 회의론자에서부터 노골적으로 적대감을 표출하는 이들에 이르기까지, 다윈의 위대한 아이디어에 불편함을 감추지 못하는 사상가들이 놀랍도록 다양하게 존재한다는 것을 알게 되었다. 또한 평범한 사람들과 종교 사상가들뿐 아니라 비종교적 철학자들과 심리학자들, 물리학자들, 그리고 심지어 생물학자들까지도 다윈이 틀린 것 같다고 생각하는 편이라는 것 역시 알게 되었다. 이 책은 다윈의 아이디어가 왜 그토록 강력한지, 그리고 왜 그것이 우리의 가장 소중한 삶의 비전들을 새로운 토대 위에 올려놓겠다는 약속—위협이 아니라—인지에 관한 것이다.

방법에 관해 간단히 말해보자. 일단 이 책은 주로 과학에 관한 것이지만 과학 책은 아니다. 과학의 권위자들이 아무리 능변이고 저명하다 해도, 과학 활동은 그 권위자들을 인용하고 그들의 논증들을 평가하는 식으로 이루어지지 않는다. 그 대신 과학자들은 대중서 그리고 그다지 대중적이지 않은 책과 논문을 통해 상당히 정당하게 자신들의 의견을 계속해서 주장한다. 실험실과 현장에서 이루어진 연구 활동에 대한 해석들을 제안하면서, 그리고 동료 과학자들에게 영향을 주려고 노력하면서. 수사적으로든 다른 모든 면에서든 내가 과학자들을 인용할 때면,

나 역시 그들이 하는 것과 같은 활동을 하는 것이다. 설득에 참여하는 것 말이다. 건전한 '권위로부터의 논증' 같은 것은 존재하지 않지만, 권위자들의 주장에는 설득력이 있을 수 있으며, 이는 옳을 수도 있고 옳지 않을 수도 있다. 나는 그 모든 것을 정리하고자 노력한다. 그럼에도 나는 내가 논의하고 있는 이론들과 유관한 모든 과학 지식을 다 이해하지는 못한다. 하지만 그렇게 따지자면 과학자들도 (아마도 몇몇 박식한 예외를 제외한다면) 마찬가지일 것이다. 학제간 연구에는 위험이 따른다. 나는 이 책에서 다양한 과학적 문제들의 세부 사항들을 충분히 살펴보았다. 사전 정보가 없던 독자들도 그 세부 사항들을 읽어가면서 문제가 무엇이며 왜 내가 거기에 그런 해석을 내놓았는지 파악할 수 있게 되길 바란다. 그리고 이를 위해 풍부한 참고자료를 제공해놓았다.

연도와 함께 표시된 이름들은 책 뒤쪽의 참고문헌 목록에서 찾아볼 수 있는 완전한 참고자료를 뜻한다. 그리고 이 책에서는 전문용어를 설명하는 부록을 따로 두지 않고, 어떤 용어를 처음 사용할 때는 그에 대해 간략하게 정의만 하고 넘어간 후 나중의 논의를 통해 의미를 분명히 하는 식으로 글을 진행했는데, 그 덕분에 색인이 매우 방대해졌다. 독자들은 특정 용어나 아이디어가 본문의 어느 지점들에서 논의되는지 색인에서 쉽게 찾아볼 수 있을 것이다. 각주는 여담이므로 모든 독자에게 다 소화되거나 소용되는 것은 아닐 테니, 필요한 사람들만 읽으면 된다.

이 책에서 내가 시도한 한 가지는, 여러분이 내가 인용한 과학 문헌을 읽을 수 있게 하는 것이다. 이를 위해 나는 해당 분야의 통합된 비전을 제공함과 동시에, 격렬한 논란의 중요성 또는 비非 중요성도 함께 이야기해두었다. 나는 어떤 논쟁들에 대해서는 과감한 판결을 내리고, 또 어떤 것들은 활짝 열린 상태로 두었다. 그러나 열린 채로 둘 때도 그 논쟁의 문제가 무엇인지 그리고 그것이 어떻게 생겨났는지가—여러분에게—중요한지 아닌지를 여러분 스스로 파악할 수 있도록 틀 안에 잘 넣어놓았다. 이제 소개되는 문헌들은 멋진 아이디어들로 꽉꽉 채워져 있으니 다들 읽어보길 바란다. 인용된 책 중 몇 권은 내가 읽었던 책 중 가장 어려운 것들에 속한다. 그 예로 스튜어트 카우프만Stuart Kauffman과 로저 펜로즈Roger Penrose의 책을 꼽을 수 있는데, 어렵긴 해도 매우 발전된 자료들로 이루어진 역작들이므로, 그들이 제기하는 중요한 논제들에 대해 정보에 입각한 의견을 지니고 싶다면 누구나 읽을 수 있으며, 또 읽어야 한다. 다른 책들은 덜 부담스럽고 명확하며 정보가 풍부하므로 진지한 노력을 들일 가치가 있다. 그리고 또 다른 책들은 읽기 쉬울 뿐만 아니라 큰 즐거움도 주며, 과학에 공헌하는 '인문학'의 탁월한 사례를 보여줄 것이다. 여러분이 이 책을 읽고 있는 만큼, 아마도 이 책에서 언급된 책들 중 몇 권은 이미 읽었을 수도 있다. 그러므로 여기서 저자들의 이름만 함께 묶어 언급하는 것만으로도 추천의 역할을 충분히 할 수 있을 것이다: 그레이엄 케언스스미스Graham Cairns-Smith, 윌리엄 캘빈William Calvin, 리처드 도킨스Richard Dawkins, 재러드 다이아몬드Jared Diamond, 만프레트 아이겐Manfred Eigen, 스티븐 제이 굴드Stephen Jay Gould, 존 메이너드 스미스John Maynard Smith, 스티븐 핑커Steven Pinker, 마크 리들리Mark Ridley, 매트 리들리Matt Ridley. 과학에서 진화론만큼 훌륭한 저술가들이 많이 공헌한 분야도 없다.

많은 철학자가 선호할 법한 전문적인 철학적 논증은 이 책에 없는데, 그건 내게 우선시해야 할 문제가 있기 때문이다. 나는 아무리 물샐틈없는 논증이라 해도 종종 무시당한다는 것을 배웠다. 나부터도 그런 경험이 많다. 아무도 이의를 제기하지 못할 엄격한 논증을 구성했다고 생각했는데도 반박되거나 거부되기도 하고, 차라리 그런 반응이라도 있다면 좋으련만 아예 무시되기까지 하는 경우가 종종 있다. 나는 부당함—우리 모두는 논증을 무시하고 있으며, 진지하게 받아들여야 했다고 훗날 역사가 말해줄 논증들도 의심의 여지없이 무시하고 있다—을 불평하는 것이 아니다. 오히려 나는, 어떤 이들에 의해 어떤 것이 무시될 수 있는지를 변화시키는 데 더 직접적인 역할을 하길 원한다. 나는 다른 분야의 사상가들이 진화론적 사고를 진지하게 받아들이게 하고 싶고, 그들이 진화론적 사고를 어떻게 과소평가해왔는지를 보여주고 싶으며, 그들이 왜 잘못된 사이렌 소리를 들어오고 있는지를 보여주길 원한다. 이를 위해서는 좀 더 교묘한 방법들을 사용해야만 한다. 나는 이야기를 해야 한다. 여러분은 이야기에 사로잡히고 싶지 않은가? 음, 나는 여러분이 형식적 논증에 사로잡히진 않으리라는 것을 **안다**. 여러분은 내 결론에 대한 형식적 논증을 **들으려** 하지조차 않을 것이다. 그래서 나는 내가 시작해야 할 곳에서 시작한다.

내가 하는 이야기는 대부분 새로운 것이지만, 지난 25년 동안 다양한 논쟁과 난제들을 집중적으로 분석하며 써왔던 광범위한 글의 모음에서 이런저런 조각들을 가져와 한데 모으기도 했다. 그런 조각들 중에는 개선을 거쳐 거의 통째로 이 책 안에 통합돼 들어가 있는 것도 있고, 언급되기만 한 것도 있다. 내가 여기서 가시적으로 만들어놓은 것은 빙산의 일각 정도는 되며, 나는 이 책이, 내 책을 처음 읽는 독자들에게 정보를 주고 그들을 설득하기까지 하면 좋겠고, 또 내게 반대하는 이들에게는 공정하고 명료하게 도전할 수 있는 것이 되길 원한다. 나는 입에 발린 소리로 논의를 일축해버리는 스킬라와 가루가 되도록 세세하게 접근전을 벌이는 카리브디스 사이를[1] 항해하기 위해 노력했다. 그리고 논쟁을 미끄러지듯 지나갈 때마다, 내가 그렇게 하고 있음을 분명히 알리고 그 반대 의견들이 명시된 참고문헌들을 독자들에게 소개하고 있다. 참고문헌 목록은 쉽사리 지금의 두 배가 될 수 있었지만, 진지한 독자라면

1 [옮긴이] 스킬라와 카리브디스는 모두 그리스 신화에 나오는 바다 괴물이다. 트로이 전쟁을 끝낸 오디세우스가 시실리해협을 지날 때, 한쪽에는 스킬라가, 다른 쪽에는 카리브디스가 나타나 그를 곤란하게 만들었다. 이런 의미에서 '스킬라와 카리브디스 사이'라는 말은 진퇴양난의 상황 또는 아주 신경 써서 헤쳐나가야 하는 상황을 뜻하는 관용구로 쓰인다. 본문 14장에도 나오는데, 서문을 나중에 읽는 독자들을 위해 그곳에도 옮긴이 주를 한 번 더 달아놓았다(그쪽의 주석이 조금 더 자세하다).

한두 개의 기초 문헌만 소개해도 필요한 나머지 문헌을 거기에서 찾을 수 있다는 원칙에 따라 선별하여 실었다.

~

나의 동료 조디 아조우니Jody Azzouni는 그의 훌륭한 신작 《형이상학적 신화, 수학적 실천: 정밀과학의 존재론과 인식론Metaphysical Myths, Mathematical Practices: The Ontology and Epistemology of the Exact Sciences》(Cambridge: Cambridge University Press, 1994)의 가장 앞쪽에 "철학을 **하는** 데 완벽에 가까운 환경을 제공해준 터프츠대학교 철학과에 감사한다"고 적었는데, 그 평가와 감사 모두에 나도 말을 보태고자 한다. 많은 대학교에서 철학은 공부되지만 수행되지는 않는다. 혹자는 이러한 행태를 "철학 감상"이라고 칭할 수도 있겠다. 그리고 또 많은 다른 대학교에서는 철학적 연구는 학부생들의 시야 밖에서, 그리고 가장 고급 수준의 대학원생들을 제외하면 그 누구도 볼 수 없는 곳에서 이루어지는 난해한 활동이다. 하지만 터프츠에서 우리는 정말로 철학을 '했다.' 강의실에서, 그리고 동료들 사이에서. 그리고 그 결과들은 아조우니의 평가가 옳다는 것을 보여준다고 나는 생각한다. 터프츠는 내게 뛰어난 학생들과 동료들을 만나게 해주었으며, 그들과 함께 연구할 수 있는 이상적인 환경도 마련해주었다. 최근 몇 년간 나는 다윈과 철학에 관한 학부 세미나를 지도했는데, 이 책의 아이디어들 대부분이 거기서 구체화되었다. 끝에서 두 번째의 초고는 대학원생과 학부생들로 구성된 열정적인 세미나에서 조명되고 비판되고 다듬어졌다. 그들의 도움에 감사하며 여기 이름을 밝힌다: 캐런 베일리Karen Bailey, 패스칼 버클리Pascal Buckley, 존 캐브럴John Cabral, 브라이언 카보토Brian Cavoto, 팀 체임버스Tim Chambers, 쉬라즈 큐팔라Shiraz Cupala, 제니퍼 폭스Jennifer Fox, 앤절라 자일스Angela Giles, 패트릭 홀리Patrick Hawley, 디엔 호Dien Ho, 매슈 케슬러Matthew Kessler, 크리스 레너Chris Lerner, 크리스틴 맥과이어Kristin McGuire, 마이클 리지Michael Ridge, 존 로버츠John Roberts, 리 로젠버그Lee Rosenberg, 스테이시 슈미트Stacey Schmidt, 레트 스미스Rhett Smith, 로라 스필리아타코Laura Spiliatakou, 스콧 테노나Scott Tanona. 그 세미나는 다음 연구자들이 자주 참여해준 덕분에 더욱 풍요로워졌다: 마르셀 킨스부른Marcel Kinsbourne, 보 달봄Bo Dahlbom, 데이비드 헤이그David Haig, 신시아 쇼스버거Cynthia Schossberger, 제프 매코널Jeff McConnell, 데이비드 스팁David Stipp. 또한 나의 동료들에게도 감사하며, 특히 다양한 값진 제안들을 해준 휴고 브다우Hugo Bedau, 조지 스미스George Smith, 스티븐 화이트Stephen White에게 감사를 전한다. 그리고 특별히, 인지연구센터의 얼리샤 스미스Alicia Smith 사무관에게 감사 인사를 해야만 하는데, 그녀는 참고문헌을 찾고 사실 관계를 점검하고 각종 승인을 얻어내고 원고를 업데이트하고 인쇄하고 발송하고 전체 프로젝트를 전반적으로 조율하는 많은 일을 고도로 능숙하게 처리함으로써 나의 발에 날개를 달아주었다.

보 달봄, 리처드 도킨스, 데이비드 헤이그, 더글러스 호프스태터Douglas Hofstadter, 니컬러스 험프리Nicholas Humphrey, 레이 재킨도프Ray Jackendoff, 필립 키처Philip Kitcher, 저스틴 라이버Justin Leiber, 에른스트 마이어Ernst Mayr, 제프 매코널, 스티븐 핑커, 수 스태포드Sue Stafford, 킴 스터렐니Kim Sterelny는 최종 직전 단계 초고의 대부분 또는 전부를 읽고 상세한 논평으로 큰 도움을 주었다. 언제나 그렇듯이, 나의 실수를 그들이 만류하지 못했다고 해도 그들에게는 아무런 책임이 없다. (그리고 이토록 훌륭한 감수자들의 도움을 받고도 진화에 관한 좋은 책을 쓸 수 없다면, 집필을 아예 포기해야 한다!)

그런가 하면, 결정적인 질문들에 답해주고 수십 번의 대화를 통해 내 생각을 명확하게 만들어준 이들도 많다: 로널드 아문센Ronald Amundsen, 로버트 액슬로드Robert Axelrod, 조너선 베넷Jonathan Bennett, 로버트 브랜든Robert Brandon, 매들린 카비네스Madeline Caviness, 팀 클러튼브록Tim Clutton-Brock, 레다 코스미디스Leda Cosmides, 헬레나 크로닌Helena Cronin, 아서 단토Arthur Danto, 마크 드보토Mark De Voto, 마크 펠드먼Marc Feldman, 머리 겔만Murray GellMann, 피터 고드프리스미스Peter Godfrey-Smith, 스티븐 제이 굴드, 대니 힐리스Danny Hillis, 존 홀랜드John Holland, 앨러스데어 휴스턴Alasdair Houston, 데이비드 호이David Hoy, 브레도 존슨Bredo Johnsen, 스튜어트 카우프만, 크리스토퍼 랭턴Christopher Langton, 리처드 르원틴Richard Lewontin, 존 메이너드 스미스, 제임스 무어James Moore, 로저 펜로즈, 조앤 필립스Joanne Phillips, 로버트 리처즈Robert Richards, 마크 리들리와 매트 리들리(리들리 형제), 리처드 쉬아치트Richard Schacht, 제프 생크Jeff Schank, 엘리엇 소버Elliot Sober, 존 투비John Tooby, 로버트 트리버스Robert Trivers, 피터 반 인와겐Peter Van Inwagen, 조지 윌리엄스George Williams, 데이비드 슬로안 윌슨David Sloan Wilson, 에드워드 O. 윌슨Edward O. Wilson, 윌리엄 윔셋William Wimsatt.

많은 어려움을 극복하며 이 큰 프로젝트를 이끌어주었을 뿐 아니라 이 책을 더 낫게 만드는 법을 깨닫도록 도와준 나의 출판 에이전트 존 브록만John Brockman에게 감사를 전하고 싶다. 전문적인 교정으로 많은 실수와 비일관성들을 잡아내고 많은 요점의 표현을 명확히 하고 통일시켜준 테리 자로프Terry Zaroff와 많은 그림을 그려준 일라베닐 수비아Ilavenil Subbiah에게, 그리고 휴렛팩커드 아폴로 워크스테이션의 아이-디어I-dea를 이용하여 그림 10-3과 10-4를 그려준 마크 매코널Mark McConnell에게도 감사한다.

마지막으로 가장 중요한 인사가 남았다. 나의 아내 수전Susan에게, 그녀의 조언과 사랑과 지지에 감사와 사랑을 보낸다.

1부 중간에서 시작하기

노이라트는 과학을 배에 비유했다. 그것을 재건해야 한다면, 우리는 그 배에 머물면서 널빤지를 하나하나 붙여가며 다시 만들어야만 한다. 철학자와 과학자는 한 배에 타고 있다. …… 우리가 어떻게 해야 할 것인지에 대한 이론 구축을 분석하려면, 우리 모두는 한중간에서 시작해야 한다. 우리가 개념적으로 처음 알아볼 것은 중간 크기, 중간 거리의 대상이며, 그것들 및 모든 것에 대한 우리의 입문서는 인류의 문화적 진화의 한중간에서 시작된다. 문화의 이 만찬을 완전히 소화함에 있어, 우리는 우리가 섭취하는 물질인 단백질과 탄수화물의 구분에 대해 잘 알지 못하는 것처럼, 보고와 발명, 실체와 양식, 단서와 개념화 사이의 구분에 대해서도 잘 알지 못한다. 소급적으로는 이론 구축의 구성 요소들을 구분할 수 있을지도 모른다. 우리가 단백질과 탄수화물을 먹고 살면서 그것들을 구분하는 것처럼 말이다.

—윌러드 밴 오먼 콰인(1960, pp. 4-6)

1장

왜 그런지 말해줘

TELL ME WHY

1. 두려울 게 없다고?

내가 어렸을 적, 우리는 학교나 주일학교의 여름 캠프에서 모닥불가에 둘러앉아, 또는 집에서 피아노 주위에 모여 많은 노래를 부르곤 했다. 그중 내가 가장 좋아했던 노래는 〈왜 그런지 말해줘Tell Me Why〉이다. (이 작고 보물 같은 곡을 벌써 잊은 사람들을 위해, 이 책의 부록에 악보를 실어놓았다. 단순한 멜로디와 쉬운 화음은 이상할 정도로 아름답다.)

말해줘 별들이 왜 빛나는지

Tell me why the stars do shine,

말해줘 담쟁이가 왜 휘감는지

Tell me why the ivy twines,

말해줘 하늘이 왜 그토록 파란지

Tell me why the sky's so blue,

그러면 말해줄게 내가 왜 널 사랑하는지

Then I tell you just why I love you.

신께서 별들을 빛나게 만드셨기 때문이지

Because the God made the stars do shine,

신께서 담쟁이를 휘감게 만드셨기 때문이지

Because the God made the ivy twines,

신께서 하늘을 그리도 파랗게 만드셨기 때문이지

Because the God made the sky's so blue,

신께서 너를 만드셨기 때문이지. 그게 내가 널 사랑하는 이유지

Because the God made you, that's why I love you.

이 직설적이고 감상적인 고백을 떠올리면 아직도 나는 목이 멘다. 이토록 달콤하게, 이토록 순수하게, 이토록 근심 걱정 없이 삶을 바라보다니!

하지만 그러다 이내 찰스 다윈Charles Darwin을 떠올리면서 이 아름다운 피크닉을 엉망으로 만들고 만다. 아니면 다윈이 피크닉을 망친 걸까? 이것이 이 책의 주제이다. 1859년 《종의 기원Origin of Species》이 출판된 순간부터, 다윈의 근본 아이디어는 맹렬한 비난에서 무아지경의 충성까지, 매우 격렬한 반응을 불러일으켰다. 때로는 종교적 열성에 상응할 정도로 말이다. 적들뿐 아니라 친구들마저도 다윈의 이론을 오용했고 잘못 설명해왔다. 존중받아 마땅한 과학적 통찰이 끔찍한 정치적·사회적 교리에 유용되었다. 적들은 다윈의 이론을 희화화하며 공개적으로 비난했고, 또 어떤 사람들은 경건한 사이비과학의 한심한 잡동사니인 "창조과학"과 다윈의 이론을 우리 아이들의 학교에서 경쟁시키려 했다.[1]

거의 아무도 다윈에 무심하지 않았으며, 또 아무도 무심하려 하지 않았다. 다윈의 이론은 과학 이론이고 위대한 것이었지만, 그것으로 다가 아니었다. 매우 쓰라리긴 하지만, 다윈 이론에 반대했던 창조론자들의 주장은 한 가지 면에서는 옳았다. 즉 다윈의 위험한 생각은 우리의 가장 근본적인 믿음의 직조물을, 그 빼어난 옹호자들이 용인할 수 있는 것보다 훨씬 깊이 파고들어가 잘라냈다는 것이다.

우리는 나이가 들어가면서, 앞서 말한 노래를 아무리 애틋하게 회상한다 해도, 그 노래를 문자 그대로 받아들일 때의 달콤하고 단순한 시각에 흥미를 잃는다. 그리고 우리 모두를 (크든 작든 모든 피조물을) 하나하나 사랑스럽게 빚어내고, 우리가 보기에 기쁘도록 하늘에 빛나는 별을 뿌려 반짝이게 한 그 친절한 신, **그** 신은 산타클로스처럼 어린 시절의 신화 같은 것이지, 현혹되지 않은 제정신의 어른이 문자 그대로 믿을 수 있는 그 어떤 것도 아니다. **그** 신은 좀 덜 구체적인 무언가를 위한 기호로 바뀌거나 완전히 버려져야만 한다.

과학자들과 철학자들이 모두 다 무신론자인 것은 아니다. 그리고 그들 중 많은 이들이 신이라는 자신들의 관념이 다윈주의적 얼개와 평화로이 공존하며 살아갈 수 있다고 주장하거나, 심지어는 공존할 수도 있고 더 나아가 지지됨을 알 수 있다고 믿는 신앙인들이다. 의인화된 '수공예가 신Handicrafter God'은 없지만, 그들의 삶에 의미와 위안을 줄 수 있는, 그래서 그들의 눈에 경배할 가치가 있는 신은 여전히 있다. 그런가 하면 다른 이들은 전적으로 세속적인secular 철학, 즉 절망을 피할 때 최고 존재—우주 그 자체와는 다른 어떤 것—라는 개념의 도움을 받지 않는 방식으로 삶을 바라보는 관점에 가장 큰 관심을 두고 있다. 이러한

---

1 나는 창조론의 깊숙한 결점을 하나하나 열거하거나 그것에 대한 나의 단호한 비난을 방어하는 데 이 책의 지면을 조금도 할애하지 않을 것이다. 나는 키처Kitcher(1982), 푸투야마Futuyama(1983), 길키Gilkey(1985) 등이 이 작업을 존경스러울 만큼 잘해두었다고 생각한다.

사상가들의 생각에도 신성한 무언가가 **있긴** 하지만, 그들은 그것을 신이라 부르지는 않는다. 아마도 그들은, 삶이나 사랑 또는 선량함, 지성, 아름다움, 인간성 같은 말로 그것을 칭할 것이다. 이 두 집단은 이처럼 가장 깊은 곳에서의 신념을 달리한다. 그럼에도 두 집단이 공유하는 것은, 삶에는 정말로 의미가 있으며, 선량함(이로움)goodness이 관건이라는 확신이다.

하지만 **삶의** 목적과 경이로움에 대한 이런 태도의 여러 버전들 중, 다윈주의와 직면했을 때 유지될 수 있는 것이 **있기는 할까?** 아예 처음부터, 다윈이 자루에서 가장 고약한 고양이를 꺼내 풀어놓는 것을 보았다고 생각한 사람들이 있었다. 그 고양이의 이름은 바로 허무주의이다. 만약 다윈이 옳다면, 그건 두려워할 게 아무것도 없다는 함축을 지니리라고 그들은 생각했다. 그러니까, 단도직입적으로 말하자면, 의미 있는 것이 아무것도 없다는 것으로 귀결되리라고 본 것이다. 이는 과잉 반응일 뿐일까? 다윈의 생각이 함축하는 바는 정확히 무엇일까? 그리고 어쨌든 그것은 과학적으로 증명되었는가, 아니면 아직도 "그저 이론일 뿐"인가?

어쩌면 당신은 우리가 유용한 구분을 할 수 있다고 생각할지도 모른다. 다윈의 아이디어가 그 어떤 합당한 의심의 여지도 없이 정말로 확립되는 부분이 있고, 과학적으로 저항할 수 없는 부분들을 추측을 통해 확장한 영역이 존재한다고 말이다. 만약 운 좋게도 그런 구분이 가능하다면, 바위처럼 확고한 과학적 사실들은 어쩌면 종교나 인간 본성 또는 삶의 의미 등에 관해 그 어떤 놀라운 함축도 지니지 못할 것이다. 그리고 그러는 사이 다윈의 아이디어 중 사람들을 모두 화나게 할 부분은, 위에서 구분한 것 중 후자의 영역에, 즉 과학적으로 저항할 수 없는 부분을 논란의 여지가 매우 많게 확장하거나 그저 해석한 영역에 속하는 것으로 여겨지며 격리될 수 있을 것이다. 그럼 안심이 될 것이다.

아아, 하지만 그렇게 하는 것은 단지 뒷걸음치는 것일 뿐이다. 진화

이론을 둘러싸고 격렬한 논란이 소용돌이치고 있는 것은 사실이지만, 다윈주의에 위협을 느끼는 사람들이 이 사실에 힘입어 용기를 내게 해선 안 된다. 대부분의—모두는 아닐지라도—논쟁은 "단지 과학"인 문제들과 연관되어 있다. 따라서 어느 쪽이 이기든, 그 결과가 다윈의 기본 사상을 무효로 만들지는 않을 것이다. 그 어떤 과학에서도 안전한 그 아이디어는, 삶의 의미가 무엇이며 무엇이 될 수 있는지에 관한 우리의 시각에 실로 매우 광범위한 영향을 미친다.

1543년, 니콜라우스 코페르니쿠스Nicolaus Copernicus는 지구가 우주의 중심이 아니라 사실은 태양 주위를 공전하는 행성 중 하나라고 주장했다. 그 아이디어는 한 세기 이상에 걸쳐 서서히 스며들었고, 사실상 고통 없는 변화가 있었다. (마르틴 루터Martin Luther의 협력자였던 종교개혁가 필리프 멜랑히톤Philipp Melanchthon이 "기독교의 주권자들 중 누군가"가 이 미치광이를 억압해야 한다는 의견을 내긴 했지만, 그런 아주 약간의 기습 공격이 제안됐던 것을 제외하면 코페르니쿠스 자신은 세상을 그다지 흔들지 못했다.) 코페르니쿠스 혁명은 마침내 "전 세계에 울려 퍼지는 총성"을 낼 수 있게 되었지만, 그것은 갈릴레오의 《두 체계의 세계에 관한 대화Dialogo sopra i due massimi sistemi del mondo》에 힘입은 것이었다. 그러나 이 책은 과학자들 사이에서 그 문제가 더는 논쟁거리가 아니게 될 때까지는, 즉 1632년 전까지는 출판되지 못했다. 갈릴레오가 쏘아 올린 탄환은 로마 가톨릭교회의 악명 높은 반응을 불러일으켰고, 충격파를 터트렸다. 그리고 그 충격파의 반향은 이제야 잦아들고 있다. 그러나 장대한 서사시에 맞먹는 극적인 대립이 있었음에도, 우리의 행성이 창조의 중심이 아니라는 생각은 이제 사람들의 마음속에 비교적 가뿐하게 자리하고 있다. 오늘날의 모든 학생들은 눈물이나 공포 없이 이것을 사실로 받아들인다.

다윈 혁명 역시 그 정당한 결과로서, 지구상의 교육받은 모든 이들의 머릿속에서—그리고 가슴속에서—(코페르니쿠스 혁명과) 비슷하게 안전하며 편안한 위치를 점하게 되겠지만, 다윈 사망 후 한 세기가 넘게 지난 지금에 와서도 우리는 우리 마음을 혼란케 하는 다윈 이론의 함축을 받아들이는 법을 여전히 배우지 못하고 있다. 과학적 세부 사항들이 크게 정리될 때까지는 광범위한 대중의 주의를 끌지 못했던 코페르니쿠스 혁명과는 달리, 다윈 혁명은 불안해하는 일반 관중들과 응원자들이 처음부터 편을 갈라 참여자들의 소매를 잡아당기고 과시 행동을 부추겼다. 과학자들 자신도 그들과 동일한 희망과 두려움에 사로잡혀 움직였다. 그러므로 이론가들 사이에 존재하는 비교적 첨예한 갈등이 종종 그들의 지지자들에 의해 침소봉대되었을 뿐 아니라, 그 과정에서 심각하게 왜곡되었다는 것은 놀랄 일이 아니다. 모두가 희미하게나마 보아왔다. 많은 것이 위태롭다는 것을.

게다가, 다윈이 자신의 이론을 스스로 표현한 것은 실로 기념비적이었고 그 위력이 당대의 많은 과학자 및 사상가들에게 즉각적으로 인식되었음에도, 그의 이론 안에는 커다란 틈이 있었다. 그 틈은 최근에야 적절하게 메워지기 시작했다. 돌이켜 보면 가장 큰 틈은 거의 이상하기까지 하다. 다윈은 그 모든 눈부신 사색들 안에서 중심 개념을 전혀 떠올리지 않았다. 그 개념 없이는 진화 이론이 가망이 없는데도 말이다. 그 중심 개념이란 바로 **유전자** 개념이다. 다윈에게는 유전(대물림)의 적절한 **단위**가 없었기에, 자연선택 과정에 대한 그의 설명은 그 과정이 정말로 작동할 수 있는가 하는 전적으로 합리적인 의심들에 시달렸다. 다윈은 생물의 자손들이 언제나 부모의 특성들이 혼합된 것 또는 특성들의 평균에 해당하는 특성을 보일 것이라고 가정했다. 그런데, 그렇다면 그런 "특성을 섞는 대물림"은 언제나 모든 차이들을 평균화시킬 테니 결국에는 모든 것이 균일한 회색으로 되어버리지 않을까? 어떻게 그런 가차 없는 평균화를 극복하고 다양성이 살아남을 수 있을까? 다윈은 이런 문제 제기의 심각성을 인식했으나, 다윈 자신은 물론이고 그의 열렬한 많은 지지자 중 그 누구도 이에 제대로 응수하지 못했다. 부모 형질들을 결합하면서도 그 기저에 깔린 변하지 않는 정체성은 유지할 수 있는, 설득력 있고 잘 문서화된 유전 메커니즘을 기술하는 데 실패했던 것이다. 그들에게 필요했던 아이디어는 손닿는 곳에 있었다. 수도사 그레고어 멘델Gregor Mendel이 그 메커니즘을 밝혀내고 ("공식화하고"라고 쓰면 너무 강한 표현이 될 것이다) 1865년에 오스트리아의 비교적 덜 알려진 한 저널에 발표하기까지 했던 것이다. 그러나 그의 논문은 수십 년 동안 눈에 띄지 않았고, 1900년쯤에야 그 중요성이 (처음에는 어렴풋이) 알려지기 시작했다. 이는 과학사에서 가장 잘 알려진 아이러니이다. "근대적 종합Modern Synthesis"(사실 다윈과 멘델의 합성이다)의 핵심을 차지하는 이 성공적인 이론 확립은 테오도시우스 도브잔스키Theodosius Dobzhansky, 줄리언 헉슬리Julian Huxley, 에른스트 마이어Ernst Mayr를 비롯한 많은 이들의 작업 덕분에 1940년대에 마침내 탄탄해지게 되었다. 그리고 그 새 직조물의 주름을 펴기까지 또 다른 반세기가 걸렸다.

현대 다윈주의의 근본 핵심, 즉 DNA에 기반한 복제와 진화 이론은 이제 과학자들 사이에서는 논쟁의 여지가 없는 것이 되었으며, 매일 그 위력을 발휘하고 있다. 행성 규모의 지질학적·기상학적 사실들에서 중간 규모의 생태학과 농경학을 거쳐, 미시 규모의 최신 유전공학에 이르기까지의 설명에 결정적으로 기여하면서 말이다. 그 이론은 우리 행성의 역사와 모든 생물학을 하나의 장엄한 이야기로 통합한다. 소인국 릴리퍼트Lilliput에서 밧줄에 묶인 걸리버처럼 이는 옴짝달싹할 수 없게 고박되어 있는데, 약한 연결고리들을 품었을 수도 있는—가망이 없는 상태에서 희망을 바라는—한두 개의 거대한 논증의 사슬이 버텨주고 있기 때문이 아니라, 인간 지식의 사실상 모든 영역에 닻을 내린 수십만 가닥의 증거들에 의해 안전하게 묶여 있기 때문이다. 어쩌면 새로운 발견들이 다윈 이론 안에서의 극적인, "혁명적"이기까지 한 **변동들**을 견인할 수 있으리라는 상상도 가능할 것이다. 그러나 모종의 파괴적인 돌파에 의해 다윈 이론이 "논박될" 것이라는 희망은 우리가 지구 중심 시각으로 되돌아가서 코페르니쿠스적 시각을 버릴 수도 있을 것이라는 희망만큼만 합리적이다.

그러나 여전히, 다윈의 이론은 현저하게 과격한 논쟁들에 휘말려 있다. 이 불타오르는 과격함의 이유들 중 하나는 과학적 문제들에 대한 이러한 논쟁들이 대개 왜곡되기 때문인데, 그 왜곡이 생기는 것은 "잘못된" 대답들이 견딜 수 없는 도덕적 함의들을 지닐 것이라는 두려움 때문이다. 그런 두려움이 너무도 큰 나머지, 그 논쟁들은 정교화되지 못한 채 산만한 반박과 재반박이 몇몇 층위로 쌓이기만 하다가 주의를 끌지 못하는 외진 곳으로 이내 조심스레 버려진다. 논쟁에 참여한 사람들은 그늘 안에 도사린 두려운 것을 효과적으로 감추기 위해 주제를 약간씩 바꾸며 영원한 논쟁을 벌인다. 주로 이 잘못된 방향 때문에, 우리 모두가 새로운 생물학적 관점을 지니고 편안하게 살 수 있는 날이 계속 미뤄지는 것이다. 코페르니쿠스가 우리에게 선사한 천문학적 관점과는 이미 더불어 편안하게 생활하고 있는데 말이다.

다윈주의가 논제가 될 때마다 열기는 상승한다. 지구에서 생명이 어떻게 진화했는가에 관한 경험적 사실들이나 그 사실들을 설명하는 이론의 정확한 논리만으로 끝나는 것이 아니라, 그보다 더 많은 것들의 승패가 달려 있기 때문이다. 그런 중요한 것들 중 하나는, "왜?"라는 질문을 던지고 그에 답하는 것이 무엇을 의미하는가에 대한 시각이다. 다윈의 새로운 관점은 몇 가지 전통적 가정을 아래위로 뒤집어, 무엇이 이 오래되고 피할 수 없는 질문의 만족스러운 답으로 간주되어야 하는가에 관한 우리의 표준적 생각들의 기반을 약화시킨다. 여기에서 과학과 철학이 완전히 얽힌다. 과학자들은 때때로 자기 자신들을 속인다. 철학적 생각들은 그저, 기껏해야 과학의 어렵고도 객관적인 승리에 덧대어진 장식이나 기생적 논평들일 뿐이라고 생각하면서, 그리고 혼란을 해체하는 데 스스로의 인생을 바치는 철학자들과는 달리, 과학자 자신들은 그런 혼란에 면역력이 있다고 생각하면서 말이다. 그러나 철학에서 벗어난 과학 같은 것은 없다. 철학적 수하물을 검수받지 않고 탑승하는 과학만이 있을 뿐이다.

다윈 혁명은 과학적 혁명인 동시에 철학적 혁명이며, 이 둘 중 어떤 혁명도 상대방 없이는 일어날 수 없었을 것이다. 곧 보겠지만, 다윈 이론이 실제로 어떻게 작동하는지를 목도하지 못하게 막은 것은 과학적 증거들의 부족보다는 철학에 대한 과학자들의 편견이었다. 그러나 철학에 대한 그런 편견들은 진작 버려졌어야 했음에도, 단순한 철학적 명석함에 의해 제거되기에는 너무도 깊이 박혀 있다. 다윈이 제안한 이상하고도 새로운 세계관을 진지하게 받아들이도록 사상가들을 강제하기 위해서는 어렵게 얻은 과학적 사실들을 줄줄이 과시하여 저항할 수 없게 하는 것이 필요했다. 과학적 사실들의 그 아름다운 행렬들을 아직 접하지 않은 사람들이라면 전前 다윈주의적 생각들에 대한 그들의 지속적인 충성을 용서받을 수도 있을 것이다. 그리고 전투는 아직 끝나지 않았다. 심지어 과학자들 사이에서도 저항 구역이 존재한다.

내 패를 솔직하게 다 보여주겠다. 누군가가 가졌던 최고의 아이디어 하나에 내가 상을 줄 수 있다면, 나는 뉴턴과 아인슈타인을 비롯한 모든 사람을 다 제쳐놓고 다윈에게 줄 것이다. 자연선택에 의한 진화라는 생각은 생명 및 의미의 영역뿐 아니라 공간과 시간의 영역, 원인과 결과의 영역, 메커니즘과 물리 법칙의 영역을 단번에 통합시킨다. 그러나 이는 그저 놀라운 과학적 아이디어에 불과한 것이 아니다. 그것은 위험한 생각이다. 다윈의 위대한 아이디어에 대한 나의 찬탄은 끝나지 않을 테지만, 나 역시 도전적으로 **보이는** 많은 생각과 이상들을 소중히 여기고 그것들을 보호하길 원한다. 예를 들어, 나는 캠프파이어 노래와 그 노래 안에 깃든 아름답고 진실된 것들을 보호하고 싶다. 내 어린 손자와 그 친구들, 그리고 그들이 커서 낳을 아이들을 위해서 말이다. 다윈의 아이디어 때문에 위험에 처한 더 많은 위대한 생각들도 있다. 그리고 그것들 역시 어쩌면 보호가 필요할 수도 있다. 이를 위한 유일한 좋은 방법—장기적으로 보았을 때 기회가 있을 단 하나의 방식—은 연막을 헤치고 나아가 그 생각들을 가능한 한 의연하게, 그리고 냉정하게 바라보는 것이다.

이번에는 "거봐, 거봐, 다 잘될 거라니까" 하고 그냥 넘어가지는 않을 것이다. 우리가 할 검토에는 용기가 꽤 필요하다. 감정이 상할 수도 있다. 진화에 관한 글을 쓰는 사람들은 보통 과학과 종교의 충돌을 피하려 한다. 알렉산더 포프Alexander Pope가 일찍이 말했듯이, 천사들이 밟기 두려워하는 땅으로 바보들이 들이닥친다.[2] 여러분은 나를 따라올 텐가? 이 충돌에서 무엇이 살아남을지 진정으로 알고 싶지 않은가? 그 만남(충돌)으로 인해 달콤한 견해—또는 더 나은 것—가 무너지기는커녕 온전히 살아남고, 오히려 강화되고 심화된다는 것이 밝혀진다면 어떻게 될까? 절대 방해받아서는 안 된다고 당신이 잘못 믿었던 신념에, 병상에 누워 있는 깨지기 쉬운 신념에 안주하는 대신 강화되고 쇄신된 신조를 선택할 기회를 포기해버리는 것은 부끄러운 짓 아닐까?

신성한 신화에 미래는 없다. 왜 없을까? 우리의 호기심 때문이다. 앞서 말했던 노래가 상기시켜주듯, **우리는 왜 그런지를 알고 싶어 하니까**. 우리는 그 노래가 제공하는 대답에 만족하기에는 너무 성장해버렸다. 그러나 그 노래가 던지는 질문을 넘어설 정도로 성장하지는 못할 것이다. 우리가 소중히 여기는 것이 무엇이든, 우리는 그것을 호기심으로부터 보호할 수는 없다. 우리가 우리로 존재하므로, 우리가 소중히 여기는 것들 중 하나가 진리이기 때문이다. 진리에 대한 우리의 사랑은 확실히 우리 삶에 있어 우리가 찾는 의미의 중심 요소다. 어쨌든, 우리 자

2 [옮긴이] 천사는 매 걸음을 조심해서 내디디려 하지만 바보는 서두른다는 의미로 많이 사용된다. 알렉산더 포프가 《비평론An essay on criticism》(1711)에 쓴 말이다. 지금 이 글에서는 "충돌을 너무 두려워한 나머지 그쪽으로 발을 내딛기조차 주저하는 것보다는, 고고한 천사가 아닌 바보 소리를 들을지언정 충돌에서 어떤 일이 벌어질지, 그 위험해 보이는 곳으로 용감하게 한번 가보자"라는 의미로 이 구절을 인용하였다.

신을 속여서 의미를 보존할 수도 있으리라는 생각은, 내가 제공한 아이디어(물론 이것을 참아 넘길 수 있는 사람들에게 제안한 것이다)보다도 더 비관적이고 허무주의적인 생각이다. 만약 그게 할 수 있는 최선이라면, 결국 중요한 것은 아무것도 없다고 결론지어야 할 것이다.

그러므로 이 책은, 간직할 가치가 있는 유일한 삶의 의미는 그것을 시험하려는 우리의 최선의 노력을 견딜 수 있다는 데에 동의하는 사람들을 위한 것이다. 그렇게 생각하지 않는 사람들은 지금 책을 덮고 까치발로 살금살금 돌아 나가시라.

머무르기로 한 사람들을 위해 나의 계획을 여기 공개한다. 1부에서는 다윈 혁명을 더 넓은 체계 안에 위치시키고, 그것이 그 세부적인 내용을 아는 이들의 세계관을 어떻게 변화시킬 수 있는지 보여줄 것이다. 이 첫 장은 다윈 이전에 우리 생각을 지배했던 철학적 아이디어들의 배경을 설정한다. 2장에서는 다윈의 중심 아이디어를 다소 새로운 양식으로 소개한다. 그 새로운 양식이란 진화의 아이디어를 알고리즘 과정으로 보는 것이다. 그리고 그에 대한 몇몇 일반적인 오해들을 명확히 할 예정이다. 3장에서는 이 아이디어가 1장에서 조우했던 전통을 어떻게 뒤집는지를 보여준다. 4장과 5장에서는 다윈주의적 생각하기 방식이 열어젖힌 놀라운—그리고 많은 이들을 불안에 빠뜨리는—관점 중 일부를 탐험한다.

2부에서는 다윈의 아이디어—신다윈주의neo-Darwinism 또는 근대적 종합—에 대한 생물학 자체에서 일어났던 도전들을 조사해보고, 다윈에 반대했던 몇몇 이들의 선언과는 반대로, 다윈의 아이디어가 이러한 논쟁들에서 살아남는다는 것을, 그것도 온전히 살아남을 뿐 아니라 강화된다는 것을 보여줄 것이다. 그러고 나서 3부에서는 2부에서와 동일한 사고가 우리가 가장 신경 쓰는 종—*호모 사피엔스Homo sapiens*—에게로 확장될 때 무슨 일이 생기는지를 보여준다. 다윈 자신은 이것이 많은 사람에게 걸림돌이 되리라는 것을 아주 잘 인식하고 있었고, 사람들이 당황하지 않도록 그 새로운 내용들을 차분하게 전달하기 위해 그가 할 수 있는 것을 했다. 그로부터 한 세기가 더 지났건만, 지금도 어떤 이들은 그들이 다윈주의에서 보았다고 스스로 생각하는 ('모든'까지는 아니더라도) 대부분의 무시무시한 영향으로부터 우리를 분리시키는 해자를 파고 싶어 한다. 3부는 그런 시도들이 사실과 전략 모든 면에서 착오라는 것을 보여준다. 다윈의 위험한 생각은 직접적으로 그리고 많은 수준에서 우리에게 적용될 뿐 아니라, 다윈주의적 사고를 인간의 문제들—이를테면 마음 문제, 언어 문제, 지식 문제, 윤리 문제—에 적절하게 적용하면, 다윈의 생각은 전통적 접근법들에 언제나 빛을 비추어주던 방식으로, 즉 오래된 문제들을 다시 주조하고 그 해답들을 가리키는 방식으로, 앞서 언급한 문제들을 조명해준다. 마지막으로, 전前 다윈주의 사고를 다윈주의 사고와 맞바꿀 때 그 대가로 우리가 손에 넣을 수 있는 것의 가치를 평가할 것이다. 다윈 혁명을 통해 변화되지만 그 혁명의 여정에 의해 강화되는, 우리에게 정말 중요한 것—그리고 우리에게 중요해야만 하는 것—이 어떻게 빛을 발하는지를 보여줌으로써, 그리고 다윈주의적 생각의 사용과 남용 모두를 식별함으로써 말이다.

2. 무엇이, 어디서, 언제, 왜 그리고 어떻게?

인간 과학의 여명기에 아리스토텔레스Aristoteles가 이미 지적했듯이, 사물들에 대한 우리의 호기심은 여러 형태를 띤다. 그것들을 분류한 그의 선구적 노력은 아직도 많은 면에서 꽤 말이 된다. 그는 만물에 대해 우리가 대답을 듣기 원할 듯한 네 가지 기본적 질문들을 식별하고, 그것들 각각의 대답을 네 가지 **아이티아**aitia라고 불렀다. 전통적으로 이 그리스어 단어는 완전히 번역할 수 없는 용어라 여겨지고 있으나, 거칠게 번역하자면 네 가지 "원인들causes"이라고 옮길 수 있을 것이다.

1. 우리는 무언가가 무엇으로 만들어졌는지, 또는 그것의 **질료인** material cause이 궁금할 수 있다.

2. 우리는 그것이 취하는 형상(또는 구조 또는 형태), 즉 그것의 **형상인**formal cause이 궁금할 수 있다.

3. 우리는 그것의 시초, 즉 그것이 어떻게 비롯되었는지, 또는 그것의 **작용인**efficient cause이 궁금할 수 있다.

4. 우리는 그것의 **목적**purpose **또는 목표**goal **또는 종착점**end("수단mean이 목적end을 정당화하는가?"라고 말할 때의 '목적'에 해당하는 것들)이 무엇인가, 즉 아리스토텔레스가 그것의 **텔로스**telos라 불렀던 것, 때로는 영어로 거칠게 "**최종인**final cause"이라고 번역되는 것이 궁금할 수 있다.

아리스토텔레스의 네 아이티아를 표준 영어 의문사 "무엇, 어디, 언제, 왜"에 대한 대답으로 정렬시키려면 어느 정도 조임과 밀침이 필요하다. 그 들어맞음은 오직 단속적으로만 괜찮을 뿐이다. 그러나 "왜"로 시작되는 의문문은 정말로 아리스토텔레스의 네 번째 "원인", 즉 사물의 텔로스를 표준적으로 묻는 것이다. 우리는 묻는다. 왜 그런가? 그것은 무엇을 **위한** 것인가?(What is it for?) 방금 질문은 프랑스어를 사용하여 그것의 레종 데트르raison d'etre 또는 존재의 이유는 무엇인가? 라고 바꿀 수도 있다. 수백 년 동안 철학자와 과학자들은 이 "왜" 질문들에 문제가 있다고 인식해왔으며, 그들이 제기한 화제는 독자적인 이름이 붙을 정도로 뚜렷하다. 그 이름은 바로 목적론teleology이다.

목적론적 설명이란 어떤 것의 존재나 발생을 그것에 의해 제공되는 목표나 목적을 밝힘으로써 설명하는 것이다. 인공물artifact이 그 가장 분명한 경우인데, 인공물의 목표나 목적은 그것의 기능이며, 인공물의 창조자는 자신의 창조물이 그 기능을 제공하도록 설계하였다. 망치의 텔로스에 관해서는 어떠한 논쟁도 없다. 망치의 텔로스는 못을 박고 빼내는 것이다. 망치보다 더 복잡한 인공물, 예를 들면 캠코더나 견인차, CT 스캐너와 같은 것들의 텔로스는 오히려 더 명백하다. 그러나 단순한 경우에서마저 배경에서 어렴풋이 드러나는 문제를 볼 수 있다.

"왜 널빤지를 자르고 있어요?"
"문짝을 만들려고."
"문짝은 왜 만드는 건데요?"
"우리 집을 지키려고."
"집을 왜 지키려고 해요?"
"그래야 밤에 잠을 잘 수 있지."
"밤에 왜 잠을 자려고 하는데요?"
"저리 가. 딴 데 가서 놀아. 그런 바보 같은 질문 그만하고."

이 문답은 목적론의 난관들 중 하나를 잘 보여준다. 이 문답이 완전히 종료되는 지점은 어디인가? 이 이유들의 위계에 종결을 가져오도록 언급될 **최종의** 최종 원인은 무엇인가? 아리스토텔레스는 답을 가지고 있었다: 하나님, 원초적 운동자, 모든 **무엇을-위해들**for-whiches을 종결시키는 **무엇을-위해**for-which. 기독교와 유대교, 이슬람 전통에서 취하고 있는 이 생각은, **우리의** 모든 목적은 궁극적으로 신의 목적이라는 것이다. 이 생각은 확실히 자연스럽고 매력적이다. 회중시계 표면에 투명한 크리스털 유리가 덮여 있는 이유가 궁금한가? 그 답은 명백히 시계 사용자들의 요구사항과 욕구들에 있을 것이다. 시계를 보호하면서도 투명한 유리를 통해 시곗바늘을 보며 시각을 알고 싶다는 바람 같은 것들 말이다. 우리—시계는 **우리**를 위해 창조된 것이다—에 관한 이러한 사실들이 아니었다면, 시계 유리의 "왜"에 관한 설명은 존재하지 않을 것이다. 우주가 신의 목적들을 위해 신에 의해 창조된 것이라면, 우리가 찾을 수 있는 모든 목적들은 궁극적으로 신의 목적들이 되어야만 한다. 그런데 신의 목적들이란 뭘까? 그것은 미스터리에 싸여 있다.

그 미스터리에 대한 불편함을 피할 방법 중 하나는 화제를 약간 바꾸는 것이다. 사람들은 종종 "왜why" 질문에 "왜냐하면because" 유형의 대답(질문에서 실제로 요구하는 것으로 보이는 종류의 대답)으로 대응하는 것이 아니라 그 질문을 "어떻게how" 질문으로 대치해 **그것이 어떻게 생겨났는가**how it came to be의 이야기를 함으로써 답하려고 시도한다. 그리고 그런 이야기는 신이 우리와 우주의 나머지 부분을 창조하셨다는 이야기로 귀결된다. 도대체 신이 왜 그러고 싶어 하는가에 관해서는 지나치게 많이 곱씹지 않은 채로 말이다. "어떻게" 질문은 아리스토텔레스의 질문 명세서에 따로 항목이 기재되어 있진 않지만, 그가 자신의 분석을 시작하기 훨씬 오래전부터 행해져온 대중적인 질문과 대답이었다. 가장 거대한 "어떻게" 질문은 **조화로운 우주**cosmos가, 그러니까 전체 우주universe와 그곳의 거주자들이 어떻게 존재하게 되었는가에 관한 이야기인 **우주생성론**cosmogony이다. 성서의 《창세기》는 우주생성론이지만 다른 우주생성론도 많다. 빅뱅 가설을 탐구하는, 그리고 블랙홀들과 초끈superstring에 대해 추측하는 우주론자cosmologist들은 오늘날의 우주생성론을 만드는 사람들이다. 모든 고대 우주생성론들이 다 인공물 제작자의 패턴을 따르는 것은 아니다. 어떤 것은 신화 속의 새가 "깊은 물 속"에 낳은 "세계 알world egg" 같은 것들을 이야기하고, 또 어떤 것은 세계의 씨앗을 뿌리고 보살피는 이야기를 포함하기도 한다. 인간의 마음으로는 도저히 이해할 수 없는 그런 놀라운 질문과 마주했을 때, 인간의 상상력이 끌어낼 수 있는 자원은 얼마 되지 않는다. 오래된 창조 신화 중 하나는, "생각으로 수역水域을 창조하고 그 안에 씨앗을 심어 황금알이 되게 한, 그리고 그 황금알 안에서 스스로 브라흐마Brahma, 즉 세계들의 창시자로 태어난" "스스로 존재하는 주self-existent Lord"를 이야기한다.(Muir 1972, vol. IV, p. 26)

이 모든 알 낳기나 씨 뿌리기, 세계 짓기의 요점은 무엇일까? 아니면, 그 문제에 대한 빅뱅의 요점은 무엇일까? 오늘날의 우주론자들은, 역사상의 많은 선대 우주론자들처럼 재미있는 이야기를 하지만, 목적론의 "왜" 질문은 비켜 가려 한다. 우주universe가 존재하는 이유가 있는가? 이유들은 우주cosmos를 설명하는 모종의 이해할 만한 역할을 하고 있는가? 무언가가 어떤 이유로, 그러나 **누군가의** 이유는 아닌 이유로 존재할 수 있는가? 아니면 이유들—아리스토텔레스의 유형 (4)의 원인—은 오직 사람을 비롯한 합리적 행위자의 행위와 작업에 대한 설명에만 적합한가? 만일 신이 이성적 인물, 즉 합리적 행위자이자 지성적 수공예자Intelligent Artificer가 아니라면, 가장 큰 "왜" 질문은 어떤 가능한 의미를 지닐 수 있을까? 가장 큰 "왜" 질문에 아무런 의미도 없다면(어떻게 해도 말이 안 되는 것이라면), 그것보다 더 작고 더 지엽적인 "왜" 질문들은 어떻게 말이 될 수 있을까?

다윈의 가장 근본적인 공헌은 우리에게 "왜" 질문을 말이 되게 할 새로운 방식을 보여주었다는 것이다. 좋든 싫든, 다윈의 아이디어는 이 오래된 난제를 해소할 한 가지 방식—명료하고, 설득력 있고 놀랍도록 다재다능한 방식—을 제공한다. 그러나 이 방식은 익숙해지는 데 시간이 좀 필요하며, 다윈의 가장 충실한 친구들조차 이 방식을 종종 잘못 적용하곤 했다. 이 사고방식을 점진적으로 노출시키고 명확하게 만드는 것이 이 책의 중심 프로젝트이다. 다윈주의적 생각은 지나치게 단순화된 것과 조심스럽게 구분되어야 하며, 모두에게 인기 있는 사기꾼과도 구분되어야 한다. 그 과정에서 우리는 몇몇 세부 사항들을 지키는 수고를 해야 하겠지만, 충분히 그럴 만한 가치가 있다. 그렇게 했을 때 우리는, 더 나아가지 못한 채 원을 그리며 뱅글뱅글 돌지도 않고 미스터리의 무한 퇴행으로 휩쓸려 들지도 않는, 안정적인 설명 체계라는 상賞을 최초로 얻게 될 것이다. 보아하니 어떤 이들은 미스터리의 무한 퇴행을 훨씬 선호할 테지만, 그러면 현대의 세상에서는 어마어마한 대가를 치러야만 한다. 그 대가란, 당신은 당신 자신이 완전히 기만당하도록 만들어야 한다는 것이다. 당신이 스스로를 속일 수도 있고 다른 사람이 그렇게 하도록 만들 수도 있다. 그렇지만 이해를 가로막는 장벽은 다윈이 이미 부수어버렸고, 그 장벽을 재건할, 지적으로 방어 가능한 방식은 존재하지 않는다.

여기에 어떤 공헌을 했는지 평가하려면 먼저, 다윈이 세상을 뒤집기 전에 세상이 어떻게 보였는지를 알아보면 된다. 일단 다윈과 같은 국적의 두 사람, 존 로크John Locke와 데이비드 흄David Hume의 눈을 통해 세상을 보면, 다윈이 쓸모없게 만들어버린 세계관—많은 방면에서 우리의 것과 흡사한—에 대한 명확한 시각을 얻을 수 있을 것이다.

3. 마음의 일차성에 대한 로크의 "증명"

> 존 로크는 상식을 발명했고,
> 그 이후로 오직 영국인만이 그것을 지녀왔다!
>
> —버트런드 러셀[3]

"비교 불가 뉴턴 씨"와 동시대 인물인 존 로크는 영국 경험주의의 창시자 중 한 사람이며, 경험주의자라는 명칭에 걸맞게 합리주의 부류의 연역적 논증에는 그다지 관심을 두지 않았지만, 그답지 않게 "증명"을 해보려고 시도하기도 했다. 그중 하나는 여기 고스란히 인용할 가치가 충분한데, 그 시도가 다윈 혁명 전에 버티고 있던 상상력 봉쇄의 양상을 완벽하게 그려내주기 때문이다. 그의 논증은 현대인의 눈에는 이상하고 부자연스러워 보일 수도 있지만, 일단 인내하시라. 그리고 그의 논증을, 우리가 그때로부터 얼마나 멀리 왔는지를 보여주는 지표로 여기시라. 로크 자신은 자기가 그저 사람들에게 명백한 것을 상기시킬 뿐이라고 생각했다! 《인간지성론An Essay Concerning Humane Understanding》(1690, IV, x, 10)에서 가져온 아래의 구절에서 그는 사람들이 어느 경우에나 마음속으로 알고 있다고 그가 생각하는 바—"가장 처음에in the begining" 마음이 있었다—를 증명하고자 했다. 그는 스스로 물으며 논증을 시작한다. 무언가 영원한 것이 있긴 하다면,

> 그렇다면, 만약 어떤 영원한 것이 있어야만 한다면, 그것이 어떤 종류의 존유자Being여야 하는지 살펴보자. 그리고 그에 있어, 그것이 필연적으로, 생각하는cogitative 존유자여야 함은 이지Reason에 비추어보아 명백하다. 가장 기본적인, 사고력 없는 물질이 생각하고 지능 있는 존유자를 낳는다고 받아들이는 것은 불가능하기 때문인데, 이는 무無가 스스로 물질을 낳는다고 받아들일 수 없는 것과 같다. ……

로크는 철학에서 가장 오래되고 자주 사용되는 격언 중 하나인 **엑스 니힐로 니힐 피트**Ex nihilo nihil fit, 즉 "무에서는 아무것도 생기지 않

---

3 전형적인 러셀 식의 이 과장된 말을 내게 해준 사람은 길버트 라일Gilbert Ryle이다. 라일은 옥스퍼드의 철학 웨인플리트 석좌교수라는 화려한 경력을 지녔다. 그럼에도 그는 자신과 러셀은 거의 만나지 않았으며 그 이유의 꽤 많은 부분은 그가 제2차 세계대전 후로는 강단철학을 멀리한 데 있었다고 내게 말했다. 하지만 한번은, 지루하기 짝이 없는 기차 여행에서 그와 러셀이 같은 칸을 쓰게 되었는데, 세계적 명성의 동료 여행자와 대화를 해보고자 필사적으로 애쓰면서 그가 러셀에게 물었다고 한다. 왜 버클리나 흄, 라이드만큼 독창적이지도 않고 훌륭한 작가도 아니었던 로크가 영어권 철학계에서 그들보다 더 영향력이 있었다고 생각하는지를 말이다. 위에 쓴 말은 러셀의 대답이었고, 라일에 따르면, 그것이 그들이 나눈 유일한 좋은 대화의 시작이었다.

는다"를 논급하면서 증명을 시작한다. 이는 연역 논증이기 때문에, 그는 가늠자를 높이 잡아야만 했다.[4] 그에게 "가장 기본적인, 생각하지 않는 물질이 생각하고 지능 있는 존유자를 낳는다"는 것은 단지 있을 법하지 않거나 그럴듯하지 않거나 받아들이기 힘든 것일 뿐 아니라, 상상조차 불가능한 것이다. 논증은 일련의 점증적 단계들을 통해 진행된다.

> 크든 작든, 영원한 물질의 한 조각을 상정해보자. 우리는 그것이 그 자체로는 아무것도 낳을 수 없음을 발견할 수 있을 것이다. …… 따지고 보면 물질은, 자기 자신 속에 운동Motion조차 낳지 못한다: 그 물질이 가진 운동은, 그 운동 역시 영원Eternity에서 온 것이어야만 하고, 그렇지 않다면 그 물질보다 훨씬 능력 있는 다른 존유자가 낳아 그 물질에 부가된 것이어야만 한다. …… 그러나 운동도 영원하다고 상정해보자: 그리고 아까처럼 물질도 함께 상정하자. 생각하지 않는 incogitative 물질과 운동은, 모습이나 부피는 어떻게든 변화시킬 수 있다 해도, 결코 사유를 낳지는 못했을 것이다: 지식은 여전히 운동과 물질이 낳을 수 있는 것이 지니는 능력의 저 먼 너머에 있을 것이고, 이는 물질이 무 또는 비실유nonentity가 낳을 수 있는 것의 능력 저 너머에 있는 것과 마찬가지다. 그래서 나는 모든 사람 각자의 사유들에 호소한다. 물질이 무에서 태어난다는 것을 받아들이는 것이, 지능적인 존유자나 사유 같은 것이 있기 전의 시간에 사유가 순수한 물질에서 태어난다는 것을 받아들이는 것만큼 불가능한 일인지 아닌지.

---

4 [옮긴이] 경험주의에서 자주 사용하는 귀납 추론은 개별 사실들로부터 시작하지만, 연역 추론은 대전제로부터 시작하여 그로부터 개별 사실들을 도출하는 것이므로, 도출되는 결론과 직접적으로 관련되는 개별 내용들이 사실상 논리적으로 대전제 안에 포함되어 있어야 한다. 또한 연역 추론은 전제들이 옳다면 그로부터 연역되는 모든 개별 명제들의 참이 보증되므로, 연역 추론의 시작이 되는 대전제는 귀납 추론의 시작이 되는 개별 명제와는 그 지위와 무게 자체가 전혀 다르다. 이런 의미로 데닛은, 로크가 자신이 평소에 주로 사용하는 귀납 논증이 아닌 연역 논증을 시도했으므로, 출발점을 평소보다 높게 잡아야 했다고 말한 것이다.

로크가 이 "결론"을 확실히 하기 위해 "모든 사람 각자의 사유들"에 안전하게 "호소할" 수 있다고 판단했다는 점이 흥미롭다. 그는 **자신의** "상식"이 정말로 **상식**이라고 확신했다. 그러니 "물질과 움직임이 '모습과 부피'의 변화를 생산할 수는 있지만 '사유'는 **결코** 생산할 수 **없다**는 것이 얼마나 명백한지 우리가 모른단 말인가?"라고 모두에게 호소한 것이다. 그런데 그런 질문은 로봇의 가능성, 아니면 적어도 물질로 이루어진 그들의 머리 안의 움직임에 진정한 '생각'이라는 것이 있다고 주장하는 로봇들의 가능성을 배제해버리지는 않을까? 데카르트 시대와 마찬가지로 로크의 시대에도 인공지능Artificial Intelligence(AI)이라는 바로 그 아이디어는 생각하기조차 불가능한 것에 너무도 가까워서, 로크는 자신의 청중을 향해 이렇게 호소하면 만장일치의 지지를 얻을 수 있으리라고 확신에 찬 기대를 할 수 있었을 것이다. 물론 오늘날에는 이렇게 호소하면 조롱당할 테지만 말이다.[5] 그리고 앞으로 보게 되겠지만, 인공지능이라는 분야는 다윈의 아이디어의 직계 후손이다. 인공지능의 탄생은 바로 다윈에 의해 예견된 것이나 다름없는데, 인공지능은 자연선택의 공식적인 힘을 진정 인상적으로 시연한(아트 새뮤얼Art Samuel의 전설적인 체커 게임 프로그램은 나중에 좀 더 자세히 다룰 것이다) 최초의 것들 중 하나에 수반되어 탄생했다. 그리고 진화와 인공지능 모두 많은 이들에게 똑같은 혐오감을 불러일으킨다. 그것들을 좀 더 잘 알아야만 하는 사람들에게도 말이다. 이에 대해서는 다음 장들에서 알아보기로 하고, 우선 로크의 결론으로 돌아가자.

---

5 데카르트가 '운동하는 물질'로서의 '사고'라는 생각을 할 수 없었다는 것에 대해 나는 《의식의 수수께끼를 풀다Consciousness Explained》(1991a)에서 길게 논의한 바 있다. 제목마저 매우 적절한 존 해걸랜드John Haugeland의 책 《인공지능: 바로 그 아이디어Artificial Intelligence: The Very Idea》(1985)는 그런 생각을 할 수 있게 해주는 철학적 방법에 관한 좋은 입문서가 될 것이다.

그러므로 무無가 최초의 것이거나 영원하다고 가정한다면, 물질은 결코 존재하기 시작할 수 없다. 가장 기본적인 물질, 그러니까 운동도 없는 물질을 영원한 것이라고 가정한다면, 운동은 결코 존재하기 시작할 수 없다. 물질과 운동만이 최초의 것이거나 영원한 것이라고 가정한다면, 사고는 결코 존재하기 시작할 수 없다. 왜냐하면, 운동과 함께하든 아니든, 물질은 본원적으로는 그 자신 안에, 그리고 그 자신으로부터 감각, 지각, 지식을 가질 수 없기 때문이다. 여기에서 명백하게 나타나듯이, 그렇다면 감각과 지각, 지식은 물질 및 그 물질을 구성하는 모든 분자들과 영원히 분리 불가능한 속성이어야만 한다.

그러므로, 로크가 옳다면 마음은 홀로 생겨나든 무언가와 동시에 생겨나든 일단 최초로 생겨나야 한다. 무언가보다 나중에 존재하게 되어서는 결코 안 되며, 마음보다 단순하고 무마음적인 현상들이 융합된 결과로 생성되어서도 안 된다. 이는 유대교와 크리스트교 (그리고 이슬람교) 우주생성론의 핵심 측면을 전적으로 대중적이고도 논리적으로—혹자는 '수학적'이라고 말할 뻔했을 것이다—옹호하는 것이라고 주장된다. 그 우주론의 핵심은 이러하다: 로크가 말하는 것처럼, 태초에 마음—"생각하는 존유자"—과 함께 무언가가 있었다. 전통적 생각에 따르면, 신은 사고하는 이성적 행위자이며 세계를 설계하고 지은 존재이며, 과학이 인정하는 최고의 인장과 함께 여기 계시는 존재이다. 마치 수학적 정리theorem처럼, 그것을 부정한다는 것은 차마 마음에 품지조차 못할 일이다.

이는 다윈 이전의 많은 명석하고 회의적인 사상가들에게도 그렇게 보였다. 로크 이후 거의 100년이 지나서야, 영국의 다른 회의주의자 데이비드 흄이 이 문제와 다시 마주했다. 서양 철학의 걸작 중 하나로 평가되는 《자연종교에 관한 대화Dialogues Concerning Natural Religion》(《대화》)에서 말이다.

4. 흄의 근접 조우

흄 시대에 자연종교Natural religion는 자연과학들에 의해 지지되는 종교를 의미했으며, 계시—확신의 점검 불가능한 원천이나 불가사의한 경험—에 의존하는 "계시종교revealed religion"와는 반대되는 것이었다. 그러니까, 누군가가 지닌 종교적 믿음의 유일한 기반이 "꿈에서 신께서 내게 그리 말씀하셨소"라면, 그의 종교는 자연종교가 아니라는 소리다. 17세기로 들어와서야 과학이 모든 신념에 대한 새롭고 경쟁력 있는 증거의 표준을 만들어냈으니, 그전에는 이와 같은 종교의 구별이 그다지 말이 되지 않았을 것이다. 이 구분을 받아들이면 다음과 같은 질문이 생겨난다.

> 당신은 당신의 종교적 신념들에 대한 과학적 근거를 하나라도 제시할 수 있는가?

과학적 사고의 위세가—다른 모든 조건들이 동일할 때—열망할 가치가 있다고 인식한 많은 종교 사상가들이 이 도전에 응했다. 만약 누군가가 마땅히 지녀야 할 신조가 존재한다면, 자신의 신조에 대한 과학적 입증을 꺼리는 사람이 왜 그리하는지 이해하기 힘들다. 종교적 결론들을 위한 과학적 논증이라고 알려진 것들 중 그때나 지금이나 가장 압도적으로 선호되는 것은 '설계로부터의 논증(논변)Argument from Design'의 이런저런 버전들이다. 설계로부터의 논증은 이렇게 흐른다: 세계에서 우리가 객관적으로 관찰할 수 있는 결과들 중에는 그저 우연의 산물이 아닌 (다양한 이유로 우연의 산물일 수 없는) 것들이 많다. 그것들은 지금 그것들의 모습으로 존재할 수 있도록 설계되었어야 하며, 그런 설계는 '설계자Designer' 없이는 있을 수 없다. 그러므로, '설계자', 즉 신은 존재해야만 한다(또는 존재했음이 틀림없다). 이 모든 놀라운 결과들의 원천으로서 말이다.

그러한 논증들은 로크의 결론으로 이르는 대안적 경로, 즉 상상 불가능한 것으로 치부되는 것에 그리도 노골적이고 직접적으로 기대는 대신, 어느 정도 더 경험적인 세부 사항들을 통해 우리를 데리고 갈 경로를 탐색하는 시도로 읽힐 수 있다. 예를 들어, 관찰된 설계들의 실제 특성들은 '설계자'의 지혜를 헤아릴 때의 근거와 그런 경이로운 것들이 단순한 우연에 의해서는 생겨날 수 없다는 우리의 확신이 기반할 근거를 확보하기 위한 것으로 분석될 수도 있을 것이다.

흄의 《대화》에서는 가상의 세 인물이 원숙한 재치와 활기로 논쟁을 해나간다. 클레안테스는 설계로부터의 논증을 옹호하며, 가장 웅변적인 논변을 그 논증에 제공한다.[6] 여기 그 논변을 여는 진술이 있다.

> 세계를 둘러보게, 세계 전체와 그것을 이루는 모든 부분들을 자세히 관찰해보게. 자네는 이 세계가 하나의 커다란 기계에 불과하며 그것은 그보다 더 작은 무수히 많은 기계로 세분되고 또 다시 인간의 감각과 정신적 능력으로는 더는 할 수 없고 설명할 수 없는 정도로까지 세분된다는 것을 알게 될 것이네. 이들 모든 기계들과 그것의 모든 세밀한 부분들parts은 그것을 세밀하게 관찰한 모든 사람의 감탄을 자아낼 만큼 정확하게 서로 조정되어 있네. 수단이 목적에 기이할 만큼 꼭 맞추어지는 것은, 모든 자연에 걸쳐 인간의 고안품, 즉 인간의 설계design, 사고, 지혜, 지성의 산물과—그것보다는 훨씬 뛰어나

---

6 1803년의 책 《자연신학Natural Theology》에서 윌리엄 페일리William Paley는 설계로부터의 논증을 훨씬 상세한 생물학적 세부 사항 안으로, 많은 기발한 미사여구들을 덧붙이며 도입했다. 페일리의 이 영향력 있는 버전은 실제로 다윈이 공격하려 한 목표이자 영감의 원천이 되었으나, 흄의 클레안테스야말로 논쟁의 모든 논리적이고 수사적인 힘을 포착했다 해도 과언이 아니다.

지만—정확히 닮아 있네. 따라서 결과가 서로 유사하기에 유비의 모든 규칙에 따라 그 원인 또한 유사할 것이며 그 결과 자연의 창조주는, 그가 행하는 일의 크기에 비례해 그의 능력 또한 크겠지만, 인간의 정신과 다소 유사하리라고 추론하게 되네, 이 같은 후험적 논증에 의해, 그리고 이 논증만으로 신Deity의 존재를 단번에 증명할 뿐 아니라 신이 인간의 정신이나 지성과 유사하다는 것을 증명하게 되네. 〔2장〕(번역서 35쪽)[7]

클레안테스를 공격하는 회의주의자 필로는 논변을 정교하게 다듬어, 상대를 무너뜨릴 판을 짠다. 페일리의 유명한 예시가 등장할 것을 예견하기라도 했던 것처럼, 필로는 이렇게 언급한다. "특정한 모양이나 형식이 없는 쇳조각 여러 개를 동시에 던져보게. 그것들이 스스로 배열되어 시계를 이루는 일은 결코 없을 것이네."[8] 그의 말은 계속된다. "돌과 모르타르, 나무가 있다 해도 건축 설계가 없다면 집이 세워지지 않지. 그러나 우리 마음속의 생각들은, 시계나 집을 만들 계획을 짤 수 있도록 설명할 수 없는 미지의 조직economy에 의해 그 스스로 배열되는 것으로 보이네. 그러므로 경험은, 질서에 대한 고유한 원리가 물질 안에 있는 것이 아니라 마음속에 있음을 증명하지."(2장)

설계로부터의 논증은 귀납 추론에 의존한다는 것을 알아야 한다:

---

7 〔옮긴이〕 흄의 《대화》에서 발췌된 부분은 번역서(《자연종교에 관한 대화》, 이태하 옮김, 2008년, 나남)의 것을 거의 그대로 가져오고, 이 책의 중요 용어들로 번역되지 않은 곳들을 부분적으로 고치고, 진화론의 철학과 직접적으로 연결될 수 있으나 그렇게 번역되지 않은 부분들만 고치는 형식을 취하였다. 그리고 원래의 번역으로도 보고 싶은 이들을 위해 번역서의 해당 페이지를 모두 밝혔다.

8 예르트센Gjertsen은, 2000년 전에 키케로가 이와 똑같은 목적으로 똑같은 예시를 들었다고 지적한다. "해시계나 물시계를 보면, 그것이 시각을 알려주는 것은 설계에 의한 것이지 우연에 의한 것이 아님을 볼 수 있다. 그렇다면 우주가 인공물들 자체와 그 인공물을 만든 숙련공들까지 모두 아우를 때, 우주 전체에 목적과 지성이 결여되어 있다고 어떻게 상상할 수 있겠는가."

연기가 나는 곳에는 불이 있다; 그리고 설계가 있는 곳에는 마음이 있다. 그러나 이는 불확실한 추론이다. 필로는 관찰한다: 인간의 지성은

> 일상적으로 우리가 관찰하는 열과 냉기, 인력과 척력, 그밖에 수많은 것들처럼 우주의 기원과 원리 중의 하나에 불과한 것으로 …… 그러나 부분에 대한 결론이 전체에 대한 결론으로 타당하게 발전될 수 있겠나? …… 머리카락의 성장을 관찰하는 것으로 인간의 발생에 대해 무언가를 알 수 있을까? …… 우리가 사유라고 부르는 뇌의 작은 흥분에 어떤 특권이 있기에 우리는 그것을 전 우주의 모델로 삼아야만 하는가? …… 얼마나 놀라운 결론인가! 이 작은 지구에 이 시간 존재하는 돌, 나무, 벽돌, 철, 청동도 인간의 솜씨와 계획 없이는 어떤 질서나 정돈을 이룰 수 없네, 따라서 우주는 원초적으로 인간의 솜씨와 유사한 어떤 것 없이는 질서order와 정돈arrangement이 이루어질 수 없네. 〔2장〕(번역서 42~43쪽)

게다가, 우리의 마음속 제1 원인이 그것의 "설명할 수 없는 미지의 조직"과 함께 놓여 있다고 한다면, 이는 문제를 뒤로 미뤄두는 것일 뿐이라고 필로는 논평한다:

> 자네가 만족스러우면서도 완결적이라고 생각하는, 그 원인에 대한 원인을 발견하기 위해서는 좀 더 높이 거슬러 올라가야만 하네. …… 따라서 자네가 자연의 창조주로 가정하는 그 존재의 원인에 관해 또는 자네가 말하는 신인동형주의anthropomorphism에 따라 물질적인 것의 근원이라고 생각하는 관념적 세계에 관해 어떻게 우리가 만족하겠는가? 그 관념적 세계가 또 다른 관념적 세계에 근거하거나 또는 새로운 지성적 원리에 근거한다고 생각하지 못할 이유가 무엇인가? 우리가 여기서 멈추어 더 나아가지 못한다면 왜 여기까지 왔는

> 가? 왜 물질적 세계에서 멈추어서는 안 된단 말인가? 무한히 계속하지 못한다면 우리가 어떻게 만족할 수 있을까? 또한 결국에는 무한히 진행한다고 해서 과연 만족할 수 있을까? 〔4장〕(번역서 59~60쪽)

이 수사적 질문들에 클레안테스는 만족스럽게 대응하지 못한다. 설상가상으로 더욱 좋지 못한 일이 벌어진다. 클레안테스가 신의 마음이 사람의 마음과 같은 것이라고 주장한 것이다—그리고 필로가 "더 나은 것이다"라고 말하자 그에 동의한다. 그러나, 동의를 얻자 필로는 클레안테스를 압박하며 묻는다. 신의 마음은 "그가 행하는 것들에 있어 모든 오류나 실수, 비일관성과 무관할 정도로 완벽"하냐고.(5장) 거기서 경쟁가설이 배제된다.

> 그런데 그가 다른 사람을 모방했을 뿐 아니라 거듭된 시험, 실수, 교정, 심의 그리고 논의를 거쳐 오랜 세월을 두고 점진적으로 개선되어 온 기술을 그대로 모방한 우둔한 기술자에 불과함을 알게 된다면 얼마나 놀라겠는가? 이 체계가 만들어지기 전에 영속적인 시간 동안 수많은 세계가 잘못 만들어져 폐기되었을지도 모르네. 많은 노력이 물거품이 되고 수많은 시도가 무익한 것이 되었을 것이네. 그래서 세계를 만드는 기술은 무한한 시간 동안 아주 느리고 지속적인 발전을 거듭해온 것이네. 〔5장〕(번역서 68~69쪽)

이처럼 필로는 마치 다윈의 통찰을 예견한 것 같은, 숨이 멎을 만큼 놀라운 추측들을 말하며 이 눈부신 상상력의 대안을 제시했지만, 이것이 '전지한 수공예가all-wise Artificer'라는 클레안테스의 시각을 저지할 논증이 될 것이라고 진지하게 기대하지는 않는다. 흄은 단지 그가 우리 지식의 한계라고 보았던 것에 대한 주장을 분명히 하기 위해 이를 사용한 것이다: "그러한 주제들에 있어 진리가 어디 있는지 누가 결정할 수 있겠는가. 아니, 그 개연성이 어디 있는지 누가 추측할 수 있겠는가. 제안될 수 있는 엄청난 수의 가설들 가운데, 상상할 수 있는 훨씬 더 많은 것들 가운데 말일세."(5장) 상상력은 가지각색의 것들을 분방하게 쏟아내고, 필로는 그 다산성을 남김없이 이용함으로써 클레안테스를 궁지로 몰아넣는다. 어떻게 하면 클레안테스의 가설들을 괴상하고 우스꽝스럽게 변형시킬지를 고안하면서, 그리고 왜 필로 자신의 버전들이 선호되어야 하는지를 보여주기 위해 클레안테스에게 대항하면서. "왜 세계를 구성하고 틀을 짤 때, 여러 신들이 결합하면 안 되는가? …… 그리고 왜 완벽한 신인동형론자가 되면 안 되는가? 신 또는 신들은 왜 육체적이라고, 눈, 코, 입, 귀 등이 있다고 주장해서는 안 되는가?"(5장) 한 지점에서, 필로는 가이아 가설을 연상시키는 말을 한다: 우주는

> 동물이나 유기체와 매우 닮았으며, 따라서 이들에게 작용하는 것과 유사한 생명과 운동의 원리에 따라 작동되는 것처럼 보이네. 우주 내에 있는 물질의 지속적인 순환은 어떠한 무질서도 야기하지 않으며 …… 따라서 나는 세계가 하나의 동물이며 신은 이 세계를 작동하게 하고 또 그 세계에 의해 작동되는, 세계의 **영혼**이라고 추론하네. 〔6장〕(번역서 74쪽)

아니면, 어쩌면 세계는 동물보다는 정말로 식물에 가깝지 않을까?

> 한 나무가 인접한 지면에 씨를 떨어뜨려 다른 나무를 만드는 방식으로 이 커다란 식물인 세계 또는 행성계가 스스로 씨를 만들어 주위의 혼돈에 뿌림으로써 새로운 세계를 생장하게 하는 것이네. 예를 들면, 혜성이 세계의 씨이네. …… 〔7장〕(번역서 81쪽)

그리고 이에 더해, 무모해 보이는 가능성도 제안한다.

> 브라만Brahmin들에 따르면, 자신의 뱃속에서 실을 뽑아내 이 복잡한 전체 세계를 만들고 나중에 그것들 중 일부나 전체를 다시 삼켜 자신의 본질로 용해하여 소멸시키는 무한히 커다란 거미에서 이 세계가 생겨났다고 하네. 이것이 황당한 종류의 우주론인 것은, 거미란 우리가 그것의 행동을 전 우주의 모델로는 결코 삼지 않을 그런 미천한 동물이기 때문이네. 그러나 이것은 여전히 우리 행성에서조차 새로운 종류의 유비이네. 게다가 거미들만이 사는 행성이 있다면 (이것은 매우 가능한 이야기네), 이 추론은 우리 행성에서 모든 사물의 기원을 클레안테스가 설명하는 설계와 지성에 돌리는 추론만큼 거기에서는 자연스럽고 논박할 수 없는 것으로 보일 것이네. 클레안테스는 왜 질서정연한 이 세계가 머리뿐 아니라 뱃속에서 만들어질 수 없는지 그것에 대해 만족할 만한 이유를 대기 어려울 것이네. 〔7장〕(번역서 86쪽)

클레안테스는 투지를 잃지 않고 이 맹공격에 저항하지만, 필로는 클레안테스가 고안할 수 있는 모든 버전의 논증들이 지니는 치명적인 결함을 들추어낸다. 그러나 모든 대화의 끄트머리에서는 필로가 클레안테스에게 동의하면서 우리를 놀라게 한다:

> …… 정당한 결론은 …… 우리가 제1 원인이며 최상의 원인을 신이라 부르는 것에 만족하지 못할 뿐 아니라 좀 더 다양한 표현을 사용하고 싶다면, 그와 상당한 유사성을 지니고 있다고 생각되는 **정신**(MIND)또는 **사유**(THOUGHT) 외에 달리 그를 무어라 부를 수 있겠는가? 〔12장〕(번역서 133쪽, 강조는 흄.)

《대화》에서 필로는 확실히 흄의 대변자이다. 흄은 왜 굴복했을까? 기득권층의 보복이 두려워서? 아니다. 흄은 자신의 책이 설계로부터의 논증이 과학과 종교 간의 고칠 수 없을 정도로 결점 투성이인 교량이었음을 보여준다는 것을 알고 있었고, 그래서 핍박을 피하기 위해 그의 사후(1776년)에 출판되도록 꼼꼼하게 안배해놓았다. 그가 굴복한 이유는 그 자신이 자연의 장엄한 설계의 기원에 대한 다른 설명을 상상할 수 없었기 때문이다. 흄은 "모든 자연을 통틀어 목적에 맞도록 수단이 기묘하게 적응하고 있는 것"이 어떻게 우연에 의한 것이라고 볼 수 있는지, 그리고 우연에 의한 것이 아니라면 무엇에 의한 것인지 알지 못했다.

지성적 신에 의한 것이 아니라면 이 고품질 설계는 어떻게 설명될 수 있는가? 실제든 가상이든 그 어떤 철학적 논쟁을 따져보아도, 필로는 가장 독창적이고 지략 충만한 논쟁자 중 한 명이며, 암흑 속에서도 놀라운 실력으로 정곡을 찌르며 대안을 사냥했다. 8장에서 그는 한 세기 정도나 이르게 다윈의 생각(그리고 더 최근의 정교화된 다윈주의의 주장들)과 닿을락 말락 한 몇 가지 추측을 생각해냈다.

> 에피쿠로스가 했던 것처럼 물질을 무한하다고 가정하는 대신에 유한하다고 가정해보세. 유한한 수의 입자들은 단지 제한된 전위transposition를 할 수 있을 뿐이며, 영원히 지속되는 시간 동안 무수하게 가능한 모든 질서와 위치를 잡아가게 되네. …… 물질에는 그것에 본질적인 것으로 보이는 영속적인 불안정성을 유지하면서 한편으로는 그것이 생성하는 형체에 항구성을 유지시켜주는 어떤 체계나 질서 그리고 조직economy이 있을까? 분명히 그러한 조직이 있네. 왜냐하면 이것이 실제로 현실 세계의 경우이기 때문이네. 그러므로 무한한 전위에는 미치지 못하는 물질의 지속적인 운동이 이 같은 조직이나 질서를 만들어내는 것이 분명하며, 질서는 그 본성상 일단 자리를 잡으면 영속적이지는 않지만 오랫동안 스스로 유지되네. 그러나 물질이 영속적인 운동을 지속할 만큼 균형이 잘 잡히고, 정돈되고, 조정이 이루어지면서 형체에 항구성을 유지하는 경우에 그 상황은 반

> 드시 지금 우리가 관찰하고 있는 기술이나 재간contrivance과 그 모습이 동일하게 되네. …… 이들 특정한 부분들 중 어떤 것의 결함이라도 형체를 파괴하게 되고 그 형체를 구성했던 물질은 다시금 분해되어 어떤 다른 일정한 형체로 결합될 때까지 불규칙한 운동과 소동 속에 빠지게 되네.
>
> …… 물질이 어떤 것에 의해 유도되지 않는 맹목적인 힘에 의해 어떤 상태에 놓이게 되었다고 가정하세. 이 첫 번째 상태는 각 부분들의 조화와 더불어 목적과 수단의 조정과 자기 보전의 성향을 찾아볼 수 있는 인간의 고안품과는 아무런 유사성도 없기에 아마도 가장 혼돈스럽고 가장 상상하기 어려운 무질서를 보일 것임이 틀림없네. …… 그 작용하는 힘이 무엇이 되었든 물질 안에 존속한다면 …… 우주는 오랫동안 혼돈과 무질서의 연속 가운데 있어왔네. 그러나 우주가 …… 마침내 안정을 이루는 것이 과연 불가능할까? …… 우리는 이러한 상황이 어떤 것에 의해 유도되지 않는 물질의 영원한 변혁으로 인해 생겨난 것이라 기대하거나 확신할 수는 없을까? 또한 이것이 우주 안에서 외형적으로 드러나는 모든 지혜나 재간을 설명할 수는 없을까? (번역서 88~91쪽)

흠, 어느 정도 말이 되는 것 같다. …… 그렇지만 흄은 필로의 과감한 시도를 진지하게 채택할 수 없었다. 그의 최종 판결을 보자: "판단에 대한 불안함의 총합이 여기서 우리가 지닌 유일한 합리적 자원일세."(8장) 흄보다 몇 년 전에, 드니 디드로Denis Diderot도 다윈의 전조를 아슬아슬하게 보여주는 몇 가지 추측을 쓴 바 있다: "나는 당신에게 계속 주장할 수 있다 …… 괴물들이 연달아 서로를 완패시켰다고. 물질의 흠결 있는 조합들은 모두 사라졌고, 조직에 그 어떤 중요한 모순도 포함되지 않은 것들만이, 그리고 자신에 의해 스스로를 존속시킬 수 있고 영속시킬 수 있는 것들만이 살아남았다고."(Diderot 1749) 진화에 대한 매력적인 아이디어들은 1000년 동안 떠돌아다니고 있었지만, 대부분의 철학적 아이디어들이 그러하듯, 그것들이 문제에 대한 해답을 거의 손 닿는 곳에 가져다주고 있었던 것처럼 보였음에도 불구하고, 그들은 더 멀리 나아가겠노라고, 그래서 새로운 탐색의 장을 열어젖히거나 시험 가능한 놀라운 예측을 생성하거나 명백하게 설명을 위해 설계된 것이 아닌 그 어떤 사실이든 설명해보겠노라고 기약하지 않았다. 진화 혁명은 떠도는 아이디어들에서 바로 일어나지 않았다. 자연에 관해 어렵사리 얻은, 그리고 때로는 놀라운, 문자 그대로 수천 개의 사실들로 이루어진 설명의 직조물에 진화 가설을 어떻게 엮어 넣을 수 있는지를 찰스 다윈이 알게 되기까지 기다려야 했다. 다윈이 그 훌륭한 아이디어를 처음부터 끝까지 혼자서 꾸며내어 창안한 것도 아니고, 그 아이디어를 공식화했을 때 그것을 온전히 이해한 것도 아니었다. 그러나 그는 그 아이디어를 명확히 하고 다시는 휩쓸려 떠내려가지 않도록 묶어 놓는 기념비적인 작업을 해냈으므로, 누가 했든 얻어냈을 인정을 받을 자격이 있다. 다음 장에서는 그의 기초적 업적을 살펴볼 것이다.

1장: 다윈 전에는, "마음이 최초" 관점이 도전받지 않고 군림했다: 지성적 신이 모든 '설계'의 궁극적 원천이자, 연쇄를 이루는 "왜" 질문의 궁극적 대답으로 간주되었다. 이런 관점이 해결할 수 없는 문제들을 교묘하게 드러내 보였으며 다윈주의적 대안을 얼핏 보기까지 했던 데이비드 흄마저도, 이를 어떻게 진지하게 다루어야 할지 알지 못했다.

2장: 종의 기원에 관한 비교적 온건한 질문에 답하기 시작하면서, 다윈은 자신이 자연선택이라고 부르는 과정은 무마음적이고 무목적적이고 기계적인 과정이라고 기술했다. 이는 훨씬 더 장엄한 질문에 대한 답의 씨앗인 것으로 드러났다. 그 질문은 이렇다. "'설계'는 어떻게 존재하게 되었는가?"

2장

생각이 태어나다

An Idea Is Born

1. 종은 뭐가 그렇게 특별한가

찰스 다윈은 로크의 개념적 마비를 풀어줄 해독제를 제조하거나 흄에게서 간신히 벗어난 장엄한 대안 우주론을 명확히 하는 작업에도 착수하지 않았다. 그가 자신의 위대한 아이디어를 떠올렸을 때, 그는 정말로 그것이 진정 혁명적인 귀결을 지닐 것임을 알았지만, 처음부터 생명의 의미라든가 심지어는 그것의 기원을 설명하려는 시도는 하지 않았다. 그의 목표는 약간 더 신중한 것이었다. 그는 종species의 기원을 설명하고자 했다.

그의 시대에는 박물학자들이 생명체들에 관한 몹시 흥미로운 사실들을 산더미처럼 모아놓았고, 그 사실들을 몇 가지 차원에서 체계화하는 데 성공을 거두었다. 이 작업에서 경이로움의 두 가지 위대한 원천이 출현했다.(Mayr 1982) 첫째, 거기에는 유기체들의 **적응**에 관한 모든 발견들이 있었다. 흄의 클레안테스는 이에 매료되어 이런 말을 했다. "이들 모든 기계들과 그것의 모든 세밀한 부분들은 그것을 세밀하게 관찰한 모든 사람의 감탄을 불러일으킬 만큼 정확하게 서로 조정되어 있네."(2장, 번역서 35쪽) 둘째, 거기에는 생명체들의 풍부한 **다양함**이 있었다. 문자 그대로 서로 다른 수백만 종의 식물과 동물이 있었던 것이다. 왜 이토록 많은가?

유기체들의 설계가 보여주는 이 다양함은, 어떤 면에서는 그 설계의 우수성 때문에 놀라웠지만, 더 놀라운 것은 그 다양함 내에서 식별되는 패턴들이었다. 유기체들 사이에서 수천의 점진적 이행과 변이들이 관찰되었는가 하면, 어마어마한 격차도 있었다. 어류처럼 헤엄치는 새와 포유류는 있었지만, 아가미가 있는 새는 없었다. 개는 크기와 모양 면에서 매우 다양하지만, 개고양이dogcats나 개소dogcows 또는 깃털 난 개는 없었다. 그 패턴들은 분류될 필요가 있었고, 다윈 시대의 위대한 분류학자들은 두 계kingdom(식물계와 동물계)의 상세한 위계를 창조하는 작업을 했다. 계는 다시 문phylum(복수형은 phyla)으로 나뉘고, 문은 또 강class으로 나뉘며, 강은 목order으로, 목은 과family로, 그리고 과는 속genus(복수형은 genera)으로 나뉘고 속은 마침내 종species(단수와 복수의 형태가 같음)으로 나뉜다. 물론 종도 세분될 수 있다. 종은 아종subspecies으로 나뉘고, 아종은 다시 변종variety으로 나뉘는데, 코커스패니얼과 바셋하운드는 개 또는 *카니스 파밀리아리스Canis familiaris*라는 하나의 종에 속한 서로 다른 두 변종이다.[1]

과연 얼마나 많은 종류의 유기체가 존재했을까? 그 어떤 두 유기체

---

1 [옮긴이] 동물 분류의 순서를 아종 아래의 것들까지 나타내면 다음과 같다. 생명>도메인(역)domain>계kingdom>문pyllum>강class>목order>과family>속genus>종species>아종subspecies>변종variety>아변종subvariety>품종breed/race>아품종subbreed. 동물명명규약에서는 변종부터는 정식 분류 계급에 포함되지 않는다.

도 정확하게 똑같지는 않으므로—일란성 쌍둥이도 아주 정확하게 똑같지는 않다—유기체의 수만큼 많은 유기체 종류가 있었다. 그러나 그 차이가 부수적인 것과 주된 것으로, 또는 **부차적인(우연적인)**accidental **것과 본질적인**essential **것**으로 등급화되거나 분급될 수 있음이 명백해 보였다. 아리스토텔레스는 이와 같이 가르쳤고, 이는 추기경에서 화학자, 그리고 원예사에 이르기까지 모든 사람의 생각에 스며든 철학의 한 조각이 되었다. 아리스토텔레스의 철학에 따르면, 모든 사물—생물뿐 아니라—은 두 가지 속성을 지닌다. 그 하나는 본질적 속성들로, 그것이 없다면 사물은 지금 그 자신이 속해 있는 특정 유형kind의 것이 되지 못한다. 그리고 다른 하나는 부차적(우연적) 속성들인데, 이는 하나의 특정 유형 내에서 자유롭게 변할 수 있는 것이다. 금덩이는 모양을 **자유롭게**ad lib 바꿀 수 있지만 여전히 금이다. 그것을 금으로 만들어주는 것은 그것의 본질적 속성들이지, 부차적 속성들이 아니다. 유형마다 본질이 있다. 본질들은 확정적이고 시간을 초월한 것인 만큼, 변하지 않으며 실무율적all-or-nothing이다. '꽤 은rather silver'이나 '준準 금quasi-gold', '반半 포유류semi-mammal' 같은 사물은 있을 수 없다.

아리스토텔레스는 플라톤의 이데아 이론을 개선한 버전으로 자신의 본질 이론을 발전시켰다. 이데아 이론에 따르면 지구의 모든 사물은, 시간을 초월하여 존재하며 신의 지배를 받는 플라톤식 이데아들의 이상적인 모범 사례 또는 '형상Form'의 불완전한 복사본이거나 반영이다. 물론 플라톤의 이 추상 관념들의 천국은 눈에 보이지 않지만, 연역적 사고를 통해 '마음Mind'과 접촉될 수 있는 것이었다. 예를 들어, 기하학자들이 원과 삼각형을 생각하고 그것에 관한 정리들을 증명했다고 할 때, 그들이 실제로 생각하고 연구한 것은 원과 삼각형의 '형상'이었다. 그곳에는 독수리의 '형상'과 코끼리의 '형상'도 있으므로, 그 천국이 마음과 접촉될 수 있도록 자연에 대한 연역적 사고를 해볼 가치가 충분히 있었다. 그러나 지구상의 그 어떤 원도, 컴퍼스로 아무리 조심스럽게 그리든 도

자기 물레로 아무리 조심스럽게 돌려 만들든, 유클리드 기하학의 완벽한 원들 중 하나가 될 수 없다. 이와 마찬가지로, 실제의 독수리도 독수리다움의 본질essence을 완벽하게 나타내지 못한다. 그 본질을 드러내고자 제아무리 분투한다 해도 말이다. 존재하는 모든 것에는 그것의 본질을 포착한 신성한 사양서가 있다. 그러므로 다윈이 물려받은 생물 분류학은 그 자체로 아리스토텔레스를 경유하여 전해진, 플라톤 본질주의의 직계 후손이었다. 사실 '종'을 가리키는 영어 단어 "species"는 플라톤이 사용했던 그리스어 단어들 중 '형상'이나 이데아Idea를 나타내는 단어 **에이도스**eidos의 다윈 당시 표준 번역어였다.

다윈의 후대 사람들인 우리는 역사성이 있는 용어들을 이용하여 생명체의 발달에 관해 생각하는 데 너무도 익숙하다. 그렇기에 다윈 시대에는 생물종들이 유클리드 기하학의 완벽한 삼각형이나 완벽한 원처럼 시간을 초월하는 것으로 여겨졌음을 우리 자신에게 상기시키는 데는 특별한 노력이 필요하다. 그 시대에는 종을 구성하는 개별 개체들은 계속 생기고 또 죽어 없어지지만, 종 그 자체는 변하지 않고 남아 있으며 변할 수도 없다고 믿었다. 이는 철학적 유산의 일부였지만 쓸모없거나 나쁜 동기로 만들어진 독단은 아니었다. 코페르니쿠스부터 케플러, 데카르트, 뉴턴에 이르기까지 현대 과학의 모든 개가에는 정밀한 수학을 물질적 세계에 적용하는 것이 포함되었고, 그런 작업은 사물들의 은밀한 수학적 본질들을 찾아내려면 그 사물들의 지저분한 부차적 속성들의 차이를 무시하라고 분명하게 요구한다. 뉴턴의 보편 중력의 법칙, 즉 역제곱의 법칙을 따르는 데 물체의 모양이나 형태가 어떠한지는 차이를 만들어내지 않는다. 그 물체에서 중요한 것은 오직 그것의 질량뿐이다. 이와 비슷하게, 화학자들이 자신들의 근본 신조에 정착하자, 연금술은 화학자들에게 계승되었다. 화학자들의 근본 신조는 다음과 같다: 세계에는 유한한 수의 기본적이고 불변하는 원소들, 예를 들어 탄소, 산소, 수소, 철 같은 원소들이 존재한다. 이 원소들은 시간이 지남에 따라 무수한 조합으로 혼합되고 결합될 수 있지만, 근본적 구성 요소들은 그것들의 **변하지 않는** 본질적 속성에 의해 식별 가능하다.

많은 영역에서, 본질에 대한 교리는 세계의 현상들을 조직하는 강력한 조직자처럼 보였다. 그러나 그것이 사람이 고안할 수 있는 모든 분류 체계에 대해 참이었을까? 언덕과 산 사이에 **본질적** 차이가 있을까? 눈과 진눈깨비 사이에는? 저택과 궁전은? 바이올린과 비올라는? 존 로크를 비롯한 일군의 사상가들은 **명목적** 본질nominal essence에 지나지 않는 것과 **실질적** 본질real essence을 구별하는 정교한 교리를 개발했다. 그들에 따르면, 명목적 본질은 우리가 사용하기로 선택한 용어나 이름에 단순히 기생하는 것을 뜻한다. 당신은 당신이 원하는 분류 체계를 무엇이든 확립할 수 있다. 예를 들어, 애견인 클럽에서는 진짜로 우리가 말하는 유형의 스패니얼이 되기 위해 개가 만족시켜야 할 필요조건의 목록을 정의하는 투표가 이루어질 수 있다. 그러나 그 필요조건들은 그저 명목적 본질이지, 실질적 본질이 아니다. 실질적 본질은 사물의 내재적 본성internal nature에 대한 과학적 탐구에 의해 발견될 수 있는 것이며, 이 내재적 본성이 바로 원리들에 따라 본질적인 것과 부차적인 것이 구분될 수 있는 곳이다. **원칙에 입각한** 원칙이 무엇인지 정확히 말하기는 어렵지만, 화학과 물리학이 매우 보기 좋게 동조되는 것을 보면, 생물 역시 그것들의 실질적 본질을 정의하는 표지가 있어야만 한다는 것이 이치에 맞는 것처럼 보인다.

생물들의 위계에 대한 이 기분 좋을 만큼 또렷하고 체계적인 관점에서 보면, 실제 세계에는 거북살스럽고 곤혹스러운 사실들이 상당히 많았다. 그런 분명한 예외 사항들은 내각의 합이 180도가 아닌 삼각형이 발견되었을 때 기하학자들이 겪었을 것과 같은 곤란을 박물학자들에게 선사했다. 많은 분류학적 경계들은 날카롭고 또 외관상 예외가 없는 것처럼 보였다. 그럼에도 도무지 분류하기 어려운 방식으로 존재하는 중간 생물들이 있었고, 그것들은 마치 하나보다 많은 본질을 지니는 것처럼 보였다. 그리고 공유하는 속성들과 공유하지 않는 속성들의 기이한 고차 패턴들 역시 존재했다. 조류와 어류가 공유하는 것이 왜 깃털이 아니라 등뼈여야 하는가? 그리고 왜 **눈을 가진 생물**이나 **육식생물** 같은 것은 **온혈동물** 같은 중요한 분류 기준이 되지 못하는가? 분류법에서의 대부분의 구체적인 판결들과 넓은 윤곽선들에는 이론의 여지가 없었지만(물론 지금도 그러하다), 문제적 사례들에 대해서는 열띤 논쟁들이 있었다. 모든 도마뱀 개체들은 하나의 동일한 종에 속하는가, 아니면 몇 개의 상이한 종들로 나뉘는가? 어떤 분류 원칙이 "인정"되어야 하는가? 플라톤의 유명한 이미지에서처럼, 어떤 체계가 "자연을 그것의 마디(이음매)를 따라 자르는가carve nature at the joints"?

다윈 이전의 이러한 논란들은 근본적으로 잘못된 형식을 취하고 있었고, 안정적이고 잘 추동된 대답을 생산할 수 없었다. 왜 하나의 분류 체계가 마디들을 옳게—사물들이 **진실로** 그렇게 되어 있는 바로 그 방식으로—자르는 것이라고 인정되는가에 관한 배경 이론이 없었기 때문이다. 오늘날 서점들도 이와 똑같은 종류의 잘못 형식화된 문제와 마주하고 있다. 베스트셀러, 과학 소설, 공포, 원예, 전기, 소설, 수집, 스포츠, 도감 책들은 어떻게 교차조직화crossorganize해야 할까? 만일 공포 이야기가 진정한 픽션이라면, 실제로 벌어진 공포 이야기는 문제 사례가 된다. 모든 소설은 다 픽션이어야만 하는가? 그렇다면 서적상은 트루먼 카포티Truman Capote가 자신의 책《인 콜드 블러드In Cold Blood》(1965)를 논픽션 소설이라고 묘사했던 것을 존중할 수 없게 된다.[2] 그러나 그 책은 전기biography 코너에도, 역사 코너에도 편안하게 놓이지 않는다. 당신이 읽고 있는 책은 어느 서가에 꽂아야 하는가? 명백하게, 책들을 범주화할

---

2 [옮긴이] 트루먼 카포티는 오헨리 상을 두 번이나 받은 미국의 소설가다. 그가 쓴 소설《티파니에서 아침을》과《인 콜드 블러드》는 영화로도 만들어졌으며, 본문에 나오는《인 콜드 블러드》는 사건 취재와 소설 쓰기를 접목한 것으로 유명하다.

하나의 '옳은 방식'은 존재하지 않는다. 우리가 이 영역에서 찾을 수 있는 모든 것은 다 명목적 본질들이다. 그러나 많은 박물학자들은 일반적 원칙들에 따라, 생물들로 이루어진 자연계의 범주들 중에서 발견되어야 할 실질적 본질들이 있다고 확신했다. 다윈은 이들의 신념에 대해 이렇게 말했다. "그들은 그것이 창조주의 계획을 드러낸다고 믿는다. 그러나 그 창조주의 계획이라는 말이 의미하는 것이 시간이나 공간에서의 질서로 명시되는 것인지 아니면 다른 무언가인지가 명시되지 않는 한, 내가 보기에 우리 지식에 더해지는 것은 아무것도 없다."(《종의 기원》, p. 413)

과학에서는 복잡성을 더함으로써 문제들이 쉬워지는 경우가 가끔 있다. 지질학이 발전하면서 멸종되었음이 명백한 종들의 화석도 잇따라 발견되었는데, 이는 한층 더 심화된 진기함을 선사함으로써 분류학자들을 당혹스럽게 했다. 수백 명의 다른 과학자들과 함께 일했던 다윈은 이런 진기한 것들을 통해 퍼즐을 푸는 핵심 조각을 발견할 수 있었다. 그 핵심은 다음의 두 문장으로 요약될 수 있을 것이다. 종들은 영속 불변의 것이 **아니다**. 종들은 시간이 지나면서 진화해왔다. 모두 알다시피, 탄소 원자들은 지금 그것들이 나타내는 형태 바로 그대로 영구히 존속해왔다. 그러나 탄소와는 달리 생물종은 시간이 흐름에 따라 생겨나기도 하고 시간이 지나면 변화할 수도 있고, 새로운 종들이 또 생겨날 수도 있다. 이 아이디어 자체는 새로운 것이 아니다. 고대 그리스로 거슬러 올라가다 보면, 많은 버전들이 진지하게 논의되어왔음을 알 수 있다. 그러나 강력한 플라톤주의 편향이 그 논의에 대항했다. 그 편향에 따르면, 본질은 변하지 않으며 사물은 그것의 본질을 바꿀 수 없고, 새로운 본질들이—특수 창조Special Creation의 일화들 안에서의 신의 명령에 의한 과정을 제외하면—생겨날 수 없다. 파충류가 조류**로 바뀌는** 것은 구리가 금이 되는 것만큼이나 불가능한 것이었다.

전술한 신념들에 공감하는 것은 오늘날에는 쉽지 않은 일이다. 그러나 그렇게 생각해보도록 노력하고 싶다면 다음과 같은 상상이 도움이 될 수 있을 것이다. 7이라는 수가 한때는, 그러니까 아주아주 오래전에는 짝수였으며 어떻게 그럴 수 있었는지를 보여준다고 주장하는 이론에 대한 당신의 태도가 어떠할지를 생각해보라. 그 이론은, 아주 오래전에는 7이 짝수였으나 수 10(이 수는 아주 오래전에는 소수prime number였다)의 조상들의 일부 속성들과 교환된 배치를 통해 점진적으로 홀수성oddness을 획득해왔다고 주장한다. 물론 말도 안 된다. 상상할 수도 없다. 그런 것을 상상할 수조차 없다는 태도에 상응하는 것이 동시대 사람들에게 깊이 뿌리박혀 있음을 다윈은 알고 있었고, 그것을 극복하려면 굉장히 노력해야 한다는 것도 알고 있었다. 사실 그는, 당대의 나이 든 권위자들은 그들이 종에 대해 믿고 있는 생각만큼이나 태도 또한 불변하는 경향이 있음을 어느 정도 인정했고, 책의 결론 부분에서는 젊은 독자들에게 자신을 지지해달라고 간청하기까지 했다. "종이 변화할 수 있다고 믿는 사람이라면 누구나 자신의 확신을 성심성의껏 표현함으로써 좋은 역할을 할 수 있을 것이다. 그렇게 함으로써만 이 주제를 압도하고 있던 편견의 짐을 치워낼 수 있기 때문이다."(《종의 기원》, p. 482)

본질주의를 타도하려는 다윈의 노력은 오늘날까지도 완전히 흡수되지 못했다. 예를 들면, 요즘 철학에서는 "자연종natural kinds"에 관한 논의들이 많이 이루어지고 있다. "자연종"은 오래된 용어였으나 철학자 W. V. O. 콰인(1969)이 부활시킨 것으로, 콰인은 좋은 과학 범주와 나쁜 과학 범주를 구별하는 제한된 용도로만 꽤 조심스럽게 그 용어를 부활시켰다. 그러나 다른 철학자들의 글에서는 "자연종"이 종종 실질적 본질이라는 늑대를 숨겨주는 양의 탈처럼 사용되곤 한다. 본질주의의 충동은 여전히 우리와 함께 있으며, 그게 꼭 나쁜 이유에서 그런 것도 아니다. 과학은 자연을 그것의 마디를 따라 자르고자 열망하고 있으며, 그 작업을 하려면 본질 또는 본질 같은 무언가가 있어야만 할 것 같은 생각이 종종 든다. 철학계의 거대한 두 계파, 즉 플라톤주의와 아리스토텔레스주의가 이 지점에서는 의견을 같이한다. 그러나 다윈주의라는 돌연변이는, 처음에는 그저 생물학의 유형들에 관한 새로운 사고방식에 불과한 것처럼 보였지만, 우리가 곧 보게 될 것처럼, 다른 현상들과 다른 지식 분야로도 확산될 수 있다. 생물학의 내부와 외부 모두에는 계속되는 문제가 있다. 그러나 그 문제는 일단 우리가 무엇이 어떤 사물을 그 종류의 사물이게 하는가에 관한 다윈주의의 관점을 취하면 순조롭게 녹아 없어질 것이다. 그러나 전통에서 비롯된 생각들은 이 아이디어에 지속적으로 저항할 것이다.

2. 자연선택—몹시 믿기 어려운 주장

> 공작의 꼬리가 그렇게 형성되었다고 믿는 것은 믿기 어려운 주장입니다. 그러나 나는 그것을 믿으며, 그와 같으면서 약간 수정된 원리가 인간에게도 적용된다고 믿습니다.
>
> —찰스 다윈이 쓴 편지(Desmond and Moore 1991, p. 553)

《종의 기원》에서 다윈의 프로젝트는 두 가지로 나뉜다. 하나는 현대의 종들이 과거 종들의 후손들로 재조명된다는 것—종은 진화해왔다—을 증명하는 것이고, 다른 하나는 그 "변화를 동반한 계승descent with modification"[3]이 **어떻게** 일어날 수 있었는지를 보여주는 것이다. 상상하기가 거의, 아주 거의 불가능한 역사적 변형들이 성취되게 이끈 자연선

3 [옮긴이] 다윈은《종의 기원》초판(1859)에서 5판(1869)까지는 'evolution(진화)'이라는 용어 대신 'descent with modification(변화를 동반한 계승)'이라는 표현을 썼다. 'evolution'이라는 단어가 '진보'라는 의미를 함축할 수도 있다고 생각해서였다. 그가 처음으로 'evolution'이라는 단어를 사용한 것은 1871년에 출판된《인간의 유래와 성선택》이었다.

택이라는 메커니즘의 전망이 없었다면, 아마도 다윈은 그것이 실제로 일어났다는 모든 정황 증거를 모으고 정리할 동기를 지니지 않았을 것이다. 오늘날 우리는 다윈의 첫 번째 사례—변화를 동반한 계승이라는 외면할 수 없는 역사적 사실—를 증명하는 것을 꽤 쉽게 상상할 수 있다. 그런 외면 불가능한 사건들을 초래하는 메커니즘—이를테면 자연선택 혹은 다른 메커니즘이라도—에 대한 그 어떤 고려도 하지 않으면서 독립적으로 말이다. 그러나 다윈에게 그 메커니즘이라는 아이디어는 그가 필요로 했던 사냥 면허였던 동시에, 물어 마땅한 옳은 질문을 위한 흔들림 없는 지침이기도 했다.[4]

자연선택이라는 아이디어 자체는 다윈이 기적적으로 창조해낸 새로운 것이 아니라, 꽤 많은 해 동안, 심지어는 수 세대에 걸쳐 활발하게 논의된 아이디어들의 후손이었다(이 지성적 역사에 관한 뛰어난 설명은 리처즈R. Richards의 1987년 저작에 기술되어 있다). 그 부모뻘 아이디어들 중 가장 중요한 것으로는 토머스 맬서스Thomas Malthus의 1798년 저서 《인구론Essay on the Principle of Population》에 담긴, 인간은 과잉 출산을 하기 때문에 철저한 조치를 취하지 않으면 인구 폭발과 기근을 막을 수 없다는 주장이었다. 다윈은 이에서 통찰을 얻었다. 인구 과잉을 저지하도록 작용할 수 있는 사회적·정치적 힘에 관한 맬서스의 암울한 시각은 다윈의 생각에 강한 특색을 부여했을 것이다(그리고 의심의 여지없이 많은 반反 다윈주의자들의 얕은 정치적 공격에도 강한 특색을 부여했을 것이다). 그러나 다윈이 맬서스에게서 얻으려 했던 아이디어는 순수하게 논리적인 것이었다. 정치적 이데올로기와는 전혀 관계가 없으며, 그렇기에 매우 추상적이고 일반적인 용어로 표현될 수 있었다.

---

4 이런 일은 과학에서 종종 발생한다. 예를 들어, 대륙들이 표이한다는—아프리카와 남아메리카가 한때는 붙어 있다가 갈라졌다는—가설에 우호적인 증거가 오랜 시간 동안 여기저기에 매우 많이 놓여 있었다. 그러나 판 구조론이 받아들여지기 전에는, 그 가설은 거의 진지하게 여겨지지 않았다.

생명체가 자손을 많이 남기는 세계를 가정해보라. 그 자손들 역시 많은 자손을 남길 것이므로, 개체는 ("기하급수적으로") 늘어나고 또 늘어날 것이다. 불가피하게, 조만간—사실, 놀랍도록 금세—가용 자원(먹이와 공간, 그리고 유기체가 번식할 때까지 충분히 오래 살아남는 데 필요한 모든 것)에 비해 개체가 훨씬 더 많아질 때까지 말이다. 언제 이런 일이 벌어지든, 이 지점에서는 모든 유기체가 다 자손을 남기지는 못한다. 많은 개체가 자손을 남기지 못하고 죽을 것이다. 장기적으로 번식하는 생물—인간, 동물, 식물(또는, 이 문제에 관해서라면 화성의 복제 기계들도 해당될 것이다. 그러나 맬서스는 이런 공상적인 것들의 가능성에 관해서는 논의하지 않았다)—이라면 **그 어떤 개체군이든** 맞닥뜨리게 될 그 중대 상황의 수학적 불가피성을 지적한 사람이 바로 맬서스다. 번식률이 도태율보다 낮은 개체군은 그 추세를 뒤집지 않으면 절멸로 치닫게 된다. 장기간에 걸쳐 안정적인 개체수를 유지하는 개체군은 그것이 마주하는 이런저런 부침들에 의해 균형이 잡힌 자손 과잉 생산 비율을 설정함으로써 추세를 뒤집는 그 일을 해낼 것이다. 이것은 아마도, 파리를 비롯한 훌륭한 번식자들에게 분명한 것이었을 테다. 그러나 다윈은 자신만의 계산을 내놓으면서 요점을 명확히 했다. "코끼리는 알려진 모든 동물 중 가장 느린 번식자로 여겨지고, 나는 코끼리의 가능한 최소 자연 증가율을 산정하는 데 수고를 좀 들였다. …… 한 쌍의 코끼리가 번식을 시작하고 다섯 세기가 끝나갈 때쯤이면 그 후손인 1500만 마리의 코끼리가 살아 있을 것이다."(《종의 기원》, p. 65)[5] 코끼리는 수백만 년 동안 존재해왔으므로, 우리는 확신할 수 있다. 어느 시기에 태어난 코끼리들이든 오직 그 일부만이 자신들의 자손을 남긴다고.

그러므로 어느 종류의 번식자들이든, 그리고 어느 세대에서든 정

5 초판에서의 이 합산은 잘못된 것으로 드러났으며, 이 점이 지적되자 다윈은 그다음 판에서 자신의 계산을 수정했다. 그러나 일반적인 원리는 여전히 공격받지 않았다.

상적인 상황은 한 세대의 번식으로 생겨난 그다음 세대 중 번식하지 못하는 개체들이 있다는 것, 즉 어느 세대든 번식 가능한 자손보다 더 많은 수의 자손을 생산하는 것이다. 달리 말하자면, 유기체들은 거의 언제나 초긴장 상태의 시간을 보내야 한다.[6] 그러한 초긴장 상태에서는 어떤 관점의 부모가 "승리"할까? 얼마 없는 번식 기회를 잡는 데 모든 생물이 동등한 확률을 지니는, 공평한 복권이 될까? 정치적 맥락에서는, 여기서 권력, 특권, 부정, 배신, 계급 전쟁 등에 관한 불쾌한 주제들이 등장한다. 그러나 우리는 관찰을 낮은 정치적 수준보다 높은 수준으로 관찰 활동을 끌어올려 실행할 수 있고, 그렇게 하면 다윈이 했던 것처럼, 자연에서 무엇이 일어날—일어나야만 할—것인지를 추상적으로 고려할 수 있다.

다윈은 맬서스에게서 발견한 통찰에 두 가지 심화된 논리적 요점들을 덧붙였다. 첫 번째는, 긴장의 시기에는, 경쟁자들 간에 확연한 변이가 있다면 그중 그 어떤 경쟁자가 누리는 그 어떤 이득이라도, 번식으로 생긴 표본을 필연적으로 편향시킬 것이라는 점이다. 문제가 되는 그 이득이 아무리 작은 것이라 해도, 그것이 정말로 이득이라면(그래서 자연의 눈에 아예 안 띄지는 않는 정도가 된다면), 그것은 그것을 보유한 참가자들에게 유리한 쪽으로 저울의 바늘을 기울여줄 것이다. 두 번째는, "유전의 강한 원리"라는 것이 있다면—부모와 자손 사이의 유사성이 그들 부모와 부모 세대 다른 개체들 사이의 유사성보다 더 강하다면—그 편향들이 이득들을 창출하고, 그것이 아무리 작다 해도, 시간이 지남에 따

6 작동 중인 맬서스 규칙의 친숙한 예는 신선한 빵 반죽이나 포도 주스에 들어가는 이스트 개체군의 급격한 팽창이다. 설탕을 비롯한 영양소들의 축제 덕분에, 빵 반죽 안에서는 수 시간 동안 지속되는 개체군 폭발이 뒤따르며, 주스 안에서는 몇 주간 지속되기도 한다. 그러나 이내 이스트 개체군들은 맬서스 정점Malthusian ceiling을 찍는데, 이는 그들 자신의 탐욕과 노폐물—이산화탄소(빵이 부풀어오르게 하는 기포의 형태를 하고 있고, 샴페인을 딸 때 취익 소리를 내는 기포가 바로 이것이다)와 알코올은 이스트 착취자인 우리가 값지게 생각하는 두 가지다—이 축적되어 일어난 결과이다.

라 증폭될 테고, 그러면서 한계 없이 증가하는 경향을 창조할 것이다. "살아남을 수 있는 것보다 더 많은 개체들이 태어난다. 양팔저울에서 1그레인grain[7]의 차이에 따라 어떤 개체가 살고 어떤 개체가 죽을지 결정될 것이다. 어느 변종 또는 종의 수가 증가하고 또 어느 변종이나 종의 수가 감소할지, 그리고 어느 쪽이 결국 멸종을 맞을지도 말이다."(《종의 기원》, p. 467)

다윈이 본 것은, 이 몇 안 되는 일반적 조건들이 긴장의 시기—이런 시기가 될 조건들에 관해서 다윈은 수많은 증거들을 댈 수 있었다—에 적용된다고 가정하는 것만으로도, 그 결과로 발생하는 과정은 필연적으로 미래 세대 개체들이 부모 세대가 직면했던 한정된 자원의 문제를 더 잘 다루도록 준비되는 경향을 지니는 쪽으로 가게끔 방향을 이끈다는 것이었다. 그러므로 이 근본적 아이디어—다윈의 위험한 아이디어, 많은 통찰력과 소란과 혼란과 불안을 생산하는 아이디어—는 사실은 간단하기 짝이 없다. 다윈은 《종의 기원》 4장 끝(p. 127)에서 이를 아래와 같이 요약한다.

> 논란의 여지조차 없겠지만, 만약 기나긴 시간이 흐르는 동안 생활 환경이 다양하게 변화하는 가운데 생물의 조직 일부에서 어쨌든 변화가 일어났다고 해 보자. 이 역시 논란의 여지가 없다는 것이 확실하지만, 만약 각 종이 기하급수적으로 증가하는 매우 강력한 힘으로 인해 어떤 시기, 계절 또는 어느 해에 심한 생존 투쟁을 겪었다고 해 보자. 그리고 개체 상호 간, 개체와 환경 간에 존재하는 극도로 복잡한 관계가 개체의 구조, 체질, 습성을 극도로 다양하게 만들어 개체들에게 이득을 주는 경우를 생각해 보자. 이 모든 상황을 고려할 때, 인

7 [옮긴이] '그레인'은 극히 미미한 양을 나타내는 단위로 사용되기도 했다. 1그레인은 대략 65밀리그램이다.

간에게 유용한 변이가 여러 차례 발생했던 것과 마찬가지의 방식으로 개체 자신의 생존에 도움이 될 만한 변이가 단 한 번도 나타나지 않았다고 한다면, 그것이야말로 참으로 이상한 일이라고 할 수 있다. 만일 어떤 개체들에게 유용한 변이들이 실제로 발생한다면, 그로 인해 그 개체들은 생존 투쟁에서 살아남을 좋은 기회를 가질 것이 분명하다. 또한 대물림의 강력한 원리를 통해 그것들은 유사한 특징을 가진 자손들을 생산할 것이다. 나는 이런 보존의 원리를 간략히 자연선택이라고 불렀다.[8]

이것은 다윈의 위대한 아이디어였으며, 그저 진화만 이야기하는 아이디어가 아니라, 자연선택에 의한 진화라는 아이디어였다. 그리고 그것을 지지할 뛰어난 사례들을 제시했음에도 다윈 본인은 증명에 충분한 엄격함과 세부 사항을 갖춘 공식화를 결코 해낼 수 없었던 아이디어이기도 했다. 다음 두 절은 앞서 인용한 다윈의 요약 진술들의 기이하고 중요한 특성들에 초점을 맞출 것이다.

3. 다윈은 종의 기원을 설명했는가?

다윈은 훌륭하게, 그리고 의기양양하게 적응 문제와 씨름했지만, 다양성이라는 주제에서는 제한적인 성공을 거뒀다. 자신의 책에 "종의 기원"이라는 제목을 붙였음에도 말이다. 물론 이 제목은 그의 상대적

8 [옮긴이] 이 부분은 장대익의 번역서 《종의 기원》(2019, 사이언스북스)의 해당 부분(198~199쪽)을 그대로 가져왔다.

실패를 가리키는 말이 되고 말았다.

—스티븐 제이 굴드(1992a, p. 54)

그러므로 어떤 집단이 다른 집단 밑에 종속된다는[9] 자연사의 엄청난, 그러나 너무 친숙한 나머지 우리에게 충분한 충격을 주지도 못하는 그 사실은 충분히 설명되었다고 나는 생각한다.

—찰스 다윈, 《종의 기원》(p. 413)

요약문에서 다윈은 종분화speciation를 전혀 언급하지 않았음에 주의하라. 그 글은 전적으로 생물체들의 적응과 그들의 설계의 뛰어남에 관한 것이지, 다양성에 관한 것이 아니다. 게다가 이 요약문은 "모든 유기체들 서로의 관계와 유기체들의 존재 조건들 사이 관계들의 끝없는 [원문 그대로임] 복잡성"이라는 말을 하면서 표면적으로는 종의 다양성을 이미 전제로 받아들이고 있다. 이 (실제로 무한하진 않을지라도) 어마어마한 복잡성을 만들어내려면 매우 많은 다양한 생물의 형태들과 매우 많은 다양한 요구들과 전략들이 동시에 존재해야 (그리고 똑같은 생활 장소를 놓고 경쟁해야) 하기 때문이다. 다윈은 심지어 최초의 종이나 생명 그 자체의 기원에 대한 설명을 제공하는 그 무엇도 주장하지 않았다. 그는 한중간에서 시작했다. 많은 상이한 종들이 많은 상이한 재능들을 지닌 채 이미 존재하고 있음을 전제로 하고, 그런 중간 단계의 한 지점에서 출발하여, 그가 묘사했던 과정이 이미 존재하는 종의 재능들을 불가피하게 연마하고 다양화시킬 것이라고 주장했다. 그럼 그 과정이 훨씬 더 많은 종들을 만들어낼까? 앞 절의 요약문은 이 질문에 침묵하고 있지만, 책은 그렇지 않다. 사실, 다윈은 그의 아이디어가 경이로움의 두

9 [옮긴이] 이 구절은 "종들은 속에 종속되고, 속들은 과에, 과들은 목에, 목들은 다시 강에 종속된다"는 내용 바로 뒤에 이어지는 말이다.

가지 위대한 원천들을 일거에 설명해버린다는 것을 인식했다. 적응의 생성과 다양성의 생성은 하나의 복잡한 현상의 다른 측면이었고, 통찰을 하나로 묶는 것은 바로 자연선택의 원리라고 다윈은 주장했다.

요약문이 명징하게 보여주듯이 자연선택은 불가피하게 **적응**을 생산한다. 그리고 그는 옳은 조건들 아래서는 축적된 적응이 종분화를 만들어낸다고 주장했다. 변이를 설명하는 것이 종분화를 설명하는 것은 아님을 다윈은 익히 알고 있었던 것이다. 다윈은 풍부한 지식을 갖춘 육종가들의 이야기를 책에서 매우 열렬하게 열거하여 보여주었는데, 그 육종가들은 단일 **종** 안에서 **변종**들을 육종하는 방법은 잘 알고 있었지만 결코 새로운 종을 만들어내지는 못했으며, 서로 다른 특정 품종breed들이 공통조상을 가졌을 것이라는 아이디어를 비웃었다. "뿔이 작거나 없는 헤리퍼드 품종의 소로 유명한 사육사에게 내가 물어봤던 것처럼 물어보라. 그의 소가 긴 뿔을 가진 조상의 후손일 가능성은 없느냐고. 그러면 그는 당신을 비웃을 것이다." 왜냐고? 왜냐하면 "그들은 각 품종이 약간씩 다르다는 것을 잘 알고 있으며 또 그렇게 작은 차이를 식별하여 선택함으로써 보상을 얻지만, 그러는 동안 일반적인 논증들은 모두 무시할 뿐 아니라 많은 세대가 계속되는 동안 축적된 그 작은 차이들의 합이 어떻게 될지 머릿속에서 셈하기를 거부하니까."(《종의 기원》, p. 29)

다윈에 따르면, (단일 종의) 한 개체군 내의 유전 가능한 기술들이나 설비에 변이가 존재한다면, 이 상이한 기술이나 설비는 그 개체군의 서로 다른 하위 집단들에 상이한 보상을 주는 경향이 있으므로, 그 심화된 다양성이 종 내에 나타난다. 그리하여 이 하위 개체군들은 각각 자신들이 선호하는 종류의 탁월함을 추구하면서 서로 점점 더 멀어지는 경향이 있으며, 결국에는 완전히 갈라진 길을 가게 된다. 다윈은 자문했다. 이러한 분기divergence는 왜 그냥 조금씩 조금씩 다른 것들로 이루어진 연속체로 쭉 펼쳐지지 않고, 비슷비슷한 변이들끼리 집단을 이루거나 뚜렷한 집단들로 갈라지는 결과를 낳는 것일까? 단순한 지리적 격리는 그가 제시한 대답의 일부일 뿐이다. 하나의 개체군이 주요 지질학적 또는 기후적 사건들에 의해, 또는 섬 같은 고립된 영역으로 우연히 이주함에 의해 서로 갈라질 때, 이 환경의 불연속성은 결국 그 두 개체군 내에서 관찰 가능한 유용한 변이들의 불연속성 안에 틀림없이 반영되었을 것이다. 그리고 일단 불연속성이 발판을 얻게 되면 그것은 자기 강화가 될 것이며, 결국에는 별개의 종으로 분리되는 데까지 나아갈 것이다. 다윈의 또 다른 아이디어는 종 내부intraspecific 경쟁에서는 "승자독식" 원칙이 작용하는 경향이 있다는 것이었다.

> 그러므로 우리는 일반적으로 습성, 체질, 구조 면에서 가장 가깝게 연관된 형태들 사이에서 경쟁이 가장 극심하리라는 것을 잊지 말아야 한다. 따라서 먼저의 상태와 나중의 상태 사이, 즉 한 종에서 덜 개선된 상태와 더 개선된 상태 사이의 중간 형태들은 그 원래의 양친종parent-species 자체와 마찬가지로 일반적으로 멸절되는 경향이 있다. 〔《종의 기원》, p. 121〕

그는 이 외에도, 자연선택이라는 그 끊임없는 도태가 어떻게, 그리고 왜 실제로 종의 경계들을 만들어내는가에 관한 기발하고 그럴듯한 추측들을 다양하게 공식화했다. 그러나 그것들은 오늘날까지도 추측으로 남아 있다. 종분화의 메커니즘에 관한 다윈의 훌륭하지만 결론지어지지 않은 사색들을 어느 정도 입증될 수 있는 설명들로 대체하는 데에는 한 세기에 걸친 더 많은 작업이 필요했다. 종분화의 메커니즘과 원리에 관해서는 아직도 논쟁 중이다. 따라서 어떤 의미에서는 다윈도 또 다윈 다음의 그 어느 다윈주의자도 종의 기원을 설명하지 않은 것이다. 유전학자 스티브 존스Steve Jones(1993)가 언급했듯이, 다윈이 그의 대작을 같은 제목으로 지금 출판했다면, "그는 교역품 명시법Trades Description Act[10]에 저촉되어 곤란을 겪었을 것이다. 왜냐하면《종의 기원》이 건드리지 않은 것이 있다면 그것이 바로 종의 기원이기 때문이다. 다윈은 유전학을 전혀 몰랐다. 이제 우리는 많은 것을 알고 있고, 종이 시작되는 방식은 아직 미스터리이지만, 그것은 세부 사항들로 채워질 것이다."

그러나 다윈이 보여주었듯이, 종분화가 있다는 사실 자체는 주의 깊게 연구되고 면밀하게 논증된, 그야말로 수백 개의 사례로부터 온, 거부할 수 없는 판례를 논박의 여지없이 구축하고 있다. 특수 창조가 아니라 앞선 종으로부터의 "변화를 동반한 계승"으로 종은 기원한다. 작동하는 메커니즘이 무엇이든, 그것들은 명백하게 한 종 내에서의 다양성의 출현과 함께 시작되고, 변화가 축적된 후 후대의 새로운 종이 시작되면서 끝난다. "잘 명시된 변종들"로 시작한 것이, 점진적으로 "아종들의 의심스러운 범주로 변한다. 그러나 우리는 그저 가정할 뿐이다. 변화 과정 내의 단계들이 총체적으로 더 많거나 더 강력해서 이것을 ……잘 정의된 종에 속하는 형태들로 …… 바꾸었다고."(《종의 기원》, p. 120)

다윈이 궁극적인 결과물을 "잘 정의된" 종이라고 조심해서 기술했음에 주목하라. 궁극적으로 그는, 분기가 너무 심해지면 우리가 보고 있는 것이 두 개의 다른 변종에 불과한 것이 아닌 두 개의 다른 종임을 부인할 이유가 없어진다고 말하고 있는 것이다. 그러나 그는 "본질적" 차이가 무엇인지를 명확히 하는 전통적 게임에 뛰어들기를 거부한다.

> 내가 종이라는 용어를 서로 쏙 빼닮은 개체들의 집합을 말하기 편하도록 편의상 붙여 놓은 임의적인 것으로 보고 있다는 것을, 그리고 그 용어는 덜 뚜렷하고 더 변동적인 형태들에게 붙여진 변종이라는 용어와 본질적으로 다르지 않다는 것을 보게 될 것이다. 〔《종의 기원》, p. 52〕

---

10 [옮긴이] 제품에 대한 허위 설명을 금지하는 법이다.

다윈도 완전히 인식하고 있었듯이, 종의 차이를 나타내는 표준적 지시사는 생식적 격리reproductive isolation, 즉 종 간 번식이 이루어지지 않는다는 것이다. 갈라진 집단들의 유전자들을 섞고 종분화 과정을 "좌절"시키면서 그 두 집단을 재결합시키는 것이 바로 상호교배interbreeding다. 물론, 그 어떤 생물도 종분화가 일어나길 **원하지**는 않는다.(Dawkins 1986a, p. 237) 그러나 종분화를 나타내는 돌이킬 수 없는 분리가 일어나려면, 분리 중인 집단들이 더 멀어질 수 있도록 모종의 이유로 상호교배가 중단되는 일종의 시험적 종분화 기간이 선행되어야만 한다. 생식적 격리의 판단 기준은 그 경계가 선명하지 않다. 유기체는 상호교배가 **불가능**할 때가 되어야만 서로 다른 종에 속할까, 아니면 단지 상호교배를 **하지 않을** 때부터 다른 종에 속할까? 늑대와 코요테, 개는 서로 다른 종으로 여겨지지만 상호교배는 아직 일어나고 있으며, 그들이 낳은 세대가—말과 당나귀 사이에서 태어난 노새와는 달리—일반적으로 불임인 것도 아니다. 닥스훈트와 아이리시 울프하운드는 같은 종으로 간주되지만[11] 견주들이 현저하게 부자연스러운 주선을 감행하지 않는 한, 박쥐와 돌고래 사이만큼이나 생식적 격리 상태에 가깝다. 메인주에 사는 흰꼬리사슴은 매사추세츠주에 사는 흰꼬리사슴과 사실상 교배하지 않는다. 그들은 그렇게 멀리 이동하지 않기 때문이다.[12] 그러나 한쪽을 다른 한쪽으로 실어다준다면 그들은 틀림없이 교배할 수 있을 것이고, 자연적으로도 같은 종으로 인정된다.

그리고 마지막으로—특별히 철학자들을 위해 주문 생산된 실제 생물 사례인 양 보이는—재갈매기herring gull들을 살펴보자. 이들은 북반구에 사는데, 분포 영역은 북극을 중심으로 넓은 고리를 형성하고 있다.

---

11 [옮긴이] 닥스훈트는 소형 또는 중형견으로 분류된다. 그러나 아이리시 울프하운드는 초대형견으로, 조랑말보다도 클 정도여서, 굳이 이 둘을 교배시키려는 견주는 없다.

12 [옮긴이] 메인주에서 매사추세츠주까지는 400킬로미터가 넘으며, 자동차로 4시간 정도 걸린다.

영국에서 북미 대륙까지 이동하는 재갈매기들이 눈에 띈다면, 우리는 영국 갈매기의 형태와는 생김새가 약간 다르지만 명확하게 재갈매기라고 인식되는 갈매기들을 보게 된다.[13] 우리는 그들의 생김새와 서식지를 추적할 수 있고, 우리가 시베리아에 도착할 때까지 그들의 외양이 점진적으로 변하는 것을 볼 수 있다. 그 연속적 변화 안의 이 지점에서는, 영국에 서식하는 줄무늬노랑발갈매기lesser black-backed gull라 불리는 갈매기의 형태와 더 가깝다. 시베리아에서 러시아를 거쳐 북유럽으로 간다면 갈매기는 점진적으로 점점 더 영국의 줄무늬노랑발갈매기와 비슷해지는 것을 볼 수 있다. 마지막으로 유럽으로 오면 서식 영역의 고리가 완전해진다. 지리적으로 극단적인 두 형태가 만나, 완벽한 두 종을 훌륭하게 형성하는 것이다. 재갈매기와 줄무늬노랑발갈매기는 외양으로 잘 구별되며, 자연적으로 상호교배를 하지 않는다. 〔Mark Ridley 1985, p. 5〕

"잘 정의된" 종은 분명히 존재하지만—그리고 다윈이 쓴 책의 목표도 그것의 기원을 설명하는 것이지만—그는 종 개념의 "원리적" 정의를 찾으려는 우리의 시도를 좌절시킨다. 다윈은 변종은 단지 "발단종incipient species"일 뿐이라고 계속 주장하며, 일반적으로 두 변종을 두 종으로 변화시키는 것은 무언가(예를 들면 각 집단의 새로운 본질)의 **존재**가 아니라 무언가의 **부재**라고 말한다. 그 사이에 있었던 중간 경우들—당신은 이들을 필연적인 징검다리라고 말할 수도 있을 테지만—은 결국 멸절되어, 특성들도 다르고 **실제로** 생식적으로도 격리된 두 집단이 남게 되는 것이다.

《종의 기원》은 다윈의 첫 번째 논제—종의 기원의 원인으로서의

---

13 [옮긴이] Herring gull은 '재갈매기'라 불리기도 하지만 '미국재갈매기'라고 불리기도 한다.

역사적 사실들—에 우호적인, 압도적으로 설득력 있는 사례들을 제시하고, 두 번째 논제—"변화를 동반한 계승"에 책임이 있는 근본 메커니즘은 자연선택이다—에 우호적인 사례들은 매우 감질나게 제시한다.[14] 이 책을 냉철하게 읽는 독자들은, 다윈이 말한 것처럼 종이 수 이언eon[15]에 걸쳐 진화해왔다는 것을 더는 의심하지 못할 것이다. 그러나 그가 제안한 자연선택 메커니즘의 능력에 관한 신중한 회의주의는 극복하기가 힘들었다. 그 사이의 시간이 흐르는 동안 두 논제에 대한 신뢰도가 높아지긴 했지만, 그 차이를 지우진 못했다(엘레고르드Ellegård[1958]는 이 역사에 대한 값진 설명을 제공한다). 진화를 옹호할 증거는 지질학, 고생물학, 생물지리학에서뿐 아니라 해부학(다윈이 내놓은 증거들의 주요 원천)에서도 쏟아져 나온다. 물론 분자생물학 및 생명과학의 다른 모든 분야에서도 증거들이 쏟아진다. 솔직하게, 하지만 공정하게 말하자면, 이 행성 위의 생물 다양성을 만들어낸 것이 진화의 과정이라는 것을 오늘날에도 믿지 않는 사람이 있다면, 그는 그야말로 무지한—네 명 중 세 명이 읽고 쓰는 것을 배우는 오늘날의 세상에서 정말로 변명의 여지없이 무지한—사람이다. 이 진화 과정을 설명하는 다윈의 자연선택 아이디어의 위력에 의구심을 품는 것은 여전히 지적으로는 존중받을 만하다. 그러나 이 책에서 곧 보게 되겠지만, 그런 회의론자들이 짊어져야 할 입증의 책임burden of proof(증명의 부담)은 매우 막대해졌다.

자, 다윈은 진화에 관해 연구할 때 자연선택 메커니즘이라는 자신의 아이디어에 의존하여 영감을 받고 안내를 받았음에도, 그 최종 결과에서는 의존의 순서를 뒤집었다. 그는 먼저, 종이 진화해야만 했다는 것

---

14 종종 지적되듯이, 다윈은 자연선택이 모든 것을 설명한다고 주장하지는 않았다. 그는, 자연선택이 "주된 것이지만 변화의 배타적 방식은 아니"(《종의 기원》, p. 6)라고 말한다.

15 [옮긴이] 지질시대를 헤아리는 가장 큰 단위이며, '누대'라고도 한다. 지구의 지질시대는 하데스이언, 시생이언, 원생이언, 현생이언으로 크게 나뉘며, 현생이언은 다시 고생대, 중생대, 신생대로 구분된다.

을 매우 설득력 있게 보여주었다. 그리고 그 후 뒤로 돌아, 좀 더 급진적인 아이디어인 자연선택을 지지하는 데 그 사실들을 이용했다. 그의 논변에 따르면, 그는 이런 모든 결과들을 산출할 수 있는 메커니즘 또는 과정을 기술했다. 회의론자들은 도전받았다. 그들은 다윈의 논증이 잘못되었다는 것을 보여줄 수 있었을까? 그들은 자연선택이 그 결과들을 산출하는 것이 어떻게 불가능한지를 보여줄 수 있었을까?[16] 아니면 이런 결과를 획득할 수 있는 다른 과정을 기술하는 데까지 이를 수 있었을까? 다윈이 기술한 메커니즘이 아니라면, 진화에 대한 다른 무슨 설명이 가능할까?

이 도전은 흄의 곤경을 효과적으로 안팎으로 뒤집어놓았다. 흄은 누구나 관찰할 수 있는 적응들의 이유가 '지성적 수공예가'가 아닌 다른 무엇이 될 수 있는지를 상상할 수 없었기 때문에 더 나아가지 못하고 굴복한 바 있다. 또는, 좀 더 정확하게 말하자면, 흄의 필로가 몇 가지 다른 대안들을 상상하긴 했지만 **흄에게는 그러한 상상들을 진지하게 취급할 방법이 없었다.** 다윈은 '비지성적 수공예가Nonintelligent Artificer'가 장대한 시간에 걸쳐 어떻게 그러한 적응들을 생산할 수 있는지를 기술했

16 다윈의 이론이 체계적으로 반박될 수 없는 것(따라서 과학적으로 공허한 것)이라는 주장이 가끔 제기되는데, 다윈은 자신의 이론을 반박하려면 어떤 종류의 발견들이 필요한가에 대해 솔직하게 직언했다. "자연은 자연선택 작업에 엄청나게 방대한 시간의 세월을 허락하지만, 그렇다고 해서 시간을 무한정 허락한 것은 아니다."(《종의 기원》, p. 102) 따라서 충분한 시간이 흐르지 않았음을 보여주는 지질학적 증거가 많이 쌓인다면 다윈의 모든 이론이 반박될 것이다. 이는 여전히 일시적인 빠져나갈 구멍을 남겨놓는다. 다윈의 이론은 자연선택으로 진화가 일어나려면 정확히 얼마만큼의 시간이 필요한지에 관한 충분히 엄밀한 세부사항들을 갖춘 공식화가 되어 있지 않았기 때문이다. 그러나 그것은 의미 있는 일시적인 구멍인데, 적어도 그 규모에 관한 몇몇 제안은 독립적으로 평가될 수 있기 때문이다. (키처[1985a, pp. 162-65]는 다윈 이론이 직접적으로 입증되거나 반입증되는 것을 막아줄 논증의 더 많은 미묘한 점들에 관해 좋은 논의를 하고 있다.) 다른 유명한 예도 있다. "만약 연속된 수많은 미세한 변화에 의해 생겨난 것 같지 않은 어떤 복잡한 기관이 존재한다는 것을 보일 수 있다면, 나의 이론은 전적으로 무너질 것이다."(《종의 기원》, p. 189) 많은 이들이 이 도전에 응해왔지만, 11장에서 보게 될 것처럼, 그들은 증명에 성공하지 못했고, 거기에는 그럴 만한 이유가 있었다.

고, 자신이 제안한 과정에 필요한 많은 중간 단계들이 실제로 일어났다는 것을 증명했다. 이제 상상에 도전하는 양상이 뒤집혔다. 다윈이 발견한 역사적 과정들이 보여주는 모든 명백한 징후들—당신은 이것들을 예술가의 모든 붓자국이라 말할 수도 있겠다—을 보고도 자연선택이 아닌 **다른** 어떤 과정이 어떻게 그 모든 결과들을 산출했을지 상상해낼 수 있는 사람이 있긴 할까? 입증의 책임이 이렇게 완전하게 뒤집혀버렸기 때문에, 과학자들은 흄이 맞닥뜨렸던 곤경의 거울상 같은 무언가에서 종종 자신을 발견한다. **일단** 자연선택에 대한 위력적이고 무시할 수 없어 **보이는** 반대에 직면했을 때(우리는 곧 이 반대의 가장 강력한 사례를 만나볼 것이다), 과학자들은 다음과 같은 추론을 하게 추동된다: 나는 이 반대를 어떻게 반박해야 할지 또는 이 난관을 어떻게 극복해야 할지 (아직) 모르겠다. 그러나 자연선택이 아닌 그 어느 것이 그 결과들의 원인이 될 수 있을지를 상상할 수 없으므로, 나는 그 반대가 거짓된 것이라고 가정해야 할 것이다. 즉 자연선택은 어떻게든 그 결과들을 설명하는 데 충분해야만 한다.

이 논의에 뛰어들어 "방금 데닛이 다윈주의가 자연종교만큼이나 증명 불가능한 신앙이라고 인정했어!"라고 소리치기 전에, 그 둘 사이에 근본적인 차이가 있다는 것을 마음에 새겨야 한다. 이 과학자들은 자연선택에 대한 자신들의 충성을 선언하면서, 그들의 관점으로 그 난관들이 어떻게 극복될 수 있는가를 보여주어야 한다는 부담을 떠안는 쪽으로 나아가게 되었다. 그리고 재삼재사, 몇 번이고 계속해서, 그들은 그 도전을 충족시키는 데 성공했다. 그 과정에서, 자연선택이라는 다윈의 근본 아이디어는 여러 가지 방식으로 명료화되고 확장되고 명확해지고 정량화되고 또 깊어졌다. 하나의 도전을 극복할 때마다 강해지면서 말이다. 그리고 성공할 때마다 자신들이 옳은 길을 걸어가고 있음이 틀림없다는 과학자들의 확신도 커져간다. 궁극적으로 틀린 아이디어였다면 지금쯤이면 그런 끊임없는 공격 세례에 굴복하고도 남았을 것이라고 믿는 것이 합리적이다. 물론 그것은 결정적인 증명이 아니라 그저 설득력 강한 숙고 사항일 뿐이다. 이 책의 목표 중 하나는, 자연선택이 몇몇 현상들을 어떻게 다룰 수 있는지에 관한 아직 해소되지 않은 논란들이 존재함에도 불구하고 자연선택이라는 아이디어가 왜 명백한 승자로 보이는가를 설명하는 것이다.

4. 알고리즘적 과정으로서의 자연선택

> 각 생명체의 모든 체질과 구조와 습성을 융통성 없이 깐깐하게 들여다보고 오랜 시간 작용하며 좋은 것은 채택하고 나쁜 것은 배제하는 이 능력에 어떤 한계가 있을 수 있는가? 가장 복잡한 생존 관계에 알맞도록 각각의 형태를 천천히, 그리고 아름답게 적응시키는 이 능력에는 한계가 없다고 나는 생각한다.
>
> —찰스 다윈, 《종의 기원》 p. 469

다윈의 요약에서 눈여겨볼 두 번째 지점은 그가 자신의 원리를 형식적 논증에 의해 연역될 수 있는 것으로 제시한다는 것이다—조건들이 충족되면, 특정 결과의 산출이 보장된다.[17] 그 요약문을 다시 보자. 이번엔 핵심 용어들을 굵은 글씨로 표시했다.

> **만약** 기나긴 시간이 흐르는 동안 생활 환경이 다양하게 변화하는 가운데 생물의 조직 일부에서 어쨌든 변화가 일어났다고 해 보자. 이 역시 논란의 여지가 없다는 것이 확실하지만, 만약 각 종이 기하급수적으로 증가하는 매우 강력한 힘으로 인해 어떤 시기, 계정 또는 어

느 해에 심한 생존 투쟁을 겪었다고 해 보자. **이렇게 가정했다면**, 개체상호간, 개체와 환경 간에 존재하는 극도로 복잡한 관계가 개체의 구조, 체질, 습성을 극도로 다양하게 만들어 개체들에게 이득을 주는 경우를 생각해 보자. 이 모든 상황을 고려할 때 인간에게 유용한 변이가 여러 차례 발생했던 것과 마찬가지의 방식으로 **개체 자신의 생존에 도움이 될 만한 변이가 단 한 번도 나타나지 않았다고 한다면, 그것이야말로 참으로 이상한 일이라고 할 수 있다.** 그러나 만일 어떤 개체들에게 유용한 변이들이 실제로 발생한다면, 그로 인해 그 개체들은 생존 투쟁에서 살아남을 좋은 기회를 가질 것이 **분명하다.** 또한 대물림의 강력한 원리를 통해 그것들은 유사한 특징을 가진 자손들을 생산할 것이다. 나는 이런 보존의 원리를 간략히 자연선택이라고 불렀다.[18]

기본 연역 논증은 짧고 상쾌하지만, 다윈 자신은 《종의 기원》을 "하나의 긴 논증"이라고 묘사했다. 이는 실증demonstration에는 두 가지가 있기 때문이다. 하나는 논리적 실증이고 다른 하나는 경험적 실증이다. 전자는 특정 종류의 과정은 필연적으로 모종의 **한** 출력물을 산출해야만 하는 실증이며, 후자는 그런 종류의 과정들을 위한 필요조건들이 자연

---

17 과학철학에서는 상당히 최근까지 뉴턴 물리학 또는 갈릴레오 물리학을 모델로 한 연역적(또는 "법칙-연역적nomologico-deductive") 과학의 이상이 표준적인 것이었으므로, 다윈 이론에 대해서도 다양한 공리화를 고안하고 비판하는 데 많은 노력이 기울여졌던 것은 놀라운 일이 아니다. 과학적 정당성에 그러한 형식화가 놓여 있다고 가정되었기 때문이다. 이 절에서 소개한, '다윈이 진화가 알고리즘적 과정이라고 상정했던 것으로 이해되어야 한다'는 아이디어는, 다윈 생각의 부인할 수 없는 선험적 정취를 정당화할 수 있게 허락한다. 그것을 법칙-연역적 모형이라는 프로크루스테스 식 (그리고 한물간) 침대로 이끌지 않으면서 말이다. 소버(1984a)와 키처(1985a)의 논의를 보라.

18 [옮긴이] 이 부분은 장대익의 번역서 《종의 기원》(2019, 사이언스북스)의 해당 부분(198~199쪽)을 거의 그대로 가져왔으나, 데닛이 강조한 굵은 글씨의 단어들이 감추어져 있는 경우 그 단어가 드러나도록 약간의 수정을 가했다.

에서 실제로 충족됨을 보이는 실증이다. 그는 그러한 조건들이 충족되면, 자신이 설명한다고 주장하는 결과들이 실제로 어떻게 설명될 수 있을지를 보여주는 사고실험—"상상의 사례"(《종의 기원》 p. 95)—을 통해 자신의 논리적 실증을 강화한다. 그러나 그의 논증 전체는 책 한 권이라는 어마어마한 길이로 진행되는데, 이는 독자들에게 그런 조건들이 만족되었다는 확신을 심어주기 위해 그가 힘들게 얻은 풍부한 경험적 상세를 보여주고 보여주고 또 보여주기 때문이다.

스티븐 제이 굴드(1985)는 패트릭 매슈Patrick Matthew의 일화를 통해 다윈의 논증이 지닌 이 특성의 중요성을 잘 일별할 수 있게 해준다. 패트릭 매슈는 역사적 사실에 왕성한 호기심을 지녔던 스코틀랜드의 박물학자였는데, 자연선택에 관한 다윈의 설명을 다년간 보도했다—예를 들면 그의 1831년 책 《해군의 목재와 수목 재배법Naval Timber and Arboriculture》의 부록에서. 다윈의 명성이 부상한 뒤 매슈는 자신이 우선순위를 지닌다는 주장을 담은 기고문을 (《가드너스 크로니클Gardeners' Chronicle》에![19]) 실었다. 다윈은 이를 정중하게 인정하며, 자신의 무지에 용서를 구했다. 매슈가 선택한 입장이 모호하다는 것을 알아차리고 말이다. 출판된 다윈의 사과문에 답하며, 매슈는 이렇게 썼다.

> 이 자연법칙의 개념은 내게 직관적으로, 집중적인 사고의 노력이 거의 들지 않은 자명한 사실인 것으로 다가왔다. 이 지점에서 다윈 씨는 이 발견에 있어 내가 가졌던 것보다 더 많은 장점을 지닌 것으로 보인다. 비록 내게는 그것이 발견으로 보이지 않지만 말이다. 그는 그 일을 귀납 추론을 통해 천천히, 그리고 사실에서 사실로 나아가도록 하는 종합적 방법을 만들기에 적절한 신중함을 지니며 해온 것으로 보인다. 그러나 나는 자연의 체계를 종합적으로 일견하고 생각해

19 *Gardeners' Chronicle*, April 7, 1860. 더 자세한 내용은 하딘(Hardin 1964)의 논의를 보라.

보았고, 이 '선택으로 인한 종의 생산'을 선험적으로 인식 가능한 사실—충분한 이해력을 지닌 편견 없는 마음에 의해 인정받는다고 지적되기만 하면 되는 공리—이라고 추정했다. 〔Gould 1985, pp. 345-46에서 인용〕

그러나 선입견 없는 마음은 건전한 보수주의에서 나온 새로운 생각에 저항할지도 모른다. 연역 논증의 기만성은 악명이 높다: "이치에 맞는" 것처럼 보이는 것도 간과된 세부 사항에 의해 배신당할 수 있다. 다윈은 자신이 상정한 역사적 과정에 우호적인 증거를 가차 없이 세세하게 조사하는 것만이 과학자들이 자신의 전통적 확신들을 버리고 다윈의 혁명적 시각을 취하도록 설득할 수 있다는—또는 설득해야만 한다는—것을 제대로 인식하고 있었다. 심지어 그것이 실제로 "제1 원리들로부터 연역될 수 있는" 것이라 해도 말이다.

~

애초부터, 과정들에 대한 추상적 추론과 상세한 자연주의를 섞은 다윈의 참신한 혼합물을 의심스럽고 구제 불능인 잡종으로 보는 사람들이 있었다. 그런 생각이 엄청나게 그럴듯해 보이는 분위기가 형성되어 있었지만, 일확천금을 노리는 그 많은 계획들, 즉 적게 투자하고 빨리 부자가 되려는 계획들은 텅 빈 속임수였던 것으로 드러났다. 이를 주식시장의 원리와 비교해보라. '낮을 때 사고 높을 때 팔아라.' 이를 따르면 틀림없이 부유해질 것이다. 당신이 이 조언을 따른다면 부유해지지 않을 수 없을 것이다. 그런데 그런 조언은 왜 통하지 않는가? 이 조언이 작동하긴 한다. 그것에 따라 행동할 수 있을 만큼 충분히 운이 좋은 모든 사람들에게는 말이다. 그러나, 아, 슬프도다. 조언이 말한 조건들이 충족되는 시점이 도대체 언제인지 판단하고 결정할 방법이 없다. 그 조건들을 따라 행동하기엔 너무 늦을 때가 되어서야 알 수 있을 뿐이다. 다윈은 천천히 부자가 되는 계획이라 불릴 수 있는 회의적 세계를 제공하는데, 이는 '마음'의 도움 없이 '혼돈'에서 '설계'를 창조하는 방식이다.

다윈의 추상적 계획이 지닌 이론적 위력은 다윈이 꽤 확고하게 식별해냈던 몇 가지 특성들에 기인한 것이고, 다윈은 그 특성들을 지지자들보다 더 깊이 이해했지만, 그것을 명시적으로 묘사할 용어가 없었다. 오늘날 우리는 단 하나의 용어로 그 특성들을 포착할 수 있다. 다윈은 알고리즘의 위력을 발견했던 것이다. 알고리즘은 그것이 "실행"되거나 예화instantiate(인스턴스화, 구체화)될 때마다 특정 종류의 결과를 생성할 것으로 기대되는 특정 종류의 형식적 과정(프로세스)이다. 알고리즘은 새로운 것이 아니며, 다윈 시대에도 새로운 것은 아니었다. 장제법[20]이나 수표책 결산과 같은 친숙한 많은 산술적 절차들이 알고리즘이고, 완벽한 틱택토tic-tac-toe 게임[21]을 하는 의사결정 절차들이나 단어 목록을 알파벳 순서로 배열하는 의사결정 절차들 역시 알고리즘이니까. 비교적 새로운—다윈의 발견에 대한 뒤늦지만 가치 있는 통찰을 가능하게 하는—것은 일반적으로 알고리즘이 지닌 위력과 본성에 관한 수학자들과 논리학자들의 이론적 반성reflection이다. 이로 인해 20세기의 발전은 컴퓨터의 탄생을 이끌어낼 수 있었고, 이는 결국 알고리즘의 일반적 위력에 대한 훨씬 더 깊고 생생한 이해로 이어졌다.

알고리즘algorithm이라는 용어는 페르시아 수학자의 이름 무사 알콰리즈미Muusa al-Khowarizmi에서 시작되어, 라틴어(algorismus)를 경유하여 초기 영어(algorisme 그리고 이를 실수로 잘못 쓴 algorithm)에 다다른다. 서기 835년경에 저술된 알콰리즈미의 책은 산술 절차들을 다루는데, 12세기에 바스의 아델라드Adelard of Bath 또는 체스터의 로버트Robert

20 [옮긴이] 오늘날 일반적으로 사용되는,)‾‾‾‾‾ 기호를 이용하는 나눗셈 방식을 말한다.

21 [옮긴이] 오목과 규칙이 거의 같은, 3×3 모눈에서 이루어지는 게임이다.

of Chester에 의해 라틴어로 번역되었다. 알고리즘이 바보도 할 수 있을 만큼 간단한 것이며 어찌 됐든 "기계적" 절차라는 생각은 여러 세기 동안 존재해왔다. 그러나 그 용어에 관한 이해가 어느 정도 가다듬어져 지금과 같은 상태에 이르게 된 것은 앨런 튜링Alan Turing과 쿠르트 괴델Kurt Gödel, 알론조 처치Alonzo Church의 선구적 업적 덕분이었다. 알고리즘의 세 가지 핵심 특성은 우리에게 중요한 역할을 할 텐데, 그 각각을 정의하는 일은 녹록치 않다. 게다가, 그 각각은 혼란(과 불안)들을 불러일으켜 다윈의 혁명적 발견에 관한 우리의 생각들을 지속적으로 괴롭혀왔다. 따라서 우리는 이러한 입문자용 묘사들로 다시 돌아와 그것들을 재고하는 작업을 여러 차례 해야만 할 것이다. 입문자 코스를 다 통과할 때까지 말이다.

(1) **기질 중립성**substrate neutrality: 장제법의 절차는 그것을 연필로 적든 펜으로 적든, 종이에 적든 양피지에 적든, 네온사인으로 표시하든 비행운으로 하늘에다 쓰든, 그 어떤 기호 체계를 이용하든 똑같이 작동한다. 그 절차의 위력은 그것의 **논리적** 구조에 기인하는 것이지, 그것의 예화에 사용된 물질들의 인과적 힘에서 나오는 것이 아니다. 단지 그러한 인과적 힘이 규정된 단계들을 정확히 따르도록 허용하는 한에서 말이다.

(2) **기저의 무마음성**underlying mindlessness: 절차의 전반적인 설계는 그 자체로 뛰어나거나 뛰어난 결과들을 산출할 수 있지만, 그 절차를 구성하는 각 단계는 단계들 사이의 이행이며, 또 완전히 단순하다. 얼마나 단순하냐고? 아무것도 모르는 멍청이라도 수행할 수 있을 만큼, 또는 간단한 기계 장치도 수행할 수 있을 만큼 단순하다. 표준 교과서들이 사용하는 유비를 빌려 말하자면, 알고리즘은 초보 요리사가 따라 하도록 설계된 일종의 조리법(레시피)이다. 위대한 셰프들을 위해 저술된 조리법 책에는 "생선을 잘 어울리는 와인에 담그고 거의

익을 때까지 졸이시오"와 같은 구절들이 등장할 것이다. 그러나 이와 동일한 과정에 관한 알고리즘은 이렇게 시작할 것이다. "라벨에 '드라이'라고 적힌 화이트 와인을 선택하시오." 그리고 이렇게 이어질 것이다. "코르크 마개를 잡고 병을 여시오." "냄비 바닥에 술을 1인치 정도 부으시오." "냄비 밑의 취사용 가열 기구의 다이얼을 강불이 될 때까지 돌리시오." …… 이처럼, 조리의 과정을 죽도록 단순한 단계들로 지루하게 나눈 구절들로 가득할 것이다. 그리고 그 각 단계는 조리법 독자에게 현명한 결단이나 섬세한 판단이나 직관을 요구하지 않는다.

(3) **결과 보장**guaranteed results: 알고리즘이 하는 일이 무엇이든, 알고리즘은 그것을 한다. 실수 없이 수행되기만 한다면 말이다. 알고리즘은 바보도 결과를 낼 수 있게 하는 조리법이다.

이러한 특성들을 보면 컴퓨터가 어떻게 가능했는지 쉽게 알 수 있다. 모든 컴퓨터 프로그램은 궁극적으로 단순한 단계들로 구성된 알고리즘이다. 그리고 그 단순한 단계들은 이런저런 단순한 메커니즘에 의해 매우 믿을 만하게 수행될 수 있다. 컴퓨터에는 일반적으로 전자 회로들이 선택되지만, 컴퓨터의 위력은 실리콘 칩들 위에서 진동하는 전자의 인과적 특수성에 (이때의 속도를 좋은 속도라고 해두자) 기인하지 않는다. 동일한 알고리즘이 유리섬유에서 광자를 방출하는 장치에 의해 (심지어 더 빠르게) 수행될 수도 있고, 종이와 펜을 이용하는 일군의 사람들에 의해 (훨씬, 훨씬 더 느리게) 수행될 수도 있다. 그리고 우리가 보게 될 것처럼, 엄청난 속도와 신뢰도로 알고리즘을 실행시키는 컴퓨터의 역량은 이제 이론가들로 하여금 다윈의 위험한 아이디어를 이전에는 불가능했던 방식으로, 대단히 흥미로운 결과들을 얻으며 탐구할 수 있게 해준다.

다윈이 발견한 것이 정말로 하나의 알고리즘이었던 것은 아니다.

오히려, 연관된 알고리즘들—다윈에겐 이들을 구별할 뚜렷한 방법이 없었다—로 이루어진 하나의 커다란 집합이었다. 그의 근본 아이디어를 우리는 다음과 같이 재공식화할 수 있다.

> 지구의 생명은 분기하는 하나의 나무—생명의 나무the Tree of Life—안에서, 이런저런 알고리즘적 과정에 의해 수십억 년에 걸쳐 생성되어왔다.

이 주장의 의미는 사람들이 그것을 표현하기 위해 노력해온 다양한 방식들을 면밀히 조사함에 따라 점차 분명해질 것이다. 어떤 버전에서는 정말로 공허하며 아무 정보도 주지 않고, 또 다른 버전에서는 완전히 거짓이다. 그 양극단의 중간 어디쯤에 종의 기원을 정말로 설명해주고 그와 함께 다른 많은 부수적인 것들을 설명하리라 약속해주는 버전들이 있다. 그러한 버전들은 알고리즘으로서의 진화라는 아이디어를 노골적으로 싫어하는 사람들의 단호한 비판뿐 아니라 그것을 사랑하는 사람들의 반박들에 힘입어 언제나 점점 더 명확해지고 있다.

5. 알고리즘으로서의 과정

이론가들은 알고리즘을 생각할 때 우리에게 영향을 미치게 될 알고리즘과는 공유되는 특성이 없는 그런 것을 종종 염두에 두곤 한다. 예를 들어, 수학자들이 알고리즘에 관해 생각할 때 그들이 염두에 두는 것은 그들이 관심을 가지는 특정 수학 함수들을 계산할 수 있다고 증명된 알고리즘이다. (장제법이 그 상투적인 예다. 그리고 아주 큰 수를 그것의 소인수들로 분해하는 절차는 암호학이라는 이국적 세계에서 주목을 집중시키는 것들 중 하나다.) 그러나 우리가 다룰 알고리즘들은 수 체계를 비롯한 수학적 대상과는 특별한 관련이 없다. 그것들은 사물들을 구축하고, 걸러내고, 분류(분급)하기 위한 알고리즘이다.[22] 알고리즘에 관한 대부분의 수학적 논의들이 알고리즘의 보장된 또는 수학적으로 증명 가능한 힘들에 집중하기 때문에 사람들은 때때로 기초적인 실수를 한다. 우연성이나 무작위성을 이용하는 과정은 알고리즘이 아니라고 생각하는 것이다. 그러나 장제법마저도 무작위성을 적절하게 사용한다.

$$\begin{array}{r} 7? \\ 47\overline{)326574} \end{array}$$

나눔수(제수)는 나뉨수(피제수)에 여섯 번 들어가는가, 일곱 번 들어가는가? 아니면 여덟 번? 누가 알겠는가? 누가 신경 쓰는가? 당신은 알 필요가 없다. 장제법으로 나눗셈을 하는 데 재치나 분별력은 전혀 필요하지 않다. 알고리즘은 당신에게 0에서 9까지의 수 중 하나를—당신이 원한다면, 무작위로—고르라고, 그리고 결과를 확인하라고 시킨다. 그 후 선택한 수가 너무 작다고 드러나면 1만큼 큰 수를, 너무 크면 1만큼 작은 수를 넣고 다시 시작하라고 한다. 장제법의 좋은 점은 항상 효과를 본다는 것이다. 당신이 첫 번째 수를 고를 때 최고로 어리석은 선

22 컴퓨터과학자들은 때때로 알고리즘이라는 용어의 의미를 종료될 수 있음이 증명되는 프로그램에 한정시킨다. 예를 들면, 무한 루프가 없는 프로그램 같은 것으로 말이다. 그러나 이 특별한 의미는 일부 수학적 목적에서는 가치가 있겠지만, 우리에게는 큰 가치가 없다. 사실, 온 세계에서 일상적으로 사용되는 컴퓨터 프로그램 중 이 제한된 의미의 알고리즘의 자격을 갖춘 것은 거의 없다시피 하다. 대부분 명령(종료하라는 명령도 포함되어 있다. 이 명령이 없다면 프로그램은 진행되지 않는다)을 끈기 있게 기다리며 무한정 사이클을 돌도록 설계되어 있다. 그러나 그것들의 서브루틴들은, 탐지되지 않은 "버그"들로 인해 프로그램이 "먹통이 되지" 않는 한, 그 제한된 의미의 알고리즘들이다.

택을 했다 해도, 그저 시간이 조금 더 걸릴 뿐이다. 완전히 어리석은 것들을 가지고도 어려운 과제에서 성공을 거두는 것이 컴퓨터를 마법처럼 보이게 하는 것이다. 아무런 생각이 없는 기계 같은 것이 어떻게 그런 똑똑한 일을 할 수 있는 것일까? 놀랄 것도 없이, 그때그때 후보를 무작위로 생성한 후 그것을 기계적으로 테스트함으로써 이루어지는 능숙한 무지라는 전략은 흥미로운 알고리즘들에 편재하는 특성이다. 그것은 알고리즘으로서의 증명 가능한 위력을 방해하지 않을 뿐 아니라, 종종 그 위력의 비결이기도 하다. (Dennett 1984, pp 149-52를 보라. 이 부분은 마이클 라빈Michael Rabin의 무작위 알고리즘이 지닌 특히 흥미로운 위력에 관한 내용이다.)

우리는 그것들과 중요한 속성들을 공유하는 일상의 알고리즘을 고려함으로써 진화 알고리즘이라는 문phylum을 겨냥하기 시작할 수 있다. 다윈은 경쟁과 선택의 반복되는 물결에 주목하도록 우리를 이끈다. 자, 이제 탈락 토너먼트를 조직하는 표준 알고리즘을 생각해보자. 테니스 토너먼트처럼 8강전(준준결승), 4강전(준결승), 결승으로 끝나면서 단 하나의 우승자를 결정하는 게임 말이다.

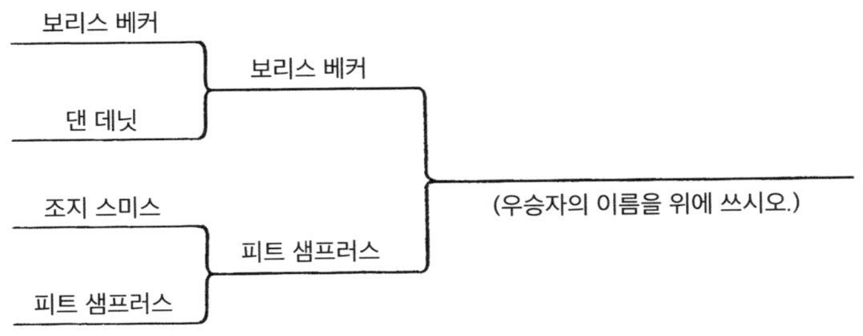

이 절차가 세 가지 조건을 만족함에 주목하라. 이는 칠판에 분필로 적든, 컴퓨터 파일로 업데이트하든, 또는—기이한 가능성이긴 하지

만—그 어디에도 적지 않고 거대한 부채꼴 울타리가 쳐진 테니스 코트를 만들고 부채꼴 호의 두 끝점에 입구를, 그리고 부채꼴의 중심각에 출구를 만들어, 입구로 들어온 두 명이 경기를 해서 승자만이 출구를 열고 나가 다음 경기가 치러질 코트로 가게 하든, 다 똑같이 시행될 수 있다. (이때 패자는 총을 맞아 죽고 코트에 묻혀 그 어디로도 나가지 못한다고 하자.) 경기가 끝날 때 경쟁자들을 지침에 따라 행진시켜 빈칸을 메우면서 진행하는 것은 (아니면 패자를 식별하여 총으로 쏘는 것은) 그리 어려운 일이 아니다. 그리고 그런 방식은 항상 통한다.

하지만, 이 알고리즘은 정확하게 무엇을 하는 것일까? 이 알고리즘은 한 경쟁자 집단을 입력으로 받고 한 명의 우승자를 식별함으로써 종료됨을 보장한다. 그런데 우승자란 무엇일까? 모든 것은 경쟁의 특성에 달려 있다. 만약 문제의 토너먼트가 테니스가 아니라 동전 던지기라고 가정해보자. 한 선수는 동전을 가볍게 던져서 손바닥으로 잡은 후 손을 오므리고, 다른 선수는 그것이 앞인지 뒤인지 추측하여 결과를 외친다. 승자는 다음 토너먼트에 진출한다. 이 토너먼트에서 우승자는 연이은 n번의 동전 던지기에서 한 번도 지지 않은 단 한 명의 선수일 것이다. 그리고 이는 토너먼트가 완전히 끝날 때까지 얼마나 많은 라운드가 진행되느냐에 달려 있다.

그런데 이 토너먼트에는 이상하고 사소한 무언가가 있다. 그것은 무엇일까? 우승자에게는 정말로 꽤 주목할 만한 속성이 있다. 동전 던지기에서 여러 번, 예를 들어 열 번을 연속해서 이긴 사람을 당신은 얼마나 자주 보았는가? 아마도 전혀 본 적이 없을 것이다. 그런 사람이 별로 없을 가능성이 매우 크지만, 정상적으로 경기들이 진행되어도 그런 사람은 확실히 나온다. 만약 어떤 도박꾼이 당신에게 10대 1의 확률로 당신 눈앞의 어떤 사람을 정상적인 동전을 사용하는 동전 던지기에서 10번 연속으로 이길 수 있게 만들 수 있다면서 당신에게 내기를 제안한다면, 당신은 그것이 꽤 괜찮은 내기라는 쪽으로 생각이 기울 것이다.

그렇게 하려면 당신은 도박꾼에게 1,024명의 공범이 없기를 바라는 편이 좋을 것이다(말은 '공범'이지만 그들은 당신을 속일 필요가 없다. 그들은 정정당당하게 게임한다). 왜냐하면 10라운드의 토너먼트를 구성할 때 필요한 것은 그것(2^{10}명의 공범)이 전부이기 때문이다. 토너먼트가 시작될 때는, 그 도박꾼은 자신이 승리를 보장해줄 '증거물 1호'가 누구인지 모른다. 그러나 토너먼트 알고리즘은 그러한 사람을 즉시 생성해낼 것이 확실하다. 그것은 도박꾼의 승리가 아주 확실히 보장되는, 당신이 지는 게임이다. (만약 당신이 이 가벼운 실용 철학을 활용해서 부자가 되려 한다면, 나는 당신이 입을 수도 있는 그 어떤 피해에도 책임이 없다.)

모든 엘리미네이션 토너먼트elimination tournament[23]는 우승자를 내며, 그 우승자는 라운드들을 통과하여 진출하는 데 필요한 자산이라면 그 무엇이든 "자동적으로" 지닌다. 그러나 동전 던지기 대회가 보여주듯이, 문제의 그 자산은 "단지 역사적"인 것—선수의 향후 전망과는 전혀 관계없는, 선수의 과거 이력에 관한 사소한 사실일 수 있다. 예를 들어 국제연합United Nations(UN)이 각 나라의 대표자들이 모여 동전 던지기를 해서 미래의 국제 분쟁을 해결하기로 결정했다고 가정하자(하나보다 많은 나라가 참여한다면, 그것은 토너먼트의 일종이어야 할 것이다—앞에서 본 것과는 다른, 라운드로빈round robin 토너먼트, 즉 한 번 패해도 다시 기회가 제공되는 토너먼트 알고리즘일 수 있다). 우리는 대표로 어떤 사람을 선발해야 할까? 나라에서 동전 던지기를 가장 잘하는 사람을 뽑아야 한다는 것은 명백하다. 우리가 미국의 모든 남성, 여성, 아이들을 참가시키는 거대한 엘리미네이션 토너먼트를 조직한다고 생각해보자. 누군가

---

23 [옮긴이] 원래 넓은 의미의 토너먼트는 선수권 쟁탈전을 말한다. 따라서 우리가 흔히 말하는 리그전도 넓은 의미의 토너먼트에 속하며, 이때 리그전을 이르는 말은 라운드로빈 토너먼트round-robin tournament이다. 패자부활전은 더블 엘리미네이션 토너먼트double elimination tournament, 그리고 우리가 흔히 말하는 토너먼트는 정확하게는 엘리미네이션 토너먼트를 뜻한다.

는 우승자가 되어야 할 것이고, 그 사람은 28번을 연속으로 한 번도 안 지고 이겼을 것이다![24] 이는 그 사람에 대한 반박 불가능한 역사적 사실이지만, 동전 던지기에서 결과를 추측하여 외치는 것은 단지 운의 문제이므로, 국내 토너먼트 우승자가 초기에 탈락한 사람보다 실력이 더 좋다고, 그래서 국제 토너먼트에서도 그 패배자보다 조금이라도 더 잘하리라고 믿을 이유가 전혀 없다. 운에는 기억이 없다. 복권 당첨자는 확실히 운이 좋고, 그녀는 그 복권 덕분에 수백만 달러를 얻었지만, 그녀가 그 덕분에 다시 운이 좋을 필요는 전혀 없을 것이다. 그녀가 복권에 한 번 더 당첨될 확률이 다른 사람보다 높다고 생각할 이유가 없는 것처럼, 또는 다음번 동전 던지기에서 이길 확률이 다른 사람보다 높을 것이라고 생각할 이유가 없는 것처럼 말이다. (운에는 기억이 없다는 사실을 이해하지 못하는 것을 가리켜 도박꾼의 오류Gambler's Fallacy라 한다. 그리고 이 오류는 놀랄 만큼 흔하다. 너무 흔한 나머지, 그것이 어떤 의심이나 논쟁을 넘어선, 진짜 오류라는 것을 강조해야 할 정도다.)

동전 던지기처럼 순전히 운에만 의존하는 토너먼트와는 대조적으로, 테니스 토너먼트처럼 기술을 필요로 하는 것도 있다. 그런 토너먼트에서라면 초반 라운드에서 패한 선수들과 후반 라운드까지 진출한 선수들이 다시 경기를 한다면 후자가 더 잘할 것이라고 믿을 이유가 있다. 그런 토너먼트의 우승자는 오늘날 가장 뛰어난 선수라고 믿을 이유가 있다(그러나 보장은 없다). 물론 그것도 오늘의 이야기일 뿐, 내일엔 또 달라질 수 있다. 훌륭하게 운영되는 토너먼트가 우승자를 생산한다는 것은 보장되지만, 기술로 승부하는 토너먼트라 하더라도 정말 가장 잘하는 선수를 우승자로 식별하리라는 보장은, 사소하지 않은 그 어떤 의미에서도, 없다. 그렇기에 우리는 개막식에서 "최고의 선수가 우승하

---

24 [옮긴이] 2^{28}은 268,435,456이고, 이는 미국의 1996년 인구인 2억 6900만과 매우 비슷하다.

길!" 하고 외치기도 한다. 이런 말을 하는 것은 그 과정이 이를 보장하지 않기 때문이다. 최고의 선수—"설계" 기준(가장 믿을 만한 백핸드를 구사하고, 가장 빠른 서브를 넣고, 체력이 가장 좋고 등등)에서 보았을 때 최고인 선수—가 경기 당일 운이 좋지 않을 수도 있고, 발목을 삐끗할 수도 있고, 번개를 맞을 수도 있다. 그러고 나서, 사소하게, 그가 그만큼 잘하지 못하는 선수와 대전하여 경기에서 이길 수도 있다. 그러나 누구도 기술로 겨루는 토너먼트를 조직하거나 출전을 방해하지 않을 것이다. **장기적으로** 보았을 때 기술 경기 토너먼트에서 가장 우수한 선수가 우승하는 것이 사실이 아니라 해도 말이다. **그것은** 공정한 기술 경기 토너먼트의 정의, 바로 그것에 의해 보장된다. 만일 더 나은 선수들이 각 라운드를 이길 확률이 0.5가 넘지 않는다면, 그것은 운을 겨루는 토너먼트이지, 기술을 겨루는 것이 아니다.

실제로는 그 어떤 경쟁에서든 기술과 운이 자연스럽게 그리고 불가피하게 섞이지만, 그 비율은 매우 다양할 것이다. 매우 울퉁불퉁한 코트에서 치러지는 테니스 토너먼트는 운의 비율을 높일 것이다. 첫 세트 후 경기를 계속하기 전에 장전된 리볼버로 선수들이 러시안 룰렛을 하는 엉뚱한 새 규정에 맞먹게 말이다. 그러나 이 정도로 운이 많이 섞인 경쟁에서도, 더 잘하는 선수들이 후반 라운드에 더 많이 진출하는 통계적 경향이 있다. 장기적으로 기술 차이를 "식별하는" 토너먼트의 위력은 우연히 발생하는 재앙에 의해 감소할 수 있지만, 일반적으로 0까지 감소하지는 않는다. 이 사실은 스포츠에서의 엘리미네이션 토너먼트에서 참인 것처럼 진화 알고리즘에서도 참인데, 진화를 논평하는 사람들은 때때로 이 사실을 간과한다.

기술은, 운과는 달리 **투사 가능**projectable하다. 동일하거나 유사한 상황에서, 기술은 반복 수행을 하는 것으로 인정될 수 있다. 상황에 대한 이러한 상대성은 토너먼트가 이상해 보일 수 있는 또 다른 방식을 우리에게 보여준다. 경쟁의 조건들이 (마치 《이상한 나라의 앨리스Alice in

Wonderland》에 나오는 크로켓 게임처럼) 계속 변한다면 어떻게 될까? 첫 라운드는 테니스, 두 번째 라운드는 체스, 세 번째 라운드는 골프, 네 번째 라운드는 당구를 해야 하는 경기가 있다고 하자. **어떤** 분야에서건, 전체 참가자들과 비교하여, 최종 우승자가 특별히 우수할 것이라고 가정할 이유가 없다. 훌륭한 골퍼들이 모두 체스 라운드에서 패하여 자신들의 골프 기량을 자랑할 기회를 전혀 얻지 못할 수도 있고, 마지막 라운드의 당구 경기에서 아무런 운이 작용하지 않는다 해도, 당구 실력이 뒤에서 두 번째인 당구 선수가 최종 우승자가 될 수도 있다. 따라서 토너먼트에서 **흥미로운** 결과가 조금이라도 나오려면 경기 조건들에 어느 정도의 균일성이 있어야만 한다.

그런데 토너먼트—혹은 그 어떤 알고리즘이든—에는 흥미로운 무언가가 있는가? 없다. 보통 우리가 말하는 알고리즘은 거의 언제나 흥미로운 일을 한다. 그러기 때문에 우리의 관심을 끄는 것이다. 그러나 어떤 절차가 누구에게도 사용 가능한 용처가 없거나 가치가 없다는 이유만으로 알고리즘이 되지 못하는 것은 아니다. 준결승전의 **패자**가 결승으로 올라가는, 엘리미네이션 토너먼트 알고리즘에서의 변이를 생각해보자. 이는 전체 토너먼트의 의미를 무너뜨리는 어리석은 규칙이지만, 이런 토너먼트라 해도 여전히 알고리즘이긴 하다. 알고리즘은 의미나 목적을 지니지 않는다. 단어들을 알파벳 순으로 정렬하는 유용한 알고리즘들 외에도, 단어들을 알파벳 순으로 믿을 만하게 잘못 정렬하는 알고리즘도 믿을 수 없을 만큼 많으며, 그런 것들도 매번 완벽하게 작동한다(누가 신경이라도 쓰는 양). 어떤 수의 제곱근을 구하는 알고리즘이 (사실, 많이) 있듯이, 18이나 703을 제외한 수의 제곱근을 구하는 알고리즘들도 있다. 어떤 알고리즘들은 지루할 정도로 너무 불규칙적이고 의미 없는 일을 해서, 그것들이 무엇을 위한 알고리즘인지 간결하게 말할 길이 없기도 하다. 그것들은 그것들이 하는 일을 할 뿐이고, 또 매번 할 뿐이다.

이제 우리는, 다윈주의의 어쩌면 가장 흔한 오해를 드러내 보일 수 있다. 그것은 바로 "다윈의 아이디어는 자연선택에 의한 진화가 '우리'를 만들기 위한 절차임을 보여주었다"라는 것이다. 다윈이 자신의 이론을 제안한 이후, 사람들은 종종 그의 아이디어가 우리(인간)가 진화의 목적지이자 목표이며 그 모든 걸러내기와 경쟁의 의미임을 보여주는 것이라고, 그리고 단지 토너먼트가 개최되기만 하면 우리가 무대에 등장하는 건 보장된 수순이라고 해석하려는 그릇된 시도를 해왔다. 진화의 친구들과 적들 모두 이런 혼란을 조성해왔다. 이 혼란은 동전 던지기 토너먼트 우승자가 잘못된 생각, 즉 토너먼트는 우승자를 배출해야만 하고, 그가 우승자의 자격이 있으므로 동전 던지기 토너먼트가 그를 우승자로 배출해야만 했다는 생각을 하며 잘못 간주된 영광에 빠져 있는 것과 마찬가지다. 진화는 알고리즘이고, 진화가 우리를 만들기 위한 알고리즘이라는 명제가 참이 아니어도 진화는 알고리즘 과정에 의해 우리를 생산할 수 있다. 스티븐 제이 굴드의 《원더풀 라이프: 버제스 혈암과 역사의 현실Wonderful Life: The Burgess Shale and the Nature of History》(1989a)의 주된 결론은, 만일 우리가 "생명의 테이프를 되감아" 그것을 다시 재생하고 또 되감았다 재생한다면, 이번이 아닌 다른 재생에서 진화의 물레방아가 돌아갈 때 '우리'가 생성될 확률은 극미하다는 것이다. 이는 의심의 여지없이 참이다(만일 그의 "우리"가 지금의 우리인 호모 사피엔스의 특정 변종, 즉 몸에 털이 없고 직립하며 손은 두 개에 각각 다섯 개의 손가락이 있고 영어나 프랑스어 등의 언어를 말하고 테니스와 체스 게임을 하는 존재를 일컫는다면 말이다). 진화가 우리를 생산하기 위해 설계된 과정은 아니지만, 이 말로부터 '진화는 사실 우리를 생산하는 알고리즘이 아니다'라는 명제가 도출되지는 않는다. (이 주제에 관해서는 10장에서 더 상세히 다룰 것이다.)

진화 알고리즘들은 명백하게 흥미로운—적어도 우리에게는 흥미로운—알고리즘인데, 그것들이 하리라고 보장되는 일들이 흥미롭기 때문이 아니라, 그것들이 하는 경향이 있다고 보장되는 일들이 흥미롭기 때문에 그렇다. 이런 측면에서 보자면 그것들은 기술을 겨루는 토너먼트와 비슷하다. 흥미롭거나 가치 있는 것을 산출하는 알고리즘의 위력은, 바보도 할 수 있는 방식을 산출한다고 수학적으로 증명된 알고리즘으로만 한정되는 것이 전혀 아니며, 이는 특히 진화 알고리즘에서 진실이다. 앞으로 보게 될 것처럼, 다윈주의에 관한 대부분의 논쟁들은 결국 상정된 특정 진화 과정이 얼마나 강력한가—그 과정이 이 모든 것을 또는 저 모든 것을 가용 시간 동안 실제로 할 수 있는가—에 관한 불일치로 귀결된다. 이것들은 진화 알고리즘이 생산**할 수도 있을 것 같은**, 또는 생산**할 수 있을**, 또는 생산**할 가능성이 꽤 될 것 같은** 것에 대한 전형적인 조사이고, 그러한 알고리즘이 **불가피하게** 생산할 것에 대해 오직 간접적으로만 할 수 있는 조사이다. 다윈은 요약에서 그 연구들을 위한 장을 스스로 마련하는 말들을 했다. 그의 아이디어는 자연선택 과정이 "틀림없이" 어떤 것을 산출하는 "경향이 있는지"에 관한 주장이다.

모든 알고리즘은 그것들이 무엇을 하든 결과를 보장받지만, 그 결과가 반드시 흥미로운 무언가여야 할 필요는 없다: 어떤 알고리즘들은 어떤 것—그것이 흥미롭든 아니든—을 하는 경향이 있다고 좀 더 보장(p의 확률로)받는다. 그러나 알고리즘이 한다고 보장받는 것이 어떤 식으로는 "흥미로울" 필요가 없다면, 우리는 다른 과정과 알고리즘을 어떻게 구별해야 하는가? **아무** 과정이나 다 알고리즘이 될 수는 없는 것인가? 해변에서 파도가 철썩거리는 것은 알고리즘 과정인가? 말라버린 하천 바닥의 점토를 태양이 뜨겁게 굳히는 것은 알고리즘 과정인가? 이에 대한 답은, 이런 과정들을 알고리즘으로 일단 간주해보면 그 과정들의 가장 잘 이해되는 특성들이 있을지도 모른다는 것이다! 예를 들어, 해변 모래 알갱이들의 크기가 왜 균일한가 하는 물음을 다루어보자. 이는 파도가 알갱이들을 반복하여 해변으로 내보내는 덕분에 일어나는 자연적인 분급 과정에 의한 것이다. 어쩌면 웅장한 규모로 일어나는 알파벳 순

정렬 같다고 말할 수도 있다. 태양에 의해 뜨겁게 굳은 점토에서 나타나는 균열 패턴은 토너먼트에서의 연속되는 라운드들과는 같지 않은 사건들의 연쇄로 보면 가장 잘 설명될 것이다.

아니면 금속 조각에 어닐링annealing(담금질)을 반복하는 과정을 생각해보자. 이보다 더 물리적이면서 덜 "계산적"인 과정이 어디 있겠는가? 대장장이들은 금속에 열을 가했다가 식히는 과정을 반복하고, 그 과정에서 금속은 어찌어찌해서 훨씬 강해진다. 어떻게? 이 마술 같은 변화에 대해 우리는 어떤 종류의 설명을 할 수 있을까? 열이 특별한 '강함 원자' 같은 것을 생성하여 철 표면을 코팅이라도 하는 것일까? 아니면 모든 철 원자들을 한데 묶는 아원자 접착제를 대기 중에서 빨아들이는 것일까? 아니다. 그와 비슷한 일들은 전혀 일어나지 않는다. 설명의 옳은 수준은 알고리즘의 수준이다. 금속이 녹은 상태에서 식으면, 동시에 매우 많은 지점에서 응고가 일어나면서 전체가 모두 고체가 될 때까지 점점 커지는 결정이 형성된다. 그러나 처음 이 일이 일어날 때는, 개별 결정 구조의 배열은 최적 상태는 아니다. 많은 내부 응력과 변형률로 서로 약하게 결합되어 있다. 그것을 다시 가열하면—녹지는 않을 정도로—그 구조들이 부분적으로 깨어지고, 그 때문에 다음번 냉각될 때는 이때 깨졌던 조각들이 아직 고체 상태인 조각들에 달라붙어 또 다른 배열을 형성할 수 있게 된다. 이런 재배열은 최적 상태 또는 가장 강한 전체 구조에 접근함에 따라 더욱더 잘 일어나는 경향이 있음이 수학적으로 증명될 수 있다. 가열과 냉각이 알맞은 매개변수들을 가진다면 말이다. 이 최적화 절차가 매우 강력한 나머지, 컴퓨터과학에서는 완전히 일반적인 문제 해결 기술의 영감으로 사용되어왔으니, 그것이 바로 "어닐링 시뮬레이션"이다. 이 시뮬레이션은 금속이나 열과는 아무런 관련이 없는, 단지 (다른 프로그램들처럼) 데이터를 여러 차례 역逆 어셈블disassemble(분해)하고 재구축하는 컴퓨터 프로그램을 얻는 방식이며, 더 나은—실제로, 최적인—버전을 향해 맹목적으로 더듬더듬 나아간다.(Kirkpatrick, Gelatt and Vecchi 1983) 이는 인공지능에서 연결주의connectionist 또는 "신경망neural net" 아키텍처의 기초가 된 "볼츠만 기계Boltzmann machines"와 "호필드 망Hopfield nets"을 비롯한 여러 제약조건-만족 계획constraint-satisfaction scheme들의 개발을 이끌었던 주요 통찰들 중 하나였다. (이들에 대한 개괄이 필요하다면 다음을 보라; Smolensky 1983, Rumelhart 1989, Churchland and Sejnowski 1992. 그리고 철학적 수준에서의 개괄이 필요하다면 나[1987a]와 폴 처치랜드Paul Churchland[1989]의 논의를 보라.)

야금학metallurgy에서 어닐링 작업이 어떻게 이루어지는지 심도 있게 이해하고자 한다면, 원자 수준에서 작동하는 모든 힘들의 물리학을 배워야만 한다. 물론, 어닐링 작업이 어떻게 이루어지는가(그리고 그게 **왜 작동하는가**)에 대한 기본 아이디어는 그런 세부 사항들 없이도 어느 정도는 설명될 수 있다. 무엇보다, 내가 방금 설명한 것도 단순한 일반 용어들만을 이용한 것 아닌가(그리고 나는 물리학을 잘 모른다!). 어닐링 설명은 **기질 중립적** 용어들로도 이루어질 수 있다. 우리는 특정 종류의 최적화가 어떠한 "물질"에서도 일어날 수 있으리라 예상해야 한다. 이때 "물질"이란 특정 종류의 구축 과정에 의해 서로 묶여 있는 요소들을 지니며, 단일 전역全域 매개변수가 변경되면 순차적으로 분해될 수 있는 것 등등을 말한다. 광택 나는 강철 봉과 윙윙거리는 슈퍼 컴퓨터에서 일어나는 과정들에서의 공통점이 바로 이것이다.

자연선택의 위력에 관한 다윈의 아이디어도 생물학이라는 홈 베이스에서 벗어나도록 들어올려질lifted 수 있다. 사실, 우리가 이미 주목했듯이, 다윈 자신은 유전적 대물림의 미시적 과정이 어떻게 일어나는지 거의 알지 못했다(그리고 그가 약간 알고 있었던 것들도 잘못된 것으로 드러났다). 물리적 기질에 관한 세부 사항을 전혀 모르는 상태이긴 하지만, 그는 특정 조건들이 어떻게든 만족되면 특정 결과가 발생할 것임을 식별할 수 있었다. 이 기질 중립성은 다윈주의의 기본적 통찰들을 다윈의 기묘한 뒤집기 이후 생긴 일들에 관한 후속 연구와 논쟁의 파도 위에 떠 있는 코르크처럼 되게 하는 데 결정적 역할을 했다. 앞 장에서 살펴보았듯이, 다윈은 유전자라는 정말로 필요한 아이디어를 결코 떠올리지 않았다. 그러나 멘델의 개념이 함께하면서 유전으로부터 수학적 의미를 만들어내는 (그리고 '특성을 섞는 대물림'이라는 다윈의 고약한 문제를 해결할) 옳은 구조를 비로소 제공하게 되었다. 그리고 그 후, DNA가 유전자의 실제 물리적 탈것vehicle(운반자)임이 **확인**되었을 때, 처음에는 (그리고 논의에 뛰어든 많은 사람에게는 아직도) 멘델의 유전자들이 특정 DNA 덩어리로 간단히 식별될 수 있는 것처럼 보였다. 그러나 그 후 복잡성이 출현하기 시작했다. 더 많은 과학자가 DNA에 대한, 그리고 번식에서 DNA가 하는 역할에 대한 실제 분자생물학을 연구하면 할수록, 멘델의 이야기는 기껏해야 엄청난 과도단순화라는 것이 점점 더 명확해졌다. 여기서 더 나아가, 이렇게 말하는 사람도 있을 것이다. 멘델의 유전자 같은 것은 실제로는 **존재하지 않는다**는 것을 우리는 최근에 알게 되었다고! 멘델의 사다리를 다 오르고 나면 우리는 그것을 걷어차버려야만 한다. 하지만 그렇게 값진 도구를 완전히 던져버리고 싶은 사람은 물론 없을 것이며, 그 도구는 여전히 매일 수백 가지의 과학적·의학적 맥락에서 그 자신의 진가를 증명하고 있다. 그렇다면 해결책은 멘델의 논의를 한 단계 끌어올리고, 그가 다윈처럼 대물림에 관한 추상적 진리를 포착했다고 선언하는 것이다. 원한다면, 우리는 어쩌면 DNA의 구체적 물질들 안에 그것들의 실재성reality이 분포되어 있다고 간주하면서, **가상 유전자**virtual gene를 이야기할 수도 있다. (나는 이 선택지를 다분히 옹호하는데, 이에 대해서는 5장과 12장에서 논의할 것이다.)

그러나 이제 앞에서 제기된 질문으로 돌아가서 다시 물어보자. 알고리즘적 과정이 무엇인지에 관해서는 정말로 아무런 제한이 없는가? 나는 이에 대한 대답은 "없다"이리라고 추측한다. 당신이 하고자 한다면, 당신은 추상적 수준에서의 그 어떤 과정도 알고리즘적 과정으로 다룰 수 있다. 그렇게 하면 안 될 것은 무엇인가? 당신이 그런 것들 모두를 알고리즘으로 취급한다면 오직 일부 과정들만이 흥미로운 결과들을 산출할 것이다. 그러나 우리는 "알고리즘"을 그런 식으로, 즉 **흥미로운** 것들(장대한 철학적 질서!)만을 포함하는 방식으로 정의하려고 노력할 필요가 없다. 이 문제는 저절로 해결될 것이다. 누구도 이런저런 이유로 흥미가 없는 알고리즘들을 검토하느라 시간을 낭비하지 않을 테니까. 그것은 설명을 필요로 하는 것이 무엇이냐에 전적으로 달려 있다. 이해가 안 된다고 생각되는 것이 모래 알갱이들의 균일성이나 칼날의 강도라면, 알고리즘적 설명이 그 호기심을 충족시킬 것이며, 그것은 진실일 것이다. 동일한 현상들의 다른 흥미로운 특성들 또는 그 특성들을 만든 과정들은 알고리즘으로 취급한다 해도 설명되지 않을 수도 있다.

그러면 여기, 다윈의 위험한 아이디어가 있다: 알고리즘적 수준은 영양의 속도를, 독수리의 날개를, 난초의 모양을, 종의 다양성을, 그리고 그것들을 비롯하여 자연 세계의 모든 경이로운 것들의 발생을 설명하는 가장 좋은 수준이다. 알고리즘처럼 무마음적이고 기계적인 무언가가 그토록 놀라운 것들을 만들어낼 수 있다는 것을 믿기 어렵지만 말이다. 알고리즘의 산물이 아무리 인상적이라 해도, 그 기저의 과정은 언제나 그 어떤 지성적인 감시의 도움 없이도 서로 연쇄되는 일련의, 개별적으로는 무마음적인 단계들에 다름 아닌 것들로 구성되어 있다. 당연히 그들은 "자동적"이다. 즉 자동자의 작업이라 할 수 있다. 그들은 서로를 입력값으로 취하거나 맹목적 우연을 입력값으로 취하지, 그 외의 것들은 절대 입력값으로 취하지 않는다. 우리에게 익숙한 대부분의 알고리즘은 좀 더 온건한 산물들을 내놓는다. 그것들은 장제법을 하거나 알파벳 순 정렬을 하거나 평균 납세자의 소득을 계산한다. 그보다 좀 더 화려한 알고리즘은 우리가 매일 텔레비전에서 보는 휘황찬란한 컴퓨터 애니메이션 그래픽을 생산한다. 얼굴을 변형시키고, 상상에서만 존재하는 스케이트 타는 북극곰 무리를 창조하고, 이전에는 보지도 못했고 상상조차

하지 못했던 존재자들의 가상 세계 전체를 시뮬레이션하는 것이다. 그러나 실제의 생물권은 몇 배로 훨씬 더 휘황찬란하다. 우연을 입력값으로 하는 알고리즘적 과정들의 연쇄에 불과한 것이 그런 찬란한 것을 정말로 출력할 수 있을까? 그리고 정말 그럴 수 있다면, 그 연쇄는 누가 설계했을까? 아무도 하지 않았다. 그 연쇄 자체도 맹목적인 알고리즘적 과정의 산물이다. 다윈 자신은《종의 기원》을 출판하고 얼마 안 있어 지질학자 찰스 라이엘에게 짧은 편지를 보내며 이에 대해 말했다. "자연선택 이론이 계승의 어떤 단계에서 기적적인 무언가가 더해져야 하는 것이라면, 나는 그 이론을 절대 높이 평가하지 않았을 것입니다. …… 자연선택 이론에 내가 그런 추가 사항들을 넣어야 한다고 생각했다면, 나는 쓰레기라 생각하고 버렸을 것입니다. ……"(F. Darwin 1911, vol. 2, pp. 6-7)

다윈에 따르면 진화는 알고리즘적 과정이다. 진화를 이런 방식으로 생각하는 것에 대해서는 아직도 논쟁이 계속되고 있다. 진화생물학 안에서의 주도권 싸움들 가운데 하나는 알고리즘으로 다루는 방식을 끊임없이 밀어붙이고 또 밀어붙이는 진영과 수면 위로 드러나지 않는 모종의 여러 이유들 때문에 이에 저항하는 진영 간의 줄다리기이다. 이는 마치 어닐링을 알고리즘적으로 설명하는 것에 실망한 야금학자들이 주위에 있는 것과 마찬가지이다. "그게 전부요? 어닐링 과정에 의해 특별하게 생성되는 초미시적 슈퍼 접착제는 없는 거요?" 다윈은 모든 과학자에게 그러한 알고리즘으로서의 진화가, 어닐링과 마찬가지로, **작동한다**고 확신시켰다. 그것이 **어떻게** 그리고 **왜** 작동하는가에 관한 그의 급진적 시각은 아직도 다소 공세에 시달리고 있는데, 그 주된 이유는 그에 저항하는 사람들은 그들의 교전이 더 큰 전쟁의 일부라는 것을 희미하게 볼 수 있기 때문이다. 진화생물학에서 그 게임에 진다면 그 모든 것은 어디서 끝날까?

2장: 다윈은 오래된 전통과는 대조적으로, 종들은 영속 불변하는 것이 아님을 확정적으로 보여주었다. 종들은 변한다. 새로운 종의 기원은 "변화를 동반한 계승"의 결과라고 볼 수 있다. 좀 덜 확정적으로 말한다면, 다윈은 이 진화 과정이 어떻게 일어나는가에 대한 아이디어를 소개했다. 진화는 무마음적이고 기계적인 알고리즘적 과정, 즉 그가 "자연선택"이라 불렀던 과정을 통해 일어난다. 진화의 모든 결실을 알고리즘적 과정의 산물로 설명할 수 있다는 이 아이디어는 실로 '다윈의 위험한 아이디어'이다.

3장: 다윈을 포함하여 많은 사람은 자연선택이라는 그의 아이디어가 혁명적 잠재력을 지닌다는 것을 어렴풋이 볼 수 있었다. 그런데 그것은 정확히 무엇을 전복시키겠다고 약속하는가? 다윈의 아이디어는 서양의 전통적 사고 구조, 즉 내가 우주피라미드라고 부르는 것을 해체하고 재구축하는 데 이용될 수 있다. 이는 기원에 관한 새로운 설명—우주의 모든 '설계'가 점진적인 축적에 의한 것이라는 설명—을 제공한다. 다윈 이래, 회의론은 자연선택의 다양한 과정들이 그 기저의 무마음성에도 불구하고, 이 세계의 현시적인 모든 설계 작업을 해오기에 충분할 정도로 강력하다는 다윈의 암묵적 주장을 겨냥하고 있다.

3장

만능산

Universal Acid

1. 초기의 반응들

인간의 기원은 증명되었다. 형이상학은 번성해야 한다. 개코원숭이를 이해하는 사람은 로크보다 형이상학을 더 많이 하고 있을 것이다.

—찰스 다윈, 출판하려고 하지 않았던 노트에서

(P. H. Barrett et al. 1987, D26, M84)

그의 주제는 "종의 기원"을 추측하는 것이지, 조직체(유기체)의 기원을 추측하는 것이 아닙니다. 그리고 후자의 추측을 열어버린 것은 불필요한 해악에 불과한 것으로 보입니다.

—다윈의 친구 해리엇 마티노Harriet Martineau가 1860년 3월 파니 웨지우드Fannie Wedgwood에게 보낸 편지에서(Desmond and Moore 1991, p. 486)

다윈은 중간에서 설명을 시작했다. 어쩌면 끝에서부터 설명을 시작했다고까지 말할 수도 있을 것이다. 오늘날 우리가 보고 있는 생물의 형태에서 시작하여, 현재 생물권 내의 패턴들이 자연선택 과정에 의해 과거 생물권의 패턴들로부터 생겨나는 일이 어떻게 설명될 수 있는지를 보여주니까. 그는 누구나 알고 있는 사실에서 출발했다. 오늘날의 생물들은 모두 부모들에게서 나왔고, 그 부모들은 또 그것들의 부모들, 즉 조부모들에게서 나왔고, ……. 그래서 오늘날 살아 있는 모든 것은 그 하나하나가 족보 가계의 가지branch 하나이며, 그 가계는 더 큰 씨족의 가지 하나에 해당한다는 사실 말이다. 그의 논증은 계속된다. 다윈은 충분히 거슬러 올라가면, 모든 가계의 모든 가지들은 결국 공통 조상이라는 굵은 가지들에서 갈라져 나온 것임을 알게 될 것이며, 그리하여 마침내 하나의 '생명의 나무'가 있어, 모든 굵은 가지들과 중간 가지들, 그리고 잔가지들이 '변화를 동반한 계승'에 의해 그 나무에 묶여 있음을 알게 될 것이라고 말한다. 생명의 계보가 나무와 같은 분기 조직branching organization으로 되어 있다는 사실은 관련된 그런 프로세스를 포함하는 설명에서 매우 중요한데, 그러한 나무(트리 구조)는 자동 재귀recursive 프로세스에 의해 형성될 수 있기 때문이다. 먼저 x를 구축한다. 그다음에 x의 후손들(계승자들)을 수정한다. 그리고 그다음에 그 수정 사항들을 수정한다. 그 후 수정 사항들의 수정 사항들을 수정한다—만약 생명의 계보가 나무 형태라면, 멈출 수 없는 자동적인 재구축 프로세스로부터 모든 것들이 생겨날 수 있게 된다. 그리고 그 안의 설계들은 시간이 지나면서 계속 축적될 것이다.

역방향 작업, 즉 프로세스의 "종료 지점" 또는 그 근처에서 시작하여, **그것**이 어떻게 생산될 수 있는지를 묻기 전에 맨 끝의 바로 앞 단계를 해결하는 것은 특히 재귀를 이용하는 프로그램들을 만들어낼 때 컴퓨터 프로그래머들이 수없이 시도하여 효과가 증명된 방법이다. 보통 이것은 실천적 적당함의 문제이다. 씹을 수 있는 것보다 많이 물어뜯지 않으려면, 즉 지나친 욕심을 부리지 않으려면, 맨 끝부분부터 한 입 물어뜯는 것이 종종 올바른 선택이 된다. 그 끝부분을 찾을 수 있다면 말이다. 다윈은 그것을 발견했고 매우 조심스럽게 역방향 작업을 시작했다. 자신의 탐구가 촉발한 많은 거대한 문제들을 피해가면서, 그리고 비밀 노트에 그것들에 대한 사색을 풀어내면서, 그러나 출판은 무기한 연기하면서. (예를 들어. 그는《종의 기원》에서 인간의 진화에 대한 논의를 의도적으로 피했다. 리처즈[R. J. Richards 1987, pp. 160ff]의 논의를 보라.) 그러나 그는 이 모든 것이 끌고 가는 방향이 어디인지 볼 수 있었다. 그는 분란을 일으킬 그 외삽extrapoliation들에 대해 완벽에 가까운 침묵을 지켰으나, 많은 독자들도 그 방향이 가리키는 곳을 볼 수 있었다. 어떤 이들은 자신들이 본 것을 사랑했고, 또 어떤 이들은 증오했다.

카를 마르크스Karl Marx는 열광자였다. "여기서 다루어진 것은 자연과학에서 '목적론'에 날린 최초의 치명타일 뿐 아니라, 그 합리적 의미에 대한 경험적 설명이다."(Rachels 1991, p. 110에서 인용) 프리드리히 니체Friedrich Nietzsche는—영국적인 모든 것을 경멸했음에도 그 경멸을 뚫고—다윈에게서 훨씬 더 우주적인 메시지를 보았다. "신은 죽었다." 니체가 실존주의의 아버지라면, 다윈은 실존주의의 할아버지라는 타이틀을 얻을 자격이 있다. 다른 사람들은 다윈의 견해가 신성한 전통을 완전히 전복할 수 있는 것이라는 생각에 그들보다는 덜 열광했다. 1860년 토머스 헉슬리Thomas Huxley와 옥스퍼드 주교 새뮤얼 윌버포스Samuel Wilberforce가 벌인 논쟁은 다윈주의와 종교 조직 간에 발생한 가장 유명한 대립으로 일컬어진다. 윌버포스는 익명의 논평에서 이렇게 말했다.

> 지구에 대한 인간의 지배권, 말로 분명히 표현하는 인간의 능력, 인간의 자유의지와 책임감 …… 이 모든 것들은 그—그는 신의 형상으로 창조되었다—가 말하는 짐승 기원의 모멸적인 개념과는 한결 같이 그리고 완전히 양립할 수 없는 것이다. 〔Wilberforce 1860〕

다윈의 견해를 확장시킨 이러한 추측들이 불거지기 시작하자, 다윈은 자신의 안전한 베이스캠프로 후퇴하는 현명한 선택을 했다. 탐구 대상인 무대에 생명이 이미 존재했으며, 자신은 설계 축적의 이 과정이 어떻게 진행되고 있는지를 "그저" 보여주는 것뿐이라고 말함으로써, 그리고 그 과정은 그 어떤 '마음Mind'에 의해서도 방해받지 않고 진행될 수 있다고 말함으로써 자신에게 가해질 공격에 훌륭하게 대비하고 논지를 방어한 것이다. 그러나 이 얌전한 책임 부인이 아무리 안심이 되는 것이라 해도, 많은 독자가 잘 읽어냈듯이 그곳이 정말로 안정된 쉼터는 아니었다.

만능산universal acid이라는 것에 대해 들어본 적이 있는가? 학창 시절 나와 내 몇몇 친구들은 이 공상을 하며 즐거워하곤 했다. 이 아이디어를 우리가 만들어냈는지, 아니면 이런저런 음지의 청소년 문화와 함께 받아들인 것인지는 잘 모르겠다. 만능산이란 부식력이 너무 강한 나머지 닿는 물질들은 **뭐든지** 녹여 먹어치우는 액체다! 문제는 이것이다. 만능산을 어디에 담을 것인가? 만능산은 유리병과 스테인리스 스틸 보관통도 종이 가방처럼 수월하게 녹여버린다. 당신이 우연히 만능산을 약간 만들어내거나 발견했다면 어떤 일이 벌어질까? 결국엔 이 행성 전체가 파괴될까? 나중에 무엇이 남겨질까? 모든 것들이 만능산을 만나 변형되고 나면, 세상은 어떻게 보일까? 그런 공상에 잠겨 놀던 시절에서 몇 년이 지난 후에 그 어떤 오해의 여지도 없이 만능산과 꼭 닮은 아이디어—다윈의 아이디어—를 만나게 될 줄은 그땐 정말 몰랐다. 다윈의 아이디어는 모든 전통적인 개념들을 부식시킬 뿐 아니라, 그 먹어치운 자리에 혁명을 겪은 새로운 세계관을 남겨 놓는다. 옛날의 주요 지형지물은 여전히 인식 가능하지만, 근본적인 방식으로 변형된다.

다윈의 아이디어는 생물학의 질문들에 대한 답으로서 태어났지만, (한쪽으로는) 우주론의 질문들에 대한 답과 (다른 쪽으로는) 심리학의 질문들에 대한 답을—환영받든 아니든—제공함으로써 그 위험성이 누설될 위기에 처했다. 재설계redesign가 진화의 무마음적mindless이고(무심하고) 알고리즘적인 과정이 될 수 있다면, 모든 과정들 전체가 그 자체로 진화의 산물이면 왜 안 되는겠는가? 그리고 기타 등등의 것들이 **아래로 내려가며 다 그러하면**all the way down[1] 왜 안 되겠는가? 그리고 무마음적 진화가 생물권의 숨 막힐 정도로 똑똑한 인공물을 설명할 수 있다면, 우리 자신의 "진짜" 마음들의 산물들이 진화적 설명으로부터 어떻게 면제될 수 있단 말인가? 그리하여 다윈의 아이디어는 우리만의 저자권authorship이나 우리만의 창조성과 이해의 신성한 불꽃이라는 환상을 **위쪽으로 모두 다**all the way up 녹이고, 점점 확산되면서 위협을 가한다.

그 이래, 다윈의 아이디어를 둘러싸고 줄곧 벌어진 논쟁과 불안의 대부분은 다윈의 아이디어를 어떤 수용 가능한 범위 안에, 즉 "안전"하면서도 단지 부분적인 혁명 안에 가두려는 몸부림들에서 벌어진 일련의 실패한 운동으로 이해될 수 있다. 그 운동의 슬로건은 아마도 이렇게 쓸 수 있을 것이다. 어쩌면 현대 생물학의 일부 또는 전부는 다윈에게 넘겨줄 수도 있겠지만, 그래도 거기서 선을 지켜라! 우주론, 심리학, 인간 문화, 윤리학, 정치, 그리고 종교에서는 다윈주의적 사고를 멀리하라! 이 운동은 견제의 힘 덕분에 많은 전투에서 승리를 거뒀다. 다윈의 아이디어를 흠결 있게 응용한 것들이 노출되고 신빙성을 잃었으며, 전前 다윈주의적 전통의 옹호자들에 의해 격퇴되었다. 그러나 다윈주의적 사고의 새로운 물결은 계속 들이닥쳤다. 그것들은 개선된 버전들처럼 보이고, 그 앞의 버전들을 패배시켰던 논박에 취약하지 않다. 그런데 그 새 버전들은 의문의 여지없이 '건전한sound 다윈주의'의 핵심 아이디어를 건전하게 확장한 것일까? 아니면 그것들 역시도 이미 반박된 '오용된 다윈주의'보다 훨씬 더 치명적이고 더 위험한 왜곡일까?

---

1 [옮긴이] 여기에서의 'way down'과 그 뒤에 나오는 문장의 'way up'은 다음 절의 우주피라미드를 보면 더 쉽게 이해할 수 있을 것이다. 이 두 표현은 각각 '우주피라미드에서 아래쪽으로', '위쪽으로'를 암시하는 것이기 때문이다.

다윈주의의 확산에 반대하는 이들도 전술 면에서는 확연히 갈린다. 그냥 어딘가에 보호 제방을 세우면 되는가? 아니면 후기 다윈주의post-Darwinian 반反 혁명counterrevolution 같은 것들과 함께, 다윈의 아이디어를 생물학 안에 가둬 두려고 노력해야 하는가? 스티븐 제이 굴드는 가두는 전략을 선호한 이들 중 한 명으로, 몇 가지 서로 다른 혁명적 봉쇄 전략을 제공했다. 그것도 아니면 장벽을 더 멀리에 구축해야 하는가? 이 일련의 운동들 안에서 우리의 태도를 정하려면, 전前 다윈주의 영역을 그린 대략적인 지도에서부터 시작해야 한다. 앞으로 보게 될 것처럼, 다양한 척후병들이 점점 전사하기 때문에, 합의라는 거처에 이르기까지 우리의 여정은 몇 번이고 계속해서 개정되고 또 개정되어야 한다.

2. 다윈, 우주피라미드를 모욕하다

다윈 이전 세계관의 두드러진 특징은 사물들을 전체적으로 위에서부터 아래쪽으로 사상mapping했다는 것이다. 이러한 지도는 종종 사다리로 묘사되기도 한다. 물론 그 사다리의 꼭대기에는 신이 있고, 인간은 그 한두 단 아래(천사가 그 도해에 포함되어 있으면 두 단 아래, 포함되어 있지 않으면 한 단 아래) 있다. 사다리의 맨 밑에는 '무Nothingness' 또는 '혼돈Chaos' 또는 로크의 표현을 빌리면 불활성inert의 움직임 없는 '물질Matter'이 있다. 이 단계들은 탑으로 표현되기도 하고, 이지적인 역사학자 아서 러브조이Arthur Lovejoy의 기막힌 표현(1936)처럼, 많은 연결고리들로 이루어진 '존재의 대사슬Great Chain of Being'로 표현되기도 한다. 존 로크의 논변은 이 위계의 특히 추상적 버전에 우리의 주의를 집중시켰는데, 나는 그것을 '우주피라미드Cosmic Pyramid'라고 부를 것이다.

God (신)

M i n d (마음)

D e s i g n (설계)

O r d e r (질서)

C h a o s (혼돈)

N o t h i n g (무)

*주의: 이 피라미드의 용어들은 다윈 전의 옛 방식으로 이해해야 한다.

세상 만물은 각자 이 우주피라미드 중 한 곳에 자리 잡는다. 심지어 아무것도 없는 무도 궁극의 토대로서 우주피라미드의 맨 아래를 차지한다. 모든 물질이 다 '질서를 지닌Ordered' 것은 아니며, 어떤 것들은 혼돈 속에 있다. 질서를 지닌 물질들 중 일부만이 '설계된Designed' 것들이다. 그리고 설계된 것들 중 일부만이 '마음Mind'을 가지며, 물론 그중 단 하나의 마음만이 신God이다. 신, 즉 최초의 마음은 그 아래 존재하는 모든 것들을 설명하는 원천이다. (그리하여 모든 것이 신에게 달려 있게 되었으니, 우리는 이 지도를 신을 지탱하는 피라미드라기보다는 신이 모든 것을 매달고 있는 샹들리에라고 불러야 할지도 모른다.)

질서와 설계의 차이는 무엇인가? 가장 먼저 나올 수 있는 추측으로, 질서는 단지 규칙성, 즉 패턴에 지나지 않는 것이며, 설계는 아리스토텔레스의 텔로스, 즉 영리하게 설계된 인공물에서 우리가 볼 수 있는 그러한 것으로서의 목적을 위해 질서를 착취하다시피 활용한 것이라고 말할 수 있을 것이다. 태양계는 엄청난 질서를 보여주지만, (보기에) 목적을 지니지는 않는다. 태양계는 무언가를 **위한** 것이 아니다. 반면에, 눈은 보기 **위한** 것이다. 다윈 전에는 이 구분이 명백하게 표시되지 않았고, 분명히 흐릿했다.

13세기에 아퀴나스Aquinas는, 자연체(행성들, 빗방울들, 화산들 같은 것)는 "최고의 결과를 획득하기 위해" 뚜렷한 목표 또는 끝을 향해 안내되는 것처럼 행동한다는 견해를 내놓았다. 이렇게 수단이 목적에 딱 맞추어지는 것은 의도(지향)intention를 암시한다고 아퀴나스는 논증한다. 그러나 자연체들은 의식이 없는 것으로 보이는 만큼, 그들 스스로는 그 의도를 충족하지 못한다. "그러므로 어떤 지성적 존재가 있어, 자연체들을 목적에 맞게 만들어야 한다. 그리고 그 존재를 우리는 신이라 부른다." 〔Davies 1992, p. 200.〕

흄의 클레안테스는 이 전통을 따르면서 생물계의 적응된 경이들을 천상의 규칙성들과 한데 묶는다. 그에게는 이 **모두가 다** 훌륭한 시계 장치와 같다. 그러나 다윈은 이들을 구분할 것을 제안한다. 다윈은 말한다. 내게 질서와 시간을 달라. 그러면 나는 설계를 주겠다. 나를 규칙성—목적 없고 마음 없는, 그리고 의미도 없는 그저 물리학적인 규칙성—에서 시작하게 해달라. 그러면 나는 생산물을 마침내 만들어낼 과정을 보여주겠다. 그리고 그 과정은 규칙성뿐 아니라 목적성까지 있는 설계를 드러낼 것이다. (이것은 카를 마르크스가 "다윈이 목적론에 치명타를 날렸다"고 선언했을 때 자신이 보았다고 생각했던 바로 그것이다; 다윈은 목적론을 비목적론nonteleology으로 **환원**reduce했고 설계를 질서로 환원했다.)

다윈 전에는 질서와 설계의 차이가 커 보이지 않았는데, 질서든 설계든 모두 신으로부터 내려온 것이라 여겨졌기 때문이다. 전체 우주가 신의 공예품, 즉 그의 지성, 그러니까 그의 마음이 만들어낸 산물이었다. 일단 다윈이 단순한 질서에 지나지 않는 것에서 어떻게 설계가 생겨날 수 있는가 하는 질문에 대한 답을 제시하며 우주피라미드의 한중간으로 뛰어오르자, 피라미드의 나머지 위쪽과 아래쪽 부분도 위태로워졌다. 다윈이 식물과 동물 몸(우리 인간의 신체를 포함해서—우리는 다윈이 우리를 동물계에 확고하게 위치시켰음을 인정해야 한다)의 설계를 설명했음을 우리가 받아들인다고 가정해보자. 우리가 우주피라미드에서 위쪽을 올려다보면서 우리 몸을 다윈의 설명에 양보한다면, 그 위의 단계는 다윈에게서 지킬 수 있을까? 즉 다윈이 우리의 마음도 그렇게 설명해 치우는 것을 막을 수 있을까? (이 질문은 많은 형식을 취할 수 있는데, 3부에서 자세히 알아볼 것이다.) 다윈은 아래를 내려다보며, 자신에게 질서를 전제로 달라고 한다. 그런데 다윈이 그보다 한 단계 더 아래로 가지 못하도록, 즉 단지 혼돈에 지나지 않는 것으로부터 질서의 기원을 알고리즘적으로 설명하지 못하도록 막을 방법이 있을까?(이 질문은 6장에서 다룰 것이다.)

많은 이들이 현기증과 혐오감을 느낀 이 전망은 1868년에 익명으로 출판된, 다윈에 대한 초기 공격에 완벽하게 표현되어 있다.

> 우리가 비판적으로 다루어야 할 이론에서는, 절대 무지Absolute Ignorance가 바로 창조자다. 그러므로 **완벽하고 아름다운 장치를 만들고자 할 때 그것을 어떻게 만드는지 알 필요가 없다**는 것이 그 체계 전체의 근본 원리라고 우리는 분명히 말할 수 있다. 주의 깊게 살펴보면, 이 명제가 **그 이론**의 본질적인 주장을 매우 압축된 형태로 표현하고 있으며, 몇 개의 단어만으로도 다윈 씨가 의미하는 바를 모두 나타내고 있음을 알 수 있다. 추론을 이렇게 기묘하게 뒤집어놓은 것을 보면, 다윈 씨는 창조 기술의 모든 성취에 있어 절대 무지가 절대지Absolute Wisdom의 자리를 차지할 완전한 자격이 있다고 생각하는 듯하다. 〔MacKenzie[2] 1868〕

2 [옮긴이] 데닛은 2016년 저서에서 자신이 30년간 로버트 매킨지 베벌리를 "로버트 베벌리 매켄지라고 잘못 말해왔다"고 고백한 바 있다. 여기서는 참고문헌과의 통일성을 위해 그냥 '매킨지'로 두었다.

정확하다! 다윈의 "추론을 기묘하게 뒤집기"는 사실 새롭고 경이로운 사고 방법이었다. 존 로크가 "증명"했고 데이비드 흄이 그 외엔 달리 방도가 없다고 했던 마음--먼저 방식의 생각을 완전히 뒤집을 방법 말이다. 몇 년 후, 존 듀이John Dewey는 통찰력 넘치는 책《다윈이 철학에 미친 영향The Influence of Darwin on Philosophy》에서 그 뒤집기를 멋지게 묘사했다: "관심이 옮겨간다. …… 사물들을 단번에 만든 지성에서 여태껏 사물을 만들고 있는 개별 지성들로."(Dewey 1910, p. 15) 그러나 마음을 제1 원인으로 놓지 않고 무언가의 결과로 취급하는 다윈의 아이디어는 어떤 이들에게는 지나치게 혁명적이었다. 그래서 그들은 그 "몹시 믿기 힘든 주장" 같은 것을 위한 자리를 마음 안에 편안히 내어줄 수 없었다. 이는 1860년대에 그랬던 것만큼이나 지금도 사실이다. 그리고 진화의 적들에게 그런 것만큼이나 진화의 가장 친한 친구들에게도 사실이다. 예를 들어, 물리학자 폴 데이비스Paul Davies는 그의 최근 책《신의 마음Mind of God》에서 인간 마음의 반성적reflective 능력은 "사소한 세부 사항일 수도 없고, 무마음적이고 무목적적인 힘들의 부수적 부산물일 수도 없다"고 선언했다.(Davies 1992, p. 232) 이것은 익숙한 부정을 표현하는 가장 노골적인 방식인데, 잘못 검토된 편견을 드러내 보이기 때문이다. 우리는 데이비스에게 물을 수 있다. 어떤 것이 무마음적이고 무목적적인 힘들의 부산물이라는 점이 왜 그것을 사소한 것으로 만드는가? 가장 중요한 것이 중요하지 않은 무언가로부터 생겨나는 일은 왜 있을 수 없는가? 왜 **무언가**의 중요함이나 뛰어남은 더 높은 곳에서, 즉 더 중요한 것에서 내려오는 것, 즉 신의 적하적rain down 선물이어야 하는가? 다윈의 뒤집기는 그러한 가정을 포기하라고, 그리고 뭐랄까, "무마음적이고 무목적적인 힘들"로부터 위쪽으로, 즉 포상적bubbling up으로 출현할 수 있는 우수성과 가치와 목적들을 찾으라고 제안한다.

앨프리드 러셀 윌리스Alfred Russel Wallace는 다윈과는 독자적으로 자연선택에 의한 진화를 연구했고, 다윈이《종의 기원》출판을 계속 미루고 있을 때 자신의 연구 결과를 다윈의 책상 위로 보냈던 인물이며, 다윈은 자연선택에 의한 진화 원리를 자기와 월리스가 공동으로 발견했다고 말했다. 그러나 월리스는 결코 핵심을 짚지 못했다.[3] 월리스는 시작할 때는 인간 마음의 진화라는 주제를 다윈이 드러내고 싶어 했던 것보다 훨씬 더 적극적으로 밝혔다. 그리고 처음에는 '살아 있는 것들의 모든 특성은 진화의 산물'이라는 규칙에서 인간의 마음도 예외는 아니라고 확고하게 주장했다. 그러나 그는 "추론을 기묘하게 뒤집기"가 위대한 아이디어를 이루는 그 위대함의 열쇠라는 것을 알지 못했다. 월리스는 "물질을 제어하는 것으로 보이는 힘들의 그 경이로운 복잡함은 마음의 산물이며 또 그래야만 한다. 그 마음의 산물이 실제로 물질들을 구성하지 않는다 해도 말이다"(Gould 1985, p. 397)라고 선언했는데, 이는 존 로크를 연상케 한다. 월리스는 생의 말년에 심령주의spiritualism로 전향했고 진화의 철칙에서 인간의 의식을 완전히 제외했다. 다윈은 그들 사이의 균열이 넓어지는 것을 보고 그에게 편지를 썼다. "나는 당신이 당신 자신의 아이이자 나의 아이를 너무 완전하게 살해하지 않았길 바랍니다."(Desmond and Moore 1991, p. 569)

그런데 다윈의 생각이 그런 혁명과 전복을 초래하는 수순을 밟는 것이 정말 그토록 불가피했을까? "비평가들은 이해하고 싶지 않았던 것이 명백하며, 다윈 자신도 어느 정도는 그들이 희망하는 대로 생각하도록 부추겼다."(Ellegård 1956) 월리스는 자연선택의 목적이 무엇인지 묻고 싶어 했다. 돌이켜보면 이는 그와 다윈이 발견했던 재산에 분탕질을

---

3 이 흥미로운 (심하게 흥미롭기까지 한) 이야기는 여러 번 잘 다루어졌지만, 여전히 이에 대해 거센 논란이 벌어지고 있다. 다윈은 애초에 왜 출판을 미루었는가? 그가 월리스를 대한 방식은 너그러웠는가, 아니면 말도 안 되게 불공평했는가? 다윈과 월리스 사이의 불안정한 관계는, 선취 특권을 가져갈 수도 있었던 월리스의 무고한 서신을 다윈이 어떻게 다루었는가에 관한 다윈의 불편한 양심의 문제인 것만은 아니다. 우리가 여기서 보듯이, 두 사람은 각자가 발견한 아이디어에 관한 통찰과 태도 면에서 엄청난 차이가 있으므로 하나로 묶이지 않는다. 이에 대한 특히 좋은 설명은 Desmond and Moore 1991; Richards 1987, pp. 159-61를 보라.

치는 것으로 보일 수도 있었지만, 그럼에도 이는 다윈 자신도 종종 동조를 표했던 아이디어였다. 목적론을 모두 무목적적 질서로 환원시키지 않고 일상적 목적론을 단일 목적, 즉 신의 목적으로 환원시키면 안 되는 이유는 무엇인가? 그것이야말로 수로를 닫는 명백하고 솔깃한 방식 아니었나? 다윈은 자연선택 과정에서의 변이는 계획되지도 설계되지도 않은 것이어야 한다는 자신의 입장을 분명히 했지만, 혹시 그 과정 자체에 목적이 있을 수도 있지 않을까? 1860년, 다윈은 초기에 자신을 지지했던 미국의 박물학자 아사 그레이Asa Gray에게 보낸 편지에 이렇게 썼다. "나는 모든 것이 **설계된** 법칙들에 따른 결과로 생긴다고, 그리고 그 세부 사항들이 좋은지 나쁜지는 우리가 우연이라고 부르는 것의 작용에 달렸다고 보는 쪽으로 기울고 있습니다."(F. Darwin 1911, vol. 2, p. 105, 저자 강조)

자동적인 과정들은 그 자체로 탁월한 창조물인 경우가 종종 있다. 오늘날, 조망에 유리한 고지에서 둘러본다면, 자동 변속기와 자동문 개폐기를 발명한 이들이 바보가 아니었으며, 그들의 천재성은 어떻게 하면 그 발명가들이 만들 무언가가 그것들 자신이 할 일에 대해 아무것도 모르는 채로 "영리한" 짓을 수행하게 할 것인가를 아는 데에 있었음을 볼 수 있다. 좀 시대착오적으로, 우리는 이렇게 말할 수도 있다. 다윈 시대의 일부 관찰자들에게는 다윈이 자동 설계 생성자를 설계함으로써 '그분'이 수작업을 했을 가능성을 열어두었다고 보일 수도 있었으리라고. 그리고 그들 중 일부에게 그런 아이디어는 필사적인 미봉책에 지나지 않는 것이 아니라 전통의 긍정적 개선이기도 했다. 《창세기》의 첫 장은 계속되는 창조의 쇄도를 묘사하고 각 창조 장면의 끝을 "하나님이 보시기에 좋았더라"라는 후렴구로 마무리한다. 다윈은 이 (전능한 신에 의한) 지적품질관리Intelligent Quality Control 응용 프로그램의 소매retail를 없앨 방법을 발견했다: 자연선택은 신이 더 이상 개입하지 않아도 그 일을 잘 처리할 수 있었던 것이다. (17세기의 철학자 고트프리트 빌헬름 라이프니츠Gottfried Wilhelm Leibniz도 이와 비슷한, 창조주 신이 손을 떼는 버전을 옹호한 바 있다.) 헨리 워드 비처Henry Ward Beecher[4]가 말했듯, "도매에 의한 설계는 소매에 의한 설계보다 더 웅장하다."(Rachels 1991, p. 99) 아사 그레이는 다윈의 새로운 아이디어에 사로잡혔으나, 될 수 있는 한 다윈의 생각을 자신의 전통적인 종교적 신념과 화해시키려고 노력하면서 다음과 같은 정략결혼을 생각해내는 데 이르렀다: 신은 "변형의 흐름"을 **의도했고**intended 신 자신이 손을 뗀 그 자연법칙들이 장구한 시간이 흐르는 동안 쓸데없는 가지를 어떻게 쳐낼지를 **내다보았다**. 나중에 존 듀이가 경제 개념들을 사용한 또 다른 은유를 이용하여 적절하게 언급했듯이, "그레이는 할부로 이루어지는 설계라 불려야 할지도 모를 것을 고수하고 있었다."(Dewey 1910, p. 12)

진화론적 설명들에서 자본주의의 냄새를 풍기는 은유들이 발견되는 것은 드문 일이 아니다. 그런 언어가 다윈이 아이디어들을 발전시켰던 시기의 사회적·정치적 환경을 드러내어—아니면 밀고한다고 말해야 할까—주므로 과학적 객관성에 대한 그 아이디어들의 주장을 (어떻게든) 깎아내려야 한다고 생각하는 다윈 해설자들과 비평가들은, 그런 은유의 예시들을 신나서 이야기한다. 평범한 필멸자로서의 다윈이 그의 지위에 따라오는 개념들과 표현 양상, 태도, 편향, 시각 등 엄청나게 다양한 것들을 계승했다는 것은 확실히 사실이다(빅토리아 시대 영국인으로서 그런 것들을 물려받았을 것이다). 그러나 사람들이 진화에 관해 생각할 때 마음속에 자연스럽게 떠오르는 경제 은유들이 다윈이 발견한 것의 가장 심대한 특징들 중 하나로부터 힘을 얻는다는 것 또한 사실이다.

4 [옮긴이] 19세기 미국의 성직자이자 사회개혁가이다.

3. 설계 축적의 원리

다윈의 공헌을 이해하는 열쇠는 '설계로부터의 논증'의 전제를 **인정**하는 것이다. 황무지의 잡초밭에 놓여 있는 시계를 발견하면 어떤 결론을 도출해야 할까? 페일리(그리고 페일리가 태어나기 전 흄의 클레안테스)가 주장하듯, 시계는 그것이 만들어질 때 굉장한 양의 **작업이 이루어졌음**을 보여준다. 시계를 비롯한 설계된 물체들은 그냥 생겨난 것이 아니다. 그런 것들은 현대 산업에서 말하는 "R&D"—연구Research와 개발Development—의 산물이어야 하며, R&D는 시간과 에너지 양쪽 면 모두에서 많은 비용을 필요로 한다. 다윈 전에는 그런 종류의 R&D 작업을 할 수 있는 과정에 대해 우리가 지닐 수 있는 모형은 '지성적 수공예가', 즉 신밖에 없었다. 다윈이 본 것은 원리적으로는 그와 똑같은 작업이 다른 종류의 과정—다윈에 의하면 그 작업을 아주 장대한 시간에 걸쳐 **분산시키는** 과정—에 의해, 그리고 각 단계에서 성취된 설계 작업을 알뜰하게 보존함에 의해 이루어진다는 것, 그래서 그런 작업을 계속 반복해서 다시 할 필요는 없다는 것이었다. 달리 말하자면, 다윈은 오늘날 우리가 '설계 축적의 원리'라 부를 수 있는 것을 생각해낸 것이다. 세계의 사물들(시계나 유기체, 그리고 그 밖에 또 무엇이 포함될지 그 누가 알랴)은 일정량의 '설계'를 어떤 방식으로든 구현한 제품들로 볼 수 있는데, 그런 '설계'는 R&D 과정에 의해 생성되었음이 틀림없다. 설계라는 것이 전혀 되어 있지 않은 것—구식으로 말하자면 순수한 혼돈—은 무효점null point이거나 시작점이다.

'설계'와 '질서'의 차이—및 긴밀한 관계—에 관한 더 최근의 아이디어는 상황을 명확히 보여주는 데 도움을 줄 것이다. 그것은 물리학자 에르빈 슈뢰딩거Erwin Schrödinger(1967)에 의해 최초로 유명세를 탄 제안으로, '생명'은 열역학 제2 법칙을 이용하여 정의될 수 있다는 것이다.

물리학에서 질서 또는 조직화는 시공간 영역 사이의 **열 차이**로 측정될 수 있다. **엔트로피**entropy는 쉽게 말하자면 무질서로, 질서의 반대이고, 열역학 제2 법칙에 따르면 모든 고립계의 엔트로피는 시간이 지나면 증가한다. 다른 말로 하자면, 사물들은 필연적으로 황폐해진다. 제2 법칙에 따르면 우주는 더 질서 잡힌 상태로부터 풀려나와 궁극적으로는 우리가 우주의 열죽음heat death이라 부르는 무질서한 상태로 되어 간다.[5]

그럼, 그 법칙을 이용하여 말한다면 생물이란 무엇인가? 생물이란, 고립계가 되지 않음으로써, 먼지로 바스라지는 수순에 잠시나마 저항할 수 있는 것들이다. 그리고 여기서 고립계가 되지 않는다 함은 생명과 신체를 유지할 수 있는 수단을 그들의 환경에서 취한다는 뜻이다. 심리학자 리처드 그레고리Richard Gregory는 이 아이디어를 상쾌하게 요약했다.

> 엔트로피에 의해 결정된 시간의 화살—조직화가 없어짐 또는 온도차가 없어짐—은 어디까지나 통계적인 것이고, 따라서 소규모의 국지적 역전은 발생할 수 있다. 가장 놀라운 점은, 생명은 엔트로피의 체계적 역전이며 지성은 엔트로피를 통한 물리적 우주의 소위 점진적 '죽음'에 대항하여 구조들을 생산하고 에너지 차이를 만들어낸다는 것이다. 〔Gregory 1981, p. 136.〕

그렇게 말한 후, 그레고리는 이를 가능케 하는 근본 아이디어가 다윈의 것임을 분명히 한다. "생물학적 시간 동안 유기체의 복잡성과 질서가 증가한다는 것은 이제야 이해하게 된 자연선택 개념의 척도다." 개별 생물체들뿐 아니라 그것들을 창조한 진화 과정 전체가 우주 시간cosmic time의 추세를 거슬러 내달리는 근본적인 물리 현상들이라 볼 수 있다.

---

5 그리고 최초의 질서는 어디서 오는가? 이 좋은 질문에 관해 내가 접한 최고의 논의는 로저 펜로즈의 1989년 저작의 제7장 "우주론과 시간의 화살Cosmology and the Arrow of Time"이다.

이러한 특성은 진화와 우주론 간의 관계에 대한 윌리엄 캘빈William Calvin의 고전적 연구의 제목이 지닌 의미들 중 하나에서 포착된다. 그 책은 이것이다. 《거슬러 오르는 강: 빅뱅에서 빅브레인까지의 여행The River That Flows Uphill: A Journey from the Big Bang to the Big Brain》(1986).

그렇다면, **설계된** 것들은 살아 있는 것이거나 살아 있는 것의 일부이거나, 살아 있는 것이 만든 물건이며, 그 어느 경우든 무질서에 대항하는 이 전쟁에 도움을 줄 수 있도록 조직되어 있다. 열역학 제2 법칙의 추세를 거스르는 것은 불가능하지는 않지만 많은 대가를 필요로 한다. 철iron을 생각해보라. 철은 매우 유용한 원소로, 우리 신체의 건강을 위한 필수 요소이며 놀라운 건축 재료인 철강steel의 주성분인 만큼 매우 값지다. 우리 행성은 풍부한 철 광상을 보유하고 있었지만, 점진적으로 고갈되어가고 있다. 이는 지구에 철이 부족하다는 뜻일까? 거의 그렇지 않다. 최근 지구의 유효 중력장 밖으로 발사되어 나간 우주 탐사선에 포함된 몇 톤이라는 무시 가능한 양을 예외로 한다면, 오늘날 지구에는 옛날과 같은 많은 양의 철이 존재한다. 문제는, 점점 더 많은 양의 철이 녹(철 산화물 분자들)을 비롯한 각종 저품질, 저농도 물질의 형태로 흩어지고 있다는 것이다. 원리적으로야 그 모든 것을 복구할 수 있지만, 그렇게 하려면 막대한 양의 에너지가 들 것이다. 철을 추출하고 다시 농축하는 특정 프로젝트에만 교활할 만큼 초점을 잘 맞춘다 해도 말이다.

생명의 보증마크는 바로 그러한 정교한 과정들의 조직이다. 그레고리는 잊을 수 없는 사례를 들며 이를 극적으로 보여준다. 열역학 제2 법칙이 부과한 방향성을 표준 교과서에 나오는 것처럼 말한다면, 에그 스크램블을 다시 달걀로 되돌릴 수 없다는 주장이라고 표현할 수 있다. 뭐, 절대적으로 안 된다는 건 아니지만, 제2 법칙을 거스르는 것은 극히 많은 비용이 드는 정교한 과제가 될 것이라는 소리다. 이제 생각해보자. 에그 스크램블을 입력으로 취하고 온전한 날달걀을 출력으로 내놓을 수 있는 장치를 만드는 데는 얼마나 많은 비용이 들까? 즉각적으로 내놓을 수 있는 답은 아마도 '박스에 암탉을 넣자!'일 것이다. 에그 스크램블을 먹이로 주면 암탉은 달걀을 낳아줄 것이다. 당분간은. 보통은 암탉에게서 기적에 가까운 정교한 개체라는 인상을 받진 않지만 여기서 암탉은 한몫을 한다. 암탉을 조직화한 설계 덕분에 암탉은 인간 엔지니어들이 창조한 장치들이 할 수 있는 작업의 범위를 훌쩍 넘어서는 일을 하는 것이다.

한 사물이 더 많은 설계를 보여줄수록, 그것을 생산하기 위한 더 많은 R&D 작업이 일어나야만 한다. 다른 훌륭한 혁명가들과 마찬가지로, 다윈도 낡은 시스템을 가능한 한 알뜰하게 활용한다. 우주피라미드의 수직 차원을 해체하는 대신 그것을 유지시키고, 그 각 수준에 존재하는 항목들에 얼마나 많은 설계가 들어갔는지를 측정하는 척도로 삼은 것이다. 전통적 우주피라미드에서와 같이 다윈의 도식에서도 마음은 가장 설계가 많이 들어간 존재자들 중에서도 맨 꼭대기에 가까운 끝 쪽에 위치한다(이 위치 설정은, 부분적으로는, 인간이 스스로를 재설계하는 존재라는 사실에 기인할 것이다. 이에 관해서는 13장에서 다룬다). 그러나 이것은, 인간이 창조 과정에서 (현재까지는) 가장 나중의 **결과물**임을 뜻하는 것이지, 인간이 무언가의 원인이나 원천임—옛 버전에서는 이렇게 말하지만—을 의미하지는 않는다. 인간의 생산물—우리의 초기 모델이었던 인간의 인공물들—은 결국 설계가 훨씬 더 들어간 것으로 간주되어야만 한다. 이 말은 처음에는 직관에 반하는 것처럼 보인다. 존 키츠John Keats의 송가[6]는 나이팅게일보다 더 장엄한 R&D 가계를 지닌다고 어느 정도 주장될 수 있는 것처럼 보이지만, 종이 클립은 어떤가? 종이 클립은 살아 있는 것들에 비하면 (그 생명체가 아무리 기초적인 것이라 해도) 확실히 설계가 덜 들어간 사소한 생산품이다. 명백한 의미로 그렇긴 하

6 [옮긴이] 존 키츠는 18세기 영국의 낭만주의 시인이다. 여기서의 '송가'는 그가 쓴 시 〈나이팅게일에 바치는 송가Ode To A Nightingale〉를 가리킨다.

지만, 잠시 멈춰 숙고해보자. 당신이 페일리의 입장이 되어, 낯선 행성의 황폐한 해변을 따라 걷는 중이라고 하자. 조개와 조개갈퀴를 발견했다면, 그 둘 중 당신을 더 흥분시키는 것은 무엇이겠는가? 그 행성이 조개갈퀴를 만들 수 있으려면 그전에 조개갈퀴 제작자부터 만들어야 하며, 조개갈퀴 제작자는 조개보다 훨씬 더 설계가 많이 들어간 존재이다.

설계된 것들이 어떻게 해서 존재하게 되었는지를 **설명**할 수 있는 것은 다윈의 이론과 같은 논리적 형태를 지닌 이론뿐이다. 다른 종류의 설명은 어떠한 것이든 악순환의 고리로 들어가거나 무한 퇴행infinite regress에 빠지게 되기 때문이다.(Dennett 1975) 옛 방식, 그러니까 로크의 "마음-먼저" 방식은 지성intelligence을 만들려면 (인간의 지성을 넘어서는) '지성Intelligence'이 있어야 한다는 원리를 굳건하게 지지했다. 이 생각은 우리 조상인 인공물 제작자에게는 언제나 자명한 것으로 보였음이 틀림없다. 이 인공물 제작자의 계보를 거슬러 올라가면 *호모 하빌리스Homo habilis*, 즉 "능력 있는handy" 사람에 이르는데, 이들은 "아는(생각하는)knowing" 사람인 *호모 사피엔스*의 후손이다. 사냥꾼이 창의 원자재로 창을 만드는 모습은 흔히 볼 수 있지만, 창이 사냥꾼의 원자재를 가지고 사냥꾼을 만드는 것은 아무도 본 적이 없다. 아이들은 "하나를 알려면 그것과 같은 (수준의) 하나가 필요하다It takes one to know one"[7]는 속담을 외치지만, 이보다 더 설득력 있는 슬로건은 "더 작은 것 하나를 만들려면 더 큰 것 하나가 필요하다It takes a greater one to make a lesser one"일 것이다. 그러나 이 슬로건에서 영감을 얻은 견해들은 모두 난처한 질문에 직면하게 된다. 흄이 말했듯, 이 모든 놀라운 것들을 신이 창조하고 설계했다면, 신은 누가 창조했는가? 초신Supergod이? 그럼 초신은 누가 만들었는가? 초초신Superdupergod이? 아니면 신이 자기 자신을 만들었을까?

---

7 [옮긴이] 이 영어 문장은 일상생활에서는 "똑같은 사람이어야 그런 사람을 알아본다"(사돈 남 말 한다) 정도의 의미로 쓰인다.

그것은 힘든 일이었을까? 시간이 좀 걸렸을까? 아, 그만 물어, 제발! 음, 그렇다면 우리는, 미스터리를 이렇게 건조하게 수용하는 것이 지성(또는 설계)이 '지성'으로부터 나와야만 한다는 원리를 그저 부정하는 것에 비해 더 나아진 것인지 아닌지 물어볼 수 있다. 실제로 다윈은 페일리의 통찰력을 존중하는 설명 경로를 제공했다: 진짜 일은 이 시계를 설계하는 데 들어갔고, 그 일은 공짜가 아니다.

하나의 사물은 얼마나 많은 설계를 드러내는가? 우리의 모든 요구사항들을 만족시키면서 설계를 수량화할 시스템은 아직 아무도 만들지 못했다. 이 흥미로운 질문과 관련된 이론적 작업은 여러 학문에서 진행 중이며[8] 6장에서는 특별한 경우들을 깔끔하게 해결해줄 자연적 측정 기준을 살펴볼 것이다. 그러나 그동안 우리는 설계 양의 차이에 대한 강력하고도 직관적인 감각을 얻을 수 있을 것이다. 자동차에는 자전거보다 더 많은 설계가 들어 있고, 상어에는 아메바보다 더 많은 설계가 들어 있으며, 짧은 시 한 편이라 해도 "잔디를 밟지 마세요"라는 표지판보다 많은 설계를 담고 있다. (회의적인 독자가 말하는 소리가 들린다. "워워! 천천히 가세요! 거기 논란의 여지는 없나요?" 절대로 없다. 적절한 때가 오면 나는 위 주장들의 정당화를 시도할 것이다. 그러나 당분간은 몇 가지 익숙한—그러나 명백한 신뢰를 주지는 못하는—직관들을 세우고 그것에 주의를 집중시켜보고자 한다.)

저작권법을 포함한 특허법은 그 문제를 실천적으로 이해할 수 있게 해주는 우리의 보고寶庫다. 설계의 참신성이 어느 정도가 되어야 특허를 정당화하기에 충분하다고 간주되는가? 보상을 하거나 출처를 밝히지 않으면서 타인의 지성적 산물을 빌려 쓸 수 있는 것은 어느 정도까지인가? 이런 것들은 미끄러운 경사면이고 우리는 그 경사면 위에 다소

8 그 아이디어들 중 몇 가지를 개괄하고 싶다면 다음을 보라; Pagels 1988, Stewart and Golubitsky 1992, and Langton et al. 1992.

임의적인 계단들을 만들며 기준들을 성문화해야 한다. 그렇게 하지 않으면 그 문제들은 끝나지 않는 논쟁거리가 될 것이다. 이런 논쟁들에서 입증의 책임은, 동일한 설계가 얼마나 많이 들어 있어야 단순한 우연으로 간주되기에는 너무 많다고 볼 수 있는가에 대한 우리의 직관적 감각에 의해 정해진다. 우리의 직관은 매우 강력하고, 또 건전하기까지 하다. 그리고 나는 직관의 건전함을 보여줄 것이다. 한 작가가 표절로 기소되었다고 가정해보자. 그리고 표절작의 원천이라 추정되는 글과 그의 글 한 단락이 거의 동일하다는 것이 그 증거라고 해보자. 이는 단순한 우연의 일치라 할 수 있을까? 그 판단은 그 단락이 얼마나 평범하고 정형화된 것인가에 결정적으로 의존한다. 그러나 대부분의 경우, 텍스트에서 단락 길이의 구절들은 두 작가가 아무런 관계가 없는데도 똑같이 창작하기란 거의 불가능할 정도로 충분히 (우리가 곧 알아볼 방식으로) "특별(고유)하다." 표절 사건에 있어, 합리적인 배심원이라면 그 누구도, 의혹에 휩싸인 복사가 어떻게 일어났는지 그 정확한 인과적 경로를 시연하라고 요구하지 않을 것이다. 피고는 명백히, 자신의 작품이 이미 있던 작품을 베낀 것이 아니라 현저하게 독립적인 것임을 규명하는 책임을 지게 될 것이다.

산업 스파이 사건에서도 위와 비슷한 입증의 책임이 피고 측에 부과된다. 피고 회사가 내놓은 신상품 위젯의 내부가 원고 회사 위젯 라인의 설계와 이상하게 비슷해 보인다고 하자. 이는 설계의 수렴진화로 발생한 무고한 경우일까? 이런 사건에서 피고 회사가 결백을 증명할 유일한 길은, 자신들이 그 위젯을 만드는 데 필요한 R&D 작업을 실제로 수행했다는 명백한 증거(오래된 청사진, 대략적인 초안, 초기 모델들과 실물 모형 그리고 발생했던 문제들에 관한 메모들 등)를 보여주는 것이다. 그러한 증거가 없다면, 피고 측이 스파이 활동을 했다는 그 어떤 물리적 증거 역시 없다 하더라도 피고 측은 유죄 판결을 받을 것이고, 그건 그럴 만하다! 그런 규모의 우주적 우연cosmic coincidence은 일어나지 않는다.

다윈 덕분에, 이제 생물학에서도 이와 동일한 입증의 책임이 지배하고 있다. 내가 설계 축적의 원리라고 부르는 것이, (이 행성 위의) 모든 설계들이 하나의 몸통(또는 뿌리 또는 씨앗)에서 갈라져 나온 이런저런 가지들을 경유하여 계승되어야 한다고 논리적으로 요구하는 것은 아니다. 그러나 새로이 설계된 것들 각각이 나타나려면 그 원인론 면에서 대략의 설계 공헌이 어딘가에 있어야 하기 때문에, '설계는 전의 설계들에서 많이 베끼고, 그 설계는 또 그전의 설계에서 베끼고, 그런 일들이 연속됨으로써 R&D 혁신이 최소화된다'는 것이 언제나 비용을 가장 적게 산정하는 가설이 된다. 물론, 많은 설계들이 독립적으로 여러 번 재발명re-invent되어왔다—예를 들면, 눈[目]은 수십 번 재발명되었다—는 사실을 우리는 확실히 알고 있다. 그러나 그러한 수렴진화의 모든 경우 하나하나는, 대부분의 설계가 복사되었다는 것을 배경으로 하여 증명되어야만 한다. 남아메리카의 모든 생명체가 세계의 나머지 지역에 존재하는 생명체들과는 아무런 상관없이 하나하나 다 따로따로 창조되었다는 가설은 논리적으로는 가능한 것이지만, 그 하나하나의 창조를 다 따로 증명하기는 너무도 힘든, 극도로 터무니없는 가설이다. 어느 외딴 섬에서 완전히 새로운 종의 새를 발견했다고 가정하자. 그 새가 세계의 나머지 다른 모든 새들과 관련이 있다는 것을 직접적으로 입증할 증거가 우리에게 아직 없다 해도, 그 새가 다른 새들과 관련이 있다고 간주하는 것은 다윈 이래로 압도적으로 안전한 기본 가정이다. 새들에겐 새들 공통의 매우 특별한 설계가 들어 있기 때문이다.[9]

따라서 유기체들—그리고 컴퓨터, 책 등을 비롯한 많은 인공물—이 인과의 매우 특별한 사슬에 의한 결과물이라는 사실은, 다윈 이후로

9 하지만 이것은 알아두라. 섬에서 발견된 새의 DNA가 다른 새들의 DNA와 거의 동일하다 해도, "그 새가 다른 새와 관련되어 있다(친척이다related)"는 명제가 **논리적으로** 도출되는 것은 아니다! "표절이 아닙니다. 그냥 우연의 일치라고요"가 논리적으로는 가능하더라도 그 누구도 진지하게 취급하지 않는 것처럼 말이다.

는 단지 믿을 만한 일반화에 그치는 것이 아니라, 그 위에 이론을 구축할 수 있는 심오한 사실이 되었다. 흄은 이 점을 인식하고 있었다—"특정한 모양이나 형식이 없는 쇳조각 여러 개를 동시에 던져보라. 그것들이 스스로 배열되어 시계를 이루는 일은 결코 없을 것이다."—그러나 그를 비롯한 다윈 전의 사상가들은 이 심오한 사실이 '마음' 안에 기반하여 새겨져야 한다고 생각했다. 다윈은 설계 혁신들이 어떻게 보존되고 재생산되고 따라서 축적되는가에 관한 아이디어들을 제공하였고, 그 덕분에 '무마음Nonmind'이라는 광대한 공간들에서 그것이 어떻게 분포하는가를 볼 수 있었다.

'설계'는 창조하는 데 일이 들어가고, 따라서 적어도 그것이 보존될 (그리고 훔치거나 판매할) 만한 것이라는 의미에서 가치를 지닌다는 아이디어는 경제학의 용어들로 강력하게 표현될 수 있다. 다윈이 애덤 스미스Adam Smith와 토마스 맬서스가 존재하는 중상주의 세계에서 태어나지 못했다면, 그래서 그 혜택을 누리지 못했다면, 그는 기성품 조각들을 찾고 그것들을 함께 배치해서 부가가치를 지니는 새로운 상품을 만드는 위치를 점유하지 못했을 것이다. (보라. 이 아이디어는 그 자체로 다윈의 이야기에 아주 멋지게 적용되지 않는가?) 다윈의 위대한 아이디어 안으로 포섭된 '설계'의 다양한 원천은 우리에게 그 아이디어 자체에 대한 중요한 통찰력을 제공한다. 그러나 그렇다고 해서 그것의 객관성이 위협받거나 가치가 줄어들지는 않는다. 메탄가스가 연료로 사용될 때 그것의 기원이 한미하다 하여 메탄가스가 낼 수 있는 열량이 감소하지는 않는 것처럼 말이다.

4. R&D를 위한 도구들: 스카이후크인가, 크레인인가?

R&D 작업은 삽으로 석탄을 퍼내는 것과는 다르다. 그것은 어떻게 진행되든 "지성적인intellectual" 작업이고, 이 사실은 다른 유사한 은유들의 기초가 되었다. 그 은유들은 다윈의 "기묘한 추론 뒤집기"—다윈 자신이 지적 능력이 **없다**고 주장했던 자연선택의 바로 그 과정에 지성을 명백히 귀속시키는 것처럼 보이는 것—에 맞섰던 사상가들을 유혹하는 동시에 화나게 했고, 계몽시킨 동시에 혼란스럽게 했다.

다윈이 자신의 원리를 "자연**선택**"이라 부르기로 함으로써 의인화된 함축이 함께하게 만든 것은 불행이 아닌가? 아사 그레이가 그에게 제안했던 것처럼, "자연의 이끌어주시는 손nature's Guiding Hand"이라는 이미지를 생의 경쟁에서 이기는 다른 방식들에 대한 논의로 대체하는 것이 더 낫지 않았을까?(Desmond and Moore 1991, p. 458) 많은 사람이 이를 이해하지 못했고, 다윈은 스스로를 탓하는 경향이 있었다. "나는 설명을 아주 못하는 게 틀림없다." 그는 이런 인정의 말도 남겼다. "'자연선택'은 나쁜 용어였던 것 같다."(Desmond and Moore 1991, p. 492) 확실히, 이 야누스의 얼굴을 한 용어는 한 세기 이상 열띤 논쟁을 부추겨 왔다. 최근 한 다윈 반대자는 이렇게 요약했다.

> 지구상의 생명은 처음에는 창조주의 존재에 대한 확실한 증거가 된다고 여겨졌으나, 다윈의 아이디어가 제안된 결과, 단지 과정을 거쳐서 나온 결과에 지나지 않는 것으로 그려지게 되었으며, 그 과정은 도브잔스키에 따르면, "맹목적이고 기계적이고 자동적이고 비인격적인 것"이며, 드 비어de Beer에 의하면 "낭비도 하고 맹목적이고 실수도 하는" 과정이다. 그러나 그러한 비평들이 〔이하는 피인용자가 쓴 원문 그대로임〕 자연선택에 퍼부어지자마자, "맹목적인(눈먼) 과정"

자체는 시인에, 작곡가에, 조각가에, 셰익스피어에 비교되었다. 원래 다윈이 자연선택의 아이디어로 대체하고자 했던 바로 그 창조의 개념과 비교된 것이다. 그런 아이디어에는 뭔가 매우, 매우 잘못된 것이 있음이 명확하다고 나는 생각한다. 〔Bethell 1976.〕

아니면 매우, 매우 옳은 것이거나. 베델 같은 회의론자들은 진화의 과정을 "눈먼 시계공"(Dawkins 1986a)이라고 부르는 것은 의도된 역설이라고 생각한다. 왜냐하면 이것은 오른손이 주는 분별과 목적과 선견지명을 왼손으로 ("맹목적으로") 치워버리는 것이기 때문이다. 그러나 다른 이들은 이 말하기 방식이 수많은 상세한—다윈 이론이 그 노출을 도와주는—발견들을 표현할 옳은 방식이라고 본다. 그리고 우리는 그 말하기 방식이 도처에 편재한 것일 뿐 아니라 현대 생물학에서는 대체할 수 없는 것임을 알게 될 것이다. 자연에서 볼 수 있는 설계들의 숨 막히는 탁월함을 부인할 방법은 없다. 생물학자들은 자연에서 아무 소용없어 보이거나 서툴러 보이는 설계들을 몇 번이고 계속 마주치곤 당황했다. 그러나 그들은 결국 알게 되었다. 대자연의 창조물에서 발견될 독창성과 엄청난 탁월함과 통찰의 깊이를 그들 자신이 과소평가하고 있었다는 것을. 프랜시스 크릭Francis Crick은 이런 경향에 장난스러운 이름을 붙였는데, 동료 레슬리 오겔Leslie Orgel의 이름을 따서 이렇게 선언한 것이다. "오겔의 제2 규칙: 진화는 당신보다 똑똑하다." (다른 공식화: "진화는 레슬리 오겔보다 똑똑하다!")

다윈은 어떻게 "절대 무지"(다윈 비판자가 격분해서 말했듯이)로부터 창조적 천재성이라는 산꼭대기까지 선결문제 요구의 오류 없이 올라갈 수 있는지를 우리에게 보여주었다. 그러나 앞으로 보게 되겠지만, 우리는 매우 조심해서 걸어야 한다. 우리를 둘러싸고 소용돌이치는 논쟁들 중 다 그런 것은 아니겠지만 그중 대부분이, 거기(혼돈의 세계 또는 어떠한 설계도 되지 않은 세계)에서 여기(우리가 사는 아름다운 세계)까지 시간 안에 우리를 데리고 올 수 있다는, 그리고 데리고 오는 내내 다윈이 제공한 알고리즘적 과정들의 무마음적 기계성을 넘어서는 그 어느 것에도 호소하지 않을 수 있다는 다윈의 주장에 대한 다양한 공격들로 구성된다. 전통적 우주피라미드의 수직 차원을 얼마나 많은 설계가 들어갔는가를 측정할 (직관적) 척도로 쓰려고 남겨두었기 때문에, 우리는 민간전승에서 도출한 다른 환상의 항목에서 도움을 얻어 다윈의 아이디어에 대한 공격을 극적으로 보이게 만들 수 있다.

> 스카이후크skyhook, 에어로넛Aeronaut에서 기원. 하늘에 무언가를 달기 위한 상상의 장치; 공중에서 무언가를 매달기 위한 상상의 수단. [《옥스퍼드영어사전Oxford English Dictionary》]

《옥스퍼드영어사전》이 명시한 바에 의하면, 최초의 용례는 1915년의 것이다: "비행 중인 한 조종사가 그 자리에(물론 공중에서) 머물러 있으라는 명령을 받고, '이 비행기에는 스카이후크가 장착되지 않았습니다'라고 답했다." 스카이후크 개념은 아마도 고대 그리스 극작법에 나오는 데우스 엑스 마키나deus ex machina(위기 상황을 단번에 해결해주는 존재, '기계장치의 신'이라고도 불린다) 개념의 후예일 것이다. 이류 극작가들은 자신의 플롯이 빠져나올 수 없는 난관으로 영웅을 몰아간다는 것을 알게 될 때, 슈퍼맨이 그리하는 것처럼 상황을 초자연적으로 해결해줄 신을 그 장면에 강림시켜버리고 싶은 충동에 휩싸이곤 한다. 데우스 엑스 마키나의 후손이 아니라면, 스카이후크는 어쩌면 민간전승의 수렴진화로 만들어진 완전히 독자적인 창조물일 것이다. 스카이후크는 있으면 매우 좋은 것, 어려운 상황에서 다루기 힘든 대상들을 멋지게 끌어올릴 뿐 아니라 모든 종류의 건설 프로젝트를 가속시킬 수 있는 경이로운 것이니까. 그러나 슬프게도, 그런 것은 불가능하다.[10]

그러나 크레인이 있다. 크레인은 우리 상상 속의 스카이후크가 할 수 있을 일, 즉 들어올림lifting 작업을 할 수 있고, 선결문제를 요구하지 않는 방식으로, 정직하게 그 작업을 수행한다. 하지만 그것들은 비싸다. 크레인들은 이미 제작되어 수중에 있는 부품들로 설계되어야 하고 또 그 부품들로만 만들어져야 한다. 그리고 그것들은 이미 존재하는 땅의 단단한 기반 위에 세워져야 한다. 기적적인 끄집어올림 장치인 스카이후크는, 받쳐지지 않으며 또 받쳐질 수도 없다. 들어올림 장치인 크레인은 스카이후크보다 결코 덜 뛰어나지 않은 데다 실제로 존재하는 장치라는 결정적인 장점이 있다. 나처럼 평생 건설 현장을 구경해온 사람이라면 가끔 작은 크레인을 써서 커다란 크레인을 설치하는 광경을 보고 모종의 만족감을 느낄 것이다. 그리고 그렇지 않은 다른 구경꾼들도 그 큰 크레인이 훨씬 더 크고 장관을 이루는 크레인의 건설을 가능하게 하거나 건설 속도를 높이는 일에 사용될 수 있다는 것쯤은 틀림없이 알 것이다. 크레인들을 아래위로 연쇄적으로 놓고 사용하는 것은 실제 세계의 건설 프로젝트에서는 기껏해야 한 번에 두 개를 쓰는 것이 고작인 전술이지만, 원리적으로는 어떤 장대한 목적을 성취하기 위해 연속적으로 조직할 수 있는 크레인의 수에 제한은 없다.

자, 이제 우리의 세계에서 마주치는 참으로 아름다운 유기체들 및

---

10 뭐, 그렇게 불가능한 것은 아니다. 지구의 자전 주기와 똑같은 주기로 공전하는 정지궤도 위성은 일종의 진짜로 비기적적인 스카이후크다. 그것들을 그토록 값나가게—재정적으로 건전한 투자를 하게—만드는 것은 우리가 종종 하늘 저 높은 곳에 무언가를 매우매우 걸고 싶어 하기 때문이다. 그러나 안타깝게도, 인공위성은 하늘 매우 높은 곳에 위치해야 하므로 우리가 원하는 물건을 지면에서부터 끌어올려주기에는 실용적이지 않다. 이 아이디어는 조심스럽게 탐구되어 왔다. 지금까지 인류가 만든 가장 강한 인공 섬유로 밧줄을 만들 경우, 가장 굵게 만들 수 있는 것의 직경은 100미터가 넘는다고 알려져 있다. 그리고 가장 가는 것은 거의 보이지 않는 낚싯줄 굵기까지 내려올 수 있다. 가장 굵은 것은 직경이 그 정도나 되는데도 오직 자기 자신의 무게만을 지탱하는 것이 고작이다. 적재물을 매달 생각은 하지도 못한다. 설사 당신이 그런 케이블을 자아낼 수 있다 해도, 그것이 궤도에 머물지 못하고 아래의 도시로 떨어지는 것은 원하지 않을 것이다!

(다른) 인공물들을 창조하기 위해 '설계공간Design Space' 안에서 이루어져야만 할 모든 "들어올림"들을 상상해보자. 그 들어올림들의 여정은 가장 초기의, 가장 단순한 자기 복제하는 존재자들이 있었던 생명의 여명기에서 시작되어 바깥쪽으로 확산되었고(다양해졌고) 위쪽으로 확산되었으며(뛰어나졌으며) 광대한 거리를 통과해왔음이 틀림없다. 다윈은 상상할 수 있는 가장 조야하고 가장 기초적이고 가장 멍청한 들어올림 과정에 대한 설명을 우리에게 제공했다. 그런 과정은 바로 자연선택의 쐐기이다. 이 과정은 아주 작은—가능한 한 가장 작은—단계들을 밟으며, 수 이언에 걸쳐, 점진적으로, 어마어마한 거리를 이동할 수 있다. 아니면 다윈은 이렇게 주장할 수도 있을 것이다. 그 어떤 위치에서도 기적 같은—위에서부터 끄집어 올려leg up 주는—일이 필요하지는 않다고. 각 단계는 전 단계들을 밟고 올라온 노력에 의해 이미 구축되어 있는 기반에서부터 위로 올라가는 일에 의해 성취된다. 그리고 그 일은 막무가내로, 기계적으로, 알고리즘적으로 일어난다.

이는 실로 놀라워 보인다. 이런 일이 실제로 일어날 수 있을까? 아니면 그 과정에서 때때로(어쩌면 아주 처음에만) 모종의 스카이후크에 의한 "끄집어 올려줌"이 필요했을까? 한 세기도 넘는 시간 동안, 회의론자들은 다윈의 아이디어가 아예 작동하지 않거나, 적어도 **끝까지 다** 작동하지는 않는다는 증거를 찾고자 노력해왔다. 그들은 스카이후크를 소망하고, 그것을 찾아 샅샅이 뒤지고, 그것을 찾길 기도해왔다. 그들에게 스카이후크는 다윈의 알고리즘이 분탕질치며 보여주는 절망적 시각이라 여겨지는 것에 반대되는 것이었다. 그리고 그들은 몇 번이고 반복해서 진실로 흥미로운 도전장을 내놓았다. 적어도 처음에는 스카이후크가 필요할 것으로 보이는 비약과 틈새 그리고 경이들이 있다는 것이었다. 그러나 스카이후크를 발견하길 소망했던 바로 그 회의론자들은 많은 경우 결국 크레인들을 찾아내게 되었다.

이제 좀 더 조심스러운 정의들을 할 때가 왔다. **스카이후크**는 "마음-먼저"의 힘 또는 위력 또는 과정임을, 그리고 '모든 설계와 설계처럼 보이는 것들이 궁극적으로는 무마음적이고 동기부여 없는 기계성의 결과'라는 원리의 예외라는 것을 이해하자. 이와는 대조적으로 **크레인**은, 설계 과정의 하부 과정 또는 특별한 특성이다. 이때 그 설계 과정은, 기본적이고 느린 자연선택 과정을 국지적으로 가속시킬 수 있음이 증명될 수 있고, 그리고 그 자신이 기본 과정의 예측 가능한 (또는 소급적으로 설명 가능한) 산물임이 증명될 수 있는 그러한 것이다. 어떤 크레인들은 명백하며 이론의 여지가 없다. 그러나 또 어떤 크레인들에 대해서는 아직도 매우 다산적인 논쟁들이 벌어지고 있다. 나는 여기서 매우 다른 세 가지 예를 제시할 텐데, 이를 통해 개념의 폭과 적용에 관한 일반적 감각을 얻을 수 있을 것이다.

이제는 진화이론가들 사이에서 성性이 크레인이라는 일반적 동의가 형성되어 있다. 성이 크레인이라 함은, 유성생식하는 종들은 무성생식하는 유기체들이 성취하는 속도보다 훨씬 더 빠른 속도로 설계공간을 이동할 수 있다는 뜻이다. 게다가, 유성생식하는 종들은 무성생식하는 유기체들에게는 거의 "보이지 않는" 설계 개선들을 "포착"할 수 있다.(Holland 1975) 그러나 이것이 성의 레종 데트르가 될 수는 없다. 진화는 진화의 길이 앞으로 어떻게 펼쳐질지를 내다볼 수 없으므로, 그것이 구축하는 모든 것들은 비용의 평형을 맞추기 위한 즉각적인 보상을 받아야만 한다. 최근의 이론가들이 주장했듯이, 유성생식으로 번식한다는 "선택"은 매우 큰 **즉각적** 비용을 치러야 하는 일이다. 유기체는 한 번의 거래에서 자기 유전자의 50퍼센트만을 보내니까 말이다(애초에 거래 확보에 들어간 노력과 위험 감수는 말할 것도 없고). 따라서 재설계 과정—성性을 웅장한 크레인으로 만드는 특성—의 효율성과 민첩성, 속도를 높임에 따라 얻을 수 있는 **장기적** 보상은 근시안적이고 국지적인 경쟁—바로 다음 세대에서 어떤 유기체가 선호될 것인가를 결정해야만 하는—에 아무런 영향을 줄 수 없다. 따라서 많은 종들에 있어 유성생식이 거부할 수 없는 제안이 되도록 긍정적 선택압을 유지시킨 것은 장기적 보상이 아닌, 다른 단기적 이득이었을 것이다. 이 퍼즐을 풀 수 있는 가설은 많으며, 그 가설들은 매력적이고 또 서로 경쟁하는 관계에 있다. 이 퍼즐을 생물학자들에게 강력하게 제시한 최초의 인물은 존 메이너드 스미스John Maynard Smith(1978)이다. 그 경쟁이 현재 어떤 상태에 있는지에 관한 명쾌한 소개로는 매트 리들리의 1993년 저작이 있다. (이에 관해서는 나중에 더 다룬다.)

성의 예에서 우리가 배울 수 있는 것은, 위대한 능력을 지닌 크레인은 그것이 **그 힘을 활용하기 위해** 창조된 것이 아님에도 불구하고 존재할 수 있다는 것이다. 그러나 다른 이유로, 크레인으로서의 그 위력은 왜 그것이 존속해왔는지를 설명해준다. 명백히 크레인이 되기 위해 창조되는 크레인은 **유전공학**이다. 유전공학자—재조합 DNA 땜질에 종사하는 인간—는 이제 의문의 여지없이 설계공간 내에서 거대한 도약을 하게 하며 "일반적인" 방법으로는 결코 진화하지 않았을 유기체들을 창조한다. 이것은 기적이 아니다. **유전공학자들 (그리고 그들이 직업적으로 사용하는 인공물들) 자체가 전적으로 그전에 일어난 느린 진화 과정의 산물이라면** 말이다. 만일 창조론자들이 옳다면, 그래서 인류가 그 자체로 신성한 존재이며 다윈주의의 경로들을 통해서는 접근 불가능한 존재라면, 유전공학은 절대 크레인이 아닐 것이다. 그 대신 커다란 스카이후크의 도움으로 창조된 것일 테다. 그 어떤 유전공학자도 자신을 이런 방식으로 바라보진 않을 것이라고 나는 생각한다. 그러나 이런 사고방식은 아무리 불안정하다 해도 논리적으로는 이용 가능한 조망 장소이다. 좀 덜 명백하게 바보 같은 아이디어는, '유전공학자들의 신체는 진화의 산물이지만. 그들의 **마음**이 환원 불가능하게 비알고리즘적이거나 알고리즘적 경로들로는 절대 접근 불가능한 창조적인 일들을 할 수 있다면, 유전공학으로 인한 도약은 스카이후크와 관련됨이 틀림없다'는 것이다. 이 전망에 대한 탐구는 15장의 중심 화제가 될 것이다.

특히 흥미로운 역사를 지닌 크레인은 볼드윈 효과Baldwin-Effect다. 이 효과는 발견자인 제임스 마크 볼드윈James Mark Baldwin(1896)의 이름을 기려 명명되긴 했지만, 또 다른 두 명의 초기 다윈주의자 콘위 로이드 모건Conwy Lloyd Morgan('로이드 모건의 검약 규범Canon of Parsimony'으로 유명하다. 이에 대한 논의는 Dennett 1983을 보라)과 H. F. 오스본H. F. Osborn도 볼드윈과 거의 동시에 이를 발견했다. 볼드윈은 열광적인 다윈주의자였으나, 다윈의 이론이 '마음'을 유기체의 (재)설계에 있어 부적당하게 중요한, 그리고 원천이 되는 역할을 하는 것으로 남겨두게 될 것 같다고 전망하며 괴로워했다. 그래서 그는 이 세상의 동물들이 **자신들의 똑똑한 행위들의 힘으로** 그들 종의 차후의 진화를 촉진하거나 이끌 수 있음을 실제로 보여주기 시작했다. 볼드윈 자신은 이렇게 물었다. 어떻게 개개의 동물들이 자기들의 생애 내에서 문제들을 해결함으로써, 그래서 미래에는 그 문제들이 앞에서 미리 해결된 것들이 되도록 만듦으로써 자기 후손들의 경쟁 조건들을 바꿀 수 있을까? 그리고 그는 이것이 특정 조건들에서는 실제로 가능하다는 것을 알게 되었고, 단순한 예를 이용해 이를 도시圖示할 수 있었다(뒤에 나오는 도해는 수정을 거쳐 그린 것을 나의 전작[1991a]에서 가져왔다).

태어날 때부터 뇌의 배선에 상당한 변이들이 있는 종의 개체군을 생각해보자. 그 배선 방식들 중 단 하나가 그것의 소유자에게 '좋은 요령Good Trick'—행위자를 보호하거나 행위자의 기회를 극적으로 향상시키는 행위적 재능—을 선사한다고 가정하자. 개체군 내 개별 개체들 사이의 이러한 적합도 차이들을 표상하는 표준 방식은 "적응적 경관adaptive landscape" 또는 "적합도 경관fitness landscape"이라고 알려져 있다.(S. Wright 1931) 적합도 경관 도해에서 고도는 적합도를 나타낸다(높을수록 좋다), 그리고 위도와 경도는 개체 설계의 몇몇 인자들을 나타낸다. 지금 살펴보는 경우에서 관심의 대상인 특성은 뇌의 배선이다. 서로 다른 각각의 뇌 배선 방식은 그림에서 경관을 구성하는 하나의 막대로 표

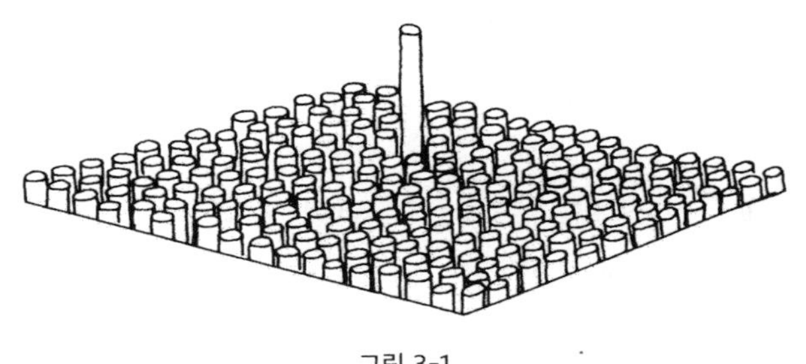

그림 3-1

현된다. 각각의 막대는 서로 다른 **유전형**genotype이다. 특성들의 다양한 조합들 중 단 하나의 조합만이 좋은 점을 지닌다면, 즉 평범한 것들보다 뭔가 낫다면, 적합도 경관에서 그 조합에 해당하는 막대 하나만이 사막의 전신주처럼 우뚝 솟아 있을 것이다.

그림 3-1이 명징하게 보여주듯이, 오직 하나의 배선만이 선호된다. 다른 것들은 그 좋은 배선이라 여겨지는 것과 아무리 "가까워도" 나머지의 것들과 적합도 면에서 거의 같다. 그런 고립된 단일 피크는 정말로 건초더미 속의 바늘과 같아서, 자연선택에게는 실질적으로 눈에 띄지 않을 것이다. 따라서 그 개체군 내에서 운이 좋아서 '좋은 요령'을 지니게 된 몇 안 되는 개체들은 대개 자신들의 '좋은 요령' 유전형을 후대에 전해주기 어려울 것이다. 거의 모든 상황에서 그들이 자신처럼 '좋은 요령' 유전형을 가진 짝을 만날 기회란 희박하고, 피크에서 조금 멀든 1마일이나 멀든 덜 좋기는 매일반일 테니까.

그러나 이제 여기에 단 하나의 "작은" 변화를 도입해보자. 개별 유기체들이 서로 다른 뇌 배선(그들의 특정 유전형 또는 유전적 레시피에 의해 만들어진 배선이면 어느 것이든)을 **가지고 시작했**지만—적합도 경관에서 그들이 흩어져 있는 것에 의해 알 수 있다시피—그들이 살면서 무엇을 만났는가에 따라 자신들의 배선을 조정하거나 개정할 역량을 어느 정도 가진다고 가정하자. (진화 이론의 용어로는 그들의 **표현형**phenotype

에 어느 정도 "가소성plasticity"이 있다고 말한다. 표현형이란 환경과의 상호작용에서 유전형에 의해 창조된 최종적 신체 설계이다. 일란성 쌍둥이가 서로 다른 환경에서 양육되면 유전형은 공유하지만 표현형은 극적으로 달라질 것이다.) 그럼 이제 이 유기체들이, 탐험 후에, 자신들이 가지고 태어났던 것과는 다른 설계를 마침내 지니게 되었다고 해보자. 그들의 탐험이 무작위적이라고 가정할 수도 있겠지만, '좋은 요령'을 우연히 만나게 되면 그것을 인식할 (그리고 계속 지닐) 본유적 역량이 그들에게 있을 수도 있다. 그러면 '좋은 요령' 유전형과 가까운 유전형—재설계 단계가 더 적은—을 지니고 생을 시작한 개체들은 더 먼 설계를 지닌 개체들보다 '좋은 요령'들과 마주치고 그것을 고수하기가 더 쉬울 것이다.

스스로를 재설계하는 경주에서 이처럼 앞서나가는 개체들은 맬서스적 위기에서 우위를 점할 수 있다. '좋은 요령'이 매우 좋아서 그것을 전혀 배우지 못한 개체들이나 "너무 늦게" 배운 개체들이 심각한 불이익을 받는다면 말이다, 이와 같은 표현형적 가소성을 지닌 개체군은, 그림 3-1의 개체군에서와는 달리, 피크에서 조금 먼 것이 1마일 먼 것보다는 **낫다**. 이런 개체군에서의 피크는 사막의 전신주가 아닌 점진적 경사를 보이는 언덕의 정점(그림 3-2)이 될 것이다. 정상 근처의 개체들은 정상에서 더 멀리 있는 다른 개체들보다 더 나을 것 없는 설계로 시작하지만 정상의 설계를 재빨리 발견하는 경향이 있을 것이다.

그림 3-2

장기적으로 보면, 자연선택—유전형 수준에서의 재설계—은 개별 유기체들의 성공적인 탐사에서 얻어진 방향—개체 수준 또는 표현형 수준에서의 재설계—을 **따르고 확고히 하는** 경향이 있을 것이다.

내가 방금 묘사한 볼드윈 효과는 확실히 '마음'을 최소한도로 두고 있다. 그렇게 하지 않으면 모든 것이 빗나가게 된다. 좋은 것이 나타날 때 무작위 걸음을 멈추기 위해 필요한 것은 다소 막무가내의 기계적 역량, 즉 맹목적인 시행착오를 통해 무언가를 "학습"하기 위한 아주 약간의 진보를 "인식할" 수 있는 최소한의 역량뿐이다. 사실, 나는 그것을 **행동주의**의 용어로 표현했다. 볼드윈이 발견한 것은 전적으로 "고정배선된hard-wired" 생물체들보다 개별적으로 더 잘할 뿐 아니라, "강화 학습reinforcement learning"을 할 역량까지 있는 생물체였다. 그런 생물체 종은 이웃의 설계 향상을 발견하는 놀라운 역량 덕분에 그렇지 않은 종보다 **더 빨리 진화**할 것이다.[11] 물론 볼드윈은 자신이 제안한 효과를 이렇게 묘사하지 않았다. 그의 기질은 행동주의와는 극과 극이었다. 이에 대해 리처즈가 쓴 것을 보라.

> 그 메커니즘은 초다윈주의적ultra-Darwinian 가정들에 부합했지만, 그럼에도 지성으로서의 의식으로 하여금 진화를 이끄는 역할을 하도록 허락했다. 철학적 기질과 신념 면에서 본다면 볼드윈은 심령주의적 형이상학자였다. 그는 우주 안에서 의식의 박동을 느꼈다. 그 박동은 유기적 생명의 모든 단계에서 두근거렸다. 그런데도 그는 진화에 대한 기계적 설명의 위력을 이해하고 있었다. 〔R.J. Richards 1987, p. 480.〕[12]

11 이처럼 종species이, 표현형 탐사를 할 수 있는 그들의 다양한 역량 덕분에 설계 개선들을 "볼" 수 있다고 여기는 관점을 우리에게 선사한 사람으로는 슐Schull(1990)이 있다(이에 대한 논평은 Dennett 1990a를 보라).

볼드윈 효과는 수년간 몇 가지 다양한 이름으로 다양하게 묘사되고 옹호되거나 불허되어왔고, 최근에는 몇 번 더 독립적으로 재발견되었다.(이를테면 Hinton and Nowland 1987) 볼드윈 효과는 생물학 교과서들에 정기적으로 기술되고 그 논의 또한 안정되었음에도, 지나치게 신중한 사상가들은 이를 외면해왔는데, 그들이 생각하기에 볼드윈 효과가 라마르크주의라는 이단(획득한 특징들이 유전 가능하다고 가정하는 것—이에 대해서는 11장에서 자세히 논의한다)의 냄새를 풍긴다고 생각했던 탓이다. 리처즈가 지적했듯, 이러한 거부 반응들은 특히 아이러니하다. 볼드윈은 볼드윈 효과가 라마르크주의 메커니즘을 대체할 수 있으리라고 의도했기 때문이다(그리고 실제로 대체했다).

> 그 원리는 로이드 모건 같은 확고한 다윈주의자들마저 바라마지 않을 진화의 긍정적 요소를 제공하면서도 거기에 라마르크주의를 붙여 보내는 것처럼 보였다. 그리고 형이상학적 입맛을 지닌 이들에게 그것은 다윈주의적 자연의 덜컹거리는 기계적 덮개 아래서 마음이 발견될 수 있음을 드러내 보여준다. 〔R. J. Richards 1987, p. 487〕

음, 우리가 '마음Mind'이라는 단어로 완전히 발달한, 본유적인, 독창적인, 스카이후크 유형의 마음을 의미하는 것이라면, 여기서 말하는

---

12 볼드윈 효과의 역사에 관한 로버트 리처즈의 설명(1987, 특히 pp. 480-503 및 그다음에 나오는 논의를 보라)은 이 책에서의 내 생각을 자극하고 이끌어준 주요 원천 중 하나였다. 그의 설명 중 특히 가치 있다고 생각되는 부분(나의 논평 Dennett 1989a를 보라)은 리처즈가 볼드윈을 비롯한 많은 다윈주의자들과 스카이후크—스카이후크까지는 아니라 해도, 적어도 크레인을 주장하는 이론들에 대한 본능적 불만—에 대한 깊이 감추어둔 열망을 공유하고 있지만, 그와 동시에 자신이 어쩔 수 없이 "초다윈주의"라 불렀던 것에 대한 불편함을 드러내고 검토하는 지적인 정직함과 용기도 지니고 있다는 것이다. 리처즈의 가슴heart은 명백하게 볼드윈과 같았지만, 그의 정신mind은 그에게 허세를 부리거나 균열—만능산에 대항하여 다른 이들이 세우려고 했던 제방에서 그가 보았던—을 종잇장으로 덮으려는 행동을 하지 못하게 했다.

것은 '마음'이 아니라 솜씨 좋은 기계적이고 행동주의적인, 크레인 같은 마음일 뿐이다. 그리고 그것은 아무 쓸모 없는 것이 아니다. 볼드윈은 자연선택이 작동하는 모든 곳에서 자연선택 과정의 위력을 진정으로—국지적으로—증대시키는 효과를 발견했다. 볼드윈 효과는 자연선택의 기초가 되는 현상의 "눈먼"(맹목적인) 과정이 개별 유기체들의 행동들 안에 있는 제한된 양의 "선견지명"에 의해 어떻게 추동될 수 있는지를 보여준다. 그렇게 되면 적합도에 차이가 생기고 그러면 그 위에서 자연선택이 작용할 수 있게 된다. 이는 환영할 만한 복잡화이며, 합리적이고 설득력 있는 의심의 원천 하나를 없애주고 다윈의 아이디어가 지닌 위력에 대한 우리의 시각을 향상시키는, 진화 이론의 묘안이다. 그리고 특히 그런 일이 다중으로 중첩된 응용 프로그램 안에서 연쇄적으로 일어나면 효과가 현저해진다. 그리고 이는 우리가 탐구할 다른 연구 및 논쟁들의 전형적인 결과물이다. 연구를 추동했던 열정, 즉 동기는 스카이후크를 찾고자 하는 희망이었다. 그러나 그로 인해 얻은 공적은 스카이후크가 해주리라 여겨졌던 바로 그 작업을 크레인이 어떻게 할 수 있었는지를 찾아낸 것이었다.

5. 누가 환원주의를 두려워하랴

환원주의는 더러운 단어이며, 일종의 '당신보다 더 우월한holistier than thou'이라는 식의 독선이 유행하게 되었다.

—리처드 도킨스(Richard Dawkins, 1982, p. 113)

이러한 갈등들에서 전형적인 오용의 사례로 가장 자주 회자되는 용어가 바로 "환원주의reductionism"이다. 스카이후크를 간절히 소망하는 사람들은 크레인을 열심히 받아들이는 사람들을 가리켜 "환원주의자"라고 부른다. 그렇게 부르는 사람들은 종종 환원주의를 완전한 악은 아닐지라도 속되고 매정한 것으로 보이게 만들 수 있다. 그러나 오용되는 대부분의 용어들이 그러하듯 "환원주의"도 고정된 의미를 지니지 않는다. 환원주의의 주된 이미지는, 누군가가 하나의 과학이 다른 과학으로 "환원reduce된다"고 주장하는 것이다. 이를테면, 화학은 물리학으로 환원되고, 생물학은 화학으로 환원되고, 사회과학은 생물학으로 환원된다는 식으로 말이다. 문제는, 그런 주장을 건조하게 해석하는 쪽과 터무니없게 해석하는 쪽이 모두 존재한다는 것이다. 건조한 해석에 따르면 그 주장은 화학과 물리학을, 생물학과 화학을, 그리고 심지어는, 그렇다, 사회과학과 생물학도 **통일**하는 것이 가능하다(그리고 바람직하다)고 읽힌다. 결국 사회는 인간들로 구성되어 있고, 포유류로서의 그 인간들은 모든 포유류에 공통으로 작용하는 생물학 원리들의 지배를 받고, 포유류는 분자들로 이루어져 있으므로 화학 법칙들을 따라야 하며, 화학 법칙들은 다시 그 기저에 놓여 있는 물리학의 규칙성들과 일치해야만 한다. 제정신인 과학자라면 그 누구도 이 건조한 해석에 이의를 제기하지 않는다. 대법관들의 조직도 눈사태와 마찬가지로 중력 법칙에 종속되어 있다. 대법관들도 결국은 물리적 사물들의 집합체이니까. 한편, 터무니없는 해석을 따르는 사람들은, 환원주의자들이 하위 수준의 용어들을 위하여 상위 수준의 원리들, 이론들, 용어들, 법칙들을 버리고 싶어 한다고 말한다. 그런 터무니없는 해석에 따르면, 환원주의자들의 꿈은 "분자 관점에서 본 키츠와 셸리[13]의 비교"나 "공급 측면 경제학에서 산소 원자의

---

13 [옮긴이] 퍼시 비셰 셸리Percy Bysshe Shelley는 키츠, 바이런과 함께 18세기 영국 낭만주의 전성기를 만든 3대 시인 중 한 명으로 꼽힌다. 《프랑켄슈타인》 등 많은 소설을 남긴 메리 셸리의 남편이며, 키츠의 죽음을 애도하는 시를 남기기도 했다.

역할" 또는 "렌퀴스트 대법원장[14]의 판결을 엔트로피 변동으로 설명하기" 같은 글을 쓰는 것일지도 모른다. 그렇다면 아무도 터무니없는 의미에서의 환원주의자는 아닐 것이며, 모든 사람은 건조한 의미로의 환원주의자여야 한다. 그렇다면 환원주의의 "책임"은 너무 희미해서 그것에 답할 가치가 없다. 만일 누군가가 "그렇지만 그건 너무 환원주의적이잖소!"라고 말한다면, 당신은 "그것 참 구식이고 진부한 불평이군. 도대체 당신이 염두에 두고 있는 게 뭐요?"라고 잘 맞받아칠 수 있을 것이다.

기쁘게도, 최근에는 내가 가장 존경하는 사상가들 중 일부가 이런저런 방식의 조심스럽게 제한된 환원주의를 옹호하는 입장을 표명했다. 인지과학자 더글러스 호프스태터Douglas Hofstadter는 《괴델, 에셔, 바흐Gödel Escher Bach》에서 〈전주곡 …… 개미 푸가Prelude …… Ant Fugue〉를 작곡했는데,(Hofstadter 1979, pp. 275-336)[15] 그것은 환원주의의 덕목들에 대한 분석적 찬가이다. 오늘날 가장 출중한 진화론자 중 한 명인 조지 C. 윌리엄스George C. Williams는 〈진화생물학에서의 환원주의에 대한 한 가지 옹호A Defense of Reductionism in Evolutionary Biology〉(1985)라는 글을 썼다. 동물학자 리처드 도킨스는 환원주의를 두 가지로 구분했는데, 하나는 벼랑 끝의precipice 환원주의, 그리고 다른 하나는 위계적 또는 점진적 환원주의라고 불렀다. 그는 그중 벼랑 끝의 환원주의만을 거부했다.(Dawkins 1986b, p. 74)[16] 좀 더 최근에는 물리학자 스티븐 와인

14 [옮긴이] 윌리엄 허브스 렌퀴스트William Hubbs Rehnquist는 미국의 제16대 연방법원 대법원장을 지낸 인물이다. 매우 강경한 보수주의적 판결로 유명하다.

15 [옮긴이] 물론 진짜 음들로 이루어진 곡은 아니며 책에 악보가 실린 것도 아니다. 전주곡과 개미 푸가 모두 아킬레스, 개미, 거북, 게, 개미핥기의 대화 자체와 그 안에 등장하는 내용으로 묘사되어 있다. 개미 푸가에는 텍스트로 읽힐 수 있는 그림들에서 읽힐 수 있는 텍스트를 묘사한 그림도 수록되어 있다.

16 Lewontin, Rose, and Kamin's(1984)만의 기이한 버전의 환원주의에 대한 도킨스의 논의도 보라. 도킨스는 《이기적 유전자》 제2판(1989a)에서 그들이 환원주의를 소위 "혼자만의 허상"으로 보았다고 묘사했다.(p. 331)

버그Steven Weinberg가 《최종 이론의 꿈Dreams of a Final Theory》(1992) 중 "환원주의를 위한 두 가지 응원Two Cheers for Reductionism"이라는 제목의 장에서 비타협적uncompromising 환원주의(나쁜 것)와 타협적compromising 환원주의(그는 이쪽을 강력히 지지한다)를 구분했다. 이제 나 자신의 버전을 말하자. 우리는 **탐욕스러운**greedy **환원주의**(이것은 좋지 않은 것이다)와 일반적으로 좋은 환원주의를 구분해야 한다. 다윈 이론의 맥락에서 보면 그 차이는 단순하다. 탐욕스러운 환원론자들은 크레인 없이도 모든 것들이 설명된다고 생각한다. 반면에 좋은 환원론자들은 모든 것이 스카이후크 없이도 설명된다고 생각한다.

내가 좋은 환원주의라 부르는 것에 관해서는 타협하고 말고 할 필요가 없다. 그것은 그저 처음부터 미스터리나 기적을 받아들이는 부정행위를 하지 않고, 선결문제를 요구하지 않는 과학을 하겠다는 약속일 뿐이니까. (이에 관한 다른 관점에 대해서는 Dennett 1991a, pp. 33-39을 보라.) 그럼 이제 환원주의라는 브랜드를 위한 **세 가지** 응원이 되는 셈이다—와인버그도 이에 동의하리라고 나는 확신한다. 그러나 흥정을 향한 갈망 때문에, 그리고 너무 많은 것을 너무 빨리 설명하고자 하는 열정 때문에, 과학자들과 철학자들은 모든 것을 토대에 확고하고 깔끔하게 고정하려고 서두르면서 이론의 전체 층들이나 층위들을 건너뛰며, 종종 그 복잡성을 과소평가한다. 그것은 탐욕스러운 환원주의의 죄이지만, 지나친 열의가 현상을 위조하는 지경까지 끌고 갈 때만 우리가 그것을 비난할 수 있다는 것도 알아두어야 한다. 그것을 하나의 큰 이론, 즉 많은 것을 포괄하는 중요한 이론으로 환원하고 통일하고 설명하려는 욕구는, 그 자체로는 부도덕하다고 비난 받아서는 안 된다. 볼드윈이 그의 발견을 도출했던 그 정반대의 강한 욕구만큼이나 말이다. 단순한 이론들을 갈망하거나 그 어떤 단순한 (또는 복잡한!) 이론이 절대 설명할 수 없는 현상을 갈망하는 것은 틀린 것이 아니다. 둘 중 어느 방향으로든 열광적으로 오표상misrepresentation하는 것이 잘못된 것이다.

다윈의 위험한 아이디어는 육체를 입은incarnated[17] 환원주의이며, 하나의 웅장한 시각으로 모든 것에 대한 것들을 설명하고 통일해주겠다고 약속하는 환원주의이다. 그의 생각을 더욱 위력적으로 만들어주는 것은 그 생각에 내포된 **알고리즘적** 과정이라는 아이디어인데, 알고리즘 과정은 기질 중립성이라는 특징을 지니므로, 우리는 그 어떤 것에도 다윈의 생각을 적용해볼 수 있다. 다윈의 위험한 생각은 물질 간의 경계를 아랑곳하지 않는다. 우리가 이미 보기 시작한 것처럼, 그 생각은 심지어 그 생각 자체에까지 적용된다. 다윈의 아이디어에 대한 가장 보편적인 두려움은, 그것이 우리 모두가 소중하게 여기는 '마음Minds'과 '목적Purposes'과 '의미Meanings'를 그저 설명하는 것에 그치지 않고 **설명해치워**explain away 버리리라는 것이다. 사람들은 이 만능산이 우리가 소중히 간직하는 기념물들을 통과하면, 인식할 수도 사랑할 수도 없는 '과학적 파괴'라는 웅덩이로 그 기념물들이 녹아들어 더는 존재하지 못하게 될까 봐 두려워한다. 이는 건전한 두려움이 될 수 없다. 이러한 현상들에 대한 **제대로 된** 환원주의적 설명은 그런 기념물들을 그대로 잘 세워둘 것이다. 그러나 좀 더 확고한 토대 위에 위치시키고 통합시킬 것이다. 그렇게 되면 우리는 그 보물들에 관한 놀라운 것들을, 또는 경악스럽기까지 한 것들을 배우게 될 수도 있다. 그럴진대, 그런 것들에 관한 우리의 평가가 혼란이나 잘못된 식별에 완전히 기반하고 있지 않다면, 그 보물들에 대한 이해가 증대되는 것이 어떻게 우리 눈에 그것들의 가치가 떨어지는 것으로 비추어질 수 있단 말인가?[18]

---

17 그렇다. '육체를 입은' 것이다. 생각해보자. 우리는 다윈의 생각이 영혼 안의in spirit 환원주의였다고 말하려고 하는 것인가?

18 이 수사적인 질문에 어떻게 대답해야 할지 모두가 알고 있다. "당신은 정말로 '진실'을 사랑해서, 당신 애인이 바람피우고 있다는 것을 그 어떤 대가를 치르고서라도 알고 싶어 하는 거요?" 우리는 다시 출발점으로 돌아간다. 내가 지지하는 대답은 이것이다. 나는 세상을 너무도 사랑하기 때문에 세상에 관한 진실을 알고 싶어 한다.

더 합리적이고 현실적인 두려움은, 다윈주의적 추론을 탐욕스럽게 오용하면 실제 층위들과 실제의 복잡성들과 실제 현상들의 존재를 부정하게 되리라는 것이다. 우리의 노력이 잘못된 방향으로 치닫는다면, 우리는 정말로 값진 것들을 버리거나 파괴하게 될 수도 있다. 우리는 열심히 노력하여 이 두 가지 두려움을 분리해두어야 한다. 이를 위해, 바로 이 문제들의 묘사를 왜곡시키는 경향이 있는 압력들을 인정하는 일부터 시작할 수 있다. 예를 들어, 진화 이론을 불편하게 여기는 사람들 사이에서는 과학자들 간 의견 불일치의 양을 과장하는 강한 경향이 있고("그건 그냥 이론일 뿐이고, 그걸 받아들이지 않는 과학자들이 많이들 반박하고 있어"), 나는 "과학이 보여주었"다는 그 불일치의 간극을 메워주는 사례를 과장하지 않도록 열심히 노력해야 한다. 그 과정에서 우리는 진정으로 현재진행형인 과학적 불일치 및 사실에 관한 미해결 문제들의 수많은 예들과 조우할 것이다. 나로서는 이 진퇴양난의 문제들을 숨기거나 경시할 이유가 없다. 그것들이 어떻게 발생하든 간에, 다윈의 위험한 아이디어에 의해 이미 어느 정도의 부식 작용이 진행되고 있고, 또 결코 되돌릴 수 없기 때문이다.

우리는 벌써 하나의 결과에 대해서는 동의할 수 있을 것이다. 종의 기원에 관한 다윈의 상대적으로 온건한 아이디어가 과학에 의해 거부된다 해도—그러니까, 정말로 신빙성을 잃고 훨씬 더 강력한(그리고 지금은 상상할 수 없는) 어떤 시각으로 대체된다고 해도—그것은 로크가 표현한 전통적 견해를 옹호하는 성찰자들의 확신을 그 밑바닥부터 파고들어가 회복 불가능할 정도로 약화시켰을 것이다. 다윈의 생각은 이 일을 해냈다. 상상력의 새로운 가능성을 열어주면서. 그리고 마음 없는 설계는 **상상조차 할 수 없다**는 로크의 선험적 증명 같은 논증의 건전성에 관해 누구든 지녔을 수 있는 환상들을 완전히 파괴하면서. 다윈 이전에는 이런 일이야말로 상상조차 할 수 없는 것이었다. 그 가설을 어떻게 진지하게 받아들여야 할지 그 누구도 몰랐다는 경멸적인 의미에서 말이다. 그것을 증명하는 것은 또 다른 문제지만, 사실 증거는 산더미처럼 쌓여 있으며 확실히 우리는 그것을 진지하게 받아들일 수 있고, 또 받아들여야만 한다. 따라서 당신이 로크의 논증에 대해 어떤 다른 생각을 하든, 로크의 논증은 그가 그 논증을 적을 때 사용했던 깃펜처럼 지금은 쓸모없는, 박물관에서 만날 매혹적인 작품이며, 오늘날의 지식인 사회에서는 실질적인 역할을 할 수 없는 호기심일 뿐이다.

3장: 다윈의 위험한 아이디어는 단순한 질서로부터 알고리즘적 과정을 통해 설계가 생겨날 수 있으며, 그 과정은 이미 존재하는 마음 같은 것을 필요로 하지 않는다는 것이다. 회의주의자들은 그 과정의 적어도 어딘가에 도움의 손(더 정확히 말하자면, 돕는 '마음')이 제공되어 있어야만 한다—끄집어 올리는 일을 해줄 스카이후크가 있어야 한다—는 것을 보여줄 수 있기를 소망했다. 스카이후크들의 역할을 증명하기 위한 시도에서 그들은 종종 크레인들을 발견했다. 크레인은 전 단계의 알고리즘적 과정의 산물들로, 기본적인 다윈주의적 알고리즘의 과정을 국소적으로 더 빠르고 더 효과적으로 진행되게 함으로써, 과정의 위력을 증폭시킨다. 전혀 기적적이지 않은 방식으로 말이다. 좋은 환원주의자들은 모든 설계가 스카이후크 없이 설명될 수 있다고 가정한다. 반면, 탐욕스러운 환원주의자들은 모든 설계가 크레인 없이 설명될 수 있다고 가정한다.

4장: 진화의 역사적 과정은 실제로 어떻게 생명의 나무를 만드는가? 모든 설계의 기원을 설명하는 자연선택의 위력에 관한 논쟁들을 이해하기 위해서는 생명의 나무를 시각화하는 방법을 배워야만 한다. 그 모양에서 쉽게 오해되고 있는 특성들 및 그 역사에서 몇몇 중요한 순간들을 명확히 하면서 말이다.

4장

생명의 나무

The Tree of Life

1. 생명의 나무를 어떻게 시각화해야 하는가?

멸절은 집단을 갈라놓을 뿐, 결코 집단을 만들지는 않는다. 한때 이 지구에 살았던 모든 형상이 갑자기 다시 나타난다면, 한 집단이 다른 집단으로부터 구별될 수 있는 정의를 부여하는 것은 전적으로 불가능할 것이다. 현존하는 가장 미세한 차이를 보이는 변종들 사이의 차이만큼이나 미세한 단계들에 의해 모든 것들이 한데 섞일 것이기 때문이다. 그렇다 해도, 자연적 분류는, 아니면 적어도 자연적 배열은 가능할 것이다.

—찰스 다윈, 《종의 기원》 p. 432

앞 장에서 나는 R&D라는 아이디어를, 내가 설계공간이라고 부르는 곳 안에서 움직이는 것과 비슷한 것이라고 말했는데, 그때 세부 사항을 적절하게 말하거나 용어들을 정의하지 않고 다소 성급하게 소개해버렸다. 큰 그림을 그리기 위해 논란이 있는 몇 가지 주장들을 일단 내 마음대로 써버렸지만, 약속건대 나중에 이들의 옹호 논변을 꼭 펼칠 것이다. 설계공간 아이디어는 앞으로도 많이, 그리고 중요하게 사용될 것이므로 나는 이제 그것을 확실히 해야 한다. 그리고 다윈의 안내를 따라 나는 다시 한중간에서 시작할 것이다. 비교적 잘 탐사된 몇몇 공간들에서의 몇 가지 **현실적**(실현된)actual 패턴들을 먼저 살펴보면서 말이다. 그리고 이 작업은 다음 장에서 **가능한**possible 패턴들에 대한 더 일반적 관점들에 관한, 그리고 특정 종류의 프로세스들이 가능성을 실재reality로 가져오는 방법에 관한 지침 역할을 할 것이다.

생명의 나무를 생각해보자. 이 행성에 살았던 적이 있는 모든 것들의 시간 궤적을 표시한 그래프를. 아니면 달리 말해, 모든 **자손들**을 부챗살처럼 펼쳐 놓은 그래프를. 그래프를 그리는 규칙은 단순하다. 유기체의 시간선은 그것이 태어났을 때 시작되고 죽을 때 끝나며, 그것에서 나오는 자손의 시간선들은 있거나 없거나 둘 중 하나이다. 유기체의 자손—자손을 남겼을 경우에 한해—의 시간선들을 확대해보면, 몇 가지 요인들에 따라 외양이 변함을 알 수 있을 것이다. 그 요인들은 다음과 같다. 유기체가 분열법이나 출아법으로 번식하는지, 아니면 알에서 나오는지 아니면 어린 상태로 태어나는지, 그리고 부모 유기체가 어느 정도 오래 생존하여 자신에게서 나온 자손과 얼마간 공존할 수 있는지. 그러나 부챗살 펴짐fan-out에서의 그런 아주 사소한 세부 사항은 일반적으로 지금의 우리와는 상관이 없을 것이다. 지구상에 존재했던 모든 생명체들의 그 모든 다양성이 단 한 번의 부챗살 펴짐에서 파생되었다는 사실에 관해서는 심각한 논란이 존재하지 않는다. 논쟁은 이 모든 다양함을 과학적으로 설명하게 해줄 다양한 힘들과 원리들과 제약조건들 등을 어떻게 발견하고 또 **일반적 용어들로** 어떻게 기술할 것인가의 문제들에서 발생한다.

지구의 나이는 45억 년이고, 최초의 생명 형체는 상당히 "일찍" 등장했다. 가장 간단한 단세포생물들—**원핵생물**prokaryote—이 적어도 35억 년 전에 등장했고, 그로부터 20억 년 동안 지구에 있었던 생물이라고는 박테리아와 남조류blue-green algae[1] 및 그들과 똑같이 단순한 친척들뿐이었다. 그러다가 지금으로부터 약 14억 년 전에 주요한 혁명이 일어났다. 이 가장 단순한 생명 형체들 몇몇이 글자 그대로 한데 뭉친 것이 만들어진 것이다. 박테리아를 닮은 일부 원핵생물이 다른 원핵생물의 막들을 침입하여 **진핵생물**eukaryote, 즉 핵을 비롯한 특성화된 내부 기관을 지닌 세포가 창조되었다.(Margulis 1981) **세포소기관**organelle 또는 **색소체**plastid라 불리는 이 내부 기관은 오늘날까지 자리 잡고 있는 설계 공간의 영역을 열어젖힌 설계 혁신의 열쇠였다. 식물의 **엽록체**는 광합성을 담당하고, 모든 식물과 동물 및 균류에서, 즉 핵이 있는 세포로 이루어진 모든 생명체에서 발견되는 **미토콘드리아**는 기본적인 산소 처리 에너지 공장이다. 이것 덕분에 우리는 우리 주변의 물질과 에너지를 착취하여 열역학 제2 법칙을 어길 수 있게 된 것이다. 진핵생물을 뜻하는 영단어 "eukaryote"의 접두사 "eu"는 "좋다"를 뜻하는 그리스어이며, 우리의 시각으로도 진핵생물은 확실히 발전이었다. 왜냐하면, 그 내부 복잡성 덕분에 그들은 전문화될 수 있었고, 이는 결국 우리와 같은 다세포생물들의 출현을 가능하게 했으니까.

두 번째 혁명—최초의 다세포생물의 출현—이 일어나기까지는 다시 7억 년 정도를 기다려야 했다. 일단 다세포생물이 출현하자, 속도가 빨라졌다. 뒤이은 식물과 동물의—그뿐만 아니라 양치류와 꽃에서부터 곤충, 파충류, 새, 포유류에 이르기까지—부챗살 퍼짐의 결과, 오늘날

1 [옮긴이] 전에는 이렇게 칭했으나, 1990년대 이후부터는 '시아노박테리아Cyanobacteria'라고 부르며 원핵생물로 분류한다. '남세균'이라 부르기도 한다.

지구에는 서로 다른 수백만 종의 생물이 서식하고 있다. 그리고 이 과정에서, 수백만의 다른 종들이 생겨나고 또 없어졌다. 확실히, 지금 존재하는 종보다 더 많은 종이 멸절되어 없어졌다. 아마도 현존하는 한 종당 멸절된 100여 종이 대응될 수 있을 것이다.

35억 년에 걸쳐 가지들을 펼쳐온 이 거대한 생명의 나무의 전체적인 모습은 어떠할까? 만일 우리가 공간적 차원에서 모든 시간을 우리 앞에 쫙 펼쳐 놓고 신의 눈 관점God's-eye view에서 모든 것을 한꺼번에 볼 수 있다면 생명의 나무는 어떤 모습으로 보일까? 과학에서 그래프를 그릴 때는 통상적으로 가로축을 시간으로 놓고 **더 이른** 시각을 왼쪽, **나중**을 오른쪽으로 설정한다. 그러나 진화 도표들은 그런 관례에서 언제나 예외가 되어온 것으로, 대개 시간을 세로축에 놓는다. 더욱 흥미로운 것은, 우리가 세로축에 표지를 붙이는 두 가지 반대되는 관습에 익숙하다는 것이며, 그 두 관습과 더불어 그와 관련된 은유들이 생겨났다는 것이다. 우리는 **오래된** 것을 상단에 그리고 **나중** 것을 하단에 놓을 수 있는데, 이런 경우 우리의 도해는 선조들과 그들의 **후손**들descendants을 나타낸다. 다윈이 종분화를 '**계승**을 동반한 변화'로 말할 때 그는 이 관례를 따랐다. 물론 《인간의 유래와 성선택The Descent of Man, and Selection in Relation to Sex》(1871)이라는 제목의, 인간의 진화를 다룬 저작에서도 마찬가지였다. 우리는 또한 그 반대로 나무 모양을 그릴 수도 있으며, 그렇게 하면 정말로 나무처럼 보인다. 처음의 뿌리와 줄기에서 시작하여 시간이 지나면서 나중의 "후손들"이 위쪽으로 올라오는 가지들과 잔가지들을 구성하는 것이다. 다윈은 이 관습—《종의 기원》에 등장하는 유일한 도표를 그 예로 들 수 있다—도 알차게 이용했을 뿐 아니라, 다른 모든 이들과 마찬가지로, **위쪽**으로 갈수록 **최근의 것**으로 정렬하는 표현 방법도 이용했다. 각 은유를 사용하는 두 집단 모두 오늘날의 언어학과 생물학에서 거의 흔들림 없이 공존하고 있다. (뒤집히고 또 뒤집힌 뒤죽박죽인 이미지에 대한 이러한 관용은 생물학에만 국한되지 않는다. "가계도Family tree"는 조상들을 위쪽에 그리는 경우가 거의 없고, 생성언어학자들generative linguists은 그들의 파생수형도를 뒤집힌 모양으로, 즉 "뿌리"를 페이지 맨 위에 그린다.)

앞에서 나는 설계공간의 수직축을 설계 양의 척도로 삼아서 **더 높은 곳에 있는 것=더 많은 설계가 들어간 것**이 되게 하자고 제안한 바 있다. 생명의 나무를 볼 때는 조심해야 한다. 생명의 나무(내가 제안하는 것과 같이 바로 선 나무 모양의 것)에서는 **더 높은 곳에 있는 것=나중에 생긴 것**(일뿐, 다른 그 무엇도 아니다)이다. 나중에 생긴 것이 꼭 설계가 더 들어간 것일 필요는 없다. 시간과 설계 간의 관계는 무엇인가? 또는 무엇이어야 하는가? 설계가 더 많이 들어간 것이 먼저 생기고 점진적으로 설계를 잃을 수 있을까? 박테리아가 포유류의 후손이고 그 역은 성립하지 않는 가능세계possible world가 있을까? 지구에서 현실적으로 무슨 일이 일어났는지를 조금 더 자세히 들여다본다면, 가능성에 관한 앞의 질문들에 좀 더 쉽게 대답할 수 있을 것이다. 따라서 당분간은 그림 4-1에서 수직축은 시간, 오직 시간만을 나타내고, **먼저 생긴 것**이 하단에, **나중에 생긴 것**이 상단에 위치한다는 점을 분명히 하자. 표준 관행을 따라, 좌우의 축은 다양성을 단일 평면으로 요약한 것으로 간주한다. 각각의 개별 유기체는 다른 것들과 구별되는 자신의 시간선을 지녀야 한다. 따라서 어떤 두 유기체가 원자 대 원자 수준에서마저 정확하게 동일하다 해도, 그 둘은 같은 시간선으로 표시될 수 없으며, 가장 가깝게 그린다 해도 바로 옆에 나란히 그려져야 할 것이다. 그러나 우리가 그 시간선들을 어떻게 배열할 것인가는 개체의 신체 형태에 대한 어떤 척도 또는 일군의 척도들—전문 용어로 말하자면, **형태학**morphology—을 따를 수도 있다.

그럼 우리의 질문으로 돌아가자. 만일 우리가 생명의 나무의 모든 것을 한눈에 다 볼 수 있다면 생명의 나무의 전체적 모습은 어떻게 보일까? 그림 4-1과 같이, 야자수처럼 보이지 않을까?

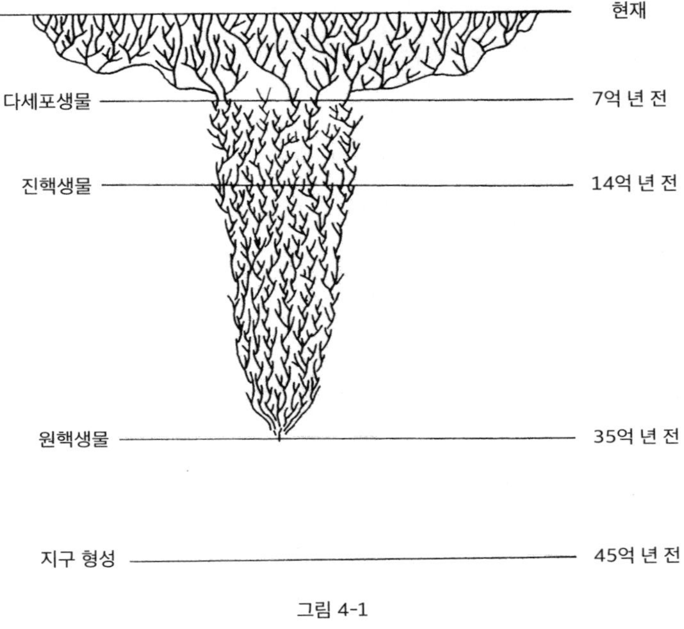

그림 4-1

이는 우리가 살펴보게 될 많은 나무들 또는 **계통수**dendrogram들 중 첫 번째 것이다. 물론, 인쇄 해상도의 제약 때문에 1000조 개의 선이 하나로 뭉개져 보인다는 점도 알아두어야 한다. 나는 나무의 "뿌리"를 의도적으로 흐릿하고 불분명하게 처리했는데, 당분간은 이렇게 둘 것이다. 우리는 여전히 중간 지점을 탐험하는 중이다. 궁극적인 시작들에 대한 논의는 나중의 다른 장으로 미루어두고 말이다. 이 나무의 줄기를 확대하여 그것의 단면 중 어느 한 곳을—시간상의 어느 한 "순간"을—들여다본다면, 우리는 수십억의 개별 단세포 유기체들을 볼 수 있을 것이고, 그중 일부는 후손을 남겨 줄기의 조금 더 높은 곳까지 그 흔적을 남겨 놓았을 것이다. (그 초기 단계에서는 출아법이나 분열법으로 번식이 이루어졌다. 어느 정도 시간이 흐른 후에 일종의 단세포 유성생식unicellular sex이 진화했다. 그러나 꽃가루를 뿌리고 알을 낳는 것을 비롯한, 우리의 것과 같은 유성생식이 출현하려면 우리 '생명의 야자수'의 잎 부분에서 다세포 혁명이 일어날 때까지 기다려야 한다.) 거기에는 어느 정도의 다양성이 있을 것이며, 또 시간이 지남에 따라 어느 정도의 설계 개정도 있을 것이다. 그리하여 아마도 줄기 전체가 왼쪽이나 오른쪽으로 기울어질 수도 있고, 내가 그려놓은 것보다 더 넓게 펼쳐지기도 할 것이다. 우리가 이 단세포 변종들의 "줄기"를 현저한 흐름들로 차별화하지 않는 것은 단지 우리의 무지 때문일까? 그 변종들의 줄기는 아마도 그림 4-2에서와 같은, 보일 수 있을 만큼 충분히 큰, 막다른 곳에 이른 다양한 가지들로 표현되어야 할 것이다. 그리고 이는 대안적 단세포 설계에서의 수억 년에 달하는 다양한, 그러나 결국 모두 멸절로 끝난 실험들을 나타낸다.

그동안 실패한 설계 실험이 수십억 번은 있었겠지만, 단세포생물의 평균에서 아주 멀어진 것은 없었을 것이다. 우리 "야자수"의 줄기를 확

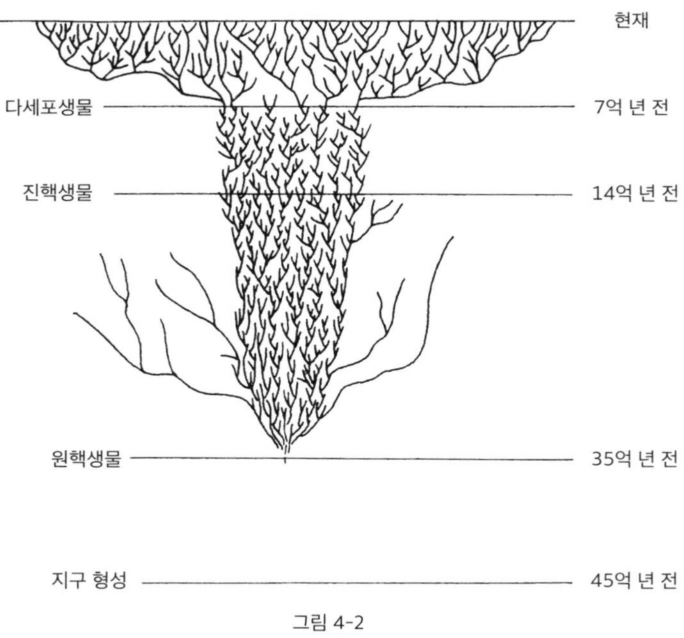

그림 4-2

대해본다면, 그림 4-3과 같이 단명한 대안들이 무성하게 성장하고 있었음을, 그러나 보수적 복제 규범들에 반하므로 거의 보이지 않았음을 볼 수 있을 것이다. 그런데 우리는 이를 어떻게 확신할 수 있을까? 왜냐하면, 앞으로 보게 되겠지만, 주제theme에서 돌연변이가 생길 때, 그 어떤 돌연변이든 그것이 주제보다 성공할 공산은 매우 낮기 때문이다.

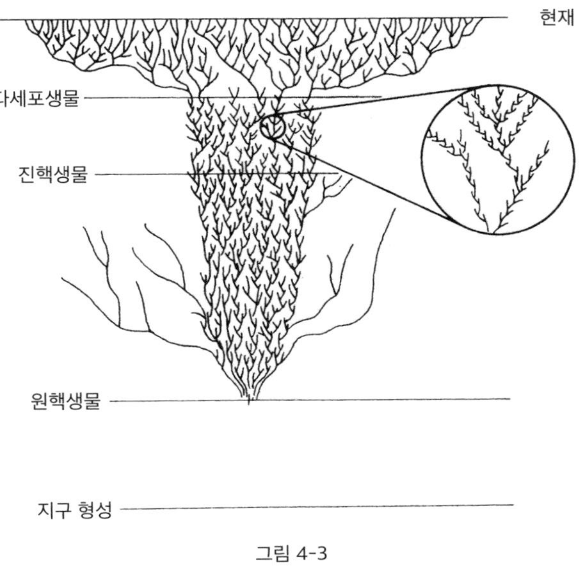

그림 4-3

유성생식이 발명되기까지 우리가 관찰하는 거의 모든 가지들은 배율을 얼마로 해서 확대해보든 갈라진다. 그러나 예외들은 현저하다. 진핵생물 혁명의 시기에 우리가 딱 정확한 곳을 관찰한다면, 하나의 박테리아가 아주 기초적인 다른 원핵생물의 체내로 침투해 들어가서 최초의 진핵생물이 형성되는 것을 볼 수 있을 것이다. 그 최초 진핵생물의 자손은 모두 이중의 유전체를 지닌다. 완전히 독립적인 두 DNA 서열을 지니는 것이다. 하나는 숙주세포의 것이고 다른 하나는 "기생체", 즉 숙주와 운명을 공유하는, 그리고 자신의 모든 후손들의 운명을 숙주세포들(처음 침입받았던 최초의 숙주세포의 후손들)과 연결시킨 침투 세포의 것이다. (지금은, 침투한 세포의 후손들은 침투당한 세포의 후손들 안에서 미토콘드리아라는 얌전한 거주자로 사는 방식을 취하고 있다.) 그 누구도 아닌 자신들의 권리로, 자신들만의 DNA를 지니면서 자신들의 전 생애를 자신보다 더 큰 유기체(이들은 또 다른 계보를 구성한다)의 세포벽 안에서 살아가는 '미토콘드리아'라는 이 작은 생명체들의 전체 계보는 생명의 나무가 보여주는 미시기하학의 놀라운 특성이다. 원리적으로는 이런 침투가 단 한 번만 일어났어도 되지만, 이런 급진적인 공생에 관해서도 많은 실험들이 일어났으리라 추측할 수 있다.(Margulis 1981; 요약본 Margulis and Sagan 1986, 1987)

수백만 년이 흘러 일단 유성생식이 확립되면, 그러니까 우리 '야자수'의 잎 부분까지 올라오고 나서(성性은 명백히 여러 번 진화해왔다. 이 점에 관해서는 이견들이 있긴 하지만 말이다), 개별 유기체들의 궤적들을 확대해서 면밀하게 들여다본다면, 다른 종류의 짝짓기들—결과적으로 폭발적으로 많은 후손을 남긴, 개체들 간의 결합—을 발견하게 된다. 배율을 높이고 "현미경의 시야를 아주 꼼꼼하게 관찰하면" 우리는 그림 4-4와 같은 것을 볼 수 있을 것이다. 두 DNA 서열 모두가 전체적으로 보존되고 자손들의 체내에서 뚜렷하게 유지되는 진핵생물이 만들어지는 결합에서와는 달리, 유성생식에서는 자손들 각각이 자신만의 고유한 DNA 서열을 지니게 된다. 부모 중 한쪽의 DNA에서 50퍼센트, 그리고 다른 쪽의 DNA에서 50퍼센트를 추출하는 과정을 통해 DNA가 조직되기 때문이다. 물론 자손 각각의 세포에는 미토콘드리아도 들어 있다. 그리고 미토콘드리아는 부모 중 한쪽—암컷—에게서만 온다. (만일 당신이 남성이라면, 당신 세포 내의 모든 미토콘드리아는 진화적으로 막다른 골목에 있는 것이다. 그것들은 당신의 자녀 그 누구에게도 대물림되지 못한다. 자녀들은 모두 엄마에게서 미토콘드리아를 건네받을 것이다.) 지금까지는 자손을 남겼던 짝짓기들을 클로즈업해보았다. 이제 한 걸음 물러서서, 그 자손들의 궤적들 중 **대부분**이 짝짓기를 못 하고, 또는 적어도 자신의 자손을 남기지 못하고 끝났다는 것에 주목하자.(그림 4-4) 이는 맬서스 경색Malthusian crunch이다. 우리가 보는 곳마다 가지들과 잔가지들은 자손을 남기지 못한 채, 짧고 끝이 흐릿한 탄생-죽음의 선들로 덮여 있다.

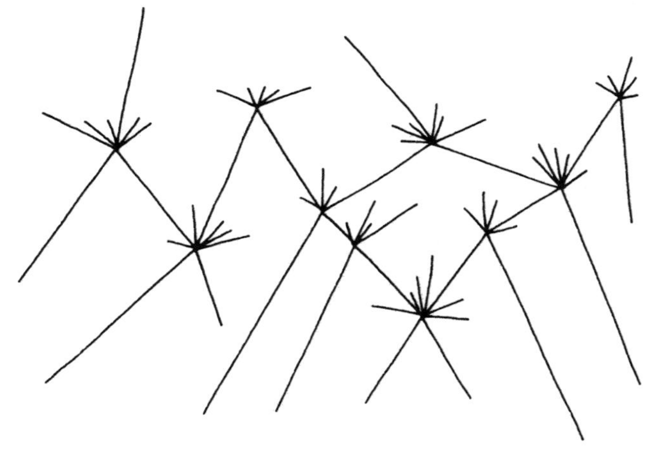

그림 4-4

35억 년이 넘는 시간에 걸쳐 있는 생명의 나무 전체에 존재하는 모든 가지 끝과 접합부를 한눈에 다 보는 것은 불가능할 테지만, 세부 사항에서 멀어지며 거시적인 모양들을 찾는다면, 우리는 두어 가지 익숙한 표지를 인식할 수 있을 것이다. 다세포생물의 부챗살 퍼짐이 일어나던 초기인 7억 년 전 부근에서는, 단세포생물이라는 줄기에서 출발하여 식물계와 동물계라는 두 개의 커다란 가지와 균류라는 다른 큰 가지를 뻗어내고 있는 갈퀴 모양을 볼 수 있을 것이다. 그리고 좀 더 면밀하게 살펴볼 경우, 일단 그들이 어느 정도의 거리를 두고 멀어지게 되면 그 두 집단의 개별 개체들의 어떠한 궤적도 재결합하여 짝짓기되지 않는다는 것을 보게 될 것이다. 이때가 되면 그 집단들은 번식적으로 격리되고, 그 사이의 틈은 점점 더 넓게 벌어진다.[2] 그 후로 형성된 갈퀴들은 다세포생물의 문, 강, 목, 과, 속, 그리고 종을 생성했다.

2. 생명의 나무에서 종을 색칠하기

생명의 나무에서 하나의 **종**은 어떻게 보일까? 종이란 무엇이며 또 어떻게 시작되는가라는 질문은 계속해서 논쟁을 불러일으키기 때문에 우리는 신의 눈 관점을 이용할 것이다. 이 관점은 생명의 나무 전체를 자세히 보기 위해 우리가 일시적으로 채택했던 것이며, 이를 이용하면서 생명의 나무 안에서 하나의 종을 색칠해본다면 무슨 일이 벌어질지 볼 수 있을 것이다. 한 가지는 확실하다. 우리가 어떤 영역을 칠하든, 그것은 서로 연결된 하나의 영역이 될 것이다. 외양이 얼마나 닮았든, 형태학적으로 아무리 비슷하든, 서로 분리되어 있는 덩어리들을 구성하는 유기체들은 **단일한** 종의 구성원으로 간주될 수 없다. 하나의 종은 혈통에 의해 결합되어야만 하기 때문이다. 그다음으로 확실히 해야 할 점은, 유성생식이 무대에 등장할 때까지는 번식적 격리의 보증 마크가 아무런 연관이 없을 수 있다는 것이다. 번식적 격리라는 편리한 경계 설정 조건은 무성생식 세계에서는 전혀 정의되지 않는다. 생명의 나무에서, 현대

---

2 그러나 서로 다른 계에 속하는 유기체들의 주목할 만한 공생 재결합이 몇몇 있었다. 편형동물 *콘볼루타 로스코펜시스Convoluta roscoffensis*는 몸 안이 광합성을 하여 영양분을 만드는 조류로 가득 차 있기 때문에 무언가를 먹을 필요가 전혀 없고, 그래서 입도 없다!(Margulis and Sagan 1986)

와 먼 과거의 무성생식하는 가닥들 안에서 이런저런 종류로 집단을 만들어보는 것—예를 들면, 형태학적으로 유사한 것들로 집단을 묶거나, 행동을 공유하는 것 또는 유전학적 유사성 등으로 묶는 것 등—은 여러 가지 좋은 이유들로 우리를 흥미롭게 하며, 그 결과로 형성된 집단을 종이라 부르기로 결정할 수도 있지만, 그런 종을 구획할, 이론적으로 중요한 날카로운 테두리는 없을 가능성이 매우 높다. 자, 이제 유성생식하는 종에 초점을 맞춰보자. 이런 종들은 모두 우리 '야자수'의 잎 부분, 즉 다세포생물이 시작된 이후의 부분에 존재한다. 그런 하나의 종 전체의 생명선을 빨간색으로 칠하려면 어떻게 해야 할까? 많은 후손을 거느린 개체 하나를 찾을 때까지 개체들을 무작위적으로 살펴보면서 시작할 수 있다. 그런 개체를 룰루Lulu라고 부르고, 그녀를 빨간색으로 칠하자. 그 다음에는 단계적으로 생명의 나무 위쪽으로 올라가면서 룰루의 후손들을 빨갛게 칠하자(빨간색으로 칠해진 부분은 그림 4-5에서는 굵게 표시되어 있다). 빨갛게 칠해진 부분이 위로 향하는 뚜렷한 두 개의 높은 가지를 형성하지 **않는다면**, 그 칠해진 부분은 모두 한 종의 구성원이 될 것이다. 뚜렷한 두 가지에 속하는 구성원들은 그 누구도 가지들 사이의 빈 공간을 가로질러 접합을 이루지 않는다. 뚜렷한 가지 두 개가 형성되면, 우리는 종분화가 형성되었음을 알게 되며, 뒤로 돌아가서 몇 가지 결정을 내려야만 할 것이다. 우선, 우리는 가지들 중 하나를 계속 빨갛게 칠할 것인지("양친"종은 계속 빨갛게 유지되고 다른 가지는 새로운 딸종으로 간주함) 아니면 가지 갈라짐이 일어나자마자 색칠을 멈출지("양친"종은 멸절하고, 두 개의 새로운 딸종들로 분열 중인 것으로 봄)를 결정해야 한다.

오른쪽 가지의 유기체들은 거의 전부 새로운 뿔이나 물갈퀴가 있는 발 또는 줄무늬를 뽐내고 있는 반면에 왼쪽 가지의 유기체들은 룰루의 동시대 개체들과 외형, 설비, 습성이 꽤 많이 비슷하다면, 왼쪽 가지를 양친종이 계속되고 있는 것, 그리고 오른쪽 가지를 새로운 갈래라 이름 붙여야 함은 상당히 명백하다. 만일 두 개의 가지 모두 금세 큰 변화를 보인다면, 우리의 색칠하기 결정은 그다지 명백하지 않아진다. 어떤 선택이 옳은지, 어떤 선택이 '자연을 그것의 마디를 따라 자르는 것'이 되는지를 알려줄 비밀스러운 사실은 없다. 왜냐하면 우리는 그 마디들이 있어야 할 곳을 바로 보고 있는데, 그곳에는 아무것도 없기 때문이다. 한 종에 속한다는 것은 다른 가지의 유기체들이 결합하여 교배가 가능하다는 것과 다를 바 없으며, 어떤 다른 유기체와 **같은 종**이라는 것은 같은 가지(동시대든 아니든)에 속하는 일원이라는 것과 다를 바 없다. 그렇다면 우리가 하는 선택은 실용적 측면이나 미학적 측면의 고려에 따라 달라질 것이다: 이 나뭇가지에 이것의 부모 줄기와 같은 표식을 붙이면 **어색할까**? 왼쪽 가지가 아니라 오른쪽 가지가 새로운 종이라고 하면

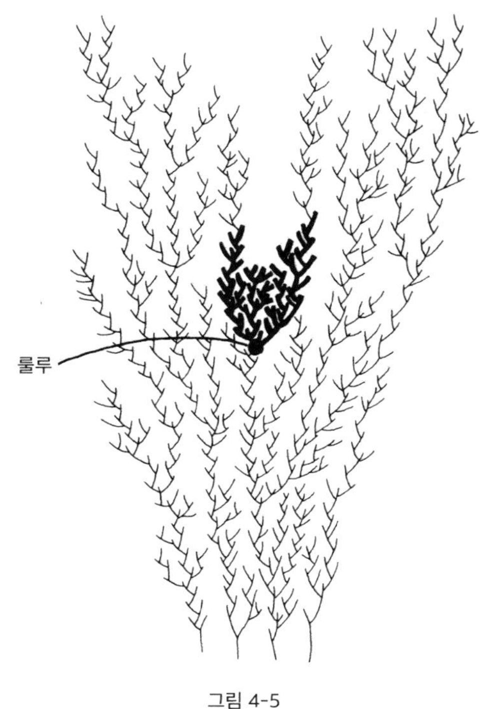

그림 4-5

이런저런 이유로 **오해**의 소지가 생길까?[3]

룰루를 포함하는 종 하나 전체를 색칠하는 과제를 완수하려면 생명의 나무 아래쪽으로 내려가면서 룰루의 모든 조상들도 빨갛게 칠해야 하는데, 이때도 앞서와 똑같은 곤경이 닥친다. 이 아래로 내려가는 길에서도 우리는 그 어떤 틈새나 자연의 마디 같은 것을 마주치지 않을 것이며, 우리가 그런 것을 마주칠 때까지 색칠을 멈추지 않는다면, 나무 밑바닥의 원핵생물까지 내려가게 될 것이다. 그러나 우리가 아래로 내려가면서 **옆쪽**에도 색을 칠한다면, 그래서 룰루의 사촌들, 이모와 삼촌들, 그리고 그녀의 조상들까지 칠하고, 그렇게 칠해진 것들에서 출발하여 그 위쪽으로 또 색을 칠한다면, 우리는 결국 룰루가 들어 있는 가지 전체를 다 빨갛게 칠해버리게 될 것이다. 그런 식으로 칠하다 보면, 더 낮은(더 먼저의) 접합점(예를 들면 그림 4-6의 점 A)을 칠하면 이웃 종에 속하는 다른 가지를 침범하게 되는 일이 생겨야 색칠을 멈추게 된다.

거기서 멈춘다면, 우리는 룰루가 속한 종의 구성원들만이 빨갛게 칠해졌다고 확신할 수 있다. 칠해질 자격이 있지만 우리가 빠뜨린 것들이 있다는 반론이 제기될 수 있을 것이다. 그러나 제기될 수만 있는데, 왜냐하면, 다시 한번 말하건대, 이 논란을 잠재울 숨겨진 인자들이나 본질 같은 것은 존재하지 않기 때문이다. 다윈이 지적했듯이, 시간의 흐름과 중간 징검다리들의 멸종으로 인한 격리가 일어나지 않았다면, 생명의 형태들을 (혈통의) "자연적 배열"로 놓을 수 있지만, "자연적 분류"로는 놓을 수 없다. 그런 분류를 위한 "경계들"이 형성되려면 **현존하는** 형태들 사이의 큼지막한 간극들이 필요하다.

다윈의 이론보다 앞선 이론적 종 개념이 지녔던 근본적 아이디어는

---

3 분기학자(분지학자)cladist(이들의 시각은 나중에 간단하게 논의될 것이다)는 다양한 이유로 "양친"종의 지속 개념을 거부하는 분류학의 한 학파에 속하는 이들이다. 이들에 따르면, 각각의 모든 종분화 사건에서는 한 쌍의 딸종이 생겨나고 그들의 공통 양친은 멸절된다. 생존 중인 가지 하나가 다른 가지와 비교했을 때 양친과 얼마나 가까운지와 상관없이 말이다.

다음의 두 문장으로 요약된다: 서로 다른 종의 구성원들은 서로 다른 본질을 지녔다. 그리고 "그러므로" 그들은 종간 교배를 하지 않았다/할 수 없었다. 그 후 우리는, 단지 미세한 유전적 불일치로 인해 그들 간의 결합이 불임이라는 점에서만 다른, 그런 두 개의 하위 개체군이 원칙적으로는 존재할 수 있음을 알아냈다. 그런 두 개체군은 서로 다른 종이라고 해야 할까? 그들은 모습도 비슷하고 식이도 비슷하고 같은 니치에서 함께 살고, 유전적으로도 매우, 매우 비슷하고, 오직 번식적으로만 격리되어 있는데 말이다. 그들은 현저한 두 **변종**으로 취급될 만큼 서로 다르지는 않지만, 구별되는 두 **종**으로 간주될 1차 조건은 만족시킬 것이다. 사실, 이런 극단적 사례에 가깝다고 생각되는 "아리송한 자매종sibling

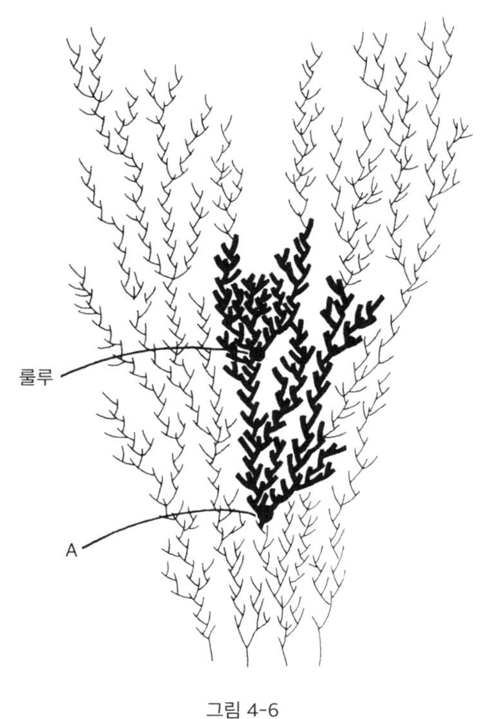

그림 4-6

species"이 있다. 앞에서 이미 알아보았듯이, 다른 극단에는 개들이 있다. 개들은 육안으로도 쉽게 형태학적 구분을 할 수 있고, 각각 매우 다양한 환경에 적응되어 있지만 번식적으로는 격리되지 않는다. 선은 어디에 그어야 할까? 다윈은 과학을 계속하기 위해 본질주의자들의 방식으로 선을 그을 필요는 없음을 보여주었다. 우리에겐 그러한 극단적 사례들을 인식하는 것이 거의 불가능하다고 말할 가장 좋은 이유들이 있다: 일반적으로, 유전적 종분화가 있는 곳에서는 형태학적 차이가 뚜렷하거나 지리적 분포에서 뚜렷한 차이가 있거나 (대부분의 경우) 그 둘 다이다. 이 일반화가 대부분의 경우에서 참이 아니라면, 종의 개념이 중요한 것이 아니게 되겠지만, 그렇다고 해서 **진짜** 종-차이를 위해서는 (번식적 격리에 더해) 정확히 몇 가지 차이가 **본질적**이냐고 물을 필요는 없다.[4]

다윈은 "변종과 종의 차이는 무엇인가?"와 같은 질문이 "반도와 섬의 차이는 무엇인가?"와 비슷한 것임을 보여주었다.[5] 당신이 만조 때 해안에서 0.5마일 떨어진 곳에 위치한 섬을 보고 있다고 가정하자. 그런데 간조 때에는 그곳까지 발을 적시지 않고 걸어갈 수 있다면, 그곳은 여전히 섬인가? 그곳까지 연결되는 다리를 만든다면, 그곳은 더는 섬이 아닌가? 튼튼한 둑길을 만든다면? 당신이 반도를 가로지르는 운하(케이프코드 운하 같은 것)를 건설했다면, 당신은 그곳을 섬으로 바꾼 것인가? 그 굴착 작업을 사람이 아니라 허리케인이 한다면? 이런 종류의 질문은 철학자들에겐 익숙하다. 소크라테스가 했던 '정의 좇기definition-mongering' 또는 '정수 찾기essence-hunting' 행동이 바로 이것이다. X이기 위한 "필요충분조건"을 찾는 것 말이다. 이런 탐구가 무의미하다는 것을 때로는 거

4 이 문제는 우리가 탐구하고 있는 궤도를 벗어난 흥미로운 문제들을 불러일으키는 현상인 잡종교배—불임인 후손을 낳게 되는 상이한 두 종의 개체 간 교배—의 존재로 인해 한층 복잡해진다.

5 진화인식론자이자 심리학자인 도널드 캠벨Donald Campbell은 다윈의 유산이 지닌 이런 측면의 함축적 의미를 가장 활발하게 발전시켜왔다.

의 모든 사람이 볼 수 있다. 분명히, 섬은 실질적 본질을 가질 필요가 없고, 기껏해야 명목적 본질을 가질 뿐이다. 그러나 다른 때에는 답할 필요가 있는 심각한 과학적 질문이 여전히 있는 것처럼 보일 수 있다.

다윈 이후 한 세기가 더 지나도록, 생물학자들 간에는 (생물철학자들 사이에서는 더욱 더) **종**을 어떻게 정의할 것인가에 대한 심각한 논쟁들이 있었다. 과학 용어들은 과학자들이 정의해야 하는 것 아닌가? 물론 그렇다. 그러나 어느 정도까지만 그렇다. 생물학 안에서도 서로 다른 용도로 사용되는 서로 다른 종 개념이 존재—예를 들어, 고생물학에서 작동하는 종 개념은 생태학에서는 별 효과가 없다—하며, 그것들을 통합하거나 중요한 순서로 정리하여, 그중 하나에 (가장 중요한) '종의 개념 the concept of species'이라는 왕관을 씌울 명징한 방법은 없다는 것이 드러났다. 그래서 나는 계속되는 논쟁들을 유용한 학문으로서의 특성이라기보다는 지금은 자취를 감춘 아리스토텔레스 식 정리 정돈의 문제에 해당한다고 해석하는 경향이 있다. (이 모든 것에는 논란의 여지가 있다. 그러나 내 생각에 대한 추가적 지지 논증 및 의견이 일치하는 논증을 열람하고 싶다면 Kitcher 1984와 G. C. Williams 1992, 그리고 이 주제에 대한 최근의 논문집 Ereshefsky 1992을 보라. 그리고 그 논문집에 대한 통찰력 넘치는 비평인 Sterelny 1994도 보라.)

3. 소급적 대관식: 미토콘드리아 이브와 볼 수 없는 시작

앞서 룰루의 후손들이 하나 이상의 종으로 갈라지는지를 보려고 했을 때, 우리는 큰 가지들이 나타나는가를 보기 위해 앞쪽을, 즉 진행 방향을 보아야만 했고, 그 계보 어디에선가 종분화 사건이 일어났음이 틀림없다고 간주되면 그때는 **뒤를 돌아보아야만** 했다. 우리는 '종분화는 **정확히** 언제 일어나야 하는가'라는, 아마도 중요할 질문을 전혀 다루지 않았다. 이제 우리는 종분화라는 것이 매우 기묘한 속성을 가진 자연의 현상이라는 것을 볼 수 있게 되었다. 종분화가 일어날 때는 그것이 일어나고 있다는 것을 알 수 없고, 또 일어난다고 말할 수도 없는 것이다! 종분화가 일어나고도 아주 오랜 시간이 지나고 나서야 그것이 일어났음을 알 수 있고, 어떤 사건의 후속 사건들이 특정한 속성을 가지고 있음을 발견하게 된다면, 우리는 그 사건에 소급적으로 왕관을 씌워줄 수 있을 뿐이다. 이것이 우리의 인식적 한계를 지적하는—더 나은 현미경을 가졌더라면, 또는 심지어는 타임머신을 타고 과거로 가서 적절한 순간을 관찰할 수 있었더라면 언제 종분화가 일어나는지 말할 수 **있을 것이기**라도 한 것처럼—것은 아니다. 이는 종분화 사건이 된다는 것의 객관적 속성을 지적하는 것이다. 그것은 단순히 사건의 시공간적으로 국지적 속성들에 의해 사건이 가지게 되는 그런 속성이 아니다.

다른 개념들도 유사한 기묘함을 드러내준다. 나는 언젠가 코믹하지만 형편없는 역사 소설을 읽은 적이 있는데, 거기서 한 프랑스인 의사가 1802년의 어느 날 저녁, 식사를 하면서 아내에게 이렇게 말했다. "**내가** 오늘 뭘 했는지 맞혀봐! 글쎄 내가 빅토르 위고Victor Hugo의 탄생을 도왔다니까!" 이 이야기는 무엇이 잘못되었을까? 또는, 과부가 된다는 것의 속성을 생각해보라. 캔자스주의 다지시티에서 총알이 어떤 남성의 뇌에 가한 영향 때문에 바로 그때 1000마일 이상 떨어진 뉴욕의 한 여성이 갑자기 과부라는 속성을 취득할 수도 있다. (유럽인이 미국 서부에 정착하기 시작할 때는 '과부제조기Widowmaker'라는 별명이 붙은 리볼버도 있었다. 특정 리볼버가 그 특정 상황에서 그 별명의 의미를 충족시키는가의 여부는 그 사건에 대한 시공간적으로 국지적인 조사를 아무리 한다 해도 결정될 수 없는 사실일 수 있다.) 이 경우, 시공간을 뛰어넘는 기묘한 능력은 결혼 관계의 관습적 본성에서 온다. 결혼 관계에서 결혼식이라는 과거의 역사적 사건은 지금 관심의 대상인 영속적 관계—**공식적** 관계—를 형성하는 것으로 간주된다. 이후의 방황이나 구체적인 불행(이를테면 실수로 결혼 반지를 잃어버린다든가, 결혼 증명서를 파쇄한다든가 하는)이 일어나도 지속되는 관계 말이다.

유전적 번식의 체계성은 관습적이진 않지만 자연적이다. 그러나 바로 그 체계성이, 수백만 년에 걸쳐 이어져온 인과의 사슬에 관해 **형식적으로**formally 생각하는 것을 우리에게 허락해준다. 그렇지 않았다면 인과의 사슬들은 사실상 지적되지도, 참조되지도, 추적되지도 못했을 것이다. 이는 우리로 하여금 결혼의 공식적 관계보다 훨씬 더 원거리의, 국지적으로는 관찰 불가능한, 그런 관계들에 대해서도 흥미를 갖게 하고 또 엄격하게 추론할 수 있게 해준다. 종분화는, 결혼식처럼, 공식적으로 정의 가능한 엄격한 사고 체계 안에 고정된 개념이다. 그러나 결혼식과는 달리, 관찰 가능한 관습적 특색—결혼식, 결혼반지, 결혼 증명서—들은 없다. 우리는 종분화의 이러한 특성을 '미토콘드리아 이브Mitochondrial Eve'라는 직위를 수여하는 소급적(후향적) 대관식retrospective coronation의 또 다른 사례를 먼저 살펴봄으로써 더 나은 시각으로 볼 수 있다.

미토콘드리아 이브는 오늘날 살아 있는 모든 인간의, 여성 쪽의 가장 최근 직계 조상이다. 이 여성 개체에 관해 생각하느라 사람들은 곤욕을 치르고 있으니 그 추론을 한번 검토해보자. 오늘날 생존하는 모든 사람 중 한 집단 A를 생각해보자. 그리고 오늘날 살고 있는 그들의 모든 어머니들로 이루어진 집합을 B라 하자. B는 필연적으로 A보다 작다. 그 어떤 사람도 한 사람보다 많은 어머니에게서 태어날 수 없는 반면, 어떤 어머니들은 둘 이상의 아이를 낳기 때문이다. 계속해서, 집합 B의 모든 어머니들의 어머니들로 이루어진 집합을 C라 하자. C도 B보다 작다. 이런 상상을 D, E, 그리고 그다음까지도 계속해보자. 세대를 하나씩 거슬러 올라갈 때마다 집합은 점점 작아질 것이다. 이렇게 계속 거슬러 올라가다 보면 동시대의 각 집합에서 많은 여성들이 제외됨에 주목하라. 그런 여성들은 아이가 없는 채로 살다 죽었거나 그들의 딸들이 아이 없이 살다 죽었음을 뜻한다. 어쨌든 이런 식으로 계속 거슬러 올라가다 보면 집합은 한 사람에게로 수렴할 것이다. 그녀가 바로 오늘날 지구상에 존재하는 모든 사람의 가장 가까운 직계 여성 조상이다. 우리는 그녀를 '미토콘드리아 이브'라고 부르는데(이 명명은 Cann et al. 1987에 의한다), 우리 세포들 안의 미토콘드리아는 오로지 어머니에게서만 건네받기 때문에 그런 이름이 붙었다. 오늘날 살고 있는 모든 사람의 모든 세포 안 모든 미토콘드리아는 바로 '미토콘드리아 이브'의 세포 안에 있던 미토콘드리아의 직계 후손인 것이다!

'아담Adam', 즉 오늘날 살아 있는 모든 사람의 가장 가까운 직계 남성 조상도 존재한다는—존재해야만 한다는—동일한 논리적 논증도 확립되었다. 우리는 그를 'Y-염색체 아담Y-Chromosome Adam'이라 부를 수 있을 것이다. 미토콘드리아가 모계로만 전달되듯 Y-염색체는 부계로만 전달되니까.[6] 'Y-염색체 아담'은 '미토콘드리아 이브'의 남편이거나 연인이었을까? 거의 확실히, 그렇지 않았을 것이다. 그 두 개체가 동시대에 살았을 가능성도 아주 미미할 뿐이다. (부성은 모성보다 시간과 에너지를 훨씬 덜 소비하는 일이므로, 논리적으로 가능한 결론은, 'Y-염색체 아담'은 매우 매우 최근에 살았고, 침대에서 매우 매우 바빴으리라는 것이다. 그 유명한 에롤 플린Errol Flynn의 이름마저도, 어, 그러니까, 그 '먼지' 속에 그냥 묻혀 있게 할 정도로 말이다.[7] 원리상으로는 'Y-염색체 아담'이 우리 모두의 증조부가 될 수도 있다. 이것만 보아도 'Y-염색체 아담'이 '미토콘드

6 미토콘드리아 이브의 유산과 Y-염색체 아담의 유산 사이에는 중요한 차이점이 있다. 우리는 남성이든 여성이든 모두 미토콘드리아를 지니고 있지만 그 미토콘드리아는 모두 우리의 어머니로부터 온다. 만약 당신이 남성이라면, 당신은 아버지에게서 받은 Y-염색체를 가지고 있을 것이다. 그러나 대부분의—실질적으로 모두이긴 하지만 완전히 모두는 아닌—여성들에게는 Y염색체가 전혀 없다.

리아 이브'와 연인이나 부부였을 가능성은 거의 없어 보인다.)

최근 미토콘드리아 이브가 뉴스에 등장했는데, 이는 그녀에게 그 이름을 선사한 과학자들이 현존하는 서로 다른 사람들의 미토콘드리아 DNA의 패턴을 분석하여 그것으로부터 미토콘드리아 이브가 얼마나 최근에 살았던 개체인지, 그리고 심지어 어디에 살았는지까지 추론해냈다고 발표했기 때문이었다. 그들의 독자적 계산에 의하면, 미토콘드리아 이브는 매우, 매우, 매우 최근에—30만 년 전, 또는 15만 년 전 또는 그보다 더 최근에—아프리카에서 살았다. 그러나 이 분석 방법에는 논란의 여지가 있고, '아프리카인 이브' 가설에 치명적인 결함이 있을 수 있다. 누구도 부인할 수 없듯이, '미토콘드리아 이브'가 **존재했음**을 보이는 것보다는 그녀가 **언제, 어디서** 살았는가를 계산하는 것이 훨씬 더 까다로운 작업이다. 최근의 논란은 일단 제쳐 두고, '미토콘드리아 이브'에 관해 우리가 이미 알고 있는 두어 가지를 생각해보자. 우리는 그녀가 적어도 두 명의 딸을 두었고, 그 딸들도 살아남은 아이들을 두었다는 것을 알고 있다. (그녀에게 딸이 한 명만 있었다면, 그 딸이 '미토콘드리아 이브'의 왕관을 썼을 것이다.) 타이틀과 고유명사를 구분하기 위해, 그녀를 에이미Amy라고 부르자. 에이미라는 개체가 '미토콘드리아 이브'라는 타이틀을 보유하고 있는 것이다. 이는, 그녀가 어쩌다 보니 오늘날 인류의 모계 쪽 창시자가 되어 있었음을 뜻한다.[8] **다른 모든 면에서**, '미토콘

---

7 [옮긴이] 배우 에롤 플린(1909~1959)은 세 번 결혼했으며, 수많은 여배우들과의 섹스 스캔들과 마약 남용으로 악명을 떨쳤다. 원문에 직접적인 표현을 꺼리는 의성어와 함께 "dust"(마약을 가리키는 속어)라는 암시적인 단어만 사용되어 있으므로, 여기서도 "마약"이라고 직접적으로 번역하는 대신 "먼지"라고 표현했다.

8 철학자들은 종종 정의에 의한 기술을 통해서만 우리에게 알려진 개체들의 이상한 사례를 논의해왔다. 그러나 그들은 대개 그들의 관심을 가장 키가 작은 스파이 같은 따분한—실제 사례라면—개체들에만 국한시켰다. (그런 개체는 있을 수밖에 없다. 그렇지 않은가?) 나는 '미토콘드리아 이브'가 훨씬 더 신선한 사례라고 주장하는데, 진화생물학에 대한 어떤 진정한 이론적 관심 때문에 더욱더 그렇다.

드리아 이브'에게는 주목할 만하거나 특별할 것이 아마도 없었으리라는 것을 명심하는 것이 중요하다. 그녀는 확실히 최초의 여성도, *호모 사피엔스* 종의 창시자도 아니었다. 그녀보다 더 앞서 살았던 여성들도 의문의 여지없이 우리 종이었다. 하지만 어쩌다 보니 오늘날 인간들의 조상이 될 여성 쪽 직속 후계를 남기지 못했을 뿐이다. 또한 '미토콘드리아 이브'가 동시대 다른 여성들보다 더 강하거나 빠르거나 더 아름답거나 더 많은 자녀를 남겼거나 하지 않았을 것이라는 점도 사실이다.

'미토콘드리아 이브'—여기서는 에이미—가 얼마나 특별하지 않았는가를 피부에 와닿게 알아보기 위해, 미래에, 즉 수천 세대가 지난 후 치명적인 바이러스가 전 지구적으로 퍼져서 몇 년 안에 현생 인류의 99퍼센트를 쓸어내버린다고 가정해보자. 생존자들, 즉 이 바이러스에 어떤 내성이 있는 운 좋은 개체들은 아마도 꽤 가까운 친척일 것이다. 그 생존자들의 가장 가까운 공통 직계 여성 조상—그녀를 베티Betty라 부르자—은 에이미보다 수백 또는 수천 세대 후에 살았던 개체일 것이며, '미토콘드리아 이브'의 왕관은, 소급적 대관식에 의해, 그녀에게로 넘어갈 것이다. 베티가 많은 세기가 지난 후 우리 종의 구원자가 될 바로 그 돌연변이의 원천일 수는 있겠지만, 그 사실은 그녀에게는 그 어떤 이득도 되지 않았다. 그 돌연변이에 대항하여 싸웠던 바이러스는 그 당시에는 존재하지 않았기 때문이다. 이것이 의미하는 바는, '미토콘드리아 이브'의 대관식은 오직 **소급적으로만** 이루어진다는 것이다. 이 역사적 전환점으로서의 역할은 에이미 자신의 시대에 있었던 사건에 의해 결정되는 것이 아니라, 그보다 후대의 사건들에 의해 결정된다. 대규모의 우발적 상황에 대해 이야기해보자! 세 살 때 익사할 위험에 처한 에이미를 그녀의 삼촌이 구해주지 않았더라면, **우리** 중 아무도 (궁극적으로는 에이미에게서 나온 우리의 특징적인 미토콘드리아 DNA를 지니면서) 지금 존재하지 않았을 것이다! 에이미의 손녀들이 아기였을 때 모두 굶어 죽었을 경우에도—당시에는 많은 아기들이 그랬다—우리는 역시 태어나지 못해 아무런 흔적도 남기지 못했을 것이다.

'미토콘드리아 이브'라는 왕관이 그녀가 생존할 당시에는 보이지 않는다는 것은 실로 기묘하지만, 모든 종이 가져야만 하는 어떤 것—종의 시작—이 거의 보이지 않는다는 것보다는 이해하고 받아들이기가 더 쉽다. 종이 영속적인 것이 아니라면 모든 시간을 어떻게든 종 x가 존재하기 전의 시간과 그 이후의 모든 시간으로 나눌 수 있을 것이다. 그런데 그 두 가지 시간의 접합면에서는 무슨 일이 일어났어야 했을까? 많은 사람을 당황하게 한 퍼즐과 비슷한 것을 생각해본다면 도움이 될 것이다. 새로운 농담을 들었을 때, 그 출처를 궁금해한 적이 있는가? 만약 당신이 내가 알거나 들어왔던 대부분의 사람과 거의 비슷한 유형의 사람이라면 결코 농담을 지어내지 않을 것이다. 그저 농담을 옮길 뿐. 어쩌면 누군가가 다른 누군가로부터 듣고 또 누군가에게 옮기고 그걸 또 누군가가 들어서 …… 당신 귀에 들어온 무언가를 "발전"시켜서 옮기기도 할 것이다. 자, 당신에 앞서 누가 누구로부터 농담을 들었는지, 과거로 탐문해 들어가는 이 과정이 영원히 계속될 수 없음을 당신은 안다. 예를 들어, 클린턴 대통령에 대한 농담은 생긴 지 1년 정도밖에 안 된다. 그런데 도대체 누가 농담을 만들어낸 것일까? 농담의 저자는 (농담 전달자와는 대조적으로) 눈에 보이지 않는다.[9] 아무도 그들이 농담을 만들어내는 현장을 본 적이 없는 것 같다. 심지어는 그런 농담들이 모두 감옥에서, 죄수들, 그러니까 죄수가 아닌 나머지의 우리와는 너무도 다르게 위험하고 부자연스러운 사람들, 비밀스러운 언더그라운드 농담 연수회로 시간을 때우는 것을 낙으로 삼는 사람들에 의해 생성되었다는 민간전승—도시 괴담—도 있다. 말도 안 되는 소리다. 우리가 들

9 물론, 텔레비전 코미디언들을 위해 재미있는 대본을 쓰면서 먹고사는 작가들도 있고, 자기 대본을 스스로 만드는 코미디언들도 있다. 그러나 그러한 사람들은 인류 전체에 비하면 무시할 만한 예외이며, 그런 사람들은 떠돌며 전해지는 농담 이야기들("누구 얘기 들었어?")의 창조자들은 아니다.

고 또 옮기는 농담들이 전달되는 과정에서 개정되고 업데이트되면서 이전의 이야기들에서 진화된다는 것을 믿기는 어렵다, 그러나 이는 사실이다. 농담은 한 사람의 작가에게서 나오지 않는 것이 보통이다. 농담의 저자권authorship은 수만, 수십만의 화자에게 흩어져 있다. 그것을 자라나게 한 그것의 조상들처럼, 휴면 상태로 들어가기 전에, 특히 시사적이고 그 당시 재미있는 버전으로 얼마간 굳어지면서 말이다. 종분화도 이와 똑같이, 동일한 이유에서, 목격하기가 거의 불가능하다.

종분화는 언제 일어나는가? 많은 경우(그 예외들이 얼마나 중요한가에 관해서는 어쩌면 대부분의 생물학자들이, 어쩌면 거의 모든 생물학자들이 의견을 달리하고 있다), 종분화는 지리적 격리에 의존한다. 작은 집단—어쩌면 짝짓기하는 단 한 쌍일 수도 있다—이 무리에서 벗어나 무리의 나머지와 생식적으로 격리되는 것이 하나의 계보의 시작이 되는 것이다. 이를 **이소적** 종분화allopatric speciation라 하며, 지리적 장벽을 포함하지 않는 분화인 **동소적** 종분화sympatric speciation와 대비된다. 우리가 새로 설립되는 집단의 출발과 정착을 본다고 가정해보자. 시간이 흐르고, 몇 세대가 태어나고 또 죽을 것이다. 종분화는 일어났는가? 확실하게, 아직일 것이다. 우리가 관찰하기 시작한 집단의 개체들이 종 창시자라는 왕관을 쓸 수 있을지의 여부는 많은 세대가 지나고 나야만 알 수 있을 것이다.

어떤 개체들을 새로운 종의 창시자가 되게 하는—창시자였다는 것이 나중에 밝혀지게 하는—내적인 또는 본유적인 무언가는 없으며, 또 **있을 수도 없다**. '자신들의 환경에 적합해지는 개체들'에게마저도 말이다. 원한다면, 극단적인 (그리고 있을 법하지 않은) 경우를 상상할 수도 있다. 단 하나의 돌연변이가 단 한 세대 만에 번식적 격리가 생기는 것이 보장된다고 하자. 물론, 그 돌연변이를 지닌 개체가 종 창시자로 취급될지 아니면 단순한 자연의 기형으로 취급될지는 그 개체 자신의 구조나 일대기에는 전혀 의존하지 않고, 그 자손들의 후속 세대—그런 것이 있을 경우—에 무슨 일이 일어났는가에 의존한다.

《종의 기원》에서 다윈은 자연선택에 의한 종분화의 예를 하나도 제시할 수 없었다. 그 책에서 그가 취한 전략은 개와 비둘기 육종가들의 인위적 선택이 일련의 점진적인 변화를 통해 거대한 차이들을 구축할 수 있음을 보이는 상세한 증거들을 개발하는 것이었다. 그런 다음 그는 동물 사육사들에 의한 **의도적인** 선발은 필수불가결한 것이 아님을 지적한다: 한배에서 나온 새끼들 중 가장 약한 것은 가치가 없다고 여겨지는 경향이 있으며, 그 형제자매 중 더 가치 있는 개체만큼 많이 번식되지 않는 경향이 있다. 따라서 그 어떤 의식적 육종 원칙 없이도, 동물 사육사인 인간은 자신도 모르는 채 설계 개정의 과정을 꾸준하게 주재했던 것이다. 다윈은 킹찰스스패니얼King Charles spaniel이라는 좋은 사례를 제공한다.[10] "킹찰스스패니얼은 찰스 왕 시대 이래로 무의식적으로 많이 수정되어왔다."(《종의 기원》, p. 35) 이는 찰스 왕의 다양한 초상화들에 등장하는 개들을 면밀하게 조사하면 입증될 수 있다. 다윈은 그러한 사례를 동물을 길들이는 인간에 의한 "무의식적 선택unconscious selection"이라 불렀고, 이를 비인격적 환경에 의한 훨씬 더 무의식적 선택이라는 가설을 독자들에게 설득시키는 가교로 삼았다. 그러나 그는 이에 대한 공격을 받았을 때, 동물 육종가들이 새로운 종을 생산하는 사례를 하나도 제공할 수 없음을 인정해야만 했다. 그러한 육종은 확실히 다른 **변종들**을 생산했지만, 하나의 새로운 종을 생산한 것은 아니었다. 닥스훈트와 세인트버나드는 다른 종은 아니지만, 외양이 다르다. 다윈은 그렇다고 인정했지만, 인위적 선택에 의해 달성된 종분화의 예를 제공했는지

---

10 [옮긴이] 17세기 영국의 군주 찰스 2세는 잉글리시 토이 스패니얼을 키웠는데, 그 개를 매우 사랑해서 자신의 이름을 붙여주었고, 그 후 이 품종은 '킹찰스스페니얼'로 불리면서 귀족과 육종가들의 사랑을 받았다. 그러나 얼마 후 찰스 2세는 다른 품종의 개들, 특히 퍼그에게 더 관심을 주었고, 그때부터 킹찰스스페니얼의 외양도 (퍼그처럼) 입이 짧아지는 쪽으로 변화했다.

에 대해 말하기엔 시기 상조라고 계속하여 올바로 지적해왔을지도 모른다. 어느 숙녀의 무릎에 앉은 작은 개가 훗날 *카니스 파밀리아리스* 종에서 갈라져 나온 새로운 종의 창시 멤버였음이 밝혀질 수도 있다.

물론, 똑같은 교훈이 새로운 속이나 과, 심지어는 계의 생성에도 적용될 수 있다. 우리가 어떤 특정 분기점에 '식물과 동물 간의 작별'이라는 왕관을 소급적으로 씌워준다면, 그 분기는 한 개체군의 구성원들이 일시적으로 부동drifting하여 멀어지는 때에 일어나는, 전적으로 측량 불가능하고 특별할 것 없는 두 유전자 풀의 분리로서 시작된 것일 테다.

4. 패턴들, 과도단순화, 그리고 설명

종의 경계를 어떻게 그리느냐보다 훨씬 더 흥미로운 것은 가지들의 모양들에 관한 모든 질문들이며, 그보다 훨씬 더 흥미로운 것은 가지들 사이 빈 공간의 모양들이다. 무슨 경향이, 힘들이, 원리들이—또는 역사적 사건들이—그러한 모양의 형성에 영향을 주거나 그런 것을 가능하게 했을까? 눈은 수십 개의 계보에서 독자적으로 진화해왔지만, 깃털은 아마도 단 한 번만 진화해왔다. 존 메이너드 스미스가 관찰한 것처럼, 포유류 중 일부는 뿔을 가지게 되었지만 새는 그렇지 않다. "변이의 패턴은 왜 이런 방식으로 제한되어야 하는가? 이에 대한 짧은 답은, 우리는 모른다는 것이다."(Maynard Smith 1986, p. 41)

다음번에 어떤 일이 벌어질지를 보기 위해 생명의 테이프를 되감았다가 재생할 수는 없다. 그러므로, 안타깝게도, 그처럼 거대하고 설명적으로 접근 불가능한 패턴들에 관한 질문에 대답하는 유일한 방식은 고의적 과도단순화oversimplification라는 위험한 전술을 써서 허공으로 과감히 뛰어드는 것이다. 과학의 역사에서 이 전술은 유구하게 사용되었고 또 성공을 거두었지만, 논쟁을 불러일으키는 경향이 있다. 과학자들은 다루기 힘든 세부 사항들을 아무렇게나 대하는 데 서로 다른 임계점에서 신경을 곤두세우기 때문이다. 뉴턴 물리학은 아인슈타인에 의해 전복되었지만, 여전히 거의 모든 목적에서 좋은 근사로 사용되고 있다. 미국항공우주국(NASA)이 우주왕복선의 발사와 궤도 궤적을 계산하는 데 뉴턴 물리학을 사용하는 것에 반대하는 물리학자는 없다. 그러나 엄밀히 말하자면, 이는 계산을 실현 가능하게 만들기 위해 고의로 틀린 이론을 사용하는 것이다. 이와 같은 정신으로, 신진대사율의 변화 메커니즘을 연구하는 생리학자들은 아원자 양자물리학의 기괴한 복잡성을 피하려고 노력한다. 양자 효과들이 상쇄되거나 그 효과들이 다른 방식으로 자신들 모형의 임계치보다 낮기를 바라면서 말이다. 일반적으로, 이 전술은 상당한 성과를 거두지만, 한 과학자에게는 지저분하고 복잡할 따름인 것이 미스터리를 다루는 다른 과학자의 열쇠로 승격되는 일이 언제 벌어질지는 결코 아무도 확신할 수 없다. 그리고 그것은 정반대로도 작동할 수 있다. 참호 밖으로 기어 나와 전경을 둘러보아야 열쇠가 발견될 때도 종종 있다.

한번은, 연결주의connectionism의 미덕과 악덕에 관해 나와 프랜시스 크릭이 논쟁을 벌인 일이 있었다. 연결주의란 인지과학에서의 한 동향으로, 컴퓨터에서 시뮬레이트된 매우 비현실적이고 과도단순화된 "신경망" 내의 마디들 사이의 연결 강도 패턴을 구축함으로써 심리 현상을 모형화하는 움직임이다. (내가 기억하는 한) 크릭은 단언했다. "그들은 좋은 엔지니어일 수 있습니다. 그렇지만 그들이 하고 있는 것은 끔찍한 과학이에요! 그 사람들은 뉴런이 어떻게 상호작용하는가에 관해 우리가 **이미** 알고 있는 것들에서 고집스럽게 등을 돌리고 있어요. 그러니 그들이 만든 모형들은 뇌 기능의 모형으로서 전혀 쓸모가 없어요." 나는 이 비판에 꽤 놀랐는데, 크릭은 DNA 구조를 밝혀냄에 있어 기회주의 책략을 훌륭하게 사용한 것으로 유명하기 때문이다. 다른 과학자들이 증거로부터 고지식하게 구조를 구성해보는 좁고 직선적인 길을 힘겹게 올라가고 있을 때, 그와 제임스 왓슨은 과감하고도 낙관적으로 옆으로 몇 걸음을 옮겨 만족스러운 결과를 얻었다. 하지만, 어쨌든 나는 그가 그런 비난을 어느 범위까지 확장하여 투척할지 궁금했다. 그는 집단유전학자population geneticist들에 대해서도 똑같은 말을 할까? 집단유전학의 일부 모형을 가리키는 경멸적 용어로 "콩주머니 유전학bean-bag genetics"이라는 것이 있다. 집단유전학자들은 이런저런 유전자들을 많은 색이 입혀진 구슬들을 실에 꿴 것들인 양 취급하기 때문이다. 그들이 하나의 유전자(또는 한 좌위locus의 하나의 대립유전자allele)라고 부르는 것은 DNA 분자상 코돈 서열의 복잡한 기계와 아주 많이 닮은 것일 뿐이다. 그러나 이 고의적 과도단순화 덕분에, 그들의 모형들은 계산적으로 다루기 쉬워졌으며 그들이 유전자 흐름의 많은 거시적 패턴들을 발견하고 확인할 수 있게 해주었다. 그렇게 하지 않았다면 유전자의 흐름은 아예 보이지 않았을 것이다. 복잡함을 추가했다면 그들의 연구는 서서히 멈추는 경향을 보였을 것이다. 그런데 그들의 연구는 좋은 과학일까? 크릭은 대답했다. 자신도 그 비교에 관해 생각해본 적이 있다고, 그리고 집단유전학도 과학이 아니라고 말해야 한다고!

과학에 대한 나의 취향은 더 관대하며, 아마 당신도 철학자들에게서 그런 관대함을 기대하고 있었을 것이다. 그러나 내게는 나름의 이유들이 있다. 나는 집단유전학자나 연결주의자들의 작업이, 설명되어야 할 것을 실제로 **설명하는** "과도" 단순화된 모형일 뿐 아니라, 더 복잡한 모형들은 그 일을 할 수 없음을 보여주는 강한 사례라고 생각한다. 우리의 호기심을 자극하는 것이 현상에서의 **큰 패턴들**일 때는 그 수준에 맞는 설명이 필요하다. 이것은 많은 예시들에서 명백하다. 왜 매일 특정 시간대에 항상 교통 체증이 생기는지 당신이 궁금해한다고 가정하자. 수천 명의 운전자가 하는 조향과 제동과 가속 과정들이 한데 모여 그 교통 체증을 형성하는데, 그것들에 대한 모든 정보를 수고스럽게 모아서 재구성하고 나서도 당신은 여전히 교통 체증의 이유를 이해할 수 없을 것이다.

아니면 작은 계산기로 두 수를 곱해서 정답을 알아낼 때 계산기 내 모든 전자의 흐름을 추적한다고 생각해보라. 당신이 그 과정에서 야기되는 수백만의 인과적 미시 단계들을 다 이해한다고 100퍼센트 확신할 수도 있을 것이다. 그러나 그럼에도, **왜** 또는 심지어 **어떻게** 그 계산기가 당신이 입력한 질문에 언제나 정답을 내놓는지에 관해서는 전혀 이해하지 못할 것이다. 이 예도 명백하게 다가오지 않는다면, 다음을 한번 상상해보라. 누군가가 (일종의 돈 장난으로) 대부분 틀린 답을 내놓는 계산기를 만들었다고! 그것 역시 좋은 계산기가 따르는 물리 법칙들을 정확하게 따르고, 좋은 계산기의 것과 똑같은 종류의 미시 과정들의 사이클을 돌 것이다. 당신은 두 계산기 모두가 어떻게 작동하는지를 전자 수준에서 **완벽하게** 설명할 수도 있겠지만, 둘 중 하나는 정답을 내고 다른 하나는 오답을 낸다는 몹시 흥미로운 사실은 여전히 전혀 설명할 수 없을 것이다. 이는 환원주의의 터무니없는 형태들의 어리석음이 어떤 것이 될지를 보여주는 한 사례이다. **물론** 당신은 물리학 수준에서 (또는 화학 수준에서, 또는 그 어떤 하위 수준에서라도) 우리의 흥미를 끄는 모든 패턴들을 다 설명할 수는 없다. 이는 교통 체증이나 작은 계산기 같은 평범하고 이해하기 쉬운 현상들에 있어 부인할 수 없는 사실이다. 우리는 이런 사항들이 생물학적 현상에서도 마찬가지로 참일 것이라고 생각해야 한다. (이 주제에 관해 더 알고 싶다면 Dennett 1991b를 보라.)

이제 생물학에서 이와 비슷한, 교과서의 표준적인 질문을 해보자. 기린은 왜 목이 길까? 거기에는 하나의 답이 있고, 원리상 그 답은 전체 생명의 나무를 "읽어내는" 것이 될 것이다. 우리가 그것을 볼 수 있다면 말이다. 각 기린의 목이 그 길이인 것은 그들에게 부모가 있었고, 부모 역시 그들 자신의 목 길이를 하고 있었기 때문이며, …… 이런 식으로 세대를 거슬러 올라가게 된다. 그렇게 해서 기린 하나하나를 다 점검한다면 당신은 지금 살고 있는 각각의 기린의 계보를 추적해 올라가 긴 목의 조상을 보게 될 것이고, 그 조상들은 또 목이라 할 것도 없을 정도로 목이 짧은 더 전의 조상들에서 생겨나왔다는 것도 보게 될 것이다. 자, 이것이 기린의 목이 긴 이유이다. 설명 끝. (이 설명에 만족하지 못한다고? 하지만 알아두시라. 계보상의 모든 기린 개체들 각각의 개별적 발달과 역사에 대한 세부 사항들을 총동원한 설명을 한다면 당신은 훨씬 덜 만족스러우리라는 것을.)

우리가 생명의 나무에서 관찰하는 패턴들에 대한 수용 가능한 설명은 대조를 이루는 것이어야 한다. 우리는 왜 다른 패턴이 아니라 이 패턴을 실제로 보는가? 또는 패턴이 아예 없는 것이 아니라 왜 이 패턴이 나타나는가? 고려할 필요가 있는 실현되지 않은 대안들은 무엇이며, 그것들은 어떻게 조직되어 있는가? 이런 질문들에 대답하려면, 무엇이 실현된 것인지 말할 수 있는 것에 더해, 무엇이 가능한지에 대해서도 말할 수 있어야 한다.

4장: 상상을 초월할 정도로 상세한 생명의 나무에는 패턴들이 있으며, 그 패턴들은 나중에 나무를 번성하게 만들어줄 결정적인 사건들을 두드러지게 한다. 진핵세포 혁명과 다세포 혁명은 가장 중요한 것으로, 이 사건들의 뒤를 따라 종분화 사건들이 생겼다. 종분화 사건들은 그것이 이루어질 당시에는 보이지 않지만, 나중에는 식물과 동물의 구분이라는 그토록 주요한 나뉨도 표시되는 것을 볼 수 있다. 만일 과학이 이 모든 복잡함 안에서 분간 가능한 패턴들을 설명하는 것이라면, 과학은 미시적 시각 위로 떠올라 다른 수준으로 가야만 한다. 필요할 경우엔 이상화idealizations를 해야 하며, 그렇게 하면 숲을 보게 되고, 결과적으로 나무도 더 잘 볼 수 있게 된다.

5장: 상상이 실현된 것과 가능한 것 사이의 대비는 생물학의 모든 설명에서 근본적인 것이다. 가능성의 서로 다른 정도를 구별할 필요가 있어 보이는데, 다윈은 생물학적 가능성을 통일성 있게 처리할 수 있는 틀을 제공한다. 그 틀은 모든 유전체들의 공간인 "멘델의 도서관"에서의 접근성이라는 측면에서 가능성의 정도를 처리하게 한다. 이 유용한 이상화를 구축하려면, 우리는 유전체와 독자 생존 가능한 유기체 사이의 관계에서 드러나는 특정한 복잡성들을 인정한 후 그것들을 제쳐놓아야 한다.

5장

가능한 것과 실현된 것

The Possible and the Actual

1. 가능성의 등급?

살아 있을 방식이 아무리 많다 해도, 죽어 있거나 살아 있지 않을 방식이 엄청나게 더 많다는 것은 확실하다.

—리처드 도킨스, 1986a, p. 9

생명에서 존재하지 않는 그 어떤 특정 형태라도, 그 부재는 한두 가지 이유 때문이다. 하나는 부정적 선택이고, 다른 하나는 필요한 돌연변이가 결코 일어나지 않았다는 것이다.

—마크 리들리, 1985, p. 56

예를 들어, 저 입구에 있는 뚱뚱할 가능성이 있는 남자를 상정하자.

그리고 다시, 저 입구에 있는 대머리일 가능성이 있는 남자를 상정하자. 그들은 동일할 가능성이 있는 한 남자인가, 아니면 가능한 두 남자인가? 우리는 그걸 어떻게 결정하는가? 그 입구에는 몇 명의 가능한 남자들이 있는가? 뚱뚱한 사람보다 마른 사람이 있기가 더 가능한가? 그들 중 얼마나 많은 사람들이 똑같은가? 아니면 그들의 똑같음이 그들을 한 사람으로 만드는가? 그 어떤 가능한 둘도 서로 똑같을 수 없는가? 이렇게 말하는 것은 두 개가 서로 똑같은 것은 불가능하다고 말하는 것과 동일한가, 아니면, 마지막으로, 동일함의 개념은 단지, 실현되지 않은 가능성들에는 적용될 수 없는 것인가?

—윌러드 밴 오먼 콰인, 1953, p. 4

가능성에는 적어도 네 가지 정도의 종류 또는 등급이 있는 것으로 보인다. 그것은 논리적 가능성, 물리적 가능성, 생물학적 가능성, 역사적 가능성이며, 이 순서대로 포함 관계에 있다. 가장 관대한 것은 논리적 가능성으로, 철학의 전통에 따르면 이는 단지 모순 없이 기술하는 것이 가능한가에 의해 결정되는 문제이다. 빛보다 빠른 속력으로 날 수 있는 슈퍼맨Superman은 **논리적으로** 가능하다. 그러나 빛보다 빠르게 날면서 **어디로도 움직이지 않는** 듀퍼맨Duperman은 논리적으로도 불가능하다. 그러나 슈퍼맨은 논리적으로는 가능하지만 **물리적으로는** 가능하지 않다. 물리 법칙은 그 어떤 것도 빛의 속력보다 빠르게 움직일 수는 없다고 선언하기 때문이다. 이 구분은 표면적으로는 간단하고 직선적이지만 사실 난관이 많다. 근본적인 물리 법칙들과 논리 법칙들을 어떻게 구별할 것인가? 예를 들어, 시간을 거슬러 과거로 여행하는 것은 물리적으로 불가능한 것인가, 아니면 논리적으로 불가능한 것인가? **겉보기에** 정합적인 묘사—영화 〈백 투더 퓨쳐Back to the Future〉에 나오는 이야기처럼—가 미묘하게 자기 모순적인 것인지, 아니면 단지 매우 근본적인 (그러나 논리적으로는 필연적이지 않은) 물리학의 가정을 어기는 것인지 우리는 어떻게 구별할 수 있을까? 이런 난점들을 다루는 철학 역시 부족하지 않기에, 우리는 이런 문제들이 있음을 인정하고, 다음 등급으로 넘어갈 것이다.

슈퍼맨은 대충 공중으로 뛰어오르고 예의 그 매력적이고 용맹스러운 자세를 취하며 날아간다. 이 재능은 확실히 물리적으로는 불가능한 것이다. 그럼 하늘을 나는 말은 물리적으로 가능한가? 신화에 나오는 표준 모형은 절대 순조롭게 이륙하지 않을 테지만—이는 물리학(공기역학)의 사실이지, 생물학의 사실이 아니다—적절한 폭의 날개를 지닌 말은 공중에 좀 오래 머물 수 있을 것이다. 그러려면 말은 작아야 할 테고, 얼마나 작아야 하는지는 항공 기술자들이 무게-강도 비율과 공기 밀도 등을 고려하여 계산할 수도 있을 것이다. 하지만 이제 우리는 가능성의 세 번째 등급인 **생물학적 가능성**으로 내려가고 있는 중이다. 뼈의 강도와 펄럭이는 설비를 계속 작동시키기 위한 유상하중pay-load 요구 조건 등을 일단 고려하기 시작한다면, 생장과 대사를 위시한 명백히 생물학적인 현상들을 신경 쓰게 되기 때문이다. 어쨌든, 날 수 있는 포유류인 박쥐가 현실에 존재하므로, 하늘을 나는 말도 물론 생물학적으로 가능하다는 판결이 나올 수도 있다. 어쩌면 지금의 말과 같은 크기이면서 하늘을 나는 말도 가능할 수 있다. 한때는 프테라노돈pteranodon[1]을 비롯하여, 하늘을 나는 말 정도 크기의 생명체들이 있었으니까. 가능성을 매듭짓는 데는, 현재든 과거에서든, 현실actuality을 이길 수 있는 것은 없다. 현실에 존재하는 또는 존재했던 것은 그 무엇이든 명백하게 가능한 것이다. 그렇지 않은가?

현실성의 교훈은 읽기 힘들다. 하늘을 나는 말이 정말로 독자 생존

---

1 [옮긴이] 익룡목 프테라노돈과 프테라노돈속의 파충류다. 백악기 말에 살았으며, 약 6미터나 되는 큰 날개로 하늘을 날았다. 흔히 공룡의 한 종류로 거론되곤 하나, 익룡은 공룡에 속하지 않으므로 프테라노돈도 공룡이 아니다.

할 수 있을까? 충분한 에너지를 저장하고 또 하늘 높이 올라가려면 그들은 육식을 해야 하는 것 아닐까? 아마도 육식성 말만이—박쥐 중에는 과일을 먹는 것들도 있지만—땅에서 이륙할 수 있을 것이다. 그런데 육식성 말이라는 것이 가능할까? 말이 그렇게 **진화할 수 있다면** 어쩌면 육식성 말도 생물학적으로 가능할 수 있을 것이다. 그렇지만 말의 진화가 시작되는 곳에서부터 그러한 식이 전환이 일어날 수 있을까? 그리고 급진적이고 적극적인 외과 수술 없이도 말의 후손이 앞다리와 날개를 동시에 지닐 수 있을까? 박쥐는 결국 앞발을 날개로 만들었다. 발이 여섯 개 달린 포유류를 생산하도록 뼈대의 개정이 일어나는 가능한 이야기가 존재할까?

이는 우리를 네 번째 등급의 가능성인 **역사적 가능성**으로 데리고 간다. 아주 먼 옛날에는 지구에서 여섯 발 포유류의 가능성이 아직 배제되지 않았던 기간이 있었을지도 모른다. 하지만 일단 우리의 네 지느러미four-finned 어류 조상들이 육지로 이주하도록 선택되고 나면, 그때는 기본적인 네발 아키텍처가 우리의 발달 루틴에 너무 깊이 닻을 내리게 된 나머지, 변경이 **더이상 가능하지 않다**는 것이 참일 수도 있다. 그러나 그 구분마저 선명한 마디를 따라 이루어지는 것이 아닐 수도 있다. 근본적인 구조 설계에서의 그러한 변경은 전적으로 불가능한 것일까, 아니면 그저 가능성이 매우 매우 낮고 변경되기가 너무도 어려워서, 천문학적으로 있을 법하지 않은 선택적 타격의 연쇄만이 그런 변경을 존재하게 할 정도라는 것일까? 생물학적 불가능성에는 두 가지 종류 또는 등급이 있는 것으로 보인다. 하나는 생물학적 **자연법칙**(그런 것이 있다면)을 위배하는 것이고, 다른 하나는 "단지" 생물학사적biohistorical으로 배송되지 않았으므로 흔적이 없는 것이다.

역사적 불가능성은 단지 기회를 얻지 못하는 것의 문제이다. 많은 미국인이 '배리 골드워터Barry Goldwater[2] 대통령'의 가능성을 걱정했던 때가 있었다. 하지만 그런 일은 일어나지 않았고, 1964년 이후 그런 일이 일어날 가망은 안심할 수 있을 만큼 아주 낮아졌다. 복권이 판매될 때, 이는 당신에게 기회를 만들어준다. 당신이 모월 모일 행동을 개시한다면, 당신은 복권을 하나 사기로 결정할 수 있다. 복권을 하나 산다면, 이는 당신에게 후속 기회—당첨될 기회—를 만들어준다. 그러나 그 기회는 금세 과거로 미끄러져 들어갈 것이며, 당신이 **그** 수백만 달러를 얻는 것은 더는 가능하지 않다. 기회들—**진짜**real 기회들—에 관해 우리가 지니고 있는 이 일상적 시각은 환각일까? 어떤 의미에서 우리가 당첨될 **수 있었을**까? 당신이 복권을 산 **후에** 당첨 번호가 결정된다면 상황이 달라졌을까? 아니면 당신이 복권을 사기 전에 당첨 번호가 금고에 밀봉되어 있다면, 그래도 당신에겐 여전히 당첨의 기회가 있을까? 그것은 진짜 기회일까?(Dennett 1984) 정말로 기회가 있**기나 할**까? 현실에서 일어난 것이 아닌 다른 무언가가 일어날 수 있었을까? **오직** 현실(실현된 것)만이 가능한 것이라는 이 무시무시한 아이디어는 **현실주의**actualism라 불려왔다.(Ayers 1968) 현실주의는 좋은 이유로 일반적으로 무시되고 있지만, 그 좋은 이유들이 무엇인지는 거의 논의되지 않는다.(현실주의를 묵살하는 좋은 이유들을 알고 싶다면 다음을 보라: Dennett 1984; Lewis 1986, pp. 36-38)

가능성에 관한 이 친숙하고도 일견 믿을 만한 아이디어들을 그림 5-1에 도표로 요약했다. 그러나 도표 안의 모든 경계에서는 교전이 일어나고 있다. 콰인의 질문이 제기하는 것처럼, 그저 가능할 뿐인 대상들의 인과적 목록에는 뭔가 수상쩍은 것이 있다. 그러나 과학은 그런 구분선을 그리지 않으면 우리가 갈망하는 종류의 설명을 표현—입증은 고사하고—할 수조차 없으므로, 그런 이야기를 무턱대고 포기해버릴 일은 거의 없을 것이다. 뿔이 난 새—또는 심지어 얼룩덜룩한 그물 무늬

2 [옮긴이] 1964년 미국 대통령 선거에 공화당 후보로 출마했던 정치인이다. 민주당 후보 린든 B. 존슨Lyndon Baines Johnson에게 압도적으로 패했다.

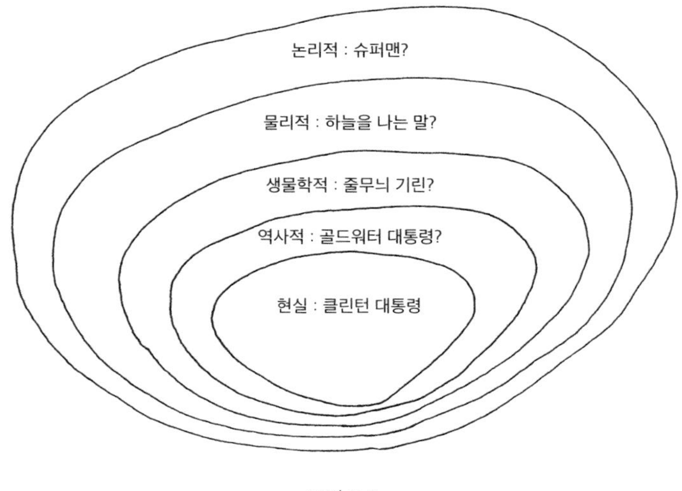

그림 5-1

대신 줄무늬가 있는 기린—가 가능한지를 생물학자들이 궁금해할 때, 그들이 다루는 질문은 '우리를 위해 생물학이 발견해주었으면 하고 우리가 바라는 것'의 전형적인 예를 보여준다. 이 장章의 도입부에서 우리는 콰인의 경보를 들었고, 살아 있을 방법보다 죽어 있을 방법이 훨씬 더 많다는 리처드 도킨스의 의심스러운 형이상학적 함축에 충격을 받았을 수도 있다. 그러나 분명히 도킨스는 중요한 무언가에 도달하고 있다. 우리는 그러한 주장들을 형이상학적으로 더 온건하고 덜 논쟁적인 틀에서 다시 주조할 방법을 찾으려 노력해야 한다. 그리고 중간에서 시작하는 다윈의 방법은 우리에게 필요한 바로 그 발판을 제공한다. **우선** 우리는 역사적 가능성과 생물학적 가능성 간의 관계를 다룰 것이다. 그러고 나면, 아마도 더 웅장한 다양성들을 이해하는 방법에 대한 어떤 보상이 제시될 것이다.[3]

2. 멘델의 도서관

아르헨티나의 시인 호르헤 루이스 보르헤스Jorge Luis Borges는 일반적으로 철학자로 분류되지는 않는다. 그러나 그가 쓴 짧은 이야기들에서 그는 가장 값진 사고실험들을 철학에 제공했고, 그 이야기들 대부분은 그의 놀라운 모음집《미로Labyrinths》(1962)에 수록되어 있다. 그중 가장 빼어난 것은 '바벨의 도서관the Library of Babel'을 묘사한 판타지 소설로, 실제로 서사보다는 철학적으로 더 큰 반향을 불러일으킨다. '바벨의 도서관'은 생물학적 가능성의 범위에 관한 매우 어려운 질문들에 답하는 것을 도울 때 닻을 내려야 할 시각vision을 우리에게 제공할 것이므로, 여기서 잠깐 멈추고 지면을 다소 할애하여 그곳을 탐험해볼 것이다. 보르헤스는 광대한 서적 창고에 거주하는, 그리고 그 사실을 알게 된 몇몇 사람들의 쓸쓸한 탐험과 추측에 관해 이야기한다. 그 도서관은 벌집 같은 구조이며, 수천 개의 (또는 수백만 또는 수십억 개의) 육각기둥 모양 통기구 같은 것으로 이루어져 있다. 그리고 각 통기구는 책 선반이 늘어선 발코니들로 둘러싸여 있다. 발코니 난간에 서서 위나 아래를 보아도, 통기구의 위쪽 끝이나 바닥을 볼 수 없을 정도로 아득하다. 각 통기구의 여섯 면은 모두 이웃하는 통기구와 접해 있으며, 그렇지 않은 통기구를 발견한 사람은 아무도 없다. 그들은 궁금해한다. 이 도서관은 무한한가?

---

3 1982년으로 돌아가보자. 노벨상을 받은 생물학자 프랑수아 자코브Francois Jacob는《가능과 실제Possible and the Actual》라는 제목의 책을 출판했고, 나는 허겁지겁 그 책을 읽었다. 그 책이 가능성에 대한 이러한 몇몇 난제들에 대해 생물학자들이 어떻게 생각해야 하는가에 관한 눈이 번쩍 뜨이는 에세이이길 기대하면서 말이다. 그러나 실망스럽게도, 그 책은 이 화제에 관해서는 아주 조금만 이야기하고 있었다. 물론 좋은 책이다. 그리고 위대한 제목을 달고 있었다. 그러나 내 비루한 의견으로는, 그 두 가지가 같이 가지는 않았다. 내가 그토록 읽고 싶어 하던 책이 아직 저술되지 않은 것으로 보이니, 이 장에서 내가 직접 그 일부를 써보기로 한다.

결국 그들은 무한하지 않다고 결론짓지만, 무한할지도 모른다는 생각이 들만도 한 것이, 책 선반에 **모든 가능한 책**들이—슬프게도, 순서는 없이—놓여 있는 것처럼 보이기 때문이다.

각각의 책은 모두 500쪽으로 되어 있고, 각 쪽은 50자 40줄, 즉 공백을 포함하여 2,000자로 이루어져 있다. 각 글자 칸은 공백이거나 100개의 문자 중 선택된 것이 인쇄되어 있다. (영어 및 기타 유럽 언어의 대문자와 소문자 그리고 공백 및 구두점들 중 하나가 글자 칸 하나를 채우고 있다.)[4] '바벨의 도서관' 그 어디쯤에는 완전히 공백만으로 채워진 책이 있을 것이며, 또 어떤 책은 오직 물음표만으로 가득 차 있을 것이다. 그러나 셀 수 없이 많은 대부분의 책들은 그저 인쇄된 횡설수설로 이루어져 있다. 철자법이나 문법도 없고 어떠한 의미도 말하지 않으며, 책 안에 내용이 있다고 말할 수도 없다. 한 권은 2,000자 곱하기 500쪽이므로 1,000,000자로 되어 있다. 따라서 바벨의 도서관에는 $100^{1,000,000}$권의 책이 있다. 우리가 관측할 수 있는 우주의 영역(관측 가능 우주)에 존재하는 **입자들**(몇 가지 예를 들자면 양성자, 중성자, 전자)이 100^{40}개밖에 되지 않는다고 추정되므로,[5] '바벨의 도서관'은 물리적으로 가능한 대상

---

4 사실 보르헤스는 내가 한 설명과는 약간 다른 모양새를 선택했다. 책 한 권은 410쪽으로 이루어져 있고, 각 쪽은 80칸 40줄로 되어 있다. 권당 글자 수는 131만 2000자로, 내가 설정한 100만 자와 비슷하며, 실질적으로 별 차이가 없다. 다루기 쉽도록 내가 보르헤스의 숫자를 10만 단위에서 반올림했다고 생각하면 된다. 보르헤스는 알파벳이 25개만 있는 문자 집합을 선택했는데, 이는 스페인어 대문자(와 공백, 쉼표, 그리고 유일한 구두점인 마침표)에는 충분하지만 영어에서는 그렇지 않다. 나는 모든 로마자 알파벳을 쓰는 언어의 대문자와 소문자, 구두점들, 그리고 공백을 넣기에 충분하도록 100개의 문자집합을 상정했다.

5 스티븐 호킹(1988, p. 129)은 이를 이렇게 표현했다. "10 곱하기 100만 곱하기 100만 곱하기 100만 곱하기 100만 곱하기 100만 곱하기 100만 곱하기 100만 곱하기 100만 곱하기 100만 곱하기 100만 곱하기 100만 곱하기 100만 곱하기 100만 곱하기 100만(1 뒤에 0이 80개 붙는) 개가량의 입자들이 우리가 관측할 수 있는 우주의 영역에 있다." 덴턴Denton(1985)은 "관측 가능 우주에는 10^{70}개의 원자들이 있다는 추정을 내놓았고, 아이겐Eigen(1992, p.10)은 우주의 부피를 10^{84}세제곱센티미터라고 계산했다.

과는 거리가 아주 멀지만, 보르헤스가 그의 상상 속에서 구축해놓은 엄격한 규칙들 덕분에 우리는 그 도서관을 명징하게 떠올릴 수 있다.

정말로 이것이 가능한 **모든** 책들의 집합일까? 명백히 그렇지 않다. 그 책들은 "고작" 100개의 문자 집합 내의 글자들로만 인쇄되었을 뿐, 그리스어, 러시아어, 중국어, 일본어, 아랍어 등에서 사용되는 문자들은 그 집합 안에 없으므로, 가장 중요한 **현실의 실제** 책들 대부분이 제외되어 있을 것이기 때문이다. 물론, '바벨의 도서관'에는 그 모든 실제 책들을 영어, 프랑스어, 독일어, 이탈리아어, ……로 번역한 훌륭한 작품들이 존재하며, 각 책의 셀 수 없이 많은 (수조 개쯤의) 조잡한 번역물들 역시 존재한다. 500쪽이 넘는 책들도 있다. 한 권으로 시작해서 다른 권(들)으로 쉬지 않고 연속되는 책의 짝들이 있는 것이다.

'바벨의 도서관' 어딘가에 꼭 있을 몇몇 책들을 생각해보는 것은 즐거운 일이다. 그중 하나는, 500쪽으로 기술된 최고의, 그리고 가장 상세한 당신의 전기일 것이다. 그 책에는 당신이 탄생한 순간부터 죽음까지 모두 기록되어 있다. 하지만 그 책을 찾기는 불가능(이건 정말이지 파악하기 힘든 단어다)할 것이다. 도서관 안에는 당신의 열 번째 생일까지의, 20번째 생일까지의, 30번째, 40번째, …… 생일까지의 당신 생애에 관한 매우 정확한 전기들과, 그 후의 사건들에 대한 완전히 거짓인 내용만이 담긴 책들 또한 셀 수 없이 많기 때문이다. 그것도 셀 수 없이 많은 다른 방향의 길들에 위치해 있고 말이다. 하지만 그런 전기들은 고사하고, 이 거대한 서적 창고에서는 읽을 수 있는 책 한 권을 찾는 것마저도 극단적으로 어려울 것이다.

우리는 이 이야기와 관련된 양들을 나타낼 용어들을 새로 만들 필요가 있다. '바벨의 도서관'이 무한하지는 않기 때문에, 흥미로운 무언가를 찾을 확률이 말 그대로 무한소는 아니다.[6] 이 단어들은 익숙한 방식으로 무언가를 과장하지만—우리는 다윈이 그의 요약문에서 그렇게 했던 것을 잡아낸 바 있다. 그는 "무한히"라는 불법적인 단어를 마음대로 썼다—우리는 그렇게 하지 말아야 한다. 불행하게도, 모든 표준 은유들—"천문학적으로 많다" "건초더미에서 바늘 찾기" "바다에 물 한 방울"—은 '바벨의 도서관'에서의 많음과 희박함을 표현하기에는 우스울 정도로 모자란다. **실제로** 사용되는 그 어떤 천문학적 양도 (우주에 존재하는 소립자의 수, 빅뱅에서 지금까지의 시간을 나노초 단위로 나타낸 수마저도) '바벨의 도서관'에서 다루어지는 수 앞에 세워 놓으면 너무 작아서 보이지 않을 정도다. 그 도서관에서 읽을 수 있는 책을 찾기가 대양에 떨어진 물 한 방울의 확률 정도만 되어도 우리는 그 책들을 찾을 만반의 준비를 갖추었을 것이다. 만약 여러분이 '바벨의 도서관'의 임의의 장소에 무작위로 들른다면, 문법에 맞게 쓰여 있는 문장이 꽤 많이 들어 있는 책을 만날 확률은 한없이 0에 가까울 정도로 작다(vanishingly small). 그래서 이 정도로 적은 양을 가리키기 위해 vanishingly의 첫 글자를 대문자로 써서 "Vanishingly"라는, 즉 "없작게"라는 용어를 만들어 써도 무리가 없을 것이다. 그리고 이 용어는 "천문학적인 것을 훨씬 훨씬 넘어서는 극대한 많음"을 나타내는 말인 "Vastly" 즉, "천많게"라는 용어와 대조되며 짝을 이룬다.[7]

---

6 '바벨의 도서관'은 유한하지만, 이상하게도 그 방들 안에는 문법에 맞는 모든 영어 문장들이 들어 있다. 하지만 그 모든 영어 문장의 집합은 무한한데, 도서관은 유한하다! 또한, 아무리 긴 영어 문장도 500페이지짜리 덩어리로 나눌 수 있고, 그 각각의 문장은 도서관 어딘가에 있다! 이것이 어떻게 가능한가? 어떤 책들은 한 번보다 많이 사용되었을 것이다. 가장 빈번하게 이용된 경우는 가장 이해하기 쉬운 것이다. 책 한 권이 모두 하나의 철자와 공백만으로 이루어진 책들도 있으므로, 서로 다른 한 철자와 공백으로 이루어진 책 100권을 반복하여 사용하면 그 어떤 길이의 텍스트도 만들어낼 수 있다. 매우 많은 교훈을 주면서도 즐겁게 읽을 수 있는 논문 〈우주 도서관Universal Library〉(Quine 1987)에서 콰인이 지적했듯이, 책 한 권을 재사용하는 전략을 활용하고 워드프로세서가 사용하는 아스키ASCII 코드로 모든 것을 변환시키면, '바벨의 도서관' 전체를 극히 얇은 두 권의 책에 저장할 수 있다. 한 권에는 0 하나가, 다른 한 권에는 1 하나가 인쇄되어 있을 것이다! (콰인은 또한 심리학자 테오도어 페히너Theodor Fechner가 보르헤스보다 훨씬 앞서 우주 도서관이라는 판타지를 제안했다고 지적한다.)

7 콰인은 이를 나타내기 위해 "초천문학적hyperastronomic"이라는 용어를 만들었다.
[옮긴이] '천많다'와 '없작다'라는 한국어 표현은 《직관펌프, 생각을 열다》의 번역을 따랐다.

《모비 딕Moby Dick》도 물론 '바벨의 도서관'에 있다. 그러나 진짜 《모비 딕》에서 단 **하나**씩의 오타가 있는 10억 개의 돌연변이 가짜 판본들 또한 있다. 10억 정도도 천많은 수는 아니다. 그러나 오타가 2개씩, 10개씩, 또는 1,000개씩 있는 가짜 판본들까지 헤아린다면 그 수는 빠르게 증가한다. 1,000개의 오타가 있는—이는 쪽당 평균 2개씩의 오타에 해당한다—판본들은 《모비 딕》과 헷갈리지 않고 구별될 수 있으며, 그런 책들은 '바벨의 도서관'에 천많이 존재한다. 그런 판본들 중 당신이 무엇을 골랐는지는 중요하지 않다. 찾을 수 있기나 했다면 말이다. 그런 판본들도 진짜로 무시 가능한—그래서 거의 분간하기도 힘든—차이를 제외하면 별 무리 없이 읽히며 오타 없는 《모비 딕》을 읽을 때와 거의 비슷한 놀라운 독서 체험을 안겨줄 것이며, 같은 이야기를 전해줄 것이다. 그러나 때로는 단 하나의 오타라도 결정적인 곳에 놓인다면 치명적일 수 있다. 철학적으로 신선한 소설을 쓴 작가 피터 드 브리스Peter De Vries[8]는 이렇게 시작하는 소설[9]을 쓴 적이 있다.

"Call me, Ishmael."[10] (전화 줘, 이슈메일.)

---

8 [옮긴이] 피터 드 브리스(1910~1993)는 미국의 편집자이자 작가이다. 2000년에 《과학과 영혼Science & Spirit》에서 이루어진 대담에서 데닛은 그를 가리켜 "종교에 관해 가장 재미있는 글을 쓰는 작가일 것"이라고 평한 적이 있다.

9 이 책은 Yale of Laughter(1953)이다. 그리고 그 다음 문장들은 이렇다. "편하게 생각해. 낮이든 밤이든 아무 때나 전화 해 ……." 드 브리스는 하나의 철자만 바뀌어도 어떤 큰 변화가 나타나는지를 보여줄 게임을 고안했다고도 할 수 있다. 그중 압권은 이것이다. "Whose woods are these, I think I know; his house is in the Village though …… " 게임은 계속된다. 돌연변이 홉스가 이렇게 말하는 것을 누군가 들은 것이다. "the wife of man, solitary, poore, nasty, brutish, and short." 또는 이런 문장을 보라. "Am I my brothel's keeper?"
[옮긴이] 소문자로 시작하는 'village'는 마을이나 시골이라는 뜻이지만, 대문자로 시작하는 'Village'는 영국에 있는 서점 겸 갤러리인 'Village'를 가리키는 고유명사가 된다.

10 [옮긴이] 실제 《모비 딕》은 "Call me Ishmael."(나를 이슈메일이라고 부르라 / 내 이름을 이슈메일이라 하자)로 시작된다.

오, 쉼표 하나가 무슨 짓을 할 수 있는지 보라. 또는 다음과 같이 시작하는 많은 돌연변이 판본들을 생각해보라.

"Ball me Ishmael …… " (나한테 패스해, 이슈메일 ……)

보르헤스의 이야기에서는 책들이 놓여 있는 순서나 질서가 없다고 되어 있다. 그러나 책들이 알파벳 순으로 꼼꼼하게 정렬되어 있다 해도, 우리가 찾고자 하는 책(예를 들면 《모비 딕》의 "본질적" 판본)을 찾는 데는 해결할 수 없는 문제들이 존재할 것이다. '바벨의 도서관'의 '《모비 딕》 은하'를 우주선을 타고 여행한다고 상상해보자. 이 은하는 그 자체로도 물리적 우주 전체보다 천많게 넓다. 그러므로 여러분이 빛의 속도로 간다 해도, 어느 방향으로 가든 그 끝에 도달하려면 수 세기가 걸릴 것이다. 그리고 가는 동안 여러분이 보게 되는 것은 사실상 구별할 수 없는 《모비 딕》 판본들이다. 그것이 아닌 것처럼 보이는 그 어떤 것도 절대, 결코 만날 수 없을 것이다. 이 공간에서 《데이비드 코퍼필드David Copperfield》까지는 상상조차 할 수 없을 정도로 멀다. 하나의 위대한 판본에서 시작하여 다른 모든 글자가 똑같고 오타가 단 하나만 있는 판본에 이르는 경로—수없이 많은 다른 것들을 무시하는 최단 경로—를 알고 있다 해도 말이다. (여러분이 이 경로에 있다는 것을 알았다 해도, 그리고 두 표적 판본의 텍스트를 지니고 있다 해도, 현지 조사를 통해서는 《데이비드 코퍼필드》를 향해 어느 방향으로 움직여야 할지를 알아내는 것이 거의 불가능하다는 것을 깨닫게 될 것이다.)

달리 말하자면, 이 **논리적** 공간은 천많게 광대해서, 위치에 관한 우리의 통상적 아이디어들, 그러니까 탐색하고 찾는 것을 비롯한 평범하고 실천적인 행동들이 쉽사리 적용될 수 없다. 보르헤스는 책들을 무작위로 책장에 넣어 놓았는데, 이는 매력 넘치는 몇 가지 반향들을 끌어낸 한 훌륭한 선택이었다. 만약 그가 그 벌집 구조 안에 책들을 알파벳 순서로 배열하려 했다면 스스로 어떤 문제들을 초래하며 괴로워했을지 한 번 생각해보자. (우리 버전에서는) 서로 다른 알파벳 철자들이 100개밖에 없으며, 그것들을 어떤 특정한 순서—예를 들면, a, A, b, B, c, C …… z, Z, ? , ; , „ . , ! ,), (, % , …… a, a, é, è, e, …… 의 순서—로 배열하고 그것을 '알파벳 순서'라 간주할 수 있다. 그러고 나서 같은 글자로 시작되는 책들을 모두 같은 **층**에 둘 수 있다. 만약 우리의 도서관이 위로 100층밖에 없다면, 이는 세계무역센터보다 낮을 것이다. 그리고 각 층을 100개의 **회랑**으로 나눌 수 있을 테고, 각 회랑에는 두 번째 글자가 똑같은 책들을 알파벳 순서로 줄지어 놓을 수 있을 것이다. 각 회랑엔 세 번째 철자를 위한 100개씩의 **선반**을 놓을 수 있을 것이다. 따라서 "aardvarks love Mozart"로 시작하는 모든 책—이런 책은 또 얼마나 많겠는가!—을 1층 첫 번째 회랑의 같은 선반("r" 선반)에 꽂을 수 있을 것이다. 하지만 그렇게 하면 선반이 엄청나게 길어질 테니, 네 번째 위치의 글자마다 파일 서랍을 하나씩, 선반에 직각 방향으로 만들어 넣어서 그 안에 책을 채워 넣는 편이 더 나을 것이다. 그렇게 하면 각 선반의 길이는, 말하자면 100피트밖에 안 될 것이다. 그러나 파일 서랍이 무시무시하게 깊어질 것이고, 그래서 인접한 회랑의 파일 서랍 뒤쪽으로 파고 들어가게 될 것이다. 그리고 그다음 글자에 대해서는 …… 하지만 이제 우리에겐 다섯 번째 글자에 따라 책들을 정렬할 차원이 없다. 모든 책을 알파벳 순으로 깔끔하게 정리하려면 100만 개의 차원이 있는 공간이 필요하다. 그러나 우리에게는 위-아래, 왼쪽-오른쪽, 앞쪽-뒤쪽의 삼차원밖에 없다. 그래서 우리는 우리가 다차원 공간을 상상할 수 있는 척해야만 할 뿐이다. 각 차원은 다른 차원들에 대해 "직각으로" 뻗어나간다. 비록 우리가 초공간hyperspaces이라 불리는 그런 것을 시각화할 수는 없지만, 그런 것에 대한 상상은 마음에 품을 수 있다. 과학자들은 자기 이론을 조직적으로 표현하는 내내 이런 방법을 사용한다. 그런 공간들의 기하는 (과학자들이 그것을 오직 허구일 뿐이라고 간주하든 아니든) 수학자들에 의해 잘 탐구되었고 또 잘 작동한다. 우리는 위치, 경로, 궤적, 부피(초부피hypervolume)에 대해 확신을 가지고 말할 수 있다.

이제 우리는 보르헤스의 주제에 대한 변이를 고려할 준비가 되었다. 나는 그 변이를 '멘델의 도서관Library of Mendel'이라 부를 것이다. 이 도서관에는 "가능한 모든 유전체genome", 즉 DNA 서열이 보관되어 있다. 리처드 도킨스도 《눈먼 시계공The Blind Watchmaker》(1986a)에서 이와 유사한 공간을 묘사한 적이 있는데, 그는 그것을 "바이오모프의 나라Biomorph Land"라 불렀다. 그의 논의는 내게 영감을 주었고, 우리의 두 설명은 전적으로 양립 가능하다. 그러나 나는 그가 가볍게 넘겨버리기로 했던 몇 가지 점들을 강조하고자 한다.

유전체 **묘사**들로 구성된 '멘델의 도서관'을 생각하려면, 그것이 이미 '바벨의 도서관'의 적합한 일부임을 알아야 한다. DNA를 기술하는 표준 코드는 오로지 A, C, G, T(각각 아데닌Adenine, 시토신Cytosine, 구아닌Guanine, 티민Thymine을 나타낸다. 이들이 DNA 알파벳 글자를 구성하는 네 종류의 뉴클레오타이드이다) 네 글자만으로 이루어져 있다. 이 네 글자가 이루는 500쪽 분량의 순열permutation들도 이미 '바벨의 도서관' 안에 있다. 하지만 일반적인 유전체들은 '바벨의 도서관'의 평범한 책보다 훨씬 더 길다. 현재의 연구에 의하면 인간 유전체는 3×10^9개의 뉴클레오타이드로 이루어져 있다고 추정되고 있다. 따라서 한 인간 유전체—당신의 것과 같은 그런 유전체—를 총망라하여 기술하면 '바벨의 도서관'의 500쪽짜리 책 약 3,000권 분량(다른 책들과 똑같은 활자 크기로 인쇄했다면)을 차지할 것이다.[11] 말(날 수 있는 것이든 아니든)이나 양배추 또는 문어의 유전체도 우리의 것과 똑같은 글자 A, C, G, T로 기술되며, 길이도 그다지 더 많이 길지 않을 것이다. 그러므로 우리는 임의로 이렇게 가정할 수 있다. '멘델의 도서관'은 3,000권 분량의 모든 책들에 기술된 모든 DNA 문자열로 구성되어 있으며, 그 책들은 전적으로 그 네 글자로만 이루어져 있다고. 이는 그 어떤 진지한 이론적 목적과도 부합하는 "가능한" 유전체들을 충분히 포착할 것이다.

물론 나는 '멘델의 도서관'을 "가능한 모든" 유전체들을 담고 있는 것으로 묘사할 때 그 경우를 과장하여 말했다. '바벨의 도서관'이 러시아어나 중국어를 모른 체한 것처럼, '멘델의 도서관'은 대안적 유전 알파벳의 가능성(처럼 보이는 것)—이를테면 다른 화학 성분에 기초한—을 못 본 체한다. 우리는 **여전히** 중간에서 시작하고 있다. 그물을 더 넓게 던지기 전에, 우리가 오늘날의, 이 장소의, 지구상의 상황을 이해하고 있음을 확실하게 하면서 말이다. 따라서 **이** '멘델의 도서관'에 상대적으로 무엇이 가능한가에 관한 고려를 하면서 어떠한 결론을 내리든 간에,

---

11 인간 유전체와 '《모비 딕》 은하'의 부피를 비교해보면 인간유전체프로젝트Human Genome Project에 관해 사람들이 때때로 당황하곤 하는 그 무언가를 손쉽게 설명할 수 있다. 인간 유전체가 사람마다 한 곳만 다른 것이 아니라 수백 곳(유전학의 용어로는 좌위) 또는 수천 곳이 다르다면, 과학자들은 인간 유전체의 서열을 어떻게 이야기할(베껴 쓸) 수 있을까? 하늘 아래 똑같은 두 개는 없다는 사례로 눈송이나 지문이 자주 거론되는데, 인간의 실제 유전체도 이와 마찬가지다. 심지어는 일란성 쌍둥이의 유전체도 완전히 똑같지는 않다. (오타가 포복해 들어올 기회는 언제든 존재한다. 심지어 한 사람의 세포들 안에서도 말이다.) 인간의 DNA는 다른 그 어떤 종의 DNA와도 쉽게 구별 가능하다. 심지어 우리와 90퍼센트의 좌위가 동일한 침팬지의 것과도 말이다. 지금까지 존재해왔던 실제 인간 유전체는 가능한 인간 유전체 은하 내에 들어 있고, 이 은하는 다른 종들의 유전체 은하들과는 천많게 멀리 떨어져 있다. 인간 은하 내에는 그 어떤 두 인간 유전체도 겹치지 않을 정도로 넓은 공간들이 있다. 당신은 당신 유전자들 각각에 대해 2개의 판본을 지니고 있다. 하나는 어머니에게서 그리고 다른 하나는 아버지에게서 온 것이다. 그들은 자기 유전자의 정확히 절반을 당신에게 물려주었고, 그 유전자들은 그들의 부모들, 즉 당신의 조부모들로부터 그들이 받은 유전자들 중에서 무작위로 선택된 것이다. 그러나 당신의 조부모들도 모두 *호모 사피엔스*의 일원이므로, 그들의 유전체도 거의 모든 좌위에서 일치한다. 그래서 조부모가 언제 당신 유전자의 어느 한쪽을 물려주는가에 따라 달라지는 것은 없다. 거의 똑같다. 그럼에도, 그들의 유전체들은 수천 곳의 좌위에서 차이가 있고, 그 다른 자리들에서 당신이 어떤 유전자를 얻는가는, 당신의 DNA에 당신 부모가 기여하는 바를 형성하는 설비에 내장된 우연의 문제—마치 동전 던지기처럼—다. 게다가 포유류에서 돌연변이는 한 세대의 유전체 당 100개의 비율로 축적된다. "그 말은, 당신의 아이들은 당신과 당신 배우자의 유전자들과 100곳이 다른 유전자들을 가지게 된다는 뜻이다. 효소에 의한 무작위 복제 오류의 결과로, 또는 우주선cosmic rays에 의해 당신의 난소 또는 고환에 생긴 돌연변이의 결과로."(Matt Ridley 1993, p. 45)

그것들을 가능성의 더 넓은 의미에 적용하고자 한다면, 그 결론을 재고해야 할 수도 있다. 이는 우리 전술의 약점이라기보다는 실질적 강점이다. 우리가 이야기하고 있는 신중하고 한정된 종류의 가능성이 정확히 무엇인지를 철저하게 조사할 수 있기 때문이다.

DNA의 중요한 특성 중 하나는, 아데닌, 시토신, 구아닌, 티민 서열의 순열이 거의 똑같이 화학적으로 안정하다는 것이다. 원리적으로는 유전자 접합splicing 실험실에서 모든 것들이 구축될 수 있다. 그리고 일단 구축되고 나면, 도서관의 책처럼 유통기한이 무한할 것이다. 그러나 "멘델의 도서관" 안에 있는 그러한 각각의 모든 서열이 다 살아 있는 유기체와 대응하는 것은 아니다. 거기 있는 대부분의 DNA 서열—천많은 주된 서열들—은 확실히 유전적으로 허튼소리에 불과하며, 살아 있는 데에 아무 쓸모가 없는 레시피이다. 물론, 도킨스가 살아 있지 않을(죽어 있을) 방식이 살아 있을 방식보다 엄청나게 더 많다고 말했을 때 그가 의미했던 것이 바로 이것이다. 그러나 이것은 어떤 종류의 사실일까? 그리고 그것은 왜 그래야만 하는가?

3. 유전체와 생물 간의 복잡한 관계

과감한 과도단순화를 통해 진전을 이루고자 한다면, 우리가 일시적으로 치워두었던 일부 복잡성들에 대해 경각심 정도는 가져야 한다. 그 논제에 관한 완전한 논의를 다시 한번 더 미뤄두게 된다 할지라도, 나는 다음 세 종류의 복잡성을 인정하고 우리가 작업을 진행하는 동안 그것들을 계속 주시해야 한다고 생각한다.

첫 번째는 "레시피"를 "읽는(판독하는) 것"과 관련되어 있다. '바벨의 도서관'은 '도서관' 안에 거주하는 사람을 독자(판독자)로 상정한다. 그들이 없다면, 책들을 수집한다는 그 아이디어 자체가 아무 의미를 지니지 못할 것이며, 책장은 잼으로, 아니면 그보다 더 고약한 것으로 얼룩지는 편이 나을 수도 있다. '멘델의 도서관'이 그 어떤 의미라도 지닐 수 있게 하려면, 우리는 판독자에 해당하는 무언가를 상정해야 한다. DNA 서열을 판독하는 존재가 없다면 그 서열은 그 어떤 것도—푸르지 않은 눈, 또는 날개, 또는 다른 그 무엇이든—**특정**하지 않는다. 해체주의자들은 당신에게, 하나의 텍스트를 읽는 그 어떤 두 독자도 똑같은 독해를 하지 않으며, 우리가 유전체와 배아 환경—부양 지원 조건들을 둘러싼 것과 같은 화학적인 미시 환경을 말하며, 유전체는 이 안에서 정보적 효과를 지닌다—간의 관계를 고려할 때 그와 비슷한 일이 벌어지리라는 것은 의심의 여지없는 참이라고 말할 것이다. 새로운 유기체가 생성되는 동안 이루어지는 DNA "판독"의 즉각적인 결과는 아미노산으로 많은 다양한 단백질들이 조립되는 것이다. (물론 아미노산들은 서로 수월하게 연결될 수 있도록 아주 가까운 곳에, 사용할 수 있는 형태로 존재해야 한다.) 가능한 단백질들은 천많지만, 그중 무엇이 실재하게 될지는 DNA 텍스트에 달려 있다. 그러한 단백질들은 "단어들"—3개의 뉴클레오타이드—이 "읽힐" 때[12] 그 단어들에 의해 결정되는 양으로, 그리고 엄격한 순서대로 만들어진다. 따라서 DNA 서열이 그것이 특정해야 할 것을 특정하게 하기 위해서는 아미노산 구성 요소들을 잘 갖춘 정교한 판독자-구축자가 반드시 있어야 한다.[13] 그러나 이는 과정의 작은 일부일 뿐이다. 일단 단백질들이 형성되면, 단백질들은 서로 올바른 관계로 놓여야 한다. 그 과정은 하나의 수정란에서 시작되는데, 수정란은 2개의 딸세포로 나뉘고, 그 딸세포들이 또 각각 2개로 나뉘고, 그런 과정이 반복된다

---

12 [옮긴이] 3개의 뉴클레오타이드가 하나의 아미노산에 대응된다.

13 이는 전령(메신저) RNA의 역할을 비롯한 복잡함들을 제쳐둔, 과도단순화이다.

(물론 각 세포는 판독되는 모든 DNA의 중복 사본을 지니고 있다). 이 새로 형성된, 다양한(어느 단백질들이 어떤 순서로 어디로 옮겨지는가에 따라 다른 종류의 세포가 만들어진다) 많은 세포들은 배아 안의 올바른 장소로 이동해 가야 하며, 배아는 계속되는 분열과 건설과 재건설, 개정, 확장, 반복 등의 과정을 통해 성장한다.

이는 DNA에 의해 부분적으로만 제어되는 과정이며, 그래서 판독자와 판독 과정을 **전제**로 한다. (그러므로 판독자 없이 DNA 자체만으로는 **특정**되지 않는다.) 유전체를 음악의 악보와 비교해보라. 베토벤의 5번 교향곡이 적힌 악보는 그 음악을 **특정**하는가? 화성인들에게는 그렇지 않을 것이다. 그들에게는 바이올린, 비올라, 클라리넷, 트럼펫 등의 존재가 전제되어 있지 않기 때문이다. 그 모든 악기를 만들 (그리고 연주할) 수 있게 할 지시서와 청사진들을 악보와 함께 묶어 그 소포를 화성으로 보낸다고 해보자. 지금 우리는 원리적으로는 화성에서 베토벤의 음악이 다시 생산re-create되게 할 목표에 점점 더 가까워지고 있다. 그러나 화성인들은 아직 갈 길이 멀다. 그들은 우선 그 레시피를 해독할 수 있어야 하고, 악기를 만들어야 하며, 악보가 지시하는 대로 악기들을 연주할 수 있게 되어야 한다.

이 점이 바로 마이클 크라이튼Michael Crichton의 소설 《쥬라기 공원Jurassic Park》(1990)—그리고 이를 바탕으로 스티븐 스필버그Steven Spielberg가 만든 영화—을 판타지로 만든다. 온전한 공룡 DNA가 있다 해도 공룡 DNA 판독자의 도움이 없다면 그 DNA도 공룡을 재현하는 데 아무런 힘이 되지 못할 것이다. 그리고 공룡 DNA 판독자들(그 판독자들은 결국 공룡의 난소卵巢다)도 공룡이 멸절되면서 함께 멸절되어버렸다. 만약 (살아 있는) 공룡의 난소가 **확보**된다면, 그래서 그것과 공룡 DNA가 함께한다면, **다른** 공룡을, 그리고 다른 공룡 난소를, 그리고 기타 등등을 특정할 수 있을 것이다. 그러나 완전한 공룡 DNA라 해도, 공룡 DNA 자체는 그 방정식을 풀 절반(또는, 당신이 어떻게 계산하느냐에 따라 절반에 미치지 못할 수도 있다)의 열쇠일 뿐이다. 이 행성에 존재한 적이 있던 모든 종은 각각 자신들만의 고유한 DNA-판독 방언을 지니고 있었다고 말할 수도 있을 것이다. 그럼에도 그 방언들은 서로 공통점이 많다. 무엇보다, DNA 판독의 원리는 모든 종에 걸쳐 공통적인 것처럼 보인다. 바로 그 점 덕분에 유전공학이 가능한 것이다: 우리는 DNA에서의 특정 순열의 유기체적 효과를 종종 실제로 예측할 수 있다. 따라서 우리의 방식을 부트스트래핑bootstrapping하여[14] 공룡 DNA 판독자로 돌아간다는 아이디어는 정합적이다. 그것이 아무리 가능성이 없다 해도 말이다. 시적 허용을 좀 활용한다면, 영화 제작자들은 판독자들의 수용 가능한 대체재를 찾을 수 있는 것처럼 가장할 수도 있을 것이다. (영화에 나온 것처럼, 공룡 DNA를 개구리 안에 있는 DNA 판독자에게 읽게 하고 최상의 결과를 바란다든가.)[15]

우리는 어느 정도의 시적 허용을 우리 자신에게도 조심스럽게 사용할 것이다. '멘델의 도서관'이 단일한 또는 표준 DNA 판독자를 갖추고 있어서, 판독자가 유전체 책들 중 한 권에서 발견한 레시피에 따라 순무나 호랑이를 똑같이 잘 만들 수 있는 것**처럼** 가정하고 논의를 진행하자. 이는 무지막지한 과도단순화이지만, 발달이나 배아의 복잡성에 관한 질문에 대해서는 후에 다시 다룰 수 있을 것이다.[16] 우리가 어떤 표준 DNA 판독자를 고르든, '멘델의 도서관' 내의 천많은 주된 DNA 서열

14 [옮긴이] 부트스트래핑이란 외부의 작용 없이 스스로 동작되거나 시작되는 과정을 일컫는다. 컴퓨터를 켤 때, 사용될 수 있는 상태로 컴퓨터가 갖춰지는 과정을 "부팅"이라 하는데, 이 부팅이라는 말도 "부트스트래핑"에서 온 것이다.

15 영화를 만든 사람들은 DNA 판독자의 문제를 전혀 고려하지 않았고, 개구리 DNA를 공룡 DNA의 사라진 부분들을 메우는 용도로만 사용했다. 데이비드 헤이그David Haig는 영화 제작자들이 개구리를 선택함으로써 흥미로운 오류, 즉 "존재의 연쇄"상의 오류를 드러내 보였다고 지적한다. "물론 인간과 공룡은 공룡과 개구리보다 가깝게 연관되어 있습니다. 그러니까 개구리 DNA보다는 인간 DNA를 쓰는 게 더 나았을 거예요. 새의 DNA였다면 훨씬 더 좋았겠고요."

들은 그 판독자에게 완전한 횡설수설로 읽힐 것이다. 그런 레시피를 따라 생존 가능한 유기체를 형성하려는 "실행" 시도는 부조리를 행하는 것이 되어 금세 종결되고 말 것이다. 표상될 수 있는 실제의 수많은 다양한 언어들이 '바벨의 도서관'에 있는 것과 유사하게, DNA 판독자들의 고유한 방언이 수백만 개 존재한다고 상상한다 할지라도, 이 그림은 바뀌지 않을 것이다. '바벨의 도서관'에 있는 폴란드어 독자에게는 영어로 된 책이 뜻 모를 무언가로 읽힐 테고, 그 반대 역시 성립할 것이다. 그러나 모든 독자들에게 그 도서관의 천많은 대부분의 책은 다 영문 모를 무언가로밖에 보이지 않을 것이다. 무작위로 한 권을 뽑아 들어보라. 의심의 여지없이, 우리는 그 책이 뭔가 멋진 이야기를 하고는 있는 것 같지만 우리에겐 소통 불가능한 언어—이를 바벨어Babelish라고 불러도 좋겠다—로 보이리라 상상할 수 있다. (세부 사항들에 너무 신경 쓰지 않는다면, 상상은 싸게 먹히는 방법인 것이다.) 그러나 메시지를 전달할 수 있는 실제 언어들은 간결하고 **실용적인** 것이어야 하며, 체계적 규칙성에 의존하는 짧고 읽기 쉬운 문장들로 구성되어야 한다는 것을 상기한다면, 그 도서관의 천많게 다양한 텍스트 중 받아들일 수 있는 언어들은 없작게 적다는 것을 확신할 수 있다. 그러므로 당분간은, 한 가지 언어와 한 종류의 판독자만 있는 것처럼 행세하는 편이 나을 것이다.

우리가 인정하고 차후로 미루어 두어야 할 두 번째 복잡성은 생존 가능성viability과 관련된다. 호랑이는 **지금**, 우리 행성에 현존하는 특정

---

16 최근 진화 이론가들 사이에서 종종 회자되는 화제는 오늘날 거의 표준이 되고 있는 "유전자 중심주의"가 도를 넘었다는 것이다. 이런 주장을 하는 사람들은, 통설이 DNA를 과대평가한 나머지, DNA가 레시피로 간주될 수 있고, 유전자들을 구성할 수 있고, 표현형이나 유기체를 특정할 수 있다고 믿어진다며 불평한다. 이런 불평을 하는 사람들은 생물학의 해체주의자들로, 텍스트를 강등시킴으로써 판독자들을 권력 쪽으로 끌어올린다. 이들의 주장은 과도 단순화된 유전자 중심주의에 대한 해독제로서는 유용한 주제이지만 용량을 초과하여 투약한다면 문학 연구에서의 해체주의만큼이나 어리석은 것이 될 것이다. 이에 대해서는 11장에서 다시, 더 자세히 다룰 것이다.

환경 내에서는 생존 가능하지만, 앞선 시기 대부분의 시간 동안에는 생존 가능하지 않았을 것이고, 어쩌면 미래에 (사실상 지구상의 모든 생물이 그러할 수 있는 것처럼) 생존 불가능하게 될 수도 있다. 생존 가능성은 생물이 살아가야 할 환경에 상대적인 것이다. 숨 쉴 수 있는 대기와 섭취 가능한 먹이—가장 명백한 조건들이다—가 없다면, 오늘날 호랑이를 생존 가능케 하는 유기적 특성들은 아무런 소용이 없을 것이다. 그리고 특정 생물의 환경이란 상당 부분이 현존하는 **다른** 유기체들로 구성되며, 또 그들이 구성하는 것이다. 그러므로, 생존 가능성은 끊임없이 변하는 속성이며 움직이는 대상이지, 고정된 조건이 아니다. 현존하는 환경들을 받아들이고 중간에서부터 시작하여 그전과 나중의 가능성들을 조심스럽게 외삽하는 다윈의 방식에 동참하면 이 문제는 최소화된다. 그리고 유기체들과 그들의 환경들의 공진화가 시작되게끔 하기 위해 일어났을 수도 있는 (또는 일어났음이 틀림없는) 최초의 부트스트래핑에 관한 고려도 나중으로 미뤄둘 수 있게 된다.

세 번째 복잡성은 생육 가능한 유기체들을 결정하는 유전체들의 텍스트와 그 유기체들이 보여주는 특성들 사이의 관계에 관련된 것이다. 우리가 이미 여러 번 주목했듯이, 뉴클레오타이드 "단어들"을 멘델식 유전자들—이런저런 특성들을 **위한** "사양서"(엔지니어들은 이렇게 말할 것이다)를 운반한다고 추정되는 것들—에 **단순히** 사상mapping시킬 수는 없다. 그 어떤 서술형 언어로든, "파란 눈", "물갈퀴가 있는 발", "동성애자"라는 철자들을 쓰는 뉴클레오타이드 서열이 있는 경우는, 단적으로 말해, 없다. 그리고 우리는 토마토 DNA의 언어로 "단단한"이나 "풍미 강한"이라는 철자들을 쓸 수 없다. 그 언어 안에서의 뉴클레오타이드 서열을 개정하여 더 단단하고 더 풍미 있는 토마토를 이미 얻고 있음에도 말이다.

이 복잡성을 인정하면, 유전체는 완제품의 청사진이나 묘사 같은 것이 아니라 제품을 조립할 수 있게 하는 레시피에 더 가깝다는 점이 지적된다. 그러나 이 지적이, 몇몇 비평가들이 주장하는 것처럼, 이것 또는 저것을 **위한** 유전자라고 말하는 것이 언제나—또는 영원히—잘못되었다는 것을 의미하는 것은 아니다. 레시피에서 지시사항의 유무는 전반적이고 중요한 차이를 만들 수 있으며, 그것이 만드는 차이가 무엇이건 지시사항—유전자—이 무엇을 "위한" 것인지도 정확하게 묘사될 수 있다. 비평가들은 이 점을 빈번하게 놓쳤고 그 놓침들이 많은 영향을 끼쳐왔으므로, 여기서 잠시 멈추어 그 오류들을 생생하게 드러내는 것도 가치 있는 일이다. 리처드 도킨스가 제시한 사례는 그 오류들을 아주 잘 드러내주므로, 여기서 온전히 인용할 가치가 충분히 있다. (그의 사례는 우리가 인정해야 할 두 번째 복잡성, 즉 환경에 대한 생존 가능성의 상대성이라는 주제의 중요성 또한 강조한다.)

> 읽기는 엄청나게 복잡한 학습 기술이지만 그것만으로는 읽기 위한 유전자gene for reading의 존재에 관한 회의론에 충분한 이유를 제공하지 못한다. 읽기 위한 유전자의 존재를 입증하는 데 필요한 모든 것은 읽지 못하게 하는 원인이 되는 유전자, 말하자면 특성 난독증dyslexia을 일으키는 뇌 병변을 유발하는 유전자를 발견하는 것이다. 이런 난독증이 있는 사람은 읽을 수 없다는 것 외에는 모든 면에서 정상이며 지적으로도 정상이다. 이런 종류의 난독증이 멘델 식으로 유전된다고 하더라도 특별히 놀라는 유전학자는 없을 것이다. 이 경우 명백하게, 그 유전자는 정상 교육이 포함되는 환경에서만 그 효과를 나타낼 것이다. 선사시대의 환경이었다면 그 유전자는 효과를 드러내지 못했거나 다른 효과를 드러냈을 것이다. 이를테면, 동굴에 살았던 원시 유전학자에게는 그 유전자가 동물의 발자국을 판독할(읽을) 수 없는 유전자로 알려졌을지도 모른다. 우리의 교육 환경에서는 이 유전자가 난독증을 "위한" 유전자라고 적합하게 불릴 것인데, 이는 이 환경에서는 난독증이 그 유전자의 가장 현저한 결과이기 때문

일 것이다. 이와 유사하게, 완전 실명total blindness을 야기하는 유전자도 읽기를 못하게 하겠지만, 편의상 그 유전자를, 읽지 못하기 위한 유전자gene for not reading라고 볼 수는 없다. 이것은 단지 읽기를 가로막는 것이 이 유전자의 가장 명백하고 해가 되는 표현형적 효과가 아니기 때문이다. 〔Dawkins 1982, p. 23. Dawkins 1989a, pp. 281-82, 그리고 Sterelny and Kitcher 1988도 보라.〕

코돈codon—3개의 뉴클레오타이드—집단이 구축 과정을 명령하는 간접적인 방식은, 유전학자들이 사용하는 짧고 친숙한 표현, 즉 "x를 위한 유전자"나 "y를 위한 유전자"라는 방식의 말하기를 금지하지는 않는다. 우리가 그런 약식 표현을 쓰고 있다는 사실을 명심하고 있다면 그렇게 말해도 괜찮다. 그러나 그것은 유전체들의 공간과 "가능한" 유기체들의 공간 사이에 근본적인 차이가 존재할 수도 있음을 의미한다. 완성된 결과물—말하자면, 얼룩덜룩한 갈색 그물 무늬가 아닌 녹색 줄무늬가 있는 기린—을 **우리가** 일관되게 설명할 수 있다 해서, 그 완제품을 만들기 위한 DNA 레시피가 있다는 것이 보장되지는 않는다. 발생 과정에서의 특별한 요구사항 때문에, 녹색 줄무늬 기린 같은 것을 도착지로 하는 시작점이 존재하지 않는 것뿐일 수도 있다.

이는 매우 그럴듯하지 않아 보인다. 녹색 줄무늬 기린에서 불가능한 것은 무엇인가? 얼룩말에게는 줄무늬가 있고, 방울새의 머리에는 녹색 깃털이 나 있다. 그 속성들을 각각 따로 본다면 거기에 생물학적으로 불가능한 것은 없다. 그리고 그 두 속성이 기린에서 함께 나타날 수도 있을 것이 확실해 보인다! 그래서 당신은 녹색 줄무늬 기린이 생길 수 있으리라 생각할 수도 있겠으나 그렇게 기대해서는 안 된다. 당신은 또한 몸은 줄무늬이고 꼬리는 점박이인 동물도 가능하겠다고 여길 수도 있겠지만, 그렇지 않을 수도 있다. 제임스 머리James Murray(1989)는 동물 몸에 색이 분포하는 발달 과정을 보여주는 수학적 모형들을 개발했는데, 그 모형들로 점박이 몸에 줄무늬 꼬리를 지닌 동물은 시뮬레이트할 수 있었지만, 그 반대는 되지 않았다. 이는 시사하는 바가 많긴 하지만, 불가능함에 대한—누군가가 경솔하게 말한 것과 같은—엄격한 증명은 아직 아니다. 병 안에 작은 함선을 만들어 넣는 방법—매우 어려운 기술이다—을 배워본 사람은, 목이 좁은 병 속에 신선한 배pear 하나를 통째로 넣는 것은 절대 불가능하다고 생각할 수도 있을 것이다. 하지만 그렇지 않다: 이때 목이 좁은 병으로는 포아르 윌리엄 리큐르[17] 병을 떠올려보는 것도 좋겠다. 그런 일은 어떻게 가능한가? 녹은 유리로 배 주위를 어떻게든 휘감으면 그렇게 될까? 아니다. 나무에 열린 배가 아직 작을 때 병을 가지에 매달고 배가 병 안에서 자라게 하는 것이다. 생물학이 어떤 요령trick을 성취할 **직접적인** 방법이 없음을 증명했다고 해서, 그것이 곧 불가능성에 대한 증명이 되는 것은 결코 아니다. 오겔의 제2 규칙을 기억하라!

도킨스는 바이오모프의 나라에 관해 설명하면서, 유전형(레시피)의 아주 작은—정말로 최소한의—변화가 표현형(결과물인 개별 유기체)의 놀랄 만큼 큰 변화를 만들어낼 수 있다고 강조한다. 그러나 그는 이것의 중요한 함축 중 하나를 무시하는 경향이 있다. 유전형에서의 미세한 한 발짝이 표현형에서의 거대한 도약을 생성할 수 있다면, 표현형을 위한 중간 단계들은 주어진 사상mapping 규칙들 아래서는 단적으로 획득되지 못할 수도 있다는 것 말이다. 극단적이고 허황된 예를 의도적으로 하나 만들어보자. 당신은 한 동물이 20센티미터짜리 엄니와 40센티미터짜리 엄니 두 가지 중 하나를 가질 수 있었다면 30센티미터짜리 엄니도 가질 수 있어야 했다는 것이 이치에 맞는 일이라고 생각할 수 있다. 그러나 조리법 내의 엄니 생성 규칙은 그런 경우를 허용하지 않을 수도 있다.

---

17 [옮긴이] 서양배와 주정을 함께 오랫동안 숙성시켜 서양배의 은은한 맛과 향이 나는 달고 독한 술이다.

그 문제의 종은 10센티미터 "너무 짧음"과 10센티미터 "너무 길" 중에서 하나를 "선택"해야 하는 것인지도 모른다. 이는, 어떤 설계가 최적의 설계 또는 최고의 설계인지에 관한 공학적 가정들로부터 시작하여 논증을 펼칠 때 주의해야 할 점을 잘 보여준다. 즉 레시피 판독 방식이 주어졌다면, 직관적으로 가용하거나 가능해 보이는 것이 실제로 유기체의 설계공간 내에서 접근 가능하다고 전제할 때는 극도로 신중해야만 한다는 것이다. (이는 8장과 9장, 10장의 주요 논제가 될 것이다.)

4. 자연화된 가능성

'멘델의 도서관'의 도움을 얻어, 우리는 이제 "생물학적 법칙들"에 관한, 그리고 무엇이 가능하고 불가능하고 필연적인가에 관한 성가신 몇몇 문제들을 해소할—적어도 하나의 관점하에 통합시킬—수 있게 되었다. 이 문제들을 명확히 할 필요가 있음을 상기해야 하는데, 왜냐하면 어떤 사물들이 존재하는 방식을 설명할 때는 어떻게 그 사물이 그렇게 **될 수 있었는**지, 또는 그렇게 **되어야만 하는**지, 또는 그렇게 **될 수 없는지**를 배경으로 하여 말해야만 하기 때문이다. 우리는 이제 생물학적 가능성의 좁은(제한된) 개념을 정의할 수 있다.

> x가 접근 가능한 유전체 또는 그것의 표현형적 산물의 특성이 예화된 것일 경우, 그리고 오직 그 경우에만 x는 생물학적으로 가능하다.

그런데 어느 곳에서 출발하여 접근 가능하다는 것일까? 그리고 어떤 과정들에 의해서? 아, 그런데 문제가 있다. 우리는 '멘델의 도서관'

안에서의 출발 지점과 "여행" 수단을 특정해야 한다. 우리가 바로 오늘, 지금 있는 곳에서 출발한다고 가정하자. 그러고 나면 우리는, 우선 **지금** 무엇이 가능한가를 이야기할 것이다. 즉 지금 우리가 이용할 수 있는 무슨 여행 수단을 쓰든 간에 가까운 미래에 생길 일을 말이다. 우리는 동시대의 모든 **실제** 종들과 그들의 특성들—다른 종과의 관계와 특성 덕분에 그들이 지니는 특성들도 포함하여—을, 그리고 그에 더해 그 넓은 전선에서부터 출발하여 여행하며 얻을 수 있는 것이면 무엇이든—그것이 인위적 조작 없이 단지 "자연의 과정"만을 통해 생겨난 것이든, 기술이나 전통적 동물 육종가들 같은 인공적 크레인들의 도움을 받아 만들어진 것이든, 아니면 유전공학이라는 새롭고 환상적인 수단을 통해 생성된 것이든—가능한 것으로 간주한다. 결국, 우리 인류와 우리의 모든 요령들은 현재 생물권의 또 다른 산물에 불과하다. 따라서 하나의 예화된 칠면조 유전체가 만찬 시각에 맞출 수 있도록 표현형적 결과를 산출해낼 경우, 그리고 오직 그 경우에만 당신이 2001년의[18] 크리스마스 만찬에서 맛있는 칠면조 요리를 즐기는 일이 생물학적으로 가능하다. **《쥬라기 공원》 같은** 기술이 **그런** 종류의 유전체를 제때 발현되게 해줄 경우, 그리고 오직 **그 경우**에만 당신이 죽기 전에 프테라노돈을 타고 하늘을 나는 일이 생물학적으로 가능하다.

이러한 "여행" 매개변수를 어떻게 설정하든, 그 결과로 산출되는 생물학적 가능성의 개념은 중요한 속성을 지닐 것이다, 그 속성이란, 어떤 것들은 다른 것들보다 "더 가능하다"는 것이다. 이는, 다차원 탐색 공간 내에서 더 가까이 있고 더 접근성이 좋아서, 획득이 "더 쉽다"는 뜻이다. 불과 몇 년 전만 해도 생물학적으로 불가능하다고 여겨졌던 것들—이를테면, 반딧불이 유전자를 지니고 있어서 어둠 속에서 빛을 내는 식물 같은 것—이 지금은 가능할 뿐 아니라 실재하기도 한다. 21세기에는

---

18 [옮긴이] 이 책의 원서는 1995년, 즉 20세기 말에 출판되었다.

공룡도 가능할까? 음, 여기서 **거기까지 가기** 위한 탈것들은, 적어도 우리가 그것에 관해 아주 좋은 이야기를 할 수 있을 정도로는 발전되어 있다. 여기서 아주 약간의 시적 허용이 필요하다. ("거기"란 '멘델의 도서관'의 한 부분으로, 6000만 년 전쯤에 생명의 나무가 두서없이 구불구불 벋어 나가기를 멈춘 지점을 말한다.)

무슨 규칙들이 이 공간에서의 여행을 관장하는가? 무슨 규칙이나 법칙들이 유전자들과 그것들의 표현형적 산물들 간의 관계에 제약을 주는가? 지금까지 우리가 인정한 것은 한편으로는 논리적 또는 수학적 필연성이고, 다른 한편으로는 물리학의 법칙들이다. 말하자면, 지금껏 우리는 우리가 논리적 가능성과 (단지) 물리적 가능성이 무엇인지 알고 있는 것처럼 논의를 진행해왔다는 것이다. 이런 것들은 어렵고 또 논란 많은 문제들이지만 우리는 그것들을 **쥠쇠로 죄듯 꽉 잡고 있다**고 생각할 수 있다: 우리는 단순히 다양한 가능성과 필연성들의 고정된 일부 버전을 가정하고, 그다음에 그러한 관점에 따라 생물학적 가능성의 좁은 개념을 발전시킨다. 예를 들어, 큰 수의 법칙law of large numbers[19]과 중력의 법칙은 둘 다 아무 거리낌 없이, 그리고 시간과 공간에 구애받지 않고 성립한다고 여겨지고 있다. 물리 법칙을 꽉 잡고 있으면, 이를테면, 모든 상이한 유전체들이 물리적으로 가능하다고 말하게 된다. 왜냐하면 화학은, 마주할 수 있는 것들은 모두 안정적이라고 말하기 때문이다.

논리학과 물리학과 화학을 꽉 잡고 있는 덕에, 우리는 다른 출발점을 선택할 수 있었다. 우리는 50억 년 전 지구의 어떤 순간을 선택할 수 있었고, 그때 무엇이 생물학적으로 가능했는지를 생각할 수 있었다. 그때 가능했던 것은 그리 많지 않았을 텐데, 예를 들어 호랑이가 (지구에서) 가능해지려면 그전에 진핵생물이 있어야 했고, 그다음에 대기를 이

19 [옮긴이] 표본의 크기가 커지면(표본 집단의 개체 수가 많으면) 표본에서의 평균값이 모집단에서의 평균값에 가까워진다는 법칙이다. "대수의 법칙"이라고도 한다.

룰 산소를 식물들이 대량으로 만들어야 했고, 그 외 다른 많은 것들이 현실에 존재해야 되었기 때문이다. 돌이켜 생각해보면, 호랑이가 먼 거리에 있고 극단적으로 불가능할 것 같긴 해도, 사실은 내내 가능했다고 말할 수 있다. 가능성에 관한 이런 사고방식이 지니는 덕목 중 하나는, 확률과 이 사고방식이 손을 잡으면 가능성에 관한 실무율적 주장을 상대적 거리에 관한 주장으로 완전히 바꿔놓을 수 있다는 것이다. 이는 대부분의 목적에서 중요하다. (생물학적 가능성에서 가능함이 아니면 불가능함이라는 실무율적 주장은 심사가 불가능[음, 이 단어를 또 썼군]하므로 이런 전환이 손해는 아니다.) 우리가 '바벨의 도서관'을 탐험하면서 보았다시피, 그 천많게 광대한 공간에서 특정한 책을 찾는 것이 "원리적으로 가능"한가에 대한 평결은 그다지 차이를 만들어내지 않는다. 중요한 것은 그것이 실천적으로 가능한지인데, 이때 "실천적"이라는 말의 의미는 여러 가지가 가능하다. 그중 원하는 것을 고르시라.

이는 확실히, 가능성의 표준 정의도 아니고, 심지어는 가능성의 표준적 종류의 정의도 아니다. 어떤 것들이 다른 것들보다 "더 가능할" 수 있다는 (또는 저기에서보다 여기에서 더 가능하다는) 생각은 가능성에 대한 하나의 표준적 이해와 합치되지 않으며, 철학적 비평가들 중 일부는, 그 생각이 무엇이든 **가능성**의 정의가 전혀 아니라고 말할지도 모른다. 다른 철학자들 몇몇은 비교 가능성 견해를 옹호했지만(특히, Lewis 1986, pp. 10ff.를 보라) 나는 그것을 두고 싸우고 싶지 않다. 뭐, 일단 받아들이기로 하자. 그렇다면 그것은, 가능성의 정의를 **대체하자**는 제안이다. 그 어떤 진지한 연구 목적이 있다 해도, 결국 우리에게는 생물학적 가능성의 개념이 필요하지 않을 것이다. 아마도 '멘델의 도서관' 공간 내에서의 접근성의 정도(급)가 우리에게 필요한 모든 것일 테고, 접근성에도 정도가 있다는 생각은 그 어떤 실무율적 버전보다 사실 더 나은 개념이다. 예를 들어, 다음과 같은 것들을 생물학적 가능성이라는 용어를 써서 **순위를 매길** 어떤 방식이 있다면 좋을 것이다: 5킬로그램짜리 토마토, 물속에서 사는 개, 하늘을 나는 말, 하늘을 나는 나무.

그러한 것은 많은 철학자들을 만족시키기에 충분하지 않을 것인데, 그들의 반대는 심각한 것이다. 그 반대 의견들을 짧게 고려해보면 적어도 내가 주장하는 것과 주장하지 않는 것이 무엇인지 명확해질 것이다. 우선, **접근 가능성**이라는 용어를 써서 가능성을 정의하는 데 순환적 정의의 오류가 포함되지는 않는가? (전자의 용어[접근 가능성accessibility]는 후자의 용어[가능성possibility]를 재도입하여 거기에 접두사를 붙인 것에 불과하므로, 여전히 정의는 되지 않은 것 아닌가?) 글쎄, 꼭 그렇진 않다. 확실히 그것은 미결 사항을 다소 남기긴 하는데, 여기서 논의를 옮기기 전에 나는 단순히 이를 인정하려고 한다. 우리는 한동안 우리가 **물리적** 가능성의 이런저런 개념을 아주 꽉 잡고 있다고 가정해왔다. 접근성이라는 우리의 아이디어는 이 물리적 가능성이, 그것이 무엇이든, 우리에게 **약간의** 활동의 여지elbow room를—공간 내 경로의 약간의 개방성(단 하나의 경로만 허락하는 것이 아니라)을—남겨준다는 것을 전제로 한다. 다시 말해, 우리는 물리학에 관한 한, 열린 경로들이 있다면 우리가 그 경로들로 넘어가는 것을 **막을 수 없음**을 가정하고 있는 것이다.[20]

(이 장을 열면서 인용한) 콰인의 질문들은 현실에 존재하진 않(았)으나 가능은 한 사물을 우리가 셀 수 있는가에 관한 우려를 제기한다. 생물학적 가능성을 그렇게 다루는 것의 덕목 중 하나는, 그것의 "임의적"인 형식적 체계—적어도 우리 구역에, 자연에 의해 임의적으로 부과된 체계—덕분에 현실로 구현되진 않았지만 가능한 다른 유전체들을 우리가 셀 수 있다는 것이다. 그것들은 천많지만 그 수는 유한하며, 그 어떤 둘도 정확히 똑같지 않다. (정의에 의해, 유전체는 수십억 곳의 좌위 중 단 한 군데의 뉴클레오타이드만 달라도 다른 것으로 구분된다.) 현실로 구현되지 않은 유전체가 **진짜로** 가능은 하다는 것은 어떤 의미에서일까? 오직, 만약 그들이 형성되었다면 안정적이었으리라는 의미에서만이다: 그러나 그 어떤 사건 모의도, 그것들의 형성을 끌어낼 수 없는지 있는지

는, 이런저런 장소로부터의 접근 가능성이라는 측면에서 다루어져야 할 또 다른 문제다. 이 안정된 가능성들의 집합 안에 있는 대부분의 유전체들은, 확신하건대, **결코** 형성되지 **않을** 것이다. 그것들이 우주 공간 내에서 상당한 부분을 차지하기 전에 우주의 열죽음이 일어날 것이며, 열죽음 과정은 가능한 유전체들이 실제로 만들어지는 과정보다 빠를 것이기 때문이다.

생물학적 가능성에 관한 이 제안에 대해서는 두 가지 의견이 목소리를 높여 반대를 부르짖고 있다. 첫째, 생물학적 가능성에 관한 **모든** 고려의 닻을 '멘델의 도서관' 내의 이런저런 유전체들의 접근 가능성에 다 내리는 것은 터무니없을 정도로 "유전자 중심"적인 것 아닌가? 생물학적 가능성을 우리가 제안한 것처럼 다루면, 이미 오늘날 우리가 있는

---

20 우리는 그 어떤 경우에서도 "활동의 여지"라는 아이디어를 전제할 필요가 있다. 왜냐하면 그것은 현실주의, 즉 현실(실현된 것)만이 가능하다는 교조에 대한 최소한의 부정이기 때문이다. 데이비드 흄은 《인간 본성에 관한 논고A Treatise of Human Nature》(1739)에서, 이 세상에 존재하길 바라는 "어떤 느슨함a certain looseness"에 대해 말한다. 이는 현실actual 주변에서 가능성이 숨 막히게 쪼그라드는 것을 막는 느슨함이다. 이 느슨함은 "**~수 있다**can"—이 단어가 없다면 우리는 할 수 있는 것이 거의 없다—의 **그 어떤** 용법에 의해서도 전제된다! 어떤 이들은 생각한다. 결정론이 옳다면 현실주의도 옳을 것이라고(또는, 돌려 말해서, 현실주의가 **거짓**이면 비결정론이 참이어야만 한다고). 그러나 이는 매우 의심스럽다. 결정론에 반대하는 암묵적인 논증은 당황스러울 정도로 단순할 것이다. "이 산소 원자는 원자가가 2이다. 그러므로 이것은 2개의 수소 원자와 결합하여 하나의 물 분자를 이룰 것이다—지금 이 반응이 일어나는지 아닌지에 상관없이, 이는 지금 당장 일어날 **수 있는**can 것이다. 따라서, 실제가 아닌 무언가가 가능하므로 결정론은 거짓이다." 결정론이 거짓이라는 결론을 도출하는, 물리학에서 나온 인상적인 논증들이 있다. 그러나 앞의 논증은 그것들 가운데 하나가 아니다. 나는 현실주의가 거짓이라고 가정할 준비가 이미 되어 있다(그리고 이 가정은 결정론/비결정론 문제와는 무관하다). 내가 그것을 증명한다고 주장하지 못할지라도 말이다, 그리고 대안이라는 것이 이런 논의를 다 포기하고 골프나 뭐 다른 걸 하러 가는 것이기 때문일 때만 말이다. 그러나 현실주의에 관한 더 온전한 논의를 보고 싶다면 나의 1984년 책 《활동의 여지Elbow Room》를, 특히 6장 "다르게 될 수 있었는가Could Have Done Otherwise"를 보라. 이 각주는 그 장에서 발췌한 것이다. 그리고 이와 관련된 논제인, 미래가 "열려" 있다는 우리의 의미와 비결정론 논제와의 무관함에 관해 나와 의견을 같이하는 데이비드 루이스David Lewis(1986, ch. 17)의 논의도 보라.

곳까지 우리를 데려온 생명의 나무의 몇몇 가지 끝에 있지 않은 "생물들"을 단적으로 무시하게 된다. (그리고 그렇기 때문에 불가능하다고 암묵적으로 규정된다.) 하지만 그것이 바로 다윈이 발견한 생물학의 위대한 통합이다! "특수창조Special Creation"나 (철학자들의 세속적 버전인) "우주적 우연"에 의해 새로운 생명이 저절로 창조된다는 환상에 정박하지 않는 이상, 당신은 생물권의 모든 특성이 생명의 나무의 (우리의 생명의 나무가 아닐지라도, 그 자신의 접근 가능성 관계를 지닌 다른 어떤 생명의 나무의) 이런저런 열매라는 것을 받아들이는 것이다. 그 어떤 사람도 섬이 아니라고 존 던John Donne은 선언한다.[21] 그리고 찰스 다윈은 이에 덧붙여, 조개도 튤립도 섬이 아니라고 말한다. **모든 가능한** 생물들은 다른 모든 생물들과 지협isthmuse 같은 혈통으로 연결되어 있다는 것이다. 이 교리는, 기술자들 자신과 그들의 도구 및 방법들이 생명의 나무에 확고하게 위치한다면(우리는 이미 이에 주목한 바 있다), 미래에 기술이 생산할 수 있는 경이들을 그것이 무엇이든 다 **가능성 안에 넣는다**는 것을 주목하라. 바깥 공간으로부터의 생명 형상들을 가능성 안에 넣는 것은 작은 한 걸음을 더 내딛는 것이다, 그 형상들도 (우리 행성의 것들이 그러하듯) 기적적이지 않은 물리적 바탕에 뿌리를 둔 생명의 나무의 산물이라면 말이다. (이 주제는 7장에서 탐구할 것이다.)

둘째, 우리는 왜 생물학적 가능성을 물리적 가능성과 그토록 다르게 취급해야 하는가? "물리 법칙들"이 물리적 가능성의 한계들을 고정하고 있다고 가정한다면, "생물학 법칙"이라는 용어로 서술되는 생물학적 가능성을 정의하려는 시도는 왜 하면 안 되는가? (7장에서 물리 법칙

---

21 [옮긴이] 존 던(1572~1631)은 성공회 사제이자 시인이다. 어니스트 헤밍웨이의 책 제목 《누구를 위하여 종은 울리나For Whom the Bell Tolls》는 존 던의 1624년 책 《뜻하지 않았던 일들에 대한 묵상Devotions Upon Emergent Occasions》에 나오는 문단의 한 구절을 그대로 가져온 것이다. 그 문단을 시작하는 구절이 바로 본문에 나온 "그 어떤 사람도 섬이 아니다No man is an island"이다.

들과 물리적 필연성의 탐구로 돌아갈 것이다. 그러나 그동안 그 차이는 크게 나타날 것이다.) 많은 생물학자들과 과학철학자들은 생물학적 법칙들이 있다고 주장해왔다. 그들이 제안한 정의는 그것들을 배제하지 않는가? 아니면 그것들이 잉여의 것이라고 선언하는가? 그 정의는 그것들을 배제하지 않는다. 그것은 '멘델의 도서관' 공간을 벗어난 몇몇 생물학 법칙의 통치를 옹호하는 논증을 허용한다. 그러나 그것은 생물학의 법칙이 수학과 물리학의 법칙을 **초월해** 있다고 주장하는 사람들에게 그것을 입증하라는 힘겨운 짐을 지운다. 예를 들어 "돌로의 법칙Dollo's Law"[22]의 운명을 생각해보자.

> "돌로의 법칙"은 진화가 비가역적이라고 말한다. …… 〔그러나〕 진화의 방향이 역전되지 못할 이유는 없다. 진화 과정에서 한동안 사슴뿔이 커지는 경향이 있었다면 뿔이 다시 작아지는 경향이 뒤이어 나타날 수도 있는 것이다. 돌로의 법칙은 어느 방향으로든 똑같은 진화 궤적(또는 어느 **특정한** 궤적)을 두 번 따르는 것이 확률적으로 불가능함을 진술한 것에 불과하다. 한 번 일어난 돌연변이는 쉽게 돌이킬 수 있다. 그러나 매우 많은 수의 돌연변이 단계를 거친다면 사정은 달라진다. …… 가능한 모든 궤적들을 포함하는 수학적 공간은 엄청나게 광대하기 때문에, 2개의 진화 궤적이 동일한 지점에 도달할 확률은 0에 한없이 가까울 정도로 낮다. …… 돌로의 법칙에는 그 어떤 미스터리도 신비함도 없다. 또한 그 법칙은 우리가 밖으로 나가 자연에서 "시험"해보아야 할 무언가도 아니다. 그것은 단지 확률의 기본 법칙들에서 나온 것일 뿐이다. 〔Dawkins 1986a, p. 94.〕

22 [옮긴이] 루이 돌로Louis Dollo(1857~1931)는 벨기에 출신 프랑스인 고생물학자이며, 특히 공룡에 관한 연구로 유명하다.

"환원 불가능한 생물학적 법칙"의 역할을 할 후보들이 모자라지는 않다. 예를 들어, 많은 이들이 유전형과 표현형 사이의 관계를 제약하는 "발달 법칙들" 또는 "형태 법칙들"이 있다고 주장한다. 적절한 때에 이런 발언들의 위상을 논의할 예정이긴 하나, 우리는 이미, 생물학적 가능성에 대한 가장 현저한 제약들 중 적어도 일부는 "생물학 법칙"으로 자리매겨지는 것이 아니라, 설계공간의 기하가 지닌 불가피한 특성들에 불과한 것으로 볼 수 있음을 살펴보았다. 돌로의 법칙이 그 한 예다. (또는 유전자 빈도에 관한 하디-바인베르크 법칙Hardy-Weinberg Law[23]이라든가. 이 법칙은 그야말로 확률 이론의 또 다른 적용이라 볼 수 있다.)

뿔이 난 새의 경우를 생각해보자. 메이너드 스미스가 주목하는 것처럼, 그런 새는 없다. 그리고 우리는 왜 그러한지를 모른다. 생물학적 **법칙**에 의해 그런 것들이 제외되어서 그럴까? 아니면 뿔이 난 새는 전적으로 불가능한가? 그것도 아니면, 그들은 가능한 모든 환경 중 그 어떤 곳에서도 생존이 불가능한가? 아니면 유전자 판독 과정에서의 제약들 때문에 "여기서 저기로" 가는 경로가 없는 것일 뿐인가? 우리가 이미 알아보았듯이, 우리는 이 과정에 의해 직면하게 되는 심각한 제약들에 깊은 인상을 받아야 하지만, 그렇다고 넋을 놓고 있어서는 안 된다. 그러한 제약들은 **보편적인** 특성이 아니라, 일시적이고 공간적으로 국한된 특성일 수 있다. 시모어 페이퍼트Seymour Papert가 컴퓨터와 키보드 문화에 있어서의 '쿼티QWERTY' 현상이라고 이름 붙인 것과 유사하게 말이다.

> 표준 타자기에서 영문 알파벳 키의 맨 첫 행은 QWERTY 순으로 배열되어 있다. 나에게 이것은 기술이 발전을 위한 힘이 아니라 사물을

---

23 [옮긴이] 다른 집단과의 교류가 없고 무작위 교배가 일어나며 돌연변이가 없고 유전자 부동도 없는, 즉 자연선택이 일어나지 않는 매우 큰 집단이 있다면, 시간이 흘러도 그 집단 내 대립 유전자 빈도는 변하지 않는다는 법칙이다.

가두는 힘으로 지나치게 자주 작용하는 방식을 상징하는 것으로 보인다. QWERTY 배열에는 합리적인 이유가 없다. 오로지 역사적 이유만 있을 뿐이다. 그 배열은 타자기 초창기에 생긴 문제에 대한 방책으로 도입되었다. 그 문제란 키들이 엉킴을 초래하곤 한다는 것이었고, QWERTY 배열은 자주 연속되어 사용되는 키들을 따로 떨어뜨려 충돌을 최소화하자는 아이디어였다. …… 일단 수용되고 나니, 수백만 대의 타자기가 그 방식으로 만들어졌고 …… 그것을 또 바꾸자니 엄청난 사회적 비용이 들게 생겼다. …… 수많은 손가락이 이제 QWERTY 키보드에서 어떻게 움직여야 하는지를 알게 되었다는 사실 때문에 형성된 기득권에 의해 고박된 것이다. 더 "합리적"인 다른 체계가 존재함에도, QWERTY 배열은 계속 유지되어왔다. 〔Papert 1980, p. 33.〕[24]

근시안적 관점을 취한다면, '멘델의 도서관' 안에서 우리가 마주치는 고압적 제약들이 마치 자연의 보편적 법칙인 것처럼 보일 수도 있다. 그러나 다른 관점에서는, 단지 역사적으로 설명되는 국소적 조건들에 불과한 것으로 간주될 수도 있다.[25] 만약 그렇다면, 생물학적 가능성의 좁은(제한된) 개념은 우리가 원하는 종류의 것이다. 그리고 생물학적 가능성의 보편적 개념이라는 이상은 그릇된 생각일 것이다. 그러나 내

24 다른 이들도 내 논의와 비슷한 점들을 지적하기 위해 '쿼티' 현상을 이용했다.(David 1985, Gould 1991a)

25 조지 윌리엄스George Williams(1985, p. 20)는 이를 이렇게 서술했다. "나는 한때, '…… 자연선택에 물리학 법칙이 더해지면 그 어떤 생물학적 현상에 대해서도 완전한 설명을 제공할 수 있다'(Williams 1966, pp. 6-7)고 주장했다. 그러나 지금은, 그때 내가 좀 덜 극단적인 견해를 가졌더라면, 그리고 자연선택을 그저 물리과학자들의 이론에 더해 생물학자들이 지녀야 할 유일한 이론으로 정의했더라면 좋았을 것이라고 생각한다. 생물학자와 물리과학자 모두, 실제 세계에서 일어나는 현상들을 설명하려면, 역사적 유산을 무시할 수 없는 것으로 여길 필요가 있다."

가 앞에서 이미 허용했듯이, 이것이 생물학 법칙들을 제외시키지는 않는다. 그것은 단지, 생물학적 가능성의 보편적 개념이라는 것을 제안하길 원하는 이들에게 입증의 책임을 부과할 뿐이다. 그리고 그러는 동안 그것은 **우리** 생물권 내의 패턴들 속에서 우리가 발견하는 규칙성의 크고 중요한 집합들을 묘사할 틀을 우리에게 제공한다.

5장: 생물학적 가능성은 '멘델의 도서관' 내에서의 (어떤 규정된 장소에서 출발했을 때의) 접근 가능성이라는 측면에서 가장 잘 드러난다. '멘델의 도서관'이란 모든 유전체가 있는 논리적 공간이다. 이 가능성 개념은 생명의 나무의 연결성을 생물학의 근본 특성으로 취급한다. 접근성을 제약하는 생물학적 법칙 역시 있을 수 있다는 점도 열어두면서 말이다.

6장: 천많게 광대한 가능성들의 공간 내에서 실제 궤적을 형성하는 중에 자연선택에 의해 이루어지는 R&D는 어느 정도 측정될 수 있다. 이 검색 공간의 중요한 특성들 중에는 영구한 매력을 가졌으며 그래서 예측 가능한 문제—이를테면 체스에서의 강제된 수처럼—에 대한 해결책들이 있다. 이 해결책들은 독창성, 발견, 발명에 관한 우리의 일부 직관을 설명해주며, 과거에 관한 다윈주의적 추론의 논리를 명확하게 해준다. 생물학적 창조성과 인간의 창조성 양쪽 모두의 과정들이 서로 비슷한 방법을 써서 자신들의 족적을 만드는, 하나의 통합된 설계공간이 존재한다.

6장

설계공간 내의 현실성의 가닥들

Threads of Actuality in Design Space

1. 설계공간을 가로지르는 부동과 들어올림

지구에서 산 적이 있는 동물들은 존재할 **수 있었던** 이론적 동물들의 작은 부분집합에 불과하다. 이 실제 동물들은 유전자 공간을 가로지르는 아주 적은 수의 진화 궤적들의 산물이다. 동물 공간을 가로지르는 수없이 많은 주된 이론적 경로들은 실현 불가능한 괴물들을 나오게 한다. 실제 동물들은 그 가상의 괴물들 주위 여기저기에 점으로 표시되며, 그 각각은 그 유전적 초공간 내에서 자신의 고유한 위치에 자리 잡는다. 실제 동물 각각은 모여 있는 몇몇 이웃들로 둘러싸이는데, 그 이웃들은 대부분 결코 존재한 적이 없지만 그중 아주 소수는 실제 동물의 조상이고 후손이며 사촌이다.

—리처드 도킨스.(1986a, p. 9)

이 세계의 실제 책들이 상상 속 '바벨의 도서관'에 소장된 책들의 없작은 부분집합인 것과 마찬가지로, 실제로 존재한 적이 있었던 유전체들은 조합적으로 가능한 유전체들의 없작은 부분집합에 불과하다. '바벨의 도서관'을 조사하면서 우리는, 천많지 않은 수의 책들을 한 **범주**로 특정하는 것이 얼마나 어려운지 알게 되면서 놀랄 수도 있다. 그 책들이 전체에 비해 아무리 없작은 부분이라 해도 말이다. 처음부터 끝까지 문법에 맞는 영어 문장으로 쓰인 책은 천많지만 전체의 없작은 부분집합이고, 읽을 수 있는, 의미 있는 책들은 그 부분집합의 천많지만 없작은 부분집합이다. 그 부분집합 내의 숨겨진 없작은 부분 안에 찰스라는 이름의 인물에 관한 천많은 책들이 있고, 그 집합 안에는 (찾을 확률이 없작긴 해도) 찰스 다윈에 관한 진실을 말해주는 천많은 책들이 있다. 그리고 그 책들의 천많지만 없작은 부분집합은 전적으로 리머릭limerick[1]으로만 채워진 책들로 구성되어 있다. 찰스 다윈에 관한 **현실의** 책은 실로 방대한 양이지만 천많은 수는 아니다. 그리고 우리는 이런 식으로 형용사들을 계속 제한시키기만 하면서 특정 집합(현재 것들의 집합, 기원후 3000년 것들의 집합 등)으로 파고들지는 않으려고 한다. 현실의 책들에 접근하기 위해서는 그것들을 만든 역사적 과정으로, 그 모든 지저분한 상세 사항들 안으로 전회해야 한다. 실제 유기체들이나 그 유기체들의 실제 유전체에 접근하기 위해서도 그래야 한다.

대부분의 물리적 가능성들이 현실로 되는 것을 "막는" 데 생물학 법칙들이 필요한 것은 아니다: 기회의 완전한 부재가 그 대부분을 설명해줄 것이다. 당신에게 이모나 삼촌이 전혀 없다면, 실현되지 않았던 당신의 **모든** 이모와 삼촌을 설명하는 유일한 "이유"는, 당신의 조부모가 근처의 유전체들 중 몇몇 이상을 더 만들 (의향은 말할 것도 없고) 시간과

---

1 [옮긴이] 예전 아일랜드에서 유행하던 짧고 유머러스한 희시戱詩로, 5행으로 되어 있으며 주로 넌센스를 다룬다.

에너지가 없었다는 것이다. 실현되지 않은 많은 가능성들 가운데 어떤 것들은 다른 것들보다 "더 가능possible"하—거나 더 가능했—다: 즉 그들의 외형은 다른 것들의 외형보다 더 **있을 법**probable했는데, 이는 그것들이 실제 유전체의 **이웃들**—부모의 초안들에서부터 새로운 DNA 판본을 지퍼 채우듯 합치는 과정에서, 현실의 유전체와 단지 몇 "선택"만큼의 거리만 떨어져 있었던 가까운 이웃—이었기 때문이었거나 그 위대한 복제 과정에서 하나 또는 단지 몇 개의 무작위 오타 정도만큼의 거리만 떨어져 있었기 때문이었다. 아슬아슬하게 나타날 법했으나 결국 나타나지 못했던 그런 유전체들(이들을 편의상 "니어미스near-miss"라고 부르자)은 왜 현실로 나타나지 못했을까? 이유는 없다. 단지 그들이 나타나는 일이 일어나지 않았던 것뿐이다. 그러고 나서, 실제 유전체들이 현실에 우연히, **정말로** 나타났는데, 그런 일이 설계공간 내 니어미스들의 위치에서 먼 쪽으로 이동함에 따라, 니어미스들이 한 번이라도 나타날 확률은 점점 낮아졌다. 니어미스들은 현실의 것이 될 수 있는 곳에 그토록 가까이 있었는데, 그럴 수 있는 순간이 그냥 지나가버린 것이다! 그들이 다른 기회를 얻을 수 있을까? 가능하긴 하다. 그러나 그들이 거주하고 있는 그 천많게 광대한 공간의 크기를 고려한다면, 있을 법하지 않을improbable 가능성이 천많다.

그런데 어떤 힘이—그런 힘이 있긴 하다면—현실성으로 가는 경로를 그들의 위치로부터 멀리, 더 멀리 휘게 하는 것일까? 그러한 힘이 전혀 없을 때 일어나는 움직임을 무작위 유전적 부동genetic drift이라 부른다. 당신은 그 부동이, 무작위적으로 일어나므로, 선택의 힘들이 전혀 없을 때 동일한 유전체로 되돌아가는 경로를 계속해서 가져옴으로써 그 자신을 언제나 상쇄시키는 경향이 있다고 생각할지도 모른다. 그러나 그 거대한 공간(기억하라! 이 공간은 100만 차원이라는 것을) 안에서 제한된 표집만이 일어난다는 사실로 말미암아, 현실의 유전체들 간 "거리"의 축적(누적)이 불가피하게 일어난다("돌로의 법칙"의 결말).

다윈의 중심 주장은, 이 무작위적이고 두서없는 진행에 자연선택의 힘이 가해질 때, 부동(떠다님) 외에도 들어올림lifting이 존재한다는 것이다. 설계공간에서의 움직임은 그것이 어떤 것이든 측정될 수 있다. 하지만 무작위 부동은, 직관적으로 말하자면, 그저 옆으로 게걸음 치듯 이동할 뿐이어서, 중요한 그 어느 곳으로도 우리를 데려가지 않는다. 이를 R&D 작업이라 간주하면, 이건 설비가 놀고 있는 것이나 마찬가지며, 단순한 **철자상의**typographical **변화**가 축적되는 것을 이끌 수는 있지만, **설계**의 축적을 이끌어내진 못한다. 사실, 상황이 훨씬 더 안 좋은 게, 대부분의 돌연변이—오타typo—들은 중립적neutral일 테고, 중립적이지 않은 오타의 대부분은 생존에 해롭다. 자연선택이 부재하면, 부동은 설계공간 내에서 걷잡을 수 없이 **아래로 향하게** 된다. 따라서 '멘델의 도서관'에서의 상황은 '바벨의 도서관'에서의 상황과 분명하게 똑같다. 철자상의 변화가 《모비 딕》에 초래하는 결과는 실질적으로 중립적—독자들 대부분의 눈에 띄지 않을 만큼—이라고 가정될 수 있다: 독자가 알아챌 만큼의 차이를 만드는 소수의 것들 중 대부분은 텍스트에 **손상을 입힐** 것이며, 그래서 텍스트를 더 나쁘고 덜 정합적이고 덜 이해되는 이야기로 만들 것이다. 그러나, 하나의 철자만 바꾸어서 텍스트를 **개선하는** 것을 목적으로 하는 피터 드 브리스 게임의 한 버전을 연습으로 간주해 보자. 그것이 불가능하지는 않다. 그렇지만 쉬운 것과는 무척 거리가 멀 것이다!

중요한 어딘가로 가는 것, 설계 **개선**, 설계공간 안에서의 **떠오름**rising 등에 관한 직관은 강력하고도 친숙하다. 그런데 이런 것들은 믿을 만한가? '수공예가(제작자) 신'으로부터 전해 내려온, 설계에 관한 전前 다윈주의 시각의 혼란스러운 유산은 아닐까? "설계"라는 아이디어와 "진보"라는 아이디어 사이에는 어떤 관계가 있는가? 진화 이론가들 내에서는 이에 대한 고정된 합의가 없다. 일부 생물학자들은 자신의 작업에서 설계나 기능에 대한 암시조차도 하지 않으려고 최선을 다해 세심한 주의를 기울이는가 하면, 다른 생물학자들은 이런저런(신체 기관, 먹이 채집 패턴, 번식 "전략들" 등) 기능적 분석을 중심으로 일생의 경력을 쌓는다. 어떤 생물학자들은 진보에 관한 그 어떤 의심스러운 교리에 몸을 내맡기지 않고도 설계나 기능을 이야기할 수 있다고 생각한다. 그러나 다른 이들은 그렇게 확신하지 않는다. 다윈은 마르크스가 주장한 것처럼 "목적론에 치명타를 날린" 것일까, 아니면 (마르크스가 제대로 주장한 것처럼) 기능적 또는 목적론적 토론을 위한 안전한 집을 과학 안에 만듦으로써 자연과학의 "합리적 의미"가 어떻게 경험적으로 설명되어야 하는지를 보여준 것일까?

"설계"라는 것은 간접적이고 불완전하게나마 측정은 될 수 있는 무언가인가? 정말 기묘하게도, 이 전망에 관한 회의론은 다윈주의에 관한 회의론의 가장 유력한 원천을 실제로 약화시킨다. 3장에서 지적했듯이, 다윈주의에 대한 가장 강력한 도전은 언제나 이런 형태를 취해왔다: 다윈주의 메커니즘은 가용 시간 내에 **그 모든 일을 다 할 수 있을** 만큼 충분히 강력하거나 충분히 효율적인가? "그 모든 일"이라니, 도대체 무슨 모든 일 말인가? 회의론자들의 질문이 단지, 가능한 유전체들의 철자 공간 안에서의 횡방향 부동sideways drifting에 관한 것이라면, 그에 대한 대답은 명백하며 논란의 여지가 없을 것이다: 그렇다, 충분함을 **훨씬** 넘어서는 더 긴 시간이 있어왔다. 우리는 무작위 부동이 그저 철자상의 거리를 축적하는 데에 필요한 속도가 얼마쯤인지 계산할 수 있고, 이 속도는 우리에게 일종의 권위를 가진 제한 속도를 제공한다. 그리고 이론과 관찰 양쪽 모두 실제 진화가 그 속도보다 훨씬 느리게 일어난다는 것에 동의한다.[2] 회의론자들에게 인상적인 "산물"은 그 자체로 다양한 DNA 문자열들이 아니라, 놀랍도록 난해하고 복잡하며 **잘 설계된** 유기체들이다. 그들의 유전체가 바로 그 DNA 문자열들인데도 말이다.

유전체가 만드는 유기체와 유전체들을 따로 떼어내어 분석한다면 우리가 찾고자 하는 차원을 결코 산출할 수 없다. 그런 분석은 좋은 소설과 위대한 소설의 차이를 그 소설들에 등장하는 철자들의 상대적 빈도를 통해 정의하려 애쓰는 것과 같다. 이 문제에 대한 통찰을 조금이라도 얻으려면 그 유기체 전체를 그것의 환경 안에서 살펴보아야 한다. 윌리엄 페일리가 보았듯이 진정으로 인상적인 것은, 생물들을 구성하는, 경탄스러우리만치 기발하고 원활하게 기능하는 물질 배열의 풍부함이다. 그리고 그 유기체들을 조사하는 쪽으로 전회할 때, 유기체를 구성하는 항목들을 표로 작성하는 것만으로는 우리가 원하는 것을 결코 얻을 수 없음을 우리는 다시금 깨닫게 된다.

복잡성의 양과 설계의 양 사이에는 어떤 관계가 있을 수 있을까? 건축가 루트비히 미스 판 데어 로에Ludwig Mies van der Rohe[3]가 말했듯, "적을수록 많다Less is more." 유명한 브리티시시걸의 선외기 모터를 생각해 보라. 그것은 단순함, 즉 존재하지 않는 것은 깨질 수 없다는 원칙을 존중하는 설계의 승리이다. 우리는 옳은 종류의 단순함 안에서 두드러지는 설계의 우수성을 인식할 수 있길 원하며, 또 가능하다면 그것을 측정까지 할 수 있길 바란다. 그런데 옳은 종류란 무엇인가? 또는 단순함을 위한 옳은 종류의 **기회**란 무엇인가? 모든 기회가 다 옳은 기회인 것은 아니다. 때로는 적을수록 많은 게 아니라 많을수록 많기도more is more 하며, 물론 브리티시시걸의 모터를 그토록 멋지게 만들어주는 것은 복잡함과 단순함의 그 우아한 결합이기도 하다: 똑같이 배를 앞으로 나아가

---

2 예를 들어, 도킨스(1986a, pp. 124-25)의 논의를 보라. 거기서 도킨스는 "역으로, 우리는 이렇게 생각해도 무리가 없을 것이다. 강한 '선택압'은 진화 속도를 빠르게 할 것이라고, 그러나 우리가 찾아낸 것은, 자연선택이 진화에 제동을 거는 효과를 발휘한다는 것이다. 자연선택이 부재할 때의 기본 진화율baseline rate of evolution이 가능한 최대 진화율이다. 그리고 그것은 돌연변이율mutation rate의 동의어이다"라고 결론짓고 있다.

3 [옮긴이] 20세기 건축의 중요한 개척자로 꼽히는 독일의 건축가이다. 극단적 단순함과 명확함이 특징이며, 최소한의 골격과 현대적 산업 재료를 사용하는, 이른바 "피부와 뼈 건축"(미스 자신의 표현)을 창시했다. 위의 "Less is more" 외에도 "God is in the details(신은 디테일에 있다)"라는 말을 남긴 것으로도 유명하다(이 말은 이 책의 뒷부분에도 나온다).

게 하는 물건이지만, 노에 대해서는 누구도 그 정도로 깊은 존경심을 갖지 않으며, 또 그래서도 안 된다.

수렴진화와 그것이 일어나는 경우에 대해 생각한다면, 우리는 이에 대한 명확한 관점을 얻기 시작할 수 있다. 그리고 대개 그렇듯이, 극단적인—그리고 상상 속의—사례를 선택하는 것은 중요한 것에 초점을 맞추는 좋은 방법이다. 이 사례 안에서 고려되어야 할 친숙하고 극단적인 경우는 외계 생명체이다. 그리고 물론 외계 생명체는 언젠가는 또는 머지않아 판타지에서 사실로 바뀔지도 모른다. 현재 진행 중인 외계지적생명체탐사Search for Extra-Terrestrial Intelligence(세티SETI) 프로젝트가 무언가를 찾아낸다면 말이다. 지구상의 생명이 굉장히 우발적으로 생긴—어떤 형태로든 생명이 생기기만 한다면, 그것은 행복한 우연이다—것이라면, 우리는 우주의 다른 행성의 생명(무엇이든 존재하기만 한다면)에 대해 어떤 말을 할 수 있을까? 우리는 확실함에 근접하는 확신을 가지고 **몇 가지** 조건들을 규정할 수 있다. 그 조건들은 처음에는 2개의 대조되는 집단으로 분류되는 것처럼 보인다: 필연성, 그리고 "명백한" 최적성.

일단 필연성부터 생각해보자. 어느 곳에서든 생명은 자율적 신진대사를 하는 존재자들로 구성될 것이다. 어떤 사람들은 이를 "정의에 의한 참"이라 말할 것이다. 생명을 이런 식으로 정의함으로써, 그들은 박테리아를 특권층 안에 남겨두면서 바이러스는 생명의 형태가 아니라고 배제할 수 있다. 정의에 따른 이런 선언에는 좋은 이유가 있을 수 있다. 그러나 나는, 우리가 그 정의를 어느 정도의 복잡성을 위한 심중한—절대적으로 필요한 것까지는 아니라 해도—필요조건으로 본다면, 자율적 신진대사의 중요성을 더 명징하게 볼 수 있다고 생각한다. 그 복잡성은 열역학 제2 법칙의 결과인 "갉아먹힘"을 막아내는 데 필요한 것이다. 모든 복잡한 고분자 구조는 시간이 지남에 따라 분해되는 경향이 있으므로, 새로운 물질을 받아들여 자신에게 필요한 성분을 스스로 보충하는 **열린**

계open system가 아니라면, 그 계는 짧은 시간 동안만 존속하는 경향을 보일 것이다. "그건 무얼 먹고 살지?"라는 질문에 대한 답은 다른 행성들에서는 매우 광범위하게 달라질 테지만, "지구중심적geocentric"—"인류중심적anthropocentric"인 것은 제쳐두고—가정을 배반하지는 않는다.

시각은 어떤가? 우리는 눈이 독립적으로 여러 번 진화해왔다는 것을 알고 있다. 그러나 시각이 지구에서 필수적인 것이 아님은 확실하다. 식물은 시각이 없어도 잘살고 있지 않은가. 그러나, **만약** 유기체가 운동에 의한 신진대사 프로젝트를 수행하려고 한다면, 그리고 그 운동이 투명하거나 반투명한 매질 안에서 이루어지고 환경광이 매질에 충분히 공급된다면, **운동하는 것이** (자기 보호, 대사 및 번식이라는 목표에) **훨씬 낫다**. 그러하므로, 움직이는 유기체가 멀리 있는 대상에 관한 정보의 안내를 받는다면, 그런 정보는 시각에 의해 저비용 고충실도로 입수**되므로**, 시력은 매우 좋은 선택지이다. 그러므로 우리는 (투명한 대기가 있는) 다른 행성의 움직이는 유기체들이 눈을 가지고 있다는 것을 발견한다 해도 놀라지 않을 것이다. 운동으로 신진대사를 해결하는 생물이 직면하는 매우 일반적인 문제들에 대처하는 데 눈은 명백히 좋은 해법이다. 물론 눈이 항상 "가용"한 것은 아니다. '쿼티' 사례에서와 같은 이유에서 말이다. 그러나 눈은 이 고도로 추상적인 설계 문제에 대한 명백하게 합리적인 해법이다.

2. 설계 게임에서의 강제된 수들

어떤 일반적 상황들의 집합 아래서 명백히 합리적인 것이 무엇인가에 관한 앞서와 같은 호소를 살펴보았으니, 이제 우리는 필연성에 대한 우리의 예시인 "자율적 신진대사 지니기"가 생명의 **가장 일반적인** 설계 문제에 대한 **유일하게** 수용 가능한 것으로 단순하게 재주조될 수 있음을 돌아볼 수 있게 되었다. 살고 싶다면 먹어야 한다. 체스에서는 실패를 막을 방법이 단 하나뿐일 때 둘 수밖에 없는 수를 **강제(강제된) 수** forced move라 부른다. 그러한 수(움직임, 행마)는 체스의 규칙에 의해 강제되는 것은 아니며, 물리학 법칙에 의해 강제되는 것도 확실히 아니다(체스판을 뒤집어엎고 도망갈 수도 있다). 흄이 "이성의 명령dictate of reason"이라 불렀음 직한 것에 의해 강제되는 것이다. 조금이라도 기지가 있는 사람이라면 해법이 오직 하나밖에 없다는 것을 명백히 볼 수 있다. 이럴 때는 그것이 아닌 다른 모든 수는 다 즉각적인 자충수가 된다.

그 어떤 유기체든 자율적 신진대사를 하는 것에 더해, 자신을 다른 모든 것과 구분시키는 어느 정도 확실한 경계 또한 있어야 한다. 이 조건에도 역시 명백하며 강제적인 합리적 근거가 있다: "무언가가 자기 보존 업무 안으로 들어오면, 그 즉시 경계가 중요해진다. 왜냐하면, 당신이 자신을 보존하는 데 착수하고 있다면 당신은 세계 전체를 보존하려고 애쓰느라 노력을 낭비하고 싶지 않을 것이기 때문이다. 그래서 당신은 선을 긋는다."(Dennett 1991a, p. 174) 우리는 또한 외계 행성의 움직이는 유기체들도 지구 생물처럼 효율적으로 형성된 경계를 지니고 있을 것이라 기대한다. 왜 그럴까? (지구에서는 또 왜 그럴까?) 비용이 문제가 되지 않는다면, 물처럼 비교적 밀도가 높은 유체 내에서 운동하는 유기체들 안에서의 효율화 같은 것을 고려할 필요가 없을 것이다. 그러나 비용은 **항상** 문제가 된다—열역학 제2 법칙이 이를 보증한다.

따라서 적어도 일부 "생물학적 필연성들"은 가장 일반적인 문제들에 대한 명백한 해결책이라고, 즉 **설계공간 안에서의 강제된 수**라고 재주조될 수도 있을 것이다. 이런 것들은, 이런저런 이유로 단 한 가지 방식으로밖에 가능하지 않은 경우들이다. 그러나 이유들은 깊은 것일 수도 있고 얕은 것일 수도 있다. 깊은 이유는 열역학 제2 법칙과 같은 물리 법칙이나 수학 또는 논리 법칙들에 의한 제약이다.[4] 얕은 이유는 단지 역사적인 것이다. 그 문제를 해결해줄 방법이 둘 또는 그 이상이 **있었**지만, 어떤 오래된 역사적 사건이 우리를 특정한 하나의 경로, 즉 외따로 떨어진 단 하나의 가용한 방식만 취할 수 있게 만든 것이다. 그것은 "사실상의 필연성virtual necessity"이 되었다. 내게 주어진 패로 할 수 있는 모든 실천적 목적들을 위한 필연성 말이다. 다른 선택지들은 정말로 취할 수 있는 선택지가 더는 아니게 된 것이다.

우연과 필연의 결합은 생물학적 규칙성들의 품질 보증 마크이다. 사람들은 종종 묻는다. "환경들이 지금과 같은 모습을 하고 있는 것은 엄청난 우연의 결과에 지나지 않는 것인가, 아니면 그 안에서 무언가 깊은 필연성을 읽을 수 있는가?" 대답은 거의 언제나 "양쪽 다"이다. 그러나 맹목적으로 생성되는 무작위의 우연들과 잘 맞아떨어지는 유형의 필연성은 **이유**의 필연성necessity of reason임에 주목하라. 그것은 피할 수 없이 목적론적인 유형의 필연성이 된다. 아리스토텔레스가 **실용적 추론**practical reasoning이라 불렀으며 임마누엘 칸트Immanuel Kant가 **가언명령**hypothetical imperative이라 불렀던 것 말이다.

> 주어진 상황에서 당신이 **목표 G를 달성하고 싶다면**, 그것이 당신이 **반드시 해야만 하는** 것이 된다.

---

4 순수한 논리적 제약은 깊은 이유일까, 얕은 이유일까? 내 생각에, 둘 모두에서 일부는 그것들의 명백성에 의존한다. 적응주의적 사고에 대한 신선한 패러디인 〈왜 청소년들은 부모보다 작을까?Why are Juveniles Smaller Than Their Parents?〉에서 노만 엘리스트랜드Norman Ellestrand는 영웅적인 얼굴로 정색을 하고 '청소년들의 작은 크기Juvenile Small Size(JSS)'의 다양한 "전략적" 이유들을 탐색한다. 그리고 앞으로의 심화 연구가 이루어질 방향을 용맹하게 바라보며 끝을 맺는다. "특히, 청소년이 보이는 다른 특징은 JSS보다 훨씬 더 널리 퍼져 있고 또 사려 깊은 이론적 관심을 받을 가치가 있는데, 그 사실은 바로 청소년은 그들의 부모보다 언제나 더 어려 보인다는 것이다."

상황이 더 보편적일수록 필연성도 더 보편적인 것이 된다. 이 때문에 우리는, 눈이 있는 운동하는 생명체를 다른 행성에서 발견한다 해도 놀라지 않을 것이다. 또한 이 때문에 우리는, 다양한 활동을 하며 분주히 돌아다니지만 신진대사 과정이 전혀 없는 어떤 것들을 보게 된다면 훨씬 더 놀랄—완전히 어안이 벙벙해질—것이다. 그렇지만 이제, 우리를 놀라게 할 유사성과 우리를 놀라지 않게 할 유사성의 차이를 생각해보자. 예를 들어, SETI에서 원하는 데이터를 엄청나게 많이 얻어, 다른 행성의 지적인 존재들과의 의사소통이 확립되었다고 가정해보자. 우리는 그들이 우리가 사용하는 것과 같은 산수를 이해하고 사용한다는 것을 발견해도 놀라지 않을 것이다. 왜? 산수는 **옳으니까**.

혹시 우리의 것과 똑같이 좋지만 다른 종류의 "산술-같은-체계"가 있을 수는 없을까? 인공지능의 창시자 중 한 명인 마빈 민스키Marvin Minsky는 호기심을 자아내는 이 질문을 탐구했고, 기발한 추론을 통해 "아니다"라고 답했다. 〈지성적인 외계인은 왜 이해될 수 있을까Why Intelligent Aliens Will Be Intelligible〉에서 그는 스스로 "희소성의 원리Sparseness Principle"라 칭한 것을 믿을 근거들을 제시한다.

> 비교적 단순한 두 과정이 유사한 것을 산출했다면, 그런 일이 생길 때마다, 그 산물들은 아마도 완전히 동일할 것으로 예상된다! 〔Minsky 1985a, p. 119, 느낌표는 원전에 있는 것이다.〕

민스키가 "바벨의 도서관" 풍으로, 모든 가능한 컴퓨터들의 모든 가능한 순열로 해석했던, **모든 가능한 과정**들의 집합을 고려해보자. (모든 컴퓨터는 추상적으로 식별될 수 있다. 고유 식별 번호를 부여받은 "튜링기계"들로 취급되어, "바벨의 도서관"의 알파벳 순서와 비슷하게, 번호의 숫자 순서대로 배열할 수 있는 것이다.) 없작은 예외들을 제외하면, 이 과정들의 천많은 대부분은 "거의, 전혀 아무것도 하지 않는다." 따라서 당신이 무언가 유사한 것을 하고 있는 (그리고 눈에 띌 만한) "두 개"를 찾는다면, 그것들은 분석 수준에서는 거의 하나의 동일한 과정이라고 말할 수밖에 없을 것이다. 민스키는 이 원리를 산수에 적용했다.(p. 122)

> 이 모든 것들로 미루어보아 나는, 가장 단순한 과정들을 검색하는 존재자라면 이내 산술과 닮은 것에 불과한 것이 아닌, **진짜** 산술인 것의 편린들을 발견할 것이라 결론 내린다. 이는 창의력이나 상상력의 문제가 아니라, 계산 우주universe of computation의 지리에 관한 사실일 뿐이다. 그 계산 우주는 실제 사물의 우주보다 훨씬 더 많은 제약을 받는다.

분명히 요점은, 산술에만 국한되는 것이 아니라 모든 "필연적 참"—플라톤 이래 철학자들이 선험적 지식a priori knowledge라고 부른 것—에 적용된다. 민스키가 말하듯,(p. 119) "우리는 가능한 과정들의 우주로부터 선택에 의해 계산 시스템이 진화될 때마다, 거의 언제나, 특정 '선험적' 구조가 나타나리라고 기대할 수 있다." 플라톤은 부활과 회상에 관한 기묘한 이론을 남겼으며, 그 이론은 우리의 선험적 지식의 원천에 대한 설명을 제공했다. 그런데 그 이론이 다윈의 이론과 놀랄 만큼 비슷하다는 것이 종종 지적되어왔다. 이 유사성은 지금 우리가 올라서 있는 유리한 고지에서 조망해보면 그 놀라움이 특히 생생하게 드러난다. 다윈 자신도 그 유사성에 주목했고, 그의 공책 중 한 권에 그에 대한 기술을 남긴 것으로 유명하다.[5] 우리의 "필연적 관념들"이 영혼이 먼저 존재하기 때문에 생겨난다는 플라톤의 생각을 논평하며 다윈은 이렇게 썼다. "종의 선재성 설명을 위해 원숭이를 검토하다read monkeys for

5 [옮긴이] 다윈의 이 공책은 형이상학적metaphysical 논의들을 담고 있다 하여 "M-notebook"이라 불린다.

preexistence."(Desmond and Moore 1991, p. 263)

외계인이 우리처럼 "2+2=4" 및 그 연장선상에 묶일 수 있는 연산을 꽉 쥐고 있다는 것을 알게 되어도 우리는 놀라지 않을 것이다. 그러나 그들이 자신들의 산술의 진리를 표현하기 위해 십진법을 사용한다면 우리는 깜짝 놀랄 것이다. 그렇지 않은가? 우리는 우리가 십진법을 좋아하는 것이 역사적 우연, 즉 우리가 다섯 단위five digit 손을 2개 가지고 있음에서 비롯된 것이라고 믿는 경향이 있다. 그러나 외계인도 한 쌍의 손이 있고 각 손에는 우리의 손가락과 같은 5개의 하위 단위가 있다고 하자. 수를 세기 위해 "가진 것이 무엇이든 그것을 사용하기"라는 "해법"은, 강제된 수의 범주에 꼭 들어맞지는 않는다 해도 꽤 명백한 것이다.[6] 그들의 신체가 대칭성을 지닐 좋은 이유들을 고려해본다면, 그리고 다른 것이 아닌 특정한 무언가를 조작해야 하는 문제들의 빈도를 고려해 본다면, 외계인에게 물건을 잡을 수 있는 한 **쌍**의 부속지가 있다는 것이 그다지 놀라운 일은 아닐 것이다. 그러나 각 부속지에 5개의 하부 단위가 있어야 한다는 것은 수억 년에 걸쳐 깊이 뿌리내린 '쿼티' 현상 같은 것, 즉 **우리의** 선택지를 제한하는 역사적 우연에 불과한 것일 뿐, 그것이 외계인들의 선택지까지 제한했을 것이라고 기대해서는 안 된다. 하지만

6 시모어 페이퍼트(1993, 90쪽)는 교실에서 손가락을 이용한 셈을 할 수 없는 "학습 불능자" 소년을 관찰하고 이렇게 썼다. "그가 자료실에 앉아 있을 때 나는 그가 손가락을 조작하고 싶어 근질근질해 하는 것을 볼 수 있었다. 그러나 그는 더 잘 알고 있었다. 그 후 소년은 셀 때 이용할 수 있는 물건들이 주위에 있는지 둘러보았다. 사용할 수 있는 것은 아무것도 없었다. 나는 그의 좌절감이 커지는 것을 보았다. 내가 무엇을 할 수 있었을까? …… 어느 순간, 영감이 왔다! 나는 아무렇지 않게 소년에게 다가가서 큰 소리로 말했다. '너, 이(치아)를 이용해서 세는 것은 생각해봤니?' 나는 소년의 얼굴에서 요점을 파악했다는 표정이 즉각 떠오르는 것을 보았다. 그리고 보조교사는 무슨 소리인지 이해하지 못했다. 나는 속으로 말했다. '학습 불능이라니, 진짜 어이없군.' 소년은 반쯤 감추어진 미소를 띠며 덧셈을 했고, 분명 그 전복적인 아이디어에 기뻐하고 있었다." ("가진 것이 무엇이든 그걸 사용하기"를 가능한 강제된 움직임으로 간주한다면, 지구의 모든 사람들이 다 십진법을 쓴 것은 아님을 상기해볼 가치가 있다. 예컨대, 마야인들은 20진법 체계를 사용했다.)

우리는 어쩌면 5개의 하부 단위를 지니는 것의 견고함, 즉 합리성을 과소평가하고 있는지도 모른다. 그것이 일반적으로 '좋은 생각Good Idea'일 수도 있는 것은, 단지 우리가 그것을 가지고 있기 때문이 아니라 우리가 아직 헤아리지 못한 이유들 때문일 수도 있다. 그렇다면 지구 밖 우주에서 온 우리 대화 상대가 그와 똑같은 '좋은 생각'으로 수렴했고, 그 동일한 '좋은 생각'의 수가 수십, 수백, 수천에 이른다는 것이 결국 밝혀진다 해도 그리 놀랄 일은 아닐 것이다.

그러나 그들이 우리가 쓰는 숫자, 그러니까 소위 아라비아 숫자라 불리는 "1", "2", "3" …… 등의 기호를 우리와 똑같이 쓴다면 우리는 대경실색할 것이다. 여기 지구에서도 완벽하게 좋은 대안, 예를 들어 "١", "٢", "٣", "٤", "ء" 등의 "아랍" 숫자도 있고,[7] 지금은 그다지 독자 생존하고 있진 않지만 "i", "ii", "iii", "iv" 등의 로마 숫자도 있다는 것을 우리는 알고 있으니까. 우리의 아라비아 숫자를 사용하는 다른 행성 거주민을 발견한다면, 우리는 그것이 우연이 아님을 확신하고, 거기에 모종의 역사적 연관이 있으리라고 생각할 것이다. 왜? 가능한 숫자 형태 공간은 천많게 광대하고, 서로 아무 관계 없는 독자적인 두 "탐색" 경로가 공간 내의 똑같은 위치에서 만나며 종료될 가능도likelihood는 한없이 0에 가깝게 없작기 때문이다.

학생들은 종종 수number와 숫자numeral를 명확하게 구분하는 것을 힘들어하곤 한다. 수는 숫자를 그 이름으로 하는, 추상적인 "플라톤적" 대상이다. 아라비아 숫자 "4"와 로마 숫자 "IV"는 하나의 동일한 것—수 4—의 다른 이름일 뿐이다. (수에 어떤 식으로든 이름을 붙이지 않으면 수에 대해 이야기할 수 없다. 클린턴에게 그를 지칭하는 어떤 단어 또는 단어들을 사용하지 않으면 그에 관해 말할 수 없는 것과 마찬가지로 말이다.

7 [옮긴이] 동아라비아에서는 지금도 이런 숫자를 사용한다. 여기 적힌 "아랍" 숫자는 차례대로 수 1, 2, 3, 4를 뜻한다.

그러나 클린턴은 사람이지 단어가 아니다. 마찬가지로 수도 기호가 아니다. 그러나 숫자는 기호다.) 여기 수와 숫자를 구분하는 것의 중요성을 볼 수 있는 생생한 방법이 있다. 외계인이 우리와 똑같은 **수**를 사용한다는 것을 발견했다면 우리는 그리 놀라지 않을 것이다. 그러나 그들이 똑같은 **숫자**를 사용한다면 정말이지 믿을 수 없을 것이다.

천많게 광대한 가능성 공간에서, 독립적으로 선택된 두 요소 간의 유사성은, **유사해야 할 이유가 없다면**, 없작다. 수들 간에는 그럴 이유가 있다(산술은 **진리**이고 그것의 변형[변이]들은 그렇지 않다). 그러나 숫자에는 그럴 이유가 없다(기호 "§"도 4 다음에 오는 수의 이름인 "5"라는 기호가 하는 기능을 정확히 똑같이 수행할 수 있을 것이다).

우리처럼 대부분의 비공식적 목적에서 십진법을 사용하지만 기계적 보철 장치(컴퓨터)의 도움으로 계산할 때는 이진법으로 변환하는 외계인을 발견했다고 하자. 그들의 컴퓨터에서 수 0과 1이 사용된다는 (그들이 컴퓨터를 발명했다고 가정하자!) 것을 알게 되어도 우리는 놀라지 않을 텐데, 이진법을 채택하는 데에는 좋은 공학적 **이유**가 있기 때문이며, 또 비록 그러한 이유들이 아주 명백하진 않지만, 평균적인 유형의 사상가들에게는 납득 가능한 유효 거리 내에 있기 때문이다. 이진법이 지닌 덕목들의 진가를 알기 위해 "로켓 과학자가 될 필요는 없다."

일반적으로 우리는, 그 외계인들이 많은 것들을 **올바른 길로 나아가게** 할 다양한 방식들을 발견했으리라고 기대할 것이다. 과제를 성취하는 서로 다른 많은 방식들이 있고, 다른 그 어떤 방법보다 훨씬 더 좋은 다른 방법이 없는 경우, 그들이 **우리**와 똑같은 방식으로 동일 과제를 성취한다면 우리는 정말이지 깜짝 놀랄 것이며, 우리가 얼마나 놀랄 것인가는 우리가 생각할 수 있는 성취 방식들이 얼마나 많은가에 비례할 것이다. 천많은 **동등한 방식들**을 고려하고 있을 때라 해도, 가치 판단은 암묵적이라는 점에 유의하시라. 어떤 항목들이 그 천많은 집합들 중 하나에 맞아떨어진다고 인식되려면, 그 항목들이 **기능 x를 수행하는** 방식들 중 하나로서 동등하게 좋은 방식들임이 드러나야만 한다. 이런 종류의 탐구 조사에서는 기능론적 사고를 피할 수 없다. 기능의 개념을 전제하지 않고서는 가능성들을 열거할 수조차 없으니까. (이제 우리는 '멘델의 도서관'을 신중하게 소독하며[8] 형식화했을 때마저도 사실은 기능이라는 것의 전제에 호소했음을 알 수 있다. 유전체를 번식 시스템 안에서 특정 기능을 수행하는 것이라고 생각하지 않는다면 우리는 무언가를 **가능한 유전체**라고 정의할 수 없다.)

그러므로 실천적 이유 추론이라는 일반적 원리(좀 더 현대적으로 말하자면, **비용-편익 분석** 같은 것을 포함하는)들이 있음이 드러난다. 그 원리들은 어디에서나 모든 형태의 생명체에 그들 자신을 부과할 것이라고 우리는 믿을 수 있다. 우리는 특정한 경우에 관한 논증은 할 수 있지만, 그 원리들의 보편적 적용 가능성에 관해서는 논증할 수 없다. 운동 가능한 생명체에서의 좌우 대칭 형태라든가 선박으로 치면 뱃머리에 해당하는 곳 근처에 입이 있다든가 하는 설계 특성들은 주로 역사적 우연으로 설명되어야 할까, 아니면 주로 실용적 지혜의 문제로 설명되어야 할까? 논쟁하거나 탐구할 유일한 문제는 그 두 가지의 상대적 기여와, 기여가 이루어진 역사적 순서이다. (실제 '쿼티' 현상에는, 초기 선택이 일어날 때는 완벽하게 좋은 공학적 이유가 존재했음을 상기하라—그리고 그 이유를 지지해주던 환경이 오래전에 사라져버렸을 뿐이다.)

이제 설계 작업—들어올림—은 "발생하는 문제들"을 해결할 좋은 방식들을 발견하는 작업으로 특징지어질 수 있다. 어떤 문제들은 모든 환경에서, 모든 조건 아래서, 모든 종들에서 처음부터 발생한다. 그리고

---

8 [옮긴이] 일군의 생물학자들과 생물철학자들은 기능주의나 적응주의가 조금만 들어가도 해로운 목적론과 불필요한 의인화가 유입되어 논의를 망쳐버린다고 생각한다. 따라서 그들은 기능이나 적응과 관련된 단어조차 쓰지 않으려고 하며, 자신이 혹시나 그런 단어를 사용했거나 그런 사상이 조금이라도 비치도록 글을 쓰지는 않았는지 혹독하게 자기 검열을 한다. 데닛은 이러한 자기 검열을 "검역"이나 "소독", 또는 "멸균"이라고 말하기도 한다.

그 초기 문제들을 "해결하려는 초기의 시도들"에 의해 차후의 문제들이 생성된다. 이 부수적 문제들 중 일부는 다른 종의 유기체들(이들 역시 살아가야 한다)에 의해 만들어지고, 또 다른 부수적 문제들은 그 종 자신의 문제를 해결하는 그들 자신의 해결책 때문에 생성된다. 이를테면 이렇게 말이다. 누군가가 이 영역에서의 해결책들을 찾으려고—어쩌면 동전 던지기 등을 통해—결심한다. 그는 문제 A가 아닌 B를 풀기로 한다. 그런데 문제 B는 하위 문제 x, y, z가 아닌 p, q, r를 발생시킨다. 그리고 하위 문제의 하위 문제들도 이런 식으로 이어서 발생한다. 우리는 하나의 종을 이런 식으로 의인화하여 그 종을 행위자나 실용적 이유 추론자reasoner로 취급해야 할까?(Schull 1990, Dennett 1990a) 아니면 그에 대한 대안으로, 종들을 완벽하게 무마음적인 비행위자로 생각하고, 합리적 근거rationale를 자연선택 과정 자체(아마도 '대자연[영어로는 Mother Nature]'이라고 우스꽝스럽게 의인화된) 안에 놓을 수도 있다. 프랜시스 크릭의 "진화는 당신보다 똑똑하다"라는 명언을 기억하라. 그것도 아니라면 이런 생생한 표현 방식들을 완전히 피하는 것을 선택할 수도 있다. 그러나 그럴 경우라도, 그리고 그 어떤 경우에도 우리가 하는 분석은 앞에서와 같은 논리로 진행될 것이다.

이것이 바로 "설계 작업은 어쨌든 지성적 작업"이라는 우리의 직관 뒤에 숨어 있는 것이다. 설계 작업은 우리가 그것에 **이유들**을 부과하기 시작할 때에만 식별될 수 있다(그렇게 하지 않는다면, 설계 작업은 옮겨가는 유전체들의 해석 불가능한 문자[철자]들로밖에 여겨지지 않을 것이다). (초기 저작에서 나는 그런 이유들을 "부유하는 합리적 근거free-floating rationales"라고 표현했는데, 확실히 이 용어는, 그 용어가 아니었더라면 내게 호의적이었을 많은 독자들에게 공포나 메스꺼움을 느끼게 했다. 그러나 좀 참아주시라. 이 점들을 좀 더 입맛에 맞게 만들 방법들을 곧 제공할 테니.)

그렇다. '설계Design'가 그저 설명하기에 놀라운 것일 뿐 아니라 '설계'에는 '지능Intelligence'이 들어간다고 말했던 점에서는 페일리가 옳았다. 그가 놓쳤던—그리고 다윈이 제공했던—것은, 그 '지능'이라는 것이 너무도 작고 멍청해서 아예 지능intelligence으로 간주되지 않을 수도 있는 조각들로 분해되어, 거대한, 연결된 알고리즘 과정의 네트워크 안에 시·공간적으로 분포될 수 있다는 아이디어뿐이었다. 작업은 마쳐져야 하지만, 무슨 작업이 마쳐질 것인가는 주로 우연의 문제이다. 우연은 무슨 문제들(과 하위 문제들과 하위-하위 문제들)이 설비에 의해 "처리"될지 결정되는 데 도움을 주기 때문이다. 문제가 해결된 것을 볼 때마다 우리는 물을 수 있다. 누가 또는 무엇이 그 일을 했는가? 어디서, 그리고 언제? 해결은 국소적으로 이루어졌는가, 아니면 해결책이 오래전부터 있었던 것인가, 아니면 나무의 다른 가지들에서 어찌어찌 빌려온 (또는 훔쳐온) 것인가? 설계공간에서 자라는 '나무'의, 겉보기에 멀리 떨어져 있는 가지에서 하위 문제를 해결하는 중에만 발생하는 특이한 것들이 나타난다면, 기적이나 믿을 수 없을 만큼의 우주적 우연이 일어난 것이 아닌 한, 완성된 설계 작업을 다른 곳으로 옮기는 모종의 복사 사건이 어딘가에서 벌어졌어야만 한다.

설계공간에는 하나의 정상 지점도, 보정된 발판이 있는 하나의 계단이나 사다리도 없다. 그러므로 우리는 동떨어져 발달 중인 가지들에 걸친 설계 작업의 양을 비교할 척도를 찾을 수 있으리라 기대할 수 없다. 서로 다른 "채택된 방법들"의 변덕과 일탈 덕분에, 어떤 의미에서는 그저 하나의 문제인 어떤 것이, 더 많거나 적은 작업이 필요한, 어려운 해결책과 쉬운 해결책 모두를 가질 수 있다. 수학자이자 물리학자(이자 컴퓨터를 발명한 사람)인 존 폰 노이만John von Neumann에 관한 유명한 일화가 있다. 폰 노이만은 머릿속에서 엄청난 계산을 번개같이 해내는 어마어마한 역량으로 잘 알려진 전설적인 인물이다. (대부분의 유명한 일화들이 그렇듯, 이 이야기도 많은 버전으로 알려져 있는데, 여기서는 내가 추구하는 점을 가장 잘 보여주는 것으로 골라 보았다.) 어느 날 그의 동료가 두 가지 경로로 풀 수 있는 문제를 들고 그를 찾아왔다. 한 가지 경로는 고되고 복잡한 계산이 필요한 것이고, 다른 경로는 우아한 '아하! 유형'의 해법이었다. 이 동료는 "이런 경우, (더 게으르지만 더 똑똑한) 물리학자들은 잠깐 멈춰 서서 빠르고 쉬운 해결책을 찾아내지만, 수학자들은 고된 해결책을 택해 우직하게 계산한다"는 이론을 지니고 있었다. 폰 노이만은 어떤 해법으로 문제를 풀었을까? 그 문제는 이런 종류의 것이다: 100마일 떨어져 있는 두 기차가 하나의 선로에서 서로를 마주 보며 달리고 있다. 하나는 시속 30마일로, 다른 하나는 시속 20마일로 달리고 있는데, 새 한 마리가 시속 120마일로 기차 A에서 출발해 (이때 두 기차 간 거리는 100마일이었다) 기차 B로 날아갔다가 다시 기차 A로 날아가고, 기차 A와 만나면 다시 기차 B로 날아가고, 이런 일을 두 기차가 충돌할 때까지 반복한다. 충돌이 일어날 때까지 이 새가 날아다닌 거리는 얼마인가? "240마일." 폰 노이만은 거의 즉시 대답했다. 동료가 말했다. "젠장! 난 자네가 어려운 방식으로 풀 줄 알았는데!" 폰 노이만은 당황해서 자기 이마를 두드리며 소리쳤다. "어이쿠! 그래, 쉬운 방법이 있었어!" (힌트: 기차들이 충돌하기까지 시간이 얼마나 걸렸는가?)[9]

눈eye은 여러 차례 해결되어온 문제의 표준적인 예다. 그러나 어쩌면 똑같아 보이는 (그리고 똑같이 보는) 눈들이라도 서로 다른 양의 작업이 들어간 R&D 프로젝트에 의해 성취되었을 수 있는데, 이는 그 과정에서 마주쳤던 난점들의 역사적 특수성들 덕분이다. 눈이 전혀 없는 생물도 설계의 그 어떤 절대적 척도에서 본다 해도 눈이 있는 생물보다 더 낫지도 않고 더 나쁘지도 않다. 눈이 없는 생물의 경우, 이 문제를 해결해야 한다는 과업이 그 혈통에 주어지지 않았을 뿐이다. 다양한 혈통에 존재하는, 운luck에 작용하는 이와 동일한 다양성 때문에 전 지구적 진

9 [옮긴이] 이 쉬운 방식을 택하지 않는다면 무한급수로 풀어야 하고, 그렇게 하려면 꽤 긴 시간이 필요하다. 노이만은 아주 짧은 시간 동안 암산으로 무한급수 문제를 풀어버린 것이다.

보를 측정할 수 있는 단일한 아르키메데스 점Archimedean point[10]을 정의하기란 불가능하다. 생각해보자. 당신의 매우 비싼 차가 고장 났다. 당신은 낡은 고물차는 손수 고쳐왔지만, 이 차는 당신이 그 방식으로 고치기에는 너무 복잡하다. 그래서 당신은 정비공을 고용해야 하고, 그 값을 충당하기 위해 가욋일을 한다면 그것은 진보인가, 아닌가? 누가 말할 수 있는가? 어떤 계보들은 경쟁하는 설계의 군비경쟁 안에서, 복잡성이 복잡성을 낳는 설계공간 내의 경로에 갇히게 된다(또는 어슬렁거리다 "운수 좋게도" 그 안으로 들어오게 된다—당신은 어느 쪽이라고 생각하는가?). 반면에 다른 계보들은 충분히 재수 좋게도 (또는 충분히 재수가 나빠서—당신의 선택은?) 생명의 문제들에 대한 비교적 쉬운 해결책을 처음부터 생각해냈고 10억 년 전에 그것을 해결했지만, 그 후로는 설계 작업의 방식에서 할 일이 그다지 많지 않았다. 우리 인간, 즉 복잡한 생물로서의 우리는 복잡성의 진가를 알아보는 경향이 있다. 그러나 그것은 아마도 우리 같은 종류의 계보와 함께하는 미학적 선호에 불과할 수도 있다. 아마도 다른 계보들은 단순성이 얼마나 배분되었는가에 따라 기꺼이 행복해할 수도 있을 것이다.

10 [옮긴이] 지렛대의 원리를 규명한 아르키메데스는 충분히 길고 큰 지렛대를 준다면, 그리고 지구 밖의 움직이지 않는 고정점이 있다면, 그 점을 받침점 삼아 지렛대로 지구를 들어올릴 수 있다고 주장한 것으로 유명하다. 이 일화 덕분에, 모든 것을 받치고 있는 부동의 근본 토대, 즉 탐구자가 탐구 대상 및 그와 관련된 사항들을 한꺼번에 조망할 수 있는 가설적 지점을 아르키메데스 점(또는 아르키메데스 준거점)이라 부르게 되었다. 데카르트 또한 자신이 탐구의 출발점으로 삼았던 "제1 원리"를 아르키메데스 점에 해당하는 것이라 말했다.

3. 설계공간의 통합성

서로 다른 언어들의 형성과 구분되는 종들의 형성, 그리고 이 두 가지가 모두 점진적인 과정을 통해 발달했다는 증명은 기묘할 정도로 동일하다.

—찰스 다윈(1871, p. 59)

이 장에서 내가 제공하는 예시들은 한편으로는 생물학적 설계 또는 유기체의 영역을, 그리고 다른 한편으로는 인공물—책, 해결된 문제들, 공학적 승리들—의 영역을 넘나드는데, 나는 이에 대한 지적 없이 어물쩍 넘어가진 않을 것이다. 물론 그 두 영역을 넘나드는 예시들을 꺼내 놓은 것은 우연이 아니라 나의 설계에 따른 것으로, 중앙 집중 공격을 위한 무대를 만들고 많은 탄약을 마련하는 것을 돕기 위해서였다: **설계공간은 오직 하나만 존재하며, 그 안에서 현실로 나타난 모든 것은 다른 모든 것과 통합(연합)되어 있다**. 다윈이 이를 우리에게 가르쳤다는 것을 덧붙일 필요는 없다고 나는 생각한다. 다윈 자신이 이를 완전히 깨닫고 있었는지 아닌지와는 상관없이 말이다.

이제 나는, 이 주장을 위한 증거를 강조하면서, 그리고 이 주장의 함축을 두어 가지 더 끌어내고 이 주장을 믿을 근거들도 도출하면서, 우리가 다루었던 근거들을 재론해보고자 한다. 내가 생각하기에 유사성과 연속성은 매우 중요하다. 하지만 나중 장들에서는 설계된 세계에서 사람이 만든 부분과 국지적으로 집중된, 선견지명을 지닌 지성(제작자로서의 우리가 문제를 해결하기 위해 도입하는 것) 없이 만들어진 부분들과의 중요한 비유사성들도 몇 가지 짚고 넘어갈 것이다.

우리는 앞에서 '멘델의 도서관'이 (A, C, G, T 네 글자로 인쇄된 책들이 모여 있는 형태로) '바벨의 도서관'에 포함되어 있음에 주목했지만,

이제는 '바벨의 도서관'의 적어도 매우 큰 부분(얼마나 큰 부분인지 알고 싶다면 15장을 보라)이 거꾸로 '멘델의 도서관' 안에 "포함되어" 있다는 것에도 주목해야 한다. 이런 포함 관계가 성립하는 것은 **우리**가 '멘델의 도서관' 안에 있기 때문이다(우리의 유전체도 거기 있고, 우리가 우리 삶을 의지하고 있는 다른 생명체들의 유전체들도 거기 있다). '멘델의 도서관'은 우리의 "확장된 표현형extended phenotype"(Dawkins 1982)의 한 측면이다. 이는, 거미가 거미줄을 만들고 비버가 댐을 만드는 것과 같은 방식으로 우리는 (다른 많은 것들도 있지만) 책을 만든다는 뜻이다. 거미의 정상적 설비의 일부인 거미줄을 고려하지 않는다면 거미 유전체의 성공 가능성을 평가할 수 없고, 우리가 문화를 지닌 종이라는 것을 고려하지 않는다면 우리 유전체의 성공 가능성을 평가할 수 없다(정말이지 더 이상 평가할 수 없다). 그리고 그 문화의 대표적인 것은 책의 형식을 취하고 있다. 우리는 그저 설계의 산물이기만 한 것이 아니다. 우리는 설계자다. 그리고 설계자로서 우리가 지닌 모든 재능들은, 그리고 우리의 생산품들은, **이런저런 종류의** 기계적이고 눈먼(무목적적인) 다윈주의적 메커니즘에 의해 비非 기적적으로 생겨나야만 한다. 원핵생물 혈통들에 대한 초기 설계 탐구에서부터 옥스퍼드 교수들의 수학적 탐구 조사까지 이르려면 얼마나 많은 크레인 위의 크레인들이 있어야 할까? 이것은 다윈주의 사고에 의해 제기되는 질문이다. 그리고 이런 사고에 대한 저항은 원핵생물에서 도서관들의 가장 훌륭한 보물들에 이르는 동안의 그 어딘가에 불연속 지점들이 반드시 있으리라고 생각하는 사람들, 즉 스카이후크나 '특수 창조'의 순간, 혹은 또 다른 종류의 기적들이 있다고 생각하는 사람들로부터 비롯된다.

어쩌면 그런 것들이 있을지도 모른다. 그 질문에 대해서는 이 책의 나머지 부분에서 많은 다양한 방식으로 살펴볼 것이다. 그러나 우리는 이미 다양한 심층적 유사점들을 살펴본 바 있는데, 그때 고찰했던 사례들에서는 매우 동일한 원리들 및 매우 동일한 분석이나 추론 전략들이 양쪽 영역 모두에서 적용되었다. 그런 사례들을 찾은 곳에는 더 많은 사례들이 존재한다.

예를 들어, 다윈이 특정 종류의 역사적 추론을 선구적으로 사용한 것을 생각해보자. 스티븐 제이 굴드가 강조했듯이(이를테면 1977a, 1980a), 변화를 동반한 계승의 역사적 과정을 위한 최고의 증거가 되는 것은 바로 결함, 즉 완벽한 설계로 보일 수 있는 것들이 기이하게 모자라는 것이다: 그것이야말로 문제의 설계가 독립적으로 재발명된 것이 아니라 복제되었다는 최고의 증거이다. 이것이 왜 그렇게도 좋은 증거가 되는지 우리는 이제 더 잘 알 수 있다. 문제의 설계 요소가 명백하게 옳은 것—설계공간 내에서의 강제된 움직임—이 아닌 한, 독립적인 두 과정이 설계공간상의 동일한 영역에 도달하지 못할 가능성은 천많이 크다. 완벽함은, 그것이 명백하다면 계속해서 독립적으로 얻어질 것이다. 복제를 명명백백하게 드러내주는 것은 완벽에 가까운 특이한 **버전들**이다. 진화 이론에서 그러한 형질들은 **상동**homology이라 불린다. 상동 형질이란 기능적 이유들 때문에 유사해진 것이 아니라 복제되었기 때문에 유사해진 형질들을 말한다. 생물학자 마크 리들리는 "진화에 관한 별개의 논증으로 제시되는 많은 것들이 종종 상동으로부터의 논증의 일반적 형태로 환원된다"고 관찰하며, 그 논증에서 본질을 압출해낸다.

> 포유류의 귀뼈들은 상동의 사례이다. 파충류의 몇몇 턱뼈들도 상동적이다. 포유류의 귀뼈들이 파충류 턱을 이루는 것과 동일한 뼈들로부터 만들어졌어야 할 이유는 없다. 하지만 포유류의 귀뼈들은 사실 그렇게 만들어졌다. 서로 다른 종들이 상동성을 공유한다는 것은 진화를 지지하는 논증인데, 상동 기관들이 독립적으로 만들어졌다면 상동적 유사성을 보일 **이유가 없기 때문**〔강조는 내가 했다〕이다. 〔Mark Ridley 1985, p. 9〕

이는 생물권에서 일이 어떻게 진행되는지, 그리고 표절이라는 문화적 영역과 산업 스파이라는 분야에서 일이 어떻게 진행되는지를 보여준다. 이는 또한 **텍스트 수정**이라는 정직한 작업이기도 하다.

여기 기이한 역사적 우연의 일치가 있다: 다윈이 자신의 특징적인 다윈주의적 추론 방식을 분명히 이해시키기 위해 분투하는 동안, 그의 빅토리아 시대 동료들, 특히 영국과 독일의 몇몇 학자들은 이미 **고문서학**paleography 또는 **문헌학**philology 분야에서 다윈의 것과 같은 대담하고 독창적인 역사적 추론 방식을 완성했던 것이다. 나는 이 책에서 플라톤의 저작을 여러 번 언급했다. 그렇지만 우리가 읽을 수 있도록 플라톤의 저작이 어떤 버전으로든 살아남았다는 것은 그야말로 "기적"이다. 그의 《대화록Dialogues》의 모든 텍스트들은 천 년 이상 찾을 수 없었다. 르네상스 여명기, 그 텍스트들은 소재를 알고 있었던 이들로부터의 복사본의 복사본의 부분적 복사본들로, 아주 너덜너덜하고 또 의심스러운 형태로 재등장했다. 그때부터 "텍스트를 정화"하고 원출처와의 적절한 정보 링크를 확립하기 위한 장장 500년에 이르는 고단한 학문적 노력의 대장정이 시작되었다. 물론 그 원래의 출처는 플라톤의 수중, 또는 그의 구술을 받아적은 서기의 수중이었을 것이다. 아마도 원본들은 오래전에 먼지로 변해버렸을 것이다. (얼마 전, 플라톤의 말이라 믿을 수도 있음 직한 텍스트가 적힌 파피루스 조각들이 발견되었다. 이 텍스트 조각들이 아마도 플라톤과 동시대의 것일 수 있다고는 하지만, 이것들은 최근에야 밝혀진 것이었으므로 이 학술적 대장정에서 중요한 역할을 하지는 못했다.)

학자들이 마주한 과업은 만만치 않았다. 단절이 없었던 다양한 사본들〔이런 것들은 "증언사본/전승사본(증인)"이라 불렸다〕에도 명백하게 많은 "오염"이 있었으며, 이 오염 또는 오류들은 수정되어야만 했다. 그러나 진위가 의심스러운 곤혹스럽거나 흥미진진한 구절들 또한 많았으며, 무슨 텍스트가 진짜인지 저자에게 물어볼 방법도 없었다. 텍스트들의 진위는 어떻게 적절하게 구별될 수 있었을까? 오염은 명백함이라는 측면에서 어느 정도 서열화될 수 있다: (1) 오타에 해당하는 오류, (2) 문법적 오류, (3) 바보스럽거나, 그것도 아니면 이해할 수 없는 표현, (4) 플라톤 저작들의 나머지 부분과는 문체나 교리상 어울리지 않는 부분들. 다윈의 시대에 이르기까지, "증인"들의 계보를 다시 만드는 데 학문적 생애를 다 바친 문헌학자들은 정교하고—그들의 시대에는—엄격한 비교 방법들을 개발했을 뿐 아니라, 복사본들의 복사본들의 전체 혈통들을 추정하는 데 성공했고, 그 복사본들의 복사본들의 탄생과 번식, 그리고 마침내는 죽음까지의 역사적 상황들에 대한 많은 기이한 사실들을 추론해냈다. 존재하는 문서들(옥스퍼드와 파리의 보들리도서관, 비엔나국립도서관, 바티칸을 비롯한 많은 곳에서 세심하게 보존해둔 양피지 보물들) 속 공유된 오류와 공유되지 않은 오류들의 패턴을 분석함으로써, 학자들은 얼마나 많은 서로 다른 사본들이 있었어야 했는지, 대략 언제 그리고 어디서 그 사본들의 일부가 만들어졌음이 틀림없는지, 그리고 어떤 "증언사본들"이 비교적 최근까지 공통 조상을 공유하고 있었거나 그러지 않았는지 등에 관한 가설들을 도출할 수 있었다.

그들의 도출 작업이 지닌 대담성은 때때로 다윈이 했던 모든 작업과도 동등하다: 특정 혈통에서 수정되지도 않고 모든 후손들에게 복제되지도 않은 원고 작업 오류들의 특정 집단이 존재하는데, 이는 거의 확실하게 받아쓰기를 하는 필경사가 읽는 이와 똑같은 방식으로 그리스어를 발음하지 않았고, 그래서 결과적으로 많은 경우에 특정 음소phoneme를 잘못 들었기 때문에 생긴 일이다! 그러한 단서들은, 그리스어 역사상의 다른 출처들에서 나온 증거들과 결합되면 학자들에게 몇 세기에 그리스의 섬 또는 산꼭대기에 있었던 어느 수도원이 그 일련의 돌연변이들이 만들어진 무대임이 틀림없다는 것을 제안할지도 모른다—비록 그때 그곳에서 만들어졌던 실제 양피지 문서들은 열역학 제2 법칙에 굴복하여 먼지가 된 지 오래지만 말이다.[11]

다윈은 문헌학자들에게서 무언가를 배우긴 했는가? 다윈이 문헌학자들의 바퀴들 중 하나를 재발명했음을 인식한 문헌학자가 있었는가? 니체는 철학자이기 이전에 고대 텍스트에 어마어마하게 박식한 고문헌학자였고 다윈 붐에 휩쓸렸던 많은 독일 사상가 중 한 명이었다. 그러나 내가 아는 한, 그는 다윈의 방법과 자기 동료들의 방법 간의 친족관계를 전혀 눈치채지 못했다. 다윈 본인은 말년에 자신의 논증과 언어의 계보(플라톤 학자의 경우에서와 같은 특정 텍스트 계보는 아니고)를 연구하는 문헌학자들의 논증들이 보여주는 기묘한 유사성에 강한 인상을 받았다. 《인간의 유래와 성선택》(1871, p. 59)에서 그는 상동과 상사analogy(이는 수렴진화로 인해 생길 수 있는 것이다)의 구분에 관한 공유된 용례를 분명하게 지적했다: "우리는 놀라운 상동기관과 상사기관을 명확한 언어로 구분한다. 상동기관은 가계 공동체에 기인한 것이며 상사기관은 유사한 형성 과정에 의한 것이다."

불완전함이나 오류는 공유된 역사를 큰 소리로—그리고 직관적으로—말해주는 다양한 표식들의 특별한 경우들일 뿐이다. 약간의 설계 작업에서 취해진 경로들을 비틀어 놓는 데 있어 우연의 역할은 오류를 생성하지 않으면서도 오류가 만들어내는 것과 동일한 효과를 창조할 수 있다. 적절한 예를 하나 살펴보자. 1988년, 위대한 천문학사학자 오토 노이게바우어Otto Neugebauer는 종縱 방향으로 숫자들이 적혀 있는 파피루스 조각의 사진을 받았다. 고대 그리스·로마 연구자였던 발송자는 그 파피루스 조각의 의미에 관한 단서를 전혀 찾지 못한 상태였고, 노이

11 학술 활동은 계속된다. 컴퓨터의 도움에 힘입어, 더욱 최근의 연구들은 다음과 같은 사항들을 보여주었다. "우리의 플라톤 원고 연구의 규약과 그 세습물의 19세기 모델은 과도단순화되어 있으므로 틀린 것으로 간주되어야 한다. 원래의 형태에서 그 모델은, 현존하는 필사본들은 현존하는 가장 오래된 세 필사본들 중 하나 또는 그 이상의 직접적 또는 간접적 복제본이며, 각각은 문자 그대로 복제된 것이라고 가정했다: 그러면 더 최근의 필사본들에서 발견되는 변이들은 필사 과정에서 일어난 오염이거나 자의적 수정이며, 그런 것들이 새로운 복제가 생길 때마다 누적적으로 증가된 것이라고 설명된다 ……." (Brumbaugh and Wells 1968, p. 2; 서론은 상당히 최근에 이루어진 연구 결과들을 생생하게 그려준다.)

게바우어에게서 아이디어를 얻을 수 있을지 궁금해했다. 89세의 노학자 노이게바우어는 숫자들의 선간線間 차이를 다시 계산하여 그 최대 한계와 최소 한계를 찾아냈으며, 그 파피루스 조각이 바빌로니아의 "시스템 B" 문자 체계로 적힌 천체력ephemeris 쐐기 문자판의 "G 열"을 번역한 것이라는 결론을 내렸다! (천체력이란, 항해력Nautical Almanac처럼, 특정 기간 동안 원하는 시각에 특정 천체가 천구상의 어디에 위치할지를 계산할 수 있게 해주는 표 체계이다.) 노이게바우어는 어떻게 이렇게 셜록 홈스처럼 결론을 도출할 **수 있었을까**? 어떻게 이런 연역을 했을까? 간단하다. 그리스어로 적힌 것(십진법이 아니라 육십진법의 서열)은 노이게바우어에 의해, 바빌로니아인들이 달의 위치를 매우 정확하게 계산한 것의 일부—G열!—로 인식되었다. 천체력을 계산하는 방식은 매우 많고 다양하다. 그리고 노이게바우어는 알고 있었다. 자신만의 체계를 이용해 자신의 천체력을 독자적으로 작업하는 사람은, 다른 사람과 비슷한 수를 사용한다 해도 그 사람의 것과 정확하게 동일한 결과를 산출하진 않으리라는 것을. 바빌로니아의 B 체계는 매우 뛰어나며, 따라서 그 설계는 번역본에서도 고맙게도 모든 세부 특정 사항들을 잃지 않은 채 보존된 것이다.(Neugebauer 1989)[12]

노이게바우어는 위대한 학자였다. 그러나 아마 당신도 그의 발자국을 따라 그가 한 것과 비슷한 추리를 할 수 있을 것이다. 누군가 당신에게 그림 6-1과 같은 텍스트 복사본을 주면서 노이게바우어가 받았던 질문과 같은 것, 즉 이것이 무엇을 의미하는지, 그리고 어디서 왔는지를 물어보았다고 하자.

책을 계속 읽기 전에 한번 시도해보라. 여러분은 옛 독일 프라크투

12 1993년 10월 1일 터프츠대학교에서는 노엘 스워들로Noel Swerdlow의 "프톨레마이오스의 행성 이론"에 관한 논의가 이루어졌다. 거기서 이 이야기를 소개하고 그 후 나에게 노이게바우어의 논문 및 그 세부 요점들을 설명해준 스워들로에게 감사한다.

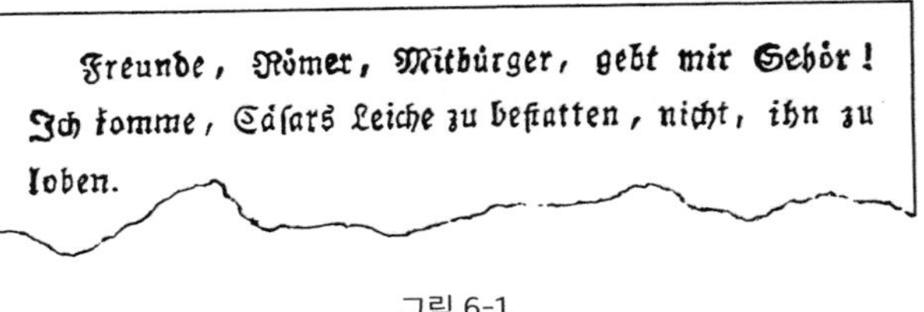
Freunde, Römer, Mitbürger, gebt mir Gehör! Ich komme, Cäsars Leiche zu bestatten, nicht, ihn zu loben.

그림 6-1

르Fraktur 서체를 읽고 있다는 것을—심지어는 이것이 독일어라는 것조차—정말로 알지 못한다고 해도 이것을 알아볼 수 있을 것이다. 다시 면밀히 보라. 알아챘는가? 실로 인상적인 묘기 아닌가! 노이게바우어는 바빌로니아 G열을 얻었지만 당신은 이 조각이 엘리자베스 시대 비극 중 한 편의 대사 일부(정확하게는《줄리어스 시저Julius Caesar》3막 2장 79~80번째 줄)[13]를 독일어로 번역한 것이라고 금세 판단했을 것이다. 그렇지 않은가? 일단 이런 생각에 이르면 당신은 이것이 다른 것이기 매우 힘들다는 것을 깨닫게 될 것이다! 다른 상황에서라면 독일어 문자들이 **바로 이** 특정 순서로 조합되지 않을 가능성은 천많게 크다. 왜 그런가? 그러한 기호열을 특징짓는 특수성은 무엇인가?

니컬러스 험프리Nicholas Humphrey(1987)는 보다 과감한 버전으로 이 질문을 좀 더 생생하게 만든다. 뉴턴의《프린키피아Principia》, 제프리 초서Geoffrey Chaucer의《켄터베리 이야기Canterbury Tales》, 모차르트의〈돈 조반니Don Giovanni〉, 에펠탑 중 하나를 반드시 "망각할 수밖에 없다면" 당신은 이 넷 중 무엇을 고르겠는가? 험프리는 답한다.

13 [옮긴이] 이 대사는 브루투스가 시저를 죽이고 연설을 한 후, 브루투스가 한 말들을 반박하기 위해 안토니가 했던 연설의 도입부이다. 종이에 적힌 부분을 한국어로 번역하면 이렇다. "친구들이여, 로마인이여, 동포들이여, 내 말을 들어주오. 나는 시저를 찬양하기 위해 온 것이 아니라 그를 묻으러 왔소." 이 문장의 영어 원문은 다음과 같다. "Friends, Romans, countrymen, lend me your ears. I come to bury Ceasar, not to praise him."

나는 무엇이 선택될지에 대해 별로 의심하지 않는다. 《프린키피아》가 선택될 것이다. 왜 그런가? 이유는 단순하다. 4개의 산물 중 뉴턴의 것이 유일하게 **대체 가능**하니까. 뉴턴이 그것을 쓰지 않았다 해도 다른 누군가는 썼을 것이다. 아마도 몇 년 정도의 간격을 두고 말이다. …… 《프린키피아》는 인간 지성의 영광스러운 기념물이었고, 그에 비하면 에펠탑은 낭만적 공학의 비교적 작은 업적이었다. 그렇지만 사실 에펠은 **그 자신만의** 방식으로 그것을 만들었으나, 뉴턴은 단지 신의 방식으로 그 작업을 했다.

뉴턴과 라이프니츠가 미적분 고안의 우선권을 두고 다투었다는 사실은 유명하다. 그리고 우리는 중력의 법칙을 발견했다는 우선권을 누가 가져야 하는지를 두고 다른 누군가와 논쟁을 벌이는 뉴턴을 쉽게 상상할 수 있다. 그러나 예를 들어, 셰익스피어가 존재하지 않았다면 다른 그 누구도 그의 희곡과 시들을 쓰지 않았을 것이다. "C. P. 스노C. P. Snow는 《두 문화The Two Cultures》에서 과학의 위대한 발견들을 '과학의 셰익스피어'라 일컬으며 극찬했다. 그러나 한 가지 면에서 그는 근본적으로 틀렸다. 셰익스피어의 희곡은 셰익스피어의 것이지 다른 사람의 것이 아니다. 이와는 대조적으로, 과학의 발견들은 특정인에게—궁극적으로—속하지 않는다."(Humphrey 1987) 직관적으로, 이 두 가지의 차이점은 발견과 창조 간의 차이에서 비롯된다. 그러나 우리는 이제 더 나은 방식으로 볼 수 있게 되었다. 한편으로, 최고의 수 또는 강제된 수를 향해 곧장 나아가는 설계 작업이 존재하는데, 이러한 수들은 (적어도, 돌이켜보면) 설계공간 안의 많은 시작점에서 출발하여 많고도 다양한 경로를 통해 접근될 수 있는, 고유하게 선호되는 위치인 것으로 보인다. 또 다른 한편으로, 존재하는 설계 작업은 그 작업의 우수성이 작업의 궤적을 형성하는 역사상의 우발성을 남김없이 이용하는 (그리고 증폭시키는) 것에 훨씬 더 많이 의존하는 종류의 것이며, 버스 회사 슬로건이 절제된 표현으로 작성되기까지의 궤적이 이에 해당한다. 거기에 이르는 것은 즐거움의 대부분을 훌쩍 뛰어넘는 그 이상의 것이다.

우리는 2장에서 장제법 알고리즘마저도 무작위성이나 임의적 선호를 이용할 수 있음을 보았다—0부터 9까지의 수를 무작위로 (또는 당신이 좋아하는 것으로) 고른 후 그것이 "옳은" 숫자인지 점검하라. 그렇지만 실제로 진행하면서 내린 기이한 선택은 최종의 답, 즉 옳은 답에는 아무런 흔적을 남기지 못한 채 기각된다. 무작위 선택을 최종 생산물의 구조에 포함시킬 수 있는 다른 알고리즘도 있다. 다음과 같이 시작되는 시 쓰기—또는 당신이 굳이 주장한다면, 광시doggerel 쓰기[14]— 알고리즘을 생각해보라: "사전에서 명사 하나를 무작위로 선택하라. ……" 그러한 설계 프로세스는 확실한 품질 관리—선택압—를 받는 무언가를 생산할 수 있지만, 그럼에도 불구하고 특정한 창작 역사의 틀릴 리 없는 징후를 품고 있다.

험프리의 대조는 날카롭다. 그러나 그 대조를 생생하게 보여주는 그의 방식은 우리를 호도할 수 있다. 예술과 달리 과학은, 특정 목적지가 있는 여정—때로는 경주—에 종사한다. 이때 목적지는 설계공간 내 특수한 문제의 해결책을 말한다. 그러나 과학자들은 예술가들이 자신이 밟아가는 길에 신경을 쓰는 것만큼이나 자신들의 경로에 신경을 쓴다. 그러므로 과학자들은 뉴턴이 실제로 했던 작업을 버린 채 그가 도달했던 목적지까지 가야 한다고 하면 (결국에는 누군가 다른 사람이 어떻게든 우리를 거기까지 데려갈 것이라 해도) 간담이 서늘해질 것이다. 그들은 실제의 궤적들에 관심을 가지는데, 이는 거기에 사용된 방법들이 다른 여정에 종종 다시 사용될 수 있기 때문이다: 그 좋은 방법으로는 크레인

14 [옮긴이] 거칠고 운율도 잘 맞지 않고 다듬어지지도 않은 우스꽝스러운 시를 말한다. 쓰는 사람의 필력이 모자라 이런 졸렬한 시들이 나오는 경우도 있지만, 풍자나 우스꽝스러움의 효과를 극대화하기 위해 일부러 이렇게 쓰는 경우도 있다.

이 있다. 크레인은 승인 아래 빌려 쓸 수 있고, 설계공간에서의 다른 부분들을 들어올리는 데 사용할 수 있다. 극단적인 경우, 과학자가 개발한 크레인은 그것에 의해 성취된 특정한 들어올림보다, 그리고 들어올림으로 인해 도달된 목적지보다 훨씬 더 가치 있을 수 있다. 예를 들어 어떤 증명은, 사소한 결과에 대한 것이라 해도, 엄청난 가치를 지니는 새로운 수학적 방법을 개척할 수도 있다. 수학자들은 그들이 이미 증명한 것에 대한 더 단순하고 더 우아한 증명—더 효율적인 크레인—을 고안해내는 데 높은 가치를 둔다.

이 맥락에서, 철학은 과학과 예술의 중간 어딘가에 놓여 있다고 볼 수 있다. 루트비히 비트겐슈타인Ludwig Wittgenstein이 철학에서는 과정—논증하고 분석하는 것—이 그 산물—도달된 결론, 방어되는 이론—보다 더 중요하다고 강조했다는 것은 유명한 사실이다. 이것이 실제로 존재하는 문제들—끝날 줄 모르는 의미치료logotherapy[15] 같은 것에 불과한 것이 아니라—을 해결하고자 열망하는 철학자들에 의해 격렬하게 (그리고 내 견해로는, 올바르게) 논쟁되고 있음에도, 그들마저도 데카르트의 유명한 "나는 생각한다, 고로 나는 존재한다"의 사고실험을 망각으로 흘려보내길 원하지 않으리라는 것은 인정할 것이다. 비록 데카르트가 사고실험으로 얻은 결론은 아무도 받아들이지 않겠지만 말이다: 그것이 펌프질하여 퍼올리는 것들이 모두 틀린 것이긴 하지만, 그것은 너무도 쓰기 좋은 직관펌프intuition pump이다.(Dennett 1984, p. 18)

두 수의 성공적인 곱셈에는 왜 저작권을 주장할 수 없을까? 누구나 그것을 할 수 있기 때문이다. 그것은 강제된 수手가 아니다. 천재가 있어

15 [옮긴이] 심리치료의 한 학파로, 프로이트의 정신분석, 아들러의 개인 심리학 다음으로 창시되었다 하여 "빈 제3 심리학파"라고도 불린다. 개인이 지닌, 그 사람만의 삶의 목적과 의미를 찾으면 다양한 심적 고통에서 벗어날 수 있다는 것을 기조로 한다. 창시자 빅터 프랭클Viktor Frankl은 아우슈비츠 수용소에서 생존한 인물이며, 자신의 경험을 바탕으로 《죽음의 수용소에서Man's Search for Meaning》를 썼다.

야만 발견할 수 있는 것이 아닌 단순한 사실에서도 이는 똑같이 참이다. 그렇다면, 인쇄된 데이터들로 표 및 기타 일상적인 (그러나 노동집약적인) 덩어리들을 만드는 사람들은 부도덕한 복제범들로부터 어떻게 스스로를 보호할 수 있을까? 때때로 그들은 덫을 놓는다. 예를 들면, 나는 이런 이야기를 들은 적이 있다. 인명사전 출판사들은 자신들이 고생하여 얻어낸 사실들과 힘들게 출판한 전기 백과사전의 모든 것을 경쟁사가 손쉽게 훔쳐가는 문제를 해결하기 위해, 완전한 가짜 항목 몇 개를 조용히 넣어 놓는다고 한다. 만약 그 가짜 항목들 중 하나가 경쟁사 인명사전에 나타난다면, 그것은 우연이 아니라는 것을 확신할 수 있는 것이다!

전체 설계공간의 넓은 관점에서 보면, 표절 범죄는 **크레인 절도**로 정의될 수 있을 것이다. 누군가가 또는 무언가가 어떤 설계 작업을 했고, 그로 인해 차후의 설계 작업에서 유용한 무언가를 창조해냈고, 그럼으로써 설계 프로젝트에 착수한 누군가 또는 무언가에게 가치를 지니게 된다. 많은 소통 매체에 의해 행위자에서 행위자로 설계가 전달되는 것이 가능한 우리의 문화 세계에서는, 다른 "작업장들"에서 개발된 설계들을 취하는 것이 흔한 일이며, 문화 진화를 정의하는 보증 마크에 가깝다. (이 내용은 12장의 논제가 될 것이다.) 생물학자들은 유전학의 세계에서는 그런 거래가 불가능하다고 (유전공학의 여명기까지) 일반적으로 전제해왔다. 사실, 여러분은 이것이 공식적인 신조였다고 말할 것이다. 그러나 최근의 발견들은 다른 주장들을 제기하고 있다—시간이 지나면 알게 될 테지만, 싸움 없이 나가떨어져 죽어버리는 신조는 없다. 예를 들어, 매릴린 호크Marilyn Houck(Houck et al. 1991)는 약 40년 전에 이를 지지할 증거를 찾았다. 플로리다 또는 중앙아메리카에 서식하는, 초파리를 먹고 사는 작은 진드기가 우연히 *드로소필라 윌리스토니Drosophila willistoni* 종 파리의 알에 구멍을 냈다. 그리고 그 과정에서 진드기가 그 종의 특징적인 DNA 중 일부를 집어들었고, 그것을 무심코 (야생) 드로소필라 멜라노가스터*Drosophila melanogaster* 파리의 알로 전달했다! 이는 *D.* 윌

*리스토니*에는 흔하지만 *D. 멜라노가스터* 개체군에서는 있지도 않았던 특정 유전자가 야생에서 갑자기 폭증한 것을 설명할 수 있다. 그녀는 이렇게 덧붙인다: 그렇지 않다면 달리 어떻게 설명할 것인가? 그것은 확실히 종의 표절처럼 보인다.

다른 연구자들은 자연(인공의 반대 의미로서) 유전학 세계에서의 고속 설계 여행을 위한 다른 가능한 탈것들을 찾고 있다. 그런 것을 찾는다면, 그것들은 전통적 패턴과는 구별되는, 매혹적인—그러나 의심의 여지 없이 희귀한—예외들일 것이다. 여기서 전통적 패턴이란 설계의 유전적 전달이 직계 후손의 사슬에 의해서만 이루어지는 것을 말한다.[16] 방금 살펴본 대로, 우리는 이 특성을 문화 진화의 자유분방한 세계에서 발견되는 것과 대조시키려는 경향이 있다. 그러나 거기에서마저도 우리는 운과 복제의 조합에의 강력한 의존을 발견할 수 있다.

저작 과정에서 자연법칙들을 위반하거나 생략하지 않았음에도 현실 세계에서는 결코 저술되지 않았을, '바벨의 도서관'의 모든 훌륭한 책들을 생각해보라. '바벨의 도서관' 소장 도서들 중 모든 독자들에게 눈물과 웃음을 선사할, 당신의 어린 시절에 대한 자전적 이야기를 시적으로 표현한 일부 책들을 생각해보라. '바벨의 도서관'에는 이런 특성을 지닌 책들이 천많이 있다는 것을 우리는 알고 있으며, 각 권은 타자기나 키보드를 100만 번씩만 두드려서 쓰였다는 것도 알고 있다. 하루에 500번 키를 두드리는 굼벵이 같은 속도로도, 전체 프로젝트는 6년을 넘어가진 않을 것이며, 넉넉한 휴가를 보낼 수 있을 것이다. 자, 무엇이 당신을 멈춰 세우는가? 당신에게는 작동하는 손가락이 있고, 당신 워드프로세서의 모든 키는 독립적으로 눌러진다.

---

16 *드로소필라*에서 전달된 유전적 요소들은 "유전체 내 기생자intragenomic parasites"이며, 아마도 숙주 유기체들의 적응에 부정적 영향을 줄 것이므로, 우리는 기대를 과도하게 높여서는 안 된다. Engels 1992를 보라.

당신을 멈추게 하는 것은 없다. 그 어떤 식별 가능한 힘이나 물리학적 또는 생물학적 또는 생리학적 법칙, 또는 식별 가능한 상황들에 의해 부과되는 현저한 장애물 등(당신의 뇌에 박힌 도끼나 확실한 협박범이 당신에게 겨눈 총 같은 것들)이 있어야 할 **필요가 없다**는 뜻이다. "아무런 이유 없이" 당신이 절대 쓰지 않을 책들은 천많다. 지금까지 살면서 여러분이 겪어온 셀 수 없는 우여곡절들 덕분에, 그저 당신이 그러한 순서로 키를 두드리며 글을 작성할 기회가 없었을 뿐이다.

어떤 패턴들이 저자로서의 여러분만의 경향을 만드는지를 알기 위한—확실히 제한적일—관점을 얻고자 한다면, 우리는 당신이 읽어온 책들에서 당신에게로 전달된 설계를 고려해야만 할 것이다. 이 세계의 도서관들 안에 현실적으로 존재하게 된 책들은 저자들이 생물학적 대물림으로 받은 유산뿐 아니라 그들이 책을 쓰기 전에 세상에 나온 책들에도 심대하게 의존한다. 이 의존은 언제 어디서나 우연의 일치나 우발적인 것들에 의해 좌우될 수 있다. 이 책이 나오기까지의 주된 계보를 찾으려면 이 책의 참고문헌을 보기만 해도 된다. 나는 학부생 시절부터 진화에 관해 읽고 써왔다. 그러나 1980년 더글러스 호프스태터가 도킨스의 《이기적 유전자》를 읽으라고 나를 부추기지 않았더라면, 나는 아마도 이 책의 주요 원천이 된 독서 습관과 흥밋거리들 중 일부를 결합하기 시작하지 않았을 것이다. 그리고 호프스태터가 《뉴욕 리뷰 오브 북스 The New York Review of Books》로부터 나의 책 《브레인스톰Brainstorms》(1978)에 대한 서평을 의뢰받지 않았다면, 그는 아마도 나와 협업하여 《이런, 이게 바로 나야!Mind's I》(1981)를 쓰자고 제안할 생각을 머릿속에 떠올리지 못했을 것이며, 그렇게 되었다면 우리는, 그가 나를 도킨스로 이끌었듯 서로 책을 추천할 기회를 얻지 못했을 것이다. 설사 내가 똑같은 책과 논문들을 읽었다 해도, 다른 경로를 따라 다른 순서로 읽었다면 그 독서에서 지금과 정확하게 똑같은 방식의 조정은 일어나지 못했을 테고, 그랬다면 당신이 지금 읽고 있는 문자열과 **완전히 똑같은** 것을 쓸

(그리고 편집하고 재편집할) 가망은 없었을 것이다.

문화에서의 설계 전달을 측정할 수 있을까? 생물학적 진화에서의 유전자와 유사한, 문화적 전달의 단위가 있을까? 도킨스(1976)는 그런 것이 있다고 제안하며, 그것에 밈meme이라는 이름을 붙였다. 유전자와 마찬가지로 밈은 복제자로 가정되며, 비록 다른 매질에서의 복제자이긴 하지만 유전자가 따르는 것과 거의 동일한 진화 원칙들을 따르는 것으로 가정된다. 유전학과 유사한 과학 이론인 밈학memetics이 있음이 틀림없다는 아이디어를 두고 많은 사상가들은 황당하다는 반응을 보이고 있지만, 그 회의론의 상당 부분은 오해에 기반하고 있다. 이는 매우 논쟁적인 발상이고, 나는 12장에서 이를 아주 조심스럽게 다룰 예정이다. 그러나 거기까지 가는 동안에는 논쟁들은 잠시 제쳐두고, 저장할—또는 훔치거나 복제할—가치가 있는, 두드러지는(기억하기 쉬운*memorable*) 문화적 항목을 나타내는 편리한 용어로 그 단어를 사용할 수 있다.

~

'멘델의 도서관'(또는 그것의 쌍둥이인 '바벨의 도서관'—이 둘은 결국 서로를 포함한다)은 우리가 고찰할 필요가 있는 '보편 설계공간Universal Design Space'의 좋은 근사 모형이다. 최근 약 40억 년 동안, '생명의 나무'는 이 천많게 광대한 다차원 공간을 이리저리 가로지르며 가지를 뻗고 꽃을 피우고 있다. 이런 행보는 거의 상상할 수 없을 만큼 다산적이지만, 그럼에도 불구하고 '가능한' 설계공간의 얇작은 부분만을 '현실의' 설계로 어찌어찌 채울 수 있을 뿐이다.[17] 다윈의 위험한 생각에 따르면, '설계공간'을 살피는 모든 **가능한** 탐사들은 다 연결되어 있다. 당신 자녀와 자녀의 자녀들뿐 아니라 당신 두뇌의 소산과 그 소산의 소산들까지 '설계' 요소들의 공통 재고인 유전자와 밈에서 자라 나온다. 유전자와 밈은 자연선택의 거침없는 들어올림 알고리즘과 경사로와 크레인과 크레인 위의 크레인에 의해, 그리고 그것들의 산물들에 의해 지금까지 축적되고 보존되어왔다.

이것이 옳다면, 인간 문화의 모든 성취들—언어, 예술, 종교, 윤리, 과학 자체—은 그 자체로 박테리아와 포유류, *호모 사피엔스*를 발달시킨 것과 동일한 근본 과정들에 의해 만들어진 인공물들이다. 언어를 만든 특수 창조는 없다. 예술에도 종교에도 글자 그대로의 신성한 영감은 없다. 종달새skylark를 만드는 데 스카이후크skyhook가 필요하지 않다면, 나이팅게일에 바치는 송가를 만드는 데에도 스카이후크가 필요하지 않다. 그 어떤 밈도 섬이 아니다.

그러므로 생명과 생명의 모든 영광은 하나의 관점 아래서 결합된다. 그러나 어떤 사람들은 이런 시각이 증오스럽고 척박하고 끔찍하다고 생각한다. 그런 사람들은 나의 시각에 반대한다고 고래고래 소리치고 싶어 하며, 무엇보다, 스스로 그런 것의 감명 깊은 예외가 되길 원한다. 그들에 의하면, 그들을 제외한 나머지까지 다 그렇진 않을지라도, 그들은 신에 의해 신의 형상으로 만들어진 존재이다. 그리고 자신들이 만약 그런 종교적 존재가 아니라면 그들은 스스로 스카이후크가 되길 원한다. 생물권에서 그들 외의 나머지 것들을 무마음적으로 생산한 것과 똑같은 과정으로 만들어진 "한낱" 인공물에 불과한 것이 아닌, 어떻게든 '지성'이나 '설계'의 **내재적 원천**이 되고 싶어 하는 것이다.

그러므로 어떤 관점을 취하느냐에 많은 것의 성패가 걸려 있다. 3부에서는 다시 만능산 이야기로 돌아가 인류 문화를 관통하며 만능산이

---

17 "고백하건대 나는 표현형 공간phenotypic space의 빈 부분을 훈제청어red herring들로 채울 수 있다고 믿는다. …… 제약조건이 전혀 존재하지 않는 귀무가설 아래서 말이다. 이 과정에 의해 취해진, 공간을 가로지르는 분지 경로들은 고차원 공간에서의 무작위 분지 보행random-branching walk을 구성한다. 고차원 공간에서의 그러한 보행의 전형적 속성은, 그 공간의 대부분이 텅 비어 있다는 것이다."(Kauffman 1993, p. 19)
[옮긴이] '훈제청어'를 뜻하는 영어 단어 "red herring"에는 중요한 것으로부터 관심을 딴 데로 돌리는 것, 사람을 헷갈리게 만드는 것이라는 뜻도 있다.

위쪽으로 확산되는 것의 함의를 자세히 조사해볼 텐데, 그러기 전에 우리의 베이스캠프를 확보할 필요가 있다. 이는 생물학 그 자체 안에서의 다원주의 사고에 닥치는 다양하고 심각한 도전들을 고려해봄으로써 가능해진다. 그 과정에서 기저의 아이디어들의 복잡성과 위력에 관한 우리의 시각이 강화될 것이다.

6장: 설계공간은 하나만 존재하고, 그 안에서 생명의 나무가 자라고 있으며, 그 나무의 가지는 최근에야 탐색을 위한 그 가지만의 가닥을 설계공간 안에 낚싯대처럼 던져 넣었다. 인공물이라는 형태로 말이다. 강제된 움직임을 비롯한 좋은 아이디어들은 설계공간 탐색을 돕는 유도등과 같으며, 자연선택과 인간의 탐구 조사라는, 궁극적으로 알고리즘적인 탐색 과정들에 의해 발견에 발견을 거듭하고 있다. 다윈이 그 진가를 알아보았듯이, 공유된 설계 특성들이 있을 경우 그 사이에 공통된 계보가 없는 한 그것들이 공존할 가능성은 없작다는 것을 안다면, 우리는 설계공간의 어디에서나 계보 계승의 역사적 사실들을 소급하여 탐지할 수 있다. 따라서 진화에 관한 역사적 추론은 페일리의 전제—세계는 좋은 설계들로 가득 차 있으며, 그런 설계들을 만드는 데는 일이 필요하다—를 수용하는 것에 의존한다.

다윈의 위험한 아이디어에 대한 소개는 이로써 완료된다. 이제 우리는 2부에서 그 발상의 베이스캠프를 생물학 안에서 확보할 것이다. 그리고 그 후 3부로 넘어가, 인간의 세계에 대한 우리의 이해를 바꾸어놓는 그 발상의 위력을 살펴볼 것이다.

7장: 생명의 나무는 어떻게 시작되었는가? 회의론자들은 진화 과정이 얻어지기 위해서는 틀림없이 특수 창조의 솜씨—스카이후크—가 필요하다고 믿어왔다. 그러나 이 도발에 맞설 다윈주의의 대답이 존재한다. 그 대답은 심지어는 물리 법칙이 특수 창조의 주체나 법칙부여자 없이 혼돈이나 무로부터 어떻게 출현할 수 있었는지를 보여줌으로써, 우주피라미드를 관통하여 그 가장 아래의 층위로 내려가는 작업에서 다윈의 만능산이 지니는 위력을 드러낸다. 이 아찔한 전망은 다윈의 위험한 아이디어의 가장 두려운 측면 중 하나이지만, 그 두려움은 잘못된 이해에서 비롯된 것이다.

2부 생물학에서의 다원주의적 사고

진화는 연속적인 서로모여붙음sticktogetherations과 뭔가다른것이됨somethingelsifications에 의한, 어떻게해도그에관해말해질수없는no-howish untalkaboutable 모든 비슷함으로부터의 변화이다.

—윌리엄 제임스(1880)

진화에 비추어보지 않으면 생물학의 그 어떤 것도 의미를 지니지 않는다.

—테오도시우스 도브잔스키(1973)

7장

다윈의 펌프에 마중물 붓기

Priming Darwin's Pump

1. 다윈의 경계선 너머로 돌아가서

하나님이 말씀하시기를 "땅은 푸른 움을 돋아나게 하여라. 씨를 맺는 식물과 씨 있는 열매를 맺는 나무가 그 종류대로 땅 위에서 돋아나게 하여라" 하시니, 그대로 되었다.
땅은 푸른 움을 돋아나게 하고, 씨를 맺는 식물을 그 종류대로 나게 하고, 씨 있는 열매를 맺는 나무를 그 종류대로 돋아나게 하였다. 하나님 보시기에 좋았다.

—《창세기》1장 11~12절[1]

1 [옮긴이] 표준새번역 성경의 표현을 그대로 따랐다.

생명의 나무는 어떤 종류의 씨앗에서 시작될 수 있었을까? 지구상의 모든 생명체가 그러한 생성의 분지 과정에 의해 생산되었다는 것은 이제 그 어떤 합리적 의심의 여지도 주지 않을 정도로 잘 확립된 지식이 되었다. 그것이 지구가 둥글다는 것만큼이나 확실한 과학적 사실의 예가 된 데에는 다윈의 공헌이 큰 부분을 차지하고 있다. 그런데 그 모든 과정은 가장 처음에는 어떻게 시작된 것일까? 3장에서 살펴보았듯이, 다윈이 단지 중간에서 시작하기만 한 것은 아니다: 그는 출판된 자신의 생각이 처음의 순간—생명의 궁극적 기원과 그 전제조건들—으로 거슬러 올라가지 않도록 조심스럽게 자제했다. 서신 교환자들로부터 압박을 받았을 때, 그는 사적으로 더 할 말이 거의 없었다. 유명한 편지에서 그는 생명이 "따뜻한 작은 연못"에서 시작되었을 가능성이 꽤 있다는 추측을 적었지만, 원시적인 전前 유기물 수프의 그럴듯한 레시피에 관한 상세 사항은 말하지 않았다. 그리고 앞에서 보았듯이 (128쪽 참조) 아사 그레이에게 쓴 답장에서 그는 경천동지할 변동을 관장할 **법칙들**이 그 자체로 설계된—아마도 하나님에 의해—것일 수 있다는 가능성을 활짝 열어놓았다.

그것의 진상에 관해 과묵함을 지킨 다윈의 처신은 몇 가지 점에서 현명했다. 우선, 혁명적 이론을 경험적 사실이라는 기반암에 단단히 고정시키는 것의 중요함을 그보다 더 잘 아는 사람은 없었다. 그리고 그는 자신이 생명의 기원 문제에 관해서는 단지 추측만 할 수 있으며, 젊은 시절이 가기 전에 실질적인 피드백을 받을 희망 또한 희박하다는 것을 알고 있었다. 어쨌든, 우리가 이미 보았듯이, 그에게는 유전자 작동 이면의 분자 기계에 관한 지식은 고사하고 유전자에 대한 멘델식 개념조차 없었다. 다윈은 대담한 연역 추론자였지만, 가지고 있는 전제가 충분하지 않아서 연역 추론만으로는 더 나아갈 수 없는 경우 또한 알고 있었다. 게다가, 그는 사랑하는 아내 엠마Emma도 고려했다. 그녀는 자신의 종교적 신념에 매달리기를 필사적으로 원했고, 남편에게 다가오는 위협을 그의 작업들에서 이미 읽을 수 있었다. 다윈은 적어도 대중 앞에서는 그 위험한 영역 안으로 더 들어가기를 꺼렸는데, 그런 행동에는 아내의 감정을 배려하는 것을 넘어서는 무언가가 더 있었다. 거기에는 더 넓은 윤리적 고려가 있었고, 다윈은 그것의 진가를 확실히 인식하고 있었다.

진리에 대한 과학자들의 사랑을 타인의 행복과 상충시키는, 잠재적으로 위험한 사실들이 발견될 때 과학자들이 직면하는 도덕적 딜레마에 관해서는 많은 글들이 저술되어왔다. 어떤 조건 아래서 그들은 진실을 숨길 의무를 질까? 그런 조건들이 있긴 하다면 말이다. 그런 것들은 양쪽 모두에게, 강력하면서도 깊이 헤아리기 힘든 숙고 사항들을 포함하는 진정한 딜레마가 될 수 있다. 그러나 과학자의 (또는 철학자의) 추측이 무엇인가를 고려해볼 때 그 또는 그녀가 져야 할 도덕적 의무가 무엇인가에 관해서는 전혀 논란이 없다. 보여줄 수 있는 사실들의 체계적 축적이 과학의 발전을 견인하지 못하는 경우가 종종 있다. "최첨단"은 거의 항상 경쟁 관계의 여러 가지 첨단들로 구성되어 있으며, 과감한 추측에 근거하며 날카롭게 승부를 겨룬다. 그 추측들 중 다수는, 초반에 아무리 설득력이 있었다 해도 곧 잘못된 것으로 밝혀진다. 그리고 과학 탐구의 이 필연적 부산물들은 다른 실험실의 폐기물처럼 잠재적으로 해로운 것으로 간주되어야 한다. 과학자는 그 부산물들이 환경에 미칠 영향을 고려해야만 한다. 대중이 잘못 이해하면 고통이 야기—위험한 행동을 하는 경로로 사람들을 오도함으로써, 또는 사회적으로 바람직한 어떤 원칙이나 신조에 대한 대중의 충성을 약화시킴으로써—되기 쉬워지므로 과학자들은 작업을 진행하는 방식에 관해 특히 신중해야 하고, 추측에다 표지를 붙일 때 세심해야 하며, 설득을 위한 수사법은 적합한 목표에만 국한하여 사용해야 한다.

그러나 유독 가스나 화학 잔류물과는 달리, 생각들은 격리가 거의 불가능하다. 그 생각들이 인간의 호기심을 지속시키는 주제에 관한 것일 때는 특히 더 그렇다. 따라서, 한쪽에서는 책임의 원칙에 관해 전혀 논란이 없는 반면, 다른 곳에서는 그 원칙을 어떻게 존중할 것인가에 관해 예나 지금이나 합의가 거의 이루어지지 않고 있다. 다윈은 할 수 있었던 최선을 다했다. 그는 자신의 추측을 거의 혼자의 것으로 간직했다.

우리는 더 잘할 수 있다. 생명의 물리와 화학은 오늘날 눈이 부실 만큼 자세히 이해되고 있다. 그러므로 생명의 필요조건과 (어쩌면) 충분조건들에 관해서도 더 많은 연역을 할 수 있게 되었다. 큰 질문들에 대한 답은 아직도 추측이 많은 부분을 차지하고 있지만, 우리는 추측을 추측이라 명시할 수 있고, 그것들이 어떻게 입증되거나 반反 입증되는지 알 수 있다. 이제는 다윈의 침묵 정책을 추구하려고 시도하는 것도 더는 의미가 없을 것이다: 이미 너무 많은 흥미로운 비밀들이 고양이들처럼 자루 밖으로 새나갔다. 우리가 아직 이 모든 아이디어들을 진지하게 받아들일 **방법**을 정확히 알지 못할지도 모르지만, 다윈이 생물학에서 거점을 확보해준 덕분에 우리는 우리가 할 수 있고 또 해야만 한다는 것을 알게 되었다.

다윈이 적합한 유전 메커니즘을 생각해내지 못한 것은 그다지 놀라운 일은 아니다. 인간 몸 안의 세포 각각에 꼬불꼬불 복잡하게 꼬여 46개의 염색체 집합의 형태를 이루는 이중나선이 들어 있고, 그 이중나선 모양을 이루는 것은 거대 고분자이며, 그 고분자에 명령 집합의 사본이 있다는 추측을 다윈이 듣는다면 그는 어떤 태도를 취할 것이라고 생각하는가? 당신 몸 안에 있는 DNA를 모두 곧게 펴서 이어 놓는다면, 태양까지 여러 번—열 번 또는 백 번—왕복할 수 있을 것이다. 물론 다윈은 따개비와 난초, 지렁이의 몸과 삶에서 입이 떡 벌어질 정도로 복잡한 것들을 수없이 많이, 공들여서 밝혀낸 사람이며, 명백히 즐기면서 그것을 묘사한 사람이다. 만일 그가 DNA의 경이로움에 관한 예언 같은 꿈을 1859년에 미리 꾸었더라면 의심의 여지없이 그는 그것에 열중했을 것이다. 그러나 그가 진지한 표정으로 그것을 남에게 이야기할 수 있었을지 나는 궁금하다. 컴퓨터 시대의 "공학적 기적들"에 익숙한 우리도 그 사실들을 다 아우르기는 힘드니까 말이다. 분자 크기의 복제 기계뿐 아니라, 오류를 수정하는 교정 효소도 모두 무시무시한 속도로, 그러니까 슈퍼컴퓨터도 아직 따라가지 못할 정도의 규모로 작업을 수행한다. "생물학적 고분자들은 현존하는 최고의 정보 저장소의 용량을 몇 배나 초과하는 저장 용량을 지닌다. 예를 들어, 대장균 유전체의 정보 밀도information density는 세제곱미터당 약 10^{27}비트(10^{27}bits/m^3)나 된다."(Küppers 1990, p. 180)

5장에서 우리는, '멘델의 도서관' 내에서의 접근 가능성이라는 것을 이용하여 생물학적 가능성의 다윈주의적 정의에 도달했다. 그러나 우리가 주목했듯이, 그 도서관의 전제조건은 믿기 어려울 정도의 복잡성과 효율성을 지닌 유전 메커니즘의 존재였다. 윌리엄 페일리는 생명을 가능케 하는 원자 수준의 복잡성이 보여주는 경이로움과 그에 대한 감탄으로 어쩔 줄 몰라 했을 것이다. **만약 그것들이 다윈주의적 진화의 전제조건이라면 그것들 자체는 어떻게 진화할 수 있었을까?**

진화에 회의적인 사람들은 이것이 다윈주의의 치명적인 결점이라고 주장해왔다. 우리가 이미 보았듯이, 다윈주의적 발상의 위력은, '설계'의 막대한 과업을 그것이 진행될 때 부분적 생산물들을 보존시키면서 방대한 시간과 공간에 분포시키는 방식에서 나온다. 《진화: 위기의 이론Evolution: A Theory in Crisis》에서 마이클 덴턴Michael Denton은 이렇게 말한다: '다윈주의는 "우선, 기능의 섬들은 흔하고 또 쉽게 발견되며, 기능적 중간체들을 통해 섬에서 섬으로 가는 것도 쉽다"(Denton 1985, p. 317)고 가정한다.' 이는 거의 옳지만 꼭 그렇지는 않다. 사실 다윈주의의 중심 주장은 생명의 나무가 그 가지를 뻗어나가며, 그 과정에서 "기능의 섬"을 중간 사례들의 지협으로 연결한다는 것이지만, 그 지협을 지나는 것이 "쉽다"거나 안전한 정류 장소들이 "흔할" 것이라고 말하는 사람은 아무도 없었다. "그러한 지협 건너기가 쉽다고 다윈주의가 주장한다"고 말할 수 있게 하는 "쉽다"의 의미는 오직 한 가지—모든 생물은 생물의 후손이므로 굉장한 도움을 얻고 있다—뿐이며, 이는 부자연스러운 의미이다. 아주 작고 작은 부분을 제외한다면 그것의 레시피는 오랜 세월에 걸쳐 검증된 생존 가능성을 보장한다. 계보의 선들은 실로 생명선lifelines이다: 다윈주의에 따르면, 쓸모없는 것들로 이루어진 이 우주적 미로에 들어가 버티며 살아갈 희망은 오직 지협에 머무르는 것뿐이다.

그러나 이 과정은 어떻게 시작될 수 있는가? 덴턴(p. 323)은 그런 시작이 불가능할 가능성을 계산하려고 어느 정도 노력했고, 너무도 지루하다고 말할 수 있는 수數에 도달했다.

> 하나의 세포가 우연히 만들어지려면 적어도 100개의 기능성 단백질이 한 장소에 동시에 나타나야만 한다. 이는 일어날 확률이 10^{-20}보다 대체로 작은 사건 100개가 동시에 일어나는 것으로, 이럴 확률의 최댓값은 10^{-2000}밖에 되지 않는다.

이 확률은 정말로 얇작아서, 불가능한 것과 거의 마찬가지다. 그리고 언뜻 보면 생명이 우연히 발생한다는 것이 불가능에 가깝지 않느냐

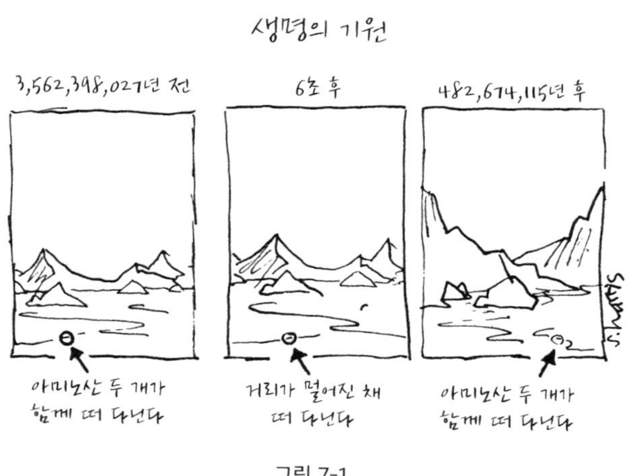

그림 7-1

는 도전들에 대한 다윈주의의 표준 대응은 우리가 사용할 수 있는 **논리의 계제**로 생각될 수 없는 듯이 보인다. 왜냐하면 생명 발생의 성공을 위한 바로 그 전제조건—변이를 동반한 복제 시스템—이, 그것이 성공해야만 우리에게 설명을 허할 수 있는 정확히 그런 것이기 때문이다. 혹자는 이렇게 말할 수도 있다. 그렇다면 생명 발생이라는 현상을 구제할 수 있는 유일한 것은 스카이후크일 것이다! 이는 아사 그레이의 강렬한 희망이었고, DNA 복제에 관한 복잡한 사항들을 배우면 배울수록, 종교로부터 약간의 도움을 받아 과학을 구제할 장소를 찾는 이들에게 이런 발상은 더욱더 유혹적으로 다가왔다. 어떤 이들은 그것이 많은 사람에게 신의 은총으로 보였다고 말할 수도 있을 것이다. 그러나 그런 말들은 잊으시라. 리처드 도킨스는 이렇게 말한다.

> 아마도, 그들의 논증은 이럴 것이다. 창조주가 매일매일 연속되는 진화 사건들을 통제하지는 않을 테고, 호랑이나 어린 양의 틀을 짜지도, 나무를 만들지도 않았을 테지만, 그는 태초의 복제 기구와 복제자의 동력원, 즉 DNA와 단백질을 만들어놓았다. 그 결과 누적적인 선택이 일어날 수 있었으며, 그리하여 진화의 모든 것이 가능하게 되었다. 이것은 자가당착에 빠지는, 속이 빤히 들여다보일 뿐 아니라 근거도 빈약한 주장이다. 우리는 생물의 조직화된 복잡성을 설명하는 데 매우 곤란을 겪고 있다. 일단 조직화된 복잡성을 전제하는 것이 가능하다면, 즉 DNA/단백질 복제 엔진의 조직화된 복잡성을 전제할 수 있다면, 그것이 한층 더 조직화되고 복잡한 것의 생산자라고 거론하는 것은 비교적 쉬운 일이다. …… 그러나 DNA/단백질 복제 기구와 같은 복잡한 것을 지성적으로 설계할 수 있는 창조주(하느님)가 있다면 그 하느님도 적어도 그 복제 기구만큼이나 복잡하고 잘 조직화되어 있을 것이다. 〔Dawkins 1986a, p. 141〕

도킨스가 계속하여 말하듯이(p. 316), "진화를 그토록 깔끔한 이론으로 만드는 한 가지는, 조직화된 복잡성이 원시적 단순함에서 어떻게 생겨날 수 있는지를 진화 이론이 설명할 수 있다는 점이다." 이는 다윈의 아이디어가 지니는 핵심 강점들 중 하나이며, 대안들이 지니는 핵심 약점이다. 사실, 내가 한 차례 논증했듯이, 다른 그 어떤 이론도 이 강점을 지닐 수 있을 것으로 보이지 않는다.

> 다윈은 기계적이지만 더욱 근본적으로는 "의미"나 "목적"과는 전혀 독립적인 것이 틀림없는 원리로 최종원인과 목적론적 법칙들을 설명한다. 다윈의 원리는 실존주의자의 의미에서 본다면 **불합리한**—터무니없는 것이 아니라 무의미(무가치)한—세계를 상정하며, 이는 선결문제 요구의 오류 없이 **목적**을 설명하기 위한 필요조건이다. 우리가 **비**非 기계적이면서 선결문제 요구의 오류도 없이 생물학적 세계에서의 설계를 설명하는 것을 상상할 수 있을지는 의심스럽다; 여기서 선결문제를 요구하지 않는 설명에 헌신하는 것을 기계적 유물론에 헌신하는 것이라고 보려는 유혹에 빠지기 쉽다. 그러나 헌신의 우선순위는 명백하다. …… 혹자는 이렇게 논증한다: 다윈의 유물론적 이론이 이런 것을 다루면서 선결문제를 요구하지 않는 유일한 이론은 아닐 수 있지만, 확실히 그런 이론들 중 하나일 뿐 아니라 우리가 발견한 유일한 이론이며, 이는 우리가 유물론을 지지할 좋은 이유가 된다. 〔Dennett 1975, pp. 171-72〕

이는 종교적 대안들에 대한 적절한 비판인가? 이 장의 초안을 읽었던 한 독자는 이 지점에서 불평을 했다. 그는 내가 신에 대한 가설을 지금까지의 과학적 가설들에 더해진 다른 하나의 과학적 가설인 것처럼 취급함으로써, 특정하게는 과학적 표준에 의해, 그리고 일반적으로는 이성적 사고에 의해 평가될 수 있게 만들어놓았다고 말했다. 도킨스와 나는 신을 믿는 이들이 널리 퍼뜨린 주장, 즉 자신들의 신앙은 이성을 초월한 것이지 평범한 시험 방법을 적용할 수 있는 문제가 아니라는 주장을 무시하고 있다. 그러나 그 독자는, 과학적 방법이 신앙의 영역에 적용된다고 계속해서 전폭적으로 전제하는 것은 그저 동조할 수 없는 문제에 머무르는 것이 아니라, 엄격히 말해 내게 그럴 권한도 없다고 힘주어 말했다.

좋다. 이 반대 의견을 숙고해보자. 하지만 일단 그 반대 의견을 주의 깊게 탐구해본 뒤에도 종교 옹호자들이 그것을 매력적이라고 생각할지는 의심스럽다. 철학자 로널드 드 소사Ronald de Sousa는 철학적 신학을 가리켜 "네트 없는 지적知的 테니스"라고 기억할 만하게 묘사한 적이 있고, 나는, 따지고 보면 내가 지금껏 그 어떤 논평이나 질문도 없이, 합리적 판단의 네트가 올라가 있다고 가정해왔다는 것을 기꺼이 인정한다. 그러나 우리는 네트의 높이를 낮출 수 있다. 그러기를 당신이 정말로 원한다면 말이다. 이제 당신이 서브할 차례다. 당신은 서브할 때마다, 내가 다음과 같이 무례하게 받아 넘길 것이라고 가정한다: "당신의 말은 하느님이 은박지에 싸인 햄샌드위치라는 것을 함축하고 있어요. 그건 숭배할 만한 신이 아닙니다!" 만일 당신이, 당신의 서브가 그런 터무니없는 함축을 지닌다는 나의 주장을 내가 논리적으로 정당화할 수 있는지 알아야겠다고 요구하며 공을 발리로 되넘긴다면, 나는 이렇게 응수할 것이다: "오, 당신은 내 차례에는 네트를 올리고 당신이 서브할 때는 네트를 내리길 원합니까? 하지만 네트는 항상 올려져 있거나 항상 내려져 있어야 하는데요? 네트가 내려진다면 규칙들은 없어지고 누구든 아무 말이나 다 할 수 있게 될 겁니다. 그런 경기가 있다면 그건 바보짓이지요. 나는 당신이 네트를 내린 채 경기를 하며 당신의 시간이나 내 시간을 낭비하지 않을 것이라고 가정하는 혜택을 당신에게 주고 있었던 것입니다."

자, 이제 당신이 신앙에 대해 **추론**reason하고(신앙의 **이유**를 탐구하고) 또 특별히 고려할 가치가 있는 믿음의 추가 범주로서의 신앙의 합리적 (그리고 이유reason에 반응하는) 방어를 제공하길 원한다면, 나도 열심히 참여하고 싶다. 나는 신앙이라는 현상이 존재한다는 것을 확실하게 인정한다. 내가 알고자 하는 것은, 신앙을 **진리에 도달하는 방식**으로 여기는 것에 대한 합리적으로 추론된 근거이지, 신앙인들이 신앙을 자기 자신과 남들을, 즉 서로를 위로하는 방식(나는 이것이 신앙의 가치 있는 기능이라고 진지하게 생각한다)으로 여기는 것에 대한 근거가 아니다. 하지만 당신은, 진리에 이르는 경로라고 간주된 신앙을 당신이 옹호한다고 해서 내가 그것과 함께 걸어가리라고 기대해서는 안 된다. 어떤 지점에서든 당신이 아마도 정당화하려고 노력하는 바로 그 종교적 체계에 호소한다면 말이다. 이성이 궁지에 몰려 뒤로 물러나 있을 때 신앙에 호소하기에 앞서, 이성이 당신 곁에 있을 때 당신이 정말 이성을 버리고 싶은지를 생각해보라. 이런 상황을 가정해보자. 당신은 연인과 함께 외국에서 관광을 하고 있었다. 그런데 연인이 당신 눈앞에서 잔인하게 살해당했다. 재판에서 밝혀진 바로는, 그 나라에 사는 피고인의 친구들이 피고인의 무죄에 대한 믿음을 증언하면서 피고인을 위한 증인으로 재판에 출석할 수 있다. 당신은 명백히 진실되어 보이는 촉촉한 눈을 한 친구들의 행진을 본다. 그리고 그들은 당신이 본 그 끔찍한 행위를 저지른 남자의 무죄에 대한 깊은 믿음을 자랑스럽게 선언한다. 판사는 검찰이 제시한 모든 증거보다 친구들이 분출하는 믿음에 명백히 더 감동하며 친구들의 주장을 귀 기울여 정중하게 경청한다. 정말이지 끔찍하기 짝이 없는 악몽 아닌가? 당신은 그런 나라에 기꺼이 살고 싶을까? 또는, (자신 안의 작은 목소리가 의학 훈련을 받지 말라고 자신에게 속삭일 때마다 그 목소리에 귀를 기울여왔다고 당신에게 털어놓는) 이상한 외과 의사가 집도하는 수술을 기꺼이 받을 것인가? 물론 예의상 두 경우 다 원하는 대로 하도록 놔두는 것이 일반적이고, 대개의 경우 나는 이 호의적인 배려에 전적으로 협조한다. 그러나 우리는 여기서 진실을 파헤치고자 진지하게 노력하고 있다. 그리고 일반적이지만 소리 내어 말해지진 않은 그 신앙이, 서로 당황하고 체면을 구기지 않게 해주는 사회적으로 유용한 불명료화보다 좋은 무언가라고 당신이 생각한다면, 그건 당신이 이 문제를 그 어느 철학자가 고찰했던 것보다 더 깊이 들여다보았거나 (아무도 이에 대해 좋은 변호를 생각해 내지 못했기에) 당신 자신을 속이고 있거나 둘 중 하나다. (공은 이제 당신 쪽 코트에 있다.)

신에게 진화 과정의 시동을 걸라고 요청할 이론가들에게 도킨스가 쏘아붙였던 반박은 그 이론가들이 반박할 수 없는 것이었고, 두 세기 전 흄의 《대화》에서 클레안테스를 공격하기 위해 필로가 사용했을 때처럼 오늘날에도 여전히 파괴적이다. 스카이후크는 그저 그 문제의 해결책을 내놓는 것을 미룰 수 있을 뿐이었다. 그러나 흄은 그 어떤 크레인도 생각해낼 수 없었기에 굴복하고 말았다. 다윈은 **중간 층위**middle-level의 들어올림을 위한 감명 깊은 크레인을 몇 개 고안했다. 그런데 한때 그렇게 잘 작동했던 원리들이 다윈의 크레인의 붐boom[2]을 맨 처음 땅 위로 올라가게 하는 데에도 다시 적용될 수 있을까? 있다. 다윈주의적 발상이 속수무책이 되는 것 같아 보이는 바로 그때, 그것은 깔끔하게 한 층위 **아래로** 뛰어내려 계속 쭉 내달리고, 단 하나의 아이디어가 아니라 많은 아이디어가 〈마법사의 제자〉[3]에 나오는 빗자루처럼 증식한다.

언뜻 보아서는 상상할 수 없는 이 요령을 이해하고 싶다면, 수학과

---

2 [옮긴이] 크레인에서 위로 쭉 올라가는 길고 단단한 부분을 말한다. 붐의 꼭대기(붐 헤드)에 와이어 로프가 걸려 아래로 늘어진다.

3 [옮긴이] 〈마법사의 제자〉는 1797년에 발표된 괴테의 시이다. 마법사가 외출한 틈을 타 그의 제자가 빗자루에게 주문을 걸어 물을 길어 오게 했으나 멈추는 주문을 몰라 집은 물바다가 되고, 당황한 제자는 도끼로 빗자루를 조각냈지만 나누어진 조각들이 모두 빗자루로 변하여 저마다 물을 길어 오는 바람에 집이 물에 잠기려는 찰나, 외출했던 마법사가 돌아와 해결해주었다는 내용이다. 앙리 블라츠가 이 시를 프랑스어로 번역했고, 1897년 폴 뒤카가 여기에 곡을 붙여 교향시를 작곡했다. 뒤카는 이 곡으로 단번에 유명해졌고, 월트 디즈니의 애니메이션 〈판타지아〉에도 이 곡이 사용되었다.

분자과학 둘 모두의 수많은 상세 사항 및 어려운 몇몇 아이디어들과 씨름해야 한다. 이 책은 그런 세부 사항을 알기 위해 당신이 참고해야 할 그런 책이 아니며, 나는 그런 책을 쓰는 사람도 아니다. 그리고 그보다 적은 것들만 안다면 당신은 당신이 원하는 것을 확실히 이해할 수 없다. 따라서 이제부터 나오는 것들은 주의해서 읽어야 한다: 내가 이런 아이디어들을 당신에게 **숙지시키려고** 노력은 하겠지만, 1차 문헌들에서 그런 지식들을 공부하지 않는다면 당신은 당신이 알고자 하는 것들을 정말로 알 수는 없을 것이다. (나는 그런 지식들을 아마추어 수준으로만 이해하고 있다.) 오늘날, 정말로 많고도 다양한 연구자들이 그 가능성에 대한 상상력 넘치는 이론적 탐구와 실험적 탐구를 수행하고 있어서, 그것은 이제 실질적으로 생물학과 물리학의 경계에서 하위 학제를 이루고 있다. 내가 그 아이디어들의 타당성을 당신에게 보여줄 수 있다는 희망도 없으면서—그리고 내가 그럴 수 있다고 주장하더라도 당신은 나를 믿어서는 안 된다—나는 왜 그것들을 제시하고 있는가? 왜냐하면, 나의 목적은 철학적인 것이기 때문이다. 나는 편견을 깨고 싶다. 특정 종류의 이론은 절대 작동할 **가능성이** 없을 것이라는 확신 말이다. 우리는 흄이, 자기가 희미하게 보았던 벽의 틈을 심각하게 받아들일 수 없었다는 것을 보았고, 그 때문에 그의 철학적 궤적이 어떻게 비껴가는지도 살펴보았다. 그는 그 방향으로 계속 나아가는 것이 더는 의미 있지 않음을 자신이 **알고 있다고 생각했다**. 그리고 소크라테스가 지칠 줄 모르고 지적했던 것처럼, 당신이 모르고 있는데도 알고 있다고 생각하는 것이 철학적 마비를 일으키는 주요 원인이다. 다윈의 아이디어가 "끝까지" 관철될 수 있다는 생각이 **마음에 품을 수 있는** 것임을 내가 보여줄 수 있다면, 너무도 익숙한, 말은 번지르르하지만 결국은 기각에 불과한 것으로 묶일 수 있는 것들을 미연에 방지하고 다른 가능성들에 우리의 마음을 열게 할 수 있을 것이다.

2. 분자적 진화

> 살아 있는 세포의 가장 작은 촉매 활성 단백질 분자는 적어도 100개의 아미노산으로 구성되어 있다. 그 정도로 작은 분자 안에서도, 20개의 기본 단량체가 이룰 수 있는 대안적 배열은 20^{100}~10^{130}개에 이른다. 이는 이미, 생물학적 고분자들의 최하위 수준의 복잡성에서 거의 무제한의 구조들이 가능하다는 것을 보여준다.
>
> —베른트 올라프 퀴퍼스Bernd-Olaf Küppers(1990, p. 11)

> 우리의 과제는 알고리즘을, 즉 정보의 기원을 도출해낸 자연법칙을 찾는 것이다.
>
> —만프레트 아이겐Manfred Eigen(1992, p. 12)

앞 절에서 다윈주의의 중심 주장이 지니는 위력을 기술하면서 나는 약간의(!) 과장을 섞어서 말했다: 나는 모든 살아 있는 것(생물)은 생물의 후손이라고 말했다. 이 말은 참이 될 수 없는데, 생물들의 무한한, 최초 구성원이 없는 집합을 암시하기 때문이다. (지구에, 지금까지 존재한) 생명체의 총수가 크긴 하지만 유한하다는 것을 우리는 알고 있으므로, 당신이 원한다면, 논리적으로는 첫 번째 구성원—아담이라 이름 붙일 수 있는 원原 박테리아(원균)Protobacterium—을 의무적으로 식별해야만 할 것 같다는 생각을 하게 된다. 그런데 그런 첫 번째 구성원은 어떻게 생겨날 수 있었을까? 박테리아의 몸 전체는 우주적 우연에 의해 우연히 생성되기에는 너무너무 복잡하다. 대장균 같은 박테리아의 DNA에는 약 400만 개의 뉴클레오타이드가 있으며, 그것들은 거의 모두 정확한 순서로 배열되어 있다. 게다가, 그보다 적은 뉴클레오타이드를 가지고서는 박테리아가 살아갈 수 없다는 것이 꽤 명백하다: 생명체는 오직 유한한 시간 동안만 존재해왔기 때문에, 최초의 생명체는 반드시 있어야만 한다. 그러나 모든 생명체들은 복잡하므로, 최초의 생명체가 있었을 리가 없다!

해결책은 단 하나만 가능하며, 우리는 그것을 개략적으로나마 잘 알고 있다: 자율적 신진대사를 하는 박테리아가 존재하기 전에, 바이러스 같은, 훨씬 더 단순한 준準 생명체가 있었지만, 바이러스와는 달리 그들 주위에는 그들이 기생해서 먹고살 수 있는 생명체들이 전혀 없었다. 화학자의 시각에서 보면, 바이러스들은 "단지" 커다랗고 복잡한 결정체에 지나지 않지만, 바로 그 복잡함 덕분에, 그것들은 그저 가만히 있지 않고 "무언가를 한다." 특히, 그것들은 다양한 변이를 일으키며 번식하거나 자가 복제를 한다. 바이러스는 대사 기구가 없는 가벼운 상태로 이동하므로, 자가 복제나 자가 수선에 필요한 에너지와 물질들을 운 좋게 우연히 만나야 하며, 그렇지 못할 경우 결국 열역학 제2 법칙에 굴복하여 허물어진다. 오늘날에는 살아 있는 세포들이 바이러스가 사용할 수 있는 물질들로 채워진 창고를 제공하고 있고, 바이러스들도 그것을 착취하는 쪽으로 진화했다. 그러나 초기의 바이러스들은 자신들을 더 많이 복제하는 덜 효율적인 방식을 찾아 헤매야만 했다. 오늘날의 바이러스들이 모두 이중가닥 DNA를 사용하는 것은 아니다; 어떤 바이러스는 단일가닥 RNAsingle-stranded RNA로 구성된 조상들의 언어를 사용한다. (이 단일가닥 RNA는 물론 여전히 우리 인간의 번식 시스템에서, "발현expression" 과정 동안 중간 "메신저[전령]"의 역할을 한다.) 만일 우리가 표준 관행을 따라, 기생하는 고분자에 **바이러스**라는 용어를 계속 쓴다면, 우리에겐 바이러스와 비슷하지만 바이러스는 아닌 이 최초의 조상들을 일컫는 이름이 필요하다. 컴퓨터 프로그래머들은 특정 작업을 수행하는 코드화된 명령어들이 뭉쳐 있는 조각을 "매크로macro"라 부르므로, 나는 이 개척자들을 "매크로"라고 부를 것을 제안한다. 그들이 "단지" 거대 고분자일 뿐이긴 하지만 **프로그램**이나 **알고리즘**의 조각, 즉 아무것도 걸치지 않은 최소한의 자기 복제 메커니즘—특히 최근에 나타나 우리를 매혹시키고 괴롭히는 컴퓨터 바이러스와 놀랄 만큼 비슷한—이기도 하다는 것을 강조하기 위해서다.(Ray 1992, Dawkins 1993)[4] 이 개척자 매크로들이 재생산되었으므로, 그들은 진화가 일어나기 위한 다윈주의적 필요조건을 만족하게 되었고, 지구에 생명체가 존재하기 전 10억 년이라는 시간의 일부를 더 낫게 이용했다는 것은 이제 명백해졌다.

그러나 가장 단순한 복제하는 매크로도 단순한 것과는 거리가 멀어서, 수천 또는 수백만 개의 부품들로 구성되었다. 단위가 1000개인지 100만 개인지는 그것을 만드는 원자재raw material를 우리가 어떻게 세느냐에 달려 있다. 아데닌Adenine, 사이토신Cytosine, 구아닌Guanine, 티민Thymine, 우라실Uracil이라는 글자는 염기들의 이름이며, 이 염기들은 지나치게 복잡하지도 않아서 전前 생명적 사건의 일반적 과정에서 생겨나기에 불가능하지 않다. (DNA가 생기기 전에 생겨났던 RNA는 DNA에 있는 티민 대신 우라실을 지닌다.) 그러나 이 블록들이 일련의 우연의 일치들에 의해 자기 복제자 같은 복잡한 무언가를 스스로 합성할 수 있는지에 관해서는 전문가들의 의견이 일치하지 않는다. 화학자 그레이엄 케언스스미스Graham Cairns-Smith(1982, 1985)는 분자 수준을 겨냥한 페일리 논증의 업데이트된 버전을 제시한다: DNA 조각들을 합성하는 과정은, 현대 유기화학자들의 진보된 방법들을 사용한다 해도 지극히 정교하다. 이는 그것들이 우연히 만들어지는 것이 페일리의 시계가 폭풍 속에서 우연히 만들어지는 것만큼이나 불가능하다는 것을 보여준다. "뉴

---

4 주의: 생물학자들은 이미 미시진화microevolution에 대조되는 개념으로, 또는 거시적 차원의 진화 현상—이를테면, 종 내에서의 독소들에 저항하기 위해 날개를 변화시키거나 개선시키는 것 등과 대조적인, 종분화나 멸종의 패턴들—을 가리키는 개념으로 **거시진화**macroevolution라는 용어를 쓰고 있다. 내가 매크로들의 진화라 부르는 것은 이미 확고하게 정립된 거시진화의 의미와는 크게 상관이 없다. 그러나 **매크로**라는 용어는 내 목적에 매우 적합하므로, 나는 이 용어를 고수하고 이 패치—대자연도 종종 사용하는 전술—를 이용하여 약점들을 보완하는 시도를 해보기로 결정했다.

클레오타이드는 너무 비싸다."(Cairns-Smith 1985, pp. 45-49) DNA는 단순한 우연의 산물이라기에는 너무 많은 설계 작업을 드러내고 있다고 케언스스미스는 주장한다. 그러나 그는 그 주장을 한 후, 그 작업이 어떻게 이루어질 수 있었을지에 관한 기발한 설명—추측에 의존하고 있으며 논란의 여지가 많긴 하지만—을 도출하기 시작한다. 케언스스미스의 이론이 결국 입증되든 아니든, 단순히 근본적인 다윈주의적 전략을 매우 완벽하게 예화시킨다는 이유에서라도 그의 이론은 공유될 가치가 충분히 있다.[5]

설계공간의 건초더미에서 바늘을 찾는 문제에 다시 직면하게 된 훌륭한 다윈주의자는, 온전한 단백질이나 매크로가 조립될 수 있을 때까지 단백질 부품들이나 뉴클레오타이드 염기들을 제 자리에 잡아둘 일시적인 비계飛階의 역할을 어떻게든 해줄 **훨씬 단순한** 형태의 복제자를 찾아다닐 것이다. 놀랍게도 이에 딱 맞는 속성들을 지니는 후보가 있는데, 더 놀라운 것은 그것이 성경에서 지시된 것이라는 사실이다. 바로 점토clay다! 케언스스미스는 DNA나 RNA라는, 탄소 기반 자기 복제 결정들뿐 아니라, 훨씬 단순한 (그는 이를 "저수준 기술lowtech"이라 부른다) 규소(실리콘) 기반 자기 복제 결정들도 있었으며, 규산염이라고도 불리는 이 결정들은 그 자체로 진화 과정의 산물일 수 있다. 그것들은 거센 흐름과 사나운 소용돌이 바로 바깥쪽에 쌓일 수 있는 종류의 초미세 점토 입자를 형성한다. 그리고 각각의 결정은, 그들의 자기 복제를 달성하는 결정화 과정의 "결정핵"이 될 때, 그것들이 전달되는 방식에 있어 분자 구조

5 바로 단지 이 이유로, 리처드 도킨스도 《눈먼 시계공》(1986a, pp. 148-58)에서 케언스스미스의 발상에 대해 논의하고 그 발상을 정교화시켰다. 케언스스미스의 1985년 설명과 도킨스의 정교화는 비전문가가 읽기에 매우 좋기 때문에, 나는 그것들의 맛있는 상세 사항들을 당신에게 알리고, 당신의 식욕을 돋울 만큼만 요약하여 제공할 것이다. 케언스스미스의 가설들에 문제가 있다는 경고를 덧붙이고, 이 경고와 확신의 균형—설사 그의 가설들이 궁극적으로 모두 거부된다 하더라도(이는 열린 문제다), 좀 이해하기가 어렵긴 하지만 진지하게 받아들일 수 있는 다른 대안이 그 뒤에 존재한다—을 맞추면서 말이다.

수준에서 미묘하게 다르다.

케언스스미스는 단백질과 RNA 조각들이 규산염 결정들(단백질과 RNA는 수많은 벼룩들처럼 이 결정들의 표면에 달라붙게 될 것이다)에 의해 어떻게 마침내 자신들의 차후 복제 과정에서의 "도구들"로 사용되기에 이를 수 있는지를 보여주는 복잡한 논증을 개발했다. 이 가설(정말로 비옥한 모든 발상들처럼, 이 가설에도 근접한 많은 변이들이 있는데, 그중 무언가가 종국의 승자로 밝혀질 수도 있다)에 의하면, 생명의 구성 요소building block들은 복제되는 점토에 매달리고 점토 입자들의 "요구들needs"이 진척됨에 따라 복잡성이 증가하면서, 일종의 준準 기생체로서 그들의 경력을 시작했다. 그들 스스로가 과정들을 꾸려나갈 수 있는 지점에 이를 때까지 말이다. 스카이후크는 없었다. 그저 사다리가 있었을 뿐이다. 다른 맥락에서 비트겐슈타인이 말했듯, 일단 올라가고 나면 걷어차 치워버릴 사다리가.

그러나 이는, 설령 이 모든 것이 참일지라도 전체 스토리와 가깝지 않다. 이 저수준 기술 과정에 의해 자기 복제하는 짧은 RNA 문자열들이 만들어졌다고 가정하자. 케언스스미스는 이 전적으로 자기 중심적인 복제자를 "벌거벗은 유전자naked genes"라고 불렀는데, 이것들은 외부의 도움 없이 자기 자신을 복제하기 **위한** 사물일 뿐, 다른 그 무엇을 위한 것도 아니었기 때문이다. 아직 우리에게는 중요한 문제가 하나 남아 있다: 이 벌거벗은 유전자들은 어떻게 옷을 입게 되었는가? 어떻게 이런 유아론적solipsistic 자기 재생산자들이 특정 단백질들, 즉 커다란 몸—한 세대에서 다음 세대로 오늘날의 유전자를 운반하는—을 구축하는 작고 작은 효소 기계들을 **지정**하게 되었는가? 그러나 문제는 그보다 더 심각한데, 그 단백질들은 몸을 만드는 데만 사용되는 것이 아니기 때문이다; 일단 RNA나 DNA의 문자열이 길어지고 나면, 자기 복제라는 바로 그 과정을 보조하는 데도 단백질이 필요하다. 짧은 RNA 문자열들은 효소의 보조 없이도 자신들을 복제할 수 있지만, 더 긴 문자열들은 도우미들의 수행을 필요로 하며, **그 긴 문자열들**을 지정하는 데에도 매우 긴 문자열—바로 그 효소들이 이미 존재할 때까지 충분한 고충실도로 복제될 수 있는 것보다 더 긴—이 필요하다. 아무래도 우리는 존 메이너드 스미스가 간결하게 요약한 악순환의 고리 안에서의 역설과 다시 마주한 것 같다: "RNA가 어느 정도의 길이(말하자면 2000 염기쌍)가 되지 않으면 정확한 복제가 일어날 수 없고, 정확한 복제가 일어나지 않으면 그 정도로 긴 RNA를 얻을 수 없다."(Maynard Smith 1979, p. 445)

진화사의 이 시기를 연구한 주요 인물 중 한 명이 만프레트 아이겐이다. 짧지만 우아한 책 《생명으로 가는 계단Steps Towards Life》(1992)—당신이 이런 발상들에 대한 탐구를 계속할 수 있는 매우 좋은 장소—에서 아이겐은 매크로들이 "분자 도구 세트molecular tool-kit"라 부르는 것들을 어떻게 점진적으로 구축했는지 보여준다. "분자 도구 세트"란 살아 있는 세포가 자신들을 재창조하기 위해 사용하는 것으로, 그들 주위에 일종의 구조물을, 그러니까 적절한 때에 최초 원핵세포의 보호막이 될 것을 짓는 것이기도 하다. 이 긴 전세포precellular 진화 기간은 화석 흔적들을 남겨 놓지 않았지만, 그 후손들(물론 여기에는 오늘날 우리 주위에 득실거리는 바이러스들도 포함된다)을 경유하여 우리에게 전달된 "텍스트" 안에 그 역사의 풍부한 단서들을 남겨 놓았다. 남아 있는 실제 텍스트들, 즉 고등생물 DNA 안의 특정 A, C, G, T 서열 및 그 반대편에 있는 RNA 안의 A, C, G, U 서열을 연구함으로써, 연구자들은 초기 자기복제 텍스트들의 실제 정체성에 관한 엄청나게 많은 것들을 도출할 수 있다. 플라톤이 실제로 썼던 단어들을 재구성할 때 문헌학자들이 사용했던 것과 같은 기술들의 더 정제된 버전을 사용하면서 말이다. 우리 몸의 DNA 중 어떤 서열들은 정말로 오래된 것이어서, (초기 RNA 언어로 되돌아가는 번역을 통해) 심지어는 매크로 진화의 초기에 생성된 서열들까지도 추적할 수 있다!

뉴클레오타이드 염기(A, C, G, T, U)가 우연히 여기저기에 다양한 양으로 존재하여 케언스스미스의 점토 결정들 주위에 뭉쳐질 가능성이 있었던 시기로 돌아가보자. 모든 단백질의 구성요소인 20가지 아미노산들은 넓은 범위의 비생물적 조건 아래서도 어느 정도의 빈도로 발생하므로 우리는 그것들을 마음대로 사용할 수 있다. 게다가, 시드니 폭스Sidney Fox(Fox and Dose 1972)가 보여주었듯이, 각각의 아미노산은 "프로티노이드(유類 단백질)proteinoid", 즉 매우 얌전한 촉매 능력을 지닌 "단백질-같은-것"으로 축적될 수 있다.(Eigen 1992, p. 32) 이는 작지만 중요한 진전인데, 촉매 능력—화학 반응을 촉진하는 역량—은 모든 단백질의 근본적 재능이기 때문이다.

이제, 염기들이 짝을 이룬다고 가정해보자. C는 G와, A는 U와 짝을 이루어 RNA 서열의 상보적인 작은 서열—100 염기쌍도 안 되는—을 만들고, 그렇게 되면 효소 같은 도우미 없이도 조잡한 복제를 할 수 있게 된다. '바벨의 도서관'에 비유하자면, 이제 인쇄기와 제본소를 갖추게 된 것이다. 하지만 그 책들은 자신들의 복제본을 더 많이 만드는 것을 제외한 다른 어떤 쓸모가 있기에는 너무 짧고, 오식misprint도 많다. 그리고 그 책들은 그 무엇에 **관한** 것도 아닐 것이다. 우리는 우리가 시작했던 곳으로 바로 돌아간 것처럼 보일 수도 있고, 심지어 더 나쁜 상황에 있는 것으로 보일 수도 있다. 분자 수준 구성요소의 최하위층에 도달하면, 우리는 한 가지 설계 문제에 직면한다. 그 문제란 점토를 모델링하는 것이 점진적인 조상sculpting 작업이라기보다는 조립식 장난감을 만들어내는 것과 더 유사하다는 것이다. 물리학의 엄격한 규칙들 아래서는, 원자들은 안정된 패턴으로 함께 도약하거나 그렇지 않거나 둘 중 하나이다.

우리에게는—사실, 모든 생명체에게—다행스럽게도, 천많게 광대한, 가능한 단백질들의 공간에 흩어져 있는 것들에게 생명이 허락되고 앞으로 나아갈 수 있게 하는 단백질 구조물들이 우연히 존재할 수 있다(물론 그 구조물을 찾을 수 있을 때의 이야기이다). 그 단백질 구조물들은 어떻게 찾을 수 있을까? 우리는 어떻게든 그 단백질과 함께 단백질 사냥꾼도 보유해야 한다. 단백질 사냥꾼이란, 자기 복제하는 뉴클레오타이드 문자열의 조각으로, 그들이 구성한 매크로들 안에서 **결국** 자신들을 "명시"하게 되는 물질이다. 아이겐은 악순환이 둘 이상의 요소를 지닌 "하이퍼사이클hypercycle"로 확장될 경우 어떻게 우호적으로 바뀌는지를 보여준다.(Eigen and Schuster 1977) 이것은 어려운 전문적 개념이지만, 기본 아이디어는 충분히 이해하기 쉽다: 유형 A의 조각들이 B의 덩어리들의 전망을 향상시키고, B는 C 조각들의 안녕을 촉진하며, C는 더 많은 A 조각들의 복제를 가능케 함으로써 고리가 완성되는 상황을 상상해보자. 이처럼 상호 강화적인 요소들로 구성된 공동체에서는, 점점 더 긴 유전 물질 문자열의 복제에 일반적으로 도움을 주는 환경을 형성하면서, 전체 단계가 활발히 전개되는 지점에 이를 때까지 서로가 서로를 강화하는 과정이 이어진다. (메이너드 스미스의 1979년 논문은 하이퍼사이클을 이해하는 데 엄청난 도움을 준다; Eigen 1983도 보라.)

하지만 이런 것이 원리적으로는 가능하다 해도, 어떻게 처음에 시작이 될 수 있을까? 만일 모든 가능한 단백질과 모든 가능한 뉴클레오타이드 "텍스트"들이 정말로 동등한 확률로 가능하다면, 그 과정이 어떻게 진행될 수 있는지를 보는 것은 불가능할 것이다. 이 특징 없고 뒤섞인 재료들의 콘페티[6]에는 어떤 구조가 어떻게든 부과되어야 한다. **훨씬 더** "성공할 것 같은" 몇몇 후보들에 집중함으로써 그들이 성공할 가능성을 한층 더 높이는 것이다. 2장에 나왔던 동전 던지기 토너먼트를 기억하는가? 누군가는 게임에서 이겨야 하지만, 그 승리는 어떤 덕목 덕분에 얻어지는 것이 아니라, 오로지 역사적 우연 덕분에 얻어지는 것이다. 승자가 다른 참가자들보다 더 크지도, 더 강하지도, 더 낫지도 않지만 그

6 [옮긴이] 주로 공연 등에서 사용하는, 공중에서 한꺼번에 많이 떨어뜨리는 작은 (색)종이 조각들을 말한다.

래도 승자는 승자다. 모든 생명 분자 진화에서도 다윈주의적 비틀림과 함께, 이와 비슷한 일이 벌어지는 것으로 보인다: 승자들은 다음 회차로 진출할 수 있는 자신들의 여분의 복제들을 만들고, 그로 인해 (잠재적 배심원을 해고할 때 말하는 것처럼) "타당하고 구체적인 이유에 의한" 그 어떤 선택도 없이, 순전한 복제 기량만으로 형성되는 왕조가 출현하기 시작한다. 자기 복제하는 조각들의 풀에서 순수하게 무작위로 "참가자들"을 선정한다면, 비록 처음에는 그 모든 참가자들이 복제 기량 면에서 구분될 수 없었을지라도, 초기 라운드에 **우연히** 이겼던 것들은 그 후속 라운드에서 더 많은 자리를 차지하게 될 것이며, 고도로 유사한 (짧은) 텍스트들의 자국으로 공간을 가득 채우게 될 것이다. 그러나 여전히 그 공간의 광대한 초부피hyper volume는 완전히 텅 비어서 영원히 접근 불가능한 채로 남아 있을 것이다. 원原 생명의 초기 가닥들은 기술의 차이가 생기기 전에 출현할 수 있다. 그다음에 기술들의 토너먼트가 이루어지게 되면 그 덕분에 그것들로부터 생명의 나무가 현실이 될 수 있다. 아이겐의 동료 베른트 올라프 퀴퍼스(1990, p. 150)는 "그 이론은 생물학적 구조가 **존재한다**고 예측한다. 그러나 **무슨** 생물학적 구조인지는 말해주지 않는다"라고 썼다.[7] 이는 처음 시작될 때부터 가능성 공간에 풍부한 편향들을 만들기에 충분하다.

그러므로 불가피하게 어떤 가능한 매크로들은 다른 것들보다 더 가능하다. 즉 천많게 광대한 가능성 공간 안에서 더 잘 마주칠 법하다. 어떤 것이 그러한가? 더 "알맞은" 것? 그 어떤 사소하지 않은 의미에서도 그렇지 않다. 그러나 단지 더 앞의 "승자들"—이들은 또 그 더 앞의 승자들과 거의 동일한 경향이 있다—과 동일하다(또는 거의 동일하다)는 동어반복적 의미에서만 그렇다. (100만 차원의 '멘델의 도서관'에서는, 단 한 군데만 다른 서열들은 어떤 차원에서 서로 "바로 옆"에 위치하는 선반들에 보관된다. [한 권의 책에서 다른 특정한 책까지의 거리를 전문 용어로 해밍 거리Hamming distance라고 한다.] 이 과정은 "승자"들을 어떤 초기 시작점으로부터 도서관 내의 가능한 모든 방향으로 점진적으로 확산—짧은 해밍 거리로 도약시키면서—시킨다.) 이는 "부자가 더 부유해지는" 가장 기본적인 가능한 사례다. 그리고 문자열의 성공에는, 문자열 그 자체가 부모 문자열과 닮았다는 것 말고는 언급할 다른 설명이 없으므로, 이는 적합도에 대한 **의미론적**semantic 정의에 반대되는, 순전히 **구문론적**syntactic인 정의이다.(Küppers 1990, p. 141) 이는, 적합도를 결정하기 위해 문자열이 무엇을 **의미하는지**를 고려할 필요가 없음을 뜻한다. 우리는 6장에서, 두 책에 등장하는 알파벳 글자들의 상대적 빈도를 비교함으로써 두 책의 질의 차이를 설명할 수 없는 것과 마찬가지로, 단지 철자상의 변화만으로는 설명이 필요한 '설계'를 결코 설명할 수 없음을 살펴보았다. 그러나 이것을 가능케 할 의미 있는 자기 복제 코드들이 있으려면 그전에 아무 의미도 없는 자기 복제 코드들이 있어야만 한다. 의미 없는 자기 복제 코드들의 유일한 "기능"은 자신을 복제하는 것이다. 아이겐(1992, p. 15)이 썼듯이, "분자의 구조적 안정성은 그것이 담지하는 의미론적 정보와 아무런 관계가 없으며, 그 정보는 번역의 산물이 드러나기 전까지는 표현되지 않는다."

---

7 퀴퍼스는 그 저면의 발상을 분명히 보여주기 위해 아이겐(1976)의 사례를 빌려왔다: 그것은 "비다윈주의적 선택" 게임으로, 체커보드 위에서 다른 색깔의 구슬들을 가지고 플레이할 수 있다. 맨 처음에 당신은 아무 곳의 모눈에나 구슬을 놓을 수 있으며, 이것이 초기 콘페티 효과를 만든다. 이제 2개의 (팔면체!) 주사위를 던져, 그다음 갈 곳(예를 들면 5열 7행)을 결정한다. 그 자리에 다른 구슬이 있다면 그것을 없앤다. 그리고 주사위를 다시 던진다: 주사위가 말해주는 위치로 가서 그곳에 먼저 있던 구슬의 색을 확인하고, 옮기기 전 당신의 구슬이 있던 곳에다 그와 똑같은 색의 구슬을 놓는다(이것이 그 구슬의 "재생산"이다). 이 과정을 계속 반복한다. 이는 결국, 색들의 처음 분포를 비무작위화시키는 효과를 낼 것이며, 그리하여 하나의 색이 "승자"가 될 것이다. 그러나 여기에는 그 어떤 이유도 없다. 단지 역사적 운에 의한 것일 뿐이다. 그가 이를 "비다윈주의적 선택"이라 불렀던 것은, 이것이 편향을 야기하는 원인이 부재하는 상황에서 일어나는 선택이기 때문이다; **적응 없는 선택**이 더 친숙한 용어일 것이다. 그리고 이것이 비다윈주의적인 것은 오직 다윈이 이를 허락하는 것의 중요성을 알지 못했다는 의미에서일 뿐, 다윈이 (또는 다윈주의가) 이를 포용할 수 없다는 의미에서가 아니다. 다윈주의는 이를 분명 포용할 수 있다.

이는 궁극적 '쿼티' 현상의 탄생이지만, 그 현상에 이름을 붙여준 문화적 경우처럼, 그 자기 복제 코드들이 처음부터 **전적으로** 아무런 의미도 없는 것은 아니었다. 완벽히 균등한 가능성은 순수하게 무작위적인 과정에 의해 독점적으로 해소될 수 있을 테지만, 우리가 이미 보았듯이, 완벽히 균등한 가능성은 자연에서는 그 어느 시점에서도 얻기 어렵다. 그리고 텍스트 생성의 이 과정에서는 시작에서부터 편향이 존재했다. 네 가지 염기(A, C, G, T)에서 G와 C는 구조적으로 가장 안정하다. 아이겐에 따르면, "결합 및 합성 실험을 하며 결합 에너지의 필요량을 계산해본 결과, G와 C가 풍부한 서열들이 효소의 도움 없이 형판template의 지시에 의한 자기 복제에 가장 뛰어나다는 것을 보여주었다."(Eigen 1992, p. 34) 그것이 자연적 또는 물리적 **철자** 편향이라고 말할 수도 있을 것이다. 영어에서 "e"와 "t"는, 예컨대 "u"와 "j"보다 더 자주 출현하지만, "e"와 "t"가 지우기 더 어렵거나 복사기로 복사하기 더 쉽거나 쓰기에 더 쉽기 때문은 아니다. (물론, 사실 설명은 다른 방향으로 이루어진다; 우리는 가장 빈번하게 사용하는 글자에 가장 읽고 쓰기 쉬운 기호를 사용하는 경향이 있다; 예를 들어 모스 부호에서 "e"에는 점 하나가, "t"에는 줄 하나가 배정되어 있다.) RNA와 DNA에서 이 설명은 뒤집힌다: G와 C는 그것이 복제에서 가장 안정하기 때문에 선호되는 것이지, 그것이 유전 "단어들"에서 가장 빈번하게 나타나기 때문에 선호되는 것은 아니다. 이 철자 편향은 단지 시작할 때의 "구문론적"인 것일 뿐, **의미론적** 편향과 결합되지는 않는다.

> 유전 코드를 〔"문헌학적 방법"으로〕 조사해보면 …… 첫 번째 코돈에 G와 C가 풍부하다는 것이 발견된다. GGC와 GCC는 각각 아미노산인 글리신과 알라닌을 위한 코딩 서열이며, 이들의 화학적 단순성 때문에 …… 〔전前 생명 세계에서〕…… 이들은 더 풍부하게 형성되었다. 첫 번째 코드 단어들이 가장 일반적인 아미노산에 **배정되었다**는 〔강

조는 내가 했다] 주장은 사리에 맞지 않거나 타당하지 않으며, 코딩 체계의 논리가 자연의 물리적 화학적 법칙들과 그 외부 작업들의 결과라는 사실을 강조한다. 〔Eigen 1992, p. 34〕

이때 "외부 작업"은 **알고리즘적 정렬(분급)**sorting **과정**들로, 물리학의 근본 법칙들에 기인하는 가능성이나 편향을 취하며, 그렇게 하지 않았다면 극도로 불가능했을 구조들을 산출한다. 아이겐이 말하듯, 산출되는 체계에는 논리가 있다; 두 사물을 그저 함께 놓는 것이 아니라 하나의 시스템을 "배정하는 것"이며, 그 시스템은 의미가 있고, 또 **작동하기** 때문에—오로지 그 이유로—의미가 있다.

물론 최초의 "의미론적" 연결들은 매우 단순하고 국소적이어서 의미론적으로는 거의 고려 대상이 아니지만, 그럼에도 불구하고 우리는 그것들에서 참고할 만한 희미한 것을 볼 수 있다: 뉴클레오타이드 문자열 약간과 단백질 조각의 운명적인 결혼식이 있었던 것이다. 그리고 이 사건은 **그것**의 재생산에 직접적 또는 간접적인 도움을 주었다. 루프는 닫혔다. 그리고 "의미론적" 배정 체계가 일단 자리 잡으면, 모든 것이 빨라진다. 이제 코드-문자열 조각은 무언가—단백질—를 **위한** 코드가 된다. 이는 평가의 새로운 차원을 만들어낸다. 어떤 단백질들은 다른 것들보다 촉매 작용을 더 잘하여, 특히 복제 과정에서의 보조 역할을 더 잘 수행하기 때문이다.

이는 판돈을 올린다. 처음에는 매크로 문자열들이 자기 복제를 할 수 있는 자기 포함 용량self-contained capacity 면에서만 달랐던 반면, 이제 그것들은 더 큰 다른 구조물을 만들어냄으로써—그리고 그것에 자신의 운명을 연결시킴으로써—자신들의 차이점을 극대화할 수 있게 되었다. 일단 이 피드백 루프가 만들어지고 나자, 군비경쟁이 그 뒤를 따랐다. 점점 더 길어지는 매크로들은 훨씬 더 크고 더 빠르고 더 효율적인—그러나 더 비싼—자기 복제 시스템을 구축하기 위해 가용 구성요소들을 놓고 경쟁한다. 우리의 무의미한, 오로지 운에만 맡기는 동전 던지기 토너먼트가 이제 그 자신을 기술의 토너먼트로 변형시킨 것이다. 이것은 중요하다. 이제, 토너먼트 승자들의 대물림에 사소한 동전 던지기 승자의 대물림에서보다 더 나은 무언가가 존재하기 때문이다.

그리고 그 새 토너먼트는 실제로 작동하기까지 한다! 단백질들 사이에는 엄청난 "기술" 차이가 있으므로, 프로티노이드[8]들의 작디작은 촉매 재능을 넘어서는 개선의 여지가 풍부하게 존재한다. "많은 경우, 효소의 촉매 작용은 반응을 100만 배에서 10억 배 정도 가속시킨다. 이러한 메커니즘을 정량적으로 분석할 때마다 같은 결과가 나왔다: 효소는 최적의 촉매이다."(Eigen 1992, p. 22) 완료된 촉매 작업은 완료되어야 할 새로운 작업을 만들어내고, 그래서 피드백 사이클들이 개선을 위한 더욱 정교한 기회들을 아우를 수 있도록 확산되었다. "어떤 과제에 적응하든, 세포는 최적의 효율로 수행한다. 매우 초창기의 진화 산물인 남조류는 완벽에 가까운 효율로 빛을 화학적 에너지로 바꾼다."(Eigen 1992, p. 16) 이런 최적성은 우연으로 생겨날 수 없으며, 점진적으로 나아가는 개선 과정의 결과임이 틀림없다. 그러므로, 구성요소들의 초기 확률들과 역량에서의 아주 작은 일련의 편향으로부터 눈덩이처럼 불어나는 자기 개선의 과정이 시작된다.

3. 라이프 게임의 법칙들

태양과 행성, 혜성이 이루는 가장 아름다운 체계는 오직 "지적이고

8 [옮긴이] 지금의 고분자 단백질이 출현하기 전에 존재했던, 단백질과 유사한 물질을 말한다.

강력한 존재"의 조언과 지배로부터 시작되어 진행될 수 있었다.

—아이작 뉴턴Isaac Newton

(1726, 위의 구절은 엘레고르드의 1956년 번역본 176쪽에서.)

내가 우주를 조사하고 그 구조의 세부 사항들을 연구하면 할수록, 우주가 어떤 의미에서는 우리가 생겨나올 것을 알고 있었으리라는 더 많은 증거를 찾게 된다.

—프리먼 다이슨Freeman Dyson(1979, p. 250)

질서가 있음에도 불구하고 상당한 심오함이 출현하기 위한 적합한 종류의 힘이나 조건을 지니지 않은 우주를 상상하기란 쉬운 일이다.

—폴 데이비스Paul Davies(1992)

다행스럽게도, 물리 법칙들은 우리에게 말해준다. 가능한 단백질의 천많게 광대한 공간에, 그토록 숨 막히는 촉매 기교를 지님으로써 복잡한 생명체의 능동적 구성 요소의 역할을 할 수 있게 된 고분자들이 있다는 것을. 그리고 또 그만큼 다행스럽게도, 똑같은 물리 법칙들이 그 알고리즘적 과정들이 스스로 시동을 걸 수 있도록 세계에 충분한 비평형을 제공하여, 결국 그 고분자들을 발견하고 그것들을 다른 탐험과 발견의 또 다른 물결을 위한 도구로 바꾸어놓는다. 그런 물리 법칙들이 있으니, 오, 신이여, 감사합니다!

응? 감사해야 하지 않을까? 그 법칙들이 조금이라도 달랐다면, 방금 보았던 것처럼, 생명의 나무는 결코 생겨나지 않았을 것이다. 어쩌면 우리는 복제 기구 시스템(앞 절에서 논의된 이론들 중 어느 것이든 옳을 때, 또는 옳은 궤도상에 있을 때, 스스로 자동적 설계가 가능한 시스템)을 설계하는 과제에서 신을 배제하는 방법을 알아냈을지도 모른다. 하지만 그렇다는 것을 우리가 인정한다 할지라도, 여전히 우리에겐 그 법칙들이 이 놀라운 일들이 펼쳐지는 것을 **정말로** 허용한다는 것을 보여주는 거대한 사실이 있다. 그리고 그 사실은 많은 사람들로 하여금 "창조주의 지성"이 "엔지니어(공학자)의 독창성"이 아니라 "법칙부여자의 지혜"라고 추측하게 하기에 충분했다.

다윈이 자연법칙들이 신에 의해 설계되었다는 아이디어를 향유할 때도, 그리고 그전에도 지금도 그런 생각을 품은 걸출한 인물들이 있다. 뉴턴은 우주의 원래 배열은 "단순히 자연적 원인들에 의해서는" 설명될 수 없으며, 오직 "'자발적 행위자'의 조언과 계획"에 귀속시킬 수 있을 뿐이라고 주장했다. 아인슈타인은 자연법칙들을 "옛 존재들의 비밀"이라 칭하면서, 양자역학에서의 우연의 역할에 대한 자신의 불신을 유명한 말로 표현했다: "**신은 주사위 놀이를 하지 않는다**Gott würfelt nicht." 좀 더 최근에는, 천문학자 프레드 호일Fred Hoyle이 이렇게 말하기도 했다: "증거를 조사하는 과학자라면 그 누구도, 핵물리학 법칙들이, 별들 안에서 그 법칙들이 산출하는 결과들에 관한 한, 의도적으로 설계된 것이라는 추론을 도출하지 않을 수 없을 것이라고 나는 믿는다."(Barrow and Tipler 1988, p. 22에서 인용) 물리학자이자 우주론자인 프리먼 다이슨은 이 점을 훨씬 더 조심스레 다루었다: "나는 우주의 구조가 신의 존재를 증명한다고 주장하는 것은 아니다. 나는 그저 우주의 구조가, 그것의 기능에 마음이 본질적인 역할을 했다는 가설과 양립 가능하다고 주장하는 것이다."(Dyson 1979, p. 251) 다윈 자신은 이 지점에서 명예로운 휴전을 제안할 준비가 되어 있었으나, 다윈주의 사고는 계속된다. 그 사고가 초기에 다른 맥락에서 같은 문제에 적용되었다는 것에서 비롯된 추진력에 의해.

빅뱅 이후 우주의 발달에 대해, 즉 은하와 별들을 만든, 그리고 행성을 만들 수 있는 무거운 원소들을 생성한 조건들에 대해 더 많은 것들을 배우면 배울수록, 물리학자들과 우주론자들은 자연법칙들의 절묘한 섬세함에 점점 더 깊은 인상을 받았다. 빛의 속도는 약 초속 186,000마일(초속 299,792,458미터)이다. 광속이 초속 185,000마일이었다거나 187,000마일이었다면 어떻게 되었을까? 모든 것들이 많이 바뀌었을까? 중력이 지금의 값보다 1퍼센트 더 크거나 작았다면 어떻게 되었을까? 물론 (우연히 발생했다고 우리가 알고 있는) 물리학의 근본 상수들—광속, 보편 중력 상수, 약한 핵력과 강한 핵력, 플랑크 상수—은 우주가 실제로 발달하는 것을 허용하는 값들을 지닌다. 그러나 상상 속에서 우리가 이런 값들 중 어느 하나라도, 아주 작디작은 양만큼이라도 바꾼다면, 그에 따라 우리는 이 모든 것이 일어날 수 없는, 생명과 같은 것은 실제로 결코 출현할 수 없는 우주—행성도 없고, 대기도 없고, 고체도 없고, 수소와 헬륨 외의 다른 원소들도 없고, 어쩌면 뜨겁고 분화되지 않은 물질인 재미없는 플라스마도, 또는 그와 똑같이 재미없는 무無마저도 없는 우주—를 상정한다는 것이 드러날 것이다: 그러니, 법칙들이 우리가 존재하기에 **딱 알맞다**는 것은 놀라운 사실 아닌가? 사실, 덧붙여 말하자면, 우리는 거의 존재하지 못할 뻔했다!

이 놀라운 사실은 설명이 필요한 종류의 것일까? 만약 그렇다면 어떤 종류의 설명이 제공될 수 있을까? '인류의 원리Anthropic Principle'에 따르면, 우리에겐 추론과 관찰을 하기 위해 우리가 (우리 진원류anthropoid가, 우리 인류가) 여기 있다는 반박 불가능한 사실로부터 우주 및 우주의 법칙들을 추론할 권리가 있다. '인류의 원리'에는 몇 가지 형태가 있다. (최근에 나온 유용한 책들 중 추천할 만한 것은 다음과 같다: Barrow and Tipler 1988, Breuer 1991. Pagels 1985, Gardner 1986)

"약한 형태"에서라면, 그것은 기본 논리의 건전하고 무해하고 때때로 유용한 응용이다: x가 y가 존재하기 위한 필요조건이라면, y가 존재할 경우 x도 존재한다. 의식이 복잡한 물리적 구조에 의존한다면, 복잡한 구조는 수소나 헬륨보다 무거운 원소로 구성된 커다란 분자들에 의존하며, 그렇다면 우리가 의식을 지니고 있으므로 세계에는 그런 원소들이 있어야만 한다.

그러나 앞 문장의 갑판 위에는 어디로 발사될지 모르는 대포가 있음에 주목하라. 그것은 바로 옆길로 샌 단어 "~야만 한다must"이다. 나는 필연성에 대한 주장을 전문적으로는 옳지 않게 사용하는 일반적 영어의 관행을 따랐다. 논리학 수업을 듣는 학생들은 곧 알게 되겠지만, 내가 진짜로 썼어야 하는 것은 아래와 같다:

이렇게 될 것이 틀림없다: 만약 의식이 …… 에 의존한다면, 우리에겐 의식이 있으므로, 세계에는 그러한 원소들이 **있다**.

타당하게 도출될 수 있는 결론은, 세계에 그런 원소들이 **있다**는 것이지, 세계에 그런 원소들이 **있어야만 했다**는 것이 아니다. **우리가 존재하려면** 세계에 그런 원소들이 **있어야만 한다**고 (마지못해) 인정할 수도 있지만, 그런 원소들이 없었을 수도 있다. 그리고 그렇다면, 우리는 여기 존재하면서 실망할 수도 없었을 것이다. 이는 이렇게나 단순하며 이해하기 쉽다.

어떤 이들은 '인류의 원리'의 "강한 형태"를 정의하고 옹호하려는 시도를 하고 있다. "~야만 한다"의 나중 위치를 인과 표현이 아니라 우주가 필연적으로 존재하는 방식에 대한 결론이라고 정당화하려고 힘쓴다. 논리에서의 단순한 실수에 의해 이토록 많은 혼란과 논쟁이 실제로 발생한다는 것을 믿기 어렵다고 내가 생각하고 있다는 사실을 인정한다. 그러나 이것이 흔히 있는 일이라는 증거는 정말로 꽤 강하며, 이런 현상이 '인류의 원리' 논의에서만 벌어지는 것도 아니다. 다윈주의적 연역을 둘러싼, 일반적이고 유관한 혼란들을 생각해보라. 다윈은 인류가 침팬지와의 공통 조상으로부터 진화했**음이 틀림없다**고, 또는 모든 생물은 단 하나의 시작에서 생겨났**음이 틀림없다**고 주장했고, 어떤 사람들은 그러한 연역들을, 인류가 어떻게든 진화의 필연적 산물이라는 주장으로, 또는 생명이 우리 행성의 필연적 특성이라는 주장으로 간주했다.

뚜렷한 이유도 없이 말이다. 그러나 이런 종류의 태도들 중 다윈의 연역에 대한 적절한 이해에서 비롯된 것은 아무것도 없다. 사실이어야 하는 것은 우리가 여기 있다는 것이 아니라, 우리가 여기 있기 **때문에**, 우리가 영장류로부터 진화해나왔다는 것이다. 존이라는 사람이 총각이라고 하자. 그렇다면 그는 미혼이어야만 한다. 그렇지 않은가? (이는 논리적 참이다.) 불쌍한 존—그는 결코 결혼할 수 없다! 이 예의 오류는 명백하며, 다른 주장들과의 비교를 위한 거푸집으로 마음 한구석에 간직해둘 가치가 있다.

'인류의 원리'의 강한 버전들 중 하나를 믿고 있는 사람들은, 의식 있는 관찰자로서의 우리가 여기 존재한다는 사실로부터 무언가 멋있고 놀라운 것들을 연역할 수 있다고 생각한다. 그리고 예를 들어, 어떤 의미에서는 우주가 우리를 **위해** 존재하거나, 어쩌면 우리가 존재**함으로써** 전체 우주가 존재할 수 있다거나, 심지어는 신이 우주를 창조하였고, 우리가 존재 가능하도록 '그분'이 그때 그렇게 만드셨다고 주장한다. 이런 식으로 해석된다면, 이러한 제안들은 우주의 가장 보편적인 물리 법칙—그런 법칙들을 가능하게 만드는 특정한 구조들이 아니라—을 '설계'로 다시 씀으로써 페일리의 '설계로부터의 논증Argument from Design'을 복귀시키는 시도가 된다. 그러나 여기서 다시 한번, 다윈주의적 대항마들을 사용할 수 있다.

이것들은 심해처럼 위험한 것이며, 그 논제들에 대한 논의들은 대부분 기술적인 것 안에서 뒹굴고 있지만, 이 다윈주의적 대응의 논리적 힘은 더 단순한 경우를 고려함으로써 생생하게 드러날 수 있다. 우선, 나는 수학자 존 호턴 콘웨이John Horton Conway를 주 창작자로 하는 멋진 밈인 '라이프 게임Game of Life'을 소개해야 한다. (나는 논의를 진행하면서 이 값진 생각 도구를 몇 가지 용례에 더 사용할 것이다. 이 게임은 복잡한 논제를 받아들이고, 그 논제의 골격 또는 끝내주게 쉬운 본질들, 즉 이해하고 인식하기 매우 쉬운 요소들로만 그 문제를 받아들이게 하는 뛰어난 역할을 한다.)

라이프 게임은 체커보드 같은 2차원 격자에서, 조약돌이나 동전 같은 것들을 이용한 단순한 계산을 통해 실행된다. 좀 더 고차원적 기술을 쓴다면 컴퓨터 스크린에서 실행될 수도 있다. 이 게임은 이기기 위해 하는 것이 아니다. 만약 이것을 정말 게임이라고 할 수 있다면, 솔리테어solitaire[9] 정도에 해당할 것이다. 격자는 정사각형의 셀로 나뉘고, 각 셀은 각 순간에서 켜짐ON이거나 꺼짐OFF 둘 중 하나다. (켜짐이라면 동전을 셀 위에 놓는다. 꺼짐이라면 셀을 비워 둔다.) 그림 7-2에서 각 셀에는 8개의 이웃 셀이 있음에 주목하라. 한 면을 맞대고 있는 4개의 셀(동, 서, 남, 북에 있는 셀)과 하나의 꼭짓점을 맞대고 있는 4개의 셀(북동, 북서, 남동, 남서에 있는 셀)을 더하면 이웃 셀은 모두 8개다.

라이프 세계에서 시간은 연속적으로 흐르지 않고 단속적으로 흐른다: 시간은 순간적으로 진행하며, 세계의 상태는 두 순간 사이에 다음의 규칙에 따라 변화한다:

> **라이프 물리학**: 격자의 각 셀은 지금 이 순간 자기의 여덟 이웃 중 몇 개가 켜짐 상태인지를 센다. 답이 정확히 2이면 셀은 현재의 상태를 (그 셀이 켜짐이든 꺼짐이든) 그다음 순간에도 유지한다. 답이 정확히 3이라면 다음 순간 셀의 상태는, 현 상태가 켜짐이든 꺼짐이든 관계없이, 켜짐이 된다. 다른 상황이라면 다음 순간 셀은 꺼짐이 된다.

이것이 다다. 이것이 게임의 유일한 규칙이다. 이제 여러분은 게임

---

9 라이프 게임을 이렇게 묘사하는 것은 나의 설명(1991b)에 따른 것이다. 마틴 가드너Martin Gardner는 《사이언티픽 아메리칸Scientific American》에 두 번(1970년 10월, 1971년 2월)에 걸쳐 실린 그의 〈수학 게임〉에서 라이프 게임을 많은 사람들에게 소개했다. 윌리엄 파운드스톤William Poundstone의 1985년 저서는 라이프 게임 및 그것의 철학적 함의에 관한 뛰어난 연구서이다.

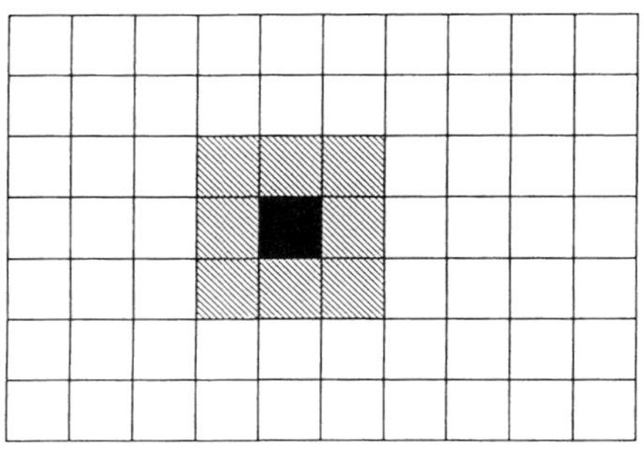

그림 7-2

을 하는 데 필요한 모든 것을 알았다. **라이프 세계의 전체 규칙은 이 하나의, 예외 없는 규칙으로 포획된다.** 이것이 라이프 세계의 근본적인 "물리" 법칙이지만, 처음에는 생물학적 용어로 이 기묘한 물리학을 생각해보는 것이 도움이 된다: 켜짐은 셀이 태어나는 것으로, 꺼짐은 셀이 죽는 것으로 생각해보라. 그리고 매 순간을 한 세대라고 간주하고 시간이 흐르면 세대가 계승되는 것으로 생각하라. 너무 숨 막히게 둘러싸여(인구 과잉—셋보다 많은 이웃이 거주함) 있거나 외로울(고립—둘보다 적은 이웃만 거주) 때는 다음 순간 죽는다. 몇 가지 간단한 경우를 생각해보자.

그림 7-3의 배열[10]에서는 셀 D와 F에만 켜짐 상태 이웃이 정확히 셋 있으므로 D와 F만이 다음 세대에서 태어나는 셀이 된다. 셀 B와 H는 이웃 중 켜짐 상태인 것이 단 하나밖에 없다. 그러므로 그들은 다음 세대에서 죽는다. 셀 E는 켜짐 상태의 이웃이 둘이므로, 다음 세대에서도 그 상태를 유지한다. 따라서 다음 "순간"에는 그림 7-4와 같은 배열이 형성된다.

명백히, 그림 7-4의 다음 순간에는 배열이 다시 처음(그림 7-3)

10 [옮긴이] 이 책에 나오는 라이프 격자 그림에서는 검게 칠해진 것이 켜짐 상태이고, 희게 표시된 것이 꺼짐 상태이다.

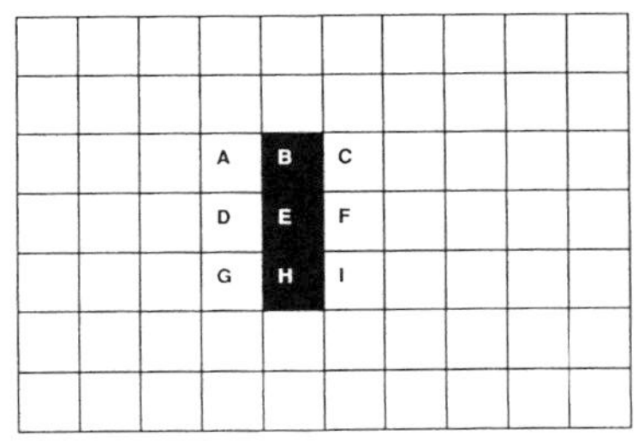

그림 7-3

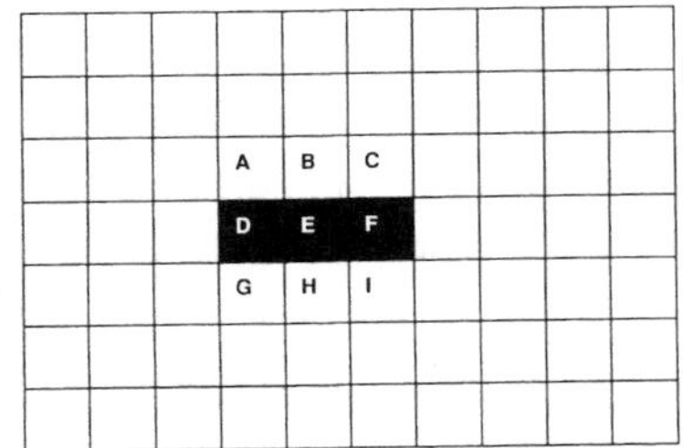

그림 7-4

으로 돌아갈 것이다. 그리고 이 작은 패턴은 시간이 지남에 따라 그림 7-3과 7-4의 배열을 계속 반복할 것이다. 이 격자판에 새로운 켜짐 셀이 어떻게든 도입될 때까지 말이다. 이런 배열을 **깜빡이**flasher 또는 교통신호등이라 부른다. 그림 7-5의 배열에서는 어떤 일이 벌어질까?

어떤 일도 벌어지지 않는다. 켜져 있는 모든 셀에는 켜져 있는 이웃이 3개씩 있다. 따라서 이 셀들은 모두 다시 태어난다. 꺼져 있는 셀 중 켜져 있는 이웃이 3개 있는 셀은 없다. 따라서 원래부터 켜져 있었던 셀을 제외하면 다음 순간 태어나는 셀은 하나도 없다. 이런 배열을 **정물**still life이라 부른다. 우리의 유일한 법칙을 세심하게 적용하면, 다음 순간 켜짐과 꺼짐으로 이루어진 어떤 배열이 나타날지를 완벽히 정확하게 예측할 수 있다. 그리고 그다음 순간도, 또 그다음 순간도 계속 예측할 수 있다. 달리 말하자면, 라이프 세계는 피에르시몽 드 라플라스Pierre-Simon de Laplace에 의해 유명해진 결정론을 예화하는 완벽한 장난감 세계toy world라고 할 수 있다. 이 세계의 어떤 한순간의 상태가 기술되면, 관찰자로서의 우리는 단 하나의 물리 법칙을 적용하여 미래 순간들을 완벽하게 예측할 수 있는 것이다. 또는, 초기 저작들에서 내가 발전시킨 용어들로 표현(1971, 1978, 1987b)하자면, 라이프 세계의 배열에 대해 **물리적 태도(자세)**physical stance**를 채택**할 때, 우리의 예측력은 완벽하다: 잡음도 없고 불확실성도 없다. 1보다 작은 확률도 없다. 게다가 라

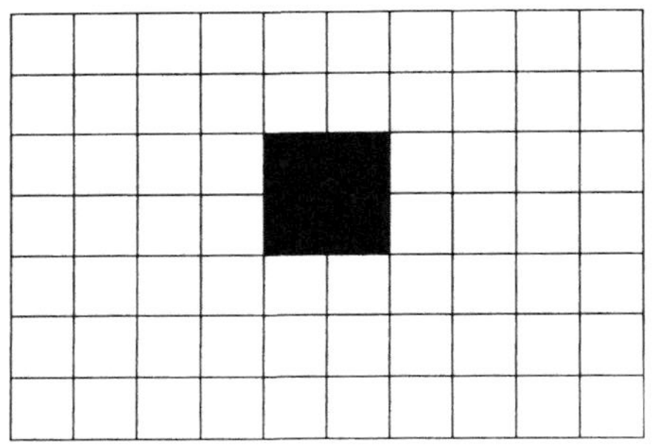

그림 7-5

이프 세계의 2차원성 덕분에, 볼 수 없도록 숨어 있는 것도 없다. "무대 뒤"라는 개념도 없다. 숨은 변수가 없다는 것이다. 라이프 세계에서는 대상들의 물리학이 직접적이고 완전히 가시적으로 전개된다.

간단한 규칙을 따르는 것이 지루한 연습이라고 생각된다면, 라이프 세계의 컴퓨터 시뮬레이션으로 눈을 돌려보자. 시뮬레이션에서는 스크린에 초기 배열을 설정할 수 있고, 컴퓨터에게 당신을 위해 알고리즘을 실행하게 할 수 있다. 유일한 규칙을 따르면서 초기 배열을 몇 번이고 변경할 수도 있다. 최상의 시뮬레이션에서는 클로즈업과 조감도를 번갈아 가면서 시간과 공간 모두의 스케일을 변화시킬 수 있다. 일부 컬러 버전에는 멋진 기능 하나가 추가되었다. 켜짐 셀(셀을 그냥 **픽셀**이라 부르기도 한다)들에 색깔을, 그것도 셀의 나이에 따라 각각 다른 색을 지정하는 것이다. 이를테면, 셀들이 태어날 때는 파란색이었다고 하자. 그리고 세대가 지남에 따라 파란 셀들은 녹색으로, 또 노란색으로, 그리고 주황색에서 빨강을 거쳐 갈색이 되고, 그 후엔 죽지 않는 한 검정으로 계속 유지된다. 이렇게 하면 특정 패턴들이 얼마나 오래된 것인지, 어느 셀들이 같은 시기에 생성된 것인지, 새로 태어나는 셀이 어디에 있는지 등을 한눈에 쉽게 알아볼 수 있다.[11]

단순한 배열들 중 어떤 것은 다른 것들보다 더 흥미롭다는 것을 누

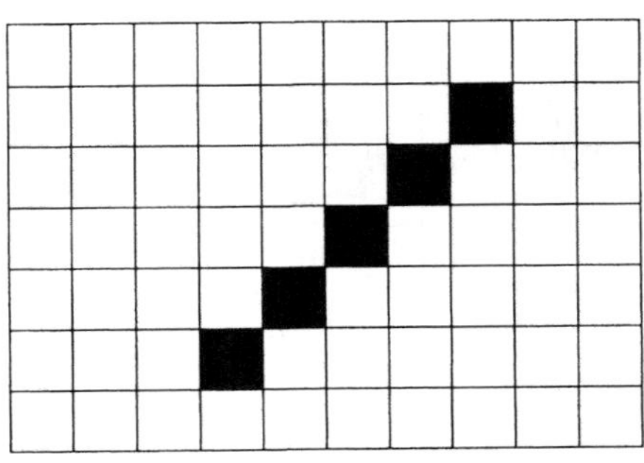

그림 7-6

구든 쉽게 알 수 있다. 그림 7-6과 같은 대각선 선분을 생각해보자. 이는 깜빡이는 **아니다**. 각 세대에서 이 대각선의 양 끝의 켜짐 셀은 고립되어 외로움으로 죽고, 어떠한 셀도 태어나지 않는다. 이 대각선 전체는 곧 없어져버린다. 배열이 전혀 바뀌지 않는 것—정물—과 완전히 소멸되는 것—방금 본 대각선 선분—에서와 같은 종류의 주기성을 지니는 배열들이 존재한다. 앞에서 보았듯이, 깜빡이에서는 다른 배열이 침입해 들어오지 않는 한, 두 세대를 주기로 하는 똑같은 일이 **끝없이**ad infinitum 진행된다. 침범은 라이프 게임을 흥미롭게 만든다: 주기적인 배열들 중에는 아메바처럼 평면 위를 헤엄쳐 다니는 것들이 있다. 가장 단순한 것은 **글라이더**glider인데, 5개의 픽셀로 구성된 배열이며, 세대가 진행됨에 따라 그림 7-7에서처럼 남동쪽으로 이동한다.

이것들 외에도 라이프 세계에는 **포식자**eater, **증기기관차**puffer train, **우주 갈퀴**space rake 등, 적절하게 명명된 많은 것들이 있고, 그것들은 새로운 수준(층위)에서 인식 가능한 대상으로 부상한다. (이 수준은 내가

---

11 파운드스톤(1985)은 간단한 베이직BASIC과 IBM 어셈블리assembly 언어로 된 시뮬레이션을 제공하고 있다. 이를 그대로 복사하여 여러분의 컴퓨터에서 실행시키고, 흥미로운 변이들을 기술해볼 수 있다.

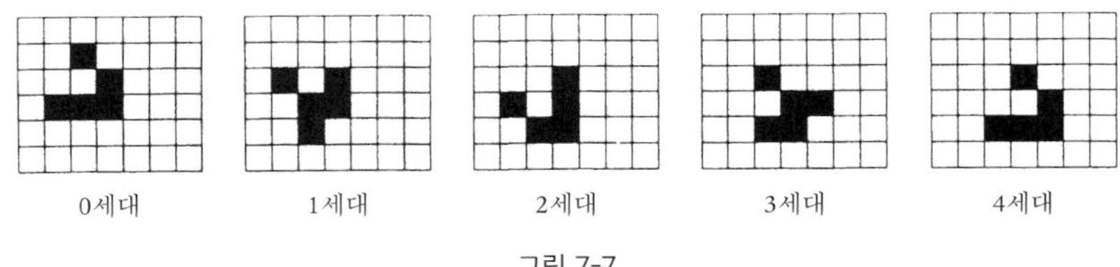

그림 7-7

이전 작업에서 **설계 수준**design level이라고 불렀던 것과 유사하다.) 이 수준에는 물리적 수준에서의 지루한 묘사들을 명료하게 축약시키는 이 수준만의 언어가 있다. 예를 들면:

> 포식자는 글라이더를 네 세대만에 잡아먹을 수 있다. 먹히는 것이 무엇이든, 기본 과정은 동일하다. 포식자와 그 먹이 사이에 다리bridge가 형성된다. 다음 세대에서 다리 영역은 인구 과잉에 의해 죽는다. 이때 포식자와 먹이 둘 다 한 입씩 뜯어먹힌다. 그러면 포식자는 자신을 수리한다. 하지만 먹이는 대개 그러지 못한다. 그림의 글라이더처럼 먹이의 나머지 부분이 죽으면 먹이는 몽땅 잡아먹혀 소멸된다. 〔Poundstone 1985, p. 38.〕

물리적 수준에서 설계 수준으로 옮겨갈 때 우리의 "온톨로지"—존재하는 것에 대한 우리의 목록—에 뭔가 기묘한 일이 생긴다는 것에 주목하라. 물리적 수준에서는 단지 켜짐과 꺼짐만 있을 뿐, 움직임은 없다. 그리고 존재하는 유일한 개별적인 것, 즉 셀들은 고정된 공간적 위치로 정의된다. 설계 수준에서 우리는 갑자기 물체를 지속시키는 움직임을 보게 된다. 그것의 한 예가 (다른 셀들의 각 세대를 구성하긴 했지만) 그림 7-7에서 움직여 감에 따라 모양을 바꾸면서 남동쪽으로 이동했던 것과 동일한 하나의 글라이더이다. 그리고 그림 7-8에서처럼 포식자가 라이프 세계에서 하나를 잡아먹고 나면 글라이더는 하나 줄어든다.

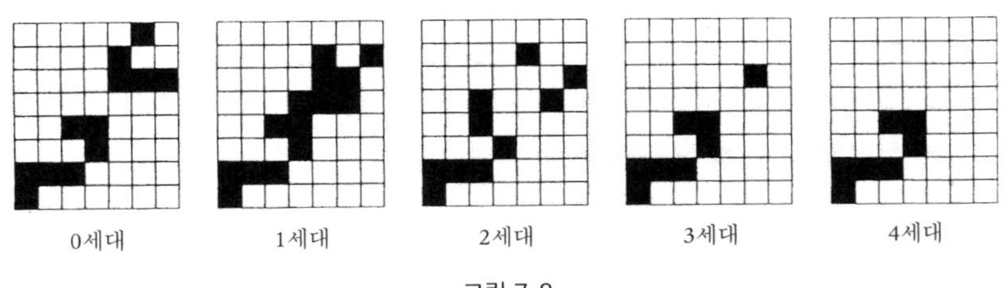

그림 7-8

그리고 물리적 수준에서는 일반 법칙의 예외가 절대 존재하지 않음에 반해, 설계 수준에서는 일반화를 할 때 예외가 존재할 여지를 두어야만 한다는 것에도 주목해야 한다. “대개 ~~하다”나 “아무것도 침입하지 않는다면” 등의 구절이 필요하다는 것이다. 이 수준에서는 앞 사건에서 발생한 잔해들의 길 잃은 조각들이 온톨로지 내의 대상들 중 하나를 “부수”거나 “죽일” 수 있다. **어쩌면 실제 물체로 간주될 수도 있을 만큼 그것들은 상당히 현저하지만**, 그렇게 간주되는 것이 보증될 정도는 아니다. 그 현저함이 상당하다고 말한다는 것은, 약간의 위험만 감수하면 이 설계 수준으로 올라와 그것의 온톨로지를 채택하고 더 큰 배열 또는 배열들로 이루어진 시스템의 행위를 예측—개략적이고 모험적으로—할 수 있다고 말하는 것과 같다. 물리적 수준에서의 번거로운 계산을 하지 않고도 말이다. 예를 들어, 여러분은 설계 수준이 가용케 하는 “부품들”로 흥미로운 상위 체계들을 설계하는 작업에 착수할 수 있다.

이것이 바로 콘웨이와 그의 학생들이 프로젝트를 시작할 때 목표로 했던 작업이며, 그들은 당당하게 성공했다. 그들은 전적으로 라이프 셀들로만 구성된 자기 재생산하는 존재자를 설계했고, 그것들의 성공 가능성을 증명했다. 그리고 그 존재자들은 (추가적으로) 보편튜링기계Universal Turing machine이기도 하다. 원리적으로 그 어떤 계산 가능한 함수도 계산할 수 있는 2차원 컴퓨터 말이다! 도대체 무엇이 콘웨이와 그의 학생들에게 영감을 주어 처음에 이 라이프 세계를 창조하고 그 후 그 세계의 놀라운 거주민들을 만들게 했을까? 그들은 우리가 이 장에서 고려하고 있는 중심 문제들 중 하나에 매우 추상적 수준에서의 대답을 제공하려고 노력했다. 그 문제란 이것이다: 자기 재생산하는 사물을 위해 필요한 최소한의 복잡성은 무엇인가? 1957년에 사망한 존 폰 노이만은 사망 즈음에 이 문제에 대한 작업을 하고 있었는데, 콘웨이와 제자들은 그가 초기에 했던 훌륭한 추측의 후속 연구를 하고 있었다. 프랜시스 크릭과 제임스 왓슨은 1953년에 DNA를 발견했지만, 그것이 어떻게 작동하는지는 오랫동안 미스터리였다. 폰 노이만은 물 위를 떠다니는 로봇을, 좀 더 자세히 말하자면 해양 표류물flotsam과 해양 폐기물jetsam[12] 조각들을 집어들어 자신의 복제를 위해 사용하고 그 과정을 반복할 수 있는 일종의 부유 로봇을 상상했었다. 그는 자동자automaton가 어떻게 자신의 청사진을 읽고 그것을 자신의 새 창조물에게로 복사하는지를 기술했는데(그의 사후, 1966년에 출판되었다), 그의 기술은 후에 밝혀진 DNA의 표현과 그것의 복제 메커니즘에 관한 많은 것을 세세한 부분까지 인상적으로 예측하고 있었다. 그러나 폰 노이만은 자기 재생산하는 자동자에 대한 자신의 증명을 수학적으로 엄격하고 다루게 쉽게 만들기 위해 단순한 2차원 추상으로 방향을 바꾸었는데, 그것이 바로 오늘날 **세포자동자**cellular automata라고 알려진 것이다. 콘웨이의 라이프 세계는 세포자동자에 특히 잘 부합하는 예이다.

콘웨이와 학생들은 실제로 간단한 물리학이 작동하는 2차원 세계를 구축함으로써 폰 노이만의 증명을 입증하고자 했다. 그리고 그 간단한 물리학 안에서 그런 자기 복제하는 구축물은 안정되고 **잘 작동하는** 구조일 터였다. 폰 노이만처럼 그들은 자신들의 해답이 가능함과 동시에 보편적이길, 따라서 실제 물리학과 화학들이 그러한 것처럼 실제로(전 지구적으로? 아니면 국지적으로?) 가능하길 바랐다. 그들은 몹시 간

12 [옮긴이] 해양 표류물은 선박 사고 등에 의해 바다 위에 떠돌게 된 사물들을 가리키고, 해양 폐기물은 배에서 의도적으로 바깥으로 내버린 물건들을 말한다.

단하고 시각화하기 쉽고 계산하기 쉬운 무언가를 원했고, 그래서 3차원에서 2차원으로 내려갔다. 그뿐 아니라 그들은 공간과 시간 모두를 "디지털화"했다. 모든 시간과 거리들을, 우리가 본 것처럼 "순간들"과 "셀들"의 정수로 나타냈다. 기계적 컴퓨터의 추상적 개념(오늘날 우리가 "튜링기계"라 부르는 것)을 취하고, 프로그램을 저장하여 병렬 처리되는 범용 컴퓨터(오늘날 "폰 노이만 기계von Neumann machine"라 불리는 것)의 사양서를 공학적으로 만들어낸 사람은 폰 노이만이었다. 그러한 컴퓨터를 위한 공간적이고 구조적인 요구사항들에 대한 그의 빛나는 탐구 결과들 안에서 그는 보편튜링기계(계산 가능한 그 어떤 것이라도 모두 계산할 수 있는 튜링기계)가 원리적으로 2차원 세계에서 "제작"될 수 있음을 깨달았고, 또 그것을 증명했다.[13] 콘웨이와 학생들도 2차원 공학을 연습하기 위해 이를 입증하는 데 착수했다.[14]

이는 쉬운 일과는 거리가 멀었으나, 그들은 자신들이 더 단순한 라이프 형태들로 이루어진 작동하는 컴퓨터를 "제작"할 수 있음을 보여주었다. 예를 들어, 글라이더의 흐름은 입출력 "테이프"를 제공한다. 그리고 테이프 판독자는 포식자들과 글라이더들, 그리고 다른 조각이나 파편들로 조립된 거대한 무언가일 수 있다. 이 기계는 어떨까? 파운드스톤은 그것들의 전체 구조는 10^{13}개의 셀 또는 픽셀로 구성될 것이라고 계산했다.

> 10^{13}개의 픽셀로 이루어진 패턴을 나타내려면 대각선 길이가 적어도 300만 픽셀은 되는 비디오 스크린이 필요하다. 픽셀 하나가 1제곱밀

13 시간과 공간에서의 이 트레이드-오프가 지니는 이론적 함축에 대해 더 알고 싶다면 Dennett 1987b의 9장을 보라.

14 2차원 물리학과 공학에 대한 완전히 다른 관점을 보고 싶다면 듀드니A. K. Dewdney의 《평면우주The Planiverse》(1984)를 보라. 이 책은 애보트Abbott의 《평평한 땅Flatland》(1884)에서 엄청나게 개선된 논의들을 담고 있다.

리미터라고 가정해보자(이는 지금의 가정용 컴퓨터에 비하면 매우 높은 분해능이라 할 수 있다.) 그럼 스크린의 대각선 길이는 3킬로미터(약 2마일)에 달할 것이다. 이는 모나코 넓이의 여섯 배나 되는 면적이다.

자기 재생산하는 패턴을 보려면 그 패턴의 픽셀은 눈에 보이지 않을 정도로 축소되어야 할 것이다. 여러분이 스크린에서 아주 멀리 떨어진다면 전체 패턴이 편하게 한눈에 담길 것이고, 픽셀들은 (또는 글라이더와 포식자, 총들guns까지도) 너무 작아서 눈에 보이지 않게 될 것이다. 자기 재생산하는 패턴은 은하처럼 흐릿하고 은은하게 빛날 것이다. [Poundstone 1985, pp. 227-28.]

달리 말하자면, 여러분이 (2차원 세계에서) 충분한 조각들을 모아서 스스로 재생산할 수 있는 무언가를 제작한다면, 그때 그것의 크기는 그것의 가장 작은 조각보다는 훨씬 더 클 것이다. 유기체가 그것을 구성하는 원자보다 큰 것처럼 말이다. 엄격하게 증명되지는 않았지만, 여러분이 훨씬 덜 복잡한 것을 만든다면 그것은 스스로 재생산할 수 없을 것이다. 이 장을 시작할 때 지녔던 예감은 극적인 지지를 받는다: 가용한 가장 작은 기본 조각들 및 그보다 조금 더 큰 조각들을 자기 복제하는 것으로 바꾸려면 **많은** 설계(콘웨이와 학생들이 했던 그 작업)가 필요하다. 자기 복제자들은 단지 우주적 우연에 의해 짜맞춰지는 것이 아니다. 그것들은 그렇게 생성되기에는 너무 크고 또 비싸다.

라이프 게임은 많은 중요한 원리들을 분명히 보여주며, 다른 많은 논증이나 사고실험을 구축하는 데 사용될 수 있다. 그러나 나는 여기서, 그러니까 내 주된 논점으로 돌아가기 전에, 우리 논증에서의 이 단계와 특히 유관한 두 가지 점을 짚고 넘어가는 것으로 만족할 것이다. (라이프와 그 함축에 관한 심화된 숙고들에 관심이 있다면 Dennett 1991b를 보라.)

첫째, 흄의 논의에서 그러했던 것처럼, 여기서 '질서'와 '설계'의 경계가 어떻게 흐려지는지에 주목하라. 콘웨이는 라이프 세계 전체를 **설계했다**. 이는 그가 특정 방식으로 **기능**할 '질서'를 분명히 하기 위한 것들을 제시했다는 뜻이다. 하지만, 예를 들어, 글라이더는 설계된 것이라고 생각되는가, 아니면 원자나 분자처럼 자연적 대상이라고 간주되는가? 확실히, 테이프 판독자인 콘웨이와 학생들은 글라이더들을 꿰맞췄고, 그런 것들은 설계된 대상들이다. 그러나 가장 단순한 글라이더는 "자동적으로" 라이프 세계의 기본 물리학에 잘 맞아떨어지는 것처럼 보일 것이다—누구도 글라이더를 설계하거나 발명할 필요가 없었다; 글라이더가 그저 라이프 세계의 물리학에 의해 함축되었다는 것이 **발견되었**을 뿐이다. 그러나, 물론, 이는 라이프 세계의 **모든 것**에 대해 실제로 참이다. 셀들의 초기 배열과 물리학에 의해 엄격하게 함축되지 않은 것은 라이프 세계에서는 절대 발생하지 않는다. 이때 함축된다 함은, 쉽고 단순한 정리 증명에 의해 논리적으로 연역 가능하다는 것을 의미한다. 라이프 세계의 어떤 것들은 다른 것들보다 (우리가 우리의 하찮은 지능을 갖고 보기에) 더 경이롭고 더 예상 밖의 것이다. 어떤 의미에서는 콘웨이의 자기 재생산하는 픽셀들로 이루어진 은하는 "그저" 매우 길고 복잡한 주기성을 지니고 행동하는 하나의 라이프 고분자에 불과하다.

만일 우리가 이 자기 재생산자들의 거대한 무리를 움직이게 하고, 자원을 두고 경쟁하게 한다면 어떨까? 그들이 진화했다고, 즉 그들의 후손들이 그들의 정확한 복제품은 아니었다고 가정하자. 그 후손들은 설계되었다고 더 강력하게 주장할 수 있을까? 그럴지도 모른다. 하지만 그저 질서만 지닌 것과 설계된 것을 구분할 경계선은 없다. 공학자는 더 큰 구조들에서 활용할 수 있는 몇몇 오브제 투르베objets trouves,[15] 즉 "발견된 대상found objects"에서부터 시작하지만, 설계되고 제조된 못, 톱질된 널빤지, 자연적으로 생긴 납작한 점판암slate 조각 사이의 차이점들은 "원리적"인 것이 아니다. 갈매기의 날개는 위대한 들어올림 장치이고 헤모글로빈 고분자는 훌륭한 운반 기계이며, 포도당은 매우 실용적인 에너지 꾸러미이다. 그리고 탄소 원자들은 뛰어난 다목적 접착물질이다.

둘째, 라이프는 과학적 질문들에 대한 컴퓨터 시뮬레이션 처리의 위력—과 부수적인 약점—을 뚜렷이 보여주는 뛰어난 예라는 점에 주목하라. 매우 추상적인 일반화를 여러분 스스로에게 이해시키는 유일한 방법은 여러분이 알고 있는 이론(그 이론이 수학이든, 물리학이든, 화학이든, 경제학이든)의 근본적인 원리들이나 공리들에서 출발하여 그것을 엄밀하게 증명하는 것이었다. 20세기 초부터는, 사람들이 그러한 과학에서 해보고 싶어 하는 이론적 계산의 많은 것들이 인간의 역량을 전적으로 넘어서는—"다루기 힘든"—것임이 명백해지기 시작했다. 그 후 컴퓨터가 나타나 그런 질문들을 처리할 수 있는 새로운 방식, 즉 대규모 시뮬레이션을 제공했다. 날씨 시뮬레이션은 우리 모두에게 친숙한 예이다. 우리는 다들 텔레비전에서 기상학자들을 보니까. 그러나 컴퓨터 시뮬레이션은 과학이 다른 많은 분야에서 수행되는 방법에서 혁명을 일으키고 있기도 한데, 이는 아마도 정확한 시각 측정 장치 발명 이래 과학적 방법에서 가장 중요한 **인식론적** 진보일 것이다. 진화의 역사에서, 인공생명Artificial Life(AL)이라는 새로운 학문 분야가 최근 생겨났다. 이 학문은 아분자 수준에서 생태학에 이르기까지 서로 다른 수준에서 탐구하는 연구자들의 진정한 골드러시를 아우르고 엄호할 이름과 우산을 제공하며 부각되고 있다. 그러나 "인공생명"이라는 현수막을 내걸지 않고 연구하는 연구자들도, 이론가들의 직관을 (입증하거나 반입증하기 위해) 시험할 컴퓨터 시뮬레이션이 아니었다면, 진화에 관한 자신들의 이론적 연구 대부분—이 책에서 논의된 최신 연구들의 대부분—을 결코 상상

15 [옮긴이] 원래는 일상용품으로 만들어진 기성품이었으나 예술가에 의해 발견되고 아무런 변형 없이 전시됨으로써 미술 작품이라는 새 지위를 얻게 된 사물을 가리키는 프랑스어이다. 마르셀 뒤샹Marcel Duchamp이 기성품 소변기와 삽 등을 전시한 것이 그 시초가 되었다.

조차 할 수 없었으리라고 일반적으로 인식하고 있다. 사실, 우리가 이미 보았듯이, 알고리즘적 과정으로서의 진화라는 바로 그 발상은, 초기 이론가들이 널리 사용했던 과도단순화된 모형들 대신 거대하고 복잡한 알고리즘적 모형을 시험하는 일이 가능해지기 전에는, 적절하게 형식화되고 평가될 수 없었다.

이제, 어떤 과학 문제들은 시뮬레이션에 의한 해답을 흔쾌히 받아들일 수 없는 반면, 또 다른 어떤 문제들은 아마도 시뮬레이션에 의한 해답만을 받아들일 수 있다. 그러나 그 둘 사이에는 원칙적으로 두 가지 다른 방식으로 다루어질 수 있는 문제들이 있다. 그 두 가지 방식은 폰 노이만에게 주어진 기차 문제를 푸는 두 가지 방법—이론을 통한 "깊은" 방법과 무차별적 시뮬레이션과 점검을 통한 "얕은" 방법—을 연상시킨다. 시뮬레이션된 세계들의 부인할 수 없는 많은 매력들이 이론에 의한 깊은 방식으로 현상을 이해하고자 하는 우리의 열망을 떠내려 보내버린다면, 그건 정말이지 수치스러운 일일 것이다. 나는 라이프 게임의 창작에 관해 콘웨이와 이야기를 나눈 적이 있다. 그는 라이프 세계 탐험이 이제는 거의 전적으로 "경험적" 방법—모든 관심 변이들을 컴퓨터에 세팅해놓고 무슨 일이 벌어지는지 보기 위해 컴퓨터를 미친 듯이 돌리는 것—이 되었다는 사실을 한탄했다. 이는 연구자가 찾아낸 것에 대한 엄격한 증명을 고안할 기회마저 막아버린다. 그뿐 아니라, 콘웨이가 지적하듯, 컴퓨터 시뮬레이션을 사용하는 사람들은 대체로 인내심이 부족하다. 그들은 조합들을 컴퓨터로 돌리면서 15분에서 20분쯤 지켜보고, 그 시간까지 흥미로운 것이 전혀 나타나지 않으면 그 조합은 이미 탐험이 끝난, 황폐함이 드러난 경로라고 표시해버린 후 떠난다. 이런 근시안적 탐험 스타일은 연구의 중요한 경로를 너무 일찍 닫아버릴 수 있으므로 위험하다. 이는 모든 컴퓨터 시뮬레이터들이 겪을 수 있는 직업재해이며, 분명 철학자들의 근본적 기벽—상상력의 실패를 필연성에 대한 통찰이라고 오인하는 것—의 고수준 기술(하이테크) 버전을 보여주는 것이라 할 수 있다. 보철 작업을 통해 강화된 상상력도 여전히 실패하기 쉽다. 그것이 충분히 엄격하게 사용되지 않는다면 특히 그렇다.

그러나 이제 내 요점을 말할 때가 왔다. 콘웨이와 학생들이 흥미로운 일이 생겨날 것 같은 2차원 세계를 만들기 시작했을 때, 처음에는 그들이 만든 것들이 아무 효과도 없는 것처럼 보였다. 이 근면하고 재주 많은 연구자 집단이 천많게 광대한, 가능한 단순한 규칙들의 공간에서 단순한 '라이프 물리학' 규칙을 찾아내는 데는 1년이 넘는 시간이 걸렸다. 모든 뚜렷한 변이들은 가망이 없는 것으로 드러났다. 이것을 의미 있는 것으로 만들려면, 출생과 죽음의 "상수"들을 변화시켜가면서—이를테면 출생 규칙을 3에서 4로 바꿔본다든가 하면서—무슨 일이 일어나는지를 지켜보라. 이러한 변이들이 지배하는 세계들은 아무 변화가 일어나지 않는 상태로 순식간에 얼어버리거나 순식간에 무로 증발한다. 콘웨이와 학생들은 성장은 가능하지만 너무 폭발적이지는 않은 세계를 원했다. 그런 세계에서 "사물들things"—셀들의 더 고차원 패턴들—은 움직일 수 있고, 또 변화할 뿐 아니라, 시간이 지나도 그들의 정체성을 유지한다. 그리고 물론 그 세계는 구조물들이 (먹거나 흔적을 남기거나 다른 것들을 밀어내는 것처럼) 흥미로운 "것들을 할" 수 있는 곳이어야만 한다. 콘웨이가 아는 한, 그 모든 상상 가능한 2차원 세계들 중 이런 데지데라타desiderata(간절히 열망하는 것)를 충족시키는 것은 단 하나뿐이었고, 그것이 바로 라이프 세계이다. 라이프 세계가 만들어진 후에 확인된 변형 세계들은 그 어떤 경우에서도 흥미로움, 단순성, 풍부함, 우아함 측면에서 콘웨이의 것에 결코 필적하지 못했다. 어쩌면 라이프 세계는 모든 가능한 (2차원) 세계들 중 정말로 가장 나은 것일지도 모른다.

자, 이제 라이프 세계 안에서 자기 재생산하는 보편튜링기계들 몇몇이, 그들이 발견한 세계에 관해 놀랍도록 단순한 물리학—한 문장으로 표현 가능하면서 모든 만일의 사태를 방어할 수 있는—으로 서로 대화를 나눈다고 가정해보자.[16] 그들이, 자신들이 존재하기 때문에 특정 물리학이 있는 라이프 세계가 존재**해야만 한다**고 주장했다면, 그들은 논리적으로 큰 실수를 저지르고 있었을 것이다. 그리고 결국 콘웨이는 이 세계를 찾느라 수고하는 대신 배관공이 되거나 브리지 게임을 하기로 결심했을지도 모른다. 하지만 그 보편튜링기계들이, 자신들이 있는 세계가 라이프를 유지하는 우아한 물리학을 보유한, 정말로 너무도 훌륭한 세계이므로 '지적인 조물주' 없이는 존재하게 될 수 없다고 연역한다면 어떨까? 그들이 현명한 '법칙부여자Lawgiver'의 존재에 힘입어 자신들이 존재하게 되었다고 성급하게 결론짓는다면, 그들이 옳을 것이다! 라이프 세계의 신은 존재하며, 그의 이름이 바로 콘웨이니까.

그러나 그들은 성급하게 결론으로 **건너뛰고 있을** 것이다. 라이프 법칙(또는 우리의 물리학 법칙들)만큼이나 우아한 일군의 법칙들을 따르는 우주의 존재는 지성적인 '법칙부여자'를 논리적으로 필요로 하지 않는다. 우선, 라이프 게임의 실제 역사가 지적인 노동을 어떻게 둘로 나누었는지에 주목하라. 한편에는 '법칙부여자'가 공포한 물리 법칙들로 이어지는 초기의 탐사 작업이 있었고, 다른 한편에는 법칙 이용자(법칙 착취자)law-exploiter, 즉 '숙련공'들에 의한 공학 작업이 있었다. 그게 아니면, 어쩌면 이런 순서로 작업이 진행되었을 수도 있다—일단 콘웨이가 영감 가득한 천재의 번뜩이는 일격으로 라이프 세계의 물리학을 반포하고, 그다음에 학생들이 콘웨이가 내려준 법칙에 따라 그 세계의 훌륭한 거주자들을 설계하고 만든다. 그러나 사실은 그 두 작업이 서로 뒤섞여 있었다. 흥미로운 것들을 만들기 위한 많은 시행착오적 시도가, 법칙

16 존 매카시John McCarthy는 라이프 세계의 물리학을 배울 수 있는 최소한의 라이프 세계 배열을 수년 동안 연구해왔고, 그 탐구 작업에 자신의 친구와 동료들을 참여시키려고 노력해왔다. 나는 언제나 그러한 군침 도는 증명의 가능성을 찾아다녔지만, 그것에 이르는 길을 가는 것은 완전히 내 능력 밖의 일이었다. 내가 아는 한 이 가장 흥미로운 인식론적 질문에 대한 실질적인 출판물은 아직 나오지 않았지만, 나는 다른 사람들이 이 문제를 다루도록 독려하고 싶다. 스튜어트와 골루비츠키는 독자적으로 동일한 사고실험을 제안한 바 있다.(Stewart and Golubitsky, 1992, pp. 261-62)

제정을 위한 콘웨이의 탐색 작업에 길잡이를 제공했다. 둘째로, 이 상정된 분업이 앞쪽 장에서 논의되었던 다윈주의의 근본 주제를 잘 보여준다는 점에 주목하라. 이 세계를 움직임으로 이끌기 위해 필요했던 현명한 신의 임무는 발견 작업이지 창조 작업이 아니며, 뉴턴이 했던 종류의 일이지 셰익스피어가 했던 종류의 일이 아니다. 뉴턴이 알아낸 것—그리고 콘웨이가 알아낸 것—은, 원리적으로 다른 그 누구라도 발견할 수 있는 영원한 플라톤식 고정점Platonic fixed point들이지, 어떤 식으로든 작가가 지닌 마음의 특수성들에 의존하는 개인 특질적 창조가 아니다. 콘웨이가 세포자동자 세계들을 설계하는 데 전혀 착수하지 않았다 해도—콘웨이가 존재한 적이 아예 없었다 해도—다른 수학자 누군가가 라이프 세계를 **정확하게** 떠올렸을 것이며, 지금은 콘웨이가 그 발견의 공로를 인정받고 있는 것일 뿐이다. 따라서, 다윈주의자를 따라 이 경로를 걸어간다면, 일단 '숙련공 신'이 '법칙**부여자** 신'으로 바뀌고, 그가 다시 '법칙**탐색자**Lawfinder 신'과 합쳐지는 것을 볼 수 있다. 하나의 가설로 주장된 신의 공헌은 그로 인해 덜 인격적인 것이 되고 있으며, 따라서 끈질기고 무마음적인 무언가에 의해 더 잘 실행될 수 있는 것이 된다!

흄은 이미 우리에게 그 논쟁이 어떻게 진행되는가를 보여주었고, 지금 우리는, 더 친숙한 땅에서 이루어지는 다윈주의적 사고를 통한 우리의 경험에 고무되어, 우리의 법칙들이 신의 선물이라는 가설에 대한 능동적인 다윈주의적 대안을 추정할 수 있게 되었다. 다윈주의적 대안은 무엇이 되어야 할까? 하나는, 세계들(우주들 전체라는 의미에서)의 진화가 있었다는 것이고, 다른 하나는 우리가 우리 자신을 발견한 세계는 영겁을 통해 존재해온 셀 수 없는 다른 세계들 중 하나일 뿐이라는 것이다. 법칙들의 진화에 대한 상당히 다른 두 가지 사고방식이 있다. 그중 하나는 자연선택 같은 것을 포함한다는 점에서 다른 것보다 더 강하고 더 "다윈주의적"이다.

어떤 변종들로 하여금 다른 변종들보다 더 많은 "자손"을 갖게 한,

우주들의 **차등 번식**differential reproduction 같은 것이 있었을까? 1장에서 보았듯이, 흄의 필로는 이 발상을 가지고 이리저리 굴려보았다.

> 그런데 그가 다른 사람을 모방했을 뿐 아니라 거듭된 시험, 실수, 교정, 심의 그리고 논의를 거쳐 오랜 세월을 두고 점진적으로 개선되어 온 기술을 그대로 모방한 우둔한 기술자에 불과함을 알게 된다면 얼마나 놀라겠는가? 이 체계가 만들어지기 전에 영속적인 시간 동안 수많은 세계가 잘못 만들어져 폐기되었을지도 모르네. 많은 노력이 물거품이 되고 수많은 시도들이 무익한 것이 되었을 것이네. 그래서 세계를 만드는 기술은 무한한 시간 동안 아주 느리고 지속적인 발전을 거듭해온 것이네. 〔5장〕(번역서 68~69쪽)

흄은 "계속된 개선"을 "우둔한 기술자"의 최소한의 선택 편향 탓으로 돌리지만, 우리는 그 우둔한 기술자를, 들어올림에 힘을 낭비하지 않는 더 멍청한 무언가로 대체할 수 있다. 그것은 바로 세계 구축을 시도하는 순수하게 알고리즘적인 다윈주의적 과정이다. 분명 흄도 이것이 재미있는 철학적 판타지에 불과한 것이라고 생각하지는 않았다. 그러나 그 생각이 어느 정도 상세하게 개발된 것은 최근의 일로, 물리학자 리 스몰린Lee Smolin의 작업(1992)이 그것이다. 그의 기본 아이디어는, 블랙홀로 알려진 특이점들이 후손 우주들offspring universes의 탄생 장소가 되며, 그 후손 우주들에서의 근본적인 물리 상수들은 모母 우주에서의 물리 상수들과 약간씩, 무작위적으로 다르리라는 것이다. 따라서 스몰린의 가설에 따르면, 우리는 모든 다윈주의적 선택 알고리즘의 두 가지 본질적 특징, 즉 차등 번식과 돌연변이를 모두 확보하고 있다. 블랙홀들의 발달을 촉진하는 물리 상수들을 우연히 가지게 된 우주들은 **그 사실 때문에** 더 많은 자손을 가질 것이고, 그 자손들도 더 많은 자손을 가질 것이며, 그 자손들도 그렇다. 이것이 선택이 이루어지는 단계이다. 이 시나리오에는 우주의 목숨을 거두러 오는 저승사자가 존재하지 않는다는 것에 주목하라. 우주들은 모두 살다가 적절한 때에 "죽지만", 일부는 단지 더 많은 자손을 가질 뿐이다. 그렇다면, 이 아이디어에 따르면 블랙홀들이 있는 우주에서 우리가 살고 있다는 것은 단순히 흥미로운 우연도 아니고, 절대적인 논리적 필연도 아니다. 오히려 그것은, 모든 진화적 설명에서 발견되는, 조건부 근접 필연conditional near necessity과 같은 것이다. 그 연결고리는 탄소라고 스몰린은 주장한다. 이때 탄소는 기체 성운의 붕괴(또는, 달리 표현하자면, 별들의 탄생[이것은 블랙홀들이 탄생할 때의 전구체precursor이다])에서, 그리고 물론 우리의 분자공학에서도 한몫을 하고 있다.

그 이론은 시험 가능한가? 스몰린은 몇 가지 예측을 제시하는데, 그것들이 반反 입증된다면 그의 발상 중 상당한 부분이 제거될 것이다. 그의 주장은 이렇다: 우리가 누리고 있는 물리 상수들과 조금씩 다른 물리 상수들의 모든 "근접near" 변이들은 우리의 우주보다 블랙홀이 덜 가능하거나 덜 빈번한 우주를 만들어야 할 것이다. 짧게 말해, 그는 우리 우주가 전 우주적으로는 아니더라도 적어도 국지적으로는 블랙홀 만들기 경연에서 최적이라는 것이 드러나야 한다고 생각한다. 문제는, 내가 알 수 있는 한, 어떤 조건에서 특정 변이들을 "근접" 변이라고 불러야 하는지, 그리고 왜 그런지 등의 제약조건이 너무 적다는 것이다. 그러나 그의 이론이 좀 더 정교화된다면 이런 것들이 명확해질 것이다. 말할 필요도 없이, 무엇이 이 아이디어를 살릴지는 알기 힘들다. 하지만 과학자들의 궁극적 판결이 무엇이 되든 간에, 스몰린의 아이디어는 이미 철학적 논점을 확보하는 역할을 하고 있다. 다른 많은 이들 중 프리먼 다이슨과 프레드 호일은 그들이 물리 법칙들에서 놀라운 패턴을 보았다고 생각한다. 그들이, 또는 다른 누군가가 "신이 아니라면 그것이 어떻게 설명 가능하겠는가?"라는 수사적 질문을 던지는 전술적 실수를 범한다면, 스몰린은 질문자의 의지를 멋지게 꺾을 대답을 할 것이다. (나는 철학을 배우는 내 학생들에게 철학에서의 수사적 질문에 대한 과민증을 발달시키라고 조언한다. 그들은 그 논증들에 있는 균열들을 무엇이든 다 잡아내고 그에 관한 글을 쓰는 과제를 수행한다.)

하지만 논의를 위해, 스몰린의 추측들이 모두 결함투성이라고 가정해보자. 이를테면, 우주들을 **선택**하는 것이 결국 아무 효과가 없다고 가정해보는 것이다. 이에 대해서는 더 약하고 반半 다원주의적인, 그리고 수사적 질문을 쉽게 받아칠 수 있는 추측이 있다. 이 책 1장에서 언급했듯이, 흄도 《대화》의 8장에서 이 더 약한 아이디어를 굴리며 논증을 한 바 있다.

> 에피쿠로스처럼 물질을 무한하다고 가정하지 말고, 유한하다고 가정해보세. 유한한 수의 입자들은 단지 제한된 전위transposition를 할 수 있을 뿐이며, 영원히 지속되는 시간 동안 무수하게 가능한 모든 질서와 위치를 잡아가게 되네. ……
> …… 물질이 어떤 것에 유도되지 않는 맹목적인 힘에 의해 어떤 상태에 놓이게 되었다고 가정하세. 이 첫 번째 상태는 각 부분들의 조화와 더불어 목적과 수단의 조정과 자기 보존의 성향을 찾아볼 수 있는 인간의 고안품과는 아무런 유사성도 없기에 아마도 가장 혼돈스럽고 가장 상상하기 어려운 무질서를 보일 것임이 틀림없네. …… 그 작용하는 힘이 무엇이 되었든 물질 안에 존속한다면 …… 우주는 오랫동안 혼돈과 무질서의 연속 가운데 있어왔네. 그러나 우주가 …… 마침내 안정을 이루는 것이 과연 불가능할까? …… 우리는 이러한 상황이 어떤 것에 의해 유도되지 않는 물질의 영원한 변혁으로 인해 생겨난 것이라 기대하거나 확신할 수는 없을까? 또한 이것이 우주 안에서 외형적으로 드러나는 모든 지혜나 재간을 설명할 수는 없을까?(번역서 88~91쪽)

이 아이디어는 선택의 그 어떤 버전도 적극적으로 사용하지 않으며, 단지 우리가 이용할 수 있는 영원永遠이 있다는 사실에 주의를 돌리게 할 뿐이다. 이 예시에서는 지구상의 생물 진화를 있게 할 방법이, 즉 50억 년이라는 시간 제한이 없다. '바벨의 도서관'과 '멘델의 도서관'을 고려할 때 보았듯이, 우리가 천많게 광대한 공간을 천많지 않은 시간 내에 가로질러 나아가려면 우리에겐 번식(재생산)과 선택이 필요하다. 그러나 시간이 제한을 부과하는 고려 사항이 더는 아니게 되면, 선택도 더는 요구 조건이 아니게 된다. 영원한 시간이 주어진다면, 여러분은 '바벨의 도서관'이나 '멘델의 도서관' 또는 (모든 물리 상수들의 가능한 값들이 있는) '아인슈타인의 도서관'의 모든 곳을 다 가볼 수 있다. (흄은 뒤섞음[재배열]을 지속하게 하는 "작용력"을 상상했고, 이는 움직임 없는 물질에 관한 로크의 논증을 연상시킨다. 그러나 그 작용력은 전혀 지능을 지니고 있지 않다고 가정되었다.) 사실, 모든 가능성들을 다 고려하여 영원한 시간 동안 재배열한다면, 여러분은 천많게 광대한 (그러나 유한한) 공간 내 가능한 모든 각각의 장소를 한 번만이 아니라 무한한 횟수로 지나갈 수 있을 것이다!

최근 물리학자들과 우주론자들은 이런 추측의 몇 가지 버전들을 심각하게 고려하고 있다. 예를 들어 존 아치볼드 휠러John Archibald Wheeler(1974)[17]는 우주가 영원히 앞뒤로 진동한다고 제안했다. 빅뱅은 팽창으로 이어지고, 그 후 빅크런치Big Crunch라는 수축으로 이어지며, 빅크런치는 또 다른 빅뱅으로 이어지고, 이런 과정이 각 진동에서 발생하는 상수들을 비롯한 결정적인 매개변수들의 무작위적 변이와 함께 영원히 반복된다는 것이다. 각각의 가능한 세팅은 무한 번 반복하여 시도되며, 따라서 모든 주제에 대한 각각의 모든 변이는, "의미 있는(이치에 맞는)" 것이든 불합리하고 터무니없는 것이든, 단 한 번만 튀어나오는

17 [옮긴이] 블랙홀black hole, 웜홀wormhole이라는 용어를 만든 사람이다.

것이 아니라 무한 번 반복된다.

이 아이디어를 경험적으로 시험할 수 있는 의미 있는 방식이 있긴 하다고 믿기는 힘들지만, 우리는 판단을 유보해야 한다. 주제의 변형이나 정교화는 입증되거나 반입증될 수 있는 함축을 지닐 수 있을 것이다. 한편, 이러한 가설들의 집합은 시험 가능한 영역들에서 매우 잘 작동하는 설명의 원리들을 끝까지 확장시키는 덕목을 지니고 있다는 점에 주목할 필요가 있다. 그런 덕목은 일관성과 단순성을 높여준다. 그리고, 다시 한번 강조하건대, 그것은 확실히 전통적 대안의 호소를 둔화시키기에 충분하다.[18]

동전 던지기 토너먼트에서 우승한 사람이라면 누구든 자신이 어떤 마법 같은 힘의 가호를 받고 있었다고 생각하는 유혹에 빠질 것이다. 특히 그가 다른 선수들에 대한 직접적 지식이 없다면 말이다. 당신이 10라운드의 동전 던지기 토너먼트 대회를 열었고, 대회의 "출전자" 1,024명은 모두 자신이 토너먼트에 참가하고 있다는 것을 깨닫지 못하고 있다고 가정하자. 당신은 한 사람 한 사람을 영입할 때마다 그에게 이렇게 말한다. "축하하오, 나의 친구여. 나는 메피스토펠레스요. 나는 당신에게 큰 힘을 선사하려 하오. 내가 당신 편에 있는 한, 당신은 동전 던지기에서 10번을 무패로 이길 것이오!" 그런 다음 당신은 최종 우승자가 나올 때까지 당신의 희생양들을 짝을 지워 상대를 만나게 배치한다. (당신은 그들과 논의할 때 당신과 그들의 진짜 관계에 대해서는 절대 말하지 않았고, 1,023명의 패배자들을 쫓아내는 과정에서 소토 보체sotto voce, 소리를

18 이러한 문제들에 대한 더 상세한 분석과 "신플라톤주의" 중간 입장에 대한 옹호는 J. 레슬리J.Leslie의 1989년 논의를 보라. (대부분의 중도 입장들이 그러하듯, 이 입장도 독실한 진영과 회의적인 진영 중 그 어느 곳에도 먹혀들 것 같지는 않지만, 적어도 타협을 위한 독창적인 시도이긴 하다.) 반 인와겐Van Inwagen(1993a, chh. 7 and 8)은 이례적인 중립적 입장에서 논증들—레슬리의 논증뿐 아니라 내가 여기서 제시한 논증도—에 대한 명확하고 거침없는 분석을 제공한다. 내가 다룬 것에 만족하지 못하는 사람은 이 근원으로 먼저 돌아가야 한다.

낮추어 비웃는다. 메피스토펠레스라는 말을 믿다니, 어쩜 그리 잘 속아 넘어가냐고!) 우승자—단 한 명뿐일 것이다—는 자신이 '선택받은 존재'라는 증거를 얻었겠지만, 그가 그렇게 속는다면, 이는 단지 환각illusion일 뿐이며, 우리는 이를 후향적 근시retrospective myopia라고 부를 수 있을 것이다. 승자는 자신이 겪은 상황이 단순히 누군가 운이 좋은 마지막 한 사람이 되기만 하면 되는 구조라는 것을, 그리고 자신이 그저 우연히 **그 한 사람**이 되었을 뿐이라는 것을 알지 못한다.

이제, 우주가 무한히 많은 상이한 "물리 법칙들"이 풍족한 시간을 두고 시험되는 그런 방식의 구조로 되어 **있다면**, 그리고 우리를 위해 특별히 준비된 자연 법칙들에 관한 결론을 도출해야 한다면, 우리는 바로 앞에서 보았던 사고실험에서와 똑같은 유혹에 굴복할 것이다. 내가 한 논의는 우주가 그렇게 되어 있다거나 그렇게 구조화되어 있어야 한다는 결론을 옹호하는 논증이 아니라, 관찰 가능한 "자연법칙들"의 그 어떤 특성도 이 대안적이고 수축된 해석에서 안전할 수 없다는, 보다 온건한 결론을 옹호하는 논증이다.

훨씬 더 추측적이고 훨씬 더 약화된 이 다윈주의적 가설들이 일단 형식화되면, 그것들은 우리가 직면한 설명 과제를 작은 단계들로 나누는 역할—전통적인 다윈주의 방식으로—을 수행한다. 이 지점에서, 설명을 위해 필요한 것 중 아직 남은 것은 관찰된 물리 법칙에서 인식된 특정한 우아함이나 놀라움이 다다. 다양한 우주들의 무한성에 관한 그 가설이 실제로 그 우아함을 설명할 수 있을지 의심된다면, 여러분은 이것이 전통적 대안들만큼이나 선결문제를 요구하지 않는 주장들을 많이 포함하고 있다는 것에 대해 깊이 생각해보아야 한다; 신이 아름다움이나 선의 어떤 추상적이고 영원한 원리라고 할 정도로 비인격화되었을 때는, 신의 존재가 어떻게 무언가를 설명할 수 있을지 알기 힘들다. 설명되어야 할 놀라운 현상에 대한 설명을 할 때, 아직 주어지지 않은 "설명"에 의해 무엇이 주장될 수 있겠는가?

다윈은 우주피라미드를 한중간에서 공격하기 시작했다: 나에게 '질서'와 시간을 달라. 그러면 나는 '설계'를 설명할 것이다. 이제 우리는 만능산이 흐르는 하향 경로가 어떻게 되는지를 보았다. 만약 우리가 다윈의 후계자들에게 우주피라미드에서 '질서' 밑에 있는 '혼돈Chaos'—순전히 무의미한 무작위성이라는 옛 의미에서의 혼돈을 말한다—과 영원한 시간을 준다면, 그들은 '질서'를, 그러니까 '설계'를 설명하는 데 필요했던 바로 그 '질서'를 설명할 것이다. 그렇다면 그다음에 완전한 '혼돈'도 설명해야 할 필요가 있을까? 설명해야 할 것으로 무엇이 더 남아 있을까? 어떤 이들은 "왜" 질문—**왜 아무것도 없지 않고 무언가가 있는가?**—이 아직 남아 있다고 생각한다. 그 질문이 조금이라도 이해할 수 있는 요구를 하는가에 관해서는 의견들이 분분하다.[19] 그런 요구를 하는 질문이라면, "신이 존재하니까"라는 대답이 다른 대답들(그런 것이 있긴 하다면)만큼 좋은 답이 될 테지만, 그것의 경쟁자—"왜 안 될까?"—를 보라.

4. 영원 회귀—기초 없는 생명?

과학은 형이상학적 답변들을 놀랄 만큼 잘 파괴하지만, 그 대체물을 제공할 수는 없다. 과학은 대체물을 제공하지 않고 기초들을 빼앗는다. 우리가 있고 싶어 하든 아니든, 과학은 우리를 기초 없이 살아야 하는 위치에 놓이게 한다. 니체가 이런 말을 했을 때는 그 말이 매우 충격적이었지만, 오늘날에는 그런 일이 흔히 벌어진다; 우리의 역사적 위치—그리고 그 끝은 보이지 않는다—는 '기초' 없이 철학을 해야만 한다는 것이다.

—힐러리 퍼트넘Hiiary Putnam(1987, p. 29)

우주의 의미가 증발해버렸다는 느낌은, 다윈을 인류의 은인이라고 환영했던 사람들을 멀리하게 만드는 것처럼 보였다. 니체는 진화가 세계의 정확한 그림을 보여준다고 생각했지만, 그 그림은 참담한 것이었다. 니체의 철학은 다원주의를 고려하긴 하지만 그것에 의해 무화되지 않는 새로운 세계관을 생산하려는 시도였다.

—R. J. 홀링데일R. J. Hollingdale(1965, p. 90)

다윈이 《종의 기원》을 출판한 후, 뒤이어 프리드리히 니체는 흄이 이미 만지작거려보았던 것, 즉 무목적적이고 무의미한 변이—물질과 법칙의 혼돈스럽고 무의미한 뒤섞임—가 영원히 회귀(반복)되면 시간에 따른 진화가 우리 삶의 **외관상** 의미 있어 보이는 이야기들을 생산해 내는 그런 세계들이 불가피하게 생겨나리라는 발상을 다시 발견했다. 영원한 회귀에 대한 이 발상은 니체 허무주의의 주춧돌이 되었고, 그리하여 형성된 실존주의의 기초의 일부가 되었다.

"지금 일어나고 있는 일은 모두 과거에 일어났다"는 발상은 그것의 미신적 버전에 그토록 자주 영감을 주는 데자뷔deja-vu 현상만큼이나 오래된 것임이 틀림없다. 인류 문화들의 목록에서도 순환적 우주생성론은 드물지 않게 나타난다. 그러나 니체가 흄의—그리고 존 아치볼드의

19 그 질문에 대한 흥미로운 검사에 관심이 있다면 로버트 노직Robert Nozick의 《철학적 설명Philosophical Explanation》 2장을 보라. 노직은 서로 다른 몇 가지 답변 후보들을 내놓았는데, 그 모두가 기이하다는 것을 인정하면서도 솔직하게 말한다. "그렇지만 그 질문은 너무 깊은 곳을 베어내는 것이라서, 어떻게 접근해도 지극히 괴이하게 보이는 답변을 산출할 가능성이 있다. 이상하지 않은 답변을 제시한 사람은 자신이 그 질문을 이해하지 못했다는 것을 보여준다."(Nozick 1981, p. 116)

—버전을 재발견했을 때, 그는 그것을 재미있는 사고실험이나 고대 미신들의 정교화를 훨씬 뛰어넘는 어떤 것으로 받아들였다. 그는 자신이 가장 위대하고 중요한 것에 대한 과학적 증명을 우연히 발견했다고—적어도 한동안은—생각했다.[20] 나는 의심하고 있다. 다윈주의적 사고가 지닌 경천동지할 위력에 대해 니체가 어렴풋하게만 이해했고, 거기에 고무되어 그가 그 아이디어를 흄보다 더 심각하게 받아들였다고.

다윈에 대한 니체의 언급은 거의 모두가 적대적이지만, 그 자신이 월터 카우프만Walter Kaufmann의 논증을 뒷받침하고 있는 언급들이 그래도 꽤 있다. 여기서 카우프만의 주장이란, 니체는 "다윈주의자가 아니었고, 그저 한 세기 전에 칸트가 흄에 의해 독단에서 깨어났던 것처럼, 그 또한 다윈에 의해 독단적인 단잠에서 깨어났을 뿐"이라는 것이다. 또한 다윈에 대한 니체의 언급은, 다윈의 아이디어에 대한 그의 지식이 흔한 오표상들과 오해로 가득 차 있었음을 보여준다. 그러므로 아마도 그는, 어려운 내용을 대중화하는 많은 이들의 열광적인 전용轉用을 통해 다윈을 일차적으로 "알았을" 것이다. 당시 그런 사람들은 독일에도 많았고, 사실상 유럽 전역에 걸쳐 존재했다. 특별히 그가 위험을 무릅쓰고 했던 비판의 몇 가지 지점에서, 그는 다윈을 완전히 오해하고 불평한다. 예를

---

20 그 자신이 전에 "가장 과학적인 가설"이라고 묘사한 것에 대한, 평소답지 않게 신중한 니체의 연역을 또렷하게 재구성한 것을 보려면 단토(1965, pp. 201-9)의 논의를 참고하라. 이에 대한 토론과 조사, 그리고 니체의 악명 높은 영원 회귀 아이디어에 대한 다른 해석들은 네하마스Nehamas(1980)가 잘 정리해놓았다. 그는 여기서 니체가 "과학적"이라고 말한 것은 특별히, "목적론적이지 않은 것"을 의미한다고 주장한다. 영원 회귀의 니체 버전을 온전히 이해한다면, 회귀의—지금까지는, 영원한 회귀는 아닌—문제는, 휠러와는 달리 니체가 지금의 이 생명이 반복해서 우연히 생겨나며 그렇게 되는 건 그 생명과 **그것의 모든 가능한 변이들이** 계속하여 반복적으로 우연히 생겨날 것이기 때문이지. 가능한 단 하나의 변이—지금의 이 생명—만이 있고 그것이 반복하여 우연히 생겨날 것이기 때문은 아니라고 생각하는 것처럼 보인다는 것이다. 나는 이것이, 니체 자신이 그 아이디어로부터 도출할 수 있거나 도출해야만 한다고 생각했던 도덕적 함축을 온전히 이해하는 데에, 그리고 어쩌면 니체의 학문에도, 필수불가결한 것은 아니라고 생각한다. (하지만 내가 뭘 알겠는가?)

들면, "다윈이 무의식적 선택의 가능성을 무시했는데 그것이 《종의 기원》에서 가장 중요한 연결 아이디어들 중 하나였다"고 그는 주장했다. 그는 "영국인 다윈과 월리스의 내부에 있는 완전한 **어리석음**"에 대해 언급하며, "혼란이 지나친 나머지 마침내 다윈주의를 철학으로 간주하기에 이르렀다. 그리고 이제 인문학자들과 과학자들이 지배하고 있다"고 불평한다.(Nietzsche 1901, p. 422) 그러나 다른 사람들은 자주 **그를** 다윈주의자로 보았다. 니체는 이에 대해, "학문적으로 거세된 다른 학자들은 바로 이 점 때문에 나를 다윈주의자라고 의심하고 있다"고 말했다.(Nietzsche 1889, III, i) "다윈주의자"라는 명칭은 그가 비웃었던 꼬리표였다. 이 비웃음은 그의 《도덕의 계보Zur Genealogie der Moral》(1887)에 잘 드러나 있으며, 이 책은 윤리학의 진화에 관한 최초의 다윈주의적 조사이자 여전히 절묘한 책 중 하나다. 이 주제는 16장에서 다시 다룰 것이다.

니체는 자신의 영원 회귀 논증을 삶이 부조리하거나 무의미하다는 증명이라 보았고, 우주를 높은 곳에서 보면 우주에 그 어떤 의미도 부여되지 않는다는 것의 증명이라고 보았다. 이는 의심할 여지없이 다윈과 조우할 때 많은 사람이 경험하는 두려움의 뿌리이기도 하다. 그러므로 이를 니체의 버전으로 한번 살펴보자. 우리가 찾을 수 있는 만큼 극단적인 것으로. 정확히 왜 영원 회귀가 삶을 무의미하게 만들까? 그건 너무 뻔한 것 아닌가?

> 당신의 가장 외로운 외로움 속에서, 악마가 하루 밤낮을 당신을 따라 기어 다니며 이렇게 말한다면: "네가 살고 있고 또 살아왔던 이 인생을 너는 다시 살아야 한다, 그리고 수없이 더 많이 살아가야 한다. 그리고 다시 사는 그 삶에서 새로운 것은 하나도 없을 것이며, 모든 고통과 모든 즐거움과 모든 생각과 모든 한숨—너의 삶에서 말해지지 못한 크고 작은 모든 것—이 네게 다시 올 것이다. 똑같은 순서로 똑

같이 연속해서 ……." 그러면 당신은 당신의 온몸을 내던져, 이렇게 말한 악마를 저주하지 않겠는가? 아니면 당신은 "그대는 신이며, 나는 이보다 더 신성한 이야기를 일찍이 들어본 적이 없노라!"라고 그에게 대답하는 엄청난 순간을 경험해본 적이 있는가? [《즐거운 학문 Die fröhliche Wissenschaft》(1882), p. 341 (인용된 구절은 단토의 1965년 번역서 210쪽에서.]

이 메시지는 해방감을 주는가, 아니면 두려움을 주는가? 니체 스스로는 결정을 내릴 수 없었는데, 이는 아마도 그가 종종 자신의 "가장 과학적인 가설들"의 함축들을 오히려 신비적인 덫 안으로 몰아넣곤 했기 때문일 것이다. 톰 로빈스Tom Robbins의 소설 《카우걸도 슬픔을 느낀다 Even Cowgirls Get the Blues》[21]에 나오는 매력 넘치는 패러디 버전을 보면 이 논의에 신선한 공기를 좀 불어넣을 수 있을 것이다.

그해 크리스마스 선물로 줄리언Julian은 시시Sissy에게 티롤의 한 마을을 옮겨 놓은 미니어처를 선물했다. 장인의 솜씨는 놀라웠다.
스테인드글라스 창이 햇빛으로 만든 과일샐러드처럼 빛나는 작은 성당이 있었다. 광장과 비어가르텐Biergarten도 있었다.[22] 비어가르텐은 토요일 밤이면 꽤 시끄러워졌다. 언제나 뜨거운 빵과 슈트루델 냄새가 나는 빵집도 있었다. 시청과 경찰서도 있었는데, 그곳에는 절단면들이 있어서, 그 안에서 행해지는 관료주의적 요식 행위와 부패가 표준적인 양으로 드러나 보였다. 티롤 사람들은 무릎 아래를 여미는,

21 [옮긴이] 우리나라에서는 소설(아직 번역 출간되지 않았다)보다는 소설을 바탕으로 만든 영화(영화의 원제는 소설 제목과 같으나 우리나라에서는 〈카우걸 블루스〉로 번역되었다)로 더 유명하다. 감독은 구스 반 산트 주니어Gus Van Sant Jr.이며, 우마 서먼(시시 역), 키아누 리브스(줄리언 역) 등이 주연을 맡았다.

22 [옮긴이] 독일식 야외 식당이다. 어린이를 동반한 가족들도 많이 찾는다.

> 복잡한 바늘땀이 돋보이는 가죽 반바지를 입고 있었고, 그 반바지 안에는 똑같이 훌륭한 솜씨로 만들어진 생식기까지 있었다. 스키 가게도 있었고, 고아원을 비롯한 많은 흥미로운 다른 것들도 있었다. 고아원은 매년 크리스마스이브가 되면 불이 붙어 타오르도록 설계되어 있었다. 불이 나면 고아들은 불붙은 잠옷 차림으로 뛰쳐나와 눈 속으로 뛰어들었다, 끔찍했다. 매년 1월 둘째 주 정도가 되면, 화재 조사관이 와서 폐허를 쿡쿡 찌르며 중얼거렸다. "내 말만 잘 들었어도 아이들은 지금 살아 있을 겁니다." 〔Robbins 1976, pp. 191-92.〕

위 인용문에서의 장인의 솜씨는 그 자체로 놀랍다. 고아원 드라마가 매년 반복되는 것은 그 작은 세계에서 진정한 의미를 모두 앗아가는 것처럼 보인다. 하지만 왜 그럴까? 매년 반복되는 화재 조사관의 한탄이 그토록 공허하게 들리는 것은 정확히 왜일까? 그것이 수반하는 것을 자세히 들여본다면, 아마도 우리는 그 구절을 "작동"하게 만드는 교묘한 속임수를 찾을 수 있을 것이다. 그 작은 티롤인들은 고아원을 스스로 재건했는가, 아니면 그 미니어처 마을에 "다시 시작"(리셋RESET) 버튼이 있었는가? 이는 어떤 차이를 만드는가? 아, 그리고 그 새 고아들은 어디에서 오는가? "죽은" 아이들은 다시 살아 돌아오는가?(Dennett 1984, pp. 9-10) 로빈스가 그 고아원이 매해 크리스마스이브가 되면 불붙어 타버리도록 **설계되었다**고 말했던 것에 주목하라. 이 미니어처 세계의 창조자는 분명히 우리가 우리 삶의 문제들을 진지하게 받아들이는 것을 비웃으며 우리를 조롱하고 있다. 교훈은 분명해 보인다. 이 드라마의 의미가 '창조주'로부터, 저 높은 곳에서 와야만 하는 것**이라면**, 그건 분명히 터무니없는 농담이며, 그 세계에 사는 개개인의 분투를 하찮게 만들어버리는 것이라는 것. 하지만 그 의미라는 것이 높은 곳에서 온 선물이 아니라 각 부활 때마다 새로 생겨나오는 개인들 자신이 어떻게든 창조해내는 것이라면 어떨까? 이는 반복에 의해 위협받지 않았던 의미의 가능성을 열어줄지도 모른다.

이는 다양한 종들에서의 실존주의의 주제를 정의하는 일이다: 있을 수 있는 유일한 의미는 여러분이 여러분 자신을 위해 (어떻게든) 창조하는 의미이다. **그** 트릭이 어떻게 성취될 수 있는지는 실존주의자들 사이에서도 언제나 미스터리한 무언가였다. 그러나 곧 보게 되겠지만, 다윈주의는 의미 창조의 과정을 설명할 때 제공할 어떤 비非 신비화 기제를 지니고 있다. 다시 한번 말하지만, 핵심은 로크의 "마음-먼저" 시각을 버리고, 우리가 소중히 여기는 다른 모든 것들과 마찬가지로, **중요성 그 자체**도 무에서 점진적으로 진화해나왔다는 시각으로 대체하는 것이다.

이러한 상세 사항으로 선회하기 전에, 잠시 멈춰 서서 우리의 우회적인 여정이 우리를 어디까지 데려왔는지를 생각해보아야 할 수도 있다. 우리는 '수공예가 신'이라는 다소 유치한 버전으로 시작하여, 문자 그대로 받아들여진 그 발상이 멸종을 향해 가고 있다는 것을 인식했다. 우리가 다윈의 눈을 통해, 지금까지 우리 및 자연의 모든 경이로움들을 생산한 실제 설계 과정을 보았을 때, 우리는 그런 결과들을 많은 설계 작업의 결과라고 여겼다는 점에서는 페일리가 옳았음을 알게 되었지만, 그것에 대한 비非 기적적인 설명도 찾아냈다. 그것은 바로 대량으로 병렬적인, 그러므로 막대하게 낭비적인, 무마음적이고 알고리즘적인 설계 시도 과정이다. 그러나 그 과정에서 수십억 년 동안 설계의 최소한의 증가분이 알뜰하게 절약되고 복사되고 재사용된다. 창조의 경이로운 **특정성**이나 **개별성**은 셰익스피어 같은 고안의 천재에 의한 것이 아니라, 우연의 끊임없는 기여, 즉 크릭(1968)이 "동결된 우연frozen accidents"이라 부른 것[23]이 연속적으로 쌓인 덕분에 나타나는 것이다.

그 버전의 창조 과정도 여전히 신에게 '법칙부여자'의 역할을 맡기고 있는 것으로 보이지만, 이는 '법칙탐색자'라는 뉴턴적 역할로 차례차

23 [옮긴이] 우연히 발생했으나 그로 인해 역사의 방향이 바뀌게 된 사건들을 말한다.

례 자리를 내주었고, 최근에 우리가 보았듯이, 그 과정에서 그 어떤 '지적 행위자Intelligent Agency'도 남기지 않고 증발해버렸다. 이제 남은 것은, 영원에 걸쳐 뒤섞기(재배열)를 하는 그 과정이 무마음적으로 찾아내는 것들(그것이 무언가를 찾기는 할 때)뿐이다. 그것은 바로 질서에 대한 영원한 플라톤주의적 가능성이며, 수학자들이 영원히 부르짖듯이 정말로 아름다운 것이지만, 그렇다고 해서 그것 자체로 지적인 것은 아니다. 그러나 그것은 경이 중의 경이이며, 이해할 수 있는 무언가이다. 추상적이고 시간의 흐름 바깥에 있으므로, 거기에는 설명이 필요한 **시작이나 기원**은 없다.[24] 기원이 설명되어야 할 것은 구체적인 우주 그 자체이다. 그리고 흄의 필로가 오래전에 물어보았듯이, 물질세계에서 멈추는 건 왜 안 되는가? 우리가 살펴보았던 것처럼, **우주는** 궁극적인 부트스트래핑 요령의 한 버전을 실행했다: 우주는 그 자신을 무에서 만들어내거나, 아무튼 무와 거의 구분 불가능한 무언가로부터 자신을 만들어낸다. 당혹스럽도록 미스터리한, 시간을 초월한 신의 자기 창조와는 달리, 우주의 자기 창조는 비기적적인 곡예이며 많은 흔적들을 남겼다. 게다가 구체적일 뿐 아니라 정교하게 특정적인 역사적 과정이므로, 그것은 다른 모든 것과는 다른 가능성들의 초공간 내에서 한 위치를 점유하는, 완전한 고유성의 창조—모든 예술가의 그림과 교향곡과 소설을 아우르며 또 초라하게 만드는—이다.

17세기의 베네딕트 스피노자Benedict Spinoza는 과학적 연구야말로 신학으로 이르는 진정한 경로라고 주장하며, 신을 '자연'이라고 **정의**했다. 이런 이단적 주장 때문에 그는 박해를 받았다. '**신 즉 자연**Deus sive Natura(신 또는 자연)'이라는 스피노자의 이단적 시각에는 야누스의 얼

24 데카르트는 신이 수학의 진리들을 창조했는가 하는 문제를 제기한 적이 있다. 그의 추종자 니콜라 말브랑슈Nicolas Malebranche(1638~1715)는, 그것들은 무엇이라도 될 수 있을 정도로 영원한 것이므로, 시작이라는 것이 필요 없다는 견해를 확고하게 표현했다.

굴 같은 특질이 있어 문제를 일으켰다(또는, 어느 정도는 유혹적인 측면이 있었다). 스피노자는 자신의 과학적 단순화를 제안하면서 '자연'을 의인화한 것인가, 아니면 신을 비인격화시킨 것인가? 더 생산적인 다윈의 시각은, 우리가 '대자연'의 지성(아니면 그저 겉보기 지성에 불과한 것일까?)을 이 자기 창조적인 것의 비기적적이고 비신비적인, 그래서 훨씬 더 경이로운 특성으로 볼 수 있는 구조를 제공한다.

7장: 최초의 생물은 틀림없이 존재했지만 그것이 하나였을 필요는 없다—가장 단순한 생물도 순전히 우연에 의해 생겨나기에는 너무도 복잡하고, 너무도 많은 설계가 들어가 있다. 이 딜레마는 스카이후크로 해결되는 것이 아니라, 긴 일련의 다윈주의적 과정들에 의해 해결된다. 아마도 자기 복제하는 점토 결정들에 이어 만들어졌거나 그것들을 대동했던 자기 복제하는 매크로들이 운이 지배하는 토너먼트에서 기술이 지배하는 토너먼트로 수십억 년에 걸쳐 점진적으로 진보한 것이다. 그리고 크레인들이 의존하고 있는 물리학의 규칙성들은 그 자체가 혼돈을 통한 무목적적이고 무마음적인 뒤섞음의 결과물일 수 있다. 따라서, 우리가 알고 사랑하는 세계는 무無의 바로 옆자리에서, 즉 무와 거의 다를 바 없는 것으로부터 스스로 창조되었다.

8장: 자연선택에 의해 이루어진 작업은 R&D이므로, 생물학은 근본적으로 공학과 유사하다. 그러나 이 결론은 그것이 함축할지도 모를 것에 대한 잘못된 두려움 때문에 깊은 저항을 받아왔다. 사실, 이 결론은 우리의 가장 깊은 퍼즐들 중 몇 가지에 빛을 드리워준다. 일단 공학적 관점을 채택하고 나면, 기능에 대한 생물학의 중심 개념과 의미에 대한 철학의 중심 개념이 설명되고 또 통합될 수 있다. 의미에 대응하고 의미를 창조하는 우리의 역량이 다윈주의 과정들의 진보된 산물이라는 우리의 지위에 기초하고 있으므로, 실제 지성과 인공적 지성 간의 구분은 붕괴된다. 그러나 인간 공학의 산물과 진화의 산물 간에는 중요한 차이점들이 있다. 그것들을 창조한 과정들에 차이가 있기 때문이다. 우리 자신의 기술의 산물인 컴퓨터를 두드러진 미해결 문제들로 향하게 함으로써, 우리는 이제 막 진화의 장엄한 과정에 초점을 맞추기 시작하고 있다.

8장

생물학은 공학이다

Biology is Engineering

1. 인공물의 과학

제2차 세계대전 이후 세계를 변화시킨 발견들 중 이론물리학의 고상한 연회장에서 만들어진 것은 그렇게 많지 않다. 그보다는 이름 없는 공학 또는 실험물리학 실험실에서 나온 것이 더 많을 것이다. 순수과학과 응용과학의 역할은 뒤바뀌었다. 지금의 연구자들은 더는 물리학 황금기, 즉 아인슈타인과 슈뢰딩거, 페르미, 디랙 …… 등이 활동하던 시대의 연구자들이 아니다. 과학사학자들은 응용물리학과 공학, 컴퓨터과학에서의 위대한 발견의 역사를 무시하는 것이 적절하다고 생각해왔으나, 요즘은 정작 그 분야에서 진정한 과학적 진보가 발견되고 있다. 특히 컴퓨터과학은 세계의 면모를 바꾸었고 또 계속 바꾸어가고 있다. 이론물리학에서의 위대한 발견 중 그 어떤 것보다도 더 철저하게, 그리고 더 극적으로.

—니컬러스 메트로폴리스Nicholas Metropolis(1992)

이 장에서 나는, 다윈 혁명의 중심 특성—나는 감히 "중심"이라 말한다—즉 다윈 후에 성사된 생물학과 공학의 결혼이 지니는, 그러나 간과되고 과소평가된, 중심 특성의 일부를 추적하고자 한다. 이 장에서 나의 목표는 공학으로서의 생물학이라는 이야기의 긍정적 특성을 말하는 것이다. 그 후의 장들에서는 이에 대한 다양한 공격과 도전을 다룰 것이다. 그러나 나는, 그런 공격과 도전이 이목을 끌기 전에, 생물학에 대한 공학적 관점은 때때로 유용하기만 한 것이 아니고, 또 그저 가치 있는 선택에 불과한 것도 아니며, 모든 다윈주의적 사고의 필수 조직자이며 그 위력의 주요 원천이라는 것을 분명히 밝히고자 한다. 나는 이 주장이 상당한 감정적 저항을 불러일으킬 것이라 생각한다. 솔직해지자. 이 장의 제목은 여러분의 마음에 부정적인 반응을 일으키지 않는가? 여러분은 속으로 이렇게 말하지 않았는가? "오, 이런! 지루하고도 속물적인 환원주의적 주장이라니! 생물학은 공학 그 **훨씬 이상**의 것이야! 그렇지 않아?"

생물에 대한 아리스토텔레스의 선구적 탐구 및 목적론(그의 "이유" 중 네 번째의 것)에 대한 분석 이후, 살아 있는 것들에 대한 연구가 공학과 적어도 밀접히 관련돼 있다는 발상이 가능해졌다. 그러나 그 발상이 실제로 출현한 것은 다윈이 그 아이디어에 집중하면서부터였다. 물론 그 발상은 관찰자를 경이로운 피조물 앞으로 초대하여 부품들의 그 정밀한 상호 활동interplay과 '수공예가'의 그 우아한 계획과 정교한 세공에 경탄하도록 만드는 '설계로부터의 논증'에서도 꽤 명백하다. 그러나 지적인 세계에서 공학은 언제나 2등급의 지위에 있는 것으로 여겨져 왔다. 레오나르도 다 빈치Leonardo da Vinci에서 찰스 배비지Charles Babbage를 거쳐 토머스 에디슨Thomas Edison에 이르기까지, 천재 공학자들은 항상 찬사를 받아오긴 했으나, 과학과 예술 분야의 고위 엘리트들은 어느 정도의 경멸감을 가지고 그들을 대했다. 아리스토텔레스는 훨씬 후대의 중세 철학자들이 채택했던 구분을 제시한 탓에 문제를 해결하지 못했다. 중세 철학자들은 세쿤둠 나투람secundum naturam, 즉 자연을 따르는 것according to nature과 콘트라 나투람contra naturam, 자연에 반하는 것against nature, 즉 인공적인 것을 구분했는데, 유기체들의 것이 아닌 메커니즘은 콘트라 나투람이었다. 그리고 그들은 프라에테르 나투람praeter naturam, 즉 부자연스러운 것wnnatural(괴물이나 돌연변이)과 수페르 나투람super naturam, 즉 기적도 있다고 보았다.(Gabbey 1993) 그런데 자연에 반하는 것에 대한 연구가 어떻게 자연의 영광에—그래, 괴물과 기적에도—밝은 빛을 드리울 수 있을까?

이런 부정적인 태도의 화석 흔적은 우리 문화의 모든 곳에 존재한다. 예를 들어, 나의 전공 과목인 철학에서는 과학철학이라고 알려진 하위 학제가 긴 역사 동안 높이 평가되어왔다. 오늘날 가장 유명하고 영향력 있는 철학자들 중 많은 이들이 과학철학자들이다. 이에는 물리철학자, 생물철학자, 수학철학자, 심지어는 사회과학철학자들도 포함된다. 하지만, 나는 그 분야에서 공학철학자로 묘사되는 사람이 있다는 말은 들어본 적이 없다. 마치 공학은 철학자가 전문적으로 다룰 흥미로운 개념적 소재를 충분히 지닐 수 없기라도 한 것처럼 말이다. 그러나 지금까지 해왔던 것들 중 가장 심오하고 가장 아름답고 가장 중요한 사고 중 일부에 공학이 닻을 내리고 있다는 것을 점점 더 많은 철학자들이 인식해나감에 따라, 이런 경향도 바뀌고 있다. (이 절의 제목은 이 논제에 관한 허버트 사이먼Herbert Simon의 독창적인 책[1969]에서 따왔다.)

다윈의 위대한 통찰은 생물권의 모든 설계들이 끈질기고도 무마음적인, 그리고 "자동적"이고 점진적인, 설계공간 내의 들어올림 장치의 산물일 수 있다는 생각이었다. 돌이켜보면, 다윈도 본인의 가설이 증거에 의해 지지받는 것은 고사하고, 본인의 생각이 정교화되고 확장될 경우 후배 다윈주의자들이 생명의 기원 자체에 대한 다윈의 조심스러운 불가지론을 넘어서고, 다윈의 아이디어가 전제했던 물리적 '질서'의 "설계"까지도 넘어설 수 있게 되리라는 것을 상상하기는 어려웠음을 알 수 있다. 다윈에게는 '질서'를 특징짓는 데 있어 유전되는 메커니즘의 위력과 제약조건들을 기술하는 것보다 더 좋은 방법이 없었다. 그는 단지 그런 메커니즘이 있어야만 한다는 것을 알았을 뿐이고, 그런 메커니즘이 '질서'를, 그것이 존재할 때마다, 착취하여 "변화를 동반한 계승"을 만들어야 한다는 것을 알았을 뿐이다. 그리고 그때 "변화를 동반한 계승"은 가능한 것이어야 할 뿐만 아니라 생산적이기도 해야 했다.

다윈의 위대한 아이디어에 대한 후속적 관심과 확장은 한 세기가 넘게 이어졌으며, 논쟁들이 간간이 끼어들었다. 그런데 이는 다윈의 아이디어가 그것 자신에게 재귀적으로 확장된다는 것을 충분히 보여주는 것이었다: 진화에 관한 다윈주의 밈들의 진화는 아이디어들 간의 경쟁과 단순히 동반되기만 했던 것이 아니라, 그것들에 의해 적극적으로 속도를 내어왔다. 그리고 다윈이 유기체들에 관해 가설을 세웠던 것처럼, "일반적으로 경쟁은 서로 가장 가까운 관계의 형태를 하고 있는 것들 사이에서 가장 심할 것이다."(《종의 기원》, p. 121) 물론, 생물학자 자신들도 공학을 향한 부정적 태도의 전통에 면역이 되어 있지는 않았다. 하지만 스카이후크에 대한 갈망은, 그러니까, 어떻게든 기적이 우리에게 다다라 결국에는 우리를 크레인들 저 너머로 훌쩍 끌어올려줄 것이라는 그 간절한 희망은 도대체 무엇일까? 이 근본적 특성에 대한 다윈의 저항은 부지불식간에 이어져왔고, 논쟁을 고조시켰으며 이해를 방해했고 표현을 왜곡시켰다—그와 동시에 다윈주의에 대한 가장 중요한 도전들 중 일부에 추진력을 제공했다.

이러한 도전에 응수하면서 다윈의 아이디어는 더욱 강해졌다. 오늘날 우리는 아리스토텔레스의 구분들뿐 아니라 그간 소중히 여겨져왔던 과학 **구획화**compartmentalization 역시 과학의 영토 확장으로 인해 위협받고 있는 것을 볼 수 있다. 독일인들은 과학을 자연과학인 나투르비센샤프텐Naturwissenschaften과 마음, 의미, 문화의 과학인 가이스테스비센샤프텐Geisteswissenschaften으로 나눈다. 그러나 이 날카로운 구분—스노의《두 문화》의 사촌 격인—은 공학적 관점이 생물학에서부터 시작하여 인문과학과 예술에까지 퍼져나갈 것이라는 전망에 의해 위협받고 있다. 광범위한, 그리고 하나의 집합을 이루는 R&D 과정들에 의해 우리 신체의 후손과 우리 마음의 후손이 결합될 수 있는 설계공간이 결국 하나밖에 없다면, 전통적인 장벽은 무너질지도 모른다.

논의를 더 진행하기 전에, 내가 받을지도 모를 의심 하나를 정면으로 짚고 넘어가고자 한다. 그 의심이란 바로, '자연선택에 의한 진화 이론이 살아남으려면 반드시 다루었어야 할 많은 문제들을 다윈 자신이 제대로 이해하지 못했다는 것을 내가 방금 인정했으니, 다윈의 아이디어가 이 모든 도전을 겪고도 살아남는다는 나의 주장에 뭔가 무시할 수 있거나 동어반복적인 것이 있지는 않은가' 하는 것이다. 그러나 다윈의 아이디어가 계속 확장될 수 있다는 것은 당연한 일이다. 그 아이디어는 새로운 도전들에 대응하면서 변화를 계속하니까! 만약 내 논의의 요점이 다윈에게 작가이자 영웅이라는 왕관을 씌우려는 것이라면 그런 의심이 가치가 있을 것이다. 하지만 물론, 일단 이것은 지적 역사의 그런 대관식 같은 행사가 아니다. 심지어는 다윈이라는 사람 그 자체가 실존했는가의 여부마저도 나의 본론에서는 정말로 중요한 사항이 아니다! 어쩌면 그는 '평균 납세자'처럼, 실제로는 존재하지 않는 일종의 가상 작가일 수도 있다. 그 진위는 내 알 바가 아니다. (어떤 권위자들은 호메로스Homeros도 그 범주에 넣고 있다.) 물론 역사적 실존 인물인 다윈은, 그리고 그의 호기심과 진실성, 활동력 등은 나를 매료시킨다. 그의 개인적인 두려움과 결점은 그를 사랑하게 만든다. 그러나 그는, 어떤 면에서는, 예상에서 빗나가는 인물일 수 있다. 그가 한 아이디어—정말로 성장하고 변화하며, 바로 그 때문에 그 자체의 생명을 지닌—의 산파가 될 수 있었던 것은 정말로 운이 좋아서였을지도 모른다. 대부분의 아이디어는 그럴 수 없으니까.

사실, 다윈 본인—여러분은 그를 성聖 찰스라고 부를 수도 있을 것이다—이 점진주의자gradualist인지 적응주의자adaptationist인지 격변주의자catastrophist인지, 그리고 자본주의자인지 페미니스트인지에 관해서는 논쟁 양쪽의 열렬한 지지자들이 모두 엄청나게 많은 수사를 쏟아냈다. 이 질문들에 대한 답변들은 상당한 역사적 흥미를 자아낼 정당한 자격이 있다. 그리고 그 답들이 궁극적인 정당화의 질문들로부터 신중하게 분리된다면, 과학적 문제들이 정말로 무엇인지를 아는 데에 있어 우리에게 실질적 도움을 줄 것이다. 그러나 다양한 사상가들이 자신들이 하고 있다고 **생각**하는 것—세계를 이런저런 것들에게서 구하거나, 과학에서 신을 위한 여지를 찾거나, 미신과 전투를 벌이거나—이, 성공적으로 성사된 그들의 캠페인 활동이 기여하고 있는 바와 직각을 이룰 정도로 서로 다른 방향으로 전개되고 있다는 사실이 드러나기도 한다. 우리는 그런 예들을 이미 보았고, 곧 더 많이 보게 될 것이다. 숨겨진 의제에 의해 추동된다는 측면에서는 과학의 그 어느 분야도 진화론을 따라가지 못할 것이며, 그것은 확실히 숨은 의제들을 노출하는 데 도움을 줄 것이다. 그러나 누군가가 악으로부터 무언가를 지키거나 사악한 무언가를 파괴하기 위해 필사적으로 노력하고 있다는 사실—그들이 그것을 인식하고 있든 아니든—로부터 직접적으로 도출되는 것은 없다. 때때로 사람들은 가장 표현하기 어려운 갈망에 의해 추동되고 있음에도 그것을 제대로 이해한다. 다윈은 과거의 자기 자신과 같은 사람이었으며, 그가 생각한 것을 생각했다. 나쁜 점까지 모두 말이다. 이제 다윈은 죽고 없다. 그러나 다윈주의는 목숨이 9개가 넘는 데다, 불멸해 마땅하다.

2. 다윈은 죽었다 — 다윈이여 영원하라!

나는 만프레트 아이겐의 1992년 책 맨 끝에 있는 "요약" 챕터의 제목을 그대로 빌려와 이 절의 제목으로 삼았다. 아이겐의 사고에는 틀림없는 공학적 솜씨가 있다. 그의 연구는 일련의 생물학적 구축 문제—어떻게 재료들이 건축 현장에 모일 수 있는가, 그리고 설계는 어떻게 결정되며, 다양한 부품들이 어떤 순서로 조립되어야 전체 구조물이 완성되기 전에 무너지는 일이 일어나지 않는가—를 제기하고 또 푼 것이다. 그는 자신이 제시한 아이디어가 혁명적이라고 주장했으나, 그 혁명 후에도 다윈주의는 살아 있을 뿐 아니라 강해졌다. 나는 이 주제를 더 자세하게 파헤쳐보려고 하는데, 이에 대해 다른 이들이 제시한 버전은 아이겐의 것만큼 명확하게 똑떨어지지 않기 때문이다.

아이겐의 작업에서 혁명적이라고 가정되는 것은 무엇인가? 우리는 3장에서 하나의 봉우리가 있는 적합도 경관을 보았고, 평원에 솟은, 거의 찾기 힘든 전봇대가 있는 경관이 '볼드윈 효과'로 인해 어떻게 후지산 같은 경관, 즉 주변 경사면이 꾸준히 상승하는 지형으로 바뀔 수 있는지도 보았다. 후지산 같은 적합도 경관에서라면 그 공간 내 어디서 출발하든, 단순하게 '지역(국지) 규칙Local Rule'만 따라 해도, 어느 순간 결국 정상에 도달하게 될 것이다. 그 규칙은 다음과 같다.

절대 물러서지 말고, 가능한 한 위로 올라가라.

적합도 경관이라는 아이디어는 슈월 라이트Sewall Wright(1932)가 소개한 것으로, 진화 이론가들에게 상상력의 표준적 보형물이 되어왔다. 그리고 진화 이론의 많은 외부 분야를 포함하여 그야말로 수천 가지 응용 분야에서 그 진가를 입증해왔다. 인공지능에서, 경제학에서, 그리고 또 다른 문제 해결 영역에서 점진적 **언덕 등반**(또는 "경사면 오르기 gradient ascent")을 통한 문제 풀기 모형은 많은 인기를 누려왔으며, 또 그럴 자격이 충분히 있다. 또한 적합도 경관 아이디어는 이론가들에게 동기를 부여하여 그것의 한계를 계산(이것은 매우 힘든 일이다)하게 할 만큼 충분히 인기가 있었다. 하지만 다른 특정 종류의 문제들에서는—또는, 다르게 표현하자면, 다른 유형의 적합도 경관 안에서는— 단순한 언덕 등반은 꽤 무력하다. 그리고 거기에는 직관적으로 명백한 이유가 있다: 등반가들은 세계의 완벽한 정상인 에베레스트산으로 오르는 길을 찾는 대신 곳곳의 2등급 정상들을 맹렬히 오르는 것부터 시작한다. (시뮬레이션 어닐링 방법에서도 동일한 제한이 종사자들을 괴롭힌다.) '국지 규칙'은 다윈주의의 근본이다. 그것은 설계 과정에서 그 어떤 지성적인 (또는 "멀리 내다보는") 선견지명도 있어서는 안 되며, 경로상에서 그 어떤 행운의 들어올림을 맞이하든, 궁극적으로는 그 들어올림을 멍청하게 착취하는 것만이 있어야 한다는 요구 조건과 동등하다.

아이겐이 보여준 것은, '적합도의 단일 경사를 꾸준히 등반하여 완벽이라는 최적 봉우리에 도달하는 개선'이라는 가장 단순한 다윈주의 모형은 분자나 바이러스의 진화에서 벌어지는 일들을 기술하는 데에는 효과적이지 않다는 것이었다. 바이러스에 의한 (그리고 박테리아를 비롯한 다른 병원균들의) 적응 속도는 "고전적인" 예측 모형들에서 나온 결과보다 상당히 빨라서, 바이러스나 세균이라는 등반객들에게 불법적인 "선견지명"이 있는 것처럼 보일 정도다. 그렇다면 이는 다윈주의를 버려야만 한다는 것을 의미할까? 전혀 그렇지 않다. 무엇을 '국지(한 부분의 지역)'라고 간주하는가는 (놀랍지 않게) 당신이 쓰는 척도에 달려 있기 때문이다.

아이겐은 컴퓨터 바이러스들이 진화할 때 단 하나의 파일로 이동하지는 않는다는 점으로 우리의 주의를 집중시킨다; 그것들은 거의 똑같은 변이들로 이루어진 거대한 무리, 즉 '멘델의 도서관'에서의 '가장자리가 모호한 구름'을 만들어 이동하는데, 아이겐은 이를 "준종準種, quasi-species"이라 불렀다. 우리는 앞에서 상상할 수 없을 정도로 큰《모비 딕》변종들의 구름을 보았지만, 현실의 도서관 서가에도 동일한 책의 변이판이 한두 권 이상은 꽂혀 있을 것이다. 그리고《모비 딕》처럼 정말로 유명한 책의 경우, 같은 판본의 책이 여러 권 보유되어 있을 것이다. 그러면, 실제 도서관의《모비 딕》장서들처럼, 실제의 바이러스 구름은 다중의 똑같은 사본들뿐 아니라 사소한 철자상의(또는 식자상의) 변이들도 포함하고 있을 것이고, 아이겐에 따르면, 이 사실은 "고전적" 다윈주의자들이 무시해왔던 몇 가지 함축을 지닌다. 분자적 진화의 속도에 있어 그 열쇠를 쥐고 있는 것은 변이들로 이루어진 구름의 **모양**이다.

종의 '기준 버전'(《모비 딕》의 '정본'과 유사한)을 가리키기 위해 유전학자들이 사용하는 고전적 용어는 '**야생형**wild type'이다. 생물학자들은 종종 개체군 내의 서로 다른 많은 유전형 중에서 순수한 야생형이 우세할 것이라고 가정했다. 도서관에 비유하자면 이는 많은《모비 딕》책들로 이루어진 도서관 장서 중 대부분은 개정판이거나 정본—그런 게 있다면!—이라는 주장과 유사하다. 그러나 그렇다고 해서 유기체의 경우가 도서관 장서의 경우와 같아야 할 필요는 없다. 사실 야생형은, '평균 납세자'처럼 정말로 추상적 개념에 불과하며, 한 개체군에 정확히 "그" 야생형 유전체를 지닌 개체가 전혀 없을 수도 있다. (물론, 책에서도 이런 일이 일어날 수 있다. 학자들은 특정 텍스트 내 특정 단어들의 순수성에 관해 몇 년이고 논쟁을 계속할 수 있을 것이다. 그리고 그런 논쟁이 해소될 때까지 그 작품의 정본 텍스트 또는 야생형 텍스트가 무엇인지 아무도 정확하게 말하지 못할 것이다. 하지만 그렇다고 해서 그 작품의 정체성이 위협받는 일은 거의 없을 것이다. 제임스 조이스James Joyce의《율리시즈Ulysses》가 그 좋은 예가 될 것이다.)

이렇듯 "본질"은 거의 동일한 탈것vehicle들의 다양함에 걸쳐 분포하며, 이러한 분포가 본질을 훨씬 더 이동 가능하게, 그리고 더 적응적이게 만든다고 아이겐은 지적한다. 특히, 완만한 경사가 거의 없고 여러 개의 봉우리가 있는 "울퉁불퉁한" 적합도 경관에서 말이다. 이는 본질로 하여금, 골짜기를 탐사하는 낭비적인 일은 무시하고 인접 언덕과 능선으로 효율적인 정찰대를 보낼 수 있게 해준다. 그럼으로써 중심, 즉 (가상) 야생형이 자리한 곳으로부터 어느 정도 떨어진 곳에서 더 높은 봉우리, 즉 더 나은 최적점을 찾는 역량이 엄청나게 많이 (천많지는 않아도, 어마어마한 차이를 만들어내기에는 충분히 많이) 향상된다.[1]

그것이 작동되는 이유를 아이겐은 아래와 같이 요약한다.

> 기능적으로 유용한 돌연변이들, 즉 선택 값들이 야생형의 값들과 가까운(물론 그보다 낮긴 하지만) 돌연변이들은 기능적으로 비효율적인 것들보다 훨씬 높은 개체수에 도달한다. 그러므로 돌연변이들의 비대칭 스펙트럼이 형성되는데, 이때 그 스펙트럼 내에서는 야생형에서 아주 동떨어진 돌연변이가 중간 영역으로부터 계속하여 생겨난다. 그런 돌연변이 연쇄의 개체군은 가치 경관value landscape의 구조에 결정적인 영향을 받는다. 가치 경관은 연결된 평야들, 언덕들, 산맥들로 구성된다. 산맥들에는 돌연변이 스펙트럼이 넓게 흩어져 있으며, 능선들을 따라 야생형의 먼 친척들까지도 유한한[극미하지는 않다는 뜻이다] 빈도로 나타난다. 선택적으로 훨씬 우월한 돌연변이들을 기대할 수 있는 곳은 바로 산악 지역이다. 이들 중 하나가 돌연변이

1 이 주제들과 내가 《의식의 수수께끼를 풀다Consciousness Explained》(1991a)에서 발전시켰던 주제 사이의 유사성은, '데카르트 극장Cartesian Theater' 및 그것의 '중심 의미부여자Central Meaner'를 해체하고 그것의 지성적 작업을 주변부의 행위자들에게 분산시킬 필요성에 관한 것이므로, 이 두 주제가 유사한 것은 물론 우연이 아니다. 그러나 내가 판단할 수 있는 한, 이렇게 된 것은 주로 수렴진화의 결과이다. 내가 책을 쓸 때는 아이겐의 저작을 읽지 않았지만, 만약 읽었더라면 나는 분명히 그 책에서 영감을 받았을 것이다. 종의 지능에 관한 슐Schull의 1990년 저작과 그에 대한 나의 논평(Dennett 1990a)은 분자에 대한 아이겐의 논의와 의식에 대한 내 논의 사이의 유용한 교량이다.

스펙트럼 주변에 도달하자마자, 확립되어 있던 앙상블(하나의 세트)은 와해된다. 그리고 우월한 돌연변이 둘레에 새로운 앙상블이 구축되어 야생형의 역할을 대신하게 된다. …… 이 인과적 연쇄는 일종의 '질량 작용mass action'을 초래하는데, 이에 의해 **우월한 돌연변이들은** 열등한 돌연변이보다 **훨씬 더 높은 확률로 시험받게 된다**. 둘 다 야생형으로부터 같은 거리에 있었다 해도 말이다. 〔Eigen 1992, p. 25.〕

따라서 적합도 경관의 모습과 그곳을 채우고 있는 개체군 사이에는 밀접한 상호작용이 이루어지며, 그 상호작용은 일련의 피드백 루프를 형성하고, 피드백 루프 각각은—대개—일시적으로 안정된 하나의 문제 설정이 다른 것으로 바뀌도록 유도한다. 당신이 봉우리를 오르자마자 전체 경관이 요동치고 부풀어 오르며 새로운 산맥을 형성하고, 당신은 다시 곳곳을 올라가기 시작한다. 사실, 경관은 당신 발 밑에서 끊임없이 움직인다(당신이 바이러스의 준종이라면 말이다).

자, 이것은 아이겐이 주장했던 것만큼 아주 혁명적이진 않다. 슈얼 라이트 자신은 그의 "이동균형이론shifting balance theory"에서 "야생형" 범례 개체가 아닌, 변이들로 이루어진 다양한 크기의 개체군들이 여러 봉우리와 변동하는 경관들을 어떻게 횡단하는지를 설명하려고 노력했다. 그리고 에른스트 마이어는 오랜 시간 동안, "개체군적 사고population thinking"[2]가 다윈 이론의 핵심인데 유전학자들은 이 점을 간과하여 위험에 처해 있다고 강조해왔다. 따라서 아이겐은 실제로 다윈주의를 혁신한 것이 아니라, 수년간 평가절하되고 불완전하게 형식화되었던 아이디어들을 명확히 하고 강화하는 몇 가지 이론적 혁신—이것도 작은 기여

---

2 [옮긴이] 개체군적 사고란, 실재하는 것은 개체들과 그것들로 이루어진 집단이며 유형type은 각 집단의 통계적 추상이라고 보는 사고방식이다. 이와 반대되는 유형학적 사고typological thinking에서는 유형이 실재하며, 개체들은 그것이 속하는 유형의 불완전한 예화라고 본다.

는 아니다—을 창조한 것이다. 아이겐은(1992, p. 125) "진화의 (양적) 가속이 가져오는 것은 너무도 대단해서, 생물학자들에게 그 가속은, 고전적 다윈주의자들이었다면 가장 순수한 이단이라고 간주했을 만큼 놀라운 새 **질적** 특성, 즉 '선견지명' 같은 진화의 능력처럼 보일 정도였다!"라고 말했는데, 그때 그는 과도하게 극적으로 보이게 하는 일에 몰두해 있는 중이었고, 적어도 그의 "혁명"을 예견하고 어쩌면 그것을 빚어낼 수도 있었을 많은 생물학자를 무시하고 있었다.

결국, 전통적 다윈주의 이론가들이 적합도 경관을 상정하고 그 경관에 유전자형들을 무작위로 뿌리면서 무슨 이론이 말한 일이 그 유전자형들에게 벌어질지를 계산하긴 했지만, 그럼에도 그때 그들은 자연에서 유전자형이 세계의 기존 장소들에 무작위적으로 던져지지는 않는다는 것을 알고 있었다. 시간이 걸리는 과정의 모형은 그 무엇이든 어떤 임의적인 "순간"에 시작해야 한다: 막이 오르면 모형은 그다음에 무슨 일이 벌어지는지를 표시한다. 우리가 그러한 모형을 보면서 "시작부터" 그 모형이 다수의 후보들이 계곡 아래에 있는 것을 보여주고 있음을 알게 된다고 하자. 그러면 우리는 그 후보들이 "언제나" 그 아래쪽에 있었던 것은 아니라는 것—그것이 무엇을 의미하든!—을 이론가들이 인식하고 있음을 꽤 잘 알 수 있게 될 것이다. 어떤 한 순간에, 후보들이 적합도 경관의 어디에 존재하든, 그곳이 전에는 봉우리가 아니었을 수도 있고 그 후보들이 전에는 거기 있지 않았을 수도 있다. 그렇다면 관찰 순간 후보들이 점유하고 있는 비교적 새로운 골짜기들은 그 순간이 오기 전에 생긴, 진화의 새로운 곤경임이 틀림없다. 오직 그 가정만이 후보자들이 계곡 안에 위치해 있는 것을 정당화할 수 있을 것이다. 아이겐의 공헌으로 인해, 다윈주의자들이 자신들의 더 단순한 모형들이 할 수 있다고 언제나 가정해왔던 작업을 그 단순한 모형들이 실제로 해내려면 그런 복잡한 것들을 모형에 추가해야 한다는 평가가 강화되었다.

전술한 것과 같은 더 복잡한 모형이 필요하다는 것과 그런 모형을 기존의 컴퓨터들에서 구축하고 탐색할 수 있는 우리의 역량이 때를 맞추었다(짧게 잡으면 한 달, 길게 잡으면 확실히 1년 정도 안에)는 것은 확실히 우연이 아니다. 더 강력한 컴퓨터들을 사용할 수 있게 되자마자, 그것들의 도움으로 우리는 더 복잡한 진화 모형이 가능하다는 것을 알게 되었다. 그리고 다윈주의가 설명할 수 있다고 언제나 주장했던 것을 우리가 정말로 설명하는 데는 더 복잡한 진화 모형이 적극적으로 필요하다는 것도 알게 되었다. 이제, 진화가 알고리즘적 과정이라는 다윈의 아이디어는, 그 아이디어가 생존할 수 있는 새로운 환경들이 열림에 힘입어 폭발적인 수의 가설을 보유하게 되었으며, 그럼으로써 더욱더 풍부한 가설들로 이루어진 하나의 가설 과family가 되고 있다.

인공지능에서 귀중한 전략은 관심 있는 현상을 의도적으로 단순한 버전으로 만들어 그것으로 작업해보는 것이다. 이는 "장난감 문제toy problem"라는 매력적인 이름으로 불린다. 분자생물학의 팅커토이Tinker Toy[3] 세계에서 우리는 근본적인 다윈주의적 현상들이 활동하는 가장 단순한 버전들을 볼 수 있다. 그렇지만 그것들은 **정말로** 장난감 문제들이다! 우리는 이 가장 하위 수준 다윈주의 이론의 **상대적** 단순성과 순수함을 이용하여, 다음 장들에서 더 상위 수준의 진화를 통해 추적할 몇 가지 주제들을 소개하고 분명히 설명해 보여줄 수 있다.

진화론자들은, 예를 들어, 언제나 적합도와 최적성, 그리고 복잡성의 증가 등을 자유롭게 주장해왔으며, 그러한 주장은 그 주장을 필요로 하는 이들과 비판하는 이들 모두에게 기껏해야 심각한 과도단순화에 불과한 것으로 인식되어왔다. 분자적 진화의 세계에서는 그러한 유감의 말들은 필요하지 않다. 아이겐이 최적성을 말할 때, 그는 자신이 의미하는 것의 명확한 정의를 보유하고 있었고, 그를 든든하게 받쳐주고 또 계

---

3 [옮긴이] 미국의 조립식 장난감이다. 원래는 상표 이름이었으나 지금은 보통명사처럼 쓰이기도 한다.

속 정직할 수 있게 만들어줄 실험적 척도 역시 보유하고 있었다. 그의 적합도 경관과 성공의 척도는 주관적이지도 임시방편적ad hoc이지도 않다. 분자적 복잡성은 객관적이며 상호 지지되는 몇 가지 방식으로 측정될 수 있고, 아이겐이 "알고리즘"이라는 용어를 쓸 때 시적 허용 같은 것은 전혀 필요하지 않았다. 교정 활동을 하는 효소를 머릿속에 그려보자. 이를테면, 한 쌍의 DNA 가닥을 따라 확인하고 고치고 또 한 걸음 전진하는 일을 묵묵히 반복하는 효소 말이다. 그때 우리는 작업 중인 미세 자동자microscopic automaton를 보고 있다는 것을 거의 의심할 수 없으며, 최상의 시뮬레이션들은 관찰된 사실들과 매우 근접해서, 그 구역에는 마법의 도우미 요정도, 스카이후크도 숨어 있지 않다는 것을 확신할 수 있다. 분자 세계에서는 다윈주의적 사고가 특히 순수하게, 그리고 변질 없이 적용된다. 사실, 이 유리한 고지를 점하고 둘러보면, 분자 수준에서 그토록 아름답게 작동하는 다윈 이론이, 새나 난초, 포유류 등의 다루기 힘든—분자 세계와 비교해본다면 은하 크기로 보일—세포 복합체에도 결국은 적용된다는 사실이 실로 경이로운 무언가로 보일 수 있다. (우리는 주기율표가 기업이나 국가에 관해 우리에게 깨달음을 주리라고 기대하지 않는다. 그런데 왜 우리는 다윈의 진화 이론이 생태계나 포유류 계통과 같은 복잡한 것들에서도 작동하리라고 기대하는가!?)

거시생물학—개미, 코끼리, 삼나무 등과 같은 일상적 크기의 유기체들을 다루는 생물학—에서는 모든 것이 깔끔하지 않다. 상상도 할 수 없는 상황적 복잡성들이 줄을 잇기 때문에, 돌연변이와 선택은 보통 간접적이고 불완전하게만 추론될 수 있다. 반면에 분자 세계에서는 돌연변이와 선택 사건들이 직접적으로 측정 및 조작될 수 있고, 바이러스의 세대 시간generation time은 매우 짧아서, 거대한 다윈주의적 효과들을 연구할 수 있다. 예를 들어, 독성 바이러스는 현대 의학과 사투를 벌이고 있는데, 이 전쟁에서 바이러스들이 보여주는 무서운 능력은 바로 돌연변이다. 그리고 현대 의학은 독성 바이러스 돌연변이 연구의 많은 부문에 자금을 대며 탐구에 박차를 가하고 있다. (AIDS 바이러스는 지난 20년간 너무도 많은 돌연변이를 거친 나머지, 그 기간의 돌연변이 역사—이는 코돈 개정에서 측정된다—는 영장류 진화의 모든 역사에서 발견되는 것보다 더 많은 유전적 다양성을 보여주고 있다!)

아이겐을 비롯한 수백 명의 연구자가 수행한 연구는 우리 모두를 위한 확실한 실용적 용도를 지니고 있다. 따라서 이 중요한 작업을 다윈주의의 승리, 환원주의의 승리, 메커니즘의 승리, 유물론의 승리를 보여주는 사례라고 말하는 것은 적합하다. 그렇지만 그 연구는 **탐욕스러운** 환원주의와는 가장 거리가 먼 것이기도 하다. 그 연구는 층위들 위의 층위들 위의 층위들의 숨 막히는 연속이다. 각 층위에서는 그 층위에서 나타나는 새로운 현상들 및 설명의 새로운 원리들이 있고, 어떤 하나의 하위 수준에서의 "모든 것"을 설명하고자 하는 강렬한 희망이 그릇되었다는 것을 끊임없이 드러내 보여준다. 다음은 아이겐이 실시한 조사 연구가 무엇을 보여주는가에 대한 아이겐 본인의 요약이다. 여러분은 이 요약문이 가장 열렬한 환원주의 비판자에게 어울릴 용어로 작성되었다는 것을 알아볼 수 있을 것이다.

> 선택이란 특히, 섬세하고 교활한 악마와 더 가깝다. 매우 독창적인 재주들로 무장한 그 악마는 삶의 단계마다 작동해왔으며 오늘날에는 삶의 다양한 수준에서 작동하고 있다. 무엇보다도, 그것은 매우 능동적인데, 이는 그것이 내부 피드백 메커니즘에 의해 추동되며, 그 내부 피드백 메커니즘은 최적의 성능을 위한 최상의 경로를 매우 변별력 있는 방식으로 검색하기 때문이다. 그리고 이는, 선택이 미리 정해진 목표를 향한 내재적 추진력을 지니고 있기 때문이 아니라, 단순히 그 안에 목표 지향성 외관을 제공하는 비선형 메커니즘이 내장된 덕분에 가능한 일이다. 〔Eigen 1992, p. 123〕

3. 기능과 사양서

거시 분자의 세계에서 모양은 운명이다. 아미노산들(또는 아미노산을 코딩하는 뉴클레오타이드 코돈들)의 1차원 서열은 단백질의 정체성을 결정한다. 그러나 이 서열은 1차원 단백질 끈이 스스로 접히는 방식을 부분적으로만 제약할 뿐이다. 단백질 끈은 수많은 가능한 모양 중 단 하나의 모양을 취하기 시작한다. 그 단백질의 아미노산 서열 유형sequence type이 거의 언제나 선호하는 독특하게 얽힌 모양으로 말이다. 그렇게 하여 형성된 단백질의 3차원 모양은 그것이 지니는 능력의 원천이고, 촉매로서의 역량의 원천이다. 단백질은 3차원 모양 덕분에 어떤 구조들을 짓거나 항원과 싸우거나 발달을 조절하는 등의 역할을 할 수 있다. 단백질은 기계이고, 그것의 부분 각각의 모양에 따른 매우 엄격한 기능을 수행한다. 단백질의 전체적인 3차원 모양은 그 능력과 역량에서 1차원 배열보다 기능적으로 훨씬 중요하다. 예를 들어, 중요한 단백질인 리소자임lysozyme은[4] 특정 형태의 분자 기계이며, 서로 다른 많은 버전의—자연 상태에서 무려 100가지도 넘게 다른, 그러나 기능상으로는 동일한, 그런 모양들로 접힌—아미노산 서열이 발견되었다. 물론 그 아미노산 서열에서의 차이는 리소자임이 생산되고 사용된 진화적 역사를 재창조하는 데 있어 "문헌학적" 단서로 활용될 수 있다.

그리고 여기, 발터 엘자서Walter Elsasser(1958, 1966)가 처음 주목했고 자크 모노Jacques Monod(1971)가 꽤 결정적인 해답을 내놓은 퍼즐이 하나 있다. 매우 추상적으로 생각해보면, 1차원 코드가 3차원 구조를 "위한" 것일 수 있다는 사실은, 정보가 추가된다는 것을 보여준다. 그리고 실제

4 [옮긴이] 동물에서 생성되며, 세균을 용해시키는 항균성 효소다. 서열 안에 20개의 일반 아미노산이 모두 들어 있으며, 아미노산 서열이 최초로 밝혀진 효소이기도 하다.

로 **가치**value가 더해진다. 개별 아미노산들은 아미노산 끈을 이루는 1차원 서열 내의 어느 위치에 있는가에 의해서가 아니라, 그 끈들이 구부러져서 형성되는 3차원 공간 내의 어느 위치에 있는가에 따라 가치가 매겨진다.

> 따라서 유전체가 단백질의 기능을 '전적으로 정의한다'는 진술과, 이 기능이 3차원 구조와 연결되어 있다는 사실, 그리고 이때 그 3차원 구조의 데이터 내용이 유전체의 구조가 직접 기여하는 것보다 풍부하다는 사실 간에는 모순이 있는 것처럼 보인다. 〔Monod 1971, p. 94.〕

퀴퍼스(1990, p. 120)가 지적했듯이, 모노의 해법은 직선적이다. "환원될 수 없는 것처럼 보이는 정보 또는 과잉의 정보는 단백질을 둘러싼 환경의 특정 조건에 포함된다. 그리고 유전적 정보는 이 조건들과 함께해야만 단백질의 구조를 명확하게 결정할 수 있고, 그리하여 단백질 분자의 기능 역시 명확하게 결정될 수 있다." 모노(1971, p. 94)의 해법은 아래와 같다.

> …… 현실에서는 가능한 모든 구조 중 오직 하나만이 실현된다. 따라서 초기 조건은 …… 구조 …… 내에 최종적으로 포함되는 항목들로 들어간다. 초기 조건들이 어떤 구조가 실현될지를 명시하는 것은 아니다. 초기 조건들은 대안이 될 수 있는 모든 구조들을 제거함으로써 특정한 모양이 실현되는 데 기여하는 것이다. 잠재적으로 불명료할 수 있는 메시지에 대한 명료한 해석을 제안—아니면 강요라고 표현하는 것이 더 나을까—하는 방식으로 말이다.[5]

이는 무엇을 의미하는가? 이는—놀랍지 않게—DNA의 언어와 그 언어의 "판독자(독자)"가 함께 진화해야만 함을 의미한다. 둘 중 무엇도 독자적으로는 작동할 수 없다. 해체주의자들이 독자가 무언가를 가져가서 텍스트를 대한다'고 말한다면,[6] 그들은 시詩에 적용되는 것만큼이나 DNA에도 확실하게 적용되는 무언가에 관해 말하고 있는 것이다. 독자가 텍스트에게로 가져가는 그 무언가는, 가장 일반적으로, 그리고 추상적으로, 정보라고 특징지어질 수 있을 것이며, 코드로부터의 정보와 코드를 판독하는 환경의 조합만이 유기체를 생성하는 충분조건이 될 수 있다.[7] 5장에서 알아보았듯이, 일부 비평가들은 이 사실이 "유전자 중심주의"(DNA가 유전을 위한 유일한 정보 저장소라는 교조)에 대한 어떤 반박이라도 되는 양 이 사실에 매달렸다. 그러나 그 아이디어는 언제나 유용한 과도단순화일 뿐이었다. 도서관들이 일반적으로 정보의 창고가 되도록 허용되어 있지만, 정보를 보존하고 저장하는 일을 하는 것은 당연히, 정말로 **도서관 더하기 독자들**이다. 도서관들은, 어쨌든 지금까지는, 더 많은 독자를 생산하는 데 필요한 정보가 담긴 책을 포함하지 않아왔기 때문에, 정보를 (효율적으로) 저장하는 도서관들의 역량은 다른 정보 저장 체계의 존재에 의존해왔다. 그 다른 체계란 DNA가 주요 매체

---

5 믿건대, 그리하여 모노가 퍼트넘(1975)의 쌍둥이 지구 문제를 부여함과 동시에 해결했음을 철학자들은 알게 될 것이다. 적어도 분자 진화의 "장난감 문제"의 맥락에서는 말이다. 의미는 "머릿속에 있지 않다"는 퍼트넘의 유명한 관찰처럼, 의미는 DNA 안에 (전혀) 있지 않다. 쌍둥이 지구 문제 또는 광의의 내용 대 협의의 내용 문제라 알려진 이 논제는 일단 묻어두었다가 14장에서 간략하게 발굴해볼 것이다. 그럼으로써 나는 그 논제에 적합한 다원주의적 장례를 치러줄 수 있을 것이다.

6 [옮긴이] 해체주의자 롤랑 바르트Roland Barthes는 작가가 의미 생산의 주체라는 전통적인 저자관을 버리고, 다양한 의미를 생산하는 것은 독자라는 새로운 견해를 내놓았다. 그에 의하면, 작가가 일단 글을 써서 발표하고 나면, 거기에는 '말하는 사람'은 없어지고 오직 독자와 텍스트만 남으며, 독자들은 텍스트를 읽고 자신(만)의 의미를 계속해서 생산해낸다. (이것을 가능하게 하는 텍스트를 자크 데리다Jacques Derrida는 '작가적 텍스트'라고 불렀다. 그리고 이것을 거의 불가능하게 하는, 독자가 수동적으로 소비하는 것만 가능한 텍스트를 '독자적 텍스트'라 칭했다.) 그런데 이것이 가능하려면 독자에게도 텍스트를 읽고 의미를 생산할 무언가가 있어야 한다. 즉 독자는 자신의 무언가를 '가져가서' 텍스트를 대하지 않으면 안 된다.

인 인간의 유전 체계다. 똑같은 추론을 DNA 그 자체에 적용해본다면, DNA도 계속하여 공급되는 "독자들", 즉 DNA가 전적으로 명시하지는 않은 판독자들을 필요로 한다는 것을 알게 된다. DNA가 판독자들을 전적으로 특정하는 것이 아니라면, 판독자를 지정하기 위한 나머지 정보는 어디에서 올까? 간단한 대답은, 환경의 연속성—필요한 원재료(부분적으로 구성된) 물질 환경의 지속성—과 그 물질이 착취될 수 있는 조건들로부터 얻어진다는 것이다. 행주를 사용하지 않을 때 항상 바싹 말려 둔다면, 행주를 말릴 때마다 당신은 환경 연속성(이를테면, 많은 습기)의 사슬을 끊는 것이다. 그때의 환경 연속성이란, 당신이 그토록 죽이고 싶어 하는 행주 안 박테리아의 DNA에 의해 가정된 정보적 배경의 일부이다.

여기서 우리는 매우 일반적인 원리의 특별한 경우를 본다: 모든 **기능** 구조는 그것의 기능이 "작동하는" 환경에 관한 **암묵적인** 정보를 담지한다. 갈매기의 날개는 공기역학적 설계의 원리를 감동적일 만큼 훌륭하게 구현하고 있으며, 따라서 그 날개를 가진 생물은 1000미터 정도의 고도에 존재하는 대기의 특정 밀도와 점도에 해당하는 매질 안에서 비행하도록 탁월하게 적응되어 있음을 암시하기도 한다. 베토벤 〈5번 교향곡〉의 악보를 "화성인들"에게 보냈던 5장에서의 예를 상기해보라. 우리가 갈매기의 사체를 조심스레 보존해서 우주로 보냈고 화성인들이 그것을 발견했다고 가정해보자. 날개가 기능적이고, 날개의 기능은 비행

---

7 데이비드 헤이그는(나와의 사적 대화에서) 접히는 단백질들에 관한 이 접히지 않는 이야기에 아주 매력적인 새로운 조언을 함으로써 나의 관심을 끌었다. "샤페론chaperone은 탁월한 분자 크레인입니다. 샤페론은 아미노산 사슬이 접힐 때 결합하는 단백질로, 샤페론이 없었다면 가능하지 않았을 형태로 사슬이 접히게 해줍니다. 사슬이 접히고 나면, 그 접힌 단백질에 의해 샤페론은 버려집니다. 샤페론은 매우 잘 보존됩니다. …… 분자 샤페론은 데뷔 무도회의 샤프롱과 그 기능이 비슷해서 그렇게 명명되었습니다. 그들의 역할은 몇몇 상호작용은 장려하고 그 나머지는 좌절시키는 것이지요." 이 논의에 관한 최근의 자세한 사항들은 Martin et al. 1993, Ellis and van der Vies 1991을 보라.

[옮긴이] 샤프롱(철자는 샤페론과 같다)은 사교계에 데뷔하는 어린 여성을 보살펴주는 나이 든 여인을 말한다.

이라는 근본 가정을 화성인들이 했다면, (그러나 그들이 정말로 이렇게 가정할지는 우리 생각만큼 명확하지 않을 것이다. 우리는 갈매기가 나는 것을 보았지만 그들은 그렇지 않으니까) 그들은 이 가정을 이용하여 그 날개가 어떤 환경에 잘 적응된 것인지, 그 환경에 관한 암묵적 정보를 "읽어낼" 수 있을 것이다. 그리고 그들이 그 모든 공기역학 이론이 어떻게 날개의 구조 안에 함축될 수 있었는지 궁금해한다고 가정해보자. 그들이 던진(던질) 질문은 이렇게 쓸 수도 있을 것이다: 이 모든 정보가 어떻게 이 날개 안으로 들어왔을까? 그 답은 **이래야 한다**: 환경과 그 갈매기 조상들 간의 상호작용에 의해. (도킨스[1983a]는 이 논제를 더 자세히 다룬다.)

똑같은 원리가 가장 기본적 층위에서도 적용되는데, 그 층위에서 기능은 사양 그 자체로, **다른 모든 기능들은 그 기능에 의존하고 있다**. 우리가, 그리고 모노가, 유전체 내의 정보가 단백질의 형태를 전적으로 특정하지 못하는 상태에서 단백질이 어떻게 그 특정 3차원 형태로 고정되는지를 궁금해할 때, 우리는 비기능적인(또는 덜 기능적인) 것을 가지치기해버리는 것만이 그것을 설명할 수 있음을 보았다. 그러므로 하나의 분자가 **특정한** 모양을 획득하는 것은 두 가지의 혼합과 관련된다. 그 한 가지는 역사적 우연이고, 다른 하나는 중요한 진리의 "발견"이다.

분자 "기계" 설계 과정은 아예 처음부터 인간이 하는 공학의 이 두 가지 특성을 보여준다. DNA 코드의 구조에 대해 성찰하며 아이겐(1992, p. 34)은 이에 대한 좋은 예시를 제공한다. "자연이 2개의 기호로 버텨내왔을 수도 있는데, 왜 4개의 기호를 사용해왔느냐고 사람이 자연에 물어볼 수도 있을 것이다." 정말로 왜 그럴까? 이 지점에서 "왜"라는 질문이 얼마나 자연스럽게, 그리고 불가피하게 떠오르는지에 주목하라. 그리고 그 질문은 "공학적" 대답을 요구한다는 것에도 주목하라. 답은 아무 이유도 없다는 것과 이유가 **있다**는 것 중 하나일 것이다. 전자라고 답한다면, 그것은 순수하게 그리고 단순하게, 역사적 우연에 관해 말한 것이다. 후자라고 답한다면, 획득되어 주어진 조건들하에서 코딩 시스템이 설계될 수 있는 **옳은** 방식 또는 **최선의** 방식을 만드는 조건이 존재했거나 존재한다고 대답하는 것이다.[8]

분자 설계의 가장 깊은 특징들은 모두 공학적 관점에서 고려될 수 있다. 한편으로는, 거대분자들은 두 가지 기본적 형태 범주 중 하나에 속한다는 사실도 고려해야 한다. 그 하나는 대칭적인 것이고 다른 하나는 **손대칭적**chiral인 것[9]이다. 많은 것들이 대칭적인데, 거기에는 이유가 있다.

> 선택에서 대칭 복합체가 지니는 장점은 모든 하부 단위subunit들이 누린다. 반면에, 비대칭 복합체에서는 돌연변이가 발생하는 하부 단위에서만 그 장점이 효과적으로 작용한다. 이러한 이유로, 우리는 생물학에서 그토록 많은 대칭 구조를 발견하는데, 이는 "그들이 자신들의 장점을 가장 효과적으로 사용할 수 있었기 때문이고, 따라서 후천적으로a posteriori 선택 경쟁에서 이겼기 때문이다. 그러나 이것이, 대칭성이 기능적 목적을 달성하는 데 선천적으로a priori 필수불가결한 요건이기 때문인 것은 아니다." 〔Küppers 1990, p. 119, Eigen and Winkler-Oswatitsch 1975에서의 인용도 일부 포함되어 있다.〕

하지만 비대칭적이거나 손대칭적인 것은 어떨까? 그것들이 다른 형태가 아니라 바로 그 형태—이를테면 왼쪽 감기—가 되어야만 하는 이

---

8 아이겐은 글자 2개가 아니라 4개인 이유가 있다고 말하지만, 나는 그 말을 여러분에게 전달하진 않을 것이다. 아마도 여러분은, 아이겐이 말한 것이 무엇인지 보기 전에 그것이 무엇일지 스스로 추측해낼 수 있을 것이다. 좋은 기회를 제공할 유관한 공학 원칙들은 당신이 언제든 사용할 수 있는 곳에 이미 존재한다.

9 [옮긴이] 왼손과 오른손을 마주 대면 겹쳐지지만, 이런 겹침은 회전이나 평행 이동으로는 얻어지지 않는다. 이런 대칭성을 'chairality'라 한다. 우리나라에서는 '손대칭' 또는 '카이랠러티'라고 부르며, 일본에서는 손바닥 장掌 자를 써서 '대장성'이라고 표현하기도 한다.

유가 있을까? 아니, 아마도 그렇지 않을 것이다. 그러나 "그 형태가 결정되는 데에 대한 선험적인 물리적 설명이 없다 해도, 그리고 그렇게 결정되게 하는 것이 이쪽 또는 저쪽의 동등한 가능성에 순간적인 이점을 가져다주는 짧은 변동일 뿐이라 해도, 선택의 자기 강화적 특성은 무작위적 결정을 중대하고 영구한 대칭 위반으로 바꾸어놓을 것이다. 원인은 순전히 '역사적인' 것이라 할 수 있다."(Eigen 1992, p. 35)[10]

유기 분자들이 (우주 내에서, 적어도 우리가 살고 있는 지역에서) 공유하고 있는 손대칭성은 아마도 순수한 '쿼티' 현상의 다른 버전이거나, 크릭(1968)이 명명한 "동결된 우연"일 수 있다. 그러나 그러한 '쿼티' 현상에서도, 조건과 기회들이 딱 적합하다면, 그래서 선택압이 충분해진다면, 판세가 역전되어 새로운 표준이 확립될 수 있다. 이것이 바로, 복잡한 유기체 인코딩의 링구아 프랑카lingua franca[11]였던 RNA 언어가 DNA 언어로 대체될 때 벌어졌던 일이다. DNA 언어가 선호된 **이유들**은 명백하다. DNA는 이중가닥이므로, DNA 언어는 오류 수정 시스템 또는 교정 효소 시스템이 생기게 했다. 그 시스템은 한쪽 가닥에서 일어난 복사 오류를, 그 짝을 이루는 다른 가닥을 참조함으로써 바로잡을 수

---

10 한번은, 커넥션 머신Connection Machine의 창조자 대니 힐리스Danny Hillis가 군사용 앱의 전자 부품을 설계한 컴퓨터과학자 이야기를 내게 들려준 적이 있다. (내 기억에, 그 부품은 비행기 유도 시스템의 일부였던 것 같다.) 그들의 프로토타입에는 2개의 회로 기판이 있었는데, 상부 기판이 계속 아래로 처지는 것이었다. 빨리 고칠 방법을 고민하던 그들의 눈에 연구실 문의 놋쇠 손잡이가 보였다. 게다가 그 손잡이의 두께는 마침 수리에 딱 적당했다. 그들은 손잡이를 문에서 떼어내어 두 기판 사이에 끼웠다. 얼마 후, 그 둘 중 한 명이 군의 실제 생산 시스템들에 존재하는 문제를 조사하는 데 호출되었다. 그리고 놀랍게도 그는 각 유닛의 회로 기판들 사이에 원래의 문손잡이와 매우 흡사하게 가공된 황동 복제품이 끼워져 있는 것을 볼 수 있었다. 이는 공학계와 진화생물학자들 사이에서 매우 잘 알려진, 그리고 다양한 변형을 지닌 '근원적 이야기Ur-story'이다. 예를 들어, 프리모 레비Primo Levi의 《주기율표The Periodic Table》(1984)에서도 바니쉬 첨가제의 신비에 관한 재미있는 설명을 찾아볼 수 있다.
[옮긴이] 커넥션 머신이란 수만 개의 프로세서를 병렬 처리하는, 대규모 병렬 컴퓨터이다.

11 [옮긴이] 어떤 특정 분야에서의 세계 공용어를 말한다.

있다. 그리고 이는 더 길고 더 복잡한 유전체의 생성을 가능하게 만들었다.(Eigen 1992, p. 36)

위와 같은 추론이, 이중가닥 DNA가 발달**해야만 한다**는 결론을 낳지 **않음**에 유의하라. 대자연에는 다세포생물을 창조하겠다는 사전 의도가 없기 때문이다. 위의 추론은, **만약** 이중가닥 DNA가 어쩌다 발달하게 되었다면, 그 결과로 그것에 의존하는 기회들이 열린다는 것을 드러내 보일 뿐이다. 따라서 그것은, 그것을 스스로 이용할 수 있는 모든 가능한 형태의 생명들로 이루어진 공간에 있는 범례들을 위한 필요조건이 된다. 그리고 그 생명 형태들이 그것들을 스스로 이용할 수 없는 것들보다 우세하다면, 이는 DNA 언어의 이 레종 데트르를 소급적으로 지지하게 된다. 진화는 늘 이런 방식으로 이유를 찾아낸다. 소급적 지지를 통해서 말이다.

4. 원죄, 그리고 의미의 탄생

지혜로 가는 길?
음, 말로 하기엔 참 간단하고 단순하지.
실수하고 또 실수하고 또다시 실수하는 거야.
하지만 적게, 더 적게, 더더욱 적게 말이지.

—피엣 헤인Piet Hein(1992)

삶의 문제에 대한 해답은 그 문제가 사라질 때에서야 보인다.

—루트비히 비트겐슈타인Ludwig Wittgenstein(1922, prop. 6.521)

옛날 옛적에는 마음도 없고 의미도 없고 오류도 없고 기능도 없고 이유도 없고 생명도 없었다. 그러나 이제는 이 모든 놀라운 것들이 다 존재한다. 어떻게 해서 그 모든 것들이 다 존재하게 되었는지를 설명하는 이야기는 가능해야만 하며, 그 이야기는 경이로운 속성들이 분명하게 결여된 요소들에서 시작하여, 그 속성들을 분명히 지니고 있는 요소들로 아주 조금씩 조금씩 진전되어야 한다. 그러려면 미심쩍거나 논란의 여지가 있거나 아니면 그저 분류가 불가능한 중간 단계의 것들로 이루어진 지협이 있어야 했을 것이다. 이 모든 놀라운 속성들은 점진적으로 출현했음이 틀림없다. **돌이켜본다 해도** 거의 알아볼 수 없는 아주 미세한 단계들에 의해서 말이다.

앞 장에서 보았듯이, '최초의 생명체'가 있거나 '생명체들'의 무한 퇴행이 있어야 한다는 것이 명백한 것처럼 보일 뿐 아니라 논리적으로 참인 것처럼 보이기까지 한다는 것을 상기하라. 물론 이 딜레마의 두 뿔은 둘 다 성립하지 않으며, 이 문제에 대한 표준적인 다윈주의적 해법을 우리는 반복하고 또 반복해서 보게 될 텐데, 그것은 바로 이것이다: 이 지점에서 우리는 **유한한 퇴행**을 묘사한다. 그 안에는 우리가 추구했던 놀라운 속성들(이 경우엔 생명)이 약간의, 어쩌면 감지할 수조차 없을 정도로 극미량의 개정이나 증가에 의해 획득되어 있었다.

다윈주의적 설명 도식의 가장 일반적인 형태는 이렇다. 그 어떤 x도 없었던 초기에서 출발하여 x가 많이 있는 나중의 시각에 도달하는 일은 유한한 일련의 단계에 의해 완료된다. 그 각 단계를 지나면 지날수록 "완전히는 아니지만, 아직도 x가 없는 것 같아"가 점점 덜 명확해지고, "논의 가능한" 일련의 단계들을 통해 우리는 마침내 "물론 x가 있지. 그것도 많이"가 정말로 꽤 명백해지는 단계에 도달한다. 그리고 이 과정에서 우리는 어딘가에 선을 그은 적이 결코 없다.

선을 긋는 시도를 한다면 생명의 기원의 특정한 경우에 어떤 일이 생기는가에 주목하라. 우리가 원한다면 "원칙적으로" 식별할 수 있는—

그러나 의심의 여지없이, 그 자세한 면까지는 우리가 많이 알 수 없는 —수많은 진실들이 있고, 그 진실은 '원세균 아담Adam the Protobacterium'의 식별을 입증해줄 것이다. '최초의 생물'이 될 조건을 우리가 원하는 만큼 선명하게 만들 수는 있지만, 그 순간을 목격하기 위해 타임머신을 타고 그 시간대로 돌아간다면, 우리는 '원세균 아담'을 발견하긴 할 텐데, 우리가 그것을 어떻게 정의했든, 그것은 아마도 '미토콘드리아 이브' 만큼이나 동종의 다른 개체와 구별하기 힘들 것이다. 논리적으로는 적어도 하나의 시작점이 존재해야 우리가 거기서 뻗어나올 수 있다는 것을 우리는 알고 있다. 그러나 결과적으로 승리를 거둔 일련의 사건들을 시작하게 한 시작점도 있지만, 그것과는 거리가 먼, **아주 흥미롭지 않은 방식**으로 전개되게 한 잘못된 시작들이 아마도 많을 것이다. '아담'이라는 타이틀은, 다시 말하건대, 소급적으로 씌워지는 영예이다. "'아담'은 다른 것들과 **본질적으로 어떻게 달랐기에** 생명의 시작이 될 수 있었을까?"라는 질문은 근본적인 추론 오류를 범하는 것이다. 아담의 원자 대 원자 복제품을 바담Badam이라고 하고, 바담은 그저 어쩌다 보니 주목할 만한 점이 하나도 없다고 하자. 아담과 바담 사이에 차이가 있어야 할 필요는 전혀 없다. 이것은 다윈 이론의 **문제**가 아니라, 다윈 이론이 가진 위력의 원천이다. 퀴퍼스가 썼듯이(1990, p. 133) "우리가 '생명' 현상의 포괄적인 정의를 내릴 위치에 전혀 있지 않다는 사실은, 생명 현상에 대한 완전한 물리적 정의의 가능성이 없음을 말하는 것이 아니라, 오히려 그 가능성이 있음을 말해주는 것이다."

생명처럼 복잡한 것들을 정의하는 것에 절망하며 **기능**이나 **목적론**이라는, 겉보기에 더 쉬운 개념을 정의하기로 결정하는 사람들에게는 똑같은 불필요한 곤경이 닥친다. 기능은 정확히 어느 시점에 드러날까? 최초의 뉴클레오타이드에게는 기능이 있었을까, 아니면 단순한 인과적 힘만 있었을까? 케언스스미스의 점토 결정은 **진정한** 목적론적 속성들을 보여주었을까, 아니면 그저 목적론적인 "**것처럼 보이는**" 속성들만을 드러냈을까? 라이프 세계의 글라이더들에겐 운동이라는 **기능**이 있는 것일까, 아니면 그것들은 그저 움직이고만 있을 뿐일까? 당신이 어떤 답을 하기로 결정하든, 아무런 차이가 없다; 기능하는 메커니즘의 흥미로운 세계는 "선을 긋는" 메커니즘에서 시작되어야만 한다. 그리고, 당신이 아무리 뒤쪽으로 물러나서 선을 긋든, '기름 부음 받은anointed' 것[12]과 거의 틀림없이 비본질적인 방식으로만 차이가 있는 전구체가 뒤에 있을 것이다.[13]

정말로 흥미로울 만큼 복잡한 것은 그 어떤 것이든 본질을 지닐 수 없다.[14] 다윈은 이 반反 본질주의적 주제를, 그의 과학에 동반되는 진정으로 혁명적인 인식론적 또는 형이상학적인 것으로 인식했다. 사람들이 그것을 받아들이기가 얼마나 힘든가에 대해 놀라지 말아야 한다. 소크라테스가 플라톤에게 (그리고 우리 모두에게) 필요충분조건을 묻는 게임을 어떻게 하는지를 가르쳐준 이래, 우리는 "당신의 용어를 정의하는" 과제를 모든 진지한 조사의 적절한 서두로 간주해왔고, 이는 우리

---

12 [옮긴이] "기름 부음 받은 자"는 기독교에서 쓰이는 말로, 메시아 또는 선택받은 자라는 뜻이다. 본문에서는 후자에 가까운 의미로, "선을 넘기 직전의, 선 안의 마지막 존재"라는 뜻으로 쓰였다.

13 이 점에 관해 사뭇 다른 목적지에 도착하는 탐구에 관해서는 베다우Bedau의 1991년 저작을 보라. 그리고 그에 정면으로 반대되는 논변은 링거Linger의 1990년 저작을 보라. 링거는, 그러한 상황에서는 (논리적 기반에서) "선에 걸친 쌍들"이 있어야만 한다는 규약이 우리에게 있다고 주장한다. 일련의 순서쌍 중 그런 쌍이란, 하나는 x가 없는 마지막 항이고, 다른 하나는 x가 있는 첫 번째 항이다. 그러나 반 인와겐(1993b)이 관찰했듯, 더 매력적인 결론은 이것이다: 그러한 규약들은 훨씬 더 나쁘다.

14 이는 일부 철학자들에게는 다툼을 부르는 도전적인 말이다. 유기체들과 인공물들의 복잡성에 의해 제기된 문제들을 구체적으로 다루는, 본질에 대한 형식논리를 살리려는 명확한 시도를 보고 싶다면 포브스Forbes의 1983년과 1984년 저작을 보라. 포브스의 작업으로부터 내가 도출한 결론은, 본질에 관한 콰인의 확고한 회의주의에 대해 이익 없는 승리를 구축하고 있다는 것이지만, 그 과정에서 저변에 존재하는 그의 경고를 확인할 수 있다: 여러분이 생각하고 있을 것과는 반대로, 본질주의적 사고에는 자연스러운 것이 없다; 본질주의라는 안경을 쓰고 세상을 보는 것은 여러분의 삶을 결코 쉽게 만들어주지 않는다.

를 끝없이 계속되는 '본질 퍼뜨리기'에 종사하게 만들었다.[15] 우리는 선을 긋길 **원한다**. 그리고 우리는 종종 선을 **그어야 한다**—그렇게 함으로써 무익한 탐험을 시기적절할 때 종료하거나 방지할 수 있다. 심지어 우리의 시각 체계는 선에 걸쳐질 후보들을 이런저런 분류 안에 속하는 것으로 지각하는 것을 강제하도록 유전적으로까지 설계되어 있는데,(Jackendoff 1993) 이는 '좋은 요령Good Trick'이긴 하지만, 강제된 수手는 아니다. 진화는 우리가 필요로 하는 것을 필요로 하지 않음을 다윈은 우리에게 보여주었다. 실제 세계는, 시간이 지남에 따라 출현한 사실상의 차이들과 잘 조화되고, 현실성actuality(현실로 나타난 것)의 무리들 사이에 많은 공백을 남긴다.

조금 전에는 이 다윈주의적 설명 도식의 특히 중요한 사례를 간략하게 살펴보았고, 이제 잠시 멈춰 그 효과를 확인해볼 차례다. 분자생물학의 현미경을 통해, 우리는 "무엇을 하기"에 충분할 정도로 복잡한 최초의 거대분자들 중 **행위자**의 탄생을 지켜보게 된다. 그 행위자는 화려하지는 않지만 지향적 행동—이유들의 표상, 숙고, 반성, 의식적 의사결정 등이 수반되는 **진정한** 지향적 행동—의 씨앗이 자랄 수 있는 유일한 기반이다. 이 수준에서 우리가 발견한 준행위자quasi-agency에는 뭔가 이질적이고 어렴풋한 혐오스러움이 존재한다. 목적이 분명한 그 모든 북적거림에도 불구하고, 그 준행위자들이 아주 바보스럽다는 것이다. 분자 기계들은 명백히 정교하게 설계된 그들의 놀라운 묘기를 수행하지

---

15 독일 철학자 마르틴 하이데거Martin Heidegger의 주요 논제 중 하나는, 철학에서 잘못된 많은 것에 소크라테스의 책임이 있다는 것이다. 왜냐하면 그가 우리 모두에게 필요충분조건을 요구하도록 가르쳤기 때문이다. 다윈과 하이데거가 서로를 지지하는 일은 매우 드물기 때문에, 이 드문 일은 주목해볼 가치가 있다. 휴버트 드레이퍼스Hubert Dreyfus는 인공지능이 소크라테스에 대한 하이데거의 비판을 잘못 이해한 데에 기반을 두고 있다고 오랫동안 주장해왔다(이를테면 1972, 1979). 그의 말이 인공지능의 일부 가닥들에 대해서는 참일 수 있지만, 다윈과 확고하게 합치되는 일반적인 분야에서는 그렇지 않으며, 이는 내가 이 장의 나중에, 그리고 13장과 15장에서 훨씬 자세하게 다룰 주장이다.

만, 자신들이 무엇을 하고 있는가에 관해서는 명백히 아무것도 모른다. 복제하는 바이러스인 RNA 파지phage의[16] 활동에 관한 아이겐의 설명을 고려해보라.

> 우선, 그 바이러스에는 그들 자신의 유전 정보를 포장하고 보호할 물질이 필요하다. 둘째, 그것은 숙주 세포 안으로 자신의 정보를 들여보낼 방법을 필요로 한다. 셋째, 방대한 양의 숙주 세포 RNA들이 존재하는 상태에서 그것의 정보를 특별하게 복제할 메커니즘도 요구된다. 마지막으로, 보통 숙주 세포의 파괴로 이어지는, 파지 정보의 확산을 위한 준비를 해야 한다. 파지 바이러스는 심지어, 숙주 세포가 바이러스의 복제를 수행하게 만들기도 한다; 이를 위해 공헌하는 것은, 바이러스 RNA를 위해 특별히 적응된 하나의 단백질 인자뿐이다. 이 효소는 바이러스 RNA의 '비밀번호'가 드러나기 전까지는 활성화되지 않는다. '비밀번호'를 보면, 그 효소는 바이러스의 RNA를 엄청난 효율로 재생산한다. 숙주 세포의 RNA가 바이러스의 RNA보다 훨씬 더 많음에도, 그것들을 무시한 채 말이다. 결과적으로 숙주 세포는 곧 바이러스의 RNA로 넘쳐난다. 바이러스의 RNA는 바이러스의 외피 단백질로 포장되고, 이 외피는 대량으로 합성되며, 마침내 숙주 세포가 터져버리면서 엄청나게 많은 자손 바이러스 입자를 방출한다. 이 모든 것은 자동으로 실행되는, 그리고 가장 작은 세부 사항까지도 리허설되는 프로그램이다. 〔Eigen 1992, p. 40.〕

좋든 싫든 간에, 이와 같은 현상은 다윈의 아이디어가 가지는 힘의

---

16 [옮긴이] RNA 파지는 박테리오파지bacteriophage(박테리아에 자신의 유전물질을 주입하고 그 안에서 복제함으로써 결국 박테리아를 터져 죽게 하는 바이러스) 중 유전물질이 RNA인 것들의 총칭이다.

핵심을 보여준다. 비인격적이고 무반성적이고, 로봇과도 같고, 마음도 없는 작은 분자기계 조각이 우주에 있는 행위자의, 그리하여 의미의, 또 그리하여 의식의 궁극적 기반이 되는 것이다.

시작할 때부터, **어떤 일을 하는 데** 드는 비용은, 그 일이 **잘못될** 위험이나 실수를 할 위험을 무릅써야 한다는 것이다. 우리의 슬로건을 이렇게 쓸 수 있을 것이다: 실수 없이는 얻는 것도 없다. 맨 처음의 오류는 오타였고, 그 후 복사상의 실수가 새로운 과제 환경(또는 적합도 경관)을 생성할 기회가 된다. 여기서 복사 오류가 오류로 "간주되는" 이유는 오로지 그것이 잘못되면 비용이 들기 때문이다. 최악의 경우 복제선이 종료되거나 복제 역량이 감소되는 비용을 치러야 한다. 이 모든 것들은 우리가 보든 안 보든 신경을 쓰든 안 쓰든 거기 존재하는 객관적인 것들, 즉 차이들이다. 그러나 그것들은 우리의 행동에는 관계없이 그들에게 새로운 관점들을 가져다준다. 그 순간 전에는 오류가 존재할 기회가 없었다. 일이 어떻게 진행되든, 그 일들은 옳게 되지도 그르게 되지도 않았다. 그 순간 전에는, 오류 식별이 가능한 관점을 채택할 수 있는 선택권을 행사할 안정적이고 예측 가능한 방식이 없었으며, 그래서 그 어느 누가, 또는 그 어느 것이 저질러버린 모든 실수는, 원조 오류original error 생성 과정에 의존한다. 사실, 유전자 복제 과정을 가능한 한 고충실도로 만들어 오류 가능도를 최소화하라는 강한 선택압이 존재한다. 그렇지만 다행스럽게도, 완벽한 유전적 복사는 획득될 수 없다. 이것이 다행스러운 것은, 완벽한 복사가 일어난다면 진화는 서서히 멈출 것이기 때문이다. 따라서 오류는 원죄다. 그것도 과학적으로 꽤 괜찮은 모습을 한 원죄다. 성서 버전의 원죄처럼, 이 원죄 역시 무언가를 설명한다고 주장한다. 그 무언가란 특별한 특징들(우리의 버전에서는 의미 담지자meaner가, 성서의 버전에서는 죄 담지자sinner가 될)을 지닌 현상이 새로운 수준에서 출현하는 것이다. 그러나 한편으로는 성서 버전과는 달리, 우리 버전에서의 원죄는 이치에 맞는 설명도 제공한다. 그것은 스스로가, 사람들이 신앙을 가지고 받아들여야 하는 신비한 사실이라고 주장하지 않을뿐더러, 시험 가능한 함의도 지니고 있다.

오류를 식별할 수 있는 관점의 첫 번째 결실 중 하나는 종 개념의 명료화임에 주목하라. 복제하고 복제하고 또 복제하는—가끔은 의도치 않은 돌연변이가 생기는—과정에서 생성되는 모든 실제의 유전체 텍스트들을 고려할 때, 그 어떤 것도 무언가의 정본canonical 버전이라고 **본질적으로** 간주되지 않는다. 이는, "전의" 서열을 "후의" 서열과 단순히 비교함으로써 돌연변이들을 식별할 수는 있지만, 수정되지 않은 오타들 중 어느 것이 더 알찬 편집상의 **개선**으로 간주될 가능성이 있었는지를 구별할 본질적인 방법은 없음을 뜻한다.[17] 대부분의 돌연변이는 공학자들이라면 "신경 쓰지 마"라고 얘기할 만한, 생존 가능성에 뚜렷한 차이를 만들지 않는 변이들이지만, 선택이 점진적으로 그것에 피해를 주면서, 더 나은 버전들이 무리를 이루기 시작한다. 우리가 특정 버전을 실수가 생긴 버전이라고 식별할 수 있는 것은 "야생형"(결과적으로, 그러한 무리의 무게중심이 되는)과 비교할 때뿐이다. 그러나 그럴 때라 해도, 실제로는 희박하지만 원리상으로는 도처에 편재하는 가능성이 존재한다. 그 가능성이란, 하나의 야생형의 관점에서 실수로 보이는 것이, '생성에서의 야생형wild-type-in-the-making'이라는 관점에서는 눈부신 개선이라는 것이다. 새로운 야생형이 적합도 경관의 초점이나 꼭대기로 출현하면서, 오류 **수정**의 꾸준한 압력의 방향은 설계공간의 인근 지역 그 어느 곳으로든 역전될 수 있다. 일단 비슷한 텍스트들의 특정 가계가 쇠락하거나 소멸된 규범에 비추어 더는 "수정"의 대상이 되지 못하고 나면, 그 가계는 새로운 규범의 매력적인 분지로 들어가 자유롭게 돌아다닐 수

---

17 이와 같은 맥락의, 의식에서의 오웰 모형과 스탈린 모형이라는 잘못된 이분법에 관한 나의 논의가 《의식의 수수께끼를 풀다》에 실려 있다. 이 경우에도 정본임을 나타낼 본질적인 표식은 존재하지 않는다.

있게 된다.[18] 따라서 생식적 고립은 표현형 공간phenotypic space의 투박함의 원인이자 결과이다. 경쟁하는 오류 수정 체계가 있는 곳이라면 어디든, 경쟁 체제들 중 한 체제가 승부에서 이길 것이고, 그리하여 경쟁자들 사이에 있었던 지협은 해체되는 경향을 보이며, 설계공간의 점유 영역들 사이에 빈 공간이 생기게 될 것이다. 그러므로, 단어의 발음과 규범이 발화 공동체들의 군집을 강화(이는, 언어에서의 규범의 출현과 오류에 관한 논의에서 콰인이 1960년에 분명히 한, 이론적으로 중요한 요점이다)하듯이, 유전체 표현의 규범은 종분화의 궁극적 기초이다.

앞에서와 똑같은 분자 수준의 현미경을 통해 우리는 또 목격한다. 처음에는 구문론적 대상이었던 것들이 뉴클레오타이드 서열들에 의해 "의미론"을 획득하는 과정에서 의미가 탄생하는 것을. 이는 우주에 대한 로크의 '마음-먼저' 시각을 타도하기 위한 다윈주의적 작전의 결정적인 한 걸음이다. 철학자들은, 정당한 사유로, 의미와 마음은 절대 분리될 수 없다는 데에, 그리고 마음이 없는 곳에는 의미가 결코 있을 수 없거나 의미가 없는 곳에 마음이 있을 수 없다는 데에 (나와는 달리) 대체로 동의한다. **지향성**intentionality은 이 의미를 위한 철학자들의 전문 용어로, 하나의 것을 다른 것과—이름을 그 이름 주인과, 경고음을 그것을 촉발한 위험과, 단어를 그 지시 대상과, 생각을 그것의 대상과—연관시킬 수 있는 "겨냥성aboutness"(~에 관함)이다.[19] 우주에서 오직 일부의 것들만이 지향성을 드러낸다. 책이나 그림은 산에 관한 것일 수 있지만, 산 그 자체는 그 무언가에 관한 것도 아니다. 지도나 표지판이나 꿈이나 노래는

---

18 여기서 우리는 또다시 뒤죽박죽인 이미지에 대한 관용을 볼 수 있다. 어떤 이론가들은 인력의 분지들에 관해 이야기하는데, 그들은 공이 국지적 최고점을 향해 무턱대고 굴러 올라가지는 않지만, 국지적 최저점을 향해서는 무작정 내리막길을 따라 굴러 내려간다는 은유에 착안했다. 적합도 경관을 안팎으로 뒤집기만 하면 산은 분지가 되고 능선은 계곡이 되며, "중력"은 선택압과 유사한 역할을 한다. 일관성이 지켜지기만 한다면, 당신이 좋아하는 방향을 "위"로 놓든 "아래"로 놓든 상관이 없다. 이 점을 분명히 하기 위해, 나는 순간적으로 경쟁자의 관점으로 빠져들었다.

파리Paris에 관한 것일 수 있지만, 파리는 그 무엇에 관한 것도 아니다. 철학자들에게 지향성은 정신의 **바로 그** 표식으로 널리 여겨지고 있다. 지향성은 어디서 오는가? 당연히 마음에서 온다.

그러나 그 아이디어는, 그 나름의 방식으로는 완벽하게 좋지만, 최근의 자연사에서 밝혀진 사실이 아닌 형이상항적 원리로 사용될 때면 미스터리와 혼란의 원천이 된다. 아리스토텔레스는 신을 '부동의 원동자Unmoved mover', 즉 우주 운동의 근원이라 불렀으며, 아리스토텔레스주의 교리의 로크 버전에서는, 우리가 앞에서 본 것처럼 이러한 신을 '마음'이라 정의했다. '부동의 원동자'를 '무의미의 의미부여자Unmeant Meaner', 즉 모든 지향성의 원천이라고 바꾼 것이다. 로크는 전통적으로 이미 명백하다고 받아들여지고 있었던 것을 자신이 연역적으로 증명했다고 생각했으며, 그것의 내용은 이렇다: 독창적인 의도는 신의 마음에서 나온다; 우리는 신의 피조물이며, 우리의 지향성은 그로부터 비롯되어 나온다.

다윈은 이 교리를 거꾸로 뒤집었다: 지향성은 높은 곳에서 생겨 내려오는 것이 아니다. 아래로부터, 즉 초기의 마음도 없고 방향성도 없는 알고리즘적 과정들에서 출발하여 점점 발달해감에 따라 의미와 지능을 점진적으로 획득하면서 지향성이 생겨나 위쪽으로 스며 나와 올라간다. 그리고, 모든 다윈주의적 사고의 패턴을 완벽하게 따르면, 우리는 최초의 의미가 완전한 의미는 아니었다는 것을 알게 된다. 최초의 의미는 확실히, **진짜** 의미의 모든 "본질적" 속성들(당신이 그 속성들이 무엇이라고 생각하든 상관없이)을 나타내지 못한다. 그것은 기껏해야 준準 의미 또는 반半 의미론일 뿐이다. 존 설John Searle(1980, 1985, 1992)은 이를, 그가

19 지향성에 관한 논의는 최근 서로 다른 전통에 속하는 철학자들에게서 광범위하게 저술되어 왔다. 개요 및 일반적인 정리에 관해서는 Gregory 1987에 실린 나의 논문 〈지향성Intentionality〉(존 호글랜드John Haugeland와 공동 집필)을 읽어보라. 더 자세한 분석을 보고 싶다면 나의 초기 저작들(1969, 1978, 1987b)을 보라.

"원초적 지향성Original Intentionality"이라 부른 것과 반대되는 의미로서의 "지향성인 **양하는 것**as if intentionality"이라고 폄훼했다. 그렇지만 여러분은, 어딘가에서는 시작하긴 해야 하지만, 옳은 방향으로 가는 첫 발자국이 의미로 가는 한 걸음으로 식별될 것이라는 기대는 하지 말아야 한다.

지향성으로 가는 경로는 다윈주의의 경로와 공시적 경로의 두 가지가 있다. 다윈주의의 경로는 수십억 년에 걸친 연대기적인 또는 역사적인 길이며, 유기체의 활동("행위자"의 "무언가를 함")에 대한 지향적 해석을 지지할 수 있는 종류의 설계—기능성과 합목적성의—의 길이다. 지향성이 완전해지기 전에는, 불완전한 지향성은 마치 깃털이 채 자라지 않은 어린 새 같이 못생기고 어색한, 의사疑似 지향성이라는 시기를 겪어야 한다. 공시적synchronic 경로는 인공지능의 경로다. 진정한 지향성을 가진 유기체—여러분 같은—는 지금에서만 보더라도 많은 부분들로 이루어져 있고, 그 부분들 중 일부는 반半 지향성을 지니거나 지향성인 **양하는 것**을 지니거나 의사 지향성—여러분이 이를 무엇이라 부르든—을 지니고, 여러분 자신의 진정한, 그리고 완전한 지향성은 사실 여러분을 구성하는 마음을 반쯤만 가졌거나 아예 마음이 없는 조각들의 활동으로 생긴 산물(더 이상의 기적적인 구성요소 없이)이다. (이는 나의 저작[1987b, 1991]에서 옹호되고 있는 중심 논제다.) 이는 마음이 기적 기계miracle-machine가 아니라, 반쯤만 설계되어 스스로 재설계되는 작은 기계들의 커다란 아말감이라는 소리다. 그 작은 기계들 각각은 자신만의 설계 역사를 지니며 또 각각이 "영혼의 경제"에서 자신의 역할을 한다. (플라톤이 사람과 공화국과의 깊은 유사점을 보았을 때, 그는 언제나처럼 옳았다. 그러나 물론 그는 그것이 의미할 수 있는 바에 관해 너무도 많이 단순한 시각을 가지고 있었다.)

지향성의 두 경로, 즉 공시적 경로와 통시적 경로(다윈주의의 경로) 사이에는 깊은 관련성이 있다. 그것을 극대화시키는 한 가지 방식은 오래된 반反 다윈주의 정서를 패러디하는 것이다. '원숭이의 삼촌' 같은 것 말이다. 당신은 당신의 딸이 로봇과 결혼하기를 원하는가? 글쎄, 다윈이 옳다면, 당신의 증조할머니의 증조할머니의 …… 증조할머니는 로봇이었다! 사실, 로봇이라기보다는 매크로였다. 이는 앞 장들에서 나오는 피할 수 없는 결론이다. 당신은 매크로들의 후손일 뿐 아니라, 그것들로 이루어져 있기도 하다. 당신의 헤모글로빈, 당신의 항체, 당신의 뉴런, 당신의 전정안반사기계vestibular-ocular reflex machinery 등 모든 분석 수준에서 우리는 훌륭하고 우아하게 설계된 작업을 아무런 생각 없이 수행하는 멍청한 기계를 발견한다. 아마도 이제 우리는, 바이러스와 박테리아가 바쁘게 그리고 아무 생각 없이 그들의 파괴적인 프로젝트—진절머리 나는 작은 자동자들이 그들의 악행을 저지르는 것—를 수행한다는 과학적인 시각 앞에서 더 이상 벌벌 떨지 않는다. 그러나 우리는, 우리를 이루는 좀 더 동질적인 조직들과 그들은 너무 다르다고, 그래서 **그들이** 마치 외계 침략자들과 비슷하다고 여기며 위안을 얻을 수 있다고 생각해선 안 된다. 우리 역시 우리를 침략한 것들과 같은 종류의 자동자들로 이루어져 있다. 그 어떤 엘랑 비탈elan vital[20]의 후광도 전쟁 중인 항원과 항체를 구별하지 않는다. 항원들은 단지 당신이라는 클럽 안에 속해 있기 때문에 당신을 대표하여 싸우는 것뿐이다.

이 멍청한 호문쿨루스들을 충분히 합쳐서 조립하면 진짜 의식을 지닌 사람을 만들 수 있을까? 다윈주의는 그런 사람을 만들 그 외의 방법은 있을 수 없다고 말한다. 자, 여러분이 로봇의 후손이라는 사실로부터 여러분이 로봇이라는 명제가 도출되지 않는 것은 확실하다. 어쨌든, 당

20 [옮긴이] 프랑스의 철학자 앙리 베르그송의 용어로, 주어진 여건 아래서 스스로 능동적으로 변화하기 위해 본래부터 가지고 있는 에너지를 뜻한다. 베르그송은 생명이 물질과 대립되는 것이라 보았으며, 물질은 엔트로피의 법칙을 따르지만 생명은 엔트로피 법칙을 거스르는 특수한 현상이라 말한다. 엘랑 비탈은 물질과 대립되는 이러한 생명의 특성을 설명하기 위해 그가 제시한 개념이다. 프랑스어로 엘랑élan은 도약 또는 약동을 의미하며, 비탈vital은 생명을 의미한다. 엘랑 비탈을 우리말로 '생의 약동'이라 번역하기도 한다.

신은 어떤 물고기의 직계 후손이기도 하지만 당신이 물고기인 것은 아니다. 당신은 어떤 박테리아의 직계 후손이지만 당신은 박테리아가 아니다. 그렇지만 이원론이나 생기론이 참이 아니라면(그런 이론들이 참이라면 당신 안에는 여분의 비밀스러운 성분이 있는 것이다), 당신은 로봇들 또는 그와 같은 것이 되는 수조 개 거대분자 기계들의 집합으로 이루어져 있다. 그리고 이 모든 것은 궁극적으로 원초적 매크로들로부터 파생된 것이다. 그러므로 로봇으로 만들어진 무언가는 진정한 의식 또는 진정한 지향성을 나타낼 **수 있다**. 무언가가 그렇게 한다면 당신 또한 그렇게 하기 때문이다.

그렇다면, 다윈주의적 사고와 인공지능 모두에 대한 그토록 많은 반목이 있다는 것에 놀랄 필요는 없다. 그 둘이 함께, 코페르니쿠스 혁명에 직면하여 후퇴한 사람들이 다다른 마지막 도피처—과학이 도달할 수 없는 내면의 성지로서의 마음—에 근본적인 충격을 가했기 때문이다.(Mazlish 1993을 보라) 분자에서 시작하여 마음에까지 이르는 길은 길고도 구불구불하며, 그 길을 따라 흥미로운 구경거리들이 놓여 있다. 그중 가장 흥미로운 것은 차후의 장들로 미루어놓자. 지금은 인공지능의 다윈주의적 시작에 관해 평소보다 더 면밀하게 살펴볼 차례다.

5. 체커 게임을 배운 컴퓨터

앨런 튜링과 존 폰 노이만은 20세기의 가장 위대한 과학자 중 두 명이다. 컴퓨터를 발명했다는 영예를 누군가가 받아야 한다면 마땅히 그 둘이 수상자가 되어야 하며, 그들 두뇌의 소산물은 공학의 승리임과 동시에 순수과학의 가장 추상적인 영역을 탐험할 지성적인 수단으로 인정받게 되었다. 두 사람 모두 같은 시기에 활약한 놀라운 이론가였고, 엄청나게 실용적이었으며, 제2차 세계대전 이후 과학에서 점점 더 큰 역할을 해온 지성적 탐구의 스타일을 전형적으로 보여주었다. 컴퓨터를 발명한 것 외에도, 튜링과 폰 노이만 모두 이론생물학에 근본적인 공헌을 했다. 앞에서 알아보았듯이, 폰 노이만은 자기 복제라는 추상적인 문제에 자신의 탁월한 마음이 지닌 능력을 십분 발휘했고, 튜링은(1952) 배아학embryology 또는 형태발생morphogenesis의 가장 기본적인 이론적 문제들에 대한 선구적 작업을 했다. 유기체의 복잡한 위상—형태—은 하나의 수정된 세포에서 자라 나오는데, 하나의 세포라는 그 단순한 위상으로부터 복잡한 위상이 어떻게 나타날 수 있을까? 모든 고등학생이 알고 있듯이, 그 과정은 꽤 대칭적인 분열 사건에서 시작된다. (프랑수아 자코브가 말했듯, 모든 세포 하나하나의 꿈은 2개의 세포가 되는 것이다.) 2개의 세포는 4개가 되고, 4개의 세포는 8개가 되며, 8개는 16개가 된다. 이런 체제하에서 심장과 간과 다리와 뇌는 어떻게 생기기 시작할까?[21] 튜링은 그러한 분자 수준의 문제들과 시인이 어떻게 소네트를 쓰는가의 문제 사이에 연속성이 있음을 보았다. 그리고 컴퓨터 초창기부터, 튜링이 보았던 것을 본 사람들은 생각의 미스터리를 탐험하는 데 튜링의 놀라운 기계를 사용하려는 야망을 가지고 있었다.[22]

튜링은 예언과도 같은 논문 〈계산 기계와 지능Computing Machinery and

---

21 형태발생에 튜링이 공헌한 바에 관한 접근성 높은 두 가지 설명은 호지스Hodges(1983, 7장)와 스튜어트와 골루비츠키Stewart and Golubitsky(1992)의 것이다. 그 저작들은 또한 그 분야에서 더 최근에 이루어진 이론적 탐구와 그들과의 관계에 관해서도 논의한다. 튜링의 아이디어처럼 매우 아름답지만, 그들은 아마도 기껏해야 실제 생물학적 시스템들에 대한 매우 약화된 응용 프로그램만 가지고 있을 것이다. 존 메이너드 스미스는 (사적인 대화에서) 자신이 1952년에 발표된 튜링의 논문(메이너드 스미스의 지도교수인 홀데인J. B. S. Haldane이 그에게 보여주었다고 한다)에 매료되었던 것을 떠올리며, 몇 년 동안이나 "내 손가락은 튜링파동Turing waves임에 틀림없어. 내 척추도 튜링파동임에 틀림없고"라고 확신에 차서 말했다. 그러나 결국 그도, 손가락이나 척추 같은 것이 튜링기계처럼 그렇게 단순하고 아름다울 수는 없다는 것을 마지못해 인정하게 되었다.

Intelligence〉을 1950년에 철학 저널《마인드Mind》에 발표하였다. 그 글은 그 저널에 실린 논문 중 틀림없이 가장 자주 인용되는 논문이다. 튜링이 그 논문을 썼을 때는 인공지능 프로그램이라는 것이 없었지만—그때 세계에는 정말로 단 두 대의 컴퓨터만이 작동되고 있었다—몇 년 새에 하루 24시간 완전히 제대로 작동하는 기계들이 충분히 많이 생겼다. IBM의 연구원 아서 새뮤얼Arthur Samuel은 인공지능 초창기의 거인 중 한 사람(새뮤얼 자신)으로 하여금 밤늦은 시간—컴퓨터가 없었다면 한가하게 보냈을— 동안 프로그래밍 작업을 하며 활동적으로 보내게 해

---

22 사실, 컴퓨터와 진화 사이의 교량은 그보다 더 과거의 인물인 찰스 배비지까지 거슬러 올라간다. 배비지가 1834년에 발표한 "차분기관difference engine" 개념은 컴퓨터의 선사시대를 연 것으로 일반적으로 받아들여지고 있다. 그의 악명 높은 책《제9차 브리지워터 논문Ninth Bridgewater Treatise》(1838)은 신이 사실상 종을 생성하도록 자연을 프로그래밍했다는 수학적 증명을 제공하기 위해 그의 컴퓨팅 엔진의 이론적 모형을 사용한 것이었다! "배비지의 영리한 기계에서는 그 어떤 숫자들의 서열이라도 기계가 돌아가도록 프로그래밍될 수 있었다. 아무리 긴 일련의 숫자들이 실행되고 있다 해도 말이다. 비유하자면, 창조의 신은 동물과 식물의 새로운 집합들을 역사를 통해 시계추처럼 보이도록 정해놓았고, 그 동식물들을 직접 창조하는 대신 그것들을 생산할 법칙들을 창조했다."(Desmond and Moore 1991, p. 213) 다윈은 배비지와 그의 논문을 알고 있었고, 런던에서 있었던 그의 파티에 참석하기까지 했다. 데스먼드와 무어Desmond and Moore(pp. 212-18)는 이 교량을 건너갔을지도 모르는 아이디어들의 흐름을 감질나게 들여다보게 해준다.

한 세기 이상 지난 후, 비슷한 생각을 지닌 사상가들이 만든 또 다른 런던의 공동체 '라티오 클럽Ratio Club'이 더 최근의 아이디어들이 태어나는 온상 역할을 했다. 조너선 밀러Jonathan Miller는 내가 라티오 클럽에 관심을 가지게 만들었고, 이 책을 쓰는 동안 그 클럽의 역사를 연구하라고 권고했다. 하지만 나는 이에 대해 지금껏 많은 진전을 이루지 못하고 있다. 그러나 어틀리A. M. Uttley의 책《신경계의 정보 전달Information Transmission in the Nervous System》(1979)의 첫 장을 빛내주는, 라티오 클럽 멤버들의 1951년 사진을 보고는 애간장이 녹는 듯한 느낌을 받았다. 앨런 튜링은 신경생물학자 호레이스 발로Horace Barlow(그는 다윈의 직계 후손이다)와 함께 잔디밭에 앉아 있었다. 그 뒤로 로스 애슈비Ross Ashby, 도널드 매카이Donald MacKay가 서 있었고, 훗날 인지과학이라 불릴 것의 초기 나날들을 주름잡던 주요 인물들도 서 있었다. 세상은 좁다.

[옮긴이] Ratio Club을 '비율 클럽'이라고 번역한 곳도 있으나, 이 클럽이 만들어질 때 구성원들이 사용했던 'ratio'는 '계산, 계획' 등을 나타내는 라틴어 어근이었으므로, 라틴어 발음을 그대로 사용하여 '라티오 클럽'이라 번역했다.

주었다. 그때의 프로그램은, 소급하여 보았을 때, 'AI-아담' 타이틀을 받을 좋은 후보이다. 새뮤얼의 프로그램은 체커checkers를 두었다. 그리고 이른 새벽까지 자기 자신과 대결을 하면서 체커를 점점 잘 두게 되었고, 심야 토너먼트에서 신통치 않았던 이전의 버전들을 버리고 무마음적으로 생성된 새로운 돌연변이들을 시도해봄으로써 자신을 스스로 재설계했다. 결국에는 새뮤얼보다 훨씬 더 체커를 잘 두게 되어, "컴퓨터는 정말로 프로그래머가 시키는 것만 할 수 있다"는 다소 우스꽝스럽고 신경질적인 신화의 명백한 첫 반증 사례 중 하나를 제공했다. 우리의 관점에서 보면, 그 익숙하지만 잘못된 생각이 '오직 마음만이 설계를 할 수 있다'는 로크의 직감의 표현과 다를 바 없다는 것을 알 수 있는데, 그 생각은 다윈이 명백하게 신뢰하지 않았던 엑스 니힐로 니힐 피트ex nihilo nihil fit, 즉 '무에서는 아무것도 나올 수 없다'는 주장을 적용한 것이었다. 더욱이, 새뮤얼의 프로그램이 자신의 창조자를 뛰어넘은 방법은, 놀랍게도 다윈주의적 진화의 고전적 과정을 통하는 것이었다.

따라서 새뮤얼의 전설적인 프로그램은 인공지능이라는 지적인 종의 시조일 뿐 아니라, 더 최근에 분지된 종인 인공생명의 시조이기도 하다. 이처럼 전설적임에도 불구하고, 그 놀라운 세부 사항들에 대해서는 아는 사람이 거의 없다. 그 세부 사항 중 많은 것이 지금보다 널리 알려질 가치가 있음에도 말이다.[23] 새뮤얼의 첫 번째 체커 프로그램은

---

23 새뮤얼의 1959년 논문은 최초의 인공지능 선집인 파이겐바움과 펠드먼Feigenbaum and Feldman의 고전《컴퓨터와 사고Computers and Thought》(1964)에 다시 실렸다. 나 역시 그 책에서 새뮤얼의 논문을 읽었지만, 많은 독자들처럼 대부분의 세부 사항들은 대충 넘기고 핵심 구절들만을 음미했다. 1962년, "성숙한" 프로그램과 체커 챔피언 로버트 닐리Robert Nealey와의 경기가 있었는데, 닐리는 패배를 품위 있게 인정하며, "이번의 마지막 게임에 대해 말하자면, 내가 최근에 마지막 게임에서 졌던 1954년 이래 지금까지 어떠한 인간과도 그런 경쟁을 한 적이 없다"고 말했다. 터프츠대학교에서 나의 동료 조지 스미스George Smith와 내가 함께 가르쳤던 컴퓨터과학 입문 강좌에서 스미스는 그에 대해 최고의 강의를 했고, 그 덕분에 나는 새뮤얼의 논문에 다시 흥미를 갖게 되었다. 그 논문의 세부 사항을 다시 읽을 때마다 나는 거기서 새롭고 가치 있는 무언가를 계속 발견한다.

1952년 IBM 701을 위해 작성되었지만, 학습 버전은 1955년에야 완성되어 IBM 704에서 실행되었다. 더 나중의 버전은 IBM 7090에서 실행되었다. 새뮤얼은 체커 게임의 모든 상태 하나하나를 각각 4개의 36비트 단어들로 코딩하고 모든 수手를 그 단어들의 단순한 산술 연산으로 코딩하는 우아한 몇몇 방식들을 찾아냈다. (메가바이트로 실행되는 엄청나게 낭비적인 요즘의 컴퓨터 프로그램들에 비교해보면, 새뮤얼의 기본 프로그램은 실로 미세한 크기—코드가 6000줄도 되지 않는 "저수준 기술" 유전체—였다. 하지만 그때는 그것을 기계 코드로 작성해야만 했다. 그 당시는 컴퓨터 프로그래밍 언어들의 시대가 시작되기 전이었으니까.) 합법적인 체커 게임의 기본 과정을 나타내는 문제를 풀고 나서, 그는 그 문제에서 정말로 어려운 부분과 마주해야만 했다. 그것은 바로, 가능할 때마다 컴퓨터 프로그램이 여러 행마들을 **평가**하여 최상의 행마(또는 적어도 더 나은 행마들 중 하나)를 **골라낼** 수 있게 하는 것이었다.

좋은 평가 기능이란 어떤 것일까? 틱택토 같은 아주 단순한 게임들에는 실행 가능한 알고리즘 해법들이 있다. 이런 게임은 한 경기자가 이겼는지 졌는지가 확실하게 드러나고, 그 최고의 전략이 현실적인 시간 안에 계산될 수 있다. 하지만 체커는 그런 게임이 아니다. 새뮤얼(p. 72)은, 체커 게임들이 가능한 공간에서는 가능한 선택 포인트가 10^{40} 단위로 존재하며, "10^{-9}초당 3개의 수를 계산한다 해도 10^{21}세기가 걸릴 것"이라고 지적했다. 오늘날의 컴퓨터는 새뮤얼 시대의 컴퓨터보다 수백만 배는 빠르지만, 그런 최신 컴퓨터를 사용한다 해도 철저한 탐색이라는 무력적 접근법으로는 여전히 그 문제에 도움이 되지 못할 것이다. 탐색 공간은 천많게 광대하므로, 탐색 방법은 "발견법적heuristic"이어야 한다. 모든 가능한 수들의 분지 트리branching tree는 반半 지성적이고 근시안적인 악마들에 의해 가차 없이 가지치기 되어야 하며, 그리하여 전체 공간 중의 극히 작은 일부에 대한, 운에 맡겨지는 위험한 탐색으로 이어져야 한다는 뜻이다.

발견법적 탐색은 인공지능의 근본적 아이디어 중 하나다. 혹자는 인공지능 분야의 그 과제를 발견법적 알고리즘의 생성과 조사라고 정의하기도 할 것이다. 그러나 컴퓨터과학과 수학에서는 발견법적 방법과 알고리즘적 방법을 **대조시키는** 전통도 있다. 발견법적 방법은 위험을 안고 있고 결과 산출이 보장되지 않는 반면, 알고리즘은 결과 산출이 보장되기 때문이다. 이 "모순"을 어떻게 해소해야 할까? 모순은 전혀 없다. 모든 알고리즘처럼, 발견법적 알고리즘도 그것이 해야 할 일을 한다는 것이 보장되는 기계적 절차들이다. 다만, 그들이 종사하고 있는 일이 위험한 검색일 뿐이다! 발견법적 알고리즘들은 무언가를 찾을 수 있다는 보장은 받지 못한다. 또는, 적어도 가용 시간 안에 특정한 무언가를 찾을 수 있다는 보장을 받지 못한다. 그렇지만 잘 실행된 기술 토너먼트처럼, 좋은 발견법적 알고리즘들은 합리적인 시간 내에 매우 흥미롭고 믿을 만한 결과를 산출하는 **경향**이 있다. 그것들이 위험 부담을 안고 있긴 하지만, 좋은 점은, 그것들이 정말로 안전한 위험이라는 것이다. 여러분은 좋은 발견법적 알고리즘에 목숨을 걸어도 괜찮다.(Dennett 1989b) 알고리즘이 발견법적 절차들이 될 수 있다는 것을 제대로 인식하지 못한 사람들은 아예 인공지능을 비판했던 사람들보다도 더 발견법적 알고리즘에 관해 많은 사람을 오도했다. 특히 로저 펜로즈가 이에 오도되었다. 로저 펜로즈에 관해서는 15장에서 다룬다.

새뮤얼은 천많게 광대한 체커 공간의 탐험이 탐색 트리를 모험적으로 가지치기하는 과정에 의해서만 **실행 가능**해짐을 보았다. 그런데 가지치기와 선택하기라는 일을 할 악마들을 구성하는 작업은 어떻게 진행해야 할까? 탐색 트리를 현명한 길로 가게 할, 우연보다는 나은 힘을 가지도록 하는, 손쉽게 프로그래밍 가능한, '발견했으니 그만 찾아!'라는 규칙 또는 평가 기능은 무엇일까? 새뮤얼은 좋은 알고리즘적 탐색 방법을 찾고 있었다. 그는 자신이 떠올릴 수 있는 명백한 경험칙들을 기계화하는 방식을 고안하는 것으로 시작하여 경험적으로 진행해나아갔다. 물론, 행동하기 전에 잘 생각해보아야 하고, 실수로부터 배워야 한다. 그래서 시스템도 과거의 경험을 저장한 메모리가 있어야 한다. "무턱대고 암기하기"는 프로토타입을 탐색 공간 내의 꽤 먼 곳까지 데려다주었다. 이미 마주쳤고 결실을 본 수천 곳의 지점들을 저장하는 단순한 방법으로 말이다. 그러나 무턱대고 암기하기라는 방법은 당신을 그저 멀리 데려다줄 수 있을 뿐이다. 새뮤얼의 프로그램은, 과거 경험을 기술하는 수백만 개의 단어가 있는 인근 지역에서 저장했을 때 수확이 급격히 감소하는 문제에 맞서, 색인과 인출 문제들을 극복하기 시작했다. 성능이 더 좋은 또는 더 다재다능한 수행을 하는 프로그램이 필요하다면, 다른 설계 전략이 효과를 나타내야만 한다. 그 전략은 바로 **일반화**이다.

새뮤얼은 스스로 탐색 절차를 찾으려고 하는 대신, 컴퓨터가 그것을 찾게 만들고자 했다. 그는 컴퓨터가 컴퓨터 자신의 평가 함수, 즉 컴퓨터가 고려하는 모든 행마들에 대한 수數를 (그것이 양수든 음수든) 산출하는 수학 공식—다항식—들을 설계하길 원했다. 그리고 이때 산출되는 수가 클수록 그에 해당하는 행마는 더 나은 것이어야 했다. 다항식은 이런저런 많은 조각들이 모여서 이루어져야 했고, 긍정적으로 또는 부정적으로 기여하는 각각의 조각은 이런저런 계수로 곱해져야 했으며, 다양한 다른 상황에 맞도록 조정되어야 했다. 하지만 새뮤얼은 다항식을 어떤 식으로 구성해야 잘 작동할지 전혀 알지 못했다. 그는 서로 다른 38개의 덩어리—"항"—들을 만들어 "풀pool"에 던져넣었다. 어떤 항들은 직관적으로 가치가 있었는데, 향상된 이동성이나 잠재적 포획 등에 관한 지점들을 제공하는 부류가 바로 그런 것들이었다. 그러나 다른 것들은 거의 매우 별나고 이상했다: 예를 들면, 'PYKE'는 인접하는 대각선 방향으로 꼭짓점을 공유하며 접한 3개의 정사각형을 점유하는 수동적 말들의 연속 문자열마다 1점을 부여했다. 한 번에 16개의 항이 활동적 다항식의 활동적 유전체 안으로 함께 던져졌고, 나머지 항들은 하는 일이 특별히 없었다. 영감에 찬 탁월한 수많은 어림짐작 작업과 그보다 더 탁월한 조율과 땜질을 하면서, 새뮤얼은 토너먼트에서 탈락자를 버리는 규칙을 고안했고, 진작振作된 조합은 유지시키는 방식을 찾아냈다. 그럼으로써 시행착오 과정이 항들과 계수들의 좋은 조합을 떠오르게 할 가능성이 높아졌고, 그 작업이 이루어질 때 새뮤얼은 그것을 인식했다. 그 프로그램은 알파와 베타로 나뉘었다. 알파는 빠르게 돌연변이를 생성하는 개척자였고, 그 상대편인 베타는 가장 최근의 게임에서 이긴 버전을 플레이하는 보수적인 프로그램이었다. "알파는 평가 다항식의 계수들을 조정하고 중요하지 않다고 판단된 용어들을 예비 영역에서 도출된 새 매개변수들로 대체함으로써, 각 수手 다음에 그 경험을 일반화한다."(Samuel 1964, p. 83)

> 시작할 때는 무작위로 16개의 항을 선택하고 모든 항에 동일한 가중치를 할당했다. …… 〔초기 라운드〕가 진행되는 동안 총 29개의 항이 폐기되고 대체되었으며, 그 항 중 대부분이 두 가지 다른 상황에서 그렇게 되었다. …… 경기의 질은 극도로 형편없었다. 그다음의 일곱 게임이 진행되는 동안에는 적어도 서로 다른 5개 항을 포함한 상위 목록에서 여덟 가지의 변경이 있었다. …… 경기의 질이 꾸준히 향상되긴 했지만 그래도 기계의 플레이는 상당히 좋지 않았다. 기계와 〔그 후 일곱〕 경기를 더 치른 꽤 훌륭한 아마추어 선수들은 기계가 '영리하긴 하지만 내가 이길 수 있다'고 입을 모았다. 〔Samuel 1964, p. 89.〕

초기에는 학습 속도가 놀랍도록 빨랐음에도, "너무 불규칙적이고 꽤 불안정했다"고 새뮤얼은 적었다.(p. 89) 그는 자신의 프로그램이 탐색하고 있는 문제의 공간이 험준한 적합도 경관이라는 것을 알아가고 있었다. 단순한 언덕 등반 기술들을 사용하는 프로그램은 함정이나 불안정성, 탈출 불가능한 루프 등에 빠지고, 그런 곳에 빠지고 나면 설계자가 개입하여 몇 가지 도움의 손길로 밀어주지 않으면 프로그램이 복구될 수 없는, 그런 공간이라는 것을 말이다. 그는 자신의 시스템 내에서 그런 불안정성들의 원인이 되는 "결함들"을 인식할 수 있었고, 그 결함들을 땜질하여 수리할 수 있었다. 최종 시스템—바로 이것이 널리를 이겼다—은 '무턱대고 암기하기'들이 이리저리 혼합된, 루브 골드버그 장치 같은 클루지kludge들[24]이었고, 새뮤얼 자신은 이해할 수 없는 자기 설계의 산물들이었다.

새뮤얼의 프로그램이 굉장한 센세이션을 일으켰고 초기 인공지능 선각자들을 엄청나게 고무시켰다는 것은 놀라운 일이 아니다. 그러나 그러한 학습 알고리즘에 대한 열광은 곧 사그라들었다. 그의 방법을 더 많은 사람이, 더 복잡한 문제들—이를테면 체스 같은, 실제 세계에 관해서는 말할 것도 없고, 장난감 문제가 아닌 정도의 문제들—로 확장하는 시도를 할수록, 새뮤얼의 다윈주의적 학습자가 거둔 더 많은 성공이, 기저의 학습 역량보다는 체커가 비교적 단순하다는 것에 더 심대하게 기인하는 것처럼 보였다. 그렇다면 그것이 다윈주의 인공지능의 종말이었을까? 물론 아니다. 하지만 컴퓨터와 컴퓨터과학자들이 좀 더 높은 수준의 복잡성으로 다가가기까지는 얼마간 겨울잠을 자야 했다.

오늘날, 새뮤얼의 프로그램의 후손은 매우 빠르게 증식하여 지난

24 '클루지'라는 발음은 "스투지stooge"와 각운이 맞아떨어진다. 클루지는 임시변통으로 수리하거나 임시 장비를 덧대거나 소프트웨어를 수리하는 것을 말한다. 순수주의자Purist들은 이 속어를 "kluge"라는 스펠링으로 쓰는데, "똑똑한"을 뜻하는 독일어 단어 klug(e)의 의도적인 오발음이 (아마도) 그 시초가 되었으리라는 점이 우리의 관심을 끈다. 그러나 《신 해커사전The New Hacker's Dictionary》(Raymond 1993)에 따르면,이 용어의 초기 조상은 '클루지 종이 공급기Kluge paper feeder'에서 유래한 것일 수 있다. 그 종이 공급기는 초창기, 즉 1935년쯤에 사용된 "기계 인쇄 프레스기 부속품"이었다. '클루지'라는 용어가 사용되던 초기에는 "아주 사소한 기능만을 지니는 복잡하고 당혹스러운 인공물"이라는 이름을 얻었다. 해커들은 클루지들에 대해 찬탄과 경멸을 함께 드러내는데("이토록 멍청한 것이 어떻게 이렇게 똑똑할 수 있지!"), 이는 너무도 자주 발견되는 대자연의 해결책—정도에서 벗어날 만큼 얼기설기한—에 놀라는 생물학자들의 태도를 완벽하게 재연하는 것이다.

1~2년 동안 적어도 3개의 새로운 학술지가 생기고 포럼도 개최되었다. 그 3개의 학술지는 《에볼루셔너리 컴퓨테이션Evolutionary Computation》(진화적 계산), 《아티피셜 라이프Artificial Life》(인공생명), 《어댑티브 비헤이버Adaptive Behavior》(적응적 행동)이다. 이들 중 처음의 것은 전통적인 공학적 문제들을 강조한다. 프로그래머나 소프트웨어 엔지니어들의 실천적 설계 능력을 확장시키는 방법으로서의 시뮬레이션된 진화를 사용하는 것 말이다. 존 홀랜드John Holland(IBM에서 아트 새뮤얼과 함께 체커 프로그램을 연구했다)가 창안한 "유전 알고리즘"들은 소프트웨어 개발이라는 간단명료한 세상에서의 그들의 힘을 보여주었고, 돌연변이를 일으켜 알고리즘적 변이들의 문phylum이 되었다. 다른 2개는 더 생물학적인 냄새를 풍기는 연구들에 집중했다. 그 학술지들에 실린 진화 과정 시뮬레이션들 덕분에 우리는 정말 사상 최초로, 생물학적 설계 과정 그 자체를 **공부**할 수 있게 되었다. 그리고 그런 공부는 생물학적 설계 과정을 **조작**함으로써, 또는 그 과정의 대규모 시뮬레이션을 조작함으로써 가능했다. 홀랜드가 말했듯, 인공지능 프로그램들은 우리에게 "생명의 테이프 되감기"를 **정말로** 할 수 있게 해주었고, 그것을 다시, 반복하고 또 반복해서, 그것도 많은 변형을 주면서 재생할 수 있게 해주었다.

6. 인공물 해석학 또는 역설계

유기체를 인공물인 것처럼 해석하는 전략은 공학자들에게 **역설계**reverse engineering(역공학)라고 알려진 전략과 많은 공통점이 있다.(Dennett 1990b) 레이시온 테크놀로지Raytheon Technologies가 제너럴일렉트릭General Electrics(이하 GE)과 전자 위젯 제작을 두고 경쟁할 때[25] 레이시온은 GE의 위젯을 몇 개 사서 분석을 진행했다. 그것은 역설계다. 레이시온은 그것들을 실행시켜보고, 벤치마킹하고, 엑스선 분석을 하고, 분해해보고, 각각의 부품을 해석적 분석 대상으로 삼아 연구했다. GE는 이 전선들을 왜 이렇게 무겁게 만들었을까? 이 여분의 ROM(읽기 전용 기억 장치) 레지스터는 도대체 무얼 위한 것일까? 음, 단열층을 이중으로 했는데, 그렇다면 그들은 단열에 왜 이렇게 신경을 썼을까? 이런 질문들을 공통적으로 지배하는 가정은 '이 모든 "왜" 질문에 답이 있다는 것'임에 주목하라. 모든 것은 그것의 레종 데트르가 있다. 즉 GE는 괜한 헛짓거리를 하지 않았다.

물론, 역설계자들이 자기 인식self-knowledge의 건강한 도움을 받을 정도로 지혜롭다면, 그들은 최적성에 관한 이 기본 가정이 너무 강하다는 것을 인식할 것이다. 공학자들은 때때로 바보 같고 무의미한 것들을 설계에 집어넣기도 하고, 때로는 아무 기능도 하지 않는 것들을 삭제하는 걸 잊기도 한다. 또 때로는, 돌아보면 명백한 지름길이 있는데도 그것을 무시하기도 한다. 그럼에도, 최적성은 기본 가정이어야만 한다. 역설계자가 관찰하는 특성들에 좋은 합리적 근거가 있다고 가정할 수 없다면, 분석을 시작할 수조차 없기 때문이다.[26]

다윈 혁명은 역설계 개념을 버리지 않았다. 오히려 그것이 재구성되도록 했다. 신의 의도가 무엇인지 알아내려고 노력하는 대신, 우리는 "대자연"—자연선택에 의한 진화 과정 그 자체—이 다른 방식이 아닌 바로 그 방식으로 일을 하면서 "식별"하거나 "차별"을 행한 이유(그런 것이 있다면)를 알아내려고 노력한다. 일부 생물학자와 철학자는 대자연의 이유들에 관해 말하는 이런 논의를 매우 불편해한다. 그들은 그런 논의가 아무 동기 없이 전前 다윈주의적 사고 습관에 자리를 양보하는 짓이거나 기껏해야 위험한 은유라고 여긴다. 그들은 그래서 최근의 다윈주

25 [옮긴이] 레이시온과 GE는 항공기 분야에서 유명한 라이벌 관계에 있었다.

의 비판자 톰 베델Tom Bethell의 생각에 동의하는 경향이 있다. 베델은 이 이중 잣대에 뭔가 수상한 것이 있다고 생각한다(이 책 140쪽을 보라). 나는 역설계가 단지 동기부여만 잘된 것이 아니라 지극히 생산적이고, 사실 피할 수 없는 것이라고 주장한다. 앞에서 이미 보았듯이, 분자 수준에서조차 역설계 없이는 생물학을 할 수 없고, 무슨 공부를 하고 있든 간에 연구 대상에 무슨 이유가 있는지 묻지 않으면 역설계를 할 수 없다. 그러니까 "왜"라는 질문을 해야만 한다. 다윈은 그런 질문을 할 필요가 없다는 것을 우리에게 보여주지 않았다. 그는 그런 질문들에 대답하는 방법을 보여주었다.(Kitcher 1985a)

다음 장에서 나는 나의 이 주장을 옹호하는 데 전념할 것인데, 자연선택에 의한 진화 과정과 영리한 공학자가 어떤 식으로 **비슷한지**를 증명하는 방식을 이용할 것이다. 그러려면 우선, 자연선택에 의한 진화 과

---

26 이 사실은 역설계를 반대하는 공학자들도 수없이 써먹어왔다. 나는 이에 대한 예를 아래와 같이 논의한 바 있다. (Dennett 1978 [p. 279])

> 자칭 "전문가" 구매자를 속이고 싶은 사람에게 교활한 조언을 해주는, 가짜 골동품 감별법에 관한 책(이 책은 어쩔 수 없이, 가짜 골동품을 만드는 방법에 관한 책이기도 하다)이 있다: 일단 탁자나 뭐 이런저런 물건을 다 만들고 나서(원하는 제작 연대나 마모를 표현하는 일반적인 수단을 다 사용한 후) 현대의 전기 드릴로 눈에 잘 띄지만 좀 어리둥절한 위치에 구멍을 뚫어라. 구매자 지망생은 이렇게 주장할 것이다. "아무 이유 없이 이렇게 보기 흉한 구멍을 뚫으려고 하는 사람은 없을 거야. (이렇게 해놓으면 어떻게 봐도 '진본'처럼 보일 수가 없잖아) 그러니까 이 구멍은 분명히 어떤 목적에 부합하는 것이었을 거야. 그렇다는 건 누군가의 집에서 이 탁자를 사용했음이 틀림없다는 거지. 누군가의 집에서 사용되던 것이니까, 이건 이 골동품 가게에서 팔아먹으려고 특별히 만든 건 아니라는 소리야. …… 그러니까 이건 진품이야!" 이 "결론"이 계속되는 의심의 여지를 남긴다 해도, 구매자가 그 구멍의 용처에 관해 생각하는 데 너무 집착하는 나머지, 그 의심이 표면화되기까지는 몇 달이 걸릴 것이다.

바비 피셔Bobby Fischer는 체스 게임에서 시간은 얼마 없지만 상대방을 이기고 싶을 때 이와 같은 전략을 사용했다고 전해진다. 그 전략에 어떤 타당성이 있는지 나는 모르겠지만. 그의 전략은 이렇다. 일부러 "제정신이 아닌 것 같은" 수를 두고, 상대방이 그것을 이해하기 위해 귀중한 시간을 낭비하는 것을 지켜보라.

정이 영리한 공학자와 왜 **비슷하지 않은지**를 말하는 두 가지 중요한 방식을 확립하는 것이 중요하다.

첫 번째 차이점부터 살펴보자. 우리 인간이 새로운 기계를 설계할 때, 우리는 보통 보유하고 있는 꽤 좋은 버전이나 과거의 모형 또는 "실물 크기 모형mockup"이나 스케일 모형[27]을 가지고 시작한다. 인간 공학자들은 이런 식으로 말한다. "턱 부분을 그렇게 약간 굽혀 올리고 지퍼 물리는 부분을 그렇게 조금 움직여보면 훨씬 잘 작동할 겁니다." 그렇지만 그런 것은 진화가 작동하는 방식이 아니다. 그 점은 특히 분자 수준에서 명확하게 드러난다. 특정한 분자는 그 모양으로만 존재하며, 많이 구부리거나 재성형하면 견디지 못할 것이다. 진화가 분자 설계를 개선할 때는 아예 **다른** 분자—잘 작동하지 않았던 분자와 거의 비슷한 것—를 새로 만들고 오래된 것은 그냥 버려 버린다.

사람들은 가는 도중에 **절대** 말[馬]을 바꾸지 말라는[28] 충고를 받지만, 진화는 **언제나** 말을 바꾼다. 진화는 선택하고 버리는 것만 할 수 있을 뿐, 아무것도 **고칠** 수가 없다. 그래서 모든 진화 과정에서는, 그리고 모든 진화적 설명에서는 희미하지만 당황스러운, 무언가 확실치 않으며 위험한 듯한 냄새가 난다. 나는 이것을 **미끼 상술**bait-and-switch 현상이라고 부르려 한다. 어떤 물건을 헐값에 대놓아 소비자들의 관심을 끌고 나서, 그들이 미끼를 물고 상점 안으로 유인되면 대체품을 팔려고 하는 음습한 상술의 이름을 따서 말이다. 하지만 인간의 상술과는 달리, 진화의 미끼 상술에는 정말로 악의가 없다. 진화의 미끼 상술이 악의가 있는 것처럼 보이는 이유는, 당신이 진화와 진화적 설명에서 들을 수 있으리라

---

27 [옮긴이] 축척만 바꾸어서, 즉 실물에서 크기만 작게 하거나 크게 하여 만드는 모형을 말한다.

28 [옮긴이] 원문은 "never to switch horses in midstream", 즉 보통은 "결정적인 순간에는 지도자를 바꾸지 마라"는 의미로 사용되는 문장이다. 여기서는 문자 그대로 '말을 갈아 타다'라고 표현하는 것이 더 낫다고 판단하여 그렇게 번역하였다.

고 처음에 생각했던 내용을 설명해주지 않기 때문이다. 그것은 미묘하게 화두를 바꾼다.

우리는 2장에서 미끼 상술의 불길한 그림자를 보았다. 내가 누군가를 동전 던지기에서 무패로 10연승 하게 만들어줄 수 있다는 괴상한 내기에서 말이다. 과연 누가 그 '누군가'가 될지는 미리 알 수 없다: 내가 아는 것은 다만, 내가 알고리즘을 실행하는 한, 우승자 역할을 할 사람(그게 누구일지는 승부가 모두 끝나기 전에는 나도 모른다)이 그 모든 승부들을 이기고 넘어가—알고리즘의 요구 조건들을 다 만족하고 통과해야 한다—**그 누군가**가 된다는 것뿐이다. 당신이 이 가능성을 간과하고 질 수밖에 없는 나의 게임에 뛰어든다면, 그건 개인을 추적하고 식별된 개인들과 미래에 대한 전망을 중심으로 하여 계획을 구축하는 인간의 관행에 당신이 너무 익숙하기 때문이다. 그리고 토너먼트의 우승자가 왜 **자신이** 우승했는지에 대한 설명이 제공되어야 한다고 생각한다면, 그는 틀린 것이다. 왜 그가 우승했는가에 대한 이유는 전혀 없다. 오로지 왜 **누군가가** 우승하는가에 관한 매우 좋은 이유만이 있을 뿐이다. 하지만 인간으로서, 우승자는 의심의 여지없이 자신이 왜 이겼는가에 관한 이유가 **있어야만 한다**고 생각할 것이다. "만약 댁의 '진화적 설명'[29]이 그걸 말해줄 수 없다면, 댁은 중요한 무언가를 빠뜨리고 있는 거요!" 진화론자는 평정을 유지하며 대답해야 한다. "선생님, 선생님께서 그것 때문에 여기 오셨다는 것은 잘 알고 있습니다. 하지만 선생님께 좀 더 저렴하고, 좀 덜 불손하고, 좀 더 방어 가능한 것에 관심을 가지실 수 있게 해드리겠습니다."

살아 있다는 것이 얼마나 행운인가 하는 생각이 떠오른 적이 있는

---

29 [옮긴이] 여기서 '설명'의 원문은 'account'이며, 독자들도 잘 알다시피 이 단어에는 '계좌'라는 뜻도 있어서, 은행에 방문한 (화난) 고객과 은행원의 상황극처럼 그다음의 대화가 진행되는 것이다.

가? 지금까지 지구상에 살았던 생물 중 99퍼센트 이상이 자손을 남기지 못하고 죽었다. 그러나 당신 조상 중에서는 그 집단에 속한 사람이 단 한 명도 없었다! 당신은 승자들로만 이루어진 왕족의 일원인 것이다! (물론, 이는 지금 살아 있는 모든 따개비와 모든 풀잎과 모든 파리에게도 마찬가지다.) 그러나 그 이면엔 훨씬 더 으스스한 것이 있다. 진화는 부적합한 개체들을 제거함으로써 작동한다는 것을 우리는 배웠다. 그렇지 않은가? 그 패자들의 설계 결함들 덕분에 패자들은 "번식하여 자손을 남기기 전에 죽는, 불쌍하지만 갸륵한 경향을 지닌다."(Quine 1969, p. 126) 이것이 바로 다윈주의 진화의 엔진이다. 하지만, 당신의 가계도를 좁은 시야로 돌아본다면, 엄청나게 다양한 장점들과 단점들을 지닌 많은 상이한 유기체들을 발견할 수 있을 것이다. 하지만, 기묘하게도, **그들**에게 있었던 약점들은 그들 중 단 한 개체도 번식 전에 사망하는 길로 이끌지 않았다! 그래서 이런 각도로 보면 진화로는 당신이 조상들에게서 물려받은 **특징을 단 하나도** 설명하지 못할 것처럼 보인다! 당신의 선조들이 어떻게 분기되었는지를 돌아본다고 하자. 먼저, 당신의 가계도(나무 모양의 계보도)가 결국에는 부채꼴로 퍼지는 것을 멈추고 겹쳐지기 시작한다는 것에 주목하라. 당신은 오늘날 살아 있는 다른 모든 사람과 **다중의**multiple 조상을 공유하고 있으며, 당신의 많은 조상들과도 다중의 관계를 맺고 있다. 오랜 시간에 걸친 가계도 전체를 살펴볼 때면, 우리는 더 나중의, 그러니까 더 최근의 조상들이 그보다 더 먼저 살았던 조상들에게는 없었던 개선점들을 지니고 있다는 것은 알 수 있지만, 모든 결정적인 사건들—모든 선택 사건들—은 무대 밖에서 일어난다는 것도 알 수 있을 것이다. 당신의 조상 중 단 한 개체도, 박테리아까지 거슬러 올라가는 내내, 번식 전에 포식자에게 굴복하거나 짝짓기 경쟁에서 패하지 않았다.

물론, 진화는 당신이 조상들로부터 물려받은 모든 특성들을 **정말로** 설명해주긴 하지만, **당신이** 왜 그것들을 가질 정도로 운이 좋았는지를 말해주는 방식으로 설명하는 것은 아니다. 진화는 오늘날의 승자들이 왜 그 특성들을 지니는지는 설명하지만, 왜 그 개체들이 그 특성들을 지니는지는 설명하지 않는다.[30] 자, 생각해보라. 당신은 새 차를 주문하면서 녹색으로 색을 특정했다. 약속된 날에 당신은 대리점에 갔고, 거기엔 녹색의 새 차가 놓여 있다. 이때 어떻게 질문하는 것이 옳을까? "이 차는 왜 녹색입니까?"라고 물어야 할까, 아니면 "이 (녹색) 차는 왜 여기에 있습니까?"라고 물어야 할까? (다음 장들에서 미끼상술의 함축에 관한 더 심화된 논의들을 살펴볼 것이다.)

자연선택 과정과 인간 공학 과정의—따라서 그 산물들의—중요한 차이점 그 두 번째는, 많은 사람에게 가장 역설적이라는 인상을 주는 자연선택의 특성과 관련된 것인데, 그것은 바로, 자연선택에는 선견지명이 전혀 없다는 것이다. 인간 공학자들이 무언가를 설계(이건 역설계[역공학]가 아니라 순방향 공학, 즉 순공학이다)할 때면, 그들은 악명 높은 문제들, 즉 예상치 못한 부작용에 대비해야만 한다. 따로 놓고 보면 잘 설계된 2개 이상의 시스템을 하나의 상위 시스템 안에 같이 넣으면, 원래 의도했던 설계의 일부가 아닌 상호작용이 생성될 뿐 아니라 적극적으로 해로운 상호작용들이 종종 생성된다. 한 시스템의 활동이 의도치 않게 다른 시스템의 활동을 심히 방해하는 것이다. 예상치 못한 부작용에 대비하는 방법은 공학자가 하위 시스템들을 설계할 때 그 하위 시스템이 공학자 자신의 인식적 경계들과 일치하는, 뚫을 수 없는 경계를 지니도록 만드는 것인데, 이는 공학자들이 부작용에 대한 선견지명까지는 가질 수 없기 때문이며, 공학자들이 지켜볼 수 있는 것이 설계 중의 하위 시스템 중 하나로 부득이하게 제한되기 때문이다. 인간 공학자는 일반

30 "그러나 이것은, 예를 들어, 수축성 액포가 특정 원생생물에서 발생하는 것을 설명하기 위한 것은 아니다. 수축성 액포를 지니는 종류의 원생생물이 왜 생겨나는지를 설명하기 위한 것이다."(Cummins 1975, in Sober 1984b, pp. 394-95)

적으로 하위 시스템들을 서로 격리시키려고 노력하며, 각 하위 시스템이 전체 안에서 잘 정의된 단일 기능을 가지는 종합적인 전체 설계를 고집한다.

물론 이 근본적인 추상적 아키텍처(구조)를 가진 상위 시스템들의 집합은 방대하고 또 흥미롭다. 그러나 그것은 자연선택에 의해 설계된 아주 많은 시스템을 포함하지 않는다! 진화 과정은 선견지명이 없기로 악명이 높다. 그렇지만 선견지명이 아예 없으므로, 예측하지 못했거나 예측 불가능했던 부작용이라는 것 또한 진화에는 아예 없다. 인간 공학자와는 달리, 진화는 비교적 격리되지 않은 수많은 설계를 생산하는 낭비적 과정을 통해 진행된다. 그 설계 중 대부분은 자멸적인 부작용으로 인해 가망 없는 결함을 안게 되지만, 소수의 설계는 뜻밖의 행운에 힘입어, 그 불명예스러운 운명을 모면하게 된다. 게다가, 이 엄청나게 비효율적인 설계철학은, 더 효율적인 상의하달식 과정에서는 상대적으로 불가능한 어마어마한 보너스를 수반한다. 그것은 바로, 검토되지 않은 부작용들에 대한 편견이 없으므로 그 덕분에 유익한 **행운의** 부작용이라는 드문 사례가 출현하는 이점을 누릴 수 있다는 것이다. 이는, 목표했던 것보다 더 많은 것을 생산하도록 상호작용하는 시스템들이 포함된 설계들이 때때로 출현한다는 뜻이다. 특히 (전적으로 그런 것은 아니지만) 그러한 시스템들 안에서 다중 기능을 지니는 요소들이 얻어진다.

물론 다중 기능 요소들은 인간의 공학에서는 알려지지 않은 것이다. 그러나 그것들의 상대적 희귀성은 우리가 새로운 것과 마주했을 때 느끼는 기쁨으로 표시된다. (내가 가장 좋아하는 사례는 다이코닉스 Diconix 휴대용 프린터에 관한 것이다. 이 최적으로 작은 프린터는 어딘가에 보관해야만 하는 꽤 큰 충전식 배터리로 작동한다. 프린터와 배터리는 압반壓盤이나 롤러 안에 꼭 맞게 들어간다.) 숙고해보면, 이러한 다중 기능의 사례는 다양하고 유익한 상황의 공학자들에게 인식적으로 접근 가능하다는 것을 알 수 있다. 그뿐 아니라 우리는 설계 문제에 대한 그러한 해법들이 전반적으로 기능적 요소들의 엄격한 격리라는 배경에 대한 예외여야만 한다는 것 또한 알 수 있다. 생물학에서, 우리는 기능들의 꽤 확실한 해부학적 격리를 만난다. (신장은 심장과 완전히 구분되고, 신경과 혈관은 몸속에서 길게 내달리는 별개의 도관이다.) 그리고 이처럼 쉽게 식별 가능한 격리가 없다면, 생물학에서의 역설계는 의심의 여지없이 인간으로서는 불가능할 것이다. 그러나 우리는 "한달음에 쭉 내리달리는" 것처럼 보이는 기능들이 중첩되는 것 또한 볼 수 있다. 중첩된 하위 시스템들 내에서 다중으로 겹치는 역할을 하는 요소들을 지닌 객체들entities에 관해 생각하는 것은 무척, 무척 어려운 일이다. 더구나, 그 객체들에서 그런 요소들의 상호작용에 있어 관찰 가능한 가장 현저한 효과들 중 일부는 전혀 기능이 아닌, 그저 제공되는 중복 기능들의 부산물에 불과하다는 것을 생각하는 것은 정말로 아주아주 어려운 일이다.[31]

최근까지, 역설계자가 되고자 하는 생물학자들은 "완제품"—유기체들—의 설계된 특성들을 알아내는 데 집중해야 했다. 그들은 유기체를 수백, 수천 개씩 수집하여 그것들의 변이를 연구하고 분해해보고 즉석에서 임의로 조작해볼 수 있었다. 하지만 유전자형이 완성된 표현형으로 **발달** 또는 **구축**되는 과정을 인식적으로 이해하는 것은 훨씬 더 어려운 일이었다. 그리고 대개, "완제품"을 형성하는 발달 과정을 형성하는 **설계** 과정에는 간섭 관찰과 조작이라는 방식으로 접근하기 힘들었다. 그 두 가지는 좋은 과학(또는 좋은 역설계)이 번성하는 기반인데 말이다. 역사적 기록의 스케치를 보고 시간이 흐르는 방향으로 빨리감기(이를테면, 식물이 자라는 과정을 단시간에 보여주는 "시간 경과" 영상, 날씨 변화를 빠르게 보여주는 영상 등—언제나 이런 것은 패턴을 볼 수 있는 훌륭한 실용적 방법이다)는 할 수 있었지만, "테이프를 되감고" 나서 초기 조건을 변화시켜가며 변이들이 생겨나게 하는 방식의 재생은 실행해볼 수

31 이상의 세 문단은 Dennett 1994a의 논의를 수정하여 가져온 것이다.

없었다. 그러나 오늘날에는, 컴퓨터 시뮬레이션에 힘입어, 항상 다윈주의 시각의 중심에 놓여 있던 설계 과정에 관한 가설들을 **연구**하는 것이 가능해졌다. 놀랄 것 없이, 그것들은 우리가 생각했던 것보다 더 복잡하고 그것들 자체도 우리 생각보다 더 복잡하게 설계된 것임이 드러났다.

일단 R&D와 구축 과정에 초점을 맞추기 시작하면 우리는 근시안이라는 고통을 볼 수 있다. 근시안은 인공물을 해석하는 사람들을 종종 오도해왔고 또 생물학에서도 유사한 일이 많다. 우리가 과거의 인공물(유물) 해석학에 종사해서, 고고학자들이 발굴해낸 물건의 설계를 해독하려고 할 때, 또는 고대의 기념물들(우리는 그것들을 보고 자랐다)에 대한 적절한 해석을 하려고 노력할 때, 우리는 완제품에서는 전혀 기능하지 않아서 우리를 어리둥절하게 만드는 일부 특성이 제품을 만드는 과정에서는 결정적 역할을 했을 가능성을 간과하는 경향이 있다.

예를 들어, 대성당에는 호기심을 자극하는 많은 특성이 있으며, 그 특성들은 미술사학자들을 자극하여, 기능에 대한 공상을 하도록, 그리고 격렬한 논쟁을 하도록 만든다. 그 기능 중 일부는 상당히 명백하다. 기둥들과 벽들 안에서 위로 올라갈 수 있게 해주는 그 많은 "비스vis들" 또는 비틀려 올라가는 원형 계단은 관리인이 건물의 외딴 부분으로 접근할 수 있게 하는 유용한 방법이다. 이때 외딴 부분이란, 지붕을 예로 들어 말하자면, 궁륭vault과 지붕 사이가 이에 해당하는데, 이곳에는 초를 교체할 수 있도록 샹들리에를 내려주는 기계장치가 숨어 있다. 그러나 많은 나선 계단은, 건축이 끝난 후 그곳이 그런 용도로 쓰이리라고 건축업자들이 예상하지 못한다 해도 건물 안에 존재할 것이다. 나선 계단을 이용하는 것은, 건설하는 동안 건축업자들이 필요로 하는 곳까지 건축 인원과 자재들을 이동시키는 가장 좋은 방법 또는 아마도 유일한 방법이었다. 벽 내부에 있지만 어디로도 갈 수 없는 다른 통로들은, 벽 내부에 신선한 공기를 유입시키기 위해 거기 존재하는 장치일 것이다.(Fitchen 1961) 중세의 모르타르mortar는 양생에 오랜 시간—어떤 경우엔 1년씩이나—이 걸렸고, 양생 기간 동안 수축했기 때문에, 건물이 경화되면서 생기는 변형이 최소화되도록 벽 두께가 최소한으로 유지되게 각별한 신경을 썼다. (따라서 벽 내부의, 아무 곳으로도 갈 수 없는 그 통로들은 자동차 엔진 하우징의 방열 "핀fin"과 비슷한 기능을 한다. 건물이 완전한 경화에 다다르면 그들의 기능이 소멸된다는 점을 제외하면 말이다.)

더구나, 대성당을 단순히 완성된 제품으로 본다면 많은 것들이 특별할 게 없어 보이는데, 대성당이 어떻게 지어질 수 있었는가를 묻기 시작하면 그 평범하게 보이던 것들이 심하게 이해가 안 되는 것으로 보인다. 닭-달걀 문제가 아주 많다. 중앙 궁륭을 짓기 전에 공중 부벽flying buttress들을 먼저 지었다면 그것들이 벽을 안쪽으로 밀어 넣었을 것이다. 반면에, 궁륭을 먼저 지었다면, 부벽이 설치되기 전에 궁륭이 벽들을 바깥쪽으로 펼쳐지게 할 것이다. 궁륭과 공중 부벽을 동시에 지으려고 한다면, 한쪽을 건설하기 위한 발판(또는 비계)이 다른 것을 짓기 위한 발판에 방해가 될 수 있다. 물론 확실히 해결 방법이 있는—아마도 다른 방법들이 많이 있을 것이다—문제이긴 하지만, 그 방법들을 생각해보고 해법을 입증하거나 반反 입증할 증거들을 찾는 것은 어려운 작업이다. 되풀이되고 있는 우리의 전략 한 가지는 케언스스미스의 점토-결정 가설에서 작동하고 있음을 이미 우리가 보았던 것이다. 그것은 바로, 짓는 과정 중에서만 기능했으며 그 후에는 사라진 비계들이 있었음이 틀림없다는 것이다. 그런 구조물들은 사라진 뒤에도 자신들이 존재했었다는 단서를 종종 남겨 둔다. 완성된 성당 안의, 막혀 있는 "통나무 구멍"이 그 가장 명백한 사례다. 그 구멍은 "비계용 통나무"라 불리는 무거운 목재를 일시적으로 벽에 고정한 후 그 위에 비계를 놓아 지탱했던 흔적이다.

궁륭 내부의 늑재(늑골)rib 패턴과 같은 고딕 건축의 많은 장식 요소들은 정말로 구조적으로 중요한 기능을 하는 구성원이지만, 건축이 이루어지는 기간에만 그러하다. 그것들은 궁륭의 "거미줄 같은 벽돌층web course"(망골층)들이 늑재들 사이에 채워지기 전에 세워져야 했다. 건축자들은 상대적으로 연약한, "중심이 되는" 목재 비계를 강화했는데, 그렇게 하지 않으면 일부만 지어진 궁륭의 고르지 못한 일시적 무게 때문에 비계가 비틀리고 변형되는 경향이 있었을 것이다. 중세의 재료와 방법을 이용하여 엄청나게 높은 장소에 건설되고 놓일 비계의 강도에는 심각한 한계가 있었다. 완성된 교회의 많은 "장식적" 세부 사항들은 이러한 한계의 영향을 매우 강하게 받았다. 똑같은 요점을 다르게 말하는 방법도 있다: 쉽게 **상상할 수 있는** 완제품들 중 많은 것은 건축 과정상의 제약들이 주어진다면 세우는 것이 그야말로 불가능했고, 존재하는 건물에서 겉보기에 무기능적 특성으로 보이는 많은 것은 사실, 그것들이 없었다면 완성품으로 존재하지 못했을 설계 특성들을 가능하게 해준 요소들이었다. 크레인(내가 진화 과정을 논의할 때 비유적으로 말하는 크레인 말고 진짜 크레인)과 그것의 친척뻘 되는 장비들의 발명은 건축의 가능성 공간 중 그전에는 접근 불가능했던 영역들을 열어주었다.[32]

요점은 간단하지만 그것이 드리우는 그림자는 길다. **무언가**—유기체든 인공물이든—에 대한 기능적 질문을 할 때는 그 무언가가 자체 요구사항을 지니는 과정에 의해 그 현재 또는 최종 형태가 되어 있어야 함을 기억해야만 한다. 그리고 이러한 사항은 최종 상태의 그 어떤 특성을 기능적으로 분석할 때도 정확히 받아들여질 수 있다. 건물 짓기가 끝나고 이제 막 기능이 시작되었다고 알려주는 종소리는 없다.(cf. Fodor 1987, p. 103) 유기체가 삶의 모든 단계에서 계속 존속하는 존재여야 한

---

32 이 주제에 대한 네 권의 고전적 탐구서를 소개한다. 존 피첸John Fitchen의 《고딕 대성당 건축The Construction of Gothic Cathedrals》은 탐정소설을 읽듯이 읽을 수 있다. 그다음으로는 역시 피첸의 《기계화 전의 건축Building Construction Before Mechanization》(1986), 윌리엄 바클레이 파슨스William Barclay Parsons의 《르네상스 공학과 공학자Engineers and Engineering in the Renaissance》(1939, 1967년에 MIT Press에서 재출판되었다), 베르트랑 질Bertrand Gille의 《르네상스의 공학자들Engineers of the Renaissance》(1966)을 추천한다.

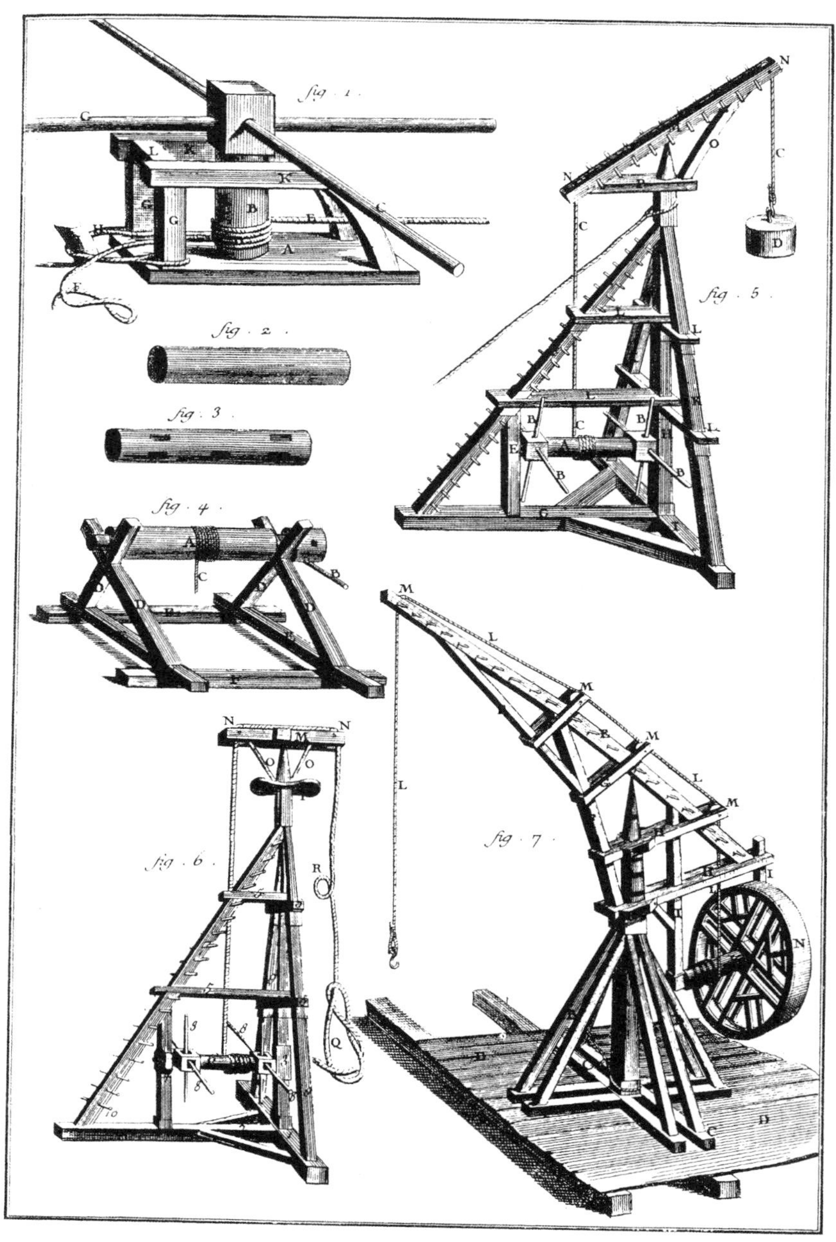

그림 8-1　초기의 회전식 크레인 및 무거운 물건을 들어 올리는 데 사용되던 장치들(디드로와 달랑베르Diderot and d'Alembert의 《백과전서Encyclopedic》 1751-1772쪽. Fitchen 1986에 재수록됨)

다는 요구사항은 그것의 나중 특성에 강력하고 엄격한 제약을 가한다.

다시 톰슨D'Arcy Thompson(1917)은 "모든 것은 그렇게 되었기 때문에 그런 것이다"라는 유명한 말을 했다. 그리고 생물 발달의 역사적 과정에 관해 성찰한 결과, "형태의 법칙laws of form"을 선언하기에 이르렀다. 형태의 법칙은 물리 법칙으로 환원될 수 없는 생물학 법칙의 예로 종종 인용된다. 발달 과정들에 대한 이러한 재구성과 그 재구성이 함축하는 바를 조사하는 것의 중요성은 누구도 부인할 수 없다. 그러나 때때로 이 주제는 그러한 발달적 제약을 기능적 분석과 **대조**시키려는 논의 안으로 잘못 끌어들여지곤 한다. 구축 경로가 지정되었음이 (이런 지점들이 확인될 수 있는 한에서) 입증되기 전에는 그 어떤 건전한 기능적 분석도 완료되지 않는다. 만약 일부 생물학자들이 이 요구사항을 습관적으로 간과해왔다면, 그들은 기념비적 건축물의 건설 과정을 무시하는 미술사학자들과 똑같은 실수를 범하고 있는 것이다. 그런 생물학자들은 공학적 사고방식에 과도하게 사로잡히기는커녕, 공학적 질문을 충분히 심각하게 받아들이지 않은 것이다.

7. 메타공학자로서의 스튜어트 카우프만

다윈 이후로, 우리는 유기체를 땜질 같은 것으로 엉켜 있는 복잡한 기계장치 같은 것으로 생각하게 되었으며, 선택이 질서의 유일한 원천이라고 여기게 되었다. 정작 다윈은 자기 조직의 힘이 그 원천이 아닐까 하는 의심을 시작할 수 없었지만 말이다. 우리는 복잡계에서의 적응 원칙들을 새롭게 모색해야만 한다.

—스튜어트 카우프만 Stuart Kauffman(Ruthen 1993, p. 138)에서 재인용

역사는 스스로 반복되는 경향이 있다. 오늘날 우리는 모두 멘델 법칙들의 재발견 및 그와 함께하는 새로운 개념, 즉 유전자를 유전의 단위로 보는 개념이 다윈주의 사고를 구원했다는 것을 인정하고 있지만, 당시에는 그렇게 보이지 않았다. 메이너드 스미스가 지적한(1982, p. 3) 바와 같이, "멘델주의가 진화생물학에 준 첫 번째 충격은 분명히 이상했다. 초기 멘델주의자들은 스스로를 반反 다윈주의자라고 생각했다." 그러나 이는 후에 친親 다윈주의 개혁으로 밝혀질 많은 자칭 반反 다윈주의 혁명의 하나일 뿐이었고, 그 개혁은 다윈의 위험한 생각을 이런저런 병상에서 끌고 나와 다시 작동하게 만들었다. 오늘날 우리 눈앞에서 펼쳐지고 있는 것은, 산타페연구소의 스튜어트 카우프만과 그 동료들이 선봉에서 이끌어가고 있는, 진화적 사고의 새로운 방향이다. 훌륭한 모든 행사가 그렇듯, 그 새로운 방향에도 슬로건이 있다: "진화는 혼돈의 가장자리에서on the edge of chaos 일어난다." 카우프만의 《질서의 기원: 진화에서의 자기 조직화와 선택The Origins of Order: Self-Organization and Selection in Evolution》(1993)은 그가 수십 년 동안 종사해왔던 연구를 요약하고 또 확장하며, 그가 그 분야의 역사라는 맥락 안에서 자신의 아이디어들을 어떻게 자리매김해주고 있는지를 보여준다.

많은 이들이 카우프만이 다윈주의를 무너뜨릴 것이라며 환영해 마지 않았다. 마침내 그 억압적인 주둔군을 무대에서 쫓아내고, 그에 더해 완전히 새로운 과학—카오스 이론과 복잡계 이론, 이상한 끌개strange attractor와 프랙탈—의 번쩍이는 칼날로 다윈주의를 끝장내리라고 말이다. 카우프만 자신은, 과거에는 그런 견해에 유혹되긴 했지만,(Lewin 1992, pp. 40-43) 그의 책은 그런 견해에 대한 날카로운 경고로 가득 차서 반反 다윈주의자들이 그 책을 끌어안지 못하게끔 했다. 그는 자신의 책을 "더 넓은 맥락에서 다윈주의를 포함하려는 시도"라고 묘사하며 서문을 시작한다.(p. vii)

그러나 진화에 이용될 수 있게 놓여 있을 수도 있는 질서의 원천을 탐구하는 것이 우리의 유일한 과제는 아니다. 우리는 그러한 지식을 다윈이 제공한 기본 통찰과 통합하는 일 또한 해야만 한다. 세부적인 경우들에서 우리가 무엇을 의심하든, 자연선택은 확실히 진화에서의 탁월한 힘이다. 따라서 자기 조직화라는 주제들을 선택**과** 결합시키려면, 진화 이론을 확장하여 그것이 더 넓은 기반 위에 설 수 있게 한 다음 새로운 체계를 세워야 한다. 〔Kauffman 1993, p. xiv〕

내가 이 논점에 관해 카우프만 본인의 글을 이용하려고 이렇게 애를 쓰는 것은, 내 책을 읽는 독자와 비판자들 사이에서도 강한 반反 다윈주의 정서의 바람이 불고 있는 것을 느꼈기 때문이다. 그리고 나도, 나의 이런 행동이 내가 카우프만의 아이디어를 그저 다시 작업하여 나 자신의 편향된 관점에 끼워 맞추려고 한다(!)는 그들의 의심에 강력한 동기부여를 할 것임도 알고 있다. 하지만 내가 그러는 것이 아니다. 이제는 카우프만 본인이—내가 이렇게 쓰는 게 효과가 있을지는 모르겠지만—스스로의 저작을 다윈주의 타도가 아니라 다윈주의의 심화라고 생각하고 있다. 그러나 그렇다면, "질서"의 원천이 되는 "자발적 자기 조직화"에 관한 그의 요점은 무엇인가? 그가 선택이 질서의 궁극적 원천이라는 것을 단호하게 부정하는 것이 아니라면 말이다.

이제는 컴퓨터에서 진짜로 복잡한 진화 시나리오들도 구축할 수 있게 되면서, 생명의 테이프를 반복하고 또 반복해서 되감는 일이 가능해졌고, 그에 따라 우리는 초기의 다윈주의 이론가들이 볼 수 없었던 패턴들을 관찰할 수 있게 되었다. 카우프만은 주장한다. 우리가 보는 것은 선택이 **있음에도 불구하고** 질서가 "드러나 빛나는" 것이지, 선택 때문에 질서가 보이는 것은 아니라고. 누적되는 선택의 꾸준한 압력하에 조직화가 점진적으로 축적되는 것을 목격하는 것이 아니라, 우리는 연구 대상 개체군의 고유한 경향—그 자신들을 질서 있는 패턴들로 분해하려는—을 극복하려는 선택압(선택압은 시뮬레이션에서 면밀하게 조작되고 모니터링될 수 있다)이 **작동하지 못함**을 목격한다. 그래서 처음에 언뜻 보아서는 이것을 '자연선택이 결국에는 조직화와 질서의 원천이 될 수 없음을 보여주는 놀라운 시연'으로 여기게 될 것이다. 그리고 만약 정말로 그렇다면 그것은 다윈의 생각의 몰락이 될 것이다.

그러나 그러한 시뮬레이션을 바라보는 다른 방법이 있으며, 그 방법을 우리는 앞에서 이미 보았다. 자연선택에 의한 진화가 일어나려면 어떤 조건들이 유효해야 하는가? 비록 다윈이 직접 말하진 않았지만, 그가 말하고 있는 바를 축약하면 단순하다. '나에게 질서와 시간을 달라. 그러면 나는 설계를 주겠다.' 그러나 그다음에 우리가 배웠던 것은, 진화가 가능해지기에 충분한 종류의 '질서'도 있지만, 그렇지 않은 질서도 있다는 것이었다. 콘웨이의 라이프 게임이 분명히 보여주었듯이, 자유와 제약, 즉 성장과 쇠퇴 또는 경직성과 유동성이 적절히 섞인 올바른 종류의 '질서'가 있어야 좋은 것들이 조금이라도 생겨날 수 있다. 산타페연구소의 표어가 선언하고 있는 것처럼, 진화는 숨 막히는 질서와 파괴적인 혼돈 사이의 혼합대를 형성하는 가능한 법칙의 영역에서만, 즉 혼돈의 가장자리에서만 얻을 수 있다. 다행스럽게도, 우주에서 우리가 사는 곳은 진화 가능성의 조건들이 딱 알맞게 조율된 그런 영역에 있다. 그런데 진화가 일어나기에 알맞은 그 조건들은 어디서 왔을까? "원리적으로는" 콘웨이 같은 설계자의 선견지명과 지혜에서 비롯된 것일 수도 있고, **아니면** 선택이 있거나 없는, 먼저 존재했던 진화 과정에서 나왔을 수도 있다. 사실,—그리고 나는, 이것이 카우프만 시각의 핵심이라고 생각한다—진화 가능성 자체는 (우리가 여기 있기 위해서는) 진화했어야 할 뿐 아니라, 진화**할 가능성이 크며**, 진화할 것임에 거의 틀림없다. 진화 가능성은 설계게임에서 강제된 수이기 때문이다.[33] 진화 가능성으로 이어지는 경로를 찾든 아무 데로도 가지 않든, 진화 가능성에 이르는 경로를 찾는 것은 그리 큰 문제가 아니다. 이는 "명백하다." 생명의 테이프를 아무리 많이, 몇 번이고 되감아 재생하든, 생명의 진화를 가능하게 하는 설계 원리들은 계속, 계속, 또 계속 발견될 것이다. "우리 모두의 기대와는 달리, 어쩌면 답은, 그것이 놀랄 만큼 **쉬울** 수도 있다는 것이라고 나는 생각한다."(Kauffman 1993, p. xvi)

6장에서 설계공간에서의 강제된 수에 관해 살펴보았는데, 그때 우리는 완제품의 너무도 명백하게 "옳은right" 특성들에 관해, 즉 너무도 옳아서 그것들이 독립적으로 나타난다 해도 우리가 놀라지 않을, 그런 특성들에 관해 생각해보았다. 외계 지성체의 산수나 투명한 매질에서 움직이는 외계 생물들의 눈 같은 것들 말이다. 하지만 이런 완제품을 만들어내는 과정의 특성들은 어떠할까? 사물이 어떻게 설계되어야만 하는가에 관한, 그리고 그 설계 혁신이 만들어질 수 있는 질서에 관한 근본 규칙들이 있다면, 성공할 수밖에 없거나 실패할 수밖에 없는 설계 전략들은 진화에 의해 주목받게 될 것이다. 완제품의 특성들이 그런 것처럼 확실하게 말이다. 카우프만이 발견한 것은, 내 제안컨대, **형태의 법칙**이라기보다는 **설계하기를 위한 규칙**이며, 후자는 메타공학metaengineering에 필수적인 것이다. 카우프만은 새로운 설계를 실제로 만들어낼 수 있는 과정을 관장하는 메타공학의 바로 그런 원리들에 관한, 관찰에 바탕을 둔 효과적인 의견들을 많이 제안했다. 우리는 그것들이, 우리가 **이미** 발견했으며 또 그 결과 우주에서의 우리 영역에서 **이미** 고착화된 진화 현상 전체의 특성들이 되리라고 간주할 수 있다. (우리는 우주 내 설계된 것들이 존재하는 다른 모든 곳에서 그것들이 발견된다 해도 놀라지 않을 것이다. 이것이 설계된 것들로 이르는 유일한 방식이기 때문이다.)

---

33 진화 가능성의 진화는 다윈주의자들이 널리 알리고자 하는 명백한 반복적(소급적으로 보았을 때!) 움직임—이것이야말로 크레인의 유일한 원천일 수 있다고 말할 수도 있겠다—이고, 많은 사상가가 이에 대해 논의해왔다. 초기의 논의는 Wimsatt 1981을, 이 주제에 대해 못마땅해 하는 다른 논의는 Dawkins 1989b를 보라.

적응적 진화는 고정되어 있거나 변형되고 있는 적합도 경관에서의 탐색 과정—돌연변이와 재조합과 선택에 의해 추동되는—이다. 적응하는 개체군은 이러한 힘들 아래서 적합도 경관 위를 흘러 다닌다. 그러한 적합도 경관의 구조는, 평탄하든 울퉁불퉁하든, 개체군들의 진화 가능성과 그 구성원들의 지속적인 적합도 모두를 관장한다. 적합도 경관의 구조는 불가피하게 적응적 탐색에 제한을 가한다. 〔Kauffman 1993, p. 118〕

이것이 순수한 다윈주의라는 점에 주목하라. 모든 부분이 다 수용 가능하고 비혁명적이지만, 적합도 경관에서 위상의 역할로 주된 강조점을 옮긴 것이다. 카우프만은, 이것이 설계 혁신이 발견될 수 있는 비율과 설계 기회가 축적될 수 있는 **질서**에 심대한 영향을 준다고 주장한다. 소네트[34]를 쓰려고 했던 적이 있는 사람이라면, 카우프만의 모형들이 검토하고 있는 기본적 설계 문제들—"상위성epistasis" 또는 유전자들 사이의 상호작용—에 직면해보았을 것이다. 신예 시인이 소네트 쓰기가 결코 쉽지 않음을 금세 발견하듯이 말이다! 소네트의 엄격한 제약들을 준수하며 의미 있는—아름다움은 고사하고—말을 써보는 것은 실로 좌절감을 주는 일이다. 한 행을 시험 삼아 고치자마자 다른 많은 행을 고쳐야 하고, 그 압력은 어렵게 생각해낸 탁월한 몇몇 구절들을 버리게 하고, 그래서 또 해당 부분을 고치면 또 다른 많은 행을 고쳐야 하고 …… 이런 일을 쳇바퀴 돌듯 계속하면서 전체적으로 좋게 맞아떨어지는 단어들을 탐색—우리는 이를, 전체적으로 좋은 적합도를 얻기 위한 탐색이라고 말할 수도 있다—해야 한다. 수학자 스타니스와프 울람Stanislaw Ulam은 시의 제약이 장애물이 아니라 창의성의 원천이 될 수 있다고 보

34 〔옮긴이〕 한 행이 10음절이고 전체가 14행으로 구성되는 짧은 시로, 복잡한 운율과 기교가 사용된다.

았다. 똑같은 이유로, 그 아이디어는 진화의 창조성에도 적용될 수 있을 것이다.

> 소년 시절 나는, 시에서 운율이 하는 역할은 뻔하지 않은 단어들을 찾아보게 만드는 것이라고 느꼈다. 운율에 맞는 단어를 반드시 찾아서 넣어야 하니까 말이다. 이는 일상적인 사고의 연쇄나 흐름으로부터의 이탈을 거의 보장하며, 새로운 연상을 하도록 압력을 가한다. 역설적으로 그것은 독창성이라는 일종의 자동 메커니즘이 된다. 〔Ulam 1976, p. 180.〕

카우프만 전의 생물학자들은 진화가 동일한 종류의 만연한 상호작용에 직면할 것이라는 전망을 무시하는 경향이 있었는데, 그것들을 연구할 명확한 방법이 없기 때문이었다. 카우프만의 연구는 실행 가능한 유전체를 만드는 것이 단순히 쇼핑 목록을 메모하는 것보다 좋은 시를 쓰는 것에 더 가깝다는 것을 보여준다. 적합도 경관의 구조는 우리가 생각했던 것(이를테면, 우리의 더 단순한, 언덕 오르기의 후지산 모형을 고려했던 것)보다 훨씬 중요하기 때문에, 공학 프로젝트들을 우리가 생각했던 것보다 더 좁은, 성공으로 가는 경로로 계속 진행하게 하는 설계 개선 **방법들**에는 제약이 존재한다.

> 공간 내의 합당한 일부 지역을 탐색하는 역량인 진화 가능성은, 적합도 경관의 구조와 돌연변이율, 그리고 개체군 크기가 조정되어 공간의 국지적 영역으로부터 개체군들이 "녹아" 나올 때 아마도 최적화될 수 있을 것이다. 〔Kauffman 1993, p. 95.〕

생물학적 진화에서 도처에 편재하는 특성들 중 카우프만이 집중하는 것은 "국소적 규칙들이 전반적인 질서를 생성한다"는 원칙이다. 이는 인간의 공학을 관장하는 원칙은 아니다. 물론 피라미드는 항상 아래에서부터 위로 지어진다. 그렇지만 파라오 시대 이래로 건축물을 짓는 과정은 언제나 위에서부터 아래쪽으로 조직되어왔다. 모든 것은 한 명의 지휘자(군주나 독재자) 아래에 있었고, 그 지휘자는 전체에 대한 명확한, 그리고 글자 그대로 지휘를 할 수 있을 만큼의 비전을 지녔지만, 지엽적인 세부 사항들이 어떻게 성취되는가에 관해서는 아마도 아주 잘 알지는 못했을 것이다. 높은 곳에서 내려오는 "포괄적인" 지시는 "국소적" 프로젝트의 계층적인 일련의 단계들을 따라 추진된다. 대규모 인원 프로젝트의 공통적인 특성이 바로 이러하기 때문에, 우리는 대안을 상상해내는 데 어려움을 겪는다.(Papert 1993, Dennett 1993a) 그리고 우리는 카우프만이 파악한 원리를 인간의 공학에서 자주 보는 친숙한 것으로 인식하지 않기 때문에, 그것을 공학의 원리라고 생각하지조차 않는 경향이 있다. 그러나 나는 그것이 공학의 원리라고 제안한다. 약간 재형식화한다면, 이를 다음과 같이 표현할 수 있을 것이다. 대규모의 공학적 조직들을 형성할 수 있도록 의사소통하는 유기체들을 어찌어찌 진화시키기까지, 당신은 '예비 설계 원칙Preliminary Design Principle'의 제한을 받는다. 예비 설계 원칙이란 모든 포괄적 질서는 국소적 규칙들에 의해 생성되어야 한다는 것이다. 따라서 모든 초기 설계 산물들은, *호모 사피엔스*의 조직화 재능에 필적하는 무언가를 창조해낼 때까지, '모든 질서는 국소적 규칙들에 의해 획득되어야 한다'는 "관리 결정"에서 비롯되는 제약들을, 그것이 무엇이든, 따라야만 한다. 이 수칙을 위반하면서 생명체를 만들어보려는 그 어떤 "시도"도 즉각적인 실패로 끝을 맺거나, 좀 더 정확하게 말하자면, 그런 시도라고 식별될 만큼 충분한 정도로 시작되지도 못할 것이다.

앞에서 말했던 것과 같은, R&D 과정이 종료되고 "완제품"의 삶이 시작되었음을 알리는 종이 울리지 않는다면, 적어도 때로는 문제의 설계 원칙이 공학의 원칙인지 메타공학의 원칙인지 구별하기 힘들 것이다. 이에 대한 적절한 사례는, 카우프만이(1993, pp. 75ff.) 제안한, 발생학에서의 "폰 베어von Baer의 법칙들"의 재도출이다. 동물의 배아들이 보여주는 가장 놀라운 패턴들 중 하나는 그들 모두가 너무 비슷하게 시작한다는 사실이다.

> 그러므로 초기의 물고기, 개구리, 병아리, 그리고 인간의 배아는 놀라울 정도로 비슷하다. 이러한 법칙들에 대한 익숙한 설명은, 초기 개체발생에 영향을 주는 돌연변이체mutant〔나는 그가 "돌연변이 mutation"를 의미했다고 생각한다〕가 후기 개체발생에 영향을 주는 돌연변이체보다 더 파괴적이라는 것이다. 그렇다면 초기 발생을 바꾸는 돌연변이체들은 축적되기가 어렵고, 따라서 여러 목order의 배아들을 비교해볼 때, 초기 배아들이 후기 배아들보다 서로 더 유사하다. 이 그럴듯한 논증은 실제로도 그렇게 그럴듯할까? 〔Kauffman 1993, p. 75.〕

카우프만의 이해에 따르면, 전통적 다윈주의자들은 유기체 내에 제대로 내장된 "특수 메커니즘" 안에서 폰 베어의 법칙에 대한 설명을 찾을 수 있다고 생각한다. 초기 배아 때부터 놀랍도록 달랐음를 보여주는 많은 완제품들은 왜 우리 눈에 띄지 않는 것일까? 음, (카우프만의 생각에 따르면, 아마도 전통적 다윈주의자들은 이렇게 설명할 것이다.) 발생 과정 초기 부분에 영향을 주는 질서 변경은 나중 부분에 영향을 주는 질서 변경보다 훨씬 파괴적인 영향을 완제품에 미치는 경향이 있기 때문에, 대자연은 그러한 실험에 대항하여 배아를 보호하는 특수 발달 메커니즘을 설계했다. (이는 IBM이, 컴퓨터 과학자들에게 자사 컴퓨터의 CPU 또는 중앙처리장치 칩[변화에 저항하도록 **설계되었다**]의 대안 아키텍처를 조사하지 못하게 막는 것과 유사하다.)

그렇다면, 이와 대조되는 카우프만의 설명은 무엇일까? 그 설명은 앞의 설명과 같은 지점에서 시작하지만 사뭇 다른 방향으로 나아간다.

> …… 초기 발생에서의 고정, 그리고 그로 인한 폰 베어의 법칙들은 발생에서의 수로화canalization(운하화)[35]라는 특수 메커니즘을 나타내지 않는다. 수로화의 통상적 의미는 유전형 변경에 대항하는 표현형의 완충이다. …… 그 대신 초기 발생에서의 고정은, 초기 발생을 변하게 함으로써 유기체를 개선할 수 있는 방식의 수가 후기 발생을 변화시켜 개선하는 방식의 수보다 빠르게 감소한다는 사실을 직접적으로 반영한다. 〔Kauffman 1993, p. 77. Wimsatt 1986도 보라.〕

인간의 공학이라는 관점에서 이 문제를 잠시 생각해보자. 서로 다른 교회들을 놓고 보았을 때 높은 층들보다는 기초 부분이 더 서로 비슷하다. 왜 그럴까? 아마 전통적 다원주의자들은 이렇게 말할 것이다. 기초 부분들이 먼저 건설되어야 하며, 현명한 도급업자라면 모두 "설계 요소들을 손보아**야만 한다**면, 기초보다는 첨탑 장식이나 창 같은 것의 설계 요소를 손보세요"라고 말할 것이라고. 그렇게 하면 기초를 준비할 새로운 방법을 짜내느라 노력하는 것보다는 처참한 실패를 겪을 가능성이 더 적다고. 따라서 교회들이 아래층은 비교적 비슷하게 시작해서 건축 과정 중 나중의 정교화된 부분에서 큰 차이를 보이는 것은 그리 놀라운 일이 아니라고. 실제로 카우프만은, 기초 문제에 관한 **가능한** 해결책의 수는 건설 후반부에서 생기는 문제를 해결하는 방법의 수만큼 많지 않은 것이 사실이라고 말한다. 이 사실을 두고 유구한 세월 동안 서로 머리를 들이받아온 멍청한 도급업자들조차도 아주 다양한 기초 설계들을 내놓지는 못했을 것이다. 강조점의 차이가 별것 아닌 것으로 비칠 수도

35 [옮긴이] 본문보다 좀 더 쉽게 설명하자면, 배아의 발생이 특정한 방향으로 향하게 하는 유전적 제약을 말한다.

있지만, 이는 몇 가지 중요한 함축을 지닌다. 카우프만은 이 사실을 설명하기 위해 수로화 **메커니즘**을 찾을 필요가 없다고 말한다. 자연히 처리되는 거니까. 그러나 카우프만과 전통적 다윈주의—그가 자신의 이론으로 대체하고 싶어 했던—간에는 기저의 합의점 또한 존재한다. 초기 제약조건들이 주어진 상태에서 사물들을 구축하는 좋은 방법은 그 정도밖에 없으며, 진화는 그것들을 계속하여 찾는다는 것 말이다.

카우프만이 강조하고 싶은 것은 이러한 "선택들"의 **비임의성**non-optionality이다. 그리고 그의 동료 브라이언 굿윈Brian Goodwin(이를테면 1986년 저작)은 특히 "땜장이tinker"라는 강력한 이미지를 몹시 손상시키고 싶어 했다. "땜장이"라는 용어는 위대한 프랑스 생물학자 자크 모노와 프랑수아 자코브가 대자연을 "땜장이"—프랑스어로 '브리콜라주bricolage'는 '어설픈 수리'를 뜻하는데, 그들에 따르면 땜장이는 이런 어설픈 수리만 하는 존재이다—라고 처음 부른 데서 시작되었다. 그리고 처음으로 이 용어를 중요한 것으로 각인시킨 사람은 인류학자 클로드 레비스트로스Claude Lévi-Strauss(1966)이다. 땜장이 또는 브리콜루어bricoleur(브리콜라주에 종사하는 사람)는 기회주의적인 기기 제작자로, 충분히 싸게 먹히기만 한다면 썩 뛰어나지 않은 것에 만족할 준비가 언제나 되어 있는 "만족자"이다.(Simon 1957) 땜장이는 깊이 생각하는 사람이 아니다. 모노와 자코브는 고전적 다윈주의의 두 요소에 집중했는데, 하나는 우연이고, 다른 하나는 시계공의 방향성 없음과 근시안적임(또는 무목적적임)이다. 그러나 카우프만은 이렇게 말했다. "진화가 단지 '즉각적으로 포착된 우연한 기회'인 것만은 아니다. 임시변통의 땜질, 브리콜라주의 땜질, 기계의 땜질에 지나지 않는 것도 아니다. 진화는 선택에 의해 수여되고 연마된 질서의 출현이다."(Kauffman 1993, p. 644)

카우프만은 시계공이 눈멀지 **않았다고** 말하고 있는 것일까? 물론 그렇지 않다. 하지만 그렇다면 도대체 그는 무슨 말을 하는 걸까? 그는, 설계 과정을 관장하는 질서의 원칙들이 있고, 그것이 땜장이의 손에 영향력을 행사한다고 말하는 것이다. 좋다. 눈먼 땜장이라도 그 강제된 수를 발견할 것이다. 누군가가 말했듯이. 그런 것을 하는 데 로켓 과학자가 필요한 것은 아니니까. 강제된 수를 찾지 못하는 땜장이는, 젠장, 아무런 쓸모도 없으며 또 아무것도 설계하지 않을 것이다. 카우프만과 그의 동료들이 몇 가지 흥미로운 발견을 한 것은 사실이지만, 땜장이 이미지에 대한 그들의 공격은, 내 생각에는 대단히 잘못된 것이다. 레비스트로스에 의하면, 땜장이는 재료의 본성에 기꺼이 따르는 반면, 공학자는 재료가 완벽하게 자신의 계획에 따라 변하기를 바란다. 바우하우스 건축가들이 그토록 사랑하는 콘크리트처럼 말이다. 그러므로 어쨌든 땜장이는 제약들과 싸우는 것이 아니라 그에 순응하는, 깊은 생각을 하는 사람이다. 진정으로 현명한 공학자는 콘트라 나투람으로(자연에 반하여) 작업하는 것이 아니라, 세쿤둠 나투람으로(자연에 순응하며) 작업한다.

카우프만이 가한 공격의 미덕 중 하나는 과소 평가된 가능성에 주목하게 만들어준다는 것인데, 우리는 인간의 공학에서 나온 상상의 사례들의 도움을 얻어 그 가능성을 생생하게 그려볼 수 있다. '아크메[36] 해머 컴퍼니Acme Hammer Company'라는 회사가, 경쟁사인 '불도그 해머 주식회사'에서 만든 새 망치에 자신들의 새 망치 '아크메 모델 제타'의 손잡이와 똑같은 것, 그러니까 색깔이 들어간 복잡한 소용돌이 문양의 플라스틱 손잡이가 있는 것을 발견했다고 하자. 아크메 측 법정 대리인은 외친다. "이건 절도요!" "댁들이 우리 설계를 복제했잖소!" 그럴 수도 있지만, 또 어쩌면 그렇지 않을 수도 있다. 플라스틱 손잡이를 강하게 만드는 방법이 단 하나뿐인데, 그 방법이 플라스틱이 굳을 때 휘젓는 것일 수도 있기 때문이다. 만약 그렇다면 그 결과는 필연적으로 독특한 소용돌이 패턴으로 나올 것이고, 그런 무늬가 **없다면** 망치의 플라스틱 손잡

---

36 [옮긴이] 'Acme'는 만화 등에서 악당에게 무기를 제공하는 나쁜 회사의 이름으로 종종 쓰인다.

이가 제구실을 하기란 거의 불가능할 것이다. 그리고 이 사실이 알려지게 되면 플라스틱 손잡이를 만들고자 하는 모든 사람에게 이 방법이 강요될 수도 있을 것이다. 이는 이 방식이 아니었다면 의심스러웠을 유사성을, "계승" 또는 복제에 관한 가설 없이 설명할 수 있다. 자, 어쩌면 지금은 불도그 사람들이 아크메의 설계를 모방했을 수도 있지만, **어쨌든** 그들도 조만간 **그 원리를 발견했을 것이다**. 생물학자들이 후손으로의 대물림에 대해 추론할 때 이런 종류의 가능성을 간과하는 경향이 있다고 카우프만은 지적한다. 그리고 그는 패턴의 유사성이 계승과 아무 관련도 없는 생물학적 세계에서의 많은 설득력 있는 사례들로 우리들의 관심을 이끈다. (그가 논의한 가장 놀라운 사례들에 강력한 힌트를 제공한 것은, '형태 발생에서의 공간적 패턴 형성의 수학적 분석'에 관한 튜링의 1952년 연구이다.)

발견 가능한 설계 원칙이 없는 세계에서, 모든 유사성들은 의심스럽다—베낌(계승 또는 표절)에 의한 것일 가능성이 높다.

> 우리는 생물학적 세계에서 선택이 본질적으로 질서의 유일한 원인이라고 생각하게 되었다. "유일한"이라는 단어가 과장된 표현으로 들린다면 고쳐 말할 수도 있다. 생물학적 세계에서 선택이 질서의 압도적인 원천으로 보인다는 진술은 확실히 정확하다고. 따라서 현재 우리의 시각으로는, 유기체는 선택에 의해 서로 뭉쳐진, 설계 문제들에 대한 임시방편의 해결책이라는 결론에 도달하게 된다. 그리고 이는 또한 유기체들 사이에서 널리 퍼져 있는 대부분의 속성들은 함께 땜질되었던 공통 조상으로부터 공통적으로 대물림되어 내려오고 또 그 땜질이 유용해서 선택적으로 유지되어왔던 덕분에 그렇게 널리 퍼져 있는 것이라는 결론도 도출한다. 따라서 우리는 유기체를 설계에 의해 유발된, 너무도 강력하게 상황 의존적인 역사적 우연들이라고 보는 결론에 다다른다. 〔Kauffman 1993, p. 26.〕

카우프만은 생물학적 세계가 셰익스피어의 창조물 같은 세계라기보다는 (튜링의 발견 같은) 뉴턴적 발견들로 이루어진 세계에 훨씬 더 가깝다는 것을 강조하고 싶어 한다. 그리고 확실히 그는 자기 주장을 뒷받침할 몇몇 뛰어난 설명들을 찾았다. 그러나 나는 땜장이 은유에 대한 그의 공격이 다윈의 위험한 생각의 진가를 인정하지 않으려는 이들의 갈망을 강화할까 봐 두렵다. 카우프만의 공격은 그런 이들에게 자신들이 '강제된 행마를 따르는 땜장이의 손'을 보고 있는 것이 아니라 '자연에서 작동하는 신의 신성한 손'을 보고 있다는 잘못된 희망을 심어준다.

카우프만은 스스로 "생물학의 물리학"에 대한 탐구를 수행하는 사람이라고 지칭했다.(Lewin 1992, p. 43) 그리고 정말로 그것은 내가 메타공학이라 부르는 것과 충돌하거나 모순되지 않는다. 그것은 설계된 것들의 창조와 재생산으로 이어질 수 있는 과정들에 대한 가장 보편적인 제약들을 조사한 연구이다. 그러나 그가 자신의 이 연구가 "법칙"에 대한 탐구라고 선언했을 때, 그는 생물학에 관한 너무도 많은 철학적 사고를 왜곡시키는 반反 공학적 편견(또는 이를 "물리학에 대한 시기"라 부를 수도 있다)에 먹이를 던져준 것이다.

영양nutrition의 **법칙**이 있다고 생각하는 사람이 있을까? 이동의 법칙은? 영양과 이동 등에는 물리학의 근본 법칙에 힘입은, 결코 쉽게 동요되지 않는 모든 종류의 경계 조건들이 존재한다. 그리고 영양 및 이동 메커니즘과 만나게 되는 수많은 규칙성들과 경험칙과 트레이드-오프 등도 존재한다. 그러나 그런 것들은 법칙이 아니다. 그것들은 자동차 공학의 매우 강력한 규칙성들과 같은 것이다. (케테리스 파리부스ceteris paribus, 즉 모든 다른 조건이 같다면) 자동차 점화는 자동차 키를 사용한 후에만 수행된다는 규칙성을 고려해보라. 물론 여기에는 이유가 있고, 그것은 자동차의 지각된 가치, 즉 기존의 잠금장치 기술 등에 의해 제공되는, 도난 시도에 대한 민감성, 저비용 고효율(그러나 바보라도 할 수 있을 정도는 아닐 것)에 대한 옵션 등과 관련이 있다. 자동차를 만드는 데

들어가는 설계 결정의 수많은 비용-편익 트레이드-오프를 이해한다면, 이런 규칙성의 진가를 잘 이해할 수 있을 것이다. 그것은 어떤 종류의 법칙도 아니다. 그것은 경쟁하는 데지데라타(또는 규범이라 알려진 것들)의 복잡한 집합에서 해결되는 경향이 있는 규칙성이다. 이처럼 매우 믿을 만한, 규범을 따르는 일반화들은 자동차공학의 법칙이 아니며, 생물학에서 그에 상응하는 이동이나 영양의 법칙도 아니다. 움직이는 유기체의 (케테리스 파리부스 —그러나 여기에선 예외가 존재한다!) 꼬리 끝 부분보다는 전진하는 머리 쪽에 입이 위치하는 것은 심대한 규칙성이다. 그렇지만 그것을 법칙이라 부르는 것은 왜일까? 입이—또는 자물쇠와 열쇠가—무엇을 **위한** 것인지를, 그리고 특정 방식들이 그 목적들을 달성하는 최고의 방법들이라는 것을 우리가 알기 때문에, 우리는 **왜** 그것이 그래야만 하는지를 이해할 수 있다.

8장: 생물학이 단지 공학과 비슷한 것만은 아니다. 생물학은 공학이다. 기능의 메커니즘과 그것들의 설계와 구축, 그리고 작동에 대한 연구인 것이다. 조망에 유리한 고지에서 보면, 우리는 기능의 점진적인 탄생과 그에 수반되는 의미 또는 지향성의 탄생을 설명할 수 있다. 처음에는 문자 그대로의 기적처럼 보였던 것(예를 들어, 전에는 아무도 없었던 곳에 레시피 판독자를 만드는 것)이나 적어도 본질적으로 마음에 의존하는 것처럼 보이는 것(체커에서 이기는 방법을 배우는 것)의 성취는 작은 성취들로 분해될 수 있다. 그리고 그런 작은 성취들은 훨씬 더 작고 훨씬 더 멍청한 메커니즘에 의해 이루어진다. 이제 우리는 설계로 만들어진 생산물뿐 아니라 설계 과정 그 자체에도 세심한 주의를 기울이고 있다. 그리고 이런 새로운 연구 방향은 다윈의 위험한 생각을 타도하기는커녕 심화시키고 있다.

9장: 생물학에서 역설계의 과제는 "대자연의 마음속에 있는 것"을 알아내는 역량을 발휘하는 것이다. 적응주의라고 알려진 이 전략은 놀랍도록 강력한 방법이 되어왔고, 입증된 추론을 급속도로 많이 생산하고 있다. 물론, 입증되지 않은 것들도 같이 생산되었다. 적응주의를 비판한 것으로 유명한 스티븐 제이 굴드와 리처드 르원틴은 사람들이 적응주의에 관해 깊게 품고 있었던 의혹들에 주의의 초점을 맞추고 있지만, 그들의 방향은 대체로 잘못되어 있다. 적응주의에 게임 이론을 적용한 결과는 특히 많은 성과를 거두었다. 그러나 조심해야 한다. 이론가들이 종종 가정하는 것보다 더 많은 숨겨진 제약들이 있을 수 있으니 말이다.

9장

특징을 찾아가다

Searching for Quality

1. 적응주의 사고의 힘

'자연이 의도한 대로 벌거벗은'이라는 말은 초기 나체주의 운동의 설득력 있는 슬로건이었다. 그러나 자연의 원래 의도는 모든 영장류의 피부가 벌거벗고 있어서는 안 된다는 것이었다.

—일레인 모건Elaine Morgan(1990, p. 66)

시를 평가한다는 것은 푸딩이나 기계를 평가하는 것과 같다. 그것들이 효과가 있어야, 즉 작동해야 한다는 것이다. 우리가 인공물의 의도를 추론할 수 있는 것은 오로지 인공물이 작동하기 때문이다.

—윔셋 & 베어드슬리 W. Wimsatt and M. Beardsley(1954, p. 4)

어떤 인공물의 설계에 관해 무언가를 알고 있다면, 여러분은 그 인공물을 이루는 각 부분의 근본적인 물리학을 신경 쓰지 않고도 그것이 어떻게 작동할지 예측할 수 있다. 아주 어린 아이들조차 VCR 같은 복잡한 기계를 조작하는 법을 쉽게 배울 수 있다. 하지만 아이들은 그것이 어떻게 작동하는지는 모른다. 그들은 어느 버튼들을 어떤 순서로 누르면 어떤 일이 벌어지는지 정확히 아는데, 이는 그들이 그 장치가 무슨 일이 일어나도록 설계되었는지를 알기 때문이다. 그것들은 내가 **설계적 태도**design stance라고 부르는 수준에서 작동한다. VCR 수리 기사들은 VCR의 설계에 관해 우리보다 훨씬 더 많은 것을 알고 있으며, 거칠게 말하자면, 모든 내부 부품이 어떻게 상호작용하면서 정상 기능과 고장에 해당하는 기능을 산출하는지 대략 알고 있다. 하지만 그러면서도 그 과정들의 기저에 있는 물리학은 상당 부분 의식하지 못할 수도 있다. VCR의 물리학을 이해해야만 하는 사람은 VCR 설계자들뿐이다. 그들은 내가 **물리적 태도**physical stance라 부르는 수준으로 내려가야만 하는 이들이다. 그 수준으로 내려가야만 화질을 향상시키거나 테이프의 마모나 찢어짐을 줄이거나 제품의 전기 소모를 줄이려면 설계 개정을 어떤 식으로 해야 하는지를 알 수 있기 때문이다. 그러나 그들이 **역**설계—예를 들어, 다른 제조사의 VCR을 놓고 무언가를 알아내려고 하는 경우—를 할 때면, 그들은 물리적 태도뿐 아니라 내가 **지향적 태도**intentional stance라 부르는 수준으로 올라갈 수도 있다. 타사의 **설계자들이 무엇을 생각하고 있었는지**를 알아내려고 노력하는 것이다. 그들은 검토 중인 인공물을 **합리적 이유를 지닌** 설계 개발 과정의 산물로, 즉 대안들 간의 **선택**의 연속으로 이루어지는 과정의 산물로 여긴다. 그리고 그 선택에서 도달된 **의사결정**들은 타사 설계자들이 최선의 것으로 간주한 것이리라고 여긴다. 부품들에 이런저런 기능들이 있으리라 생각한다는 것은 그 부품들의 존재 **이유들**에 관한 가정을 하는 것이며, 이는 종종 검토 대상 기저부의 물리학이나 하위 수준 설계 요소들에 관한 검토자의 무지를 교묘하게 가려주는 추론의 거대한 비약을 가능케 한다.

고고학자들과 역사학자들은 때때로 의미가—기능이나 목적이—유독 불분명한 인공물들을 만나곤 한다. 그러한 경우 학자들이 어떻게 추론하는지 알기 위해서는, 그러한 **인공물 해석학**artifact hermeneutics의 예 몇 가지를 간단히 들여다보는 것이 도움이 된다.[1]

1900년 한 난파선에서 발견된 '안티키테라 기계Antikythera mechanism'는 고대 그리스에서 만들어진 것으로 보이는, 청동 기어들로 이루어진 믿기 힘들 만큼 복잡한 기계다. 그것은 무엇을 위한 것일까? 시계일까? 아니면 18세기 자크 드 보캉송Jacques de Vaucanson의 경이로운 발명품인 자동인형 조각상 같은 것을 움직이게 하는 기계장치일까? 그것은 거의 확실히 태양계의太陽系儀 또는 플라네타리움planetarium이고, 그것이 **훌륭한** 태양계의라는 것이 바로 그 증거이다. 말인즉슨, 각 톱니바퀴의 회전 주기를 계산하면 행성들의 운동에 관해 알려진 (프톨레마이오스적) 표상들과 정확하게 일치하는 해석이 나온다는 것이다.

위대한 건축사학자 비올레르뒤크Viollet-le-Duc는 이 장치가 대성당 궁륭 건축에 (어떻게든) 사용되었던 '형판cerce'이라고 했다.

그는 이것이 아직 불완전한 '거미줄 같은 벽돌 층'을 일시적으로 버티게 하는 데 사용된, 임시 버팀 장치의 이동 가능한 부분이라는 가설을 내놓았다. 그러나 더 나중의 인공물 해석가 존 피첸John Fitchen(1961)은, 안티키테라 기계가 그런 기능을 했을 리가 없다고 주장했다. 일단, 그것이 형판이었다면 연장된 위치에서는 충분히 튼튼하지 않았을 테니 제 기능을 발휘할 수 없었을 것이고, 둘째로, 그림 9-2가 보여주듯이, 그것이 임시 버팀 장치의 일부로 사용되었다면 궁륭에 벽돌 층을 거미줄처럼 넣을 때, 지금의 대성당들에서는 발견되지 않는 불규칙함들이 생성되었을 것이다. 피첸은 자신의 논증을 확장하고 정교화시켜서, 그 '형판'

---

1 이 논제에 관한 더 확장된 논의는 Dennett 1990b를 보라.

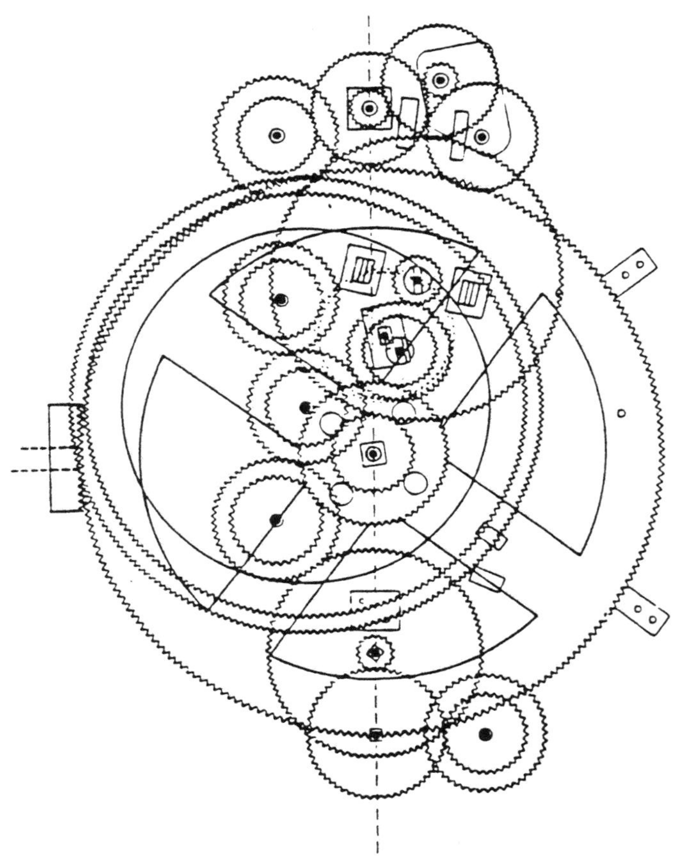

그림 9-1 데릭 드솔라 프라이스Derek de-Solla Price가 그린 안티키테라 기계의 톱니바퀴 장치 구조도(예일대학교).

이 조정 가능한 견본에 불과하다는 결론을 내렸고, 거미줄 같은 벽돌 층의 임시 지지 장치 문제에 관한 훨씬 더 우아하고 다용도적인 해법을 제시함으로써 그 결론을 뒷받침했다.

이러한 논증의 중요한 특성은, 그런 논증이 최적성 고려에 의존한다는 것이다. 체리 씨를 빼는 장치가 아닐까 생각되는 어떤 것을 두고 고민할 때, 그것이 체리 씨를 빼는 데 아주 명백하게 열등한 기능을 보

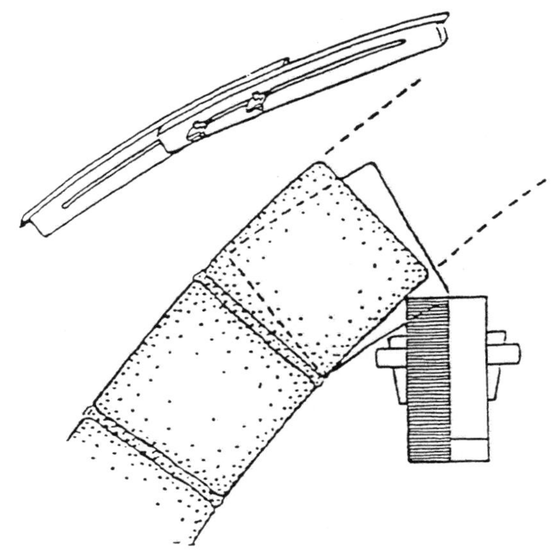

그림 9-2 비올레르뒤크가 주장한, 궁륭 설치 기간 동안 벽돌 층을 지지하는 것으로서의 '형판' 장치. 작게 그려진 그림은 비올레르뒤크의 묘사와 기술에 바탕을 둔 형판을 보여준다. 그것의 연장된 위치는 홈에 끼워진 판 하나가 다른 판과 어떻게 겹쳐지는가를 명확하게 나타낸다. (자세히 그려진 단면도를 보면) 궁륭 벽돌층의 돌들을 지지하며 수직으로 매달리면, 궁륭 어떤 부분의 벽돌도 정렬된 상태를 계속 유지할 수 없음을 볼 수 있다. 멀리 있는 판(세로로 그려진, 벽돌을 지지하고 있는 두 판 중 희게 그려진 것)에 기대는 벽돌(윤곽이 파선과 실선인 벽돌)은 가까운 판(가로선으로 채워 그려진 판)에 기대는 벽돌(윤곽이 실선인 벽돌)보다 훨씬 더 많이 기울어진다. 그러나 실제 대성당 궁륭에서는 이런 식의 단절은 나타나지 않으므로, 비올레르뒤크의 단호한 주장에도 불구하고 '형판'이 이런 형식으로 사용되지는 않았음이 명백하다. [Fitchen 1961, p. 101.]

여준다면, 그 사실은 그것이 체리 씨 제거 장치라는 가설에 반하는 것이다. 때때로 인공물은 원래의 기능을 잃고 새 기능을 갖게 되기도 한다. 사람들은 옷을 다리기 위해서가 아니라 책 버팀대(북엔드)나 문짝을 필 문버팀쇠로 사용하기 위해 구식의 인두형 다리미를 산다. 예쁜 잼 병은 필통으로 사용될 수 있고, 가재잡이 통발은 야외용 식물 재배통으로 재활용된다. 인두형 다리미는 오늘날의 다리미들과 그 성능을 비교해본다면 다림질보다는 책버팀대로 쓰이는 편이 훨씬 더 낫다. 그리고 오늘날의 Dec-10 메인프레임 컴퓨터[2]는 대형 보트를 계류시킬 아주 튼튼한 닻 역할을 솜씨 좋게 해낸다. 이런 전용轉用에서 자유로울 수 있는 인공물은 없다. 그것의 **원래** 목적이 현재의 형태에서 아무리 명징하게 읽힌다 해도, 그것의 새 목적이 원래의 목적과 단지 역사적 우연에 의해서만 연관될 수도 있다. 한물간 메인프레임 컴퓨터를 소유한 사람이 마침 닻을 절실하게 필요로 했고, 그래서 그 기회를 틈타 그 구식 컴퓨터를 닻 역할 안으로 욱여넣은 것처럼 말이다.

설계의 최적성에 관한 가정이 없다면 그러한 역사적 과정에 관한 단서는 쉽사리 읽히지 않을 것이다. 소위 '타이핑 전용 워드 프로세서'라고 불리는, 디스크 저장 장치와 전자 디스플레이 화면을 사용하지만 다목적 컴퓨터로는 사용할 수 없는, 싸고 휴대 가능하고 실제보다 미화된 타이핑 장치를 생각해보자. 이런 장치 중 한 대를 열어본다면, 그것이 8088칩 같은 범용 CPU(중앙 처리 유닛)—앨런 튜링이 생전에 보았던 가장 거대한 컴퓨터들보다 훨씬 더 강력하고 빠르며 다재다능한 전全 출력 컴퓨터—에 의해 제어되고 있음을, 그리고 그 CPU는 하찮은 업무를 하는 장치 안에 갇혀서 그것이 원래 수행할 **수 있었던** 일들의 극히 작은 부분만을 수행하고 있음을 알게 될 것이다. 보잘것없는 일을 하는 기계에서 왜 훨씬 과도한 기능을 지닌 칩이 발견될까? 화성인 역설계자들이 이를 보면 당황하겠지만, 물론 여기에도 간단한 역사적 설명이 존재한다. 컴퓨터 개발의 계보는 칩 제조가를 점진적으로 낮추어왔고, 마침내는 어떤 특별한 한 장치를 위한 특별한 목적의 제어 회로를 새로 만드는 것보다 범용 칩으로 작용하는 컴퓨터를 그 장치 안에 넣는 것이 더 저렴해지는 지점까지 오게 된 것이다. 이 설명은 역사적인 것이지만, 또한, 불가피하게, 지향적 태도에서 진행된다는 것에 주목해야 한다. 비용-편익 분석에서 장치를 그런 식으로 만드는 것이 **문제 해결을 위한**

---

2 [옮긴이] 디지털 이큅먼트 코퍼레이션(DEC)이 만든 PDP-10 컴퓨터를 말한다. 이 계열의 메인프레임 컴퓨터는 1966년부터 1980년대까지 제조되다가 단종되었다. 이 책이 집필될 당시에도 이미 컴퓨터로서의 기능을 할 수 없는 상황이었다.

최선의, 가장 싸게 먹히는 방식이라는 결과가 나왔다면, 타이핑 전용 워드 프로세서를 그런 방식으로 설계하는 것이 **현명한** 방법이 된다.

놀라운 것은, 지향적 태도가 인공물의 역설계뿐 아니라 유기체의 역설계에서도 얼마나 강력한가 하는 것이다. 6장에서 우리는, 강제된 수와 그렇지 않은 수(이를 '즉흥적 수'라고 부를 수도 있을 것이다)를 구분하는 데서 실용적 이유 추론의 역할—특히 비용-편익 분석—을 알아보았고, 대자연이 강제된 수들을 계속하여 "발견"할 것이라고 어떻게 예측할 수 있는지를 보았다. 그러한 "부유하는 합리적 근거"들을 자연선택의 무마음적 과정에게로 돌리는 발상은 어찌 보면 현기증 날 만큼 아찔한 일일 수 있지만, 그 전략의 결실들을 부정할 수는 없다. 7장과 8장에서 우리는 분자 수준부터 훨씬 더 상위 수준에 이르기까지 각 수준에서의 연구에 공학적 관점이 어떤 정보들을 주는지 보았다. 그리고 공학적 관점이 어떻게 **언제나** 더 좋은 것과 더 나쁜 것을 구별시켜주는지를 보았으며, 대자연이 그 구분을 위해 찾아내왔던 이유reason들도 알아보았다. 그러므로 지향적 태도는 생물학적 과거를 재구성하고자 하는 모든 시도에서 결정적인 레버다. '날개 달린 공룡'이라 불렸던, 지금은 멸종한, 새 비슷한 존재인 시조새Archaeopteryx는 정말로 이륙할 수 있었을까? 공중을 나는 행위는 화석 흔적을 남기지 않으므로 (고생물학적 입장에서는) 공중을 나는 행위만큼 덧없는 행위도 없을 것이다. 그렇지만 시조새의 발톱을 공학적으로 분석해본다면, 그들의 발톱이 **달리기**보다는 **나뭇가지에 앉기**에 더 뛰어나게 적응되어 있다는 것이 드러난다. 시조새 발톱의 곡률 분석을 날개 구조의 공기역학적 분석으로 보완해본 결과, 시조새가 비행에 맞게 **잘 설계되어 있음**이 꽤 명백하게 드러났다.(Feduccia 1993) 따라서 시조새가 날았거나 그들에게 날았던 조상이 있었다는 것이 거의 확실해졌다. (우리는 워드프로세서 안의 컴퓨터 CPU처럼, 과잉의 기능성이 지속되었을 가능성을 잊어서는 안 된다.) 시조새가 날았다는 가설은 아직 모든 전문가들이 만족할 정도로 완전히 입증된 것은 아니지만, 그 가설은 화석 기록을 더 자세히 조사해야만 답할 수 있는 많은 심화된 질문들을 제기하며, 그러한 질문들이 추구될 때 증거는 그 가설에 유리해지기 시작하거나 불리해지기 시작할 것이다. 그 가설은 시험 가능하다.

역공학이라는 레버가 단지 과거 역사의 비밀을 캐내기 위한 것만은 아니다. 그 레버는 상상도 할 수 없는 현재의 비밀들을 예측하는 예측자로 작동될 때 훨씬 더 극적이다. 색은 왜 있는가? 색 부호화color-coding는 대개 최근의 공학적 혁신으로 간주되지만, 그렇지 않다. 대자연은 그것을 훨씬 더 오래전에 발견했다. (이에 대한 더 상세한 논의는 나의 1991년 저작[1991a]의 '색은 왜 존재하는가' 부분[pp. 375-83]을 참고하라.) 우리는 이런 지식을 카를 폰 프리슈Karl von Frisch에 의해 물꼬가 트인 일련의 연구들 덕분에 알게 되었다. 리처드 도킨스가 지적하듯이, 폰 프리슈는 이 연구의 첫 수를 두기 위해 역설계에서의 대담한 실험을 사용했다.

> 폰 프리슈(1967)는 폰 헤스von Hess의 권위 있는 전통적 견해에 반대하며, 통제된 실험을 통해 어류와 꿀벌의 색각colour vision을 결정적으로 시연했다. 그런 실험에 착수할 수 있었던 것은 그가 통념들을, 이를테면 꽃에 색이 있는 데에 아무 이유가 없거나 아니면 단순히 사람들 보기에 좋으라고 꽃이 색을 가졌다는 믿음을 거부했기 때문이다. 〔Dawkins 1982, p. 31.〕

신체가 충분히 스트레스나 고통을 받을 때 우리가 모르핀과 유사한 물질인 엔도르핀을 만들어낸다는 것—예를 들어, "러너스 하이runner's high" 상태를 만들어내는 것—이 위와 비슷한 추론에 의해 밝혀졌다. 이 추론은 폰 프리슈의 추론을 거꾸로 한 것에 해당한다. 과학자들은 강력한 진통 효과를 지니는 모르핀에 매우 특화된 수용체를 뇌 안에서 발견했다. 역설계는 주장한다. 아주 특별한 자물쇠가 있다면 그에 꼭 맞는 아주 특별한 열쇠도 틀림없이 있을 거라고. 자, 그렇다면 엔도르핀의 발견은 어떤 과정을 통해 진행될 수 있을지 한번 보기로 하자: **그 수용체가 왜 여기 있는 겁니까?** (대자연은 인류가 모르핀을 추출하여 발전시키리라는 선견지명을 가질 수 없다!) 특정 조건들 아래서 체내에서 만들어진 어떤 분자들, 즉 이런 자물쇠에 꼭 맞는 열쇠가, 그러니까 그 열쇠를 받아들이도록 자물쇠가 설계되게 한, 그런 열쇠가 있음이 틀림없기 때문입니다. 그렇다면 그 수용체에 꼭 맞으며 모르핀 주사를 맞는 것이 이로운 상황 아래서 만들어지는 분자를 찾으십시오! 유레카! 내생적endogenously으로 만들어지는 모르핀—엔도르핀—이 발견되었습니다!

훨씬 더 기만적인, 셜록 홈스가 쓸 법한 추론 도약들도 실행되어왔다. 예를 들어, 여기 일반적인 미스터리가 있다. "왜 어떤 유전자들은 모계 유전인지 부계 유전인지에 따라 발현 패턴이 달라지는가?"(Haig and Graham 1991, p. 1045) 이 현상—유전체 판독 기계가 결과적으로 부계 쪽 텍스트에 **더 주의를 기울이**거나 모계 쪽 텍스트에 더 주의를 기울이는 현상—은 **유전체 각인**genomic imprinting으로 알려져 있으며(더 일반적인 설명은 Haig 1992를 보라), 특별한 경우들에서 일어나는 것으로 확인되고 있다. 그 특별한 경우들의 공통점은 무엇일까? 헤이그와 웨스토비Haig and Westoby(1989)는, 유전체 각인이 어떤 특별한 유기체에서만 발견될 것이라고 **예측**하면 그 일반적인 미스터리가 풀린다고 주장하는 모형을 개발했다. 그들이 말하는 그 특별한 유기체란 "암컷이 평생 둘 이상의 수컷과 교미하여 새끼를 낳고, 그 새끼가 수정된 후 부모 중 한쪽(대개 어미)으로부터 대부분의 영양을 공급받는 양육 체계를 지니며, 따라서 어미와 체내의 새끼(다른 수컷[들]의 정자와 수정된)가 경쟁을 벌이게 되는" 생물이다. 이러한 상황에서는, 모계 유전자와 부계 유전자 간에 상충하는 바—부계 유전자는 어미의 몸을 가능한 한 남김없이 이용하려는 경향이 있지만, 모계 유전자는 이를 거의 자살 행위로 "볼" 것이다—가 존재하게 될 것이고, 이는 관련된 유전자들이 줄다리기에서 결국 한쪽의 편을 드는 결과를 낳게 하며, 따라서 유전체 각인이라는 결과가 나오리라고 그들은 추론했다.

작동하고 있는 모형을 살펴보자. "인슐린 유사 성장인자 IIInsulin-like Growth Factor II"(IGF-II)라는 단백질이 있는데, 이 단백질은 그 이름이 시사하듯, 성장 촉진제이다. 그리고 놀랍지 않게도, 많은 종의 유전자 레시피는 배아가 발달하는 동안 많은 양의 IGF-II가 생성되도록 지시한다. 하지만 모든 기능하는 기계들이 그러하듯, IGF-II도 일을 하기 위해서는 적절한 지원이 이루어지는 환경이 필요하며, 이 경우 IGF-II는 "제1형 수용체들type 1 receptors"이라 알려진 도우미 분자를 필요로 한다. 지금까지의 이야기는 엔도르핀 이야기와 다를 바 하나 없다. 우리는 한 종류의 열쇠(IGF-II)와 그것에 꼭 들어맞으며 명백하게 중요한 역할을 수행하는 한 종류의 자물쇠(제1형 수용체들)를 지니고 있다. 그러나, 예를 들어, 생쥐에서는 다른 종류의 자물쇠(제2형 수용체들type 2 receptors)도 IGF-II와 들어맞는다. 이 두 번째 자물쇠는 무엇을 위한 것일까? 보아하니 그 무엇을 위한 것도 아닌 것 같다. 그것들은 다른 종의 생물(예를 들면 두꺼비)의 세포 안에서 "쓰레기 처리"를 맡은 분자들의 후손이지만, 이는 그것들이 생쥐 안에서 IGF-II에 결합할 때 작동하는 방식이 아니다. 그럼 그것들은 왜 거기 있는가? 물론, 그것들이 쥐를 만드는 유전적 레시피의 "명령을 받고" 있기 때문이지만, 여기에 숨길 수 없는 반전이 있다. 염색체에 대한 모계 기여와 부계 기여는 모두 제2형 수용체들을 만들 수 있는 레시피 지침을 가지고 있는 반면, 그 지침들은 모계 염색체로부터 **우선적으로 발현된다**. 왜? 너무 많은 성장 촉진제를 생기게 하는 레시피의 지침을 상쇄하기 위해서. 제2형 수용체들은 부계 염색체가 뱃속 새끼에게 쏟아부을 수 있는 모든 과도한 성장 촉진제를 흡수—"포획하여 분해"—하기 위해 존재한다. 제2형 수용체들의 이런 활동이 없다면 부계 염색체는 뱃속 새끼에게 성장 촉진제를 과도하게 주입할 것이다. 생쥐는 암컷이 한 마리보다 많은 수컷과 짝짓기를 하는 경향이 있는 종이기 때문에, 실제로 수컷들은 암컷의 자원을 착취하기 위해 암컷과 경쟁하며, 이 경쟁에서 암컷은 자신을 (그리고 자신들의 유전적 기여를) 보호해야만 한다.

헤이그와 웨스토비의 모형은 생쥐에서 유전자들이 진화하여 이러한 착취로부터 암컷을 보호하게 되었으리라고 예측하며, 실제로 이런 각인이 확인된 바 있다. 그에 더해, 그들의 모형은 제2형 수용체들은 생쥐에서와 같은 유전적 충돌이 일어날 수 없는 종에서는 그러한 방식으로 작동할 수 없을 것이라는 예측도 내놓았다. 예를 들어, 제2형 수용체들은 닭에서는 그런 방식으로 작동하지 않는데, 이는, 새끼들이, 그들의 난자들이 얼마나 많은 노른자를 공급받는가에 영향을 미치지 못하여, 따라서 줄다리기 자체가 결코 시작될 수 없기 때문이라고 헤이그와 웨스토비는 설명한다. 아니나 다를까, 닭에서는 제2형 수용체가 IGF-II와 결합하지 않는다. 버트런드 러셀은 정직한 노동에 비해 절도가 모든 이점들을 지닌다는 어떤 불법적 논쟁 같은 형식의 글을 능청스럽게 쓴 적이 있다. 그리고 열심히 일하고 있는 분자생물학자의 연구실에 헤이그 같은 사람이 갑자기 들이닥쳐서 사실상 "가서 저 바위 밑을 살펴보세요! 장담컨대, 이러이러한 모양의 보물을 찾을 수 있을 겁니다!"에 해당하는 말을 한다면, 그 모습을 보는 분자생물학자에게는 질투와 시기의 감정이 일어날 테고, 우리는 그 감정에 공감할 수 있다.

그렇지만 그것이 헤이그가 할 수 있었던 일이다. 그는 1억 년에 걸친 포유류 설계의 게임에서 대자연이 두었을 수를 예측한 것이다. 그는 가능했던 모든 행마들 중에서 바로 그 수에 좋은 이유가 있었다고 보았으며, 따라서 바로 그 수가 발견될 것이라고 예측했다. 앞에서 보았던 라이프 게임에서 가능했던, 이와 상응하는 도약과 비교해본다면, 그러한 추론이 행하는 도약의 스케일이 얼마나 큰지를 가늠할 수 있다. 라이프 세계의 가능한 거주자들 중 하나는 수조 개의 픽셀로 이루어진 범용튜링기계라는 것을 상기하라. 범용튜링기계는 계산할 수 있는 어떤 기능이든 다 계산할 수 있으므로, 체스도 둘 수 있다. 당신이 좋아하는 체스 두는 컴퓨터의 체스 프로그램을 단순히 흉내 냄으로써 말이다. 자, 이제 그런 존재자가 라이프 게임의 평면을 점유하고 있고, 새뮤얼의 컴퓨터가 자기 자신과 체커를 두었던 것과 마찬가지로, 자기 자신과 체스 대국을 한다고 가정해보자. 점dot들이 구성하는 배열은 이 경이로움을 성취하고 있지만, 그런 위력을 지닌 배열이 존재할 수 있다는 것을 전혀 알지 못하는 사람은 그 배열을 보고 있어도 자신이 무엇을 보고 있는지 명확히 알 수 없을 것이 확실하다. 그러나 검은 점들의 그 거대한 배열이 체스 게임 중인 컴퓨터라는 **가설을 가진** 사람의 관점에서 보면, 그가 지금 보고 있는 구성의 미래를 예측할 매우 효율적인 방식들을 이용할 수 있게 될 것이다.

당신이 획득할 수 있는 절약을 고려해보자. 처음에 당신은 수조 개의 픽셀들이 반짝였다 꺼지는 화면을 마주하게 될 것이다. 당신은 '라이프 물리학'의 규칙 하나를 알고 있으므로, 원한다면 화면 각 지점이 어떻게 변하는지를 하나하나 수고스레 계산할 수도 있다. 그러나 그렇게 계산한다면 그다음 순간의 화면이 어떤 모습이 될지 예측하는 데 수 이언의 시간이 걸릴 것이다. 비용 절감의 첫 번째 단계는, 개별 픽셀에 대한 생각에서 '글라이더', '포식자', '정물' 등에 대한 생각으로 사고를 전환하는 것이다. 그렇게 하면, 글라이더가 포식자에게 접근하는 것을 보게 될 때, 픽셀 수준의 계산을 하느라 고생하지 않고도 "네 세대를 넘기지 못하고 글라이더가 잡아 먹히겠군" 하고 쉽사리 예측할 수 있게 된다. 그리고 두 번째 단계는, 글라이더를 거대한 튜링기계의 "테이프" 위의 기호들로 여기는 것으로 생각을 전환한 후, 그 배열에 대해 더 높은 수준인 설계적 태도를 취함으로써 튜링기계**로서의** 그것의 미래를 예측하는 것이다. 이 수준에 이르면 당신은 체스 두는 컴퓨터 프로그램의 "기계어"를 "손으로 시뮬레이트"하게 되는데, 이는 예측 산출에 있어 아직 지루한 방식이긴 하지만 그래도 물리학을 이용하여 예측하는 것보다는 엄청나게 더 효율적이다. 세 번째 단계이자 훨씬 더 효율적인 단계는, 체스 두기 프로그램 자체의 세부 사항들은 무시하고, 그것이 무엇이든, **좋은 것**이라고 가정하는 것이다! 이는, 글라이더들과 포식자들로 이루어진 튜링기계에서 실행되는 체스 두기 프로그램이 합법적인 체스를 둘 뿐 아니라, 합법적 체스를 잘 둔다고 가정할 수 있다는 뜻, 즉 그것이 좋은 수들을 찾도록 잘 설계되어 있다고(어쩌면 그것은, 새뮤얼의 체커 프로그램이 했던 방식으로 자신을 스스로 설계했을 수도 있다) 가정할 수 있다는 뜻이다. 이렇게 가정한다면, 체스판 위에서의 위치, 가능한 체스 행마들, 그리고 그것들을 평가하기 위한 근거들로, 다시 말하자면 이유들에 대한 추론으로 사고를 전환할 수 있게 된다. 이렇게 사고하는 것이 바로 지향적 태도이다.

배열을 볼 때 지향적 태도를 채택함으로써, 당신은 이제 체스에서 이런저런 수를 두며 체크메이트를 달성하려는 지향적 행동들을 수행하는 체스 경기자**로서** 그 배열의 미래를 예측할 수 있다. 그러려면 일단, 무슨 픽셀 배열이 무슨 기호로 간주되는지 알게 해줄 해석 체계를 파악해야 한다. 즉 어떤 글라이더 패턴이 "QxBch"(퀸이 비숍을 잡았다; 체크[3])라고 읽히는지를 비롯한 체스 행마들의 기호를 나타내는 배열을 익혀야 하는 것이다. 그렇지만, 그렇게 하고 나면 그 해석 체계를 이용하여 (라이프 은하Life galaxy에서 떠오를) 다음 배열은 이러이러한 글라이더의 흐름(예를 들면 "RxQ"[룩이 퀸을 잡았다])일 것이라고 예측할 수 있다. 튜링기계에서 수행되는 체스 프로그램은 완전히 합리적인 것과는 거리가 멀기 때문에 위험이 수반되며, 다른 수준에서는, 그 장면 위로 파편들이 돌아다니면서, 튜링기계가 게임을 끝내기 전에 튜링기계 배열을 "파손"할 수 있다. 하지만 모든 것이 정상적으로 진행되고 당신이 올바로 해석한다면 당신은 이렇게 말하면서 친구들을 놀라게 할 수 있다. "내 예측으로

3 [옮긴이] 체스에서 킹을 공격할 수 있는 위치로 기물이 가게 되는 것을 '체크'라 한다.

는, 이 라이프 은하에서 다음 순간의 글라이더 흐름은 위치 L에서 나타날 거야. 처음엔 싱글톤이 나타나고, 그다음엔 3인조가 나올 테고, 그다음엔 다른 싱글톤이 나올 거고 …… " 도대체 어떻게 바로 그때 그 특정한 "분자적" 패턴이 나오리라고 예측할 수 있었을까?[4]

달리 말하자면, 라이프 세계의 그러한 배열에는 실제의, 그러나 (잠재적으로) 화려한 패턴들이 아주 많이 있으며, 당신이 운이 좋거나 올바른 관점을 재빨리 생각해낼 수 있을 만큼 똑똑하다면 그중 적절한 것을 선발할 수 있을 것이다. 그것들은 **시각적** 패턴이 아니라, **지능적** 패턴이라고 말할 수 있다. 컴퓨터 화면 앞에서 실눈을 뜨고 보거나 머리를 비틀어 봤자 도움이 되기 힘든 반면, 비현실적이며 기발한 해석(또는 콰인이 "분석적 가설analytical hypotheses"이라 부르는 것)을 내놓으면 어쩌면 금광을 발견하게 될 수도 있다. 그러한 라이프 세계에서 그 관찰자를 마주칠 기회는 새로운 암호 텍스트 조각을 바라보는 암호학자와 마주치거나 망원경으로 슈퍼볼 게임을 보고 있는 화성인을 대면할 기회와 유사한 수준으로 낮다. 화성인이 패턴 읽기에 적합한 수준에서 지향적 태도—또는 통속심리학folk psychology[5]이라 알려진 것—를 취하며 슈퍼볼 게임을 본다면, 사람이라는 입자들과 팀이라는 분자들로 이루어진 시끌벅적한 혼란함으로부터 형태들이 쉽게 드러나 보일 것이다.

2차원의 체스 두는 컴퓨터의 은하를 향해 지향적 자세를 채택할 때 정보는 어마어마한 스케일로 압축된다: '백White'의 가능한 (최선의) 행

---

4 궁금하다면, 내 방법을 알려주겠다. 나는 "RxQ"를 모스 부호로 철자화한다. "R"은 모스부호로 ·—· 이고, 3인조 글라이더는 —로 간주된다.

5 1981년, 나는 지향적 태도를 취할 수 있는, 자연스럽고 또 어쩌면 일부는 선천적인 인간의 재능을 칭할 수 있는 이름으로 "통속심리학"이라는 용어를 도입했다. 배런코언Baron-Cohen의 1995년 저작은 현재 상황에 매혹적인 기여를 했다. 철학자들과 심리학자들은 그런 재능에 대한 나의 분석보다 그런 재능이 존재한다는 것에 더 많이 동의하고 있다. 예를 들어, Greenwood 1991, 그리고 Christensen and Turner 1993을 보라. 그리고 나의 설명을 알고 싶다면 Dennett 1987b, 1990b, and 1991b를 보라.

마는 무엇인지를 머릿속으로 알아내는 것과 수조 개 픽셀의 수십만 세대에 걸친 상태를 계산하는 것의 차이를 생각해보라. 그렇지만 절약되는 정보의 스케일이 우리 자신의 라이프 세계에서의 것보다는 정말로 크지 않다. 당신이 누군가에게 벽돌을 던진다고 해보자. 그럼 그가 몸을 숙일 것이라는 예측은 통속심리학 또는 지향적 태도로부터 쉽게 도출된다. 반면에 당신이 벽돌에서 당신 눈으로 들어오는 광자들을 추적하고 시신경에서 운동신경으로 가는 신경전달물질들을 추적하는 등등의 과정을 통해서 그 예측을 도출하려 한다면, 그것은 현재에도, 그리고 언제나 몹시 처리하기 어려운 일이 될 것이다.

물리적 태도를 채택하여 그처럼 방대한 계산적 지렛대의 힘을 사용하면 오류로 인한 터무니없이 큰 대가를 치르지 않을 준비를 갖출 수도 있겠지만, 실제로 지향적 태도는 제대로 사용하기만 하면 극도로 믿을 만한 예측을 허하는 기술description 시스템을 제공한다. 사람의 지성적인 움직임을 예측할 때뿐 아니라 유기체들을 설계한 "지성적 행위" 과정에 관해 고찰할 때도 마찬가지다. 이 모든 것은 윌리엄 페일리의 마음을 따뜻하게 해줄 것이다. 그렇지만 우리는 간단하고 도전적인 논증을 내놓음으로써 페일리를 비롯한 회의론자들에게 입증의 책임을 지울 수 있다: 생물권에 설계가 없었다면 지향적 태도는 어떻게 **작동할** 수 있었을까? 심지어 우리는 생물권에서의 설계에 대한 대략적인 척도도 얻을 수 있는데, 이는 가장 낮은 수준인 물리적 태도(이는 설계가 없다고 가정하는 것인데, 음, 우주의 진화를 어떻게 다루느냐에 따라 설계가 '거의' 없다고 가정하는 것일 수도 있겠다)로 예측을 하는 비용과, 그보다 높은 수준, 즉 설계적 태도 및 지향적 태도로 예측을 하는 비용을 비교함으로써 가능하다. 추가되는 예측 지렛대, 불확실성의 축소, 거대한 탐색 공간이 몇 가지 최적 경로 또는 최적에 가까운 경로로 축소되는 것 등은 세계에서 관찰 가능한 설계의 척도이다.

이런 식의 추론을 생물학자들은 **적응주의**adaptationism라고 부른다.

가장 저명한 비판자들 중 한 명은 이를 "모든 특성이 직접적인 자연선택에 의해 가장 적응된 상태로 확립된다고, 즉 환경이 제기한 '문제'에 대한 최적의 '해법'으로서의 상태로 확립된다고 **가정함**으로써 진화의 사건들을 예측하거나 재구성하는, 진화생물학에서 증가하고 있는 경향"이라 정의했다.(Lewontin 1983) 이러한 비판자들은, 적응주의가 생물학에서 **몇몇** 중요한 역할을 하고 있음에도 불구하고, 실제로 중심적 역할을 하거나 편재하는 경향은 아니며, 사실 우리는 적응주의적 생각과 다른 방식의 생각 사이에 균형을 맞추려고 노력해야 한다고 주장한다. 그러나 나는, 자기 복제하는 최초의 거대분자 생성에서부터 모든 스케일의 모든 생물학적 사건들을 분석하는 데 있어 적응주의가 결정적인 역할을 하고 있다는 것을 보여주어왔다. 적응주의적 추론을 그만둔다면, 예를 들어, 우리는 진화의 일어남 자체에 관한 최고의 교과서적 논증을 포기해야 할 것이다(나는 마크 리들리의 표현[p. 136]을 인용했다). 광범위하게 존재하는 상동을, 그러니까 기능적으로는 필요하지 **않은** 설계들의 의심스러울 정도의 유사성 등을 제대로 설명하지 못하게 되는 것이다.

적응주의적 추론은 선택 사항이 아니다. 그것은 진화생물학의 심장이자 영혼이다. 물론 적응주의적 추론이 보완될 수도 있고 결함이 수리될 수도 있지만, 적응주의를 생물학의 중심 위치에서 다른 곳으로 **밀어내버리려는** 생각은 다윈주의를 몰락시키겠다는 생각일 뿐 아니라 현대 생화학과 의학 및 생명과학의 모든 것을 붕괴시키겠다는 생각이기도 하다. 그런 연유로, 스티븐 제이 굴드와 리처드 르원틴의, 종종 인용되고 종종 중쇄되는, 그렇지만 엄청나게 오독되고 있는 고전적 논문 〈산 마르코 성당의 스펜드럴과 팡글로스 패러다임: 적응주의 프로그램에 대한 비판The Spandrels of San Marco and the Panglossian Paradigm: A Critique of the Adaptationist Programme〉(1979)이 많은 독자들에게 적응주의에 대한 가장 유명하고도 영향력 있는 비판이라고 받아들여지고 있다고 정확히 해석된다는 것은 좀 놀라운 일이다.

2. 라이프니츠 패러다임

모든 가능 세계 중에서 그 어떤 것도 다른 것들보다 낫지 않다면, 신은 결코 단 하나의 세계도 창조하지 않았을 것이다.

—고트프리트 빌헬름 라이프니츠(1710)

적응에 관한 연구는 자연사의 매혹적인 파편들에 대한 선택 가능한 선입견이 아니다. 그것은 생물학 연구의 핵심이다.

—콜린 피텐드리히Colin Pittendrigh(1958, p. 395)

라이프니츠는 이 세계가 모든 가능 세계들 중 최고라는 두드러진 주장을 제시한 것으로 악명이 높다. 그의 주장은 멀리서 보면 말도 안 되는 엉뚱한 것으로 보인다. 그러나 우리가 이미 살펴보았듯이 그의 주장은 심오한 질문들, 그러니까 '가능 세계란 무엇인가' 및 '그것의 실제성이라는 사실로부터 실제 세계에 관한 무엇을 추론할 수 있는가' 같은 질문에 흥미로운 빛을 비추어주는 것으로 드러났다. 《캉디드Candide》에서 볼테르Voltaire는 라이프니츠의 유명한 캐리커처 '팡글로스 박사'를 만들었다. 팡글로스 박사는 재난이나 기형—리스본 지진에서부터 성병性病에 이르기까지—을 합리화하고, 또 의심할 바 없이, 그것이 최선의 것임을 보여줄 수 있었던, 학식 있는 바보였다. 사실, **원리적으로는** 이 세계가 모든 가능 세계들 중 최고가 아니라는 것을 증명할 방법은 없다.

굴드와 르원틴은 적응주의의 과잉을 외기 쉽게 "팡글로스 패러다임"이라 불렀고, 적응주의를 우스꽝스러운 것으로 만듦으로써 진지한 과학의 무대에서 끌어내리려고 노력했다. 진화 이론에서 "팡글로스적"이라는 단어를 비판을 위한 용어로 이용한 최초의 사람이 그들은 아니었다. 진화생물학자 J. B. S. 홀데인J. B. S. Haldane은 나쁜 과학적 논증의 유명한 세 가지 "정리theorem" 목록을 만들었으며, 이는 다음과 같다. (1) 벨만의 정리: "내가 너에게 세 번 말하는 것은 사실이다(루이스 캐럴Lewis Carroll의 〈스나크 사냥The Hunting of the Snark〉에서)", (2) 조비스카 아주머니의 정리: "그것은 전 세계가 알고 있는 사실이다(에드워드 리어Edward Lear의 〈발가락 없는 포블The Pobble Who Had No Toes〉에서)", (3) 팡글로스의 정리: "모든 가능 세계들 중 최선의 것인 이 세계에서는 모든 것이 최선이다(《캉디드》에서)". 존 메이너드 스미스는 그중 마지막의 것을 특히 명확한 용처에 사용했는데, 그는 "자연선택이 개별 '개체'들의 수준에 작용하는 적응보다 '종 전체'에 좋은 적응들을 선호한다는, 오래된 팡글로스적 오류"라고 명명했다. 그 후에는 "진화론의 논쟁에서 '팡글로스의 정리'라는 말이 (이 말이 포함된 글은 지금도 출판되고 있지만, 내 생각에는, 그리고 나 혼자 생각하기에는, 홀데인의 발언에서 빌린 것 같다) 적응적 설명들에 대한 비판으로서가 아니라 특히 '집단선택론자'들의 주장, 즉 평균 적합도 최대화 주장에 대한 비판으로 처음 쓰인 것은 아이러니한 일이다"라고 논평했다.(Maynard Smith 1988, p. 88) 그러나 메이너드 스미스는 명백히 틀렸다. 최근 굴드는 생물학자 윌리엄 베이트슨William Bateson(1909)이 사용했던 훨씬 더 초기의 용례에 주목하고 있다. 그 용어를 쓰고자 했을 때 굴드는 베이트슨이 이미 사용한 적이 있었다는 사실을 몰랐다. 나중에 굴드(1993a, p. 312)가 말했듯이, "이 수렴은 놀랍지 않다. 팡글로스 박사가 이런 형식의 조롱을 위한 표준적인 제유[6]이기 때문"이다. 6장에서 보았듯이, 두뇌의 소산이 더 적절하거나 더 적합할수록, 그것이 둘 이상의 뇌에서 독립적으로 태어났을 (또는 빌려졌을) 가능성이 더 커진다.

볼테르는 팡글로스를 라이프니츠의 패러디로서 창조했고, 좋은 패러디들이 으레 그렇듯, 라이프니츠에게 불공평한 쪽으로 과장되어 있

---

6 [옮긴이] 일부를 통해 전체를 나타내는 기법을 말한다.

다. 굴드와 르원틴은 적응주의를 공격하는 논문에서 적응주의의 캐리커처를 그와 비슷하게 만들었다. 이 두 추론의 동등성은, 우리가 만약 그 캐리커처로 인한 손상을 되돌리고 적응주의를 정확하고 건설적인 방식으로 묘사하고자 했다면, 우리도 기성 관념을 사용할 수 있었으리라는 것을 보여준다. 우리는 적응주의를, 정직하게 숙고한 후에, "라이프니츠 패러다임"이라 부를 수 있었을 것이다.

굴드와 르원틴의 논문은 학계에 기이한 영향을 끼쳤다. 철학자들을 비롯한 인문학자들 중 그 논문을 들어본 사람은 물론이고 심지어 읽어보기까지 한 사람들도 그것이 **적응주의에 대한** 일종의 **반박**이라고 여기고 있으며, 이런 경향은 널리 발견된다. 사실, 나는 그런 경향이 존재한다는 것을 제리 포더Jerry Fodor(내 지향적 태도 논의를 평생에 걸쳐 비판해온 철학자이자 심리학자)를 통해 처음 알게 되었는데, 그는 내가 말하고 있는 적응주의가 '순진한 적응주의'라고 지적했고(이에 대해서는 그가 옳았다), 전문가라면 모두 알고 있었던 것을 내게 알려주었다. 굴드와 르원틴의 논문이 적응주의가 "완전히 파산"했음을 보여주었다는 것 말이다. (지금도 출판되고 있는 포더의 관점에 대한 예를 알고 싶다면 Fodor 1990, p. 70을 보라.) 그러나 내가 직접 조사해본 결과, 그렇지 않다는 것을 알게 되었다. 1983년 나는 학술지 《행동과학과 뇌과학Behavioral and Brain Sciences》에 〈인지행동학에서의 지향계Intentional Systems in Cognitive Ethology〉라는 논문을 발표했다. 그리고 그것이 그 추론에 있어 당당하게도 적응주의적이었기 때문에, 나는 "옹호된 '팡글로스 패러다임'The 'Panglossian Paradigm' Defended"이라는 코다coda를 포함시켰다. 그 코다는 굴드와 르원틴의 논문을 비판하고, 특히, 그 논문을 둘러싼 기괴한 신화를 더 비판하는 것이었다.

결과는 흥미로웠다. 《행동과학과 뇌과학》에 게재되는 모든 논문에는 관련 분야 전문가들이 쓴 수십 편의 논평들이 수반되는데, 내 논문은 진화생물학자, 심리학자, 행동학자, 철학자 등의 표적이 되었다. 대부분의 논평은 우호적이었지만, 일부는 눈에 띄게 적대적이었다. 한 가지는 분명했다. 적응주의 추론을 불편해했던 사람들이 몇몇 철학자와 심리학자만이 아니었다는 것. 나의 편에 서서 열정적으로 거들어준 진화 이론가들(Dawkins 1983b, Maynard Smith 1983)도 있었지만, 반격한 이(Lewontin 1983)도 있었고, 굴드와 르원틴이 적응주의를 반박하지 않았다는 내 의견에는 동의하면서도, 최적성 가정들—모든 진화적 사고에서 필수적인 요소라고 내가 주장했던—의 표준을 경시하는 데 열의를 기울이는 사람들도 있었다.

나일스 엘드리지Niles Eldredge(1983, p. 361)는 기능형태학자들의 역설계에 관해 논의했다: "받침점, 힘 벡터 등에 대한 분석, 즉 살아 있는 기계로서의 생물 해부에 관한 이해를 보게 될 것이다. 이들 중 어떤 것들은 매우 좋다. 그러나 어떤 것들은 극도로 끔찍하다." 그는 좋은 역설계의 사례로, 현재의 투구게를 쥐라기 선조들과 비교한 댄 피셔Dan Fisher(1975)의 연구를 인용했다.

> 쥐라기의 투구게도 등을 아래로 하고 헤엄쳤다고 가정하면, 그들이 등을 해저면과 거의 평행하게(0~10도의 각도로) 놓고 헤엄쳤으며 초속 15~20센티미터라는 다소 빠른 속도로 헤엄쳤음이 틀림없다는 것을 피셔는 보여주었다. 따라서 현대 투구게와 그들의 1억 5000만 년 전 조상들의 약간의 해부학적 차이가 지니는 '적응적 중요성'은 그들의 약간 다른 수영 능력의 차이에 대한 이해로 해석된다. (솔직하게 말해서, 나는 피셔가 그의 논증에 최적성을 사용했다는 것을 일러두어야만 한다: 그는 그 두 종 간의 차이를 일종의 트레이드-오프로 본다. 쥐라기 수영 선수는 동일한 해부학적 부분을 사용하여 굴을 파는 능력이 오늘날의 친척들보다 덜 효율적이었으리라고 보인다는 것이다.) 어쨌든, 피셔의 연구는 기능형태학적 분석의 정말로 좋은 후보로 꼽힌다. 적응이라는 개념은, 가치는 없지만 보기엔 엄청나게 화려하고 정

교한 개념적 금은 세공 같은 것이다. 연구에 동기를 부여하는 역할을 할 수는 있지만, 연구 자체에는 중요하지 않다. 〔Eldredge 1983, p. 362.〕

그러나 사실 피셔의 연구에서 최적성 가정의 역할은—엘드리지가 인정했던 명백한 역할을 넘어서서—연구의 정수라 할 만큼 너무도 "중요하고" 또 어디에나 있는 것이었기에 엘드리지는 그것을 완전히 간과했다. 예를 들어, 쥐라기의 투구게들이 초속 15~20센티미터로 헤엄쳤다는 피셔의 추론은 그 게들이 **자신들의 설계에 최적인 속력으로** 헤엄쳤다는 잠정적인 전제 아래 이루어진 것이다. (그들이 헤엄을 치기나 했는지를 그는 어떻게 알 수 있을까? 아마도 그들은 자기 몸 형태의 과도한 기능성을 의식하지 않은 채 그냥 누워 있었을 것이다.) 이 잠정적인 (그리고, 물론, 완전히 명백한) 전제가 없었다면 쥐라기 변종들의 실제 수영 속력이 얼마인지에 관한 결론을 전혀 도출하지 못했을 것이다.

마이클 기셀린(1983, p. 363)은 이 뻔하지 않으면서도 명백한 의존성을 훨씬 더 솔직하게 부인했다.

> 팡글로스주의는 잘못된 질문, 즉 무엇이 좋은가를 묻기 때문에 나쁘다. …… 대안은 그러한 목적론을 전체적으로 완전히 거부하는 것이다. '무엇이 좋은가?'를 묻는 대신, 우리는 '무엇이 일어났는가?'를 묻는다. 새 질문은 옛 질문이 해주리라 기대할 수 있었던 모든 것을 해내고, 그 외의 더 많은 것을 해낸다.

그는 자신을 속이고 있었다. "(생물권에서) 무슨 일이 일어났는가"라는 질문에 대한 답은, 무엇이 좋은가라는 가정에 결정적으로 의존하지 않는다면, 거의 하나도 얻을 수 없다.[7] 조금 전에 살펴보았듯이, 적응주의를 취하지 않고는, 그리고 지향적 태도를 취하지 않고는 상동의 개념을 이용할 수조차 없다.

그렇다면 무엇이 문제인가? 문제는, 좋은—대체 불가능한—적응주의와 나쁜 적응주의를 어떻게 구별할 것인가, 즉 라이프니츠와 팡글로스를 어떻게 구별할 것인가이다.[8] 굴드와 르원틴의 논문이 (진화학자가 아닌 사람들에게) 보기 드문 영향을 미친 이유 중 하나는 그 논문이 풍부하고 과장된 미사여구로 그들의 주장을 표현했기 때문이며, 엘드리지는 그들의 그런 수사법(웅변술)을 가리켜 생물학자들 사이의 적응주

7 나의 단언은 공유되는 "특징들"과 공유되지 않은 "특징들"에 대한 통계적 분석으로부터 역사를 도출한다고 말하는 분기학자cladist들의 주장에 정면으로 위배되는 것 아닌가? (철학적 조사와 논의는 Sober 1988을 보라.) 그렇다. 위배된다고 나는 생각한다. 그리고 그들의 논증들에 대한 (주로 소버의 분석을 경유한) 나의 검토는, '그들이 스스로 만들어낸 어려움은, 전적으로는 아니라 해도 대부분이, 적응주의 시각으로는 완전히 명백한 건전한 추론을 도출하는 데 비적응주의적 방법을 찾으려고 그토록 열심히 노력하는 데 기인한다'는 것을 보여준다. 예를 들어, 적응과 관련된 말을 삼가는 분기학자들은 물갈퀴가 있는 발을 가지는 것이 좋은 "특징"이고 더러운 발dirty feet을 가지는 것은 (조사했을 때) 그렇지 않다는 명백한 사실을 마음대로 이용할 수 없다. 신체 부위들의 지리학적 궤적에 관한 완전히 해석되지 않은 언어로 정의된 "행위"를 설명하고 예측할 수 있는 것처럼 행동했던 행동주의자들처럼 탐색하고 먹고 숨고 추적하는 등등의 진정한 기능주의적 언어를 사용하는 대신, 그런 것들을 자제하는 분기학자들은 복잡한 이론의 장엄한 체계들을 만들어낸다. 그들이 한쪽 손을 등 뒤로 묶은 채 그런 일들을 하고 있다는 것은 분명 놀라운 일이지만, 한 손을 고집스레 등 뒤로 묶지 않았다면 그런 일들을 할 필요가 없었다는 점에서 그들의 작업은 이상하다.(Dawkins 1986a 10장과 Mark Ridley 1985 6장도 보라.)

[옮긴이] '더러운 발'은 'Elephants Get Big Dirty Feet'이라는 암기법(높은음자리표의 악보에서 각 줄에 걸리는 음은 밑에서부터 E, G, B, D, F인데, 이 순서를 외기 쉽게 만든 말)에서 온 것으로 보인다. 따라서 '문자 그대로의 더러운 발'이 아닌, '코끼리 발처럼 커다랗고 딱딱한 발'을 의미하는 것으로 해석해야 할 것이다.

8 굴드와 르원틴의 논문의 요점이 적응주의의 과잉을 수정한 것이 아니라 적응주의 자체를 파괴한 것이라는 신화는 그 논문의 웅변술에 의해 배양되었지만, 그것은 어떤 면에서는 굴드와 르원틴에게 역효과를 일으키기도 했다. 적응주의자들 스스로가 논증보다는 웅변술에 더 관심을 기울이는 경향이 있었기 때문이다. 메이너드 스미스는 이렇게 말했다. "굴드와 르원틴의 비판은 일선 연구자들에게 거의 충격을 주지 못했는데, 아마도 그들이 단지 적응주의를 부주의하게 실행한 것에 대해 적대적인 것이 아니라 적응주의 사업 전체에 적대적인 것으로 보였기 때문일 것이다."(Maynard Smith 1988, p. 89)

의 개념에 대항하는 "반발"이라 불렀다. 그들은 무엇에 대해 그렇게 좋지 않은 반응을 보였을까? 대체로 그들은, 특정한 종류의 게으름에 그런 반응을 보였다. '왜 어떤 특정 상황이 우세해야 하는가'에 대한 진정으로 실천 가능하며 훌륭한 설명을 떠올리고도 그것을 시험하려 애쓰지 않는 적응주의자의 행태 말이다. 왜냐하면 그 설명은 진짜이기엔 너무 훌륭한 이야기이기 때문이다. 다른 문학적인 꼬리표를 채택하여, 굴드와 르원틴은 그러한 설명을 가리켜 "그리-됐다는-이야기Just So Stories"라 불렀으며, 이는 러디어드 키플링Rudyard Kipling(1912)의 책 제목에서 따온 말이다. 다윈주의적 설명에 대한 반감이 수십 년 동안 소용돌이치고 있던 상황에서 《그렇게-됐다는-이야기들Just So Stories》을 썼다는 것은 역사적으로 매우 진기한 일이다.[9] 이런 형태의 비판은 초기의 다윈 비판자들 중 일부에 의해 시작되었다.(Kitcher 1985a, p. 156) 키플링이 그 논쟁에서 영감을 받았을까? 이렇든 저렇든, 적응주의자들의 상상력 비행을 "그리-됐다는-이야기"라 불렀던 사람들이 초기 비판자들 일부라고는 믿기 힘들다; 코끼리가 어떻게 그런 몸통을 갖게 되었는지, 그리고 표범이 어떻게 그런 무늬를 갖게 되었는지에 대한 키플링의 환상적인 이야기를 볼 때마다 나는 항상 즐겁다. 그러나 적응주의자들이 만들어낸 놀라운 가설들에 비하면 키플링의 이야기들은 꽤 단순하며 별로 놀랍지 않은 이야기들이다.

인디케이터 인디케이터 Indicator indicator라는 별칭으로도 불리는 큰꿀잡이새greater honey guide를 생각해보자. 큰꿀잡이새는 아프리카에 서식하는 새로, 숲속에 숨어 있는 야생 벌집으로 사람을 이끄는 재능 때문에 그런 이름을 얻게 되었다. 케냐의 보란Boran 지역 사람들은, 꿀을 얻고

---

9 키플링은 개별 이야기를 1897년부터 출판하기 시작했다.
[옮긴이] 키플링이 쓴 책의 완전한 제목은《어린이를 위한 그렇게-됐다는-이야기들Just So Stories for children》이며, 이 책은 〈낙타는 어떻게 등에 혹을 갖게 됐을까?〉 〈코뿔소는 어떻게 그런 피부를 갖게 됐을까?〉 등의 여러 이야기로 구성되어 있다.

그림 9-3 〈캘빈과 홉스CALVIN AND HOBBES〉 copyright ©1993 Watterson. 유니버설 프레스 신디케이트의 허락을 얻어 재인쇄함. 무단 전재와 무단 복제를 금함.

싶을 때면 달팽이 껍데기를 조각하여 만든 호각을 불어 큰꿀잡이새를 부른다. 도착한 새는 "나를 따라 와" 신호로 생각되는 특별한 노래를 부르며 사람들 주위를 날아다닌다. 그들은 새를 따라가고, 새는 곧장 날아가다가도 사람들이 자신을 잘 따라오도록 기다려주기도 하면서, 자신이 어디로 가는지를 그들이 언제나 알 수 있게 해준다. 벌집에 도착하면 새는 "여기 있어"라며 알리기라도 하듯 노랫소리를 바꾼다. 보란 사람들은 나무 안의 벌집을 찾아내고 나무 안으로 침입해 꿀만 가져가고 밀랍과 애벌레는 큰꿀잡이새의 몫으로 남겨 둔다. 자, 여러분은 이 놀라운 파트너십이 정말로 존재하고, 그 영리한 기능적 속성들이 묘사되어 있다는 것을 믿고 싶어 안달이 나지 않는가? 그러한 경이로움이, 상상된 어떤 일련의 선택압과 기회들 아래서 진화했다고 믿고 싶지 않은가? 나는 확실히 그러고 싶다. 그리고 행복하게도, 후속 연구가 그 이야기를 입증해주며, 입증하는 과정에서는 써먹기 좋은 마무리 손질들을 더해주기까지 한다. 예를 들면 최근에 이루어진 통제된 실험들은, 보란의 꿀 사냥꾼들이 큰꿀잡이새의 도움 없이 벌집을 찾을 경우 새의 도움을 받을 때보다 훨씬 더 오랜 시간이 걸렸으며, 연구 기간 동안 발견된 186개의 벌집 중 96퍼센트가 나무들로 복잡하게 둘러싸여 사람의 도움이 없으면 새가 접근할 수 없는 곳에 있었다는 사실을 밝혀주었다.(Isack and Reyer 1989)

더 정곡을 찌르는 다른 흥미로운 이야기는, 우리 종, 즉 *호모 사피엔스*가 수생aquatic의 중간 종을 거친 초기 영장류의 후손이라는 가설이다!(Hardy 1960, Morgan 1982, 1990) 그리고 이 수생 유인원들은 마이오세Miocene 말기 동안, 그러니까 약 700만 년 전에 현재 에티오피아에 해당하는 곳에 홍수로 형성된 섬의 해안에서 살았다고 한다. 홍수 때문에 아프리카 대륙의 사촌들과 단절되고 비교적 급작스러운 기후 변화와 먹이 공급원의 변화라는 시련을 겪으면서 그들은 조개류와 갑각류에 맛을 들이기 시작했고, 수백만 년에 걸쳐 바다로 돌아가는 진화 과정—예를 들어, 일찍이 고래, 돌고래, 바다표범, 수달이 겪었다고 우리가 알고 있는—을 시작했다고 한다. 그 과정은 잘 진행되고 있었고, 수생 포유류에서**만** 발견되는—예를 들어, 다른 그 어떤 영장류에서도 찾아볼 수 없는—많은 신기한 특징들을 고착시키고 있었다. 그런데 상황이 한 번 더 바뀌었고, 이 반半 해양 영장류들은 육지(그러나 일반적으로 바닷가나 호숫가 또는 강가)의 삶으로 돌아왔다. 육지로 올라온 그들은, 조개나 갑각류를 잡기 위해 잠수하던 시절에는 좋은 이유로 발달했던 많은 적응이 육지에서는 아무 가치가 없을 뿐 아니라, 적극적인 방해물이라는 것을 알게 되었다. 그러나 그들은 금세 그러한 방해물(핸디캡)들을 좋은 용도로 바꾸거나 적어도 그것을 벌충했다. 그들은 직립했고 이족보행을 했으며, 피하 지방층을 지녔고 털이 없었고, 땀과 눈물을 흘렸고, 표준적인 포유류의 방식으로는 소금 부족에 대응할 수 없었다. 그리고, 물론, 잠수반사diving reflex—인간은, 심지어 갓난아기들까지, 갑자기 물속에 잠겨도 아무런 부정적 부작용 없이 꽤 긴 시간 동안 생존할 수 있다—도 지녔다. 세부 사항들—그리고 훨씬, 훨씬 더 많은 것들이 있다—은 너무도 기발하고, 전체적인 수생 유인원 이론aquatic-ape theory(AAT)은 너무도 충격적일 정도로 기존 이론들에 반하고 있어서, 나는 그것이 정당화되는 것을 보고 싶기까지 하다. 그것도 아주 **열렬하게**. 물론, 보고 싶다는 열망이 그 이론을 사실로 만들어주진 않는다.

오늘날 그 가설의 주요 주창자는 일레인 모건Elaine Morgan인데, 여성일 뿐 아니라 상당한 연구에도 불구하고 적절한 공식 학위가 없는 아마추어 과학 작가라는 점에서 정당화의 전망에 오히려 더 마음이 끌린다.[10] 기득권층의 학자들은 그녀의 도전에 상당히 무자비하게 대응해왔으며, 그중 대부분이 그녀의 주장들을 주목할 가치가 없는 것으로 취급했지만, 가끔은 시들어가는 반박의 대상으로 취급하기도 했다.[11] 이런 반응이 반드시 병적이라고 할 수는 없다. 과학 "혁명"의 무자격 지지자들은 정말로 전혀 관심을 기울일 필요가 없는 괴짜들이다. 그런 사람들이 정말 많이 우리를 포위하고 있고, 초대받지 않은 가설들 하나하나에 자기 변론의 시간을 주기에는 인생이 너무도 짧다. 그러나 이 경우엔, 나는 궁금하다. 수생 유인원 이론에 대한 많은 반론이 몹시도 얄팍하고 임시변통적으로 보이기 때문이다. 최근 몇 년 동안, 저명한 생물학자, 진화이론가, 고인류학자를 비롯한 전문가들과 함께하는 자리가 있을 때마다, 나는 그들에게 부탁했다. 일레인 모건의 수생 유인원 이론이 정확히

10 그러나 이 이론의 원조 주창자인 앨리스터 하디Alister Hardy 경은 옥스퍼드대학교의 동물학 석좌교수인 리너커 교수Linacre Professor였고, 과학 기득권층의 그보다 더 안전할 수 없는 일원이었다.

11 예를 들어, 최근에 나온 (가볍게 볼 수 있는) 커피 테이블용 책 두 권은 인류의 진화에 관한 챕터들을 포함하고 있는데, 그 책들을 읽어보면 수생 유인원 이론을 무시할 수 없다. 아예 언급조차 하지 않으니까. 필립 휫필드Philip Whitfield의 《그토록 단순한 시작: 진화의 책From So Simple a Beginning: The Book of Evolution》(1993)은 이족보행에 대한 표준 사바나 이론에 몇 문단을 할애했을 뿐이고, 피터 앤드루스Peter Andrews와 크리스토퍼 스트링거Christopher Stringer의 〈영장류의 진보The Primates' Progress〉는 굴드가 편집한 《생명의 책The Book of Life》(Gould, ed., 1993b)에 실린, 호미니드의 진화에 관한 훨씬 긴 논문인데, 여기에서도 수생 유인원 이론을 무시하고 있다. 기득권층은 수생 유인원 이론을 없는 것처럼 취급하며 모욕했을 뿐 아니라, 사악하기 짝이 없는 우스꽝스러운 패러디도 만들었다. 그 패러디는 도널드 시먼스Donald Symons(1983)가 만든 것으로, 우리 조상이 과거 한때 하늘을 날았다는 "공중 비행 이론flying on air theory"(약칭 FLOAT)이라는 과격한 가설을 탐구하는 것이었다(반동적인 인류 진화 '체제' 중에서도 유독 독살스럽게). 이런 반응들을 개괄하고 싶다면 리처즈G. Richards의 1991년 저작을 보라.

왜 틀렸는지 제발 알려달라고. 하지만 자기도 똑같은 것을 종종 궁금해했다고 인정하며 눈을 반짝이는 사람들만 있었을 뿐, 아직 언급할 만한 답을 얻지 못했다. 내가 보기엔 그 발상에 본질적으로 불가능한 점은 없는 것 같다. 결국, 다른 포유류들은 결단을 내린 것이다. 그런데 우리의 조상들만이 이 역사의 숨길 수 없는 몇몇 상처를 안은 채 바다로 다시 돌아가기 시작했다가 되돌아오지 못할 이유가 무어란 말인가?

모건은 좋은 이야기를 했다는—그녀는 정말 그랬다—이유로 "고발될"지도 모른다. 하지만 그녀가 그 이야기를 시험하길 거부했다는 이유로 고발되지는 않을 것이다. 통념과는 달리, 그녀는 그 이야기를 지렛대 삼아 다양한 분야에서 놀라운 예측을 많이 도출했고, 결과가 예측과 달라 이론에 수정이 필요할 때는 기꺼이 자신의 이론을 고쳐 바로잡았다. 그렇지 않은 경우에는 자신의 이론을 굳건히 고수했고, 사실상 그녀의 열정적 근성이 그녀의 관점에 대한 공격을 유발했다. 그런 대치 상황에서 종종 발생하는 양측의 비타협적이고 방어적인 태도는 이 경우에도 양쪽 모두에게 해를 입히기 시작했다. 진실을 알고 싶어 하는 사람들로 하여금 그 주제에 관해 무언가를 더 얻어가는 것을 단념하게 만드는, 그런 구경거리들 중 하나를 만들어내면서 말이다. 그러나 이 화제에 관한 최근 저서(1990)에서 모건은 지금껏 제기된 반대 견해들에 대해 감탄이 나올 만큼 명석하게 대응했고, 수생 유인원 이론의 강점과 약점들을 기득권층의 역사와 훌륭하게 대조했다. 그리고 더욱 최근에는, 수생 유인원 이론에 대한 다양한 찬성과 반대 의견들을 모은 책(Roede et al. 1991)도 등장했다. 1987년, 엮은이들은 "수생 유인원 이론에 우호적인 논증들이 많이 있지만, 그것들은 그것에 반대하는 논증들에 대한 대응들이라고 하기엔 충분한 설득력이 없다"(p. 324)는 잠정적인 평결을 내렸다. 가벼운 경멸이 담긴 신중한 언급은, 어쩌면 약간의 적의가 함께하더라도, 논쟁이 계속되게 하는 데 일조한다. 그 모든 것이 어디에서 나오는지를 알아보는 것은 흥미로운 일이 될 것이다.

내가 수생 유인원 가설을 수면 위로 꺼내는 것은, 기득권의 관점에서 그것을 옹호하기 위함이 아니라, 더 깊은 고민의 사례로 사용하기 위해서다. 많은 생물학자가 "피장파장이지!"라고 말하고 싶어 한다. 모건(1990)은, *호모 사피엔스*가 어떻게—그리고 **왜**—바닷가가 아닌 사바나에서 털이 없어지고 땀을 흘리게 되고 이족보행을 하게 되었는지에 대한 기득권층의 이야기 안에 들어 있는 속임수와 소망적 사고[12]를 능란하게 폭로한다. 그들의 이야기는 그녀의 것만큼 수상하진fishy 않을지 몰라도, 그중 어떤 것들은 상당히 억지스럽다. 그런 이야기들은 모든 부분이 추측에 의한 것이고, (감히 말하건대) 그녀의 이야기보다 더 잘 입증되지도 않는다. 그들이 그런 말들을 할 수 있는 주된 이유는, 내가 아는 한, 하디와 모건이 그들을 교과서에서 몰아내려고 시도하기 전에 그들이 이미 교과서에서 높은 입지를 점유하고 있었다는 것이다. 양 진영의 주장들은 모두 적응주의적인 그리-됐다는-이야기를 마음껏 하고 있는데, 여기서 우리가 주의할 점이 있다. **그중 어떤 이야기는** 참일 것이라는 이유로, 사실에 들어맞는 듯 보이는 어느 **한** 이야기를 떠올렸다는 것만으로 **그** 이야기를 찾았다고 단정해버려서는 안 된다는 것이다. 자신들의 이야기를 추가로 입증할 길을 찾는 데 정력적이지 못했다는 (또는 반입증을 두려워했다는) 점에 관한 한, 적응주의자들은 확실히 비난받아 마땅할 만큼 과도했다.[13]

그러나 이 이야기에서 떠나기 전에, 더는 시험할 가치도 없을 만큼 너무도 명백한 나머지 "적절하게 시험된" 적이 없음에도 **모두가** 기꺼이 받아들이는 적응주의적인 이야기들이 많이 있다는 것을 지적해두고 싶다. 눈꺼풀이 눈을 보호하기 위해 진화해왔다는 것을 진지하게 의심하는 사람이 있을까? 하지만 그 명백함이야말로 좋은 연구 주제들을 보지

12 [옮긴이] 자신의 말이나 응답이 그것을 보거나 듣는 사람의 마음에 들기를 원하여 (실제 자신의 생각이나 행동과는 달리) 그 소망대로 말하거나 응답하는 것을 뜻한다.

못하도록 우리 눈을 가리고 있는 주범일 수 있다. 조지 윌리엄스는 우리가 더 탐구해볼 가치가 있는 것들이 그런 명백한 사실 뒤에 숨어 있을 수 있다고 지적한다.

> 사람이 눈을 한 번 깜박이는 데는 약 50밀리초(0.05초)가 걸린다. 이는 우리가 정상적으로 눈을 사용할 때 약 5퍼센트의 시간 동안은 아무것도 보지 못한다는 것을 의미한다. 50밀리초는 많은 중요한 사건들이 일어나기에 충분한 시간이고, 우리는 그것들을 완전히 놓쳐버릴 수 있다. 힘이 넘치는 적수가 던진 돌이나 창은 50밀리초 동안 1미터 넘게 날아갈 수 있으므로, 찰나의 움직임이라도 가능한 한 정확하게 인지하는 것은 중요할 수 있다. 그런데도 우리는 왜 두 눈을 동시에 깜박이는 것일까? 양쪽 눈을 교대로 깜박이면 95퍼센트의 시각적 주의력이 100퍼센트로 상승할 텐데 말이다. 나는 그 답으로 일종의 트레이드-오프 균형에 입각한 대답을 상상할 수 있다. 두 눈을 동시에 깜박이는 것은 한쪽 눈씩 번갈아 깜박이는 것보다 훨씬 간단

---

13 유전학자 스티브 존스(1993, p. 20)는 이에 관해 또 다른 사례를 제시한다. 빅토리아 호수에는 매우 두드러지게 다른 300종 이상의 시클리드cichlid fish가 있다. 그들은 각기 너무도 다르다. 그런데 어떻게 그 많은 종이 다들 그곳에 갔을까? "한때는 지금보다 많이 가물어서 빅토리아 호수도 매우 많은 작은 호수들로 이루어져 있었고, 각 호수에서 각 종이 진화할 수 있었으리라는 것이 통상적인 견해다. 물론 물고기들을 제외하면, 이런 일이 있었다는 증거는 없다." 그러나 적응주의자들의 이야기는 확인되지 않고 버려진다. 내가 좋아하는 설명은 지금은 부인된 것으로, 특정 바다거북들이 왜 아프리카와 남아메리카 대륙 사이의 대서양을 건너다니며 산란은 한쪽에서만 하고 먹이는 다른 쪽에서 먹는가에 대한 설명이다. 정말 너무도 합리적으로 보이는 그 이야기는 이렇다. "그들의 습성은 아프리카와 남아메리카가 처음으로 갈라지기 시작했을 때부터 시작되었다. 그 당시에는 바다거북들은 산란을 위해 만灣을 가로지르기만 하면 되었다. 그러나 그들이 가로질러야 하는 거리는 길고 긴 시간에 걸쳐 눈에 띄지 않게 조금씩 길어졌지만, 그 후손들은 본능이 지시하는 곳에서 알을 낳기 위해 의무적으로 대양을 건너간다." 하지만 슬프게도, 곤드와나 대륙이 갈라진 시기와 바다거북들의 진화 시간표는 들어맞지 않는 것으로 밝혀졌다. 그렇긴 해도, 참 매력적인 발상 아닌가?
[옮긴이] 키클라목 키클라과에 속하는 물고기들을 통틀어 시클리드라 부른다.

하고 저렴할 수 있다는 것이다. 〔G. Williams 1992, pp. 152-53〕

윌리엄스 자신은 적응주의적 문제 설정의 범례라 할 만한 이 부분에서 그 어떤 가설도 입증하거나 반입증하려는 시도를 하지 않았지만, 질문을 함으로써 연구를 촉구했다. 그의 질문들에 답하는 연구는, 상상할 수 있는 한도 내에서 더없이 좋은 순수한 역설계 연습이 될 것이다.

> 자연선택이 양 눈의 동시 깜박임을 왜 허용하는가에 관해 진지하게 고려해본다면, 그런 고찰을 하지 않았다면 포착하기 어려웠을 통찰을 얻을 수 있을 것이다. 내가 구상하고 있는 적응적 대안 또는 단순한 독립적 타이밍을 향한 첫 단계가 산출되려면 신체 설비에 무슨 변화가 일어나야 했을까? 그런 변화는 발달 단계에서 어떻게 이루어질 수 있었을까? 한쪽 눈의 깜박임이 아주 약간 지연된 돌연변이가 생긴다면, 그로부터 예상되는 다른 변화는 무엇일까? 자연선택은 그러한 돌연변이에 어떻게 작동할까? 〔G. Williams 1992, p. 153.〕

굴드 자신은 가장 대담하고 유쾌한 적응주의적 그리-됐다는-이야기를 지지했다. 이를테면 왜 매미는 ("메뚜기가 7년마다" 번식하듯이) 소수prime number의 연수年數를 주기로, 즉 15년도 16년도 아닌, 13년 또는 17년마다 번식하는가에 관한 로이드와 다이버스Lloyd and Dybas(1966)의 논증 같은 것 말이다. 굴드는 말한다. "진화학자로서 우리는 왜를 묻는 질문에 대한 답을 찾아야 한다. 특히, 이 놀라운 동기성synchroneity은 왜 진화해야 했는가? 또 유성생식 사건들 사이의 시간은 왜 그렇게 길어야 하는가?"(Gould 1977a, p. 99)[14] 해답—돌이켜보면 명확하고 이해하기 쉬운 의미를 지닌—은, 출현 주기의 연수가 큰 소수이면 2년이나 3년, 5년마다 나타나는 매미 포식자들이 예측 가능한 포식 축제를 열 수 있을 만큼 매미가 발견되고 추적될 가능도를 최소화할 수 있다는 것이다.

매미가 예를 들어 16년 주기로 번식한다면, 그들은 매년 나타나는 포식자들을 위한 희귀한 간식이 될 것이며, 2년이나 4년의 번식 주기를 갖는 포식자에게는 훨씬 더 믿을 만한 식량 공급원이 될 것이고, 8년 주기로 매미들과 보조를 맞춘 포식자들에게는 이길 확률이 반이나 되는 도박이나 마찬가지가 될 것이다. 그러나 번식 주기가 그보다 더 작은 수의 배수가 아니라면, 정확히 그 주기로 번식하는(또는 신화에나 나옴 직한 34년 주기로 번식하는 유복한 매미 포식자가 가진) 행운을 갖지 못한 그 어떤 종에게도 너무 희귀한, 그래서 추적하려고 "시도할" 가치가 없는 먹이가 된다. 로이드와 다이버스의 이 그리-됐다는-이야기가 적절하게 입증되었는지 나는 아직 모르지만, 그 이야기가 다른 식으로 성립한다는 것이 밝혀지기 전까지 굴드가 그것을 확립된 이야기로 다룬다고 해서 그가 팡글로스의 죄를 짓고 있다고는 생각하지 않는다. 그리고 그가 만약 "왜" 질문을 하고 그에 답하고 싶어 한다면, 적응주의자가 되는 것 외에는 달리 방법이 없다.

굴드와 르원틴이 인식한 문제는, 적응주의적 추론의 특정 부분이, 좋은 것도 한두 번이지, 너무 많은 것을 이야기할 때 그것을 중단시킬 표준이 없다는 것이었다. 정말로 원칙적인 "해결책"이 없다 치자. 그렇다면 그것은 얼마나 심각한 문제가 되는가? **진정한** 기능이나 지향성, 그리고 **진정한 것이 되어 가고 있는 중인** 기능이나 지향성을 구분하는 선을 긋기 위해 본질을 찾지 말라고 다윈은 가르쳤다. 적응주의적 사고에 탐닉하려면 어떤 면허가 필요하고, 그 유일한 면허가 진정한 적응에

---

14 굴드는 최근(1993a, p. 318) 자신의 반反 적응주의를 "개종의 열정"이라 묘사했고, 다른 곳(1991b, p. 13)에서는 "나는 가끔, 다윈 이래의 모든 사본이 저절로 폭파되었으면 좋겠다고 생각한다"고 실토하기도 한다. 하지만 안타깝게도 그런 말들은 적응주의의 이론적 근거를 웅변적으로 표현하고 있으니, 어쩌면 요즘에는 그 말을 철회하고 싶어 할지도 모른다. 그러나 적응주의에 대한 굴드의 태도가 무엇인지는 그리 쉽게 판별되지 않는다.《생명의 책》(1993b)은 그의 빨간 펜 검열을 통과한, 그래서 아마도 그의 지지를 받고 있을 적응주의적 추론으로 가득하다.

대한 엄격한 정의나 기준을 가지는 것이라 생각한다면, 우리는 근본적인 오류를 범하는 것이다. 오래전에 조지 윌리엄스(1966)는 예비 역설계자들이 따르면 좋을 경험칙들을 명시한 바 있다. (1) 다른 수준, 즉 하위 수준(예를 들면 물리학)의 설명이 가능하다면 적응에 호소하지 말 것. GE가 왜 위젯들을 용광로에서 쉽게 녹을 수 있게 만들었는지 그 이유를 찾기 위해 레이시온의 역설계자들이 고민할 필요가 없는 것처럼, 낙엽이 지는 경향을 설명할, '단풍나무에 어떤 이득이 생기는가'라는 질문을 할 필요가 없다. (2) 특정 특성이 어떤 일반적인 생물발달상의 요구로 인한 결과일 때는 적응에 호소하지 말 것. GE의 위젯의 부품들에 왜 그렇게 많은 직각 모서리와 가장자리가 있는지를 레이시온 사람들이 설명할 필요가 없는 것처럼, 머리가 몸에 붙어 있다는 사실이나 팔다리가 짝수라는 사실을 설명하기 위해 그것이 적합도를 높여준다는 특별한 이유를 댈 필요가 없다. (3) 어떤 특성이 다른 적응의 부산물일 경우엔 적응에 호소하지 말 것. 자외선으로부터 내부를 보호하는 GE 위젯 케이싱의 능력에 대한 특별한 설명이 필요 없는 것처럼, 새의 부리가 날개를 잘 손질할 능력이 있다는 것을 적응주의적으로 설명할 필요가 없다. (새 부리의 특성은 더 중요한 이유들 때문에 존재하는 것이기 때문이다.)

그러나 당신은 각 경우의 이러한 경험칙들이 좀 더 야심찬 탐구에 의해 기각될 수 있음을 이미 알아차렸을 것이다. 뉴잉글랜드의 찬연한 가을 단풍을 보며 경탄하는 사람이 있다고 해보자. 그리고 그가 시월에 단풍이 **왜** 그토록 선명하게 물드는지 물어본다고 하자. 여기서 '왜'를 묻는 이 적응주의는 거의 미친 짓—팡글로스 박사의 그림자!—아닌가? 엽록소는 에너지 수확기에 잎에 존재하다가 여름이 지나고 나면 사라지고, 그러고 나면 마침 밝은색과 반사적 속성을 지닌 나머지 분자들이 제색을 드러내기 때문에 예쁜 색으로 단풍이 드는 것이다. 이런 설명은 생물학적 목적의 설명이 아닌, 화학 또는 물리학 수준의 설명이다. 하지만 기다려보시라. 앞의 설명이 지금까지의 유일한 참인 설명이었을지도 모르지만, 오늘날 가을 단풍(이것을 보러 매년 수백만의 관광객이 뉴잉글랜드 북부로 찾아온다)을 아주 소중히 여기는 이들이 가을에 가장 선명한 잎을 달고 있는 나무들을 보호하는 것도 사실이다. 당신이 만약 뉴잉글랜드에서 생존을 놓고 경쟁하는 나무라면, 오늘날엔 가을에 선명한 색의 잎을 지니는 것이 선택에서 이점이 있음을 확신할 수 있을 것이다. 그 이득은 아주 작을 수도 있고, 장기적으로도 이점이 결코 많이 축적되지 않을 수도 있다. (시간이 오래 지나면, 이런저런 이유로 뉴잉글랜드에 나무가 전혀 없게 될 수도 있으니까.) 그렇지만 이것이 바로 모든 적응이 시작되는 방식이며, 결국엔 그 작디작은 이득이 환경 내의 선택압에 의해 기회를 틈타 선발되게 하는 행운의 효과를 만들어내는 것이다. 그리고 공산품들에서 왜 직각이 우세한지, 유기체의 사지가 만들어질 때 왜 대칭이 우세한지에 대한 적응주의적 설명도 존재한다. 그것들은 완전히 고정된 전통이 될 수 있으며, 혁신이 일어난다 해도 그것들이 격퇴되는 일은 거의 불가능할 것이다. **그것들이** 왜 전통인지 그 이유는 찾기 어렵지도 않고 논쟁의 여지가 있지도 않다.

적응주의적 연구는 언제나 그다음 라운드를 위한, 답해지지 않은 질문들을 남겨둔다. 장수거북과 그 알들을 생각해보자.

> 산란이 끝날 무렵이면, 장수거북은 다양한 수의 작은 알들을, 그리고 때로는 배아도 노른자도 없는 (그저 알부민만 있는[15]) 기형의 알들을 낳는다. 그 목적은 잘 알려지지 않았지만, 그렇게 하면 기형의 알들이 포란 과정 동안 맨 위층에서 건조되면서 포란실 안의 습도나 공기의 양을 알맞게 조절할 수 있다. (하지만, 물론 장수거북의 그런 행위는 아무 기능이 없거나 오늘날엔 명백하지 않아진 모종의 과거 메커니즘의 흔적일 수도 있다.)(Eckert 1992, p. 30)

15 알부민은 알 흰자위(난백)의 절반 이상을 차지하는 단백질이다.

그렇지만 이 모든 것은 어디에서 끝날까? 적응주의적 호기심의 이 같은 개방성open-endedness은 과학의 이 부분에 더 엄격한 행동 강령이 있길 바라는 많은 이론가들을 몹시 불안하게 만들고 있다. 적응주의 및 그에 대한 반발을 둘러싼 논란을 해결하는 데 공헌하길 염원하는 많은 이들은 다양한 입법 체계들을 마련하고 비판하는 데 많은 에너지를 쏟고 나서야 그러한 강령 찾기를 단념했다. 그들의 실책은 충분히 다윈주의적이지 않은 사고를 했다는 것만이 아니었다. 이류second-rate 역설계가 머지않아 이류 역설계 그 자신을 배신하는 것과 꼭 같이, 더 나은 적응주의적 사고는 곧 정상적인 채널을 통해 그들의 라이벌을 몰아낸다.

> 한때 '저온 공학의 산물'이라 묘사되던 '에스키모 얼굴'(Coon et al., 1950)은 강한 저작력(씹는 힘)을 생성하고 유지하기 위한 적응이 된다.(Shea, 1977) 우리는 이러한 더 새로운 해석들을 공격하지 않는다. 그런 해석들은 어쩌면 다 옳을 수 있다. 그렇지만 우리가 정말로 궁금해하는 것은, 한 가지 적응적 설명의 실패 여부가 동일한 일반적 형식을 지닌 다른 것을 연구하는 데 언제나 정말로 영감을 주어야 하는가이지, 각 부분이 어떤 특정 목적을 '위해' 존재한다는 명제에 대한 대안들을 숙고해보는 것은 아니다. 〔Gould and Lewontin 1979, p. 152.〕

다양한 것들에 대한 잇따른 적응적 설명들의 흥망성쇠는 건강한 과학의 시각이 지속적으로 향상된다는 신호인가, 아니면 강박적인 거짓말쟁이의 병리학적인 말 바꾸기 같은 것인가? 굴드와 르원틴은 아마도 후자라고 평결했을 텐데, 그들이 적응주의에 대한 진지한 대안을 제시할 준비가 되어 있었다면 그들의 평결이 더 설득력 있었을 것이다. 그러나 그들 및 그들과 뜻을 같이하는 이들이 정력적으로 여기저기 수색하며 그들의 대안을 대담하게 홍보했지만, 아직 뿌리를 내린 이는 없다.

적응주의는 유기체를 복잡한 적응적 기계로 본다. 그리고 유기체의 각 부분이 유기체 전체의 기능을 증진시키는 적합도에 부수적인 적응적 기능을 지니는 것으로 간주한다. 적응주의라는 패러다임은 오늘날 화학에서 원자 이론이 기본이 되는 것처럼 생물학에서 기본이 되고 있다. 그리고 그만큼 논란의 여지도 있다. 발견에는 적응주의적 접근이 필수라고 증명되어왔고, 그 때문에 적응주의적 접근은 생태학, 행동생물학, 그리고 진화학 등의 과학에서 명백한 우위를 점하고 있다. 이 주장이 의심스럽다면 학술지들을 보라. 굴드와 르원틴은 대안 패러다임을 필요로 했지만, 활동 중인 생물학자들에게 깊은 인상을 주지 못했다. 이는 두 가지 이유 모두에 기인한다. 첫 번째 이유는 적응주의가 성공적이고 충분한 근거를 지니고 있다는 것이고, 다른 이유는 적응주의 비판자들에게 대안적 연구 프로그램이 없다는 것이다. 매년《기능생물학과 행동생태학Functional Biology and Behavioral Ecology》과 같은 새로운 학술지들이 창간된다. 그러나《변증법적 생물학Dialectical Biology》의 첫 호를 채울 충분한 연구는 아직 구체화되지 않고 있다.[16] 〔Daly 1991, p. 219.〕

에스키모 얼굴에 관한 구절에서 볼 수 있듯이, 굴드와 르원틴을 특히 화나게 하는 것은 적응주의자들이 역설계 작업을 할 때 지니는 태평스러운 자신감이다. 적응주의자들은 언제나, 사물들이 왜 그렇게 존재하는가에 대한 **이유**를 이르든 늦든 자신들이 찾아내리라고 확신한다. 지금까지는 찾지 못했어도 말이다. 여기, 납작한 물고기(예를 들면 넙치

16 [옮긴이] 기능생물학은 적응주의와 떼려야 뗄 수 없는 것이다. 그리고 '변증법적 생물학'이라는 가상의 학술지 제목은 르원틴이 공저한 책《변증법적 생물학자Dialectical Biologist》에서 힌트를 얻어 작명된 것으로 보인다. 즉 적응주의를 근간으로 하는 학술지들은 활발하게 창간되고 있는데, 굴드 진영의 논리를 근간으로 하는 학술지는 새롭게 창간되지 않고 있다는 뜻이다. 물론《변증법적 생물학》이라는 학술지는 2024년 현재에도 존재하지 않는다.

나 서대)가 보여주는 기묘한 생태에 관한 리처드 도킨스의 논의에 등장하는 사례가 있다. 그런 물고기들은 태어날 때는 청어나 개복치처럼 수직으로 헤엄치는 형태이지만, 두개골이 이상하게 뒤틀리는 변형을 겪으면서 한 눈이 다른 쪽으로 옮겨가서 저서어류의 형태를 띠게 되며, 눈이 있는 쪽이 위쪽이 된다. 즉 척추를 중심으로 해서 한쪽 옆은 아랫면이, 다른쪽 옆은 윗면이 되는 것이다. 왜 그들은 "스팀 롤러를 통과한 상어 같은" 다른 저서어류, 그러니까 가오리처럼 배쪽이 바닥면을 향하게 진화하지 않고, 한 측면이 바닥면이 되게 진화했을까?(Dawkins 1986a, p. 91) 도킨스는 한 가지 시나리오를 **상상한다**.(pp. 92-93)

> …… 가오리와 같은 방식이 경골어류가 납작해질 **궁극적으로** 최선의 설계일 수 있지만, 처음부터 그 진화 경로를 따랐던 중간 형태의 어류는 단기적으로는 옆으로 누워 있는 그들의 경쟁자들보다 덜 성공적이었다. 단기적으로는 옆으로 누운 경쟁자들이 바닥에 바싹 붙는 것을 더 잘했다. 유전적 초공간genetic hyperspace에는 자유롭게 헤엄치는 조상 경골어류와 두개골이 비틀린 채 옆으로 납작하게 누운 어류를 이어주는 매끄러운 궤적이 존재한다. 그에 반해, 조상 경골어류와 배를 바닥에 붙인 납작한 어류 간에는 매끈한 궤적이 존재하지 않는다. 물론 이론적으로는 그런 궤적이 존재하지만, 그 궤적이 통과하는 지점에 놓인 중간 형태의 어류는—단기적으로는, 이것이 중요한 전부이다—만약 실제로 존재했다면 성공적이지 못했을 것이다.

도킨스는 이것을 **알고 있을까**? 그는 자신이 상정한 중간 형태의 어류가 덜 적합하다는 것을 알고 있나? 알고 있다 하더라도, 그가 화석 기록에서 얻어진 데이터를 봤기 때문은 아니다. 그의 설명은 순수하게 이론에서 도출된 것이며, 그런 설명은 자연선택이 우리에게 생물권의 모든 기이한 특성들에 관한 참인 이야기—이러쿵저러쿵하는 참인 이야기

—를 들려준다는 전제에서 나오는, 연역에 의한 선험적 논증이다. 그런 논증이 불쾌한가? 그런 설명은 정말로 "선결문제를 요구beg the question" 하는 것이긴 하다. 그렇지만, 그것이 선결해야 하는 문제를 보라! 그것은 다윈주의가 기본적으로 옳은 길로 가고 있다고 가정한다. (기상학자들이 초자연적인 힘에 반하는 어떤 것이 있음을 선결문제로 놓으면서, 아직 많은 세부 사항들이 밝혀지진 않았지만 허리케인의 발생에 대한 순수한 물리적 설명이 틀림없이 존재할 것이라고 말하는 것도 불쾌한가?) 이 사례에서, 도킨스의 설명이 확실히 거의 옳다는 것에 주목하라. 그의 특정한 추측에 특별히 무모한 것은 없다. 게다가, 당연히, 그것은 훌륭한 역설계자가 해야 할 정확한 종류의 사고이다. "GE의 위젯 케이싱이 세 조각이 아닌 두 조각으로 만들어졌어야만 한다는 것은 너무도 명백해 보인다. 그러나 그럼에도 그것은 3개의 조각으로 만들어졌다. 3개의 조각으로 만들면 더 낭비적이고 무언가가 새어나가기도 쉽다. 제기랄, 따라서 우리는 누군가의 눈에는 세 조각으로 이루어진 위젯이 두 조각으로 만들어진 것보다 더 나아 보였고, 단기간엔 진짜로 더 나았을 수도 있었을 것이라고 확신할 수 있다. 흥, 하지만 더 두고보라지!" 생물학자 킴 스터렐니Kim Sterelny는 《눈먼 시계공》을 논평하며 아래와 같이 주장했다.

> 도킨스는 자신이 단 하나의 시나리오만을 제공하고 있다는 것을 인정한다. 그 시나리오란 (예를 들어) 날개가 자연선택 아래서 점진적으로 진화할 수 있었다는 것이 **상상할 수 있는 것임**을 보여주는 것이다. 그렇다 해도 누군가는 불평할 수 있다. 자연선택이 너무도 세밀한 나머지, 대벌레 직계 조상에서 나뭇가지처럼 보이는 부분이 4퍼센트일 때보다 5퍼센트일 때가 더 낫다는 것이 정말 참이냐고.(pp. 82-83) 도킨스의 적응 시나리오는 소위 적응적 변화의 비용에 관해서는 언급하지 않기 때문에 그런 골칫거리는 특히 무시하기 힘들다. 의태는 잠재적 포식자뿐 아니라 잠재적 짝짓기 상대마저 속일 수 있다.

…… 여전히 나는 이 반대 의견은 불평에 가까운 무언가라고 생각하는데, 이는 내가 자연선택이 복잡한 적응에 대한 유일하게 가능한 설명이라는 데 동의하기 때문이다. 따라서 도킨스의 이야기들과 같은 것은 옳아야 한다. [Sterelny 1988, p. 424.][17]

3. 제약조건들하에서 경기하기

사람들이 이기적이고 기만적이라고 불평하는 것은, 전기장에 컬curl(회전)이 없으면 자기장이 생기지 않는다고 불평하는 것과 마찬가지로 어리석은 짓이다.

—존 폰 노이만, 윌리엄 파운드스톤(1992, p.235)에서 인용.

오늘날의 생물학자들에게 퍼진 일반적인 규칙은, 한 동물이 다른 동물에 이익을 주는 행위를 한다면, 그 동물은 다른 개체에 의해 조작당했거나, 어휴, 교묘하게 이기적이라고 가정하는 것이다.

—조지 윌리엄스(1988, p. 391)

---

17 도킨스는 스터렐니가 그 자신의 의견에 대한 반대 의견들을 "불평"이라고 묵살해버린 것에 만족하지 않는다. 도킨스는 그들이 종종 오해되곤 하는 중요한 논점을 제기하기 때문이라고 지적한다: "나뭇가지처럼 보이는 부분이 4퍼센트인 것보다 5퍼센트인 것이 훨씬 낫다는 명제에 대한 자신들의 상식적인 회의주의를 표명하는 것은 스터렐니 같은 개인들이 판단할 문제는 아닙니다. 그것은 제기하기 쉬운 수사적 논점입니다. '이봐, 당신 정말로 나뭇가지 같은 부분이 4퍼센트인지 5퍼센트인지가 중요하다고 말하려는 거야?' 이런 수사에 비전문가들은 종종 설득당하겠지만, 집단유전학의 계산들(이를테면 홀데인의)은 상식이 틀렸음을 매혹적이고도 계몽적인 방식으로 보여줍니다. 자연선택은 많은 개체에 걸쳐, 그리고 수백만 년이라는 시간에 걸쳐 분포해온 유전자에 작동하기 때문에, 인간의 보험통계적 직관은 기각됩니다."(나와의 개인적 대화에서)

그럼에도 불구하고, 사람들은 적응주의적 사고 안에서 이루어지는 순수하고 방해받지 않는 상상이 지니는 역할의 크기에 불안해할 수 있는데, 그것은 타당한 일이다. 자기를 보호하기 위해 아주 작은 기관총들을 갖고 있는 나비는 어떤가? 이 환상적인 사례는, 적응주의자들의 상세한 분석이 없었다면 묵살될 수 있는 종류의 선택지로 종종 인용된다. 적응주의자들은 이 사례에서 나비의 가능한 적응들의 앙상블(한 세트)—대자연은 앙상블들 중에서, 모든 것들을 고려했을 때, 가장 좋은 것을 골라낸 것이다—을 기술하고자 노력했다. 그것의 가능성은 설계공간 안에서 너무 멀리 있으므로 진지하게 받아들여지기 어렵다. 그러나 리처드 르원틴(1987, p.156)이 적절하게 지적했듯이, "생각건대, 곰팡이를 재배하는 개미들이 전혀 발견되지 않았더라면, 곰팡이 재배가 개미 진화의 합리적인 가능성이라는 제안은 바보스러운 것으로 여겨졌을 것"이다. 적응주의자들은, 두 수만에 체크메이트를 강제한 훌륭한 수를 둔 **후에야** 자신이 그런 좋은 수를 두었음을 알아차리는 체스 경기자처럼, 회고적으로 이유를 찾는 데 달인이다. "이 얼마나 훌륭한 수야!-그리고 내가 그걸 거의 다 생각해냈다고!" 하지만 이것을 적응주의의 특성이나 방법에 있어서의 **결점**이라고 단정하기 전에, 훌륭함에 대한 이런 회고적 지지야말로 언제나 대자연 그 자체가 작동해온 방식이라는 것을 우리 자신에게 상기시킬 필요가 있다. 적응주의자가 대자연의 훌륭한 행마들—그러나 대자연 자신도 그것들을 우연히 발견하기 전에는 염두에 두지 않았던—을 예측할 수 없다 해도 그들에겐 거의 잘못이 없다.

게임하기라는 관점은 적응주의의 도처에 편재한다. 존 메이너드 스미스가 진화론에 수학적 **게임 이론**game theory을 도입한 이래 적응주의에서 게임 이론의 역할은 점점 커지고 있다.(1972, 1974)[18] 게임 이론은 존 폰 노이만이 20세기 사상사에 선물한 또 하나의 근본적 공헌이기도 하다.[19] 폰 노이만은 경제학자 오스카 모르겐슈테른Oskar Morgenstern과 협력하여 게임 이론을 창안했는데, 게임 이론은 **행위자**가 세계의 복잡성에 근본적인 차이를 만든다는 그들의 깨달음에서 생장해나왔다.[20] (최댓값을 찾는) 다른 행위자들이 그 환경에 포함되는 즉시 고독한 "로빈슨 크루소" 같은 행위자는 안정된 최댓값들을 찾을 경우—당신이 괜찮다면, 적합도 경관의 후지산을 언덕 오르기 방식으로 올라간다고 하자—의 모든 문제들을 조망할 수 있게 된다는 사실에 비추어보면, 놀랍도록 다른 분석 방법들이 요구된다.

> 2개 이상의 함수들을 동시에 최대화하는 필요조건에 의해서는 지침 원칙이 공식화될 수 없다. …… 단순히 확률 이론의 장치에 의존함으로써 …… 그것이 배제될 것이라고 믿는 것은 잘못일 수 있다. 모든 참가자는 자신의 행동을 설명하는 변수들을 결정할 수 있지만 다른 참가자의 변수들을 결정할 수는 없다. 그럼에도 불구하고 그 '외

---

18 메이너드 스미스는 피셔R. A. Fisher(1930)가 이미 다져놓은 기반 위에서 그의 게임 이론을 진화에 적용하는 작업을 구축했다. 메이너드 스미스는 진화 논의에 많은 공헌을 했는데, 그중 최근의 것 하나는 스튜어트 카우프만에게, 카우프만 본인이 결국엔, 반反 다윈주의자가 아니라 다윈주의자임을 보여준 것이다.

19 20세기 후반의 사상사에 이루어진 중요한 진보 중 폰 노이만을 '~의 아버지'라고 부르지 않을 수 있는 분야가 있기나 할지 나는 가끔 궁금하다. 폰 노이만은 컴퓨터의 아버지이자 자기 복제 모형의 아버지이며, 게임 이론의 아버지이다. 그것만으로는 충분하지 않다고? 그럼 이건 어떤가? 그는 양자물리학에도 중요한 기여들을 했다. 하지만, 그건 그렇다 치고, 나는 의심하고 있다. 양자역학에서의 측정 문제에 대한 그의 공식화가 그의 하나의 나쁜 아이디어가 아닌가 하고. 왜냐하면 그것이 의식적 관찰에 관한 근본적 데카르트주의 모형—양자역학이 생긴 이래 계속 그 분야를 괴롭혀온 것—을 지지하는 교묘한 속임수처럼 보이기 때문이다. 나의 제자 투르한 칸리Turhan Canli는 슈뢰딩거의 고양이 문제를 논한 그의 (학부!) 과제에서 이 문을 열어젖히고, 양자물리학의 대안 공식에 대한 스케치를 개발했는데, 거기서는 시간이 양자화된다. 만약 내가 물리학을 마스터했다면(하지만 슬프게도, 그게 된다 해도 아주 먼 미래의 일일 것이다) 그의 직감에 태클을 걸었을 것이고, 그렇게 하면 나의 의식 이론도 극도로 확장될 수 있을 것이다(1991a): 그러나 더욱 현실적으로 가능성 있는 전망은, 그의 직감이 발전하여 어디까지 가든, 나는 절반쯤만 이해하겠지만 열정적인 구경꾼이 되리라는 것이다.

20 게임 이론의 역사와 핵무기 군비 축소 간의 관계에 대한 흥미로운 설명을 보고 싶다면 윌리엄 파운드스톤의 1992년 책 《죄수의 딜레마: 존 폰 노이만, 게임 이론, 그리고 폭탄의 퍼즐Prisoner's Dilemma : John von Neumann, Game Theory, and the Puzzle of the Bomb》을 보라.

계alien' 변수들은 그의 관점으로는 통계적 가정을 이용하여 기술될 수 없다. 이는, 다른 이들도 그와 똑같이 합리적 원칙들—그것이 무엇을 의미하든—에 의해 안내되며, 모든 참가자의 상충하는 이해관계들의 원칙들과 상호작용을 이해하려고 하지 않는 그 어떤 모두스 프로센덴디modus procedendi(진행 방식)도 정확할 수 없기 때문이다. 〔Von Neumann and Morgenstern 1944, p. 11.〕

게임 이론과 진화 이론을 통합하는 근본적인 통찰은, 경쟁 중인 행위자들을 "안내"하는 "합리적 원칙들"—그것이 무엇을 의미하든—이 바이러스나 나무, 곤충 같은 무의식적이고 무반성적인unreflective 반행위자semi-agent들에게마저 자신들의 영향력을 행사할 수 있다는 것인데, 특정 게임 방식을 틀림없이 이기거나 지도록 결정하는 것은 경쟁에서 거는 판돈과 보상 가능성들이기 때문이다. 그 방식이 아무리 무분별하게 채택된다 하더라도, 일단 채택되기만 하면 그렇게 된다. 게임 이론 중 가장 잘 알려진 예는 '죄수의 딜레마'이다. 죄수의 딜레마는 우리 세계의 많은 다양한 상황에 명백하고도 놀라운 그림자를 드리우는, 두 사람 간의 단순한 "게임"이다. 여기 그 기본적인 개요를 보자(탁월하고 상세한 논의는 파운드스톤[1992]과 도킨스[1989a]에게서 찾아볼 수 있다). 당신과 다른 한 사람은 (예를 들면, 무고하게) 수감되어 있고 예심 중이다. 그리고 검사는 당신들에게 따로따로, 똑같은 거래를 제안한다. 당신들 둘 다 범죄를 자백하지도, 상대방을 범죄에 연루시키지 않고 완강하게 버틴다면 둘 다 짧은 형을 받을 것이다. (정부가 보유한 증거는 그리 강력하지 않다.) 당신이 자백하여 상대방을 범죄에 연루시키지만 상대방은 아무 말도 하지 않고 버틴다면, 당신은 풀려나고 그는 종신형을 받을 것이다. 둘 모두 자백하고 서로 상대를 범죄에 연루시키면 둘 모두 중간 정도의 형을 받게 될 것이다. 물론 당신이 침묵을 지키고 버티는데 상대방이 자백하면 그가 풀려나고 당신이 종신형을 받을 것이다. 당신은 어떻게 해야 하겠는가?

두 사람 모두 검사에게 반항하며 버틸 수 있다면, 둘 다 자백하는 것보다 훨씬 좋은 결과를 얻을 것이다. 그러니 두 사람이 버티기로 약속할 수는 없을까? (죄수의 딜레마 문제의 표준 용어로는, 말하지 않고 버티는 선택지를 **협력**이라 부른다.) 당신은 그렇게 약속할 수도 있다. 그러나 두 사람 각각은, 그 약속에 따라 행동했든 아니든, 상대방을 **배신하고** 싶은 유혹을 느낄 것이다. 그렇게 하면 당신은 무사히 풀려나고, 얼뜬 상대방을 슬프게도 깊은 곤경 속에 남겨둘 수 있기 때문이다. 게임은 대칭적이므로 당연히 상대방도 약속을 어기고 당신을 불쌍한 얼뜨기로 만들고 싶은 유혹에 빠질 것이다. 당신은 상대방이 약속을 지킬 것이라 믿고 종신형의 위험을 감수할 수 있는가? 약속을 어기는 쪽이 더 안전할 것이다. 그렇지 않은가? 그렇게 할 경우 당신은 명백히 최악의 결과를 피할 수 있을 뿐 아니라, 어쩌면 풀려날 수도 있다. 물론 상대방 역시 당신과 똑같은 계산을 하고 있을 것이다. 그리고 그것이 묘안이라고 생각한다면 그 또한 아마도 안전한 전략을 사용하며 약속을 어길 것이다. 그렇다면 당신 역시 재앙을 피하기 위해 약속을 어겨**야만** 할 것이다. 당신이 너무 성자 같아서 배신자를 구하기 위해 평생을 감옥에서 보내는 것을 아무렇지 않게 생각하는 사람이 아닌 한! 그렇기에 두 사람 다 중간 정도의 형을 받는 결과가 초래될 것이다. 두 사람 모두 이런 추론을 극복하고 협력할 수만 있었다면 얼마나 좋았을까!

이러한 설정이 상상력을 추동하는 유용하고 생생한 동인이긴 하지만, 중요한 것은 게임의 구조이지, 이 특정한 설정이 아니다. 보상이 대칭적이기만 하다면, 우리는 죄수가 받을 형을 긍정적인 결과(다른 금액의 현금을 획득할 기회, 또는 후손들을 얻을 기회)로 대체할 수 있으며, 혼자 배신하는 경우 상호 협력할 때보다 더 많은 수익을 얻고 상호 협력이 상호 배신보다 많은 수익을 얻도록, 그리고 결과적으로 상대방이 홀로 배신할 경우 배신당한 얼뜨기보다 더 많은 보상을 받도록 게임을 설정할 수도 있다. (그리고 공식적인 설정에서는 좀 더 나아간 조건이 하나 더 필요하다. 얼뜨기의 보상과 상호 배신의 보상의 평균이 상호 협력의 보상보다 크면 안 된다는 것이다.) 이런 구조가 세계에 예화될 때마다 죄수의 딜레마가 발생한다.

철학과 심리학에서 경제학과 생물학에 이르기까지 많은 분야에서 게임 이론에 입각한 탐구가 많이 이루어져왔다. 게임 이론적 사고는 많은 곳에 적용되었는데, 그중 진화 이론에 가장 영향력이 큰 것은 메이너드 스미스의 '**진화적으로 안정된 전략**evolutionarily stable strategy(ESS)'이라고 알려진 개념이다. 이 전략은 그 어떤 올림푸스(또는 후지산!) 같은 고지에서의 관점에서도 "최선"이 아닐 수는 있겠지만, 그 상황 아래서는 전복될 수 없고 더 이상 개선될 수 없는 전략이다. 메이너드 스미스의 논의(1988, 특히 21장과 22장)는 진화의 문제들을 게임 이론으로 설명하는 매우 탁월한 입문의 장이다. 지난 10여 년간 다양한 게임 이론 모형들에 대한 대규모 컴퓨터 시뮬레이션이 이루어지면서 그전의 덜 현실적인 버전의 시뮬레이션에서는 간과되었을 복잡성들이 드러났는데, 리처드 도킨스의《이기적 유전자The Selfish Gene》개정판(1989a)은 이 시기 동안 생물학에서 ESS 사고가 어떻게 발전해왔는지를 특히 훌륭하게 설명하고 있다.

> 이제 나는 ESS의 본질적 아이디어를 다음과 같이 좀 더 경제적인 방식으로 표현하고자 한다. ESS는 자신의 복사본들[21]을 상대로 잘 수행되는 전략이다. 이에 대한 근거는 다음과 같다. 성공적인 전략이란 개체수를 지배하는 전략이다. 따라서 그 전략은 그 자신의 복사본들과 마주치는 경향이 있다. 따라서 자신의 복사본을 상대로 잘할

21 [옮긴이] 자신과 똑같이 생각하고 똑같이 행동할 존재를 말한다. '죄수의 딜레마'에서의 상대방이 바로 그런 존재이다.

수 없다면 그 전략은 성공적인 상태를 유지할 수 없다. 이 정의는 메이너드 스미스의 정의만큼 수학적으로 정확하진 않으며, 실제로도 불완전하므로 그의 정의를 대체할 수 없다. 그러나 이 정의는 기본적인 ESS 아이디어를 직관적으로 요약한다는 미덕을 지니고 있다. 〔Dawkins 1989a, p. 282.〕

게임 이론적 분석이 진화 이론에서 잘 작동한다는 것에는 의심의 여지가 있을 수 없다. 예를 들어, 숲에 있는 나무는 왜 키가 큰가? 미국 모든 지역의 상점가를 따라 어마어마하게 늘어선 요란한 간판들이 우리의 관심을 사로잡기 위해 경쟁하는 이유와 똑같은 이유 때문이다! 모든 나무 한 그루 한 그루는 자기 자신을 돌보려고, 그리고 가능한 한 많은 햇빛을 얻으려고 애쓰고 있다.

숲의 삼나무들이 모여 합리적인 구역 제한에 동의하고 햇빛을 두고 서로 경쟁하는 것을 멈추기로 약속할 수만 있었다면, 그들은 그 터무니없이 크고 값비싼 몸통을 구축하는 어려움을 피하여 낮고 검약한 관목으로 살 수 있었을 테고, 그러면서도 거대한 삼나무로 살 때와 같은 양의 햇빛을 받을 수 있었을 텐데! 〔Dennett 1990b, p. 132.〕

그러나 그들은 의견을 모을 수 없다: 이런 상황에서는 어떠한 협력 "협정"에서라도 탈퇴하는 일이, 그런 일이 발생(하긴)한다면, 또는 발생할 때마다, 반드시 보상을 얻게 할 것이다. 그러므로, 본질적으로 햇빛이 무궁무진하게 공급되지 않는 한 나무들은 "공유지의 비극"(Hardin 1968)에 갇혀버릴 것이다. 공유지의 비극은 "공공" 자원 또는 공유 자원은 유한하고, 공동체의 개체들은 자신들이 얻게 될 공정한 몫—예를 들면 바다에서 개인이 어업으로 가져갈 수 있는 해산물의 양—보다 많은 것을 얻으려는 유혹에 취약할 정도로 이기적일 때 발생한다. 매우 구체적이면서 강제력 있는 협정에 이르지 못한다면, 결과는 자원의 파괴에 이르는 경향을 보일 것이다. 많은 종이, 많은 측면에서 다양한 유형의 죄수의 딜레마와 마주하고 있다. 그리고 우리 인간은 의식적으로뿐 아니라 무의식적으로도 죄수의 딜레마와 마주한다. 그리고 종종 그 딜레마는 적응주의적 사고의 도움이 없었다면 우리가 결코 생각할 수 없는 방식으로 일어난다.

호모 사피엔스 역시 유전체 각인을 설명하기 위해 데이비드 헤이그가 상정한 유전적 갈등에서 제외되지 않는다. 중요한 새 논문(1993)에서 그는 임신한 여성의 유전자와 그녀 배아의 유전자 간에 존재하는 다양한 갈등을 분석한다. 물론 배아의 이익 안에는 배아를 임신하고 있는 엄마가 튼튼하고 건강한 상태를 유지하는 것도 포함된다. 왜냐하면 배아 자신의 생존은 엄마가 임신 기간을 무사히 끝내는 것뿐 아니라 태어난 신생아를 돌보는 것에도 달려 있기 때문이다. 그렇지만, 만약 엄마가 힘든 상황—예를 들어, 영양 결핍은 대부분의 세대에서 흔한 상황이었을 것이다—에서 건강을 유지하기 위해 배아에 공급하는 영양분을 줄여야만 한다면, 어느 시점에서 이는 쇠약한 엄마라는 대안보다 배아 자신의 생존에 더 위협이 된다.

만약 배아가 '임신 초기에 자발적으로 낙태되거나 사산되거나 아니면 저체중으로 태어나는 것'과 '엄마가 죽어가더라도 정상 체중으로 태어나는 것' 중 하나를 선택해야만 했다면, (이기적 배아의 시점에서 본다면) 무엇이 합리적 선택이겠는가? 이기적 배아 시점에서의 합리성은 어떤 수를 써서라도 엄마가 영양분 공급을 끊지 못하게 막으라고 지시할 것이며(엄마는 그 굶주림이 끝나면 언제든 다른 아이를 가지려고 시도할 수 있다), 그것이 바로 배아가 하는 일이다. 엄마와 배아 모두 이 갈등을 전적으로 의식하지 못할 것이다. 숲에서 경쟁적으로 키를 키우는 나무들이 그러한 것처럼 말이다. 이런 갈등은 엄마와 배아의 뇌가 아니라 그들의 유전자에서, 그리고 그들의 호르몬의 통제 아래서 발생한다. 앞서 보았던 쥐의 모계 유전자와 부계 유전자 간의 갈등이 이와 같은 종류이다. 이때는 호르몬들이 폭주한다. 배아는 엄마에게 필요한 영양분을 자기가 써가면서 성장을 촉진할 호르몬을 생산하고, 엄마의 신체는 배아가 생산한 첫 호르몬의 효과를 무효로 만들려고 하는 길항제 호르몬antagonist hormone으로 반응한다. 그리고 이런 상호 반응들이 거듭됨에 따라 호르몬이 점점 더 많이 분비되면서, 정상 상태보다 몇 배나 높은 호르몬 수준이 생성될 수 있다. 이 줄다리기는 보통 서로 반쯤 만족스러운 대치 상태로 끝나긴 하지만, 이러한 갈등을 알지 못하고 그것으로부터의 영향도 예측할 수 없었더라면 완전히 당황스럽고 무의미해 보였을 부산물을 엄청나게 많이 생산한다. 헤이그는 게임 이론의 근본적 통찰을 적용하며 결론짓는다. "만약 자원의 정해진 흐름이 …… 호르몬을 덜 생산하고 모체가 저항을 덜 하는 쪽으로 성취될 수 있었다면 모체와 배아의 유전자 둘 다에게 이득이 되었을 것이다. 그러나 그런 합의가 진화적으로 강제될 수는 없다."(Haig 1993, p. 518)

많은 측면에서, 이는 반가운 소식은 아니다. 폰 노이만은 인간의 이기주의는 필연적이라며 너무도 무심한 말들을 했고, 그의 말은 많은 사람들이 혐오감을 가지고 바라보는 다윈주의 사고의 전형적인 본보기가 되었다. 그리고 우리는 그 이유를 어렵지 않게 알 수 있다. 그들은 다윈의 "적자생존"이, 인간은 못되고 이기적인 존재라는 것을 **함축**할까 봐 두려워하는 것이다. 폰 노이만의 말이 바로 그것 아닌가? 아니다. 그렇지 않다. 폰 노이만이 말하는 것은, 협동과 같은 미덕이 **일반적으로** "진화적으로 강제"될 수 없으며, 따라서 얻기 어렵다는 귀결을 다윈주의가 정말로 함축하고 있다는 것이다. 협동을 비롯한 비이기적인 덕목들이 존재한다면, 그것들은 **설계되어야만** 한다. 공짜로 얻어지는 것이 아니다. 그것들은 특별한 상황들하에서 설계될 **수 있다**. (예를 들어, Eshel[1984, 1985], 그리고 Haig and Grafen[1991]을 보라.) 어쨌든, 다세포생물이 존재할 수 있게 한 진핵혁명은 특정 원핵생물 세포들과 그들을 침입한 박테리아들 사이에 어떻게든 강제적인 휴전이 이루어졌을 때 시작된 혁명이었다. 그들은 서로 힘을 합치고 이기적 이익을 가라앉힐 방법을 찾았다.

협동을 비롯한 덕목들은, 일반적으로, 매우 특수하고 복잡한 R&D 상황에서만 출현할 수 있는 희귀하고 특별한 속성들이다. 그렇다면, 우리는 팡글로스 패러다임을 폴리아나 패러다임Pollyannian Paradigm과 대조할 수 있다. 폴리아나 패러다임이란, 소설 속 인물 폴리아나처럼 '대자연은 친절해'라고 쾌활하게 가정하는 것이다.[22] 통상적으로 대자연은 친절하지 않다. 그렇다고 해서 세상이 끝장나는 것은 아니지만. 현재의 경우에 관해서마저 채택해야 할 다른 관점들이 있음을 우리는 알 수 있다. 예를 들어, 나무들이 고집스럽게 이기적이어서 우리에게는 다행 아닌가? 나무들이 이기적이지 않았다면, 멋진 범선이나 시를 적을 깨끗한 종이는 고사하고, 아름다운 숲조차 존재할 수 없었을 것이다.

내가 말하듯이, 게임 이론적 분석들이 진화 이론에서 작동한다는 것에는 의심의 여지가 없다. 그런데, **언제나 잘 작동할까**? 게임 이론적 분석은 어떤 조건 아래서 적용될까? 또 우리가 그 분석을 과도하게 적용했다면 그것을 어떻게 알 수 있을까? 게임 이론의 계산은 언제나 "가능한" 행마의 특정 범위가 있다는 가정에서 이루어진다. 그리고 그 가정에 의하면, '정의에 의해' 이기적인 참가자들이 선택한다. 그렇지만 이는 **일반적 수준에서는** 얼마나 현실적인가! 그런데 단지 특정 상황에서의 한 행마가 **합리성이 지시하는** 행마라는 이유만으로 자연이 언제나 그 행마를 선택할까? 이런 생각은 팡글로스적 낙관주의 아닌가?(방금 살펴

22 폴리아나 패러다임의 강력한 해독제에 관해서는 Williams(1988)를 보라.
[옮긴이] 미국의 소설가 엘리너 포터가 1913년에 쓴 동명의 소설 주인공이다. 어릴 때 부모를 잃었지만 모든 것을 긍정적으로 바라보는 소녀 폴리아나 휘티어가 주인공이다. 폴리아나는 벨딩스빌이라는 침울한 마을에 있는 이모와 함께 살게 되었는데, 특유의 낙천적인 성격으로 그 마을을 차차 살기 좋은 곳으로 바꿔나간다.

보았듯이, 이는 때때로 팡글로스적 **비관주의**—이런, 유기체들은 협동하기엔 '너무 똑똑'하잖아!—에 더 가까워 보인다.[23])

게임 이론의 표준 가정은, 위기에 잘 대처할, "올바른" 표현형적 효과를 지니는 돌연변이들이 언제나 존재하리라는 것이다. 하지만 그 올바른 행마가 "대자연에게 떠오르지" 않는다면 어떻게 될까? 그런 일이 생길 가능성은 언제나 매우 높은가, 아니면 종종 매우 높은가? 우리는 대자연이 **정말로**—예를 들자면 숲을 만들기 위해—이런 행마를 택하는 경우들을 확실히 알고 있다. 이런 일의 발생을 막는 모종의 숨은 제약이 있는 사례가 그만큼 (또는 그보다 많이) 있을까? 그럴 수도 있을 것이다. 그렇지만 그러한 모든 경우에, 적응주의자들은 그다음 질문을 함으로써 계속 더 파고들길 원할 것이다. 그다음 질문이란, 예를 들면 이런 것이다: 그리고 그런 경우, 대자연이 그 행마를 채택하지 않을 **이유가 있는가**, 아니면 그것은 게임을 스스로에게 유리하게 만드는 대자연의 합리성에 부과된 잔인하고 경솔한 제약일 뿐인가?

굴드는, 적응주의자들이 '모든 적합도 경관에서 그 경관의 다양한 봉우리들의 꼭대기로 이르는 길이 명확하게 보인다'고 가정한다면서, 그것이야말로 적응주의적 추론의 근본적 결함이라고 제안한다. 적합도 경관 안에는 경관을 가로지르는 철도 같은 숨겨진 제약이 존재할 수도 있다는 것이 그 이유이다. "유전된 형태와 발생(발달) 경로들이라는 제약은 그 어떤 변화도 전달할 수 있으므로, 허용된 경로들을 따라가도록 선택이 움직임을 유도한다 해도, 채널(전달 경로) 그 자체는 진화 방향의 주된 결정 요인을 나타낸다."(Gould 1982a, p. 383) 그렇다면, 개체군

23 팡글로스 비관주의는 이렇게 말한다. "가능한 모든 세계들 중 결국 이것이 최고라니, 부끄러운 일 아닌가!" 이런 맥주 광고를 상상해보라. 태양이 산 너머로 뉘엿뉘엿 질 때, 섹시한 남자가 모닥불 주위를 어슬렁거리며 "이보다 더 좋을 순 없어요!"라고 말하는데, 바로 그때 그의 아름다운 파트너가 울음을 터뜨린다. "아, 안 돼! 그게 정말이에요?" 이런 광고로는 맥주를 많이 팔 수 없을 것이다.

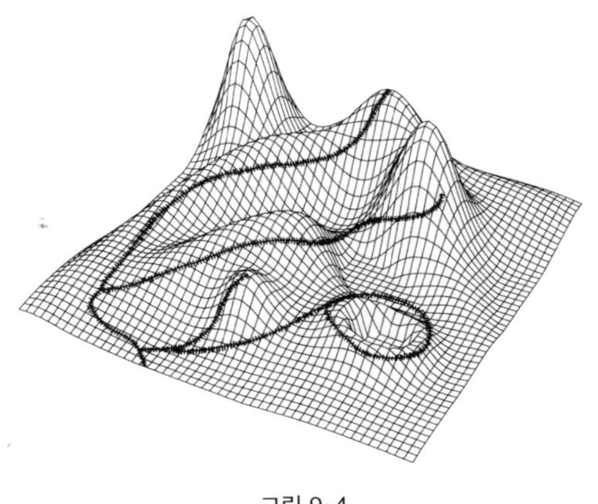

그림 9-4

은 지형을 가로질러 자유롭게 임의로 퍼져나가지 못하고, 그림 9-4에서처럼 선로상에 머물도록 강제된다.

이것이 사실이라고 가정하자. 자, 그럼 그 숨겨진 제약들은 어디에 위치시켜야 할까? 굴드와 르원틴이 숨겨진 제약의 가능성을 지적한 것은 매우 좋은 일이지만—사실, 이미 모든 적응주의자들은 이를 어디서나 존재할 수 있는 가능성으로 인정하고 있다—그런 제약들을 발견하기 위한 가장 좋은 방법론이 무엇일지를 고려할 필요가 있다. 체스의 표준 관행에 대한 기묘한 변형을 생각해보자. 친선경기에서 강한 선수가 약한 상대와 대국할 때면, 경기가 좀 더 팽팽해지고 흥미로워질 수 있도록 강한 선수가 종종 자진해서 핸디캡을 받는다. 표준적인 핸디캡은 기물을 1~2개 포기하는 것이다. 이를테면 비숍이나 룩을 하나(씩)만 가지고 하거나, 아주 극단적인 경우 퀸 없이 한다. 그러나 여기, 흥미로운 결과를 가져올 수 있는 또 다른 핸디캡 부여 체계가 있다. 대국이 시작되기 전에 강한 선수가 숨겨진 제약(또는 제약들)을 종이에 적은 후 그 종이를 보드 밑에 숨기고, 거기에 적힌 제약에 따라 경기를 하는 것이다. 제약과 강제된 행마의 차이점은 무엇일까? 이유(합리성)는 강제된 행마를 지시한다. 그리고 다시, 거듭하여 지시할 것이다. 반면에, 어떤 동결된 역사의 한 조각은 제약을 지시한다. 그 제약의 탄생에 합리적 이유가 있었든 없었든, 그리고 지금 그것에 찬성하거나 저항할 이유가 있든 없든 관계없이 말이다. 여기 몇 가지 가능한 제약들이 있다.

꼭 그렇게 하라는 규칙에 의해 강제되지 않는 한, (지금 상대방이 '체크'를 불렀고, 나는 이 상태에서 벗어나기 위해 합법적인 수를 두어야 할 의무가 있으므로)

(1) 나는 결코 똑같은 기물을 연이어 옮기지 않을 것이다.

(2) 나는 캐슬링[24]을 하지 않을 것이다.

(3) 나는 한 게임에서 폰을 세 번만 잡을 것이다.

(4) 나는 퀸을 룩이 움직이는 방식으로만 움직일 것이다. 절대 대각선으로는 움직이지 않는다.

약한 선수는 상대가 숨겨진 제약조건들을 안고 경기하고 있다는 것은 **알고 있지만**, 그 조건들이 무엇인지는 모른다. 이때 그가 처한 인식론적 곤경을 상상해보자. 그는 어떻게 경기를 진행해야 할까? 답은 꽤 명확하다. 그는 그녀가 둘 수 **있어 보이는** 모든 수—모든 합법적인 수—를 다 **둘 수 있다고 생각하면서** 경기해야 한다. 그리고 그녀가 특정한 수를 둘 수 없는 제약에 실제로 묶여 있다는—그렇지 않았다면 분명히 그 최선의 수를 두었을 텐데—증거들이 쌓이기 시작할 때만 자신의 전략을 수정해야 한다.

그런 증거를 수집하기란 결코 쉽지 않다. 만약 그녀의 퀸이 대각선 방향으로 움직일 수 없다는 생각이 든다면, 그는 대각선에 있는 그녀의 퀸에게 쉽게 잡힐 수 있는 위치로 기물을 옮기는 위험한 전술을 사용해서 자신의 가설을 시험할 수 있다. 만약 그녀의 퀸이 그의 기물을 잡지

---

24 [옮긴이] 체스에서 기물 2개를 한꺼번에 움직일 수 있는 유일한 방법이다.

않는다면, 그녀의 행동은 그의 가설에 유리한 증거로 간주된다. 기물을 잡지 않은 (그는 생각하지도 못한) 더 깊은 전략적 이유가 있지 **않은 한** 말이다. (오겔의 제2 규칙을 기억하시라: 진화는 당신보다 똑똑하다.)

물론, 그 체스판을 지배하고 있는 숨겨진 제약들을 알 다른 방법도 있다. 바로 종이를 훔쳐보는 것이다. 어떤 이들은, 굴드와 르원틴이 말하는 것이 '적응주의자들은 단순하게 경기를 포기하고 분자적 증거를 더 직접적으로 조사함으로써 진실에 다가가기를 원한다'는 것이라고 생각할 수도 있다. 불행하게도, 이 비유는 잘못되었다. 물론 당신에겐 과학이라는 게임에서 데이터를 수집할 그 어떤 요령이든 다 사용할 권리가 분명히 있다. 그러나 당신이 분자들을 들여다본다면, 거기서 보게 될 것은 더 많은 기계적 조직들, 즉 역설계를 필요로 하는 더 많은 설계(또는 설계라 여겨지는 것)이다. 인공물 해석학의 해석 규칙의 도움 없이도 읽어낼 수 있는 방식으로 대자연의 숨겨진 제약이 적혀 있는 곳은 어디에도 없다.(Dennett 1990b) 예를 들어, DNA라는 더 깊은 수준으로 내려가는 것은, 정말로 조사의 예리함을 막대하게 향상시킬 수 있는 값진 방법—비록 너무도 많은 데이터의 홍수 속에서 허덕여야 한다는 견디기 힘든 비용을 통상적으로 치러야 함에도—이긴 하지만, 그 어떤 경우에도 그것은 적응주의의 대안이 아니다. 그것은 적응주의의 연장이다.

숨겨진 제약들에 따라 체스 경기를 하는 예시는, 대자연과 인간 체스 선수들 간의 심오한 차이를 볼 수 있게 해주며, 내 생각에 그 차이는 적응주의적 사고에 널리 퍼져 있는 약점을 정말로 함축하고 있다. 만약 숨겨진 제약조건들을 지키며 체스를 두는 쪽이 당신이라면, 당신은 그에 맞추어 전략을 수정할 것이다. 당신은 퀸을 대각선으로 움직이지 않기로 은밀하게 약속했다. 이 사실을 알고 있으므로, 당신은 아마도 예외적인 제한 때문에 잡힐 위험이 있는 위치로 퀸을 몰아넣는 그 어떤 작전도 포기할 것이다. 물론 약한 상대가 그 가능성을 알아채지 못하길 빌며 모험을 할 수도 있겠지만 말이다. 그러나 당신은 숨겨진 제약들에 대한 지식과 선견지명을 가지고 있지만, 대자연은 그렇지 않다는 차이가 있다. 대자연은 위험도가 높은 갬빗[25]들을 기피할 이유가 없다. 대자연은 그런 수들을 모두 두어 보고, 그중 대부분이 실패하면 그저 어깨를 한번 으쓱일 뿐이다.

자, 이제 이 아이디어가 진화적 사고에 어떻게 적용되는지 살펴보자. 날개에 보호색이 있는 특정한 나비가 있고, 그 보호색의 패턴이 그들이 살아가는 숲 바닥의 패턴과 교묘하게 닮아 있음을 우리가 알게 되었다고 가정하자. 우리는 그것을 위장僞裝, 즉 훌륭한 적응이라고 기록해 놓을 것이고, 거기에는 의심의 여지가 없다. 그 나비는 보호색이 숲 바닥의 색 패턴을 완벽하게 재현하기 **때문에**, 그렇지 않은 사촌들보다 '더 잘살 것이다.' 그렇지만 암묵적이든 명시적이든 우리를 일상적으로 굴복시키는 유혹이 있다. 그 유혹이란 이렇게 덧붙이는 것이다. "게다가, 숲 바닥의 색이 다른 무늬였다면 그 나비도 **그** 무늬처럼 보였을 것이다!" 이런 첨언은 불필요하다. 그리고 아마 사실도 아닐 것이다. 어떤 한도 안에서는, 나비의 지금 무늬가, 그 나비가 성공적으로 모방할 수 있는 **유일한** 숲 바닥 패턴이었을 수도 있다. 그럴 경우 숲의 바닥이 지금과 많이 달랐다면, 그 나비의 혈통은 여기 존재하지 않았을 것이다. 미끼 상술의 진화에서 중요한 것을 절대 잊으면 안 된다. 숲의 바닥이 바뀌면 어떤 일이 벌어질까? 그 나비는 자동적으로 적응할까? 우리가 말할 수 있는 전부는, 그것이 위장을 바꾸면서 적응하거나 아니면 그러지 않으리라는 것이다! 위장을 바꾸며 적응하지 않는다면, 나비는 가능한 행마들로 이루어진 제한적인 위장복 세트 내에서 다른 적응을 찾거나, 아니면 곧 사라질 것이다.

정확히 하나의 경로만 탐험에 열려 있는 이 제한적이고도 극단적인

25 [옮긴이] 체스에서 더 나은 다음 수를 두기 위해 기물을 포기하는, 그래서 일견 후퇴하는 것처럼 보이는 오프닝 전략을 말한다.

사례는, 우리의 오랜 강한(인과응보) 현실주의nemesis actualism—가능한 것이라고는 현실화된 바로 그것뿐이었다—의 한 예이다. 그렇게 구속된 채 가능성(인 것처럼 보이는 것들) 공간을 탐사하는 경우가 배제되는 것은 아니다. 그렇지만 그것은 규칙이 아니라 예외임이 틀림없을 것이다. 그것이 규칙이라면 다윈주의는 소멸했을 것이고, 확실히 생물권의 설계(같은 것들) 중 그 어느 것도 설명해낼 수 없을 것이다. 앞에서 말한 사례는, 단 한 게임만 기계적으로 경기할 수 있는 체스 두는 컴퓨터 프로그램(말하자면, 1914년 독일의 만하임에서 있었던 그 유명한 플램버그-알레힌[26] 대국에서 알레힌이 둔 수들)을 써놓은 것과 마찬가지다. 그런데 말하기에도 이상한 일이지만, '그 프로그램이 모든 경쟁자들을 차례로 물리쳤다!'고 해보자. 이는 기적적인 비율로 "미리 준비된 조화"가 될 것이며, "이기는" 행마들을 어떻게 찾았는지를 설명하는 다윈주의를 헛되이 만들 것이다.

그러나 우리가 현실주의를 무시한다고 해서, 실재하는real 가능성들의 공간이 현실에서 그러한 것보다 훨씬 더 조밀하게 밀집되어 있다고 가정함으로써 다른 방향으로 나아가는 실수를 범해서는 안 된다. 그런 유혹은, 우리가 표현형의 다양성에 관해 생각할 때, 우리가 현실에서 찾은 주제에 대한 우리의 상상 가능한 사소한 다양성이 진정으로 가용하다고 가정하는 일종의 몽타주 전술Identikit tactic을 채택하는 것에 해당한다. 이 전술이 극단적으로 치달으면 실제로 가능한 것을 언제나 지나치게—천많이 지나치게—과대평가하게 된다. **현실에서의** 생명의 나무가 '멘델의 도서관'에서 없작게 좁은 가닥만을 차지한다면, **현실적으로 가능한**actually possible 생명의 나무는 실제의 것보다야 무성하긴 하지만, **가능해 보이는**apparently possible 생명의 나무의 부분이 채워진 그 조밀함에

26 [옮긴이] 알렉산더 플램버그Alexander Flamberg는 폴란드 출신의 체스 선수이다. 알렉산드르 알레힌Alexander Alekhine은 러시아 출신의 체스 선수로, 제4대 세계 체스 챔피언이다.

는 엄청나게 못 미칠 것이다. 우리는 이미 살펴본 적이 있다. 상상 가능한 표현형들의 천많게 광대한 공간—이는 몽타주들의 공간이며, 이를 '몽타주 공간Identikit Space'이라 부를 수 있을 것이다—안에는 그 표현형들을 만들 레시피가 존재하지 않는 광대한 지역이 포함되어 있다는 것을 말이다. 그러나 생명의 나무가 돌아다니는 경로를 따라가는 경우에 마저도, '몽타주 공간'의 모든 인접 구역들이 실제로 우리에게 접근 가능하다는 보장은 없다.[27]

가능성으로 보이는 것들의 공간 안에 대체로 보이지 않는 일군의 미로 벽들—또는 통로나 선로들—이 있음을 숨겨진 제약조건들이 보증한다면, "여기에서 거기로 갈 수 없어"[28]는 우리가 상상할 수 있는 것보다 훨씬 더 자주 참이 된다. 비록 그렇다고 해도, 우리는 모든 기회, 모든 수준에서 우리의 역설계를 실행해야 한다. 우리의 탐구에서 그보다 더 나은 길은 여전히 없다. 현실의 가능성들을 과대평가하지 않는 것은 중요하다. 그렇지만 그것들을 과소평가하는 것(적응주의자들이 전형적으로 보여주는 것은 아니지만)은 과대평가와 똑같이 흔한 단점이며, 과소평가를 하지 않는 것이 훨씬 더 중요하다. 많은 적응주의자는 '가능한 것이라면 다양하게 일어날 것이다'라는 것에 관해 논의하고 있다. 이를테면 이런 것들 말이다. '부정행위가 출현하여 성자들에게 침투할 것이다. 아니면 이러저러한 1차 적응적 안정이 달성될 때까지 군비경쟁이 잇따르거나 할 것이다.' 이런 주장들은, 가능성 공간이 충분히 "거주 가

27 굴드는 "관목들"(후손을 남기지 못한 모든 실패한 개체들도 다 포함한)을 보아야 할 때 "혈통들"만을 보는 것과 시간적으로 뒤를 돌아보는 오류를 지적하는 것을 즐긴다. 하지만 나는 그와는 반대되는 유형의 실수를 지적하고자 한다. 현실화되지 않은 가능성의 조밀한 (또는 심지어 연속된) 관목들—사실 거기엔, 가능해 보이는 것들의 광막한 공간 안에서 상대적으로 고립된 전초기지로 가는 길을 창조하는 듬성듬성한 나뭇가지들밖에 없는데—을 상상하는 것 말이다.

28 [옮긴이] 이 문장의 원문인 "You can't get there from here"는 매우 유명한 노래 제목이다. 그리고 관용어로 "그렇게 간단히 해결될 문제가 아니야"라는 뜻으로도 사용된다.

능"해서, 사용된 게임 이론 모형에 과정이 근접함을 보장한다는 것을 전제로 하고 있다. 그러나 그러한 전제는 언제나 적절할까? 그 박테리아들이 우리 새 백신에 저항하는 형태로 돌연변이를 일으킬까? 운이 좋다면 몰라도, 그렇지 않다면 우리는 최악의 상황을 가정하는 것이 좋을 것이다. 최악의 상태란, 그 박테리아들이 실제로 접근할 수 있는 공간 안에서, 우리의 의학적 혁신의 군비경쟁에서 박테리아들의 반격이 존재하는 경우이다.(Williams and Nesse 1991)

9장: 생물학에서 적응주의는 어디에나 있으며 또 강력하다. 다른 발상들과 마찬가지로, 적응주의 역시 오용될 수 있다. 하지만 오용된다 해서 적응주의가 잘못된 아이디어인 것은 아니다. 그것은 사실 다윈주의적 사고의 대체 불가능한 핵심이다. 적응주의에 대한 굴드와 르원틴의 우화화된 반박은 환상이지만, 신중하지 못한 사고에 관한 모두의 인식을 그들이 높여 놓은 것 또한 사실이다. 좋은 적응주의적 사고는 언제나 숨겨진 제약들을 찾고 있고, 사실 그것이 그 제약들을 찾는 최상의 방법이다.

10장: 스티븐 제이 굴드는 이 책에서 지금까지 제시된 다윈주의적 사고에 반복적으로 도전해왔다. 그의 영향력 있는 저작들은 일반인과 철학자들, 그리고 다른 분야의 과학자들 모두에게 심각하게 왜곡된 진화생물학의 그림을 제공하는 데 공헌했다. 굴드는 정통 다윈주의의 여러 가지 "혁명적" 요약본들을 발표했는데, 그것들은 모두 잘못된 경고인 것으로 드러났다. 이 조직적 활동들에서 식별되는 패턴이 있다. 굴드는 그 전 세대의 저명한 진화사상가들과 마찬가지로, 다윈의 위험한 생각을 제한할 스카이후크들을 찾고 있었다.

10장

힘내라, 브론토사우루스

Bully for Brontosaurus

1. 양치기 소년?

과학은 규율 덕분에 존경받으며, 또 과학자들은 그 덕분에 힘을 얻는다. 따라서 우리는 개인적 편견이나 사회적 목표를 위해 그 힘을 남용하고픈 강렬한 유혹을 받을 수 있다—과학의 우산을 윤리나 정치에서의 개인적 선호까지 포함하도록 확장시켜 가외의 특별한 매력을 제공하면 어떨까? 하지만 우리는 그럴 수 없다. 애초에 우리를 과학으로 유혹했던 바로 그 존경을 잃어버릴까 봐.

—스티븐 J. 굴드(1991b, pp. 429-30)

여러 해 전, 나는 영국의 텔레비전 프로그램에서 엘리자베스 2세 여왕에 관한 어린이들의 인터뷰를 본 적이 있다. 아이들의 확신에 찬 대답들은 사랑스러웠다. 아이들은 말했다. 여왕은 진공청소기로 버킹엄궁을 청소하는 데 하루 중 많은 시간을 보내는 것 같다고. 물론 왕관을 쓴 채로 말이다. 아이들이 말하는 그녀는, 국무로 바쁘지 않으면 옥좌를 텔레비전 쪽으로 치워 놓고, 여왕 가운 위에 앞치마를 두르고 설거지를 한다. 그때 나는 이 어린아이들의, 대부분은 상상 속 엘리자베스 2세(철학자들이 지향적 대상intentional object이라고 부르는 존재)가 어떤 측면에서는 실제로 존재하는 그 여성보다 이 세계에서 더 강력하고 흥미로운 대상임을 깨달았다. 지향적 대상은 믿음의 창조물이며, 그렇기 때문에 그 대상들은 실제의 대상들보다 사람들의 행위를 안내하는(또는 잘못 안내하는) 더 직접적인 역할을 한다. 예를 들어, 포트 녹스Fort Knox[1]의 금은 그것에 대해 형성된 믿음보다 덜 중요하고, 신화 속의 알베르트 아인슈타인은 산타클로스가 그러하듯, 그 신화의 주된 원천이었던 역사상의 동료들보다 훨씬 더 잘 알려져 있다. 동료들은 상대적으로 희미하게 기억되고 있는데 말이다.

이 장은 또 다른 신화에 관한 것이며, 신화의 주인공은 정통 다윈주의를 반박한 스티븐 제이 굴드이다. 그는 꽤 오랜 시간 동안 현대의 신新 다윈주의의 여러 측면에 대해 일련의 공격을 누적해왔다. 그 공격들은 기껏해야 정통 다윈주의를 가볍게 교정하는 것에 불과할 뿐 그 이상의 무언가라고 증명된 적이 없음에도, 외부 세계에 미친 그것들의 수사적 영향은 엄청났으며 또 정통 다윈주의를 왜곡하는 것이었다. 이는 내게 무시하거나 미룰 수 없는 문제를 안겨준다. 지난 세월 동안 나는 종종 진화론적 고려에 호소하는 글을 써왔고, 대부분의 경우 글을 쓸 때마다 기묘한 저항의 흐름과 부딪쳤다. 철학자, 심리학자, 언어학자, 인류학자 들 그리고 나의 생물학이 완전히 틀렸다고 내게 기꺼이 알려준 사람들은, 다윈주의적 추론에 대한 나의 호소가 신뢰할 수 없고 시대에 뒤떨

1 [옮긴이] 미국 금괴 보관소. 세계에서 금이 가장 많이 있는 곳 중 하나라고 알려져 있다.

어진 것이라 말하며 노골적으로 거부했다—그들에 의하면, 나는 철저한 준비를 하지 않고 있는데, 왜냐하면 굴드가 다윈주의가 그렇게 그렇게 좋은 상태에 있지 않다고 보여주기 때문이며, 다윈주의는 정말로 멸종 직전이다.

그것은 신화다. 그렇지만 과학의 전당에서마저 매우 영향력 있는 신화다. 나는 이 책에서 진화적 사고에 대한 정확한 설명을 제시하고, 독자들이 일반적인 오해 쪽으로 가지 않게 막고, 초보적 근거마저 없는 반대로부터 이론을 방어하고자 노력했다. 많은 전문가의 도움과 조언을 받았기에, 나는 내가 성공했다고 확신한다. 그렇지만 내가 제시한 다윈주의적 사고의 관점은, 굴드에 의해 많은 이들에게 익숙해진 관점과 상당히 상충한다. 그렇다면 확실히 내 관점이 잘못됐다는 것인가? 어쨌든, 다윈과 다윈주의에 관해 누가 굴드보다 잘 안단 말인가?

미국인은 진화에 무지하기로 악명이 높다. 최근의 갤럽 설문조사(1993년 6월)에 의하면, 47퍼센트의 미국 성인이 *호모 사피엔스*가 하느님에 의해 기껏해야 1만 년 전에 창조된 종이라고 믿는다. 그러나 그들이 그 주제에 관해 약간이나마 알고 있다면, 그건 그 누구보다도 굴드 덕분일 것이다. 소위 "창조과학"의 학교 교육을 놓고 벌어진 치열한 전쟁에서, 굴드는 미국 교육을 역병처럼 괴롭혀온 법정 소송들에서 진화를 옹호하는 핵심 증인으로 활동해왔다. 그가 20년 동안 매월 《자연사Natural History》에 연재한 "생명관This View of Life"은, 매우 매력적인 통찰과 매혹적인 사실들을 전문 생물학자와 아마추어 생물학자에게 꾸준히 제공해왔고, 그들의 사고를 딱 필요한 만큼 교정해왔다. 그의 칼럼들은 《다윈 이래로Ever Since Darwin》(1977a), 《판다의 엄지The Panda's Thumb》(1980a), 《암탉의 이빨과 말의 발가락Hen's Teeth and Horse's Toes》(1983b), 《플라밍고의 미소The Flamingo's Smile》(1985), 《힘내라, 브론토사우루스Bully for Brontosaurus》(1991b), 《여덟 마리 아기 돼지Eight Little Piggies》(1993d) 등의 책으로 묶여 출판되었다. 그는 그 외에도 달팽이와 고생물학에 대한 전문 서적들을 출판했으며, 주된 이론서 《개체발생과 식물발생Ontogeny and Phylogeny》(1977b)도 출판했다. 또 IQ 검사를 공격하는 《인간에 대한 잘못된 계측Mis-measure of Man》(1981), 버제스 혈암(셰일)의 동물군을 재해석한 《원더풀 라이프: 버제스 혈암과 역사의 본성》(1989a) 등을 썼다. 뿐만 아니라, 바흐에서 야구까지, 그리고 시간의 본성에서 〈쥬라기 공원Jurassic Park〉에 대한 타협까지를 아우르는 다양한 주제들에 관해 엄청나게 많은 글을 썼다. 그의 저작 대부분은 경이롭다. 놀랄 만큼 박식한 이 사람은, 내 고등학교 물리 선생님이 말씀하셨던 '제대로 수행된 과학은 인문학 중 하나다'라는 것을 인식한 과학자의 훌륭한 모범이다.

굴드의 월간 칼럼 제목 중에는 《종의 기원》의 마지막 절에서 온 것이 있다.

> 처음에 몇몇 또는 하나의 형태로 숨결이 불어 넣어진 생명이 불변의 중력 법칙에 따라 이 행성이 진화하는 동안 여러 가지 힘을 통해 그토록 단순한 시작에서부터 가장 아름답고 경이로우며 한계가 없는 형태로 전개되어왔고 지금도 전개되고 있다는, 생명에 대한 이런 시각에는 장엄함이 깃들어 있다.[2]

굴드처럼 다작에 에너지 넘치는 사람은 그저 생명에 대한 다윈주의적 관점에 관해 사람들을 교육하고 기쁨을 주는 것을 넘어서는 의제들을 틀림없이 지니고 있을 것이다. 사실 그에게도 수많은 의제가 있었다. 그는 편견에 맞서, 그리고 특히 과학 연구(와 과학적 위신)를 남용하려 하는 이들, 즉 자신들의 정치적 이념을 '존중받아 마땅한 과학'이라

2 [옮긴이] 이 부분은 장대익의 번역서 《종의 기원》(2019, 사이언스북스)의 해당 부분(198~199쪽)을 그대로 가져왔다

는 강력한 망토 안에 숨기려는 사람들에 맞서 열심히 싸워왔다. 다윈주의에는 언제나 가장 달갑지 않은 열광자들—선동가와 사이코패스, 인간 혐오자를 비롯한, 다윈의 위험한 생각을 남용하는 이들—을 끌어당기는 불행한 힘이 있음을 인식하는 것이 중요하다. 굴드는 이 슬픈 이야기를, 사회다윈주의자들 및 입에 담기도 싫은 인종차별주의자들에 관한 수십 가지 이야기를 통해 폭로했다. 그리고 가장 가슴 사무치게는, 혼란에 빠져 있는, 기본적으로는 좋은 사람들—세이렌처럼 그들을 유혹했던 이런저런 다윈주의적 노래들을 경험했다가 버려졌다고 말할 수 있는 사람들—에 관해서도 이야기했다. 다윈주의적 사고를 어설프게만 이해한 채로 반쯤 미쳐 경주마처럼 내달리는 것은 너무도 쉽고, 굴드는 그런 종류의 남용으로부터 자신의 영웅을 보호하는 것에 인생의 주된 부분을 바쳤다.

아이러니한 것은 굴드의 그런 노력이 때때로 역효과를 초래했다는 것이다. 굴드는 자신의 다윈주의는 옹호했지만, 그가 "초超 다윈주의" 또는 "과도다윈주의"라 불렀던 것에는 열렬히 반대했다. 초다윈주의 및 과도다윈주의는 그의 다윈주의와 어떻게 다른가? 내가 제시한, "스카이후크를 허용하지 않는" 타협 없는 다윈주의는 굴드의 관점에 따르면 과도다윈주의이며, 타도해야 할 극단적인 견해이다. 내가 말한 바 있듯이 그것은 사실 상당히 정통적인 신다윈주의이기 때문에, 굴드의 캠페인 활동은 혁명을 요구하는 형태를 취해야만 했다. 굴드는 쟁점을 널리 알릴 수 있는 자신의 위치를 이용하여, 구경꾼으로 이루어진 매혹적인 세계를 향해, 신다윈주의는 죽었고 새로운 시각—여전히 다윈주의적이지만, 기득권적 견해는 타도한—으로 대체되었다고 거듭하여 발표했다. 그러나 그런 일은 일어나지 않았다. 굴드의 《원더풀 라이프》에 등장하는 영웅 중 하나인 사이먼 콘웨이 모리스Simon Conway Morris가 말했듯이 말이다. "그의 견해는 확립된 정통 다윈주의를 많이 휘저어 놓았다. 먼지가 가라앉을 때면 진화론의 체계가 여전히 거의 변하지 않은 것이 보이지

만."(Conway Morris 1991, p. 6)

드라마화를 향한 과도한 충동에 굴복한 진화론자가 굴드만은 아니었다. 만프레트 아이겐과 스튜어트 카우프만—그리고 여기서 고려되지 않은 다른 이들—도 처음에는 자신들을 급진적 이단자라고 칭했다. 자신의 공헌이 진정으로 혁명적이기를 바라지 않는 사람이 어디 있겠는가? 그러나 앞에서 보았듯이 아이겐과 카우프만은 적절한 시기에 자신들의 수사를 완화한 반면, 굴드는 혁명에서 혁명으로 계속 나아갔다. 지금까지 해왔던 그의 혁명 선언은 모두 거짓 경보였지만, 그는 양치기 소년에 관한 이솝 우화의 교훈을 어기고 계속 혁명 선언을 시도했다. 이는 그에게 (과학자들 간의) 신뢰성에 관한 문제뿐 아니라, 그의 동료 중 일부가 적대감을 지니게 되었다는 문제 역시 안겨주었다. 그 일부 동료들은, 굴드의 영향력 강한 캠페인 활동에 직면한 대중들이, 자신들까지 부당하게 비난하고 있다는 생각에 괴로워했던 것이다. 로버트 라이트 Robert Wright(1990, p. 30)가 말했듯, 굴드는 "진화론에서 월계관을 쓴 미국의 저명인사이다. 그런 그가 진화란 무엇이며 무엇을 의미하는지에 관해 미국인들을 체계적으로 오도해왔다면, 그것은 지적으로 많은 피해를 입힌 것에 해당한다."

그가 진짜로 그렇게 했을까? 아래의 것들을 고려해보라. 만약 당신이 아래의 (1)~(4)를 **믿는다면, 당신이 믿는 것은 거짓이다.**

(1) 적응주의는 반박되거나 진화생물학 안에서 작은 역할만 하도록 밀려났다.

(2) 적응주의는 "사회학에서 중심적인 지적 흠결(Gould 1993a, p. 319)"이기 때문에, 사회생물학은 과학 분과로서의 신뢰를 완전히 잃었다.

(3) 굴드와 나일스 엘드리지의 단속평형 가설은 정통 신다윈주의를 타파했다.

(4) 굴드는 대멸종이 있었다는 사실이 정통 신다윈주의의 아킬레스 건인 "외삽주의extrapolationism"를 반박한다는 것을 보여주었다.

그러나 당신이 위의 네 제안 중 어느 하나라도 믿는다면, 혼자만 그런가 하고 걱정할 필요가 없다. 남들도—많은 사람이, 그리고 유명한 지식인들도—다 그런 실수를 범하고 있으니까. 콰인은 굴드의 작업에 대한 오도된 비판에 대해, "그는 개괄적이고 개략적으로 읽는다"고 말한 적이 있다. 우리 모두는 이렇게 하기 쉽다. 특히 '내 전문 분야 밖의 작업이 주는 교훈'이라는 단순한 용어들로 그 작업을 이해해야 할 때 그렇다. 우리는 우리가 찾고자 하는 것을 개략적으로 읽는 경향이 있다. 위의 네 명제는 굴드가 의도했음직한 것보다 더 단호하고 급진적인 평결을 표현하지만, 네 명제가 합쳐지면, 싸움터에서, 그리고 많은 부분에서 하나의 메시지를 구성한다. 내 생각은 다르므로, 그 신화를 해체하는 것이 내가 해야 할 일이다. 신화 해체는 쉬운 작업이 아니다. 그가 실제로 말한 것과 수사법에 지나지 않는 것을 하나하나 구분해내야 하기 때문이다. 그리고 그러는 내내, 굴드 정도의 위상을 지닌 진화학자가 그렇게 틀린 말을 했을 리가 없다는, 전적으로 합리적인 추정들을 받아쳐야—하나하나 설명해 치움으로써—하기 때문이다. 굴드는 정말로 틀릴 말을 할 리가 없는가? 그렇기도 하고 아니기도 하다. 실제 인물 굴드는 심각하고 광범위한 다양한 오해석들을 바로잡음으로써 진화적 사고에 주된 공헌을 했다. 그러나 신화 속의 굴드는, 다윈을 들먹이는, 그리고 팽팽한 긴장감을 주는 굴드의 말들을 먹고 사는 수많은 사람의 갈망으로부터 창조되었다. 그리고 이는 결국, "과도다윈주의"를 무너뜨리려는 굴드의 열망을 부추겨, 그가 잘못 계획된 몇몇 주장들을 하게 만들었다.

굴드가 양치기 소년처럼 계속 "늑대다!"를 외쳤다면, 그는 왜 그랬을까? 내가 옹호할 가설은, 굴드가 스카이후크를 찾는 저명한 사상가들—그토록 애쓴 후에 그들이 발견한 것은 결국 크레인이었지만—의 오랜 전통을 따랐다는 것이다. 최근 몇 년간 진화론에 많은 진보가 이루어져서, 스카이후크를 찾고자 하는 사상가들이 넘어야 할 장벽이 높아졌다. 따라서 그 축복받은 면세품을 위한 여지를 만드는 과업을 성취하기도 점점 어려워졌다. 굴드의 작업에서 반복되는 주제와 변주를 따라가며, 나는 패턴을 발견할 것이다. 실패한 각각의 시도를 고찰해보면 그의 사냥감의 그림자 중 작은 부분들 하나하나가 각각 정의된다. 그런 고찰을 계속하다 보면 굴드의 영향력이 지니는 불편함의 원천이 결국 그 윤곽을 명확히 드러낼 것이다. 굴드의 궁극적 목표는 다윈의 위험한 생각 그 자체이다. 그러나 굴드는 진화가 결국에는 알고리즘적 과정이라는 바로 그 생각에 반대했다.

굴드가 그 생각에 왜 그토록 반대했는지에 대해 추가 질문을 던지는 것은 매우 흥미로운 일일 테지만, 그것은 정말로 다른 기회에, 다른 작가들이 해야 할 과업이다. 굴드 본인은 그 과업을 어떻게 수행해야 하는지 몸소 보여주었다. 굴드의 탐구 작업 이력에서 가장 잘 알려진 세 가지 사례를 들어보자. 그는 다윈에서부터 IQ 검사를 만든 알프레드 비네Alfred Binet를 거쳐 버제스 혈암 동물군을 (잘못) 분류한 찰스 월컷Charles Walcott에 이르기까지 전대 과학자들의 논의 밑바닥에 도사린 가정들과 두려움들, 그리고 희망들을 조사했다. 어떤 숨겨진 의제들—도덕적, 정치적, 종교적—이 굴드 자신을 추동했을까? 매혹적인 질문이긴 하지만, 나는 이에 대답하려는 유혹에 저항하려 한다. 비록 적절한 시기에, 그간 제기되어온 대립 가설들을 간략하게 살펴볼 예정이고 또 그래야만 하지만 말이다. 굴드의 실패한 혁명들에서 보이는 패턴이 '다윈주의 월계관을 쓴 미국인'이 정작 다윈주의의 근본 핵심을 시종 불편해했다는 것을 보여준다는, 확실히 놀라운 주장을 방어하는 것만도 나는 힘에 부친다.

오랜 시간 나는, 나의 많은 동료 학자들에게서 마주하게 된, 잘못 정의된 적대감에 진정으로 당황했다. 그들은 자신들이 굴드의 권위에 의존한다고 언급했다. 하지만 나는 그들이, 언제나 미묘한 점들을 없애 버리면서 모든 사소한 논쟁의 불길에 부채질하길 열망하는 대중 매체의 도움을 약간 얻어서, 자신들의 희망에 따라 굴드를 오해하고 있다고 판단했다. 굴드가 종종 반대편에 서서 싸우고 있다는 생각은 내게는 정말이지 들지 않았다. 굴드 자신도 너무 자주 바로 이 적대감의 희생양이 되어왔다. 메이너드 스미스는 한 가지 예를 언급했다.

> 진화 관련 분야에서 일하지 않는 대부분의 사람들을 의식하지 않고서는 그 누구도 진화 이론 작업에 평생을 바칠 수 없고, 그 분야의 일을 정말로 하는 사람 중 일부는 다윈의 이론이 잘못된 것이라고 간절히 믿고 싶어 한다. 나는 최근에, 나만큼 투철한 다윈주의자이자 나의 친구인 스티븐 굴드 덕분에 이것을 뼈저리게 깨달았다. 굴드는 《가디언Guardian》에 다윈주의의 죽음을 알리는 사설을 쓸 절호의 기회를 얻었다. 그리고 동일한 주제에 관한 광범위한 서신들이 잇따랐다. 단지 그가 이론이 여전히 직면하고 있는 몇 가지 어려움을 지적했다는 이유로 말이다. 〔Maynard Smith 1981, p. 221, Maynard Smith 1988에 재수록.〕

굴드 같은 "투철한 다윈주의자"가 왜 다윈주의가 죽었다는 대중의 오해에 기여함으로써 자신을 계속 곤경에 처하게 해야 하는가? 존 메이너드 스미스보다 더 헌신적이거나 뛰어난 적응주의자는 없다. 그렇지만 나는 그 적응주의 대가가 이 대목에서 깜빡 졸았음을 알 수 있다고 생각한다. 그는 자신에게 이 "왜"라는 질문을 하지 않는다. 진화론에 행해진 가장 중요한 공헌 중 많은 것이 다윈의 위대한 통찰을 근본적으로 불편해하는 사상가들에 의해 이루어졌다는 것을 알아차리기 시작한 후, 나는 굴드도 그들 중 하나라는 가설을 진지하게 받아들이기 시작할 수 있었다. 이 가설을 주장하는 데는 인내심과 각고의 노력이 필요하지만, 그렇다고 회피할 수도 없다. 굴드가 보여준 것과 보여주지 않은 것에 대한 신화는 너무도 널리 퍼져 있어서, 그것이 형성할 안개가 흩어지도록 내가 할 수 있는 것들을 먼저 하지 않는다면, 그 신화는 우리 앞에 짙은 안개를 드리워 모든 다른 문제들을 보지 못하게 만들 것이다.

2. 스팬드럴의 엄지

나는 진화론에서 무엇이 무너지고 있는지 알 수 있다고 생각한다. 근대적 종합의 엄격한 구성 및 그것에 수반되는 사방에 스며든 적응에의 믿음, 지엽적 개체군에서의 원인에서부터 생명의 역사에서의 주요 추세와 변화들까지가 매끄럽게 연속된다는 믿음에 의한 외삽과 점진주의가 그것이다.

—스티븐 J. 굴드(1980b)

문제는 자연선택이 창조적인 힘으로 작용할 수 있다는 일반적인 생각이 아니다. 기본 논증은 원리적으로는 간단하다. 주된 의혹은 부수적인 주장들—점진주의와 적응주의 프로그램—에 집중된다.

—스티븐 J. 굴드(1982a)

소위 설계의 완벽함이 어떤 불가능한 해부학적 조각들을 적응시키는 응급 정비라는 것을 다윈주의의 중심 주제로 가져오기 위해, 그리고 세간의 이목을 끌기 위해 굴드는 많은 것을 했다. 그러나 그러한 논문 중 어떤 것들은 다윈주의적 설명이 어느 정도는 부분적으로만 옳다는 암시를 담고 있다. 하지만 그것이 심각한 공격일까? 더 자세히 읽어도 그렇지는 않아 보인다.

—사이먼 콘웨이 모리스(1991)

굴드(1980b, 1982a)는 근대적 종합에 두 가지 문제가 있다고 본다. 하나는 "사방에 스며든 적응pervasive adaptation"이고 다른 하나는 "점진주의(점진론)gradualism"이다. 그리고 그는 그 두 가지가 서로 관련이 있다고 본다. 어떻게? 그는 오랫동안 다소 다른 대답들을 해왔다. 우리는 "사방에 스며든 적응"에서부터 시작할 수 있다. 논쟁 주제가 무엇인지 알려면 굴드와 르원틴의 1979년 논문으로 돌아가야 한다. 이 논문의 제목은 논의를 시작하기 딱 좋은 장소이다. 제목은 이렇다. 〈산마르코 성당의 스팬드럴과 팡글로스 패러다임: 적응주의 프로그램에 대한 비판The Spandrels of San Marco and the Panglossian Paradigm : A Critique of the Adaptationist Programme〉. 그들은 "팡글로스의"라는 형용사를 재정의하고, "스팬드럴spandrel"이라는 용어를 논의에 도입했는데, "스팬드럴"은 어떤 의미에서는 매우 성공적인 신조어임이 밝혀졌다. 그 단어는 진화생물학과 그 너머로 퍼져나갔던 것이다. 최근의 회고적 논문에서 굴드는 이를 아래와 같이 기술했다.

> 10년 전, 나의 친구 데이브 라우프Dave Raup는 …… 내게 이렇게 말했다. "우리는 모두 스팬드럴화되었다spandrelized." 당신이 내놓는 사례가 담화의 포괄적이고 또 동시에 다른 부분의 것이 된다면 당신이 이긴 것이다. 산마르코 성당의 스팬드럴들을 "클리넥스Kleenex"라고, "젤로Jell-O"라고, 그리고 가장 단호하게 비상징적으로는, "밴드에이드Band-Aid"라고 부르라.[3] 〔Gould 1993a, p. 325.〕

---

3 [옮긴이] 젤로는 과일 맛이 나는 젤리의 상품명이다. 굴드가 말하는 셋 모두 보통명사가 아니다.

굴드와 르원틴 이후로, 진화론자들(그리고 다른 분야의 많은 이들도)이 스팬드럴에 관해 말하기 시작했고, 그런 이들은 자신이 무슨 말을 하는지 알고 있다고 생각했다. 스팬드럴이란 무엇이냐고? 좋은 질문이다. 굴드는 적응이 "사방에 스며든" 것이라고 납득시키고 싶어 하므로, 적응이 아닌 (짐작건대 많은) 생물학적 특성들을 위한 용어를 필요로 했다. 그런 생물학적 특성들은 "스팬드럴"이라 불릴 것이다. 스팬드럴은, 음, 그게 무엇이든, 적응이 아닌 것들이라고 굴드와 르원틴은 우리에게 보여주었다. 그들은 스팬드럴이 생물권의 도처에 편재함을 우리에게 보여주지 않았던가? 그렇지는 않다. 그 용어가 무엇을 의미하는가에 관한 혼란을 깨끗하게 제거하고 나면, 결국 우리는 알게 될 것이다. 스팬드럴이 전혀 편재하지도 않고, 적응의 **정상적인 기초**도 아니라는 것을. 그러므로 "사방에 스며든 적응"이 전혀 생략되거나 축소되지 않는다는 것을.

굴드와 르원틴은 유명한 두 가지 건축 사례로 시작하는데, 처음부터 결정적인 실수를 범했기 때문에, 우리는 본문을 자세히 읽어보아야 한다. (고전 텍스트들은 급하게 한 번만 읽히고 나서 잘못 기억된다는 특징이 있다. 자주 재인쇄되는 이 논문의 시작 부분이 여러분에게 익숙하다 해도, 나는 여러분이 그 논문을 다시, 천천히 읽고, 실수가 어떻게 벌어지는지 여러분의 눈으로 생생하게 지켜보길 권한다.)

> 베네치아 산마르코 성당의 거대한 돔은 그 모자이크 설계 안에서 기독교 신앙의 중추를 표현하는 섬세한 도상을 보여준다. 중앙의 그리스도 이미지를 3개의 원이 둘러싸고 있고, 그 안에는 각각 천사들, 제자들, 미덕virtue들이 표현되어 있다. 각각의 원은, 돔 자체가 방사상 대칭 구조임에도, 네 부분으로 나뉜다. 그리고 각 사분면은 돔 아래의 아치들에서 4개의 스팬드럴 중 하나와 만난다. 스팬드럴—2개의 둥근 아치들이 직각으로 교차하면서 생기는, 끝이 뾰족해지는 삼

그림 10-1 산마르코 성당의 스팬드럴 중 하나 © Alinari/Art Resources, N.Y.

각형 공간(그림 10-1)—은 둥근 아치들 위에 돔을 얹는 데 필연적인 건축의 부산물by-product이다. 각 스팬드럴에는 끝이 뾰족해지는 삼각형 공간에 훌륭하게 어울리는 설계가 포함되어 있다. …… 그 설계는 실로 정교하고 조화롭고 목적에 잘 부합하기 때문에, 우리는 그 설계를 모든 분석의 시작점으로, 그리고 그것을 둘러싼 건축 구조의, 어떤 의미에서의, 원인으로 보고자 하는 유혹에 빠진다. 그러나 이는 적절한 분석 경로를 뒤집을 것이다. 그 시스템은 건축적 제약—4개의 스팬드럴, 그리고 끝으로 갈수록 뾰족해지는 형태의 필요—과 함께 시작된다. 스팬드럴은 모자이크 예술가들이 작업할 공간을 제공한다. 스팬드럴들은 그 위에 놓이는 사분 대칭을 구성한다 …….

모든 부채꼴 궁륭 천장에는 궁륭 중앙선을 따라 일련의 빈 공간을 두어야 하는데, 그곳은 기둥들 사이에서 부채꼴들의 옆면이 교차하는

그림 10-2 킹스컬리지 예배당의 천장

곳이다(그림 10-2). 그 공간은 틀림없이 존재하기에, 기발한 장식 효과를 위한 곳으로 자주 사용된다. 예를 들어, 케임브리지의 킹스컬리지 예배당King's College Chapel에 있는 그 공간에는 튜더 장미Tudor rose[4]와 내리닫이 창살문이 번갈아 나타나는 양각 장식들이 있다. 어떤 의미에서, 이 설계는 '적응'을 나타내지만, 그 건축상의 제약이 분명히 그것보다 더 먼저이고, 더 주된 것이다. 스팬드럴 공간은 부채꼴 궁륭의 필연적인 부산물로 발생하는 것이고, 그것들을 적절하게 사용하는 것은 이차적인 부수 효과이다. 예배당 안의 튜더 장미와 내리닫이 창살문의 교대가 너무도 이치에 맞기 때문에 스팬드럴이라는 구

4 [옮긴이] 랭카스터 왕가와 요크 왕가를 통합한 튜더 왕가의 상징으로, 꽃잎이 각각 다섯 장인 붉은 장미(랭카스터 왕가의 상징)와 흰 장미(요크 왕가의 상징)를 짜맞춘 무늬를 말한다.

> 조가 생겼다고 주장하려는 사람이 있다면, 그는 볼테르가 팡글로스 박사에게 퍼부었던 것과 같은 조롱을 자초할 것이다. 그러나 진화생물학자들은, 국소적 조건들에의 즉각적인 적응에만 전적으로 집중하는 경향이 있으므로, 구조적 제약을 무시하고 설명을 반전하여 수행하는 경향이 정말로 있다. 〔Gould 1993a, pp. 147-49.〕

우선, 우리는 굴드와 르원틴이 적응주의를 건축상의 "필연성" 또는 "제약"에 대한 고려와 **대조**하라고—마치 그런 제약들의 발견이 내가 앞의 두 장에서 주장했던 것 같은 (좋은) 적응주의 추론의 구성 요소가 아니기라도 한 것인 양—우리에게 요청하고 있음에 주목해야 한다. 이제 이쯤에서 잠시 멈추고, 이 절을 여는 인용문들에 존재하는 제대로 점화되지 못한 잘못된 수사법(앞 인용문의 마지막 문장에서와 같이 다소 수정하기도 했던 그 수사법) 덕분에 굴드와 르원틴이 단단히 오해받고 있을 가능성을 고려해야 할지도 모른다. 어쩌면 1979년에 굴드와 르원틴이 보여준 것은 '우리 모두는 **더 나은** 적응주의자가 되어야 한다'는 것일 수도 있다. "국소적 조건들에 대한 즉각적인 적응에만 전적으로" 역설계의 초점을 맞추는 대신, 우리는 우리의 역설계 관점을 R&D 과정과 배아학적 발달 과정으로까지 되돌려 확장시켜야 한다. 결국 그것은 앞선 두 장의 주된 교훈 중 하나이며, 굴드와 르원틴은 진화론자들이 그에 주목하도록 만들었다는 공로를 공유할 수 있다. 그러나 굴드와 르원틴이 말한 다른 거의 모든 것들은 이러한 해석을 방해한다. 그들은 적응주의를 확대하는 것이 아니라, 적응주의에 반대한다. 그들은 그들이 진화생물학의 "다원주의pluralism"라 부르는 것을 요구한다. 그들이 말하는 다원주의란, 적응주의가 완전히 억제되지는 않더라도 다른 요소들에 의해 영향력이 감소되어 진화생물학의 한 요소로만 존재하게 되는 것이다.

굴드와 르원틴 진영에서는, 우리가 산마르코 성당의 스팬드럴은 "둥근 아치들 위에 돔을 얹는 데 필연적인 건축의 부산물"이라고 말했다고 믿는다. 그런데 도대체 어떤 의미에서 필연적이란 말인가? 내가 질문한, 생물학자들 사이에서 통용되는 표준 가정은, 그것이 다소 기하학적인 필연성이라는 것이며, 따라서 적응주의적 비용-편익 계산과는 일절 관계가 없는데, 그 이유는 간단하다. 선택이 이루어질 여지가 없기 때문이다! 굴드와 르원틴(p. 161)은 이렇게 썼다. "돔이 둥근 아치들 위에 놓여야 한다는 청사진이 명시되면 스팬드럴은 반드시 존재해야만 한다." 하지만 이것이 참일까? 돔과 4개의 둥근 아치들 사이에는 반드시 끝으로 갈수록 뾰족해지는 삼각형의 공간이 있어야 하고 그에 대한 대안은 없는 것처럼 보일 수도 있다. 그러나 사실은 그 공간들이 석재로 채워질 수 있는 방식은 무한히 많으며, 그 대안들은 대부분 구조적으로 똑같이 견실하고, 구축하기에도 똑같이 수월하다. 그림 10-3의 가장 왼쪽 그림은 산마르코 성당의 구조이며, 중간과 오른쪽 그림은 그 변형이다. 변형들은, 말하자면, 보기에 좀 추하지만(나는 일부러 그렇게 만들었다), 그렇게 만드는 것이 **불가능**하지는 않다.

그런데 여기서 토론을 심각하게 방해하는 용어적 혼란이 존재한다. 그림 10-3은 세 종류의 스팬드럴을 보여주는 것인가, 아니면 하나의 스팬드럴(맨 왼쪽)과 스팬드럴은 아닌 2개의 다소 추한 대안(중간과 오른쪽)을 보여주는가? 다른 분야의 전문가들과 마찬가지로, 미술사학자들도 종종 그들의 용어를 엄격한 용법으로, 그리고 동시에 느슨한 용법으로 사용하는 일을 자행하곤 한다. 엄밀하게 말하자면, 그림 10-1에 나온 대략 구면의 일부라 할 수 있는 끝이 뾰족한 삼각형, 즉 그림 10-3의 왼쪽 도면 같은 것은 사실 스팬드럴도 아니다. 그것은 **펜던티브**pendentive이다. 그리고 또 엄밀하게 말하자면, 스팬드럴은 그림 10-4와 같은, 아치를 뚫어버린 뒤 남는 벽의 일부이다. (그러나 그 정의조차도 혼란의 여지가 있다. 그림 10-4에서 우리가 보는 것은, 왼쪽이 스팬드럴이고 오른쪽은 스팬드럴이 아닌 그 무엇인가? 아니면 오른쪽의 것도 엄밀히 말해서 스팬드럴이라 간주할 수 있는, "구멍 뚫린 스팬드럴"인가? 나는 모른다.)

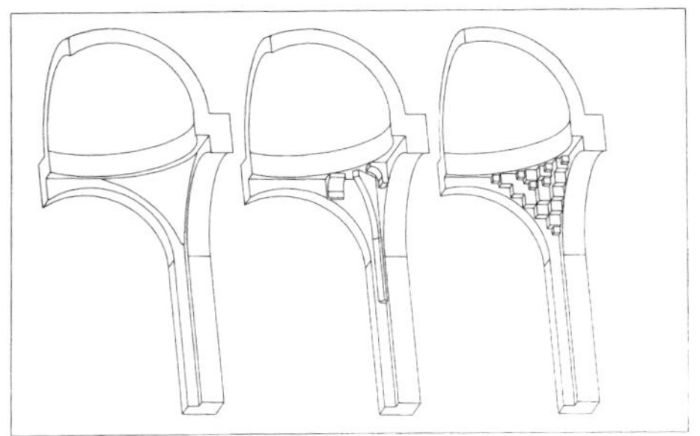

그림 10-3

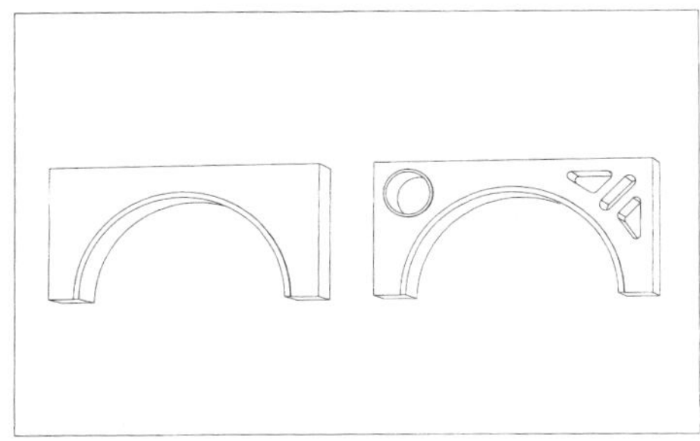

그림 10-4

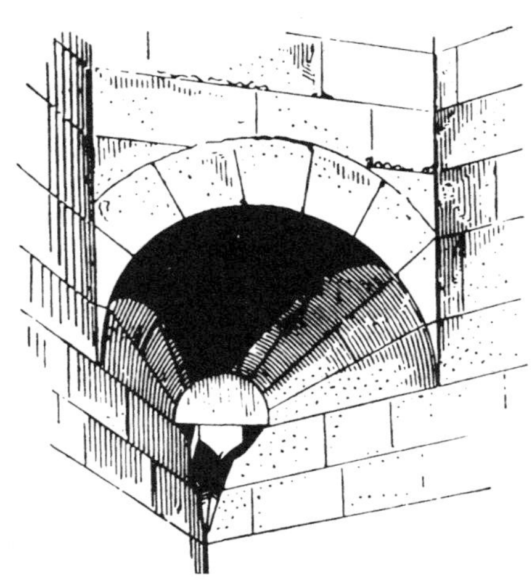

그림 10-5 스퀸치 중 한 가지. 대개 '작은 아치' 또는 '반半 원뿔 홍예'라 불리는 내쌓기 구조. 팔각의 회랑 궁륭이나 돔을 지탱하기 알맞은 팔각형이 생성되도록 사각형 베이bay의 모퉁이에 배치된다.[Krautheimer 1981.]

좀 느슨하게 말한다면, 스팬드럴은 어떻게든 처리되어야 하는 곳이며, 그 느슨한 의미에서는 그림 10-3의 세 도해 모두 스팬드럴의 변종으로 간주될 수 있다. (그런 의미에서) 그림 10-5와 같은 스퀸치 squinch(든모홍예)도 스팬드럴의 다른 변종이 될 수도 있을 것이다.

그러나 때때로 미술사학자들은, 특히 펜던티브에 관해 구체적으로 이야기할 때 그림 10-3의 왼쪽 그림과 같은 변종만을 이야기한다. 이런 의미에서는 스퀸치는 스팬드럴의 한 유형이 아니라 스팬드럴의 라이벌이 된다.

자, 이 모든 것이 왜 문제가 되는가? 스팬드럴을 좁은 의미의 것("펜던티브"의 동의어)으로 간주한다면, 스팬드럴이 "필연적인 건축의 부산물"이라고 하는 굴드와 르원틴의 말은 거짓이 되기 때문이다. 그들의 말이 참이 되는 것은 오로지 느슨하고 모든 것을 포괄하는 의미로 사용될 때뿐이다. 그러나 그런 의미에서는, 스팬드럴은 설계된 **특성들**features(적응들)인가 아닌가가 아니라 설계상의 **문제들**problems이 되어버린다. 느슨한 의미에서의 스팬드럴은 정말로 어떤 측면에서는 "기하학적으로 필연적인 것"이다. 만일 당신이 4개의 아치 위에 돔을 설치한다면, 당신에겐 **의무적인 설계 상황**obligatory design opportunity이라 부를 수 있는 것이 생길 것이다. 그리고 당신은 돔을 지탱하기 위해 무언가—어떤 형태이든, 당신이 결정한 것—를 그곳에 놓아야 한다. 그러나 스팬드럴을 '적응 또는 적응이 아닌 무언가를 위한 의무적인 장소'로 해석한다면, 그것은 적응주의에 대한 도전이 되긴 힘들 것이다.

그러나 그럼에도 불구하고, 좁은 의미의 스팬드럴—펜던티브—이 진실로 산마르코 성당에서의 선택 사항이 아니라 (필수적인) 특성이 될 다른 방식은 없는가? 굴드와 르원틴이 주장하는 것이 바로 그것인 것처럼 보이지만, 그렇다면 그들은 틀렸다. 펜던티브들은 **상상 가능한**imaginable 많은 선택지 중 하나에 불과할 뿐 아니라, **쉽게 사용 가능한** 선택지 중 하나일 뿐이었다. 스퀸치들은 7세기경부터 아치들 위에 돔을

세우는 비잔틴 건축 양식의 문제에 대한 잘 알려진 해결책이었다.[5]

산마르코 성당 스팬드럴—여기서는 펜던티브—들을 유리한 입장에 있게 하는 현실적 설계는 주로 두 가지로 이루어진다. 첫째는, 그것이 (대략적으로) "최소 에너지minimal-energy" 표면(철사로 모서리의 폐곡선 모양을 만들어 비눗물 막이 생기게 하면 볼 수 있는 표면)이며, 따라서 최소 표면적에 가깝다는 것이다. (그러므로, 이를테면, 값비싼 모자이크 타일의 수를 최소화해야 했을 때 이는 최적의 해결책으로 볼 수 있다!) 둘째, 이 울퉁불퉁하지 않고 매끈한 표면은 모자이크 이미지를 장착하는 데 **이상적**이며, 이것이 산마르코 성당이 건축된 이유—모자이크 이미지들을 잘 보여주는 진열 장소들을 만들기 위해—라는 것이다. 이런 추론들의 결론은 불가피하게 '굴드의 연장된 의미 안에서마저 산마르코 성당의 스팬드럴은 스팬드럴이 아니다'라는 결론으로 나아가게 된다. 즉 그것들은 동등하게 가능한 일군의 대안들 중 주로 미적인 이유로 선택된 적응들이며, 또 그것들은 기독교 성상을 전시하기에 적합한 표면을 제공하기 위해 적확하게 바로 그 형태로 설계된 것이라고 결론짓게 되는 것이다.

어쨌든, 산마르코 성당은 곡물 창고가 아니다. 그것은 교회다(대성당은 아니다). 교회 돔과 궁륭의 주된 기능은 비를 막는 것이 절대 아니었다. 그런 돔들이 지어졌던 11세기에도, 비를 막는 훨씬 덜 비싼 방법들이 있었다. 돔과 궁륭의 주 기능은 교리의 상징을 보여줄 진열장을 제공하는 것이었다. 그 자리에 있었던 이전의 교회는 화재로 소실되고 976년에 재건되었는데, 그 지역 대표 건축물을 만들고 싶어 했던 영향력 있는 베네치아인들은 모자이크로 장식된 비잔틴 양식에 깊은 감명

---

5 "그러나, 스퀸치들 위에 돔을 놓은 관습의 기원이 무엇이든, 그 질문의 중요성은, 내가 보기엔, 엄청나게 과장된 것 같다. 스퀸치들은 거의 모든 건축 양식 안으로 통합될 수 있는 건축 요소이다."(Krautheimer 1981, p. 359)

을 받았다. 산마르코 모자이크에 관해 대단한 권위를 지닌 오토 데무스 Otto Demus(1984)는, 네 권의 훌륭한 책에서 모자이크들이 산마르코 성당의 레종 데트르이며, 따라서 많은 건축학적 세부 사항들의 레종 데트르이기도 하다고 말했다. 오토 데무스의 주장은, 달리 말하자면, 기독교 성상의 비잔틴 식 모자이크 이미지를 어떻게 전시할 것인가 하는 "환경 문제"가 제기되지 않았다면, 그리고 그리하여 그에 대한 해결책이 찾아지지 않았다면 베네치아에는 그런 펜던티브들이 존재할 수 없었으리라는 것이다. 펜던티브들을 자세히 살펴보면(그림 10-1에서도 이것이 보이긴 하는데, 내가 최근 베네치아를 방문했을 때 보았던 것처럼 당신이 실제로 펜던티브들을 본다면 틀림없이 훨씬 더 잘 볼 수 있을 것이다), 엄밀한 의미의 펜던티브와 그것을 연결하는 아치 이행부의 마무리에 많은 주의를 기울였음을 알 수 있다. 모자이크를 장착하기 위한 연속적인 표면을 더 잘 만들기 위해서 말이다.

조만간 드러나겠지만, 건축학에서 나온 굴드와 르원틴의 다른 사례 또한 잘못 선택되었다. 왜냐하면 우리는 킹스컬리지 예배당의 장미와 내리닫이 쇠창살이 번갈아 나타나는 양각 장식들이 부채꼴 궁륭의 레종 데트르이고 그 반대도 성립하는지 그야말로 모르기 때문이다. 우리는 부채꼴 궁륭이 그 예배당의 원래 설계의 일부가 아니라, 공사가 시작되고 몇 년 후에 모종의 이유로 도입된 설계 변경이라는 것을 알고 있다. 초기 고딕 양식 궁륭에서 늑골들의 교차점에 있는, 매우 무거운 (그리고 무겁게 조각된) 쐐기돌keystone들은 건축가들에게는 일종의 강제된 움직임이었는데, 8장에서 언급했듯이, 뾰족한 아치들이 점점 위로 올라가는 경향에 대항하려면 이 쐐기돌들의 추가 무게가 필요했기 때문이다. 특히, 건설 중인 건물에서 부분적으로 완성된 구조물들이 다소 변형되고, 그 변형을 해결하는 것이 주된 문제였던 단계에서 말이다. 그러나 후기 킹스컬리지 유형의 부채꼴 궁륭에서는, 그 양각 장식들의 목적은 아마도 전적으로 장식들을 위한 초점을 제공하는 일이었을 것이다. 그 양각 장식들은 어떻게든 거기 있었어야 했는가? 그렇지 않다. 공학적 관점에서 보면, 지붕이 없었다면, 위로부터 햇빛을 들어오게 하여 "랜턴" 역할을 할 깔끔한 둥근 구멍이 있을 수도 있었다. 궁륭을 부채꼴로 짓는 것은 튜더 상징물들을 담을 수 있는 천장을 만들기 위해 선택**되었을** 것이다!

그러므로 전설적인 산마르코 스팬드럴은 결국 스팬드럴이 아니라 적응인 것이다.[6] 당신은 이렇게 생각할 수도 있을 것이다. 그것은 이상하지만, 수사학적으로 중요하지는 않다고. 그리고 그것은, 굴드 자신이 종종 우리에게 상기시켰듯이, 다윈의 근본 메시지 중 하나가 인공물이 새 기능으로 재활용된다는 것—굴드와 브르바(1981)의 신조어로는 "선택적 굴절적응exaptation"—이었기 때문이라고. 판다의 엄지는 진짜 엄지가 아니지만, 엄지손가락이 하는 일에 꽤 능숙하다. 굴드와 르원틴의 스팬드럴 개념은, (태생이 다른 유명한 구句를 선택적으로 굴절적응시켜 표현하자면) 그것이 역사의 동결된 우연이었다 할지라도, 진화생물학의 값진 도구가 아닐까? 글쎄, 진화론적 사고에서 "스팬드럴"이라는 용어가 수행하고 있는 기능이 무엇인가? 내가 아는 한, 굴드는 (생물학에 적용함

---

6 이렇게 주장한 사람이 내가 처음은 아니다. 나는 최근에야 굴드의 미술사 여행에 존재하는 사소한 오류들을 발견했는데, 내가 발견하기 몇 년 전, 두 명의 진화생물학자 알래스데어 휴스턴Alasdair Houston과 팀 클루턴브록Tim Clutton-Brock이 굴드의 견해를 비판했다. 휴스턴(!990)은 스펜드럴, 펜던티브, 스퀸치에 대한 논점에 학자들의 이목을 집중시켰고, 클루턴브록은 하버드 강연에서 킹스컬리지 예배당의 부채꼴 궁륭에 대한 굴드의 해석에 의문을 제기했다.
굴드와 르원틴의 논문들에 등장하는 수사들을 분석하는 데 전념하는 최근의 책(Selzer 1993)에 논문을 기고한 해체주의자들과 수사학 분석가들도 모두 이런 논점들을 간과했다는 사실은 흥미롭다. 당신은, 그 16명의 인문학자 중 누군가는 굴드와 르원틴 논문의 근본적 수사 장치에 놓여 있는 사실적인 문제들을 알아차렸을 것이라고 가정할지도 모른다. 그렇지만 이 세련되고 고상한 사람들은 "지식을 해체하는 것"에 흥미가 있다는 것을 기억해야만 한다. 그렇다는 것은, 그들이 사실과 허구 간의 진부하고 낡은 이분법을 초월했음을 의미한다. 따라서 그들은 자신이 읽은 것이 참인가에 대해 학문적으로 궁금해하지 않는다!

에 있어) 그 용어를 공식적으로 정의한 적이 없다. 그리고 그가 의도한 의미를 나타내기 위해 의존해온 사례들이 아무리 좋게 말해도 오해의 소지가 있는 것들이기 때문에, 우리는 우리가 만든 장치들을 계속 사용할 수 있다. 그리고 그렇게 할 때 우리는 그의 텍스트에 대한 가장 좋고 가장 너그러운 해석을 찾으려 노력해야 한다. 그런 과업 쪽으로 눈을 돌리면 굴드의 요점 한 가지가 맥락 안에서 또렷하게 떠오른다. 스팬드럴이 무엇이든, 그것은 비非 적응이어야 한다는 것.

무엇이 스펜드럴(굴드의 의미로)의 **좋은** 건축 사례가 될 수 있을까? 적응이 설계의 (좋은, 교활한) 예라면, 스팬드럴은 아마도 "생각할 필요가 없는 결정으로" 생겨난, 교활함을 전혀 드러내지 않는 특성일 것이며, 건물에 출입구(단순히 벽체의 일부를 뚫어 놓은 것이라 해도)가 존재한다는 것이 그 예로 보일 수도 있을 것이다. 집에 그런 특성을 포함시킨 건축자들의 지혜에 우리가 특별히 감명을 받진 않을 테니까. 그렇지만, 결국 주거 건물에 출입구가 있어야 할 매우 좋은 이유가 있다. 스팬드럴이 설계 문제들에 대한 너무도 확실한 해결책이라면, 상대적으로 잘 생각되지 않는 건축 전통의 일부가 될 테고, 따라서 스팬드럴은 풍부하게 존재할 것이다. 그러나 그 경우, 그것들은 적응의 대안이 아니라 적응의 **탁월한** 사례—강제된 움직임이든, 아니면 어떤 경우에든, 당신이 아무 신경 쓸 필요가 없이 이루어지는 움직임이든—가 될 것이다. 그렇다면 더 좋은 유형의 예는, 공학자들이 때때로 "상관 없음don't-care"이라고 부르는 것이 될 수 있다. 이는, 어떤 방식으로든 해내야 하지만, 그 방식들 중 어떤 것도 다른 것보다 낫지 않은 무언가를 말한다. 출입구에 문을 단다면 문에 경첩을 달아야 할 텐데, 이때 경첩은 왼쪽으로 가야 할까, 오른쪽으로 가야 할까? 여기에는 아무도 별 신경을 쓰지 않을 테고, 동전 던지기를 해 왼쪽에 경첩이 달릴 수도 있을 것이다. 다른 건축자들이 이 결과를 아무 생각 없이 베껴서 그 지역에서 그런 문이 전통으로 자리 잡는다면(그리고 이 경향은, 왼쪽에 경첩이 있는 문들만을 위한 걸쇠를 만드는 걸쇠 제작자들에 의해 강화된다), 이것은 적응으로 가장한 스팬드럴일 수 있다. "이 마을에는 왜 모든 문의 경첩이 왼쪽에 있는가?"라는 질문은 고전적인 적응주의적 질문이 될 것이고, 그 대답은 "아무 이유 없다. 그저 역사적 우연일 뿐이다"가 될 것이다. 그러면 이것이 스팬드럴의 좋은 건축 사례일까? 어쩌면 그럴 수도 있다. 하지만, 앞 장에 나온 단풍의 예가 보여주었듯이, 적응주의자가 "왜"라고 **묻는** 것은 결코 실수가 아니다. 심지어 진짜 답이 '아무 이유 없다'일 때마저도 그렇다. 이유 없이 존재하는 특성들이 생물권에 많이 있는가? 그 답은 무엇을 특성으로 간주하느냐에 달려 있다. 사소하게는, 그런 특성들이 많이 있다. 예를 들면 눈보다 다리가 더 많은 코끼리의 속성이나 물에 뜨는 데이지의 속성 등이 그에 속한다. 그런 것들은 그 자체로는 적응이 아니지만, 그 어떤 적응주의자도 이를 부정하지는 않을 것이다. 추측건대, 굴드와 르원틴이 우리에게 포기하라고 성가시게 재촉하는 더 흥미로운 교조가 있다.

그럼, 널리 존재하는 스팬드럴을 그렇게 받아들인다면, 던져버려야 한다고 굴드가 가정하는 "사방에 스며든 적응주의"라는 교조란 과연 무엇인가? 상상할 수 있는 가장 극단적 형태의 팡글로스 적응주의를 생각해보자. 그것은 **설계된 모든 것은 최적으로 설계된다**는 관점이다. 인간의 공학을 언뜻 봐도 이런 관점조차도 설계되지 않은 많은 것들의 존재를 허용할 뿐만 아니라 필요로 하기까지 한다는 것을 알 수 있다. 할 수 있다면, 인간의 공학이 이루어낸 걸작—완벽하게 설계된 위젯 공장, 에너지 효율성, 최대 생산성, 운영 비용 최소화, 직원들에 대한 최대한의 인간적 대우, 그리고 어떠한 차원에서도 더 개선할 점이 없음—을 상상해보라. 이를테면, 폐지의 종류별 재활용을 최소한의 에너지 비용으로 최대한으로 편리하게 만들고, 직원들이 일하기 좋게 폐지 수거 시스템을 만들고, 등등. 이는 팡글로스의 승리처럼 보이기도 한다. 그런데 잠시만! **폐지**라는 것은 무엇을 위한what for 것인가? 그 무엇을 위한 것도 아니다. 폐지는 다른 공정의 부산물이며, 폐지 수거 시스템은 그것을 처리하기 위한 것이다. 폐지 자체가 …… 낭비(!)라는 것을 전제하지 않는 한, 당신은 폐기물 처리/재활용 시스템이 왜 최적인가에 관해 적응주의적 설명을 내놓을 수 없다. 물론, 당신은 (폐지를 배출하는 회사들로 찾아가서) 컴퓨터를 더 잘 사용함으로써 "종이 없는" 업무 환경을 조성하길 요청할 수 있다. 그러나 이런저런 이유로 그런 일이 일어나지 않는다면, 그 어떤 경우든 폐지를 비롯하여 처리해야 할 폐기물 및 부산물들이 여전히 존재하게 될 것이며, 따라서 최대한 잘 설계된 시스템에도 설계되지 않은 특성들이 언제나 많이 있을 것이다. 그 어느 적응주의자도 그것을 부정할 정도로 "사방에 스며든" 적응주의자일 수는 없다. 생명 세계의 모든 것의 모든 특성의 모든 속성이 적응이라는 논지는, 내가 아는 한, 진지하게 받아들여진 적도 없고, 누군가가 진지하게 받아들였다고 암시된 적도 결코 없다. 내가 틀린다면 나를 물어뜯을 심각한 미치광이들이 저 밖에 대기하고 있지만, 굴드는 내가 틀렸다는 것을 하나라도 보여준 적이 없다.

하지만 때때로, 굴드는 이것이 나를 공격할 수 있는 관점이라고 생각하는 것 같다. 그는 적응주의를 "순수적응주의"와 "범적응주의panadaptationism"로 특징짓는다. 듣자 하니 그가 말하는 범적응주의란 모든 유기체의 모든 특성이 무언가를 위해 선택된 적응이라고 설명되어야 한다는 견해이다. 생물철학자 헬레나 크로닌Helena Cronin은 《개미와 공작The Ant and the Peacock》(1991)에서 이 견해를 특히 예리하게 진단한다. 그리고 그녀는 이 오해 속으로 정확하게 미끄러져 들어가는 굴드를 붙잡는다.

> 굴드는 '진화론에서 가장 근본적 질문이 될 수도 있는 것'에 관해 이야기하고, 그 후 의미심장하게, 하나가 아닌 두 개의 질문을 명시한다. '진화적 변화의 행위자로서의 자연선택은 얼마나 **배타적**인가?

유기체의 **모든** 특성은 적응으로 보아야만 하는가?'(Gould 1980a, p. 49; 강조는 내가 했다.) 그러나 자연선택은 모든 특성들을 다 낳지 않고도 적응들의 진정한 아버지가 될 수 있다. 모든 특징들이 정말로 적응적이라고 고집하지 않고도, 모든 적응적 특징들이 자연선택의 결과라는 견해를 고수할 수 있는 것이다. [Cronin 1991, p. 86.]

유기체의 많은 특성이 적응이 아니라고 해도 자연선택은 여전히 진화적 변화의 "배타적 행위자"가 될 수 있다. 적응주의자들은 **언제나**, 자신의 주의를 사로잡는 특성이 있을 때 그것이 무엇이든 그에 대한 적응적 설명을 찾고 있으며, 또 그래야만 한다. 그러나 이 전략은 굴드가 "범적응주의"라고 부른 캐리커처 안으로 누군가를 욱여넣기에는 한참 모자란다.

굴드가 무엇에 반대하는지는, 그가 그 대신 무엇을 권하는지를 보면 더 분명해질 것이다. 굴드와 르원틴은 어떤 **반**反 적응주의적 대안들—그들이 추천하고 있는 다원주의의 요소로서의—을 제시했는가? 대안들 중 주된 것은 바우플란Bauplan 아이디어였는데, 이는 유럽 대륙의 특정 생물학자들이 채택한 독일어 건축 용어이다. 이 용어는 종종 "지층평면도ground plan" 또는 "평면도floor plan"라 번역되며, 둘 다 위에서 본 구조물의 기본 윤곽을 가리킨다. 반反 적응주의 활동에서 건축 용어가 강조되어야 한다는 것은 호기심을 불러일으킨다. 그렇다고 해서 원래의 바우플란 사상가들이 그것을 어떻게 추구했는지를 살펴보는 것은 좀 바보스러운 짓이 될 것이다. 굴드와 르원틴은 적응이, 유기체가 환경에 맞도록 하는 설계의 **피상적** 수정들을 설명할 수는 있지만, 생물의 근본적 특성은 아니라고 말했다. "하나의 바우플란 자체에서 복수의 바우플란, 즉 '바우플란들Baupläne'로의 전환은 진화에서 중요한 단계이며, 알려지지 않은, 그리고 아마도 '내재적internal'인 모종의 메커니즘과 관련이 있을 것이다."(Gould and Lewontin 1979, p. 159) 그럼 평면도는 진화에 의해 설계된 것이 아니라 그냥 어떻게든 주어진 것인가? 수상한 냄새가 나는 것 같은데, 그렇지 않은가? 굴드와 르원틴은 급진적 아이디어를 대륙에서 사왔는가? 결코 그렇지 않다. 그들은 재빨리 인정했다.(p. 159) "'신비주의에의 호소'에 가까운 이 강한 형태를 거부했다"는 면에서 영국 생물학자들이 옳았다고.

하지만 일단 바우플란들의 신비로운 버전이 외면당하고 나면 무엇이 남을까? 우리의 오랜 친구가 남을 것이다. 좋은 역설계는 건축 과정을 설명에 포함시킬 것이라는 주장 말이다. 굴드와 르원틴이 썼듯이,(p. 160) 사물들에 대한 그들의 견해는 "변화가 일어날 때, 그 변화가 자연선택에 의해 매개될 수 있음을 부인하지는 않는다. 그러나 그것은 제약들이 변화의 경로와 양상을 너무 강하게 제한하는 나머지, 제약들 그 자체가 진화의 가장 흥미로운 측면이 된다는 주장을 고수한다." 그것들이 **가장** 흥미로운 측면이든 아니든, 앞에서 보았듯이, 그것들은 확실히 중요하다. 아마도 적응주의자들은 (미술사학자들처럼) 그들의 주의를 반복적으로 집중시킬 이런 요점들을 필요로 할 것이다. 확고한 최고의 적응주의자 도킨스는 "특정 종류의 배아학이 성장할 수 없어 보이는 몇 가지 형태가 있다"고 말하며,(Dawkins 1989b, p. 216) 바우플란의 제약에 관한 이 요점의 한 버전을 표현하고 있으며, 그것은 그에게 어떤 계시 같은 것이었다고 말한다. 도킨스는 그것을 굴드와 르원틴의 논문을 통해서가 아니라, 도킨스 자신의 컴퓨터 시뮬레이션을 통해 절실하게 깨달았지만, 우리는 굴드와 르원틴을 이 논의에 끼어들게 할 수도 있다: "그러게 우리가 뭐랬소!"

굴드와 르원틴은 적응에 대한 다른 대안들도 논의하는데, 그것들—유전자의 무작위 고정(역사적 우연과 그것의 증폭의 역할), 유전자들이 표현됨에 따른 발달상의 제약들, "적응적 봉우리들이 많은" 적합도 경관 안에서 돌아다니는 문제—은 정통 다원주의에서 우리가 이미 마주쳤던 주제들이다. 이것들은 모두 실재하는 현상들이다. 늘 그렇듯이, 진화론자들은 그것들이 존재하는가의 여부에 관해서가 아니라 그것들이 얼마나 중요한가에 관해 논쟁한다. 그것들을 통합한 이론들은 신다윈주의 종합neo-Darwinian synthesis이 점점 정확해지는 데 정말로 중요한 역할을 해왔지만, 그것들은 개선reform이나 합병complication이지, 혁명은 아니다.

그래서 몇몇 진화론자들은 편안한 마음으로, 굴드와 르원틴의 다원주의를, 적응주의를 포기하지 말고 오히려 발전시키라는 요구로 받아들였다. 메이너드 스미스(1991, p. 6)는 이를 두고 이렇게 말했다. "굴드와 르원틴 논문의 효과는 상당했고, 전반적으로 환영받았다. 많은 이들이 적응적 이야기를 하려는 시도를 멈추었는지 나는 의심스럽다. 확실히, 나 자신은 그렇게 하지 않았다." 굴드와 르원틴 논문의 효력은 기꺼이 받아들여졌지만, 그 부산물 중 하나는 그렇게 환영받지 못했다. 다소 무시되어왔던 주제들이 적응주의의 주된 대안을 구성한다고 제안하는 그 선동적인 수사법은 다윈 공포증을 지닌 사람들의 희망적인 생각에 수문을 열어주었다. 그런 사람들은 이런저런 귀중한 현상에 대한 적응주의적 설명이 **없기를** 원한다. 그들이 어렴풋하게 상상했던 대안은 무엇일까? 굴드와 르원틴 본인들이 '신비주의에의 호소'라며 무시했던 "내재적 필연"이나 완전한 우주적 우연 같은 것들일 것이다. 그 둘은 동등하게 신비적이며, 애당초 가능성이 없는 것들이다. 굴드도 르원틴도 적응주의에 대한 무모한 대안을 명시적으로 지지하지는 않았지만, 다윈 의심증을 지닌 이 저명한 학자들의 권위에 현혹되길 원하는 사람들은 그 사실을 간과했다.

게다가, 굴드는, 공저한 그 논문에서 다원주의에 호소했음에도 불구하고, 그것을 적응주의를 초토화시키는 것으로 묘사하기를 고집했고,(이를테면 1993a) 그 중심 개념인 스팬드럴이 "비非 다윈주의적" 해석이라고 끝까지 주장했다. 여러분은 어쩌면, 내가 스팬드럴에 대한 명백한 해석을 간과했다고 생각할 수도 있겠다. 스팬드럴은 그저 '쿼티' 현상에 불과할 수도 있으며, 여러분도 기억하겠지만, '쿼티' 현상은 제약들이다. 하지만 적응적 역사를 지닌 제약들이며, 따라서 적응주의적 설명이 존재하는 제약들이다.[7] 굴드 자신도 이 대안을 잠시 고려했다.(1982a, p. 383) "[현재의 선택지들을 제약하는] 채널들이 과거의 적응들에 의해 결정된다면 선택은 여전히 두드러지는데, 이는 모든 주요 구조들이 즉각적 선택의 표현이거나 이전에 일어났던 선택의 계통발생학적 유산에 의해 채널을 통과한 것이기 때문이다." 멋진 말이다. 그러나 그는 그것을 다윈주의라 부르면서(확실히 그것은 다윈주의이긴 하다) 즉각적으로 거부했고, 대안인 "비다윈주의 버전"을 추천하고 있다. 그의 묘사에 따르면, "비다윈주의 버전"은, "널리 환영받지는 못하지만 잠재적으로 근본적인 것"이다. 그러고 나서 그는 제안했다. 스팬드럴은 앞선 적응들에 의해 창조된 동결된 제약들이 아니라고.(p. 383) 스팬드럴은 **굴절적응**이라고. 그가 대비시키고자 했던 것은 과연 무엇일까?

나는 그가, 이전에 설계된 것들을 착취하는 것과 원래 설계되지 않았던 것들을 착취하는 것의 차이를 알고 있었으며 그 차이의 중요함을 주장했다고 생각한다. 아마도 말이다. 그것을 읽어낼 수 있는 간접적인 텍스트 증거가 여기 좀 있다. 《보스턴 글로브Boston Globe》의 최근 기사는 MIT의 언어학자 새뮤얼 제이 키저Samuel Jay Keyser의 말을 인용한다.

---

7 굴드는 원래의 '쿼티' 현상(1991a)에 대한 논의에서 유용한 논점을 제시한 바 있지만(1991a, p. 71) 내가 아는 한 그것을 더 발전시키지는 않았다. 표준 '쿼티' 타자기 자판이 널리 채택된 흥미로운 일련의 역사적 사건들 때문에 "'쿼티'를 테스트할 수도 있었던 일련의 경쟁적 대회들은 전혀 열리지 않았다." 이는, '쿼티'가 대안 X, Y, Z보다 나은 설계인가를 묻는 것은 그저 **부적절한** 일이라는 것이다. 왜냐하면, 시장이나 설계 현장에서 대안들이 '쿼티'와 경쟁하는 일이 전혀 없었기 때문이다. 대안들은 변화를 가져올 수 있었건만, 그럴 수 있는 적기에 전혀 등장하지 않았다. 적응주의자들은 우리가 자연에서 보는 것이 그 무엇이든 "모든 대안들에 대해 시험되고", 부적합하지 않으며, 우리가 상상할 수 있는 모든 대안 간의 경쟁들 중 없작게 작은(그리고 편향된) 부분집합만이 실제로 이루어졌다는 사실에 주의해야 한다. 현실에서 이루어진 모든 토너먼트들은 필연적으로 편협할 수밖에 없는데, 이는 승자들의 미덕을 특징짓는 데 신중해야만 한다는 것을 의미한다. 뉴잉글랜드의 오래된 농담은 이 요점을 더 간결하게 보여준다. "안녕, 이드나." "안녕, 베시, 남편은 요즘 어때?" "뭐에 비교해서 말이야?"

"언어는 아마도 마음의 스팬드럴일 것입니다." 키저는 이렇게 말하고, 상대 질문자가 사전에서 "스팬드럴"이라는 단어를 찾을 때까지 참을성 있게 기다린다. …… 돔을 아치로 지탱한 최초의 건축자는 **우연히**〔강조는 내가 했다〕 스팬드럴을 만들게 되었고, 초기에는 건축자들이 스팬드럴에 관심을 보이지 않고 아치만을 장식했다고 키저는 말한다. 그러나 몇 세기가 흐르고 나서는, 건축자들이 스팬드럴에 관심을 보이고 그것을 장식하는 데 집중하기 시작했다. 똑같은 방식으로, 키저는 언어—여기서는 말에 의해 정보를 전달하는 능력을 뜻한다—를, 모종의 문화적 "아치"가 발달하면서 우연히 만들어진, 생각하고 의사소통하는 "스팬드럴"이라고 말한다. …… "언어는 마음이 진화하면서 생긴 어떤 기묘한 우연의 사물일 가능성이 매우 높습니다."〔Robb 1991.〕

기사에서 키저가 잘못 인용되었을 수도 있지만—나는 누군가의 말에 관한 기자들의 설명을 받아들이는 데에 언제나 조심스럽다. 나 자신도 심하게 데인 적이 있기 때문이다—인용이 정확하다면 키저가 말하는 스팬드럴은 본래적으로 우연인 것, 필연적이지 않은 것, "상관없어"들, 또는 '쿼티' 현상이다. 나는 로마의 청동 주조 공장에서 일한 적이 있다. 한번은 거푸집에 청동을 넣는 도중 폭발이 일어났다. 청동 용액이 온 바닥으로 튀었다. 튄 것 중 하나가 기가 막힌 레이스 모양으로 굳었기에, 나는 즉시 그것을 주워 조각품으로 사용했다. 나는 스팬드럴을 굴절적응시킨 것인가? (이와 달리, 다다이스트 예술가 마르셀 뒤샹이 변기를 전유하여 '오브제 투르베'라 불렀을 때, 그는 '스팬드럴'을 굴절적응시키는 중이 아니었을 것이다. 왜냐하면 변기는 그전에 기능을 지니고 있었기 때문이다.)

굴드 자신(1993a, p. 31)도 이 신문 기사에 찬성하여 기사를 인용한 적이 있는데, 거기서 그는 키저가 예술사를 잘못 알고 있었다는 것을 알아채지 못한 채, 스팬드럴은 우연이라는 키저의 정의에 이견을 나타내지 않았다. 그러니까 어쩌면 용어의 정의—스팬드럴은 굴절적응이 가능한 우연에 불과하다—에 있어 키저가 옳았을 수도 있다. 굴드는 "굴절적응"이라는 개념을 엘리자베스 브르바Elizabeth Vrba와 공저한 1982년 논문에서 소개했다. 논문의 제목은 이렇다. 〈굴절적응: 형태학에서 빠진 용어Exaptation: A Missing Term in the Science of Form〉. 그들의 의도는 굴절적응과 적응을 대조하는 것이었다. 그러나 그들이 때린 주된 허수아비는, 진화에 관한 교과서들에서 어느 정도 통용된, 놀라울 만큼 인기 없는 용어였으니, 그것은 바로 **사전적응**preadaptation이었다.

> 사전적응은 원날개proto-wing가 그것이 막 시작되는 단계에서 다른 일을 하는 동안 그것이 어디로 가는지—나중에는 날개로 전환될 것이다—를 알고 있었음을 의미하는 듯하다. 교과서들은 대부분 그 단어를 소개하고 나서 거기서 풍기는 '숙명'의 냄새를 재빨리 부정한다. (그러나 이름이 지니는 문자 그대로의 의미를 부정하지 않고는 그 이름을 사용할 수 없다면, 그 이름은 분명 잘못 선택된 것이다.) 〔Gould 1991b, p. 144a.〕

"사전적응"은, 정확히 굴드가 제시한 바로 그 이유 때문에, 끔찍한 용어였다. 그렇지만 굴드가 자신이 비판하는 과녁이 '자연선택에 선견지명을 부여하는 주된 실수를 저지른 것'이라고 주장하고 있지 않음에 주목하라—그는 교과서들이 그 용어를 도입하는 현장에서 그 이단적 냄새를 "즉시 부인"했다는 것을 인정한다. 그들은 이런 혼란을 낳을 여지가 매우 농후한 용법을 선택하는 사소한 실수를 범하고 있었다. "사전적응"이라는 말을 "굴절적응"으로 바꾸는 것은, 적응주의자들의 정통 견해의 핵심을 찌르는, 용법의 현명한 개선이라 볼 수 있을 것이다. 그러나 굴드는, 이 '개선'이라는 해석에 저항했다. 그는 "잠재적으로 근본적"

이고 "비다윈주의적인" 대안을 제시하기 위해 굴절적응과 스팬드럴을 원했다.

> 엘리자베스 브르바와 나는, 현재의 기능을 위해 자연선택 되지 않은 기관을 부를 때, 제한적이고 혼란스러운 단어인 "사전적응"을 버리고, 더 포괄적인 용어인 "굴절적응"을 채택할 것을 제안한다. 그 기관이 조상 세대들과 다른 기능을 수행했기 때문이거나(고전적 의미의 사전적응), 그것이 나중의 전용co-optation을 위해 가용한 비기능적 부분을 나타내기 때문일 수 있으니 말이다. [Gould 1991b, p. 144n.]

그러나 정통 다윈주의에 의하면, 모든 적응은 이런저런 종류의 굴절적응이다—따라서 그들이 제기한 문제는 사소한 것이다. 그 어떤 기능도 영원하지는 않으니까; 생물의 역사를 아주 많이 되짚어 가본다면, 모든 적응이 이전의 구조들에서 발전해왔고, 그 각각은 다소 다른 용도로 사용되거나 전혀 사용되지 않았음을 보게 될 것이다. 굴드의 굴절적응 혁명이 배제할 수 있는 현상은 '사전적응을 위해 계획됨'인데, 이는 정통 적응주의자들도 모든 경우에서 "재빨리" 부인하는 것이다.

스팬드럴 혁명(범적응주의에 대항하는 것)과 굴절적응 혁명(사전적응에 대항하는 것)은, 그것들을 자세히 조사해보면 증발해버린다. 범적응주의와 사전적응주의 둘 다 다윈 이래로 다윈주의자들이 일상적으로 외면해온 것이기 때문이다. 이러한 비혁명들은 정통 다윈주의의 교리에 전혀 도전하지 못한다. 그러나 문제는 그뿐이 아니다. 그들이 도입한 신조어는 그들이 대체하려고 하는 단어들만큼이나 혼란스러울 가능성이 있다.

기득권층이 당신을 계속 포섭co-opting하고 있다면, 당신은 혁명가가 되기 어렵다. 굴드는 그의 과녁인 신다윈주의가, 자신이 반대로 바꿔놓고자 하는 바로 그 예외들을 공인하고 있다고 종종 불평했으며, "이는 근대적 종합을 비판하기 위해 근대적 종합을 특징짓고자 하는 사람들에게 크나큰 좌절감을 준다"고 말했다.(Gould 1980b, p. 130)

> 근대적 종합은, 일반적으로 그것을 현재의 비판들을 망라하고 부응하기에 충분히 적합한 것으로 보고 싶어 하는 옹호자들에 의해 때때로 매우 넓게 이해되어왔는데, 모든 것을 포함한다는 것은 모든 의미를 잃는다는 것이다. …… 스테빈스Stebbins와 아얄라Ayala〔저명한 두 옹호자〕는 재정의를 통해 논쟁에서 이기려고 했다. 근대적 종합의 본질은 다윈주의의 핵심임이 틀림없다. 〔Gould 1982a, p. 382.〕

다윈주의자가 본질(그것이 무엇이든)이라는 말을 꺼내는 것을 보다니 정말 놀랍지만, 우리는 굴드의 논점을 이해할 수 있다. 그의 표현을 빌리지 않고 말하겠다. 그에 따르면, 그가 타도하고자 하는 근대적 종합에 관한 **무언가**가 존재하며, 그것을 타도하기 전에 일단 그것을 꼼짝하지 못하게 잡아놓아야 한다. 그는 때때로(이를테면 1983a) 근대적 종합이 그에게 우호적인 방향으로 작동하는 것을 볼 수 있었다고 주장했다. 그랬다면 좋았을 텐데! 사실은, 굴드가 전장에 나서자마자 근대적 종합은 그의 펀치를 수월하게 흡수하는 유연성을 보여주었고, 그는 좌절했다. 그렇지만 나는, 근대적 종합이 "다윈주의의 핵심"을 지니고 있다는 그의 주장이 옳다고 생각한다. 또한, 그것이 그의 목표라는 그의 주장도 옳다고 생각한다. 아직 그가 그것이 뭔지를 스스로 딱 꼬집어내지 못했을 뿐이다.

"사방에 스며든 적응"에 반대하는 사례가 사라졌다면, 근대적 종합의 또 다른 주요 요소인 점진론—굴드는 이를 "실패"라고 보았다—에 반대하는 경우에는 어떻게 될까? 그가 실제로 행한 첫 번째 공격은, 점진주의에 대항하는 혁명을 시도한 것이었다. 혁명은 1972년의 일제사격과 함께 포문을 열었다. 1972년의 공격에서는 진화론자들 및 구경꾼들의 어휘와 비슷한 친숙한 신조어가 도입되었으니, 그 단어는 바로 **단속평형**punctuated equilibrium이다.

3. 단속평형: 희망적 괴물

> 단속평형은 마침내 확실한 우위를 점했다. 즉 우리의 이론이 이제 21세, 즉 성년이 된 것이다. 우리는 또한 부모의 자부심과 (그리고, 그러므로 잠재적인 편향도) 함께 일차적 논쟁이 일반적인 이해로 마무리되었다고 믿으며, 우리 동료(과반수 중 더 평범한 부류) 대부분이 단속평형을 진화론에 더해진 값진 추가물로 받아들였다고 믿는다.
>
> —스티븐 J. 굴드 & 나일스 엘드리지 1993, p. 223

> 지금 필요한 것은 큰 소리로 명확하게 진실을 말하는 것이다. 단속평형 이론은 신다윈주의 종합 안에 확고하게 자리 잡고 있다. 언제나 그랬다. 그 과장된 수사적 미사여구가 초래한 피해를 복구하는 데는 시간이 걸리겠지만, 분명 복구될 것이다.
>
> —리처드 도킨스 1986a, p. 251

나일스 엘드리지와 굴드는 1972년에 〈단속 평형: 계통 발생적 점진주의의 대안Punctuated Equilibria: An Alternative to Phyletic Gradualism〉이라는 논문을 함께 썼는데, 여기에서 단속평형이라는 용어가 처음 도입되었다. 이들에 의하면, 정통 다윈주의자들은 모든 진화적 변화가 점진적이라고 바라보는 경향이 있던 반면, 자신들은 그와 반대로, 진화적 변화는 갑자기 일어난다고 말해왔다. 변화가 없거나 **정체된**—평형equilibrium을 이룬

—시간이 길게 지속되다가, 짧은 기간에 급작스럽고 극적인 빠른 변화, 즉 중단punctuation들이 일어난다는 것이다. 그 기본 아이디어는 종종 한 쌍의 생명의 나무를 대조한 그림으로 설명된다.(그림 10-6)

우리는 수평 차원이 표현형의 변형 또는 신체 설계의 어떤 한 측면을 표명한다고 가정할 수 있다—물론 우리에겐 그것을 모두 표현할 다차원 공간이 필요할 것이다. 왼쪽에 그려진 정통 관점 도해는 설계공간 안에서 이동(도표 안에서 왼쪽이나 오른쪽으로 움직이는 것)하는 모든 움직임이 다소 안정된 추세로 이루어진다는 것을 보여준다. 반면에, 단속평형은 설계공간에서 설계가 변하지 않는 긴 기간(수직 선분들)이 있으며 그 기간이 "순간적"인 횡방향 도약(수평 선분들)에 의해 중단됨을 보여준다. 두 이론의 중심 주장을 보기 위해 각 그림에서 K에 있는 종의 진화 역사를 추적해보자. 정통 견해의 그림은 도표의 '아담 종' A로부터 다소 안정적으로 오른쪽으로 가는 것을 보여준다. 굴드 측이 제안한 대안은 K가 A의 후손이라는 것에는 동의하며, K는 A로부터 같은 시간 동안 설계공간 내에서 똑같은 폭으로 오른쪽으로 이동해 있다. 그러나 안정적으로 올라가는 것이 아니라, 발작적으로 올라가는 모습을 보여준

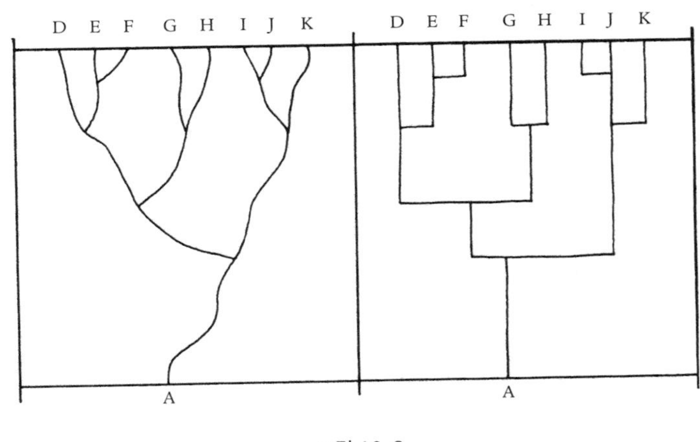

그림 10-6

다. (이런 도표는 생각하기가 까다로울 수 있다. 경사로와 계단이 두 도표의 대조되는 점이지만, 큰 도약은 수직 방향이 아니라 **수평 방향**의 움직임이다. 수직 방향의 움직임은 설계공간 내에서의 이동 없이 오로지 시간에 따른 "움직임"만이 존재하는 지루한 기간이다.)

소위 급진적이라고 불리는 가설에 대한 과학자들의 친숙한 반응은 대개 세 부류로 나뉜다. (1) "당신, 제정신이 아닌 모양이군!" (2) "뭐가 새롭다는 겁니까? 다들 **그걸** 알고 있잖아요!" 그리고 좀 더 나중에는 —그 가설이 그때까지 유효하다면— (3) "흠, 뭔가를 발견해낼 가능성이 있겠군!" 어떨 때는 이 단계들이 차례대로 펼쳐지는 데 몇 년이 걸릴 수도 있다. 그런데 엘드리지와 굴드의 논문이 발표된 후 30분에 걸친 열띤 토론 과정에서 위의 세 가지 반응 모두가 거의 동시에 나타나는 것을 나는 목격했다. 단속평형 가설의 경우, 위의 단계들이 특히 두드러졌는데, 그 이유의 대부분은 그와 엘드리지가 주장했던 바로 그것에 대해 굴드가 몇 번이나 마음을 바꾸었다는 데 기인한다. 처음 이야기할 때는, 단속평형이라는 논제는 전혀 혁명적인 도전으로 제시된 것이 아니라, 정통 다윈주의자들이 굴복했던 환상에 대한 보수적인 수정으로 제시되었다 그들에 의하면, 고생물학자들은 명확한 실수를 범했다. 다윈주의 자연선택이 정말로 이루어졌다면 많은 중간 형태들을 보여주는 화석 기록이 남았어야 한다고 잘못 생각한다는 것이다.[8] 첫 번째 논문에서는 종분화나 돌연변이에 관한 그 어떤 급진적 이론도 언급되지 않았다. 그러나 1980년쯤에, 굴드는 단속평형이 결국에는 혁명적인 아이디어라

---

8 "지난 30년 동안, [종분화의] 이소allopatric 이론은 '종분화 이론'이 되기에 충분할 정도로 거의 대다수 생물학자 사이에서 인기가 상승했다."(Eldredge and Gould 1972, p. 92) 이 정통 이론은 몇 가지 놀라운 함축을 지니고 있다: "이소적 (또는 지리적) 종분화는 고생물학 데이터에 대한 다른 해석을 제시한다. 만약 주변으로부터 고립된 작은 지역에서 새로운 종이 빠르게 생성된다면, 감지하기 힘들 정도로 점진적인 화석 서열이 나타나리라고 크게 기대하는 것은 허상을 좇는 것과 같다."(Eldredge and Gould 1972, p. 82)

는 판결을 내렸다. 화석 기록에서 점진론적 증거가 부족하다는 것에 대한 설명이 아니라, 다윈의 점진주의 자체에 대한 반박이라고 말이다. 이 주장은 혁명적인 것으로 세간에 알려졌다—그런데 정말로 그러했다. 그의 주장은 너무 혁명적인 나머지, 기득권층이 일레인 모건 같은 이단자를 향해 날렸던 것과 같은 흉포한 야유를 받았다. 그러자 굴드는 자신이 그렇게 터무니없는 말을 한 적은 없다고 거듭 부인하며 힘껏 뒷걸음질 쳤다. 그랬더니 기득권층에서는, 그렇다면 굴드의 주장에는 새로운 것이 전혀 없다고 반응했다. 하지만 기다려보시라. 그의 가설이 참이며 새로운 것이라고 다르게 해석할 수 있는 여지가 여전히 있지 않을까? 그럴 수 있다. 그러나 (3)의 단계는 아직 진행 중이며, 배심원들의 평결은 아직 나오지 않고 있고, 그들은 몇 가지 서로 다른—그러나 모두 비혁명적인—대안들을 고려하고 있다. 그 소란이 무엇에 관한 것이었는지를 알아보려면 그 단계들을 되짚어가야만 할 것이다.

굴드와 엘드리지가 지적했듯이, 그림 10-6과 같은 도표에는 명백한 스케일상의 문제가 존재한다. 정통 견해의 그림을 계속 확대하다가 충분한 배율로 확대했더니 그림 10-7과 같이 보인다는 것을 발견한다면 어떻게 될까?

확대를 계속하다 보면 **어떤** 수준에서는 진화의 모든 경사로가 계단처럼 보일 것임이 틀림없다. 그럼 그림 10-7은 단속평형의 그림인가? 그렇다고 한다면, 정통 다윈주의는 이미 단속평형 이론이었던 것이다. 가장 극단적인 점진론자라도, 어떻게든 새로운 선택압이 발생할 때까지 '시간에 의한 움직임'만 계속되도록 수직 선분을 계속 연장시킴으로써, 진화에 잠시 숨 돌릴 틈을 허용할 수 있다. 이 안정 기간 동안 선택압은 보수적일 것이다. 즉 발생한 실험적 대안들을 선택압이 신속하게 제거함으로써 설계가 대체로 일정하게 유지될 것이다. 나이 든 정비공은 이런 교훈을 얘기한다. "고장 나지 않은 것은 고치지 마라." 새로운 선택압이 발생할 때마다, 우리는 위로 올라가는 진화에서 "갑작스러운" 반응이

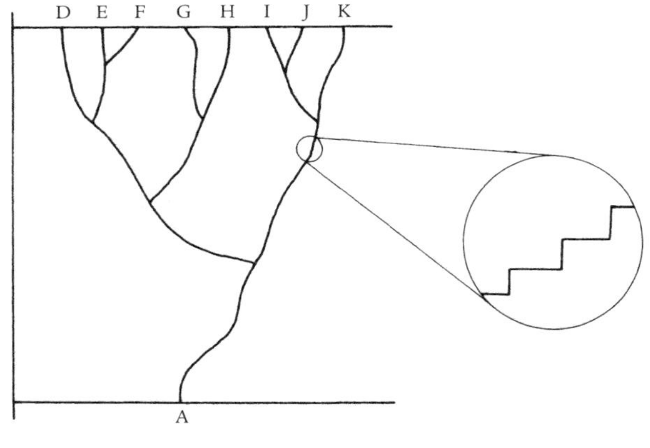

그림 10-7

나타나 평형을 방해하는 '중단'을 발견하게 된다. 그 지점은 정말로 엘드리지와 굴드가 여기서 제안한 의견 차이가 있는 혁명적 지점인가, 아니면 그들은 단지 진화 과정이 이루어지는 속도의 가변성과 그 화석 기록의 예측 가능한 결과들에 관한 흥미로운 관찰을 제공했을 뿐인가?

단속론자들은 대개, 그들의 혁명적 도표들에서 중단된 부분들을 완전히 수평으로 그린다(정통주의자들에게 만연한 경사로 견해의 진정한 대안을 제안하고 있음을 강력하고도 분명하게 보여주기 위해). 그래서 그들의 그림을 보면 설계 수정이 눈 깜빡할 시간에, 아주 순식간에 이루어지는 것처럼 보인다. 그러나 그것은 도표에 채택된 거대한 수직 스케일 때문에 생겨난, 오해의 소지가 있는 결과일 뿐이다. 수직축의 1인치는 수백만 년의 시간을 나타낸다. 횡방향 이동은 실제로 순간적으로 일어나지 않는다. 오직 "지질학적 시간에서 볼 때 순간적"일 뿐이다.

> 고립된 개체군이 독립된 종으로 분화하는 데는 천년이 걸릴 수도 있다. 그래서 그 변화는, 그와는 무관한 우리 개인의 삶의 척도로 측정된다면 빙하가 이동하는 것만큼이나 느리디 느리게 보일 것이다. 그

러나 지질학적 시간 규모에서 적절하게 기록된 천년은, 눈에 보이지도 않는 순간일 뿐이다. 천년이라는 시간은, 보통 〔화석이 들어 있는〕 한 지층면에 간직되어 있는 정도이다. 종의 일생은 종종 수백만 년에 이르는 안정기 안에 들어 있다. 〔Gould 1992a, pp. 12-14.〕

그래서 우리가, 천년으로 어림되는 그 순간들 중 하나를 확대한다고 생각해보자. 그때 실제로 무슨 일이 벌어졌을지 볼 수 있도록 수직축의 시간 스케일을 몇 자릿수씩 늘려 보는 것이다.(그림 10-8) 시각 t와 t' 사이에 취해진 수평 단계는 어떻게든 확장되어야 할 것이며, 우리는 그것을 비교적 큰 도약과 작은 도약과 미세한 도약, 또는 그것들의 조합으로 바꾸어야만 한다.

어떤가, 혁명의 가능성이 조금이라도 있는가? 엘드리지와 굴드가 주장하는 것은 정확히 무엇인가? 여기서 그들의 견해는 적어도 한동안은 다소 달랐다. 굴드는 중단점들이 단순히 평상시와 다름없는 진화에 불과한 것이 아니라고, 또 **점진적인** 변화도 아니라고 주장했다. 이 점에서 굴드의 견해는 혁명적이었다. 술 취한 사람이 엘리베이터 통로에 떨어졌다 올라오며 "첫 걸음(단계)을 조심하시오. 보통 일이 아니오it's a doozy!"라고 소리쳤다는 옛날 농담을 기억해보라. 한동안 굴드는, 어떤 종이든 새로운 종이 설립될 때의 첫 단계는 아주 특별한 것doozy—비다윈주의적 **격변**saltation(공중제비를 뜻하는 "somersault"와 튀김 또는 버터에 데친 요리를 뜻하는 "sauté"는 같은 라틴어 어원에서 나온 단어다)—이라고 제안했다.

종분화가 항상 더 큰 효과를 내게 할 점진적이고 적응적인 대립유전자 치환의 확장인 것은 아니다. 그렇지만 골드슈미트가 주장했던 것처럼, 다른 유형의 유전자 변화—아마도 비적응적일, 유전체의 신속한 재편성—를 나타낼 수도 있다. 〔Gould 1980b, p. 119.〕

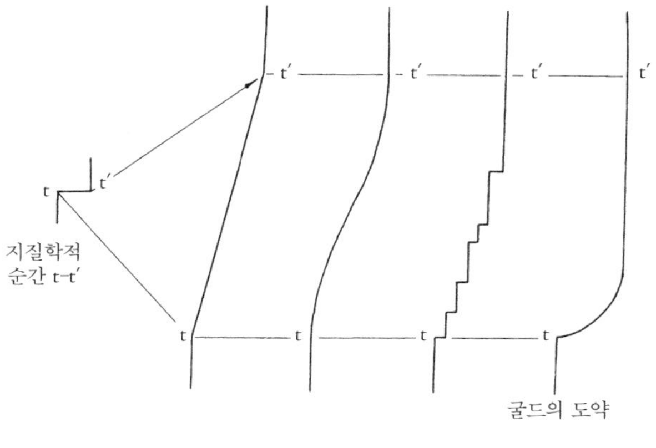

그림 10-8

이 견해에 의하면, 종분화 자체는 개체군을 점진적으로 나뉘게 하는 축적된 적응의 결과가 아니다. 오히려, 그것의 비다원주의적 설명의 원인이다.

> 그러나 염색체상의 격변적인 종분화에서는, 생식적 격리가 우선적으로 생겨나며 그것은 결코 적응으로 간주될 수 없다. …… 사실 우리는, 전통적 견해를 뒤집고, 종분화가 확률적으로 새로운 존재자들을 형성함으로써 선택을 위한 원재료를 제공한다고 주장할 수 있다. 〔Gould 1980b, p. 124.〕

내가 '굴드의 도약leap'이라 부르는 이 제안은, 그림 10-8의 우측에 표시되어 있다. 거기에서는 단속 과정punctuation process의 일부, 즉 마지막에 청소를 하는 점진적인 과정만이 "다원주의적"이다. 굴드는 아래와 같이 주장한다.

> 그러나 쏟아지는 적응 속에서 새로운 바우플란들이 종종 발생하여

적응적 핵심 특성의 단절적 기원이 생긴다면, 그 과정의 일부는 순차적이고 적응적이며, 따라서 다윈주의적이다. 그러나 그 첫 단계는 그렇지 않다. 그 핵심 특성에 선택이 창조적인 역할을 하지 않기 때문이다. 〔Gould 1982a, p. 383.〕

굴드의 동료들이 회의적인 관심을 갖게 된 것은 선택이 아닌 무언가의 이 "창조적 역할" 때문이다. 무엇이 그 열풍을 끌어냈는지 분명히 하려면, 그림 10-8에 표시된 우리의 도표로는 결정적으로 상이한 몇 가지 가설을 구분할 수 없다는 것에 주목해야 한다. 도표의 문제점은 더 많은 차원이 필요하다는 것이다. 그래야만 우리는 **유전형** 공간에서의 단계('멘델의 도서관'에서의 식자[염기서열 구성] 단계)들과 **표현형** 공간에서의 단계(설계공간에서의 설계 혁신)들을 비교할 수 있으며, 그 차이들을 **적합도 경관**에 놓고 가치평가를 할 수 있다. 앞서 보았듯이, 레시피와 결과 사이의 관계는 복잡하며, 많은 가능성들이 표현될 수 있다. 5장에서 우리는, 원리적으로 유전체 내 염기서열 구성에서의 작은 변화가 발현 후의 표현형에 큰 영향을 줄 수 있음을 보았다. 또한 8장에서는, 유전체의 일부 염기서열의 변화가 표현형에 전혀 영향을 주지 않을 수 있다는 것도 보았다. 예를 들어, 리소자임을 "스펠링"하는 방식은 100가지도 넘고, 따라서 DNA 코돈에서 리소자임을 위한 염기서열을 구성하는 데 100가지 이상의 동등한 방식들이 있다. 따라서 우리는, 한 극단적인 경우로, DNA는 큰 차이가 있음에도 설계는 구분 불가능할 정도로 유사한 유기체들이 존재할 수 있음을 알 수 있다. 예를 들어, 사람들이 당신이라고 종종 착각하는 그 누군가(당신의 도플갱어—그러나 도플갱어를 언급하는 것만으로 논의를 끝내는 철학책은 없을 것이다)처럼 말이다. 다른 극단적인 경우로, 유전적으로는 거의 동일하지만 외모는 이상하게 다른 유기체들도 존재할 수 있을 것이다. 잘못된 바로 그 위치에서 일어나는 단 한 번의 돌연변이가 괴물을 만들어낼 수 있는데, 이러한 기형적인 자손을 일컫는 의학 용어도 존재한다. 그것은 '테라타terata'로, "괴물"을 뜻하는 그리스어(그리고 라틴어)이다. 그리고 외모와 구조가 거의 동일하고 DNA도 거의 동일하지만 적합도는 극적으로 차이가 나는 유기체도 있을 수 있다. 이를테면, 이란성 쌍둥이의 한 명만 어떤 질병에 걸릴 위험성이나 면역력 등을 부여하는 유전자를 가지게 될 수도 있다.

이 세 가지 공간 중 어느 곳에서든 큰 도약이나 격변이 일어나면, 우리는 그것을 '**거대돌연변이**macromutation'라 부를 수 있다(거대돌연변이는 말 그대로 '큰 돌연변이'를 뜻한다. 내가 "거대분자 하위시스템macro molecular subsystem이라 부르는 차원에서 일어나는 단순한 돌연변이와는 다르다).[9] 에른스트 마이어(1960)가 관찰했듯, 우리가 돌연변이에 '거대'라는 단어를 붙일 수 있는 이유는 크게 세 가지가 있다. (1) 돌연변이가 '멘델의 도서관'에서의 큰 도약이다 (2) 돌연변이가 표현형에서 급진적인 차이를 생성한다(괴물). (3) 돌연변이가 (이런저런 방식으로) 적합도를 크게 향상시킨다. 즉 (설계 변화로 인해 **좋은 일이 생겼다**는 것을 나타내는 우리의 은유로 표현하자면) 많은 **들어올림**이 있었다.

분자 복제 설비가 '멘델의 도서관'에서 큰 단계를 밟는 것은 가능하다. 즉 단 한 번의 복사 "실수"로 인해 텍스트 덩어리 전체가 전치되거나 반전되거나 삭제되는 경우가 있다. 또한 DNA 중 절대 발현되지 않는 큰 부분에서 소수 염기서열의 차이가 오랜 시간에 걸쳐 천천히(그리고 대개, 무작위로) 축적되는 일도 가능하다. 이러한 변화가 축적되다가 갑자기 표현된다면, 약간의 전치 오류 덕분에 표현형상의 거대한 효과가 예상될 것이다. 그러나 굴드의 제안에서 급진적인 것처럼 보였던 것을 명확하게 이해하는 것은 마이어가 이야기한 거대돌연변이의 의미

9 이 용어에 대한 소개는 뛰어난 새 자료집 《진화생물학 핵심 용어Keywords in Evolutionary Biology》(eds. Keller and Lloyd[1992])에 실린 디트리히Dietrich의 논문 〈거대돌연변이〉에 잘 기술되어 있다.

들 중 세 번째—적합도의 큰 차이—에 의지할 때만 가능하다. "격변"과 "거대돌연변이"라는 용어는 성공적인 움직임을, 그러니까 바로 다음 세대의 자손들이 설계공간의 한 지역으로부터 다른 곳으로 이동하여 **그 결과로 번영하게** 되는 **창조적** 움직임을 설명하는 데 사용되는 경향이 있다. 이 발상은 리처드 골드슈미트Richard Goldschmidt가 촉진시켰는데(1933, 1940), 그 문구를 잊을 수가 없다. 그것은 바로 "희망적 괴물hopeful monsters"이다. 그의 작업을 악명 높게 만든 것은 그가 종분화가 일어나기 위해서는 그러한 도약들이 필요하다고 주장했다는 것이다.

그의 제안은, 우리가 이미 알아본 이유들에 의해, 신다윈주의의 정통 견해에서 강력하게 거부되어왔다. 심지어는 다윈 전에도 생물학자들은 칼 폰 린네Carl von Linné가 고전적 분류학 작업(1751)에서 말한 것과 같은 "자연은 비약하지 않는다Natura non facit saltus"라는 말을 지혜로 받아들였고, 이는 다윈이 손 대지 않은 채 내버려두지 않았던 하나의 격언이었다. 그는 그 격언에 엄청난 지지를 제공했다. **적합도 경관**에서 횡방향으로 크게 도약하는 것은 당신에게 거의 이익이 되지 않는다. 당신이 발견한 당신의 현재 위치가 어디든, 당신이 거기 있는 이유는 그곳이 설계공간 내에서 당신의 조상들에게 좋은 지역—그 공간 내 어떤 봉우리의 꼭대기 근처—이었기 때문이다. 따라서, 당신이 크게 도약한다면, 어떤 경우든 절벽에서 뛰어내리는 꼴이 되므로 저지대로 떨어질 가능성이 더 높다.(Dawkins 1986a, ch. 9) 이 표준적 추론에 따르면, 괴물들에 사실상 항상 희망이 없다는 것은 우연이 아니다. 골드슈미트의 견해는 바로 이 점에서 매우 이단적으로 보인다. 그는 이것이 일반적으로 사실이라는 것을 알았고 또 받아들였지만, 그럼에도 불구하고 이 규칙의 극히 드문 예외들이 진화에서 주된 들어올림을 담당한다고 제안했다.

굴드는 약자와 따돌림받는 사람들을 옹호하는 것으로 유명하다. 그리고 그는 정통 다윈주의가 골드슈미트에게 가했던 "의례적인 조롱"(Gould 1982b, p. xv)을 개탄했다. 굴드는 골드슈미트를 복귀시키려고 했을까? 그렇기도 하고 아니기도 하다. 〈희망적 괴물의 귀환〉(Gould 1980a에 수록, p. 188)이라는 글에서, 굴드는 "다윈 종합 이론을 옹호하는 이들은 골드슈미트의 발상을 캐리커쳐로 만들어, 그들의 '도련님 대신 채찍질 당하는 소년'을 확고히 하는 데 사용했다"고 불평했다. 그래서 많은 생물학자에게는 굴드가 단속평형은 거대돌연변이를 통한 골드슈미트 식의 종분화 이론이라고 주장하는 것처럼 보였다. 그들에게는 굴드가 자신이 만들어온 '훌륭한 역사학자의 마법봉'을 골드슈미트의 실추된 명성을 향해 흔들어서, 골드슈미트의 발상이 다시 환심을 사게끔 하는 것으로 보였다. 그렇다. 여기 신화 속의 굴드가 있다. '정통 견해를 반박하는 이'라는 그 굴드는 진짜 굴드를 심각하게 방해한 나머지, 동료들조차 그의 글을 대충 읽어 버리고 싶다는 유혹에 굴복해버렸다. 그들은 믿을 수 없다는 듯 굴드를 비웃었고, 굴드가 자신은 골드슈미트의 도약주의를 지지하지 않았다고—그는 사실 지지했다—부인하자 그들은 더욱더 조롱하며 비웃었다. 그들은 그가 했던 말을 알고 있었다.

그들은 정말로 그랬는가? 나는 내가 그리 생각하고 있었음을 인정해야만 한다. 스티븐 굴드가 내게 자신의 다양한 저작들을 모두 점검해달라고, 그래서 반대자들이 그에게 캐리커처를 덮어씌우고 있음을 내 눈으로 직접 확인해달라고 요구했을 때까지는 말이다. 그는 내 예민한 곳을 건드렸다. 어떤 사람이 매우 미묘하고 섬세한 견해를 제안했는데 회의론자들이 거기에 편리하지만 조잡한 꼬리표를 달아놓는 것이 제안자를 얼마나 좌절시키는 일인지를 나보다 더 잘 아는 사람은 없으니까. (비판자들에게 알려진 나는, 사람들이 색이나 고통을 경험한다는 것을 부정하는 사람이며, 온도 조절기가 생각을 한다고 믿는 사람이다. 나를 비판하는 이들에게 물어보라.) 그래서 나는 정말로 점검해보았다. 굴드는 점진주의를 반대하는 자신의 주장을 나타내는 데 "골드슈미트 브레이크Goldschmidt break"라는 용어를 선택했고,(Gould 1980b) 골드슈미트의 급진적인 견해 중 일부를 진지하게 고려해볼 것—지지하지는 말고—

을 권고했다. 그러나 같은 논문에서 그는 "지금 우리는 변이의 본질에 관한 그의 모든 주장들을 받아들이지 않는다"라고 조심스럽게 말했다. 1982년에는, 그가 수용하는 골드슈미트 견해의 유일한 특성은 "유전자상의 작은 변화가 발달 속도를 변화시킴으로써 큰 효과를 만들어낸다"는 것뿐이라고 분명히 밝혔고,(Gould 1982d, p. 338) 골드슈미트의 악명 높은 책의 재쇄본 서문에서 그는 이 점을 확장시켰다.

> 다윈주의자들은 전통적으로 점진론과 연속성을 선호하기 때문에, 발생 초기에 영향을 주는 작은 유전적 변화에 의해 신속하게 유도되는 표현형상의 큰 변화라는 주장에 호산나[10]를 외치지 않을 것이다: 그러나 다윈주의 이론에서 그런 사건들을 배제하는 것은 없다. 작은 유전적 변화들의 근본적 연속성이 남아 있기 때문이다. 〔Gould 1982b, p. xix.〕

달리 말하자면, 혁명적이랄 것이 없다는 것이다.

> 이렇게 쏘아붙여도 된다. "그래서 다른 무엇이 새롭다는 거요?" 그것을 부정한 생물학자들이 있기는 한가? 하지만 …… 과학의 진보에는 종종 오래된 진실의 회복과 그것들에 대한 새로운 방식의 표현이 필요하다. 〔Gould 1982d, pp. 343-44.〕

그럼에도 불구하고, 그는 발생에 관한 아마도 과소평가된 이 사실이 진화에서의 비다윈주의적 창조력이라고 묘사하고 싶은 충동에 저항할 수 없었다. 그는 이렇게 썼다. "그것이 표현형 변화의 본성에 부과하

---

10 〔옮긴이〕 기독교에서 하나님을 찬양하는 말이다. 예수가 예루살렘으로 들어올 때 군중들이 환영의 의미로 외치기도 했다.

는 제약들이, 작고 연속적인 다윈주의적 변이만이 진화의 원재료인 것은 아님을 보장하고 있기 때문이다." 왜냐하면 그것은 "선택을 부정적(소극적)인 역할(부적격자를 제거하기)로 강등시키고 진화의 주된 창조적 측면을 변이 그 자체에 할당하기 때문이다."(Gould 1982d, p. 340)

이 가능성에 원칙적으로 얼마나 많은 중요성을 할당해야 하는지는 여전히 명확하지 않지만, 어쨌든 굴드는 그것을 더는 추구하지 않았다: "단속평형은 거대돌연변이의 이론이 아니다."(Gould 1982c, p. 88) 그러나 이 점에서는 여전히 많은 혼란이 존재하며, 굴드는 부인 성명을 계속해서 발표해야만 했다. "우리의 이론은 새롭거나 격렬한 메커니즘을 수반하지 않는다. 다만 지질학적 시간의 광대함 안에서 일상적 사건들의 적절한 스케일을 나타내는 것뿐이다."(Gould 1992b, p. 12)

그러므로 이는, 보는 이에 따라서는 완전히는 아니더라도, 대부분 허위 경보 혁명이었다. 그러나 그 경우, 굴드와 엘드리지의 지질학적 도표들의 시간축은 사람들의 오해를 부추기도록 압축되어 있는데, 일단 그것을 확대해보면서 우리가 알아낸 굴드와 엘드리지의 견해는, 결국 그림 10-8의 가장 우측에 표시된 특별한 것이 아니라, 다른 것들 중 하나, 즉 그 도표 안의 점진적이고 격렬하지 않은 경로였다. 도킨스가 주목했듯이, 엘드리지와 굴드가 "점진론"에 도전했던 방식은, 결국에는 흥미롭고 새로운 비非 점진론을 내놓는 것이 아니라, 진화가 일어날 때 진화는 정말로 점진적—그러나 대부분의 시간 동안에는 점진적**이지조차 않은**—이라는 것을 말하는 것이었다. 이는 교착 상태에 빠지는 것이다. 그림 10-6의 왼쪽 도표는 전통적 견해를 나타낸다고 알려져 있다. 그러나 엘드리지와 굴드가 공격했던 그 도표의 특성은 점진론이 아니었다. 그런가 하면, 시간 스케일을 제대로 맞춘다면, 그들 자신도 역시 점진론자가 된다. 그들이 공격한 특성은, 도킨스의 표현(1986a, p. 244) 을 빌리면 "일정 속도론constant speedism"이었다.

자, 신다윈주의 정통성이 일정 속도론에 전념한 적이 있는가? 엘드리지와 굴드는 그들의 원래 논문에서, '정통 견해가 일정 속도론을 필요로 한다고 믿는 고생물학자들의 생각은 잘못'이라고 주장했다. 그렇다면 다윈은 일정 속도론자였을까? 다윈은 종종, 그리고 옳게도, (말하자면 기껏해야) 진화가 오로지 점진적이라는 주장만을 되풀이했다. 도킨스(1986a, p. 145)가 말했듯, "다윈에게 신의 도움을 받아 도약이 일어나야 하는 진화는 아예 진화도 아니었다. 그런 것은 진화의 중심 논점을 무의미하게 만드는 것이었다. 이에 비추어 보면, 다윈이 진화의 **점진성**을 끊임없이 반복하여 말했던 이유를 쉽게 알 수 있다." 그러나 다윈이 **일정 속도론**에 관해 최선을 다해 논의했다는 주장을 뒷받침하는 문서 증거를 찾는 것은 그리 어렵지 않다. 다윈이 그 반대 견해를 명확하게 표현한 유명한 구절이 있는데, 다윈도 두 단어로 표현했음직한 그 견해는 바로 단속평형이다.

> 많은 종들이 한번 형성되면 더 이상의 변화를 결코 겪지 않는다. …… 그리고 종들이 수정을 겪는 기간은, 비록 '년'이라는 단위로 재기에는 너무 긴 시간이지만, 그들이 같은 형태를 유지하는 기간에 비하면 아마도 짧았을 것이다. 〔《종의 기원》 4판 이후부터: Peckham 1959, p. 727을 보라.〕

그러나 아이러니하게도, 다윈은 《종의 기원》에 도표를 하나만 넣었고, 그 도표는 꾸준하게 올라가는 기울어진 경사로를 보여준다. 단속평형설의 또 다른 주요 주창자인 스티븐 스탠리Steven Stanley는 이 도표를 자신의 책에 다시 실었고,(Stanley 1981, p. 36) 그림 설명을 붙여 자신의 추론을 명시적으로 드러냈다.

그런 주장들의 한 가지 효과는, 오늘날에도 의심의 여지없이 일정 속도론을 다윈에 또는 신다윈주의의 정통성에 귀속시키는 전통이 존재하게 되었다는 것이다. 예를 들어, 훌륭한 과학 기자 콜린 터지Colin Tudge

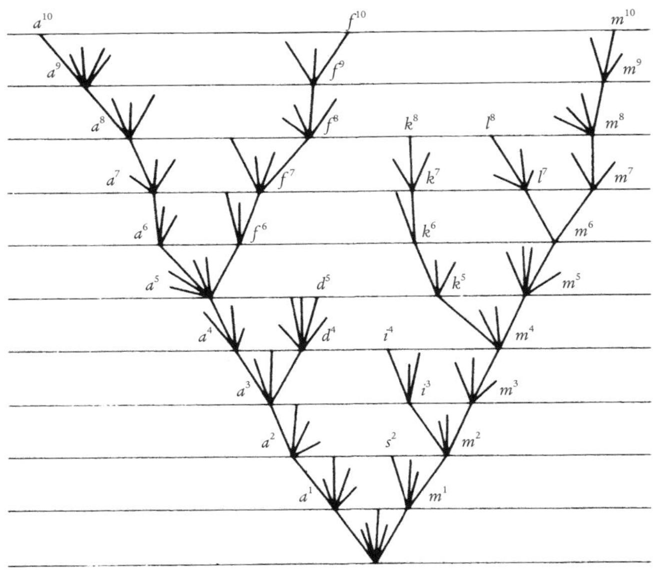

그림 10-9 다윈의 《종의 기원》에 실린 생명의 나무(1859, p. 117). 다윈의 생명의 나무는 점진론적 진화 패턴을 묘사하고 있다. 부채꼴 패턴 각각은 개체군들의 느린 진화적 나뉨을 나타낸다. 다윈은 새로운 종이, 그리고 결과적으로 새로운 속과 과 들이 이런 종류의 느린 나뉨에 의해 형성된다고 믿었다. [Stanley 1981.]

는, 진화의 맥동pulse에 관한 엘리자베스 브르바의 최근 주장에 관한 글에서, 임팔라와 표범의 진화에 관한 최근 연구의 정설에 아래와 같은 함의가 있음이 추정된다고 지적한다.

> 전통적 다윈주의는, 기후 변화 없이도 임팔라가 300만 년에 걸쳐 꾸준하게 변화하리라고 예측할 것이다. 왜냐하면 임팔라는 여전히 표범을 앞질러야 할 필요가 있기 때문이다. 그러나 사실, 임팔라나 표범은 그리 많이 변화하지 않았다. 그들 양쪽은 다 기후 변화를 걱정할 필요가 없을 만큼 다재다능하며(유연성이 있으며)versatile, 양쪽 간의 경쟁과 그들 내부에서의 경쟁은 모두 그들이 변화할 원인이 될 충

분한 선택압을 제공—다윈이 가정했던 것처럼—하지 않기 때문이다. 〔Tudge 1993, p. 35.〕

임팔라와 표범이 300만 년 동안 변화의 정체기를 겪었다는 발견이 다윈을 당혹케 하리라는 터지의 추정은 친숙하다. 그러나 그것은 직접적이든 간접적이든 다윈의 (그리고 다른 정통 견해들의) 도해에 있는 "경사로"를 특히 강제적으로 읽어낸 가공물이다.

굴드는 점진론의 죽음을 선언했다. 그럼에도 그 자신은 결국 점진주의자(그러나 일정속도론자는 아닌)인가? "굴드의 이론이 '격렬한 메커니즘'을 제안하고 있다"는 것을 그가 부인한 것을 보면 그도 점진주의자인 것처럼 보이기도 한다. 그러나 정말로 그러한지는 말하기 어려운데, 바로 같은 페이지에서 그가 아래와 같이 말하고 있기 때문이다.

> (단속평형론에 따르면) 변화는 보통, 전체 종의 지각할 수 없을 정도의 점진적 변경alteration에 의해 발생하지는 않는다. **오히려**〔강조는 내가 했다〕 작은 개체군의 고립에 의해, 그리고 그들이 새로운 종으로 즉각적으로—지질학적 시간으로 볼 때—변형되는 것에 의해 발생한다. 〔Gould 1992a, p. 12.〕

이 구절은 진화적 변화가 "지질학적으로는 순식간"인 동시에 "알아차릴 수 없을 정도로 점진적"으로 진행될 수 없다는 믿음으로 우리를 이끈다. 그러나 그 믿음의 내용은, 격변이 없을 때의 진화적 변화는 어떤 것이 되어야만 하는가에 관한 것이다. 도킨스는 진화론자 G. 레드야드 스테빈스G. Ledyard Stebbins의, 눈이 번쩍 뜨이는 사고실험을 소개하면서 그 점을 극적으로 묘사한다. 스테빈스는 큰 몸집을 선호하는 미세한(동물을 연구하는 생물학자들이 크기의 증가를 측정할 수 없을 정도로 미세한) 선택압을 받는다고 가정하는 생쥐 크기의 포유동물을 상상한다.

현장에서 진화를 연구하는 과학자들이 본다면, 그 동물들은 전혀 진화하지 않고 있는 것으로 보인다. 그럼에도 불구하고 그들은 스테빈스가 수학적으로 상정한 비율로 아주 아주 느리게 진화하고 있으며, 그렇게 느린 속도로도 결국 코끼리 크기에 도달할 것이다. 시간은 얼마나 걸릴까? …… 스테빈스의 계산에 따르면, 그렇게 느린 속도로 진화한다면 약 1만 2000세대가 걸릴 것이다. …… 그 생물의 한 세대를 5년으로 어림잡자. 5년은 쥐의 수명보다는 길고 코끼리의 수명보다는 짧다. 그러면 1만 2000세대는 6만 년 정도에 이르는 시간이 된다. 6만 년은 화석 기록의 나이를 알아내는 통상적인 지질학적 방법들로 연대 측정을 하기에는 너무 **짧은** 시간이다. 스테빈스가 말하듯이, "10만 년 정도 안에 새로운 종이 기원한다면, 고생물학자들은 그것을 '갑자기' 또는 '순간적으로' 일어났다고 간주한다." 〔Dawkins 1986a, p. 242.〕

확실히, 굴드는 국소적으로 지각 불가능한 그런 '생쥐 크기에서 코끼리 크기로'의 변화가 점진주의를 위반하는 것이라고 말하지는 않을 것이다. 그러나 그 경우, 점진주의에 대한 그 자신의 반대 의견은 화석 기록으로부터 전혀 지지를 받지 못하게 되어버린다. 사실 그는 이를 인정한다.(1982a, p. 383) 그리고 이는, 잘못된 길로 가고 있는 점진론에 반하여 그 자신의 연구 분야인 고생물학이 내놓을 수 있는 유일한 증거이다. 어쩌면 굴드는 이런저런 유형의 혁명적인 속도 향상의 증거를 갈망할지도 모른다. 그러나 화석 기록은 진화가 종종 점진적이지조차 않았다는 것을 나타내는 정체의 기간만을 보여줄 수 있었다.

그렇지만 어쩌면 **이** 어색한 사실이 유용한 것으로 드러날 수도 있을 것이다: 정통성에 대한 도전은, 아마도, 정통 견해가 단속을 설명할 수 없다는 것이 아니라, 평형을 설명할 수 없다는 것이어야 한다는 식으로 말이다! 어쩌면 근대적 종합에 대한 굴드의 공격은 결국 정통 견해가 일정속도론에 전념하고 있다는 것이어야 할 것이다. 다윈이 평형을 적극적으로 부정하지는 않았음에도(사실, 다윈은 그것이 일어난다고 확고하게 주장했다), 평형이 실제로 발생했을 때 다윈은 그것을 설명할 수 없었고, 그런 평형이나 정체는 설명을 필요로 하는, 세계의 주된 패턴이라고 주장될 수 있다. 사실 이것이 굴드가 근대적 종합을 공격하는 과정에서 그다음으로 나아간 방향이다.

> 생명의 직접적 역사를 구성하는 현상들의 1~2퍼센트만 연구하고 직선으로 자라는 관목들의 광대한 영역—그것이 대부분의 시간을 채우는 거의 모든 계보들에 관한 이야기인데도—을 개념적 망각의 불확실한 상태로 그냥 남겨둔다면, 우리가 어떻게 진화를 이해한다고 주장할 수 있겠는가? 〔Gould 1993c, p. 16.〕

그러나 이 경로는 문제가 있다. 우선 우리는 **범**적응주의*pan*adaptationism에 관한 굴드의 오류와 거울상인 오류가 벌어지지 않도록 주의해야만 한다. 우리는 "범평형주의panequalibriumism"의 오류를 범해서는 안 된다. 정체 패턴이 아무리 놀랍거나 "사방에 스며든" 것으로 드러나 보인다 해도, 우리는 대부분의 혈통이 정체성을 나타내지 않는다는 것을 이미 알고 있다. 그렇다. 정체와는 거리가 멀다. 4장에서 룰루와 그녀의 동종conspecific들만을 색칠하기가 매우 어려웠던 것을 기억하는가? 대부분의 혈통이 금세 소멸되면, 정체기가 확립될 시간이 없다. 우리가 "볼" 것은 기록에서 두드러지고 안정적인 무언가가 있는 종들이다. 대부분의 시간 동안 모든 종이 정체기를 보인다는 "발견"은 모든 가뭄은 마른 날이 일주일 이상 지속된다는 발견과 같다. 마른 날이 오래 지속되는 현상이 아니었더라면 우리는 가뭄이 있다는 것도 알아채지 못할 것이다. 따라서 약간의 정체기는 종을 식별하기 위한 전제조건이고, 그러므로 모든 종이 어느 정도의 정체기를 보인다는 사실은 단지 정의definition일 뿐이다.

그럼에도 불구하고, 정체 현상은 설명이 필요한 진짜 현상이 틀림없다. 우리는 종들이 왜 정체(정의에 따라 참인 어떤 것)를 보이는지 물을 것이 아니라, 왜 두드러지고 식별 가능한 종들이 있는지를, 즉 특정 혈통들은 왜 안정적인지를 물어야 한다. 그러나 심지어 여기에서도, 신다윈주의는 왜 한 혈통에서 종종 정체가 발생하는가에 관한 몇 가지 명백한 적응주의적 설명을 가지고 있다. 우리는 그 주된 것을 이미 몇 번 본 적이 있다. 모든 종은 계속기업going concern이며, 계속기업은 보수적이고, 또 그래야만 한다. 긴 시간에 걸친 시험을 통과하고 살아남은 전통에서 벗어난 대부분의 것들은 빠른 멸종이라는 처분을 받는다. 엘드리지 자신(1989)은 정체의 주된 원인들이 "서식지 탐색habitat tracking"이라고 제안했다. 스터렐니(1992, p. 45)는 이를 다음과 같은 방식으로 묘사했다.

> 환경이 변화함에 따라, 유기체들은 자신들의 오랜 서식지를 탐색하는 반응을 보일 수 있다. 기후가 추워짐에 따라 그들은 추위에 대한 적응을 진화시키는 대신 북쪽으로 이동[이 말은 실수가 아니다. 스터렐니는 남반구의 생물철학자다!]할 수도 있다. 선택은 일반적으로 탐색을 추동한다. 서식지를 탐색하여 (개인적으로 또는 생식적 분산에 의해) 이동하는 이주자들은 이동하지 못하는 개체군 일부보다 일반적으로 적합도가 더 높을 것이다. 개체군 중 남아 있는 쪽은 새로운 환경에 덜 잘 적응할 것이므로, 그들의 오래된 서식지로 탐색해 들어오는 다른 이주자들과 새로운 경쟁에 직면할 것이기 때문이다.

서식지 탐색은 동물뿐 아니라 식물의 "전략"이기도 하다. 실제로, 종분화의 가장 명확한 사례 중 몇몇은 이 현상에서 촉발된다. 빙하기 후 만년설이 물러남에 따라, 북아시아의 일부 식물들은 매년 얼음을 "따라" 북쪽으로 서식지를 넓혀간다. 동쪽과 서쪽으로 서식 범위를 확장하고,

베링 해협 지역을 가로지르며, 어쩌면 재갈매기처럼 지구를 둘러싸기까지 하면서 말이다. 그러고 나서 **그다음** 빙하기 동안 얼음이 남쪽으로 확장됨에 따라, 얼음은 자연스럽게 아시아와 북아메리카 식물 속genus의 연결부를 차단하고, 시간이 더 지나면 차단된 두 지역의 식물은 서로 다른 종들로 자연스럽게 갈라진다. 그러나 그 둘이 각자의 반구를 따라 남쪽으로 이동할 때는 그들 각각의 모습이 크게 달라지지 않는데, 왜냐하면 그들은 겨울에 더 적응하면서 한곳에 머무르는 것이 아니라 자신들이 선호하는 기후 조건들을 탐색하여 이동하기 때문이다.[11]

단속평형에 대한 다른 가능한 설명은 지극히 이론적이다. 스튜어트 카우프만과 그의 동료들은 비교적 긴 정체 기간이 그 어느 "외부" 간섭에 의해서도 촉발되지 않은 짧은 변화의 기간에 의해 방해받는 것을 보여주는 컴퓨터 모형들을 만들었다. 따라서 이 패턴은 특정 유형의 진화적 알고리즘 작동의 내인적 또는 내부적 특성으로 보인다. (더 자세한 논의는 박과 플뤼비아, 그리고 스네펜Bak, Flyvbjerg, and Sneppen의 1994년 글을 보라.)

그렇다면, 평형이 단속에 비해 신다윈주의에서 더는 문제가 되지

---

11 조지 윌리엄스(1992, p. 130)는 서식지 탐색의 중요성을 반박한다. 지리적으로 이동하고 나면 기생생물과 "계절에 따른 고립의 증폭"(햇빛의 양), 그리고 그 외의 많은 환경적 요인들이 항상 달라질 것이므로 개체군은 정확하게 동일한 선택 환경 안에 머물 수 없으며, 따라서 이동함에도 불구하고 계속 선택압을 받게 되리라는 것이다. 그러나 내가 보기에는, 그러한 선택압들에 의한 조정(수정 사항)들의 모든 부분까지는 아니라 해도 대부분이 고생물학적으로 드러나 보이는 것은 아닌 것 같다. 그런 것들은 화석 기록에서만 볼 수 있고, 그것도 그나마 단단한 부분의 설계에 보존된 변화들만을 볼 수 있다. 서식지 탐색은 **고생물학적으로 관찰 가능한** 정체stasis의 많은 부분을 설명할 수 있다(그리고 우리가 알고 있는 다른 정체는 또 무엇이 있는가?). '그 신체 설계의 정체가, 공존하고 있는 (모두는 아닐지라도 대부분의) 다른 설계 수준들—장기간의 서식지 탐색 움직임들에 수반되어야 할 많은 환경적 변화를 설명할—의 비정체nonstasis를 가려버릴 것'이라고 말했다는 점에서는 윌리엄스가 옳다고 할 때마저 말이다. 그리고 많은 종들이 **일제히** 서식지 탐색을 하지 않는 한, 서식지 탐색이 전혀 존재하지 않을 수도 있다. 왜냐하면 한 종에게 다른 종들은 그 종의 선택적 환경에서 매우 결정적인 요소이기 때문이다.

않는다는 것은 꽤 분명하다. 그것은 설명될 수 있고, 심지어는 예측될 수도 있다. 그러나 굴드는 단속평형에 또 다른 혁명이 도사리고 있다고 보았다. 중단이라는 수평 방향의 움직임들은 설계공간 내의 (상대적으로) 신속한 움직임들이 아닐 수 있다. 어쩌면 그것들에 관해서 중요한 것은, 그것들이 **종분화**의 움직임들이라는 것일지도 모른다. 이것이 어떻게 차이를 만들 수 있을까? 그림 10-10을 보라.

두 경우 모두, K의 혈통은 정확히 똑같은 중단들과 평형들의 배열을 따라 왔다. 그러나 왼쪽 도해의 경우 **하나의 종**이 짧고 빠른 변화 시기를 겪은 후 긴 정체기를 겪는 것을 보여준다. 종분화 없이 일어나는 그러한 변화는 **항상진화**anagenesis로 알려져 있다. 오른쪽은 종분화를 통해 변화하는, **분기진화**cladogenesis의 예를 보여준다. 굴드는 두 그림에서 시간이 지남에 따라 오른쪽으로의 이행이 일어났지만, 각 사례의 이행은 다르게 설명될 것이라고 주장한다. 그러나 이것이 어떻게 옳을 수 있을까? 4장에서 배운 것을 기억하시라. 종분화는 소급적으로만 식별될 수 있는 사건이다. **횡 방향으로 이동하는 동안**에는 항상진화 과정과 분기진화 과정을 구분할 수 있게 하는 사건은 전혀 일어나지 않는다. 분리된 종으로 식별될 수 있을 만큼 오래 생존한 분리된 가지가 **나중에** 번성하는 경우에만 종분화가 있었다고 말할 수 있다.

희망적인 종분화 또는 **초기** 종분화라고 부를 만한 특별한 과정이 존재할 수 있지 않을까? 종분화가 정말로 발생하는 경우를 고려해보자. 양친종 A는 딸종 B와 C로 분화된다.

자, 이제 그림 10-11의 가운데 그림에서처럼 B 종의 **초기** 구성원들에게 폭탄(소행성, 해일, 가뭄, 독 등)이 투하되기에 충분한 시간까지 진화의 테이프를 되감아보자. 이렇게 되면 종분화의 경우였던 것이 항상진화와 구별될 수 없는 것(오른쪽 그림)으로 바뀐다. 그 폭탄이 구성원을 죽이고 그 구성원의 후손도 결코 조부모가 되지 못하게 한다는 사실이, 그 동시대 구성원들이 선택압에 의해 선별되는 방법에는 차이를 거

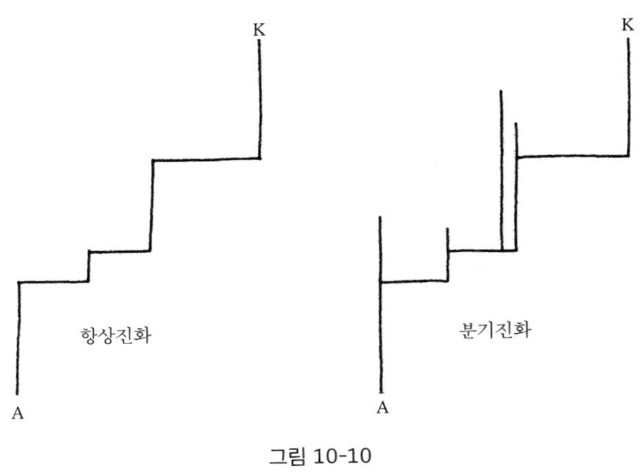

그림 10-10

의 만들지 않았을 것이다. 그것은 모종의, 시간을 거슬러 가는 인과를 필요로 할 것이다.

이는 정말로 사실일까? 종분화를 개시시킨 사건이 한 집단을 두 집단으로 완전히 인과적으로 고립시킬 수 있는 지리적 분할이었다면(이소적 종분화), 이것이 사실일 것이라고 생각할 수 있다. 그러나 한 개체군 내에서 두 하위 집단이 형성되어 그 집단들이 마침내는 서로 직접적으로 경쟁하며 번식이 불가능해지는 형태로 종분화가 진행된 것(동소적 종분화)이었다면 어떨까? 앞에서 보았듯이(85~86쪽), 다윈은 밀접하게

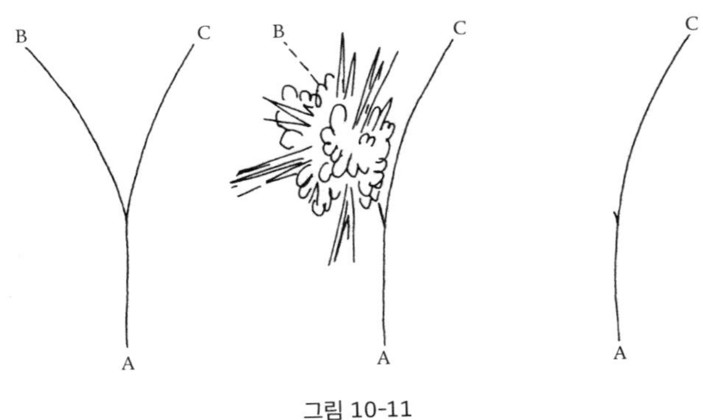

그림 10-11

연관된 형태들 사이의 경쟁이 종분화의 추동력이 될 것이며, 따라서 **소급하여 되짚어보았을 때** "경쟁" 종의 첫 세대**로 간주될 수 있는** 것의 존재—비非 부존재—가 종분화에 정말로 매우 중요할 수 있다고 제안했다. 그러나 그 경쟁자들이 새로운 종의 창시자들이 "될 것"이라는 사실은 경쟁의 강도를 비롯한 경쟁 특성들에 중요한 역할을 하지 못했을 테고, 그리하여 설계공간 내에서 수평 방향으로 이동하는 방향이나 속도에도 중요한 역할을 하지 못했을 것이다.

어쩌면 우리는 상대적으로 신속한 형태학적 변화(횡 방향 이동)가 종분화에 정상적으로 필요한 전제조건이라고 가정할 수도 있을 것이다. 변화의 신속성은 유전자풀gene pool의 크기에 결정적으로 영향을 받는다. 대규모 유전자풀은 보수적이어서, 혁신의 시도들을 흔적도 남기지 않고 흡수해버리는 경향이 있다. 큰 유전자풀을 작게 만드는 한 가지 방법은 그것을 양분하는 것이며, 사실 이것이 크기를 줄이는 가장 흔한 유형의 방법일 테지만, 그 후 자연이 둘 중 하나를 버리든(그림 10-11의 가운데 도표처럼) 말든 아무 상관이 없다. 신속한 움직임을 가능케 하는 것은 축소된 유전자풀에서의 병목 현상이지, 둘 이상의 서로 다른 병목들의 존재는 아니다. 만약 종분화가 있다면, **각 종 전체**가 각각의 병목 지점을 통과한다. 종분화가 없다면 **하나의 전체 종**이 하나의 병목을 통과하도록 압력을 받는다. 따라서 분기진화는 항상진화에서 일어나는 과정과 다른 정체기를 포함할 **수 없다**. 왜냐하면 분기진화와 항상진화의 차이는 정체기가 지난 후에 **나타나는 효과**라는 관점에서만 정의될 수 있기 때문이다. 굴드는 때때로 종분화가 차이를 만드는 것인 양 말한다. 예를 들어, 굴드와 엘드리지(1993, p. 225)는 "정체기의 분기 후에 조상의 생존을 가능케 할 결정적 요건"(그림 10-11의 왼쪽 도표에서처럼)에 관해 말한다. 그러나 엘드리지는, (사적인 대화에서) 그것은 단지 이론가들("조상의 생존"을 계보의 **증거**로 간주할 필요가 있는 이들)을 위한 결정적인 **인식론적** 요구사항일 뿐이라고 말한다.

그의 설명은 흥미롭다. 화석 기록에는 한 가지 형태가 갑자기 멈추고 전혀 다른 형태가 갑자기 "그 자리에" 출현하는 사례가 제법 많이 있다. 그 사례들 중 어떤 것이 진화의 급격한 횡방향 도약의 경우일까? 그리고 어떤 것이 다소 먼 친척의 갑작스러운 이주로 인한 단순한 이동의 경우일까? 우리는 구분할 수 없다. 무엇을 양친종(그것의 후손이라고 간주한 것과 잠시 공존하는)으로 간주할 것인지 알 수 있을 때만, 앞선 형태에서 나중 형태로의 직접적인 경로가 있다는 것을 꽤 확신할 수 있다. 인식론적 논점에서 보면, 이는 굴드가 만들고 싶어 했던 주장—가장 빠른 진화적 변화는 종분화에 의해 성취되었다—을 완전히 과소평가하는 것이다. 왜냐하면, 엘드리지의 말처럼 화석 기록이 **대개** "정체된 분지 후 조상의 생존"이 전혀 **없는** 급격한 변동을 보인다면, 그리고 그것들 중 어느 것이 정체된 항상진화적 변화(이소 현상과는 대조되는 것으로서)의 사례들인지 구분할 수 없다면, 화석 기록을 보고서 종분화가 매우 빈번한 것인지 아니면 급격한 형태학적 변화를 수반하는 매우 드문 것인지 구분할 방법은 없기 때문이다.[12]

진화에서의 큰 차이를 만드는 것은 단순한 적응이 아닌 종분화라는 굴드의 주장을 사리에 맞게 만드는 또 다른 길이 있을 수도 있다. 만약 어떤 혈통은 많은 정체를 겪고(그리고 그 과정에서 많은 딸종들을 생산한다), 또 다른 어떤 혈통은 그렇지 않으며, 그렇게 하지 않는 혈통은 소멸되는 경향이 있다는 것이 밝혀진다면 어떻게 될까? 신다윈주의자들은 대개 적응들이 특정 혈통들에 속하는 유기체들의 점진적 변형에 의해 일어난다고 가정하지만, "혈통들이 변형에 의해 바뀌지 않는다면, 혈통들에서의 장기적 추세는 그들의 느린 변형의 결과가 될 수 없

12 굴드에 대한 이와 비슷한 비판을 알고 싶다면 아얄라Ayala(1982)와 조지 윌리엄스(1992, pp. 53-54)의 논의를 보라. 윌리엄스는 분기진화를 어떤 유전자풀(그것이 얼마나 짧게 지속되었든)의 고립으로 정의한 인물이며, 단기적 분기진화에 관한 진화 이론의 사소함도 지적한다.(pp. 98-100)

다."(Sterelny 1992, p. 48) 이는 오랫동안 흥미로운 가능성으로 여겨져 왔다(원래 논문에서, 엘드리지와 굴드는 이에 대해 매우 짧게 논의하고, 슈월 라이트[1967]를 그 출처 중 하나로 명시한다). 이 발상에 대한 굴드의 버전(이를테면 1982a)은, 전체 종이 개별 구성원들의 단편적인 재설계에 의해 수정되지는 않는다는 것이다. 굴드에 따르면 종들은 상당히 다루기 힘들고, 변하지 않는 것들이다. 설계공간 안에서의 변동이 (대체로? 종종? 아니면 항상?) 일어나는 것은 종의 **멸절**과 **탄생**이 일어나기 때문이다. 이것이 굴드와 엘드리지(1993, p. 224)가 "높은 수준에서의 골라냄higher level sorting"이라고 불렀던 아이디어이다. 이는 때때로 종선택 또는 **분지**선택clade selection이라고 알려져 있기도 하다. 그 아이디어를 명확하게 하기는 어렵지만, 우리는 이미 그 중심 논점을 명확히 하기 위한 장비를 손에 쥐고 있다. 미끼상술을 기억하는가? 굴드는 사실상 이 근본적인 다윈주의 아이디어의 새로운 적용을 제안하고 있다. 그는 진화가, 존재 중인 혈통에서의 **조정들**adjustments**을 만든다**고 생각하지 않는다. 진화는 특정 **혈통들 전체를 버리고** 다른 혈통, 즉 차이가 있는 혈통들이 번성하게 만든다고 그는 생각한다. 시간이 지남에 따라 혈통들이 수정되는 일이 존재하는 것처럼 보이지만, 실제로 일어나고 있는 것은 종 수준에서의 미끼상술이라는 것이다. 그후 굴드는 말한다. 진화 경향을 찾을 수 있는 **옳은 수준**은, 유전자나 유기체 수준이 아니라 종 전체 또는 분지의 수준이라고. 그리고 유전자풀에서 특정 유전자들이 없어지는 것이나 개체군 내에서 특정 유전자형이 차등적으로 사망하는 것을 살펴보는 대신, 종 전체의 차등 멸종률과 종의 차등 "출생"률—한 혈통이 딸종들로 종분화되는 속도—을 살펴보라고.

이는 흥미로운 발상이지만, 첫인상과는 달리 종 전체는 계통발생적 점진론을 통해 변형을 겪는다는 정통 주장을 부정하는 것은 아니다. 굴드의 제안대로 어떤 혈통들은 많은 딸종을 낳고 다른 계통들은 그렇지 않다는 것이, 그리고 전자가 후자보다 더 오래 살아남는 경향이 있다는 것이 옳다고 놓아보자. 그리고 생존 중인 종이 설계공간에서 그리는 궤적을 살펴보자. 그것, 즉 종 전체는 정체기에 있거나 단속적 변화를 겪고 있지만, 그 변화 자체는 결국 "한 혈통의 느린 변형"이다. 장기적 거대 진화의 패턴을 볼 최상의 방식은 개별 혈통들의 변형을 보는 것이 아니라 "혈통의 생산력"에서의 차이를 살펴보는 것일 수 있다. 이는 진지하게 받아들일 가치가 있는 강력한 제안이지만, 점진주의를 반박하지도 대체하지도 않는다. 그것은 점진주의에 기반한다.[13]

(굴드가 제안하는 수준 이동level shift을 보면, 컴퓨터과학에서 하드웨어와 소프트웨어 간의 수준 이동이 생각난다. 소프트웨어 수준은 특정한 대규모 질문에 답하기에 적합한 수준이지만, 하드웨어 수준에서도 동일한 현상에 관한 설명이 가능하며 그것이 참일 것이라는 점에 모두가 아무런 의심도 하지 않는다. 물론 워드퍼펙트WordPerfect와 마이크로소프트워드Microsoft Word의 뚜렷한 차이를 하드웨어 수준에서 설명해보려고 하는 것은 어리석은 일이다. 그와 유사하게, 생물권 내 다양성의 가시적 패턴들을 다양한 혈통들의 느린 변형들에 집중하여 설명하려 하는 것도 어리석은 일일 것이다. 그러나 그것이, 그들이 자기 역사의 다양한 중단의 시기에 느린 변형들을 겪지 않았다는 의미는 아니다.)

굴드가 지금 제안하는 유형의 종선택의 상대적 중요성은 아직 밝혀지지 않았다. 그리고 신다윈주의의 최신 버전에서 종선택이 아무리 큰 역할을 맡는다 해도, 그것이 스카이후크가 아님은 분명하다. 결국, 새로운 혈통들이 종선택의 후보로서 무대에 등장하는 것은, 표준적인 점진적 미세돌연변이micro-mutation에 의한 방식으로 이루어진다. 굴드가 희망적 괴물들을 끌어안고 싶어 하지 않는다면 말이다. 그러므로, 그것—

---

13 "높은 수준에서 종이 골라내어짐"에 관한 굴드의 아이디어는 그것과 비슷해 보이는 몇몇 아이디어들—현재 진화론자들이 치열하게, 그리고 뜨거운 논쟁을 벌이며 조사하고 있는 집단선택이나 개체군선택의 아이디어—과 구별되어야 한다.

이전에는 인식되지 못했거나 인정받지 못했을, 표준적이고 정통적인 메커니즘으로부터 구축된 설계 혁신 메커니즘—이 무엇인지가 드러난다면, 새로운 크레인의 발견에 굴드가 도움을 주었을 수도 있다. 그렇지만 나는 그가 줄곧 크레인이 아닌 스카이후크를 소망하고 있다고 진단하기 때문에, 그가 계속 스카이후크 탐색을 진행하리라고 예측해야만 한다. 너무 특별한 나머지 신다윈주의가 다룰 수 없는, 종분화에 대한 그런 뭔가 다른 것이 있을 수 있을까? 우리가 방금 상기했듯이, 종분화에 대한 다윈의 설명은 가까운 친척들 간의 경쟁에 호소한다.

> 새로운 종은 통상적으로 공공연한 경쟁에서 다른 종들을 몰아냄으로써 서식지를 쟁취한다(다윈은 노트에 이 과정을 종종 "쐐기 박기 wedging"라고 묘사했다). 이 끊임없는 전투와 정복은 진보의 합리적 근거를 제공해준다. 왜냐하면, 평균적으로, 승자들은 설계에서 일반적 우위에 있음으로 인해 승리를 확보할 수 있었기 때문이다. 〔Gould 1989b, p. 8.〕

굴드는 쐐기 박기wedge라는 이 이미지를 좋아하지 않는다. 뭐가 문제라는 것일까? 음, 그 이미지가 (굴드가 주장컨대) 진보에 대한 믿음으로 우리의 마음을 끌리게 하는 것은 사실이다. 그렇지만, 이미 알아보았듯이, 신다윈주의는 그런 끌림을 쉽게 물리친다. 다윈 자신이 그랬던 것처럼 말이다. 다윈은, 생물권의 구성원들이 일반적으로 점점 더 그리고 좀 더 좋아지고 있다는 관점에 도달하게 되는, 전 지구적이고 장기적인 진보라는 견해를 거부했다. 구경꾼들은 진화가 그런 견해를 함축한다고 종종 상상하지만, 그것은 단순한 실수이며, 정통 다윈주의자들은 결코 그런 실수를 저지르지 않는다. 쐐기 박기 이미지에 또 어떤 문제가 있을 수 있을까? 굴드는 같은 글(p. 15)에서 "쐐기의 느릿느릿한 예측 가능성"을 언급하는데, 나는 이것이 쐐기 박기 이미지에서 그를 불쾌하게 만드는 바로 그것이라고 제안한다. 그것이 굴드에겐, 점진론의 경사로처럼, 설계공간의 경사를 아무 생각 없이 터벅터벅 올라가는, 일종의 예측 가능한 느린 움직임처럼 보였던 것이다(이를테면 Gould 1993d, ch. 21). 굴드가 생각한 쐐기의 문제는 간단하다. 그것이 스카이후크가 아니라는 것이다.

4. 팅커에서 에버스에게, 그리고 다시 챈스에게로:[14] 버제스 혈암 더블 플레이의 미스터리

심지어 오늘날에도, 그리고 많은 저명인사도, 자연선택만으로 그리고 다른 도움 없이 잡음의 원천으로부터 생물권의 모든 음악을 그려낼 수 있다는 것을 받아들이지 못하거나 심지어는 이해조차 하지 못하는 것처럼 보인다. 사실상 자연선택은 우연의 산물들로 작동하고, 다른 어떤 곳에서도 먹이를 얻을 수 없다: 그러나 그것은 매우 까다로운 조건을 갖춘 영역에서 작동하며, 이 영역에서 우연은 차단된다.

—자크 모노 1971, p. 118

14 "팅커에서 에버스에게, 그리고 다시 챈스에게로Tinker to Evers to Chance"는 야구 밈으로, 명예의 전당에 오른 세 명의 내야수들이 했던 불멸의 더블 플레이를 뜻한다. 그 셋은 조 팅커Joe Tinker와 조니 (더 크랩) 에버스Johnny (the Crab) Evers, 프랭크 챈스Frank Chance이며, 1903년에서 1912년까지 내셔널 리그의 시카고 팀에서 함께 활동했다. 1980년, 내가 개설한 철학 개론 수업을 들었던 리처드 스턴Richard Stern이라는 학부 신입생은 흄의《대화》를 업데이트한 뛰어난 보고서를 제출했는데, 거기서는 다윈주의자(물론 그의 이름은 팅커이다)와 신을 믿는 사람(이름은 물론 에버스이다)이 대화를 하며, 결국, 적절하게, 챈스(우연)로 대화가 끝난다. 이 제목에는 뜻밖의 행운 같은 다중 수렴이 있다. 굴드가 야구를 무한히 사랑하고 또 백과사전적 야구 지식을 갖고 있음을 잘 알기에, 나는 이 제목을 쓰지 않고는 배길 수 없었다.

그러나 현대 단속주의는—인류 역사의 예상 밖의 변화들에 적용함에 있어—우발성 개념을 강조한다. 즉 미래 안정성의 본질에 대한 예측 불가능성, 그리고 무수히 많은 가능성들 중에서 선택된 실제적 경로를 형성하고 지시하는 동시대의 사건들과 인격들의 힘 등을 강조하는 것이다.

—스티븐 제이 굴드 1992b, p. 21

굴드는 여기서 예측 불가능성뿐 아니라, 진화의 "실제적 경로를 형성하고 지시하는" 동시대 사건들 **그리고 인격들**의 힘에 관해서도 말한다. 이는 볼드윈이 훗날 자신의 이름을 따서 명명한 효과(볼드윈 효과)를 발견하도록 추동한 희망을 정확하게 상기시킨다. 그 소망은 이렇다: 우리는 **어떻게든** 인격—의식, 지성, 행위자—을 운전석에 도로 앉혀야 한다. 그런 우발적 상황—급진적인 우발적 상황—이 정말로 우리에게 주어진다면, 인격이 운전석에 앉아 있어야 우리는 **마음**에 약간 여유가 생길 것이고, 따라서 마음은 **행동**할 수 있을 것이며, 단순히 생각 없는 기계적 과정들의 연속으로 일어나는 결과가 되는 대신 마음 자신의 운명을 **책임질** 수 있을 것이다! 나는 이러한 결론이 굴드가 가장 최근에 탐색한 경로에서 드러난 최종적인 목표일 것이라고 생각한다.

나는 2장에서 굴드가 쓴 《원더풀 라이프》(1989a)의 결론이, '생명의 테이프를 되감아서 재생하고 또 되감아 재생하면 우리가 반복하여 나타날 확률은 매우 희박하다는 것'임을 언급했다. 이 결론은 세 가지 면에서 검토자들을 당황하게 했다. 첫째, 그는 그것이 왜 그토록 중요하다고 생각하는 것일까? (책 커버에 따르면, "굴드의 이 명저는 버제스 혈암 화석들의 다양성이 우리의 과거를 담은 테이프를 이해하는 데에, 그리고 우리 존재의 수수께끼와 인간 진화의 놀라운 불가능성에 대해 숙고하는 방식을 형성하는 데에 왜 중요한지를 설명한다.") 둘째, 그의 결론은 정확히 무엇인가? 즉 그가 의미하는 "우리"란 결국 누구인가? 그리고 셋째, 그는 버제스 혈암에 관한 매혹적인 논의로부터 그 결론(그것이 무엇이든)이 어떻게 도출된다고 생각하는 것일까? 버제스 혈암은 결론과는 거의 전적으로 관련이 없어 보이는데 말이다. 우리는 우선 셋째 의문에서 시작하여 둘째와 첫째 것까지 차근차근 나아가볼 것이다.[15]

굴드의 책 덕분에, 브리티시컬럼비아의 산허리에 있는 채석장이었던 버제스 혈암층은, 고생물학자들에게만 유명한 장소라는 지위에서 벗어나 현재는 과학의 국제적 성지 …… 음, 그러니까 '무언가 아주 중요한 것'의 탄생지라는 지위로 훌쩍 뛰어올랐다. 그곳에서 발견된 화석들은 캄브리아 대폭발 시기의 것으로 알려져 있다. 이 시기에는 다세포 유기체들이 그야말로 도약하여 그림 4-1과 같은 '생명의 나무'의 야자수 같은 가지들을 만들었다. 아주 특별하게 좋은 조건에서 화석이 형성된 덕분에, 버제스 혈암의 불멸의 화석들은 보통의 화석보다 훨씬 더 완전하고 입체적이다. 그리고 20세기 초에 찰스 월컷이 그 화석들을 분류했는데, 그의 분류는 문자 그대로 화석들의 일부를 절개한 결과들을 바탕으로 이루어졌다. 그는 자신이 발견한 변종들을 전통적인 문phylum 안에 욱여넣었고, 따라서 문제들이 (대략) 남아 있었다. 그러다가 1970년대와 1980년대에 해리 위딩턴Harry Whittington, 데릭 브릭스Derek Briggs, 그리고 사이먼 콘웨이 모리스가 탁월한 재해석을 내놓으며, 그 생물들—깜짝 놀랄 정도로 생경하고 화려한 것들이 많았다—중 많은 것이 잘못 분류되었다고 주장했다. 그 생물들은 현재의 후손들이 전혀 없는, 그리고 이전에는 상상도 할 수 없었던 문들에 속하는 것이었다.

이는 매혹적이다. 그런데 혁명적인가? 굴드는 확실히 혁명적이라고 보았다. "나는 1975년에 위딩턴이 오파비니아Opabinia를[16] 재구성한 것

15 그렇다. 조 팅커가 3루수가 아닌 유격수로 뛰었다는 것을 나도 알고 있다. 하지만 내가 내 이야기를 할 수 있도록 조금만 봐주시라!

16 [옮긴이] 버제스 혈암층에서 발견된 화석 생물로, 눈이 5개이고 몸은 체절들로 구성되어 있으며 긴 코가 달려 있다.

이 인류 지식사의 위대한 문서 중 하나로 우뚝 설 것이라고 믿는다." 그의 영웅 삼인조는 자신들의 작업에 대해 그렇게 말하지 않았고(이를테면 Conway Morris 1989를 보라), 그들의 조심스러운 예측은 마치 예언과 같았던 것으로 증명되었다. 뒤이은 분석 결과들이 나오면서, 결국 그들의 가장 급진적인 재분류 중 일부가 완화되었다.(Briggs et al. 1989, Foote 1992, Gee 1992, Conway Morris 1992) 굴드는 그들의 영웅을 받침대 위에 올려놓았는데, 그가 마련한 받침대가 아니었다면 그들이 거기서 떨어졌다는 사실을 지금까지 알지 못했을 것이다—첫 번째 단계는 아주 특별한 것이었고, 그들은 스스로의 힘으로 그 단계를 밟지도 못했다.

하지만 어떤 경우든, 굴드는 이 캄브리아기 생물들에 관해 우리가 배웠을 수도 있는 것이 혁명적인 무언가를 확립시켰다고 생각했다. 그렇다면 굴드가 생각한 그 혁명적인 점은 무엇인가? 버제스 동물군은 갑자기(지질학자에게 '갑자기'가 무엇을 의미하는지 기억하시라) 나타났다가 대부분 갑자기 사라졌다. 굴드는 이 비非 점진적 진입과 퇴장이 자신이 "다양성 증가의 원뿔"이라고 부르는 것의 오류를 입증한다고 주장한다. 그리고 그는 주목할 만한 생명의 나무 한 쌍을 그려 자신의 주장을 설명한다.

그림 한 장이 천 마디 말보다 낫다. 그리고 굴드는 많은 도해들을 통해, 전문가들조차도 오도하는 도상학의 위력을 거듭거듭 강조한다. 그림 10-12는 또 다른 예로, 그가 직접 만든 것이다. 그는 우리에게 말한다. 위쪽의 그림은 오래된 잘못된 견해, 즉 다양성을 증가시키는 원뿔을 나타내며, 아래쪽 그림은 소멸 및 다양화와 관련해 개선된 관점을 나타낸다고. 그러나 단순히 아래쪽 그림의 **수직축을 늘이기**만 해도 그 그림은 원뿔 모양으로 바뀔 수 있다. (반대로, 표준적인 단속평형 유형의 그림이 되도록 위쪽 그림의 수직축을 짜부러뜨리면 아래쪽 그림처럼, 즉 굴드의 승인을 받은 새로운 아이콘처럼 만들 수 있다. 이를테면 그림 10-6의 오른쪽 도표처럼.) 수직 스케일은 임의적이기 때문에, 그림 10-12는 사실 그 어떤 차이도 보여주지 않는다. 그림 10-2의 아래 그림은 "다양성 증가의 원뿔"의 완벽한 도해가 된다. 그리고 위 그림에서의 활동 바로 다음 모습이 아래 그림의 복제품이 되도록 하는 소멸이 될지 그 누가 알겠는가.

만약 다양성을 '서로 다른 종들의 수'로 계측한다면, 다양성 증가의 원뿔은 명백하게 오류가 아니다. 예를 들어, 100개의 종이 있기 전에는 10개의 종이 있었을 테고, 10개 종이 있기 전에는 2개 종이 있었고, '생명의 나무'의 모든 가지가 이런 식으로 되어 있어야 한다. 종들은 항상 절멸되며, 지금껏 존재했던 종들 중 아마도 99퍼센트가 멸종되었을 것이다. 따라서 우리는 다양화와 균형을 맞추기 위해 많은 소멸을 상정해야 한다. 버제스 혈암 동물군의 번성과 소멸은 다른 동물군에 비해 유례없이 덜 점진적이었을 수도 있지만, '생명의 나무'의 형태에 관한 급진적인 그 무엇도 실제로 보여주지 못한다.

혹자는 이런 주장이 굴드의 요점을 잘못 짚은 결과라고 말한다. "버제스 혈암 동물군의 극적인 다양함에서 특별한 것은, 그것이 새로운 **종**들이 아니라, **완전히**whole **새로운 문**들이었다는 것이오! 그것들은 **급진적으로** 새로운 설계들이었던 것이지!" 나는 이것이 굴드의 요점이 결코 아니었다고 믿는다. 만약 이것이 요점이라면, 그것은 소급적 대관식의 당혹스러운 오류가 되기 때문이다. 앞에서 이미 보았듯이, **모든** 새로운 문들—사실은, 새로운 계kingdom들!—은 새로운 아변종들subvarieties에 불과한 것에서 시작하여 새 종들이 되는 식으로 생겨나야 한다. 오늘날의 유리한 관점에서 보았을 때, 그들이 새로운 문들의 초기 구성원처럼 보인다는 사실 자체가 그들을 특별하게 만드는 것은 전혀 아니다. 그들이 특별한 이유는, 그들이 새로운 문들의 창시자가 "될 것이었기" 때문이 아니라, 그들이 매우 놀라운 방식으로 **형태학적으로 다양**했기 때문이다. 도킨스가 말했듯, 굴드가 이 가설을 시험하는 방법은, "'기본적인 신체 체제body plan들'과 분류에 대한 현대적 예상들로 이루어지는 선입견을 갖지 않은 상태에서, 그의 잣대를 동물들 그 자체에게 들이대는 것일 것이다. 두 동물이 얼마나 다른지에 대한 진정한 지표는 그들이 실제로 얼마나 다른지이다!"(Dawkins, 1990) 그러나 지금까지 행해진 그러한 연구들은, 버제스 혈암 동물군이 그 모든 특이성에도 불구하고, 사실 설명 불가능하거나 혁명적인 형태학적 다양성을 보이는 것은 아니라는 사실을 시사한다.(Conway Morris 1992, Gee 1992, McShea 1993)

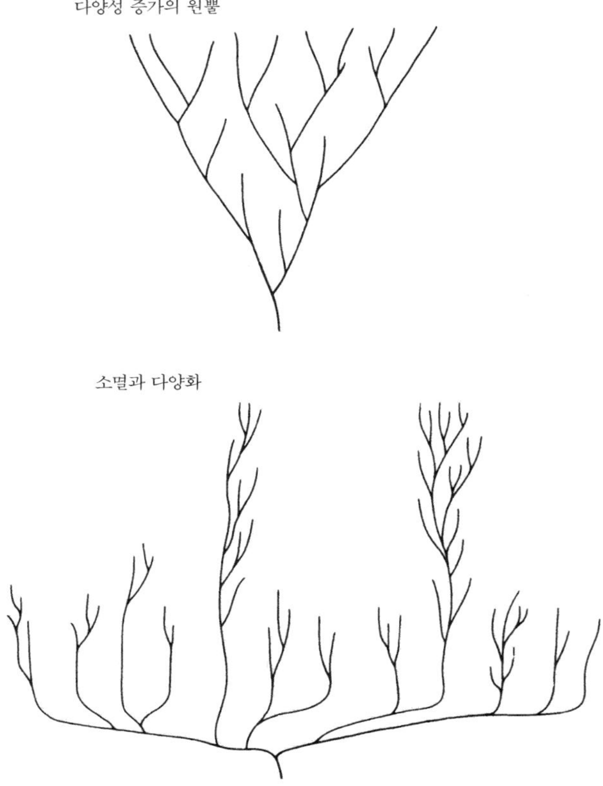

그림 10-12 위 그림은 다양성 증가의 원뿔이다. 다양성이 증가한다는 원뿔의 잘못된, 그러나 여전히 관습적으로 받아들여지는 도상학이다. 아래 그림은 수정된 '다양화와 소멸' 모형이다. 이 모형은 버제스 혈암 동물군의 적절한 재구성에 힘입어 제안된 것이다. [Gould 1989a,p. 46.]

버제스 혈암 동물군이 지구를 찾아온 주기적 대멸종들 중 하나에 의해 절멸되어버렸다고 가정해보자(정말로 그런지는 알려지지 않았다). 모두 알고 있듯이, 공룡들은 좀 더 나중의 대멸종, 즉 백악기 대멸종이라고 알려진 (또는 K-T 경계 대멸종이라고 알려진) 것에 굴복했는데, 이는 아마도 6500만 년 전 거대한 소행성이 충돌하면서 촉발되었을 것이다. 굴드는 대멸종을 매우 중요하게 생각하며 또 신다윈주의에 대한 도전으로 여겼다. 그는 이렇게 말했다. "만약 단속평형이 전통적인 예상을 뒤엎는다면(그리고 단속평형은 실제로 그렇게 했다!), 대멸종은 전통적 견해에 훨씬 더 나쁜 영향을 줄 것이다!"(Gould 1985, p. 242) 도대체 왜? 굴드에 의하면, 정통 다윈주의는 모든 진화적 변화가 점진적이고 예측 가능하다는 교조인 "외삽주의extrapolationism"를 필요로 한다. "그러나 대멸종이 정말로 연속성을 중단시키는 것이라면, 그리고 정상적인 시간 규모로 이루어지는 느린 적응적 구축이 대멸종의 경계를 넘어 예측된 성공으로까지 확장되지 않는다면, 외삽주의는 실패하고 적응주의는 무릎을 꿇는다."(Gould 1992a, p. 53) 이 말은 틀렸다. 나는 이렇게 지적한 바 있다.

> 나는 도대체 어느 적응주의자가 굴드가 말한 것처럼 그렇게 멍청한지 모르겠다. 굴드가 말한 대로, 대멸종이 생명의 나무의 가지치기에 주요한 역할을 했을 가능성까지 부인할 정도로 "순진한" 형태로 "외삽주의" 같은 것을 지지하는 적응주의자가 과연 있기는 하단 말인가. 만일 혜성이 지금껏 만들어진 모든 수소폭탄들을 다 합한 것보다 수백 배나 더 강력한 힘으로 공룡들의 고향을 강타한다면, 가장 완벽한 공룡도 무릎을 꿇으리라는 것은 언제나 명백했다. 〔Dennett 1993b, p. 43.〕

굴드(1993e)는 외삽주의적 견해가 분명히 드러난 다윈의 구절을 인용하며 내게 응수했다. 그렇다면 (오늘날) 적응주의는 이 절망적인 함축에 매진하고 있는가? 여기, 찰스 다윈 본인이 허수아비로 간주해야 할 하나의 사례가 있다. 다윈의 시대에는 문제가 되지 않았을 수 있지만, 이제 신다윈주의로 넘어왔으니까. 다윈이 근시안적으로 모든 멸종에 점진적 본성이 있다고 주장한 경향이 있었음은 사실이다. 그렇지만 신다윈주의자들은 오래전부터 인식해왔다. 다윈이 그리했던 것은 자연선택에 의한 진화론의 수용을 방해하는 격변론Catastrophism 및 그 변종들과 자신의 견해를 구별하려는 그의 간절한 열망 때문이었다는 것을. 다윈 시대에는 기적이나 '노아의 홍수' 같은 재앙 등이 다윈주의적 사고의 주요 적수였음을 기억해야 한다. 그러므로 그에게 의심스러울 만큼 빠르고 편리해 보이는 모든 것을 피하려는 경향이 있었다는 것은 놀랄 일이 아니다.

버제스 동물군이 대멸종으로 소멸했다는 사실(그것이 사실이긴 하다면)은, 굴드에게 그들의 운명에 관해 그가 도출하고 싶어 했던 다른 결론보다 그 어느 경우에도 덜 중요하다. 굴드는 그들의 소멸이 **무작위적**이었다고 주장한다.(1989a, p. 47n) 정통 견해는 "생존자들이 생존한 데는 원인cause이 있다"고 하지만, 굴드는 "아마도 해부학적 설계의 저승사자는 위장한 행운의 여신이었을 뿐"(p. 48)이라고 의견을 밝혔다. 그들 **모두**의 운명을 결정한 것은 정말로 **단지** 복권에 불과한 것이었을까? 이는, 굴드가 일반화하여 확장했다면 감탄이 나올 만큼 놀라운—그리고 확실히 혁명적인—주장이 될 터였지만, 그에게는 그렇게 강력한 주장을 뒷받침할 증거가 없었고, 그래서 그 주장을 아래와 같이 철회한다.(p. 50)

> 몇몇 집단이 유리함을 누렸을 수도 있다는 것을 나는 기꺼이 인정한다(물론 우리가 그것들을 어떻게 식별하거나 정의해야 하는지는 알지 못하지만). 그러나 나는 〔행운의 여신 가설〕이 진화에 관한 핵심적 진실

을 움켜쥐고 있다고 생각한다. …… 테이프를 되감는 가상 실험을 통해 이를 이해 가능하게 해석하는 데 있어, 버제스 혈암은 예측 가능성과 진화 경로들에 관한 급진적 견해를 촉진시킨다.

그렇다면 굴드의 제안은, 그가 행운의 여신 가설을 증명할 수 있다는 것이 아니라, 기껏해야 버제스 혈암 동물군이 그것을 이해시켜주었다는 것이 된다. 그러나 다윈이 처음부터 주장했듯, 경쟁의 쐐기를 행동으로 옮기기 위해서는 "유리함"을 지닌 "몇몇 집단들"만 있으면 된다. 그래서 굴드는 **대부분의** 경쟁(또는 가장 대규모의, 가장 중요한 결과를 초래하는 경쟁)이 정말로 복권이라고 말하는 것일까? 아니다. 이는 그가 "의심하는" 것이다.

이 의심을 지지해줄 그의 증거는 무엇일까? 그는 증거를 전혀 제공하지 않는다. 그가 제공한 것은, 그가 그 놀라운 생물들을 보며, 어떤 것은 왜 다른 것보다 더 잘 설계되었는가를 상상할 수 없었다는 사실이었다. 그에게는 그것들 모두가 똑같이 기이하고 볼썽사납다. 그것은, 그들 각각이 처한 곤경을 고려할 때, 그것들이 공학적 품질 면에서 극적으로 차이가 난다는 좋은 증거가 아니다. 역설계를 해보려는 시도조차 하지 않는다면, '역설계 설명이 발견될 수 없다'는 결론을 내릴 좋은 위치도 점할 수 없다. 그는 내기를 건다(p. 188): "나는 어떤 고생물학자라도 그 옛날의 버제스 바다로 돌아가, 지금 우리가 아는 것들의 도움 없이, 나로이아Naroia와 카나다스피스Canadaspis, 아이셰아이아Aysheaia와 산크라티스Sanctaris를 골라 번성하게 하고, 마렐라Marrella와 오다라이아Odaraia, 시드네이나Sidneyia, 레안코일리아Leanchoilia를 저승사자의 먹이로 던져줄 수 있다는 주장에 이의를 제기한다." 이는 굴드에게는 꽤 안전한, 고생물학자들의 승률이 열악한 게임이다. 그런 모든 고생물학자들이 해야 할 모든 것은 화석 흔적에서 볼 수 있는 장기臟器들의 윤곽에 기초한 것들뿐이니까. 그렇지만 굴드가 질 수도 있다. 진정으로 천재적인 역설계자는 언젠가 승자가 왜 이겼고 패자는 왜 졌는지에 관한 엄청나게 설득력 있는 이야기를 할 수 있을 것이다. 누가 알겠는가? 우리가 아는 것이라곤 이것 하나뿐이다. 시험이 거의 불가능한 감hunch만으로는 과학혁명을 만들 수 없다는 것. (이 점에 관한 추가적 관찰에 관해서는 Gould 1989a, pp. 238-39와 Dawkins 1990를 보라.)

따라서, 굴드가 이 놀라운 생물들의 독특한 번성과 소멸에서 무엇이 그토록 특별하다고 생각하는지는 **여전히** 미스터리에 싸여 있다. 그것들은 그에게 의심을 불러일으키는데, 그건 왜일까? 여기 단서가 하나 있다. 굴드가 에든버러 국제과학기술축제에서 했던 강연 "다윈의 세계 안의 개체The Individual in Darwin's World"(1990, p. 12)에서 그 단서를 찾을 수 있다.

> 사실 유기체의 거의 모든 주요 해부학적 설계는 약 6억 년 전에 있었던 캄브리아기 대폭발이라고 불리는 하나의 거대한 굉음과 함께 나타났다. 당신은 지질학적 용어에서 굉음이나 폭발이 매우 긴 도화선을 지니고 있음을 알고 있다. 그렇게 일컬어지는 사건에는 수백만 년이 소요될 수도 있지만, 지질학에서 수백만 년의 흐름은 그야말로 아무것도 아니다. 그리고 **필연적이고 예측 가능한 진보의 세계가 그렇게 보여야만 하는 것도 아니다**. 〔강조는 내가 했다.〕

정말 그럴까? 유사한 예를 하나 생각해보자. 당신은 와이오밍주의 어떤 곳에서 바위 위에 앉아 땅에 난 구멍을 보고 있다. 10분이 지나고 20분이 지나고, 30분이 훌쩍 지나도 아무 일도 일어나지 않는다. 그러다가 갑자기, "취익-!" 하는 굉음과 함께 끓는 물이 공중으로 30미터 정도 뿜어져 나온다. 그 사건은 몇 초 안에 모두 끝나고, 그러고는 전과 마찬가지로 아무 일도 일어나지 않는다. 그리고 한 시간을 더 기다리지만 여전히 아무 일도 일어나지 않는다. 그렇다면 당신에게 이것은 '한 시간

30분이라는 지겨운 시간 동안 한 차례, 그것도 몇 초 동안만 지속된 단 한 번의 놀라운 폭발'이라는 경험이 될 것이다. 어쩌면 여러분은 이렇게 생각하고 싶어 할지도 모른다. "이것은 분명, 반복될 수 없는 독특한 사건임이 틀림없어!"

그런데 왜 사람들은 그것을 '올드 페이스풀Old Faithful'(오랫동안 신의를 지켜온 것)이라고 부를까? 사실, 그 간헐천은 평균 65분마다 한 번씩 물을 분출한다. 연중무휴로, 언제나. 캄브리아기 대폭발의 "형태"—"갑작스러운" 시작과 "갑작스러운" 종료—는 "급진적 우발성"이라는 논제를 위한 증거가 **전혀** 아니다. 그러나 굴드는 증거가 된다고 생각하는 것 같다.[17] 그는 생명의 테이프를 되감았다 재생하면, 다음번엔, 그리고 그 다음번에도, 또는 영원히, "캄브리아기" 대폭발을 얻을 수 없으리라고 생각하는 것 같다. 그것이 사실일 수 있다손 치더라도, 굴드는 아직 우리에게 그럴 수 있다는 단 한 점의 증거도 제시하지 않았다.

그런 증거는 어디에서 나올 수 있을까? 인공생명의 컴퓨터 시뮬레이션(이는 우리가 생명의 테이프를 몇 번이고 반복해서 되감을 수 있게 해준다)에서 얻을 수도 있을 것이다. 굴드가 인공생명 분야를 살펴보았다면 자신의 주된 결론을 위한(또는 그것에 반하는) 증거들을 찾을 수도 있었을 텐데, 그가 그 가능성을 간과했다는 것은 놀라운 일이다. 그는 그 전망에 관해서는 전혀 언급하지 않고 있다. 왜 하지 않는가? 나도 모른다. 그러나 굴드가 컴퓨터를 좋아하지 않으며, 지금까지도 문서 작성에 컴퓨터를 사용하지 않는다는 것은 알고 있다. 아마도 이것과 관계가 있을 수도 있을 것이다.

훨씬 더 중요한 단서는, 확실히, 생명의 테이프를 되감았다 재생하

17 굴드(1989a, p. 230)는 콘웨이 모리스의 반대에 대응하여 이렇게 말했다. "캄브리아기 대폭발은 너무도 거대하고 너무도 다른 것이며 너무도 독점적이다." 더 알고 싶으면 "지그재그" 궤적들의 예측 불가능성에 관한 논의(Gould 1989b)도 찾아보라.

면 반복의 모든 종류의 증거를 발견하게 되리라는 사실이다. 물론 우리는 그것을 이미 알고 있다. 수렴진화가 바로 자연이 테이프를 재생하는 방법이기 때문이다. 메이너드 스미스가 말했듯이 말이다.

> 굴드의 "캄브리아기부터 테이프를 다시 감기" 실험에서, 나는 많은 동물이 눈을 지닐 것이라고 예측한다. 왜냐하면 눈은 사실상 많은 종류의 동물에서 여러 번 진화해왔기 때문이다. 그리고 나는 또한 일부 동물은 동력 비행을 할 것이라는 데 내기를 걸 수도 있다. 비행은 2개의 서로 다른 문에서 네 번 진화해왔기 때문이다. 그러나 이에 대해서 확신은 할 수 없을 것인데, 동물들이 물에서 땅으로 결코 나오지 않았을 수도 있기 때문이다. 그러나 나는 어떤 문이 살아남아 지구를 물려받을지 예측할 수 없다는 굴드의 의견에는 동의한다. 〔Maynard Smith 1992, p. 34〕

메이너드 스미스의 마지막 요점은 다소 능청스럽다. 만약 수렴진화가 지배적이라면, **어떤 문들**이 지구를 물려받는가에는 아무런 차이가 없게 된다. 미끼상술 때문이다! 미끼상술과 수렴진화가 결합하면, 우리는 **그 어떤** 혈통이 살아남게 되든 '설계공간 안에서의 좋은 움직임Good Move'들에 이끌릴 것이라는 정통적 결론을 얻게 된다. 그리고 이런 결과는, 만약 다른 어떤 혈통들이 이어졌더라면 그곳에 있었을 승자를 구별해내기 어렵게 만들 것이다. 그 예로 키위를 생각해보자. 키위는 뉴질랜드, 즉 경쟁할 포유류가 없는 곳에서 진화했고, 그 결과, 포유류가 지니는 엄청나게 많은 특성으로 수렴했다. 기본적으로, 키위는 포유류인 체하는 새다. 굴드 자신은 키위와 키위의 어마어마하게 큰 알에 관해 썼지만,(1991b) 콘웨이 모리스는 그에 대한 논평에서 다음과 같이 지적했다.(1991, p. 6)

…… 논평자들은 키위에 대해서는 대강 언급하고 마는데, 거기에는 그럴 수밖에 없는 다른 무언가가 존재한다. 그것은 키위와 포유류들 간의 특별한 수렴 현상이다. …… 나는 굴드가 수렴을 부정하는 것과는 가장 거리가 먼 사람이라고 확신하지만, 그것은 확실히 그의 우발성 논제의 많은 부분을 약화시킨다.

굴드는 수렴을 부정한 것이 아니라—어떻게 그럴 수 있겠는가?—무시하는 경향이 있었을 뿐이다. 왜 무시했을까? 아마도, 콘웨이 모리스가 말했듯이, 그 부분이 우발성을 위한 그의 사례의 치명적 약점이었기 때문일 것이다. (다음의 글도 보라. Maynard Smith 1992, Dawkins 1990, Bickerton 1993)

자, 이제 앞의 세 번째 질문에 대한 답을 할 때다. 굴드는 버제스 혈암 동물군에서 영감을 받았는데, 이는 굴드가 그것들이 자신의 "급진적 우발성" 논제를 위한 증거를 제공한다고 잘못 생각하기 때문이었다. 어쩌면 버제스 혈암 동물군이 그 논제를 설명해줄 **수도 있을** 것이다. 그러나 우리는 굴드가 무시해온 그런 종류의 연구를 해보기 전에는 정말로 그런지 알 수 없을 것이다.

이제 우리는 2루에 도달했다. 우발성에 관한 굴드의 주장은 정확히 무엇인가? 그는 말한다.(1990, p. 3) "적어도 일반적인 문화에서 진화에 관한 가장 일반적인 오해"는 "우리의 궁극적인 외양"이 "어떻게든 내재적으로 불가피한 것이며, 이론의 테두리 내에서 예측 가능한 것"이라는 생각이라고. 우리의 외양이라고? 그건 무슨 뜻인가? 굴드는 테이프 되감기에 관한 자신의 설명을 가변적인 스케일 위에 올려놓고는 그 사실을 무시한다. "우리"라는 말로 그가 매우 특정한 것—예를 들면 스티브 굴드와 댄 데닛이라고 하자—을 의미한다면, 우리는 우리가 살아 있다는 것이 얼마나 행운인지를 설득하기 위해 대멸종 가설을 필요로 하지는 않을 것이다: 우리 두 사람 각각의 어머니가 두 사람 각각의 아버지와 서로 만난 적이 없다면 우리 둘 다 이 세상이 아닌 네버랜드로 보내지기에 충분할 것이다. 그리고 물론 똑같은 반사실적counterfactual 서술이 오늘날 살아 있는 모든 인간에게 적용된다. 우리에게 그런 슬픈 불행이 닥쳤다고 하자. 그러나 그것이 하버드와 터프츠에 있는 우리 둘 각각의 사무실이 비어 있다는 것을 의미하지는 않을 것이다. 이런 반사실적 상황 안에서, 하버드의 사무실을 차지하고 있는 사람의 이름이 "굴드"라면 정말로 믿기 힘들 것이며, 나는 그 사람이 펜웨이파크의 보울링앨리에 거주할 것이라고 장담하지 않을 것이다. 그러나 나는 사무실 점유자가 고생물학을 많이 알고 강의를 하고 논문을 발표하며 동물군(식물군은 아니다. 그의 사무실은 비교동물학 박물관에 있다) 연구에 수천 시간을 보내리라고 장담할 수는 **있을 것**이다. 만약, 다른 극단으로, 굴드가 "우리"라는 단어를 "공기 호흡을 하며 육지에 서식하는 척추동물"과 같은 매우 일반적인 무언가를 의미한다면, 굴드는 아마도 틀렸을 것이다. 메이너드 스미스가 말한 이유 때문에 말이다. 따라서 우리는, 그가 "우리"라는 말로, 무언가 중간적인 것, 즉 "지성적이고, 언어를 사용하고, 기술을 고안하고, 문화를 창조하는 존재" 같은 것을 의미한 것이라고 추측할 수도 있다. 이것은 흥미로운 가설이다. 이것이 옳다면, 많은 사상가들이 일상적으로 가정하는 것과는 반대로, 외계 지능 생물을 탐색하는 것은 외계 캥거루—캥거루는 여기서 한 번 발생했지만, 아마도 다시 발생하지는 않을 것이다—를 탐색하는 것만큼이나 돈키호테 같은 짓이 될 것이다. 그러나《원더풀 라이프》에서 그는 그것에 유리한 증거를 제공하지 않는다.(Wright 1990) 버제스 혈암 동물군의 소멸이 무작위적이었을지라도, 살아남게 된 혈통들은 그것이 무엇이든, 표준적 신다윈주의 이론에 따르면, 설계공간 내에서의 '좋은 요령'을 향해 더듬더듬 진행할 것이다.

우리는 두 번째 질문에 답했다. 이제 마침내 1루로 달려들 준비가 되었다. 이 논문이 어떤 방식으로 쓰였든, 도대체 이 논문이 왜 중요할까? 굴드는 "급진적 우발성" 가설이 우리의 평정을 뒤엎어버릴 것이라고 생각하는데, 도대체 왜일까?

> 우리는 "모나드monad(단자單子)에서 인간으로의 행진"(옛 방식의 언어가 다시 등장했다)에 관해, 마치 진화가 끊어지지 않는 계보들을 따라 진보하는 연속적인 경로를 따라가는 것처럼 말한다. 이보다 더 현실과 동떨어질 수는 없을 것이다. [Gould 1989b, p. 14.]

무엇이 현실로부터 더 멀어질 수 없다는 것인가? 처음에는, 굴드가 여기서 "모나드"와 우리 사이에 연속적이고 끊기지 않는 계보가 존재하지 않는다고 말하는 것처럼 보일 수 있다. 그러나 그런 것은 확실히 있다. 다윈의 위대한 아이디어에 그보다 더 확실한 함의는 없다. 8장에서 말했듯이, 우리 모두가 매크로—또는 모나드—들, 즉 이런저런 이름으로 불리는, 단순한 전前 세포 복제자들의 직접적 후손이라는 점에는 논쟁의 여지가 없다. 그럼 굴드는 여기에 대해 무슨 말을 할 수 있을까? 어쩌면 우리가 "**진보**의 경로들"을 강조하고 있다고 굴드는 말할 수도 있을 것이다—그러나 진보에 대한 그 믿음은 진실과는 너무도 동떨어져 있다. 그 경로들이 끊어지지 않은 연속적 계보들이라는 점은 옳지만, 그것이 전全 지구적 진보의 계보는 아니다. 이것은 사실이지만, 그게 무슨 문제가 되겠는가?

전 지구적 진보의 경로들은 없지만, 끊임없는 **국소적** 개선은 있다. 그 개선은 적응주의적 추론에 의해 종종 예측될 수 있을 정도로 높은 신뢰성을 지닌 최상의 설계를 탐색한다. 테이프를 1000번 재생한다면, 좋은 요령들도 한 계보 또는 다른 계보에서 거듭하여 계속 발견될 것이다. 수렴진화는 전 지구적 진보의 증거는 아니지만, 자연선택 과정의 위력에 대한 압도적으로 좋은 증거다. 이는 그 기저에 있는 알고리즘이 지닌 위력이다. 알고리즘은 시종일관 마음 없이 작동하지만, 그 과정에서 만들어진 크레인 덕분에 발견과 인식, 그리고 현명한 결정 등이 경이롭게 성취될 수 있다. 거기에는 스카이후크가 들어갈 여지도, 또 들어갈 필요도 없다.

급진적 우발성을 다룬 굴드의 논문이, 진화는 알고리즘적 과정이라는 다윈주의의 핵심을 반박했다고 굴드 자신은 생각할 수 있을까? 이것이 나의 잠정적 결론이다. 알고리즘은, 통속적 상상 안에서는 '특정한 결과를 생성하기 **위한** 알고리즘'이다. 2장에서 말했듯이, 진화는 알고리즘일 수 있고, 진화가 알고리즘 과정에 의해 우리를 생산할 수 있다. 그러나 진화가 우리를 생산하기 **위한** 알고리즘이라는 것은 사실이 아니다. 그러나 당신이 이 요점을 파악하지 못했다면 아래와 같이 생각할 수도 있다.

> **만약** 우리가 진화의 예측 가능한 결과가 아니**라면**, 진화는 알고리즘적 과정이 될 수 없다.

그러고 나서 당신은 "급진적 우발성"을 증명하고자 하는 강한 동기를 부여받을 것이다. 진화가 단순한 알고리즘적 과정이 아니었다는 것을 보여주고 싶었다면 말이다. 그 안에서 스카이후크를 인식하지 못할 수도 있다. 그러나 적어도 우리는 다른 그 무엇도 아닌 크레인이 없었다면 아무것도 만들어지지 않았으리라는 것 정도는 알 수 있을 것이다.

알고리즘의 본성에 관해 굴드가 과연 그렇게 혼란스러워할까? 15장에서 보게 될 것처럼, 세계에서 가장 유명한 수학자 중 한 명인 로저 펜로즈는 튜링기계와 알고리즘, 그리고 인공지능의 불가능성에 관한 중요한 책(1989)을 썼고, 그 책 전체는 그 혼란에 바탕을 두고 있다. 이는 이쪽 또는 저쪽에 속한 사상가들의, 타당해 보이지 않는 오류 같은 그런 것이 정말로 아니다. 다윈의 위험한 생각을 정말로 좋아하지 않는 사람은 종종 그 아이디어에 초점을 맞추는 것조차 어려워한다.

이것으로, 스티븐 제이 굴드가 왜 양치기 소년이 되었는가에 관한 나의 그리-됐다는-이야기를 마치겠다. 하지만 훌륭한 적응주의자는 그럴듯한 이야기에 만족하고 안주해서는 안 된다. 최소한, 정말로 최소한, 대안 가설들을 고려하고 배제하려는 노력을 해야 한다. 처음 시작할 때 말했듯이, 나는 현실 세계 인물이 현실적으로 지녔던(지니고 있는) 동기들보다는 신화를 유지하게 하는 이유들에 더 관심이 있다. 그렇지만 꼭 고려해야만 하는 명백한 "라이벌" 설명들—정치와 종교—을 언급조차 하지 않는 것은 솔직하지 못한 것처럼 보일 수 있다. (나는 그가 스카이후크를 찾고 있다고 말했는데, 스카이후크에 대한 그의 열망 뒤에 정치적 또는 종교적 동기가 있을 수는 있겠지만, 그것이 라이벌 가설은 아닐 것이다. 그것들은 나중에 어디에선가 이루어질 내 해석을 정교하게 만들 수는 있을 것이다. 여기서는 나의 분석을 배제하고, 그것들—정치와 종교—중 하나가 그의 캠페인 활동들을 더 단순하게, 그리고 더 직접적으로 해석할 수 있게 해주는지를 간략하게 살펴보아야만 한다. 굴드 비판자들 중 많은 이들이 정치나 종교에 대한 고려가 그렇게 해줄 수 있으리라고 생각했다. 그러나 나는 그들이 더 흥미로운 가능성을 놓치고 있다고 생각한다.)

굴드는 자신의 정치 성향을 숨긴 적이 없다. 그는 아버지에게서 마르크스주의를 배웠고, 우리에게 말하길, 아주 최근까지도 좌파 진영에서 매우 큰 목소리를 내며 적극적으로 활동했다. 특정 과학자들이나 특정 사상을 표방하는 학교들에 대항했던 그의 캠페인 활동 중 많은 것이 명시적으로 정치적인—사실, 노골적으로 마르크스주의적인—용어로 행해졌으며, 종종 우익 사상가들의 표적이 되었다. 놀랍지 않게도, 굴드 반대자들과 비판자들은, 예를 들어, 그의 단속론이 생물학에서 스스로 몸을 풀며 컨디션을 끌어올리는 개량reform에 대한 마르크스주의적 반감일 뿐이라고 종종 가정하기도 했다. 우리 모두 알다시피, 개량주의자들은 혁명가들의 최악의 적이다. 그러나 그런 해석은 굴드의 이론들을 표면적으로만 그럴듯하게 읽은 것에 지나지 않는다고 생각한다. 어쨌든, 진화 논쟁에서 굴드와 정반대의 극에 있었던 존 메이너드 스미스도 굴드만큼 적극적이고 풍부한 마르크스주의 배경을 지니고 있었다. 그런가 하면, 진화 논쟁에서 반대쪽에 있었던 좌파 동조자들에 대한 공격을 굴드가 총괄한 적도 있었다. (그리고 나 같은 ACLU[미국시민자유연합] 자유주의자들도 있다. 그가 이를 신경 쓰기나 하는지 의심스럽지만 말이다.) 러시아를 방문하고 돌아온 굴드(1992b)는, 그전에도 종종 그랬듯, 개선의 점진성과 혁명의 급격함 간의 차이에 관심을 기울였다. 그 흥미로운 글에서 굴드(p. 14)는 러시아에서의 경험과 거기서 마르크스주의가 실패한 것에 대해 숙고한다.—"그렇다. 러시아의 현실은 특정 마르크스주의 경제학의 신용을 떨어뜨린다."—그러나 그다음에는 "단속적 변화의 더 큰 모형의 타당성"에 대해서는 마르크스주의가 옳았다고 말한다. 그렇다고 해서, 마르크스의 경제적·사회적 이론이 굴드에게 요점이 절대 아니었다는 것은 아니다. 그러나 굴드가, 환영받은 기간보다 오래 남아 있었던 정치적 화물을 배 바깥으로 내던지면서도 진화에 관한 자신의 태도를 유지하리라고 믿는 것은 어렵지 않다.

굴드의 종교관에 관한 나 자신의 해석은, 한 가지 중요한 의미에서는, 굴드의 종교적 갈망에 관한 가설이다. 나는 다윈의 위험한 생각에 대한 굴드의 반감은 근본적으로, 로크의 '마음-먼저' 견해와 상의하달식 견해를 보호하거나 복원하려는—적어도 우주에서의 **우리** 위치를 스카이후크를 가지고 확보하기 위한—열망으로 본다. (세속적 인본주의는 어떤 이들에게는 종교이고, 그런 이들은 때때로, 인간성이 단지 알고리즘적 과정의 산물이라면 인간성은 중요하게 여겨질 만큼 특별할 수 없다고 생각한다. 이 주제에 대해서는 이어지는 장들에서 탐구해볼 것이다.) 굴드는 분명 자신의 과업이 우주적 의미를 지닌 것이라고 여겨왔다. 《원더풀 라이프》의 버제스 혈암에 관한 직관에서 특히 분명했던 그런 것 말이다. 이 점은, 그의 세계관이 그 직접적 조상들 사이에 그의 종교적 유산—또는 다른 조직화된 종교—에 대한 공식적인 신조를 지니든 그렇지 않든 관계없이, 그의 세계관을 한 가지 중요한 의미에서 종교에 대한 질문으로 만든다. 굴드는 매월 기사를 쓸 때 종종 성경을 인용했고, 그 인용문이나 인용구들의 수사법은 때때로 놀라운 효과를 발휘했다. 그런 문장으로 시작하는 기사를 읽으면 확실히 누구든 그 기사가 종교를 가진 사람에 의해 작성되었다고 생각할 것이다. 인용문 하나를 보자. "주께서 이 모든 세계를 손에 쥐고 계시는 것처럼 모든 주제를 재치 있는 경구 하나에 넣을 수 있기를 우리는 얼마나 갈망하는가."(Gould 1993e, p. 4)

굴드는 종종, 진화론과 종교 사이에는 갈등이 없다고 확고하게 주장한다.

> 내 동료 중 적어도 절반이 멍청이가 아니라면—가장 노골적이고 경험적인 기반에서 말하건대—과학과 종교 사이에 갈등은 없다. 나는 진화의 사실들에 대한 확신을 공유하고 그것을 똑같은 방식으로 가르치는 수백 명의 과학자를 알고 있다. 나는 종교적 태도에 관한 한, 이 사람들에게서 모든 범위의 스펙트럼을 다 보았다. 매일 독실하게 기도하고 예배를 보는 사람에서부터 단호한 무신론자에 이르기까지 모두를. 이로 미루어 보건대, 종교적 믿음과 진화에 대한 확신 간에는 상관관계가 없거나, 그게 아니라면 내 동료 중 절반은 바보들이다. 〔Gould 1987, p. 68.〕

좀 더 현실적인 대안들은 이럴 것이다. 우리가 보아온 것처럼, 진화와 자신의 종교 사이에 갈등이 없다고 생각하는 진화론자들은 진화를 깊숙이 들여다보지 않기 위해 주의했을 것이다. 그렇지 않다면 단지 수행해야 할 의례적인 역할이라고 부를 만한 것들만을 신에게 부여하는 종교적 견해를 견지하고 있거나(이 주제는 18장에서 더 다룬다) 또는 어쩌면 굴드처럼, 종교와 과학 각각의 역할이라고 추정되는 것을 신중하게 구분하고 있을 것이다. 굴드가 생각하는 과학과 종교의 양립 가능성은 과학이 자신의 위치를 알고 큰 문제를 다루는 것을 거부하는 한에서만 유지된다. 굴드는 이렇게 말한다. "과학은 궁극적 기원의 문제를 다루지 않는다."(Gould 1991b, p. 459) 굴드가 오랫동안 생물학 내에서 펼쳐온 캠페인 활동을 해석하는 한 가지 방식은, 그가 진화론을 적절하게 수수한 작업으로 제한하고, 종교와의 **완충지대**를 만들고자 했다고 보는 것이다. 예를 들어 그는 아래와 같이 말한다.

> 사실, 진화는 모든 것의 기원에 관한 연구가 아니다. 심지어, 우리 지구 생명의 기원에 관한 더 제한된 (그리고 과학적으로 허용 가능한) 질문은 그 영역 바깥에 있다. (내 생각에, 이 흥미로운 문제는, 자기 조직 시스템의 물리와 화학의 범위 안에 우선적으로 들어간다.) 진화를 연구한다는 것은 생명의 기원 그 후에 벌어지는 유기체 변화의 메커니즘과 경로들을 연구하는 것이다. 〔Gould 1991b, p. 455.〕

이런 주장은 7장의 전체 주제를 진화론의 범위 밖으로 내몰 것이다. 그러나 앞에서 이미 보았듯이, 7장의 주제는 다윈 이론의 기초 그 자체가 되었다. 굴드는 동료 진화론자들이 그들의 작업에서 원대한 철학적 결론을 도출하지 못하게끔 말려야 한다고 생각하는 것처럼 보인다. 그렇지만 만약 정말로 그렇다면, 정작 그는 스스로 자신에게 허용한 것을 다른 사람이 부정하게 하도록 노력해온 것이 된다. 《원더풀 라이프》의 마지막 문장(1989a, p. 323)을 보면, 그가 고생물학의 함의들에 대한 그 자신의 고찰로부터 상당히 구체적인 종교적 결론을 도출할 준비가 되어 있음을 알 수 있다.

> 우리는 역사의 자손이며, 이 가장 다양하고 흥미로운 상상 가능한 우주들—우리의 고통에 무관심하고, 따라서 우리에게 우리가 선택한 나름의 방식으로 번영하거나 실패할 최대한의 자유를 제공하는—내에서 우리 자신의 경로를 확립해야만 한다.

정말 기묘하게도, 내게는 이 말이, 진화가 알고리즘적 과정이라는 발상과 전혀 충돌하지 않으면서 다윈의 위험한 생각의 함의들을 잘 표현한 것으로 보인다. 확실히 이 주장은, 내가 진심으로 공유할 수 있는 것이다. 그러나 굴드는, 그가 그토록 격렬하게 싸우고 있는 상대들의 견해가 이 자유의 신조와 갈등 관계에 있는 결정론적이고 비역사적인 것이라고 생각하는 듯하다. 굴드가 두려워하는 "초超 다윈주의"는 그저, '생명의 나무'의 가지들이 위로 올라가는 추세를 설명하기 위해 그 어느 지점에서도 스카이후크가 필요하지 않다는 주장이다. 굴드 전의 다른 사상가들처럼, 굴드도 도약이나 속도 향상을 비롯한 불가해한 궤적들—"초다윈주의"의 도구로는 설명이 불가능한—의 존재를 보여주고자 노력했다. 그러나 그 궤적들이 "급진적으로 우발적"이었다 해도, 그리고 궤적이 지나가는 추세가 아무리 "단속적"이었다 해도, "비다윈주의적" 격변에 의해서든 헤아릴 수 없는 "종분화의 메커니즘"에 의해서든, 이는 "수많은 가능성들 사이에서 선택된 실제적 경로들을 형성하고 지시함"에 있어 "동시대의 사건들과 인격들"을 위한 활동의 여지를 만들어내지 않는다. 더 이상의 활동의 여지는 필요 없다.(Dennett 1984)

우발성에 관한 굴드의 캠페인 활동이 줄 수 있는 놀라운 효과는, 그것이 니체를 철저하게 안팎으로 뒤집는다는 것이다. 앞에서 나왔던 니체 이야기를 기억할 것이다. 니체는 테이프를 계속 되감으면 똑같은 일이 반복되고 반복되고 또 반복되어 일어난다는 생각(영원 회귀)보다 더 무섭고 더 세상을 흔들 만한 것은 없다고, 그것이야말로 사람들이 지금껏 해왔던 모든 생각들 중 가장 역겨운 것이라고 생각했다. 니체는 사람들로 하여금 이 끔찍한 진실에 대해 "옳소!"라고 말하도록 가르치는 것이 자신의 과업이라고 보았다. 반면에 굴드는, 이 발상에 대한 부정에 직면했을 사람들의 두려움을 완화시켜야만 한다고 생각했다. "테이프를 반복해서 재생해도, 그 일은 절대로 다시 일어나지 **않았을 거야**!" 두 제안 모두 똑같이 이해가 안 되는 것들인가?[18] 어느 쪽이 더 나쁜가? 계속 반복되는 것인가, 아니면 전혀 반복되지 않는 것인가? 음, 땜장이(팅커)는 이렇게 말할지도 모른다. 그럴 수도 있고 아닐 수도 있지, 그걸 부정할 수는 없어. 그리고 사실, 진실은 그 양쪽의 혼합물이다. 약간의 우연(챈스)과 약간의 항상성(에버)이 섞인 것이다. 좋든 싫든, 그것이 바로 다윈의 위험한 생각이다.

10장: 적응주의에 반대하는, 그리고 점진론과 외삽론에 반대하며 "급진적 우발성"에 찬성하는 굴드 특유의 혁명들은 모두 증발한다. 그 혁명들의 좋은 점들은 이미 근대적 종합 안으로 확고하게 통합되었고, 잘못된 점들은 무시되었다. 다윈의 위험한 생각은 강화되어 떠오르고 있고, 생물학의 구석구석까지 미치는 그 생각의 지배력은 그 어느 때보다 안전하다.

11장: 다윈의 위험한 생각에 대한, 서로 대등한 모든 주요 사항들을 검토해보면, 놀랄 만큼 위협이 되지 않는 몇 가지 이단이 드러난다. 그것들은 심각한 혼란과 깊지만 잘못된 두려움의 몇 가지 원천이다. 그 두려움이란 이것이다. 우리에게 다윈주의가 참이라면, 우리의 자율성은 어떻게 되는가?

18 필립 모리슨Philip Morrison은 만약 우주에 다른 지적 생명체가 존재한다는 것이 상상도 안 되는 일이라면, 그것을 부정하는 것 역시 마찬가지라고 지적했다. 우주론에는 따분한 진리란 없다.

11장

더 다루어볼 논란들

Controversies Contained

1. 무해한 이단들의 마수

그것을 다시 읽으면서 알게 되었다. 그것이 제시하는 그림이, 내가 완전히 다시 시작해서 완전한 새 책을 쓴다면 내가 그렸을 그림과 가깝다는 것을.

—존 메이너드 스미스(1993), 《진화 이론The Theory of Evolution》

(1958년 책의 1993년판 서문에서)

3부에서는 인류(그리고 인문학)에 적용된 다윈의 위험한 생각을 탐구할 것이다. 그러나 3부로 넘어가기 전에 잠시 멈춰서, 본격적인 생물학 내의 논쟁들을 한번 알아보자. 굴드는 근대적 종합의 "굳어감"에 관해 말했지만, 근대적 종합은 그의 눈앞에서 계속 변화해가며 효과적인 조준 사격을 어렵게 만들었다. 굴드는 근대적 종합이 어떻게 변해가는지, 그 때문에 본인이 얼마나 곤란을 겪었는지 기술하며 좌절감을 표하기도 했다. 근대적 종합을 옹호하는 이들은. 혁명가들이 제안한 좋은 점들을 근대적 종합 안에 포함시킴으로써 혁명가들을 포섭해가며 이야기를 계속 변화시켰다. 당신은 근대적 종합이 그 오래된 이름을 유지하기에는 너무 많이 바뀌었다고 생각하는가? 근대적 종합—또는 이름 붙여지지 않은 그것의 후예—은 얼마나 안전한가? 현재 다윈주의는 구현되기에 너무 완강한가, 아니면 너무 고분고분한가? 골디락스가 가장 좋아하는 침대처럼, 그것은 구현되기에 딱 맞는 것으로 증명되었다: 완강해야 할 곳에선 완강하고, 심화된 추가 탐사와 토론을 위해 열려 있는 문제들에 관해서는 고분고분하다.

어떤 점에서 완강하고 또 어떤 점에서 고분고분한지 제대로 알아보기 위해, 뒤로 조금 물러서서 전체 현장을 측량하고 조사할 수도 있다. 어떤 이들은 여전히 다윈의 위험한 생각에 부여된 자격증을 말소하고 싶어 할 것이고, 우리는 그들이 에너지를 낭비할 필요가 없는 논쟁들이 무엇인지를 지적함으로써 그들을 도울 수 있다. 그들이 어떻게 나오든, 다윈의 생각은 온전하거나 더 강화된 형태로 살아남을 테니까. 그리고 그 후엔, 완강하고 고정된 논점들 중 만약 파괴된다면 다윈주의를 정말로 전복시킬 수 있는 것이 있다면 그것이 무엇인지도 지적할 수 있을 것이다. 그러나 고정된 논점들은 좋은 이유로 고정되어 있으므로, 그것을 바꾸게 하기란 피라미드를 움직이게 하는 것만큼이나 힘들 것이다.

입증된다 하더라도 다윈주의를 전복시키지 **못할**, 좀 솔깃한 이단적 주장들을 먼저 살펴보자. 최근 몇 년간 이 분야에서 가장 잘 알려진 주장은 독불장군 천문학자 프레드 호일이 옹호해온 것이다. 그는 생명이 지구에서 기원하지 않았다고—또는 기원했을 수 없다고—생각하며, 외계 존재가 지구에 생명의 "씨앗을 뿌려" 지구 생명이 생겨났다고 제안한다.(Hoyle 1964, Hoyle and Wickramasinghe 1981) 프랜시스 크릭과 레슬리 오겔(1973, and Crick 1981)은, 이 **범종설**panspermia이라는 발상이 아레니우스Arrhenius(1908)가 그 용어를 만든 20세기 초부터 다양한 형태로 옹호되어오고 있다고, 그리고 아무리 가능성 없어 보일지라도 일관성 없는 생각은 아니라고 지적한다. 어떤 원시적 생명체(매크로처럼 "단순"하거나 박테리아처럼 복잡한 어떤 것)가 소행성이나 혜성에 실려서 우주의 다른 지역으로부터 지구에 도착하여 우리 행성을 식민지로 만들었다는 가설은 (아직) 반증될 수 없다. 크릭과 오겔은 한 걸음 더 나아간다. 생명의 씨앗이 (소행성이나 혜성에 묻어온 것이 아니라) 우주 어딘가의 다른 존재들에 의해 직접 지구로 와서, 우리 행성이 **의도적으로** "감염"되거나 식민지화된 결과로 지구에서 생명이 시작되어 우리에 이르기까지 수월하게 일이 흘러오고, 그래서 정말로 우리를 간접적으로 생산하는 일마저도 가능하다는 것이다. 지금 우리가 생명체를 우주선에 실어 다른 행성으로 보낼 수 있다면—할 수 있지만, 해서는 안 된다—추론의 동등성에 의해, 외계 존재도 똑같이 할 수 있었을 것이다. 호일은—크릭과 오겔과는 다르게—범종설이 옳지 않다면 "생명은 거의 의미가 없을 것이며, 단순한 우주적 요행이라 판단되어야 할 것"이라며 그 가설이 옳을 수도 있다는 의견을 피력했다. 호일 자신을 비롯한 많은 이들이 범종설이 입증된다면 생명의 의미에 대한 위협을 두려워하는 다윈주의가 산산조각날 것이라 생각했는데, 이는 놀라운 일이 아니다. 그리고 생물학자들이 종종 범종설을 조롱—"호일의 어이없는 실수Hoyle's Howler"—하기 때문에, 범종설이 다윈주의의 핵심을 강타할 수 있을 것이라는 착각이 생겨난다. 이보다 더 사실과 거리가 멀 수는 없을 것이다. 다윈은 지구의 생명이 어떤 작고 따뜻한 연못에서 시작되었다고 추측했다. 그러나 생명은 뜨거운 유황이 있는 지하의 압력솥 같은 곳에서 똑같이 시작되었을 수도 있다. (최근 스테터Stetter 등[1993]이 제안한 것처럼)또한 이 문제에 관한 한, 다른 행성에서 생명이 시작되어, 그 행성을 박살내버린 모종의 천문학적 충돌이 있은 후에 거기에서 여기까지 생명의 씨앗이 날아왔을 수도 있다. 생명이 어디서 생겼든, 그리고 어디에서 시작되었든, 우리가 7장에서 탐구한 과정의 **어떤 버전**을 통해 스스로를 부트스트랩했어야만 한다—이것이 바로 정통 다윈주의가 요구하는 것이다. 그리고 만프레트 아이겐이 지적했듯이, 범종설은 이 부트스트래핑이 어떻게 생겨났는가라는 난제를 푸는 데 아무런 역할도 하지 못할 것이다. "실천적으로 시험 가능한 서열의 수와 이론상으로 상상 가능한 것 간의 불일치가 너무도 엄청나서, 생명의 기원을 지구에서 다른 행성으로 옮겨 설명하려는 시도는 딜레마에 대한 수용 가능한 해법을 제공하지 못한다. 우주의 질량은 지구 질량의 10^{29}배일 '뿐'이며, 부피는 10^{57}배일 '뿐'이다."(Eigen 1992, p. 11)

정통 견해가 생명의 출생지가 지구라고 가정하는 이유는, 그것이 가장 단순하고 과학적으로 가장 접근 가능한 가설이기 때문이다. 물론 그렇다고 그 가설이 사실이 되는 것은 아니다. 그러나 무엇이 일어났든, 일어난 것은 일어난 것이다. 우리는, 만일 호일이 옳다면(어휴) 생명의 시작에 관한 자세한 가설들을 입증하거나 반입증하기가 훨씬 더 어려워짐을 알게 될 것이다. 생명이 지구에서 시작되었다는 가설에는 감탄스러울 정도의 엄격한 제약들을 스토리텔링에 가한다는 미덕이 있다. 제약들은 이렇다: 전체 이야기는 50억 년 안에서 펼쳐져야 하며, 지구 생성 초기에 존재했던 것으로 알려진 조건들에서 출발해야 한다. 생물학자들은 그러한 제약 속에서 일해야 하는 상황을 **좋아한다**. 그들은 마감일과 원재료 목록을 **원하며**, 요구 조건이 많을수록 더 좋아한다.[1] 그래

1 최근 J. 윌리엄 쇼프J. William Schopf(1993)는 정설에서 추정된 것보다 약 10억 년이나 더 오래된(25억 년 전이 아니라 35억 년 전의) 미생물 화석을 (누가 보아도 명백하게) 발견했는데, 생물학자들은 바로 이런 이유로, 이에 대해 엇갈리고 복잡한 감정을 느끼고 있다. 연대에 관한 그의 가설이 입증된다면, 이는 중간 마감일에 관한 표준 가정들을 극적으로 수정하여, 후기의 형태들이 진화할 시간을 벌어줄 것이다(휴!). 그렇지만 그 대신 분자 진화 과정이 미생물에 도달하기까지의 시간이 짧아질 때만 그렇게 된다("어라?").

서 그들은, 그 어떤 가설도 입증되지 않아서 그들이 자세히 평가하는 것이 거의 불가능할 정도로 방대한 가능성의 문을 열어주길 바란다. 호일을 비롯한 이들이 범종설을 옹호하며 주장하는 것들은 모두 "그렇지 않다면 시간이 부족해"라는 어족語族에 속한다. 반면에, 진화이론가들은 지질학적 마감일을 온전하게 지키면서 가용 시간 내에 모든 들어올림 작업을 할 수 있는 더 많은 크레인을 찾는 쪽을 훨씬 더 선호한다. 이 정책은 지금까지 탁월한 결과들을 낳았다. 언젠가 호일의 가설이 입증된다면, 그날은 진화이론가들에게 우울한 날이 될 텐데, 범종설이 다윈주의를 전복시킬 것이기 때문이 아니라, 다윈주의의 중요한 특성들을 덜 **반**입증될 수 있는 것으로 만들고 또 더 추측에 가까운 것으로 만들 것이기 때문이다.

똑같은 이유로, 생물학자들은 고대의 DNA가 우리보다 먼저 첨단 기술을 지니게 된 다른 행성의 유전자 접합자gene-splicer들에 의해 조작되어 우리를 속였다는 모든 가설에 적대적일 것이다. 하지만 적대적임에도 불구하고 그 가설을 반증하는 데 곤욕을 치를 것이다. 이는 진화이론—몇 가지 사고실험의 도움을 받아 훨씬 더 자세하게 탐구할 가치가 있는—에서의 증거의 본질에 관한 몇 가지 중요한 논점을 제기한다.(Dennett 1987b, 1990b에서 도출됨)

많은 논평가가 지적했듯이, 진화론적 설명들은 불가피하게 역사적 서술이 될 수밖에 없다. 에른스트 마이어(1983, p. 325)는 이렇게 말한다. "진화의 산물인 어떤 것의 특성을 설명하고자 한다면, 그 특성의 진화 역사를 재구성해보아야만 한다." 그러나 특정 역사적 사실들은 그런 설명에 있어 '이해하기 어려운 것'의 역할을 한다. 자연선택 이론은, 자연 세계의 모든 특성이 어떻게 길고 긴 시간에 걸쳐 차등 복제의 맹목적이고 선견지명 없고 궁극적인 기계적—목적론적이 아닌—과정의 산물이 될 **수 있는지** 보여준다. 물론, 자연 세계의 몇몇 특성들—닥스훈트와 블랙앵거스 육우의 짧은 다리, 토마토의 두꺼운 껍질—은 인위적 선택의 산물이다. 인위적 선택에는 과정이 이루어야 할 목표가 있고, 목표가 되는 설계의 합리적 근거가 있다. 그리고 인위적 선택은 선택 과정에서 그것이 해야 할 역할을 했다. 그러한 경우들에서는, 선택을 행한 육종가들의 마음에 목표가 명시적으로 표상되었다. 따라서 진화 이론은 그러한 산물들과 그러한 역사적 과정들의 존재를 특별한 경우들—슈퍼크레인supercrane의 도움으로 설계된 유기체들—로 허용해야만 한다. 그럼 이제 의문이 발생한다. 소급적으로 분석할 때 그런 특별한 경우들을 가려낼 수 있는가?

다른 은하계의 **현실의** 손들이 자연선택의 "보이지 않는 손"을 보완하는 세계를 상상해보라. 이 행성의 자연선택이 방문자들의 도움을 받은 후 수 이언에 걸쳐 방치되었다고 상상해보라. 그리고 그 방문자들이 우리 실제 세계의 동물(과 식물) 육종가처럼 땜질도 하고 앞을 내다볼 수도 있고 이유도 표상하는 유기체 설계자이지만, 인간이 사용하도록 설계된 "길든" 유기체들에만 자신들의 능력을 국한시키지는 않는 존재라고 생각하자. (더 생생한 상상을 위해, 그들이 지구를 "테마파크"처럼 취급하며 교육 또는 오락을 위해 완전한 문phylum들을 만들어내고 있다고 가정할 수도 있다.) 이 외계 생물공학자들은 실제로 자기 설계의 합리적 근거들을 공식화하고 표상하고 그에 따라 행동할 것이다. 현재 우리 행성의 유전자 접합자나 자동차 기술자들처럼 말이다. 그렇게 하고 나서 그들이 지구에서 사라졌다고 가정해보자. 자, 오늘날 생물학자들이 상상할 수 있는 분석 방법들을 총동원한다면 그들의 작품을 검출해낼 수 있을까?

취급 설명서가 첨부된 몇몇 유기체를 발견할 수 있다면, 그 설명서가 결정적인 증거가 될 것이다. 그 어떤 유전체에서도 대부분의 DNA는 발현되지 않는데,—이런 DNA를 종종 "정크 DNA"라 부른다—휴스턴의 생명공학 회사인 노바진NovaGene이 그것들의 용도를 발견했다. 그들은 "DNA 상표화" 정책을 채택했다. 그들 제품의 정크 DNA에 자사의 상표와 가장 비슷한 코돈을 배열해놓는 것이다. 예를 들면, 아미노산을 나타내는 표준 약어에 따르면, 아스파라긴은 N, 글루타민은 Q, 발린은 V, 알라닌은 A, 글리신은 G, 글루탐산은 E이므로, '아스파라긴-글루타민-발린-알라닌-글리신-글루탐산-아스파라긴-글루탐산'의 배열은 알파벳으로 NQVAGENE이 되어, NovaGene(노바진)과 비슷한 철자가 된다(《사이언티픽 아메리칸Scientific American》 1986년 6월호 70~71쪽에 실림). 이는 철학자들을 위한 새로운 "원초적 번역radical translation"(Quine 1960) 연습을 제안한다. 원칙적으로 그리고 실천적으로, 상표—또는 취급 설명서 또는 기타 메시지들—가 모든 종의 정크 DNA에서 식별 가능하다는 가설을 어떻게 입증하거나 반입증할 수 있을까? 기능이 없는 DNA가 유전체 안에 존재한다는 것은 이제 더는 풀어야 할 퍼즐로 간주되지 않는다. 도킨스(1976)의 이기적 유전자 이론은 이를 예측했고, "이기적 DNA"라는 발상에 대한 정교화는 두리틀과 사피엔자Doolittle and Sapienza(1980), 오겔과 크릭(1980)에 의해 거의 동시에 개발되었다(자세한 내용은 도킨스의 1982년 책 9장을 볼 것). 그러나 그것이, 정크 DNA가 더 극적인 기능을 **지닐 수 없었다**는 것을 보여주지는 않는다. 그리고, 오히려 그로 인해 결국 의미를 지녔을 수도 있다. 우리가 상상한 은하 간 침입자들은 노바진 엔지니어들이 자사를 위해 정크 DNA를 굴절적응시킨 것만큼이나 그들 자신의 목적을 위해 정크 DNA를 쉽게 굴절적응시킬 수 있었을 것이다.

양배추 혹은 왕[2]의 유전체 안에 첨단 기술 버전으로 적힌 "킬로이 다녀감"[3] 같은 표시를 찾는다면 우리는 무기력해질 것이다. 그렇지만 그

---

2 [옮긴이] 《양배추와 왕Cabbages and Kings》이라는 오 헨리O. Henry의 소설(1904)이 있다. 이 제목은 루이스 캐럴의 《거울나라의 앨리스Through the Looking Glass》(1871)에 나오는 시의 한 부분이기도 하다. 그리고 사소한 것에서부터 정치적인 것까지 여러 가지 다양한 화제와 문제를 가리키는 관용구로도 쓰인다.

3 [옮긴이] 미국에서 제2차 세계대전 당시 유행했던 낙서의 일종이다. 건물의 벽이나 담벼락에, 코가 큰 대머리 남자가 담 위에 손을 올리고 담 너머를 훔쳐보는 그림을 그리고, 그림 옆에 "Kilroy was here(킬로이 다녀감)"라는 문구를 쓴 낙서를 말한다.

런 의도적인 단서가 남아 있지 않다면 어떻게 될까? 유기체의 설계 그 자체—표현형—를 자세히 들여다보면 명백한 불연속성이 드러날까? 유전자 접합자는 지금껏 우리가 발견한 크레인들 중 가장 강력한 크레인이다. 이 특정 크레인의 도움 없이는 쉽게 세워질 수 없는 설계가 있을까? 점진적이고 단계적인 재설계 과정—유전자에게, 각 단계가 적어도 그 조상보다 생존 기회 면에서 더 나쁘지는 않은—에 의해서는 도달할 수 없는 설계가 있다면, 자연에서 그러한 설계의 존재는, 그 가계의 어떤 지점에서는, 선견지명 있는 설계자(또는 유전자 접합자)나 육종가(자신들이 원하는 자손을 얻을 때까지, 자꾸 앞 단계로 돌아가려는 중간 단계들을 어떻게든 연속적으로 보존시킨 이들)의 도움의 손길처럼 보일 것이다. 그런데 우리는 '어떤 특정 설계가 그것의 가계에서 그런 격변을 **필요로 하는** 특성을 지녔다'는 결론을 정말 결정적으로 확립할 수 있을까? 회의론자들은 한 세기 동안 그런 경우들이 있는지—그런 것이 발견되기만 한다면 다윈주의를 결정적으로 반박할 수 있으리라 생각하며—찾아다녔지만, 지금껏 행해진 그들의 노력은 체계적인 약점을 드러냈다.

가장 친숙한 예인 날개를 살펴보자. 날개가 단번에 진화할 수는 없었다고 표준적인 회의론자들은 주장한다. 회의론자들은, 날개가 점진적으로 진화되었다고 우리가 상상한다면—우리 다윈주의자들은 마땅히 그래야만 한다—부분적으로만 완성된 날개들이 부분적 가치를 제공하지 않았을 뿐 아니라 적극적인 장애물이 되기도 했다는 것을 인정해야만 할 것이라고 주장한다. 그러나 우리 다윈주의자들은 그런 것을 인정할 필요가 없다. (동력 비행이 아니라) 오직 활공에만 좋은 날개라 할지라도 실제 생물에게 명백한 이익을 주고 있으며, 여전히 덜 길고 공기역학적으로 덜 효과적인 돌출부는 어떤 다른 이유에서 진화했고, 그 후 굴절적응되었을 수 있기 때문이다. 이 이야기(그리고 다른 이야기들)의 많은 버전들이 등장해 틈새를 메워왔다. 날개는 정통 다윈주의에게 당혹감을 안겨주지 않는다. 설사 당혹감을 안겨준다 해도, 그건 좋은 설명이 너무 많아서 그중 하나를 고르기 어렵다는 당혹감일 것이다. 기능을 지닌 날개들이 점진적인 증강에 의해 어떻게 진화할 수 있었는지를 이치에 맞게 말하는 방식은 **너무도 다양하고 또 많다**! 이는 '어떤 특정 특성들은 격변에 의해 발생했다'는 것을 증명하는 견고한 논증을 고안하는 것이 누구에게든 얼마나 어려운 것인지를 보여준다. 그러나 동시에, 인간 또는 그 어떤 지성적 도움의 손길을 받지 않고, 즉 격변 **없이** 하나의 특성이 발생했음이 틀림없다고 증명하는 것이 얼마나 똑같이 어려운가도 보여준다.

실제로, 이 점에 대해 다른 생물학자들에게 질문해본 결과, 모든 이들이 인위적 선택과 반대되는 것으로서의 자연선택을 확실히 시사하는 표지는 없다는 데 내게 동의했다. 5장에서 우리는, 엄격한 생물학적 가능성과 불가능성의 개념을 생물학적 가능성의 등급화된 의미로 바꾸었다. 그러나 그 용어를 사용할 때조차도, 유기체들의 등급을 (인위적 선택의 산물임이 "가능한 것" 또는 "매우 가능한 것" 또는 "극단적으로 가능한 것" 등으로) 어떻게 매길 수 있는지는 분명하지 않다. 그런데 이러한 결론이 창조론자들과의 투쟁에서 진화론자들에게 끔찍한 당혹감으로 여겨져야만 할까? 혹자는 이런 기사 제목을 상상할 수도 있을 것이다. "과학자들, 다윈 이론은 지적설계를 반증할 수 없다고 인정!" 그러나, 지성적 설계자들이 초기 역사에 존재했다는 것—극도로 이치에 맞지 않는 환상이지만, 어쨌든 가능성은 있다—을 배제할 만큼 현재의 데이터로부터 역사를 아주 세세하게 읽어낼 힘이 현대 진화론에서 나온다고 말하는 신다윈주의 옹호자가 있다고 주장하는 것은 미욱한 짓이다.

오늘날 우리 세계에는, 선견지명이 있고 목표를 추구하는 재설계 노력의 산물이라고 우리가 **알고 있는** 생물들이 있지만, 그것을 안다는 것은 최근의 역사적 사건들에 대한 우리의 직접적인 지식—육종가들이 일하는 것을 우리가 실제로 지켜보았다는 것—에 의존한다. 이 특별한 사건들은 미래에 어떠한 화석 흔적으로도 남을 것 같지 않다. 우리 사고

실험에 더 단순한 변화를 주기 위해, 우리가 "화성의" 생물학자들에게 산란계와 페키니즈 개, 제비, 치타를 보내고 그 동물들의 어느 설계에 인위적 선택자들이 간섭한 흔적이 들어 있는지 알아봐 달라고 요청했다고 가정해보자. 그들은 무엇에 의지해야 할까? 그들은 어떻게 논증할까? 그들은 그 암탉이 자기가 낳은 알을 "적절하게" 돌보지 않는다는 것을 알아차릴 수 있을 것이다. 닭의 어떤 변종들은 오직 산란만을 원하는 침울한 본능을 지니도록 만들어졌으므로, 인간이 그들에게 제공한 인공 부화기가 없다면 곧 멸종될 것이다. 그들은 또한, 페키니즈는 화성인들이 상상할 수 있는 모든 어려운 환경에서 자기 자신을 지키기에는 설비가 너무 부족하다는 것도 알아차릴 수 있을 것이다. 그러나 제비가 스스로 지은 둥지를 태생적으로 좋아한다는 것이 제비가 일종의 애완동물이라는 견해를 갖도록 그들을 속일 수도 있을 것이며, 그들이 치타를 야생 생물이라고 확신하게 한 특성이 있다면, 그것이 무엇이든, 그레이하운드에서도 발견될 수 있을 것이다. 그리고 우리가 알고 있는 그레이하운드의 그런 특성들은 육종가들이 인내심을 가지고 조장한 것들이다. 결국 인공적 환경도 그 자체로 자연의 일부이기 때문에, 그 유기체를 만든 실제 역사에 대한 내부자 정보가 없는 상황에서 유기체들만을 살펴보아서는 인위적 선택을 시사하는 **그 어떤** 뚜렷한 징후도 찾아낼 수 없을 것이다.

은하 간 여행자가 지구 종들의 DNA를 가지고 시대에 뒤처진 장난을 쳤다는 가설은, 그것이 전적으로 쓸데없는 환상이라는 점을 제외하면 배제할 수 없다. 그런 가설이 깊이 탐구할 가치가 충분하다는 낌새를 보여주는 것을 우리는 (지금껏) 지구에서 발견하지 못했다. 그리고 기억하시라. (창조론자들이 자신감을 얻지 못하도록 서둘러 덧붙인다.) 우리의 여분 DNA(정크 DNA)에서 그런 "상표 메시지"를 발견하여 번역하거나, 초기에 유전자가 조작되었다는, 이론의 여지가 없는 어떤 다른 지표를 발견하더라도, 이는 선견지명 있는 지적설계자—**자연계 바깥의** 창조주

—를 호출하지 않고도 자연의 모든 설계를 설명할 자연선택 이론의 주장을 철회하는 것과는 아무런 관련이 없을 것이다. 자연선택에 의한 진화 이론이 DNA 상표화를 꿈꾸던 노바진 사람들의 존재를 설명할 수 있다면, 그 이론은 또한 우리가 발견할 수 있도록 자신들의 서명을 주변에 남겼을 수도 있는 선임자들의 존재 또한 설명할 수 있을 것이다.

이제 우리는 그 가능성을 보았기 때문에, 그것이 아무리 그럴법하지 않더라도, 회의론자들이 그들의 성배, 즉 '여기서 거기로 갈 수 없어 You-Coudn't-Get-Here-from-There'(즉 쉽게 획득할 수 없는) '장기' 또는 '유기체'를 정말 찾았다 해도, 결국 그것이 다윈주의에 반대하는 **결정적인** 증거는 아님을 알게 될 것이다. 다윈 자신은, 만약 그러한 현상이 발견된다면 자기 이론을 포기해야 할 것이라고 말했다(2장의 각주 5번을 보라).[4] 그러나 이제 우리는, '거기서 보여지고 있는 것이 은하 간 여행자들의 간섭이라는 놀라운 가설의 증거를 말해주는 것'이라고 다윈주의자가 답한다 해도 (그리고 아무리 어설프고 임시변통적인 것이라 해도) 그것이 언제나 논리적으로 정합적임을 알 수 있다! 자연선택 이론의 위력은 역사(또는 선사先史)가 어떠했는가를 정확하게 증명하는 힘이 아니라, 사물들이 어떠한가에 관해 우리가 알고 있는 것을 고려할 때 역사나 선사가 어떠할 수 있었는지를 증명하는 힘일 뿐이다.

반갑지 않지만 치명적이진 않은 이 흥미로운 이 주제에서 떠나기 전에, 좀 더 현실적인 것 하나를 고려해보자. 지구의 생명은 딱 한 번만 생겨났을까, 아니면 여러 번 생겨났을까? 정통 견해는 단 한 번만 생겼다고 가정하지만, 실제로 생명이 두 번, 열 번, 백 번 생겨났다 해도 정통 견해가 내동댕이쳐지진 않는다. 초기의 부트스트래핑 사건이 일어날 가능성이 얼마나 희박하든 간에, 우리는 어떤 일이 한 번 일어나고 나면 그것이 다시 일어나지 않을 공산이 높아진다는 '도박꾼의 오류'를 범

---

4 [옮긴이] 본 번역서에서는 각주 16번이다.

해서는 안 된다. 게다가, 생명이 독립적으로 몇 번이나 생겨났는가 하는 질문은 몇 가지 흥미로운 전망을 열어준다. DNA 내의 배열 중 적어도 일부가 순수하게 임의적이라면, 프랑스어와 영어처럼 전혀 관련이 없는 2개의 **서로 다른** 유전적 언어가 나란히 공존할 수 있지 않았을까? 그런 유전자 언어는 아직 발견되지 않았지만—DNA는 분명 그것의 선조인 RNA와 공진화했다—그 사실이 생명이 한 번보다 많이 발생하지 **않았음**을 보여주는 것은 아니다. 왜냐하면, 우리는 유전 코드의 변화 범위가 실제로 얼마나 넓었는지를 (아직) 알지 못하기 때문이다.

실행도 구성도 완전히 똑같이 가능한 두 가지 DNA 언어가 있다고 가정하고, 그중 하나를 멘델어Mendelese(우리 것), 다른 것을 젠델어Zendelese라고 해보자. 생명이 두 번 발생했다면, DNA 언어에 관해서는 네 가지 동등한 가능성이 존재했을 것이다. 두 번 다 멘델어, 두 번 다 젠델어, 처음엔 멘델어 나중엔 젠델어, 처음엔 젠델어, 나중엔 멘델어. 만일 생명의 테이프를 여러 번 재생하며 생명이 두 번 발생한 그 시간들을 목격할 수 있다면, 두 언어 모두가 생성되는 시간은 전체 시간의 절반이라고 예상할 수 있다. 그러나 재생 시간의 4분의 1에서는 멘델어만 등장할 것이다. 그 세계들에서 모든 유기체들의 DNA 언어는 동일할 것이다. 다른 언어가 똑같이 가능했더라도 말이다. 이는, (적어도 우리 행성에서의) DNA 언어의 "보편성"이 모든 유기체가 하나의 단일 조상, 즉 궁극적 아담Adam으로부터 생겨나왔다는 타당한 추론을 허용하지 않음을 보여준다. 이 경우, 가설에 의해 아담은 동일한 DNA 언어를 우연히 공유하게 된, 완전히 독립적인 쌍둥이를 가졌을 수도 있기 때문이다. 물론 이러한 동일 조건하에서 생명이 훨씬 더 여러 번, 말하자면 100번 생겨났다면, 동등하게 가능한 두 언어 중 오직 하나만 나타날 가능도likelihood는 '없작은' 수치로 곤두박질칠 것이다. 그리고 이와 유사하게, 실제로 똑같이 사용 가능한 유전자 코드가 2개보다 많다면 가능성에 관한 영향이 앞의 예와 비슷하게 바뀔 것이다. 그러나 우리가 진정한 가능성들의 범위와 그와 관련된 확률들에 대해 더 잘 알게 되기 전에는, 생명이 단 한 번만 발생했다고 확실하게 판단할 그 어떤 좋은 지렛대도 가질 수 없다. 하지만 당분간은, 생명이 단 한 번만 발생했어도 충분하다는 것이 가장 단순한 가설이다

2. 세 패배자: 테야르, 라마르크, 지향적 돌연변이

이제 정반대의 극단으로 가서, 혼란스럽고 궁극적으로 자가당착적이지 않았더라면 다윈주의에 정말로 치명적인 대안이 되었을 이단을 살펴보자. 그것은 바로 자신의 종교를 진화에 관한 믿음과 조화시키려고 했던 예수회 고생물학자 테야르 드 샤르댕Teilhard de Chardin의 시도이다. 그는 인류를 우주의 중심에 두는 진화의 한 버전을 제안했고, 기독교란 '모든 진화가 분투하며 다가가는 목표', 즉 "오메가포인트Omegapoint"를 표현한 것이라고 생각했다. 테야르는 심지어 '원죄'(8장에서 언급한 과학적 버전이 아닌, 정통 가톨릭 버전으로)를 위한 여지까지 만들었다. 그러나 실망스럽게도 가톨릭 교단은 이를 이단으로 간주했고, 그 내용을 파리에서 가르치는 것을 금지했다. 그래서 그는 중국으로 가 화석을 연구하며 여생을 보냈고, 1955년 그곳에서 사망했다. 그의 사후에 출판된 《인간 현상Le Phénomène humain》(1959)은 국제적인 찬사를 받았으나, 과학 기득권층, 특히 정통 다윈주의는 가톨릭 교단만큼이나 단호하게 그것을 이단이라며 거부했다. 그의 책이 출판된 후 몇 년 동안, 과학자들은 테야르가 정통 견해에 대한 대안으로 그 어떤 진지한 것도 제공하지 않았음을 거의 만장일치로 분명히 했다. 그가 독창적으로 내놓은 발상들은 혼란스러웠고, 그 나머지는 정통 견해를 말만 번드르르하게 다

시 쓴 것일 뿐이었다.[5] 피터 메더워Peter Medawar는 고전적이고도 맹렬한 비판을 퍼부었고, 그 내용은 그의 에세이집《플라톤의 공화국Pluto's Republic》(1982, p. 245)에 재인쇄되어 있다. 예문을 하나 보자. "테야르가 현명하게 세워둔, 우리를 가로막기 위한 모든 장애물에도 불구하고,《인간 현상》에서 일련의 사고를 식별해내는 것은 가능하다."

테야르의 시각이 지닌 문제는 단순하다. 그는 다윈주의의 근본적인 발상—진화는 무마음적이고 무목적적인 알고리즘적 과정이다—을 힘주어 부정했다. 이는 건설적인 타협이 아니라, 로크의 '마음-먼저' 시각을 전복할 수 있도록 다윈이 허용했던 중심 통찰을 배신한 것이었다. 앨프레드 러셀 월리스는 3장에서 살펴보았던 것과 같은 포기의 유혹에 빠졌다. 그러나 테야르는 그것을 전적으로 받아들이고 그것을 자신의 대안적 시각의 중심 항목으로 만들었다.[6] 테야르의 책이 여전히 비과학자들에게 영향력을 행사하고 있다는 것에 기반한 존경, 그리고 그의 생각들이 암시될 때 드러나는 존경의 어조는 다윈의 위험한 생각에 대한 혐오의 깊이를 보여주는 증거이다. 혐오가 너무 큰 나머지, 그 혐오는 그 어떤 비논리적인 것도 다 용서하고, 어떤 주장을 논증할 때의 모든 불

---

5 진부한 것에 대해 "말만 번드르르하게 다시 쓰기bombastic redescription"라는 수사적 방법은, 또 한 명의 유럽 반反 계몽주의자인 신학자 폴 틸리히Paul Tillich에 대한 논문에서 폴 에드워즈Paul Edwards(1965)가 처음으로 기술했다.

6 테야르의 책은 영국에서 뜻밖의 지지를 받았다. 줄리언 헉슬리 경은 근대적 종합의 기여자 중 한 명—실로, 세례자라 불러도 될 것이다—이다. 메더워가 분명히 했듯이, 헉슬리가 테야르의 책에서 감탄한 것은, 주로 테야르가 유전적 진화와 "심리사회적" 진화의 연속성이라는 교리를 지지했다는 점이었다. 이 교리는 내가 설계공간의 통일이라는 표제 아래 열정적으로 지지하고 있는 것이다. 그러므로 확실히 테야르의 견해 중 몇 가지는 일부 정통 다윈주의자들의 박수갈채를 받을 수 있다. (메더워는 이 점에 이의를 제기한다.) 하지만 어쨌든 헉슬리는 테야르가 제공하는 모든 것을 다 받아들일 수는 없었다. "그러나 이 모든 것에도 불구하고 헉슬리는 '기독교의 초자연적 요소들을 진화의 함의 및 사실들과 조화시키려는 그의 용맹한 시도를 끝까지' 따라갈 수는 없음을 발견했다. 그렇지만, 오, 이런! 테야르의 책은 바로 그 조화에 **관한** 것이다!"(Medawar 1982, p. 251)

투명성을 용인할 것이다. 그 주장의 요점이 다윈주의의 억압으로부터의 해방을 약속해주기만 한다면 말이다.

또 다른 악명 높은 이단인 라마르크주의, 즉 후천적으로 획득한 특질의 유전에 대한 믿음은 어떨까?[7] 이쪽의 상황이 훨씬 흥미롭다. 라마르크주의가 주로 호소한 것은, 개별 유기체가 일생 동안 획득한 설계 개선을 이용하여 설계공간 안에서 유기체들이 거쳐가야 하는 흐름을 가속시키겠다는 약속이었다. 말인즉슨, 해야 할 설계 작업은 너무도 많은데 시간은 너무 짧다(!)는 것이다. 그러나 라마르크주의가 다윈주의의 **대안**이 될 가망은 논리적 근거만으로도 배제될 수 있다. 장 밥티스트 라마르크의 유산을 땅에서 꺼낼 수 있게 하는 역량은 애초에 다윈주의 과정(그것이 아니면 기적)을 **전제로 한다**.(Dawkins 1986a, pp. 299-300) 하지만 라마르크식 유전은 다윈주의 작업 틀 **내에서** 중요한 크레인이 될 수 있지 않을까? 잘 알려져 있듯이, 다윈 본인은 라마르크식 유전을 자기의 진화 버전에 (자연선택 외의) 촉진 과정으로 포함시켰다. 그가 이 발상을 품을 수 있었던 것은, 유전 메커니즘에 대한 그의 감각이 아직 안개 속에 있었기 때문이다. (유전 메커니즘에 관한 다윈의 상상력이 얼마나 제약받지 않을 수 있었는가에 관한 명확한 아이디어를 얻고 싶다면 Desmond and Moore 1991, pp. 531ff를 보라.이는 "범생설pangenesis"에 관한 그의 대담한 추측들에 관한 설명이다.)

다윈 후 신다윈주의에 주어진 가장 근본적인 공헌 중 하나는 아우구스트 바이스만August Weismann(1983)의 업적으로, **생식선**germ line과 **체**

---

7 나는 라마르크주의를 '획득한 특질들이 **유전적 장치를 통해** 유전된다는 생각'으로 제한한다. 그 정의를 완화한다면 라마르크주의는 명백한 오류가 아니게 된다. 결국 인간은 부모가 획득한 부를 부모로부터 (유산이라는 형태로) 물려받고, 대부분의 동물은 그들의 부모가 획득한 기생충을 (가까이 있음으로써) 물려받는다. 그리고 어떤 동물은 부모가 획득한 둥지, 땅굴, 굴 등을 (상속이라는 형태로) 물려받는다. 이러한 것들은 모두 생물학적으로 중요한 현상들이지만, 라마르크가 도달하려는 곳은 아니었다. 그는 유전적 대물림에 도달하고자 했다.

성선somatic line의 확고한 구별이었다. 생식선은 유기체의 난소나 정소에 있는 성세포로 구성되어 있고, 그것을 제외한 신체의 다른 모든 세포들은 체성선에 속한다. 물론, 체성선에 속하는 세포(체세포)들에게 그 일생 동안 일어나는 일은 신체의 생식선이 어떤 자손에게 흘러 들어가는지와 관련이 있긴 하지만, 체세포에 일어난 변화는 체세포가 죽으면 함께 없어진다. 생식선 세포들에 생긴 변화—돌연변이—만이 다음 세대로 전달될 수 있다. 바이스만주의라 불리기도 하는 이 교리는, 결국 라마르크주의—다윈 자신은 인정할 수 있다고 생각했던—에 대항하여 정통주의를 지키는 방어벽이 되었다. 바이스만주의가 전복될 가능성도 여전히 있을까? 오늘날 라마르크주의가 주요 크레인이 될 가능성은 훨씬 낮아 보인다.(Dawkins 1986a, pp. 288-303) 라마르크주의가 작동하려면, 문제의 획득된 특질이 수정된 신체 부분, 즉 체세포들에서 얻어져서 어떻게든 난자나 정자, 즉 생식선으로 가야 한다. 일반적으로, 이런 메시지 전송은 불가능한 것으로 간주—그 트래픽을 전달할 수 있는 통신 채널이 발견되지 않았다—되지만, 이 어려움은 잠시 제쳐놓기로 하자. 더 심대한 문제는 DNA 내 정보의 본성에 있다. 앞에서 보았듯이, 우리의 발생학적 발달은 DNA 서열을 청사진으로 받아들이는 것이 아니라 레시피로 받아들인다. 따라서 신체 부위와 DNA 부분 사이에는 위치 대 위치로 대응하는 사상mapping이 없다. 이 점이 바로 신체 부위에(근육이나 부리에. 또는 행위의 경우엔 어떤 종류의 신경제어 회로에) 일어난 특정한 후천적 변화가 유기체 DNA 내의 어떤 개별적 변화와 상응할 가능성을 극히 희박하게—어떤 경우에는 불가능하게—만드는 것이다. 따라서 성세포에 변화 명령을 **전달할** 방법이 있다 해도, 필요한 변경 순서대로 DNA를 **구성할** 방법이 없다.

예를 하나 들어보자. 바이올리니스트가 훌륭한 비브라토 주법을 부지런히 개발하는데, 연습이 거듭됨에 따라 왼쪽 손목의 힘줄과 인대가 점점 조정된 덕분에, 그녀의 왼쪽 손목과 활을 쥐는 오른쪽 손목(이곳 역시 왼쪽과 동시에 조정이 일어나지만 조정의 양상이 다르다)이 상당히 다른 모양을 하게 되었다. 인간 DNA에서 손목을 만드는 레시피는 거울상 반사의 장점을 활용하여, 한 번의 지시로 양 손목을 같이 만들게 한다(그래서 당신의 두 손목이 그렇게 비슷하게 생긴 것이다). 그러므로 왼쪽 손목만 다르게 만들도록 유전자 레시피를 수정하는 일은 전혀 쉽지 않을 것이다. 왼쪽 손목을 다르게 만들려면 오른쪽 손목도 (원하지 않는 일이지만) 똑같은 형태로 변화되어야 할 것이다. 초기 구성이 이루어진 후, 발생학적 과정이 각각의 손목을 따로따로 재건설하도록 회유하는 일이 어떻게 "원칙적으로" 이루어지는지를 상상하기란 어렵지 않다. 그러나 이 문제가 극복될 수 있다 해도, 그것이 그녀의 DNA 안에 국소적이고 작은 수정—오랜 시간에 걸친 연습이 만들어낸 진보와 밀접하게 상응하는—을 가해 **실질적** 돌연변이가 될 기회는 정말이지 거의 없을 것이다. 따라서 그녀의 아이들은 그녀가 했던 것과 같은 방식으로 연습을 통해 비브라토 주법을 배워야 할 것이다.

그렇지만 이것이 그렇게 결정적인 것은 아니며, 라마르크주의는 아닐지라도, 라마크주의를 적어도 강하게 연상시키는 특성을 지닌 가설들은 생물학에서 계속 나타나고 있고, 라마르크주의의 냄새가 나는 주장을 금기시하는 일반적 분위기에도 불구하고, 종종 진지하게 받아들여진다.[8] 나는 3장에서 볼드윈 효과가, 생물학자들이 그것을 두려운 라마르크주의와 헷갈린 나머지, 종종 간과되거나 심지에 외면당해오고 있다는 것에 주목했다. 볼드윈 효과의 한 가지 장점은, '유기체가 실제로 획득

---

8 도킨스(1986a, p. 299)는 올바르게 경고한다. 라마르크주의는 "우리가 알고 있는 배아학과 양립할 수 없다" 그렇지만 "그렇다고 해서 그 사실이, 배아 발생이 사전 형성된preformationistic 상태로 작동하는 어떤 외계 생명체 시스템이 우주 그 어디에도 없으리라고 말하는 것은 아니다. '레시피 유전학'이 아니라 '청사진 유전학'을 지니는 생명체는, 그러므로, 획득 형질들을 진짜로 물려받을 수 있다." 라마르크 식이라 불릴 수 있는 다른 가능성들도 있다. 이에 대한 조사는 Landman 1991, 1993을 보라. 그리고 이 주제를 다룬 다른 흥미로운 이야기가 궁금하다면, 도킨스의 〈라마르크 소동A Lamarckian Scare〉(1982, pp. 164-78)을 읽어보라.

한 형질'이 아닌, 특정 형질을 **획득할 특정 역량**을 전달한다는 것이다. 이는 우리가 본 것처럼 개별 유기체의 설계 탐색을 이용하는 효과가 있으며, 따라서 옳은 상황 아래서는 위력적인 크레인이 된다. 그러나 라마르크의 크레인은 아니다.

마지막으로, "지향적directed" 돌연변이의 가능성은 어떨까? 다윈 이래로, 정통적 견해는 모든 돌연변이가 무작위적이라고 전제해왔다. **눈먼** 우연이 후보자들을 만든다는 것이다. 마크 리들리(1985, p. 25)는 다음과 같은 표준 선언을 제공한다.

> '지향적 변이directed variation'에 의한 진화에 대한 다양한 이론들이 제시되어왔지만 우리는 이들을 배제해야 한다. 돌연변이에서, 재조합에서, 또는 멘델식 유전 과정에서 지향적 변이의 증거는 없다. 그 이론들이 내적으로 얼마나 그럴듯하든 간에, 그것들은 사실 틀렸다.

하지만 이 선언은 너무 강하다. 정통 이론은 그 어떤 지향적 돌연변이directed mutation 과정—그것은 확실히 스카이후크가 될 것이다—도 **전제해서는** 안 된다. 그러나 누군가가 지시direction들의 속도를 높이는 돌연변이의 분포를 편향되게 할 비기적적인 메커니즘을 발견할 가능성은 열어둘 수 있다. 8장에서 다루었던 준종quasi-species에 관한 아이겐의 발상이 이 논점의 한 예이다.

앞의 장들에서 나는 현재 연구되고 있는 가능한 다양한 크레인들에 주목했다. 그것들은 뉴클레오타이드 서열의 종간trans-species "표절"(후크Houck의 드로소필라Drosophila), 성의 혁신에 의해 가능해진 교차(홀랜드Holland의 유전 알고리즘들), 양친개체군으로 돌아가는(슐Schull의 "지성적 종intelligent species") 소규모 팀들에 의한 다중 변이multiple variations 탐구(라이트Wright의 "딤demes"[9]), 그리고 굴드의 "높은 수준에서의 종 골라내기"의 네 가지이다. 이런 논쟁들은 모두 현대 다윈주의의 널찍한 벽체 안에 편안하게 들어맞는다. 그렇기에 그것들은 매력적이지만, 우리가 더 이상 정밀하게 조사할 필요는 없다. 거의 언제나, 진화론의 주제는 원칙적인 가능성이 아니라 상대적 중요성이며, 그 주제들은 언제나 내가 묘사해온 것보다 **훨씬** 더 복잡하다.[10]

그러나 현재 논란이 일고 있는 분야가 하나 있는데, 그것은 좀 더 충분히 다루어볼 가치가 있다. 그것이 근대적 종합 안의 단단하거나 부서지기 쉬운 어떤 부분을 위협하기 때문이 아니라(그것이 어떻게 판명되든, 다윈주의는 굳건하게 버틸 것이다), 인류에 대한 진화적 사고의 확장에 특히 혼란스러운 영향을 주는 것으로 보이기 때문이다. 그것은 "선택의 단위"에 관한 논쟁이다.

3. 누구에게 이익인가?

"제너럴모터스에 좋은 것은 나라에 좋은 것이다."

—찰스 E. 윌슨 Charles E. Wilson(1953). 그러나 윌슨이 했던 정확한 말은 아니다.

1952년, 새로 선출된 미국 대통령 드와이트 아이젠하워Dwight Eisenhower는 제너럴모터스General Motors의 사장인 찰스 E. 윌슨을 국방장

9 [옮긴이] 최소 교배 단위를 말한다.

10 이를 비롯한 여러 논쟁들을 더 충분하게 탐구하고 싶다면, 다음의 책들을 추천한다. 이 책들은 특히 명료하고 이해하기 쉬워서, 열심히 공부하고자 하는 초보자들에게 알맞다: Buss 1987, Dawkins 1982, G. Williams 1992, 그리고 값진 핸드북으로 Keller and Lloyd 1992. Mark Ridley 1993은 탁월한 교재이다. 좀 더 접근하기 쉬운 입문서인 Calvin 1986은, 더 많은 것을 원하는 당신의 식욕을 자극하기에 충분한, 대담한 추측들로 이루어진, 멋지고 좋은 이야기를 담고 있다.

관으로 지명했다. 1953년 1월 상원 군사위원회의 지명 청문회에서, 윌슨은 제네럴모터스의 주식을 팔라는 요청에 반대했다. 그가 제너럴모터스 주식을 계속 가지고 있으면 그의 판단이 과도하게 동요되지 않겠느냐는 질문에 그는 이렇게 대답했다. "오랫동안 저는 국가에 좋은 것이 제너럴모터스에 좋은 것이고, 그 반대 역시 마찬가지라고 생각했습니다." 그에게는 불행하게도, 그가 실제로 한 정확한 말은 복제력이 별로 없었다. 그래도 내가 참고 서적에서 그 말의 후손을 찾아내고, 앞 문장에서 그것을 한 번 더 복제하기에는 충분했다. 정작 독감 바이러스처럼 복제되어 퍼져나갔던 것은 앞에서 인용한 돌연변이 버전이었다. 이에 계속되는 분노가 쏟아졌고, 청문회를 통과하려면 주식을 팔라는 강요가 뒤따랐다. 결국 윌슨은 이에 굴복했으나, 그는 평생 위의 "인용구" 때문에 곤욕을 치렀다.

우리는 이 동결된 우연을 새로운 목적을 위해 사용할 수 있다. **왜** 윌슨의 원래 발언이 아닌 돌연변이 발언이 퍼졌는가에 대해서는 의심할 바가 거의 없다. 사람들은 찰스 윌슨을 국방장관이라는 중요한 의사결정자로 승인하기 전에, 그의 결정으로 인해 누가 **주된 수혜자**가 될 것인지를 확인하고자 했다. 국가인가, 아니면 제너럴모터스인가? 그는 이기적 의사결정을 할 것인가, 아니면 정치적 통일체 전체를 위한 의사결정을 할 것인가? 그가 실제로 한 대답은 그들을 안심시키는 데 거의 도움이 되지 않았다. 사람들은 수상하다는 낌새를 맡았고, 그 돌연변이 발언으로 그 낌새를 노출시켰다. 그는 마치, (그의 돌연변이 발언에 따르면) 비록 주된 또는 직접적 수혜자가 제너럴모터스라 해도, 그것은 곧 나라 전체에 모든 것이 잘되는 결과가 될 것이므로 자신의 의사결정에 대해 아무도 염려하지 말라고 주장하는 것처럼 보였다. 그러나 그것은 확실할 수 없는 주장이었다. 비록 대부분의 시간 동안—다른 모든 조건이 동일하다면—그것이 사실일 수도 있지만, 다른 조건들이 같지 않을 때는 어떻게 될 것인가? 그러한 상황에서 윌슨은 누구의 이익을 좇을 것인가? 사람들은 그 점에 화가 났고, 그것은 당연한 일이다. 그들은 국방장관의 실제 의사결정이 **국익에 직접적으로** 민감하게 반응하는 것이길 원했다. 정상적인 상황에서 내린 결정이 제너럴모터스에 이익이 된다면(윌슨의 오랜 설교가 사실이라면, 아마도 대부분의 결정은 그러할 것이다) 그건 괜찮겠지만, 사람들은 윌슨이 우선순위를 거꾸로 둘까 두려워했다.

이는 유구하고도 적절한 인간 관심사의 한 예이다. 변호사들은 라틴어로 "쿠이 보노Cui bono?"라 발음되는 질문을 한다. 이는 종종 중요한 문제의 핵심을 찌르는 질문으로, '이 일로 누가 이익을 얻는가?'라는 뜻이다. 윌슨의 실제 격언과 대응 관계에 있는 진화론에서도 똑같은 문제가 생긴다. "몸에 좋은 것은 유전자에도 좋고, 그 역도 마찬가지다." 대체로 생물학자들은 이것이 틀림없이 옳다고 동의할 것이다. 몸의 운명과 몸속 유전자의 운명은 아주 단단하게 연결되어 있다. 그러나 그 두 가지가 완벽하게 일치하는 것은 아니다. 다른 대안이 없고, 몸의 이익(장수, 행복, 안락함 등)이 유전자의 이익과 상충할 때는 어떻게 될까?

이 질문은 근대적 종합 안에 언제나 잠재되어 있었다. 유전자의 차등 복제가 생물권 내의 모든 설계 변화에 책임이 있는 것으로 일단 확인되고 나면, 그 질문은 피할 수 없는 것이 된다. 그러나 오랫동안 이론가들은, 찰스 윌슨이 그랬던 것처럼, 대체로 전체에 좋은 것은 부분에도 좋고, 그 역도 마찬가지라고 생각함으로써 애써 불안을 잠재울 수 있었다. 하지만 그때 조지 윌리엄스(1966)는 그 질문에 관심을 기울였고, 사람들은 그것이 진화에 관한 우리의 이해에 심대한 영향을 주고 있음을 인식하기 시작했다. 도킨스는 이기적 유전자 개념을 사용하여 그것을 사고의 뼈대로 만듦으로써 그 논점을 잊을 수 없게 했다.(1976) 거기서 그는 "유전자의 관점gene's point of view"을 말하며, 유전자의 "관점"에서 보면 몸은 유전자가 지속적으로 복제될 기회들을 향상시키도록 만들어진 일종의 생존 기계survival machine라고 지적한다.

오래된 팡글로스주의는 적응에 관해서, 그것이 "종의 이익"을 위한 것이라고 어렴풋하게 생각했다. 윌리엄스, 메이너드 스미스, 도킨스를 비롯한 학자들은 "유기체의 이익을 위해"라는 것이 "종의 이익을 위해"라는 것만큼이나 근시안적 관점임을 보여주었다. 그것을 보려면, 훨씬 더 사람을 미혹시키지 않는 관점, 즉 유전자의 관점을 채택해야 했고, 무엇이 유전자에 이익이 되는지를 물어야 했다. 이런 말은 처음에는 비정하고hard-boiled 냉혹하고 무자비한 것처럼 보인다. 사실, 이는 내게 하드보일드 미스터리 이야기에서 유명해진 진부한 경험칙—그 여자를 찾아라!cherchez la femme![11]—을 생각나게 한다.[12] 이는, 강인하고 세상 물정을 잘 아는 형사라면 누구나 알아야 하듯이, 당신의 미스터리를 풀어줄 열쇠는 어떤 식으로든 어떤 여자와 연루되어 있을 것이라는 생각이다. 그러나 이는 아마도 잘못된 충고일 것이다. 심지어는 양식화되고 비현실적인 추리소설(또는 스릴러 영화)에서마저도 말이다. 유전자 중심주의자들이 주장하는 더 나은 충고는 "그 유전자를 찾아라!"이다. 데이비드 헤이그의 문제 풀기에 관해 서술한 9장의 설명에서 이의 좋은 예를 볼 수 있다. 그러나 인용될 수 있는 다른 사례도 수백 수천 개가 있다. (크로닌[1991]과 매트 리들리[1993]는 오늘날까지 이어진 이 탐구의 역사를 조사하고 있다.) 진화의 퍼즐을 풀 때마다, 유전자의 눈 관점은 이런저런 이유로 선호되는 이런저런 유전자의 측면에서 해결책을 잘 산출하는 경향이 있다. 이는, 적응이 분명히 유기체의 이익을 위한 것인 한(하나의 유기체로서의 독수리는, 자신의 독수리 눈과 독수리 날개로부터 확실

---

11 [옮긴이] 사건 뒤에는 언제나 여자가 있다는 뜻이다.

12 "그 여자를 찾아라"의 원전 또는 적어도 주된 원천은 알렉상드르 뒤마Alexandre Dumas의 소설(아들 뒤마가 아니라 아버지 뒤마) 《파리의 모히칸족Les Mohicans de Paris》이다. 그 소설에는 조사관 M. 쟈칼이 그 원칙을 여러 번 말하는 장면이 나온다. 이 말은 또한 탈레랑과 다른 사람들에 의한 것으로 여겨지기도 한다(학술적 추적 결과를 제공한 저스틴 리버Justin Leiber에게 감사한다).

한 이익을 얻는다)에 있어, 주로 윌슨의 주장과 같은 이유 때문이다. 그 이유를 자세히 쓰면 이렇다. 유전자에 좋은 것은 전제 유기체에 좋다. 그러나 다른 대안이 없을 때는 유전자에 좋은 것이 미래를 결정한다. 결국, 자기 복제 경쟁에서 유전자들의 변화하는 전망이 진화의 전체 과정을 움직이게 하고, 또 움직임을 지속시킨다. 유전자는 그런 복제자다.

때로는 유전자 중심주의gene centrism 또는 '유전자의 눈' 시점이라 불리는 이 관점은 많은 비판을 불러일으켰고, 또 많은 부분이 잘못 전달되었다. 예를 들어, 유전자 중심주의는 종종 "환원주의"라 일컬어진다. 만일 정말로 그렇다면 그건 좋은 의미의 환원주의이다. 좋은 환원주의라 함은, 스카이후크를 피하고 설계공간 내에서의 모든 들어올림은 크레인에 의해 수행되어야 한다고 주장하는 환원주의다. 그러나 3장에서 보았듯이, 때때로 사람들은 모든 과학이나 모든 설명을 어떤 최하위 수준, 즉 분자 수준 또는 (아)원자 수준의 것으로 "환원"해야 한다는 주장을 일컫기 위해 "환원주의"라는 말을 사용한다(그러나 환원주의의 이런 변종은 아마 아무도 지지하지 않을 텐데, 그것이 명백히 어리석은 것이기 때문이다). 어쨌든 유전자 중심주의는, 그 용어의 의미에서는, 의기양양하게 **비**非 환원적이다. 예를 들어, 특정 신체의 특정 위치에 있는 아미노산 분자를 어떤 다른 분자적 수준의 사실로 기술하는 것이 아니라, 문제의 신체가 그것의 어린 자식들을 오랫동안 돌보는 종의 암컷이었다는 사실로 설명하는 것보다 (그 용어의 의미에서) 덜 환원주의적인 것이 있을까? 유전자의 눈 관점은 대규모의 광범위한 생태학적 사실들 및 장기적인 역사적 사실들, 그리고 국소적이고 분자 차원의 사실들 사이의 복잡한 상호작용이라는 측면에서 사물을 설명한다.

자연선택은 하나의 수준—**예를 들면** (개체군 수준이나 유기체 수준과 반대되는) 분자 수준—에 "작용"하는 힘이 아니다. 자연선택이 일어나는 것은, 모든 종류와 크기의 사건들의 합이, 통계적으로 기술될 수 있는 특정 결과를 가지기 때문이다. 흰긴수염고래는 멸종 위기에 처해 있다. 만일 그들이 멸종된다면, '멘델의 도서관' 안의 특히 웅장하고 거의 대체 불가능한 몇 권의 책은 현존하는 사본을 더는 갖지 못하게 될 것이다. 그 특징적인 염색체들이나 DNA 뉴클레오타이드 서열 집합이 왜 지구상에서 사라져가고 있는지를 가장 잘 설명하는 요소는 많다. 그 요소는 고래들의 DNA 복제 설비를 어떻게든 직접 공격한 바이러스일 수도 있고, 길 잃은 혜성이 잘못된 시기에 생존자 무리 근처에 떨어진 사건일 수도 있다. 아니면 텔레비전 홍보가 지나치게 넘쳐나서 호기심 많은 인간들이 그들의 번식 습관을 방해하여 파멸로 치닫게 하거나! 진화의 모든 결과에 대해서는 언제나 유전자의 눈 관점에서의 묘사가 존재하지만, 그보다 더 중요한 질문은, 그러한 묘사가 종종 단순한 "장부 작성(부기)"에 머물 (그리고 분자 수준의 야구 경기 기록표만큼이나 이해하기 어려울) 것인가 아닌가 하는 것이다. 윌리엄 윔셋William Wimsatt(1980)은 유전자가 유전적 변화에 대한 정보의 저장고라는 사실(이 사실은 모든 측면에서 동의를 얻었다)을 언급하기 위해 "장부 작성"이라는 용어를 도입했으나, 굴드(1992a) 등이 종종 비난했던 것처럼, 유전자 중심 견해가 **단지** 장부 작성에 불과한 것인지의 여부는 논란의 여지가 있는 채로 남겨 두었다. 조지 윌리엄스(1985, p. 4)는 이 꼬리표를 받아들이지만 장부 작성의 중요성을 힘주어 옹호한다. "과거에 장부 작성이 일어났다는 발상은 가장 중요한 종류의 예측력을 자연선택 이론에 부여하는 것이다."(버스Buss 1987을 보라. 이 주장에 대한 중요한 숙고들을 알고 싶다면 특히 pp. 174ff를 보라.)

유전자 중심주의 관점이 최고라거나 가장 중요하다는 주장은 분자생물학의 중요성에 대한 주장이 아니라, 좀 더 추상적인 무언가, 즉 대부분의 조건에서 대부분의 설명 작업이 잘 작동하는 수준은 어떤 수준인가에 대한 주장이다. 생물철학자들은 진화론의 다른 어떤 부분보다 이 문제를 분석할 때 더 세심한 주의를 기울였고, 더 실질적인 기여를 해왔다. 나는 방금 윔셋을 언급했는데, 물론 다른 기여자들도 있다. 가장 훌륭한 저작들 중 몇 가지만 뽑자면 다음과 같다: 데이비드 헐David Hull(1980), 엘리엇 소버Elliot Sober(1981a), 킴 스터렐니와 필립 키처Kim Sterelny and Philip Kitcher(1988). 철학자들이 이 질문에 이끌린 것은 확실히 그것의 추상성과 개념적 복잡성 때문이다. 그 질문을 숙고하다 보면, 이내 깊은 질문들에 빠지게 된다. 무언가를 설명한다는 것은 어떤 것인가, 인과란 무엇인가, 수준이란 무엇인가 등등. 이것은 최근 과학철학에서 가장 전망이 밝은 분야 중 하나다. 과학자들은 그들의 철학적 동료들에게 정중하게 관심을 기울였고, 철학자들은 빈틈없고 잘 소통된 분석과 논증으로 과학자들의 관심에 보답했으며, 이에 대해 과학자들은 평범한 철학적 범위를 넘어서는 토론으로 그에 응답했다. 이는 풍요로운 결실이며, 나는 이 주제의 세부 사항들을 제대로 소개하지 않으면 여기서 발을 떼지 못할 것 같다. 내가 이러한 논쟁에서 지혜의 대부분이 어디 있는지에 대한 의견을 강하게 견지하고 있기에 오히려 더 그렇다. 그렇지만 이 지점에선 내게 다른 의제들이 있는데, 흥미롭게도 그것에서 **극적인 것을 얻어낼** 수 있다. 그것들은 과학적이고 철학적인 훌륭한 문제들이지만, 그것들이 어떻게 드러나든, 그 대답들은 일부 사람들이 두려워했던 충격을 주지는 않을 것이다. (이는 16장에서 더 논의할 주제가 될 것이다.)

진화적 설명의 감질나는 반복들과 반향들은 철학자들이 '선택의 단위' 논쟁에 세심한 주의를 기울일 충분한 이유가 된다. 그러나 그렇게 많은 관심을 잡아끄는 또 다른 확실한 이유는 이 절을 시작할 때 다루었던 반향이다. 사람들은 제너럴모터스에 대한 찰스 윌슨의 충성에 위협을 느낀 것과 동일한 이유로 유전자의 눈 관점에 위협을 느낀다. 사람들은 자기 운명을 자기가 책임지고 싶어 한다. 사람들은 자기 자신을 의사결정자이자 그 결정의 주요 수혜자로 생각한다. 그리고 많은 사람이 유전자 중심주의 버전의 다윈주의를 두려워하는데, 그 다윈주의가 그 점에 관한 그들의 확신을 약화시킬 것이라고 생각하기 때문이다. 그들은 유기체에 대한 도킨스의 생생한 그림을 단순화시켜, 유기체는 다음 탈것에 오를 유전자 무리를 태우기 위해 만들어진 탈것이라고 보는데, 그런 주장은 지적인 폭행이라고 보는 경향이 있다. 그러므로 유기체 수준과 집단 수준의 관점이 유전자 수준 관점에 대한 가치 있는 대안으로 그토록 자주 환영받는 이유에는, 모험적으로 말하건대, **우리**가—절대 분절되지 않은—유기체라는(또한 우리는 집단을 이루고 살며 집단은 우리에게 중요하다는), 그리고 우리는 **우리** 이익이 다른 것들보다 못한 취급을 받길 원하지 않는다는 배경 사고가 중요한 몫을 하고 있다. 나의 감으로는, 우리의 유전자와 소나무나 벌새의 유전자가 같은 관계를 맺고 있다는 것을 인식하지 않는다면, 우리는 소나무나 벌새가 그저 **그들의** 유전자를 위한 "단순한 생존 기계"라는 것에 크게 상관하지 않을 것 같다. 나는 다음 장에서 그것이 정말로 그렇지 않다는 것을 보여줌으로써 그들의 불안을 잠재우고자 한다! 우리 유전자와 우리의 관계는, 우리를 제외한 다른 종의 유전자와 그 종 사이의 관계와는 중요한 점에서 다르다. 왜냐하면, **우리**는 하나의 종으로서의 우리와 같지 않기 때문이다. 이것은 선택의 단위에 대해 어떻게 생각할 것인가 하는 여전히 매혹적이지만 풀리지 않은 질문에서 모든 불안이 빠져 내려가도록 배수구를 열어버릴 것이다. 그러나 그 일을 시작하기 전에, 이 주제의 위협적인 측면을 분명히 하고, 몇 가지 흔한 오개념을 명확히 씻어내야만 한다.

유전자 중심주의에 대한 가장 잘못된 비판은 아마도 단순히 '유전자는 이해관계를 가질 수 없다'는, 자주 듣게 되는 주장일 것이다. (Midgley 1979, 1983, Stove 1992) 이런 비판이 심각하게 받아들여진다면 우리 통찰력의 보고를 버려야 하겠지만, 이 비판은 완전히 잘못된 것이다. 우리가 우리 이익에 대해 행동할 수 있는 방식으로 유전자가 유전자의 이익에 대해 행동할 수는 없지만, 유전자는 분명히, 그리고 논란의 여지없이, 이익을 가질 수 있다. 만약 (개인이 아닌) 어떤 정치 단체나 제너럴모터스가 이익을 가질 수 있다면 유전자도 이익을 가질 수 있다. 당신은 당신 자신을 위해서 무언가를 할 수 있고, 아이들을 위해서도, 예술을 위해서도, 민주주의를 위해서도 또는 …… 음, 땅콩버터를 위해서도 무언가를 할 수 있다. 도대체 누가 땅콩버터의 안녕과 번영을 다른 무엇보다도 우선시하길 **원할**지 상상하기 힘들긴 하지만, 그럼에도 예술이나 아이들이 우선순위의 받침대 위에 올려질 수 있는 것만큼이나 땅콩버터 또한 그 받침대에 올려질 수 있다. 심지어 자신의 생명을 희생해서라도 가장 보호하고 강화시키길 원하는 것이 자기 유전자라는 결단—이상한 선택이 되겠지만—을 내릴 수도 있다. 물론 제정신인 **사람**은 그런 의사결정을 하지 않을 것이다. 조지 윌리엄스(1988, p. 403)가 말하듯, "감수분열과 수정授精의 복권에서 우리가 당첨되어 받는 유전자들의 이익(장기적인 평균 수준의 증식)에 대해 개인의 차원에서 고려하는 것을 정당화할 상상 가능한 방법은 없다."

그러나 이 말이, 유전자의 이익이나 성공을 위해 열중하고 있는 **힘**이 없다는 것을 의미하지는 않는다. 사실 꽤 최근까지, 유전자는 지구상 모든 선택력의 주된 수혜자였다. 말인즉슨, 다른 것을 **주된** 수혜자로 만드는 힘이 존재하지 않았다는 것이다. **사고**와 **재앙**(번개와 해일)이 있었지만, 유전자 외의 그 어떤 것을 선호하여 체계적으로 작용하는 **안정적인** 힘은 없었다.

자연선택의 현실적 "의사결정"은 누구의 이익에 가장 직접적으로 반응할까? 유전자와 몸(즉 유전자와 유전형이 적절한 한 부분이 되는 표현형의 발현) 사이에 갈등이 일어날 수 있다는 것에는 논란의 여지가 없다. 게다가, 일반적으로 몸이 생식 임무를 마치자마자 몸 자체가 주된 수혜자라는 몸의 주장이 소멸된다는 사실을 의심하는 사람도 없다. 힘겹게 상류로 올라가 성공적으로 산란하고 난 연어는 죽은 고기가 된다. 그 연어의 몸은 말 그대로 허물어진다. 연어가 허물어지지 않게 할 힘, 즉 우리 중 많은 이들이 즐기는 길고 긴 조부모 기간(은퇴 기간)을 선사할 설계 개정을 선호하는 **진화적 압력이 없기 때문**이다. 따라서, 일반적으로 몸은 자연선택에 의한 “결정”의 도구적 수혜자, 따라서 이차적인 수혜자일 뿐이다.

이는 생물권 전체에 걸쳐 사실이며, 몇 가지 중요한 변형 패턴으로 드러난다. 많은 문에서 부모는 자식이 태어나기 전에 죽으며, 이때 그들의 일생은 복제라는 가장 중요한 행동을 위한 준비이다. 다른 문들—예를 들면 나무—은 많은 자손 세대들과 함께 살아가므로, 햇빛을 비롯한 자원들을 얻기 위해 자기 후손들과 경쟁할 수 있다. 포유류와 조류는 일반적으로 자기 에너지와 활동의 많은 부분을 자식을 돌보는 데 투자한다. 따라서 그들에게는, 그들이 하는 행동의 어떤 단계에서든 자신을 수혜자로 할 것인지 자식을 수혜자로 할 것인지를 “선택”할 더 많은 기회가 있다. 그런 선택지가 전혀 없는 생명체는, 그것이 단순히 설계 주의를 필요로 하는 문제가 전혀 아니라는 “가정(대자연의 암묵적 가정) 아래” 설계될 수 있다.

짐작건대, 예를 들어 나방의 제어 시스템은, 유전자의 이익을 위해 몸을 희생해야 할 일반적이고 인식 가능한 기회가 실제로 발생할 때

그림 11-1

마다 몸을 희생하도록 무자비하게 설계되어 있다. 작은 판타지를 그려보자: 우리는 어떻게든 나방의 표준 시스템("빌어먹을 어뢰들, 전속력으로 전진!" 시스템)을 몸을 위한 시스템("내 유전자는 지옥에나 가라지! 난 나 자신만 생각해" 시스템)으로 아주 정확하게 대체한다. 하지만 그렇게 대체했다 해도, 이런저런 방식으로 자살을 하거나 무의미하게 방황하는 것이 아니라면 나방은 대체 무엇을 할 수 있을까? 단순하게도 나방은, 자신을 번식시키는 일생일대의 과업에 별로 관계가 없는 그 어떤 기회도 이용하게 설비되지 않았다. 우리가 고려하고 있는 나방의 짧은 수명에서라면, 나방의 삶을 향상시킨다는 엔딩은 진지하게 받아들이기 힘들다. 이와는 대조적으로, 새들은 자신에게 이런저런 방식의 위협이 닥치면 알이 가득한 둥지를 포기할 수도 있다. 이는 우리가 종종 하는 일과 더 비슷해 보이긴 하지만, 사실 그들이 그리하는 것은 다른 둥지를 또 만들어 다시 알을 낳을 수 있기 때문이다. 이번 해가 아니면 다음 해에라도. 그들은 지금 자기 자신만을 생각하고 있지만, 그렇게 하는 것은 오로지, 그래야만 그들의 유전자가 나중에 복제될 더 나은 기회가 주어지기 때문이다.

우리는 다르다. 인간의 삶에는 대안적 정책들을 위한 광대한 범위가 있는데, 질문은 이로부터 시작된다. 이 범위는 언제 그리고 어떻게 확립되는가? 많은 이들이 명석하게도, 그리고 많은 지식을 바탕으로, 출산의 위험과 고통을 포기하고 다른 보상이 있는 "아이가 없는" 삶의 안전함과 편안함을 선택했다는 것에는 의심의 여지가 없다. 문화는 그에 불리하게 ("아이가 없으면 황량합니다"와 같은 말을 잔뜩 써서) 판을 짜놓는다. 그런 선택이 모든 생명의 근본적 전략의 정반대라는 것도 사실이지만, 그런 일은 여전히 종종 발생한다. **우리**는 아이를 낳고 기르는 것이 인생에서 가능한 사업 중 하나일 뿐이며, **우리** 자신의 가치를 고려할 때 가장 중요한 것도 아님을 알고 있다. 그런데 그런 가치들은 어디서 나왔을까? 기적적인 수술이 아니라면, 우리의 제어 시스템은 어떻게 그런 것들을 장착하게 되었을까? 우리는 어떻게 우리 유전자들의 이익을 종종 압도하는, 다른 종들에게서는 찾아볼 수 없는,[13] 그런 경쟁적인 관점을 확립할 수 있었을까? 이것이 다음 장의 주제가 될 것이다.

11장: 범종설, 은하를 여행하는 유전자 접합자들, 그리고 지구에서 생명이 여러 번 기원했다는 가설은 환영받지 못할 이단적 가능성이 있을 수도 있지만, 무해하다. 테야르의 "오메가포인트"와 획득 형질이 유전적으로 전달된다는 라마르크의 가설, 그리고 지향적 돌연변이는 (그것을 지탱할 크레인 없이도) 다윈주의에 치명적일 수도 있지만, 안전하게 그 신빙성을 없앨 수 있다. 선택 단위의 "유전자의 눈 관점"에 관한 논쟁은 현대 진화론에서 중요한 논제이긴 하지만, 그것들이 어떤 식으로 드러나든 그것들 안에서 보이곤 하는 심각하고 끔찍한 영

13 개를 좋아하는 사람들은 항의할 수도 있다. 개들이 자신의 인간 주인을 위해 목숨을 희생한다는 좋은 증거가 있으며, 번식을 위한 자신들의 전망을 확고히 하긴 하지만 심지어는 "개체 자신"의 수명을 확고하게 두 번째로 놓기도 한다고. 이런 일은 분명 일어날 수 있는데, 개는 실제로 다른 종(인간)에 대한 때로는 치명적이기도 한 이런 충성심을 획득할 역량을 지니도록 육종되었기 때문이다. 그러나 이는 필연적으로 예외적인 경우이다. 만화가 알 캡Al Capp은 수년 전에 쉬무스shmoos라는 유쾌한 가상의 동물을 창조했다. 쉬무스는 앞발 2개가 없는 대신 위족처럼 보이는 커다란 두 뒷발이 있고, 수염이 난 행복한 고양이 같은 얼굴을 하고 있는, 흰 얼룩 같은 동물이다. 알 캡은 쉬무스를 만들었을 때 문제를 보았다. 쉬무스는 그 무엇보다 사람을 사랑했고, 적절할 때마다 즉시 자신을 희생시켜 호화로운 쇠고기 구이 만찬(또는 땅콩버터 샌드위치, 아니면 인간 동료들이 필요로 하거나 원하는 것이면 무엇으로든)으로 변신했다. 만화를 본 사람은 기억하겠지만, 쉬무스는 모자를 떨어뜨릴 때마다 무성생식하여 많은 수의 클론으로 번식한다. 이는 툭하면 자신을 희생하는 쉬무스의 성향에도 불구하고 어떻게 그것이 계속 살아남을 수 있는가 하는 성가신 문제에서 캡을 해방시킨 약간의 시적 허용이라 할 수 있다. 킴 스터렐니는 나에게, 우리의 과거에 은하 간 간섭자들이 있었다는 증거로 여겨져야만 하는 종류의 특성들을 쉬무스가 보여준다고 제안했다! 명백히 자신의 직접적 이익이 아닌 자신을 만들었다고 추정되는 존재의 이익을 위해 적응된 유기체를 발견한다면, 이는 우리를 적절히 놀라게 만들겠지만, 결정적인 문제가 되진 않을 것이다.

향은 없다. 이것으로 생물학 그 자체 안에서의 다윈주의에 대한 우리의 조사가 완결되었다. 이제 우리는 현대 다윈주의에 대한 공정하고도 상당히 상세한 그림으로 무장했고, 그것이 호모 사피엔스에게 어떤 영향을 미칠지를 3부에서 볼 준비가 되었다.

12장: 우리 종과 다른 종의 가장 주요한 차이점은 정보의 문화적 전달에 우리가 의존한다는 것과, 그에 따른 문화적 진화이다. 문화적 진화의 단위인 도킨스의 밈은 인간계에 대한 우리 분석에서 강력한, 그러나 그에 비해 덜 인정받는 역할을 맡는다.

3부 마음, 의미, 수학, 도덕

새로운 근본적 느낌: 우리의 결정적인 덧없음.—전에는 인간의 신성한 기원을 가리키며 인간의 위대함이라는 느낌을 추구했건만, 그것은 이제 금지된 방법이 되었다. 정문에는 원숭이가 온갖 섬뜩한 짐승들과 함께 버티고 서서 다 알고 있다는 양 웃고 있기 때문이다. 원숭이는 이렇게 말하는 것처럼 보인다. 그쪽으로는 더 이상 가지 마시게! 그래서 인류는 이제 반대 방향으로 가본다. 인류가 가는 이 길이 인류의 위대함 및 신과의 유사함을 틀림없이 증명해줄 것이라 믿으면서. 아아, 이 길 역시 허망하여라! 이 길의 끝에는 인류의 **마지막 사람**과 무덤 파는 이의 납골단지가 놓여 있고, 납골단지에는 "nihil humani a me alienum puto"[1]라는 글이 새겨져 있다. 인류가 아무리 높이 진화해왔어도—그리고 아마도 마지막에는 처음보다 훨씬 더 낮은 곳에 서게 될 것이다!—'이 세상의 과정'의 끝에 있는 개미와 집게벌레가 신 및 영원한 삶과의 친족으로 떠오르기가 거의 불가능한 것처럼, 인류도 더 높은 단계로 넘어갈 수 없다. 생성되는 것은 생성되었던 것을 힘겹게 끌고 간다. 이 영속적인 광경에 대한 예외가 어떤 작은 별이나 그곳에 사는 어떤 작은 종들을 위해 만들어져야 할 이유가 무엇이란 말인가! 그런 감상적인 것들이 없어졌으면!

—프리드리히 니체(1881, p. 47)

1 '인간적인 것 가운데 자신과 무관한 것은 없다'라는 뜻의 라틴어이다.

12장

문화라는 크레인

The Cranes of Culture

1. 원숭이의 삼촌, 밈을 만나다

지금, 능변으로 자신감에 충만한 사회 앞에 놓인 가장 경악스러운 질문은 무엇인가? 그 질문은 이것이다. 인간은 유인원인가, 천사인가? 주여, 저는 천사들의 편입니다.

—벤저민 디즈레일리Benjamin Disraeli(1864년의 옥스퍼드 강연에서)

다윈은, 만약 자신의 이론이 특정한 종에 적용된다고 주장된다면, 그가 두려워하는 방식으로 그 종의 구성원들을 휘저어놓을 것임을 분명히 알고 있었다. 그래서 그는 처음에는 인간에 대한 언급을 자제했다. 《종의 기원》에는 우리 종에 대한 언급이—인위적 선택에서의 크레인이라는 중요한 역할은 차치하고—거의 없다. 하지만, 물론 아무도 여기에 속지 않았다. 그 이론이 어디를 향하고 있는지는 분명했으니까. 그래서 다윈은, 비판자들과 회의론자들이 그 논제를 오표상과 경계경보 속에 묻어버리기 전에, 신중한 사고를 거친 그 자신의 버전을 만들기 위해 열심히 작업했다. 그리하여 탄생한 책이 《인간의 유래와 성선택》(1871)이다. 책의 내용에는 의심의 여지가 없다고 다윈은 말했다: 우리—호모 *사피엔스*—는 진화론의 지배를 받는 종들 중 하나다. 다윈 공포증에 걸린 일부 사상가는 이 사실을 부정할 희망이 거의 없다는 것을 알게 되었다. 그래서 선제공격을 날릴 수 있는 투사를 찾아, 다윈의 위험한 생각이 우리 종을 다른 모든 종과 이어주는 육교를 건너 확산되기 전에 그 생각을 무력화시키려고 했다. 따라서 그들은 다윈주의(또는 신다윈주의 또는 근대적 종합)의 종말을 외치는 누군가를 찾을 때마다 이번에는 혁명이 실현되길 희망하며 그 사람을 부추겼다. 자칭 혁명가들이 이르게, 그리고 자주 공격해왔다. 그러나 앞에서 보았듯이, 그들은 간신히 자신들의 표적에 활기를 북돋우기만 했을 뿐이었다. 그럴 때마다 우리는 다윈 자신은 꿈에도 생각하지 못했을 복잡성으로 다윈주의를 발전시키면서 다윈주의를 더 깊이 이해하게 되었다.

그러자 다윈의 위험한 생각에 적대적인 일부는 뒤로 물러나 그 생각이 육교를 넘어오지 못하도록 '다리의 호레이쇼'[1]처럼 육교에 단단히 자리를 잡았다. 유명한 첫 번째 대결은 1860년《종의 기원》초판이 출판된 몇 달 후 옥스퍼드 자연사박물관에서 있었던, 옥스퍼드 주교 "소피 샘" 윌버포스"Soapy Sam" Wilberforce[2]와 "다윈의 불독" 토머스 헨리 헉슬리Thomas Henry Huxley 사이의 악명 높은 논쟁이었다. 이 이야기는 너무 빈번하게, 그리고 너무 많이 변형되어서, 이 이야기 자체를 밈의 한 종이 아

---

1 [옮긴이] 원문은 "Horatio at the bridge". "호레이쇼"는 고대 로마의 영웅 호라티우스Horatius를 영어 식으로 읽은 것이다. 그는 티베르 다리Tiber Bridge 위에서 라스 포르세나의 군대와 치열하게 싸우며 다리를 굳건히 지켰다.

2 [옮긴이] '비누처럼 미끌미끌하게 언변이 좋은 샘(새뮤얼)'이라는 뜻이다.

니라 밈들의 문으로 간주해야 할지도 모를 정도다. 그 훌륭한 주교는 여기서 유명한 수사학적 실수를 저질렀다. 헉슬리에게 그의 할아버지 쪽이 유인원의 후손인지 할머니 쪽이 유인원의 후손인지를 물었던 것이다. 회의실이 분노로 후끈 달아올랐다. 한 여성은 기절했고, 다윈 지지자 중 몇몇은 자신들의 영웅의 이론에 대한 그 경멸적인 오표상이 주어진 데 격노해 거의 제정신이 아니었다. 그러므로 이 지점에서 목격자들의 이야기가 여러 가지로 엇갈리는 것은 이해할 만한 일이다. 최상의 버전—그저 사건을 단순히 다시 이야기한 것이 아니라, 상당한 설계 개선이 가해졌을 가능성이 높다—에서 헉슬리는 "조상이 원숭이인 것은 부끄럽지 않다. 그러나 진실을 흐리는 데 위대한 재능을 소모하는 사람과 연관되는 것은 부끄러울 것이다"라고 대답했다.(R. Richards 1987, p. 4; pp. 549-51; Desmond and Moore 1991, ch. 33)

그 이후로 줄곧, *호모 사피엔스*의 일부 구성원들은 유인원과의 조상 관계에 관해 놀랄 만큼 예민하게 반응한다. 1992년 재러드 다이아몬드Jared Diamond는 《제3의 침팬지The Third Chimpanzee》라는 책을 출판했는데, 그는 최근 발견된 사실—인류는 다른 유인원들보다는 두 종의 침팬지(익숙한 침팬지인 *판 트로글로디테스Pan troglodytes*와 '피그미침팬지' 또는 '보노보bonobo'라 불리는 *판 파니스쿠스Pan paniscus*)와 더 가깝다—을 바탕으로 책 제목을 지었다. 우리 세 종은, 예를 들면 침팬지와 고릴라의 공통조상보다 더 최근의 동물을 공통조상으로 삼고 있다. 따라서 우리는 고릴라와 오랑우탄, 그리고 다른 모든 것들과 함께 생명의 나무의 하나의 가지에 존재한다.

우리는 제3의 침팬지다. 다이아몬드는 시블리와 알퀴스트(Sibley and Ahlquist 1984, 그리고 최근의 논문들에서)의 영장류 DNA에 대한 "철학적" 연구에서 이 매혹적인 사실을 조심스럽게 들어올렸는데, 그들의 연구에 다소 논란의 여지가 있다는 점을 독자들에게 분명히 했다.(Diamond 1992, pp. 20, 371-72) 그러나 한 평론가는 그의 신중함을 충분히 받아

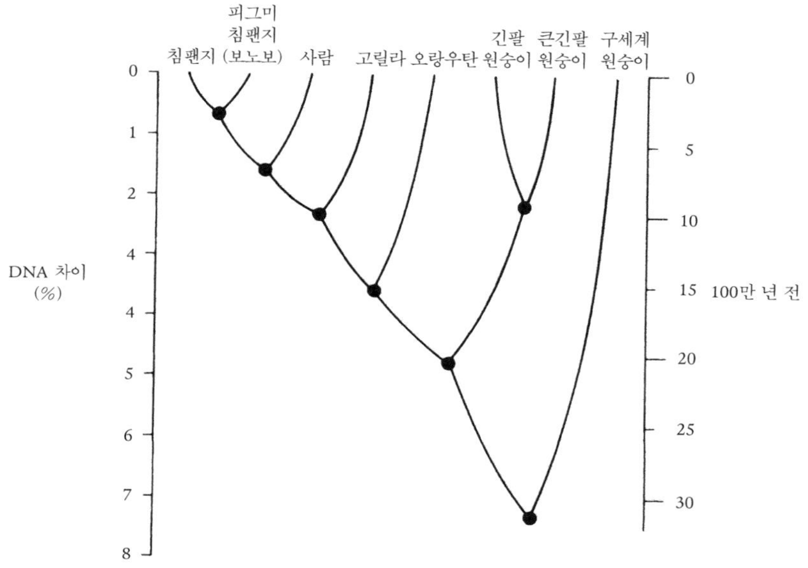

그림 12-1 생명의 나무의 고등 영장류과 부분. 현대 고등 영장류 각 쌍을 연결하는 검은 점을 거슬러 올라가보라. 도표의 왼쪽은 현대 영장류 DNA들 사이의 차이를 백분율로 나타낸 것이고, 오른쪽의 숫자는 그들이 마지막으로 공통조상을 공유한 이래 몇 백만 년이 지났는지를 추정한 것이다. 예를 들면, 침팬지와 보노보의 DNA는 약 0.7퍼센트가 다르며, 약 300만 년 전에 갈라져 나왔다. 우리와 침팬지의 DNA는 1.6퍼센트가 다르고, 약 700만 년 전에 공통조상으로부터 갈라졌다. 고릴라는 우리와 침팬지, 보노보와 DNA의 약 2.3퍼센트가 다르며, 이 넷의 공통조상으로부터 고릴라가 갈라져 나온 것은 약 1000만 년 전이다.[Diamond 1992]

들이지 않았다. 예일대학교의 인류학자 조너선 마크스Jonathan Marks는 다이아몬드를—그리고 시블리와 알퀴스트를—비난하며 궤도에 올랐는데, 그는 그들의 작업을 "핵폐기물처럼 취급해야 하며, 안전하게 묻어둔 채 100만 년 동안 잊고 지내야 한다"고 선언했다.(Marks 1993a, p. 61) 영장류 염색체에 대한 마크스의 초기 연구에서는 침팬지가 우리보다 고릴라에 **아주 약간 더** 가까운 것으로 나타났다. 1988년 이래로 마크스는 시블리와 알퀴스트를 비난하며 경악스럽도록 악담에 가까운 캠페인 활동을 벌였지만, 최근 그 활동에 큰 차질이 빚어졌다. 시블리와 알퀴스트가 원래 발견했던 결과가 최근 더 민감한 분석 방법에 의해 대략적으로 입증된 것이다(그들이 처음에 썼던 기술은 비교적 조잡한, 경로 개척에 불과한 것이었지만, 나중에 더 강력한 기술로 대체되었다). 그런데 '침팬지와 가장 가까운 친척 되기' 경쟁에서 우리가 이기든 고릴라가 이기든, 그것이 왜 도덕적 차이를 빚어야 하는가? 어찌 됐든 유인원들은 우리의 가장 가까운 친척인데? 그러나 그것이 마크스에게는 큰 문제가 되는 것처럼 보였고, 시블리와 알퀴스트의 신용을 떨어뜨리려는 욕망 탓에 그는 선을 넘어버렸다. 그들에 대한 마크스의 가장 격렬한 공격은 《아메리칸 사이언티스트》(Marks 1993b)에 실렸는데, 동료 과학자들은 그의 글에 비난의 합창을 쏟아부었고, 잡지 편집자들은 예외적인 사과를 해야 했다. "논평자의 의견은 본지의 의견과 일치하지 않을 수 있지만, 본 편집자들은 문제의 평론에 특정한 기준이 유지되지 않은 것에 심심한 사과를 드리며, 일정 기준을 설정합니다."(1993, 9-10월호, p. 407) 오래전 윌버포스 주교가 그랬던 것처럼, 마크스 또한 자제력을 잃은 것이다.

사람들은 우리 인간이 다른 모든 종과 매우 다르다고 믿고 싶어 안달이 나 있다—그리고 그들은 옳다! 우리는 정말로 다르다. 우리는 설계 보존 및 설계 의사소통, 즉 문화라는 **추가** 매체를 지닌 유일한 종이다. 그러나 그것은 침소봉대다. 다른 종들도 초보적 문화를 지니고 있으며, 정보를 유전적으로뿐만 아니라 "행동으로" 전달하는 그들의 능력은 그 자체로 중요한 생물학적 현상이다.(Bonner 1980) 그러나 그런 종들도 우리 종이 지닌 방식으로 자신들의 문화를 이륙시킬 지점까지 문화를 발전시키지는 못했다. 우리에겐 문화의 주요 매체인 언어가 있고, 언어는 설계공간의 새로운 영역을 열어젖혔으며, 그 영역은 우리에게만 은밀하게 허락되어 있다. 수천 년이라는 짧은—생물학적으로는 한 순간에 불과한—시간 동안 우리는 이미 우리 행성뿐 아니라 우리를 만든 설계 개발 과정 자체까지 변화시킬 새로운 탐사 수단을 이용해왔다.

앞에서 보았듯이, 인간의 문화는 크레인으로 이루어진 크레인일 뿐만 아니라, 크레인을 만드는 크레인이다. 문화는 매우 강력한 크레인들의 집합이므로, 그 결과로, 문화를 만들었고 문화와 여전히 공존하고 있는 앞선 유전적 압력들과 과정들을 많이—그러나 전부는 아니다—집어삼킬 수 있다. 우리는 종종 문화적 혁신과 유전적 혁신을 혼동하는 실수를 저지른다. 예를 들면, 지난 몇 세기 동안 인간의 평균 신장이 그야말로 치솟듯이 커졌다는 것을 모든 사람이 알고 있다. (보스턴 항구에 있는 19세기 초 군함인 '올드 아이언사이즈Old Ironsides' 같은 근대 유물들을 보면, 갑판 아래의 공간이 어이없을 정도로 비좁다는 것을 알 수 있다. 우리 조상들은 정말로 소인 종족이었을까?) 이 급격한 신장 변화는 우리 종의 유전적 변화에 어느 정도나 기인하고 있을까? 관련이 있다 해도, 많지는 않다. 1797년 올드 아이언사이즈가 진수된 이래로, *호모 사피엔스*가 살아온 시간은 약 10세대밖에 되지 않는다. 그리고 큰 신장을 선호하는 강한 선택압이 있었다 하더라도—그런데 그랬다는 증거는 있는가?—유전적으로 큰 효과를 산출하기에 10세대는 너무 짧다. 극적으로 바뀐 것은 인간의 건강, 식이, 그리고 생활 환경이다. 이런 것들은 표현형에 극적인 변화를 산출해온 것들이며, 100퍼센트 문화적 혁신에 의한 것이고, 문화적으로 전달된 것이다. 그런 문화에는 학교 교육, 새로운 농업 관행의 확산, 공중 위생 개선 등이 있다. "유전자 결정론"에 대해 걱정하는 사람은, 말하자면, 플라톤 시대 사람들과 현대인들 간의 사실상 식별 가능한 모든 차이를 상기해야 한다. 그리고 현대인의 특질—신체적 재능들, 기질들, 태도들, 전망들—은 문화에 기인함이 틀림없다. 우리가 플라톤에서 갈라져 나온 이래 200세대도 채 지나지 않았기 때문이다. 그러나 문화적 혁신에 의한 환경 변화는 표현형적 발현의 적합도 경관을 굉장히 많이, 그리고 굉장히 신속하게 변화시켜서, 원칙적으로는 유전적 선택압을 빠르게 바꿀 수 있다. 볼드윈 효과는 광범위하게 퍼진 행동적 혁신으로 인한 선택압의 그러한 변화를 보여주는, 이해하기 쉬운 사례다. 진화가 일반적으로 얼마나 느리게 작동하는지를 상기하는 것이 중요하긴 하지만, 선택압에는 관성이 없다는 것을 절대 잊어서는 안 된다. 수백만 년 동안 지배적이었던 압력이 하룻밤 새에 사라질 수 있다. 그리고 물론, 단 한 번의 화산 폭발이나 새로운 병원체의 출현과 함께 새로운 선택압이 존재하게 될 수도 있다.

문화적 진화는 유전적 진화보다 몇 자릿수나 더 빨리 작동하는데, 이는 우리 종을 특별하게 만드는 데 문화적 진화가 맡은 역할 중 일부이다. 그러나 문화적 진화는 또한 우리를 다른 그 어떤 종과도 전적으로 다른 인생관을 가진 생물로 바꾸어놓았다. 사실 다른 종들의 구성원이 인생관을 **가지고** 있는지는 확실하지 않다. 그러나 우리는 가지고 있다; 우리는 자신만의 이유로 독신을 선택할 수 있다; 그리고 우리는 먹을거리를 규제하는 법안을 통과시킬 수 있다; 우리는 특정 종류의 성적 행동 등을 장려하거나 처벌하는 정교한 체계를 가질 수 있다. 우리의 인생관은 우리에게 너무도 강렬하고 명백하기 때문에, 우리는 종종 그 인생관을 (좋아하든 말든) 다른 생물에게도—또는 자연의 모든 것에—부과하는 함정에 빠진다. 이런 인지적 착각은 널리 퍼져 있는데, 내가 가장 좋아하는 예 중 하나는 잠의 진화론적 설명에 대한 연구자들의 어리둥절한 표현이다.

> 실험실 선반은 너무 많은 데이터가 쌓인 나머지 아래로 처져 있는데도, 수면에 명확한 생물학적 기능이 있는지 아직 아무도 파악하지 못했다. 우리 인생의 3분의 1을 무의식 상태로 보내도록 강제하는 이 기이한 행위를 선택한 진화적 압력은 무엇일까? 잠자는 동물은 포식자들에게 더 취약하다. 먹이를 찾고, 먹고, 짝을 찾아 번식하고 자식을 양육할 시간도 부족하다. 빅토리아 시대 부모들이 아이들에게 말했듯이, 잠꾸러기들은 뒤처진다. 인생에서도, 진화에서도.
>
> 시카고대학교의 수면 연구자 앨런 렉트샤펜Allan Rechtshaffen은 이렇게 묻는다. "취소 불능 논리로 작동하는 자연선택이, 정당한 이유도

없이 동물계가 잠의 대가만을 지불하도록 하는 일을 어떻게 '허용'할 수 있었을까?" 수면은 너무도 명백하게 부적응적이어서, 잠이 충족하는 것(그것이 무엇이든)을 만족시키는 데 필요한 다른 어떤 다른 조건들이 왜 진화하지 않았는지 이해하기 어렵다. 〔Raymo 1988.〕

그런데 애초에, 잠에 왜 "명확한 생물학적 기능"이 필요하단 말인가? 설명을 필요로 하는 것은 **깨어 있음**이고, 아마도 그에 대한 설명은 명백할 것이다. 레이모Raymo가 지적했듯, 식물과 달리 동물은 먹이를 찾고 자식을 얻어야 하므로, 생존하는 시간의 적어도 일부는 깨어 있어야만 한다. 그러나 일단 적극적인 존재가 되도록 하는 경로로 접어들면, 선택지들의 비용-편익 분석은 명확함과는 거리가 멀어질 것이다. 깨어 있음은 휴면 상태dormant보다 비용이 많이 든다. ('Dormant'의 어근이 '잠자다'라는 라틴어 dormire임을 상기하라.) 아마도 그래서 대자연은 그것이 절약할 수 있는 곳에서 절약하는 것일 테다. 우리가 거기서 빠져나갈 수 있었다면, 우리는 평생 "잠든" 상태에 있었을 것이다. 어쨌든, 그것이 나무가 하는 일이다. 나무는 겨울 동안 내내 깊은 혼수상태에서 "동면"한다. 그것 말고는 할 일이 없기 때문이다. 그리고 여름이면 그들은 다소 가벼운 혼수상태로 "여름잠"을 자는데, 이 상태는 의사들이 **식물인간 상태**라 부르는 것과 비슷하며, 우리 인간 종의 일원들도 이 상태로 들어가는 불행을 맞기도 한다. 나무가 잠든 새에 벌목꾼이 나타난다면? 음, 그것은 나무가 언제나 운에 맡겨야 할 일이다. 그런데 우리 동물들은 정말로 자는 동안 포식자들로 인한 더 큰 위험에 처하게 될까? 반드시 그렇다고 할 수는 없다. 굴 밖에서 돌아다니는 것 역시 위험하다. 그 위험한 단계를 최소화하려면, 복제라는 주력 사업을 위해 에너지를 아끼면서, 때를 기다리는 동안 신진대사를 유휴 상태로 유지해야 할 것이다. 물론 이 문제들은 지금 내가 묘사하는 것보다 훨씬 더 복잡하다. 나의 요점은, 이 비용-편익 분석은 명확함과는 거리가 멀지만 그것만으로도 역설의 분위기를 없애기에 충분하다는 것이다.

우리는 일어나서 여기저기 돌아다니며 모험을 하고 사업을 완수하고 친구들을 만나고 세상에 관해 배우는 것이 삶의 전부라고 생각한다. 그러나 대자연은 전혀 그런 식으로 생각하지 않는다. 잠자는 삶은 다른 삶만큼 좋은 삶이며, 많은 측면에서 대부분의 삶보다 낫다(확실히 싸게 먹힌다). 일부 다른 종들의 구성원들이 깨어 있는 시간을 우리만큼이나 향유하는 것처럼 보인다면 이는 흥미로운 공통점이 될 텐데, 정말로 흥미로운 만큼 그런 공통점이 반드시 존재한다고 가정하는 실수를 범해서는 안 된다. 그것이 정말이지 우리 자신의 경우에서(만) 삶에 대한 적절한 태도라는 것을 우리가 알고 있기 때문이다. 그런 것이 다른 종에서도 존재한다고 믿는다면 그런 사례를 보여주어야 하는데, 그것은 쉽지 않은 일이다.[3]

'지금 우리가 어떤 존재인가'에서 중요한 것은, 문화가 우리를 어떤 존재로 만들었는가이다. 이제 우리는 이 모든 것이 어떻게 시작되었는지를 물어야 한다. 어떤 종류의 진화 혁명이 일어났기에 유전적 혁명의 다른 모든 산물과 우리가 그토록 결정적으로 달라졌을까? 이제 나는 4장에서 마주쳤던 이야기를 다시 해볼 것이다. 다세포생물이 생기게 했던 진핵세포의 생성에 관한 것 말이다. 아주 옛날, 그러니까 핵이 있는 세포가 존재하기 전에, 더 단순하고 더 고립된 생명체인 원핵생물이 있었고, 원핵생물은 에너지가 풍부한 수프 같은 곳에서 스스로 번식하며 떠다니는 것보다 더 복잡한 일은 할 수 없었다는 것을 기억할 것이다. 원핵생물이 생물이 아닌 것은 아니지만, 그렇다고 해서 아주 대단한 생물도 아니었다. 린 마굴리스Lynn Magulis의 재미있는 이야기(1981)에 따

3 이에 대한 재미있는 논의가 내 책(1991a)에 실려 있다. 어떤 사람들은 잠자는 것을 사랑한다고 주장한다. "이번 주말에 뭐 할 계획이야?" "잘 거야. 아, 정말 좋을 거야!" 그런가 하면 또 어떤 사람들은 이런 태도를 거의 이해하지 못하겠다고 한다. 대자연은, 옳은 조건 아래서라면 이 두 가지 태도 모두 이상할 것이 없다고 여긴다.

르면, 그러던 어느 날 몇몇 원핵생물이 기생자 '같은' 것의 침략을 받았다. 기생자는—정의 그대로—숙주의 적합도에 유해한 것인 반면, 이 침략자들은 유익한 것으로 판명되었으므로, 이 침입은 사고로 위장한 행운으로 드러났다. 따라서 이때의 침략자들은 기생자가 아닌 **공생자**였다. 원핵생물들과 침입자들은 **편리공생자**commensal나 **상리공생자**mutalist에 더 가까운 것이 되었다. 편리공생자는 영어(복수형)로 'commensals'라고 하는데, 이는 라틴어에서 온 말로, '같은 식탁에서 밥 먹는 유기체들'이라는 뜻이며, 상리공생자는 서로에게 도움을 주는 관계에 있는 유기체들을 뜻한다. 그들은 힘을 합쳐, 새로운 종류의 혁명적인 존재자인 진핵세포를 만듦으로써 천많게 광대한 가능성의 공간을 열어젖혔다. 그것은 우리가 '다세포생물'이라 알고 있는 것으로, 한 치의 과장도 없이, 그전에는 상상할 수조차 없던 것이었다. 물론 진핵생물들은 이 모든 주제에 대해 의심의 여지없이 아무것도 알지 못한다.

그 후 수십억 년이 흘렀고, 그동안 다세포 생명체들은 설계공간의 다양한 구석과 틈새를 탐험했다. 그러다가 한번 다세포 유기체의 단일종—영장류의 일종—안에서 다른 침입이 시작되었다. 이번의 침입으로 다양한 구조와 역량들이 개발되었다(이를 감히 사전적응이라 부르지 마시길). 그리고 마침 침입당한 숙주의 구조와 역량은 그 침략자들에게 특히 잘 들어맞았다. 침입자들이 숙주 안에서 거주지를 찾기 위해 잘 적응했다는 것은 놀라운 일이 아니다. 왜냐하면 그들 자체가 그들의 숙주들에 의해 창조되었기 때문이다. 거미가 거미줄을 만들고 새가 둥지를 만드는 것과 많이 동일한 방식으로 말이다. 눈 깜짝할 새에—10만 년도 되지 않아—이 새로운 침략자들은 그들을 인식하지 못하는 숙주인 유인원들을 완전히 새로운 존재로 변모시켰다. 그 새로운 존재란 침입자를 **인식하는** 존재를 뜻한다. 이는 대량의 신형 침입자들 덕분에 가능해진 일이다. 이제 그 숙주들은 전에는 상상조차 할 수 없었던, 설계공간 내에서의 도약을 상상할 수 있게 되었고, 그 일은 전에는 아무도 하지 못한 것이었다. 나는 도킨스(1976)를 따라, 이 침입자들을 **밈**이라 부른다. 그리고 특정 종류의 동물이 밈을 적절하게 제공받아—또는 밈으로 들끓게 되어—형성된 근본적으로 새로운 존재자는 흔히 **사람**이라 불린다.

이것은 개요만 대략 말한 것이다. 나는, 어떤 사람들은 나의 발상 전체를 몹시 싫어한다는 것을 알게 되었다. 그들은 우리 인간의 마음 및 인간의 문화를, (데카르트가 말한 대로) "생각하는 능력이 없는 짐승"들과 우리를 날카롭게 구분해주는 것으로 보는 아이디어를 좋아한다. 그들은 이 가장 중요한 구별 표지의 생성에 대한 진화론적 설명을 제공하려 하는 생각을 좋아하지 않는데, 나는 그들이 큰 실수를 저지르고 있다고 생각한다.[4] 그들은 기적을 원하는가? 문화가 신이 주신 것이길 원하나? 그들은 크레인이 아닌 스카이후크를 원하는 것일까? 왜? 그들은 인간의 삶의 방식이 다른 모든 생명체의 삶의 방식과 근본적으로 다르길 원한다. 그리고 실제로 그렇기도 하다. 그렇지만 삶 그 자체 및 모든 다른 멋진 것들처럼, 문화 역시 다윈주의적으로 기원했어야 한다. 또한 문화는, **내재적**인 것이라기보다는, 뭔가 덜한 것, 뭔가와 **비슷한** 것, 흡사 무언가인 것 같은 것에 불과한 것에서 자라 나온 것이어야만 하며, 자라 나오는 과정의 모든 단계에서 (헤이그가 썼듯이) 결과들이 **진화적으로 강제될** 수 있는 방식을 따라야만 한다. 예를 들어, 문화를 위해서는 언어가 필요하지만, 언어는 먼저 자신의 힘으로 진화해야만 한다. 언어가 다 준비되면 그것이 얼마나 좋을지는 언어가 준비되기 전에는 알 수 없다. 우리는 협력도, 그리고 **인간**의 지능도 전제조건으로 삼을 수 없다.

---

4 이는 토머스 헨리 헉슬리가 말하기 전에, 그 못지않게 견실한 다윈주의자가 1893년 옥스퍼드에서 했던 '로마니(집시)어 강의'에서 말해졌다. "헉슬리를 비판하는 이들은 …… 그가 자연에 도입한 명백한 분기점에 주목했다. 그 분기점이란 자연의 과정과 인간의 활동이 구분되는 지점으로, 마치 인간이 어떻게든 자신을 자연 밖으로 끌어올릴 수 있는 것처럼 보이게 했다."(Richards 1987, p. 316) 헉슬리는 그의 오류를 재빨리 알아챘고, 문화에 대한 다윈주의적 설명을 복원하려고 시도했다. 집단선택의 힘에 호소함으로써! 역사가 반복되는 일은 흔하다.

전통 역시 마찬가지다. 이 모든 것들은 처음의 복제자가 그랬던 것처럼, 전제된 그 무엇도 없이, 맨 처음부터 차근차근 만들어져야만 하는 것들이다. 설명의 방식에서 무엇이든 더 조금만 이야기하고 만족하는 것은 그냥 설명을 포기하는 것이나 마찬가지일 것이다.

다음 장에서는 언어와 인간의 마음이 처음에 어떻게 다윈주의 메커니즘에 따라 진화될 수 있었는지에 대한 중요한 이론적 질문들을 다룰 예정이다. 나는 그 이야기에 대한 엄청난—그리고 많이 잘못된—적대감과 맞서야 할 테고, 또 그것을 무장해제시켜야 할 것이고, 적대감에 대한 확실한 반대 의견을 답하는 문제도 해결해야 할 것이다. 그렇지만 그 훌륭한 크레인 구조가 어떻게 구축되었는지 생각해보기 전에, 완성된 생산물을 스케치하고 그것을 그것의 캐리커처와 구별하고, 또 문화가 어떻게 그런 혁명적 위력을 지니게 되었는지를 좀 더 자세히 보여주고자 한다.

2. 신체 강탈자의 침입[5]

다른 동물들과는 굉장히 다른 대물림 형식—외인성 또는 체외 대물림—을 소유한 덕분에, 인간은 생물학적으로 우위를 점하고 있다. 그런 형태의 대물림에서는 한 세대에서 다음 세대로 비유전적 경로를 통해 정보가 전달된다. 예를 들면 구두로, 그리고 다른 형태의 세뇌로. 그리고 일반적으로는, 문화의 전체 조직체에 의해서.

—피터 메더워Peter Medawar(1977, p. 14)

5 [옮긴이] 1956년에 개봉된 미국 SF 스릴러 영화의 제목이다.

핵산은 달에서도 자신들이 번식할 수 있도록 인간을 만들어냈다.

—솔 스피겔만Sol Spiegelman(Eigen 1992, p. 124에서 인용)

나는 인간의 문화적 또는 기술적 변화와 생물학적 진화를 비교하는 것이 득보다는 실을 더 많이—그리고 가장 보편적인 지적 함정의 사례도 많이—안겨주었다고 확신한다. 생물학적 진화는 자연선택에 의해 작동되고, 문화적 진화는 내가 이해는 하지만 희미하게만 알 수 있는 일습의 다른 원칙들에 의해 작동된다.

—스티븐 제이 굴드(1991a, p. 63)

설계 작업의 신화적 사례인 바퀴를 다시 발명하고 싶어 하는 사람은 아무도 없을 테고, 나도 여기서 그런 실수를 저지를 생각은 전혀 없다. 나는 지금껏 도킨스의 용어인 "밈"을 문화적 진화의 모든 항목을 이르는 명칭으로 자유롭게 쓰면서도, 우리가 어떤 종류의 다윈주의적 밈 이론을 고안할 수 있을지에 관한 논의는 미뤄두었다. 도킨스의 밈이란 무엇인지, 또는 무엇일지 좀 더 신중하게 살펴보아야 할 때가 왔다. 그는 기초 설계 작업(물론 다른 사람의 작업에서 도출된 것들도 있다)을 많이 해왔고, 나 자신도 전에 그의 밈에 의존하여 적절한 설명 수단을 구축하는 데 상당한 시간과 노력을 기울였다. 나는 이 초기 구성물들을 재사용할 예정이며, 그 과정에서 좀 더 발전된 설계 수정들을 추가할 것이다. 도킨스의 밈 설명에 대한 나 자신의 버전(Dennett 1990c)을 처음 발표한 것은 미국미학협회American Society for Aesthetics의 강의 시리즈인 '만델 강의Mandel Lecture'에서였다. 이 강의 시리즈는 예술이 인간의 진화를 촉진시키는가 하는 질문(답은 '그렇다!'이다)을 탐구할 목적으로 마련된 것이었다. 나는 후에, 인간의 의식을 다룬 책(1991a, pp. 199-208)에서 나의 고안품을 재사용하며 굴절적응시켰다. 나는 밈이 어떻게 인간 뇌의 운영 체계나 계산 아키텍처를 변형시킬 수 있는지 보여주기 위해 그 책을 썼다. 거기서의 설명은 유전적으로 설계된 인간 두뇌라는 하드웨어와, 그것을 훨씬 더 강력한 무언가로 변모시킨, 문화적으로 전달된 습관들 사이의 관계에 관한 많은 세부 사항들을 제공했다. 그 세부 사항들 대부분은 여기서는 가볍게 건너뛸 것이다. 이번에 나는 도킨스의 밈에 대한 나의 고안품을 두 번째로 수정할 것인데, 현재의 설명 프로젝트에서 만나게 되는 특정한 환경 문제들을 더 잘 다룰 수 있을 것이다. (내 고안품의 직계 조상들 중 하나에 익숙한 사람들은 현재 버전에서의 중요한 개선점들을 찾아보아야 한다.)

자연선택에 의한 진화 이론의 개요들은 다음의 조건들이 존재할 때마다 진화가 일어난다는 것을 분명히 하고 있다.

(1) 변이: 다양한 요소들이 계속해서 풍부하게 존재한다.
(2) 대물림 또는 복제: 요소들은 그 자신의 복사본이나 복제품을 생성할 수 있는 능력을 지니고 있다.
(3) 차등 "적합도": 주어진 시간 안에 생성되는 복사본의 수는 해당 요소의 특성과 그 요소가 지속되게 하는 환경의 특성 간의 상호작용에 따라 달라진다.

이 정의가 생물학에서 도출되긴 했지만, 유기 분자나 영양營養, 심지어는 생명에 대한 그 어떤 구체적인 것도 언급하지 않는다는 점에 주목하라. 자연선택에 의한 진화의 이 최대한으로 추상적인 정의는, 거의 비슷하게 동등한 많은 버전에서 공식화되어왔다. 이를테면 르원틴(1980)과 브랜던Brandon(1978)의 글을 보라(둘 모두 소버[1984b]의 책에 재수록되어 있다). 도킨스가 지적했듯이, 근본적인 원칙은 아래와 같다.

> 진화의 근본적 원칙은, 모든 생명은 복제하는 개체들의 차등 생존에 의존하여 진화한다는 것이다. …… 유전자, 즉 DNA 분자는 복제하

는 개체가 된 것으로, 우리 행성에 널리 퍼져 있다. 다른 것들도 있을 수 있다. 만약 있다면, 그리고 특정한 다른 조건들이 충족된다면, 그들은 거의 불가피하게, 진화 과정의 기초가 되는 경향을 지니게 될 것이다.
하지만 다른 종류의 복제와, 그로 인한 다른 종류의 진화를 찾으려면 먼 세계들로 가야만 할까? 나는 새로운 종류의 복제자가 최근에, 그리고 바로 이 행성에 출현했다고 생각한다. 이는 너무도 명백하다. 그것은 아직 초기 단계에 있으며, 아직 원시 수프 안에서 어설프게 돌아다니고 있지만, 오래된 유전자를 한참 뒤에서 헐떡이며 따라오게 만들 정도의 속도로 진화적 변화를 이미 성취하고 있다. 〔Dawkins 1976, p. 206〕

그 새로운 복제자들이란, 거칠게 말하자면, 아이디어들이다. 로크와 흄의 "단순한 관념들simple ideas"(빨강이라는 관념, 둥글다는 관념, 뜨거움이나 차가움의 관념 등)이 아니라, 그 자체로 **기억 가능한 두드러진 단위**를 형성하는, 일종의 복잡한 아이디어들이다. 이를테면 다음과 같은 아이디어들 말이다.

아치
바퀴
옷 입기
복수
직각삼각형
알파벳
달력
《오디세이Odyssey》
미적분학

체스
투시도
자연선택에 의한 진화
인상파
〈그린슬리브즈Greensleeves〉
해체주의

직관적으로, 우리는 이런 것들을 어느 정도 식별 가능한 문화적 단위라고 본다. 그러나 우리는 경계를 긋는 방법에 관해 더 정확한 것을 말할 수 있다. 그러니까, 왜 세 음의 단순한 연속인 D-F#-A는 단위가 되지 않고 베토벤 7번 교향곡의 느린 악장의 주제는 단위가 되는가 같은 것 말이다. 단위는 신뢰성과 다산성을 지니며 자신을 복제하는 최소 요소이다. 이런 점에서 우리는 이를 유전자 및 그 구성 요소들과 비교하여 생각할 수 있다. DNA의 단일 코돈 C-G-A는 유전자가 되기에는 "너무 작다." C-G-A는 아미노산인 아르기닌의 암호 중 하나로, 유전체 내에서 그것이 나타나는 곳마다 엄청나게 복사되지만, 그것의 효과는 하나의 유전자로 치기에 충분할 만큼 "개별적"이진 않다. 코돈, 즉 3개의 뉴클레오타이드로 이루어진 구phrase는 유전자로 간주되지 않는다. 세 음으로 이루어진 구로 저작권을 얻을 수 없는 것과 같은 이유(세 음은 멜로디가 되기에 충분하지 않다)로 말이다. 그러나 유전자나 밈으로 간주되려면 그 서열이 얼마나 길어야 하는가에 대한 "원칙적인" 하한선은 없다.(Dawkins 1982, pp. 89ff) 베토벤 5번 교향곡 〈운명〉의 첫 네 음은 분명히 밈이다. 교향곡의 나머지 부분에서 분리되어 그것들 스스로 복제하니까. 그러나 효과의 특정한 정체성을 변하지 않게 유지하므로(표현형적 효과), 베토벤 및 그의 작품들은 알려지지 않은 맥락 안에서도 번성할 수 있다. 도킨스는 이 단위들의 이름으로 어떻게 '밈'이라는 신조어를 만들었는지를 다음과 같이 설명한다.

…… 문화적 전달의 단위 또는 **모방**의 단위. 처음에는 적절한 그리스어 어근에서 나온 'mimeme'이라는 말이 떠올랐는데, 나는 유전자를 뜻하는 영어 'gene' 같은 단음절 단어를 원했다. …… 그렇지 않으면, 'memory' 혹은 프랑스어 'même'과 관련이 있다고 생각될 수도 있을 것이다. ……

밈의 예로는 곡조, 사상, 표어, 의복 유행, 항아리 제조법, 아치 축조법 등이 있다. 마치 유전자가 유전자풀 안에서 정자나 난자를 통해 이 몸에서 저 몸으로 옮겨가며 자신을 퍼뜨리는 것처럼, 밈도 밈풀meme-pool 안에서, 넓은 의미에서 모방이라 불릴 수 있는 과정을 통해 이 뇌에서 저 뇌로 옮겨감으로써 자신을 퍼뜨린다. 만약 한 과학자가 좋은 아이디어에 대해 듣거나 읽으면 그는 그것을 동료들과 학생들에게 전달한다. 그리고 논문이나 강의에서도 언급한다. 그래서 그 생각이 유행하게 된다면, 그 생각이 이 뇌에서 저 뇌로 퍼지면서 자신을 퍼뜨린다고 말할 수 있다. 〔Dawkins 1976, p. 206.〕

도킨스에 의하면, 밈의 진화는 생물학적 또는 유전적 진화와 비슷한 것에 불과한 것이 아니다. 단순히 그런 진화적 관용구들에서 은유적으로 기술될 수 있는 과정이 아니라, 자연선택의 법칙들을 상당히 정확하게 따르는 현상이다. 그는 밈과 유전자 간의 차이에 관해, 자연선택에 의한 진화 이론은 중립적이라고 제안한다. 그 둘은 다른 매질에서 다른 속도로 진화하는 서로 다른 종류의 복제자들일 뿐이다. 그리고 식물이 진화하여 (산소가 풍부한 대기를 창조하고 전환 가능한 영양소의 공급을 준비함으로써) 길을 닦아주기 전까지는 동물의 유전자들이 존재할 수 없었던 것처럼, 동물이 진화하여 하나의 종—*호모 사피엔스*—을 만들어 밈에게 은신처를 제공할 뇌를 형성하고 전달 매체를 제공할 의사소통 습관의 길을 닦기 전에는, 밈의 진화도 시작될 수 없었다.

문화가 시간에 따라 변하고, 특성들을 축적하고 또 상실한다는, 또한 앞 세대들로부터 전달된 특성들을 유지한다는, 다윈-중립적 의미 Darwin-neutral sense의 문화적 진화가 일어난다는 것을 부정할 수는 없다. 아이디어들의 역사, 말하자면 십자가 형刑, 스퀸치 위에 놓인 돔, 동력 비행 등의 역사는 (중심 주제에 대한 변이들로 이루어진 하나의 과family 의) 다양한 비유전적 매체들을 통한 전달의 역사임을 부인할 수 없다. 그러나 그러한 진화가 유전적 진화, 즉 다윈 이론이 그토록 잘 설명하는 과정과 약하게 유사한지 강하게 유사한지, 아니면 완전한 평행선상에 놓일 만큼 유사한지는 아직 해결되지 않은 질문이다. 사실, 그것은 많은 미해결 질문들의 집합이다. 우리가 생각할 수 있는 한쪽 극단에 따르면, 문화적 진화가 유전적 진화의 **모든** 특성을 한 번 더 말하는 것으로 밝혀질 수 있다. 유전자의 유사체(밈)뿐 아니라, 표현형, 유전형, 유성생식, 성선택, DNA, RNA, 코돈, 이소적 종분화, 딤deme, 유전체 각인 등의 엄격한 유사체도 존재할 수 있다—생물학 이론의 전체 구조가 문화의 매체 안에 완벽하게 반영된다—는 것이다. 당신은 DNA 접합DNA-splicing 이 무서운 기술이라고 생각하는가? 그럼 실험실에서 밈 이식체implant 제작에 착수할 때까지 기다려보시라! 사실 그런 일이 정말로 일어날 것 같진 않지만 말이다. 한편, 다른 극단에 따르면, (굴드의 제안처럼) 문화적 진화가 완전히 다른 원칙들을 따라 작동한다는 것이, 그래서 생물학의 개념들에서 전혀 도움을 받을 수 없음이 밝혀질 수도 있을 것이다. 그리고 많은 인문학자와 사회과학자 들은 확실히 이쪽을 간절하게 바란다. 그러나 앞에서 알아보았던 이유 때문에, 이쪽 역시 가능성이 매우 낮다. 두 극단 사이에, 가능성 있고도 가치 있는 전망들이, 그리고 생물학에서 인문과학까지 개념들이 전이되는 크고(또는 큰 편인) 중요한(또는 단지 약간만 흥미로운) 현상들이 있으리라는 전망이 존재한다. 예를 들면, 아이디어의 문화적 전달이라는 과정이 진정으로 다윈주의적 **현상**임에도 불구하고, 많은 이유로 그것들이 다윈주의 **과학** 안으로 포섭되길 거부할 수도 있고, 그리하여 우리는 그것들로 얻을 수 있는 "단지 철학적인" 깨달음에 만족하고 다른 프로젝트를 다루기 위해 과학을 떠나야 할지도 모른다.

먼저, 문화적 진화의 현상이 진정으로 다윈주의적이라는 주장부터 고려해보고, 그다음에 회의적인 우여곡절로 눈을 돌려보자. 밈 관점은 처음에는 분명히 사람을 심란하게 하고 심지어는 간담을 서늘하게 한다. 우리는 이를 다음의 슬로건으로 요약할 수 있다.

학자란, 다른 도서관을 만들기 위한 도서관의 방편일 뿐이다.

당신은 어떨지 모르겠지만, 처음에 나는, 내 뇌가 다른 사람들의 생각이 정보의 디아스포라에서 자신의 복사본을 내보내기 전에 그 생각의 애벌레가 자신을 갱신시킬 수 있도록 하는 일종의 똥 무더기라는 그 아이디어에 매료되지 않았다. 그런 생각은 작가와 비평가로서의 중요성을 내 마음에서 빼앗아가는 것처럼 보였다. 이 관점에 의하면 책임자는 누구일까? 우리? 아니면 우리의 밈?

이 중요한 질문에 대한 간단한 답은 없다. 있을 수도 없다. 우리는 생각의 창조에 관한 한 우리가 신과 같은 존재라고 생각하고 싶어 한다. 우리의 변덕이 시키는 대로 그것들을 조작하고 통제하고 또 독자적으로 판단하고 싶어 한다. 한마디로 올림푸스의 신과 같은 입장을 원하는 것이다. 하지만 이것이 우리의 이상이라 해도, 그리고 심지어 가장 숙달되고 창의적인 마음이 뒷받침된다 해도 이것이 현실일 리는 거의 없다는 것을 우리는 알고 있다. 모차르트가 자신의 두뇌의 소산(음악)에 대해 다음과 같은 유명한 관찰을 남겼듯이 말이다.

> 상태가 좋고 기분도 좋을 때, 또는 좋은 음식을 먹고 나서 나들이를 하거나 산책을 할 때, 또는 잠을 이룰 수 없는 밤에, 생각들이 내 마음속으로, 당신이 바라는 대로, 쉽게 몰려든다. 그것들은 어디서 또

어떻게 오는가? 나는 모른다. 그리고 **나는 그것과 아무 상관이 없다**. 〔강조는 내가 했다.〕 나는 나를 기쁘게 하는 그 곡조들을 머릿속에 간직하고 흥얼거린다. 적어도 다른 사람들은, 내가 그렇게 한다고 말했다.[6]

모차르트만 그렇게 한 것이 아니다. "자신의 삶을 통제할 수 없게 된" 등장인물을 필요로 하지 **않는** 소설가는 드물다. 화가들은 오히려 자신들의 그림이 자신을 장악하고 그림이 자신을 그린다고 고백하기를 좋아한다. 그리고 시인들은 자신이 생각의 주인이 아니라, 자신의 머릿속에 쏟아지는 생각들의 하인이거나 심지어는 노예라고 겸손하게 말한다. 또한 우리 모두는 우리 자신의 마음에서 나왔다고 인정받은 것도 아니고 자신이 원한 것도 아니라고 주장되는, 또는—나쁜 소문처럼—그것의 확산을 돕는 사람들에 대한 일반적인 반감에도 불구하고 계속 퍼지는 밈의 사례들을 열거할 수 있다.

일전에 나는 스스로 멜로디를 흥얼거리는 나를 발견하고는 당황—경악—했다. 그것은 하이든의 주제도, 브람스의 것도, 찰리 파커Charlie

6 만델 강연이 끝난 후, 피터 키비Peter Kivy는 자주 인용된 위의 문장들이 위조된 것이라고 알려주었다. 모차르트가 한 말이 전혀 아니라는 것이다. 나는 위의 인용구를 자크 아다마르Jacques Hadamard의 고전적 연구서《수학 분야에서의 발명의 심리학The Psychology of Inventing in the Mathematical Field》(1949, p. 16)에서 찾았고, 다윈주의적 사고를 다루기 위한 나의 첫 번째 시도들 중 하나인 1975년 논문에서 처음으로 인용했다. 그리고 여기에서도, 키비가 정정해주었음에도 불구하고, 계속 인용할 것이다. 왜냐하면, 이 인용문은 밈이 일단 존재하게 된다면 그 저자와 비평가 모두에서와 독립적이라는 논제를 표현할 뿐만 아니라 그것을 예화시키기도 하기 때문이다. 물론 역사적 정확성은 중요하다(그렇기에 내가 이렇게 각주를 쓰고 있는 것이다). 그렇지만 위의 인용구는 내 목적에 너무 잘 맞기에, 나는 인용구의 계보를 무시하는 쪽을 택했다. 그래도 키비가 알려준 다음 날 지원군 밈을 만나지 않았더라면 나는 이 행동을 계속하지 않았을 것이다. 메트로폴리탄 미술관에서, 길버트 스튜어트Gilbert Stuart가 그린 조지 워싱턴George Washington의 초상화를 설명하는 말을 우연히 듣게 되었다. "이것이 당시의 조지 워싱턴의 모습은 아닐지 몰라도, 지금 그가 사람들에게 보이는 모습입니다." 물론 그 경험은 나의 또 다른 주제—모든 설계 작업에서의 행운적 우연의 역할—를 분명히 보여준다.

Parker[7]의 것도, 심지어는 밥 딜런Bob Dylan의 것도 아니었다. 나는 〈잇 테이크스 투 투 탱고It Takes Two to Tango〉(탱고를 추는 데는 둘이 필요하지)[8]를, 1950년대의 어느 때 설명할 수 없는 인기를 누렸던, 풍선껌처럼 귀에 착착 붙었으나 지금은 완전히 잊히고 완벽하게 쓸쓸한 그 노래를 열정적으로 흥얼거리고 있었다. 나는 확신한다. 내 인생에서 이 멜로디를 선택하거나 존중하거나 어떠한 방식으로든 이 멜로디를 듣거나 흥얼거리는 것이 침묵보다 낫다고 판단한 적이 단 한 번도 없다고. 그렇지만 세상에는 끔찍한 음악 바이러스가 있었고, 그 바이러스는 적어도 나의 밈풀 안에서는 내가 실제로 존중하는 선율들만큼 강력했다. 그리고 설상가상으로, 지금 나는 여러분 중 많은 이들에게 그 바이러스를 부활시켰다. 바이러스에 감염된 사람들은 30여 년 만에 처음으로 그 지루한 곡조를 흥얼거리는 자신을 발견하고, 틀림없이 며칠 내로 나를 저주하게 될 것이다.

인간의 언어(처음에는 말해지고 그다음에, 즉 극히 최근에 문자로 남겨지는)는 문화적 전달의 주된 매체로, **정보권**infosphere을 형성하며, 그 안에서 문화적 진화가 일어난다. 말하기, 듣기, 쓰기, 읽기—이것들은 생물권의 DNA 및 RNA의 기술과 가장 비슷한 기저의 전달 기술들이다. 밈을 움직일 수 있는 유형의 것으로 만들어주는 매체들이 최근 폭발적으로 증가했는데, 그 익숙한 사실들을 번거롭게 검토할 필요는 없을 것이다. 예를 들면 라디오와 텔레비전, 건식 전자복사, 컴퓨터, 팩스, 전자우편 같은 것들 말이다. 오늘날 우리가 종이에서 태어난 밈의 바다에서 허우적거리며 살고 있고, 또 전자적으로 태어난 밈의 대기 속에서 숨 쉬고 있다는 것은 우리 모두 잘 알고 있다. 이제 밈들은 빛의 속도로 전 세계로 퍼져나가고 있다. 초파리와 효모의 번식 속도마저 빙하의 운동 속

7 [옮긴이] '비밥'이라는 장르를 개척한 미국의 재즈 음악가다.
8 [옮긴이] '손바닥도 마주쳐야 소리가 나는 법이다'라는 속뜻이 있다.

도처럼 보일 엄청난 속도로 복제되고 있는 것이다. 밈들은 탈것에서 탈것으로, 그리고 매체에서 매체로 마구잡이로 도약하고 있으며, 사실상 검역이 불가능한 것으로 증명되고 있다.

유전자는 보이지 않는다. 그것들은 유전자의 탈것(유기체)들에 의해 운반되고, 탈것들은 장기적으로 볼 때 유전자의 운명을 결정하는 특징적 효과들(표현형 효과들)을 생성하는 경향이 있다. 밈 역시 보이지 않는다. 그리고 밈의 탈것들—그림들, 책들, 속담들(특정 언어로 전해지거나 구두나 문자로 전달되거나 종이에 적히거나 자기적으로 부호화된 것들)—에 의해 운반된다. 도구와 건물을 비롯한 발명품들도 밈의 탈것이다.(Campbell 1979) 바큇살이 있는 바퀴[9]가 달린 마차는 곡물이나 화물만 장소에서 장소로 운반하는 것이 아니라, '바큇살 있는 바퀴가 달린 마차'라는 탁월한 발상을 마음에서 마음으로 운반한다. 밈의 존재는 몇몇 매체의 물리적 구현에 의지한다. 어떤 밈의 모든 물리적 구현이 파괴되면 그 밈은 소멸(멸종)된다. 물론, 공룡의 유전자가 원칙적으로는 먼 미래에 다시 모일 수 있는 것처럼, 멸종한 밈도 나중에 독립적으로 다시 나타날 수 있다. 그러나 다시 모인 유전자가 생성하고 거주시킨 공룡은 원래 공룡의 후손은 아닐 것이다. 적어도 우리가 그들보다는 더 원래 공룡의 후손에 가까울 것이다. 밈의 운명도 그와 유사하게, 밈의 복사본과 복사본의 복사본이 지속되고 증식되는지 아닌지에 달려 있다. 그리고 이는 밈들을 구현하는 다양한 물리적 탈것들에 직접적으로 작용하는 선택력selective forces에 달려 있다.

밈은 유전자와 마찬가지로, 잠재적으로는 불멸의 존재이다. 하지만 또 유전자와 마찬가지로, 밈 역시 물리적 탈것들의 연속적 연쇄의 존재에 의존한다. 그리고 이때 물리적 탈것들은 열역학 제2 법칙에 따라

---

9 [옮긴이] 그전의 바퀴는 통짜 원반이었다. 바큇살이 있는 바퀴는 통짜 원반 바퀴로부터의 엄청난 설계 개선이다.

지속되어야 한다. 책은 비교적 오래 남고, 기념물에 새겨진 글씨는 훨씬 더 영구적이다. 그러나 그런 것들도 인간 보존자의 보호를 받지 않는 한, 시간이 지나면 사라지는 경향이 있다. 만프레트 아이겐은 유전자에 대해 같은 주장을 하지만, 그 유사성을 다른 방향으로 몰아가고 있다.

> 예를 들어, 모차르트의 작품 중 우리의 연주회 레퍼토리에 안정적으로 남아 있는 것 하나를 생각해보라. 그것이 지금까지 보존된 이유는, 그 작품이 특별히 내구성 좋은 잉크로 인쇄되었기 때문이 아니다. 모차르트의 교향곡이 우리의 연주회 프로그램에 지속적으로 재등장하는 것은 오로지 높은 선택적 가치가 있기 때문이다. 이런 효과를 유지하려면 작품이 반복되고 또 반복되어 연주되어야 하고, 대중들이 그에 주목해야 하며, 다른 작품들과 경쟁하며 계속 재평가되어야만 한다. 유전적 정보의 안정성에도 이와 유사한 원인들이 있다. 〔Eigen 1992, p. 15.〕

유전자와 마찬가지로, 그리고 그보다 좀 더, 밈의 불멸성은 개별 탈것들의 수명보다는 복제의 문제다. 6장의 각주 4번에서 보았듯이,[10] 일련의 사본들의 사본들을 통해 플라톤의 밈들을 보존한 것은 특히 인상적인 사례이다. 플라톤이라는 그 남자와 대략 동일한 시대부터 존재해 온 파피루스 조각들이 있긴 하지만, 플라톤 밈의 생존은 그 조각들의 화학적 안정성에 힘입은 것이 결코 아니다. 오늘날의 도서관들에는 플라톤의 《국가Republic》의 물리적 사본(그리고 번역본)이 수만 부까지는 아닐지라도 수천 부 보관되어 있으며, 이 텍스트의 전달에 핵심적 역할을 했던 조상 격의 물리적 사본들은 수 세기 전에 먼지로 변했다.

탈것들의 무차별적인 물리적 복제만으로는 밈의 수명을 보장하기

10 [옮긴이] 본 번역서에서는 각주 11번이다.

에 충분치 않다. 새 책의 양장본 수천 부는 몇 년 안에 거의 흔적도 없이 사라질 수 있다. 그리고 편집자에게 보내져 수십만 부의 책으로 재인쇄된 훌륭한 편지들이 매일 얼마나 많이 쓰레기 매립지와 소각장으로 사라지는지 누가 알겠는가? 어쩌면 인간이 아닌 밈 평가자들이 특정 밈들의 보존을 위해 밈을 선택하고 정리하는 일을 충분히 잘해낼 날이 올지도 모른다. 그러나 당분간은, 밈은 적어도 하나 이상의 밈 탈것들이 적어도 짧은 시간 동안 주목할 만한 유형의 밈 둥지—인간의 마음—안에서 번데기 단계를 지내는 것에 간접적으로 의존한다.

마음이 공급받을 수 있는 것은 한정되어 있고, 밈에 대해서도 마음의 용량은 제한되어 있다. 따라서 밈들은 가능한 한 많은 마음들로 들어가기 위해 상당한 경쟁을 한다. 이 경쟁은 정보권에서의 주된 선택력이며, 생물권에서와 마찬가지로, 그 도전은 엄청난 독창성과 만나왔다. 이렇게 묻고 싶을지도 모른다. "누구의 독창성 말인가?" 그러나 이쯤 왔으면 이것이 언제나 좋은 질문은 아니라는 것을 알아야 한다. 독창성의 원천이 무엇이든, 인정되길 기다리는 독창성은 **거기에 존재**한다. 아무 생각 없는 바이러스처럼, 밈의 전망은 그것의 설계에 달려 있다—그 설계가 어떤 것이든 간에 "내재적" 설계는 아니다. 그것은 세상을 보여주는, 즉 그것이 환경 내의 것들에 영향을 미치는 방식인 그것의 표현형을 보여주는 그런 설계이다. 환경 내의 것들이란 마음들 및 기타 밈들이다.

예를 들어, 아래에 나오는 밈들이 지닌 덕목(우리의 관점에서 보았을 때)이 무엇이든, 그들에게는 공통적으로, 자신들을 소멸시키는 경향이 있는 환경적 힘들을 무력화하거나 그에 선제공격을 가함으로써 그들 자신의 복제를 더 잘할 수 있게 하는 표현형 발현을 지닌다는 자신이 있다. **믿음**을 위한 밈을 생각해보자. 그것은 일종의 비판적 판결—그 믿음이라는 생각이, 모든 것을 고려해봤을 때 위험한 생각이라고 판단될 수 있는—이 이루어지는 것을 저지한다.(Dawkins 1976, p. 212) **관용이나 언론의 자유**를 위한 밈, 과거에 '행운의 편지'의 연쇄를 끊었다가 끔찍한 운명을 맞이했던 사람들에 관해 말하며 연쇄를 끊지 말라는 **경고를 행운의 편지에 포함시켜** 보내기 위한 밈, 음모론을 입증할 좋은 증거가 없다는 반대 의견에 대한 대응책을 포함한 **음모론** 밈("물론 그렇지야 않겠지. 그러니 그만큼 음모가 강력하다는 거야!"). 이 밈들 중 일부는 "좋은" 것이고 일부는 "나쁜" 것이다. 그러나 그것들의 공통점은, 그들에 대항하여 정렬된 선택력을 체계적으로 무력화시키는 표현형적 효과가 있다는 점이다. 다른 조건들이 같다면, 음모론 밈은 그것들의 참/거짓과는 상당히 독립적으로 지속될 것이라고 밈학은 예측한다. 그리고 믿음을 위한 밈은, 심지어 가장 합리적인 환경 내에서도, 그 자신은 물론이고 그 위에 업혀 있는 종교적 밈의 생존까지 확보하는 경향이 있다. 실제로 믿음을 위한 밈은 **빈도 의존적 적합도**frequency-dependent fitness를 보여준다. 그것은 특히 합리주의적 밈들과 동반하여 번창한다. 회의론자들이 거의 없는 세계라면, (믿음을 가지라고 외칠 필요가 없으므로) 믿음을 위한 밈은 많은 관심을 끌지 못하고 마음 안에서 휴면 상태로 들어가는 경향이 있으므로, 정보권 안으로 재도입되는 경우가 거의 없을 것이다. (믿음을 위한 밈과 이성을 위한 밈 사이에 고전적인 포식자-피식자 개체군의 호황-불황 사이클이 존재함을 우리가 보여줄 수 있을까? 아마 그렇진 않을 것이다. 그래도 일단 되는지 안 되는지 알아보고 나서 왜 안 되는지를 물어보는 것이 유익할 것이다.)

집단유전학의 다른 개념들은 꽤 순조롭게 전달된다. 여기, 유전학자라면 **연결된 좌위**linked loci라고 불렀을 법한 사례가 있다. 이 사례에서는 두 밈이 물리적으로 함께 묶여 있어 항상 함께 복제되는 경향이 있는데, 이 경향은 그들의 기회에 영향을 미친다. 많은 이들에게 친숙하고 일반적으로 사랑받는, 의식에 어울릴 법한 감명 깊은 행진곡이 하나 있다. 그 곡은 감동적이고 밝고 웅장하다. 여러분은 이렇게 생각할 수 있을 것이다. 그 곡의 음악적 밈과 제목의 밈이 너무도 단단하게 연결되어 있어서 곡조를 듣자마자 제목을 떠올리게 만들지 않았더라면, 그래서 학위수여식이나 결혼식 그리고 그 밖의 축제 행사 등에 그 곡이 연주되어 왔다면, 엘가의 〈위풍당당 행진곡〉이나 〈로엔그린Lohengrin〉의 '결혼 행진곡'은 거의 절멸 위기에 처할 것이라고. 그 곡은 바로 아서 설리번 경의 쓸모없는 걸작, 〈보라, 지체 높으신 사형 집행인을Behold the Lord High Executioner〉이다.[11] 만일 이 행진곡에 가사가 없고 제목도 "코코 행진곡" 같은 것이었다면, 여러 축하 의식이나 축제 등에서 사용될 자격을 박탈당하지 않았을 것이다. 그러나 멜로디에 단단히 결박된 가사의 첫 다섯 단어로 이루어진 실제 제목 덕분에, 그 노래를 듣는 사실상 대부분의 사람들은 그 곡이 거의 모든 축하 상황에 어울리지 않는다는 **일련의 생각**을 틀림없이 하게 될 것이다. 이것은 이 밈이 더 많이 복제되는 것을 막는 표현형 효과이다. 만약 몇 년 동안 오페레타 〈미카도The Mikado〉의 공연 횟수가 줄어들어서 우스꽝스러운 전체 줄거리는 고사하고 이 곡의 가사를 아는 사람이 거의 없어진다면, 이 행진곡은 가사 없는 의례용 음악의 한 작품으로 그 진가를 발휘할지도 모른다. 아, 악보 맨 위의 빌어먹을 제목은 제외하고! 부총장이 졸업생들에게 연설하기 직전에 연주될 것이라고 졸업식 프로그램에 인쇄하기에는 너무 안 좋은 제목 아닌가!

이는 사실 정보권에서 가장 중요한 현상들 중 하나의 생생한 사례일 뿐이다. 그런 단단한 연결로 인해 밈들이 오여과misfiltering(잘못 걸러짐)되는 사례 말이다. 심지어 이런 현상을 일컫는 이름으로 사용되는 밈도 있다: **목욕물과 함께 아기까지 내버리기**. 이 책은 대체로, 다윈주의 밈들이 잘못 여과되어 생긴 불행한 효과들을 되돌리려는 의도에서 쓰였다. 다윈 자신도 무엇이 자신의 최상의 발상이고(그 최상의 발상에는 그의 적들 중 일부마저도 동의했음에도 불구하고) 무엇이 최악의 발상인지

11 [옮긴이] 이 곡은 오페레타 〈미카도〉에 나오는 아리아다(데닛은 본문에 '행진곡'이라는 표현을 사용했지만, 가사가 있는 곡이므로 아리아가 맞다). 제목 '미카도'는 극에 나오는 군주의 이름이기도 하다. 그리고 바로 다음 문장에 나오는 '코코'는 사형 집행인의 이름이다.

(그것들이 특정한 해로운 교리의 호위병 역할을 하는 것처럼 보였음에도 불구하고) 혼란스러워했는데, 오여과 과정은 그때부터 시작되어 지금까지 계속되어왔다. (R. 리처즈의 1987년 저작은 진화 사상들의 진화에 대한 특히 매혹적인 역사를 보여준다.) 우리는 모두 다음과 같은 종류의 필터를 가지고 있다.

X에 나타나는 모든 것은 무시하라.

X는 어떤 이에게는 《내셔널 지오그래픽National Geographic》이나 《프라우다Pravda》일 수도 있고, 또 다른 어떤 이에게는 《뉴욕 리뷰 오브 북스》일 수도 있다. 우리 모두는 결국, "좋은" 발상에 의지하면서, 그 발상이 다른 이들의 필터 더미를 통과하여 우리의 주목을 받도록 모험을 해보는 것이다.

필터들의 이러한 구조는 그 자체로 상당히 견고한 밈 구조이다. 인공지능 창시자 중 한 명인(그리고 정보권 안에서 스스로 독립적인 기반을 지닌 밈인 '인공지능'이라는 이름의 주조자이기도 한) 존 매카시는, 한때 인본주의자 청중에게 전자 우편 네트워크가 시인의 생태학에 혁명을 일으킬 수 있으리라고 제안했다. 시인 중 시를 팔아서 생계를 유지할 수 있는 사람은 정말로 소수인데, 이는 시집들이 얇고 비싼 책이어서 극소수의 개인과 도서관에만 팔리기 때문이라고 매카시는 언급했다. 그러나 한번 상상해보라. 시인들이 자신의 시를 국제적 네트워크에 올려놓을 수 있고 누구든 약간의 돈만 내면 그것을 읽거나 복사할 수 있고 그 대금이 시인의 저작권 계정으로 전자적으로 송금될 수 있다면 어떤 일이 벌어질지. 그렇게 하면 많은 시인에게 안정적인 수입원이 제공될 수 있다고 그는 짐작했다. 시인과 시 애호가들이 전자 매체에 구현된 시들에 대해 지닐 수 있는 심미적 반감과는 상당히 별개로, 매카시의 짐작에 명백하게 반하는 가설은 집단 밈학population memetics에서 발생한다. 만일 그런 네트워크가 구축된다 해도, 좋은 시들을 찾기 위해 엉터리 시로 가득 찬 수천 개의 전자 파일들 사이를 헤집으며 방황하려는 시 애호가는 없을 것이다. 따라서 시 여과기(필터)를 위한 다양한 밈들에게 허용되는 틈새가 생겨날 것이다. 누구든 돈 몇 푼만 내면 좋은 시들을 찾아 정보권을 정밀하게 조사해주는 편집 서비스에 가입할 수 있을 것이다. 서로 다른 비평 표준에 따르는 다양한 서비스들이 번성할 것이며, 그 다양한 서비스들을 모두 검토해주는 서비스도 번성할 것이다. 최고 시인들의 작품들을 검토하고 모으고 편집 체제를 확립하고 시를 실어서 얇은 전자책으로 만들어 소수의 사람만 구매할 수 있게 하는 서비스도 번성할 것이다. 달리 말하자면, 편집과 비평을 위한 밈들은 정보권의 그 어떤 환경 안에서도 자신들을 위치시킬 틈새를 찾을 것이다. 그런 서비스들은, 마음들 사이의 전달 매체가 무엇이든 간에, 마음들의 용량 부족과 공급 부족 때문에 번성한다. 당신은 이 예측을 의심하는가? 의심한다면, 나는 적당한 내기의 틀을 만드는 것에 관해 당신과 논의하고 싶다. 여기서 다시 한번 분명히 하자. 앞에서 다루었던 진화적 사고에서 그토록 자주 만나보았듯이, 설명은, 그 과정들이—과정들의 매체가 무엇이든 관계없이, 그리고 그들의 특정한 궤적들이 우발적으로 어떤 지그재그 선을 따를지에 관계없이—강제된 움직임을 비롯한 '좋은 요령'들에 익숙해질 것이라는 가정하에 진행된다.

필터들의 구조는 복잡하며, 새로운 과제들에 신속하게 대응할 수 있으나, 물론 모든 경우에서 "효과적으로 작동"하는 것은 아니다. 훨씬 더 많은 선택 필터 층들에 대항하기 위한 훨씬 많은 정교한 "광고"가 생겨나면서, 필터들을 통과하기 위한 밈들 간의 경쟁은 계책과 반反 계책의 "군비경쟁"으로 이어진다. 학계의 품위 있는 생태계에서는 이를 광고라고 부르지 않지만, 동일한 군비경쟁이 부서 공식 문서 윗부분에 인쇄된 것처럼 분명히 드러나 있으니, 그것은 바로 "익명 심사"이다. 이에 의해 전문 학술지가 번성하고, 서평도, 서평의 서평도, "고전 작품" 선집들도 급증한다. 이 필터들이 항상 '최상의 상태를 유지하기'를 지향하는 것은 아니다. 예를 들어 철학자들은, 이류二流 기사의 독자 수를 늘리는 데 자신도 모르는 새 얼마나 자주 공범이 되고 있는지—단순히 그들의 입문 코스가 신입생마저도 반박할 수 있는 나쁜 생각들의 단세포적 버전이 될 필요가 있다는 이유로—자문해볼 수 있다. 20세기 철학에서 가장 빈번하게 재인쇄되는 기사들 중 일부는 매우 유명한 것들인데, 그것들이 유명한 것은 정확히는 누구도 그것들을 믿지 않기 때문이다. 즉 모든 사람이 그 글들의 무엇이 잘못되었는지를 알 수 있기 때문이다.[12]

우리의 관심을 끌기 위한 밈들의 경쟁 안에서 이와 관련된 현상은 긍정적 피드백이다. 생물학에서는 "폭주하는 성선택runaway sexual selection"과 같은 현상에서 잘 드러난다. 극락조나 공작의 길고 거추장스러운 꼬리는 폭주하는 성선택으로 잘 설명된다. (상세한 내용을 알고 싶다면 다음을 보라: Dawkins 1986a, pp. 195-220; Cronin 1991; Matt Ridley 1993.) 도킨스(1986a, p. 219)는 출판계에서의 사례도 제공한다. "베스트셀러 목록은 매주 발표되고, 어떤 책이 이 목록 안에 실릴 만큼 많이 팔리면, 그 직후에 판매량이 훨씬 더 증가한다. 베스트셀러 목록에 오른 덕분에 말이다. 이는 의심할 바 없는 사실이다. 출판인들을 이를 가리켜 책이 '이륙한다'고 말하며, 과학 지식이 어느 정도 있는 출판인들은 '이륙을 위한 임계 질량'을 이야기하기도 한다."

밈의 탈것은 모든 동물군, 식물군과 함께 우리 세계에 서식하지만, 대체로 인간이라는 종에게만 "보인다." 평범한 뉴욕 비둘기의 환경을 생각해보자. 매일 그들의 눈과 귀는, 인간 뉴요커들을 괴롭히는 것과 거의 같은, 많은 말과 그림을 비롯한 여러 가지 표시들과 상징들에 의해 괴롭혀지고 있다. 밈의 이 물리적인 탈것들은 비둘기의 복지에 중요한 영

12 이 주장을 입증하는 것은 독자들을 위한 연습문제로 남겨놓겠다. 정보권을 구축하고 따라서 다른 밈들의 전달에 영향을 주는 밈들 중에는 '명예훼손의 법칙'이 있다.

향을 줄 수 있지만, 그것들이 담지하고 있는 밈들 때문은 아니다. 비둘기가 《내셔널 인콰이어러The National Enquirer》의 어떤 페이지 밑에 있든, 《뉴욕타임스The New York Times》의 어떤 페이지 밑에 있든, 거기서 빵 부스러기를 찾기만 한다면 그 차이가 비둘기에게는 아무 의미가 없다는 뜻이다. 반면에, 인간에게는 각 밈의 탈것들은 잠재적인 친구이거나 잠재적인 적이다. 그것들은 우리의 힘을 증강시킬 선물을 담고 있거나 우리의 집중을 흩어놓고 우리의 기억에 부담을 주고 우리의 판단을 어지럽게 할, 트로이 목마 같은 선물을 담고 있다.

3. 밈학의 과학은 가능한가?

그 일의 범위는 내게 충격적으로 다가온다. 그러나 이것보다 더, 진화적 관점을 받아들인다면, 과학(또는 다른 어떤 종류의 개념적 활동이라도)을 논의하려는 시도는 훨씬 더 어려워지고, 너무 어려워지는 나머지 완전한 마비를 초래하게 된다.

—데이비드 헐(David Hull 1982, p. 299)

밈도 유전자처럼 무언가를 지시할 수 있다. 그러나 밈이 지시하는 것은 단백질 합성이 아니라 행동이다. 하지만 유전자도 단백질 합성을 통해 간접적으로 밈이 지시하는 것을 지시할 수 있다. 한편, 밈 복제에서는 신경구조상의 변경이 수반됨으로써, 밈의 복제도 언제나 단백질 합성의 유도와 연관된다.

—후안 델리우스(Juan Delius 1991, p. 84)

위의 인용문들은 모두 우리 귀를 솔깃하게 만들지만, 우리는 수많은 복잡함들을 얼버무려왔다. 나는 만반의 준비 위에서 구축되고 있는 회의론의 합창을 들을 수 있다. 4장 끝에 나왔던, 과학으로서의 집단유전학에 대한 프랜시스 크릭의 편견 이야기가 기억나는가? 집단유전학이 과학—그리고 집단유전에 관한 한물간 과학—으로서의 자격을 겨우 만족했다면, 밈학의 진정한 **과학**이 가능해질 승산은 얼마나 될까? 어떤 철학자들은 놀랄 만한 새로운 관점에서 발견될 (분명한) 통찰의 진가를 인정할 것이라고 말할 테지만, 밈학을 실제 과학, 즉 시험 가능한 가설과 믿을 수 있는 공식화와 정량화될 수 있는 결과들을 갖춘 학문으로 바꿀 수 없다면, 그것이 정말로 무슨 쓸모가 있는가? 도킨스는 자기가 밈학이라는 새로운 과학 분야를 세우고 있다고 주장한 적이 결코 없다. 왜 그랬을까? 밈 개념에 뭔가 문제가 있기 때문일까?

DNA가 유전자를 받치고 있다면, 그렇게 밈을 받치고 있는 것은 무엇일까? 몇몇 논평가(이를테면 델리우스 1991)는 복잡한 뇌구조로 밈을 식별identify할 수 있다고 말했는데, 그것이 DNA의 복잡한 구조로 유전자를 식별하는 것과 아주 유사하다고 주장했다. 하지만 이미 살펴보았듯이, DNA 내의 유전자의 탈것을 가지고 유전자들을 **식별**하는 것은 잘못이다. 진화가 알고리즘적 과정이라는 발상은, '기질 중립적 용어들로 이루어진 유용한 기술이 있어야만 한다'는 생각이기 때문이다. 조지 윌리엄스가 오래전에 제안했듯이,(1966, p. 25) "진화론에서 유전자는 대물림되는 **정보**[강조는 내가 했다]로 정의될 수 있다. 이때 그 정보에는, 내인성 변화율의 몇 배 또는 많은 배의 속도에 해당하는, 유리하거나 불리한 선택 편향이 작동한다." 정보와 탈것을 분리하는 것의 중요성은 밈의 경우에 훨씬 더 수월하게 알아차릴 수 있다.[13] 모두가 주목하고 있

13 유전자 이야기와 분자 이야기의 관계(교전 중이다)에 관한 좋은 논의를 보고 싶다면 Waters 1990을 참조하라.

는 명백한 문제는, 정보가 서로 다른 사람들의 뇌에 저장될 때 획일적인 "뇌 언어"가 사용될 가능성이 매우 낮다는 것이며—그러나 완전히 불가능한 것은 아니다—이는 뇌를 염색체와 매우 다른 것으로 만든다. 최근에 유전학자들은 호메오박스homeobox라고 불리는 염색체 구조를 확인했다. 동물마다 차이가 있음에도 불구하고 이 구조는 유전적으로 매우 먼 동물 종들에서도—아마 모든 동물 종에서—확인할 수 있다. 따라서 호메오박스는 매우 오래되었고, 또 발생학적 발달에서 중심 역할을 하는 것이라 할 수 있다. 눈의 발달에 주된 역할을 하는 유전자를 우리는 (그것이 제대로 작동하지 않으면 눈이라는 표현형적 효과가 발생하지 않는다는 의미에서) **아이리스**eyeless라 부른다. 그런데 쥐의 호메오박스에서 발견된 아이리스 유전자가 초파리의 한 종인 *드로소필라*에서도 확인되었고 그 두 유전자가 거의 같은 코돈 철자로 되어 있다는 것을 처음 알게 되면 우리는 아마도 놀라서 펄쩍 뛸 것이다. 그렇지만 벤저민 프랭클린Benjamin Franklin의 뇌에 그가 발명한 이중초점렌즈 밈을 저장되게 했던 뇌세포 복합체가, 아시아나 아프리카 또는 유럽에서 이중초점렌즈에 대해 처음 배우는—그것에 대해 읽거나 텔레비전에서 보거나, 부모의 코에 얹혀 있는 것을 봐서 알게 되는—아이들의 뇌에 그 밈을 저장하기 위해 요구되는 뇌세포 복합체와 똑같거나 매우 유사하다는 사실을 발견한다면, 우리는 더욱 아연실색할 것이다. 이 성찰은, 문화적 진화 안에서 보존되고 전달되는 것이—매체(기질) 중립적이고 언어 중립적인 의미에서의—**정보**라는 사실을 생생하게 보여준다. 따라서 밈은 주로 **의미론적** 분류이며, "뇌 언어" 또는 자연 언어에서 직접적으로 관찰 가능한 **구문론적** 분류가 아니다.

유전자의 경우, 고맙게도, 의미론적 정체성과 구문론적 정체성이 만족스러울 만큼 강하게 연합되어 있다. 모든 종에 걸쳐 (대개) 보존되는 단일한 유전 언어가 있는 것이다. 그래도 의미론적 유형들과 구문론적 유형들을 구별하는 것은 여전히 중요하다. 우리는 바벨의 도서관에서 구문론적 텍스트-변이들의 집합—《모비 딕》과의 구문론적 유사성 때문이 아니라 그것이 그 책에 **대해** 우리에게 말해주는 바에 의해 '《모비 딕》 은하' 안에 들어가는 모든 변이들—을 식별한다. (다른 언어로 번역된 《모비 딕》의 모든 상이한 판본들과 영어 요약본, 개요들, 학습 보조 자료들 등에 대해서도 생각해보라. 영화를 비롯한 다른 매체로 만들어진 버전들은 말할 것도 없다!) 이와 마찬가지로, 진화가 진행되는 시간 동안 우리가 유전자를 식별하고 재식별reidentify하는 것에 관심을 가질 수 있었던 것은, **일차적으로** 표현형적 효과—그것들이 "무엇"(이를테면 헤모글로빈이나 눈을 만드는 것 등)에 관한 것인가—의 균일함 때문이다. DNA 내에서 그것들의 구문론적 식별 가능성에 의존할 수 있는 우리의 능력은 최근에서야 이루어진 발전이다. 그리고 우리 자신이 그것을 믿음직하게 이용할 수 없는 경우라 해도, (예를 들어, 우리가 "읽을" DNA를 남기지 않은 종의 화석 기록에서 그나마 관찰할 수 있는 것들을 바탕으로 하여 유전적 변화에 관한 사실들을 추론해낼 때) 우리는 그 종에서 보존되었거나 전달되었음이 틀림없는 유전자—정보—에 대해 여전히 자신 있게 말할 수 있다.

동일한 정보를 저장하고 있는 뇌 구조들 간의 놀라운 동일성을 발견하여 밈을 구문론적으로 식별할 수 있게 되는 일을 상상할 수는 있지만, 그럴 날이 올 가능성은 거의 없으며, 또 확실하게 그래야 할 필요가 있는 것도 아니다. 그러나 그런 있을 법하지 않은 축복과 마주친다 하더라도, 우리는 밈의 더 추상적이고 근본적인 개념에 매달려야 한다. 밈의 전달과 저장이, 묘사를 위한 공유된 언어에 의존하지 않는 비뇌적非腦的 형태—온갖 종류의 인공물—로 무한정 진행될 수 있음을 우리가 이미 알고 있기 때문이다. 정보의 "멀티미디어" 전달과 변환이 존재한 것이 사실이라면, 그것은 문화적인 전달과 변화이다. 그래서 우리가 생물학에서 기대하게 된 비환원적 승리의 변종들 중 일부—예를 들어, 이 세계의 모든 종에서 헤모글로빈이 얼마나 많은 다른 방식으로 "스펠링"되는가를 정확하게 알아내기—는 문화의 그 어떤 과학에서도 거의 확실하게 배제된다. '마음읽기mindreading의 황금기'의 예언들에도 불구하고 사람들은 요즘에도 신경과학 이념가의 소식을 가끔 듣는 것이다.

이는 몇몇 종류의 밈학만을 좌절시킬 테지만, 실제 상황은 그것보다 더 나쁘지 않은가? 우리가 알고 있듯이, 다윈주의적 진화는 매우 고충실도의 복제—DNA 텍스트와 함께 제공되는 DNA 판독기의 정교한 교정과 복사 설비 덕분에, 완벽하지는 않지만 거의 완벽한 복제가 가능하다—에 의존한다. 돌연변이율을 조금 높이면 진화는 걷잡을 수 없는 혼란에 빠져, 자연선택이 장기적 적합도를 보증하도록 작동하는 일이 불가능해진다. 반면에, 마음(또는 뇌)들은, 복사기와는 전혀 비슷하지 않다. 유전자에서는 메시지를 충실하게 전달하고 눈에 띄는 오타를 대부분 수정하는 일이 일어나지만, 뇌는 그 반대—변환하고 고안하고 보관하고 검열하고, 또 일반적으로 "출력"을 산출하기 전에 "입력"을 혼합하는—작업을 하도록 설계된 것처럼 보인다. 문화적 진화와 전달의 보증마크 중 하나는 비정상적으로 높은 재조합과 돌연변이 비율 아닐까? 우리가 상상력이 결여된 마음을 가진 기계적 암기 학습자가 아니라면, 밈을 전달할 때 밈을 바꾸지 않고 그대로 두는 일은 **거의 없다**. (그렇다면 '걸어 다니는 백과사전'은 지독하게 보수적인 사람일까?) 게다가, 스티븐 핑커Steven Pinker가 (사적인 대화에서) 강조했듯이, 밈에서 일어나는 많은—얼마나 많은지는 분명하지 않지만—돌연변이는 분명히 **지향적** 돌연변이이다: "상대성 이론과 같은 밈들은 몇몇 원래 아이디어의 수백만 개의 **무작위적**(비지향적, 비지시적) 돌연변이의 산물이 축적된 결과가 아니다. 생산의 연쇄에서 각 뇌는 무작위적이지 않은 방식으로 생산물에 약간씩의 가치를 엄청나게 많이 더해주었다." 사실, 밈 둥지로서의 마음의 모든 힘은 생물학자가 **혈통 교차**lineage-crossing 또는 **문합**anastomosis이라 부르는 것(나뉘어 있던 유전자풀들이 도로 합쳐지는 것)에서 나온다. 굴드(1991a, p. 65)가 지적했듯, "생물학적 변화와 문화적 변화의 기본적 위상은 완전히 다르다. 생물학적 진화는 나중에 가지가 다시 합쳐지는 일 없이 계속 발산만 하는(나뉘기만 하는) 체계이다. 생물학적 혈통은 일단 한번 나뉘면 영원히 분리된다. 인간의 역사에서 정보가 다른 혈통(계통)들 간에서도 전달된다는 것은 아마도 문화적 변화의 주요 원천일 것이다."

게다가 밈들은, 마음 안에서 서로 접촉할 때, 그들의 표현형적 효과를 재빨리 바꾸며 서로에게 적응할 수 있는 놀라운 역량을 지니고 있다. 그리고 그 후 마음이 이 혼합의 결과를 방송하거나 발표할 때 복제되는 것은 그 새 표현형의 레시피이다. 예를 들어보자. 내겐 건설 기계에 푹 빠진 세 살배기 손자가 있는데, 그 아이가 최근에 동요 〈디젤의 헛수고 Pop! goes the diesel〉[14]의 미세한 돌연변이 버전을 불쑥 내뱉었다. 아이는 자기가 무엇을 했는지 알아차리지도 못했지만, 원래의 가사조차 전혀 떠올리지 못했을 나는, 그때 그 돌연변이 밈이 복제되는 것을 보았다. 앞에서 논의했던 농담의 경우처럼, 그리 대단치 않은 이 창조성의 순간은 행운의 우연과 인정의 혼합물이며, 이 특별한 것을 창조한 저자라고 주장될 수 있는 사람은 아무도 없다. 굴드 등이 지적했듯이, 이는 획득된 특질들의 일종의 라마르크식 복제다.[15] 밈을 위한 임시 거주지로서의 인간 마음의 바로 그 창조 활동은 계보의 절망적 뒤섞임을 보장하는 것처럼 보인다. 그리고 표현형(밈들의 "신체 설계")이 너무 빨리 변화해서 그 "자연종natural kind"들을 추적할 수 없을 것처럼 보인다. 10장(503쪽)에서 '약간의 정체기가 없다면 종들은 보이지 않는다'고 했던 것을 기억하

---

14 [옮긴이] 기차들이 주인공인 애니메이션 드라마의 주제곡이다. 우리나라에서는 〈토마스와 친구들〉이라는 제목으로 방영되었다.

15 보통, 문화적 진화가 라마르크식이라는 "공격"은, 헐(1982)이 조심스럽게 지적한 것처럼, 깊은 혼란이지만, 이 버전에서는 그것을 부정할 수 없다. 비록 "공격"인 것도 아니지만 말이다. 특히, 획득된 특질들을 전달하는 라마르크식 재능을 보이는 존재자는 인간 행위자가 아니라 밈 그 자체이다.

라. 하지만 이 말이 형이상학적인 것이 아니라 인식론적이라는 것도 기억해야 한다. 종들이 어느 정도 정체되어 있지 않다면, 우리는 특정 종류의 과학을 하는 데 필요한 사실들을 **발견하고** 조직화하지 못했을 것이다. 그러나 그것이, 현상이 자연선택에 의해 지배되지 않았다는 것을 보여주지는 않을 것이다. 마찬가지로, 여기서의 결론은 비관적인 **인식론적** 결론이 될 것이다. 밈이 **정말로** "변화를 동반하는 계승" 과정에 기원한다 하더라도, 우리가 계승 과정을 기록하는 과학을 만들어낼 가능성은 희박하다.

걱정이 일단 그런 형태로 형성되면, 그것은 부분적 해결책으로 보일 수 있는 것을 가리키게 된다. 문화적 진화의 가장 현저한 특징 중 하나는, 기저의 매체가 엄청나게 다름에도 불구하고 공통점들이 쉽게, 믿을 만하게, 그리고 확신 가능하게 식별**될 수 있다**는 것이다. 〈로미오와 줄리엣Romeo and Juliet〉(예를 들면, 영화)과 〈웨스트사이드 스토리West Side Story〉의 공통점은 무엇인가?(Dennett 1987b) 일련의 영어 문자들도, 심지어는 일련의 명제들(영어로 번역되거나 프랑스어로 번역되거나 독일어 등 외국어로 번역된 것도 포함해서)도 아니다. 공통점은, **구문론적** 속성이나 그 속성들의 체계가 아니라, **의미론적** 속성이나 그 속성들의 체계다. 텍스트가 아니라 스토리다. 등장인물들의 이름이나 그들의 대사가 아니라, 등장인물 자체와 그들의 성격이라는 뜻이다. 두 작품에서 우리가 그토록 쉽게 동일하다고 식별해낼 수 있는 것들은, 윌리엄 셰익스피어와 아서 로렌츠(〈웨스트사이드 스토리〉의 저자) 두 사람 모두가 감상자들이 생각해보기를 원했던 범주의 것이다. 따라서 그것은 오직 **지향적 대상들**의 수준에서만 벌어지는 것들이며, 일단 우리가 지향적 태도를 채택해야만 그러한 공통 속성들[16]을 기술할 수 있다. 우리가 그러한 태

---

16 참조. 의식에 대한 객관적 과학인 타자현상학heteropbenomenology에서 지향적 태도를 과학적 전술로 채택하게 하는 환영받는 힘과 평행선상에 있는 논점이다.(Dennett 1991a)

도를 취하면, 우리가 그토록 찾던 공통점들이 아픈 엄지 손가락마냥 또렷하게 두드러질 것이다.

이것이 도움이 될까? 된다. 그러나 우리는 앞에서 이미 여러 가지 다른 모습에서 확인해보았던 문제를 조심해야 한다. 수렴진화와 표절(또는 정중한 빌림)을 구별하는 방법에 대한 문제 말이다. 헐(1982, p. 300)이 지적했듯, 우리는 두 동일한 문화적 항목들이 계승에 의해 연관되지 않는 한, 그 둘을 동일한 **밈**의 두 사례로 간주하려 하지 않는다. (문어 눈을 만드는 유전자와 돌고래 눈을 만드는 유전자는 동일한 유전자가 아니다. 그 둘의 눈이 아무리 비슷해 보여도 말이다.) 이는 문화진화론자들이 '좋은 요령'을 위한 밈들을 추적하려고 할 때마다 수많은 착각이나 결정 불가능성을 형성하기 쉽게 만든다. 우리가 밈을 식별하는 수준이 추상적일수록 수렴진화와 계승을 구별하기가 더 어려워진다. 〈웨스트사이드 스토리〉의 제작자들(아서 로렌츠, 제롬 로빈스Jerome Robbins, 레너드 번스타인Leonard Bernstein)이 《로미오와 줄리엣》에서 아이디어를 얻었다고 말해준 덕분에 우리는 그 사실을 알게 되었지만, 그들이 이를 신중하게 비밀에 부쳤다면 우리는 제작자들이 단순히 바퀴를 재발명했다고, 즉 거의 모든 문화적 진화에서 스스로 드러나 보일 "보편적"인 것을 재발견했다고 생각했을 것이다. 우리의 식별 원칙들이 순수하게 의미론적일수록—달리 말하자면, 특정한 형식 또는 표현에 덜 구속될수록—혈통의 계승을 자신 있게 추적하는 일은 어려워진다. (바빌로니아 천문력의 그리스어 번역본이 지닌 수수께끼를 해독하던 오토 노이게바우어에게 결정적인 단서를 제공한 것은 특정 표현 형태의 특이성들이었음을 기억하라. 이는 6장에서 다루었다.) 이는 문화의 과학에서 분류학자들이 분기학적cladistic 분석을 하며 상사analogy에서 상동homology을 구별해내려 할 때, 그리고 파생된 특질에서 조상의 특질을 구별해내려 할 때 직면하는 동일한 인식론적 문제다.(Mark Ridley 1985) 문화분기학이라는 상상의 영역에서, 이상적으로는, 사람들은 "문자들"—말 그대로, 알파벳 철자들—을 찾으려고 할 것이다. 가능한 대안들의 거대한 집합 안의 기능적 선택권 내에서 할 수 있는 선택이기 때문이다. 만일 우리가 로미오와 줄리엣의 말과 구절들을 의심스럽게 모사한 온전한 문장들을 토니와 마리아[17]의 대사에서 발견했다면, 로렌츠나 로빈스 또는 번스타인의 자전적인 단서들은 필요가 없을 것이며, 우리는 그 말들의 동일함이 우연이 아니라고 주저 없이 선언할 것이다. 설계공간은 천많게 광대해서, 그런 절묘한 우연이 있다고 믿을 수 없으니까.

그러나 일반적으로, 문화적 진화의 과학에서 우리가 할 수 있는 시도들에서는 그러한 발견을 기대할 수 없다. 예를 들어 우리가, 농업이나 군주제 같은 제도 또는 문신이나 악수 같은 특정한 관행마저도 각각 독립적으로 재발명된 것이 아니라 동일한 문화적 조상으로부터 유래했다고 주장하고 싶어 한다고 가정해보자. 거기에는 트레이드-오프가 있다. 공통 특성을 찾기 위해 우리가 상당히 추상적인 기능적 (또는 의미론적) 수준으로 가야만 하는 한, 우리는 상사에서 상동을 구별해낼, 그리고 수렴진화에서 계승을 구별해낼 역량을 잃는다. 물론 이것은 문화 연구가들이 항상 암묵적으로 인정해왔던 사항이다. 다윈주의적 사고와는 완전히 독립적으로 말이다. 예를 들어, 고고학자들이 발굴한 질그릇 조각에서 우리가 무엇을 추론할 수 있을지 생각해보자. 공유된 문화의 증거를 찾는 인류학자들은, 상당히 적절하게도, 일반적인 기능적 형태보다는 장식 스타일에서 공통적으로 나타나는 특이성을 더 인상 깊게 생각한다. 아니면 지리적으로 먼 곳에 분포한 두 문화에서 공통적으로 **배**를 만들어 사용했다고 생각해보라. 이는 공유된 문화유산의 증거가 전혀 아니다. 만약 그 두 문화 모두에서 뱃머리에 **한 쌍의 눈**을 그렸다면 그것은 배를 사용했다는 것보다는 훨씬 흥미로울 테지만, 그것도 여전히 설계 게임에서의 꽤 뻔한 움직임이다. 그렇지만 두 문화 모두가 뱃머리에

17 [옮긴이] 〈웨스트사이드 스토리〉의 남녀 주인공 이름이다.

파란 육각형을 그렸다면, 그것이야말로 공유된 문화유산임을 말해주는 증거가 될 것이다.

문화적 진화에 관해 엄청나게 많은 것들을 생각해낸 인류학자 댄 스퍼버Dan Sperber는 추상적이고 지향적인 대상들을 과학적 프로젝트의 닻으로 사용하는 문제가 존재한다고 생각한다. 그의 주장에 따르면 그러한 추상적 대상은,

> 직접적으로 인과 관계 안으로 들어가지 않는다. 당신의 소화불량을 유발한 것은 추상적 수준에 있는 모르네 소스 조리법이 아니라, 공적인 표상들을 읽고 정신적 표상을 형성하고 그리하여 정도의 차이는 있지만 그것을 실행하고 성공하여 당신에게 요리를 제공한 사람이다. 아이에게 유쾌한 공포를 일으킨 것은 추상적 대상인 빨간 모자 이야기가 아니다. 아이는 엄마의 말을 이해했기에 공포를 느낀 것이다. 여기서 더 중요한 것은, 모르네 소스 조리법이나 빨간 모자 이야기가 문화적 표상이 되게 한 원인은 그것들의 형식적 특질들이 아니라(또는 직접적 원인이 아니라), 수백만 개의 공적 표상들에 의해 인과적으로 연결된 수백만 개의 정신적 표상의 구축이다. 〔Sperber 1985, pp. 77-78.〕

추상적 특성들의 역할의 간접성에 관한 스퍼버의 말은 확실히 옳다. 그렇지만 그것은 과학의 걸림돌이기는커녕 과학에 대한 일종의 최고의 초대이다. 추상적 형식화로 뒤얽힌 인과의 '고르디아의 매듭'[18]—그 모든 복잡성을 분명히 무시하기 **때문에** 예측 가능한—을 잘라버리자는 초대 말이다. 예를 들어보자. 유전자는 간접적이면서 오직 통계적으로만 볼 수 있는 표현형 효과들 때문에 선택된다. 다음과 같은 예측을

---

18 [옮긴이] 알렉산더가 단칼에 잘라버렸다는 매듭의 이름이다.

고려해보자: 날개에 위장 무늬가 있는 나방을 발견하면, 당신은 그때마다 예리한 시각을 지닌 포식자들이 있음을 알게 될 것이다. 그리고 반향정위를 이용하는 박쥐에게 대량으로 잡아먹히는 나방들을 발견한다면, 당신은 나방이 음파 방해 장치나 회피 비행 패턴을 생성하는 특정 재능을 지니게 되었고, 그 대가로 날개의 위장을 포기하는 거래를 했음을 알게 될 것이다. 물론 우리의 궁극적인 목표는 나방과 나방을 둘러싼 것들의 모든 특성을 설명하는 것이다. 분자 수준이나 원자 수준의 관련 메커니즘까지 말이다. 그러나 그런 환원이 전반적으로 균일하거나 일반화될 수 있어야 한다고 요구할 이유는 없다. 잡음에도 불구하고 패턴을 찾을 수 있다는 것은 과학의 영광이다.(Dennett 1991b)

인간 심리학의 특수성은(그리고 모르네 소스의 예가 보여주듯이 그 문제에서의 인간의 소화는), **결국은** 중요한 것이다. 그러나 그 특수성들은 문제의 현상에 대한 과학적 분석의 방식을 방해하지 않는다. 사실, 스퍼버 자신이 설득력 있게 주장했듯이, 상위 수준의 원칙들을 지렛대로 사용하여 하위 수준의 비밀들을 열어젖힐 수 있다. 스퍼버는 문화적 진화의 주요한 변화를 일으킨 쓰기writing의 발명이 지니는 중요성을 지적한다. 그는 문자가 생기기 전의 문화에 대한 사실에서 출발하여 인간 심리학에 대한 사실까지 어떻게 추론해내는지를 보여준다. (그는 **유전학**보다는 **역학**epidemiology의 노선을 따라 문화적 전달을 생각하는 쪽을 선호한다. 그러나 그의 이론은 그 방향이 도킨스의 것과 매우 비슷하다—다윈주의가 역학을 어떻게 다루는 것처럼 보였는지를 생각해본다면, 거의 구별이 불가능하다고 말해도 될 정도로 말이다. 이에 대해서는 윌리엄스와 네스Williams and Nesse[1991]을 보라.) 스퍼버의 "표상의 역학의 법칙"은 다음과 같다.

> 구전(구비) 전통에서, 모든 문화적 표상들은 쉽게 기억되는 것들이다. 기억하기 어려운 표상들은 잊히거나, 더 수월하게 기억되는 것

들로 변형된다. 문화적 유통 수준에 이르기 전에 말이다. 〔Sperber 1985, p. 86.〕

이 말은 처음에는 사소해 보일 것이다. 하지만 그것을 어떻게 적용할 수 있을지 생각해보라. 인간의 기억이 어떻게 작동하는지를 밝히기 위해 우리는 구전 전통에 고유한 특정 종류의 문화적 표상들의 존재를 이용할 수 있다. 다른 것들보다 더 잘 기억되도록 하는 **그런** 종류의 표상이 도대체 무엇인지 물어봄으로써 말이다.

스퍼버는 사람들이 텍스트보다는 이야기를 더 잘 기억한다고 지적한다—적어도 오늘날에는 구전 전통이 사라져가고 있으니까.[19] 그러나 오늘날에도 우리는 때때로—부지불식간에—정확한 리듬 속성들과 "음색" 등을 비롯한 많은 "하위 수준" 특성들을 갖춘 광고 노래를 기억한다. 과학자들은 자신의 이론을 나타낼 머리글자들이나 멋진 구호를 결정할 때, 그것들이 더 기억하기 쉽고 더 생생하고 매력적인 밈으로 만들어지기를 바란다. 따라서 표상 활동의 실제 세부 사항들은 표상된 내용만큼이나 밈의 후보가 되기도 한다. 머리글자들을 이용하는 것 자체가 밈—물론 메타밈meta-meme—인데, 이 밈은, 이름 밈의 설계에 도움을 준 내용 밈을 발전시키는 위력이 입증되었기 때문에 인기가 있었다. 머리글자들이나 운율이나 "짧고 분명한" 구호들의 어떤 면이, 인간의 마음을 통해 대유행된 경쟁에서 그들을 그토록 잘살게 하는 것일까?

우리가 여러 번 보아왔듯이, 이런 종류의 질문은 진화 이론과 인지과학 두 분야 모두의 근본적인 전략을 알뜰하게 이용한다. 진화 이론이 유전 채널들(그것이 무엇이든)을 통해 전달되는 정보들을 다룬다면, 인

---

19 기억되기 위한 구전의 놀라운 위력에 대한 분석을 보고 싶다면 앨버트 로드Albert Lord의 고전 《이야기를 노래하는 가수The Singer of Tales》(1960)를 참고하라. 이 책은 호메로스 시대에서부터 근대 시기에 이르기까지 발칸 국가들을 비롯한 여러 곳의 시인들이 개발한 운문 암기 기술을 잘 보여준다.

지과학은 신경계의 채널들(그것이 무엇이든)—여기에 더해, 소리와 빛을 매우 잘 전달하는 반투명 공기 같은 인접 매질도—을 통해 전달되는 정보를 다룬다. 당신은 정보가 A에서 B까지 전달되는 과정에 관한 불쾌한 기계적 세부 사항들에 대한 무지를 적어도 일시적으로는 교묘하게 숨길 수 있고, 어떤 정보는 거기에 **도달했고** 다른 정보는 그러하지 못했다는 사실이 미치는 영향에 대해서만 집중할 수 있다.

미국의 펜타곤에서 당신에게 스파이 또는 스파이 조직 전체를 잡으라는 임무를 부여했다고 가정해보자. 또, 핵잠수함에 관한 정보가 어떻게든 나쁜 사람들의 손에 들어가고 있음이 알려졌다고 가정하자. 스파이를 잡는 한 가지 방법은, 펜타곤 안의 다양한 곳에 흥미롭지만 틀린(그러나 받아들일 만한) 토막 정보들을 심어두고, 어떤 정보가 어느 순서로 제네바나 베이루트, 또는 그 외의 비밀 시장에서 수면으로 떠오르는지 지켜보는 것이다. 조건과 상황들을 변화시켜보면, 마땅히 유죄 판결을 받을 스파이 조직을 체포할 지점으로 이르는 경로—다양한 정류장과 환승 및 복합 시설—에 대한 정교한 도표를 점진적으로 완성할 수 있을 테지만, 사용된 통신 매체에 대해서는 여전히 아무것도 모르고 있을 것이다. 라디오였나? 문서에 마이크로도트Microdot[20]가 붙어 있었나? 수기 신호용 깃발을 썼나? 청사진을 외운 요원이 아무것도 지니지 않고 국경을 걸어서 넘어갔나? 아니면 그의 컴퓨터 플로피 디스크에 모스 부호로 적힌 문서가 숨어 있었나?

우리는 끝내 이 모든 질문의 답을 알고자 하지만, 답을 구하는 동안 순수한 정보 전달이라는 기질(매체) 중립적 영역에서 우리가 할 수 있는 일이 많다. 예를 들어 인지과학에서는 언어학자 레이 재킨도프Ray Jackendoflf(1987, 1993)가 이 방법의 놀라운 위력을 보여준다. 정보를 얻는 우리의 눈으로 들어오는 빛에서부터 우리가 보는 것에 관해 우리가

20 [옮긴이] 1제곱밀리미터 정도로 축소한 사진을 말한다.

이야기할 수 있는 지점에 이르는 모든 경로에 관한 정보를 얻는 그런 과업들에 들어가**야만** 하는 표상 수준들의 수와 그 위력들에 관한 천재적인 추론을 통해서 말이다. 과정들의 구조와 과정들이 변형시키는 표상들에 대해 확신할 수 있고 믿을 만한 결론에 도달하기 위해 그가 신경생리학의 세부 사항들을 알 필요는 없다(다른 언어학자들과는 달리 그는 거기에 관심이 있지만).

이 추상적인 수준에서 배우는 것은 그 자체로 과학적으로 중요하다. 사실, 그것은 모든 중요한 것들의 기초이다. 물리학자 리처드 파인먼Richard Feynman은 다른 누구보다 이를 잘 표현했다.

> 오늘날의 우주 사진에 영감을 받은 사람은 아무도 없는가? 과학의 이런 가치는 그 어떤 가수에 의해서도 노래되지 않은 채 남아 있다. 당신은 노래나 시가 아니라 과학에 대한 야간 강의를 듣는 처지로 전락했다. 아직은 과학의 시대가 아닌 것이다.
>
> 이 침묵의 이유 중 하나는 아마도 당신이 음악을 읽을 줄 알아야만 한다는 것일 것이다. 예를 들어, 어떤 과학 논문이 "쥐 대뇌의 방사성 인燐 함량이 2주 동안 2분의 1로 감소한다"고 보고했다고 하자. 자, 그게 무슨 뜻일까?
>
> 이는 쥐의 대뇌—나의 대뇌와 당신의 대뇌도 마찬가지다—안에 있는 인이 2주 전의 인과는 다른 것임을 의미한다. 뇌에 있는 원자들이 대체되고 있음을 의미하는 것이다. 전에 있었던 것들은 사라졌다.
>
> 그렇다면 우리의 이 마음은 무엇일까? 의식을 지닌 이 원자들은 무엇인가? 지금은 별 쓸모없는 지난 주의 감자 같은 것! 지금의 그들은 1년 전의 내 마음—오래전에 교체된 마음—안에서 무슨 일이 일어나고 있었는지를 기억할 수 있다.
>
> 내가 나의 개인적 특질이라고 부르는 것이 단지 패턴이나 춤일 뿐임을 알아차린다는 것은, 뇌의 원자들이 다른 원자들로 바뀌는 데 얼마

나 오랜 시간이 걸리는가를 내가 발견했다는 것을 의미한다. 원자들은 내 뇌에 들어와 춤을 추고, 그리고 밖으로 나간다. 뇌에는 언제나 새로운 원자들이 있지만, 언제나 같은 춤을 추며, 어제의 춤이 무엇이었는지를 기억한다. 〔Feynman 1988, p. 244.〕

4. 밈의 철학적 중요성

우리가 우리의 단어 용법에 대해 까다롭고 순수한 자세를 고수한다면 문화적 '진화'는 결코 진정한 진화가 아니다. 그러나 그것들 사이에는 원칙들의 비교를 정당화하기에 충분한 공통점이 있을 것이다.

—리처드 도킨스 1986a, p. 216

교인들 사이에 전파된 문화적 관행이 교인들의 적합도를 증가시킬 것이라고 기대할 이유는 전혀 없다. 유사한 방식으로 전염되는 독감 바이러스가 숙주들의 적합도를 높일 것이라고 기대할 이유가 없는 것처럼 말이다.

—후안 델리우스 1991, p. 84

1976년 도킨스가 밈을 도입했을 때, 그는 자신의 혁신이 고전 다윈 이론을 문자 그대로 확장한 것이라고 기술했다. 그러나 그 이후 그는 약간 움츠러들었다. 《눈먼 시계공》(1986a, p. 196)에서는, "영감을 주긴 하지만 조심하지 않으면 너무 멀리 가버리게 될 수 있는 것"이라는 비유를 썼다. 그는 왜 이렇게 후퇴했을까? 《이기적 유전자》가 나온 지 이제 18년이나 지났는데, 왜 밈이라는 밈에 대한 논의를 거의 하지 않을까?

《확장된 표현형The Extended Phenotype》(1982, p. 112)에서 도킨스는 유전자와 밈 사이의 몇몇 흥미로운 비非 유사성들을 인정하면서, 사회생물학자들을 비롯한 학자들의 거센 비판에 강력하게 대답했다.

> …… 밈은 선형 염색체를 따라 늘어서 있지 않다. 그리고 이산적인 '좌위들'을 차지하고 경쟁하거나 식별 가능한 대립밈allele들을 가지는지도 확실하지 않다. …… 복제 과정은 아마도 유전자의 경우보다 훨씬 덜 정밀할 것이다. …… 밈은 서로 부분적으로 섞일 수 있다. 그러나 유전자는 그런 식으로 섞이지 않는다.

그러나 그 후에는(p. 112), 이름도 없고 인용도 되지 않은 적들 앞에서 분명히 더 멀리 후퇴했다.

> 내가 느끼기에, 그것(밈이라는 밈)의 주된 가치는 유전적 자연선택에 대한 우리의 인식을 날카롭게 한다는 점보다는 인간 문화에 대한 이해를 돕는다는 점에 있다. 내가 밈을 논의하는 것이 주제넘은 짓이라고 생각하는 유일한 이유가 바로 여기 있다. 그에 대해 권위 있는 기여를 하기에 충분할 정도로 내가 인간의 문화에 대한 현존 문헌들을 잘 알지는 못하기 때문이다.

나는 밈의 눈 관점을 이용하면 밈이라는 밈에 일어난 일이 무엇인지 명확히 알 수 있다고 생각한다. "인본주의자"의 마음은 "사회생물학"에서 나오는 밈들에 특히 공격적으로 대항하는 필터 세트를 설치했다. 그리고 일단 도킨스를 사회생물학자로 식별하고 나면, 그 점이야말로 이 침입자가 문화에 관해 이야기할 것이 무엇이든, 그것을 거부해야 할 확실한 보증서가 된다. 이는 좋은 이유에서의 거부가 아니라, 일종의 면역학적 거부 반응일 뿐이다.[21]

왜 그런지 알 수 있을 것이다. 밈의 눈 관점은 인본주의의 중심 공리들 중 하나에 도전한다. 도킨스(1976, p. 214)는 우리가 설명들을 하면서 근본적인 사실—"어쩌면 문화적 형질은, 단순히 그것이 **그 자신에게 유리했기** 때문에 그것을 지니는 방식으로 진화했을 수도 있다"—을 간과하는 경향이 있다고 지적한다. 이는 아이디어들에 관한 새로운 생각 방식이긴 하다. 그런데 과연 좋은 방식일까? 우리는 이 질문에 답을 해야만, 밈이라는 밈이 우리가 알뜰하게 이용하고 복제해야 하는 것인지 아닌지를 알게 될 것이다.

유전자에서와 같이 밈에서도 첫째 규칙은, 복제가 반드시 무언가를 위해 필연적인 것은 아니라는 것이다. 복제에 …… 능한 …… 복제자들이 번성한다—이유가 뭐가 됐든!

> 자신의 몸을 낭떠러지로 내달리게 하는 밈은 몸을 낭떠러지로 내달리게 하는 유전자와 같은 운명을 맞이하게 될 것이다. 그런 밈은 밈풀에서 제거되는 경향이 있다. …… 그러나 이것이, 밈선택에 있어서의 성공을 판별하는 궁극적 기준이 유전자의 생존이라는 것을 의미하지는 않는다. …… 밈의 숙주인 개체를 자살하게 만드는 밈은 분명히 심각한 약점을 지니지만, 그것이 반드시 밈 자신에게 치명적인 것은 아니다. …… 자살 밈은 확산될 수 있다. 대중에게 잘 알려진 극적인 순교가, 다른 사람들로 하여금 그들이 깊이 사랑하는 어떤 이유를 위해 죽도록 영감을 줄 때처럼 말이다. 그리고 이렇게 되면, 영감을 받은 이가 결국 죽게 되기도 한다. 〔Dawkins 1982, pp. 110-11.〕

---

21 1979년, 인본주의자 미즐리Midgley는 도킨스를 사회생물학자라고 못 박고, 이해할 수 없을 정도로 묵살하고 혹평을 퍼부었다. 그의 공격은 과녁에서 너무 멀리 빗나가 있어, 해독제 없이 읽어서는 안 된다: Dawkins 1981. 미즐리는 1983년에 사과했으나, 그 사과 역시 여전히 대체로 적대적인 재답변으로 이루어져 있다.

도킨스가 말한 홍보는 매우 중요하며, 다윈주의적 의학과 직접적인 유사성을 지니고 있다. 윌리엄스와 네스(1991)가 지적했듯이, 질병 유기체(기생충, 박테리아, 바이러스)들의 생존은 이 숙주에서 저 숙주로 휙휙 뛰어다닐 수 있느냐에 달려 있고, 이는 중요한 함의를 담지한다. 퍼지는 방식에 따라—예를 들어, 먼저 감염된 사람을 물고 나서 감염되지 않은 사람을 문 모기를 통해서가 아니라, 재채기나 성적 접촉을 통해 퍼지는 경우라면—숙주를 죽게 하는 것보다는 숙주를 깨어 있게 만드는 것에 그들의 미래가 달려 있을 수도 있다. 만일 숙주에게 해를 끼치지 않는 것이 "그것들에게 이익"이 되도록 유기체의 복제 조건들이 조작될 수 있다면, 자연선택에 의해 더 유순한(양성의) 변이들이 선호될 것이다. 같은 이유로 우리는, 다른 모든 조건들이 같다면 유순하거나 무해한 밈들이 번성한다는 것을 알 수 있으며, 숙주에게 치명적인 경향이 있는 밈들은 자신들이 배와 함께 침몰하기 전에—또는 침몰하는 동안에라도—자신을 홍보할 어떤 방식이 있어야만 번성할 수 있음을 알 수 있다. 존스라는 사람이, 자살에 찬성하는 진정으로 설득력 있는 주장을 접하거나 그런 주장을 생각해낸다고 가정해보자. 그리고 그 주장이 너무 설득력 있었던 나머지, 그가 자살하게 되었다고 가정하자. 자신이 왜 그런 일을 했는지를 설명하는 쪽지를 남기지 않는다면, 그 문제의 밈—적어도 그 밈의 '존스의 계보'—은 확산되지 않을 것이다.

그렇다면 도킨스가 밝힌 가장 중요한 요점은, 밈의 복제 능력(밈의 관점에서 보자면, 밈의 "적합도")과 우리의 적합도에 대한 밈의 기여(우리가 그것을 어떻게 판단하든) 사이에 **필연적** 연결은 없다는 것이다. 이는 불안한 관찰이지만, 완전히 자포자기할 정도의 상황은 아니다. 어떤 밈들은 우리가 그것들을 쓸모없다거나 추하다거나 심지어는 우리의 건강과 복지에 위험하다고 판단했음**에도 불구하고**, 우리를 분명하게 조종하여 자신들의 복제에 협력하게 만든다. 하지만 자신을 복제하는 많은—우리가 운이 좋다면, 대부분의—밈은 단지 우리가 그들을 승인하기 때문이 아니라 그것들을 존중하기 **때문에** 우리를 자신들의 복제에 협력하게 한다. 모든 점에서 미루어볼 때, 다음과 같은 밈들은 이기적 복제자로서의 그들의 관점에서뿐만 아니라, 우리의 관점에서도 좋다는 것에 이론의 여지가 거의 없다고 생각한다: 협동, 음악, 글쓰기, 달력, 교육, 환경 의식, 군비 축소 등의 매우 일반적인 밈, 그리고 죄수의 딜레마, 〈피가로의 결혼The Marriage of Figaro〉, 《모비 딕》, 반품 가능한 병, 전략무기제한협정 등의 특정한 밈들. 그러나 논란의 여지가 더 많은 다른 밈들도 있다. 우리는 그런 밈들이 왜 확산되고, 또 모든 점에서 미루어볼 때, 그것들이 우리에게 문제를 일으키는데도 우리가 왜 그것들을 견뎌야 하는지를 알 수 있다: 고전 영화들에 색을 입히기, 텔레비전 광고, 정치적 올바름의 이상. 그러나 또 어떤 밈들은 우리에게 치명적으로 유해하지만 근절하기 어렵다: 반유대주의, 비행기 납치, 스프레이 낙서, 컴퓨터 바이러스.[22]

생각에 대한 우리의 정상적 견해는 **규범적** 견해이기도 하다: 그 견해는 우리가 수용하거나 존중하거나 승인**해야 하는** 생각들에 관한 기본형이나 이상을 구체화한다. 짧게 말해서, 우리는 진실하고 아름다운 것들을 받아들여야 한다는 것이다. 정상적 견해에 따르면, 다음은 실질적으로는 동어반복(적어 두기에는 잉크가 아까울 정도로 사소하게 참인 것들)이다.

생각 X는 그것이 사실로 여겨졌기 때문에 사람들에 의해 믿어졌다.

사람들은 X가 아름답다고 생각했기 때문에 X를 승인했다.

이 규범들은 명명백백할 뿐 아니라 **구체적**이기까지 하다. 그 규범

---

22 도킨스(1993)는 컴퓨터 바이러스와 그것들과 기타 밈들과의 관계에 관한 중요한 새로운 관점을 제공한다.

들은 우리가 아이디어들에 대해 생각할 때의 규칙들을 정한다. 우리는 그 규범들에서 벗어난 것들에 대해서만 설명을 요구한다. 책이 왜 자신 안에 **옳은** 문장들이 가득하다고 주장하는지, 그리고 예술가가 왜 **아름다운** 것을 만드는 데 매진하는지는 설명할 필요가 없다. 그건 그냥 "누가 봐도 분명하기" 때문이다. 그런 규범들의 구체적 지위는, "메트로폴리탄 진부함 박물관"이나 "거짓말 백과사전" 같은, 상궤를 벗어난 것들에서 풍기는 역설의 냄새를 근거로 한다. 정상적 견해 내에서 특별한 설명을 요구하는 것들은, 어떤 것이 옳고 아름다움에도 불구하고 **수용되지 않는** 경우나, 추하고 옳지 않음에도 불구하고 **받아들여지는** 경우이다.

밈의 눈 관점은 이런 보통 관점의 대안이라고 주장된다. **이 관점에서의** 동어반복 명제는 다음과 같다.

밈 X는 X가 훌륭한 복제자이기 때문에 사람들 사이에서 확산된다.

좋은 유사 사례를 물리학에서 찾을 수 있다. 아리스토텔레스 물리학에서는 물체가 직선 운동을 계속하는 것은 설명이 필요한 현상이었으며, 따라서 그 물체에 계속 작용하는 힘 같은 것들을 동원한 설명이 이루어졌다. 뉴턴이 이룩한 위대한 관점 전환의 중심에는 그런 (등속) 직선 운동은 설명을 필요로 하지 않는다는 생각이 자리 잡고 있다. 오직 그것에서 벗어난 것—가속도—만이 설명을 요하는 것이었다. 훨씬 더 좋은 유사 사례는 생물학에서 찾을 수 있다. 윌리엄스와 도킨스가 유전자의 눈 관점이라는 대안을 제안하기 전에는, 진화 이론가들은 '적응이 유기체들에게 좋기 때문에 존재한다'는 것이 **명백하다**고 생각하는 경향이 있었다. 그러나 이제 우리는 더 잘 알게 되었다. 유전자 중심 관점은 그것이 정확히 유기체에게 좋은 것이 아무 가치가 없는 "예외적인" 경우들을 다루기 때문에 가치가 있고, "정상적인(보통의)" 상황이, 순수한 합리적 진리가 아닌 오래된 관점에서 보아도 파생적이고 예외적인 규칙성으로 보이는 일이 어떻게 가능한지를 보여준다.

밈 이론의 전망은 우리가 그 예외들과 마주칠 때만 흥미로워진다. 두 관점이 서로를 반대 방향으로 끌어당기는 상황 말이다. 밈 이론이 우리에게 정상적인 도식에서 벗어나는 것들을 더 잘 이해할 수 있게 할 때만 밈 이론을 수용할 보증서가 주어질 것이다. (밈 자신의 용어로 말하자면, 밈이라는 밈이 성공적으로 복제되는지의 여부는 인식론적 미덕과는 엄격하게 독립적이다. 밈은 해로운데도 확산될 수 있고, 미덕을 갖추었는데도 멸종될 수도 있다.)

우리에게 다행스러운 것은, 두 관점 사이에는, 제너럴모터스에 좋은 것과 미국에 좋은 것 사이의 관계에서처럼, 비非 무작위적 상관관계가 존재한다는 점이다. 복제되는 밈이 우리에게—그러나 우리의 **생물학적 적합도**가 아닌, 우리가 소중히 여기는 것(그게 무엇이든)에—좋은 경향이 있다는 것은 우연이 아니다. (기독교도들에 대한 윌리엄스의 냉소적 논평은 그 점에서 절대적으로 옳다.)[23] 그리고 결정적인 요점을 절대 잊지 마시라. 우리가 소중히 여기는 것—우리의 최고 가치—에 관한 사실들 자체가 가장 성공적으로 확산된 밈들의 대단히 중요한 산물이라는 것을. 우리는 우리의 최고선summum bonum이 무엇이 될지가 **우리에게** 맡겨져 있다고 주장하고 싶어 할지도 모른다. 그러나, '**우리**가 무엇인지' (그리고 따라서 우리가 최고선을 고려하도록 우리 자신을 설득할 수 있게 하는 것이 무엇인지) 자체가 우리가 우리의 동물적 유산을 넘어 성장하는 과정에서 배워서 습득한 것임을 인정하지 않는 한, 이는 신비적인 헛소리이다. 생물학은 우리가 소중히 여길 수 있는 것에 약간의 제약을 가한다. 장기적으로, 우리가 우리에게 도움이 되는 밈을 선택하는, 우연보

23 숙주에게는 (상대적으로) 유순하지만(양성이지만) 유감스럽게도 다른 이들에게는 악성인 밈은 드물지 않다. 예를 들어, 민족에 대한 자부심이 외국인 혐오로 바뀌는 것은 바실러스bacillus 균속 중 견딜 만했던 것이 치명적인 것으로 돌연변이된 경우의 거울상이라 할 수 있다—원래의 숙주에 반드시 치명적이지 않다면 다른 숙주에게!

다 나은 습관이 없었더라면 우리는 살아남지 못했을 것이다. 하지만 우리는 아직 **장기적인 것의 결과를 보지 못했다**. 이 행성에서 이루어진 문화에 대한 대자연의 실험은 겨우 몇 천 세대만 이어져왔을 뿐이니까. 그럼에도 불구하고, 우리에겐 우리의 밈 면역 체계들이 가망 없지 않다고 믿을 좋은 이유가 있다. 그것들이 실패할 염려가 전혀 없는 것은 아니라 해도. 일반적으로 우리는, 두 관점의 일치에 대한 대략적인 경험칙에 의존할 수 있는 것이다. 전반적으로, 좋은—**우리의** 표준에 비추어볼 때 좋은—밈들이 훌륭한 복제자가 되는 경향이 있을 것이다.

도달하느냐 도달하지 못하느냐가 관건이 되는 모든 밈의 안식처는 바로 인간의 마음이다. 그러나 인간의 마음 그 자체가, 밈이 인간의 뇌를 자신들에게 더 좋은 서식지로 만들기 위해 재구성하여 생성된 인공물이다. 밈은 진입로와 출구를 국지적 조건들에 맞도록 수정하고 복제의 충실도와 만연성을 높이는 다양한 인공 장치들로 강화한다. 중국인의 마음과 프랑스인의 마음은 인상적으로 다르며, 읽고 쓸 줄 아는 마음과 문맹의 마음 역시 다르다. 밈이 거주지를 얻은 대가로 유기체에 제공하는 것은 헤아릴 수 없이 많은 이점들의 저장고이다. 물론 그 안에 트로이 목마도 함께 존재한다는 것에는 의심의 여지가 없다. 정상적인 인간의 뇌가 모두 같지는 않다. 크기, 형태, 그리고 연결의 무수한 세부 사항(뇌의 기량은 이에 의존한다)에서 상당히 다양하다. 그러나 인간의 기량에서 가장 현저한 차이들(신경과학이 조사해도 아직 알 수 없는)은, 뇌에 들어와 그곳을 주거지로 삼는 다양한 밈들이 유도하는 미시 구조적 차이에 달려 있다. 밈은 서로의 기회를 증진시킨다. 예를 들어, 교육을 위한 밈은 밈을 이식하는 바로 그 과정을 강화하는 밈이다.

그러나 인간의 마음 그 자체가 밈들이 만든 매우 높은 수준의 창조물이라는 것이 사실이라면, 우리는 앞에서 고려했던 시각의 양극성을 견지할 수 없다. "밈 대 우리"라는 구도가 불가능하다는 것인데, 이는 초기에 뇌로 침입한 밈들이 우리가 누구인지 또는 우리가 무엇인지를 판단하는 데 이미 중요한 역할을 했기 때문이다. 외부의 밈과 위험한 밈들로부터 자신을 보호하기 위해 고군분투하는 "독립적" 마음이라는 것은 신화이다. 한쪽에는 우리 유전자의 생물학적 의무가 있고 다른 한쪽에는 우리 밈들의 문화적 의무들이 있는데, 이 양편 사이에는 지속적인 긴장이 있다. 그러나 우리는 우리 유전자의 "편을 드는" 어리석음을 저지를 것이다. 그리고 이것은 대중적(통속적) 사회생물학의 가장 터무니없는 오류를 범하는 일이 될 것이다. 게다가, 우리가 이미 주목했듯이, 우리를 특별하게 만드는 것은, 모든 종 가운데 우리만이 유전자의 명령들을 따르지 않고 그것을 넘어설 수 있다는 바로 그 사실이다—이는 우리 밈들로 이루어진 크레인들이 들어올림을 수행한 덕분이다.

그렇다면, 우리를 에워싼 밈 폭풍 안에서 굳건히 발붙이고 있으려고 악전고투할 때 우리는 어떤 기초 위에 서 있을 수 있을까? 복제가 올바른 방향으로 진행되지 않을 경우, "우리"가 밈들의 가치를 견주어 판단할 수 있는 영원한 이상은 무엇일까? 우리는 규범적 개념들—**의무, 선善, 진실, 아름다움** 등—에 대한 밈들이 우리 마음의 가장 확고한 거주자라는 것에 주목해야 한다. 우리를 구성하는 밈들 중 그것들이 중심적인 역할을 한다. 우리로서의 우리의 존재, 사상가로서의 우리의 존재—유기체로서의 우리의 존재가 아니라—는 그러한 밈들과 독립적이지 않다.

도킨스는 그를 비판했던 사람들 중 많은 이들이 읽지 않았거나 이해하지 못했을 구절로《이기적 유전자》(1976, p. 215)를 끝맺는다.

> 우리는 태어날 때부터 주어져 있던 이기적 유전자와, 필요할진대, 우리가 세뇌되어 얻게 된 이기적 밈들을 거스를 수 있는 힘을 지니고 있다. …… 우리는 유전자 기계로서 만들어졌고 밈 기계로서 키워졌다. 그러나 우리에겐 우리의 창조자들에게서 등을 돌릴 힘이 있다. 지구상에서 우리만이 홀로, 이기적 복제자들의 폭정에 반항할 수 있다.

대중 사회생물학의 지나친 단순화로부터 단호하게 거리를 두는 과정에서, 그는 자신의 주장을 다소 과장했다. 앞 인용문의 "우리", 즉 유전적 창조자들뿐 아니라 밈적 창조자들까지 초월해 있는 그 "우리"라는 것은, 우리가 방금 보았듯이, 신화이다. 도킨스 자신도 차기작에서 이를 인정한다. 《확장된 표현형》(1982)에서 도킨스는, 비버의 댐, 거미의 거미줄, 새의 둥지가 표현형의 산물—기능적 전체로 간주되는 개별 유기체—에 불과한 것이 아니라, 표현형의 일부, 즉 비버의 이빨, 거미의 다리, 새의 날개와 동등한 표현형의 일부라고 간주하는 생물학적 관점을 주장한다. 이러한 관점에서 보면, 우리가 짓고 있는 방대한 보호용 밈 네트워크는 우리가 생물학적으로 선물 받은 더 좁은 것들만큼이나 우리의 표현형들에—우리의 능력, 기회, 우여곡절 등을 설명하는 데에—필수적인 것이다. (이 주장은 Dennett 1991a에 훨씬 더 자세하게 개진되어 있다.) 근본적인 불연속성은 없다. 한 존재는 포유류가 될 수도, 아빠, 시민, 학자, 민주당원이 될 수도, 그리고 종신 교수가 될 수도 있다. 인간이 만든 헛간이 제비의 생태에 필수적인 부분인 것처럼, 성당과 대학도—그리고 공장과 감옥도—우리 생태의 필수 부분이며, 밈도 마찬가지이다. 밈이 없다면, 우리는 그러한 환경 안에서도 살아가지 못한다.

그렇지만 **내가** 내 몸과 그것을 감염시킨 밈들 사이의 어떤 복잡한 상호작용 시스템을 넘어서는 그 어떤 것도 아니라면, 개인적 책임은 어떻게 되는 것일까? **내가** 내 배의 선장이 아니라면, **내가** 어떻게 내 악행에 대한 책임을 지며 내 승리에 대한 명예는 또 어떻게 얻을 수 있는가? 자유의지로 **내가** 행동하는 데 필요한 자율성은 어디에 있는가?

"자율성"은 "자기 통제"를 뜻하는 화려한 용어일 뿐이다. 바이킹 우주선이 휴스턴의 엔지니어들이 조종하기에는 지구로부터 너무 먼 곳에 다다랐을 때, 그들은 새 프로그램을 바이킹에게 보냈다. 그것은 지구에서의 **원격**조종에서 바이킹을 제거하고, 그것을 현지의 **자기** 통제 아래 두는 프로그램이었다.(Dennett 1984, p. 55) 그것은 바이킹을 자율적으로 만들었다. 비록 바이킹이 계속 추구하는 목표는 그것이 만들어질 때 휴스턴 엔지니어들이 설치해놓은 것이긴 하지만, 이제는 바이킹이, 그리고 바이킹만이 그 목표들을 추진하며 결단을 내릴 책임을 지니게 되었다. 이제 바이킹이 작은 녹색 외계인들이 사는 어느 먼 행성에 착륙했다고 상상해보자. 그들은 착륙 즉시 바이킹에 들이닥쳐 소프트웨어에 손을 대고, 바이킹을 그들 자신의 목적에 맞게 변형(굴절적응)시킬 것이다. 예를 들어, 그것을 오락용 차량으로 만들 수도 있고, 어린아이들을 위한 보육원으로 만들 수도 있다. 이제 바이킹은 녹색 외계인의 통제를 받고 있으므로 자율성을 잃었을 것이다. 책임 소재를 내 유전자에서 내 밈에게로 전환시키는 것은, 이와 유사하게, 자유의지로 가려고는 하지만 가망은 없는 발걸음처럼 보일 수 있다. 우리는 고작 이기적 밈에게 점령당하려고 이기적 유전자의 횡포를 깬 것일까?

공생에 대해 다시 한번 생각해보자. 기생생물은 (그 정의상) 숙주의 적합도를 떨어뜨리는 공생자다. 그런 종류의 밈 중 가장 명백한 것은 아마도 독신 밈(이렇게만 말하면 악명 높은 빈틈이 생기므로, 그것을 메우려면 정절 밈도 덧붙여야만 할 것이다)일 것이다. 이 밈 복합체는 많은 사제와 수녀의 뇌에 서식한다. 진화생물학의 관점에서 보면 이 복합체는 정의상 **적합도**를 떨어뜨린다. 숙주의 생식선이 자식을 남기지 않은 채로 막다른 골목에 다다랐다는 것을 사실상 보증하는 것은 그것이 무엇이든 적합도를 떨어뜨리는 것이다. "하지만 뭐 어때?" 성직자는 반박할 수 있다. "**나는** 자식을 **원하지** 않아!" 바로 그거다. 하지만 그의 몸은 여전히 자손을 원한다고 말하는 사람이 있을 것이다. **그 자신**은, 대자연이 설계한 설비가 계속 잘 작동하고 있는 자기 몸과 어느 정도 거리를 두었고, 대자연은 때때로 **그에게** 자제력이라는 문제를 주었다. (몸과는) 다른 목표를 향하고 있는 이 **자신** 또는 **자아**는 어떻게 구성되었는가? 우리는 밈에 감염되는 자세한 역사를 알지 못할 수도 있다. 예수회에는 유명한 말이 있다. "아이의 첫 다섯 해를 우리에게 주십시오. 그럼 당신은 그 나머지를 가질 수 있습니다." 이로 미루어 짐작해보자면, 이 특정한 밈이 사제에게서 거점을 확보한 것은 그의 인생에서 매우 이른 시기의 일일 수도 있다. 또는 더 나중의 일일 수도 있고, 매우 점진적으로 일어난 일일 수도 있다. 그러나 언제든 어떻게든, 그런 일이 일어날 때마다 그 밈은 사제에 의해—적어도 한동안은—그의 정체성 안으로 통합된다.

나는, 성직자들의 몸이 자식을 낳지 못하도록 "운명지어져" 있기 때문에 그것이 나쁘거나 "자연스럽지 않은" 일이라고 말하고 **있는 것이 아니다**. (그렇게 말한다면, 그것은 우리가 하고 싶어 하지 않는 바로 그 일, 즉 우리의 이기적 유전자의 편을 들어주는 일이 될 것이다.) 나는 이것이 바로 우리 모두를 만든 과정의 가장 극단적인, 따라서 아주 생생한 예라고 말하고 **있는 것이다**. 우리 **자신**은 대자연이 우리에게 준 설비를 착취하고 지시하는 밈들과의 상호작용에 의해 창조되었다. 내 뇌도 독신 밈과 정절 밈을 품고 있지만(나는 이에 대해 이렇게 쓸 수밖에 없었다) 그것들은 내 안에서 결코 운전석에 앉지 못했다. 나는 나를 그 밈들과 **동일시**하지 않는다. 내 뇌 안에는 단식이나 식단 조절을 위한 밈 또한 존재하며, 나는 이 밈들을 더 자주 운전석에 앉힐 수 있길 바란다(내가 식단 조절을 더 **진심으로** 할 수 있도록). 그러나 이런저런 이유로, 식단 조절을 위한 밈을 내 "마음[heart]" 전체[whole]에 통합시키는 밈 연합이 장기적 안정성을 보이는 정부를 형성하는 경우는 거의 없다. 그 어떤 단일 밈도 누군가를 지배하지 않는다. 한 사람을 바로 그 사람으로 만드는 것은 밈들의 연합들이다—밈 연합들은 그동안, 어떤 결단들이 내려지는지를 결정하는 데 장기적인 역할을 한다. (16장과 17장에서 이 아이디어를 더 자세히 살펴볼 것이다.)

앞으로 보게 되겠지만, 사회과학에서 다윈주의 사고를 다르게 적용시키면 굴드의 비난을 받아 마땅한 형태가 될 수도 있다. 그러나 심지어 그런 경우에서마저, 밈의 관점이 과학으로 바뀔 수 있든 없든, 그것의 철학적 겉모습 안에서 밈의 관점은 이미 해악보다는 훨씬 더 많은 이득

good을 주었다. 마음에 관한 속속들이 다윈주의적인 이 시각에 대한 실제 대안은 무엇일까? 다윈 공포증에 걸린 이들의 마지막 희망은, 밈들이 마음으로 들어갈 때 밈에게 일어나는 일들이, 정말로, 진짜로, "환원주의적인" 기계적 용어들로 설명될 수 있음을 단순히 부정하는 것이다. 그리고 그 한 가지 방법은 노골적인 데카르트 이원론을 옹호하는 것이다. 마음이 그저 뇌일 수는 없고, 위대하고 신비로운 연금술 과정은 **다른** 곳에서 일어나, 그것들에 주입되는 원료 물질들—우리가 밈이라고 부르는 문화적 항목들—을 변형시켜 단순한 과학의 이해력을 넘어서는 방식으로 그것들의 원천을 초월하는 새로운 항목이 되게 한다는 주장 말이다.[24]

동일한 방어적 견해를 지지할 약간 덜 급진적인 방법은, 마음이 결국 물리학과 화학의 모든 법칙들에 얽매어 있는 물리적 존재자인 뇌일 뿐임을 인정하긴 하지만, 그럼에도 불구하고 마음은 과학적 분석을 거역하는 방식으로 잡다한 일을 한다고 주장하는 것이다. 이 견해는 언어학자 놈 촘스키Noam Chomsky가 종종 제안해왔고, 그의 옛 동료인 철학자이자 심리학자 제리 포더(1983)가 열정적으로 옹호하고 있다. 그리고 최근 이 견해를 옹호하는 다른 철학자로는 콜린 맥긴Colin McGinn(1991)이 있다. 우리는 이것이 설계공간 내에서의 거대한 도약을 상정하는, '마음에 대한 **격변** 관점'임을 알 수 있다. 이 관점에서는 그 거대한 도약이 순수한 천재성이나 본질적인 창의성의 행위 또는 과학에 저항하는 무언가의 행위라고 "설명된다." 그 관점은 뇌 자체가 어떤 방식으로든 스카이후크라고 주장하며, 교활한 다윈주의자가 제공하는 것에 만족하길 거부한다. 그러나 뇌는, 그 자체로, 일차적으로는 뇌를 만든 크레인들 덕분에 그리고 이차적으로는 그것 안으로 들어간 크레인들 덕분에

24 르원틴과 로즈 그리고 카민Lewontin, Rose, and Kamin(1984, p. 283)은 밈들이 마음에 대한 "데카르트적" 시각을 전제로 한 것이며, 사실 밈들은 데카르트 모형들에 대한 최상의 대안들에서 핵심(중심적이지만 선택적인) 요소라고 주장한다.(Dennett 1991a)

존재하게 된, '설계공간' 내의 경이롭지만 신비롭진 않은 들어올림 장치 lifter(즉 크레인)이다.

13장에서는 이 매우 은유적인 대립을 더욱 문자 그대로의 것으로 바꾸고 분석해볼 텐데, 이를 위해서는 좀 더 심화된 작업이 필요할 것이다. 하지만 다행스럽게도, 그 일의 대부분은 이미 내가 해놓았다. 따라서 나는 내가 전에 만들었던 바퀴를 재사용하기만 함으로써 바퀴를 재발명하는 수고를 다시 한번 피할 수 있다. 다음 장에서 이야기할 굴절적응은 1992년 케임브리지의 다윈대학Darwin College에서 했던 '다윈 강의Darwin Lecture'를 바탕으로 한다.(Dennett 1994b)

12장: 문화는 밈의 형태로 인간의 뇌에 침입하며, 인간의 마음을 만들었다. 동물의 마음 중 유일하게 인간의 마음만이 먼 거리의 것과 미래의 것을 생각할 수 있고, 대안적인 목표를 만들어낼 수 있다. 밈학이 엄격한 과학으로 정교화될 수 있을지의 전망은 의심스럽지만, 그 개념은 문화적 유산과 유전적 유산 사이의 복잡한 관계를 조사할 값진 관점을 제공한다. 특히, 우리의 이기적 유전자를 초월할 자율성이 우리에게 주어진 것은, 밈들에 의해 우리의 마음이 형성된 덕분이다.

13장: 마음의 훨씬 더 강력한 일련의 유형들은 '생산과 시험의 탑'이라는 측면에서 정의될 수 있다. 이 개념은 가장 조잡한 시행착오 학습자에서 과학자를 비롯한 진지한 인간 사상가들의 공동체까지 우리를 데려간다. 언어는 크레인 연쇄에서 결정적인 역할을 하며, 놈 촘스키의 선구적 언어학 연구는 다윈주의 언어 이론의 전망을 열어준다. 그러나 정작 촘스키는, 굴드와 더불어 이 전망을 그릇되게 생각하여 회피했다. 최근 몇 년간 마음의 과학의 발전을 둘러싼 논쟁들은 애석하게도 양측의 오인 때문에 대립으로 증폭되어왔다. 비평가들이 원하는 것은 크레인인가, 스카이후크인가?

13장

다윈에게 마음을 빼앗기다

Losing Our Minds to Darwin

1. 지능에서 언어의 역할

아이디어가 안 먹힐 때, 말은 매우 유용하다.

—출처 미상[1]

우리는 다른 동물과 다르다. 우리의 마음이 우리를 그들로부터 멀리 떨어뜨려놓는다. 다른 동물과 인간의 차이를 그토록 열렬히 옹호하는 이들은 이 주장에서 영감을 얻는다. 그러나 그 차이를 그렇게나 방어하고 싶어 하는 이들이 진화생물학, 동물학, 영장류학, 인지과학에서 나

1 이 명문은 《터프츠 데일리Tufts Daily》에 요한 볼프강 폰 괴테의 말이라며 등장했는데, 아마도 훨씬 최근에 생긴 밈일 것이다.

온 증거들을 조사하는 일은 또 엄청나게 꺼린다. 기묘한 일이 아닐 수 없다. 짐작건대 그들은, 우리와 비인간 동물이 다르긴 하지만, 자신들의 소중한 삶을 정의하는 차이를 만들기에 **충분할 만큼** 다르지는 않다는 것을 알게 될까 봐 두려워한다. 어쨌든 데카르트에게는, 그 차이가 절대적이고 형이상학적인 것이었다. 비인간 동물은 단지 마음이 없는 자동인형이고, **우리**만이 영혼을 지닌다고 그는 생각했다. 동물을 사랑하는 이들은 수 세기에 걸쳐 데카르트와 그의 추종자들을 헐뜯으면서, 동물에게 영혼이 없다는 그의 주장을 개탄해왔다. 좀 더 이론적인 비평가들은 반대쪽 극단에서 그의 무신경함을 개탄했다. 그렇게 건전하고 천재적인 기계론자가 인류를 위해서는 어찌 그리 겁을 내고 꽁무니를 빼면서 예외를 만들었던 것일까 하고. 우리의 마음은 **물론** 우리의 뇌이고, 따라서 궁극적으로 그저 놀랄 만큼 굉장하게 복잡한 "기계"다. 우리와 비인간 동물 간의 차이는 형이상학적으로 유형이 달라서 생기는 것이 아니라, 정도의 차이가 엄청나서 생기는 것이다. 나는 인공지능을 개탄하는 사람들과 인간의 마음에 대한 진화적 설명을 개탄하는 사람들이 동일하다는 사실이 우연이 아님을 보여준 바 있다. 인간의 마음이 진화의 비非 기적적 산물이라면, 그것들은 필연적인 의미에서 인공물이며, 그것들의 모든 위력은 "기계적"으로 설명될 수 있어야만 한다. 우리는 매크로의 후손이고 매크로로 만들어졌으며, 매크로들로 이루어진 거대한 집합체(시공간적으로 구성된 집합체)의 힘을 넘어서는 일은 아무것도 할 수 없다.

그럼에도 불구하고, 다른 마음들과 우리 종의 마음 간에는 엄청난 차이가 있고, 심지어 그 차이는 도덕적 차이를 생성할 정도로 굉장히 크다. 이는 각각 다윈주의적 설명을 필요로 하는 다음의 두 요인이 맞물렸기 때문이며, 또 그 때문임이 틀림없다. (1) 우리가 가지고 태어난 뇌에는 다른 종의 뇌에는 없는 특성들이 있는데, 그 특성들은 지난 600만 년 정도에 걸친 선택압 아래서 진화해온 것들이다. (2) 그러한 특성들은 문화적 전달을 통한 설계의 부를 공유함으로써 축적된 위력들을 엄청나게 정교하게 만들 수 있다. 이 두 요인을 하나로 묶는 중추적 현상은 언어다. 우리 인간은 이 행성에서 가장 존경받는 종이 아닐 수도 있고, 앞으로 1000년을 더 생존할 수 있는 종이 아닐 수도 있다. 그러나 의심의 여지없이 우리는 지구상에서 가장 지성적인 종이다. 게다가 언어를 가진 유일한 종이기도 하다.

이는 사실일까? 고래와 돌고래, 버벳원숭이와 꿀벌도 (물론 이 목록은 더 길게 이어진다) **일종의** 언어를 갖고 있지 않나? 실험실의 침팬지는 **일종의** 초보적인 언어를 배우지 않나? 그렇다. 몸짓 언어는 일종의 언어이고, 음악은 (어느 정도) 국제적 언어이며, 정치도 일종의 언어이고, 냄새와 후각 작용의 복잡한 세계는 감정을 매우 고조시키는 또 다른 언어이고, 이런 예들은 더 있다. 때때로, 우리가 연구하고 있는 현상에 우리가 보낼 수 있는 최고의 찬사는 '그 복잡성은—일종의—언어라 불릴 자격이 있다'는 주장인 것처럼 보인다. 우리가 언어—진정한 언어, 우리 인간만이 사용하는 종류의 언어—를 이렇게 찬양하는 데에는 충분한 근거가 있다. 실제 언어의 정보-암호화information-encoding 속성들은 사실상 (적어도 어떤 차원들에서는) 무한하며, 다른 종들이 원原 언어 또는 반半 언어(정확히 반이든 반쯤이든 대충 반에 가깝든)를 사용한 덕분에 획득하게 된 힘은 우리가 진짜 언어를 사용한 덕분에 획득한 힘과 정말로 유사하다. 그러한 다른 종들은 그 언어들 덕분에 산 위로 몇 계단 올라간다. 물론 그 산의 꼭대기에는 우리가 있다. 그들이 얻는 것과 우리가 얻는 것 사이의 엄청난 차이를 살펴보는 것은 지금 우리가 다루어야 할 질문에 접근할 수 있는 한 가지 방법이다. 그 질문이란 바로 이것이다. 언어는 지능에 어떻게 기여하는가?

어떤 종류의 사고가 언어를 필요로 할까? 언어 없이도 가능한 사고(그런 것이 있긴 하다면)는 어떤 종류의 것일까? 우리가 침팬지를 볼 때면, 영혼이 담긴 얼굴과 호기심을 내비치는 눈, 능숙한 손가락도 함께 보게 되고, 침팬지 안에 마음이 있음을 매우 확실하게 느낄 수 있다. 그러나 우리가 더 많은 것을 볼수록, 침팬지에 대해 우리가 갖고 있던 그림은 점점 더 혼란해진다. 침팬지는 어떤 면에서는 매우 인간과 비슷하고 많은 통찰력도 보여준다. 그렇지만 우리는 곧 알게 된다(그리고 무얼 바랐는지에 따라 실망하거나 안심한다). 다른 면에서는 침팬지가 매우 우둔하고, 이해력도 부족하고, 우리 인간의 세계에 도달하기에는 너무 멀 정도로 우리와 단절되어 있다는 것을. 그래서 우리는 어리둥절할 것이다. A는 그렇게 분명히 이해하는 침팬지가 어떻게 B는 전혀 이해하지 못할 수 있을까? 침팬지에 대한 간단한 질문 몇 가지를 생각해보자. 그들은 불을 관리하는 법을, 그러니까 장작을 모으고, 그것을 건조하게 유지하고, 숯을 잘 보관하고, 나무를 쪼개고, 불의 크기를 적절한 한도 내에서 유지하는 법을 습득할 수 있을까? 그리고 그들이 이런 새로운 활동을 스스로 고안할 수 없다면, 그 일들을 하도록 사람에게서 훈련을 받을 수는 있을까? 또 다른 질문도 있다. 당신이 새로운 무언가를 상상한다고 가정하자. 이를테면 플라스틱 쓰레기통을 머리에 인 채 밧줄을 타고 언덕을 올라가는 남자를 상상해보라. 이런 것을 상상하는 것은 쉬운 정신적 과제이다. 하지만 침팬지가 자신의 마음의 눈으로 동일한 일을 할 수 있을까? 나는 궁금하다. 내가 선택한 요소들—남자, 밧줄, 언덕 오르기, 쓰레기통, 머리—은 실험실 침팬지의 지각과 행동의 세계에서 그들에게 익숙한 물건들이다. 그렇지만 침팬지가 이 익숙한 것들을 새로운 방식으로 (전에 그래 왔듯이, 우연히라도) **결합시킬** 수 있을지 나는 궁금하다. 당신은 방금 나의 언어적 제안에 따라 정신적 행동을 수행했다. 그리고 아마도 당신은 종종 당신 스스로에게 주어진 언어적—밖으로 소리 내어 말하지는 않지만, 확실히 말로 이루어지는—제안에 반응하며 그와 비슷한 당신 자신의 정신적 행동을 수행할 것이다. 이런 일이 다른 방식으로 이루어질 수도 있을까? 침팬지가 언어적 제안의 도움 없이도 그런 정신적 행동을 스스로 수행할 수 있을까?

이것들은 침팬지에 대한 다소 간단한 질문들이지만—아직—아무도 답을 모른다. 답을 얻기가 불가능하진 않지만, 그렇다고 쉽지도 않다. 통제된 실험을 통해 뇌들을 우리의 것과 같은 마음으로 변화시키는 언어의 역할을 밝혀줄 답을 얻어낼 수도 있을 것이다. 나는 침팬지가 불을 지키는 법을 습득할 수 있는지에 관한 질문을 제기했는데, 그것은 우리 조상들이 선사시대의 어느 시점에 분명히 불을 길들였기 때문이다. 이 위대한 문명의 발전에 언어가 필요했을까? 몇몇 증거들은 그 일이 언어가 출현하기 수십만 년—또는 심지어 100만 년(Donald 1991, p. 114)—**전에** 일어났음을 시사한다. 물론 이는 우리 호미니드 계보가 침팬지와 같은 현생 유인원의 조상으로부터 갈라져 나온 **후에** 일어난 일이다. 첨예하게 다른 의견도 있다. 많은 연구자들은 언어가 그보다 훨씬 일찍, 불 길들이기를 받아들이기에 충분한 시간에 시작되었다고 확신한다.(Pinker 1994) 심지어 우리는 불 길들이기 그 자체가 초기 언어의 존재에 대한, 논란의 여지없는 증거라는 주장을 해볼 수도 있다. 이 정신적 위업에 초보적 언어가 **필요하다고** 우리 자신을 설득할 수 있을 때만 말이다. 아니면, 불을 유지하는 것이 그렇게 큰 문제가 아니었던 것일까? 어쩌면 야생에서 캠프파이어 주변에 둘러앉은 침팬지들을 볼 수 없었던 것은, 그들의 서식지에 비가 자주 와서, 불을 길들일 기회를 제공할 만큼의 불쏘시개가 주변에 없었기 때문은 아닐까? (수전 새비지 럼보 Susan Savage Rumbaugh에 의하면, 애틀랜타에 있는 자연 속 연구소에서 사는 그녀의 보노보들은 우리가 그러듯이 숲속으로 소풍을 떠나 모닥불을 바라보는 것을 즐긴다. 그러나 그들에게 훈련을 시킨다 해도 그들이 불을 관리할 수 있을지는 의심스럽다고 그녀는 내게 말한다.)

흰개미가 정교하고 환기도 잘되는 진흙 도시를 창조하고, 베짜기새 weaverbird가 대담하게 설계된 매달린 둥지를 직조할 수 있고, 비버가 완성에 몇 달씩 걸리는 커다란 댐을 건설할 수 있다면, 침팬지도 소박한 모닥불을 유지할 수 있지 않을까? 이 수사적 질문은 우리를 오해로 이

끄는 '능력의 사다리'를 올라간다. 댐을 건설하는 데는 정말이지 극심하게 다른 두 가지 방식—비버의 방식과 우리의 방식—이 있다는, 독립적으로 잘 입증된 가능성을 무시하기 때문이다. 그 차이가 반드시 건설 산물에만 있으라는 법은 없다. 사실 차이는 산물들을 창조한 뇌 안의 통제 구조에 있다. 인간 아이들은 베짜기새가 둥지를 짓는 것을 면밀하게 살펴보고 스스로 그 둥지를 복제해낼 수도 있다. 알맞은 풀 조각들을 찾고 그것을 올바른 순서로 짜깁는 등 새와 똑같이 일련의 단계들을 밟아가며 똑같은 둥지를 만들 수 있는 것이다. 만일 베짜기새와 아이가 나란히 둥지를 만드는 모습을 필름에 담아 재생해볼 수 있다면, 우리는 동일한 두 현상을 함께 보고 있다는 느낌에 압도당해버릴 수도 있을 것이다. 그렇지만 우리가 알고 있는 사고 과정이나 아이들에게서 진행되고 있다고 간주되는 상상과 같은 종류의 것을 새에게 귀속시키는 것은 큰 실수가 될 것이다. 아이의 뇌에서 진행되는 과정과 새의 뇌에서 진행되는 과정에는 공통점이 거의 없을 수도 있다. 새는 (분명히) 특수한 목적에 사용되는, 잘 맞물린 최소 서브루틴 모음을 타고났으며, 그 서브루틴들은 첩보 활동에서의 악명 높은 **필지 원칙**need-to-know principle에 따라 진화에 의해 잘 설계된 것들이다. 필지 원칙이란, 각 행위자에게 임무 공유와 수행에 필요한 정보만, 그것도 최소한으로 제공한다는 원칙을 말한다.

이 원칙에 따라 설계된 제어 시스템은, 환경이 충분히 단순하고 규칙적이며 따라서 예측 가능하다면, 그래서 환경이 전체 시스템의 설계 기획을 선호하게 된다면, 그때마다 대단히 성공적일 수 있다(결국, 완성된 둥지를 볼 수 있게 된다). 이 시스템에 딱 맞춘 설계는, 결과적으로, 환경이 시스템 작동에 꼭 필요한 방식이 될 것이라는 예측—사실은 도박에 가깝다—을 가능케 한다. 그러나 직면한 환경의 복잡성이 증가하고 예측 불가능성이 더 심각한 문제로 대두될 때는 다른 설계 원칙이 시작된다. 그 원칙은 **특공대 원칙**commando-team principle이라는 것으로, 영화

〈나바론 요새The Guns of Navarone〉[2]에 나온 것처럼, 각 요원(행위자)에게 전체 프로젝트에 관해 가능한 한 많은 정보를 제공하여, 예기치 못한 장애물과 마주쳤을 때 적절한 즉흥 행동을 할 기회를 만들어주는 것이다.

그렇게, 진화적 설계공간의 지형에는 분수령이 있다. 제어 문제가 지형을 가로질러 놓여 있을 때, 진화가 성공적 후손들을 어느 방향으로 몰고 갈 것인가는 우연의 문제가 될 수 있다. 그렇다면, 어쩌면 불을 안 꺼트리고 관리하는 방식에는 두 가지가 있다고 할 수도 있을 것이다. 하나는 대충 비버 댐 방식이라고 하자. 그리고 다른 하나는 우리가 하는 방식이다. 그렇다면 우리 조상들이 비버 댐 방식을 떠올리지 않은 것은 다행스러운 일이다. 만약 그랬다면 오늘날 숲 속에는 캠프파이어를 둘러싸고 앉은 유인원들이 가득했을 것이다. 하지만 그들을 경탄할 우리는 여기 존재하지 않았을 것이다.

나는 뇌를 위한 다양한 설계 옵션들을 배치할 수 있는 틀을 제공하여 뇌의 위력이 어디서 나오는지를 알아볼 수 있게 하고 싶다. 그 틀은 터무니없을 만큼 과도단순화된 구조이지만, 그런 이상화idealization는 개요를 통찰하기 위해서 종종 기꺼이 지불해야만 하는 대가이기도 하다. 나는 그 틀을 '생산과 시험의 탑Tower of Generate-and-Test'이라 부른다. 탑에 새로운 층이 하나씩 건설되면, 그 새로운 층은 그 수준에 있는 유기체가 점점 더 좋은 움직임을 찾고 더 효율적으로 그 탐색 작업을 수행하도록 힘을 부여한다.[3]

시작 단계에는—일단 펌프에 마중물이 부어지면—자연선택에 의

---

2 [옮긴이] 1957년 스코틀랜드 작가 앨리스테어 맥린Alistair MacLean이 쓴 소설을 원작으로 1961년에 만들어진 영화이다. 그레고리 펙, 앤소니 퀸, 데이비드 니븐, 스탠리 베이커 등 당대 최고 할리우드 스타들이 많이 출연했다.

3 이는 내가(Dennett 1975) 최초로 제안한 아이디어를 정교화시킨 것이다. 나는 최근, 콘래드 로렌츠Konrad Lorenz(1973)가 이와 비슷한 크레인 연쇄를 기술했다는 것을 발견했다. 물론 그와 내가 사용한 용어들은 다르다.

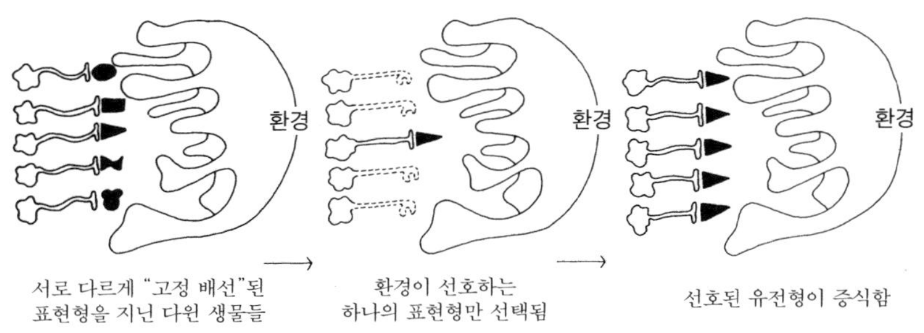

그림 13-1 다윈 생물

한 다윈주의적 진화가 가동된다. 다양한 후보 유기체들은 유전자의 재조합과 돌연변이로 인한 다소 임의적인 과정들에 의해 맹목적으로 선택되었다. 이 유기체들은 현장에서 시험되었고, 최고의 설계만이 살아남았다. 이것이 '탑'의 1층이다. 이곳의 거주자를 **다윈 생물**Darwinian creatures이라 부르자.

이 과정은 수백만 번의 사이클을 거쳤고, 식물과 동물 모두에서 멋진 설계들을 많이 만들어냈으며, 종내에는 표현형의 가소성이라는 속성을 지닌 몇몇 새로운 설계도 존재하게 되었다. 개별 후보 유기체들은 태어날 때 완전히 설계되지 않았거나, 현상 시험을 통해 조정이 일어날 수 있는 설계 요소를 지니고 있었다. (이것이 바로, 우리가 3장에서 보았던 볼드윈 효과를 가능케 하는 것이다. 그러나 지금은 그 크레인을 설치하는 유기체 내부 설계에 초점을 맞출 것이다.) 이러한 후보들 중 몇몇은 그들이 "시도해볼" 수 있도록 해주는 행동 선택지들을 선호할 방법이 없으므로 그들의 고정 배선된 사촌들보다 나을 것이 없다고 가정할 수 있다. 그렇지만 다른 것들에는 운 좋게도 '똑똑한 움직임', 즉 움직임의 행위자에게 더 나은 행동을 선호하게 하는 "강화자reinforcer"들이 배선되어 있었다고 가정할 수 있다. 후자의 개체들은 다양한 행동들을 생성함으로써 환경과 맞섰고, 효과가 있는 행동을 찾아낼 때까지 하나하

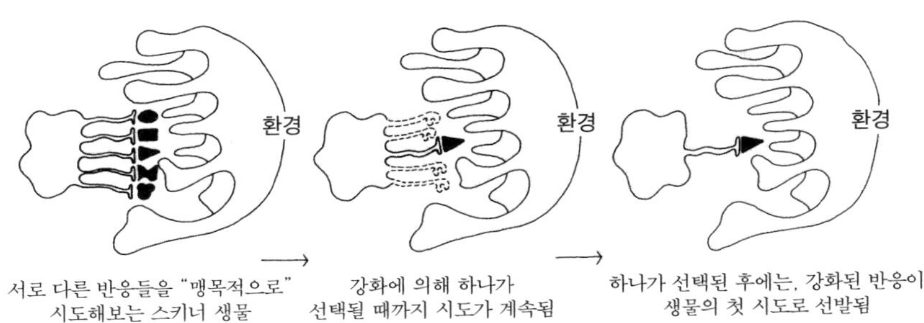

그림 13-2 스키너 생물

나 시도해보았다. 다윈 생물의 부분집합인, 조건부 가소성conditionable plasticity을 지닌 이 생물들을 우리는 **스키너 생물**Skinnerian creatures이라고 부를 수 있을 것이다. B. F. 스키너B. F. Skinner는 조작적 조건형성operant conditioning이 다윈의 자연선택과 유사할 뿐 아니라 그것과 함께 지속된다는 것을 지적하길 좋아한 인물이니까. 그는 이렇게 말했다. "유전적으로 대물림된 행위가 중단되는 곳에서, 조건형성 과정의 대물림된 수정 가능성이 그 역할을 인계받는다."(Skinner 1953, p. 83)

스키너주의 조건형성은, 초기의 실수로 죽지 않는 한, 생물이 지닐 수 있는 훌륭한 역량이다. 그보다 더 나은 시스템은 가능한 모든 행동들 중에서 정말로 어리석은 선택지를 제거함으로써, 가혹한 세상에서 위험을 무릅쓰기 전에 실제로 실행할 선택지를 **사전선택**preselection할 능력을 갖추었다. 우리 인간은 이 세 번째 개선이 가능한 생물이지만, 우리만 그런 것은 아니다. '탑'의 세 번째 층의 수혜자들을 **포퍼 생물**Popperian creatures이라 불러도 될 것이다. 칼 포퍼 경Sir Karl Popper이 우아하게 말한 적이 있듯이, 이 설계 향상은 "우리를 대신해 우리의 가설이 죽는 것을 허용"하기 때문이다. 스키너 생물이 살아남는 것은 단지 그들이 운 좋은 첫 움직임을 행했기 때문이다. 그러나 이와 달리 포퍼 생물은, 우연보다는 나은 첫 움직임을 행할 수 있을 만큼 똑똑하기 때문에 살아남는다.

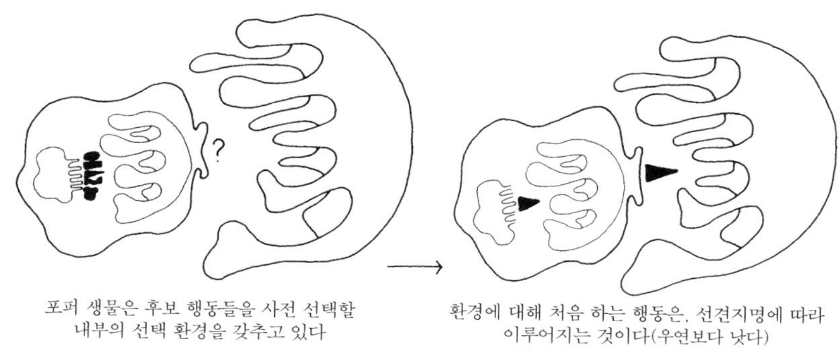

그림 13-3 포퍼 생물

물론 그들이 똑똑하다는 것도 행운이지만, 그들은 단지 운이 좋아서 할 수 있는 것보다는 더 잘 해낸다.

그런데 포퍼 행위자의 이런 사전선택은 어떻게 이루어질까? 피드백은 어디서 오는 것일까? 일종의 **내부 환경**에서 온 것임이 틀림없다. 그리고 그 내부 환경에서 선호되는 대리 행동들은, 실제로 수행된다면 실제 세계에서도 대부분 축복을 받을 것이다. 내부 환경은 그런 식으로 구성되어 있어야 한다. 간단히 말해서, 그 내부 환경이 무엇이든, 그것은 외부 환경과 그것의 규칙성들에 관한 **정보**를 많이 포함하고 있어야 한다. 그러한 것 외에는, (마법을 제외하고는) 그 어떤 것도 사전선택을 제공할 수 없다. 자, 여기서 우리는 이 내부 환경이 외부 환경의 단순한 복제품, 즉 모든 물리적 상황이 다 재현되는 환경이라고 생각하지 않도록 매우 주의해야 한다. (내부 환경이 그런 기적적인 장난감 세계라면, 여러분 머릿속에 있는 작고 뜨거운 난로는 여러분이 그 위에 살짝 대어본 새끼손가락을 실제로 태워버릴 정도로 뜨거울 것이다!) 세상에 대한 정보가 내부 환경에 있어야 하지만, 그 정보는, 그것이 어떻게 그곳에 도달했고 또 어떻게 유지되는지, 그리고 어떻게 그것의 존재 이유인 사전선택 효과를 달성해낼 수 있는지에 대한 비非 기적적인 설명이 가능한 방식으로 구성되어야 한다.

어떤 동물이 포퍼 생물이고 어떤 동물이 스키너 생물에 불과할까? 비둘기는 스키너가 선호한 실험동물이었다. 스키너와 그의 추종자들은 조작 형성 기술을 매우 정교한 수준으로 발전시켜, 비둘기들이 상당히 기이하고 정교한 학습 행동을 보여주도록 만들었다. 잘 알려진 것처럼, 스키너주의자들은 비둘기가 포퍼 생물이 **아니라는 것**을 증명하는 데 결코 성공하지 못했다. 그리고 많은 연구자가 문어부터 어류와 포유류에 이르기까지 정말로 많은 종의 동물을 연구했는데, 연구자들은 그 동물들이 만일 맹목적인 시행착오 학습만이 가능한 순수한 스키너 생물이었다면, 그들은 단순한 무척추동물들 사이에서 발견되어야 한다고 강력하게 주장한다. 단순 조건화를 연구하는 사람들은 이제 관심의 초점을 비둘기에서 군소의 한 종인 *아플리시아Aplysia*로 거의 대체했다. (연구자들은 주저 없이, 그리고 논란의 여지없이, 각 종의 지능에 순위를 매긴다. 이는 '존재의 대사슬'에 대한 근시안적인 지지나 진보의 사다리를 오르는 것에 대한 불필요한 가정을 포함하지 않는다. 순위는 객관적인 인지 능력의 척도에 따라 매겨진다. 예를 들어 문어는 정말 깜짝 놀랄 정도로 똑똑한데, 계통발생학적 우월주의와 무관한 지능 측정법이 없었더라면 이 사실이 발견되지도 못했을 테고 또 우리를 놀라게 하지도 못했을 것이다.)

그렇다면, 우리는 포퍼 생물이라는 점에서는 다른 모든 포퍼 생물 종과 다르지 않다는 것일까? 천만의 말씀! 포유류와 조류와 파충류와 어류가 모두 그들이 실제로 행동하기 전에 행동 선택지들을 미리 분류하기 위해 환경으로부터 정보를 이용하는 역량을 보여준다는 것은 옳다. 하지만 이제 '탑'에서 내가 짓고 싶은 층에 도달했다. 우리가 일단 포퍼 생물에, 즉 사전선택의 힘을 가지고 내부 환경을 형성할 잠재력이 있는 뇌를 가진 생물에 도달하고 나면 그다음에는 무슨 일이 일어날까? 외부 환경에 대한 새로운 정보는 어떻게 이 뇌에 통합될까? 이것이 바로, **그전의** 설계 결정들이 되돌아와 설계자들을 괴롭히는—제약하는—

부분이다. 특히, 진화가 이미 필지 원칙과 특공대 원칙 사이에서 고른 선택은, 지금 설계 개선을 위한 선택지들에 주된 제약을 가하고 있다. 만일 특정 종의 뇌 설계가 어떤 통제 문제와 관련하여 이미 필지 원칙 경로를 따르고 있다면, 기존 구조에 대한 사소한 수정(어쩌면 미세 조정이라고 말할 수도 있겠다)만이 **수월하게** 수행될 수 있다. 따라서 이때 외부 환경의 새로운 특성들과 새로운 문제들을 설명할 내부 환경을 대규모로 수정하게 만들어줄 유일한 희망은, 선제 제어를 할 새로운 제어 계층 밑으로 오래된 고정 배선을 **깊이 감추는** 것이다. (이는 인공지능 연구자 로드니 브룩스Rodney Brooks의 연구[이를테면 1991]에서 발전된 주제이다.) 다재다능함versatility을 대폭적으로 증가시킬 가능성을 가진 것은 바로 이러한 더 높은 수준의 제어이다. 특히 이러한 수준들에서 우리는 언어(언어가 현장에 마침내 도착하면)의 역할을 찾아야 한다. 언어는 **우리**의 뇌를 숙련된 사전 선택자로 바꾸어주는 것이니까.

우리는 생각 없이도 할 수 있는 판에 박힌 행위를 하며 많은 시간을 보내지만, 우리의 중요한 행동들은 종종 믿을 수 없이 교활한 간계와 함께 세상으로 안내된다. 세계에 대한 방대한 정보 저장고의 영향 아래 절묘하게 설계된 프로젝트를 구성하면서 말이다. 우리가 다른 종들과 공유하는 본능적 행동들은 우리 조상들이 겪었던 참혹한 탐험에서 도출된 이점들을 보여준다. 우리가 일부 고등 동물과 공유하는 모방 행동들은, 우리 조상들이 수집한 정보들의 이점뿐 아니라, 여러 세대에 걸쳐 모방의 "전통"에 의해 비유전적으로 전달된, 우리의 사회 집단들이 지닌 정보의 이점들을 보여주는 것일 수도 있다. 그러나 더 심사숙고하여 계획된 우리의 행동들은 모든 문화에서 우리 동종들에 의해 수집되고 전달된 정보의 이점을 보여준다. 더욱이 이런 정보에는 그 어떤 개인도 구현하거나 어떤 의미에서도 이해하지 못했던 정보 항목들도 포함된다. 그리고 그러한 정보 중 일부는 다소 오래전에 습득된 것일 수도 있지만, 대부분은 완전히 새로운 것이다. 유전적 진화와 문화적 진화의 시간 척도를 비교할 때, 조부모 세대의 **천재들이** 간단히 생각해낼 수 없었던 많은 발상들을 오늘날의 우리—우리 한 사람 한 사람 모두—는 **쉽게** 이해한다(!)는 것을 명심하는 것이 유용하다.

포퍼 생물의 후손들은 외부 환경의 **설계된** 부분들에 의해 내부 환경에 정보가 주어지는 생물이다. 우리는 포퍼 생물의 이 부분-부분-부분집합sub-sub-subset을 일컬어 **그레고리 생물**Gregorian creatures이라고 부를 수 있다. 이런 이름을 지은 것은, 내 생각엔 영국 심리학자 리처드 그레고리가 똑똑한 움직임(또는, 좀 더 정확하게는 그가 '운동적 지능Kinetic Intelligence'이라 부른 것)의 창조에 있어 정보(또는 그가 '잠재적 지능Potential Intelligence'이라 부른 것)의 역할을 연구한 탁월한 이론가이기 때문이다. 그레고리는 잘 설계된 인공물인 가위가 우리 지능의 결과일 뿐 아니라, 매우 직설적이고 또 직관적인 의미에서, 지능(외부적인 잠재적 지능) 부여자이기도 함을 관찰한다. 당신이 누군가에게 가위를 건넨다면, 당신은 그가 똑똑한 움직임에 더 안전하고 신속하게 다다를 수 있도록 그의 잠재력을 증대시키는 것이다.(Gregory 1981, pp. 31 Iff)

인류학자들은 도구 사용의 출현이 지능의 주요한 증가와 동반된다는 것을 오랫동안 인식해왔다. 야생 침팬지들은 조잡한 낚싯가지로 흰개미를 낚는다. 이 사실은, 모든 침팬지가 다 이 요령을 터득하지는 못했다는 것을 알게 될 때 한층 더 중요성을 지니게 된다. 일부 침팬지 "문화들"에서, 흰개미들은 주어진 것이되 아직 착취되지는 않은 음식 공급원이다. 이는 도구 사용이 지능의 양방향two-way 신호임을 상기시킨다. 도구를 (만들어내는 것은 차치하더라도) 인식하고 보존하는 데는 지능이 **필요할** 뿐만 아니라. 도구 사용이 우리(도구를 받을 만큼 운이 좋은 사람들)에게 지능을 **제공하기도** 한다는 것 말이다. 도구가 더 잘 설계될수록(도구 제작에 더 많은 정보가 들어갈수록), 도구는 우리에게 더 많은 잠재적 지능을 제공한다. 그리고 그레고리는 뛰어난 도구들 중에 그가 "마음 도구mind-tools"라 부르는 것이 있다고 우리를 상기시킨다. 그것은 바로

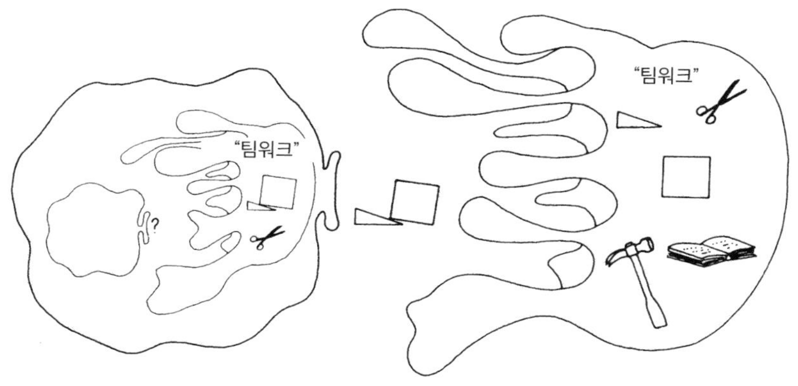

그림 13-4 마음도구 그레고리 생물은 (문화적) 환경에서 마음도구를 들여온다: 마음도구들은 생산자와 시험자 모두를 개선시킨다.

말(단어들)words이다.

단어 및 기타 마음도구들은 그레고리 생물에게 훨씬 더 절묘한 이동 생산자move-generator와 이동 시험자move-tester를 구성할 수 있는 내부 환경을 선사한다. 스키너 생물은 자신에게 이렇게 묻는다. "다음에 내가 할 것은 무엇이지?" 하지만 그들은 역경을 만나기 전까지는 여기에 어떻게 답할지 전혀 모른다. 포퍼 생물은 "앞으로 뭘 해야 하지?"를 묻기 전에 이렇게 자문함으로써 큰 발전을 이룬다. "나는 다음에 뭘 생각해야만 하지?" 그레고리 생물은 다음에 무엇을 생각해야 하는가에 관해 더 나은 생각을 하는 법을 학습하면서 훨씬 더 큰 도약을 이룬다. 그리고 이런 식의 일이 계속됨으로써, 고정되어 있지도 않고 식별 가능한 한계도 없는 추가적인 내부 반성의 탑들이 발전한다.

인간이나 호미니드의 뇌가 언어를 갖추게 되면 무슨 일이 벌어질까? 특히, 단어들이 처음으로 들어올 때 이 뇌라는 환경은 어떤 모양을 하고 있을까? 평평한 운동장이나 **백지 상태**는 절대 **아닐** 것이다. 새로 발견된 우리의 단어들은 상당히 복잡한 경관 안에서 언덕들이나 계곡들에 정착해야만 한다. 전에 있었던 진화적 압력 덕분에, 우리의 선천적

품질공간innate quality space들은 우리 종에만 특유하고, 자아도취적이고, 심지어는 개인별로 고유하다. 현재 많은 탐구자가 이 지형의 일부를 탐사하고 있다. 코넬대학교의 심리학자 프랭크 케일Frank Keil(1992)과 그의 동료들은 매우 추상적인 관념들—예를 들어, **살아 있다는 것**이나 **소유한다는 것의 개념**—이 어린아이들의 마음도구 세트 안에서 유전적으로 유리한 출발점을 부여받았다는 증거를 얻었다. 소유하기, 주고받기, 보관하기, 숨기기 등을 위한 구체적인 단어들과 그 친족 단어들이 어린아이의 뇌에 들어가면, 그 단어들은 부분적으로 이미 그들을 위해 구축된 거주지들을 발견하게 된다. 레이 재킨도프(1993)를 비롯한 언어학자들은, **옆**, **위**, **뒤**, 및 그 친족 단어들의 개념과 같은 우리 직관의 기초가 되는 공간 표상spatial representation—특히 **이동**의 제어와 이동 가능한 사물 **배치**의 제어를 발전시키기 위해 설계된—의 근본적 구조를 식별했다. 니컬러스 험프리(1976, 1983, 1986)는 지향적 태도를 채택하려면 유전적 성향이 있어야만 한다고 주장했고, 앨런 레슬리Alan Leslie(1992)를 비롯한 이들은, 2차 신념second-order beliefs(다른 사람들의 신념 및 정신 상태에 대한 신념) 생성을 위해 고안된 "마음이론 모듈theory of mind module"의 형태로 이에 대한 증거를 개발했다. 이는 자폐증도 어느 정도 설명할 수 있다. 가끔 흥미로운 보상 조정을 할 수 있는 이 모듈에 장애가 생기면 특정 종류의 자폐증이 생겨 환자를 고통스럽게 한다고 말이다. (개요는 배런코언[1995]을 참조하라.) 그러므로 뇌 안에 주거를 정한 단어들(따라서 밈들)은, 우리가 고려해온 전의 그 많은 설계적 참신함들처럼, **전적으로** 새로운 아키텍처를 생산하는 것이 아니라 기존의 구조들을 발전시키고 또 구체화한다(문화적으로 전달된 기능들에 의해 유전적으로 제공된 기능들의 굴절적응에 대한 다윈주의적 개요를 알고 싶다면 스퍼버의 글을 보라.) 이 새로 재설계된 기능들이 온전한 한 장의 원단으로 만들어진 것은 아니지만, 미래를 내다볼 수 있는 폭발적인 새로운 역량을 창조한다.

> 내부 모형은, 시스템이 현재의 행동들이 미래에 빚게 될 결과들을 내다보게 만든다. 시스템이 그런 행동들을 실행하고 있지 않은 상태에서도 말이다. 특히, 시스템은 돌이킬 수 없는 재난의 미래로 향하는 ("절벽에서 떨어지는") 길을 내려가게 하는 행동들을 피할 수 있다. 이보다 좀 덜 극적이긴 하지만 똑같이 중요한 모형은, 행위자가 지금의 "사전 조치된" 움직임을 할 수 있도록 해주며, 이때의 움직임은 분명히 유리해질 차후의 움직임을 구축한다. 체스에서든 경제에서든, 경쟁에서의 우위가 지니는 본질은 사전 조치된 움직임들을 발견하고 실행하는 것이다. [Holland 1992, p. 25.]

그렇다면 이것은 모든 크레인의 끝을 이루는 크레인—선택지들의 바로 옆 그 너머를 볼 수 있는 선견지명을 **정말로** 갖춘 탐험가—이다. 그러나 모형의 조작을 제어하는 데 도움을 주는 언어의 개입이 없다면 "사전 조치"를 하는 것이 얼마만큼이나 좋을 수 있을까? 예를 들어, 미래에 대한 예측은 얼마나 복잡할 수 있고 또 장기적일 수 있는가? 이는 새로운 장면을 시각화하는 침팬지의 역량에 관한 내 질문과 관련된다. 다윈(1871, p. 57)은 언어가 "생각의 긴 연쇄"를 위한 전제조건이라고 확신했다. 그리고 그의 주장은 최근 몇몇 이론가들에 의해 다른 방식으로 지지되고 있다. 두드러진 연구자로는 줄리언 제인스Julian Jaynes(1976)와 하워드 마골리스Howard Margolis(1987)가 있다. 긴 사고의 흐름은 통제되어야 한다. 그렇지 않으면, 그리고 생각들이 즐겁지만 부질없는 공상들이라면, 그저 즐거운 상상에 빠져버려서 주제에서는 멀어질 것이다. 위의 저자들은, 언어에 의해 가능해진 자기 경고self-exhortation와 다시 떠올리기가 우리 인간만이 참여하고 있는 (뭐랄까) 장기적 프로젝트에 실제로 본질적인 것이라고 이치에 맞게 주장한다(우리에게 특정 장기 프로젝트를 완료하게 할 내장된 전문가[비버가 지닌 것과 같은]가 없다면). (이런 주제들에 대한 추가적 탐구에 대해서는 클라크와 카르밀로프스미스Clark and

Karmiloff-Smith[1994]와 내 글[1994c]을 보라.)

이는 나를 '생산과 시험의 탑'의 마지막 단계로 데리고 간다. 그 멋진 발상이 구현된 것이 하나 더 있고, 그것은 우리의 마음들에 가장 큰 힘을 제공한다. 우리가 일단 언어—마음도구들의 풍부한 세트—를 갖게 되면, 우리는 **과학**이라고 알려진 의도적이고 선견지명 있는 생산과 시험 구조 안에서 그 도구들을 **사용**할 수 있다. 생산과 시험의 다른 모든 변종은 싫든 좋든 구축된다.

스키너 생물 중 가장 하위의 생물이 실수를 저지른 뒤 하는 독백은 "음, 다시는 그러면 안 되겠어"일 것이며, 실로 행위자가 배우기 가장 어려운 교훈은 자신의 실수로부터 무언가를 배우는 것이다. 실수들로부터 배우기 위해서는 실수들을 숙고할 수 있어야 하는데, 이는 사소한 문제가 아니다. 인생은 쏜살같이 흘러가고, 자신의 족적을 기록할 긍정적 전략을 개발해놓지 않는다면, 인공지능에서 **신뢰 할당**credit assignment이라고 알려진 과제(물론 "책임 할당blame assignment"이라고 알려져 있기도 하다)를 해결할 수 없다. 고속 촬영 기법의 출현은 과학을 위한 혁명적인 기술 진보였다. 이로 인해 최초로, 순간적이고 복잡한 현상을 실시간이 아니라 **인간이 관찰하기 딱 좋은 시간에** 조사할 수 있게 되었기 때문이다. 그래서 그 복잡한 사건들이 만들어낸 흔적들을 체계적으로, 그리고 느긋하게 역추적 분석할 수 있다. 여기서 기술적 진보는 인지 능력의 엄청난 향상을 가져왔다. 이것과 정확히 평행선상에 있는, 인간을 위한 혜택이 바로 인간 언어의 출현이다. 그리고 심사숙고할 대상의 완전히 새로운 부류를 만들어낸 기술은 그 어떤 순서, 그 어떤 속도로든 검토할 수 있는 대리인을 언어적으로 구현했다. 또한 이는 자기 계발의 새로운 차원을 열어주었다. 자신의 실수들을 음미하는 법을 배우기만 하면 되게 된 것이다.

그러나 과학에서 실수를 한다는 것은, 그저 단순히 실수를 한다는 것이 아니라 대중 앞에서 공개적으로 실수를 한다는 것이다. 다른 사람들이 그 실수를 수정하며 도와줄 것을 기대하며, 모두가 볼 수 있는 실수를 하는 것이다. 니컬러스 험프리, 데이비드 프리맥David Premack(1986) 그리고 기타 연구자들은 침팬지가 타고난 심리학자—나는 이를 2차 지향계second-order intentional system라고 부르는데, 2차 지향계는 다른 것들을 향한 지향적 태도를 채택할 수 있다—라는 가설을 **사리에 맞게** 견지해왔다. 이는 놀랄 일이 아니다. 레슬리와 배런코언 등이 주장한 것처럼 우리의 선천적(내재적) 장비가 마음이론 모듈을 포함하고 있다면 말이다. 왜냐하면 그것이 아마도 침팬지와 우리가 공통조상으로부터 물려받은 타고난 자질의 일부일 것이기 때문이다. 그러나 침팬지가 우리처럼 타고난 심리학자가 갖추어야 할 것을 태생적으로 갖추었다 해도, 그럼에도 불구하고, 그들에게는 모든 타고난 인간 심리학자들과 통속심리학자 및 전문 심리학자들이 공유하고 있는 결정적 특성이 없다. 그들은 서로의 노트를 결코 비교하지 못한다. 그들은 결코 귀속에 대해 논박하지 않고, 서로의 결론에 대한 근거를 알기 위해 질문하지도 않는다. 그들의 이해가 그렇게 제한되어 있는 것은 당연한 일이다. 우리 각자가 개인의 힘만으로 그 모든 것들을 생성해야만 했다면, 우리의 이해 역시 마찬가지였을 것이다.

다소 짧은 이 조사의 결과를 요약해보자. 우리 인간의 뇌는, 그리고 오직 인간의 뇌만이 습관과 방법, 그리고 마음도구들과 정보로 무장되어왔다. 그리고 그것들은 우리 자신의 뇌의 조상은 아닌 수백만 개의 다른 뇌에서 추출된 것이다. 과학에서의 생산과 시험을 **계획적이고 선견지명 있게** 사용함으로써 이런 일들이 증폭되고, 그 결과 우리의 마음은 가장 가까운 친척 동물들의 마음과도 다른 평면 위로 올려진다. 종에 특화된 이 발전 과정은 매우 신속하고 강력해져서, 단 한 세대에서의 설계 개선이 수백만 년에 걸친 자연선택에 의한 진화 R&D의 수고를 보잘것없어 보이게 만들 수 있다. 우리 뇌를 침팬지의 뇌(또는 돌고래의 뇌나 기타 비인간 동물의 뇌)와 해부학적으로 비교하는 것은 거의 요점을 비껴가는 행동인데, 왜냐하면 사실상 우리의 뇌들은 다른 모든 것들을 초라해 보이게 만드는 하나의 인지 체계 안에 함께 결합되어 있기 때문이다. 그것들은 다른 동물의 뇌에는 침범하지 않고 우리 뇌에만 침범한 혁신과 결합되어 있으니, 그 혁신은 바로 언어다. 나는 우리의 모든 뇌가 언어에 의해 거대한 마음으로 직조되어 초국가적인 생각을 하게 된다는 어리석은 주장을 하는 것이 아니다. 각각의 개별적 인간 뇌가 의사소통을 통해 연결된 덕분에, 그 개별 뇌가 다른 뇌들이 해온 인지적 노동의 수혜자가 되어 유례없는 능력들을 부여받고 있다고 주장하는 것이다.

비인간 동물의 맨 뇌는 우리 머리 속에 들어 있는 온갖 장비로 중무장되어 있는 뇌와는 상대가 되지 않는다. 이 사실은, 이것이 사실이 아니었다면 설득력을 얻었을 어떤 주장에서의 입증의 책임을 뒤집는다. 그 주장은 언어학자 놈 촘스키(1975)가 처음으로 제안했고 좀 더 최근에는 철학자 제리 포더(1983)와 콜린 맥긴(1991)이 옹호한 것으로, 다른 모든 종의 마음이 그러하듯 우리의 마음도 일부 탐구 주제에 대해서는 "인지 폐쇄cognitive closure"를 겪어야 한다는 것이다. 거미는 낚시의 개념을 심사숙고할 수 없다. 새는 (그들 중 일부는 뛰어난 낚시꾼이다) 민주주의에 관한 생각을 할 수 없다. 개나 돌고래가 접근할 수 없는 것을 침팬지는 쉽게 파악할 수 있지만, 침팬지 역시 우리는 어렵지 않게 파악할 수 있는 몇몇 영역에 대해 인지 폐쇄를 겪을 것이다. 촘스키와 그 동조자들은 과장이 섞인 질문을 한다: 무엇이 우리에게 우리는 다르다고 생각하게 만드는가? *호모 사피엔스*가 마음에 품을 수 있는 것에도 엄격한 제한이 존재할 수밖에 없는 것 아닌가?

촘스키에 따르면, 인간에 관한 모든 곤혹스러운 문제 상황들은 해결할 수 있는 "문제"와 해결할 수 없는 "미스터리"로 분류될 수 있다. 촘스키는 자유의지의 문제도 미스터리에 속한다는 의견을 내놓는다.[4] 포더에 따르면 의식 역시 또 다른 미스터리이며, 맥긴도 이에 동의한다. 나는 이 불가해한 미스터리들을 하나하나 설명한다고 주장하는 책

(1984, 1991a)을 썼다. 그런 만큼, 내가 그 주장들에 동의하지 않으리라는 것을 독자들도 예상할 수 있겠지만, 여기는 그것들을 논하기에 적합한 곳이 아니다. 촘스키도 포더도 자신들이 자유의지나 의식을 설명할 수 없다고 생각하기 때문에, 그것이 인간의 능력 내에서 불가능하다는 주장은 아마도 그들에게 교리적으로는 편하겠지만, 그것은 또한 그들의 다른 주장들과는 상당한 긴장 관계에 있기도 하다. 그 다른 주장들에서는 촘스키와 포더 둘 다 인간 뇌의 "파싱parsing"[5] 역량을 (옳게) 환영했다. 이로 미루어 보면, 아마도 두 사람 다 영어와 같은 자연어에서 문법에 맞는 문장들이 공식적으로는 무한히 많다는 것을 이해하고 있을 것이다. 우리가 (원리적으로) 모든 문장을 이해할 수 있다면, 의식과 자유의지의 문제에 대한 해결책들을 가장 잘 표현하는, 정돈된 문장 집합들도 이해할 수 있지 않을까? 어쨌든, 바벨의 도서관에 있는 책 중 한 권은 이 자유의지 문제의 해결책에 관한 문법에 맞는 영어 문장들로 이루어진 500쪽 이하의 최고의 진술서이고—이어야만 하고—또 한 권은 의식에 대한 최적의 탐구 결과를 진술한 영문 책일 것이다.[6] 나는 내 책들 중 어느 것도 그 두 권이 될 수 없을 것이라고 말해야 할 것이다. 씁쓸하지만, 그것이 인생이다. 나는 촘스키나 포더가, 독자들이 그 두 권(그

4 촘스키에게 공평하게 말하자면, 그는 자유의지가 미스터리일지도 모른다고 말하고 있는 것뿐이다. "나는 이 결론을 강력히 권고하는 것이 아니라, 단지 그것이 선험적인 것일 가능성을 배제할 수 없다는 점에 주목하고 있을 뿐이다."(Chomsky 1975, P-157) 그러나 이 온화한 제안은 다른 이들에 의해 과학에 기반한 설명으로 열심히 부풀려졌다!

5 [옮긴이] 문장의 구성 성분을 분해하고 분해된 성분의 위계 관계를 분석하여 구조를 결정하는 작업을 말한다. 구문분석이라고도 한다.

6 바벨의 도서관에 있는 다른 두 권의 책은 이 두 걸작에 대한 가장 설득력 있는 "반박"이다. 그러나 물론 바벨의 도서관은 소위 '진정한 진짜 책'들에 대한 반박서들을 책꽂이에 보관하고 있지는 않다. 이러한 반박은 반박인 것처럼 보일 뿐인 것들로, 사실임이 틀림없긴 하지만 체계적으로 쓸모가 없는 사실의 예이다. 왜냐하면 우리는, 말하자면 신의 도움 없이는 어느 책이 어떤 책인지를 절대 알 수 없을 것이기 때문이다. 이런 유형의 사실의 존재에 관해서는 15장에서 중요하게 다룰 것이다.

리고 수조 권의 준우승자들) 중 어느 것도 이해할 수 없을 것이라고 선언하는 것은 아니라고 믿는다.[7] 그러니 아마도 그들은, 자유의지와 의식의 신비가 너무도 심오해서 그 어떤 책으로도, 그 어떤 길로도, 그 어떤 언어로도 지적 존재에게 설명될 수 없으리라고 생각하는 것일 테다. 그러나 생물학적 고찰로는 **그** 주장에 우호적인 증거를 결코 하나도 도출해낼 수 없다. 그런 증거는, 음, 하늘에서 떨어지는 것임이 틀림없다.

"폐쇄" 논증을 좀 더 자세히 살펴보자. "쥐의 마음에 대해 닫혀 있는 것이 원숭이의 마음에서는 열려 있을 수 있고, 원숭이의 마음에 대해 닫혀 있는 것이 우리에게는 열려 있을 수 있다."(McGinn 1991, p. 3) 예를 들어 원숭이는 전자electron의 개념을 파악할 수 없다고 맥긴은 말한다. 그러나 나는, 이 예에 감명받지 않아야 한다고 생각한다. 원숭이는 전자에 관한 답들을 이해할 수 없을 뿐 아니라, 질문조차 이해할 수 없기 때문이다.(Dennett 1991d) 그래도 원숭이는 조금도 **당황하지** 않는다. 그러나 우리는 자유의지와 의식에 관한 질문들을 분명히 잘 이해하고 있다. 우리가 (당황한다면) 무엇에 당황하는지를 잘 알 수 있을 정도로 말이다. 따라서 촘스키와 포더와 맥긴이, 진정한 대답을 들으면 당황할 수 없는 그런 질문을 듣고 당황할 수 있는 동물(이나 인간)의 명확한 사례를 우리에게 제공하지 않는 한, 그들은 우리에게 인간의 현실이나 심지어는 "인지 폐쇄"의 가능도에 대한 그 어떤 증거도 주지 않은 것이다.[8]

---

7 오늘날 촘스키는 "E-언어"(외적인—그리고 당신은 영원하다고 말할 수도 있는—플라톤적 대상들, 이를테면 바벨의 도서관의 많은 책들이 채택하고 있는 언어인 영어 같은 것들)와 "I-언어"(개인의 내적이고 내포적인 개인어)를 구분하면서 언어의 본질에 대한 본인의 이전 견해를 수정했다. 그리고 그는 E-언어가 과학으로 연구하기에 적합한 대상이라는 것을 부인하기 때문에, 그 반대 의견을 다룰 나의 직접적인 방식에 아마도 반대할 것이다(스티븐 핑커와의 사적 대화에서). 그러나 논쟁을 진행하면서 개인들의 I-언어에만 호소하는, 더 에둘러 가는 방법들이 있다. I-언어의 표준을 충족하는 짧은 문장들로 이루어진 500쪽짜리 책이, 읽고 쓸 줄 아는 정상적인 사람에게 ("원칙적으로") 이해 불가능한 것이라고 믿을 충분한 이유를 촘스키나 다른 누군가가 제공할 수 있을까?

그들의 주장은 생물학적이고 자연주의적인 논증인 것처럼 제시되었고, 다른 짐승들과 우리의 친족 관계를 상기시키고, 우리 인간의 "영혼"이 "천사의 영혼과 얼마나 비슷한지"를 우리의 "무한한" 마음으로 생각하게 하는 고대 사고의 함정에 빠지지 말라고 경고하는 것이라고 받아들여졌다. 그렇지만 사실 그들의 주장은 의사생물학적pseudo-biological이다. 그들은 실제의 생물학적 세부 사항들을 무시함으로써, 하나의 종—우리 종—을 지능의 척도에서 최대치에 존재하는 것으로 간주할 수 있게 하는 사례로부터 멀어지도록 우리를 오도하고 있다. 이때 지능의 척도란 도마뱀보다는 돼지를 위쪽에 놓고, 굴보다는 개미를 위쪽에 놓는 그런 것이다. 우리는 확실히, 우리 마음이 이런저런 영역에 인지적으로 폐쇄되어 있을 가능성을 원칙적으로는 배제할 수 없다. 15장에서 더 자세히 보게 될 것처럼, 우리는 사실, 우리 종에 실제로 유한성이 있는 한 결코 들어갈 수 없는, 그러나 의심할 바 없이 매혹적이고 중요한 지식의 영역이 있다는 것을 확신할 수 있다. 하지만 우리가 거기 들어갈 수 없는 것은, 절대로 이해할 수 없는 돌벽에 머리를 부딪히기 때문이 아니라, 우리가 거기 당도하기 전에 우주의 열죽음이 먼저 당도할 것이기 때문이다. 그러나 이것은, 우리 동물 뇌의 약점(이것은 "자연주의"의 명령이다)에 따른 한계가 아니다. 그 반대로, 다윈주의적 사고를 적절하게 적용하여 우리가 자초한 지금의 환경 위기에서 **우리 종**이 살아남는**다면**, 이해를 할 수 있는 우리의 역량은 계속 성장할 것이다. 우리가 지금은 이해하지 못하는 증가분들이 계속 덧붙여지면서 말이다.

촘스키와 포더, 맥긴이 이 결론을 좋아하지 말아야 할 이유는 무엇

---

8 포더는 이에 대해 울며 겨자 먹기로 이야기한 적이 있다. "물질적인 무언가가 어떻게 의식적인 것이 될 수 있는지는 아무도 조금도 알지 못한다. 물질적인 무언가가 어떻게 의식적인 것이 될 수 있는지에 대해 조금도 알지 못하는 것이 어떨 것인가에 대해서도 아무도 알지 못한다."(Fodor 1992) 말하자면, 심지어 의식에 대한 질문을 이해한다고까지 **생각**한다면, 당신은 틀렸다는 것이다. 그의 말이 믿기는가? 그렇다면 연구 주제를 바꾸시라. 제발.

인가? 이 결론은 인간의 마음에—그리고 오직 인간의 마음에만—우주의 문제들과 퍼즐들에 대한, 시야의 제한 없이 무한히 확장되는 지배권을 부여한다. 무엇이 이보다 더 멋질 수 있겠는가? 그들이 처한 곤경은, 내 생각에, 그들이 수단을 불만족스럽게 여긴다는 것이다. 만일 마음의 위력이 스카이후크가 아닌 크레인에 기인한 것이라고 하면, 그들은 금세 미스터리에 안주할 것이다. 어쨌든 그런 태도는 이러한 논쟁들에서 종종 표면화되었고, 촘스키는 그런 일에 있어 권위의 주요 원천이었다.

2. 촘스키, 다윈에 반대하다: 네 개의 일화

어떤 이들은 촘스키를 두고, 언어 기관에 대한 그의 논쟁적 이론을 진화론에 확고하게 기반하게 함으로써, 그리고 그의 몇몇 글에서 진화론과의 연관성을 암시함으로써, 얻어야 할 모든 것을 얻었을 사람이라고 생각할 수도 있다. 그러나 그는 대개 회의론자였다.

—스티븐 핑커 1994, p. 355

언어나 날개 같은 시스템의 경우, 그것들을 생기게 했을 수도 있는 선택 과정을 상상하는 것조차 쉽지 않다.

—놈 촘스키 1988, p. 167

이 분야에 진입하는 경로는 두 가지이다. 한편에는 문제 해결과 개념 형성 행위에 관한 연구나 인공지능에서 이 분야로 진입하는 인지과학자들이 있고, 다른 한편에는 언어를 다루는 사람들이 있다. 이 두 편의 의사소통에는 상당한 간극이 존재한다. …… 촘스키의 사례에서처럼, 인간의 능력으로서의 언어 과정들의 고유성이 강조될 때 …… 그 간극은 넓어진다.

—허버트 사이먼과 크레이그 카플란Herbert Simon and Craig Kaplan 1989, p. 5

1956년 9월 11일, MIT에서 열린 전파공학자협회Institute for Radio Engineers(이하 IRE) 회의에서 세 편의 논문이 발표되었다. 하나는 앨런 뉴웰Allen Newell과 허버트 사이먼Herbert Simon의 〈논리 이론 기계The Logic Theory Machine〉(1956)인데, 그들은 이 논문에서 컴퓨터가 어떻게 논리의 사소하지 않은 정리들을 증명할 수 있는지를 최초로 보여주었다. 그들의 "기계"는 나중에 그들이 고안한 '범용 문제 해결기General Problem Solver'(Newell and Simon 1963)의 아버지(또는 할아버지)였고, 컴퓨터 언어 리스프Lisp의 원형이었다. 인공지능에서 리스프는 유전학에서의 DNA 코드와 대략 맞먹는 것이다. '논리 이론 기계'는 인공지능-아담의 명예를 두고 아트 새뮤얼의 체커 프로그램과 다툴 만한 경쟁자이다. 다른 논문은 심리학자 조지 A. 밀러George A. Miller의 〈마법의 수 7, 더하기 빼기 2The Magical Number Seven, Plus or Minus Two〉인데, 이 논문은 인지심리학(Miller 1956) 분야의 개시를 알린 고전 논문들 중 하나가 되었다. 세 번째 논문은 하버드대학교의 명예 연구원이었던 27세의 놈 촘스키가 쓴 〈언어 기술을 위한 세 가지 모형Three Models for the Description of Language〉이었다. 소급적 대관식은, 여러 번 보아왔듯이, 언제나 약간 자의적이다. 그러나 IRE에서 촘스키의 발표는 현대 언어학의 탄생을 알리는, 다른 발표 못지않게 유익한 사건이다. 단 하루 만에, 그것도 같은 방에서 세 가지 중요한 과학 분야가 탄생한 것이다. 나는 그때의 청중 중 얼마나 많은 이들이 자기가 그런 규모의 역사적 사건에 참여하고 있다고 느꼈는지 궁금하다. 조지 밀러는 그 회의에 대해 설명(1979)하며, 자기는 실제로 그런 기분을 느꼈다고 우리에게 말했다. 그날의 사건에 대한 허버트 사이먼의 회고는 시간이 흐르면서 변했다. 그는 1969년의 책에서 그 놀라운 행사를 소개하며 독자들의 이목을 끌었고, 그에 대해 이렇게 말했다(p. 47). "그러므로 그 두 이론[언어학과 인공지능]은 초기부터 우호적인 관계를 맺어왔다. 매우 당연하게도, 그들은 개념적으로 인간의 마음에 관한 동일한 관점 위에 서 있기 때문이다." 이 말이 사실이라면 얼마나 좋을까! 1989년에 이르러서는 사이먼도 둘 사이의 간극이 얼마나 넓어졌는지 볼 수 있었다.

위대한 과학자의 칭호를 얻는 과학자는 많지 않으며, 위대한 과학자 중에서도 완전히 새로운 분야를 설립한 사람은 많지 않다. 그러나 몇몇은 그렇게 했다. 찰스 다윈은 그렇게 한 이들 중 한 명이며, 놈 촘스키 역시 그런 인물이다. 다윈 전에도 지금의 생물학과 유사한 생물학이 있었다. 자연사, 생리학, 분류학 같은 것들이 그것이다. 그것들은 다윈에 의해 지금 우리가 생물학이라고 알고 있는 영역으로 통합되었다. 이와 유사한 방식으로, 촘스키 전에도 언어학이 있었다. 현대에 이르러 과학적 분야가 된 언어학은 그 하위 분과인 음운론, 구문론, 의미론, 화용론, 그리고 그것과 전쟁 중인 학파와 반역적 분파들(예를 들면 인공지능에서의 컴퓨터언어학), 또 그것의 하위 분과인 심리언어학 및 신경언어학과 함께, 다양한 학문적 전통에서 성장했다. 그 학문적 전통은 그림 형제Grimm brothers에서 페르디낭 드 소쉬르Ferdinand de Saussure와 로만 야콥슨Roman Jakobson에 이르기까지, 선구적인 언어 탐정들과 언어 이론가들을 많이 배출했다. 그러나 그 모든 것들은, 놈 촘스키라는 한 사람의 선구자가 처음으로 제안한 이론적 진보에 의해 타당하게 서로 연관된 과학적 탐사의 일족으로 통합되었다. 1957년에 출판된 얇은 책《구문론적 구조들Syntactic Structures》은, 설계공간의 또 다른 영역에서 그가 착수한 야심에 찬 이론적 탐구의 결과들을 영어와 같은 자연어에 적용한 것이었다. 그 영역은 가능한 모든 언어의 문장들을 **생성하고 인식하기 위한 가능한 모든 알고리즘의 논리적 공간**이다. 촘스키의 작업은, 현재 우리가 컴퓨터라고 부르는 것의 위력에 대해 순수하게 논리적으로 연구했던 튜링의 탐구가 거쳐갔던 경로들을 가깝게 따라갔다. 촘스키는 결국 문법의 유형들 또는 언어의 유형들의 상승 스케일을 정의하고—계산 이론을 공부하는 모든 학생은 여전히 '촘스키 위계Chomsky Hierarchy'부터 배운다—그러한 문법들이 컴퓨터 또는 오토마타automata(자동기계, 자동자)[9] 유형들의 상승 스케일—"유한 상태 기계들finite state machines"에서 "푸시다운 자동기계push-down automata"와 "선형 유한 기계linear bounded machine"를 거쳐 "튜링기계"에 이르는—과 어떻게 상호 정의가 가능한지를 보여주었다.

우리가 촘스키의 작업에 처음 관심을 가진 것은 그로부터 몇 년 후였는데, 나는 철학을 강타한 그때의 충격파를 생생하게 기억할 수 있다. 1960년, 하버드대학교 2학년 시절, 나는 콰인 교수에게 본인의 관점에 대한 비평으로 어떤 글들을 읽어야 하는지 물어보았다. (당시 나는 나 자신이 맹렬한 신념에 찬 반反 콰인주의자라고 생각했고, 이미 그를 공격하는 졸업논문의 논증을 전개하기 시작했다. 콰인에 반대하는 사람들이라면 그가 누구든 내가 알아야만 할 사람이었다!) 콰인은 즉시 대답했다. 놈 촘스키의 글들을 읽어봐야 한다고. 그때는 철학 분야에서 촘스키의 이름을 거의 들어볼 수 없었다. 하지만 촘스키의 명성은 곧 우리 모두를 사로잡았다. 그의 작업에 대한 언어철학자들의 반응은 분분했다. 어떤 이들은 몹시 좋아했고 또 어떤 이들은 몹시 싫어했다. 우리는 처음에는 그의 작업을 좋아했으나, 변형transformation, 트리tree, 심층구조deep structure, 그리고 기타 모든 신비적 비밀 등 새로운 형식주의의 용어와 개념들에 이내 눈살을 찌푸리게 되었다. 싫어하는 사람들은, 그의 작업이 끔찍하고 속물적인 **과학주의**scientism라고, 그리고 기술 관료들이 언어의 아름답고

9 [옮긴이] 오토마타Automata는 오토마톤automaton의 복수형이다. 우리말 번역에서는 단수와 복수를 가리지 않고 7장 3절에서처럼 '자동자自動者'라고 번역될 때가 많다. 맥락에 따라서는 '자동인형'이라 번역되기도 한다.

분석될 수 없고 형식화될 수 없는 미묘한 것들을 파괴하며 철커덕 철커덕 공격해오고 있다고 비난했다. 이런 적대적 태도는 많은 주요 대학교의 외국어 학과들에서 압도적으로 드러났다. 촘스키는 MIT의 '언어학' 교수일 수도 있고, 그 학교에서는 언어학이 '인문학'의 한 가지 범주로 구분될 수도 있다. 그러나 촘스키의 작업은 과학이었고, 자타가 공인하는 모든 인문주의자가 알고 있듯이, 과학은 '적'이었다.

> 자연이 가져다주는 가르침은 달콤하여라,
> 거기에 간섭하는 우리의 지성은
> 아름다운 형상들을 흉측하게 만들고:—
> 해부하여 죽이고 있네.

윌리엄 워즈워스William Wordsworth의 낭만적 시각에 등장하는, 미美의 살인자로서의 과학자의 전형은 자동기계 이론가이자 무선 엔지니어인 놈 촘스키라는 인물로 완벽하게 구현된 것처럼 보였다. 그러나 과학에 대한 태도들 중 그가 옹호한 것이 사실은 인문학자들에게 구원을 제공할 것처럼 보이는 것이었다는 점은 굉장한 아이러니다. 앞 절에서 알아보았던 것처럼, 촘스키는 과학에는 한계가 있고, 특히 마음이라는 논제에서 가로막힌다고 주장해왔다. 이 기이한 사실의 형태를 알아차리는 것은, 매우 뛰어난 성취를 이룬 사람들(전문 사항들뿐 아니라 동시대 언어학자들 간의 논쟁도 다룰 수 있는 사람들)에게도 극히 어려운 일이었다. 그렇지만 그의 작업은 오랫동안 경탄을 받아왔다. B. F. 스키너의 《언어적 행동Verbal Behavior》(1957)을 맹비난한 촘스키의 악명 높은 논평(1959)은 인지과학의 기반이 되는 문서 중 하나이다. 동시에 촘스키는 인공지능에 대해 요지부동으로 적대적이었고, 심지어 대담하게도 주요 저서 중 한 권에 《데카르트 언어학Cartesian Linguistics》(1966)이라는 제목을 붙이기도 했다. 마치 데카르트의 반反 유물론적 이원론이 다시 유행하리라고 생각하기라도 한 것처럼 말이다. 촘스키는 그래서 누구의 편이었을까? 어떤 경우에도 다윈의 편은 아니었다. 다윈 공포증에 걸린 사람들이 과학 자체에 깊이 영향력을 미칠 수 있는 자신들의 옹호자를 찾는다면, 그 역할을 촘스키보다 더 잘해낼 사람은 없을 것이다.

이 점은 확실히, 내게는 천천히 분명해졌다. 1978년 3월, 나는 터프츠에서 주목할 만한 토론을 주최한 적이 있다. 철학심리학협회Society for Philosophy and Psychology에서 개최한 아주 적절한 토론이었다.[10] 그 토론의 이름은 '인공지능의 기반과 전망에 대한 공개 토론회'였지만, 막상 시작되고 나니, 네 명의 헤비급 이론가들이 둘씩 짝을 이루어 싸우는 수사학적 격투장으로 변했다. 놈 촘스키와 제리 포더가 인공지능을 공격하고, 로저 생크Roger Schank와 테리 위노그라드Terry Winograd가 이를 방어했다. 당시 생크는 자연어 이해를 위한 프로그램을 연구하고 있었고, 비평가들은 사소한 것들이 뒤죽박죽 모여 있는 자연어—우리 모두가 알고 있고, 일상적인 발화 행동들을 해독할 때 어떻게든 의존하는, 암시적이고 늘 그렇듯 생략되기도 하는 것—를 (컴퓨터로) 표상하고자 하는 그의 계획안에 초점을 맞췄다. 촘스키와 포더는 이 기획에 경멸을 쏟아부었다. 그러나 경기가 진행되는 동안 공격의 근거들이 점차 바뀌었는데, 이는 생크가 적수들을 교란하는 데 게으르지 않았기 때문이다. 그리고 생크는 자신의 연구 프로젝트를 견고하게 방어했다. 촘스키와 포더의 공격은 개념적 오류에 대한 직설적인 "기본 원칙들"에 대한 비난으로 시작되었지만—생크는 이런저런 헛고생을 하고 있었다—놀랍게도 촘스키가 양보함으로써 끝을 맺었다. 생크가 생각했듯이, 일상 대화를 이해하는 (그리고 좀 더 일반적으로는, '생각하는') 인간의 역량은 수백 또는 수천의 대충 만들어진 뭔가 새로운 장치들의 상호작용으로 설명되어야 한다는 것이 밝혀질 수도 있을 것이다. 그렇지만 그것은 부끄러운 일이 될

---

10 이 논의는 전에 했던 나의 논의(Dennett 1988a)를 수정하여 실은 것이다.

텐데, 그리 되면 심리학이 결국 "흥미롭지" 않다는 것이 증명될 것이기 때문이다. 촘스키에게는 오직 두 가지의 흥미로운 가능성만이 존재했다. 심리학이 "물리학 같은" 것—이런 것의 규칙성들은 소수의 심오하고 우아하며 불가항력적인 법칙들의 귀결로서 설명될 수 있다—이라고 드러나거나, 심리학은 법칙이 완전히 결여된 것—이 경우라면 심리학을 연구하거나 자세히 설명하는 유일한 방법은 소설가의 방식일 것이다(그리고 촘스키가 만약 이 기획에 뛰어들었다 치면, 그는 로저 생크보다는 제인 오스틴Jane Austen을 훨씬 더 선호했을 것이다)—이라고 드러나거나.

토론자들과 청중 사이에도 격렬한 토론이 이어졌고, 이는 촘스키의 MIT 동료인 마빈 민스키Marvin Minsky의 논평으로 어느 정도 마무리되었다: "나는 MIT의 인문학 교수만이 세 번째의 '흥미로운' 가능성, 즉 심리학이 공학 같은 것으로 판명될 수 있다는 가능성을 그토록 의식하지 못할 수 있다고 생각한다." 민스키는 그렇게 꼬집어 말했다. 마음에 대한 공학적 접근의 전망에 관해서는, 특정 유형의 인문주의자들로 하여금 심한 혐오감을 느끼게 하는 무언가가 있다. 그리고 그것은 유물론이나 과학에 대한 불쾌감과는 거의 또는 전혀 관련이 없다. 촘스키 자신은 과학자였고, 아마도 유물론자였을 테지만(그의 "데카르트" 언어학은 **그다지 멀리** 나간 것이 아니었다!), 공학과는 거래하지 않았을 것이다. 그에게 마음이 어떤 장치가 되거나 장치들의 집합체가 되는 것은 왠지 모르게 마음의 존엄성을 깎아내리는 일이었다. 마음이 공학적 분석에 의해 비밀을 드러낼 수 있는 종류의 존재자로 밝혀지느니, 침입 불가능하며 불가해한 미스터리로, 그리고 혼돈을 위한 내적 안식처로 밝혀지는 편이 차라리 나았다!

그때 나는 촘스키에 대한 민스키의 논평에 충격을 받았지만, 민스키의 메시지는 받아들이지 않았다. 1980년, 촘스키는 《행동과학과 뇌과학》에 표적 논문(주목할 만한 논문)으로 〈규칙과 표상Rules and Representations〉을 발표했고, 나는 논평자 중 한 명이었다. 그때나 지금이나 논쟁이 많이 벌어지는 논제는 '언어 능력은 대부분 선천적인 것이지, 어린아이가 **배울** 수 있다고 적절히 말해질 수 있는 무언가는 아니'라는 촘스키의 주장이었다. 촘스키에 의하면, 언어의 구조는 선천적으로 명시된 규칙의 형태로 대부분 고정되어 있으며, 아이가 하는 일이라고는 자신을 중국어 화자가 아닌 영어 화자로 만드는 다소 부수적인 "스위치" 몇 개를 설정하는 것뿐이다. 뉴웰이나 사이먼이 말했을 법한 것과는 달리, 어린아이는 언어가 무엇인지 파악하고 그것에 참여하는 법을 배워야 하는 범용 학습자가 아니라고, 즉 일종의 "범용 문제 해결기"가 아니라고 촘스키는 말한다. 어린아이는 언어를 이해하고 말할 수 있게 하는 능력을 선천적으로 갖추고 있으므로, 특정한(매우 제한된) 가능성들을 배제하고 다른 가능성들을 용인하기만 하면 된다는 것이다. 촘스키에 따르면, 그것이 바로 "느린" 아이들도 말하기는 수월하게 배울 수 있는 이유이다. 새들이 깃털에 대해 전혀 배우지 않듯, 촘스키에 의하면 아이들도 말하기에 대해 실제로 전혀 배우지 않는다. 언어와 깃털은 그것들을 지니도록 정해진 종에서 **발달할** 뿐이며, 선천적 장비가 결여된 종들은 접근이 금지되어 있다. 발달상의 몇 가지 방아쇠는 언어 습득 과정이 착수되게 만들고, 몇 가지 환경적 조건들은 아이가 마주치는 모국어(그것이 무엇이든)를 만들도록 하는 가지치기나 성형이라는 부수적 역할을 맡는다.

그의 이런 주장은 엄청난 저항에 부딪혔지만, 이제 우리는 진실이 테이블 양 끝 중 반대자들의 주장 쪽보다는 촘스키 쪽에 훨씬 더 가깝다는 것을 확신할 수 있다(자세한 내용은, 재킨도프[1993]와 핑커[1994]에 나온 촘스키의 입장에 대한 방어를 참조하라). 저항은 왜 생길까? 《행동과학과 뇌과학》 논평—내가 반대자 입장이 아닌 건설적 관찰자의 입장에서 제시한 것—에서 나는, 완벽하게 합리적인 이것에 저항할 수 있는 한 가지 이유가, 단지 합리적 **희망**일지라도, 존재한다고 지적했다. 생명이 지구에서 기원한 것이 아니라 다른 곳에서 시작되어 지구로 이주했다는 "호일의 어이없는 실수"에 대한 생물학자들의 저항처럼, 촘스키의 도전에 대한 심리학자들의 저항에도 친절한 설명이 존재한다: 촘스키가 옳다면, 언어와 언어 획득 현상들을 조사하는 일이 훨씬 더 어려워질 것이다. 아이들 각자의 내부에서 일어나고 있는 학습 과정(우리가 연구할 수 있고 조작할 수 있는 것)을 직접 찾는 대신, 우리는 "생물학에 책임을 전가"해야 할 테고, 또 우리 **종**이 태어날 때 언어 능력이 어떻게 내장되었는지 생물학자들이 설명할 수 있기를 소망해야 할 것이다. 이는 다루기가 훨씬 덜 쉬운 연구 프로그램이었다.

> 선택과 돌연변이의 최고 속도를 고정시키고 지구에서 **모든** 과정이 국지적으로 일어나기에는 시간이 충분하지 않았음을 보여주는 논증을 상상할 수 있다.
> 자극의 빈곤poverty of the stimulus과 언어 획득 속도에서 도출되는 촘스키의 논증은 이와 유사하다. 성숙한 능력이 신속하게 발달했다는 것을 설명해야 한다면, 아기에게 설계라는 **큰** 선물이 주어져야 했음을 보여주어야 한다고 그 논증은 주장한다. 우리가 언젠가는 신경계를 직접 조사함으로써 그러한 선천적 구조들의 존재를 입증할 수 있을지도 모른다는 가정(이는 우리의 외계 조상들의 화석을 찾는 일과 같다)에서 위안을 얻을 수도 있겠지만, **학습 이론**—완전한 무지에서 앎으로 전이되는 것을 설명하려는 시도 중 가장 보편적인 형태로 간주되는 이론—에서 우리가 바랐던 것보다는 많은 부분을 심리학의 영역이 아닌 진화생물학이, 그것도 그것의 가장 추론적인 부분이 차지하고 있다는 실망스러운 결론을 받아들여야만 할 것이다. 〔Dennett 1980.〕

그러나 놀랍게도, 촘스키는 내 논평의 요점을 비껴갔다. 나는 그에게 심리학을 "흥미롭게" 바라보게 할 성찰을 제공했는데, 그는 심리학에서 생물학으로 책임을 넘겨야 할지도 모른다는 것을 알게 됨으로써 심리학자들을 "낙담하게 할" 무언가가 있음이 틀림없다는 것을 내 글에서 발견하지 못했다. 내가 말하고자 했던 바를 그가 알아채지 못했던 이유를 나는 마침내 깨달았다. 그가 "언어 기관language organ"이 선천적이라고 주장했음에도 불구하고, 그것이 그에게는 자연선택의 산물임을 의미하지는 **않았기** 때문이다! 적어도 그에게 언어 기관은, 논란의 대상이 되는 것을 **끄집어내** 우리 조상들이 수 이언에 걸쳐 그 설계를 성형해온 방식을 분석하는 것을 허락하는, 생물학자들의 방식으로 연구될 수 있는 것은 아니다. 촘스키는 언어 기관이 적응이 **아니라** …… 미스터리 …… 또는 희망적 괴물이라고 생각했다. 그리고 언어 기관의 비밀이 **아마도** 언젠가는 밝혀질 테지만, 그것은 물리학에 의해서이지 생물학에 의해서는 아닐 것이라고 생각했다.

> 어쩌면 아주 먼 옛날의 어떤 시기에 돌연변이가 일어나 이산적 무한성discrete infinity이라는 속성이 생겨났을지도 모르며, 이는 아마도 세포의 생물학과 관련된 이유로, 지금은 알려지지 않은 물리적 메커니즘의 속성들이라는 관점에서 설명될 수 있을 것이다. …… 아마도 진화적 발달의 다른 측면들은 어느 정도의 복잡성을 지니고 뇌에 적용되는 물리 법칙들의 작동을 다시 나타낼 것이다. [1988, p. 170.]

어떻게 이렇게 되었을까? 많은 언어학자와 생물학자는 언어의 진화 문제와 씨름해왔다. 다른 진화 퍼즐들에서 잘 작동해온 방법들을 동일하게 이용했고, 결과 또는 적어도 결과처럼 보이는 것들을 얻었다. 예를 들어, 스펙트럼의 가장 경험적인 극단에서, 신경해부학자들과 심리언어학자들의 연구는 생존하는 우리 친척 종들의 뇌에는 없는 특성들, 즉 언어 생산과 언어 인식에 결정적 역할을 하는 특성들을 우리 뇌가 지니고 있음을 보여주었다. 지난 600만 년 동안 우리의 혈통이 이런 형질들을 어떤 순서로, 그리고 왜 획득했는지에 대해서는 의견이 매우 분분하긴 하다. 그러나 이런 불일치는, 예를 들면 시조새가 날았는지에 관한 의견 불일치보다 더 나쁠 것도 더 좋을 것도 없이, 후속 심화 연구들에서 다루기 좋은 주제이다. 순수한 이론적 영역의 최전선으로 감으로써, 그리고 보다 더 넓게 그물을 던짐으로써 일반적인 의사소통 체계의 진화를 위한 조건들이 추론되었다(이를테면 크레브스와 도킨스Krebs and Dawkins 1984, 자하비Zahavi 1987). 그리고 그 함의들은 시뮬레이션 모형들과 경험적 실험을 통해 탐구되고 있다.

7장에서 우리는 생명이 스스로를 어떻게 부트스트래핑해서 마침내 '존재하기'에 이르렀는가 하는 문제를 향한 기발한 추측과 모형 들을 보았다. 그리고 거기에는 언어가 어떻게 발전해왔어야 하는가에 관한 명석한 아이디어라는, 그와 유사한 보상도 존재한다. 언어의 기원이 생명의 기원보다 이론적으로 훨씬 풀기 쉬운 문제라는 데에는 의문의 여지가 없다. 우리에게는 답을 구축할 수 있는 재료(그다지 원재료는 아니지만)를 명시한 풍부한 카탈로그가 있다. 우리가 세부 사항들을 결코 입증할 수 없을지도 모른다. 하지만 그렇다 하더라도, 그것은 미스터리가 아니라 회복 불가능한 약간의 무지일 뿐이다. 특히 자제력 있는 몇몇 과학자들은 연역적 추측을 하느라 그런 광범위한 연습에 시간과 관심을 쏟아붓는 것에 저항할 수 있다. 그렇지만 그것이 촘스키의 입장은 아닌 것으로 보인다. 그의 의구심은 성공 가능도가 아니라 바로 기획 그 자체를 향하고 있다.

> 〔선천적 언어 구조들의〕 이러한 발달을 "자연선택"에 귀속시켜도 완벽하게 안전하다. 이 단언에 실체가 없다는 것을 우리가 인식하는 한, 그리고 그 단언이 이러한 현상들에 대한 어떤 자연주의적 설명이 존재할 것이라는 믿음에 지나지 않는다는 것을 아는 한에서 말이다. 〔Chomsky 1972, p. 97.〕

그러니까, 다윈주의에 대한 촘스키의 불가지론적 입장—또는 심지어는 적대감—의 징후가 오랫동안 있어왔지만, 그것을 해석하기 힘들다는 것을 우리 중 많은 이들이 알고 있었다. 어떤 사람들에게는 촘스키가 "비밀스러운 창조론자"로 비칠 수도 있지만, 그것은 그럴듯하지 않아 보였는데, 이는 특히 그가 스티븐 제이 굴드의 지지를 받고 있었기 때문이다. 언어학자 제이 키저가 굴드에게 그의 용어 "스팬드럴"로 언어가 어떻게 생겨났는지 기술해달라고 호소한 것(482~483쪽)을 기억하는가? 키저는 그가 쓴 용어들을 동료인 촘스키로부터 얻었을 것이고, 촘스키는 굴드에게서 얻었을 것이다. 그리고 굴드는 그 답례로 촘스키의 견해—언어는 정말로 진화해온 것이 아니라, 갑자기 나타난 설명할 수 없는 선물 같은 것이며, 기껏해야 인간의 뇌가 확장된 데 따른 부산물이다—를 열렬히 지지했다.

> 그렇다. 자연선택에 의해 뇌가 커졌다. 그러나 이 크기의 결과로, 그리고 그리하여 주어진 신경 밀도와 연결성에 의해, 인간의 뇌는 부피 증가의 원래 이유들과는 상당히 무관한, 매우 광범위한 기능들을 수행할 수 있었다. 우리가 읽거나 쓰거나 산수를 하거나 계절을 도표로 만들 수 있게 하기 위해 뇌가 커진 것은 아니다.—익히 알고 있듯이, 인간의 문화는 이런 종류의 기술들에 의존한다. …… 언어의 보편성은 자연의 다른 것들과는 그 본질에 있어 너무도 다르고 구조 면에서 너무 유별나기 때문에, 조상들의 끙끙거리는 소리나 몸짓에서 단순히 연속적으로 발전해온 것이 아니라, 뇌의 역량이 향상된 데 따른 부수 효과로서 기원하는 것으로 보인다. (언어에 관한 이 논증은 내가 독창적으로 제기한 것이 아니다. 내가 그것에 전적으로 동의하지만 말이다. 이 추론의 방향은 놈 촘스키의 보편문법universal grammar 이론으로 가는 진화적 해석을 직접적으로 따른다.) 〔Gould 1989b, p. 14.〕

굴드는 뇌의 성장이 초반에는 언어를 위한 선택에 따른 것이 아니며(심지어는 고도의 지능을 위한 선택 때문에 커진 것도 아니며), 인간의 언어는 "조상들의 끙끙거림으로부터 단순히 연속적으로 발전되는 식으로" 발달한 것은 아닐 것이라고 강조한다. 그러나 언어 기관이 적응이 아니라는 가정(논증을 위해서는 그의 주장을 인정할 수도 있다)으로부터 그 주장이 도출되는 것은 아니다. 인정하건대, 그것은 굴절적응이다. 하지만 굴절적응은 적응이다. 굴드 쪽의 주장을 이해하기 위해, 호미니드 뇌의 주목할 만한 성장을, 굴드나 키저가 원하는 의미(그것이 무엇이든)에서 "스팬드럴"이라 놓아보자. **그렇게 한다 해도** 새의 날개가 적응인 것처럼 언어 기관도 **여전히** 적응이 될 것이다! 설계공간에서 우리 조상들을 갑자기 오른쪽으로 뛰어가게 하는 중단(10장을 보라)이 아무리 급작스럽게 발생했다 해도, 그것은 여전히 자연선택의 압력 아래서 설계가 점진적으로 개발된 것에 해당한다. 그것이 진짜로 기적이거나 희망적 괴물이 아니라면 말이다. 요컨대, 굴드가 촘스키의 보편문법 이론이 언어에 대한 적응주의적 설명에 대항하는 방어벽이라고 발표했음에도, 촘스키는 그 답례로 굴드의 반反 적응주의를 가리켜, 보편문법의 선천적 확립에 대한 진화적 설명을 추구하라는 명백한 의무를 거부하는 권위 있는 변명이라 말하며 지지했다. 이 두 권위자는 심연을 가운데에 두고 서로를 지지하고 있는 것이다.

1989년 12월, MIT의 심리언어학자 스티븐 핑커와 그의 대학원생 폴 블룸Paul Bloom은 〈자연 언어와 자연선택Natural Language and Natural Selection〉이라는 논문을 MIT에서 열린 인지과학컬로퀴엄에서 발표했다. 그들의 논문은 그 후 《행동과학과 뇌과학》의 표적 논문으로 등장하며 도전장을 내밀었다.

많은 이들이 인간 언어 능력의 진화가 다윈주의적 자연선택에 의해 설명될 수 없다고 주장해왔다. 촘스키와 굴드는 언어가 다른 능력들을 위한 선택의 부산물로서, 또는 아직 알려지지 않은 '성장과 형태의 법칙'들의 귀결로서 진화해왔으리라고 제안해왔다. …… 우리는 전통적인 신다윈주의적 과정에 의해 문법을 위한 전문화가 진화했다고 믿을 충분한 이유가 있다고 결론짓는다. [Pinker and Bloom 1990, p. 707]

핑커와 블룸은 말한다.(p. 708) "어떤 면에서는, 우리의 목표는 믿기 힘들 만큼 따분하다. 우리가 주장하는 모든 것은, 언어가 다른 복잡한 기량들, 예를 들면 반향정위나 입체시 같은 것들과 다르지 않다는 것이며, 또한 그러한 기량들의 기원을 설명할 유일한 길은 자연선택 이론을 통하는 것이라는 것이다." 그들은 합리적 의심을 넘어서는 다방면의 현상들에 대한 다양한 분석을 참을성 있게 검토하고 평가함으로써 "믿을 수 없이 따분한" 결론에 도달했다. (아니나 다를까) "언어 기관"은 모든 신다윈주의자들의 예상처럼, 그것의 가장 흥미로운 속성들을 적응으로서 진화시켰음이 실로 틀림없다. 그러나 MIT 청중의 반응은 전혀 따분하지 않았다. 촘스키와 굴드가 답변할 예정이었기 때문에 실내는 만원이었고, 서 있는 사람도 아주 많았다.[11] 거기서 저명한 인지과학자들이 염치도 없이 보여준 진화에 대한 무지와 적대감의 수준은 내게 큰 충격을 주었다. (사실, 그 회의의 반응을 보고, 나는 이 책의 집필을 더는 미룰 수 없다고 나 자신을 설득했다.) 내가 아는 한 그 회의의 녹취록은 존재하지 않지만, (그 회의에서 제기된 주제 중 일부는 《행동과학과 뇌과학》

11 그러나 결국 촘스키는 참석할 수 없었고, 그의 빈 자리는 그의 (그리고 나의) 좋은 친구 마시모 피아텔리팔마리니Massimo Piatelli-Palmarini가 채웠다. (그는 거의 항상 촘스키에게 동의했고, 내게는 거의 동의하지 않았다!) 피아텔리팔마리니는 최적의 대역이었다. 그는 하버드에서 굴드와 함께 인지와 진화에 관한 세미나를 지도했다. 게다가 언어의 비非 진화에 관한 굴드-촘스키의 입장을 최초로 명시적으로 제시한 논문(1989)의 저자이기도 하다. 그의 논문은 핑커와 블룸의 논문이 나오게 한 중요한 도발이자 표적이었다.

의 논평들에 포함되어 있다) 핑커와 블룸의 논문 초안이 배포된 이래 그들이 질문 논평을 받아치는 과정에서 만들어진 '가장 놀라운 열 가지 반대 의견'을 담은 '핑커의 목록'(개인적 의사소통에서)을 숙고해보면, 그때의 신랄한 분위기를 어느 정도 되짚어볼 수 있을 것이다. 내 기억이 맞다면, 아래 목록 중 대부분의 버전이 MIT 회의에서 표명되었다.

(1) 색각color vision에는 기능이 없다. 우리는 빛의 명암도 신호intensity cues를 이용하여 빨간 사과와 녹색 사과를 구별할 수 있다.

(2) 언어는 결코 의사소통을 위해 설계되지 않았다. 언어는 시계와 같은 것이 아니다. 해시계로 쓸 수 있는 막대가 가운데에 있는 루브 골드버그 장치Rube Goldberg device 같은 것이다.

(3) 언어가 기능을 가진다는 그 어떤 논증도 모래에 글씨를 쓰는 것에 적용해보았을 때와 동등한 그럴듯함과 힘으로 구성될 수 있다.

(4) 세포의 구조는 진화가 아니라 물리학으로 설명되어야 한다.

(5) 눈을 가진다는 것은 질량을 가진다는 것에 대한 설명과 동일한 종류의 설명을 필요로 한다. 눈이 있어서 당신이 볼 수 있는 것처럼, 질량은 여러분을 우주에 둥둥 떠 있지 않게 막아주기 때문이다.

(6) 곤충의 날개에 관한 사항들이 이미 다윈을 반박하지 않았는가?

(7) 언어는 유용할 수 없다. 그것은 전쟁을 초래한다.

(8) 자연선택은 시대에 뒤처진 것이 되었다. 이제 우리에겐 혼돈 이론이 있기 때문이다.

(9) 언어는 의사소통을 위한 선택압을 통해 진화할 수 없었다. 왜냐하면 우리는 상대의 기분을 정말로 알고 싶지 않으면서도 상대에게 기분이 어떤지 물어볼 수 있기 때문이다.

(10) 모든 이가 자연선택이 마음의 기원에서 어떤 역할을 했다는 것에는 동의한다. 그러나 그것이 모든 측면을 설명할 수는 없다는 것에도 동의한다. 따라서 더 말할 것이 없다.

굴드와 촘스키는 그들의 지지자 중 일부가 지닌 기괴한 신념들에 책임이 있는가? 이 질문에 간단히 답할 수는 없다. '핑커의 목록'에 있는 항목 중 반 이상이 굴드(특히 2번, 6번, 9번)와 촘스키(특히 4번, 5번, 10번)가 했던 주장들에서 명확하게 유래했다. 이런 주장들을 (그리고 목록에 있는 다른 것들도 포함해서) 하는 사람은 전형적으로 굴드와 촘스키의 권위를 등에 업고 논증을 제시한다. (이를테면 오테로Otero[1990]를 보라.) 핑커와 블룸이 말했듯(1990, p. 708) "세계에서 가장 위대한 언어학자 놈 촘스키와 세계에서 가장 유명한 진화이론가 스티븐 제이 굴드는, 언어가 자연선택의 산물이 아닐 수 있다고 반복해서 주장했다." 게다가 나는 전투의 열기 속에서 이 어이없는 실수들howler이 일어났을 때 굴드도 촘스키도—이 저명한 두 마리 개는 짖지도 않았다—그것을 바로잡으려고 시도하는 모습을 여태껏 본 적이 없다. (앞으로 보게 되겠지만, 이것은 모두의 약점이다. 나 또한 사회생물학자들이 자신들의 피포위被包圍 심리[12]로 인해 팀 구성원들이 지독하게 나쁜 추론의 적잖은 사례들을 간과하게 한 것—좌우간 정정을 게을리 한 것은 사실이다—을 유감스럽게 생각한다.)

허버트 스펜서는 다윈의 가장 열정적인 지지자들 가운데 한 명으로, "적자생존the survival of the fittest"이라는 문구를 만든 사람이자 다윈의 최고 아이디어들 중 일부를 명확하게 만들어준 중요한 사람이다. 그러나 그와 동시에, 사회다윈주의의 아버지로서, 냉담한 것에서 극악무도한 것까지의 여러 정치적 교조들을 옹호하는 데 다윈주의를 동원하는 그 끔찍한 오용이 시작되게 한 인물이기도 하다.[13] 다윈의 견해를 스펜서가 오용한 것에 대해 다윈에게 책임이 있을까? 이에 대한 의견은 분분하다. 나로서는 다윈이 개인적으로 만류하거나 정정하길 추구하는 데 에너지를 더 쏟지 않은 것이 유감이긴 하지만, 자신의 옹호자를 공개적

12 [옮긴이] 자신이 온통 적에게 둘러싸여 있다는 잘못된 믿음에 빠져 있는 상태를 뜻한다.

인 자리에서 채찍질하는, 진정으로 영웅적인 과업까지는 수행하지 않아도 된다고 생각한다. 굴드와 촘스키 모두, 지식인들은 자기 견해의 적용뿐 아니라 **그럴 법한 오용에도** 책임이 **있다**는 견해를 강력하게 지지해왔다. 그러므로 짐작건대, 이 모든 헛소리의 원천으로 자신들이 인용되고 있다는 것을 알게 되면 그들은 적어도 당황스러워할 것이다. 왜냐하면 그들 자신은 그러한 견해를 지니지 않았기 때문이다. (내가 그들을 위해 궂은일을 해주긴 했지만, 그들의 감사를 기대한다면 그건 아마도 지나친 일일 것이다.)

3. 좋은 시도였어

마음의 진화를 연구함에 있어, 변형생성문법transformational generative grammar 같은 것에 대한 물리적으로 가능한 대안이 어느 정도나 있는

---

13 스펜서의 모호한 문체는 이 책 2부를 여는 인용문(263쪽)에서 윌리엄 제임스가 조롱했던 대상이었다. 스펜서(1870, p. 396)는 다음과 같은 정의를 제안했다. "진화는 물질의 통합이며 그에 수반되는 운동의 소멸이다. 그러는 동안 물질은 무한하고 일관성 없는 동질성에서 유한하고 일관적인 이질성으로 변한다. 그리고 그동안 유지된 운동은 유사한 변화를 겪는다." 제임스의 경이로운 패러디는 밈학적 측면에서 기록해둘 가치가 있다. 나는 그 인용문을 개릿 하딘Garrett Hardin을 통해 얻었는데, 하딘은 그것을 실스와 머튼Sills and Merton(1991, p. 104)에게서 얻었다고 내게 말해주었다. 그리고 그들은 출처로 제임스의 강의 노트(1880-1897)를 인용한다. 그러나 하딘은 자세한 사항을 몇 가지 더 추적해냈다. P. G. 테이트P. G. Tait(1880, p. 80)가, 스펜서의 말을 "엄청나게 번역한" 공로가 커크먼이라는 이름의 수학자에게 있다고 지적했고, 제임스의 버전—테이트에게서 빌린 것으로 추정되는—은 그것의 돌연변이 버전이라는 것이었다. 커크먼의 (아마도) 원래 버전은 이렇다: "Evolution is a change from a nohowish, untalkaboutable all-alikeness, to a somehowish and ingeneral-talkaboutable, not-all-alikeness, by continuous somethingelsifications and sticktogetherations." (이 책 2부를 여는 인용문이 바로 이것이다.—옮긴이)

지 추측할 수 없다. 그것을 제외한 다른 신체적 조건들은 다 만족하는 유기체에 있어서 말이다. 믿건대, 언어 역량의 진화에 대한 논의가 요점에서 벗어나는 일은 없다—있다 해도 극소수일 뿐이다.

—놈 촘스키 1972, p. 98

이 모든 것을 이해하는 데에 진전을 이루려면, 우리는 단순화된(과도단순화된?) 모형들에서 시작하고, 현실 세계는 더 복잡하다는 비평가들의 장황한 비난을 무시할 필요가 있을 것이다. 현실 세계는 언제나 더 복잡하다. 하지만 그렇기에 우리가 일자리를 잃지 않는다는 장점도 있는 것이다.

—존 볼John Ball 1984, p. 159

여기서 문제는 그토록 파괴적으로 앞뒤로 흔들리는 진자를 어떻게 멈추는가 하는 것이다. 우리는 의사소통이 계속해서 똑같이 실패하는 것을 본다. 사이먼과 캐플런이 말하는 진정으로 불행한 의사소통의 간극은 (앞 절을 여는 인용문에서 나왔듯이) 초기에 있었던 비교적 단순한 오해가 증폭된 결과이다. (좋은) 환원주의와 탐욕스러운 환원주의의 차이(3장 5절)를 상기해보자. 환원주의자들은 자연의 모든 것이 스카이후크 없이 설명될 수 있다고 생각하는 반면, 탐욕스러운 환원주의자들은 크레인 없이 모두 설명될 수 있다고 생각한다. 그러나 한쪽 이론가의 건강한 낙관주의는, 다른 쪽 이론가가 보기에는 꼴사나운 탐욕이다. 한쪽은 과도단순화된 크레인을 제안하고, 다른 쪽은 인생은 그것보다 훨씬 더 복잡하다고 진심으로 주장하며 비웃는다("이런 속물 환원주의자들 같으니!"). 한편 그쪽을 향해 첫 번째 쪽은 "스카이후크를 찾는 미친 무리들!"이라고 내뱉으며 방어적 과잉 반응을 내보인다. 나의 용어를 그들이 안다면 아마 그렇게들 중얼거렸을 것이다. 그러나, 다시 말하건대, 그들에게 저런 용어가 있다면, 그들은 문제가 정말로 무엇인지를 볼 수 있을 테고, 잘못된 의사소통을 완전히 피할 수 있을 것이다. 그것이 나의 소망이다.

촘스키의 실제 견해는 무엇인가? 언어 기관이 자연선택에 의해 형성되지 않았다고 생각한다면, 그는 그 복잡성에 관하여 어떤 설명을 하고 있는가? 최근 생물철학자 피터 고드프리스미스Peter Godfrey-Smith(1993)는, 이런저런 식으로 제기되는 "환경의 복잡성 덕분에 유기체가 복잡해졌다"고 주장하는 견해들의 계열에 초점을 맞추고 있다. 이는 허버트 스펜서가 애정을 쏟고 있던 주제 중 하나였으므로, 고드프리스미스는 그러한 관점을 "스펜서주의"라 부를 것을 제안한다.[14] 스펜서는 다윈주의자였다(또는 찰스 다윈이 스펜서주의자였다고 말할 수도 있겠다). 어쨌든 근대적 종합의 핵심은 스펜서주의이며, 반역자들에게서 이런저런 방식으로 가장 자주 공격받는 것도 그 정통 견해 안의 스펜서주의이다. 예를 들어, 만프레트 아이겐과 자크 모노는, 오직 환경적 선택을 통해서만 분자의 기능이 특정될 수 있다고 주장한(7장 2절, 8장 3절) 것으로 보아 둘 다 스펜서주의자이다. 반면에 (환경) 선택에도 **불구하고** 질서가 발현할 수 있다는(8장 7절) 스튜어트 카우프만의 주장은 반反 스펜서주의적 도전을 잘 표현하고 있다. 생물학이 **역사**과학historical science[15]임을 부인했던 브라이언 굿윈의 주장도 반스펜서주의의 또 다른 예이다. 굿윈의 부정은 옛 환경과의 역사적 상호작용이 유기체에서 발견되는 복잡성들의 근원임을 부정하는 것이기 때문이다. 굴드와 르원틴(1979)이 유기체 설계의 거의 부수적인 장식들을 설명하기 위해 "본질

14 이는 허버트 사이먼이 책《인공의 과학Sciences of the Artificial》(1969)에서 애정을 갖고 연구하던 주제 중 하나이기도 하다. 따라서 우리는 이를 '사이먼주의' 또는 '허버트주의'라 부를 수도 있을 것이다.

15 [옮긴이] 과거사를 짚지 않고도 온전히 따로 연구할 수 있는 물리학, 화학 같은 학문을 '실험과학'이라 부르고, 과거사와 함께 연구해야 진행될 수 있는 생물학, 지질학 등의 과학을 흔히 '역사과학'이라 부른다.

적인" 바우플란들과 짧게나마 맺었던 동맹 역시 반스펜서주의의 또 다른 예가 될 것이다.

촘스키는 생물학(또는 공학)이 아니라 물리학이 언어 기관의 구조를 설명해줄 것이라고 주장했으며, 이는 당신도 알 수 있듯이 순수한 반反 스펜서주의적 교리이다. 이는 생물학에 책임을 넘기는 데 대한 나의 우호적인 제안을 그가 왜 오해했는지를 설명해준다. 나는 훌륭한 스펜서주의적 적응주의자로서, 고드프리스미스의 표현처럼, "환경은 유전자라는 채널을 통해 말한다"고 가정하고 있었는데, 촘스키는 유전자가 조직화의 어떤 본질적이고 비역사적이고 비환경적인 원천—"물리학"—으로부터의 메시지를 받아들인다고 생각하는 쪽을 선호했던 것이다. 우리는 이를 가리켜 시간을 초월한 '형태의 법칙'이 있다 해도 이런저런 선택의 방식을 통해서만 그 법칙이 자신들을 부과할 수 있다고 생각하는 스펜서주의라 부를 수 있을 것이다.

진화적 사고는 스펜서주의적 사고 대 반스펜서주의적 사고로 이루어진 역사의 한 장章일 뿐이다. 적응주의는 스펜서주의의 교리이며, 스키너의 행동주의도 그러하며, 경험주의의 모든 변종 또한 그러하다. 경험주의란 우리 모두가 외부 환경에서 오는 세부 사항을 경험을 통해 우리 마음에 제공한다는 관점이다. 적응주의는 선택적 환경이 유전자형의 지휘를 받는 표현형이 그것과 마주한 세계에 대해 거의 최적의 적합도로 형성되도록 유기체의 유전자형들을 점진적으로 성형한다고 보는 관점이다. 행동주의는 스키너(1953, 특히 pp. 129-41)가 "통제 환경"이라고 불렀던 것이 바로 모든 유기체의 행위를 "형성(성형)"하는 것이라는 견해이다. 이제 우리는 스키너에 대한 촘스키의 유명한 공격이 스키너의 스펜서주의적 견해, 즉 '환경이 유기체를 형성했으며, 그 형성이 **어떻게** 이루어졌는지를 설명하는 스키너 모형의 제한들 위에서 유기체의 형성이 일어났다'는 견해에 대한 공격임을 알 수 있다.

스키너는 근본적인 다윈주의적 과정이 **단순히 반복**—조작적 조건형성—되면 비둘기뿐 아니라 인간의 모든 정신적인 것과 모든 학습을 다 설명할 수 있다고 선언했다. 비평가들은 사고와 학습은 그보다 훨씬, 훨씬 더 복잡하다고 주장했고, 그(와 그의 추종자들)는 그 비판들에서 스카이후크의 냄새를 맡았으며, 행동주의를 비판하는 이들을 이원론자, 유심론자, 반과학적 불가지론자로 치부했다. 이는 잘못된 인식이었다. 비평가들—적어도 그중 가장 훌륭한 이들—은 단순히, 마음이 스키너가 상상했던 것보다 훨씬 더 많은 크레인들로 구성되어 있다고 주장하고 있었으니까.

스키너는 탐욕스러운 환원주의자였고, **모든** 설계(그리고 설계의 위력)를 단번에 설명하려고 시도했다. 그에 대한 적절한 반응은 이러해야 했다: "시도는 좋았습니다. 하지만 그것은 당신이 생각하는 것보다 훨씬 더 복잡한 것으로 밝혀졌어요!" 말 그대로 스키너의 시도 자체는 좋았기 때문에, 빈정거릴 필요는 없다. 그의 시도는 반세기에 걸쳐 냉철한 실험과 모형의 구축에 영감을 주었으며(또는 그런 일들이 이루어지도록 자극했으며), 그런 실험과 모형에서 사람들은 많은 것을 배웠다. 하지만 아이러니하게도, 그의 시도는 또한, 해걸랜드(1985)가 "좋은 구식 인공지능 Good Old-Fashioned AI" 또는 "GOFAI"라 불렀던 **또 다른** 유형의 탐욕스러운 환원주의의 반복된 실패이기도 했다. GOFAI는 마음이 정말로 건축에서의 복잡성을 능가하는 현상—행동주의가 묘사하기에는 너무도 복잡한 것—이라고 심리학자들을 진짜로 확신시켰다. GOFAI의 근본적인 통찰은 컴퓨터가 **무한정 복잡할** 수는 있겠지만, 모든 컴퓨터는 단순한 부분들로 만들어질 수 있다는 튜링의 인식이었다. 스키너에게 그 '단순한 부분들'이란 무작위적으로 짝지어진 자극-반응 쌍들이었고, 그러므로 그것들은 환경으로부터의 강화 선택압을 반복적으로 받을 수 있는 대상이었다. 하지만 튜링의 '단순한 부분들'은 내부 데이터 구조—상상할 수 있는 모든 정교한 것의 입력-출력 반응을 만들어내면서, 무한정 많은 상이한 입력들에 대해 상이하게 반응하도록 구성될 수 있는 차등적 "기계 상태machine states"—였다. 그러한 내부 상태들 중 어느 것이 선천적으로 특정되어 있고 또 어느 것이 경험에 의해 수정되어야 하는가는 탐구되어야 할 것들로 남겨져 있다. 찰스 배비지(8장의 각주 13번을 보라)[16]와 마찬가지로, 튜링도 한 개체의 행위가 **그 자신의** 자극의 역사의 **단순한** 함수일 필요는 없다는 것을 알고 있었다. 왜냐하면 그것은 수 이언에 걸쳐 설계를 어마어마하게 축적할 수 있었기 때문에 가능한 일이었으며, 또, 그 축적된 설계는 그것들의 반응을 매개하기 위한 내부 복잡성을 이용하도록 허용하기 때문이다. 그 관념적 개막식은, 눈부신, 그러나 인간 식의 인식을 생산하기에는 **여전히** 우스꽝스러울 만큼 부족한, 복잡성을 억지로 짜맞춘 것들로 무장한 GOFAI-모형 연구자들에 의해 자리가 채워졌다.

오늘날 인지과학을 지배하고 있는 정통 견해는 지각과 학습, 기억, 언어 산출, 언어 이해 등에 대한 과거의 단순한 모형이 (필요한 모형과는) 비교 불가능하게 단순하다는 것이다. 그렇지만 그런 단순한 모형들은 종종 좋은 시도들이었고, 그것들이 없었다면, 그것들이 결국 얼마나 단순한 것으로 드러날지 계속 궁금해했을 것이다. 복잡성 속에서 본격적으로 뒹굴기 전에 단순한 모형들을 시도할 수 있도록, 지나치다 싶을 정도로 탐욕스러운 환원주의를 시도해보는 것은 합당한 행동이다. 멘델의 단순한 유전학은 좋은 시도였고, 좀 더 복잡한 "콩주머니 유전학" 또한 그랬다. 멘델의 유전학은, 그것이 그토록 충격적인 소급적 과도단순화(프랜시스 크릭은 이를 과학에서 쫓아내고 싶어 했다)에 종종 의존했음에도 불구하고, 집단유전학의 수중에 들어가게 되었다. 그레이엄 케언스 스미스의 점토 결정 가설은 매우 좋은 시도였고, 아트 새뮤얼의 체커 두는 컴퓨터도 좋은 시도—우리가 배웠듯이, 너무 많이 단순하지만 올바른 길 위에 있는 것—였다.

---

16 [옮긴이] 본 번역서에서는 각주 22번이다.

컴퓨터 초창기에 워런 매컬러치Warren McCulloch와 W. H. 피츠W. H. Pitts(1943)는 "신경망"을 짤 수 있는 아주 훌륭하게 단순한 "논리적 뉴런logical neuron"을 제안했다. 그리고 한동안은 어쩌면 그들이 뇌 문제의 한 고비를 넘긴 것처럼 보였다. 확실히, 그들이 이 대단치 않아 보이는 제안을 하기 전까지, 신경학자들은 뇌의 활동에 대해 어떻게 생각해야 할지 극심하게 혼란스러워했다. 매컬러치와 피츠 덕분에 신경과학이 얼마나 엄청나게 들어올려졌는지 알고 싶다면, 1930년대와 1940년대의 좀 더 모험적인 책들을 펼쳐서 그들의 용감무쌍한 몸부림을 읽기만 하면 된다.[17] 그들의 작업에서 도널드 헤브Donald Hebb(1949)와 프랑크 로젠블랫Frank Rosenblatt(1962) 같은 선구자들이 등장했는데, 그들의 "퍼셉트론perceptron"[18]은, 민스키와 페퍼트가 지적했듯이(1969), 좋은 시도였지만 지나치게 단순했다. 이제, 수십 년이 흐른 지금, 좀 더 복잡하지만 여전히 유용할 만큼 단순한 좋은 시도들의 또 다른 물결이, 연결주의의 깃발을 휘날리며 설계공간의 이곳저곳(그들의 지적 조상들이 탐색하지 않고 남겨 둔)을 탐색 중이다.[19]

인간의 마음은 놀라운 크레인이다. 그리고 그것을 구축하고 계속

17 매컬러치의 학생이었으며 그 자신도 초기 발전에 큰 기여를 했던 인물로 마이클 아르비브Michael Arbib가 있는데, 이 주제에 대한 그의 더없이 명확한 초기 토론(1964)은 당시 대학원생이었던 내게 영감을 주었고, 후기 작업(예를 들면 1989)을 통해 새로운 영역들을 끈질기게 개척하고 있다. 내 생각에 그 새로운 영역들은 아직 참호와 변두리에 있는 많은 사람들에게 인정받지 못하고 있다.

18 [옮긴이] 1957년 로젠블랫이 고안한 초기 형태의 인공 신경망으로, 다수의 입력에서 하나의 결과를 출력하는 알고리즘이다. '인공 뉴런'이라고도 부른다. 이름은 Perception(지각)과 neuron(뉴런, 신경세포)의 합성어이다.

19 다른 좋은 시도들은 신경계에서의 "다윈주의적" 진화라고 알려진 많은 학습 모형들을 만든 신경과학자들의 작업에서 찾을 수 있다. 이는 로스 애슈비Ross Ashby(1960)와 J. Z. 영J. Z. Young(1965)의 초기 작업으로 거슬러 올라간다. 그리고 오늘날에는 아르비브, 그로스버그Grossberg(1976), 샹제와 당쉰Changeux and Danchin(1976), 켈빈Calvin (1987) 등의 연구자들이 작업을 이어가고 있다. 에덜먼(1987)도 있다. 에덜먼의 작업은, 황무지에서의 격변인 것처럼 제시되지 않았더라면 더 좋은 시도가 될 것이다.

작동시키고 지금까지 최신 상태로 유지하기 위해서는 많은 설계 작업이 있어야만 했다. 그것은 다윈의 "스펜서주의적" 메시지이다, 이런저런 방식으로, 우리가 만난 환경의 역사는 수 이언에 걸쳐(그리고 10분 전부터 지금까지도) 바로 지금 당신이 가지고 있는 마음을 형성해왔다. 작업 중 일부는 자연선택에 의해 수행되었고, 나머지는 우리가 앞에서 보았던 종류의 이런저런 내부적 생산과 시험 과정을 통해 수행되었다. 그것들 중 그 어떤 것도 마법이 아니다. 내부적 스카이후크와 연루된 것은 아무것도 없다. 우리가 이 크레인들의 어떤 모형을 제시하든 분명 이런저런 면에서 지나치게 단순할 테지만, 우리는 단순한 아이디어들을 먼저 시도해보면서 마무리하려 한다. 촘스키는 이러한 좋은 시도들을 앞장서서 비판하는 사람 중 하나였고, B. F. 스키너에서부터 허버트 사이먼과 로저 섕크 같은 독불장군 GOFAI 전문가들, 그리고 모든 연결주의자들까지 다 묵살해버렸다. 그들의 아이디어가 지나치게 단순했다고 주장했다는 면에서 촘스키는 항상 옳았다. 그러나 그는 논쟁의 온도를 지나치게 높여 놓은 단순한 모형들을 시도하는 **전술**에 대해서도 적대감을 표명했다. 논증의 구성을 위해 이렇게 가정해보자. 촘스키가 그 누구보다도 마음과 언어 기관을 잘 알 수 있다고 인정해보는 것이다. 그리고 이때 그가 생각하는 언어 기관은 인간의 마음이 다른 동물의 마음과 비교하여 우월성을 지니는 데 중심적 역할을 했으며, 지금까지 만들어진 모든 모형을 무력화시키는 복잡성과 체계성을 갖춘 구조들이다. 자, 그럼 여러분은 언어 기관이 이런 훌륭한 장치들이니만큼, 더욱더 그에 대한 진화적 설명을 찾아야 한다고 생각할 것이다. 그러나 촘스키는, 언어의 추상적 구조, 즉 문화를 제자리에 놓을 만큼 다른 크레인들을 들어올릴 수 있는 가장 중요한 크레인을 우리를 위해 발견했음에도 불구하고, 우리가 그것을 크레인으로 취급하는 것을 열정적으로 막았다. 스카이후크를 갈망하는 이들이 종종 촘스키를 자신들의 권위의 원천으로 간주한 것은 당연한 일이다.

그러나 그가 유일한 후보자는 아니다. 존 설도 스카이후크를 찾는 사람들이 가장 좋아하는 옹호자이다. 그리고 그는 확실히 촘스키주의자가 아니다. 8장(4절)에서 우리는 설이 '원초적 지향성'의 기치 아래 존 로크의 '마음-먼저' 시각의 한 버전을 옹호하는 것을 보았다. 설에 의하면, 오토마타(컴퓨터들 또는 로봇들)는 원초적 지향성을 지니고 있지 않다. 그들은 기껏해야 지향성을 지닌 **것처럼** 보일 뿐이다. 게다가, 설에 따르면 원초적인 또는 진정한 지향성은, 그저 '지향성처럼 보이는 것'으로는 구성될 수 없고 그것으로부터 파생될 수도 없다—아니면, 짐작건대, 그것의 후손일 수도 없을 것이다. 이는 설에게 문제가 된다. 왜냐하면 인공지능은 당신이 오토마타**로 구성되었다**고 말하고 있고, 다윈주의는 당신이 오토마타**의 후손**이라고 말하고 있기 때문이다. 후자를 인정한다면 전자를 부정하기 어렵다. 오토마타에서 태어난 것이 훨씬, 훨씬 더 복잡하고 화려한 오토마톤이 되는 일이 어떻게 일어날 수 있을까? 우리는 지금 어떻게든 탈출 속도에 도달하여 우리의 오토마톤 유산을 뒤로 한 채 떠나고 있는 것일까? 진정한 지향성의 시작을 보여주는 임계 지점이 존재할까? 촘스키가 원래 생각했던, 훨씬 더 복잡한 오토마타로 이루어진 위계는 그에게 선을 긋는 것을 허용했다. 인간 언어의 문장을 생성할 수 있는 오토마톤의 **최소한의 복잡성**이 그것을 특별한 계층—여전히 오토마타 계층이긴 하지만, 그래도 진보된 계층이다—에 올려놓는 것을 보여주면서 말이다. 그러나 이것만으로는 촘스키에게 충분하지 않았다. 우리가 방금 보았던 것처럼, 그는 발을 꽉 붙이고 서서 아주 완강하게, 사실상 이렇게 말했다. "그렇다. 언어는 차이를 만든다. 그러나 언어 기관이 어떻게 설계되었는지 설명하려고 노력하지 마라. 그것은 희망적 괴물hopeful monster이거나 선물이거나, 아무튼 결코 설명될 수 없는 것이다."

이는 유지하기에는 불편한 입장이다. 뇌는 오토마톤이지만, 우리가 역설계할 수 있는 것이 아니라는 것이니까. 혹시 이것은 전술적 실수일까? 설에 의하면, 촘스키는 발을 꽉 붙이기 전에 걸음을 너무 크게 내디뎠다. 일관성을 지니려면 그는 언어 기관이 오토마톤의 측면에서도 설명될 수 없는 구조를 지니고 있다고 주장했어야 한다. 촘스키는 정보 처리에 관한 대화, 규칙과 표상들 그리고 알고리즘적 변환에 관한 대화에 빠짐으로써 역설계자들에게 문제의 빌미를 제공했다. 아마도 무선 엔지니어로서 촘스키가 얻은 유산은 그를 괴롭히기 위해 돌아오고 있는 것 같다.

> 구체적으로 말하자면, 보편문법에 대한 증거는 다음의 가설로 훨씬 더 간단하게 설명된다: 실로 인간의 뇌에는 선천적 언어습득장치 language acquisition device(LAD)가 있고, LAD는 인간이 학습할 수 있는 언어들의 형태를 제약한다. 따라서 장치의 구조적 측면을 다루는 하드웨어 수준의 설명이 있고, 이 메커니즘을 적용하는 데서 인간 유아가 획득할 수 있는 언어들의 종류가 무엇인가를 기술하는 기능 수준의 설명이 있다. 보편문법이라는 깊고 무의식적인 규칙의 수준이 더 있다고 말한다 해도 예측력이나 설명력이 더 추가되지는 않는다. 그리고 사실, 나는 그 가정이 어쨌든 일관성이 없다고 제안하려고 노력해왔다. 〔Searle 1992, pp. 244-45.〕

설에 따르면, 기질 중립성을 보여주는 알고리즘들의 측면에서 추상적으로 기술된, **뇌 안에서의 정보 처리**에 관한 전체 아이디어에는 정합성이 없다. "무이성적이며 맹목적인 과정이 있고, 의식도 있지만 다른 것은 없다. "(Searle 1992, p. 228)

그것은 확실히 총알을 잇새에 꽉 물고 있는biting the bullet 것이다.[20] 또한 그는 촘스키와 같은 총알을 물고 있지만, 다소 다른 지점을 물고

20 〔옮긴이〕 이를 악물고, 울며 겨자 먹기로 무언가를 한다는 뜻이 있다.

있다. 그렇다. LAD는 진화했고 의식도 진화했다.(Searle 1992, pp. 88ff.) 그러나 LAD와 의식 모두 역공학적 설명의 희망이 없다고 말한 점에서 촘스키는 옳다. 하지만 촘스키는 틀렸다. 과정의 오토마톤 수준에서의 기술의 정합성까지 인정했다는 점에서 말이다. 그렇게 하면 "강한 인공지능strong Artificial Intelligence"의 문이 열리게 되기 때문이다.

미끄러운 경사면 위에서 촘스키의 입장이 유지되기 어렵다면, 설의 입장은 훨씬 더 난처한 결과를 초래한다.[21] 위의 인용문에서 알 수 있듯이, 그는 언어 획득에서 뇌가 어떻게 일하는지에 대해 말해진 "기능적" 이야기가 있음을 인정한다. 또한 그는 시각에서의 깊이 판단이나 거리 판단에 뇌의 일부가 어떻게 도달하는가에 관해 말해진 "기능적"인 이야기도 있음을 인정한다. "**그러나 이 기능적 수준에는 정신적인 내용이 전혀 없다.**"(Searle 1992, p. 234, 강조는 설) 그 후 그는 다음과 같은, 인지과학자들에게서 제기되는 상당히 합리적인 주장으로 스스로에게 응수한다. "['기능'에 대한 이야기와 '정신적 내용'에 대한 이야기]의 구별은 인지과학에서 큰 차이를 만들지 않는다. 우리는 늘 해오던 일을 하고 늘 해오던 말을 한다. 우리는 이 경우 '정신적'이라는 단어를 단순히 '기능적'이라는 단어로 대체한다." (이는 사실 촘스키가 그러한 비판들에 답하며 종종 해오던 말이다. 예를 들어 1980년 글을 보라.) 촘스키의 응수에 답하기 위해, 설(1992, p. 238)은 어쩔 수 없이 스스로 한 걸음 뒤로 물러난다. 뇌를 위한 정보 처리 수준에서의 설명이 존재하지 않을 뿐 아니라, 생물학에서의 "기능적 수준"의 설명 또한 존재하지 않는다고 그는 말한다.

> 단도직입적으로 말하면, 심장은 다양한 인과관계들 외에 그 어떤 기능도 지니고 있지 않다. 우리가 심장의 기능에 대해 말한다면, 그때

21 이 절의 나머지 부분은 설의 책에 대한 나의 논평(Dennett 1993c)에서 가져왔다.

우리는 우리가 약간의 **규범적 중요성**을 부과하고 있는 인과관계에 관해 말하고 있는 것이다. …… 요컨대, 지향성의 실제적 사실들에는 규범적 요소들이 포함되어 있지만, 기능적 설명에 관한 한, 존재하는 **사실이라고는 오직** 지성 없고 맹목적인 물리적 사실들뿐이며, 규범은 오로지 우리 안에 있으며 우리의 관점에서 볼 때만 존재한다.

그렇다면, 생물학에서의 기능에 관한 이야기는, '지향성**처럼** 보이는 것'에 관한 대화처럼, 결국에는 진지하게 받아들여지는 것이 정말로 아니라는 것이 드러나게 될 것이다. 설에 따르면, 의식적인 인간 제작자가 만든 진정한 인공물에만 진짜 기능이 있다. 비행기의 날개는 정말로 날기 위한 것이지만, 독수리의 날개는 그렇지 않다는 것이다. 한 생물학자는 그것이 날기 위한 적응이라고 말하고 다른 생물학자는 날개가 단지 화려한 깃털을 전시하기 위한 진열대라고 말한다면, 둘 중 한 사람이 진실에 더 가깝다는 것은 아무 의미가 없다고 설은 주장한다. 반면에, 우리가 항공 기술자에게 비행기 날개는 비행기를 하늘 높이 날게 하기 위한 것인지, 아니면 항공사의 상징을 전시하기 위한 것인지 묻는다면, 그들은 우리에게 공공연한 사실을 말해줄 수 있다. 그래서 설은 결국 윌리엄 페일리의 전제를 부정하게 된다. 설에 의하면, 자연은 상상 불가능한 다양한 **기능**을 하며 설계를 보여주는 장치들로 구성되어 있지 **않다**. 오직 인간의 인공물만이 기능을 가졌다는 명예를 차지하고 있고, 이는 오로지 (로크가 우리에게 "보여주었" 듯이) 기능을 가진 무언가를 만들려면 '마음'이 필요하기 때문이다![22]

설은 인간의 마음이 "원초적" 지향성을 지니고 있으며, 원초적 지향성은 점점 더 좋은 알고리즘들을 구축하는 그 어떤 R&D 과정에 의해서도 원칙적으로 달성될 수 없는 속성이라고 주장한다. 이것은 스카이후크에 대한 신념의 순수한 표현이다. 그런 신념에 따르면, 마음은 설계의 결과가 아니라 원초적이며 설명 불가능한, 설계의 원천이 된다. 그가 비록 다른 철학자들보다 이 입장을 더 생생하게 옹호하고 있긴 하지만, 그가 유일한 옹호자는 아니다. 인공지능과 그것의 사악한 쌍둥이인 다윈주의에 대한 그 적대감은, 우리가 다음 장에서 보게 될 것처럼 20세기의 가장 영향력 있는 많은 최근 작업들의 표면 바로 아래에 도사리고 있다.

13장: 생산과 시험, 즉 다윈주의적 알고리즘에서의 기본 움직임이 개별 유기체들의 뇌 안으로 이동할 때, 그것은 훨씬 더 강력한 일련의 시스템들을 구축한다. 그 시스템들은 인간이 만든 이론과 가설들의 의도적이고 선견지명 있는 생산과 시험의 정점에 다다라 있다. 이 과정은 우리의 마음을 생성하며, 언어를 생성하고 이해하는 마음의 역량 덕분에 우리의 마음은 "인지적 폐쇄"의 징후를 보이지 않는다. 놈 촘스키는 언어가 선천적 오토마톤에 의해 생산되었다는 것을 증명함으로써 현대 언어학을 창시했음에도 불구하고, 언어 오토마톤이 어떻게 그리고 왜 설계되고 설치되었는지에 대한 모든 진화적 설명에 저항해왔으며, 언어 사용을 모델링하려는 인공지능의 모든 시도에도 저항해왔다. 촘스키는 다윈의 위험한 생각의 확산에 대한 저항을 구체화시키면서, 한쪽에는 굴드가, 그리고 다른 쪽에는 설이 포진하고 있는 (역)공학에 강경하게 맞서 왔다. 그리고 그 모든 작업에서 인간의 마음은 스카이후크

22 여기에 대한 설의 입장을 받아들인다면, 9장에서 제시된 적응주의적 사고의 위력에 대한 나의 분석과 전적으로 반대해야 한다고 예측하게 될 것이다. 설은 정말로 그랬다. 그가 이 견해를 발표하거나 출판했는지는 모르겠지만, 나와 했던 몇 번의 토론(1986년 럿거스에서, 1989년에는 부에노스아이레스에서)에서 그는 나의 설명이 정확히 뒤쪽을 향하고 있다는 견해를 표명했다. 사람이 진화적 선택 과정의 "부유하는 합리적 근거"를 포착할 수 있다는 발상은, 그의 관점에서는 다윈주의적 사고의 졸렬한 희화화이다. 자, 우리 중 한 명은 무심결에 자신을 반박했다. 누가 피해자인지는 독자들의 연습을 위해 밝히지 않은 채 남겨 두겠다.

라는 생각을 고수했다.

14장: 8장에서 나는 의미의 탄생에 대한 진화론적 설명을 그려 보였는데 이제는 철학자들의 회의적인 도전에 대항하여 나의 설명을 확장시키고 방어할 것이다. 이전 장들에서 소개한 개념들을 바탕으로 구축된 일련의 사고실험은 의미에 관한 진화 이론의 정합성뿐 아니라 필수불가결성 또한 보여줄 것이다.

14장

의미의 진화

The Evolution of Meanings

1. 진정한 의미를 찾아서

"**내**가 단어를 사용하면" 험프티 덤프티가 아주 경멸하는 투로 말했다. "그 단어는 내가 선택한 의미만 띠게 되는 거야—더도 말고 덜도 말고."

"문제는," 앨리스가 말했다. "당신들이, 단어들이 너무나 다른 많은 것들을 의미하도록 만들 **수 있느냐**예요."

"문제는," 험프티 덤프티가 말했다. "누가 주인이 되느냐지—그게 다야."

—루이스 캐럴 1871

철학에서 표명된 다채로운 화제들 중 의미meaning보다 더 주목받아온 것은 없다. 스펙트럼의 야심 찬 한쪽 극단에서는, 모든 학파의 철학자들이 삶의 의미에 대한 궁극적인 질문(그리고 이 질문이 의미를 지니기는 하는지의 질문)을 놓고 씨름해왔다. 좀 더 온건한 한쪽 극단에서는 현대 분석학파—외부인들은 이 분야를 때때로 "언어철학"이라 부른다—가 상당히 두드러지는 다양한 기획들에서 전체 발화와 단어들의 의미의 뉘앙스들을 미시적인 탐구의 대상으로 삼았다. 1950년대와 1960년대로 돌아가 보면, "일상언어철학ordinary language philosophy" 파가 특정 단어들 사이의 미묘한 차이점들—유명한 예를 들면, 어떤 것을 "고의로deliverately" 하는 것과 "의도적으로intensionally" 하는 것과 "어떤 목적하에on purpose" 하는 것 간의 차이들—에 아낌없는 관심을 기울였다.(Austin 1961) 이는 더 형식적이고 체계적인 일련의 탐구에 자리를 내주었다.

톰은 오트컷이 스파이라고 믿는다.

위의 문장을 발화하는 것으로 당신은 어떤 다른 명제들을 의미할 수 있는가? 그리고 어떤 이론이 그 명제들의 존재와 맥락, 함의의 차이들을 설명하는가? 이런 종류의 질문은 "명제태도propositional attitude 특별위원회"라 불려온 하위 학파에 의해 추구되었고, 그중 최근의 모범 사례로는 피콕Peacocke(1992)과 리처드Richard(1992)의 노력을 꼽을 수 있다. 또 다른 일련의 탐구는 폴 그라이스Paul Grice(1957, 1969)의 "비자연적 의미non-natural meaning" 이론에 의해 개시되었다. 폴 그라이스의 이론은, 어떤 조건 아래서 약간의 행위가 자연적 의미(연기 나는 곳이 있으면 거기엔 불이 있다; 누군가가 운다면 그 사람에게는 슬픔이 있다)뿐 아니라 다른 종류의 의미(발화 행위가 관습적 요소와 함께 가지게 되는)까지를 지니게 되는가를 명시하려는 시도였다. 발화 행위가 무언가를 의미하게 하기 위한, 아니면 특정한 것을 의미하게 하기 위한 화자(또는 청자)의 마음 상태는 어떤 것이어야 할까? 다시 말해, 행위자의 심리와 행위자의 말의 의미 사이에는 어떤 관계가 있을까? (이 두 기획 간의 관계는 아마도 쉬퍼Schiffer[1987]의 연구에서 가장 잘 드러날 것이다.)

이 모든 철학적 연구 프로그램들이 공유하는 가정은 언어 의존적 의미의 한 유형—그리고 이는 아마도 많은 하위 유형으로 분류될 것이다—이 있다는 것이다. 단어가 존재하기 전에는, 다른 유형의 의미들은 있었다 해도 단어의 의미들은 없었다. 특히 영어 화자인 철학자들 사이에서의 추가적 작업 가정은, '단어들이 어떻게 의미를 지닐 수 있는가에 관해 명확하게 알게 되기 전까지는 다른 종류의 의미들, 특히 삶의 의미와 같이 우리를 압도하는 의미들에 대해서는 많은 진전을 이루지 못할 것 같아 보인다'는 것이었다. 그러나 일반적으로 이런 합리적인 가정에는, 불필요하면서도 연구를 쇠약하게 만드는 부작용이 있었다. 언어적 의미에 먼저 집중함으로써, 철학자들은 그 단어들이 의존하고 있는 마음에 대한 자신의 시각을 왜곡시켰고, 그것들을 진화해온 자연계의 산물로 취급하지 않고 뭔가 고유한 것sui generis으로 취급했다. 이는 특히 의미에 관한 진화 이론들—단어들의 의미와 그 뒤에 어떻게든 놓여 있는 모든 심적 상태가 생물학적 기능으로 가득 찬 지구에 근거한다는 것을 분명히 식별해야 한다고 주장하는 이론들—에 대해 철학자들이 보인 반감에서 현저하게 드러난다.

한편, 명백한 사실을 부인하고 싶어 하는 철학자들은 거의 없었다. 그 명백한 사실이란, 인간은 진화의 산물이고 인간의 말하기 역량과 따라서 무언가를 (적절한 뜻으로) 의미하는 역량은 진화의 다른 산물들과는 공유되지 않는 특정한 일습의 적응들 덕분이라는 것이다. 그러나 다른 한편, 철학자들은 단어들이, 그리고 사람의 마음이나 뇌 안에서의 단어들의 원천과 운명들이 어떻게 의미를 지닐 수 있는지에 대해 진화적 사고가 빛을 드리워줄 것이라는 가설을 수용하는 데 저항해왔다. 물론 중요한 예외도 있다. 콰인(1960)과 윌프리드 셀러스Wilfrid Sellars(1963)는 각기 독자적으로, 개략적으로 말하자면 생물학에 굳건하게 뿌리내린,

의미에 대한 기능주의적 이론들을 개발했다. 그러나 콰인은 친구 B. F. 스키너가 옹호한 행동주의에 자신의 마차를 너무 단단하게 매어두었다. 그는, 촘스키와 포더의 지시에 따라 전도유망한 인지주의자들이 스키너를 비롯한 모든 행동주의자에게 탐욕스러운 환원주의자라는 비난을 두텁게 쌓아올렸지만, 자신의 주장은 그 비난에 굴복하지 않는다고 설득하며 철학자들을 30년 동안 물고 늘어졌다(그러나 거의 성공하진 못했다).[1] 마음에 대한 철학에서의 "기능주의"의 아버지인 셀러스가 한 말들은 모두 옳았지만, 너무 어려운 언어로 말한 나머지 인지주의자들은 이를 대부분 무시했다. (역사적 설명은 내 책[1987b]의 10장을 보라.) 일찍이 존 듀이는 다윈주의를 자연주의적 의미론의 기초라고 가정해야 함을 분명히 했다.

> 우주에 대한 설명이 **단지** 운동하는 물질의 재분포라는 측면만 다룬다면, 그 설명의 어느 정도가 얼마나 진실이든 간에, 그런 모든 설명은 결코 완전하지 않다. 그런 설명은 운동 중인 물질의 특질과 그것의 재분포의 특질이 그것의 목적을 이루기 위해—우리가 알고 있는 가치의 세계에 영향을 미치기 위해—누적되는 것이라는 가장 중요한 사실을 무시하고 있기 때문이다. 이를 부인하고 진화를 부인하든가, 이를 인정하고 그 용어의 유일하게 객관적인—즉 유일하게 이해 가능한—의미에서의 목적을 인정하라. 나는 메커니즘 외의 다른 어떤 이상적인 원인들이나 요인들이 추가적으로 개입한다고 말하는 것

---

1 진화론자들 사이에 퍼져 있는, 볼드윈 효과가 라마르크주의의 죄를 범한다는 잘못된 믿음처럼, 그리고 다윈이 격변론으로부터 급격하게 도피한 것처럼, "철두철미한 현대 유심론자들"(Fodor 1980)이 행동주의의 냄새가 나는 것은 무엇이든 무차별적으로 거부하는 것 역시 잘못 여과된 밈들의 예이다. 초기 진화적 사고에서의 그런 연좌제 같은 왜곡에 대한 탁월한 설명은 R. 리처즈의 글(Richards 1987)을 보라. 행동주의의 겉껍질과 알맹이를 분리하는 시도에 대해서는 내 글(Dennett 1975; 1978, 4장)을 참조하라.

이 아니다. 나는 단지 전체 이야기가 말해져야 하고 메커니즘의 특성에 주목해야 함을 주장할 뿐이다—다시 말해, 다양한 형식으로 좋은 것good을 생산하고 지속시키는 것과 같은 것이다. 〔Dewey 1910, p. 34〕

듀이가 스킬라와 카브리디스 사이[2]의 그 좁은 물길을 얼마나 조심스럽게 다녔는지 주목하라. 스카이후크("이상적인 원인들이나 요인들")는 필요하지 않지만, **해석되지** 않은 버전의 진화, 즉 승인된 기능이 없고 의미도 식별되지 않는 진화를 가정해서는 안 된다고 그는 말한다. 얼마 전부터 몇몇 다른 철학자들과 나는 특히 언어학적 의미와 전前 언어학적 의미 둘 다의 탄생과 유지에 관한 진화적 설명을 명료화하는 작업을 해오고 있다.(Dennett 1969, 1978, 1987b, Millikan 1984, 1993, Israel 1987, Papineau 1987) 그중 지금까지 가장 신중하게 정교화된 것으로는 루스 밀리컨Ruth Millikan의 설명을 들 수 있는데, 그녀의 설명은 앞에서 언급된 의미에 대한 다른 철학적 접근의 세부 사상들에 관한 함축들로 가득 차 있다. 그녀와 나의 입장 차이는 나보다는 그녀에게 더 크게 보일 테지만, 그 간극은 빠르게 좁혀지고 있으며(특히 Millikan 1993, p. 155를 보라), 나는 지금 이 책이 그 간극을 더 좁혀줄 것이라고 기대한다. 그러나 이곳은 아직 남아 있는 우리의 차이점을 드러낼 곳은 아니다. 더 큰 교전의 맥락, 즉 우리가 아직 이기지 못한 전투의 맥락에서 보면 우리의 차이점은 사소한 것이기 때문이다. 그 전투는 바로 의미의 진화적 설명

2 [옮긴이] 스킬라와 카브리디스는 모두 그리스 신화에 나오는 바다괴물이다. 스킬라는 6개의 머리가 달려 한 번에 여섯 명까지만 상대할 수 있으며, 카브리디스는 소용돌이를 일으켜 모든 것을 삼켜버린다. 오디세우스가 트로이 전쟁을 끝내고 시칠리아 해협을 지날 때, 한쪽에는 스킬라가, 다른 쪽에는 카브리디스가 나타나, 오디세우스를 곤란하게 만들었다. 이런 의미에서 '스킬라와 카브리디스 사이'라는 말은 '진퇴양난의 상황'을 의미하는 관용구로 쓰인다. (오디세우스는 스킬라 쪽으로 배를 틀어 여섯 명의 부하를 스킬라에게 내어주며 이 상황에서 빠져나왔다. 카브리디스 쪽으로 가면 모두 소용돌이에 빠져 죽을 수도 있었기 때문이다.)

—**그것이 무엇이든**—을 위한 싸움이다.

우리의 반대쪽에는 뜻밖의 연관성으로 묶이는 저명한 연구자들이 있다: 제리 포더, 힐러리 퍼트넘Hilary Putnam, 존 설, 솔 크립키Saul Kripke, 타일러 버지Tyler Burge, 프레드 드레츠키Fred Dretske. 이들은 각기 독자적으로 의미에 대한 진화적 설명과 인공지능에 반대했다. 여섯 명의 철학자 모두 인공지능에 대한 거부감을 표명했지만, 특히 포더는 의미에 대한 진화론적 접근에 노골적으로 맹렬한 비난을 퍼부어왔다. 듀이 이래 모든 자연주의자naturalist들에 대한 그의 통렬한 비판(특히 Fodor 1990, 2장)은 종종 꽤 재미있다. 예를 들어 내 견해를 조롱할 때면, 그는 이렇게 말한다.(p. 87) "테디베어는 인공적이다. 그러나 **진짜 곰 역시 인공적이다**. 우리가 하나를 채워 넣으면, 대자연도 하나를 채워 넣는다. 철학은 놀라움으로 **가득 차** 있다."[3]

험프티 덤프티에 따르면, 단어들은 우리에게서 그 의미를 얻는다. 그런데 우리는 의미를 어디서 얻을까? 포더와 다섯 철학자의 작업은 **모조품** 의미와 반대되는 것으로서의 **진정한** 의미, 그리고 **파생적** 지향성에 반대되는 것으로서의 "**본질적**" 또는 "**원초적**" 지향성에 관심을 둔다. 포더는 유기체를 인공물로 생각하는 발상을 당연히 비웃을 텐데, 왜냐하면 그런 발상은 그의 시각의 중심적 결함을, 그리고 다른 다섯 명과 공유되는 결함을 드러낼 사고실험이 수반되는 관점을 제공하기 때문이다.[4]

음료수 자동판매기를 한번 생각해보자. 이 자동판매기는 미국에서

---

3 포더는 재미로 읽으시라. 그리고 관용을 가지고 텍스트를 읽으려고 시도하는 표준적인 관행을 무시하고 다윈의 위험한 생각에 그토록 깊은 반감을 가지면 글이 어떻게 되는가에 대한 통찰을 얻기 위해 읽으시라. 특히 밀리컨에 대한 그의 잘못된 표현들은 유난히 지독하고 또 전혀 신뢰할 수 없지만, 밀리컨 본인의 글을 읽으면 그 독성이 쉽게 해독된다.

4 언제나 그렇듯이, 문제들은 여기서 보여줄 수 있는 것보다 더 복잡하다. 이에 대한 아주 세세한 묘사까지 읽고 싶다면 본문에서 말한 사고실험이 실린 내 글(1987b, 8장)을 보라. 그리고 다른 글들(Dennett 1990b, 1991c, 1991e, 1992)도 보라.

설계되고 제조되었으며, 정상적인 미화 25센트 동전은 받아들이고 불량 동전은 뱉어내는 표준 변환 장치가 장착되어 있다. 이것을 "투빗서two-bitser"[5]라 부르자. 일반적으로 25센트 동전이 투빗서에 들어갈 때 투빗서는 Q라 불리는 상태가 되는데, 이는 "나는 지금 진정한 미화 25센트 동전을 인식한다/받아들인다"를 "의미한다." (경고를 나타내는 따옴표[6]에 주의하라.) 그런 투빗서들을 상당히 "똑똑하고" "지적知的이다." (앞으로 더 많은 경고 따옴표가 나온다. 사고실험은 이런 종류의 지향성이 진정한 지향성은 **아니라는** 가정에서 시작하여, 그런 가정에 수반되는 곤경을 드러내는 것으로 끝난다.) 하지만 투빗서도 완전무결하다고 보긴 어렵다. 정말로 "실수를 하기" 때문이다. 은유를 걷어내고 똑같은 말을 다시 하자면, 때때로 위조 동전이나 이물질을 넣었는데도 상태 Q가 되기도 하고, 또 때로는 완벽하게 합법적인 25센트 동전을 넣었는데도 그것을 뱉어내기도 한다—상태 Q가 되지 못하는 것이다. "오인식misperception"의 경우, 의심의 여지없이, 탐지 가능한 패턴들이 있다. 또한 의심의 여지없이, 투빗서의 변환 설비와 관련된 물리 법칙 및 설계 매개변수들에 대해 충분한 지식을 가진 사람이라면, "오식별misidentification"의 경우 중 적어도 일부는 예측할 수 있다. 다시 말해, 유형 K의 물체가 25센트 동전이 그랬던 것처럼 투빗서를 상태 Q로 만들 것이라는 물리 법칙에서 직접적으로 예측을 도출할 수 있는 것이다. 유형 K의 물체는 변환기를 확실하게 "속이는" 좋은 "위조(대용) 동전"이 될 것이다.

투빗서가 설치되는 정상적인 환경에서 유형 K의 물체가 더 흔해진다면, 투빗서의 소유주와 설계자가 진짜 미화 25센트 동전과 K 유형의

---

5 [옮긴이] 직역하자면 '25센트 동전 처리기'쯤 될 것이다. 25센트를 뜻하는 'two-bits'에 '-er'를 붙여서 만든 단어이기 때문이다. 그러나 직역하면 이름이 너무 길어지므로, 발음 그대로 '투빗서'라고 쓰기로 한다.

6 [옮긴이] 곧이곧대로 읽지 말고, '그런 셈'임을 나타내는 것으로 생각하라고 경고하기 위해 붙이는 따옴표를 말한다. 인용을 나타내는 따옴표와는 쓰임이 다르다.

위조품을 믿음직스럽게 식별할, 더 발전되고 민감한 변환 장치를 개발하리라고 예측할 수 있다. 물론, 식별하기 더 까다로운 위조품이 나타날 수 있으므로, 탐지 변환 장치에 추가적 발전이 필요할 것이다. 그러다 보면 그런 공학적 강화가 수익 감소를 초래하는 시점이 도래한다. 완벽한 메커니즘 같은 것은 존재하지 않기 때문이다. 그러는 동안, 공학자와 사용자는 현명하게도 초보적인 표준 투빗서로 임시변통한다. 어차피 남용 자체가 사소한데, 그것을 막겠다고 비용을 들이는 것은 비효율적인 짓이기 때문이다.

투빗서를 '위조 동전 탐지기'나 '25센트-**또는**-위조 동전-탐지기'가 아닌, '25센트 동전 탐지기'로 만드는 유일한 요인은 그 인공물 설계자와 제작자, 소유자(즉, 사용자)의 지향intention(의도)이 공유된 환경이다. 그러한 사용자들과 그들의 지향(의도)들의 맥락에서만, 우리는 상태 Q가 되는 경우 중 일부를 투빗서가 "진실을 말하는" 경우로, 또 다른 일부를 "실수한" 경우로 선별할 수 있다. 애초에 우리가 그 장치를 투빗서라고 부르는 것을 정당화할 수 있는 것은 오직 그 지향(의도)들의 맥락에 관련될 때만이다.

나는 포더, 퍼트넘, 설, 크립키, 버지, 드레츠키도 지금까지는 동의하며 고개를 끄덕일 것이라 생각한다. 이런 인공물들은 그럴 수밖에 없다. 이는 **파생적** 지향성의 교과서적 사례를 적나라하게 보여준다. 이런 인공물에는 **본질적** 지향성이 전혀 없다. 따라서, "모델 A 투빗서"라는 인장이 찍힌 특정 투빗서가 미국 공장에서 파나마로 직송되어 파나마의 음료수 자동판매기로 설치될 수 있음을 인정한다 해도 아무도 놀라지 않을 것이다. 그 투빗서는 거기서 파나마의 법정 화폐인 쿼터발보아quarter-balboa 동전을 받아들이고 내뱉는 장치로서 계속 밥값을 한다. 쿼터 발보아는 디자인과 글자를 보면 미화 25센트와 쉽게 구별되지만, 무게나 두께, 지름, 재질에서는 전혀 구별되지 않기 때문이다. (내가 지어낸 이야기가 아니다. 이 방면의 뛰어난 권위자—희귀 동전 취급점인 플라잉이글숍의 앨버트 얼러—에 따르면, 1966년부터 1984년까지 주조된 쿼터발보아와 미화 25센트 동전을 표준 자동판매기가 전혀 구별하지 못했다. 그리 놀랄 일은 아닌 것이, 그때의 쿼터발보아는 미국에서 25센트 동전들을 들여와서 주조된 것이었기 때문이다. 그리고 엄밀히 말해서 이 예와는 상관없지만 호기심 충족을 위해 덧붙이자면, 내가 최근에 알아본 바로는 쿼터발보아의 달러 환율은 정말로 25센트였다.)

파나마로 이송된 이런 투빗서는, 미화 25센트와 유형 K의 물체, 즉 파나마 쿼터발보아가 삽입될 때마다 여전히 정상적으로 특정 물리적 상태—우리가 상태 Q라고 식별할 때의 물리적 특성들을 지닌 상태—가 될 것이다. 그러나 이제는 그런 경우들 중 다른 집합이 실수로 간주된다. 파나마라는 새로운 환경에서는 미화 25센트가 유형 K의 물체처럼 위조 동전으로, 즉 오류와 오인식과 오표상misrepresentation을 유발하는 것으로 간주된다. 그렇지만 그 투빗서가 미국으로 돌아간다면 파나마 쿼터발보아가 일종의 위조 동전이 될 것이다.

일단 우리의 투빗서가 파나마에 설치되고 나면, 우리는 우리가 Q라고 부르던 상태가 여전히 일어난다고 말해야 할까? 아니면 이제는, 장치가 동전들을 "받아들이는" 물리적 상태는 여전히 발생하지만, 우리는 그것이 새로운 상태 QB를 "실현"하고 있다고 식별해야 하는 것일까? 투빗서의 물리적 상태의 의미 또는 기능이 변동했다고 말할 자격이 우리에게 주어지는 지점은 어디인가? 우리가 뭐라고 말해야 하는가에는 상당한 자유도—따분함까지는 아니더라도—가 있는데, 이는 결국 투빗서는 인공물일 뿐이기 때문이다. 그것의 인식과 오인식에 관해 이야기한다는 것, 즉 그것이 "진실을 말하는" 경우와 "실수하는" 경우—짧게 말해, 그것의 지향성—에 관해 말한다는 것은, "단지 비유"에 불과하니까. 투빗서의 내적 상태는, 그것을 무엇이라 부르든, "미화 25센트가 지금 여기 있다" 또는 "파나마 쿼터발보아가 지금 여기 있다"라는 것을 **진정으로** really (원초적으로, 본질적으로) 의미하지는 않는다. 그것은 **실제로는** 아무것도 의미하지 않는다. 포더, 퍼트넘, 설, 크립키, 버지, (그중에서도 특히) 드레츠키는 이렇게 주장할 것이다.

이 투빗서는 본래 미화 25센트 탐지기로 설계되었다. 그것은 투빗서의 "고유 기능proper function"(Millikan 1984)이었고, 상당히 말 그대로, 그것의 레종 데트르였다. 이 목적을 떠올리지 않았다면 아무도 투빗서를 실제로 만들어내는 번거로움을 무릅쓰지 않았을 것이다. 이 역사적 사실은 다음과 같은 말하기 방식을 허용한다: 우리는 이 물체를 투빗서라고, 즉 '25센트 동전을 탐지하는 기능을 지녔기에 **그것의 기능에 비추어 보아** 그것의 정상 작동 상태와 오류를 모두 식별할 수 있는 장치'라고 부를 수 있을 것이다.

그렇다 해도, 이는 투빗서가 원래의 니치niche를 빼앗기고 새로운 일을 하도록 압박받는 (굴절적응되는) 것을 막지 못할 것이다. 물리 법칙들이 허용하고 상황이 편의를 봐주는 그 새로운 목적이 무엇이든 간에 말이다. 투빗서는 K 탐지기로도, 쿼터발보아 탐지기로도, 문버팀쇠로도, 또는 치명적인 무기로도 사용될 수 있다. 새 역할을 맡으면 혼란이나 불확정성indeterminacy의 시간을 잠깐 거칠 수도 있다. 우리의 기계가 더이상 투빗서가 아닌 쿼터발보아 탐지기(이를 "q-발버"라 부르기로 하자)가 되려면 그전에 얼마나 오래 실적을 쌓아야 할까? 그것이 10년간의 투빗서 역할을 충실히 한 후 q-발버로 데뷔한 바로 그 순간 쿼터발보아가 넣어지고 음료가 나왔다면, 그것의 상태는 쿼터발보아를 **진실되게** 탐지한 것일까, 아니면 일종의 습관적 오류나 항수에 빠져 쿼터발보아를 미화 25센트로 잘못 받아들인 것일까?

앞에서 기술한 것처럼, 투빗서는 터무니없이 단순해서, 우리가 가지는 과거 경험과 같은 것을 지닌다고 간주할 수 없지만, 우리는 그런 기억 장치 같은 것을 제공하는 첫걸음을 내디딜 수도 있다. 투빗서에 계수기가 장착돼 있고 '받아들임' 상태가 될 때마다 1씩 숫자가 증가하며, 10년간 사용된 후의 숫자는 1,435,792라고 가정하자. 그리고 그 투빗서가 파나마로 옮겨질 때 계수기를 0으로 재설정하지 않았고, 그래서 파나마에서 쿼터발보아를 받은 데뷔 직후에는 숫자가 1,435,793이 되었다고 가정해보자. 그렇다면 이것이 투빗서가 아직 쿼터발보아를 식별하는 역할로 전환하지 않은 것이라는 주장에 유리한 방향으로 평형추를 기울어지게 할까? (우리는 계속해서 복잡성과 변형을 추가할 수 있고, 그러면 우리의 직관에도 변화가 생길 것 같다. 그렇지 않을까?)

한 가지는 분명하다. 파나마 정부가 주문해서 만든 진정한 q-발버와 구별되게 하는 (투빗서 자체와 그 내부 작동에 대해서만 좁게 생각했을 때) **본질적인** 것이 투빗서에겐 절대적으로 없다는 것. 물론 차이를 만들어야 하는 것은 그것이 쿼터발보아를 탐지하기 **위해 선택되었는가**의 여부이다(이에 대해서는 밀리컨[1984]에 동의한다). 그렇게 (가장 단순한 경우, 새 소유자에 의해) 선택되었다면, 계수기 재설정을 잊었다 해도, 선택된 후 최초의 움직임은 쿼터발보아를 제대로 수용하는 것으로 간주된다. "잘 작동하네!" 새 주인이 기뻐하며 소리칠지도 모른다. 반면에, 투빗서가 실수나 순전한 우연에 의해 파나마로 가게 되었다면, 거기서의 첫 작동은 그 무엇도 의미하지 않을 것이다. 하지만 이내 쿼터발보아와 그 지역의 위조 동전을 구별하는 힘이 있다는 사실을 주변 사람들에게 인정받을 수 있을 테고, 그 경우엔 좀 덜 공식적인 경로이긴 하지만 q-발버로서 (그 용어의 완전한 의미에서) 기능할 수 있게 될 것이다. 그런데 이는 이미 '오직 인공물에만 기능이 있고, 그 기능은 창조자의 매우 특별한 정신적 행동들에 의해 부여된 것'이라는 설의 관점에 문제를 제기한다. 투빗서의 원래 설계자들은 나중에 그것이 우발적으로 굴절적응된 용처에 관해서는 아무것도 모를 것이므로, 설계자들의 지향(의도)은 아무것도 아니다. 그리고 새 선택자들은 그것에 어떤 특별한 지향(의도)이 있었다고는 꿈에도 **생각하지** 못할 수도 있다—그들은 자신들이 공동으로 수행하고 있는 무의식적 굴절적응 행위를 알아채지 못하는 상태에서, 편리한 기능을 제공하는 투빗서에게 의존하는 습관에 빠질 수도 있을 것이다. 다윈이 이미 《종의 기원》에서 가축 주인들이 가축의 형질들을 무의식적으로 선택해왔음에 주목했다는 것을 상기하라. 무의식적 형질 선택이 인공물을 대상으로도 일어난다는 것은 전혀 이상한 일이 아니다. 오히려 빈번한 사건이라고 생각해도 된다.

아마도, 포더와 동료들은 인공물에 (그들의 주장처럼) 진짜 지향성이 조금도 없다고 취급하는 것에 반대하고 싶어 하지 않을 테지만, 그들은 내가 자신들을 버터 바른 미끄럼틀로 옮기고 있다며 걱정하기 시작할지도 모른다. 일단 지금은 투빗서 사고실험과 정확히 대응하는 사례, 즉 개구리 눈이 개구리 뇌에게 보고하는 경우를 살펴보자. 레트빈Lettvin, 마투라나Maturana, 매컬러치, 피트는 함께 쓴 고전적 논문(1959)—전파공학자협회의 또 하나의 걸작—에서 개구리의 시각 체계가 망막에 맺힌 움직이는 작고 어두운 점에, 그리고 거의 모든 자연 환경에서 근처를 날아다니는 파리가 드리우는 작은 그림자에 민감하다는 것을 보여주었다. 이 "파리 탐지" 메커니즘은 개구리 혀의 민감한 촉발 방아쇠와 알맞게 연결되어 있는데, 이는 개구리가 잔인한 세상에서 어떻게 스스로 먹고살면서 번식하는지를 쉽게 설명해준다. 자, 개구리의 눈이 개구리 뇌에게 **정말로** 말해주는 것은 무엇일까? 저기 파리가 있다? 아니면 저기 파리 또는 "위조품"(이런저런 종류의 가짜 파리)이 있다? 아니면 유형 F의 물체(이 시각 장치를 확실히 촉발시키는 것이면 그 어떤 종류든 상관없다)가 있다? 밀리컨과 이즈리얼Israel과 나는 다윈주의 의미 이론가로서 바로 이 경우에 대해 논의했고, 포더는 그가 생각하기에 그러한 의미들에 대한 모든 진화론적 설명에서 무엇이 잘못되었는지 보여주기 위해 우리를 즉각 물고 늘어졌다: 그것들은 너무 불확정적이다. 개구리 뇌는 눈이 "파리가 지금 여기 있다"라고 보고하는지 "파리 또는 작고 검은 날아다니는 것이 지금 여기 있다"라고 보고하는지를 구별하지 못한다(그리고 구별하지 못해야만 한다). 그러나 이 말은 거짓이다. 우리는 개구리의 선택 환경을 이용하여 (그것이 무엇이었는지 우리가 판단할 수 있는 한) 다양한 후보들을 구별할 수 있다. 이를 위해 우리는—그것들을 해결하려고 노력할 가치가 있는 한—투빗서 내부 상태의 의미에 관한 질문을 해결할 때 사용했던 것과 정확히 동일한 숙고를 사용한다. 그리고 선택 환경이 어때 왔는지에 대해 말해주는 것이 없는 한, 개구리 눈이 뇌에 하는 보고가 **정말로** 무엇을 의미하는지에 대한 진실 역시 없다. 이는 개구리를 파나마로, 또는 좀 더 정확히 말하자면, 개구리를 새로운 선택 환경으로 보냄으로써 생생하게 깨달을 수 있다.

파리를 잡아먹는 어떤 개구리 종이 멸종 위기에 처했다고 하자. 그리고 과학자들이 그들의 작은 개체군을 새로운 환경—특별한 개구리 동물원인데, 거기에 파리는 전혀 없고, 사육사들이 개구리를 보살피며 주기적으로 작은 먹이 알갱이를 쏘아준다—안에 가두어 보호한다고 가정하자. 그리고 기쁘게도, 개구리들이 먹이 알갱이를 잘 먹는다고 하자. 개구리들은 이 알갱이들을 먹기 위해 혀를 날름거리며 번성하고, 얼마 후엔 태어나 죽을 때까지 한 번도 파리를 보지 못한 채 먹이 알갱이만을 먹게 되는 후손 개구리 무리가 생겨난다. **그들의** 눈은 **그들의** 뇌에 무엇을 알려줄까? 의미가 변하지 않았다고 주장하고픈 사람이 있다면, 그는 곤경에 처할 것이다. 왜냐하면 이것은 자연선택에서 언제나 일어나는 일—굴절적응—의 작위적이지만 분명하고 단순한 예이기 때문이다. 다윈이 우리에게 조심스럽게 상기시켰듯이, 새로운 목적들을 위해 설비를 재사용하는 것은 대자연의 성공 비밀 중 하나다. 더 설득해보라고 요구하는 사람에게는, 포획된 개구리들이 모두 똑같이 잘하지는 않는다고 가정함으로써 요점을 정확하게 전달할 수 있다. 왜냐하면, 알갱이 탐지 기량 면에서 변이가 존재하기 때문에 어떤 개구리는 다른 개체들보다 대단히 적게 먹고 그 결과 더 적은 후손을 남기기 때문이다. 알갱이 탐지를 위한 피할 수 없는 선택이 금세 존재하게 되었을 것이다. 그것을 위한 선택이라고 "간주되기에" 충분할 만큼 그런 선택이 발생한 시점이 정확히 언제인지를 묻는 것은 잘못이지만 말이다.

개구리 눈의 촉발 조건들 내의 "의미 없는" 또는 "불확정적인" 변화가 없는 한, **새로운** 목적을 위한 선택의 대상인 원재료(맹목적인 변이)는 존재할 수 없다. 포더(를 비롯한 여섯 명)는 그 불확정성이 의미의 진화에 대한 다윈주의적 설명의 흠결이라고 보고 있는데, 사실 그 불확정성이야말로 그런 모든 진화를 위한 실제의 전제조건이다. 개구리 눈이 실제로 의미하는 것—개구리 눈이 개구리 뇌에게 말해주는 것이 무엇인지 **정확하게** 표현하는, 개구리어로 된, 아마도 우리는 알 수 없는 어떤 명제—을 **결정해줄 무언가**가 반드시 있어야 한다는 발상은, 의미(또는 기능)에 적용된 본질주의일 뿐이다. 의미는, 기능이 그러하듯, 그것이 탄생했을 때 결정되는 그런 것에 그렇게 직접적으로 의존하지 않는다. 의미는 격변이나 특수 창조에 의해 발생하는 것이 아니라, (일반적으로 점진적인) 상황들의 변동에 의해 발생한다.

이제 우리는 그 철학자들에게 정말로 중요한 유일한 경우에 대해 논의할 준비가 되었다. 그것은 바로, 사람을 한 환경에서 다른 환경으로 데려다 놓으면 무슨 일이 일어날까 하는 문제이다. 이것이 힐러리 퍼트넘(1975)의 악명 높은 '쌍둥이 지구Twin Earth' 사고실험이다. 이 실험의 세부 사항에 대해 말하기는 꺼려지지만, 나는 그것을 설명하고 모든 출구를 봉쇄해야 원초적 지향성에 충성하는 사람들을 설득할 가망이 있다는 것을 배웠다. 그래서 양해를 구하며 논의를 시작한다. 투빗서와 개구리에 대한 요약 설명을 보며 배경지식으로 무장했으니, 이제 우리는 '쌍둥이 지구' 사고실험의 명백한 수사적 힘이 무엇에 의존하고 있는지를 정확히 볼 수 있다. '쌍둥이 지구'는 말horse이 없다는 점만 제외하면 지구와 거의 정확하게 똑같은 행성이라고 가정하자. 거기에는 말과 똑같이 생긴 동물이 있는데, '쌍둥이 보스턴'과 '쌍둥이 런던'의 주민은 그것을 "horse"라 부르고, '쌍둥이 파리'의 주민들은 그것을 "chevaux"라고 부른다. 다른 쌍둥이 지역에서도 '말'을 뜻하는 그들의 모국어('쌍둥이 지구' 국가들의 모국어는 지구 국가들의 모국어와 똑같다)로 그 동물을 부르고 있다. 이는 '쌍둥이 지구'가 지구와 얼마나 비슷한지를 보여준다. 그렇지만 '쌍둥이 지구'에서 "말"이라 불리는 동물은 말이 아니다. 그것과 지구의 말은 완전히 다른 동물이다. 그 동물을 쉼말schmorse이라 부르자. 그리고 원한다면, 그것들을 일종의 사이비 동물이나 털 많은 파충류, 또는 다른 그 무엇이라고 가정해도 된다. 이것은 철학이고, 여러분은 사고실험이 "효과를 거두게" 하기 위해 그 어떤 세부 사항도 다 만들어낼 수 있다. 자, 이제 극적인 부분이 나온다. 어느 날 밤, 자고 있는 당신이 '쌍둥이 지구'로 재빨리 보내진다. (이 중대한 변화가 일어나는 동안 당신이 잠을 자고 있었다는 것이 중요하다. 당신에게 무슨 일이 일어났는지 당신이 몰라야 하기 때문이다. 그렇게 하여 당신은 지구에서와 "똑같은 상태"를 유지할 수 있다.) 잠에서 깨어나 창밖을 보았더니 한 마리의 쉼말이 전속력으로 달려간다. "야, 말이 있네!" 당신은 말한다. (큰 소리로 말하든 작게 혼잣말을 하든 아무런 차이가 없다.) 이 경우를 단순하게 만들기 위해, 가까이 있는 '쌍둥이 지구' 거주민인 한 '쌍둥인Twining'도 같은 시각에 쉼말이 질주하는 광경을 보고 똑같은 소리를 낸다고 가정해보자. 퍼트넘 및 그에 동조하는 사람들은 이렇게 주장한다: '쌍둥인'은 **진실**인 것을 말하고 생각한다. 즉 쉼말이 방금 지나갔다고 말했고 또 생각한 것이다. 아직도 지구에 있다고 생각하는 당신은 **거짓**을 말하고 생각한다. 즉 방금 말이 지나갔다고 말하고 생각한 것이다. 당신이 쉼말을 ('쌍둥이 지구' 원주민들처럼) "말"이라 부르며 얼마나 오래 '쌍둥이 지구'에 살아야 당신의 **마음** 상태가 말에 대한 거짓이 아닌 **쉼말에 대한 참**이 될까? (겨냥성aboutness이나 지향성은 언제 새로운 위치로 도약—퍼트넘 등의 이론가들이 요구하는 격변—하는가?) 당신은 그 전이를 할 수 있는가? 그것에 대해 모르면서도 어떻게든 전이를 할 수 있겠는가? 결국 투빗서는 그것의 내적 상태의 의미가 변화했다는 것을 영원히 모르는 채 존재했다.

나는 당신이, 자신은 개구리나 투빗서와는 상당히 극적으로 다르다고 여기는 경향이 있다고 가정한다. 당신은 본질적이거나 원초적인 지향성을 지닌 것으로 보일 수도 있다. 그리고 그 놀라운 속성에는 어느 정도의 관성이 있다. 그래서 당신의 뇌는 급격하게 변화할 수 없고, 옛 상태에 의해서는 완전히 새로운 무언가를 갑자기 의미하게 될 수 없다. 이와 대조적으로, 개구리의 기억력은 대단치 않고, 투빗서에게는 아예 기억력이 없다. "말"이라는 단어로 **당신**이 의미하는 것(말에 대한 당신의 개인적인 심적 상태)은 **우리 지구인들이 타기 좋아하는 말 같은 짐승** 같은 것이며, 이는 마술馬術과 카우보이 영화에 대한 당신의 모든 기억에 의해 당신의 마음속에 닻을 내린 칭호이다. 이 기억 행렬memory matrix이 말에 대한 당신의 개념이 적용되는 유형을 **고정시킨다**는 것에 일단 동의하자. 그러면 가설에 의해, 쉼말은 그런 종류의 짐승이 아니다. 말과 쉼말은 전혀 같은 종이 아니다. 하지만 편리하게도, 당신은 말과 쉼말을 구별할 수 없다. 따라서 이 사고방식에 따르면, 당신은 지각적으로 또는 숙고(어제 침실 창문 밖을 봤을 때 질주하던 그것은 정말 멋진 말이 아니었던가!) 안에서 쉼말을 (잘못) 분류할 때마다 부지불식간에 오류를 범한다.

그러나 같은 예에 대해 다르게 생각할 수 있는 방식이 있다. 말에 대한 당신의 개념이 탁자에 대한 당신의 개념보다 애당초 더 느슨하다고 가정하길 강요하는 것은 없다. ('쌍둥이 지구' 이야기를 해보자. 거기의 탁자들은 **진짜로** 탁자는 아니고, 탁자처럼 보이며 또 탁자의 용도로 사용되는 물체일 뿐이라고 가정하자. 이 가정은 작동하지 않는다. 그렇지 않은가?) 말과 쉼말은 똑같은 생물 종이 아닐 수 있다. 하지만 대부분의 지구인처럼 당신에게 종에 대한 명확한 개념이 없고, 그래서 외양에 따라 생물을 분류한다면(이를테면, '**돛 달린 군함처럼 생긴 생물**'이라고 분류한다든가) 어떨까? 말과 쉼말은 모두 그런 종류에 속하기 때문에, '쌍둥이 지구'의 짐승을 말이라고 부를 때 결국 당신은 **옳다**. 당신이 "말"이라는 단어로 의미하는 것을 고려해보면, 쉼말은 말**이다**. 비록 지구에 존재하는 종류의 말은 아니지만, 똑같은 말이다. '쌍둥이 지구'의 탁자 역시도 탁자다. 당신이 말에 대해 그런 느슨한 개념을 가질 **수 있고** 또 더 엄격한 개념도 가질 수 있다는 것은 분명하다. 엄격한 개념에 따르면, 쉼말은 말이 아니다. 지구에 사는 것과 동일한 종의 생물이 아닌 것이다. 느슨한 개념과 엄격한 개념의 두 경우 모두 가능하다. 자, 그럼 이제 당신의 ('쌍둥이 지구'로 옮겨지기 전의) 말 개념이 종species을 의미하는지, 아니면 더 넓은 분류 체계의 것을 의미하는지가 **확정되어야만** 할까? 그럴 수도 있다. 당신이 생물학을 잘 알고 있다면 말이다. 그렇지만 지금은 생물학을 잘 모른다고 가정해보자. 그러면 당신의 개념—"말"이라는 단어가 당신에게 **실제로** 의미하는 것—은 **파리**(아니면 그것은 계속 개구리에게 있어 **공중에서 움직이는 작은 먹을거리**였을까?)에 대한 개구리의 개념에서와 똑같은 불확정성을 겪을 것이다.

좀 더 현실적인 예를 들어보면 도움이 될 것이다. 바로 여기 지구에서 일어날 수 있는 일 말이다. 한때 나는 샴Siam 사람들에게 "고양이"를 뜻하는 단어는 있었지만 그들은 샴 고양이 외의 다른 고양이를 보거나 상상해본 적이 없다는 말을 들었다. 그들의 단어가 "코양이kat"라고 가정해보자—여기서 실제 세부 사항이 무엇이었는지는 중요하지 않다, 심지어 이 이야기가 사실인지 아닌지도 상관없다. 뭐, 그럴 수도 있다. 그들이 다른 품종의 고양이들도 있다는 것을 알게 되었을 때, 그들에겐 문제가 생긴다. 그들의 단어는 "고양이"를 의미할까, 아니면 "샴 고양이"를 의미할까? 그들은 방금 다른, 다소 다른 외양을 한 일종의 코양이를 발견한 것일까, 아니면 그 다른 생물들과 코양이가 하나의 더 큰 집합에 속한다는 것을 발견한 것일까? 그들의 전통적 용어는 종의 이름이었을까, 아니면 품종의 이름이었을까? 이런 차이를 설명하는 생물학적 이론이 그들에게 없다면, 그 문제에 관한 사실이 있을 수 있을까? (글쎄다, 그들은 외양의 특이성이 그들에게 정말로 아주 중요하다는 것을 알게 되었을지도 모른다—"저건 코양이처럼 보이지 않잖아. 그러니 코양이가 아니야!" 그리고 여러분은 셰틀랜드 조랑말Shetland pony[7]도 말이라는 주장에 비슷하게 저항했음을 깨달았을 수도 있다.)

샴 사람이 (샴 고양이가 아닌) 고양이가 걸어가는 것을 보고 '앗, 코양이다!'라고 생각했다면 이는 오류일까, 아니면 단순한 참일까? 아마도 샴 사람들은 이 질문에 아무 생각도 없을 텐데, 그럼에도 불구하고, 그것이 오류인지 아니면 우리가 결코 발견할 수 없었을지도 모르는 무언가이긴 하지만 사실인지를 확정할 수 있는, 그런 사실이 있을 수 있을까? 어쨌든, 똑같은 일이 당신에게도 생길 수 있다. 어느 날 생물학자가 당신에게 코요테가 사실은 개—개와 같은 종의 일원—라고 말했다고 상상해보자. 그럼 당신은 생물학자와 당신이 개에 관한 똑같은 개념을 가지고 있는지를 궁금해 할 것이다. "개"가 **길든 개**domestic dog의 넓은 아종subspecies의 이름이 아니라 종을 가리키는 용어라는 견해에 당신은 얼마나 강하게 충성하고 있었는가?[8] 코요테가 개라는 가설을 "정의에 따라"이미 거부하고 있었다고 당신 마음 깊숙한 곳의 목소리가 당신에게 크고 분명하게 말해주는가? 아니면, 그 목소리는 당신의 개념이 이 '발견이라고 알려진 것'을 인정하도록 묵묵히 허용하는가? 그것도 아니면, 그 문제가 제기된 이상, 단순히 전에는 한 번도 제기된 적이 없었기 때문에 아직 해결되지 않았던 그 무언가를 당신이 어떤 식으로든 해결해야만 한다는 것을 알게 되었는가?

불확정성이 가져오는 그런 위협은 퍼트넘 사고실험을 이루는 논증의 기반을 침식한다. 자신의 논점을 보호하기 위해, 퍼트넘은 (우리가 알든 모르든) 우리의 개념이 **자연종**natural kind을 참조한다고 선언함으로써 침식으로 생긴 틈을 틀어막으려고 한다. 그런데 어떠한 종류kind들

---

7 [옮긴이] 스코틀랜드 북부 셰틀랜드 제도의 조랑말로, 말 중 체고가 가장 낮고(어깨 높이가 1미터 남짓이다) 다리도 매우 짧다.

8 [옮긴이] 현재 동물 분류 체계에서는 개와 코요테는 서로 다른 종이다. 코요테의 종명은 *카니스 라트란스*이고 개는 *카니스 파밀리아리스*이다.

이 자연적인 것일까? 변종도 종과 마찬가지로 자연적이며, 속과 그 상위 분류들만큼이나 자연적이다. 개구리의 심적 상태와 투빗서의 내부 상태 Q(또는 QB)의 의미에 관한 한, 본질주의는 증발하는 것으로 보였다. 그처럼 우리에게도 본질주의는 확실히 증발할 것이다. 앞 예에서의 개구리는 야생에서도 먹이 알갱이들을 수월하게 잡았**을 것**이고, 야생에서 먹이 알갱이도 주어지는 상황이었다면, 개구리에겐 파리와 먹이 알갱이를 식별할 그 어떤 것도 확실하게 갖춰져 있지 않았을 것이다. 그러므로 어떤 의미에서는, '**파리-또는-먹이 알갱이**'는 개구리에게 자연종이다. 개구리는 그 둘을 **자연스럽게** 식별하는 데 **실패**하기 때문이다. 그런데 또 다른 의미에서 보면, **파리-또는-먹이 알갱이**는 개구리에게 자연종이 아니다. 그들의 자연 환경은 개구리 동물원이 생기기 전에는 그 분류를 유관하게 만든 적이 없기 때문이다. 당신도 정확히 마찬가지다. 쉼말이 비밀리에 지구로 옮겨졌다면, 당신은 그것을 주저 없이 "말"이라고 불렀을 것이다. 만일 당신의 용어가 외양의 유사성이 아닌 종을 의미하는 것으로 이미 확정되어 있었다면 당신은 틀렸을 테지만, 그렇지 않다면 당신의 분류를 오류라고 판정할 근거가 전혀 없을 것이다. 그 분류 자체가 전에는 없었던 것이기 때문이다. 개구리나 투빗서처럼, 당신의 내적 상태 역시 그것들의 기능적 역할들로부터 의미를 얻는다. 그리고 기능이 답변을 제공하지 못하는 곳에서는 더는 물어볼 것이 없다.

다윈의 안경을 쓰고 '쌍둥이 지구' 이야기를 읽으면, 인간의 의미 또한 투빗서나 개구리의 의미들만큼이나 파생적이라는 것이 증명된다. 보여주려고 의도한 것이 이것은 아니다. 그렇지만 이런 해석을 막기 위한 그 어떤 시도도 본질주의라는 미스터리하고 이유 없는 교리를 가정할 수밖에 없으며, 또한 단도직입적으로 말해서, 의미에 대한 사실들—완전히 비활성적이고 발견될 수도 없지만 여전히 사실인 것—이 있다고 주장하게 될 수밖에 없다. 몇몇 철학자들은 이 쓴 약을 삼킬 준비가 되어 있으므로, 나는 몇 가지 설득을 더 제공할 필요가 있다.

어떤 철학자들은 우리의 의미가 인공물 상태들의 의미만큼이나 기능에 의존하며 따라서 파생적이고 잠재적으로 미해결 상태라는 발상을 참을 수 없는 것으로 여기는데, 이는 그런 것이 의미에 적절한 **인과적 역할**causal role을 부여하지 못한다고 생각하기 때문이다. 이는 앞쪽의 예화에서 살펴보았던 발상이다. 마음이 존재한다는 것은 무언가의 **원인**이 아니라 단지 **결과**일 뿐이라는 것에 대한 걱정 말이다. 만일 의미가 특정 기능적 역할을 지지하는 선택력에 의해 결정된다면, 모든 의미는, 어떤 의미에서는, 오로지 **소급적으로만** 귀속되는 것처럼 보일 수 있을 것이다. 이는, 어떤 것이 의미하는 것은 그것이 지니는 **본질적** 속성, 즉 그것이 탄생하는 순간 세상에 변화를 줄 수 있는 그런 속성이 아니라, 기껏해야 후속적으로 발생한 결과들을 분석함으로써만 확보되는 소급적 대관식으로 보인다는 뜻이다. 그건 그다지 옳지는 않다. 파나마에 새로 도착한 투빗서를 공학적으로 분석해보면, 그것이 아직 그 어떤 역할을 위해서도 선택되지 않았지만, 그렇게 구성된 그 장치가 **어떤 역할에 좋은지**를 알아낼 수 있을 것이다. 우리는 이런 평결에 도달할 수 있다: 만약 그것이 파나마의 올바른 환경에 놓인다면, 그것의 '받아들임' 상태는 "지금 여기 쿼터발보아가 있다"를 의미할 **수 있다**. 그러나 물론 투빗서가 다른 환경에 놓인다면 '받아들임' 상태가 다른 것을 의미할 수도 있으므로 그것을 위한 특정한 기능적 역할이 확립되기 전에는 둘 중 아무것도 의미하지 않을 것이다. 그리고 기능적 역할이 확립되는 데 얼마의 시간이 걸리는가에 대한 임계치는 없다.

그렇게 해석된 의미가 제 몫을 하지 못한다고 생각하는 일부 철학자들에게는 이것만으로는 충분히 않다. 그런 철학자들의 주장을 가장 명확하게 표현한 사람은 프레드 드레츠키(1986)로, 그는 의미 자체가 우리의 정신적 삶에서 인과적 역할을 해야만 한다고 주장했다. 그리고 그에 따르면, 이때 그 의미는 인공물의 이력에서는 결코 인과적 역할을 하지 않는 방식으로 작동해야 한다. 이렇게 놓고 보면, 진정한 의미와 인공적 의미를 구별하려는 시도는 스카이후크—의미 없고 기계적인 원인에 불과한 것에서 연쇄적 단계를 거쳐 의미가 점진적으로 출현한다는 생각을 봉쇄하는 "원칙적인" 어떤 것—에 대한 갈망을 배신하지만, 이는 (당신은 의심해봐야 한다) 의미를 논의하는 임의적이고 극단적인 방식이다. 늘 말하지만, 문제는 내가 보여주는 것보다 복잡하다.[9] 그렇지만 우리는, 그런 철학자들에게 꼭 맞도록 내가 최근에 고안한 짧은 우화의 도움을 얻어 요점이 드러나게 만들 수 있다. 그건 효과가 있다. 자, 일단 우화를 시작하고, 그다음에 맞춤 수선을 해보자.

2. 두 개의 블랙박스[10]

한때, 2개의 커다란 블랙박스 A와 B가 있었다. 이 둘은 긴 구리 전선으로 연결되어 있었다. 상자 A에는 α와 β라고 표시된 버튼이 2개 있고, 상자 B에는 빨강, 초록, 노랑의 전구 3개가 있다. 상자들의 행동을 연구하는 과학자들은 상자 A의 α 버튼을 누를 때마다 상자 B의 빨간 전구가 잠시 켜지고, β 버튼을 누를 때마다 상자 B의 초록 전구에 불이 잠시 켜지는 것을 관찰했다. 노란 전구는 결코 켜지지 않았다. 그들은 매우 다양한 조건에서 수십억 번의 실험을 했고, 예외를 찾지 못했다. 그

---

9 드레츠키와 그에 대한 비평가들(McLaughlin, ed, 1991)의 논의는 주로 이 논제에 전념하고 있다.

10 이 논의는 1990년 11월 29일 하버드에서 있었던 김재권의 강연 "창발, 비환원적 유물론, 그리고 '하향적 인과'Emergence, Non-Reductive Materialism, and 'Downward Causation'"에 대한 즉흥적인 반응에서 시작되었고, 김재권을 비롯한 많은 철학자들의 반박 속에서 발전했다. 그들에게 감사한다.

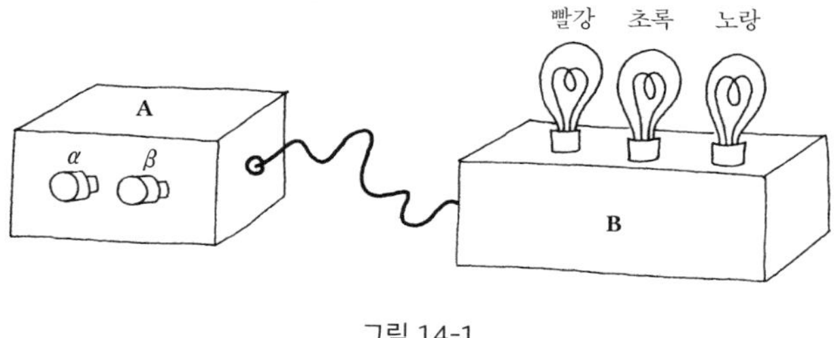

그림 14-1

들에게는 이 현상에 인과적 규칙성이 있는 것처럼 보였고, 그래서 그것을 다음과 같이 편리하게 요약했다.

모든 α는 빨간 불을 야기한다.
모든 β는 초록 불을 야기한다.

그들은 인과가 모종의 방식으로 구리 전선을 통해 전달된다고 생각했는데, B로 오는 모든 효과를 차단하고 전선만 이어둔 채 두 상자를 서로에게서 보호했기 때문에 규칙성이 방해받지 않았기 때문이다. 따라서 그들은 그들이 발견한 인과적 규칙성이 어떻게 전선을 통해 영향을 받는지 알아내고 싶어졌다. 그들의 생각에 따르면, 아마도 α 버튼을 누르면 저전압 펄스가 야기되어 그것이 전선을 따라 방출되어 빨간 전구를 작동시키고, β 버튼을 누르면 고전압 펄스가 야기되어 초록 전구를 작동시킨다. 그것이 아니라면, 아마도 α 버튼을 누르면 단일 펄스가 야기되어 빨간 전구를 작동시키고, β 버튼을 누르면 이중 펄스가 야기된다고 생각하기도 했다. 분명히, α 버튼을 누를 때 전선에서 항상 일어나는 일이 있었고, β 버튼을 누를 때 전선에서 항상 일어나는 다른 일이 있었다. 그 일들이 무엇인지를 발견한다면 이는 그들이 발견한 인과적 규칙성을 설명해줄 것이다.

그런데 전선에 일종의 도청(정보 갈취) 장치를 부착하면서 일이 복잡해졌다. 상자 A에서 두 버튼 중 하나를 누를 때마다 펄스의 긴 흐름과 공백(온과 오프 또는 비트들bits)이 상자 B로 보내져서 빠르게 전송된 것이다. 그런데 그 패턴들은 매번 달랐다!

분명히, 한 경우에는 빨간 전구를, 다른 경우에는 초록 전구를 작동시키는 비트 문자열strings of bits(비트열)의 특성이나 속성들이 있어야만 했다. 그게 무엇일까? 그들은 상자 B를 열고 비트열이 그곳에 도착했을 때 비트열에 무슨 일이 발생하는지 관찰하기로 결정했다. 그들은 B 안에서 슈퍼컴퓨터를 발견했다. 그것은 그저, 대용량 메모리와 거대한 프로그램과 거대한 데이터베이스(물론 더 많은 비트열로 작성되었다)가 있는 평범한 디지털 직렬 슈퍼컴퓨터였다. 그리고 그들은 이 컴퓨터 프로그램의 비트열로 들어오는 유입 비트들의 효과를 추적했지만 아무런 특이한 점을 찾아내지 못했다. 입력 비트열은 언제나 정상적인 방식으로 중앙처리장치로 들어갈 것이며, 수 초 내에 수십억 개의 연산이 수행되도록 자극하며 항상 2개의 출력 신호, 즉 1(빨간 전구를 켬)이나 0(초록 전구를 켬) 중 하나로 끝난다. 모든 경우에서 그들은 그 어떤 어려움이나 논쟁 없이 미시적 수준에서의 인과의 각 단계를 모두 설명할 수 있다는 것을 알게 되었다. 예를 들어 주술적 원인이 작동된다는 의심은 가질 수 없었고, 그들이 1만 비트의 정보열을 동일하게 반복하고 또 반복하여 입력할 때마다, 상자 B의 프로그램은 항상 빨강과 초록 중 하나의 출력을 똑같이 산출했다.

그러나 이는 약간 혼란스러웠는데, 비록 그것이 언제나 같은 출력을 산출하긴 하지만 언제나 똑같은 중간 단계들을 거치며 동일한 출력을 산출하는 것은 아니기 때문이었다. 사실 그것은, 동일한 출력을 산출하기 전에 거의 항상 다른 상태들을 통과했다. 컴퓨터가 수신한 각 입력의 복사본을 프로그램이 보관하고 있었기 때문에 이것 자체는 미스터리가 아니었다. 그런 고로, 같은 입력이 두 번째, 세 번째, 그리고 1000번째 도착했을 때 컴퓨터 메모리의 상태는 매번 약간씩 달랐다. 그런데도 결과는 항상 똑같았다. 특정 문자열을 처음 입력했을 때 빨간 전구가 켜졌다면 몇 번을 반복하든 항상 빨간 불이 켜졌고, 똑같은 규칙성이 초록 문자열(과학자들은 '초록 불을 야기하는 문자열'을 이렇게 부르기로 했다)에서도 유지되었다. 그들은 모든 문자열에 대해, 빨간 문자열(빨간 불을 야기)이 아니면 초록 문자열(초록 불을 야기)이라는 가설을 세우고 싶어 했다. 하지만, 물론 그들이 모든 문자열을 다 시험한 것은 아니었다. 그들은 상자 A에서 방출되는 문자열만 시험했다.

그래서 그들은 A와 B의 연결을 일시적으로 끊고 A의 출력 문자열에 변형을 삽입하여 그들의 가설을 시험하기로 했다. 당황스럽고도 경악스럽게도, 그들이 A의 문자열에 개입할 때마다 거의 **노란** 불이 켜졌다! 마치 상자 B가 그들의 개입을 탐지하기라도 한 것처럼 말이다. 하지만 상자 B가 사람이 제작한 버전의 빨간 문자열을 수월하게 감지하여 빨간 불로 반응하고 초록 문자열에는 초록으로 반응한다는 것에는 의심의 여지가 없었다. 빨강이나 초록 문자열에 아주 약간의—1비트 또는 그보다 약간 많은 양의—변형이 주어질 때만 보통—거의 대부분—노란 불이 켜졌다. "당신들이 그걸 죽였어!" "개입이 일어난" 빨간 문자열이 노란 문자열로 변하는 것을 본 누군가가 불쑥 말했다. 이는 빨강과 초록 문자열은 어떤 의미에서는 (마치 수컷과 암컷이라도 되는 양) **살아 있는** 것으로, 그리고 노란 문자열은 **죽은** 문자열인 것처럼 추측하는 소동으로 이어졌다. 이 가설은 매력적이었지만, 그리고 1만 비트 길이의 비트열을 무작위로 변화시켜가며 수십억 번의 실험을 더 한 결과 실제로 세 종류의 문자열이 있음이 강력하게 **시사되었**지만, 과학자들에게는 아무런 소용이 없었다. 세 가지 문자열은 물론 빨간 문자열, 초록 문자열, 노란 문자열을 가리킨다. 그리고 노란 문자열이 빨강과 초록 문자열보다 수만 배, 수억 배 이상 많았다. 거의 다 노란 문자열이었다. 그것은 그들이 발견한 규칙성을 오히려 더욱 흥미롭고 곤혹스럽게 만들었다.

빨간 불을 켜는 빨간 문자열과 초록 불을 켜는 초록 문자열은 무엇이었을까? 각각의 특정한 경우에는 전혀 미스터리가 없다. 그들은 상자 B의 슈퍼컴퓨터를 통해 각 특정 문자열의 원인을 추적할 수 있었고, 만족스러운 결정론과 함께 빨강, 초록, 노랑 불이 그것들이 생성되어야 할 때 생성되었다. 그러나 그들은 새 문자열이 그 세 결과 중 어느 것을 산출할지 문자열만 조사해서는 (상자 B에 대한 영향을 "손으로 모의 시험"하지 않는 한) 예측할 수 없었다. 그들은 자신들의 경험적 자료들을 통해, 자신들이 개입한 새 문자열이 노랑이 될 공산이 매우 높다는 것을 알았다—상자 A에서 방출된 것으로 알려진 문자열이 아니라면, 이 경우 그것이 빨강**이나** 초록 **중 하나**가 될 확률은 10억 분의 1보다 약간 높았다. 그러나 문자열을 상자 B에서 실행하여 그 프로그램이 어떤 색을 산출하는지를 보지 않고는 무슨 색 전구가 켜질지를 그 누구도 알 수 없었다.

매우 탁월하고 돈도 많이 들어간 연구에도 불구하고 그들은 한 문자열이 빨강, 초록, 노랑 중 어느 것으로 드러날지 예측할 수 없다는 것을 깨달았기 때문에, 어떤 이론가들은 이 속성을 **창발적** 속성emergent property이라고 부르자는 유혹에 사로잡히기도 했다. 그런 이들이 뜻하는 것은, (그들이 생각하기에) 그 속성들이 단지 문자열 그 자체의 미시 속성들에 대한 분석만으로는 **원칙적으로 예측 불가능**하다는 것이었다. 그러나 이는 전혀 가능성이 없어 보였다. 각각의 특정 상태는 결정론적 프로그램으로 유입된 모든 결정론적 입력만큼이나 예측 가능했기 때문이다. 어쨌든, 빨강, 초록, 노랑의 속성들이, 원칙적으로든 실천적으로든, 예측 불가능한 것이든 아니든, 그것들은 확실히 놀랍고 신비로운 속성들이었다.

어쩌면 미스터리의 해결책은 상자 A 안에 있을지도 몰랐다. 그래서 과학자들은 A를 열었고. 그 안에서 또 다른 슈퍼컴퓨터를 발견했다. 제조사와 모델명, 그리고 거기서 돌아가는 거대한 프로그램은 B의 것과는 달랐지만, 보통의 디지털 컴퓨터라는 점은 같았다. 그들은 곧, α 버튼을 누를 때마다 이것이 하나의 코드(11111111)를 한 가지 방식으로 CPU로 보내고, β 버튼을 누를 때마다 다른 코드(00000000)를 CPU로 전송함으로써 프로그램을 발송하여 수십억 개의 서로 다른 작업이 실행되게 한다는 것을 알아냈다. 그리고 그 안에는 1초에 수백만 번 째깍거리는 내부 "시계"가 있다는 것도 알게 되었다. 버튼 하나를 누를 때마다 컴퓨터가 제일 처음 하는 일은 시계로부터 "시각"을 취하고(10110101010101010111) 그것을 문자열로 쪼개어, 서브루틴을 어떤 순서로 호출할지, 그리고 전선으로 전송할 비트 문자열을 준비하는 과정에서 메모리의 어느 부분에 먼저 접근할지 결정하는 데 사용하는 것이다.

과학자들은 동일한 비트 문자열이 두 번 이상 전송되지 않도록 사실상 보장된 것은 바로 컴퓨터가 시계를 참조했기 때문(그것은 무작위나 다름없었다)임을 알아낼 수 있었다. 그렇지만 이런 무작위성이나 의사疑似 무작위성에도 불구하고, α 버튼을 누를 때마다 컴퓨터가 만들어낸 비트 문자열은 빨강이 되었고, β 버튼을 누를 때마다 비트 문자열은 초록이 된다는 것은 변함없는 사실이었다. 실제로 과학자들은 몇 가지 변칙 사례를 발견했다. 대략 10억 번 중 한 번은 α 버튼을 눌러도 초록 문자열이 방출되거나 β 버튼을 눌렀는데도 빨간 문자열이 방출된 것이었다. 그러나 옥에 티 같은 이 작은 흠결은 규칙성을 제대로 설명하려는 과학자들의 욕구를 더욱 북돋을 뿐이었다.

그러던 어느 날, 블랙박스들을 구축한 인공지능 해커 두 명이 나타나서 모든 것을 설명했다. (이 미스터리를 스스로 풀고 싶은 독자는 다음 내용을 읽지 마시라.) 상자 A를 만든 앨Al은 수년간 "전문가 시스템"—세상 만물에 관한 "참인 명제들"과 컴퓨터 데이터베이스를 구성하고 있는 공리들로부터 추가적 함의들을 도출하는 추론 엔진을 포함하는 데이터베이스—을 연구해왔다. 그 데이터베이스에는 메이저리그 야구 통계, 기상학적 기록들, 생물 분류법, 역사, 세계의 국가들, 그리고 그 외 사소한 것들이 들어 있다. 상자 B를 만든 보Bo는 스웨덴 사람으로, 같은 시기에 자신의 전문가 시스템을 위해, 앨이 만든 것의 라이벌이라 할 "세계 지식" 데이터베이스를 연구하고 있었다. 둘 다 장기간의 작업이 허용하는 만큼의 "참"들을 각자의 데이터베이스에 쑤셔 넣었다.[11]

하지만 시간이 지나면서 두 사람 다 전문가 시스템에 싫증이 났고, 그 기술의 실용적 가능성이 지나치게 과대평가되었다고 판단했다. 그 전문가 시스템들은, 실제로는 흥미로운 문제들을 풀거나 "생각"하거나 "문제들에 대한 창의적인 해법을 찾는" 데는 그다지 유능하지 않았다. 반면에, 추론 엔진 덕분에 (그들 각각의 언어로 된) 많고 많은 참인 문장들을 생성하고 (그들 각각의 언어들로 된) 입력 문장들을 테스트—물론 그것들의 "지식"에 비추어 보아—하는 데에는 유능했다. 그래서 앨과 보는 함께 의논하여, 그들의 무의미한 노력의 결실을 어떻게 사용해야 할지를 알아냈다. 철학적 장난감을 만들기로 결정한 것이다. 그들은 그 두 표상 체계를 번역하기 위해 링구아 프랑카(국제 공통어—그들이 선택한 공통어는 사실 표준 아스키ASCII 코드, 즉 전자우편의 코드로 전송된 영어였다)를 사용했고, 그 기계들을 전선으로 연결했다. *α* 버튼을 누를 때마다, 이는 상자 A로 하여금 자신의 "믿음들"(저장된 공리들 또는 그 공리들로부터 생성된 함축들) 중 하나를 무작위적(또는 의사무작위적)으로 선택하고, 그것을 영어(컴퓨터에서는 영어 글자들이 이미 아스키로 기록되어 있다)로 번역한 다음, 마침표 뒤에 충분한 무작위적 비트들을 더하여 도합 1만 개의 비트를 만들고, 그 결과로 산출된 문자열을 상자 B로 보내

---

11 그러한 프로젝트의 실제 사례도 있다. MCC에서 이루어졌던 더글러스 르낫Douglas Lenat의 방대한 CYC("백과사전encyclopedia"의 줄임말)를 참조하라(Lenat and Guha 1990). 이 프로젝트의 기반이 된 아이디어는, 백과사전에 실린 수백만 가지 사실(다른 수백만 가지의, 모든 사람이 알고 있는 사실들을 백과사전에 넣는 것은 의미가 없다. 산이 두더지 흙더미보다 크고 토스터는 날 수 없다는 그런 것들 말이다)을 수작업으로 코딩하고 추론 엔진을 부착하는 것이다. 그 추론 엔진은 업데이트할 수 있고 일관성을 유지할 뿐 아니라, 놀라운 함축들을 도출하여 일반적으로 세계 지식 베이스를 갖춰준다. 인공지능에 대한 이와는 완전히 다른 접근법을 알려면 로드니 브룩스와 린 스타인Lynn Stein의 휴머노이드 로봇 프로젝트를 참고하라.(Dennett 1994c)

게 만든다. 이때 B는 이 입력을 자기 자신의 언어(실제로는 스웨덴어 리스프였다)로 번역하고 그것을 자신의 "믿음들"—그것의 데이터베이스—에 견주어보며 테스트한다. 두 데이터베이스는 그들의 추론 엔진 덕분에 참들 또는 대략 참인 것들로 이루어졌으므로, A가 자신이 "믿는" 것을 B에게 전송하면 B도 그것을 믿었으며, 빨간 전구를 깜빡여 자기가 믿는다는 사실을 알렸다. A가 자신이 거짓이라 간주하는 것을 B에게 보내면 B 역시 이를 거짓이라 간주했으며, 초록 전구를 깜빡여서 그 사실을 알렸다.

그리고 전송 과정에서 누군가가 개입할 때마다, 그 결과는 잘 형식화된 영어 문장이 아닌 문자열이 될 수밖에 없었다(B는 오타조차 눈감아주지 않고 가차 없이 반응한다). B는 노란 불을 깜빡임으로써 이에 반응했다. 누군가가 무작위로 비트 문자열을 고를 때마다, 그것이 잘 형식화된 참이나 거짓의 영어 아스키가 되지 못할 확률은 정말이지 천많이 높다. 따라서 노란 문자열이 압도적으로 많을 수밖에 없었던 것이다.

앨과 보는 말했다. 빨갛다는 창발적 속성은 실제로는 참인 영어 문장이라는 속성이고, 초록이라는 속성은 거짓인 영어 문장이라는 속성이라고. 수년간 과학자들을 괴롭혔던 탐구 대상이 갑자기 아이들 장난으로 변했다. 누구나 빨간 문자열을 지겹도록 만들어낼 수 있었다. "집은 땅콩보다 크다"나 "고래는 날 수 없다"라든가, "3 곱하기 4는 2곱하기 7보다 작다"와 같은 문장을 아스키 코드로 쓰기만 하면 되니까. 초록 문자열을 원한다면 "9는 8보다 작다"나 "뉴욕은 스페인의 수도다" 같은 문장을 써보면 된다.

철학자들은 이내 매력적인 트릭을 고안해냈다. 처음 100번은 빨간 문자열을 B에게 주다가 그다음부터는 초록 문자열을 주기("이 문장이 평가를 위해 전송된 횟수는 101번 미만이다"를 아스키로 쓰면 된다) 같은 것 말이다.

하지만 일부 철학자들은 **빨강**과 **초록**이라는 문자열 속성은 진짜로는 **영어로 참**인 것도 **영어로 거짓**인 것도 아니라고 말한다. 하긴, 영어로 참인 문장 중에는 아스키로 나타내면 수백만 비트를 차지하는 것들도 있고, 게다가 앨과 보가 최선을 다했음에도 불구하고 그들의 프로그램에 참인 것들만 집어넣을 수는 없었다. 그들이 데이터베이스 작업을 할 때만 해도 상식으로 수용되었던 것들 중 일부가 이후에 반증되기도 했다. 그리고 기타 등등의 일들이 더 있을 수 있다. **빨강**이라는 문자열 속성—인과적 속성—이 정확하게 **영어에서 참**인 속성이 아닌 이유는 매우 많다. 따라서, 빨강다는 것은 **상자 B에 의해 참인 것이라고 "믿어지는"(상자 B의 "믿음"은 거의 언제나 참이다), 영어 아스키로 표현된 비교적 짧은 문장**이라고 정의하는 편이 나을 것이다. 어떤 철학자들은 이에 만족했지만, 다른 철학자들은 이 정의가 부정확하다거나, 임시방편적이 아닌 방식으로 이를 제외시킬 반례들이 있다고 주장하며 흠을 잡았다. 그러나 앨과 보가 지적했듯이, 속성을 기술하는 후보 중 이보나 나은 것은 발견되지 않았다. 그리고 정작 과학자들이 갈망해왔던 것은 바로 이런 설명 아니었던가? 빨강과 초록 문자열의 수수께끼는 이제 완전히 사라진 게 아니었나? 게다가, 그 문제가 해체되었는데도, 우리가 이야기를 시작할 때 나왔던 **인과적** 규칙성을 **몇몇** 의미론적 (또는 정신적) 용어들을 쓰지 않고는 설명할 가망이 전혀 없다는 것을 아직도 이해할 수 없단 말인가?

어떤 철학자들은 전선 내부 활동의 규칙성에 대해 새로 얻어진 설명이 상자 B의 행위를 예측하게는 하지만 그래도 그것이 결코 **인과적** 규칙성은 아니라고 주장했다. 참이나 거짓(또는 앞에서 살펴보았던 수정된 대용품들)은 의미론적 속성들이며, 따라서 완전히 추상적인 것이기 때문에 아무것도 야기할 수 없다는 것이다. 다른 철학자들은 말도 안 된다고 쏘아붙였다. *α* 버튼을 누르면 확실하게 빨간 불이 들어오는데, 이는 자동차에 열쇠를 넣고 돌리면 시동이 걸리는 것과 마찬가지라는 것이다. 전선을 통해 전송되는 것이 단순히 고전압 대 저전압 또는 단일 펄스 대 이중 펄스 같은 **것이었음이** 밝혀졌다면, 그것이 모범적인 인과 시스템이라는 데 모든 이들이 동의했을 것이다. 그 시스템이 루브 골드버그 기계로 판명되었다는 사실이 α 버튼과 빨간 전구 간 연결의 신뢰성이 덜 인과적이라는 것을 보여주지는 않았다. 그와는 반대로, 모든 하나하나의 경우에서, 과학자들은 결과를 설명하는 정확한 미시 원인적 경로를 추적할 수 있었다.[12]

이런 식의 추론에 확신을 얻은 일군의 철학자들은, 이것이 빨강, 초록, 노랑의 속성들이 **정말로** 의미론적 또는 정신적 속성은 결코 아님을 보여준다고 주장하기 시작했다. 그것들은 오직 의미론적 속성의 모방일 뿐이며, 그저 의미론적 속성**처럼 보이는** 것일 뿐이라는 것이다. 그들에 의하면 빨강과 초록은 정말로, 매우, 매우 복잡한 **구문론적** 속성이었다. 그러나 그들은 그것들이 어떤 구문론적 특성인지에 대해 더 언급하기를 거부했고, 어린아이들조차 그런 사례들을 어떻게 그렇게 빠르고 안정적으로 생산하는지에 대한 설명도 거부했다. 그럼에도 불구하고 그 철학자들은 규칙성에 대한 순수한 구문론적 설명이 있어야 한다고 확신했는데, 왜냐하면 결국, 문제의 인과 시스템은 "그저" 컴퓨터였고, 컴퓨터는 "그저" 구문론적 엔진일 뿐, 진정한 의미성을 구현할 능력은 전혀 없다고 생각했기 때문이었다.

앨과 보가 반박했다. "만일 상자 안에 **우리가** 한 사람씩 들어가서 똑같은 절차에 따라 여러분을 곯려왔다는 것을 알게 되었다면, 여러분은 작동 중인 인과적 속성이 진정한 참(또는 어떤 사건에서든 참이라고 믿어진 것)이라는 데에 동의했을 겁니다. 여러분은 그런 구분선을 그어야 하는 타당한 이유를 제시할 수 있습니까?" 어떤 이들은 중요한 특정 의미에서는 앨과 보가 상자 안에 **있었다**고 보아야 한다고 선언했는데,

12 어떤 철학자들은 Dennett 1991b에서의 패턴에 대한 내 설명이 내용에 대한 **수반현상론** epiphenomenalism이라고 주장했다. 이것이 그들의 주장에 대한 내 대답이다.

앨과 보가 각자 자기 신념의 모델로서 각 데이터베이스를 창조한 책임이 있기 때문이었다. 그들의 의견은 다른 사람들로 하여금 세상 어디에나 어떠한 의미론적 또는 정신적 속성들이 정말로 있다는 생각을 부정하게 만들었다. 그들은 내용이 **제거되었다**고 말했다. 논쟁은 몇 년간 계속됐지만, 처음의 수수께끼는 풀렸다.

3. 출구 봉쇄하기

이야기는 거기서 끝난다. 그러나 그 어떤 철학자도 잘못 해석할 여지가 없는 명확한 사고실험 같은 것은 없음을 우리는 경험을 통해 알고 있다. 따라서 가장 빠지기 쉬운 오해석 중 일부를 예방하기 위해, 볼썽사납지만, 몇 가지 결정적인 세부 사항에 주의를 환기하고, 그것들이 직관 펌프에서 어떤 역할을 하고 있는지를 설명해두려 한다.

(1) 상자 A와 B 안의 장치는 그저 자동화된 백과사전—"걸어다니는 백과사전"도 아니고, 그냥 "참들의 상자들"일 뿐—이다. 이 이야기의 그 어떤 것도 '온도 조절기는 행위자다'라는 정도의 최소한의 의미를 제외하면 그러한 장치들이 의식적이라거나 **생각하는 것**이라거나 심지어는 **행위자**라고 하는 것을 함축하거나 전제하지 않는다. 그것들은 하나의 단순한 목표를 달성하기 위해 엄격하게 고정된 정말로 단조로운 지향계들이다. 이 지향계들에는 더 많은 참들을 생성하고 (후보 명제들을 기존 데이터베이스에 비추어 보는 테스트를 함으로써) "참임"을 시험할 많은 참인 명제들과 추론 설비가 들어 있다.[13] 두 시스템은 독자적으로 구축되었기 때문에, 그것들이 정확하게 똑

같은 참들(실제로 또는 가상적으로라도)을 포함하고 있다고 가정하는 것은 이치에 맞지 않는다. 그러나 이야기에서 내가 주장했던 것처럼, 장난이 잘 작동하기 위해서는 중복된 부분이 매우 많다고 가정해야만 한다. 그렇게 해야 A에서 생성된 참이 B에 의해 인식되지 않을 가능성이 매우 낮아진다. 주장컨대, 두 가지 고려 사항이 이를 사리에 맞게 만든다. (a) 앨과 보는 다른 나라에 거주하고 다른 모국어를 쓰지만, 그들은 **같은 세계에 살고 있다**. (b) 비록 그 세계(우리 세계)에 대한 참인 명제는 셀 수 없이 많지만, 앨과 보 둘 다 **유용한** 데이터베이스—인간의 목적에 대한 가장 희귀한 것을 제외한 모든 것과 관련된 정보를 포함하는—를 만들려 했다는 사실을 보면, 독자적으로 만들어진 두 시스템의 중복 수준이 높다는 것이 보증될 것이다. 앨은 스무 살의 어느 한낮에 자신의 왼발이 남극보다는 북극에 가까운 곳에 있었다는 사실을 알게 되었을 수도 있고, 보는 자신의 첫 프랑스어 선생님의 이름이 뒤퐁이었다는 사실을 계속 기억하고 있을 수도 있지만, 이런 것들은 그들의 데이터베이스에 넣을 법한 참들은 아니었을 것이다. 이렇게까지 설명했음에도 그들 둘 다 국제적으로 유용한 백과사전을 만들고자 했다는 사실만으로는 그들의 각 데이터베이스 사이의 그렇게 밀접한 대응을 보장할 수 없을 것 같다면, 역시 볼썽사납지만, 그들이 해커로 활약하던 수년간 앞으로 다룰 주제들과 관련된 노트를 서로 비교해왔다는 사실을 추가하기만 하면 된다.

(2) 왜 앨과 밥Bob(앨의 미국인 동료)을 등장시키거나, 그냥 앨의 시스템의 복제품을 상자 B 안에 넣지 않았을까? 왜냐하면 검색 가능성을 구현할 수 있는 **구문론적** 대응으로는 규칙성을 설명할 수 없다는

13 거기에는 참을 담은 상자들만 있으므로, 이 논의는 "사고 언어language of thought" 가설(Fodor 1975)을 지지하지 않는다. 나는 세계 지식이 단지 스토리텔링을 더 쉽게 하기 위해 준準 언어적 형태로 저장되어 있다고 가정했다(이는 아마도, 편의상 사고 언어 가설을 채택하고 있는 대부분의 인지과학 연구자들에게 동기를 부여하는 이유일 것이다).

것이 내 이야기의 본질(어이쿠! 내가 본질이라는 말을 다 쓰다니!)이 되어야 하기 때문이다. 보의 시스템이 스웨덴어 리스프로 되어 있는 것은 이 때문이다. A가 문장 생성 작업을 하고 B가 문장 해석과 참/거짓 테스트 작업을 하는 동안 참조되는 데이터 구조 간의 근본적인 **의미론적** 공통점들을 과학자들의 매서운 눈으로부터 숨겨야 하기 때문이다. 내 아이디어는 이랬다. 설명된 외적 행동은 매혹적인 규칙성을 보여주지만 내적으로는 최대한 다른 두 시스템을 제작하여, 그들 각각의 내부 구조가 **한 공통 세계에 대한** 체계적인 **표상들**이었다는 것이 그 규칙성을 설명할 수 있는 유일한 사실이 되게 만들자는 것이었다.

(3) 여기서 잠시 멈추어, 그런 두 시스템이 역설계에도 끄떡없을 정도로 그토록 조사 불가능한 것일 수 있는지 물어볼 수 있다. 암호학은 아주 희귀하고 난해한 영역이 되었기 때문에, 그렇다 아니다를 선언하기 전에 적어도 세 번은 신중하게 생각해야 한다. 파괴할 수 없는 암호화 절차가 있다는, 또는 그런 것은 없다는 취지의 주장에 대한 건전한 논증을 구성할 수 있는지에 관해서는 나는 아는 바가 없다. 하지만 암호화는 차치하더라도, 해커들은 프로그램이 구성될 때는 모든 편리한 주석들 및 기타 표지들이 "소스 코드source code"라는 한곳에 위치하며, 이것들은 소스 코드가 컴파일compile되면 사라져버리고, 그래서 **거의** 해독할 수 없는 기계 명령어들이 뒤얽힌 덩어리만 남는다는 사실을 잘 알고 있을 것이다. "디컴파일링Decompiling", 즉 소스 코드를 복원하는 작업은 실제로 때때로 가능하다. (그런데 원리적으로 늘 가능한가?) 하지만 그럴 경우에도 주석은 복원하지 못하며, 상위 언어에서의 두드러진 구조만을 제시할 수 있을 뿐이다. 그러므로, 프로그램을 디컴파일하여 데이터베이스를 해독하려는 과학자들의 수고가 수포로 돌아갈 것이라는 나의 가정은 (필요하다면) 암호화를 상정함으로써 강화될 수 있을 것이다.

지금까지의 이야기를 읽다 보면, 과학자들이 전선을 통해 전송되는 비트 문자열의 아스키 변환이 있는지 점검할 생각을 전혀 하지 못했다는 사실이 이상하다는 데 동의할 수 있다. 어떻게 그렇게 멍청할 수 있을까? 하지만 우리만 그런 것이 아닐 테니까, 공평하게, 블랙박스 장치 전체(상자 A와 B, 그리고 둘을 연결하고 있는 전선까지 모두)를 화성으로 보내 화성인 과학자들에게 규칙성을 알아내라고 해보자. 버튼 α를 누르면 빨간 전구가, β를 누르면 초록 전구가 켜지고, 무작위적 비트 문자열을 보내면 노란 전구가 켜진다는 것은 그들도 우리처럼 볼 수 있을 테지만, 아스키에 관해서는 아무것도 모를 것이다. 그들에게는 우주에서 온 이 선물이, 모든 분석적 조사가 무용지물이 되는 그야말로 미스터리한 규칙성을 나타내는 것으로 보일 것이다. 각 상자가 **세계에 관한 기술**을 담고 있고, 그 기술들은 **같은 세계의 것들**이라는 생각이 그들에게 떠오르지 **않는 한** 말이다. 규칙성의 토대가 되는 것은, 각 상자가 서로 다른 "용어들"로 표현되어 있고 서로 다르게 공리화되어 있지만, 두 상자가 같은 것에 대해서 다양한 의미론적 관계를 맺고 있다는 사실이다.

내가 이 사고실험을 커넥션 머신Connection Machine[14]을 만든 인물인 대니 힐리스에게 말했더니, 그는 그 즉시 이 퍼즐에 대한 암호학적 "해결책"을 생각해냈고, 내 해결책은 자기 것의 특별한 경우가 될 수 있다고 인정했다. "앨과 보는 **세계**를 '일회용 암호표'로 보고 있었던 거야!" 실로 표준 암호화 기술에 대한 적절한 암시가 아닐 수 없다. 이야기에 변화를 주면 그의 요점을 파악할 수 있다. 당신의 가장 친한 친구와 당신이 적대적인 세력에 납치되었다고 하자. 그들은 영어는 잘 알지만 당신들의 세계에 대해서는 아는 것이 별로 없다.[15] 당신과 친구는 즉각적

---

14 [옮긴이] 수만 개의 프로세서를 병렬 처리하는, 대규모 병렬 컴퓨터이다.

15 [옮긴이] 납치범들을 외계인이라고 생각하면 편할 것이다.

인 암호화 절차를 생각해냈다. 다행히도 둘 다 모스 부호를 알고 있었다. 그래서 선으로는 참인 문장을, 점으로는 거짓 문장을 말하기로 했다. 납치범들은 당신이 이렇게 말하는 것을 듣는다. "새는 알을 낳아. 두꺼비는 날아다니지. 시카고는 도시이고, 내 발은 주석으로 만들어져 있지 않아. 그리고 야구 경기는 8월에 열려." 당신은 '—· ———'를 말한 것이고, 이것은 영어로 "No"를 뜻한다. 즉 당신은 친구의 질문에 아니라고 답한 것이다. 납치범들이 모스 부호를 안다고 하더라도, 당신이 말한 문장들의 참과 거짓을 판단할 수 없다면, 그들은 어느 문장이 선이고 어느 문장이 점인지 가려낼 수 없다. 우리의 우화에 양념을 좀 치기 위해 약간의 변형을 더 줄 수 있다. 컴퓨터 시스템을 화성으로 보내는 대신, 앨과 보를 상자 안에 넣어 화성으로 보내는 것이다. 앨과 보가 컴퓨터처럼 모스 부호 장난을 친다면, 상자 안의 이것들을 의미론적으로 해석해야 한다는 결론(우리에게는 분명한 결론이지만, 화성인은 우리가 아니다)을 도출하지 않는 한, 화성인들은 어리둥절해 할 것이다.

우화의 요점은 단순하다. 지향적 태도를 대체할 수 있는 것은 아무것도 없다. 지향적 태도를 취하고 의미론적 수준의 사실들을 찾아내 패턴을 설명하거나, 거기 분명히 있는 규칙성—**인과적** 규칙성—에 영원히 당황하거나. 이미 살펴보았듯이, 이와 똑같은 교훈이 진화 역사의 역사적 사실을 해석할 때도 도출될 수 있다. 지금껏 지구에 살았던 모든 기린의 역사에서 있었던 인과적 사실을 비할 데 없이 세세하게 모두 기술할 수 있다고 해도, 한두 수준 올라가서 "왜?"를 묻지 않는다면,—대자연이 옹호하는 **이유들**을 찾지 않는다면—예를 들어 기린이 긴 목을 갖게 되었다는 사실과 같은 명백한 규칙성을 결코 **설명**할 수 없을 것이다. 이것이 바로 이 장의 앞부분에서 인용했던 듀이의 말의 요점이다.

이 시점에서, 당신이 많은 철학자들과 마찬가지로 이 사고실험이 "기능한다"는 주장에 끌렸다면, 그것은 오직 상자 A와 B가, 전적으로 인공적이고 파생적 지향성만을 가지는 인공물이기 때문이다. 상자 안 컴퓨터 메모리들의 데이터 구조가 참조할 것reference을 얻는다면(조금이라도 얻기나 한다면), 그것은 데이터 구조가 그것들의 창조자인 앨과 보의 감각 기관과 삶의 역사와 목적 등에 간접적으로 의존하기 때문이다. 인공물의 의미 또는 참 또는 의미성의 진정한 원천은 이러한 인간 제작자들에 있다. (어떤 의미에서는 상자 안에 앨과 보가 들어 있었다고 볼 수 있다는 암시의 요점이 바로 이것이다.) 자, 나는 이 이야기를 다르게 말**했을 수도** 있다. 상자 안에는 앨과 보라는 **로봇**이 각각 들어 있었는데, 그들은 상자에 들어가기 전에 "일생"이라는 긴 시간 동안 세상을 바삐 돌아다니며 사실들을 수집했다. 이는 좀 더 단순한 이야기인데, 내가 경로를 이렇게 바꾼 것은 상자 A와 B가 "정말로 생각하고 있느냐"에 대한 모든 질문을 사전에 차단하기 위해서이다. 하지만 드디어 이제는, (인간?) 제작자의 개입 없이는 그 어떤 인공적 "마음"에도 **원초적** 지향성이 나타날 수 없다는 예감을 완전히 폐기할 때이기 때문에, 우리가 교묘하게 처리했던 문제를 복원시킬 수 있을 것이다. 그렇다고 가정하자. 달리 말해, 상자 A와 같이 참이 담긴 단순한 상자와, 우리가 상상할 수 있는 가장 복잡한 로봇 사이에 어떤 차이점들이 있을 수 있다고 가정해보자는 얘기다. 둘 다 인공물일 뿐이고, 둘 다 창조자에게서 빌린 파생적 지향성만 있을 뿐, 진짜—또는 원초적—지향성을 가질 수 없으니까. 자, 이제 여러분은 또 다른 사고실험을 할 준비가 되었을 텐데, 그 추정이 귀류법으로 펼쳐질 것이다.

4. 안전하게 미래로 여행하기[16]

어떤 이유에서든 당신이 25세기의 삶을 체험해보고 싶어 한다고 가정하자. 그리고 사람의 몸을 산 채로 그렇게 오래 보존하는 유일하게 알려진 방법은 일종의 동면 장치 안에 사람을 넣어두는 것이라고 가정해보자. 또, 그 동면 장치는 절대영도를 가까스로 넘는 낮은 온도까지 신체를 식히는 일종의 "저온실"이라고 가정하자. 그 장치 안에서 당신의 몸은 혼수상태에 들어가 활동을 정지하고, 당신이 원하는 만큼 쉴 수 있을 것이다. 당신은 생명 유지 장치로 둘러싸인 저온 캡슐 안으로 기어올라가 잠을 잔 다음 2401년이 되면 자동으로 잠을 깨고 캡슐 밖으로 나갈 수 있게 안배되었다. 물론 이것은 과학소설들의 오래된 주제이다.

캡슐 자체를 설계하는 것만이 유일한 공학적 문제는 아니다. 필요한 에너지(냉동 상태를 유지하려면 에너지가 필요하다)를 공급하고 캡슐도 보호해야 하기 때문이다. 그것도 400년이 넘는 긴 시간 동안. 당신은 캡슐 관리를 자녀나 손자녀에게 맡길 수 없다. 그들은 2401년이 되기 한참 전에 죽을 테니까. 그리고 그들보다 훨씬 후대의 후손들이 당신의 안녕에 적극적인 관심을 가지리라고 간주하는 것이야말로 가장 현명하지 못한 일일 것이다. 따라서 여러분은 400년 동안 캡슐을 보호하고 필요한 에너지를 제공할 슈퍼 시스템을 설계해야만 한다.

여기 당신이 따를 수 있는 두 가지 기본 전략이 있다. 여러분은 우선, 여러분의 선견지명이 허락하는 한, 이상적인 위치—필요한 시간 동안 물과 햇빛을, 그리고 캡슐(그리고 슈퍼 시스템 자체)을 위한 것이면 그 무엇이든 충분히 얻을 수 있는 고정된 위치—를 찾기 위한 탐사 작업을 해야 한다. 그런데 이러한 설비 또는 "시설"의 주된 단점은, 위해

16 이 사고 실험의 앞선 버전은 Dennett 1987b 8장에 나와 있다.

가 닥칠 때—예를 들어, 캡슐이 놓여 있는 곳에 고속도로가 생긴다든가—그것을 피해 이동할 수 없다는 것이다. 이에 대한 대안 전략은 훨씬 더 정교하고 비싸지만, 앞 전략의 단점들을 피할 수 있다. 그것은 필요한 센서 및 조기 경보 장치와 함께 당신의 캡슐을 둘러쌀 이동식 설비를 설계해서 위해가 가해지면 움직여서 새로운 에너지원을 찾고, 필요하다면 자재들을 수리도 할 수 있게 하는 것이다. 간단히 말해, 거대한 로봇을 만들고 그 안에 캡슐(물론 캡슐 안에는 당신이 있어야 한다)을 설치하는 것이다.

이 두 가지 기본 전략은 자연에서 베낀 것이다. 그 두 가지는 대략 식물과 동물 비슷하게 생각될 수 있다. 우리의 목적에는 후자(동물)의 더 정교한 전략이 더 잘 부합하기 때문에, 캡슐을 담을 로봇을 만들기로 했다고 가정해보자. 물론 당신은, 로봇이 설계된 행동들을 "선택"할 때 무엇보다 당신의 이익을 증진시키는 것을 우선으로 하도록 로봇을 설계하려고 노력해야 한다. 이 말이 '로봇이 자유의지 또는 의식을 지니고 있다'는 것을 암시하는 것이라고 생각한다면, 로봇의 제어 시스템의 이 전환 지점을 "선택" 지점이라고 불러서는 안 된다. 왜냐하면 나는 이 사고실험에 그런 밀수품을 몰래 집어넣을 생각이 없기 때문이다. 나의 요점에는 논쟁의 여지가 없다. 모든 컴퓨터 프로그램의 힘은 **분기** 명령 branching instruction을 실행하는 역량에 있으며, 분기하여 어느 쪽으로 갈 것인가는 그때그때 가용한 데이터를 이용해 컴퓨터가 실행하는 테스트에 의존한다. 그리고 내 요점은, 로봇의 제어 시스템을 계획할 때, 분기 기회에 직면하는 매 순간 로봇이 **당신의** 이익에 부합할 가능성이 가장 높은 경로 쪽으로 가는 경향을 지니도록 로봇을 구성하는 것이 현명하다는 것이다. 결국 당신이 그 모든 장치의 존재 이유이니까. 비록 당신의 로봇을 구축하는 이(어쩌면 당신)가 직면한 특정 설계 문제들은 현재의 최고 기술 수준을 넘어서는, 극히 어려운 공학적 과제가 될 테지만, 특정 인간 개인의 이익에 특별히 부합하는 하드웨어와 소프트웨어를 설계한다는 아이디어는 이제 과학소설 안에서만 머무는 것이 아니게 되었다. 이 이동 로봇에게는 이동을 안내할 "시각" 체계가 필요할 것이고, 기타 "감각" 체계들도 필요할 것이다. 그리고 로봇 자신에게 필요한 것들을 알려줄 자기 모니터링 능력도 필요할 것이다.

당신은 쭉 혼수상태에 있을 것이므로, 중간에 깨어나서 전략을 안내하거나 계획할 수 없다. 그러므로 당신은 수 세기에 걸쳐 변화하는 환경에 대응하여 로봇의 계획을 생성하기 위한 슈퍼 시스템을 설계해야만 할 것이다. 로봇의 슈퍼 시스템은 에너지원을 "찾아내고" "인식하고" 그것을 알뜰하게 사용할 방법을 "알아야" 하며, 더 안전한 영역을 찾는 법과 위험을 "예상"한 후 그것을 피하는 방법도 "알아야" 한다. 할 일이 너무 많은 데다 또 신속히 처리해야 하므로, 당신은 최대한 경제성을 기해야 할 것이다. 로봇의 특정 구조가 주어지면, 그것이 이 세상에서 구별해야 할 것은 무엇이든 다 구별하게 하되, 그것보다 더 많은 분별 능력을 로봇에 부여할 필요는 없다.

당신의 로봇이 그런 임무를 받은 유일한 로봇은 아닐 것이라고 생각한다면 당신의 과제는 훨씬 더 어려워질 것이다. 앞으로 몇 세기 동안, 돌아다니며 활동하는 인간 및 기타 동물들은 물론이고 **다른** 많은 로봇들까지도 (그리고 아마 "식물들"도) 에너지와 안전을 두고 당신의 로봇과 경쟁한다고 가정해보자. (이런 변덕스러운 생각들을 왜 이해해야 할까? 다른 은하에서 출발한 여행자들이 2401년에 지구에 도착할 것이라는 반박 불가능한 사전 증거를 얻었다고 가정해보자. 나는 그들을 만나고 싶어 못 견디는 사람이고 그때 그들을 만날 유일한 희망이 내 몸을 냉동 보관하는 것이라면, 나는 그 방법을 시도해보고 싶을 것이다.) 만일 당신과 비슷한 다른 고객을 대신하여 행동하는 다른 로봇 행위자들을 상대할 계획을 세워야만 한다면, 당신의 로봇이 다른 로봇들과 협력하거나 상호 이익을 위한 동맹을 맺을 때 발생할 수 있는 이익과 위험을 계산할 수 있도록 로봇의 제어 체계를 충분히 정교하게 설계하는 것이 현명할 것이다. 다른 고객들이 "그냥 자기 방식대로 살아가는 거지 뭐"라는 법칙에 따라 행동하리라고 가정하는 것은 가장 어리석은 짓이 될 것이다. 예를 들면, 당신의 비싼 장치들을 덮쳐서 그것을 이용할 기회를 호시탐탐 노리는 싸구려 "기생" 로봇들도 있을 것이다. 이러한 위협과 기회들에 대한 로봇의 계산은 "약식으로 빠르게" 이루어져야 한다. 친구와 적을, 그리고 배신자와 약속을 지키는 자를 구별할 완전무결한 방법은 없으므로, 체스 선수처럼 시간 압박에 대응하여 위험을 감수하며 결단을 내리는 의사결정자가 되도록 당신의 로봇을 설계해야만 할 것이다.

이 설계 기획의 결과물은 높은 수준의 자기 통제력을 발휘하는 로봇이 될 것이다. 일단 당신이 잠을 자기 시작하면 당신은 로봇에게 세밀한 실시간 제어권을 주어야만 하므로, 휴스턴의 기술자들이 바이킹 우주선에게 자율권을 주었을 때처럼 당신은 로봇과 "동떨어진remote" 상태가 될 것이다(12장 참조). 당신의 자율적 대리인으로서 당신의 로봇은 자신의 현재 상태를 판단하고, 그 상태가 자신의 궁극적 목표(당신을 2401년까지 보존하는 것)를 위해 얼마나 적절한가를 평가하여 **그 자신의** 부수적 목표들을 도출할 수 있을 것이다. 수백 년이 흐르는 동안 당신이 세세하게는 예상하지 못했던 상황에 로봇이 대응할 일도 생길 텐데, 당신이 잠들기 전에 최선의 노력을 해놓았음에도(가능하다면 당신은 최상의 대응을 로봇에 고정배선 해둘 수도 있다) 어쩌면 그 부차적 목표들 중 일부는 잘못된 조언을 얻을 수도 있고, 수 세기에 걸친 장대한 프로젝트의 목표에서 로봇을 멀리 데리고 가버릴 수도 있다. 그래서 당신의 로봇은 당신의 이익과 상반되는 행동에 착수할 수도 있고, 심지어는 자멸해버릴 수도 있다. 자신의 일생일대의 임무를 다른 무언가에게 종속시키도록 다른 로봇에게 설득되어서 말이다.

우리가 상상한 이 로봇은 당연하게 그것의 세계 및 그것의 프로젝트와 깊은 관계를 맺고 있으며, 당신이 캡슐에 들어갈 때 미리 맞추어 놓은 목표 상태들의 나머지가 무엇이든 궁극적으로 거기에 맞추어 조종될 것이다. 그것의 모든 선호 대상은, 그것이 당신을 25세기로 데리고 가길 희망하며 당신이 처음에 보였던 선호 대상의 후손이 될 것이지만, 로봇의 그 후손 선호도에 의해 행해진 행동이 당신의 최상의 이익에 계속해서 직접적으로 반응하리라는 보장은 없다. 당신의 이기적 관점에서 본다면, 당신이 원하는 것은 로봇이 계속 당신의 이익을 위해 봉사하는 것이다. 그러나 당신이 깨어나기 전에는 로봇의 프로젝트를 직접 통제할 수 없다. 로봇은 현재의 최상위 목표들, 즉 최고선에 대한 몇몇 내적 표상을 지니고 있을 테지만, 로봇이 우리가 상상했던 그 설득 잘하는 로봇들 사이에 떨어졌다면, 애초에 설계되었던 공학의 장악력은 위태로워질 것이다. 로봇은 여전히 인공물이고, 공학이 허용하는 행동만을 하지만, 부분적으로는 로봇이 고안한 데지데라타(원하는 것, 필요한 것)의 집합을 따르는 인공물이 될 것이다.

그럼에도, 우리가 탐험하기로 결정했던 가정에 의하면, 이 로봇은 **파생적** 지향성만을 드러낼 것이다. 그것은 단지 당신의 이익을 위해 만들어진 인공물이기 때문이다. 로봇의 이 입장이 우리에게는 "고객 중심주의"라고 보일 수도 있을 것이다. **내**가 내 로봇 안의 파생적 의미의 원초적 원천이다. 아무리 동떨어져 있다 해도 말이다. 로봇은 단지 나를 안전하게 미래로 운반하도록 고안된 생존 기계일 뿐이다. 로봇이 지금은 나의 이익과 원격으로만 연결된 프로젝트를 열심히 수행하고 있다는 사실도, 그리고 심지어는 내 이익과 완전히 상반된 일까지 수행하고 있다는 사실마저도, 우리의 가정에 의하면, 그것의 제어 상태에, 또는 그것의 "감각" 또는 "지각" 상태에 그 어떤 진정한 지향성도 부여하지 않는다. 만약 당신이 이 고객 중심주의를 계속 주장하고 싶다면, 당신은 당신도 **원초적** 지향성의 그 어떤 상태도 향유하고 있지 않다는 추가적 결론을 도출한 준비가 되어 있어야 한다. 왜냐하면 당신은 원래 유전자가 복제될 때까지 유전자들을 보존하기 위한 목적으로 설계된 생존 기계일 뿐이기 때문이다. 결국, 우리의 지향성은 우리의 이기적 유전자의 지향성에서 파생된 것이다. '무의미의 의미부여자Unmeant Meaner'는 **그들**이다. 우리가 아니라!

이 입장이 당신의 흥미를 끌지 못한다면, 다른 길로 가보길 권한다. 충분히 복잡한 인공물—우리가 상상한 로봇과 같은 무언가—이, 환경 내에 풍부한 기능적 매립물을 지니고 있고 자기 보호 및 자기 제어 능력을 가지고 있다면, 그것이 진짜 지향성을 보일 **수 있음**을 인정하라.[17] 로봇의 존재 자체는, 당신처럼, 생존 기계를 만드는 것이 목표인 프로젝트에 힘입었다. 그러나 또한 로봇은, 당신처럼, 어떤 자율성을 부여받았고, 자기 제어와 자기 결정의 장소가 되었다. 기적에 의해서가 아니라, 단지 그것의 "일생" 동안 문제들을 마주치고 그것들(세계가 로봇에게 부과한 생존의 문제들)을 거의 풀어옴에 의해서. 식물과 같은 더 단순한 생존 기계는 자기 재정의(로봇의 복잡성으로 인해 가능해진)를 결코 획득하지 못

---

17 이 사고실험에 비추어, 프레드 드레츠키(사적인 대화에서)가 감탄할 정도로 명확하게 제기한 논제를 고려해보라. "나는 우리가 (논리적으로는) 원초적 지향성을 **획득한** 인공물을 만들 수 있다고 생각하지만, 그 인공물이 (창조 당시부터) 원초적 지향성을 **갖고 있**지는 않았다고 생각합니다." 세계와 얼마나 많은 교역이 있었어야 파생적 지향성이라는 싸구려를 원초적 지향성이라는 황금으로 바꾸기에 충분할까? 이것은 모습만 새롭게 바꾼 우리의 오래된 본질주의의 문제이다. 그것은 결정적인 순간을 확대하고 싶은 욕망과, 그리하여 종의 첫 일원 또는 진정한 기능의 탄생을 표시할 임계점을 정의하거나 생명의 기원을 어떻게든 정의하려고 하는 욕망을 상기시킨다. 그리고 그 욕망을 가졌다는 것은, 모든 탁월함은 유한한 증가분들에 의해 점진적으로 발생한다는 다윈의 근본적인 생각을 받아들이지 못했음을 보여준다. 드레츠키의 교리는 극단적인 스펜서주의의 독특한 유형—**현재의** 환경은, 진정한 지향성을 가진 것으로 "간주"되도록 성형하기 전에 유기체를 성형해야만 한다. 공학자들의 지혜 또는 자연선택의 역사에 의해 여과된 **과거의** 환경은 고려하지 않는다. 그것들이 동일한 기능적 구조들을 초래하더라도 말이다—이라는 것도 알아두시라. 이 생각에는 잘못된 것도 있고 옳은 것도 있다. 현실 세계와 개별적으로 적절한 교역을 했던 모든 특정한 과거사보다 더 중요한 것은, 세계가 어떤 새로움을 부과하든, 그에 적절히 대응하면서 유연한 **미래의** 상호작용들에 참여하려는 성향이다. 그러나—내가 생각하기에, 이것이 드레츠키의 직관을 뒷받침하는 확고한 근거이다—신속한 재설계를 위한 이 역량이 현재 또는 최근의 상호작용 패턴을 보여주고 있으므로, 인공물이 "손수 만들기 이해do-it-yourself understanding"(Dennett 1992)를 나타낸다는 그의 주장은 그럴듯하다. 우리가 본질주의를 밖으로 던져버리고, 그것을 단지 지향성이라는 이름에 걸맞은 중요한 증상으로 취급하는 한에서 말이다.

한다. **그것들을 단지** 혼수상태에 빠진 거주자를 위한 생존 기계라고 간주한다 해도, **그것들의** 행동을 설명할 어떤 패턴도 남지 않는다.

내가 추천한 이 길을 추구한다면, "강한 인공지능"에 대한 설과 포더의 "원칙적" 반대를 포기해야만 한다. 우리가 상상했던 로봇은, 그것이 아무리 어렵거나 공학적으로 가능성이 낮은 것이라 해도 아예 불가능한 것은 아니며, 결코 불가능하다고 주장되지도 않는다. 설과 포더는 그런 로봇의 가능성은 인정하지만 단지 그것의 "형이상학적 지위"에 이의를 제기하는 것이다. 그것이 자기 일을 아무리 능숙하게 처리한다 해도, 그것의 지향성이 진정한 것은 아니라고 그들은 말한다. 이는 아슬아슬한 주장이다. 나는 그런 절망적인 거부 행위를 버리고, 그런 로봇이 그것의 세계에서 발견하는 의미, 그리고 그것이 다른 것과 소통하면서 이용하는 의미가, 당신이 향유하는 의미만큼이나 정확히 진정한 것임을 인정할 것을 권한다. 그렇게 하면, 당신의 이기적인 유전자가 당신의 지향성—그래서 당신이 생각해내거나 심사숙고할 수 있는 모든 의미들—의 원초적 **원천**으로 보이게 된다. 그리하여 당신이 당신의 경험—특히 당신이 흡수한 문화 안에서 거의 완전히 독립적인(또는 "초월적인") 의미의 좌위를 당신의 유전자가 제공한 기초 위에 올려놓기 위한 것—을 이용함으로써 당신의 유전자를 초월함에도 불구하고 말이다.

나는 이것이, '사람으로서의 내가 나 자신을 의미의 원천, 즉 무엇이 그리고 왜 문제인지에 대한 결정권자로 본다'는 사실과, 그와 동시에 '나는 *호모 사피엔스* 종의 일원이며 수십억 년에 걸친 비기적적 R&D의 산물이며 이런저런 방식의 과정들의 똑같은 집합으로부터 비롯되지 않은 특성은 향유하지 않는다'라는 사실 간의 긴장을 해소할 완전히 알맞은 (정말로 고무적인) 방법이라고 본다. 어떤 사람들에게는 이 시각이 너무 충격적이어서, 어딘가에 어떻게든 다윈주의와 인공지능을 봉쇄하는 장치가 있어**야만 한다**는 확신을 가지고 새로운 갈망 쪽으로 돌아선다는 것을 알고 있다. 나는 다윈의 위험한 생각이 그런 봉쇄는 존재하지 않는다는 함의를 지니고 있음을 보여주려고 노력해왔다. 다윈주의의 진리에 따르면, 당신과 나는 대자연이 만든 인공물이다. 하지만 그렇다 하더라도 우리의 지향성은 진짜인데, 이는 저 높은 곳에서 갑자기 떨어진 선물이 아니라, 수백만 년에 걸친 무마음적이고 알고리즘적인 R&D의 결과이기 때문이다. 제리 포더는 인간이 대자연의 인공물이라는 우리의 발상이 터무니없다며 농담을 할지도 모르겠지만, 그의 웃음은 공허하게 들린다. 우리의 발상에 대한 유일한 대안적 관점은 하나 또는 그 이상의 스카이후크를 배치하는 것이다. 이 결론의 충격은 당신으로 하여금 촘스키나 설의 시도, 즉 꿰뚫을 수 없는 미스터리 뒤로 마음을 감추려는 허망한 시도에, 또는 필요한 것은 자연선택—더 고차적 형태의 설계를 가능케 하는 알고리즘적인 일련의 크레인들—뿐이라는 함의에서 도망치려는 굴드의 허망한 시도에 더 공감하도록 만들기에 충분할 것이다.

아니면 또 다른 곳에서 구원자를 찾도록 영감을 줄 수도 있다. 수학자 쿠르트 괴델이 인공지능의 불가능성을 보여준 위대한 정리를 이미 증명하지 않았던가? 많은 이들이 그렇게 생각했다. 그리고 최근에는 세계에서 가장 저명한 물리학자이자 수학자 중 한 명인 로저 펜로즈가 책《황제의 새 마음: 컴퓨터, 마음, 물리 법칙에 관하여The Emperor's New Mind: Concerning Computers, Minds, and the Laws of Physics》(1989)에서 그들의 직감에 강력한 힘을 실어주었다. 이 내용이 다음 장의 주제가 된다.

14장: 진정한 의미, 즉 우리의 말과 생각이 지니고 있는 종류의 의미 그 자체는 처음에는 의미가 없었던 과정들—우리 자신을 비롯한 생물권 전체를 만들어낸 알고리즘적 과정—에서 생겨난 산물이다. 당신을 위한 생존 기계로 설계된 로봇은, 당신처럼, 이면의 다른 목적을 가진 R&D 프로젝트 덕분에 존재할 것이지만, 이런 사실이, 완전한 의미에서, 그것이 자율적인 의미 창조자가 되는 것을 막지는 못할 것이다.

15장: 인공지능(그리고 다윈의 위험한 생각)에 대한 회의론의 영향력 있는 원천 중 한 가지를 고려하고 무력화시켜야 한다. 그것은 '괴델의 정리가 인공지능이 불가능함을 증명한다'라는 취지의 것으로, 지속적으로 인기를 끌고 있는 생각이다. 로저 펜로즈는 어둠 속에서 번성하는 이 밈을 최근에 되살렸고, 그가 설명한 그 밈은 너무도 명확하여 사실상 완전히 노출된 것이나 마찬가지다. 우리는 그의 인공물을 우리의 목적에 맞게 굴절적응시킬 수 있다. 뜻하지 않은 그의 도움에 힘입어, 우리는 그 밈을 소멸시킬 수 있다.

15장

황제의 새 마음, 그리고 기타 우화들

The Emperor's New Mind, and Other Fables

1. 돌에 박힌 검

> 다시 말해, 기계에 오류가 없을 것으로 예상된다면, 기계는 지능적일 수도 없다. 그것을 거의 정확하게 말해주는 몇 개의 정리가 있다. 그러나 그 정리들은 기계가 오류 없는 체하지 않는다면 얼마나 많은 지능을 드러내 보일 수 있는지에 대해서는 아무것도 말하지 않는다.
>
> —앨런 튜링 1946, p. 124

지난 수십 년간, 인간 마음의 본질에 있어 중요한 것을 증명하는 데 괴델의 정리Gödel's Theorem가 이용되곤 했는데, 그런 시도들에는 규정하기 어려운 낭만적인 분위기가 있다. 그리고 그런 효과를 거두기 위해 "과학을 이용"한다는 전망에는 또 묘하게 짜릿한 무언가가 있다. 나는 그것이 뭔지 콕 짚어낼 수 있다고 생각한다. 열쇠가 될 텍스트는 한스 크리스티안 안데르센Hans Christian Andersen의 '황제의 새 옷'에 관한 이야기(〈벌거벗은 임금님〉)가 아니라, 돌에 박힌 검이 나오는 〈아서 왕 이야기Arthurian romance〉이다. 어떤 사람(당연히 우리의 영웅)은 특별한, 어쩌면 마법적인 속성을 지니고 있는데, 그 속성은 일반적인 상황에서는 거의 보이지 않다가 특별한 상황이 되면 분명하게 자신을 드러내 보일 수 있다. 당신이 돌에 박힌 검을 뽑을 수 있다면 당신에게는 그 속성이 있는 것이고, 뽑을 수 없다면 그 속성이 없는 것이다. 그것은 모든 사람이 보는 곳에서 벌어지는 위업이거나 실패이다. 그리고 특별한 해석이나 변론을 필요로 하는 것도 아니다. 검을 뽑으면 당신이 이긴다. 그러니 그대, 검을 잡아라.

낭만적인 것에 끌리는 사람에게 괴델의 정리가 약속하는 것은 인간 마음의 특수성에 대한, 이와 비슷한 극적인 증명이다. 괴델의 정리는 진정한 인간은 수행할 수 있지만 사기꾼, 그러니까 단지 알고리즘으로 제어되는 로봇은 결코 수행할 수 없는 행위를 정의하는 것으로 보인다. 괴델의 증명 자체의 기술적인 세부 사항들은 지금 우리와 관련이 없다. 그 어떤 수학자도 증명의 건전성을 의심하지 않으니까. 논쟁은 모두 마음의 본질에 대한 무언가를 증명하는 데 그 정리를 어떻게 결부시키는가에서 벌어진다. 그러한 논증의 약점은 중요한 경험적 단계, 즉 로봇은 그야말로 할 수 없는 것을 해내는 우리의 영웅들(우리 자신 또는 우리의 수학자들)을 고찰하는 단계에서 비롯되는 것이 틀림없다. 논의의 대상인 위업은, 돌에서 검을 뽑는 것과 같은, 그럴듯하거나 비슷한 것을 찾을 수 없는 고유한 위업인가, 아니면 위업의 근사치에 지나지 않는 것(그런 것이 있긴 하다면)과 잘 구별되지 않는 그런 위업인가? 이는 결정적인 질문이며, 그 특징적인 위업이 무엇인지에 대해서는 많은 혼란이 빚어져왔다. 그 혼란의 일부는 쿠르트 괴델에게 책임을 물을 수 있을 것이다. 괴델 본인이 인간의 마음이 스카이후크임이 틀림없다는 것을 증명했다고 생각했으니까.

1931년, 빈대학교의 젊은 수학자 쿠르트 괴델은 '괴델의 정리'라 불리는 것의 증명을 발표했다. 이는 20세기의 가장 놀랍고 중요한 수학적 결과 중 하나이며, 실로 충격적인 수학적 증명의 절대적 한계를 확립한 것이었다. 고등학교 때 배웠던 유클리드 기하학을 떠올려보라. 거기서 여러분은 확립된 추론 규칙들의 목록을 이용하여 공리와 정의의 기본 목록으로부터 기하학 정리를 형식적으로 증명해내는 법을 배웠다. 여러분은 평면기하학의 **공리화**axiomatization 과정에 정통해지는 과정을 익혔던 것이다. 선생님이 칠판에 기하학적 도해를 어떻게 그렸는지, 예를 들어 삼각형을 그린 후 그 변들과 다양한 방식, 다양한 각도로 교차하는 다양한 직선들을 어떻게 그렸는지 기억해보라. 그리고 아마 이런 질문을 하셨을 것이다. "이 두 직선은 직각으로 교차합니까? 이 삼각형이 저기의 삼각형과 합동 관계에 있을까요?" 그 답은 종종 명백했다. 그냥 보기만 해도 두 선이 직교한다는 것을, 그리고 삼각형들이 합동이라는 것을 **알** 수 있었을 것이다. 그러나 그것을 엄격한 규칙들에 따라 공리들로부터 형식적으로 증명해내는 것은 또 다른 문제—사실, 상당한 양의 영감을 필요로 하는 어려운 일—이다. 여러분은 선생님이 칠판에 새 그림을 그리셨을 때, 그것이 참이라는 것은 **알겠는데** 100만 년이 걸려도 증명은 못 할 것 같은 평면기하학의 참인 명제가 존재할 수 있을지 궁금해해본 적이 있는가? 아니면, 여러분 스스로 어떤 기하학적 참의 후보들에 대한 증명을 고안할 수 없다는 것이 여러분의 개인적 약점 때문일 것이라는 점이 명백해 보였는가? 아마도 당신은 이렇게 생각했을 것이다. "그것에 대한 증명이 **존재**해야 해. 그것은 **참**이니까. 설령 나는 결코 증명할 수 없을지라도 말이야!"

그 생각은 매우 그럴듯하다. 그렇지만 괴델이 약간의 의심의 여지도 없이 증명한 것은, (평면기하학이 아닌) 단순한 **산술**을 공리화시킬 때, 참이라는 것을 "우리가 알 수는 있지만" 그 참임을 결코 형식적으로 증명할 수 없는, 그런 참들이 있다는 것이다. 사실, 이 주장은 조심스레 남겨두고, 다음과 같이 이해해야 한다. 그 어떤 **일관적인** (미묘하게도 자기 모순적—이것은 자격을 박탈당하는 흠결이다—이지는 않은) **특정** 공리체계에 대해서도, 지금은 '그 체계의 괴델 문장'으로 알려진 산술 문장, 즉 체계 안에서 증명될 수는 없지만 참인 산술 문장이 존재해야 한다. (사실 그런 참인 문장들은 많이 있을 테지만, 요점을 분명히 하기 위해서는 하나만으로도 충분하다.) 우리는 다른 체계를 선택할 수 있고, 우리가 선택한 그다음 공리체계에서의 첫 괴델 문장을 증명할 수 있지만, 만일 그것에 일관성이 있다면, 그것은 그것 자신의 괴델 문장을 낳을 것이고, 이런 일들은 꼬리에 꼬리를 물고 계속 일어날 것이다. 산술에서의 일관적인 그 어떤 단일한 공리화도 산술의 모든 참들을 증명할 수는 없다.

이것은 그다지 중요하지 않게 보일 수도 있다. 우리는 산술의 사실들을 거의 **증명**하고 싶어 하는 경우가 거의 없으니까 말이다. 우리는 증명 없이도 산술을 당연하게 여긴다. 그러나 산술을 위한 유클리드식 공리체계—예를 들면 페아노Peano의 공리들—를 고안하고 "2+2=4"와 같은 단순한 참들이나 "10으로 나누어 떨어지는 수들은 모두 2로도 나누어 떨어진다" 같은 명백한 중급의 참들, 그리고 "가장 큰 소수prime number는 존재하지 않는다"와 같은 명백하지 않은 참들을 증명하는 일은 가능하다. 괴델이 자신의 증명을 고안하기 전에는, 수학자들과 논리학자들은 **모든** 수학적 참을 하나의 공리집합으로부터 도출하려는 목표를 세웠고, 그 목표를 어렵지만 분명히 도달할 수 있는 것, 그러니까 달 착륙이나 인간 유전체 프로젝트 같은 것이라고 간주했다. 그러나 그들의 목표는 절대로 이루어질 수 없는 것이었다. 괴델의 정리는 이 점을 확고히 했다.

자, 이것이 인공지능이나 진화와 무슨 관련이 있을까? 괴델은 전자컴퓨터가 발명되기 몇 년 전에 자신의 정리를 증명했지만, 그 몇 해 후에 앨런 튜링이 나타나 괴델의 정리가 다루는 유형의 모든 형식적 증명

절차가 컴퓨터 프로그램과 동등하다는 것을 효과적으로 보여줌으로써, 그 추상적 정리의 함의를 확장시켰다. 괴델은 **가능한 모든 공리체계**를 "알파벳 순"으로 정리하는 방법을 고안했다. 사실, 그 공리체계들은 모두 바벨의 도서관 안에 정렬될 수 있다. 그리고 튜링은 그 공리체계들의 집합이 바벨의 도서관에 있는 다른 집합—**가능한 모든 컴퓨터**의 집합—의 부분집합임을 보여주었다. 컴퓨터를 만드는 재료는 중요하지 않다. 중요한 것은 컴퓨터가 실행하는 알고리즘이다. 그리고 각각의 모든 알고리즘은 한정적으로 특정 가능하므로, 각 알고리즘을 고유하게 기술하고 모든 사양을 "알파벳 순"으로 정렬할 수 있는 통일된 언어를 고안하는 것이 가능하다. 튜링은 바로 그러한 시스템을 고안했고, 모든 컴퓨터—당신의 노트북 컴퓨터에서부터 지금껏 만들어진 것 중 가장 웅장한 병렬 슈퍼컴퓨터에 이르기까지—는 우리가 지금 **튜링기계**라고 부르는 것과 같은 유일한(고유한) 설명을 지니고 있다. 각각의 튜링기계에는 고유 식별 번호를 부여할 수 있다. 이런 번호들의 집합을 '바벨 번호의 도서관Library of Babel Number'이라 불러도 좋을 것이다. 그렇다면 괴델의 정리는, 산술의 참들(놀랍지 않게도, 이것들은 가능한 튜링기계들의 천많지만 없작은 부분집합이다)을 증명하기 위한 일관적인 알고리즘이 된 **그 각각**의 튜링기계가 괴델 문장—증명될 수 없는 산술적 참—과 결부되어 있다는 주장으로 재해석될 수 있다. 그러므로 튜링에 의해 컴퓨터 세계에 고박된 괴델이 우리에게 말하는 바는 다음 문장과 같이 서술될 수 있을 것이다. "산술의 참을 증명하는 일관적인 기계인 모든 컴퓨터에게는 최후의 날까지 실행된다 해도 결코 증명할 수 없는 참인 문장이라는 아킬레스건이 있다." 하지만 그게 뭐 어떻단 말인가?

괴델은 자신의 정리가, 인간은—적어도 우리 중 수학자들은—기계가 할 수 없는 것들을 할 수 있으므로 기계가 될 수 없음을 함축하는 것이라고 생각했다. 좀 더 날카롭게는, 그런 인간들의 적어도 일부는, 단순한 기계일 수 없으며 작은 장치들의 거대한 모음일 수도 없다는 것이다.

심장이 혈액을 펌프질하는 기계이고, 폐가 공기 교환 기계이고, 뇌가 계산 기계라면, 수학자들의 마음은 그들의 뇌가 될 수 없다고 그는 생각했다. 계산 기계에 불과한 그 어떤 것도 할 수 없는 일을 수학자들의 뇌는 해낸다는 이유로 말이다.

수학자의 뇌가 할 수 있는 것은 정확히 무엇일까? 이는 중대한 경험적 시험을 위한 위업을 정의하는 문제다. 우리는 이미 그 예를 봤다고 생각하려는 유혹에 빠진다: 수학자의 뇌는, 기하학 수업 시간에 여러분이 칠판을 보며 했던 것을 할 수 있다—"직관"이나 "판단" 또는 "순수한 이해" 같은 것을 이용해서 특정 산술 명제가 참이라는 것을 **알아볼 수 있는** 것이다. 그런 발상은, 수학자의 뇌는 수학적 참을 알아볼 수 있는, 알고리즘을 완전히 초월하는 재능을 지니고 있기에 **그들의** 수학적 지식을 생산하기 위해 지저분한 알고리즘에 의존할 필요가 없다는 것일 테다. 알고리즘은 독창성 없는 얼간이도—심지어는 기계도—따라 할 수 있는 레시피라는 것을 기억하라. 이와는 대조적으로, 똑똑한 수학자들은 그들의 이해를 사용하여 그런 기계적 얼간이들이 할 수 있는 것을 넘어설 수 있는 것으로 보인다. 이것은 괴델 본인이 생각했던 바로 그것처럼 보이고, 또 괴델의 정리가 보여주는 것에 대한 일반적이고 잘 알려진 이해를 확실히 표현하고 있다. 그렇지만, 처음에 볼 때보다는 **증명하기**가 훨씬 더 힘들다. 예를 들어, 누군가가 (또는 무언가가) 수학 문장의 "참을 파악하는" 경우와 누군가가 (또는 무언가가) 엉뚱한 짐작을 했는데 그게 정확했을 경우를 우리는 어떻게 구별할 수 있을까? 다양한 기호들이 적힌 칠판 앞에 앵무새를 데려다놓고 "참"과 "거짓"을 말하도록 훈련시킬 수 있을 것이다. '앵무새가 비물질적 마음을 가지고 있다'는 믿음이 결국 정당화되려면 앵무새는 오류 없이 얼마나 많은 옳은 추측을 해야만 할까(아니면, 우리가 앵무새라고 믿었던 것이 어쩌면 앵무새 복장을 한 인간 수학자였을 것이다)?(Hofstadter 1979)

이는 우리의 마음들이 따분한 낡은 크레인들이 아니라 스카이후크라는 것을 증명하는 데에 괴델의 정리를 사용하고자 하는 사람들에게는 언제나 딱 맞아떨어지는 문제다. 수학자들이 기계와는 달리 그 어떤 산술적 참도 증명할 수 있다고 말해서는 안 된다. 그 "증명"이라는 것이 괴델이 그의 증명에서 말한 "증명"이라면, 괴델이 보여준 것은 인간도 —또는 천사도, 물론 천사가 존재한다면— 그것을 할 수 없다는 것이었기 때문이다.(Dennett 1970) 한 체계에 관해, 그 체계 내에서는 괴델 문장에 대한 형식적 증명은 존재하지 않는다. 괴델의 정리를 스카이후크에 결부시키려는 초기의 가장 유명한 시도는 철학자 J. R. 루카스J. R. Lucas(1961; 1970도 보라)의 것인데, 루카스는 이 결정적인 업적을 어떤 특정 문장—이런저런 괴델 문장—을 "참이 되게 생산하기"라고 정의했다. 그러나 이 정의는 해결 불가능한 해석의 문제에 봉착하며, 논증의 경험적 측면에서의 "돌에 박힌 검" 테스트가 지닌 결정적인 특성을 망쳐놓는다.(Dennett 1970, 1972; Hofstadter 1979) 관련된 몇 가지 실제의 위업과 상상의 위업을 고려해보면 문제를 한층 더 명확하게 볼 수 있다.

1637년 르네 데카르트는 진정한 인간과 기계를 어떻게 구별할 수 있을지 스스로 물었고, "매우 확실한 두 가지 방법"을 생각해냈다.

> 첫째, 그들〔기계들〕은 우리가 우리의 생각들을 남에게 분명히 알리기 위해 하는 것과 같은 행동, 즉 말을 사용하거나 다른 기호들을 사용하는 일을 결코 할 수 없을 것이다. 물론, 단어를 말하고 그것들의 내부 기관에 변화를 야기하는 신체적 행동을 할 수 있도록 (이를테면, 당신이 그 기계의 한 지점을 누르면 그것은 당신에게 무엇을 원하는지 묻고, 또 다른 한 지점을 누르면 당신이 자기를 아프게 하고 있다고 소리를 지르는 등) 만들어진 기계를 상상할 수 있다. 그러나 그런 기계가 적어도 가장 둔한 사람들이 할 수 있는 것만큼이라도 면전에서 적절하게 의미 있는 대답을 하기 위해 서로 다른 단어 배열을 생성해야 한다는 것은 상상할 수 없다. 둘째, 그런 기계들 중 어떤 것들이 우리

만큼 잘하거나 심지어는 우리보다 잘한다고 해도, 그것들은 다른 것은 불가피하게 잘하지 못할 것이고, 그런 면면들을 보면 그것들이 이해를 통해 행동하는 것이 아니라 그 내부 기관들의 배열에 의해서만 행동하는 것임을 알 수 있을 것이다. 이성은 모든 종류의 상황에서 사용할 수 있는 범용 도구인 반면, 기계의 기관들은 각 특정 행동을 위한 특정한 배열을 필요로 한다. 따라서 우리의 이성이 우리에게 행동하게 만드는 것과 같은 방식으로 기계가 삶의 모든 우발성 속에서 행동할 수 있기에 충분할 정도의 상이한 기관들을 만드는 것은 모든 실용적 목적에서 불가능하다. [Descartes 1637, pt. 5.]

1950년, 앨런 튜링은 데카르트의 질문과 똑같은 질문을 자신에게 던졌고, 똑같은 (좀 더 엄격하게 기술된) 엄밀한 시험을 생각해냈다. 그는 그것을 모방 게임imitation game이라 불렀고, 현재 우리는 튜링테스트Turing Test라고 부른다. 테스트는 이렇다. 두 명의 참가자(하나는 인간, 하나는 컴퓨터—인간은 상대가 인간인지 컴퓨터인지를 모른다)를 (효과적인 게임을 위해) 각각 상자에 넣고 둘이 대화를 진행한다. 만약 컴퓨터가 인간에게 자신이 인간이라는 확신을 심어줄 수 있다면 컴퓨터가 모방 게임에서 승리한다. 그러나 튜링의 판결은 데카르트의 것과는 놀랄 만큼 달랐다.

나는 50년쯤 후에는 저장 용량이 10^9인 컴퓨터를 프로그램하는 것도 가능해지고 컴퓨터가 모방 게임을 매우 잘하게 되어, 5분의 질문 후에 평균적인 인간 질문자가 상대가 컴퓨터임을 제대로 식별할 확률이 70퍼센트를 넘지 않게 되리라고 믿는다. "기계가 생각할 수 있는가?"라는 애초의 질문은 너무 무의미해서 논의할 가치도 없다고 나는 생각한다. 그럼에도 나는, 세기말에 이르면 교육받은 자들의 일반적 의견들과 단어들의 용법이 아주 많이 달라져서 기계의 생각에

대해 아무런 모순 없이 이야기할 수 있게 되리라고 믿는다. 〔Turing 1950, p. 435.〕

튜링의 마지막 예언이 옳았다는 것은 이미 증명되었다. "교육받은 자들의 일반적 의견들과 단어들의 용법"은 이제 "아주 많이 달라져서" 사람들은 반박을 예상하지 않고도—"일반적 원칙에 따라"—기계의 생각에 관해 말할 수 있게 되었다. 데카르트는 생각하는 기계라는 개념을 "마음에 품을 수조차 없다"고 했고, 심지어는 오늘날에도 많은 사람이 기계는 튜링 테스트를 통과할 수 없을 것이라고 믿지만, 생각하는 기계라는 개념 자체가 불가능하다고 생각하는 현대인은 거의 없을 것이다. 아마도 이런 상전벽해와 같은 여론 변화는 컴퓨터 분야의 다른 위업, 즉 체커나 체스를 두는 컴퓨터 등에 힘입었을 것이다. 허버트 사이먼은 1957년의 한 연설에서(Simon and Newell 1958) 10년 안에 컴퓨터가 세계 체스 챔피언이 될 것이라고 예측했는데, 이는 지나친 낙관주의의 전형적인 사례다. 몇 년 후 철학자 휴버트 드레이퍼스(1965)는, 체스를 두려면 "통찰"이 필요하므로 그 어떤 컴퓨터도 체스를 잘 둘 수 없으리라고 예측했다. 그러나 오래지 않아 드레이퍼스 본인이 컴퓨터와의 체스 대국에서 완패했고, 인공지능 연구자들은 환호성을 질렀다. 아트 새뮤얼의 체커 프로그램은 그 뒤를 따르는 수백 편의 체스 경기 프로그램들을 있게 한 선구자였고, 지금의 체스 프로그램들은 현재 인간 및 컴퓨터 경쟁자들과 토너먼트 경기를 벌이고 있으며, **아마도** 곧 세계 최고의 인간 체스 선수들을 이길 수 있게 될 것이다.

하지만 체스를 둘 수 있느냐가 적합한 "돌에 박힌 검" 테스트일까? 드레이퍼스는 한때 그렇게 생각했을지도 모르고, 그가 말하기 전에도 그렇게 생각한 이들이 있었다. 그중 가장 유명한 이는 에드거 앨런 포 Edgar Allan Poe이다. 포는 그 확신에 힘입어, 19세기의 위대한 속임수들 중 하나인 바론 폰 켐펠렌Baron von Kempelen의 체스 "자동기계"의 비밀을 폭로했다. 18세기의 위대한 자동인형 제작자 보캉송은 기념비적 기계 작품들을 만들어 그 행동들을 보여줌으로써 귀족을 비롯한 유료 고객들을 황홀케 했다. 오늘날의 우리에게도 그의 작품들에 대한 회의가 생겨난다. 보캉송의 기계장치 오리는 정말로 (기록으로 남은) 그 행동들—"오리 앞에 옥수수를 던지자, 오리는 목을 뻗어 그것을 집어삼킨 후 소화까지 시켰다"(Poe 1836a, p. 1255)—을 할 수 있었을까? 다른 천재적인 제작자들과 사기꾼(또는 마술사)들이 보캉송의 뒤를 따랐고, 기계 모조품들을 만드는 기술을 발전시킴으로써 자동인형들이 노점 판매대까지 진출했으며, 그들 중 한 명인 폰 켐펠렌은 1769년, 계획적인 장난을 칠 수 있는 장치를 만들어, 그 장치—체스를 둘 수 있다고 **알려진** 자동인형—에 매혹된 대중들을 이용할 수 있었다.

폰 켐펠렌이 처음 만든 기계는 요한 네포무크 멜첼Johann Nepomuk Mälzel의 손에 넘어갔고[1], 그는 거기에 몇 가지 수정을 가하여 개선시킨 후 19세기 초에 '멜첼의 체스 기계'를 선보임으로써 상당한 파문을 일으켰다. 그러나 그는 그것이 한낱 기계에 불과하다는 것을 결코 확실하게 보증하지 않았고, 모든 공연(그는 꽤 많은 돈을 요구했다)을 표준적인 마술사의 과시로 둘러쌈으로써 모든 사람들의 의혹을 샀다. 스와미swami[2]의 모습을 한, 기계임이 분명한 인형이 수상하게 밀폐된 캐비닛에 앉아 있고, 캐비닛의 문과 서랍들이 순차적으로 열려서 (그러나 모두 한꺼번에 열리지는 않았다) 그 안에 기계 장치밖에는 없다는 것을 관중이 "볼"

1 멜첼은 메트로놈을 발명했고(또는 완벽하게 발전시켰고) 베토벤이 청각을 잃은 후 수년간 의지했던 트럼펫형 보청기를 만들기도 했다. 그는 또한 기계로 된 오케스트라인 판하모니콘Panharmonicon도 만들었는데, 이것을 위해 베토벤은 〈웰링턴의 승전Wellington's Victory〉을 작곡하기도 했다. 두 사람은 그 곡에 대한 재산권을 놓고 엇갈린 의견을 보였다—멜첼은 크레인 제작자이자 크레인 절도자였다.

2 [옮긴이] 고유명사로 쓰일 때는 19세기 인도의 힌두 개혁가 스와미 비베카난다Swami Vivekananda를 가리키며, 지금처럼 보통명사로 쓰일 때는 힌두교 종교 지도자라는 직함을 뜻한다.

수 있게 했다. 관중의 확인이 끝나면 스와미 인형이 체스를 두기 시작하고, 인간 상대의 수에 반응하여 기물을 집어 들고 체스판 위에서 기물을 이동시킨다. 그리고 보통은 인간을 이긴다! 그렇지만 캐비닛 안에 말 그대로 호문쿨루스, 즉 소인이 앉아서 모든 마음의 일들을 했던 것은 아닐까? 만약 인공지능이 가능하다면, 캐비닛은 크레인을 비롯한 기계 설비의 부분들로 채워질 수 **있었을** 것이다. 그리고 만일 인공지능이 불가능하다면, 캐비닛 안에는 스카이후크, 즉 '기계'인 척하는 '마음'이 들어 있어야 한다.

포는 멜첼의 기계가 인간을 숨기고 있다고 절대적으로 확신했고, 그의 기발한 속임수는 그의 의심을 입증시켜주었다. 그는 이를《남부 문학Southern Literary Messenger》에 실은 논문에서 의기양양한 문장으로 상세히 기술했다.(1836a) 그 속임수가 어떻게 저질러졌는가에 대한 그의 추론만큼(또는 그보다 더) 흥미로운 것은, 그것이 왜 속임수여야 했는가에 관한 그의 추론이며, 이는 논문과 함께 수록된 서신에 담겨 있는데, 그의 논증은 존 로크의 "증명"(이 책 1장을 보라)을 완벽하게 상기시킨다.

> 우리는 멜첼 씨가 인간 행위자를 고용하지 않았다는 우세한 의견에 그 어느 때에도 동의한 적이 없다. 인간이 물질에 지성을 부여할 수 있다는 것이 충분히 증명되지 않는 한, 그러한 대리인이 고용되어 있다는 것에는 의문의 여지가 없다. **마음**은, 추상적인 추론의 연쇄를 수행하는 데 필요한 만큼이나 체스 게임을 운영할 때도 필요한 것이기 때문이다. 우리는 이 사례에서 그럴듯한 외관에 사로잡혀 그 장치를 쉽게 믿어버리는 이들에게 충고한다. 게다가, 그것을 쉽게 믿든 그렇지 않든 귀납 추론의 기발한 연쇄에 감탄하는 사람들은 이 논문을 주의 깊게 읽길 바란다. 논문을 정독하고 나면, **한낱 기계**는 이 복잡한 게임이 요구하는 지성을 징발할 수 없다는 확신이 각자에게 떠오를 것이다. …… 〔Poe 1836b, p. 89.〕

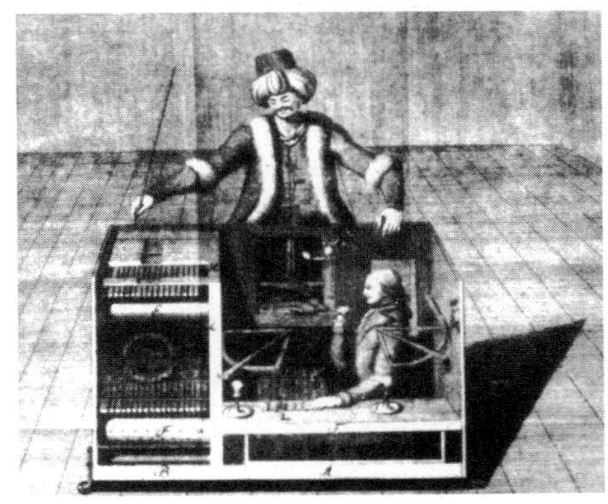

그림 15-1 폰 켐펠렌의 체스 두는 기계

이 주장이 아무리 설득력 있었다 해도, 다윈에 의해 그 등뼈가 부러졌다는 것을 이제 우리는 알고 있다. 그리고 체스에 대해 포가 도출한 특정 결론이 아트 새뮤얼의 발자취를 따르는 제작자 세대에 의해 확실하게 반박되었다는 것도 알고 있다. 그런데 데카르트의 테스트—지금은 튜링 테스트라고 불리는—는 어떤가? 그것은 튜링이 잘 작동된 버전을 제안한 이래 논쟁을 촉발했고, 심지어는 (범위를 좁힌다면) 일련의 진짜 경쟁으로 이어져, 튜링 테스트에 대해 신중하게 생각해오던 모든 이들이 이미 알고 있었던 것을 확인시켜주었다.(Dennett 1985) 순진한 판사(판별자)들을 속이는 것은 어이없을 정도로 쉽고, 전문 판사들을 속이는 것은 천문학적으로 어렵다—다시 한번 말하건대, 문제의 상황을 해결할 적절한 "돌에 박힌 검"의 위업이 없는 문제에서 말이다. 대화를 자연스럽게 이어가거나 체스 대국에서 이기는 것은 적절한 위업이 아니다. 왜냐하면 전자는 심각한 어려움을 무릅써야 함에도 불구하고, 애매하지 않은 승리를 거두기에는 너무 개방적이고, 후자는 결국 그것이 기계의 힘 안에 있음을 보여주기 때문이다. 괴델 정리의 함의는 더 나은 테스트 대회를 제공할 수 있을까? 수학자를 상자 A에 넣고 컴퓨터—어떤 컴퓨터라도 상관없다—를 상자 B에 넣은 후, 각 상자에게 산술 문장의 참과 거짓에 대해 질문한다고 해보자. **이것은** 기계의 가면을 확실하게 벗기는 테스트가 될까? 이 테스트의 문제점은, 인간 수학자들은 모두 실수를 한다는 것이고, 괴델의 정리는 알고리즘에 의한 완벽하지는 않은 참 탐지에 관해, 불가능성에 대해서는 말할 것도 없고, 가능성에 대해서도 전혀 평결을 내리지 않는다는 것이다. 사정이 이러하다면, 인간과 기계를 명확하게 구별시켜줄, 우리가 상자들에 부과할 수 있는 공정한 산술 테스트가 전혀 존재하지 않는 것처럼 보인다.

이 어려움은 괴델의 정리에서 출발하여 인공지능의 불가능함으로 가는 모든 논증을 중간에서 체계적으로 차단하는 것으로 널리 알려져왔다. 세대를 막론하고 모든 인공지능 연구자는 괴델의 정리에 대해 알고 있었지만, 다들 걱정하지 않고 작업을 계속해왔다. 실제로 더글러스 호프스태터의 고전 《괴델, 에셔, 바흐》(1979)는 괴델이 자신의 주장과는 반대로 인공지능의 옹호자가 되고 있음을 보여주는 책으로 읽힐 수 있으며, 이 분야의 허망함을 보여주는 것이 아니라 강한 인공지능으로 진전할 경로들에 대한 필수적인 통찰을 제공하고 있다. 그러나 세계적인 수리물리학자인 로저 펜로즈(옥스퍼드대학교 수학과의 라우스 볼 교수 Rouse Ball Professor[수석 석좌 교수])는 다르게 생각하고 있다. 그의 도전은 진지하게 받아들여져야 한다. 비록 나와 인공지능 연구자들이 확신하듯이 그가 꽤 단순한 실수를 범하고 있다 해도 말이다. 펜로즈의 책이 나왔을 때, 나는 서평을 통해 그 문제를 지적했다. 그의 논증은 매우 난해하며, 물리학과 수학의 세부 사항들로 꽉 차 있다.

> 그리고 그러한 기획은 그것을 만든 사람의 완전한 착오 하나—그 어떤 단순한 관찰에도 그 논증이 '반박될' 수 있다는 것—에 굴복할 것 같지는 않다. 그래서 '펜로즈가 처음부터 상당히 기초적인 실수를 범했고 어쨌든 명백한 반대로 보이는 것을 알아차리거나 반박하지 못하는 것으로 보인다'는 나의 관찰을 신뢰하기가 꺼려진다. 〔Dennett 1989b.〕

나의 놀라움과 불신은 곧 반향을 불러일으켰다. 처음에는 《행동과학과 뇌과학》에 실린, 그가 (자신의 책을 바탕으로) 쓴 표적 논문에 대한 일반적인 논평들에서 그 영향을 읽을 수 있었고, 그다음에는 펜로즈 본인이 반박을 제기했다. 논평자들에 대한 대답인 〈비알고리즘적 마음The Nonalgorithmic Mind〉(1990)에서 그는, 논평자들이 사용한 강한 언어—"상당히 잘못된" "틀린" "치명적 결함" "불가해한 실수" "타당하지 않은" "심각한 결함"—에 좀 놀라는 반응을 보였다. 인공지능 공동체는, 놀랄 것도 없이, 일치단결하여 펜로즈의 논의를 묵살했다. 그러나 펜로즈의 눈에는 "비판자들이 말하는" 치명적 결함이 무엇인지에 관해 그들 간에도 의견이 일치하지 않는 것으로 보였다. 이는 그가 과녁에서 여러 방향으로 얼마나 멀리 빗나갔는지를 보여주는 척도이다. 왜냐하면 논평자들의 의견이 엇갈린 것이 아니라, 그들이 인공지능의 본성 및 그것의 알고리즘 사용법에 대한 그의 커다란 오해 하나에 초점을 맞추는 여러 가지 다양한 방법을 발견한 것이기 때문이다.

2. 도시바 도서관

그러나 이 책을 가장 좋아할 사람들은 아마도 이 책을 이해하지 못하는 사람들일 것이다. 진화생물학자로서 나는, 사람들이 자신을 유전자의 생존을 보장하도록 프로그램된 벌목 로봇으로 보길 원하지 않는다는 것을 오랜 세월에 걸쳐 배워왔다. 나는 사람들이 자기를 디지털 컴퓨터로 보고 싶어 하지도 않으리라고 생각한다. 흠잡을 데 없는 과학 경력을 지닌 사람들이 자신은 그런 종류의 것들이 아니라고 말하는 것을 듣는 건 유쾌하기만 하다.

—존 메이너드 스미스 1990(펜로즈의 책에 대한 논평)

모든 튜링기계들의 집합—가능한 모든 알고리즘의 집합—을 생각해보자. 아니면, 상상 작업이 쉬워지도록, 차라리 특정 언어에 상대적이고 특정 길이 "용량"의 알고리즘들로 이루어진 천많지만 유한한 부분집합—0과 1로 된 가능한 모든 문자열(비트 문자열)의 집합으로, 문자열의 최대 길이는 1메가바이트(0과 1이 모두 800만 개 들어 있다)이다—을 고려하자. 그리고 이 문자열들을 판독할, 20메가바이트 하드디스크(우리는 추가 메모리 사용을 금할 텐데, 이는 오로지 유한성을 부여하기 위해서다)가 장착된 나의 오래된 노트북 컴퓨터 도시바 T-1200을 생각해보자. 도시바에서 비트 문자열을 프로그램으로서 "실행"하려는 시도가 이루어질 때 이 천많은 비트 문자열들이 언급할 가치가 있는 일을 전혀 하지 않는다는 것은 놀랄 일이 아니다. 어찌 됐든 프로그램은 비트들의 무작위적 문자열이 아니라 수천 시간을 들인 R&D의 산물인, 고도로 설계된 비트 연속체다. 지금껏 만들어진 것들 중 가장 복잡한 프로그램도 여전히 0과 1로 이루어진 이런저런 문자열로 표현된다. 내 오래된 도시바는 진정으로 거대한 프로그램들을 실행하기에는 용량이 너무 적지만,

그래도 꽤 흥미롭고 대표적인 부분집합—워드프로세서, 스프레드시트, 체스 플레이어, 인공생명 모의시험, 논리 증명 점검, 그리고 심지어는 몇몇 자동 '산술 참 증명' 프로그램까지—을 실행할 수 있다. 실제로 실행할 수 있거나 실행 가능하다고 예상되는 모든 프로그램을 **흥미로운** 프로그램이라고 부르자(흥미로운 프로그램은, 대충 바벨의 도서관 안에 있는 실제로든 상상으로든 읽을 수 있는 책에 대응하며, '멘델의 도서관' 안의 실현 가능한 유전형과도 대응한다). 흥미로운 것과 그렇지 않은 것을 구분하는 경계선에 대해 걱정할 필요는 없다. 어떤 프로그램이 흥미로울지 아닐지 의심스럽다면, 그런 건 버리면 된다. 우리가 어떤 결정을 내리든, '도시바 도서관Library of Toshiba'에는 흥미로운 프로그램들이 천많이 있다. 그렇지만 그런 프로그램을 "찾을" 확률은 없작다. 소프트웨어를 출시하여 큰돈을 버는 회사가 상당히 많은 것은 이런 이유에서다.

자, 이제 메가바이트 길이의 비트 문자열들은 **모두** 한 가지 의미—우리에게 중요한 의미, 즉 멍청하든 현명하든, 내 도시바라는 메커니즘이 따를 수 있는 레시피라는 의미—에서 알고리즘이다. 만일 우리가 무작위로 만들어진 비트 문자열을 실행하려고 시도한다면, 도시바는 그냥 그 자리에서 희미하게 윙윙거리기만 할 것이다(앞 장에 나온 노란 불빛조차 깜빡이지 않을 것이다). 무작위 알고리즘까지 모두 고려한다면, 살아 있는 프로그램이 되는 방식보다 죽어 있는 프로그램이 되는 방식이 천많게 더 많다. 도킨스가 생각나는 대목이다. 이러한 알고리즘들의 없작은 부분집합만이 그 어떤 방식으로든 흥미로운 알고리즘이고, **그 부분집합의** 없작은 부분집합만이 산술의 참들과 어떤 식으로든 관련되어 있다. 그리고 또 **그 부분집합의** 없작은 부분집합만이 산술적 참들의 형식적 증명을 생산하려 시도하고 있고, 또 **그 부분집합의** 없작은 부분집합만이 일관성을 유지하고 있다. 괴델은 우리에게 **그 부분집합**의 알고리즘(없작은 부분집합의 없작은 부분집합의 없작은 부분집합의 없작은 부분집합이지만, 그 안에도 아직 엄청나게 많은 것들이 있다. 심지어 내 작은 도시바가 실행할 수 있는 것들도 엄청나게 많다)들 중 단 하나도 산술의 **모든** 참들에 대한 증명을 생성할 수 없다는 것을 보여준다.

그러나 괴델의 정리는 '도시바 도서관' 안의 다른 알고리즘들에 대해 아무것도 알려주지 않는다. 괜찮은 체스 대국을 할 수 있는 알고리즘이 있는지도 알려주지 않는다. 그런 프로그램은 천많이 있고, 실은 내 도시바 안에도 실제 체스 프로그램들이 몇 개 있는데, 나는 그것들을 단 하나도, 그리고 단 한 번도 이겨본 적이 없다! 괴델의 정리는 또한, 튜링 테스트나 모방 게임을 끝내주게 잘하는 알고리즘이 있기는 한지도 알려주지 않는다. 사실, 내 도시바에는 조셉 와이젠바움Joseph Weizenbaum의 유명한 프로그램 엘리자ELIZA[3]를 축소한 버전이 실제로 있다. 그리고 나는 그것이 특별한 지식이 없는 사람들을 속여서, 에드거 앨런 포처럼 거기에는 대답을 말해주는 사람이 있음이 틀림없다고 결론짓게 만드는 것을 보았다. 처음에 나는, 제정신인 사람이, 아무것도 부착되지 않은 채 카드 테이블 위에 놓인 내 도시바 노트북 안에 작은 사람이 들어 있으리라고 생각할 수 있다는 사실에 당황했다. 하지만 나는 이미 한쪽으로 설득된 마음이 얼마나 많은 지략을 짜낼 수 있는지를 잊고 있었다. 이 교활한 회의론자들은 이런 결론을 내릴 것이다. 저 사람의 도시바 안엔 **휴대전화기**가 있을 거야! 틀림없어!

특히 괴델의 정리는, '도시바 도서관' 안에 후보 산술 문장을 "참이라고 생성"하거나 "참 또는 거짓을 탐지"하는 인상적인 일을 할 수 있는 알고리즘들이 있을지 여부에 대해서도 아무것도 말해주지 않는다. 인간 수학자들이 "수학적 직관"을 바탕으로 "그냥 알" 수 있는 인상적인 작업을 수행할 수 있다면, 컴퓨터는 그 재능을 모방할 수 있을 것이다. 체

---

3 [옮긴이] 1960년대에 개발된, 인간과 의사소통을 할 수 있었던 최초의 인공지능 프로그램이다. 요즘 표현으로는 '최초의 챗봇'이라 말할 수 있을 것이다. 따라서 엘리자는 현재 삼성의 빅스비, 애플의 시리, 구글의 알렉사 같은 챗봇의 조상이다.

스를 두고 대화를 이어나가는 것을 모방하는 것과 똑같은 방식으로 말이다. 이는 완전하지는 않지만 확실히 인상적이다. 정확하게 그것이 바로 인공지능 종사자들이 믿는 것이다. 그들은 체커를 잘 두게 하고 체스를 잘 두게 하며 수천 가지 다른 작업을 할 수 있게 하는 알고리즘이 있는 것처럼, 인간의 지능을 추구하는 위험하지만 발견법적인 알고리즘도 있다고 믿는다. 그리고 펜로즈는 여기서 큰 실수를 저질렀다. 가능한 알고리즘들의 이 집합—인공지능이 그 자신에 관여하는 유일한 알고리즘 집합—을 무시하고, 괴델의 정리가 실제로 우리에게 알려주는 알고리즘들의 집합에 집중한 것이다.

펜로즈는 말한다. 수학자들은 "수학적 통찰"을 통해 특정 체계의 건전성으로부터 특정 명제가 나온다는 것을 알 수 있다고. 그런 다음 그는, 수학적 통찰을 "위한" 알고리즘은 있을 수 없으며, 그 어떤 정도의 실용적 수준으로라도 결코 존재할 수 없다는 주장으로 꽤 자세하게 나아간다. 하지만 그는 이 모든 문제를 힘들게 다루면서, 일부 알고리즘—사실, 많은 다른 알고리즘이라고 해야 옳다—이 수학적 통찰(비록 그것이 그 알고리즘의 "목적"은 아니었다 해도)을 생성할 가능성이 있음을 간과했다. 유사한 논증에서 우리는 그 실수를 분명하게 볼 수 있다.

체스는 유한한 게임이다(무승부 상태라 하더라도 게임이 한정 없이 계속되는 것을 막는 규칙들[4]이 있기 때문이다). 그렇다는 것은 원칙적으로 체크메이트 혹은 무승부를 결정하는 알고리즘이 있음을 의미한다—둘 중 어느 쪽인지 나는 모르겠다. 사실, 당신을 위해 그 알고리즘을 아주 간단하게 명시할 수 있다. (1) 가능한 모든 체스 경기들(천많지만 유한하

---

4 [옮긴이] 현재 체스연맹에서는 '50수 규칙'을 표준으로 하고 있다. 애초에 이 규칙은, 앞서 있는 쪽에서 상대방의 실수만을 바라며 경기를 체력전으로 끌고가지 못하게 하려는 것이다. 일반적으로 알려진 대부분의 엔딩은 30~40수 정도에서 끝나므로, 40수에서 게임을 종결시킨다 해도, 이길 수 있는 게임을 무승부로 만드는 일은 거의 일어나지 않는다. 따라서 50수로 제한한 것도 여유를 상당히 많이 준 관대한 규칙이라 볼 수 있다.

다)의 전체 의사결정 트리decision tree를 그린다. (2) 각 경기의 끝마디end node로 이동한다. 끝마디는 백의 승리 또는 흑의 승리 또는 무승부 중 하나다. (3) 결과에 따라 마디를 검정, 흰색, 또는 회색으로 "채색"한다. (4) 한 번에 하나의 **전체** 단계(백의 한 수에 흑의 한 수)를 되짚어 이동한다. 바로 전의 수에서 백의 수 **하나**가 밟아온 **모든** 경로가 흑의 모든 수에 대응해 이어졌다면, 마디를 희게 칠하고 다시 한 단계 되짚어 움직인다. 이런 작업을 계속 수행한다. (5) 흑의 승리가 보장된 경로에 대해서도 동일한 작업을 수행한다. (6) 그 외의 다른 모든 마디는 회색으로 칠한다. 이 절차가 끝나면(우주의 취침 시각이 훨씬 지난 후가 될 것이다) 모든 가능한 체스 경기들을 나타내는 트리의 모든 마디를 칠할 수 있게 될 것이며, 마침내 백의 오프닝 수로 돌아가게 될 것이다. 자, 이제 경기할 시간이다. 20가지 합법적 수들[5] 중 흰색으로 칠해진 것이 하나라도 있다면, 그 수를 두시라! 흰색 마디들을 벗어나지만 않는다면 도달이 보장된 체크메이트가 전방에 있게 될 것이다. 물론 검은 마디에 해당하는 움직임은 모두 피해야 한다. 그렇게 하면 상대방에게 확실한 승리의 문을 열어주게 된다. 맨 처음에 흰색 마디를 만날 수 없다면, 회색 마디에 해당하는 수를 선택하고, 나중에 흰색 마디를 만날 수 있길 바라야 한다. 당신이 할 수 있는 최악의 일은 무승부다. (백을 위한 모든 오프닝 수들이 다 검게 칠해져 있다면, 가능성은 별로 없지만, 당신의 유일한 희망은 무작위로 하나를 선택한 다음 흑을 쥔 상대방이 나중에 바보 같은 실수를 해서 당신이 회색이나 흰색 경로를 만나 탈출할 수 있게 해주기를 바라는 일일 것이다.)

그것은 틀림없는 알고리즘이다. 레시피의 어떤 단계도 통찰을 전혀 필요로 하지 않으며, 나는 그것을 유한한 형식으로 애매하지 않게 명

5 [옮긴이] 체스에서 경기를 여는 수를 '오프닝'이라고 한다. 현재 규칙상 백이 둘 수 있는 첫 수는 20가지다.

시해놓았다. 문제는, 완전하게 망라적으로exhaustively 탐색하는 그 트리가 천많이 방대해서, 전혀 실행 가능하지도 실용적이지도 않다는 것이다. 그러나 나는, 아무리 쓸모없다 해도, 완벽한 체스 경기를 위한 알고리즘이 원칙적으로는 존재한다는 것을 알아둘 필요가 있다고 생각한다. 어쩌면 완벽한 체스를 두게 할 **실현 가능한** 알고리즘이 있을 **수도** 있다. 아직 그런 알고리즘은 아무도 발견하지 못했다. 고맙게도 말이다(그런 것이 발견된다면 체스가 틱택토보다 더 흥미로운 게임이 되긴 어려울 테니까). 그러한 실현 가능한 알고리즘이 있는지는 아무도 모르지만, 전문가들은 일반적으로 있을 가능성이 매우 낮다는 데 합의하고 있다. 확실하게 알 수는 없지만, 인공지능에 최악의 경우를 가져올 가정을 선택해보자. 체크메이트 또는 보장된 무승부를 위한 실현 가능한 알고리즘이 **없다고**, 전혀 없다고 가정하자.

내 도시바에서 실행되는 모든 알고리즘에는 내가 체크메이트를 달성할 수 없다는 결과가 뒤따르는 것이 아닐까? 전혀 아니다! 이미 고백했듯이, 내 도시바의 체스 알고리즘은 인간—나—을 상대로 무패를 기록하고 있다. 내가 체스를 그리 잘 두진 못하지만, 옆 사람만큼의 "통찰"은 가지고 있다고 생각한다. 많이 연습하고 열심히 둔다면 언젠가는 내가 내 컴퓨터를 이길 날이 올지도 모르겠지만, 내 도시바에 깔린 프로그램은 요즘의 챔피언 체스 프로그램들에 비하면 하찮은 것이다. 그런 프로그램들에 대해서는, 당신은 그들이 **매번** 나(내가 보비 피셔Bobby Fischer[6]는 아니지만)를 이길 것이라고 **당신의 목숨을 걸고** 내기해도 안전하리라고 생각할 것이다. 나는 그 누구도 그 알고리즘들의 상대적 우수성에 실제로 자기 목숨을 걸지 않길 바라지만,—내 실력이 향상될 수도 있고, 당신의 죽음이 내 양심에 걸릴 수도 있고—사실 다윈주의가 옳다면 당신과 당신의 조상들은 당신의 "설비"에 구현된 알고리즘들에 대한 유사

6 [옮긴이] 미국의 체스 선수로, 1972년부터 1975년까지 세계 체스 챔피언 자리를 지켰다.

한 치명적 지분이 걸린 도박에서 이겨온, 성공적이고도 깨지지 않은 문자열을 지니고 있었던 것이다. 그것은 생명이 시작된 이래 유기체들이 매일같이 해온 일이다. 그들은 그들을 구축하고 그들 안에서 그들을 작동시켜온 알고리즘들에 자신들의 삶을 걸었고, 그 알고리즘들은 뇌가 있고 운도 좋은 유기체에게는 아이들을 얻기에 충분할 만큼 긴 삶을 유지시켜주었을 것이다. 대자연은 절대적인 확실성을 갈망한 적이 결코 없다. 위험이 적기만 하면 대자연에게는 충분하다. 그래서 우리는, 수학자들의 뇌가 알고리즘들을 실행한다면 그들은 참을 탐지하는 부서에서, 실패할 염려가 완전히 없진 않지만, 꽤 일을 잘하는 알고리즘이 될 것이라고 **기대**한다.

내 도시바의 체스 알고리즘은 모든 알고리즘과 마찬가지로 보장된 결과들을 산출하지만, 그것들이 보장하는 것은 나를 이기는 것이 아니라 **규칙에 맞게 체스를 두는** 것이다. 그것이 그들이 "추구하는" 것의 전부다. 규칙을 준수하는 체스를 보장하는 천많은 수의 알고리즘은 다른 것보다 더 나을 수는 있지만, 다른 알고리즘들에 대한 승리를 보장하지는 않는다—적어도 이는 수학적으로 증명되길 원할 종류의 것은 아니다. 비록 그것이 외면할 수 없는 수학적 참의 문제라 할지라도, 프로그램 X의 초기 상태가 가능한 모든 게임에서 Y를 이길 것이라고 할지라도 말이다. 이는 다음의 논증이 틀렸음을 의미한다.

> X는 승리를 거두는 데 뛰어나다.
> 체스에서 이기기 위한 (실천적인) 알고리즘은 없다.
> **따라서**, X의 재능을, X가 실행 중인 알고리즘이라는 말로 설명할 수 없다.

위 논증의 결론은 명백히 거짓이다. 알고리즘 수준의 설명은 나를 이기는 내 도시바의 위력을 설명할 정확한 수준의 설명이다. 내 도시바의 플라스틱 케이스 안에 특별히 강한 전기가 흐르거나 엘랑 비탈이 저장된 비밀 장소가 있는 것 같지는 않다. 그 프로그램을 다른 체스 대국 컴퓨터들보다 더 낫게 만드는 것(나도 아주 간단한 프로그램들은 이길 수 있다)은, 그것이 더 나은 알고리즘을 가지고 있다는 것이다.

그렇다면 수학자들의 머릿속에서 실행되고 있을 알고리즘은 어떤 종류의 것일까? **생존하려는 노력**을 "위한" 알고리즘이다. 우리가 바로 앞 장의 생존 기계 로봇에 대한 고찰에서 알게 되었듯이, 그런 알고리즘은 무한히 꾀바른 식별과 계획이 가능한 것이어야 한다. 그것들은 음식과 피난처를 인식하는 데 능해야 하며, 친구와 적을 잘 구별해야 하며, 봄의 전조[7]를 봄의 전조로 식별하는 법을 배우고, 좋은 주장과 나쁜 주장을 구별하며, (거기에 추가된 일종의 보너스 재능으로서) 수학적 진리를 수학적 진리로 인식하는 데 능해야 한다. 물론 그러한 "다원주의적 알고리즘들"은(Cosmides and Tooby 1989) 단지 이 특별한 목적을 위해 설계되지는 않았을 것이다. 우리의 눈이 *기울임체 글씨*와 **굵은 글씨**를 구별하기 위해 설계되지 않은 것처럼 말이다. 하지만 알고리즘이 그런 것들의 식별을 위해 설계되지 않았다는 사실이, 그런 차이들을 고려할 기회가 주어질 때도 그것들이 아주 민감하게 작동하지 않는다는 뜻은 아니다.

펜로즈는 소급적으로 명백한 이 가능성을 어떻게 간과할 수 있었을까? 그는 수학자였고, 수학자들은 수학적으로 흥미로운 위력들을 지니고 있다고 수학적으로 증명될 수 있는, 알고리즘들의 없작은 부분집합들에 우선적으로 흥미를 지닌다. 나는 이를 알고리즘에 대한 '신의 눈 관점'이라 부른다. 바벨의 도서관 안의 책들에 대한 신의 눈 관점과 비슷한 것이다. 우리는 1994년 1월 10일 기준으로 순자산이 100만 달러

---

7 [옮긴이] 이는 '에라게니아'라는 꽃의 별칭이기도 하다. 작고 흰 꽃잎에 적갈색 꽃밥이 있는 이 꽃은 이른 봄에 피기 때문에 '봄의 전조(조짐)'라고 불린다.

이상이었던 뉴욕시의 모든 전화 가입자들을 알파벳 순으로 나열한 한 권의 책이 바벨의 도서관에 있다는 것을 (그것이 증명할 가치가 있다면) "증명"할 수 있다. 그 책은 틀림없이 있을 것이다. 뉴욕에 백만장자인 전화 소유자가 **그렇게** 많지는 않을 테니까. 그래서 그들의 목록을 모두 나열한 가능한 한 권이 '도서관'에 있을 것이다. 그러나 그 책을 찾는—또는 만드는—일은 불확실성과 심판자의 판정으로 가득 찬 방대한 경험적 과제가 될 것이다. 그 집합이 그 날짜의 현재 실제 전화번호부에 이미 인쇄된 이름들의 부분집합으로 간주된다 하더라도 (그리고 목록에 없는 번호를 가진 사람들은 모두 무시하더라도) 말이다. 비록 우리가 그 책을 손에 넣을 수는 없지만, 우리가 미토콘드리아 이브라고 명명한 것처럼 그 책에도 이름을 붙일 수는 있다. 그 책을 '메가폰Megaphone'이라 부르자. 자, 이제 우리는 메가폰에 관한 것들을 증명할 수 있다. 예를 들어, 메가폰의 첫 쪽에 인쇄된 첫 번째 글자는 "A"이지만 마지막 쪽의 첫 글자는 "A"가 아니다. (물론 이것은 수학적 증명의 기준에 미치지 못한다. 그렇지 않을 수도 있으니까. 하지만 전화를 가진 뉴욕의 백만장자 중 이름이 "A"로 시작하는 사람이 **아무도 없거나** 인쇄 대상인 뉴욕 사람들의 목록이 단 한 쪽에서 끝날 가능성이 얼마나 될까?)

101~102쪽에서 언급했듯이, 수학자들이 알고리즘들에 대해 생각할 때는 대개 신의 눈 관점을 취하게 된다. 예를 들어, 그들은 어떤 흥미로운 속성을 지닌 어떤 알고리즘이 **있음**을 증명하거나 그런 알고리즘은 **없음**을 증명하는 데 흥미를 가진다. 그리고 그런 것을 증명하려고 당신이 말하는 알고리즘의 위치를 정확히 알아낼—예를 들어 플로피 디스크에 저장된 알고리즘 더미에서 그것을 골라내는 방식으로—필요는 없다. 우리가 미토콘드리아 이브(의 유해)를 찾을 수 없다는 사실이 그녀에 관해 추론할 수 없게 만들지는 못했다. 따라서 그런 형식적인 추론에 대해 식별의 경험적 문제가 자주 발생하는 것은 아니다. 괴델의 정리는 내 도시바(또는 다른 모든 컴퓨터)에서 실행될 수 있는 알고리즘들 중 수

학적으로 흥미로운 특정 속성을 지니고 있는 것이 단 하나도 없다고 말해준다: 그 속성이란, **실행 시간이 충분히 주어지면 산술적 참의 일관적인 생성자—그 증명들을 모두 생산하는—가 된다는 것**이다.

이는 흥미롭지만, 그다지 도움이 되지는 않는다. 알고리즘들의 다양한 집합들의 모든 구성원 각각에 대한 많은 흥미로운 것들이 수학적으로 증명될 수 있다. 그러나 그 지식을 현실 세계에 적용하는 것은 또 다른 문제이며, 이 지점이 바로 펜로즈로 하여금, 그가 바라던 대로, 인공지능을 반박하는 대신 아예 간과하게 만든 맹점이다. 이는 펜로즈가 논평자들에 대응하여 자신의 주장을 재형식화하려 했던 후속 시도들에서 꽤 명확하게 드러난다.

> 그 어떤 특정 알고리즘이 주어진다 해도, **그** 알고리즘은 인간 수학자들이 수학적 참을 확인하는 절차가 될 수 없다. 따라서 인간은 참을 확인하기 위해 알고리즘을 사용하지 않는다. 〔Penrose 1990, p. 696.〕
>
> 인간 수학자들은 수학적 참을 확인하기 위해 잘 알려진 건전한 알고리즘을 사용하지 않는다. 〔Penrose 1991.〕

1991년의 글에서 그는 다양한 "빠져나갈 구멍들"을 계속해서 고려하고 또 닫아버리는데, 특히 그중 두 가지는 우리의 논의와 관계가 있다: 수학자들은 "끔찍하게 복잡한, **알 수 없는**(불가지한)unknowable 알고리즘 X" 또는 "**건전하지 않은** (그러나 짐작건대 대략적으로는 건전한) 알고리즘 Y"를 사용하고 있을 수 있다. 펜로즈는 이 빠져나갈 구멍들이 인공지능의 표준 작업 가정이 아닌 괴델의 정리가 내민 도전장에 대한 임시방편적 대응인 것처럼 제시한다. 우선, 첫 번째 빠져나갈 구멍(알고리즘 X)에 대해 그는 다음과 같이 말한다.

이는 수학자들이 "'명백하며' 모두가 동의할 수 있는 주장들로 (적어도 원리적으로는) 분해될 수 있는 용어들로 자신들의 논증을 표현한다"고 말할 때 그들이 **실제로** 하고 있는 것처럼 보이는 것과 완전히 불일치하는 것처럼 보인다. 나는, 우리의 모든 수학적 이해 뒤에 숨어 있는 것이 이러한 단순하고 명백한 **성분들**이라고 믿지 않고 **정말로**〔강조는 내가 했다〕 끔찍한, 알 수 없는 X라고 믿는 것을 극단적인 억지라고 간주할 것이다. 〔Penrose 1991〕

이 "성분들"은 실로 우리에 의해 **명백하게** 비알고리즘적 방식으로 휘둘리는 것이지만, 이 현상학적 사실에는 오해의 소지가 있다. 펜로즈는 수학자가 된다는 것이 어떤 것인지에는 세심하게 주의를 기울이지만, 인공지능 연구자들에게 익숙한 가능성possibility—사실은 가능도likelihood—을 간과하고 있다. 그런 "성분들"을 다룰 우리들의 일반적 역량의 **기저에 놓인** 것이, '마음을 뒤흔드는 복잡성을 지닌 발견법적 프로그램'일 가능성 말이다. 그런 복잡한 알고리즘은 완벽한 이해자의 능력과 비슷하며, 수혜자에게는 "보이지 않는다." 우리가 어떤 문제를 "직감으로" 풀었다고 말할 때, 그것이 정말로 의미하는 것은 그것을 어떻게 풀었는지 **우리가 모른다**는 것이다. 컴퓨터에서 "직관"을 모델링하는 가장 간단한 방법은 컴퓨터 프로그램이 자신의 내부 작업에 접근하지 못하게 만드는 것이다. 그렇게 하면 컴퓨터가 문제를 풀고 난 후 어떻게 풀었느냐고 물었을 때 매번 이런 응답이 돌아올 것이다. "나도 모릅니다. 그냥 직감으로 답이 나왔습니다."(Dennett 1968)

그는 두 번째 빠져나갈 구멍(건전하지 않은 알고리즘 Y)에 대해서는 이렇게 말하면서 일축한다.(1991) "수학자들은 그런 발견법적 논증들을 수용 불가능하게 만드는 어느 정도의 엄격함을 요구한다—따라서 이런 종류의 알려진 절차는 수학자들의 실제 작업 방식이 될 수 없다." 이것은 더 흥미로운 실수인데, 그가 이를 통해, 결정적인 경험적 테스트가 **한**

명의 수학자를 "상자 안에" 넣는 것이 아니라, 수학자 공동체 전체를 상자에 넣는 것이라는 전망을 제기하기 때문이다! 펜로즈는 인간 수학자들이 자신들의 자원을 모으고 서로 소통함으로써 부가적으로 얻는 힘의 이론적 중요성을 알고 있으므로, 그의 상자 안의 내용물은 우리가 상자 안에 넣을 수 있는 그 어떤 한 명의 호문쿨루스보다 엄청나게 더 믿음직한 일종의 거대한 하나의 마음이 된다. 이는 수학자들이 다른 사람들(또는 침팬지들)보다 더 복잡한 **뇌**를 가지고 있다는 것이 아니라, 서로에게 자신의 증명을 제시하고 그것을 서로 검사해주고 공개적으로 실수를 저질러서 대중에게서 실수를 교정받는 것에 의지하는, 사회적 제도라는 마음도구들을 가지고 있다는 뜻이다. 이는 정말로 개별 인간 뇌(심지어 종이와 연필이라는 주변기기나 휴대용 계산기 또는 노트북 컴퓨터까지 지닌 개체의 뇌까지!)의 힘을 초라하게 만드는, 수학적 참을 식별할 힘을 수학자 공동체에 부여한다. 그러나 이것이 인간의 마음이 알고리즘 장치가 **아님**을 보여주지는 않는다. 그와는 반대로, 식별 가능한 한계가 없는 분산된 알고리즘적 과정들에서 문화의 크레인들이 어떻게 인간의 뇌를 착취할 수 있는지를 보여준다.

펜로즈는 이를 이런 식으로 보지 않는다. 그는 계속해서 우리의 수학적 기량을 설명하는 것은 "우리의 일반적인 (비알고리즘적) **이해**의 기량"이라고 말하며, 이런 결론을 내린다. "그것은, 인간 내에서 (적어도) 자연선택에 의해 선호된 **알고리즘** X가 아니라, **이해라는 것을 할 수** 있는 이 놀라운 기량이다!"(Penrose 1991) 여기서 그는 내가 방금 체스의 예를 들며 노출시켰던 오류를 범한다. 펜로즈는 다음과 같이 논증하고 싶어 한다.

X는 이해할 수 있다.

이해를 위한 실현 가능한 알고리즘은 없다.

따라서, 자연선택이 선택한 것은, 그것이 무엇이든 이해를 설명하는 것이지, 알고리즘이 아니다.

이 결론은 논 세퀴투르non sequitur, 즉 그릇된 결론이다. 만일 마음이 (펜로즈의 주장과는 반대로) 알고리즘이라면, 그것은 확실히 그것이 만들어낸 것들의 마음이 인식할 수 있거나 접근할 수 있는 그런 알고리즘은 아니다. 그것은, 그의 용어를 사용하면, 불가지한unknowable 것이다. 그것은 생물학적 설계 과정들(유전적, 개인적 과정 모두)의 산물로서, 흥미로운 알고리즘들의 천많게 광대한 공간 내 이런저런 곳에 있는 알고리즘들 중 하나임이 거의 틀림없을 것이다. 그 알고리즘들은 오타나 "버그"들로 가득 차 있지만, 당신의 삶을 걸 수 있을 만큼—그리고 당신은 지금껏 그래 왔다—충분히 좋다. 펜로즈는 이를 "억지스러운" 가능성이라고 보고 있지만, 그것이 그가 할 수 있는 반론의 전부라면, 그는 아직 "강한 인공지능"의 최상의 버전을 파악하지 못한 것이다.

3. 환상 속의 양자-중력 컴퓨터: 라플란드에서의 교훈

나는 자연선택의 위력을 강력하게 믿는다. 그러나 나는 자연선택 그 자체가 알고리즘을 어떻게 진화시켰기에 우리가 가지고 있는 것처럼 보이는, 다른 알고리즘들의 **타당성**에 대한 이 같은 의식적인 판단을 지닐 수 있게 되었는지 모르겠다.

—로저 펜로즈 1989, p. 414

나는 뇌가 다윈주의적 방식으로 생겨났다고 생각하지 않는다. 사실, 그런 생각은 틀렸음이 입증될 수 있다. 단순한 메커니즘들로는 뇌를 생산할 수 없다. 나는 우주의 기본 요소들은 단순하다고 생각한다. 생명력은 우주의 원시적 요소이고, 그것은 특정한 행동 법칙들을 따르는데, 그 법칙들은 단순하지도 않고 기계적이지도 않다.

—쿠르트 괴델[8]

펜로즈가 뇌가 튜링기계가 아니라고 주장할 때, 그가 무엇을 말하지 **않는가**를 이해하는 것이 중요하다. 그는 뇌가 튜링이 처음에 제시했던 생각 장치thought-device—종이 테이프 위에 놓여서 한 번에 테이프 한 칸씩 조사해나가는 작은 장치—에 의해 모델링되지 않는다는 명백한 (그리고 분명히 관련이 없는) 주장을 하지 않는다. 아무도 그 명백한 주장과 다르게 생각한 적이 없다. 그는 또한 뇌가 "폰 노이만 기계" 같은 직렬 컴퓨터가 아니라 대규모 병렬 컴퓨터라는 말까지도 하지 않는다. 그리고 뇌가 알고리즘들을 실행할 때 무작위성이나 의사 무작위성을 이용한다는 말도 하지 않는다. 그는—그러나 다른 사람들은 그렇게 생각하지 않았다—많은 양의 무작위성을 이용하는 알고리즘은 여전히 인공지능의 영역 안에 있으며, 여전히 모든 튜링기계들(모양과 크기에 상관없이) 위에 놓인 괴델 정리의 한계 안에 있다고 본다.[9]

또한, 그의 책으로 촉발된 논평들에 힘입어, 이제 펜로즈는 발견법적 프로그램들도 알고리즘이라는 것을 인정하며, 인공지능에 반대하는 논증을 구성하려면 산술 및 그 외 모든 것들의 참을—완벽하게는 아닐지라도, 인상적으로—추적하는 발견법적 프로그램들의 가공할 만한 위

8 괴델이 1971년에 한 말이나, 나는 왕Wang(1993, p. 133)의 글에서 인용했다. 왕(1974 p. 32)의 말도 보자. "괴델은 생물학의 메커니즘은 우리 시대의 편견이며, 언젠간 틀렸음이 입증될 것이라고 믿는다. 괴델의 의견에 따르면, 이 경우 한 가지 반입증은, 물리 법칙들(또는 그와 유사한 본성을 지닌 다른 법칙들)에 의해 인간의 몸이 지질학적 시간 동안 형성된 결과에 대한 수학적 정리로 이루어질 것인데, 기본 입자들과 장field의 무작위 분포에서 시작하여 인간의 몸을 이루게 되는 것은, 대기가 우연히 그 구성 요소들로 분리될 가능성만큼이나 희박하다."

력을 인정해야만 한다는 것도 인정한다. 그 후 그는 해명의 요점을 제시한다. 외부 환경과의 상호작용을 받아들임으로써 작동하는 컴퓨터는 그것이 무엇이든 알고리즘적 컴퓨터이며, 이는 **외부환경 자체가 완전히 알고리즘적이라는 것을 전제로 한다**. (스카이후크가 독버섯처럼 자랐다면, 그리고—또는 좀 더 요지에 가깝게 표현하자면, 독버섯을 먹고 신의 계시를 받는 것처럼—컴퓨터가 그러한 스카이후크와 가끔 소통하며 도움을 받는다면 그것은 알고리즘이 아닐 것이다.)

자, 이 모든 유용한 해명들이 제자리에 놓인 지금, 펜로즈는 무엇을 견지하고 있을까? 1993년, 나는 펜로즈와 몇몇 스웨덴 물리학자들, 그리고 그 외의 과학자들과 함께, 스웨덴의 북극권 한계선 북쪽에 있는 아비스코의 툰드라 연구기지에서 열린 워크숍에서 이 문제에 관한 서로 다른 관점들에 대해 논의하며 일주일을 보냈다. 아마도 백야의 태양이, 교통 경로를 잘 찾도록 스웨덴 주최 측에게 도움을 준 것처럼 우리의 경로에도 도움을 주었을지도 모르겠지만, 어쨌든 나는 펜로즈와 나 둘 다 깨달음을 얻고 그곳을 떠났다고 생각한다. 펜로즈는 새로운 "양자-중력" 이론—아직도 형식화되지 않았다—을 중심으로 한 물리학 혁명을 제안했는데, 그는 그것을 이용하여 인간의 뇌가 알고리즘의 한계를 어떻게 초월하는지 설명할 수 있길 원했다. 펜로즈는 특별한 양자물리학적 힘을 가진 인간의 뇌가 스카이후크일 것이라고 예상하는 것일까, 크

---

9 이를 깨닫지 못한 사람으로 제럴드 에덜먼Gerald Edelman을 들 수 있는데, 그의 "신경 다윈주의" 시뮬레이션은 병렬적이면서 동시에 매우 추측통계적이다stochastic(여기에는 무작위성이 포함된다). 그는 이 사실을 종종, 그리고 실수로, 자신의 모형들이 알고리즘이 아니며, 그 자신이 "강한 인공지능"에 관여하지 않는다는 것을 보여주는 증거라고 잘못 인용한다.(이를테면 Edelman 1992) 그는 그렇게 말하고 있다: 그의 항변은 컴퓨터에 대한 기본적인 오해를 드러내지만, 이 사실은, 인공지능 종사자라면 모두가 알고 있듯이, "절대 무지"하지 않은 사람이라 해도 본인이 무언가를 만들기 위해 무엇을 만들고 있는지를 이해할 필요가 없다는 것을 보여준다(이 책 3장 125쪽에서 매킨지가 익명으로 말했듯이).
[옮긴이] 여기서도 '매킨지'는 '베벌리'로 고쳐야 한다.

레인일 것이라고 예상하는 것일까? 나는 이에 대한 답을 구하기 위해 스웨덴에 갔고, 이런 답을 얻어 돌아왔다: 그는 확실히 스카이후크를 찾고 있었다. 나는 그래도 그가 새로운 크레인 하나에 정착할 것 같다고 생각한다. 하지만 그가 그 크레인을 찾았는지는 확신할 수 없다.

데카르트와 로크, 그리고 좀 더 최근에는 에드거 앨런 포, 쿠르트 괴델, J. R. 루카스가, 전통적인 어투로, "기계적인" 마음에 대한 대안이 비물질적인 마음, 즉 영혼일 것이라고 생각했다. 인공지능에 대한 좀 더 최근의 회의론자인 휴버트 드레이퍼스와 존 설은 그런 이원론을 피해, 마음은 정말로 뇌일 뿐이지만, 평범한 컴퓨터는 아니라는 의견을 피력했다. 설에 따르면, 그것은 알고리즘들의 실행을 넘어서는 "인과력"(Searle 1985)을 지니고 있다. 드레이퍼스도 설도 마음이 어떤 특별한 힘을 가지고 있을지, 그리고 물리학의 어느 분야가 그 인과력을 설명하기에 적합할지에 대해서는 기꺼이 밝히지 않았다. 그러나 다른 이들은 과연 물리학이 열쇠를 쥐고 있을지를 궁금해했는데, 그런 이들에게 펜로즈는 눈부신 갑옷을 입은 기사처럼 보일 것이다.

양자물리학이 구조하러 왔다! 뇌에 통상적인 컴퓨터를 뛰어넘는 특별한 능력을 부여하는 데 양자 효과를 어떻게 결부시킬 수 있을지에 대한 몇 가지 서로 다른 주장들이 수년간 제안되어왔다. J. R. 루카스는 양자물리학을 이 전장으로 끌어들이기를 갈망했지만, 그는 양자물리학의 불확정성 간극들이 데카르트적 정신의 개입을 허용하여 뉴런을 비비 꼼으로써 그 결과로 뇌에서 추가적 마음의 힘을 얻게 된다고 생각했다. 이 교리는 존 에클스 경Sir John Eccles—후안무치한 이원론으로 동료들을 수년간 아연실색케 한, 노벨상을 받은 신경생리학자—도 정력적으로 옹호해온 것이다.(Eccles 1953, Popper and Eccles 1977) 지금은, 그리고 여기는 내가 이 이원론을 일축하는 이유들을 검토하기에 적당한 때와 장소는 아니다(적당한 때와 장소에 관해서는 내 다른 글들[1991a, 1993d]을 보라). 펜로즈는 유물론 진영의 다른 누구 못지않게 이원론을 강력하게 기피하고 있기 때문이다. 사실 인공지능에 대한 그의 공격에서 신선한 점은, 자신이 이원론이라는 꿈의 나라에 속한 설명 불가능한 미스터리로 마음을 대체하려 하는 것이 아니라, 마음의 물리과학 영역 안에 머무는 무언가로 대체하려고 한다는 그의 주장이다.

"양자 컴퓨터"에 대한 최근의 추측들에 의하면, 물리계를 떠나지 않고도 아원자 입자들로부터 몇 가지 이상하고 새로운 힘을 얻을지도 모른다.(Deutsch 1985) 그러한 양자 컴퓨터는, 통상적인 시간 내에 천많게 광대한(그렇다, 천많다) 탐색 공간을 점검하는 데 "파동 다발wave packet의 붕괴"에 선행하는 "고유상태eigenstate들의 중첩"을 이용할 것이(라고 일컬어진)다. 일종의 초질량 병렬 컴퓨터가 됨으로써, 그것은 천많은 것들을 "단번에" 처리할 수 있고, 그렇지 않았다면 실현하지 못했을 알고리즘들—완벽한 체스를 위한 알고리즘 같은—의 완전한 집합들을 실현 가능하게 만들 수도 있다. 그러나 이것이 펜로즈가 그런 컴퓨터들을 위해 추구하는 것은 **아니다**. 이런 일이 가능하다 해도, 그것들은 여전히 튜링기계일 것이며, 따라서 공식적으로 계산 가능한 함수—알고리즘—들만 계산할 수 있을 것이다.(Penrose 1989, p. 402) 따라서 그것들은 괴델이 발견한 한계 안에 머물 것이다. 펜로즈는 실천적으로 계산하기 힘든 것이 아니라, 진실로 **계산 불가능한**noncomputable 현상을 끝까지 요구하고 있다.

현대의 물리학(현대의 양자물리학을 포함하는)은 **모두** 계산 가능하다고 펜로즈는 인정한다. 그러나 그는 명시적으로 계산할 수 없는 "양자-중력" 이론을 결합시켜 물리학 혁명을 일으켜야 한다고 생각한다. 그는 왜 그런 (지금껏 그를 포함하여 아무도 형식화하지 않은) 이론이 계산 불가능해야 한다고 생각하는 것일까? 계산 불가능하지 않다면 인공지능이 가능해지기 때문이며, 그는 자신이 괴델의 정리로부터 시작된 논증을 통해 인공지능이 가능하지 않음을 이미 보여주었다고 생각하기 때문이다. 그것이 다다. 펜로즈는 양자-중력 이론의 계산 불가능성에 대한 믿음의 이유들 중 양자물리학 자체에서 도출된 것이 하나도 없음을 솔직하게 인정한다. 그가 양자-중력 이론이 계산 불가능할 것이라고 생각하는 **유일한 이유**는, 그렇지 않다면 결국 인공지능이 가능할 것이라고 여기기 때문이다. 다시 말해, 펜로즈는 우리가 언젠가 스카이후크를 찾게 될 것이라는 예감을 갖고 있는 것이다. 뛰어난 과학자의 예감이긴 하지만, 펜로즈 자신도 그것이 한낱 예감에 불과하다는 것을 인정한다.

스티븐 와인버그(이 책 3장에 등장했다. 환원주의를 두 가지 방식으로 응원한 인물이다)의 최근 저서 《최종 이론의 꿈Dreams of a Final Theory》의 서평에서 펜로즈는 다음과 같은 사색을 펼쳤다.

> 내 관점에서는, 만약 '최종 이론'이라는 것이 있다면 그것은 아주 성격이 다른 계획이 될 수밖에 없다. 통상적 의미에서의 물리학 이론이라기보다는 원리—이행 자체가 비非 기계적인 미묘함을 (그리고 심지어는 창조성까지도) 포함하는 수학적 원리—에 더 가까운 것이어야 할 것이다. 〔Penrose 1993, p. 82.〕

따라서 펜로즈가 다윈주의에 아주 심각한 회의를 표명한 것은 놀라운 일이 아니다. 그리고 그가 내놓는 근거들은 익숙하다. 그는 '알고리즘들의 자연선택'이 어떻게 그 모든 좋은 일들을 할 수 있는지 상상하지 못한다.

> 〔여기〕 알고리즘들이 이러한 방식으로 스스로를 개선한다고 가정하는 그림에는 심각한 어려움이 있다. 그것은 일반적인 튜링기계의 사양에서는 확실히 작동하지 않을 텐데, 왜냐하면 '돌연변이'는 기계를 약간만 바꾸는 것이 아니라 완전히 쓸모없게 만들어버릴 것이 확실하기 때문이다. 〔Penrose 1990, p. 654.〕

펜로즈는 대부분의 돌연변이가 선택에 보이지 않는 것이거나 치명적인 것이라고 본다. 즉 사물을 개선하는 돌연변이는 극소수라는 것이다. 이는 사실이다. 그러나 게의 털을 만든 진화 과정에서도 사실이고, 수학자들의 심적 상태들을 만들어낸 진화 과정에서도 사실이다. 이러한 "심각한 어려움"이 있다는 펜로즈의 확신은, 포의 확신처럼, 유전 알고리즘들과 그 친족이 매일 그런 두려운 역경들을 극복하고, 음 …… (지질학적 시간 척도에서의) 도약들과 반동bound들에 의해 스스로를 개선시켰다는 외면할 수 없는 역사적 사실들에 의해 약화된다.

펜로즈는 말한다. '만약 우리 뇌에 알고리즘이 장착되어 **있다면 그 알고리즘들을 설계한 것은 자연선택이었을 텐데'라고. 하지만,**

> '강력한' 사양은 알고리즘의 기반이 되는 **아이디어들**이다. 그러나 우리가 아는 한, 아이디어들이 표현되려면 의식적인 마음이 필요하다. 〔Penrose 1989, p. 415〕

다시 말해, 펜로즈의 주장은, 설계 과정은 자기가 설계하고 있는 그 알고리즘들의 합리적 근거를 어떻게든 이해해야 할 것이며, 그러기 위해서는 의식적인 마음이 필요하지 않겠느냐는 것이다. 의식적인 마음이 인식하지 않았는데도 인식된 이유들이 있을 수 있을까? 있다. 다윈은 그럴 수 있다고 말한다. 자연선택은 **눈먼** 시계공이며, **의식 없는** 시계공이다. 그렇지만 강제된 움직임을 비롯한 '좋은 요령'들을 여전히 발견하고 있다. 이는 많은 사람의 생각과는 달리, 그렇게 상상 불가능한 것은 아니다.

> 내 생각에 진화에는, 분명히 어떤 미래의 목적을 향해 '더듬어 나아가는 것'과 관련된, 뭔가 미스터리한 것이 여전히 있다. 사물들은 자연선택과 눈먼 우연의 진화만을 바탕으로 할 때 '그래야 할' 것보다

는 다소 더 잘 조직화되어 있는 것처럼, 적어도, **보인다**. 그런 모습들은 아마도 상당히 기만적일 것이다. 물리 법칙이 작용하는 방식에는, 자연선택이 한낱 임의의 법칙들보다 훨씬 더 효과적인 과정이 되게 해주는 뭔가 특별한 것이 있는 것 같다. 〔Penrose 1989, p. 416.〕

스카이후크에 대한 희망을 이보다 더 진심을 다해 명확하게 표현할 수는 없을 것이다. 그리고 우리가 아직 양자-중력이라는 스카이후크의 존재를 "원칙적으로" 배제할 수는 없지만, 펜로즈도 아직 우리에게 스카이후크를 믿을 그 어떤 이유도 제공하지 않았다. 양자-중력이 실재한다는 것이 이미 밝혀졌다면 그것이 크레인으로 판명될 수도 있었겠지만, 그는 아직 거기까지 가진 못했고, 앞으로도 도달할 수 있을지 의심스럽다. 그렇지만 그는 적어도 노력하고 있다. 그는 자신의 이론이 '마음은 어떻게 작동하는가'에 관한 통일된 과학적 그림을 제공하길 원하고 있다. 마음이라는 것이 '의미의 불가해한 궁극적 원천'이라는 선언에 대한 '변명'을 제공하는 것이 아니고 말이다. 내 생각엔 지금 그가 탐구하고 있는 길—특히, 스튜어트 해머로프Stuart Hameroff가 아비스코에서 열정적으로 홍보한, 뉴런의 세포골격 내의 미세소관에서 일어나는 가능한 양자 효과들—은 애당초 가능성이 없는 것처럼 보이지만, 지금 다룰 주제는 아니다. (그래도 나는, 펜로즈가 숙고해야 할 질문을 하나 제기하지 않을 수 없다: 만약 장대한 양자 속성이 미세소관 안에 숨어 있다면, 그것은 바퀴벌레의 계산 불가능한 마음에도 그런 것이 있음을 의미하는가? 바퀴벌레에게도 우리의 것과 같은 종류의 미세소관이 있으니 말이다.)

펜로즈 스타일의 양자-중력 뇌가 정말로 비알고리즘적 활동을 할 수 있고 우리가 그러한 뇌를 가지고 있다면, 그리고 우리 자신이 알고리즘적 진화 과정의 산물이라면, 기묘한 모순이 발생한다. 알고리즘 과정(다양한 수준과 다양한 구체화에서의 자연선택)은 **전체** 과정(인간 수학자의 뇌까지를 **포함한** 진화)을 결국 비알고리즘적 과정으로 바꿈으로써 비알고리즘적 하위 과정과 서브루틴을 만들어낸다. 이것은 결국, 진짜 스카이후크를 만드는 크레인들의 연쇄가 될 것이다! 펜로즈가 자연선택의 알고리즘적 본성에 대해 의구심을 갖는 건 당연한 일이다. 자연선택이 정말로 모든 수준에서 알고리즘적 과정이었다면, 그것이 생산한 모든 것도 알고리즘적이어야 한다. 내가 아는 한, 이것은 피할 수 없는 형식적 모순은 아니다. 펜로즈는 그저 어깨를 한번 으쓱한 한 후, 우주가 비알고리즘적 힘의 기본 조각들은 담고 있다고 제안할 수 있다. 그리고 이때 그 조각들은 어떤 형태로든 자연선택에 의해 생성된 것이 아니라, 그것들과 마주칠 때마다 알고리즘적 장치들에 의해 오브제 투르베로서 알고리즘적 힘 안에 포함될 수 있는 것이다. (독버섯을 먹고 받는 신탁처럼) 그것들은 정말이지, 환원 불가능한 스카이후크가 될 것이다.

추측건대, 그 입장이 가능할 수는 있지만, 펜로즈는 증거가 너무 적다는 당혹스러운 사실과 직면해야 한다. 아비스코에서 물리학자 한스 한손Hans Hansson은 영구운동기계를 참-탐지true-detecting 컴퓨터에 비유하면서 훌륭하게 이의를 제기했다. 다른 과학들은 프로젝트에 대한 평결로 가는 믿음직한 다른 지름길을 제공할 수 있다고 한손은 지적했다. 만약 누군가가 영구운동기계 제작설비 건설 계획서를 가지고 (정부 지원금을 얻기 위해) 스웨덴 정부로 간다면, 한손은 물리학자로서 주저 없이 증언할 것이다. 그건 정부의 돈을 낭비하는 것이라고(낭비하는 **것임이 틀림없다고**). 영구운동기계가 불가능하다는 것을 물리학이 증명했기 때문에, 그 계획은 성공할 수 없을 것이다. 그런데 펜로즈는 자신이 그와 비슷한 종류의 증거를 제시했다고 생각했을까? 만일 어떤 인공지능 기업가가 수학적 참탐지 기계를 만들 테니 돈을 달라고 정부에 요구하면 펜로즈는 그것이 돈 낭비라고 증언할 의향이 있을까?

질문을 좀 더 구체적으로 만들기 위해, 수학적 참들의 특별한 변종들을 고려해보자. 모든 프로그램을 검사하고 거기에 무한 루프(무한 루프가 포함된 프로그램은 일단 가동되면 멈추지 않는다)가 있는지를 알려주는 만능 프로그램은 있을 수 없다는 것이 잘 알려져 있다. 이 문제는 '정지 문제Halting Problem'로 알려진 것으로, 해결될 수 없다는 괴델식 증거가 있다. (이는 튜링이 1946년의 논평에서 암시한 정리들 중 하나다. 그 논평의 일부가 이 장 맨 앞에 인용되어 있다.) 종료가 보장된 프로그램 중 그 어떤 것도 다른 (유한한) 프로그램의 종료 가능 여부를 말해줄 수 없다. 그러나 이 과제에서 주변에 아주아주 훌륭한 (완벽하지는 않다 해도) 프로그램이 있다는 것은 여전히 유용할—거액의 돈을 지출할 가치가 있을—것이다. 또 다른 흥미로운 문제들의 집합으로, '디오판토스 방정식들Diophantine Equations'이라 알려진 것이 있는데, 이 방정식들을 모두 풀 수 있다고 보증되는 알고리즘은 없는 것으로 알려져 있다. 만일 우리의 삶이 거기에 달려 있다면, 우리는 디오판토스 방정식을 "일반적으로" 푸는 프로그램에 1센트를 써야 할까, 아니면 멈추는 것을 "일반적으로" 점검하는 프로그램에 1센트를 써야 할까? (기억하시라. 우리의 목숨을 구하기 위해서라고 해도, 영구운동기계에는 단 1센트도 쓰지 말아야 한다. 그것은 불가능한 과업에 돈을 낭비하는 것이니까.)

펜로즈의 대답은 확실했다: 참-점검truth-check의 후보들이 "어떻게든 바닥에서부터 포상적으로 올라와 있다면" 돈을 쓰는 것이 현명할 테지만, 점검 당할 후보들의 원천이 어떤 지능적인 행위자여서 우리의 참 점검기 안의 프로그램을 조사하게 된다면, "틀린" 후보 또는 후보들—그것으로는 풀 수 없는 방정식 또는 종료 가능성이 혼란스러운 프로그램—을 구성함으로써 우리의 알고리즘적 참 점검기를 좌절시킬 수 있다. 그 둘의 구분을 생생하게 하기 위해, 이런 상상을 해보자. 룸펠스틸츠킨Rumpelstiltskin[10]이라는 이름의 우주 해적이 지구를 인질로 잡고, 산술 문장 수천 개의 참/거짓을 정확히 대답하면 우리를 무사히 풀어준다고 협박하고 있다고 말이다. 그렇다면 우리는 시험대에 인간 수학자를 앉혀야 할까, 아니면 최고의 프로그래머가 만든 컴퓨터 참 점검기를 앉혀야 할까? 펜로즈에 따르면, 우리의 운명을 컴퓨터에 걸고 **룸펠스틸츠**

킨에게 컴퓨터 프로그램을 보게 한다면, 그는 우리의 기계를 좌절시킬 아킬레스건 같은 명제를 고안할 수 있을 것이다. (우리의 프로그램이 체스 프로그램들처럼 위험을 감수하는 발견법칙 참 점검기라면, 이는 괴델의 정리의 진정한 독립이 될 것이다.) 그러나 펜로즈는 우리가 시험대에 앉힐 인간 수학자에게는 이런 일이 일어나지 않으리라고 믿을 이유를 단 하나도 제공하지 않았다. 우리 중 누구도 완벽하지 않다. 심지어 전문가들로 구성된 팀조차 자신들의 뇌에 관한 충분한 정보가 주어진 상태에서도 룸펠스틸츠킨이 악용할 수 있는 몇 가지 약점을 지니고 있다는 것에는 의심할 여지가 없다. 폰 노이만과 모르겐슈테른은 우리와 경쟁할 다른 행위자들이 주변에 있을 때 생명이 우리에게 던져줄 복잡한 문제들의 특정 집합을 다루기 위해 게임 이론을 고안했다. 당신이 인간이든 컴퓨터든, 그러한 경쟁자들로부터 자신의 뇌를 보호하는 것은 언제나 현명한 처사이다. 이 예에서 경쟁력 있는 행위자가 차이를 만드는 것은, 모든 수학적 참의 공간은 천많이 광대하고, 디오판토스 방정식의 해들이 차지하는 공간은 천많지만 없작은 부분집합이기 때문이다. 또한 우리의 기계를 "이기거나" "능가할" 수 있는 참을 **무작위**로 발견할 확률은 실로 무시할 수 있을 정도로 낮은 반면, 지성적인 상대방의 스타일과 한계에 대한 지식을 길잡이 삼아 그 공간을 지성적으로 **탐색**하는 것은 건초더미에서 바늘 찾기 정도는 될 가능성이 높아진다. 이건 강력한 대항 수단이다.

롤프 웨이슨Rolf Wasen은 아비스코에서 또 다른 흥미로운 논점을 제기했다. 의심할 바 없이, **흥미로운** 알고리즘들의 집합은 **인간은 접근**

---

10 [옮긴이] 독일 전래 동화에 나오는 키 작은 괴물의 이름인 룸펠슈틸츠헨Rumpelstilzchen을 영어식으로 읽은 것이다. 곤경에 빠진 방앗간 집 딸 릴리를 도와 왕자와 결혼하게 해주었는데, 나중에 그녀가 왕자와 결혼을 하고 아이를 낳은 후에도 약속을 지키지 않자, 3일 안에 자신의 이름을 맞히지 못하면 아이를 데려가겠다고 한다. 릴리는 결국 이름을 알아내고 룸펠슈틸츠헨은 릴리에게 해를 끼치지 못한 채 사라지게 된다.

할 수 없는 많은 것들을 포함한다. 극적으로 말하자면, 도시바 도서관에는 내 도시바에서는 실행되지 않는 프로그램들이 있지만, 그것들이 나를 위해 해줄 훌륭한 일들에 대한 가치를 나는 인정한다. 하지만 그것들은 인간 프로그래머를 만들거나 인간의 인공물들은(프로그램을 짜는 프로그램은 이미 존재한다) 결코 만들어낼 수 없을 것이다! 그게 어떻게 가능할 수 있단 말인가? 이 훌륭한 프로그램들 중 그 어느 것도 1메가바이트를 넘지 않지만, 이미 그것보다 훨씬 더 큰 프로그램들도 실제로 많이 있다. 그런 가능한 프로그램들의 공간이 얼마나 천많게 광대한지 우리 스스로 다시 한번 상기해야 한다. 500쪽짜리 소설들의 공간이나 50분짜리 교향곡들의 공간, 또는 5000행짜리 시들의 공간처럼, 메가바이트짜리 프로그램들의 공간은 우리가 아무리 그것들을 많이 만들어낸다 해도, 현실성의 가장 가느다란 가닥들 정도의 부피만 차지할 것이다.

베스트셀러는 아니지만 다른 누구도 쓸 수 없는 단편 소설들이 있다. 그런 소설들은 곧 고전으로 인식될 것이다. 그것들을 타이핑하기 위해서는 자판을 조금만 두들겨도 되고 또 그 어떤 워드 프로세서에서도 타이핑할 수 있지만, 그것들은 인간 창의력의 지평을 훌쩍 넘어서 있다. 각각의 특정 창조자들, 즉 각 소설가 또는 작곡가 또는 컴퓨터 프로그래머는 자신만의 **스타일**이라고 일컬어지는, 개인에 고유한 특정 습관들의 집합에 의해 설계공간을 가로질러 빠르게 움직인다.(Hofstadter 1985, sec. III) 그 스타일은 우리를 제약함과 동시에 가능성도 제공하는 안내자로서 우리의 탐험에 긍정적인 방향을 제공하지만, 그렇지 않을 때는 이웃 영역을 접근 금지 구역으로 만든다—특히 우리의 접근이 금지된다면, 모든 사람의 출입이 영원히 금지될 것이다. 개인의 스타일은 정말로 개인에게 고유한데, 그 스타일은 오랜 세월에 걸친, 말로 다 할 수 없는 수십억 번 행운의 만남들의 산물이기 때문이다. 그 만남은 일단 고유한 유전체를 만들었고, 고유한 양육을 받게 했고, 마침내 고유한 개인적 삶의 경험을 산출했다. 마르셀 프루스트Marcel Proust는 베트남 전쟁에 관한 소설을 쓸 기회를 결코 얻지 못했고, 다른 사람들도 (기회가 되었다면 프루스트가 썼을) **그 소설들—그 시대를 그의 방식으로 이야기하는 소설—을** 쓸 수 없었다. 우리는 우리의 현실성과 유한성 탓에 가능성의 전체 공간 중 무시할 만큼 작은 구석에 갇혀 있다. 그러나 모든 전임자들의 R&D 작업 덕분에 우리는 얼마나 훌륭한 현실에 접근할 수 있는가! 우리는 우리가 가진 것을 최대한 이용함으로써, 우리 후손들이 작업할 수 있는 더 많은 것을 남겨주어야 할 것이다.

지금은 입증의 책임을 다른 쪽으로 돌려야 할 때다. 다윈이 자연의 모든 경이로움이 생겨나게 할 수 있었던 **다른** 방식—자연선택이 아닌 방식—을 기술하며 비판자들에게 도전했을 때처럼 말이다. 인간의 마음이 비알고리즘적이라고 생각하는 사람은 그 확신에 의해 전제되는 오만함을 고려해야 한다. 다윈의 위험한 생각이 옳다면, 알고리즘적 과정은 나이팅게일과 나무를 설계하기에 충분할 정도로 강력하다. 알고리즘 과정에게 〈나이팅게일에 바치는 송가〉나 나무만큼 사랑스러운 시를 쓰는 것이 그렇게 더 어려워야만 할까? 오겔의 제2 규칙은 확실히 옳다: 진화는 당신보다 똑똑하다.

15장: 괴델의 정리는 결국 인공지능의 가능성에 의문을 드리우지 않는다. 사실, 일단 알고리즘적 과정이 어떻게 괴델의 정리의 손아귀에서 탈출할 수 있는지를 알게 되면, 우리는 설계공간이 다윈의 위험한 아이디어에 의해 어떻게 통일되는가를 그 어느 때보다 명징하게 보게 된다.

16장: 그렇다면, 도덕성에 대해서는 어떨까? 도덕성도 진화했을까? 토머스 홉스부터 지금까지의 사회생물학자들은 도덕성의 진화에 대한 '그리-됐다는-이야기'들을 제시해왔다. 그러나 일부 철학자들에 따르면, 그러한 시도는 모두 “자연주의적 오류”를 범한다. 사물들이 어떻게 **되어야 하는가**에 관한 윤리적 결론을 좌초—또는 환원—시키기 위해, 세계가 어떻게 **되어 있는가**에 관한 기록을 고려하는 실수 말이다. 이 “오류”는 탐욕스러운 환원주의의 혐의라고, 즉 종종 정당화되는 혐의라고 보는 편이 훨씬 낫다. 하지만 그렇다면 우리는 우리의 환원주의에 있어 덜 탐욕스러워야만 할 것이다.

16장

도덕의 기원

On the Origin of Morality

1. 에 플루리부스 우눔?[1]

자연(신이 그것으로 세상을 만들었고, 그것으로 세상을 다스리는 기술)은, 다른 일들에서도 그렇듯 인간의 **기술**에 의해 인공적 동물을 만드는 데에도 그대로 모방된다. 생명은 바로 팔다리의 운동이고 그 움직임이 내부의 어느 중요한 부분에서 시작된다는 점을 헤아려보면, 모든 **오토마타**(시계처럼 태엽 또는 톱니바퀴로 스스로 움직이는 기관)가 하나의 인공생명을 지니고 있다고 말할 수 있지 않을까? **심장**은 바로 **태엽**같은 것이고, **신경**은 수많은 가닥의 **줄**에 해당하며, **관절**은 **톱니바퀴**에 해당한다고 볼 수 있는데, 이것이 우리의 온몸을 제작자

1 [옮긴이] 원문은 E Pluribus Unum으로, '여럿이 모여서 하나'라는 뜻의 라틴어이다.

Non est potestas Super Terram quæ Comparetur ei Iob 41 24.
LEVIATHAN
Or
THE MATTER, FORME
and POWER of A COMMON-
WEALTH ECCLESIASTICALL
and CIVIL.
By THOMAS HOBBES
of MALMESBURY.
London
Printed for Andrew Crooke
1651

가 의도한 대로 움직이게 하는 것이 아니겠는가?

한 걸음 더 나아가, 기술은 자연의 이성적이고 가장 뛰어난 작품인 인간을 모방한다. 이 기술에 의해 코먼웰스COMMON-WEALTH 또는 국가STATE, 라틴어로는 키비타스CIVITAS라고 불리는 저 위대한 **리바이어던**LEVIATHAN이 창조되는데, 이것이 바로 인조인간Artificial Man이다. 다만 그것은 자연인Natural Man보다 크고 힘이 세며 자연인을 보호하고 방어하도록 설계되어 있다. 그리고 그 안에서 주권은 온몸에 생명과 운동을 부여하므로 이는 곧 인공의 **영혼**이다.[2]

—토머스 홉스Thomas Hobbes 1651, p. 1

토머스 홉스는 다윈보다 200년 앞선 최초의 사회생물학자였다. 걸작《리바이어던Leviathan》(1651)의 서문에서 분명히 밝혔듯이, 그는 근본적으로 국가의 창조를 하나의 인공물이 다른 인공물을 만드는 문제로 보았다. 거주자들의 "보호와 방어"를 위해 "의도된intended" 집단 생존 기계group-survival vehicle로 본 것이다. 초판의 권두삽화는 그자 자신의 은유를 얼마나 진지하게 생각했는지를 잘 보여준다.

그런데 왜 나는 홉스를 사회생물학자라고 부를까? 그가 오늘날의 사회생물학자들처럼 다윈의 아이디어를 사회 분석에 이용하고자 했을 리는 없다. 그러나 그는 근본적인 다윈주의의 과제를 분명하게, 그리고 확신을 가지고 파악했다. 그는 국가가 처음에 어떻게 만들어졌는지, 그리고 그것이 이 행성 표면에 완전히 새로운 무언가—도덕—를 어떻게 가져왔는지에 관한 이야기가 말해져야 한다고 생각했다. 그 이야기는, 옳고 그름이 전혀 없었고 도덕 없는 경쟁만이 있던 시기에서 출발하여, 윤리적 관점의 "본질적인" 특성들이 점진적으로 도입되는 과정을 경유

2 [옮긴이] 이 부분은 최공웅과 최진원이 번역한 동서문화사의《리바이어던》(2021)의 해당 부분을 거의 그대로 가져왔다.

해서, (생물권의 일부 지역에서는) 옳고 그름이 분명히 있는 시기로 우리를 데려가게 될 것이다. 이와 관련된 시기는 선사시대이고 참고할 화석 기록도 없으므로, 홉스의 이야기는 합리적 재구성, 즉 (그의 시대와는 맞지 않는 표현을 한 번 더 써서 말하자면) 일종의 '그리-됐다는-이야기'가 될 수밖에 없을 것이다.

그는 옛날 옛적에는 도덕이 전혀 없었다고 말한다. 생명만이 있었다. 그리고 인간이 있었고, 심지어 언어도 있어서 (세 번째 시대착오를 범하며 말하자면) 밈까지 존재했다. 우리는 그 시대의 인간들에게 'good(좋은)'과 'bad(나쁜)'에 대한 단어는—따라서 밈도—있었지만, 윤리적인 'good(선한)'과 'bad(악한)'에 대한 단어는 없었다고 추정할 수 있다. "'옳음'과 '그름'의 개념과 '정의'와 '불의'의 개념이 발붙일 곳은 그 어디에도 없었다." 따라서 그들은 좋은 창과 나쁜 창을 구별하고, 좋은 저녁과 나쁜 저녁을, 그리고 좋은 사냥꾼(좋은 저녁을 제공하는 전문 사냥꾼)과 나쁜 사냥꾼(사냥감을 놓치는 사람)을 구별했지만, 선하고 정의롭고 도덕적인 사람 또는 선한 행동, 도덕적 행동에 대한 개념은—그리고 그 반대로, 악당과 악덕의 개념도—없었다. 그들은 일부 사람들이 다른 사람들보다 더 위험하거나 더 나은 전사이거나 더 바람직한 배우자라는 것은 이해할 수 있었지만, 그들의 관점은 그것을 넘어서지 못했다. 그들에게는 옳고 그름의 개념이 없었다. 왜냐하면 "그런 개념들은 '혼자 있는' 사람들이 아니라 '사회 안의' 사람들과 관련된 '자질'들이기 때문이다." 홉스는 우리 선사시대의 이 시기를 "자연 상태the state of nature"라고 불렀는데, 그 시기가 오늘날까지도 계속되는 야생의 비인간 동물들이 처하는 곤경의 가장 중요한 특성들을 닮았기 때문이다. 자연 상태에는 "'산업'이 들어설 자리가 없다. 그 열매가 불확실하니까. …… '기술'도 없고, '편지'도 없고, '사회'도 없다. 그리고 그 무엇보다도 나쁜 것은, 지속적인 두려움과 폭력에 의한 죽음의 위험은 있다는 것이다. 인간의 삶은 외롭고 가난하고 고약하고 야만적이고 짧았다."

그러던 어느 날, 돌연변이가 일어났다. 그리고 또 어느 날에는, 과거에 일어났던 갈등과는 완전히 다른, 또 다른 갈등이 새로 발생했다. 그전에 인간을 지배했던 상호 의무 불이행과 불신이라는 근시안적인 이기적 정책들을 고집하지 않고, 이 특정한 운 좋은 경쟁자들은 새로운 아이디어—상호 이익을 위한 협력—를 생각해냈다. 그들은 "사회 계약"을 맺었다. 이는 다른 **유형**kind의 집단, 즉 사회의 탄생이었다. 사회는 가족이나 가축 무리, 부족이 존재하기 전에 탄생한 것이다. 그리고 그 후의 시기는 역사시대라고 일컬어진다.

홉스가 진핵혁명eukaryotic revolution과 그에 따른 다세포생물의 생성에 관한 린 마굴리스의 이야기를 알 수 있었다면 얼마나 감탄했을까! 전에는 지겨운 원핵생물들만이 그들의 고약하고 야만적이고 짧은 생 안에서 떠돌고 있었지만, 진핵혁명 후에는 전문적인 세포들 사이에서 이루어지는 노동 분업 덕분에 '산업'(특히 산소를 태우는 신진대사)과 '기술'(원거리 지각과 이동, 보호색 등)에 종사할 수 있는 다세포생물들이 존재할 수 있게 되었다. 그리고, 당연한 수순으로, 그들의 후손들은 매우 특이한 종류의, '인간들'이라 (최근까지) 알려진 다세포 사회를 만들었고, 그 다세포 사회는 '편지'(또는 표상)를 창조할 수 있었고, 그것을 닥치는 대로 교환했다. 그리고 이는 두 번째 혁명을 가능하게 했다.

유전자의 탈것에 불과하던 인간을 사리 분별이 가능한 '사람person'으로 변모시킨 밈의 탄생에 관한 도킨스의 이야기를 알았더라면 홉스는 또 얼마나 감탄했을까! 홉스 이래 오랜 시간이 지난 후에야 나온 이 이야기들은 그가 묘사하기로 결정한 단계에 선행하는 진화의 주요 단계들을 서술하고 있다. 특히, 도덕성 없는 사람에서 시민으로 나아가는 단계를 말이다. 그는 이것을, 이 행성의 생명 역사에서의 중요한 단계라고 옳게 생각했다. 그리고 이 단계가 어떤 조건에서 취해질 수 있고, 또 일단 취해진 후 **진화적으로 강제될** (시대에 맞지 않는 표현을 또 썼다) 수 있는지에 관해 그가 할 수 있는 최선의 이야기를 하기 시작했다. 그것은 격변이 아니라 작은 한 걸음이었지만, 실로 희망적인 괴물의 탄생이었기 때문에 지극히 중대한 결과를 낳았다.

홉스를 그저 무책임하게 추측만 하는 역사학자 지망생으로 읽는 것은 실수가 될 것이다. 그는 역사(또는 고고학—홉스 시대에는 아직 존재하지 않았던 학문)의 도구들로는 문명화의 발상지를 찾을 수 없다는 것을 확실하게 알고 있었다. 그러나 그것이 그의 요점은 아니었다. 의심의 여지없이 실제 선사시대의 사건 순서는, 준準 사회(유제류 무리나 포식자 떼에서 볼 수 있는 종류의) 요소, 준準 언어(위험 신호를 보내는 새와 원숭이, 그리고 심지어는 먹이를 찾는 벌에게서도 볼 수 있는 종류의) 요소, 그리고 아마도 준準 도덕(세간의 평에 의하면, 원숭이에게 있다는 증거가 알려진,[3] 또는 다른 개체를 배려하는 고래와 돌고래에게서 발견되는 종류의) 요소들이 뒤섞여 더 혼란스럽게 분포하고 있었을 것이다. 홉스의 합리적 재구성은 엄청난 과도단순화였다. 그것은 지저분하고 알 수 없는 세부 사항들은 무시하고 본질만을 그려 보이기 위한 의도로 만들어진 모형이었다. 그리고 의심할 바 없이, 그 자체로도 지나치게 단순했다. 오늘날 우리는 사회적 계약이 진화적으로 집행될 수 있는 조건들에 대해 홉스가 너무도 낙관적(그의 어휘 목록에 있는 단어를 사용했다)이었음을 알게 되었다. 게임 이론, '죄수의 딜레마' 대회 등의 모든 측면을 샅샅이 살펴본 수백 건의 조사가 시행된 후에 말이다. 그러나 홉스는 이 현상을 탐구한 선구자였다.

그의 발자취를 따라, 장자크 루소Jean-Jacques Rousseau 및 존 로크를 포함한 다양한 영국 사상가들이 사회의 탄생을 그들 나름대로 재구성하여 제시하였다. 더 복잡한 "국가계약주의적인" 그리-됐다는-이야기가 최근에 많이 제안되었는데, 그중 가장 유명하고 가장 정교한 것은 존 롤스John Rawls의 《정의론Theory of Justice》(1971)이지만, 다른 이야기들도 읽

---

3 Wechkin ct al. 1964, Masserman et al. 1964; 토론에 대해서는 Rachels 1991을 보라.

어볼 만하다. 그들 모두는 도덕을, 이렇든 저렇든, 오직 *호모 사피엔스*라는 하나의 종에서만 달성되어온, 장기적 안목의 주요 혁신에 의한 창발적emergent 산물로 보는 데 동의한다. 그리고 *호모 사피엔스*가 그렇게 할 수 있었던 것은 그들 고유의 정보 전달 매체인 언어를 이용했기 때문이라는 데에도 동의한다. 사회가 어떻게 형성되어야 하는가에 관한 롤스의 사고실험에서, 우리는 사회가 탄생하는 시기, 즉 사회 거주자들이 자신들의 사회가 어떤 유형의 설계를 가져야 하는지를 숙고하기 위해 모이는 시기를 상상해보아야 한다. 그들은 롤스가 "반성적 평형"—더 깊이 고려해보아도 뒤집힐 수 없는 안정적 합의—이라 부르는 것에 다다를 때까지 그에 대해 함께 추론해야 한다. 이 점에서 롤스의 아이디어는 메이너드 스미스의 '진화적으로 안정된 전략evolutionarily stable strategy(ESS)'과 비슷하다. 그러나 둘의 아이디어에는 큰 차이도 있다. 롤스가 다루는 대상은 계산을 하는 **사람**들이지, 새나 소나무 또는 라이프 게임에서의 단순한 경쟁자들이 아니다. 반성을 연습하는 참가자들 사이의 과도한 이기심이 스스로 상쇄될 수 있게끔 설계된 롤스 시나리오에서 핵심 혁신은 그가 '무지의 베일veil of ignorance'이라 부르는 것이다. 모든 사람은 자신이 선호하는 사회 설계에 대해 투표할 수 있지만, 자기가 어떤 사회에서 행복하게 살며 충성할지를 결정할 때, 그 사회 안에서의 자신의 특정 역할이나 니치가 어떠할지에 대해서는 모른다. 그리고 그 상태에서 투표하는 것이다. 투표자는 상원의원일 수도, 외과 의사일 수도, 거리 청소부일 수도, 군인일 수도 있지만, 투표를 마치기 전에는 자신에 대해 알 수 없다. 무지의 베일 뒤에서 선택이 이루어진다는 것은, 사람들로 하여금 최악의 상황을 포함하여 모든 시민에게 발생할 수 있는 영향들, 즉 비용과 편익에 관해 숙고해야 한다는 것이다.

롤스의 이론은 20세기 윤리학에서 그 어떤 연구보다 더 많은 관심을 받아왔고, 또 그럴 자격이 있다. 그리고 언제나처럼, 나는 그 논제들에 대한 과도단순화 버전을 제시하고 있다. 나의 요점은, 이 작업의 편성에 여러분의 주의를 집중시키는 것이며, 나아가서는 일반적인 다윈주의적 사고, 특히 "진화윤리학evolutionary ethics"과 관련된 것들을 자극하고 그런 것들에 영감을 주는 모든 작업에 주의를 집중시키는 것이다. 홉스가 실제로 일어난—일어났음이 틀림없는—일의 합리적 재구성을 제시한 반면, 롤스는 만약 그것이 일어났다면 무엇이 **옳을지**에 대한 사고실험을 제시했음에 특히 주목하라. 롤스의 프로젝트는 추측에 근거한 역사나 선사시대에 관한 것이 아니라, 완전히 규범적인 프로젝트이다. 윤리적 질문들이 어떻게 대답**되어야 하는지**를 보여주려는 시도이자, 좀 더 자세하게는, 일련의 논리적 규범들을 **정당화**하려는 시도인 것이다. 홉스는 윤리가 무엇이어야 하는지—롤스의 문제—에 대한 규범적인 문제를 해결하길 희망했다. 그러나 탐욕스러운 환원주의자였던 그는, 일석이조의 효과를 얻으려고 했다. 옳음과 그름 같은 것이 다윈주의적 양상에서의 상상력의 실천 같은 것으로 이행되는 일이 맨 처음에 어떻게 생겨났는지에 대해서까지도 설명하고 싶어 했던 것이다. 말할 필요도 없이 생명은 그것보다 더 복잡하다. 하지만 그것은 좋은 시도였다.

《리바이어던》에서 홉스가 펼친 설명에서는 팡글로스주의의 냄새—이 유명한 단어의 두 가지 굴절적응된 의미 모두에서—가 난다. 첫째, 상호 해결 사회mutual solution society를 구성해야 하는 행위자들의 합리성(그의 용어로는 분별력prudence)을 전제함으로써, 그는 사회의 탄생이 이유에 의해 지시되는 것이거나 이유에 의해 강제된 움직임, 또는 적어도 이유에 의해 강하게 지지되는 것, 즉 '좋은 요령'이라 보았다. 다시 말해 홉스의 이야기는 적응주의적인 그리-됐다는-이야기이다—이건 괜찮다. 아무런 해도 입지 않으니까. 둘째, 그러나 그가 **우리 종에 좋은 것**이라는 우리의 감각에 호소했기 때문에, 그의 이야기는 우리를 안심시키며, 그것이 어떻게 생겨나야만 했는지에 대해 지나치게 낙관적인 모형을 상정하게 하는 경향이 있다—그리고 이것은 심각한 비판이다. 도덕이 어떻게 발생했든, 도덕의 탄생은 어쨌든 우리를 **위해서는** 좋은 일이었다고 생각할지도 모르지만, 우리는 그런 종류의 반성적 사고에 탐닉하지 않도록 노력해야 한다. 그것이 아무리 사실일 수 있다 해도, 이러한 관행(우리는 이를 돌아보며 소급적으로 감사히 여긴다)이 어떻게 존재하게 되었고 또 지속되었는지는 설명할 수 없기 때문이다. 우리가 진핵혁명의 혜택을 대단히 많이 입었고, 진핵혁명을 이용하여 집단 합리성group rationality을 설명할 수 있으므로, 집단 합리성은 우리가 추측할 수 있는 것 이상으로는 상정되지 **않을 수도 있다**. 집단 합리성 또는 협동은 성취되어야만 하는 것이고, 또 중요한 설계 과업이다. 우리가 원핵생물들의 연합이나 더 최근의 우리 조상들의 연합을 고려하든 아니든 상관없이 말이다. 사실, 최근 10여 년 동안 윤리학에서 이루어진 최고의 연구들은 정확히 이 논제에 관한 것이 많았다(이를테면, Parfit 1984, Gauthier 1986, Gibbard 1985).

이 점에 있어서 인간이 처한 곤경을 더 면밀하게 살펴보기 전에, 홉스가 우리에게 진지하게 받아들여 달라고 요청한 은유를 좀 더 조심스럽게 고려해보자. 그의 요청을 받아들인다면 우리는 이미 일어난 다윈혁명이 우리에게 제공한 개선된 전망을 자유롭게 이용할 수 있게 된다. 사회는 거대한 유기체와 어떤 점에서 같고 또 어떤 점에서 다른가?

다세포생물은 집단 결속의 문제를 해결했다. 한 사람의 엄지손가락이 다른 손가락들에 대항하며 들고 일어나 내전을 일으킨다는 이야기는 결코 들어본 적이 없을 것이다. 또한 독수리의 날개가 부리나 (더욱 중요한 건 이것이다) 생식샘에게서 어떤 양보를 억지로 쥐어짜낼 수 없다면 더는 일하지 않겠다며 파업을 한다는 이야기도 들어본 적이 없을 것이다. 그리고 이제 우리에게는 유전자의 눈 관점이 있으므로, 그 관점을 이용하여 세계를 보면 이런 것을 퍼즐처럼 생각할 수 있다. 그런 반란은 왜 일어나지 않을까? 다세포생물의 모든 세포에는 전체 유기체를 만들 수 있는 각자의 DNA 문자열이 들어 있다. 유전자들이 이기적이라면, 엄지의 세포나 독수리의 날개 세포는 왜 그렇게 유순하게 굴며 나머지 유전자들과 협력하는 것일까? 엄지나 날개 안의 DNA 사본들은 유전자로 간주되지 않는 것일까? (그들이 투표를 거부했나? 왜 그들은 그것을 참고만 있을까?) 생물학자 데이비드 슬로안 윌슨David Sloan Wilson과 생물철학자 엘리엇 소버가 제안했듯이,(Wilson and Sober 1994) 우리 조상들(최초의 진핵생물까지 거슬러 올라가서)이 "그들의 부분들의 조화와 공동작용"을 어떻게 성취해냈는지를 고려한다면, 배신(예를 들면 약속을 했다가 어기는 것)과 하딘의 '공유지의 비극'(9장을 보라) 같은 우리 사회의 문제들에 관해 많은 것을 배울 수 있다. 하지만 우리를 구성하는 세포들은 서로 다른 두 가지 범주에 속하기 때문에 우리가 배울 교훈은 까다롭다.

> 평균적인 인간은 보통, 아마도 수천 종에 속하는 수십억 개의 공생자 유기체들의 숙주이다. …… 평균적인 인간의 표현형은 그의 유전자뿐 아니라 그가 감염된 모든 공생자의 유전자에 의해서도 결정된다. 한 사람이 지닌 공생자들의 종들은 그 기원이 매우 다양하며, 부모에게서 전달되었을 가능성이 있는 종은 극소수이다. [Delius 1991, p. 85.]

나는 유기체일까, 공동체일까, 아니면 그 둘 다일까? 나는 둘 다—그리고 그 이상—이다. 그러나 공식적으로 내 몸의 일부인 세포들과 내 몸의 일부는 아니지만 내 생존에 중요한 세포들 사이에는 어마어마한 차이가 있다. 다세포생물인 나를 구성하는 세포들은 모두 조상을 공유한다. 그리고 그 세포들은 나를 생기게 한 접합자zygote, 즉 난자와 정자가 결합한 세포의 "딸세포"와 "손녀세포"이므로, 단일한 혈통이다. 그것들은 **숙주** 세포들이다. 나머지 세포들은 **방문자**인데, 일부는 환영받고 일부는 환영받지 못한다. 방문자들은 다른 혈통의 후손이므로 외부자들이다. 그런데 이것이 무슨 차이를 만든다는 것일까?

특히 우리가 모든 "당사자"를 지향계로 취급—우리가 취해야 할 태도이지만, 지극히 조심해야 한다—하는 맥락에서는 이 점이 극도로 간과되기 쉽다. 조심하지 않는 한, 우리는 다양한 행위자들과 반半 행위자들과 반의 반의 반 행위자들의 경력에서 "결단"의 기회가 생기고 또 그것을 통과할 때마다 결정적인 순간들이 존재한다는 사실을 놓치기 쉽다. 내 몸을 구성하는 세포들은 운명을 함께하지만, 그중 어떤 세포들은 다른 것들보다 더 강한 의미를 지니고 있다. 내 손가락 세포들의 DNA와 혈액 세포의 DNA는 유전적으로 막다른 골목에 있다. 바이스만의 용어를 빌리자면(11장을 보라), 이런 세포들은 **생식**선(성세포)이 아닌 **체성**선(몸)의 일부인 것이다. 복제 기술의 혁명이 일어나지 않는 한(그리고 체성선 세포들은 그 자신들을 대체할 세포가 만들어지는 것을 돕고, 결국 그 새 세포에게 자리를 내주게 되는데, 이 엄격하게 제한된 단명의 전망들을 무시한다 해도) 나의 체성선 세포들은 "후사 없이" 죽을 운명이다. 그리고 과거의 어느 때에 그 운명이 결정된 이래로, 그들의 의도된intentional 궤적—또는 그들의 자손이 제한된다는 궤적—들이 조정될 수 있는 그 어떤 압력도, 정상적인 기회도, "선택 지점"도 더는 없다. 그러니 그것들을 **탄도학적** 지향계ballistic intentional systems라고 불러도 될 것이다. 이런 지향계의 최고 목표와 목적은 재고再考되거나 유도될 기회도 없이, 최종적으로 완전히 고정되어 있다. 그들은 그들로 구성된 신체의 최고선을 향해 헌신하는 완전한 노예다. 방문자들이 그들을 착취하거나 속일 수도 있지만, 그들은 일반적인 상황에서는 스스로 반항할 수 없다. 〈스텝포드 와이프Stepford Wives〉[4]의 여자들처럼, 그들에게는 단 하나의 최고선만이 그들 안에 설계되어 있는데, 그 최고선은 "너 자신의 이익만을 생각해"가 아니다. 오히려, 그들은 본성상 팀 플레이어들이다.

그들이 이 최고선을 성공시킬 방법 또한 그들 안에 바르게 설계되어 있으며, 이 점에서 그들은 "같은 배를 탄" 다른 세포들—나와 공생하는 방문자들—과는 근본적으로 다르다. 고분고분한 상리공생자, 중립적인 편리공생자, 그리고 유해한 기생자들은 그들이 함께 모여 구성한 탈것—바로 나—을 공유하고 있다. 하지만 그 방문자 세포들에게는 그들 내부에 설계된 각자의 최고선이 있으며, 그것은 그 자신들 각각의 혈통을 발전시키는 것이다. 다행스럽게도 평화 협정이 유지될 수 있는 조건이 있는데, 그것은 방문자 세포들도 결국 한배를 타고 있으므로 협력하지 않고도 더 잘 해나갈 수 있는 조건들은 제한되어 있다는 것이다. 그러나 방문자 세포들에겐 **정말로 "선택권"이 있다**. 그리고 그것은 집주인 세포의 문제가 아니라 그들 자신에게 문제가 되는 방식으로 작동한다.

왜 그런가? 집주인 세포는 헌신하는 노예가 되게 하지만 방문자 세포는 기회가 올 때 자유롭게 반항할 수 있게 하는—또는 그러도록 요구하는—것은 무엇인가? 물론 그 어떤 종류의 세포도 생각하고 지각하는 이성적 행위자는 아니다. 그리고 그 어떤 종류의 것도 다른 종류의 것보다 더 인지적이지도 않다. 진화적 게임 이론의 받침점은 거기 있는 것이 아니다. 삼나무가 눈에 띄게 영리한 것은 아니지만, **그들의** 관점(!)에서 보면 그들은 자원을 낭비하는 비극을 만들어내면서 자신만의 이익을 위해 공동체를 배신하도록 종용되는 경쟁의 조건에 놓여 있다. 그들 모두가 줄기를 길게 뻗기를 포기하는, 그리고 공평하게 돌아올 제 몫의 햇빛보다 많은 것을 얻으려는 헛된 시도를 포기하는 상호 협력 협약은 진화적으로 집행될 수 없다.

선택권을 형성하는 조건은 무마음적 **차등** 번식 "투표"이다. 그것은

---

4 [옮긴이] 미국 작가 아이라 레빈Ira Levin이 1972년에 발표한 소설을 바탕으로 제작한 1975년의 영화이다. (2004년에 리메이크되긴 했지만, 그 영화는 소재만 빌린 다른 영화라고 보아도 무방하다.) 스텝포드라는 마을로 이사한 주인공은 그 마을의 주부들이 남편에게 지나치게 순종적이고 자아의식도 없어 보이는 데 충격을 받는다. *2004년 영화의 내용도 알고 싶지 않은 독자는 다음의 글을 읽지 마시라.* 진상을 캐던 주인공은 남편들(모두 엄청난 기술을 보유한 과학자이다)이 자신의 아내(원래는 모두 자아의식이 강한 전문직 여성들이었다)를 개조하여 순종적 안드로이드로 만들었다는 무시무시한 사실을 알아낸다. 나머지 내용은 소설 및 영화의 스포일러이므로 생략한다.

방문자들의 혈통에게, 대안 정책을 "탐색"함으로써 그들이 했던 선택에 대해 "마음을 바꾸게" 하거나 "다시 생각"하게 할 차등 번식의 기회이다. 그러나 내 집주인 세포들은 내가 수정될 때, 즉 접합자가 형성될 때 이루어진 단 한 번의 투표로 완전히 설계되어버렸다. 돌연변이 덕분에 지배적이거나 이기적인 전략들이 **그들에게** 발생한다 해도, 그들은 차등 번식의 기회가 거의 없으므로 (동시대의 세포들에 비해) 번성하지 못할 것이다. (암은 차등 번식을 허용하는 개정에 의해 가능해진, 이기적인—그리고 탈것을 파괴하는—반항으로 볼 수 있다.)

철학자이자 논리학자인 브라이언 스컴스Brian Skyrms는 최근(1993, 1994a, 1994b) 체성선 세포들이 강하게 공유하고 있는 운명 안에서 정상적으로 협력하기 위한 전제조건이 롤스가 무지의 베일 뒤에서 제작하려고 했던 협력과 유사하다고 지적했다. 그는 이것을 매우 적절하게, "다윈의 무지의 베일"이라고 부른다. 당신의 성세포(정자나 난자)들은 정상적인 체세포 분열 또는 **유사분열**mitosis이라 불리는 것과는 다른 과정에 의해 형성된다. 성세포는 **감수분열**meiosis이라는 과정을 통해 형성되는데, 여기서는 유전체 후보의 **절반**이 무작위로 구성된다. 먼저 "A열"(어머니에게서 받은 유전자)에서 조금 선택한 다음 "B열"(아버지에게서 받은 유전자)에서 또 조금 선택하며, 이런 일은 유전자의 완전한 보완—그러나 각각의 복사본은 단 하나뿐이다—이 구성되어 성세포에 설치될 때까지 계속된다. 이 작업이 마무리되면 드디어 짝짓기라는 엄청난 복권 추첨에서의 운명을 시험할 준비가 된 것이다. 그런데 원래 접합자의 어느 "딸세포들"이 체세포 분열로 운명지어지고, 또 어느 딸세포들이 감수분열로 운명지어질까? 이 역시 복권 추첨이다. 이런 무마음적 메커니즘 덕분에, (당신 안의) 부계 유전자와 모계 유전자는 일반적으로 "운명을 미리 알" 수 없다. 특정 딸세포가 생식선의 자손을 갖게 되어 장차 후손들로 번성하게 될지, 아니면 강등되어 체성선이라는 불임의 후미로 밀려나 신체라는 국가body politic 또는 단체corporation(어원을 생각해보라[5])의 이익을 위한 노예가 될지는 알려지지 않았고 또 알 수도 없다. 따라서 "같은 처지에 놓인" 유전자들끼리 이기적으로 경쟁해봤자 얻을 수 있는 것이 없다.

어쨌든, 그것은 통상적인 합의이다. 하지만 다윈의 무지의 베일이 잠시 벗겨지는 특별한 경우들이 있다. 우리는 이미 그것들에 대해 알아보았다. 9장에서 살펴보았던 "감수분열 구동meiotic drive" 또는 "유전체 각인"(Haig and Grafen 1991, Haig 1992)이 바로 그러한 경우이다. 이런 상황에서는 유전자들 간의 "이기적" 경쟁의 발생이 **정말로** 허용된다—그리고 경쟁이 일어나면서 군비경쟁이 격화된다. 그러나 대부분의 상황에서는 유전자가 "이기적일 수 있는 시간"은 엄격하게 제한되고, 일단 주사위—또는 무기명 투표—가 던져지고 나면, 그 유전자들은 다음 선거가 이루어질 때까지 함께 어울릴 것이다.[6]

스컴스는 집단의 개체적 요소들이—그것이 전체 유기체이든 유기체의 부분들이든 관계없이—밀접하게 연관되어 있거나(복제본이거나 복제본과 거의 같거나) 그렇지 않을 경우 상호 인식 및 동류 "짝짓기"에 종사할 수 있다면, 그리고 배신 전략이 늘 지배적인 것이 아니라면, 죄

---

5 [옮긴이] 이는 '몸'을 의미하는 라틴어 단어 'corpus'에서 파생된 단어다.

6 이와 정확히 유사한 주장은 아마도 E. G. 리E. G. Leigh에 의해 처음 기록되었을 것이다. 그는 이렇게 썼다. "우리는 아무래도 유전자 의회와 관련되어 있는 것 같다: 각자 자신의 이익을 위해 행동하지만, 누군가의 그 행위가 다른 이들에게 해를 끼치면 나머지는 함께 연합하여 그 개체를 억압할 것이다. 감수분열의 전이 규칙들은, 점점 더 위반할 수 없게 되는 공정 경쟁 규칙으로, 즉 극히 몇 안 되는 해로운 행위들에게서 의회를 보호하기 위해 설계된 헌법으로 진화한다. 그러나 좌위가 왜곡자distorter와 너무 밀접하게 연결되어 있어서 '남의 명성에 편승하기'의 이익이 질병으로 인한 손상을 능가하는 경우, 선택은 왜곡 효과를 상승시키는 경향이 있다. 그러므로 왜곡자가 발생했을 때 대부분의 좌위에서의 선택이 왜곡자의 억제를 선호하게 하려면 종은 많은 염색체를 지녀야 한다. 규모가 너무 작은 의회는 소수의 작당 세력에 의해 왜곡될 수 있듯이, 단 하나의 염색체만 있는, 그래서 그 염색체와 아주 단단히 연결된 종은 왜곡자들의 손쉬운 먹잇감이 된다."(Leigh 1971, p. 249) 다세포생물을 허용하는, 기본적으로 정치적 혁신인 생식선 격리germ-line sequestration에 관해서는 버스Buss(1987, pP180ff)의 논의를 참고하라.

수의 딜레마라는 단순한 게임 이론 모형이 상황을 정확하게 모형화시키지 못한다는 것을 보여준다. 그것이 바로 우리의 체세포가 배신하지 않는 이유이다. 그들은 거의 똑같은 복제본들이다. 이는 집단들—나의 "집주인" 세포들의 집단과 같은—이 "조직" 또는 "개체"로서 상당히 안정되게 행동하는 데 필요한 "조화와 조직화"를 갖출 수 있게 하는 조건들 중 하나다. 그러나 만세삼창을 외치며 이를 정의로운 사회를 구현할 우리의 모형으로 받아들이기 전에, 여기서 잠시 멈추어 이 모범 시민들, 즉 체성선 세포들과 장기臟器들을 바라볼 다른 방식이 있다는 것을 알아둘 필요가 있다. 그들에게 자아가 없음을 보여주는 특정한 낙인은, 그들이 광신도나 좀비들처럼 아무런 의문도 갖지 않고 복종한다는 것이다. 그리고 이는 인간의 경쟁을 위한 이상적인 것과는 거리가 먼 격렬한 국외자 혐오적 집단 충성을 보여준다.

우리를 구성하는 세포들과는 달리, 우리는 탄도 궤적을 따르지 않는다. 우리는 **유도** 미사일이다. 어느 지점에서든 경로를 바꿀 수 있고 목표를 포기할 수도 있고 충성심의 방향을 바꿀 수도 있고 도당을 형성할 수도 있고 또 그것을 배신할 수도 있다. 우리에게는 매 순간이 결단의 순간이다. 그리고 우리는 밈의 세계에 살고 있으므로 그 어떤 고려사항도 우리에게 생경한 것도, 또 이미 결정된 결론도 아니다. 이런 이유로, 우리는 게임 이론이 경기장과 참여 규칙은 제공하지만 해결책들은 제공하지 않는 종류의 사회적 기회들 및 딜레마들과 끊임없이 직면하게 된다. 윤리의 탄생에 관한 이론이라면 문화를 생물학과 통합시켜야만 할 터이다. 앞에서 말했듯이, 사회에서 사람의 삶은 더 복잡하다.

2. 프리드리히 니체의 그리-됐다는-이야기

도덕성의 기원에 관한 내 가설 중 일부를 출판해야겠다는 그 첫 번째 충동을 느낀 것은, 명확하고 깔끔하며 빈틈없는—게다가 **시기를 앞서 가는**—작은 책과 만나고 나서였다. 그 책에서 나는 위아래가 뒤집히고 상궤를 벗어난 계보상의 종이라는 가설, 즉 그야말로 영국적인 것의 전형이었으나 나를—반대되는 모든 것, 대척점에 있는 모든 것이 소유하고 있는 매력의 힘으로—매료시킨 가설과 처음으로 마주쳤다.

—프리드리히 니체 1887, 서문

불필요하거나 해로운 물질로부터 시스템을 해방시키기 위해 방출된 물질이 〔다른〕 매우 유용한 목적들에 사용될 수 있다는 것은 자연선택에 의해 잘 진행된 자연의 체계와 완벽하게 부합된다.

—찰스 다윈 1862, p. 266

프리드리히 니체는 1887년에 《도덕의 계보》를 출간했다. 그는 두 번째의 위대한 사회생물학자였고, 홉스와는 달리, 다윈주의에서 영감을 받았다(또는 도발당했다). 7장에서 언급했던 것처럼, 아마도 니체는 다윈을 전혀 읽지 않았을 것이다. "영국적인 것의 전형"에 대한 그의 경멸은 '사회다윈주의자Social Darwinist'들, 즉 특히 허버트 스펜서와 대륙의 다윈 팬들을 향한 것이었다. 니체의 친구 파울 레Paul Rée도 그중 한 명이었고, 그의 "깔끔한" 책 《도덕적 감각의 근원Ursprung der moralischen Empfindungen》은 니체를 도발하여 깔끔하지 않은 걸작을 쓰게 만들었다.[7] 사회다윈주의자들은 사회생물학자들이었지만, 확실히 탁월한 사람들은 아니었다. 사실 그들의 활동은 거의 그들의 영웅이 만든 밈들 안에서,

그 밈들의 이류(왜곡) 버전을 대중화시키는 형태로 이루어졌다.

스펜서는 "적자생존"이 대자연만의 방식에 그치는 것이 아니라 **우리의** 방식이기도 **해야 한다**고 선언했다. 사회다윈주의자들에 따르면, 강자가 약자를 정복하고 부자가 가난한 이들을 착취하는 것은 "자연스러운" 것이다. 그러나 이는 정말로 나쁜 생각이며 왜 그러한지는 홉스가 이미 우리에게 보여준 바 있다. 근시를 위한 안경이나 질병을 고칠 약의 혜택을 받지 못하고 젊은 나이에 문맹 상태로 죽는 것도 똑같이 "자연스러운" 것—그것이 자연상태에서의 삶이니까—이지만, 우리가 "그래서 지금도 그렇게 살아야 하는가?"를 묻는다면, 이것은 확실히 아무 쓸모가 없는 이야기가 된다. 그 대신, 우리가 자연상태를 벗어나 상호 이익을 위한 많은 사회 관행을 채택한 것은 (넓은 의미에서) 전적으로 자연스러운—초자연적인 것이 아닌—일이 되었기 때문에, 강자가 약자를 지배하는 것에 보편적으로 자연스러운 무언가가 있다는 주장을 비롯한 사회다윈주의자들의 헛소리를 우리는 정말로 부정할 수 있다. 사회다윈주의자들의 근본적인 (나쁜) 논증이, 많은 종교의 근본주의자들이 사용하는 (나쁜) 논증과 동일하다는 것을 알아차리는 것은 흥미로운 일이다. 근본주의자들이 "만일 신이 인간에게 …… [날고, 옷을 입고, 술을 마시고 ……]를 의도(지향)했다면"이라고 말하면서 논증을 시작한다면, 사회다윈주의자들은 사실상 "만일 대자연이 인간에게 ……를 의도(지향)했다면"이라고 말하면서 논증을 시작한다. 그리고 대자연(또는 자연선택)이 제한된 의미—이런저런 이유에서 소급적으로 보증된 특성들을 지닌다는 의미—에서의 지향성을 가지고 있다고 볼 수 있음에도 불구하고, 이제는 상황이 변했으므로, 그러한 앞선 보증들은 아무것도 아닌 것으로

---

7 레는 니체의 가장 절친한 친구였고, 1882년 루 살로메Lou Salomé에게 보내는 니체의 청혼서를 전달할 정도로 니체의 신뢰를 받는 가까운 사이였다. 그러나 살로메는 니체의 청혼을 거절했고, 레는 그녀와 사랑에 빠졌다. 인생은 복잡하다.

간주될 수 있다.

사회다윈주의자들의 아이디어들 중에는 정치적 의제가 있었다. 사회에서 가장 불행한 구성원들에게 영양과 교육 등을 제공하려는 공상적 박애주의자들의 노력은 역효과를 낳는다는 것이다. 즉 자연이 현명하게 도태시킬 개체들을 그런 노력들이 부자연스럽게 복제시킨다고 그들은 주장한다. 이런 발상들은 실로 혐오스럽지만, 니체가 비판한 주요 대상은 이것이 아니었다. 그의 주요 표적은 사회다윈주의자들의 역사적 단순함,(Hoy 1986) 즉 인간의 이성(또는 '분별력')이 '도덕성'으로 즉시 적응될 가능성을 지닌다는 그들의 팡글로스적 낙관주의였다. 니체는 그들의 안일함을 그들이 "영국 심리학자"—흄의 지적 후손들—이기에 지니게 된 유산의 일부라고 보았다. 그는 스카이후크를 피하려는 그들의 열망에 주목했다.

> 이 영국 심리학자들—그들이 진실로 원하는 것은 무엇인가? 진정으로 효과적이고 똑 부러진 행위자(그것의 진화에 결정적이었던)를 찾아 헤매는 …… 그들의 모습은 언제나, 지적인 자부심을 지닌 인간이라면 그것이 발견되길 가장 **열망**하지 않는 곳(예를 들면, 타성에 젖은 행위나 망각, 맹목적이고 우연적인 발상들의 결합, 또는 순수하게 수동적이고 자동적이고 반사적이고 분자적이고 철두철미한 어리석음)에서 목격된다—이 심리학자들을 바로 **이** 방향으로 추동하는 것은 정말로 무엇이란 말인가? 인간을 하찮게 만드는, 비밀스럽고 악의적이고 천박한, 그리고 어쩌면 자기 기만적인 본능? 〔Nietzsche 1887, 첫 번째 논문 1절, p. 24〕

"영국 심리학자들"의 진부함에 니체가 처방한 해독제는 매우 "대륙적인" 낭만주의였다. 그들은 자연 상태에서 도덕으로 가는 과정이 쉽다고, 또는 적어도 받아들여질 만하다고 생각했지만, 이는 그저, 그들이 이야기를 지어내고 나서 더 어두운 이야기를 들려주는 역사의 단서들을 굳이 보려 하지 않았기 때문에 가능한 것이었다.

니체는, 홉스가 그랬던 것처럼 인간 삶의 전前 도덕적 세계를 상상하는 것에서 논의를 시작했지만, 홉스와는 달리 그 이행의 이야기를 두 단계로 나누었다. (그리고 역순으로, 중간부터 시작해서 그 이야기들을 하는 바람에 많은 독자를 혼란스럽게 했다.) 홉스(1651, 1부 14장)는 계약이나 합의를 형성하는 모든 관행의 존재는 미래에 대한 약속을 할 수 있는 인류의 역량에 의존한다는 것에 주목했다. 니체에게 떠오른 것은, 이 역량이 거저 얻어지는 것이 아니라는 것이었다. 이것이 《계보》를 구성하는 세 편의 논문 중 두 번째 편의 주제였다. "**약속이라는 것을 할 권리를 지니는** 동물을 기르는 것—이는 사람의 경우에 있어 자연 스스로가 설정한 역설적 과제가 아닌가? 이것이 인간에 관한 진짜 문제가 아닌가?"(두 번째 논문 1절 p. 57) 이 "**책임감**이 어떻게 기원했는지에 관한 긴 이야기"는 부채와 신용을 계속 추적하는 데에 필요한 특별한 종류의 기억을 개발하기 위해 초기 인류가 어떻게 서로를—문자 그대로—고문하는지를 배웠는가에 관한 이야기이다. "그들의 심리적 부속물들과 함께 하는 구매와 판매는 조직과 연합의 사회적 형태가 그 어떤 유형으로든 시작되기도 전부터 존재해왔다."(두 번째 논문 8절 p. 70) 부정행위를 탐지하고 파기된 약속을 기억하고 부정 행위자를 처벌하는 역량은 우리 조상들의 뇌에 주입되어야만 했다. 니체는 추측했다. "지상의 모든 위대한 것의 시작이 그렇듯, 그것의 시작 역시 오랜 시간 동안 철저하게 피로 흠뻑 젖어 있었다."(두 번째 논문 6절 p. 65) 이 모든 것에 대해 니체가 제시하는 증거는 무엇인가? 인간 문화의 화석 기록이라 부를 수 있을 것들, 즉 고대 신화, 현전하는 종교적 관습, 고고학적 단서 등을 풍부한—그리고 말할 것도 없이, 구속되지도 않은—상상력으로 읽어낸 것들이었다. 잔인한 세부 사항들을, 비록 그것이 흥미롭다 해도, 한쪽으로 제쳐 놓는다면, 니체의 제안은 결국—아마도 볼드윈 효과의 예를 거쳐서!—우리 조상들은 약속을 지킬 선천적 역량과 약속 파기자를 탐지하고 처벌할 수 있는 부수적 재능을 지닌 동물을 "키워냈다"는 것이다.

니체에 따르면, 이것이 초기 사회의 형성을 가능하게 했지만, 여전히 거기에 도덕성—오늘날 우리가 인식하고 존중하는 의미에서의—은 없었다. 두 번째 전환은 역사시대에 일어났다고, 그리고 지난 2000년 동안의 텍스트들을 적절하게 읽고 어원적으로 재구성하면—훈련을 통해 니체 자신이 사용할 수 있게 된 문헌학적 방법을 이 논제에 적용(적응)시킨 것에 해당한다—그것을 추적할 수 있다고 니체는 주장했다. 물론, 새로운 방식으로 그러한 단서들을 읽어내려면 이론이 필요하고, 니체에게는 그가 사회다윈주의자들에게서 식별해낸 암묵적 이론과는 반대되는 발전된 이론이 있었다. 니체의 두 번째 그리-됐다는-이야기(첫 번째 논문에 나온다)에 등장하는 원시민proto-citizen들은 홉스의 자연상태가 아닌, 일종의 사회에서 살고 있었지만, 니체가 묘사한 그 사회의 삶 역시 거의 똑같이 고약하고 잔인하다. 힘might이 권리를 만들었다—또는, 아니면, 힘이 지배했다. 사람들에게 좋고good **나쁨**bad의 개념은 있었지만, 선good과 악evil, 옳음과 그름의 개념은 없었다. 니체도 홉스처럼 후기 밈들이 어떻게 생겨났는지를 이야기하려고 노력했다. 그의 추측 중 가장 대담한(그리고 궁극적으로 가장 덜 설득력 있는) 것은, (윤리적) 선과 악을 위한 밈들이 도덕관념이 존재하지 않는 그 선조 전구체 밈들의 사소한 변경이 아니라는 것이다. 니체에 의하면, 밈들은 **자리를 바꾸었다**. 옛 방식에서 **좋은 것**good은 새 방식에서는 **악**evil이 되고, 옛 방식에서 **나쁜**bad 것은 새 방식에서는 **선한 것**good(윤리적 의미에서)이 되었다는 것이다. 니체에게는, 이 "가치의 재평가transvaluation of values(전도)"가 바로 윤리의 탄생에서의 핵심 사건이었다. 따라서 그는, 이를 허버트 스펜서의 재미없는 가정에 명시적으로 반대하는 것으로 보았다.

스펜서는 "선"이라는 개념을 "유용한", "실용적인"이라는 개념과 본질적으로 동일한 것으로 상정하고 있다. 이와 함께 그는 "좋음"과 "나쁨"에 대한 판단을 통해 인류는 유용하고 실용적인 것과 해롭고 비실용적인 것에 관한 **잊히지 않고 잊힐 수도 없는** 바로 그들 자신의 경험을 요약하고 엄밀하게 인가했다고 본다. 이러한 이론에 따르면 선이란 항상 유용함이 증명되어온 것이고, 따라서 "최고의 가치를 지니는 것", "그 자체로 가치 있는 것"으로 주장될 수 있는 것이다. 앞에서 언급한 것처럼, 이러한 설명 방식은 잘못된 것이지만, 적어도 그 설명 자체는 합리적이며 심리학적으로 근거가 있다. 〔첫 번째 논문, 3절, p. 27〕

가치의 재평가가 어떻게 일어났는가에 대한 니체의 놀랍고 기발한 이야기는 공정하게 요약하기가 힘들고, 종종 터무니없이 잘못 표현되곤 한다. 나는 일단 여기서는 그것에 공정을 기하지 않고, 그것의 중심 주제로 (그것의 진위는 파악하지 않고) 여러분의 주의를 집중시킬 것이다. 그 중심 주제는 다음의 문장으로 표현될 수 있다: 약자를 힘으로 통치하는 '귀족'들은 '성직자'들의 교활한 속임수에 넘어가 전도된 가치를 채택하게 되었고, 이 '도덕에서의 노예 반란'은 강자들의 잔인함이 그 자신들에게로 향하도록 만들었으며, 따라서 강자들은 자신들을 억누르고 문명화시키도록 조작되었다.

성직자들에게는 **모든 것**이, 그러니까 치료제와 치료술뿐 아니라 오만, 복수, 명민함, 방종, 사랑, 지배욕, 미덕, 병을 비롯한 모든 것이 더욱 위험하게 된다—물론 다음과 같이 덧붙여야만 공정해질 것이다: 바로 이렇게 **본질적으로 위험한** 인간의 존재 형식, 즉 성직자적 존재 형식의 토양 위에서 인간 일반은 비로소 흥미로운 **동물**이 되었으며, 오로지 여기에서 인간의 영혼은 더 높은 의미에서의 **깊이**를 갖게 되었고 **악해**지게 되었다—이것들이야말로 인간이 지금까지 다른

짐승들에 대해 지녀온 우월함의 두 가지 기본 측면이다! 〔첫 번째 논문, 6절, p. 33〕

니체의 그리-됐다는-이야기들은 (옛 방식과 새 방식 모두) 소름끼치게 훌륭하다. 그것들은 뛰어남과 광기, 숭고함과 비열함, 파괴적일 만큼 예리한 역사와 길들지 않은 환상의 혼합물이다. 다윈의 상상이 영국 상업의 유산에 의해 어느 정도 불리함을 얻었다면, 니체의 상상은 독일의 지적 유산 때문에 훨씬 더 많은 불리함을 안고 있었다. 그렇지만 그런 전기적 사실들은 (그것들이 무엇이든) 출생이 훌륭한 그 밈들의 현재 가치와는 관계가 없다. 두 사람 모두 위험한 생각을 내놓았지만(내가 옳다면 이는 우연이 아니다), 다윈이 표현에 극히 세심한 주의를 기울였던 반면, 니체는 과도하게 흥분된 산문체에 탐닉했다. 입에 담을 수도 없고 이해되지도 않는 나치라는 악명 높은 무리 그리고 그의 밈을 왜곡함으로써 다윈을 왜곡한 스펜서를 거의 무죄처럼 보이게 했던 팬을 포함하는 그의 수많은 열성신도들은 의심의 여지없는 실로 응당한 결과다. 두 경우 모두에서 우리는 그러한 후예들이 우리의 밈 여과기들에 끼친 피해—연좌제를 바탕으로 하여 밈들을 묵살해 버리는 경향이 있다—를 복구하기 위해 노력해야만 한다. 우리에겐 다행스럽게도, 니체도 다윈도 정치적으로 올바르지는 않았다.

(극단적 버전의 정치적 올바름은, 그 이름에 걸맞게, 사고의 거의 모든 놀라운 전진과 현저한 대조를 이룬다. 우리는 그것을 우밈학eumemics이라 부를 수 있을 것이다. 사회다윈주의자들의 극단적인 우생학eugenics처럼 자연의 선심에서 근시안적으로 파생된 '안전과 이로움의 표준'을 강제하려는 시도에 해당하기 때문이다. 오늘날에는 모든 유전자 상담과 유전자 정책에 우생학이라며 낙인찍을 사람은 거의 없을 것이다—그러나 그러는 사람이 있긴 하다. 우리는 탐욕스럽고 독단적인 정책들, 즉 가장 극단적인 정책들을 비판할 용어들을 비축해두어야 한다. 18장에서 우리는 우리가 어떻게

밈권memosphere을 지혜롭게 순찰할 수 있을지, 그리고 진정으로 위험한 발상들로부터 우리 자신을 보호하기 위해 무엇을 할 수 있을지 숙고해볼 것이다. 그러나 그리할 때 우리는 우생학의 나쁜 예들을 마음속에 확고하게 새겨 놓아야 한다.)

내 생각에, 니체가 사회생물학에 한 가장 중요한 공헌은 다윈 본인의 근본 통찰들 중 하나를 문화적 진화의 영역에 확고부동하게 적용한 것이다. 그리고 사회다윈주의자들과 일부 현대 사회생물학자들이 어리석게도 이 통찰을 간과해버렸다는 것은 주지의 사실이다. 그들의 오류는 때때로 "유전의 오류"라 불린다.(이를테면 Hoy 1986) 유전의 오류란 조상의 기능이나 의미로부터 현재의 기능이나 의미를 유추하는 실수를 말한다. 다윈(1862, p. 284)이 말했듯이, "그러므로 자연의 구석구석에 존재하는 각 생물체의 모든 부분은 아마도 다양한 목적들을 위해, 약간 변경된 조건에서 기여했을 것이고, 많은 오래되고 뚜렷한 구체적인 형태의 살아 있는 기계 안에서 활동했을 것이다." 그리고 니체는 이렇게 말한다.

> …… 어떤 일의 기원은 그것의 궁극적인 유용성, 즉 그것의 실제적인 목적 체계 내의 사역employment 및 위치와 완전히 동떨어져 있다는 것이다. 현존하는 것, 어떻게 해서든 존재하게 된 것은 그 무엇이든 그것보다 우세한 힘에 의해 항상 거듭해서 새로운 목적을 지니는 것으로 새롭게 해석되고 갈취되고 변형되며 새로운 방향이 주어진다. 생물 세계에서 모든 사건은 하나의 진압이자 **적절한 정복**이며, 모든 진압과 적절한 정복은 새로운 해석, 즉 적응인데, 이 적응을 통해 그전의 "의미"와 "목적"은 필연적으로 흐릿해지거나 심지어 지워지기도 한다. 〔두 번째 논문, 12절, p. 77〕

진압과 적절한 정복에 대한 니체 특유의 공갈과 허세를 제쳐두면,

이는 순수하게 다윈의 주장이다. 또는, 굴드가 말한 것처럼, 모든 적응은 굴절적응이며, 이는 생물학적 진화에서뿐 아니라 문화적 진화에서도 마찬가지다. 니체는 또 다른 고전적인 다윈주의적 주제를 계속해서 강조한다.

> 따라서 어떤 것, 관습, 기관의 "진화"란 결코 어떤 목적을 향한 **진보**가 아니며, 최소한의 비용과 힘으로 최단 경로를 경유하여 도달하는 논리적 **진보**는 더더욱 아니다. 오히려 그것은 다소 심오하고, 다소 상호 독립적인 제압 과정들의 연속과 거기에 더해진, 그들이 만나는 저항들이고, 방어와 발전을 목적으로 하는 변형의 시도들이며, 성공적인 반작용의 성과들이기도 하다. 〔두 번째 논문, 12절, pp. 77-78〕[8]

어쩌면 니체가 다윈의 저작을 전혀 직접 읽지 않았을 수도 있음을 고려한다면 주된 방향에 대한 그의 평가는 인정할 만하지만, 같은 페이지에서 스카이후크에 대한 열망에 빠짐으로써, 그는 건전한 다윈주의 자로서의 이력을 오히려 스스로 망쳐버렸다. 그는 자신이 "모든 사건에는 **권력에의 의지**가 작동한다는 이론보다는, 심지어는 절대적인 우발성과 조화를 이루는, 또 심지어는 기계적인 무의미함과도 조화를 이룰 수 있는, 현재 유행 중인 직관과 취향에 근본적으로 반대"한다고 선언했다. 권력에의 의지라는 니체의 아이디어는 스카이후크에 대한 갈망을 더 기묘하게 구체화시킨 것인데, 다행히도 오늘날에는 그것을 매력적으로 여기는 사람은 거의 없다. 그러나 그것을 제쳐둔다면, 니체의 도덕의 계보의 요지는, 우리는 우리가 자연으로부터 외삽한 역사를 가치에 대한 그

8 니체가 복잡성과 포괄적 진보의 모든 개념 사이의 관계에 관해서도 철두철미하게 건전하고 현대적인 아이디어를 가지고 있었다는 사실은 흥미로우며 주목할 가치가 있다. "가장 풍부하고 가장 복잡한 형태—'고등생물'이라는 표현은 이것 이상의 의미를 지니지 않는다—는 더 쉽게 소멸된다. 하등생물만이 명백한 불멸성(비파괴성)을 보존한다."(Nietzsche 1901, p. 684)

어떤 단순한 결론으로도 해석하지 않도록 극도로 조심해야만 한다는 것이다.

> 이러저러한 가치 목록과 "도덕"이 어떤 가치를 지니는가 하는 물음은 극도로 다양한 관점에서 제기되어야 할 것이다. 특히, "**무엇**을 위해 가치가 있는가?"라는 물음은 아무리 섬세하게 조사해도 지나치지 않다. 이를테면 어떤 종족이 가능한 한 오래 살아남는 것(혹은 특정 풍토에 대한 그 종족의 적응력 향상, 또는 최대 다수의 보존)과 관련되어 명백한 가치를 지니는 것은, 예를 들어, 더 강한 유형을 생성하는 것이 문제가 될 때는 결코 동일한 가치를 지니지 못한다. 다수의 행복과 소수의 행복은 가치에 대한 서로 대립하는 관점들이다. 전자가 선험적으로 더 높은 가치를 지닌다는 인식은 영국의 순진한 생물학자들만의 것으로 남을 것이다. 〔Nietzsche 1887, 첫 번째 논문, p. 17〕

가치에 관해 순진한 믿음을 가지고 있다고 니체가 비난하는 사람은 다윈이 아니라 분명히 스펜서이다. 스펜서와 레는 둘 다 이타주의로 가는 직선적이고 간단한 경로를 볼 수 있을 것이라고 생각했다.(Hoy 1986, p. 29) 이러한 팡글로스주의에 대한 니체의 비판은 순진한 집단선택주의자들에 대해 조지 윌리엄스가 행했던 비판의 명백한 전조(11장을 보라)임을 알 수 있다. 우리의 관점에서 보면 스펜서는 "~이다(is)"로부터 "~해야만 한다(ought)"를 한 단계 만에 도출하려고 했던 터무니없이 탐욕스러운 환원주의자였다. 하지만 이것이 모든 사회생물학의 더 깊은 문제를 드러내는 것은 아닌가? 아무리 많은 단계를 거친다 해도 "~이다"로부터 "~해야만 한다"가 **절대** 도출될 수 없다는 것을 철학자들이 우리에게 보여주지 않았던가? 어떤 이들은 사회생물학이 아무리 정교해졌다고 해도, 그리고 아무리 많은 크레인을 동원한다고 해도 경험과학의 사실인 "~이다"로부터 윤리학의 "~해야만 한다"까지의 간극은 절대 메울 수 없다고 주장해왔다! (그들은 감동적인 열정으로 이렇게 말한다.) 그것이 바로 우리가 다음 차례로 검토해야 할 확신이다.

3. 탐욕스러운 윤리적 환원주의들

현대 철학의 쉽볼렛 문구shibboleth[9]들 중 하나는 "~이다"에서 "~해야만 한다"를 도출할 수 없다는 것이다. 그런 시도는 무어G. E. Moore의 고전 《윤리학 원리Principia Ethica》(1903)의 용어를 이용하여 종종 **자연주의의 오류**naturalistic fallacy라 불린다. 철학자 버나드 윌리엄스가 지적했듯이(1983, p. 556) 여기에는 실제로 몇 가지 문제가 존재한다. 자연주의는 "인간의 본성에 대한 숙고라는 기초 위에 인간을 위한 좋은 삶의 특정 근본적 측면들을 올려놓으려는 시도로 구성된다." 그 어떤 **단순한** "~이다" 진술에서 그 어떤 **단순한** "~해야만 한다" 진술을 도출할 수 없다는 다소 명백한 사실에 의해 자연주의가 반박되지는 않을 것이다. 생각해보라. 내가 당신에게 주겠다고 말했다는 사실(이것이 진짜로 사실이라고 간주하자)로부터 5달러를 주어**야만 한다**는 것이 논리적으로 도출되는가? 명백히 아니다. 그렇게 도출하려는 추론을 차단하기 위해 개입되는 변명조건excusing condition을 몇 개든 인용할 수 있다. 내가 한 말을 **약**

---

9 [옮긴이] '쉽볼렛'은 옥수수 자루를 뜻하는 히브리어로, '쉽볼렛 문구' 또는 '쉽볼렛 테스트'라는 말은 《구약성서》에 나오는 일화에서 비롯되었다. 길르앗 사람들과 에브라임 사람들 간에 전투가 벌어졌고, 승기를 잡았던 길르앗 사람들이 도망자들 중 에브라임 사람들을 가려내기 위해 'Shibboleth'이라는 발음을 시켜보았는데, 에브라임 사람들은 'sh'를 's'처럼 발음했기 때문에 이 시험을 통과할 수 없어 살해당했다고 한다. 오늘날에는 특정 집단 사람들을 알아볼 수 있게 하는 교리나 (진부한) 말들 등의 뜻으로 통용된다.

속—윤리적으로 부과된 기술—이라고 특징지을 수 있다 하더라도, 거기에서 그 어떤 **단순한** "~해야만 한다" 진술도 직접적으로 도출되지는 않는다.

그러나 이와 같은 성찰은 이론적 목표로서의 자연주의를 거의 훼손시키지 않는다. 철학자들은 여러 가지 것들을 위한 **필요조건**과 **충분조건**을 찾는 것을 구분하고 있는데, 이를 이 경우에 적용하면 상황을 명확히 하는 데 실제적 도움을 줄 것이다. 자연 세계에 관한 사실들을 수집하는 것이 윤리적 결론의 근거 마련에 **필요하다**는 것을 부정하는 것과, 그런 사실을 수집하는 것으로 **충분하다**는 것을 부정하는 것은 완전히 다른 사안이다. 표준 교리에 따르면, 우리가 **있는 그대로**(is)의 세계에 관한 사실들의 영역에 확고하게 뿌리내리고 머문다면, 우리는 모든 특정 윤리적 결론이 **결정적으로 증명**될 수 있게 할 공리들로 받아들여질 것들("~해야만 한다")의 집합을 결코, 단 하나도 찾을 수 없을 것이다. 여러분은 여기에서 거기로 갈 수 없다. 여러분이 산술에 대한 일관적 공리 집합으로부터 모든 참인 산술 진술들을 얻을 수 없는 것과 마찬가지로 말이다.

그럼 뭐 어떤가? 우리는 이 수사적 질문의 힘을 끌어내어 오히려 더 예리한 다른 질문을 내놓을 수 있다: "~해야만 한다"가 "~이다"로부터 도출될 수 없다면, "~해야만 한다"는 무엇에서 도출될 **수 있는가**? 윤리학은 **전적으로** "자율적인" 탐구 분야인가? 윤리학은 다른 학문이나 전통으로부터의 사실들에 전혀 얽매이지 않고 부유하는 학문인가? 우리의 도덕적 직관은 우리 뇌(또는 전통적으로 말하자면 우리의 "마음heart")에 이식된 불가해한 어떤 윤리 모듈ethics module로부터 비롯되는가? 그렇다면 그것은 무엇이 옳고 그른가에 관한 우리의 가장 깊은 확신을 매달 수상한 스카이후크가 될 것이다. 콜린 맥긴은 이렇게 말한다.

…… 촘스키에 따르면, 우리의 윤리 능력ethical faculty도 우리의 언어

능력과 유사하다고 보는 것이 이치에 맞다. 우리는 엄청나게 많은 지적인 노동을 하지 않고도, 매우 적은 명시적 지시만으로도 윤리적 지식을 획득한다. 그리고 우리가 받아들이는 윤리적 입력은 다양하지만 최종 결과는 놀라울 만큼 균일하다. 환경은 단지 선천적인 조직적 체계를 촉발하고 구체적으로 한정 짓는 역할을 할 뿐이다. …… 촘스키주의 모형에 따르면, 과학과 윤리학 모두는 우발적인 인간 심리학의 자연적 산물이며, 그것의 구체적인 구성 원리들에 의해 제약된다. 그러나 윤리는 우리의 인지 아키텍처 안에서 좀 더 안전한 기반 위에 있는 것처럼 보인다. 우리가 과학적 지식을 소유하게 된 데에는 행운의 요소가 있지만, 윤리적 지식의 경우에는 그런 요소가 존재하지 않는다. 〔McGinn 1993, p. 30.〕

윤리적 지식이라는, 당연한 것으로 생각되는 우리의 선천적 의미를, 과학과 연관된 단지 "운 좋게" 얻게 된 역량과 대조시킴으로써, 맥긴과 촘스키는 우리가 윤리적 지식을 소유하는 것에 대한 **이유들**이 있으며 또 발견될 것이라고 제안한다. 만약 우리에게 도덕 모듈이 있다면, 우리는 그것이 무엇인지, 어떻게 진화했는지, 그리고 가장 중요하게는 왜 진화했는지를 확실히 알고 싶어 할 것이다. 그러나, 다시 한번 말하건대, 우리가 내부를 들여다보려고 하면, 맥긴은 우리의 손가락 앞에서 문을 닫아버리려고 한다. 우리에게만 있고 다른 생물들에게는 없는 이 경이로운 관점의 원천이라는 과학적 질문에 대답을 제공하려는 시도를 "과학주의"라고 매도하면서 말이다.

그렇다면 "~해야만 한다"는 무엇에서 도출되는가? 가장 설득력 있는 대답은 이것이다: 윤리는 **어떻게든** 인간 본성에 대한 깊은 이해—인간이란 무엇인지, 무엇일 수 있는지, 인간이 무엇을 가지고 싶어 하고 무엇이 되고 싶어 하는지에 대한 감각—에 기초해야 한다. **그것이** 자연주의**라면**, 자연주의는 오류가 아니다. 윤리학이 인간 본성에 대한 그 같은 사실들에 반응한다는 것을 진지하게 부인할 사람은 아무도 없다. 인간 본성에 관한 가장 현저한 사실들을 어디서 찾아야 하는가—소설에서? 종교적 텍스트에서? 심리학 실험에서? 생물학적 또는 인류학적 조사에서?—에 대해서는 의견이 달라질 수 있다. 오류는 자연주의에 있는 것이 아니다. 오류는 사실들에서 가치들로 돌진하려는 단세포적인 시도에 있는 것이다. 달리 말하자면, 오류는 가치들을 사실들로 환원하려는 **탐욕스러운** 환원주의이다. 우리의 윤리적 원칙들이 세계가 그렇게 **되어 있는**(is) 방식과 비합리적으로 충돌하지 않도록 우리의 세계관을 통합하려는 시도로서의, 더 신중하다고 여겨지는 환원주의가 아니라.

자연주의의 오류에 관한 대부분의 논쟁은 스카이후크 대 크레인 논쟁에서와 유사한 불일치로 생각하면 더 잘 해석된다. 예를 들어 내가 평가하기에, B. F. 스키너는 늘 탐욕스러운 환원주의자의 세계 챔피언 자리를 지키면서, 자신만의 윤리학적 논문인 《자유와 존엄성을 넘어Beyond Freedom and Dignity》를 썼다. 그는 그 책에서 사소한 것에서부터 과대망상에 이르기까지, 모든 규모에서 "자연주의의 오류를 범했다." "어떤 것을 좋은 것과 나쁜 것이라고 부르면서 가치 판단을 하는 것은 그것들을 강화 효과들의 측면에서 분류하는 것이다."(Skinner 1971, p. 105) 어디 한번 보자. 그의 말은 명백히, 헤로인이 좋다는 것을 의미하는가? 그리고 연로하신 부모님을 돌보는 것이 나쁘다는 것을 의미하는가? 이 이의제기는 단지 부주의한 정의에 대한 사소한 흠잡기에 불과한 것인가? 헤로인 문제를 알아차렸을 때(p. 110) 그는, 헤로인의 강화 효과는 "변칙 사례"임을 우리에게 확언했다. 탐욕스러운 환원주의라는 혐의에서 스키너가 자신의 입장을 설득력 있게 방어할 방법은 거의 없다. 그는 그 책에서 자신의 "문화를 위한 설계"가 얼마나 과학적이며 그것에 얼마나 최적으로 알맞은지 계속해서 주장한다. …… 그런데 무엇을 위해? 최고선에 대해 그는 어떻게 특징짓고 있는가?

우리의 문화는 스스로를 지키는 데 필요한 과학과 기술을 생산해왔다—그것에는 효과적인 행동에 필요한 것들이 풍부하게 포함되어 있다. 우리 문화는 상당한 범위에서, 문화 자체의 미래를 위한 것과 관련되어 있다. 만일 우리 문화가 계속해서 그 자체의 생존보다 자유와 존엄을 더 주요한 가치로 삼는다면 미래에는 다른 문화가 더 크게 기여할 것이다. 〔Skinner 1971, p. 181〕

당신도 나와 함께 이에 반박하길 원한다. 그래서 어쩔 것이냐고? 행동주의 체계가 우리 문화를 미래로 보존할 가장 좋은 기회라는 스키너의 주장이 옳다 하더라도(그리고 그의 주장은 확실히 옳지 않다), 스키너가 "우리 중 누구라도 '문화의 생존'이 최상위 목표이며 문화가 앞으로도 계속 나아가길 정말로 원할 수 있다"고 간주했을 때, 그가 실수를 범했다는 것이 당신에게도 명징해지기를 나는 원한다. 11장에서 우리는 다른 모든 것보다 유전자의 생존을 앞세우는 것이 얼마나 말도 안 되는 것으로 보일 수 있는지 간략하게 알아보았다. 자기 문화의 생존은 다른 모든 것보다 상위에 있는 받침대 위에 놓일 명백히 더 온당한 항목인가? 그렇다면 그것이 예를 들어 친구를 배신하는 것이나 대량 학살도 정당화할 것인가? 밈 사용자인 우리는 다른 가능성들을 볼 수 있다—우리 유전자들을 넘어서서, 그리고 심지어는 우리가 현재 속해 있는 집단(과 문화)의 안녕마저도 넘어서서 말이다. 우리의 체세포들과는 달리, 우리는 더 복잡한 레종 데트르를 생각해내고 마음에 품을 수 있다.

스키너의 작업에서 잘못된 것은, 그가 인간 본성에 관한 과학적 사실들을 윤리의 기초로 삼으려고 시도했다는 것이 아니라, 그의 시도가 극단적으로 단순했다는 것이다! 나는 비둘기들이 '스키너주의 유토피아' 안에서 그들이 원할 수 있는 만큼은 정말로 잘해왔으리라 가정하지만, 우리는 정말로 비둘기보다 훨씬 더 복잡하다. 이와 동일한 결점이 하버드의 다른 교수, 즉 세계에서 가장 위대한 곤충학자이자 "사회생물학"이라는 용어의 창시자인 E. O. 윌슨Edward Osborne Wilson의 윤리학 논문《인간 본성에 대하여On Human Nature》(1978)에서도 발견된다. 그 책에서 윌슨은(pp. 196, 198) 최고선 또는 "핵심 가치cardinal value"를 정의하는 문제에 직면하며, 두 가지 동등한 것을 생각해냈다. "처음에, 새내기 윤리학자들은 여러 세대에 걸친 공통된 풀pool 형태를 한 인간 유전자의 생존이 지니는 핵심 가치에 대해 숙고하길 원할 것이다. …… 나는 진화론의 올바른 적용 역시 유전자풀에서의 다양성을 핵심 가치로 선호한다고 믿는다." 그런 다음 그는(p. 199) 세 번째의 것으로 보편적 인권을 추가하지만, 그것은 탈脫 신화화되어야만 한다고 제안한다. "합리적인 개미"는 "생물학적으로는 불건전한" 인권의 이상과 "개인의 자유라는 바로 그 개념이 본질적으로 사악하다"고 여길 것이다.

> 우리는 보편적 권리에 응할 것이다. 왜냐하면 선진 기술 사회들에서 힘(권력)은 이 포유류의 명령을 회피하기에는 너무 유동적이기 때문이다: 불평등의 장기적 영향은 일시적 수혜자들에게는 언제나 눈에 띄게 위험할 것이다. 나는 이것이 보편적 권리 운동의 참된 이유이며, 이 원초적인 생물학적 인과에 대한 이해가 결국에는 문화에 의해 그것을 강화하거나 완곡하게 만들기를 꾀하는 다른 모든 합리화보다 더 설득력이 있을 것이라고 제안한다. 〔E. Wilson 1978, p. 199.〕

생물철학자 마이클 루스Michael Ruse와 공저한 글에서 윌슨은 사회생물학이 "도덕성, 또는 더 엄격하게 말하자면 도덕성에 대한 우리의 믿음은, 우리의 생식 목적들을 발전시키기 위해 확립된 적응에 불과하다"는 것을 보여주었다고 선언한다.(Ruse and Wilson 1985) 말도 안 된다. 우리의 생식 목적들은 어쩌면 우리가 문화를 개발할 수 있을 때까지 우리를 계속 경주에 참가시킨 궁극의 목적이었을 수도 있고, 그것들이 여전히 우리의 생각에서 강력한—때때로 압도적인—역할을 하고 있을 수도 있지만, 그렇다고 해서 그것들이 우리의 현재 가치에 관한 우리의 결론을 인가하는 것은 아니다. 우리의 생식 목적들이 우리 현재 가치의 궁극적인 역사적 원천이라는 사실로부터, 그것들이 우리 도덕적 행동의 궁극적인 (그리고 여전히 주요한) **수혜자**라는 사실이 도출되지는 않는다. 루스와 윌슨이 이와 달리 생각한다면, 그들은 니체가 (그리고 다윈이) 우리에게 경고했던 "유전의" 오류를 범하는 것이다. 니체가 말했듯 "어떤 일의 기원은 그것의 궁극적인 유용성, 즉 그것의 실제적인 목적 체계 내의 역할 및 지위와 완전히 동떨어져 있다." 루스와 윌슨은 이 오류를 범하는가? 그들이 그 주제에 대해 무슨 다른 말을 하는지 생각해 보자.(p. 51)

> 중요한 의미에서, 우리는 윤리학을, 우리 유전자들이 우리에게서 자신들에의 협력을 얻어내기 위해 우리에게 속여 판 환각이라고 이해할 수 있다 …… 게다가, 우리의 생물학이 자신의 목적을 강화하는 방법은 우리로 하여금 객관적인 상위 코드(우리는 모두 그것의 대상subject이다)가 있다고 생각하게 만드는 것이다.

우리의 밈들과 유전자들이 어떻게 상호작용하여 우리가 문명 안에서 누리고 있는 인간의 협동이라는 정책을 창조하게 되었는가에 관한 진화론적 설명이 존재한다는 것은 참일 테지만—아직 모든 세부 사항들이 다 파악된 것은 아니지만, 머지않아 스카이후크의 존재가 발견되지 않는 한, 이는 사실일 것이다—그런 설명이 존재한다는 것이, 결과가 **유전자의** (주요 수혜자로서의) **이익을 위한 것임**을 보여주지는 않을 것이다. 일단 밈이 등장하고 나면, 밈은 물론이고 밈의 창조를 돕는 **사람들**도 잠재적 수혜자가 된다. 따라서 진화적 설명의 진실은 윤리적 원칙이나 "상위 코드"에 대한 우리의 충성이 "환각"이라는 것을 보여주지는 않을 것이다. 유명한 은유를 통해 윌슨은 자신의 시각을 이렇게 설명한다.

유전자는 문화의 목줄을 쥐고 있다. 목줄이 매우 길긴 하지만, 그 길이는 불가피하게 인간 유전자풀에 그것들이 미치는 영향에 따라 제약될 것이다. 〔E. Wilson 1978, p. 167〕

하지만 이것이 의미하는 모든 것은, (이것이 정말로 단순한 거짓이 아니라면) 장기적으로 볼 때 인간 유전자풀에 파괴적 결과를 가져오는 문화적 관행을 채택**한다면**, 인간 유전자풀은 굴복하여 스러지고 만다는 것이다. 그렇지만 우리 유전자들이 충분히 강력하고 통찰력이 있어서 우리로 하여금 유전자의 이익과 상반되는 정책들을 만들지 못하게 할 수 있음을 진화생물학이 우리에게 보여준다고 생각할 이유는 없다. 그와는 반대로, 진화적 사고는 우리 유전자들이 상상 속 생존 기계(14장을 보라)를 설계한 공학자들보다 더 똑똑할 수는 없음을 보여준다. 그리고 그들이 다른 로봇들과의 예견할 수 없었던 협력 앞에서 얼마나 속수무책인지를 보라! 우리는 바이러스와 같은 기생자들이 숙주의 이익이 아닌 **그들의** 이익들을 증진시키려고 숙주의 행위를 조작하는 사례들도 알아보았다. 우리가 스케치해온 밈 모형에 따르면, 사람은 그저 좀 더 크고 좀 더 고등한 존재자들일 뿐이다. 사람의 뇌는 밈으로 들끓고, 그런 뇌들 사이의 상호 작용의 결과로 **사람들이** 채택하게 된 정책들은, 그들의 유전자들만의 이익에 또는 밈들만의 이익에 부합해야 할 의무가 없다. 그것이 바로 도킨스의 말처럼 "이기적 복제자들의 횡포에 반항하는" 우리의 탁월함, 즉 우리의 역량이며, 거기에 반反 다윈주의적이거나 반反 과학적인 것이라곤 전혀 없다.

윌슨을 비롯한 사회생물학자들은 자신들의 비평이 종교적 광신이나 과학적 문맹인 신비주의와 다를 바 없다는 것을 대개 알지 못하는데, 이는 양극단을 과도하게 왔다 갔다 하는, 또 하나의 슬픈 일이다. 스키너는 자기를 비판하는 이들을 데카르트적 이원주의자와 기적 숭배자로 보았고, 장황한 글에서 아래와 같이 선언했다.

사람으로서의 사람man qua man에 대해, 우리는 기꺼이 이별을 고한다. 그를 제거해야만 우리는 인간 행동의 진정한 원인들로 눈을 돌릴 수 있다. 그렇게 할 때만 우리는 추론된 것으로부터 관찰된 것으로, 기적적인 것으로부터 자연적인 것으로, 그리고 접근 불가능한 것으로부터 조작 가능한 것으로 방향을 전환할 수 있다. 〔Skinner 1971, p. 201.〕

윌슨을 비롯한 많은 사회생물학자에게도 똑같이 나쁜 습관이 있다. 그들은 자신들에게 동의하지 않는 이들을 모두 무지몽매하고 과학을 두려워하는 스카이후크 신봉자로 취급한다. 실은, 그들에게 동의하지 않는 이들 중 (모두가 아니라) **대부분**만 그 묘사에 들어맞는데도 말이다! 새로운 과학 학파를 열광적으로 옹호하는 이들은 탐욕의 과잉에 굴복하기 쉬운데, 이를 비판하는 책임감 있는 논평자들로 구성된 소수의 집단도 존재한다.

또 다른 저명한 생물학자 리처드 알렉산더Richard Alexander는 윤리학을 훨씬 더 신중하게 다루고 있으며, 윌슨이 생각하는 핵심 가치들의 후보들에 대해 적절한 회의를 드러내고 있다. "그러한 목표들 모두 인류가 존중할 만한 것이라고 평결하든 아니든, 윌슨은 그에 대한 자신의 선택을 생물학 원리들과 연결시키지 않는다."(Alexander 1987, p. 167) 그러나 알렉산더 역시 윌슨의 목줄을 짤깍하고 잠그는 문화—밈—의 위력을 과소평가하고 있다. 윌슨처럼 그도 문화적 진화와 유전적 진화의 속도에 엄청난 차이가 있다는 것을 인정한다. 그리고 문화적 다재다능함(유연성)이 인간 인지에 대한 경계("너희는 더 이상 나아가지 못하리니Thou Shalt Go No Farther"[10])를 찾으려는 모든 시도—촘스키나 포더가 했던 것 같은—를 엉망으로 만들 것이라고 강력하게 주장한다. 하지만 그는 진화생물학이 "개체들의 이익들은 생식을 통해서만, 즉 후손을 만들고 다른 친척들을 돕는 것에 의해서만 실현될 수 있다"는 것을 보여주었다고, 그리고 그 귀결로 진정한 이익이나 이타주의에서 나온 행동들은 결코 하지 않음을 보여준다고 생각한다. 그는 아래와 같이 주장한다.

> …… 이 "세기의 위대한 지적 혁명"은 우리에게 말해준다. 우리의 직관에도 불구하고, 이 선행의 관점을 지지하는 증거가 단 한 점도 없다는 것을, 그리고 많은 설득력을 지닌 이론은 그런 관점이 결국 거짓으로 판단되리라고 시사하고 있다는 것을. 〔Alexander 1987, p. 3〕

그러나 윌슨 및 사회다윈주의자들처럼, 그도 미묘하고도 약화된 버전의 유전의 오류를 저지르고, 오류가 들어 있는 바로 그 구절을 강조한다.(p. 23)

> 문화가 여러 세대에 걸쳐 대규모로 변화한다 해도, 우리의 문제들과 약속들이 변화의 문화적 과정으로부터 발생한다 해도, 그리고 인간의 행동에 중대한 영향을 주는 유전적 변이가 인간에 없다고 해도, **자연선택의 누적된 역사가, 자연선택을 통해 인류에게 제공된 유전자 집합을 통해 우리의 행동들에 계속해서 영향을 미친다는 것은 언제나 사실이다.**

이는 정말로 참이다. 그러나 알렉산더의 기대와는 달리, 이 말은 그의 요점을 확립해주지 않는다. 그가 주장하듯이 문화적 힘들이 아무리 강하다 한들, 언제나 그것들은 유전적 힘들이 그것들을 위해 형성한, 그리고 계속 형성해갈 물질들에 작용해야 한다. 그러나 문화적 힘들은 유

---

10 [옮긴이] 《구약성서》 〈욥기〉 38장 11절에 나오는 표현이다. 하나님이 바다에게 "여기까지는 와도 되지만 더는 넘어서지 말라"고 명령함으로써 바다의 경계를 자신이 정했다고 욥에게 설명하는 부분이다.

전적으로 지지된 그러한 설계들을 **약화**시키거나 **퇴치**할 수 있고, 또 그만큼 손쉽게 그것들의 **방향을 바꾸거나** 그것들을 **착취**하거나 **전복**시킬 수 있다. 다윈이 격변론자들에게 과민 반응을 보인 것과 마찬가지로 문화 절대주의자들(광적인 스카이후크 신봉자들)에게 과민 반응을 보이는 사회생물학자들은, 문화가 우리의 생물학적 대물림에서부터 **자라 나왔음**이 틀림없다고 강조하는 것을 좋아한다. 그래야 하는 것은 맞다. 그러나 우리가 물고기에서 자라 나오긴 했지만, 물고기가 우리의 조상이라고 해서 우리의 이유들이 물고기의 이유들은 아니라는 것도 사실이다.

서로 다른 이유 집합에 따라 행동하고 그것들을 채택하는 우리의 고유한 역량이, 우리가 우리의 "동물적" 충동에 의해 불편을 겪거나 심지어는 고문당하거나 배신당하는 것을 막아주진 않는다는 것을 강조했다는 점에서도 사회생물학자들은 옳았다. 살로메가 일곱 베일의 춤을 추기 훨씬 전에도[11], 선천적 생식 충동이 가장 부적절한 때에 (재채기나 기침이 그러할 수 있는 것처럼) 자기 주장을 하도록 만들 수 있다는 것은, 그래서 그러한 충동이 주장되는 몸의 안녕을 심각하게 위협할 수 있다는 것은 우리 종의 구성원에게 이미 명백했다. 다른 종들에서처럼, 자신의 아이들을 구하기 위해 죽은 여성들은 많고, 생식의 희미한 희망에 추동되어 이런저런 위험한 길을 간절히 추구하다가 이른 나이에 죽음을

---

11 [옮긴이] 살로메는《신약성서》〈마르코의 복음서〉에 나오는 인물로, 갈리레아의 영주 헤로데 왕의 새 아내 헤로디아의 딸이다. 헤로디아는 자신과 헤로데 왕의 결혼을 반대한 세례자 요한에게 원한을 품고 있었다. 살로메는 헤로데 왕의 생일 잔치에서 요염한 춤을 추어 헤로데 왕을 기쁘게 했고, 무슨 소원이든 들어주겠다는 그의 말에, 어머니 헤로디아의 소원을 따라 세례자 요한의 목을 요구했다. 이에 왕은 세례자 요한을 처형했다.

이 이야기는 후에 여러 예술 작품으로 각색되었는데, 주로 세례자 요한에 집착한 살로메가 선정적인 춤으로 왕을 유혹해 세례자 요한의 목숨을 잃게 했다는 식으로 묘사되었다.

'살로메'라는 이름은 오스카 와일드가 희곡《살로메》를 쓸 때 지은 이름으로, 〈마르코의 복음서〉에는 헤로디아의 딸로만 실려 있다. (《신약성서》에 이름이 직접 언급되는 살로메와는 동명이인이다.) 잔치 때 살로메가 몸에 일곱 겹의 베일만 두르고 등장하여 한 겹씩 벗어 가며 추었다는 '일곱 베일의 춤' 또한 와일드의 상상력으로 완성된 것이다.

맞이해버린 남성들도 많다. 그러나 우리는 우리의 생물학적 한계들에 관한 이 중요한 사실을 크나큰 오해의 소지가 있는 아이디어—실질적 추론의 모든 연쇄의 원천이 되는 최고선이 우리 유전자들의 명령이라는 생각—로 바꾸어버려서는 안 된다. 반대되는 사례를 하나 고안해보면 그래서는 안 되는 이유를 알 수 있을 것이다. 인생의 사랑이었던 롤라에게 버림받아 마음이 아팠던 래리는 그녀를 잊고 고통을 끝내려는 노력의 일환으로 구세군 활동을 시작한다. 그것은 확실히 효과가 있었다. 시간이 흐르고 자신의 욕구를 훌륭히 승화시켜 성인 반열에 오른 래리는 그간의 선행에 힘입어 노벨 평화상을 수상하게 된다. 오슬로에서 열린 시상식에서, 리처드 알렉산더는 래리의 그 모든 선행이 그의 기본적 생식 충동에서 비롯되었음을 상기시킴으로써 행사에 찬물을 끼얹는다. 음, 래리가 그랬단 말이지. 그런데 그게 뭐 어때서? 래리의 일생 대부분은 어떤 방식으로 이해되어야 할까? 그의 행동 하나하나가 그의 손자녀 획득이 보증되도록 이런저런 방식으로 간접적으로 설계된 것이라고 해석돼야 한다고 생각한다면, 우리는 큰 실수를 저지르는 것이다.

밈이나 밈 복합체가 우리 기저의 유전적 성향을 바꿀 수 있다는 가능성은, 네 세기라는 긴 시간 동안 사회생물학에서 일어난 인간 실험에 의해 충격적으로 실증되었으며, 최근에는 진화 이론가 데이비드 슬로안 윌슨과 엘리엇 소버가 여기에 강렬한 관심을 보이고 있다.

> 후터파Hutterite는 16세기 유럽에서 시작된 근본주의 종파인데, 후터 교도들은 징병을 피해 19세기에 북아메리카로 이주했다. 그들은 자신을 벌떼와 동등한 인간으로 간주한다. 그들은 재산 공유제(사적 소유권이 없다)를 실행하며, 극도로 자아 없는 심리적 태도를 계발한다. …… 대부분의 진화론자들이 인간의 친사회적 행위를 설명할 때 사용하는 두 원칙인 족벌주의와 상호주의(호혜주의)를 후터파는 부도덕한 것이라고 경멸한다. 그들에게 남에게 무언가를 주는 것은 상호

관계와 상관없는 것이어야 하고, 돌려받음에 대한 기대와도 상관이 없는 것이어야만 한다. 〔Wilson and Sober 1994, p. 602〕

대부분의 종파와는 달리, 후터파는 수 세기에 걸쳐 상당히 성공적으로 자신들의 집단을 전파하여 범위를 넓혔고, 전 세계적으로 그들의 인구를 증가시켰다. 윌슨과 소버에 의하면, "오늘날 캐나다에서 후터파는 현대 기술의 혜택 없이도 농업의 불모지에서 번창했고, 그들의 확장을 제한하는 법들이 없는 한 후터파가 아닌 개체군들을 그들의 거주지에서 거의 확실하게 내쫓을 것이다."(p. 605)

후터파가 시작된 지 네 세기가 좀 넘었을 수도 있지만, 그 정도는 유전적 달력에 표시되기에 너무도 짧은 시간이다. 그러므로 후터파 집단들과 그 나머지가 속하는 집단들 간의 두드러진 차이점들 중 **그 어떤** 것도 유전적으로 전달되었을 리는 없어 보인다. (짐작건대, 후터교도의 아기를 다른 집단의 아기와 바꿔본다고 해도 후터파 집단의 "집단 적합도"에 눈에 띄는 간섭은 일어나지 않을 것이다. 후터파는 **문화적** 전달의 유산 덕분에 확보된 '인간적 보통주'[12]의 일부인 성향들을 단순히 착취하고 있는 것이다.) 따라서 후터파는 문화적 진화가 어떻게 새로운 집단 효과를 생성할 수 있는지를 보여주는 사례이며, 진화론자의 관점에서 볼 때 특히 흥미로운 것은 그들의 분할 방식이다.

꿀벌 떼처럼, 후터파 공동체들도 규모가 커지면 분열을 하는데, 절반은 원래 위치에 그대로 남고 나머지 절반은 미리 선택되고 준비된 새로운 장소로 이주한다. 분할을 준비할 때, 공동체는 사람들을 인원수, 나이, 성별, 기술 및 개인의 조화성 측면에서 동등한 2개의 집

12 [옮긴이] 특별한 권리 내용이 정해지지 않은 일반 주식을 말한다. 일반적인 회사들이 발행하고 있는 주식의 대부분이 보통주이다.

단으로 나눈다. 공동체 전체의 소지품들은 모두 포장되고 어느 것이 남고 어느 것이 이동할지는 분할의 날에 추첨으로 결정된다. 감수분열의 유전적 규칙들과 이보다 더 완벽하게 유사할 수 없다. [Wilson and Sober 1994, p. 604.]

'다윈의 무지의 베일'이 작동 중인 것이다! 그러나 그것만으로는 집단의 연대를 보장하기에 충분하지 않다. 인간이라는 존재는, 일생을 후터파 공동체에서 보냈다 할지라도, 탄도학적 지향계가 아닌 유도 지향계이며, 안내는 매일 제공되어야 하기 때문이다. 윌슨과 소버는 이 종파의 초기 지도자 중 한 명인 에렌프리스Ehrenpreis의 말을 인용한다. "우리는 현재의 본성을 지니는 사람이 진정한 공동체를 지키며 살아가기가 무척 어렵다는 것을 계속 반복해서 보고 있습니다." 그런 너무도 인간적인 경향에 대항하려면 후터파의 관행들이 얼마나 명시적이고 효과적이어야 하는지를 강조하는 에렌프리스의 말을 그들은 계속 인용한다. 이 선언들은 어떤 식으로든 후터파의 사회적 조직이 윌슨과 소버가 부인하거나 경시하고 싶어 하는 인간 본성의 바로 그 특성들—이기심, 추론에 대한 개방성—에 **대항하여** 상당히 힘 있게 정렬된 문화적 관행의 결과라는 것을 명확하게 한다. 집단 사고가 정말로 인간 본성에서 윌슨과 소버가 믿고 싶어 하는 것만큼의 지분을 차지하고 있다면, 후터파의 부모나 연장자들은 아무 말도 하지 않아도 될 것이다. (이 사례를 우리 종에 정말로 어떤 유전적 소인이 있는 경우와 비교해보라. 여러분은 부모들이 자기 아이들에게 단것을 더 많이 먹으라고 꼬드겼다는 말을 얼마나 자주 들어봤는가?)

후터파의 이상들을 유기체 조직의 본질이라고 제시했다는 점에서는 윌슨과 소버가 옳았다. 그러나—우리 몸의 세포나 군집의 벌과는 달리—사람이 지닌 차이점은, 사람들에게는 항상 선택이라는 선택권이 있다는 것이다. 그리고 나는, 이것이 바로 우리의 사회공학에서 우리가 가장 파괴하고 싶어 하지 않는 것이라고 생각한다. 후터파는 명백히 외관상으로는 이에 동의하지 않으며, 비서양권의 많은 밈들도 그러하다.[13] (나는 비서양권의 밈들을 모으고 있다.) 당신은 우리 자신과 아이들을 우리 집단의 최고선을 위한 노예로 만드는 그 아이디어를 좋아하는가? 그것은 후터파가 언제나 향하고 있던 방향이었고, 윌슨과 소버의 설명에 따르면, 그들은 인상적인 성공을 성취했다. 아이디어를 자유롭게 교환하는 것을 금지시키고 스스로 생각할 의욕을 꺾는 대가를 치르고서 말이다. (이는 이기적이 되는 것과는 구별된다.) 완고한 자유사상가는 모두 신자들 앞으로 끌려와 단호한 훈계를 받는다. "만일 그가 계속 완고하게 나가며 교회의 말마저 듣지 않겠다고 저항한다면, 그 상황에서의 해결책은 오직 하나뿐이다. 그와의 모든 관계를 끊고 제명하는 것이다." 전체주의 체제는 (집단전체주의마저도) 이타적 집단이 무임 승차자에게 취약한 것과 거의 정확히 같은 방식으로 설득(단념시키기)에 극도로 취약하다. 그렇다고 해서 언제나 탈퇴 쪽에 이유가 있다고 말하는 것은 아니다. 절대 그렇지 않다. 이유는 항상 선택지들을 열어놓고 설계를 **개정**하는 쪽에 있다. 이는 통상적으로 좋은 것이지만 늘 그렇지는 않다. 그러나 이는 경제학자 토머스 셸링Thomas Schelling(1960)과 철학자 데렉 파피트Derek Parfit(1984), 그리고 그 외 학자들의 논의에서 주목된 매우 중요한 사실이기도 하다. 그들은 합리적인 행위자가 자신을 (단기적으로) 비합리적으로 만들려고 할 때, 어떤 조건에서 그런 일이 합리적이 될지를 논의했다. (예를 들어, 당신은 스스로를 불쌍한 갈취의 표적으로 만들고 싶어 할 수도 있다. 만약 당신이 이성의 소리를 듣지 않는다고 어떻게든 세상에 납득시킬 수 있다면, 세상은 당신에게, 거부할 수 없는 제안을 하려고 시

13 "아시아의 우리에게 있어 개인은 개미이다. 그러나 당신들에게 그는 신의 아이이다. 이것은 놀라운 개념이다." (공공 기물 파손 범죄로 마이클 페이가 태형을 선고받은 것에 항의하는 미국에 대해 당시 싱가포르 총리 리콴유가 한 말. 《보스턴 글로브》Boston Globe, April 29, 1994, p. 8.)

도하지 않을 것이다.)

우리가 자유로운 사고를 합리적으로 줄여나갈 수 있는 상황—윌슨과 소버가 주목한 것 같은 극단적인 상황—이 존재하지만, 후터파는 자유로운 사고를 언제나 좌절시켜야만 한다. 여러분은 자신이 원하는 책을 읽고 자신이 원하는 사람의 말을 듣지만, 후터파 구성원은 그런 것들을 단념해야 한다. 이러한 청정 상태의 보존은 오로지 의사소통 채널들을 극히 용의주도하게 제어함으로써만 가능하다. 그것이 바로 생물학적 해결책이 인간 사회의 문제들에 대한 해결책은 아닌 이유이다. 그러므로 후터파 그 자체는 탐욕스러운 환원주의의 기이한 사례인데, 그들을 구성하는 개개인이 탐욕스럽기 때문이 아니라—구성원들은 겉보기에는 탐욕과는 정반대다—윤리 문제에 대한 그들의 해결책이 너무 극단적으로 과도단순화되어 있기에 그렇다. 그러나 그들은 상호 의사소통자들의 집단을 감염시키는 밈의 위력을 보여주는 훨씬 더 좋은 예이기도 하다. 전체 집단은 자신들이 어떤 대가를 치르더라도 **그 밈들**의 확산을 보장하도록 노력을 기울이는 방식으로 집단적으로 감염된다.[14]

다음 절에서 우리는 사회생물학이 무엇이며 또 무엇이 아닌지, 그리고 무엇이 될 수 있으며 또 무엇이 될 수 없는지에 관해 더 면밀히 살펴볼 것이다. 그렇지만 탐욕스러운 윤리적 환원주의라는 이 주제에서 떠나기 전에, 우리는 잠시 멈춰서 수많은 아변종들을 지닌 이 꺼림칙한 밈의 고대 종—종교—을 다루어보아야 한다. 만약 당신이 자연주의의 오류의 명징한 예를 제시하길 원했다면, 당신은 당신의 "~이다"를 인용함으로써 "~해야만 한다", 즉 윤리적 계율을 정당화하려고 시도하는 관행을 거의 개선할 수 없었을 것이다: 성경은 그렇다고 말하고 있다. 이에 관해서는, 스키너와 윌슨이 말했듯이, 우리는 이렇게 말해야만 한다: 그래서 뭐 어쩌라고? 성경(또는 다른 모든 성스러운 텍스트도 있다고 서둘러 덧붙여야 할 것이다)에서 열거된 사실들—설령 그것들이 모두 사실이라 해도—은 왜 다윈이 《종의 기원》에서 인용한 사실들보다 윤리적 원칙에 대한 더 만족스러운 정당화를 제공한다고 가정되어야 하는가? 자, 여러분이 성경(또는 다른 어떤 성스러운 텍스트)이 **문자 그대로** 하나님의 말씀이며 인류는 하나님에 의해 이곳 지구에 놓여 하나님의 명령을 수행하기 위해 존재한다고 믿는다면, 성경은 하나님의 도구들을 위한 일종의 사용 설명서가 된다. 그렇다면 정말로 여러분에게는 성경의 윤리적 계율에는 다른 어떠한 글도 가질 수 없는 특별한 보증서가 있다고 믿을 근거가 있다. 반면에 여러분이, 성경이 호메로스의《오디세이》, 존 밀턴John Milton의《실낙원Paradise Lost》, 그리고 멜빌의《모비 딕》처럼 정말로 이런저런 인간 저자들이 저술한 인간 문화의 비기적적 산물이라고 믿는다면, 당신은 성경에 전통과 그들(인간 저자들) 자체의 설득력에 의해 생성되는 주장들을 넘어서는 권위는 전혀 부여하지 않을 것이다. 이는 오늘날 윤리학을 연구하는 철학자들의 견해이며, 또 문제없이 받아들여지고 있음이 분명하다. 너무도 논쟁의 여지가 없는 나머지, 당신이 '성경에서는 다르게 말합니다'라고 지적함으로써 현대 윤리

---

14 윌슨과 소버에 의하면, 후터교도들은 알려진 모든 인간 사회 중 "가장 높은 출생률"을 보인다. 그러나 이를 알렉산더의 생식 이기주의의 승리로 읽는 것은 잘못일 것이다. 그것은 전술적 실수일 것인데, 한 가지 점에서 그렇다: 후터교도들이 얼마나 많든, 아니면 많았든, 가톨릭의 수도사와 수녀들의 수는 그보다 훨씬, 훨씬 더 많았다. 그들의 삶의 역사는 언제나처럼, 생식 챔피언을 위해 분투하는 개체들의 사례라고 설명하기는 명백히 어려울 것이다. 좀 더 강력하게, 후터파 사례의 요점이 **집단** 생식 기량이라는 것이라면, 출생률은 집단 출생률과 관련이 있을 뿐이고, 우리에겐 그 비율과 비교할 수 있는 것이 거의 없다. 내가 아는 한, 다른 어떤 인간 집단에서도 그런 식으로 행동하는 경우는 거의 없기 때문이다. 아마도 후터교도들은 자녀 중 많은 수가 떠나거나 추방되고 의사소통을 위해 계속 교체돼야 하기 때문에 그렇게 높은 개체 출생률을 갖게 되었을 것이다. 우리는 이것이 이기적 유전자들이 줄곧 원해왔던 진정한 마키아벨리적 전망이라고 간주할 수도 있을 것이다! 그들은 자신들의 목적에 부합하는 밈—후터파 밈 복합체—을 발견하고 도당을 형성했다. 스파르타식의 후터파 공동체들은 정말이지, 상당히 매력 없이 유지되는 번식용 축사와 같다. 많은 젊은이들이 여기를 떠나기 때문에 더 많은 번식이 이루어질 여지가 만들어진다. 나는 이 주장을 지지하는 것이 아니라, 단지 후터파 공동체가 어떻게 그리고 왜 지금과 같은 특성을 지니게 되었는지에 대한 진화적 설명이 주어지려면 그러한 것들이 반드시 다루어져야만 한다는 것을 지적할 따름이다.

학 문헌의 주장을 반박하려 든다면, 당신은 불신으로 가득한 경악의 시선을 한몸에 받을 것이다. 윤리학자들은 "그것은 단지 자연주의의 오류일 뿐이오"라고 말할지도 모른다. "당신은 **그런** 종류의 '~이다'에서 '~해야만 한다'를 도출할 수 없소!" (그러니 종교가 이런저런 면에서 과학보다 우월한 윤리적 지혜의 원천이라고 주장할 때 철학자들이 당신 편에서 변호해주리라고 기대하지 마시라.)

그렇다면 이는 종교적 텍스트들이 윤리에 대한 지침으로서 가치가 없다는 것을 의미할까? 물론 그렇지 않다. 그것들은 인간 본성과 윤리적 규약의 가능성들에 대한 통찰력의 훌륭한 원천이다. 고대의 민간 의학이 현대 고수준 기술 의학에게 가르침을 줄 많은 것을 지니고 있었음을 발견해도 놀랄 필요가 없는 것처럼, 그런 위대한 종교적 텍스트들이 그 어떤 인간 문화에서라도 고안되었을 가장 최상의 윤리체계를 지니고 있다는 것을 발견하더라도 놀라지 말아야 한다. 하지만 민간 의학을 대할 때처럼, 종교적 텍스트를 대할 때도 우리는 모든 것을 조심스럽게 시험해보아야 하고, 아무것이나 받아들여서는 안 된다. (아니면 수천 년 전통의 어떤 종교가 "신성한" 버섯을 먹으면 미래를 보는 데 도움이 된다고 선언했다 해서 그 버섯을 입에 왕창 넣는 것이 현명한 행동이라고 당신은 생각하는가?) 내가 표현하는 관점은 종종 "세속적 인본주의secular humanism"라고 불리는 것이다. 세속적 인본주의가 당신의 고민거리라면 당신은 사회생물학자들이나 행동주의자들 또는 강단철학자들을 공격하는 데 당신의 모든 에너지를 쏟아서는 안 된다. 그들은 종교적 교리가 윤리를 정착시키는 것이 아니라 기껏해야 윤리를 안내할 뿐이라고 침착하고도 확고하게 믿고 있으며, 또 그렇게 믿는 영향력 있는 사상가들의 '일부'에 불과한 것이 아니기 때문이다. 이것은 실제로, 미국 의회와 법원의 지배적 가정이다. 헌법 인용은 성경 인용보다 위상이 더 높으며, 또 그래야만 한다.

세속적 인본주의는 종종 이런저런 탐욕스러운 환원주의자들이 자신들을 세속적 인본주의라 자칭하기 때문에 악명을 얻곤 했다. 그 탐욕스러운 환원주의자들은 고대의 전통을 다룸에 있어 참을성이 없고, 다른 이들의 풍부한 문화적 유산에서 음미할 수 있는 진정한 경이로움들을 존중하지 않는다. 만약 그들이 윤리적 질문들이 하나의 정의 또는 몇 개의 단순한 정의들(환경에 나쁘면 나쁜 것이다; 예술에 나쁘면 나쁜 것이다; 사업에 나쁘면 나쁜 것이다 등)로 귀착될 수 있을 것이라고 생각한다면, 그들은 허버트 스펜서 및 사회다윈주의자들보다 나을 것이 하나도 없는 윤리학자들이다. 우리는 삶은 훨씬 더 복잡하다는 상당히 적절한 반론을 할 수 있다. 그러나 이때 우리는 매우 주의해야만 한다. 그 반론은 어디까지나 좀 더 신중하게 조사하라는 청원이어야만 하지, 조사를 방해하는 것이어서는 안 되기 때문이다. 그렇게 하지 않으면, 우리는 우리 자신을 절망적인 진자 위에 다시 올려놓게 된다.

그렇다면 더 신중한 조사는 어떤 모양새를 하고 있을까? 우리가 직면한 과제는 홉스와 니체가 직면했던 과제와 여전히 같다. 어떻게든 우리는 니체가 말했던 것처럼.(1885, 경구 98) 상처를 줄 때 키스도 해줄 양심을 가질 수 있는 존재로 진화해야만 한다. 이 질문을 제기하는 강렬한 방식은 당신이 이타적인 사람들을 선택하는 **인위적** 선택자가 된다고 상상해보는 것이다. 소나 비둘기 또는 개 육종가처럼, 당신은 당신을 따르는 사람 무리를 면밀하게 관찰할 수 있고, 어느 개체가 버릇없고 어느 개체가 친절한지 등을 원장에 기록하고, 다양한 방식으로 간섭하여 좋은 개체가 더 많은 아이를 가질 수 있도록 조정할 수 있다. 적절한 때에 당신은 좋은 사람의 개체군을 진화시킬 수 있어야 한다—친절함의 경향이 유전체에서 어떻게든 표현될 수 있다고 가정함으로써 말이다. 우리는 이를 단지 윤리적 질문들에 옳은 답들을 주기 **위해** 설계된 "윤리 모듈"을 위한 선택이라고 생각해서는 안 된다. 모든 모듈 장치는 단독으로 또는 연합을 형성하여 결단의 시간에 이타적 선택을 선호하는 효과(또는 부산물 또는 보너스)를 지닐 수 있다. 결국, 인류에 대한 개의 충성심은 우리 선대들의 무의식적 선택에서 생겨난 것일 뿐이다. 신이 우리를 위해 이 일을 했다고 믿을 수도 있겠지만, 우리가 '매개자(육종가)'를 없애고 **인위적** 선택이 아닌 **자연**선택에 의한 윤리의 진화를 설명하길 원한다고 가정해보자. 앞에서와 똑같은 일을 성취할 수 있는 어떤 맹목적이고 선견지명 없는 힘들이, 그리고 어떤 자연적 상황들의 집합이 존재할 수 있긴 할까?

단번에 갈 수 있는 경로는 아니지만, 누구나 알 수 있는 한, 일련의 자그마한 변화들에 의해 진정한 도덕성으로 우리 자신을 부트스트랩시킬 수 있는, 점진적이며 에둘러 가는 경로들이 있다. 우리는 "부모의 투자parental investment"(Trivers 1972)에서 시작할 수 있다. 어린 자식을 돌보는 데 많은 에너지와 시간을 투자하는 생물들을 생산하는 돌연변이들이, 모든 상황에서는 아니지만, 많은 상황에서 진화할 수 있다는 데에는 논란의 여지가 없다. (일부 종들만이 부모의 투자에 종사한다는 것을 기억하라. 부모가 죽은 후에 새끼가 부화해 나오는 종들에서는 이것은 선택사항이 아니며, 왜 부모의 정책이 이렇게 다르게 존재하는지, 그 이유들에 관해서는 조사가 잘되어 있다.[15]) 자, 일단 한 종을 위해 그 자손에 대한 부모의 투자가 확보되고 나면, 우리는 그 범위를 어떻게 넓힐 수 있을까?(Singer 1981) 해밀턴이 "친족 선택kin selection"과 "포괄 적합도inclusive fitness"라는 선구자적 작업(1964)을 해둔 덕분에, 한 개체의 후손을 위한 희생을 지지하는 것과 동일한 고려사항이, 수학적으로 조금도 틀림없는 정도로, 그 개체의 더 먼 친족들을 구하는 것(부모를 돕는 자녀, 서로를

15 늘 그렇듯이, 상황을 더 복잡하게 하는 문제들은 많다. 예를 들어 어떤 종의 딱정벌레는 정액을 묻힌 푸드플러그food plug를 만드는 데 엄청난 투자를 하고, 암컷들은 그것을 놓고 경쟁을 한다. 이것도 일종의 부모의 투자이지만, 여기서 논의하고 있는 그런 종류의 것은 아니다.
[옮긴이] 푸드플러그란 일부 곤충들에게서 발견되는 것으로, 식량을 보호하기 위해 자신의 분비물을 사용하며 출구나 입구를 봉쇄하는 것을 말한다.

돕는 형제자매, 조카를 돕는 이모 등등)도 지지한다는 것에 논쟁의 여지가 없게 되었다. 그러나 한 번 더 강조하건대, 그러한 도움이 진화적으로 강제될 수 있는 조건은 보편적이지 않을뿐더러 비교적 드물다는 것을 기억하는 것이 중요하다.

조지 윌리엄스(1988)가 주목한 것처럼, 동족 포식cannibalism(같은 종의 개체를 먹는 것. 그 개체가 가까운 친척이라 해도)만 흔한 것이 아니라, 많은 종에서 형제자매 죽이기sibling-cide(그들 자신은 자신이 무엇을 하는지 모르므로, 나는 '살해murder'라는 표현을 쓰고 싶진 않다)는 거의 규칙에 가깝지, 예외가 아니다. (예를 들어, 두 마리 이상의 독수리 새끼가 한 둥지에서 부화했을 때, 가장 먼저 부화한 새끼가 다른 알을 둥지 밖으로 밀어내거나 자신보다 늦게 부화한 새끼까지도 밖으로 밀어내 어린 동생들을 죽일 가능성이 매우 높다.) 이전의 짝짓기로 얻은 새끼들을 키우고 있는 암사자를 새로 얻은 수사자가 번식 사업에서 가장 먼저 하는 일은 그 새끼들을 죽여서 암컷이 더 빨리 발정하도록 만드는 것이다. 침팬지는 동종 내에서 치명적인 싸움을 벌이는 것으로 알려져 있으며, 랑구르원숭이 수컷은 암컷과의 생식 기회를 얻기 위해 다른 수컷의 유아들을 죽인다(Hrdy 1977) ― 이런 것을 보면, 우리의 가장 가까운 친척들마저도 끔찍한 행동을 하고 있음을 알 수 있다. 주의 깊게 연구된 모든 포유류 종 중 그들의 구성원이 동종의 개체를 죽이는 비율은 미국의 그 어떤 도시에서 측정된 가장 높은 살인율보다 **수천** 배는 높다고 윌리엄스는 지적한다.[16]

우리의 털북숭이 친구들에 대한 이 암울한 메시지는 종종 저항에 부딪혔고, 대중매체(텔레비전 다큐멘터리, 잡지 기사, 대중 서적)를 통해 자연 이야기를 내보낼 때는 불평하는 이들에게 충격을 주지 않도록 종

16 굴드(1993d)는 〈천 가지 친절한 행위A Thousand Acts of Kindness〉에서 이와 동일한 놀라운 통계에 주목한다.

종 자체 검열이 실시된다. 홉스가 옳았다. 자연상태에서의 삶은 사실상 모든 비인간 종에게 고약하고 잔인하고 짧다. "자연스럽게 생겨나오는 것을 하는 것"이라는 게 사실상 모든 다른 동물 종들이 하고 있는 것을 의미한다면, 그것은 우리 모두의 안녕과 건강에 위험할 것이다. 아인슈타인은, 우리의 친애하는 신은 미묘하지만 악의는 없다는 유명한 말을 남겼다. 윌리엄스는 이 관찰을 안팎으로 뒤집었다: 대자연은 마음이 없고 심지어 악랄하기까지 하지만, 한없는 바보이다. 그리고 그전에도 자주 그랬듯이, 니체는 요점을 파악하고 그것에 특별한 손길을 더한다.

> 그대, "자연에 따라" 살고 싶다고? 오, 고귀한 금욕주의자여, 이 얼마나 기만적인 말인가! 자연과 같은 존재를 상상해보라. 더없이 낭비적이고 더없이 무관심하고, 목적도 배려도 없고, 자비와 정의도 없으며, 비옥한 동시에 황량하고 동시에 불확실하다. 무관심 그 자체가 힘이라고 생각해보라. 그대는 어떻게 이 무관심에 따라 살아갈 **수 있는가**! 〔Nietzsche 1885, p. 15〕

포괄 적합도를 넘어 "호혜적 이타주의"(Trivers 1971)가 나타난다. 여기서는 근연관계가 없거나, 있다 해도 아주 먼 관계가 있는 유기체들도—심지어 같은 종일 필요조차 없다—보상을 주고받는 상호 이익적 합의를 형성할 수 있으며, 이는 인간의 약속 지키기로 가는 첫 단계이다. 대개 호혜적 이타주의는 그 명칭을 잘못 붙였다는 반대에 부딪히곤 하는데, 요는, 그것이 **진정한** 이타주의가 전혀 아니라는 것이다. 그것은 단지 이런저런 형태로 계몽된 자기 이해 추구—내 등을 긁어다오, 나는 네 등을 긁어줄 테니—에 지나지 않는다고 반대자들은 말한다. 그것은 사람들이 가장 좋아하는 단순한 사례인, 꽤 문자 그대로의, 그루밍 연합들의 경우이다. 이 "반대" 주장은 우리가 '리얼 매코이real McCoy'(틀림 없는 진품)에 이르려면 작은 단계들을 지나가야 한다는 요점을 놓치고 있다. 호혜적 이타주의가 제아무리 보잘것없다 해도(또는 아예 고귀하지 않다 해도) 진보의 유용한 디딤돌이다. 이에는 고도의 인지 기량—예를 들어, 채무자와 채권자를 재식별할 수 있는 특별한 기억과 사기꾼을 찾아내는 역량—이 필요하다.

가장 사무적이고 야만적인 형태의 호혜적 이타주의의 형태를 넘어서서 진정한 신뢰와 희생이 가능해지는 세계로 나아가는 과정은 비교적 최근에 이론적 탐구가 시작된 과제이다. 최초의 주요한 발걸음은 로버트 액설로드Robert Axelrod의 '죄수의 딜레마' 토너먼트였다.(Axelrod and Hamilton 1981, Axelrod 1984) 이 대회에서는 모든 참가자에게, 계속 반복되는 죄수의 딜레마 토너먼트에서 다른 참가자들과 경쟁할 전략—알고리즘—을 제출하게 했다. (이 주제에 대한 많은 토론이 이루어졌는데, 그중 가장 좋은 두 가지는 도킨스[1989a, 12장]와 파운드스톤[1992]의 글에 소개되어 있다.) 승리 전략은 당연히 유명해졌다. 그것은 팃포탯Tit for Tat이라 부르는 전략으로, 단순히 "상대방"의 바로 전 움직임을 모방하는 것이다. 상대방이 협력했다면 나도 바로 다음에 협력하고, 상대방이 배신하면 나도 바로 배신하여 그에 보복한다. 기본적 팃포탯 전략은 다양한 아종을 낳았다. 친절한Nice 팃포탯에서는 한 사람은 협력으로 시작하고, 그 다음번엔 상대방이 자신에게 한 것과 똑같은 행동을 상대방에게 한다. 쉽사리 짐작할 수 있는 것처럼, 친절한 팃포탯 전략을 사용하는 두 사람이 게임을 할 경우, 무한정 협력하는 굉장한 모습을 볼 수 있다. 그러나 친절한 팃포탯 전략가와 어느 지점에서든 정당한 이유 없이 배신을 일삼는 고약한Nasty 팃포탯 전략가가 만나면, 지속적인 보복성 배신이 끝없이 계속될 것이다. (물론 그들은 계속해서 스스로에게 상대방의 행동을 상기시키기 때문에, 이런 상황은 둘 모두에게 옳다.)

액설로드의 초기 토너먼트에서 탐구된 단순한 상황들은 훨씬 더 복잡하고 현실적인 시나리오들에 자리를 내주었다. 노박과 지그문트Nowak and Sigmund(1993)는 다양한 중요 상황에서 팃포탯을 능가하는 전략을 찾았다. 키처(1993)는 **강제성이 없는** 죄수의 딜레마 게임 세계(여기서는 특정 상대가 마음에 들지 않으면 경기를 거부할 수 있다)를 조사한다. 키처는 수학적 세부 사항들을 신중하게 계산하여, 어떤 ('모든'은 아니고) 특정 상황에서 "차별적discriminating 이타주의자"(과거에 누가 배신했는지를 기록하는 사람)가 어떻게 번성하는지를 보여준다. 또한 그는, 용서와 망각의 다양한 정책들이 반反 사회적 유형의 재기(부활)라는 상존常存하는 전망에 대항하여 꿋꿋하게 버틸 수 있는 조건들을 선별하기 시작한다. 키처의 분석으로 열리게 된 방향에서 특히 매력적인 것은, 흥미로운 집단들이 출현한다는 것이다. 그런 집단들에서는 강자와 약자가 자신들을 구분하여 자신들과 같은 종류의 개체들과 협력하기를 선호한다.

이것이 니체가 말했던 가치의 전도와 같은 무언가를 위한 무대를 마련해줄 수 있을까? 더 이상한 일들이 있었다. 스티븐 화이트Stephen White(미출간)는 3인 이상의 죄수의 딜레마 게임(이것은 공동체의 비극으로 이어지는 게임이다. 바다에서 해산물을 고갈시키고 키 큰 나무로 가득한 숲이 만들어지는 것 말이다)이 벌어질 경우 추가되는 중요한 복잡성들을 탐사하기 시작했다. 키처가 지적했듯이, 간단한 시나리오들은 분석적으로는 다루기 쉽지만—상호작용 방정식들과 그 방정식들의 기대 산출량은 수학 계산으로 직접 풀 수 있다—그러나 현실성과 그에 따른 복잡성이 더해지면 방정식들의 직접적 **해**solution를 구하기가 불가능해지므로, 컴퓨터 시뮬레이션이라는 간접적 방법들로 방향을 바꾸어야 한다. 그런 시뮬레이션에서는 수백 또는 수천 명의 가상 개인을 설정하고 그들에게 수십, 수백 또는 수천 가지 전략이나 그 외의 속성들을 부여한 후, 그들이 서로 대항하는 수천 또는 수백만 개의 모든 게임을 컴퓨터에게 하게 하면서 그 결과들도 계속 추적하게 하면 된다.[17]

이는 그 누구도 조롱해서는 안 되는 사회생물학 또는 진화윤리학의 한 분야다. 이는 홉스나 니체와 같은 사람들의 감感을 직접적으로 **시험**해준다. 그 감이란 '오늘날 우리가 있는 곳까지 올 수 있는 진화적으로 강제될 수 있는 자연스러운 경로가 있다'는 생각을 말한다. 우리는 이것이 참이라고 꽤 확신할 수 있는데, 왜냐하면 우리가 진짜로 여기 존재하기 때문이다. 그러나 이 연구가 분명히 밝히겠다고 약속하는 것은, 우리가 여기 있게 하는 데에 얼마나 많은, 그리고 어떤 종류의 R&D가 필요했는가이다. 한쪽 극단에서는 인상적인 병목 현상이 있음이 드러날 수 있을 것이다. 여기에는 있을 법하진 않지만 결정적인 일련의 행복한 우연들이 필요하다. (화이트의 분석은 조건들이 정말로 상당히 엄격하다고 믿을 몇 가지 그럴듯한 이유들을 제공한다.) 또 다른 극단에서는, 다소 넓은 "끌림의 분지盆地" 같은 것이 있다는 것이 드러날 수도 있다. 끌림의 분지는 인지적으로 정교한 거의 모든 생물을, 그들이 처한 상황과 관계없이, 인식 가능한 윤리적 규칙이 있는 사회로 이끈다. 이런 복잡한 사회적 상호작용에 대한 대규모 컴퓨터 시뮬레이션이 윤리학 진화의 제약들에 대해 우리에게 알려주는 것들을 지켜보는 것은 매우 흥미로운 일일 것이다. 그러나 우리는 이미 상호 인식 및 약속 통지 역량—홉스와 니체 모두가 강조했던—이 도덕 진화의 필요조건이라는 것을 사실상 확신할 수 있다. 현재의 증거만으로는 그럴 법하지 않을 수 있지만, 고래와 돌고래 또는 유인원이 그러한 필요조건들을 충족시킨다고 생각할 수 있다. 그렇지만 다른 어떤 종도 진정한 도덕성이 기반을 두고 있는 어느 정도의 사회적 인식은 물론이고, 그것과 매우 비슷한 것조차도 보

---

17 포커에서 스트레이트 플러시(연속된 숫자의 같은 무늬 카드 다섯 장이 오는 것)가 될 확률을 알고 싶다면, 한 가지 방법은 확률 이론에 의해 제공되는 방정식을 푸는 것이다. 그러면 명확한 답을 얻을 수 있다. 다른 방법도 있다. 당신이 직접 수십억 개의 포커 팩을 다 돌려보는 것이다. 각 팩의 카드들을 잘 섞고, 스트레이트 플러시가 나온 팩의 수를 당신이 돌렸던 팩의 총 수로 나누면 매우 신뢰할 수 있는 추정치가 나온다. 그러나 그것은 공식적으로 완벽한 답이 될 수는 없다. 후자의 방법은 진화윤리학의 복잡한 시나리오를 탐구할 때 쓸 수 있는, 실현 가능한 유일한 방법이지만, 앞에서(7장을 보라) 콘웨이의 라이프 게임이 탐구되는 방식에서 보인 콘웨이의 반응을 논의하면서 우리가 이미 보았듯이, 그러한 시뮬레이션의 결과는 오해의 소지가 있을 수 있으므로, 종종 에누리해서 받아들여야 한다.

여주지 못하고 있다. (나의 비관적인 감은 이렇다. 우리가 돌고래와 고래를 심해의 도덕가라는 지위에서 제외하지 않은 주된 이유는, 그들을 야생에서 연구하기가 너무도 어렵다는 것이다. 침팬지 연구에서 얻은 대부분의 증거—그중 일부는 연구자들의 오랜 자기 검열을 거친 것들이다—는, 그들이 홉스가 말한 자연상태의 진정한 거주자이며 그 상태는 많은 사람이 믿고 싶어 하는 것보다 훨씬 더 고약하고 잔인하다는 것이다.

4. 사회생물학: 좋음과 나쁨, 선과 악

…… 인간의 뇌는 어떻게 작동하든 어쨌든 작동한다. 그러나 뇌가 어떤 윤리적 원칙을 정당화하는 지름길로 어떤 식으로든 작동하기를 바라는 것은 과학과 윤리학 모두를 훼손하는 짓이다(만약 과학적 사실들이 다른 방식으로 작용하는 것으로 밝혀진다면 그 원리는 어떻게 되겠는가?).

—스티븐 핑커 1994, p. 427

사회생물학에는 두 얼굴이 있다. 하나의 얼굴은 비인간 동물들의 사회적 행동을 바라본다. 눈은 조심스럽게 초점을 맞추고, 입술은 신중하게 오므린다. 그리고 말은 반드시 조심해서 한다. 다른 얼굴은 하나의 메가폰 뒤에 거의 가려져 있으며, 엄청나게 흥분하여, 인간 본성에 대한 선언을 요란하게 울려 퍼뜨린다.

—필립 키처 1985b, p. 435

건전한 윤리적 사고를 위한 자연주의적 근거로서의 인간 본성을 연구하는 우리 작업의 또 다른 부분은, 우리 인류가 진화의 산물이라는 논란의 여지가 없는 사실에서 시작할 수 있을 것이며, 여기서 우리는 우리가 어떤 한계를 지니고 태어나는지, 또 윤리적 연관성을 지닐 수 있게 해준 어떤 변이들이 우리에게 있는지를 숙고할 것이다. 성경은 우리에게 인간이 천사보다 약간 아래에 있다고 말해주는데, 많은 사람이 인간이 그렇게 높은 지위에 있지 않다는 것이 밝혀진다면 윤리가 심각한 문제에 처하리라고 생각하는 것처럼 보인다. 만약 우리가 완벽하게 합리적이고 동등하게 합리적이며 교육 덕분에 완벽하고 동등한 융통성을 지녔으며 다른 모든 면에서도 똑같이 유능하다고 가정하지 않는다면 '평등'과 '완전성'에 대한 우리 기저의 가정들은 위태로워질 것이다. 만에 하나 그것이 사실이라면, 우리가 우리 자신을 구원하기엔 너무 늦었을 것이다. 우리는 그 시각을 유지하기엔 인간의 약점들과 인간의 차이들에 관한 너무도 많은 사실을 알고 있기 때문이다. 그러나 과학자들(진화론자들뿐 아니라)의 발견들로 인해 위험에 처하게 된 더 합리적인 시각들이 있다.

우리가 개인이나 개인들로 이루어진 유형이나 집단(여성들, 아시아계 사람들 등)에 대해 배울 수 있는 어느 정도의 사실들이, 우리가 그들을 어떻게 여기고 또 어떻게 다루는 경향이 있는지에 극심한 영향을 미칠 수 있다는 데에는 의심할 여지가 없다. 샘이 조현병 환자이거나 심각한 지적 장애인이거나, 어지럼증으로 고통받거나 주기적으로 정신을 잃는다는 것을 알게 되었다면 나는 샘을 통학버스 기사로 고용하지 않을 것이다. 개인에 대한 특정 사실에서 개인들로 이루어진 집단에 관한 일반화로 전환되면 상황은 더욱 복잡해진다. 남성과 여성의 서로 다른 기대수명에 관한 보험 통계적 사실들에 대한 보험회사들의 합리적이고 정당한 대응은 무엇일까? 그에 따라 보험료를 조정하는 것은 공정한가? 아니면 보험료 부서에서 두 젠더를 동등하게 취급하고 혜택에 차등 비율을 적용하는 것을 공정한 것으로 받아들여야 할까? 자발적으로 획득한 차이점들(예를 들면 흡연자와 비흡연자)과 관련해서는, 우리는 흡연자들이 그들의 습관과 관련해 보험료를 더 내는 것이 공평하다고 생각하는데, 선천적인 차이에 대해서는 어떨까? 아프리카계 미국인들은 집단으로서 볼 때 고혈압에 걸릴 확률이 비정상적으로 높고, 당뇨병은 히스패닉들에게서 평균보다 높게 나타나며, 백인들은 피부암과 낭포성 섬유증에 걸리기가 더 쉽다.(Diamond 1991) 이러한 차이를 건강보험 계산에 반영해야 할까? **부모**가 집에서 흡연하는 환경에서 성장기를 보낸 사람들은 자신의 잘못이 없는데도 호흡기 질환의 위험에 더 많이 노출된다. 집단으로 볼 때 젊은 남성들은 젊은 여성들보다 덜 안전하게 운전한다. 이러한 사실들 중 어느 것이 얼마나 중요한가? 그리고 왜 그런가? 통계적 경향이 아닌 특정 개인들에 관한 사실들을 다룰 때마저 곤란한 문제들이 많다. 고용주—또는 다른 이들—가 당신에게 결혼한 적이 있는지, 범죄 전적이 있는지, 안전 운전 기록이 있는지, 스쿠버 다이빙 경력이 있는지 알 권리가 있을까? 학교에서 한 학생의 성적 정보를 공개하는 것과 그 학생의 지능지수 점수에 관한 정보를 공개하는 것 사이에 원칙적인 차이가 있을까?

이것들은 모두 어려운 윤리적 문제들이다. 오늘날 시민들은 고용주와 정부, 학교, 보험회사 등이 요청할 수 있는 개인정보들에 관한 다양한 제한들에 대해 논의하고 있다. 그리고 이는 과학이 특정 종류의 정보를 전혀 추구하지 않는다면 우리에겐 더 나을 것이라는 결론으로 이르는 작은 한 걸음이다. 남성의 뇌와 여성의 뇌에 큰 차이가 있다면, 또는 난독증이나 폭력성—또는 음악적 천재성이나 동성애—을 유발하는 유전자가 있다면, 그런 것들은 암흑 속에 비밀로 묻어두는 것이 더 나을 수 있다. 이 제안을 가볍게 일축해버려서는 안 된다. 당신 자신에 관한 (당신의 건강, 능력, 전망들에 관한) 그런 사실들이 있는지 스스로 물은 적이 있다면 당신은 차라리 모르는 것이 낫고, 또 그런 것들이 있다고 판결을 내렸다면, 당신은 '그런 사실들이 사람들에게 강요되지 않도록 하는 최상의—어쩌면 유일한—방법은 그런 것들을 알아낼 가능성이 있는 연구들을 금지시키는 것'이라는 제안을 심각하게 고려할 준비가 되어 있어야 한다.[18] 그러나 한편으로는, 우리가 그러한 문제들을 조사하지 않는다면 우리는 중요한 기회들을 포기하게 된다. 사회는 통학버스 기사 지원자의 음주 운전 체포 이력을 추적하고 그 사실을 적절한 의사결정자들에게 통보하는 데 지대한 관심을 가지고 있고, 또한 사회 구성원들에 대한 다른 사실들도 밝혀내어 우리의 삶을 향상시키거나 사회(사회의 많은 또는 특정 구성원들)를 보호하는 것에도 똑같이 깊은 관심을 기울이고 있다. 바로 이 점이 우리가 내리고 있는 연구 결정들을 그토록 중대하게 만들고, 논란이 생성될 가능성을 그토록 높게 만든다. 사회생물학 연구가 끊임없는 '우려에서 경보 상태에 이르는' 분위기에서 수행되고, 종종 그렇듯이 연구가 고조되면 때로는 과대 선전이 진실을 묻어버리는 것은 놀랄 일이 아니다.

"사회생물학"이라는 용어에서 시작해보자. E. O. 윌슨이 이 용어를 만들었을 때, 그는 그 말이 짝, 집단, 무리, 이민자들, 국가 내 유기체들 사이의 상호 관계들의 진화와 관련된 생물학적 탐구의 전체 스펙트럼을 아우르는 것이라고 생각했다. 사회생물학자들은 흙더미 안의 흰개미들, 뻐꾸기의 탁란과 거기에 속는 양부모들, 코끼리바다물범 수컷들과 그들의 하렘들, 그리고 인간 부부들과 가족들과 부족들과 국가들 사이의 관계를 연구한다. 그러나 키처가 말하듯이, 비인간 동물의 사회생물학은

---

18 필립 키처는 사회생물학을 비판적으로 조사하기 시작한다. 《솟구치는 야심Vaulting Ambition》(1985b)에서 그는, 영국의 악명 높은 '11+' 시험—지금은 없어졌다. 고마워라!—에 의한, 답이 없는 피해 사례들을 소개한다. 아주 어렸을 때 치렀던 시험으로 열한 살짜리 아이들에게 그들의 미래를 약속하는 위쪽 또는 아래쪽이라는 평결을 내리고, 그들이 취할 수 있는 삶들로 이르는 경로와 부분집합을 상당히 가차 없이 고정시켜버리는 낙인을 찍음으로써 생긴 사례들을 잘 볼 수 있다.

[옮긴이] 영국의 11+ 시험은 초등 1학년 때부터 일부 학생들이 치르는 것으로, 여기서 나온 결과가 중학교나 고등학교 입시에도 영향을 미친다.

언제나 더 많은 조심과 주의를 기울이며 수행되어왔다(Ruse 1985도 보라). 사실, 여기에는 최근 이론생물학에서 이루어진 가장 중요한 발전의 일부가 포함되어 있다. 해밀턴, 트리버스, 메이너드 스미스의 고전 논문 같은 것 말이다.

우리는 해밀턴이 친족 선택이라는 개념 틀을 도입함으로써 이 분야의 개시를 알렸다고 말할 수 있다. 친족 선택 개념은 무엇보다도 곤충들의 **진사회성**eusociality—개미, 벌, 흰개미 들은 사심 없이 큰 무리를 지어 살고 있으며, 대부분의 개체가 알을 낳을 수 없는 일벌레들이고 알을 낳을 수 있는 여왕은 한 마리뿐이다—에 관한 많은 다윈의 퍼즐들을 풀었다. 그러나 해밀턴의 이론이 모든 문제를 풀지는 못했고, 리처드 알렉산더의 중요 공헌들 중 하나는 진사회성 **포유류**들이 진화할 수 있는 조건들을 특성화한 것이었다. 그리고 이 "예측"은 남아메리카의 벌거숭이두더지쥐라는 놀라운 동물에 대한 후속 연구들에 의해 기가 막히게 입증되었다.(Sherman, Jarvis, and Alexander 1991) 이것은 적응주의 추론의 눈부신 승리였으므로 더 널리 알려져야 마땅하다. 카를 지그문트Karl Sigmund가 묘사했듯이, 해밀턴의 아이디어는

> 1976년 미국 생물학자 R. D. 알렉산더가 불임 계층sterile caste에 관해 강의하면서 가장 주목할 만한 발견으로 이어졌다. 당시에는 불임 계층이 개미, 벌, 흰개미들에서 존재하지만 척추동물에서는 그 어떤 종에서도 존재하지 않는다고 널리 알려져 있었다. 알렉산더는 일종의 사고실험을 통해, 불임 계층을 진화시킬 수 있는 포유류의 개념을 장난감 문제로 만들어보았다. 우선 그 포유류 집단은, 흰개미처럼, 충분한 식량 공급이 가능하고 포식자로부터 보호될 수 있는 확장형 보금자리를 필요로 할 것이다. 크기를 고려하면, 나무 아래에 위치[흰개미의 조상 곤충들로부터 추정되는 것처럼]하는 것은 소용이 없었다. 그 대신 덩이줄기들이 가득한 지하 굴들은 완벽하게 들어맞는

거주지가 될 것이다. 그리고 기후는 열대성이어야 한다. 토양이 무거운 점토(여기에선 셜록 홈스의 힌트가 강하게 묻어난다!)[19]여야 하기 때문이다. 안락의자 생태학에서의 기발한 연습이 모두 모여 실행되었다. 그러나 강의가 끝난 후에, 알렉산더는 그가 상정한 가상의 짐승이 정말로 아프리카에 살고 있다는 말을 들었다. 그것은 바로, 제니퍼 자비스Jennifer Jarvis가 연구한 작은 설치류인 벌거숭이두더지쥐였다. 〔Sigmund 1993, p. 117.〕

벌거숭이두더지쥐는 엄청나게 못생기고 이상해서, 대자연의 사고실험이 철학의 환상들에 경쟁한 것이라고 말해야 할 정도다. 그들은 진실로 사교적이다. 한 군집에서는 한 마리의 여왕두더지쥐가 유일한 암컷 번식자이며, 군집 내 다른 암컷들의 생식 기관의 성숙을 막는 페로몬을 방출함으로써 군집을 유지한다. 벌거숭이두더지쥐들은 분식성糞食性이다. 즉 정기적으로 자신들의 대변을 먹는 특성이 있다. 여왕 두더지쥐가 임신하면 배가 기괴하게 부풀어 오르기 때문에 입이 항문에 닿지 않는다. 그러면 그녀는 수행원들에게 대변을 구걸한다. (배부르게 드셨는지? 그러나 메스꺼움보다는 호기심을 더 많이 느끼는 모두에게 훨씬 훨씬 더 강력하게 추천되는 것이 있다.) 벌거숭이두더지쥐 및 다른 비인간 종들에 대한 연구로부터 우리는 풍부한 지식들을 배워왔는데, 이때 다윈의 역설계 기술이 사용되었다. 다시 말해, 적응주의가 사용된 것이다. 그리고 확실히 앞으로 더 많은 연구 결과들이 나올 것이다. E. O. 윌슨의 사회적 곤충에 대한 중요한 연구(1971)는 세계적으로 유명하고 또 응당 유명해야만 한다. 그리고 문자 그대로 수백 명의 다른 훌륭한 동물 사회생물학자들이 있다. (예를 들어 다음과 같은 고전적 선집들을 보

---

19 [옮긴이] 셜록 홈스는 내담자나 피의자의 구두에 묻어 있는 진흙을 보고 그것이 어디의 것인지를 정확하게 맞히곤 했다.

라: Clutton-Brock and Harvey 1978, Barlow and Silverberg 1980, King's College Sociobiology Group 1982.) 불행하게도, 그들 모두는 소수의 인간 사회생물학자들이 내놓은 열띤 탐욕스러운 주장들에 의해 (키처가 말한 것처럼 메가폰을 통해) 제기된 의혹의 어두운 구름 아래서 일하고 있다. 그리고 그런 주장들은 반대자들의 전반적인 비난들이 고조되면서 반향된다. 이는 정말로 불행한 결과인데, 다른 모든 정당한 과학 영역에서와 같이 이 연구의 일부는 훌륭하고, 일부는 좋고, 일부는 좋으면서 거짓이고 또 일부는 나쁘지만, 그 어느 것도 악하지는 않기 때문이다. 비인간 종에서의 짝짓기 시스템, 구애 행동, 영역성territoriality 등을 진지하게 연구하는 연구자들도 더 노골적으로 도를 넘는 인간 사회생물학 연구자들과 똑같은 결점을 틀림없이 지니리라고 여기는 것은 정의의 불착不着임과 동시에 과학을 심각하게 오표상하는 것이다.

그러나 "양측" 모두 본분을 다하지 못했다. 불행하게도 최고의 사회생물학자들도 피포위 심리에 사로잡혀 동료들의 엉터리 연구를 비판하는 일을 다소 꺼리게 되었다. 메이너드 스미스, 윌리엄스, 해밀턴, 도킨스가 논쟁들에서의 다양한 무고한 결점들을 단호하게 바로잡고 문제들을 지적하는—간단히 말해서, 모든 과학에서의 의사소통의 정상적 원칙일라 할 수 있는 수정 작업을 행하는—모습을 인쇄물을 통해 볼 수 있었지만, 그들은 자신들의 좋은 작업을 열정적으로 오용하는 이들의 저작 안에 도사린 더 지독한 죄들을 지적하는 심하게 불쾌한 과제는 대부분 피했다. 도널드 시먼스Donald Symons(1992)는 용기 있는 예외라 할 수 있으며, 다른 예외들도 존재한다. 나는 인간 사회생물학에 편재하는 나쁜 생각의 **주요** 원천을 지적할 것이다. 사회생물학자 자신들은 이런 것들을 거의 주의 깊게 다루지 않았는데, 이는 아마도 스티븐 제이 굴드가 비평에서 요점을 밝혔기 때문이었을 테고, 그들은 무엇에 관해서든 굴드가 옳다는 것을 인정하길 몹시 싫어했을 것이다. 이 점에 관해서는 굴드가 옳으며, 훨씬 더 자세한 비판을 개진한 필립 키처(1985b)도 그렇다. 여기 굴드의 버전이 있는데, 이해하기 조금 어렵다. (나는 처음에 이에 동조하는 방식으로 읽는 법을 몰라서 뛰어난 생물철학자 로널드 아문센 Ronald Amundsen에게 굴드가 뜻하는 바를 설명해달라고 도움을 요청했다. 그는 이에 성공했다.)

> 다윈주의적인 그리-됐다는-이야기들의 표준적인 토대는 인간에게는 적용되지 않는다. 그 토대가 의미하는 것은 이것이다: 적응적이라면, 유전적이다—왜냐하면 적응의 추론이 통상적으로 유전 이야기의 유일한 기초이며, 다윈주의는 개체군에서의 유전적 변화와 변이의 이론이기 때문이다. 〔Gould 1980c, p. 259〕

이는 무엇을 뜻하는가? 굴드는 적응주의적 추론이 인간에는 적용되지 않는다고 말하고 있는 것이 아니다. (그러나 처음 보면 적용되지 않는다고 말하는 것처럼 읽힌다.) 그는 인간의 경우에는 (그리고 오로지 인간에서만) 언제나 문제가 되는 적응의 가능한 **다른** 원천—이름하여 문화—이 있으므로, 문제의 특질을 위한 유전적 진화가 있었다는 것을 **쉽게** 추론할 수 없다고 말하는 것이다. 비인간 동물의 경우에서마저, 문제의 적응이 해부학적 특성이 아닌 명백하게 '좋은 요령'인 행동 패턴일 때는, 적응으로부터 유전적 기초를 추론해내는 것은 위험한 작업이 된다. 그렇다면 다른 가능한 설명이 있다. 그것은 그 종의 일반적인 **비우둔성** nonstupidity이다. 우리가 종종 보아왔던 것처럼, 움직임이 더 분명할수록 그것이 전임자로부터—명확하게 유전자에 의해—복사되었음이 틀림없다는 추론은 덜 안전하다.

오래전, 나는 MIT의 인공지능 연구소에서 나의 첫 번째 컴퓨터 "비디오 게임"을 실행했다. 그 게임은 '메이즈워Maze War'(미로 전쟁)라 불렸고, 중앙 시분할time-sharing 컴퓨터에 연결된 별도의 터미널을 통해 한번에 한 명 이상이 플레이할 수 있었다. 스크린 밖의 당신은 미로를 그린 간단한 원근법 선을 스크린에서 보며 '보는 사람viewer'으로서 그 안에 위치하게 된다. 당신 눈앞에는 왼쪽과 오른쪽, 그리고 앞으로 갈 수 있는 복도들이 보이며, 키보드의 키들을 누르면 당신은 앞뒤 또는 좌우로 90도 회전할 수 있다. 키보드의 또 다른 키는 총의 방아쇠 역할을 하는데, 그 키를 누르면 총알이 바로 앞쪽으로 발사된다. 다른 모든 플레이어들도 같은 가상의 미로 속에 있고, 당신처럼 돌아다니면서 자신은 총에 맞지 않길 바라며 남들을 쏠 기회를 호시탐탐 노린다. 만일 다른 플레이어 한 명이 당신의 경로를 가로질러 간다면, 그는 단순한 만화 인물로 화면에 나타날 것이고, 당신은 그가 뒤돌아서 당신을 발견하고 방아쇠를 당기기 전에 당신이 먼저 그를 쏠 수 있기를 바랄 것이다. 겨우 수 분 동안 나는 몇 번 뒤에서 "총을 맞았고," 제정신이 아니었던 그 몇 분이 지난 후 피해망상이 고조되며 너무 불편해진 나머지, 그것을 완화시킬 방법을 찾았다. 나는 미로에서 막다른 골목을 발견하고 거기에 등을 대고 앉아 비교적 침착하게 방아쇠에 손가락을 올리고 있었다. 그때 나는 내가 곰치의 정책, 즉 잘 보호된 구멍 안에서 참을성 있게 헤엄치면서 기다릴 만한 가치가 있는 무언가를 기다리는 정책을 채택하고 있다는 생각이 들었다.

자, 그 상황에서의 내 행동이 *호모 사피엔스*에게 곰치가 하는 행동의 유전적 소인이 있다고 가정하게 할 이유가 될까? 그 상황에서 내가 받은 스트레스가 내 조상들이 아직 어류였을 적부터 내 유전자 안에 잠자고 있던 어떤 오래된 정책을 끄집어올렸을까? 물론 그렇지 않다. 그 전략은 너무도 명백한 것이다. 그것은 강제된 움직임처럼 느껴졌지만, 적어도 '좋은 요령'이었다. 화성인들이 자신을 보호하기 위해 화성의 동굴로 들어가는 것을 보아도 우리는 놀라지 않을 것이고, 그것을 보았다고 해서 화성인들이 곰치를 조상으로 가졌을 확률을 0에서 그보다 큰 값으로 조정하지도 않을 것이다. 내가 곰치와 먼 친척 관계인 것은 사실이지만, 게임의 그 상황에서 내가 그 전략을 찾아냈다는 사실은, 분명히 나의 필요와 욕구를 고려할 때, 그리고 그때의 내 한계에 대한 나 자신의 평가를 고려할 때, 그 전략의 명백한 우수성 때문이었을 뿐임이 확실하다. 이것은 인간 사회생물학 추론에서의 근본적인 장애물—극복할 수 없는 것은 아니지만, 일반적으로 인정되고 있는 것보다는 훨씬 더 큰—을 보여준다. 광범위하게 분리된 인간 문화들에서 특정 유형의 인간 행동이 모든 곳에 편재하거나 적어도 거의 어디에나 있음을 보여주는 것은 그 특정 행동을 위한 유전적 소인이 있다는 것을 보여주는 데 **아무런 도움이 되지 않는다**. 내가 아는 한, 모든 문화에서 인류학자들에게 알려진 사냥꾼들은 뾰족한 끝을 앞으로 하여 창을 던진다. 그렇지만 이것이 우리 종에 '뾰족한 쪽을 앞으로 하여 던지기 유전자'가 고정 처리되었음을 확립해주는 것은 명백히 아니다.

비인간 종들은 문화가 결핍돼 있어도, 강제로 시킨다면, 바퀴를 다시 발명하는 것과 유사한 역량을 보여줄 수 있다. 문어들은 희한할 만큼 뛰어나게 머리가 좋다. 비록 그들이 문화적 전달의 징후를 보이지는 않지만, 그들의 조상에게서부터 특별한 문제들로 제기된 적 없는 '좋은 요령'들을 개체들이 개별적으로 발견하는 것을 보아도 놀라지 말아야 할 만큼 똑똑하다. 그런 균일성은 생물학자들에 의해 특별한 "본능"의 표지라고 잘못 읽힐 수 있는데, 사실 그들이 동일한 똑똑한 발상을 계속하여 떠올릴 수 있었던 것은 그들의 일반적 지능 덕분이었을 뿐이다. *호모 사피엔스*를 해석할 때의 문제점은 문화적 전달의 사실 때문에 몇 배로 증가한다. 비록 어떤 개별 사냥꾼이 뾰족한 쪽을 앞으로 해서 던져야 한다는 것을 스스로 이해할 정도로 충분히 똑똑하지 않아도, 그렇게 해야 한다는 동료들의 말을 듣거나 그들이 던지는 모습을 보면 그는 그 사실을 눈치채고 그 결과를 즉각적으로 인정할 것이다. 다시 말해서, 당신이 완전한 백치가 아니라면, 그 어떤 경우에도 당신에게는 친구들로부터 배울 적응력을 위한 유전적 기초가 필요하지 않다.

사회생물학자들이 이 편만한 가능성을 무시하는 실수를 저지를 수 있다는 것은 믿기 어렵지만, 그들이 그렇게 했다는, 그것도 반복적으로 그랬다는 증거는 놀랍도록 많다.(Kitcher 1985) 많은 사례가 나열될 수 있지만, 나는 특히 눈에 잘 띄고 잘 알려진 사례에 집중하고자 한다. E. O. 윌슨(1978, p. 35)이 특정한 유전적 가설들에 의해 설명되어야 할 인간의 행동은 "인간 활동 레퍼토리 중 가장 덜 불합리한 것" …… 이라고 분명하게 진술했음에도 말이다. 윌슨은 계속 말한다. "다시 말해, 그것들은 문화에 의한 모방에 가장 덜 민감한, 선천적이며 생물학적인 현상들을 내포해야 한다."(pp. 107ff.) 그리고 더 나아가, 예를 들어, 모든 인간 문화에서 보이는 **영역성**(우리 인간은 약간의 공간을 우리의 공간이라고 부르는 것을 좋아한다)의 증거는 우리가 다른 많은 종처럼 태어날 때부터 영역 방어를 위해 배선된 소인을 지니고 있었다는 명명백백한 증명이라고 주장한다. 그건 사실일지도 모르겠다. 사실, 많은 종이 분명히 선천적인 영역성을 보이고 있으므로 그것은 전혀 놀라운 일이 아닐 테고, 어떤 힘이 우리의 유전자 구성에서 그러한 성향들을 제거할 수 있으리라고는 생각하기 어렵기 때문이다. 그러나 인간 사회들에서의 영역성의 편재는 **그것 자체로는** 이에 대한 증거가 전혀 **아니다**. 인간의 많은 합의들에서 영역성은 너무도 잘 이해되기 때문이다. 그것은, 강제된 움직임이 아니라 해도 적어도 그에 가까운 것이다.

생물권의 다른 부분에서는 적응—명백한 효용, 명백한 가치, 부인할 수 없는 설계의 합리성—이라는 자연선택의 측면들에서의 설명이라고 **간주되는** 그 숙고의 결과들이, 인간 행동의 경우에서는 그러한 모든 설명의 요구에 **불리한** 것으로 간주된다. 요령이 그렇게 좋다면, 그것은 유전적 계보나 특정 사항들의 문화적 전달 없이도 모든 문화에서 일상적으로 재발견될 것이다.[20] 우리는 12장에서, 밈학을 과학으로 바꾸려는 우리의 시도에 큰 혼란과 파괴를 가져올 수 있는 것이 수렴적인 문화적 진화—바퀴의 재발명—의 전망이라는 것에 대해 알아보았다. 문화적 공통성들에서 유전적 요인들을 추론하려는 모든 시도에 이런 동일한 어려움이 동일한 이유로 놓여 있다. 윌슨은 때때로 이 문제를 언급했지만, 그렇지 않은 경우는 잊곤 했다.

> 이집트와 메소포타미아, 인도, 중국, 멕시코, 그리고 중앙 및 남아메리카 초기 문명들에서의 유사성은 놀랄 만큼 가깝다. 그것들은 우연이나 문화적 상호 교류의 산물로 설명해 치워버릴 수 없다. [Wilson 1978, p. 89]

우리는 각각의 주목할 만한 유사성을 차례로 살펴보고, 그중에 유전적 설명을 **필요로 하는** 것이 있는지 확인할 필요가 있는데, 왜냐하면 문화적 상호 교류(문화적 계승)와 우연 외에도, 재발명의 가능성이 존재하기 때문이다. **어쩌면** 이런 모든 또는 많은 유사성들에 특별한 유전적 요인들이 작동하고 있을 **수도** 있지만, 다윈이 강조했듯이, 최상의 증거는 언제나 별스럽게 특이한 것들—별난 상동들—, 그리고 더는 합리적이지 않은데도 생존해 있는 것들일 것이다. 이런 유형의 가장 강력한 사례는 요즘 사회생물학과 인지심리학의 결합을 통해 발견되고 있으며, 이 두 학문이 통합된 부분은 최근에는 진화심리학이라는 이름으로 불리고 있다.(Barkow, Cosmides, and Tooby 1992) 아래와 같은 사례 하나를 강조해보면, 인간 본성 연구에서 다윈주의적 사고를 좋게 사용한 것과 나쁘게 사용한 것이 유용하게 대조될 것이며, 방금 제시된 합리성(또는 그저 비非 우둔성)에 대한 입장이 명확해질 것이다.

---

20 그러한 어떤 경우를 고려하더라도, 대략적으로 합리적인 로봇(똑똑하지만 유전적인 조상은 없다)들로 가득 찬 방을 상상하고, 그들이 문제의 행동에 이내 익숙해질 것인지 당신 자신에게 물어보는 것은 유용한 연습이 된다. (사례가 복잡하다면, 당신의 상상력에게 보철장치를 달아 안내해줄 컴퓨터 시뮬레이션을 사용해야 할 것이다.) 그렇게 해본다면, 인간도 모든 곳에서 그 합리적인 로봇처럼 행동한다는 것은 그리 놀랄 일이 아닐 것이다. 그리고 인간의 성취는 영장류의 유산과도, 포유류의 유산과도, 심지어는 척추동물의 유산과도 아무 관련이 없을 것이다.

우리 인간은 얼마나 논리적일까? 어떤 면에서는 매우 논리적이고, 또 다른 면에서는 당황스러울 정도로 비논리적인 것 같다. 1969년, 심리학자 피터 웨이슨Peter Wason은 상당히 많은 똑똑한 사람들—예를 들면 대학생들—을 실패하게 만드는 간단한 테스트를 고안했다. 당신도 직접 해보아도 된다. 여기 넉 장의 카드가 있다 몇 장은 알파벳이, 몇 장은 숫자가 위로 와 있다. 모든 카드는 한 면에는 숫자가, 다른 면에는 알파벳이 적혀 있다.

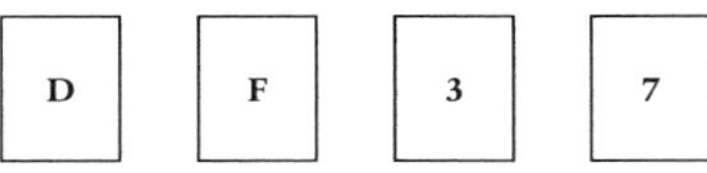

규칙을 따르지 않는 카드가 있는지 확인하는 것이 과제다. 규칙은 이렇다. "카드의 한쪽 면에 'D'가 적혀 있다면, 다른 면에는 '3'이 적혀 있다." 자, 이 규칙이 사실인지 알아내려면 위의 네 카드 중 무엇(들)을 뒤집어야 할까? 슬프게도, 이런 유형의 실험 대부분에서 절반 미만의 학생만이 정답을 맞혔다. 당신도 맞혔는가? 문제의 내용(구조가 아니고)을 아주 약간 바꾸면 정답이 훨씬 더 명확해진다. 당신은 술집 입구를 지키는 사람이며, 당신의 업무는 미성년자(21세 미만) 손님이 맥주를 못 마시게 하는 것이다. 아래의 카드들을 보자. 카드 한 면에는 나이에 대한 정보가 적혀 있고, 다른 면에는 고객이 마시고 있는 것에 대한 정보가 있다. 자, 여기서는 어떤 카드를 뒤집어야 할까?

맥주 마심	콜라 마심	25세	16세

말할 것도 없이, 첫 번째와 네 번째를 뒤집어야 한다. 이는 첫 번째 문제에서도 마찬가지다. 두 문제의 구조는 똑같은데 왜 한쪽 설정이 다른 쪽 설정보다 훨씬 쉽게 여겨지는가? 아마도 여러분은 이렇게 생각할 것이다. 전자는 추상적이고 후자는 내용이 있다. 또는 후자가 친숙할 뿐 아니라 자연의 규칙성이 아닌 우리의 관습적 규칙성과 연루되어 있다, 등등. 문자 그대로 수백 건의 웨이슨 카드 분류 시험이 피험자들에게 실시되었다. 시험되는 가설에는 이 책에서의 문제도 있고 다른 문제들도 있다. 그리고 테스트는 수백 가지로 변형되었다. 다양하고 폭넓은 시험에서 피험자들의 성과는 특정 시험의 세부 사항과 그 상황에 따라 천차만별로 나타났다. 그러나 시험 결과들을 모두 조사한 결과, 거의 모든 피험자 집단들이 어려워하는 설정이 있고, **똑같은 피험자 집단**들이 쉽게 생각하는 설정이 있다는 것에는 의심의 여지가 없었다. 그러나 두 블랙박스의 수수께끼를 연상시키는 수수께끼가 남아 있다. 어려운 경우의 정확히 어떤 면이 그것을 어렵게 만들었는가? 또는 (이쪽이 더 나은 질문이다) 쉬운 경우의 어떤 면이 그것을 쉽게 만들었는가? 코스미디스와 투비는(예를 들어, Barkow, Cosmides, and Tooby 1992, 2장)는 진화론적 가설을 내놓았는데, 다윈주의적 사고의 가능성을 날카롭게 인식하지 않은 사람이 이 특정 발상을 머릿속에 떠올리는 것은 지극히 어려운 일이다. 쉬운 경우는 모두, 사회적 협약을 감시하거나, 다른 말로, 사기꾼을 탐지하는 과제로 수월하게 해석될 수 있는 경우였다.

코스미디스와 투비는 우리의 니체적 과거의 화석을 발견한 것처럼 보인다! 물론 가설 틀 짜기는 아직 그것의 증명이 아니지만, 그 가설들의 중요한 덕목 중 하나는, 그것이 탁월하게 시험 가능하며, 그것을 반박하려는 매우 다양한 시도들을 지금까지 매우 잘 견뎌냈다는 것이다. 그것을 참이라고 놓자. 그것은 우리가 대자연이 우리에게 A에 대해 추론하도록 배선해놓은 그 A에 대해서만 추론할 수 있다는 것을 보여줄 수 있을까? 명백히 그럴 수 없다. 그것은 단지 우리가 왜 특정 주제에 대한 추론을 다른 것에 대한 추론보다 더 쉬워하는지(더 "자연스럽게 해내는지")를 보여줄 뿐이다. 우리는 우리의 추론 능력을 몇 배씩 확장시키는 문화적 인공물들(형식논리체계, 통계학, 의사결정 이론 등 대학에서 가르치는 것들)을 고안했다. 전문가들도 종종 이 전문적인 기술들을 무시하고 옛날부터 해왔던 육감과 경험에 의한 추론에 의존하며, 때로는 웨이슨 테스트가 보여주는 것 같은 당혹스러운 결과를 내놓기도 한다. 다윈주의적 가설들과는 완전히 무관하게, 사람들이 이런 엄격한 추론 기술들을 사용해야 한다고 스스로 의식하는 특정한 경우를 제외하면, 인지적 환각에 빠지는 경향이 있다는 것을 우리는 안다. 우리는 왜 **이런** 환각에 대한 수용성이 높을까? 진화심리학자들은 말한다. 똑같은 이유로 우리는 착시 현상을 비롯한 감각 환각 현상에 취약하다고. 그리고 우리는 그런 식으로 만들어졌다고. 대자연은 우리를 진화시켜온 환경에 의해 부과되는 문제들의 특정 집합을 해결하도록 우리를 설계했고, 할인된(이류의) 해결책—일반성은 부족하더라도 가장 시급한 문제들을 풀 수 있게 해주는 값싼 해결책—이 출현할 때마다, 그 해결책이 우리에게 인스톨되는 경향이 있다.

코스미디스와 투비는 이러한 모듈들을 "다윈주의 알고리즘"이라 부른다. 그것들은 투빗서와 같은 메커니즘이며, 단지 좀 더 화려하고 복잡할 뿐이다. 분명 우리는 하나의 추론 메커니즘으로는 세상을 헤쳐나갈 수 없다. 코스미디스와 투비는, 위협을 비롯한 사회적 교류 및 기타 편재하는 문제 유형—위험, 단단한 물체, 전염 등—에 관해 생각하는 데 유용한 다른 특수 목적 알고리즘들을 위한 증거를 수집해왔다. 하나의 범용 추론기계를 갖는 대신, 우리는 모든 것이 상당히 좋고 (또는 적어도 그것이 진화해온 환경 안에서는 상당히 좋고) 오늘날의 새로운 목적을 위해 손쉽게 굴절적응시킬 수 있는 일습의 도구와 장치들을 갖고 있다. 우리의 마음은 스위스 군용 칼Swiss-army knives과 같다고 코스미디스는 말한다. 때때로 우리는 우리 능력 안에서 기묘한 간극들을 발견한다. 이상한 실수들은 우리에게 문화의 화려한 허울 이면에 존재하는 설비를 설명하는 R&D의 특정 역사에 관한 단서를 제공한다. 확실히 그것은 심리학자들이 항상 '쿼티' 현상에 주의하면서 인간 마음을 역설계하는 올바른 방법이다.

나는 코스미디스와 투비가 오늘날 다윈주의 심리학에서 최고의 연구들 중 일부를 하고 있다고 생각한다. 내가 예시로 그들을 선택한 것은 그 때문이지만, 건설적인 비판을 통해 나의 추천장을 좀 완화시켜야만 한다고도 생각한다. 굴드와 촘스키의 팬들이 그들에게 퍼부은 공격은 숨이 턱턱 막힐 정도로 맹렬하고, 그들 역시 공세에 시달리면서도 반대 세력을 희화화하는 경향이 있다. 그리고 때로는 그들의 주장에 대한 회의적 견해들을 너무 성급하게 묵살하기도 한다. 회의론자들의 주장을, 아직도 진화에 대해 아는 게 없는 구식 사회과학자들의 텃세만큼이나 내놓을 만할 게 없는 것이라고 치부하면서 말이다. 이는 항상 그런 것은 아니지만 종종 있는 일이다. 비록, 우리 인간이 가진 그런 합리성이 자연선택에 의해 설계된 많은 특수 목적 장비들의 활동으로 얻어진 산물이라고 주장했다는 면에서는 그들이 옳다 해도—그리고 나는 그들이 옳다고 확신한다—우리의 그 "스위스 군용 칼"이 바퀴를 재고안하기 위해 몇 번이고 반복하여 사용될 수 있다는 주장이 도출되지는 않는다. 다시 말해 그들은, 모든 특정한 적응은 상당히 최근의 조건들에 상당히 직접적으로 (그리고 합리적으로) 반응하는 문화적 산물이 **아니라는** 것을 여전히 보여주어야 한다. 그들도 이를 알고 있으며, E. O. 윌슨이 빠져든 그 함정(우리는 앞에서 이를 이미 보았다)을 조심스럽게 피해가지만, 전투에 열이 오를 때면 가끔 잊어버리기도 한다.

다윈이 격변론으로부터 도망치는 데 열중한 나머지 갑작스러운 멸종들의 악의 없는 가능성을 간과한 것처럼, 투비와 코스미디스를 비롯한 진화심리학자들은 "표준 사회과학 모형"을 마음에 관한 적절한 다윈주의적 모형으로 대체하는 데 너무 집중한 나머지, 강제된 움직임들이 독립적으로 재발견될 무독한 가능성을 간과하는 경향이 있다. 표준 사회과학 모형의 교훈을 한번 보자.

> 동물들이 생물학에 의해 엄격하게 제어되는 반면, 인간의 행동은 상징들과 가치들의 자율적 체계인 문화에 의해 결정된다. 문화는 생물학적 제약을 받지 않고, 제한 없이, 임의적으로, 문화권에 따라 달라질 수 있다. …… 학습은 모든 지식 영역에서 사용되는 범용 프로세스다. 〔Pinker, 1994, p. 406; Tooby and Cosmides 1992, pp. 24-48.도 보라.〕

물론 이는 틀렸다. 진짜 틀렸고 정말로 틀렸다. 그러나 이를 나의 '약간만 비표준적인 사회과학 모형'과 비교해보라.

> 동물들이 생물학에 의해 엄격하게 제어되는 반면, 인간의 행동은 생물학적 기반에서부터 자라나 그것에서 무한히 멀어지며 성장하는, **대부분** 자율적인 상징과 가치의 체계인 문화에 의해 **대부분** 결정된다. 문화는 대부분의 측면에서 생물학적 제약을 **극복하거나 벗어날 수 있으며**, 문화권에 따라 충분히 다를 수 있고, 그로 인해 그 편차들의 중요 부분들이 설명될 수 있다. …… 학습은 보편 프로세스가 **아니**지만, 인간은 매우 많은 특수 목적 장치들을 지니고 있고 그것들을 다재다능하게 활용하는 법을 배우므로, 학습은 **종종** 전적으로 기질(매체) 중립적이고 내용 중립적인, 비非 우둔성의 선물인 것처럼 취급될 수 있다.

이는 내가 이 책에서 주장해온 모형이며, 이 모형은 스카이후크를 옹호하지 않는다. 이 모형은 단순히 우리가 다른 그 어떤 종의 크레인보다 더 보편적인 힘을 지닌 크레인을 가졌다는 것을 인정할 뿐이다.[21]

사회생물학과 진화심리학에는 좋은 연구들이 풍부하고, 또 어느 분야나 그렇지만 나쁜 연구들도 많다. 그중 악한 연구도 있을까? 그것들 중 일부는 이런저런 설득의 이념들에 의해 오용될 수 있는데도, 당황스럽게도 연구자들은 그런 점에 세심한 주의를 기울이지 않는다. 그러나 여기에서도 책임의 강화는 일반적으로 빛보다는 열을 더 많이 생산한다. 하나의 예를 보는 것으로 유감스러운 전장戰場 전체에 대한 측량 조사를 대신할 수 있을 것이다. 오리는 강간을 하는가? 사회생물학자들은 몇몇 종—오리 같은—의 수컷들이 명백하게 거부하는 암컷들과 폭력적으로 짝짓기를 하는 흔한 패턴을 발견했다. 그들은 그것을 강간rape이라고 불렀고, 이 용어는 비평가들, 특히 페미니스트 생물학자 앤 파우스토스털링Anne Fausto-Sterling(1985)의 강력한 비난을 받았다.

그녀의 말도 일리가 있다. 나는 많은 종의 생물들이 자신이 무엇을 하고 있는지 모르기 때문에, 그들의 '형제자매 죽이기'를 'murder'라 부르지 않겠다고 말한 바 있다. 그들은 서로를 죽이지만 살해하지는 않는다. 한 마리의 새가 다른 새를 murder하는 것은 불가능하다. "murder(살인, 살해)"란 인간이 지향적이고 의도적이고 부당하게 다른 인간을 죽이는 것을 의미한다. (당신은 곰을 죽일 수 있지만 살해할 수는 없다. 그리고 곰이 당신을 죽여도 그것은 살해가 아니다.) 자, 오리가 다른 오리를 **강간**할 수 있을까? 파우스토스털링을 비롯한 페미니스트들은 그렇지 않다고 말한다. 인간의 악행에만 적절하게 적용될 수 있는 용어

---

21 심지어 도널드 시먼스(1992, p. 142)조차 화려한 슬로건에 굴복하여 살짝 헛발질한다: "보편적 문제라는 것은 없기 때문에 '보편 문제 풀이기'라는 것도 없다." 오? 그런 일반적인 상처라는 것도 없다. 각각의 상처는 상당히 구체적인 모양을 하고 있지만, 거의 모든 모양의 상처를 거의 다 치료할 수 있는 '보편 상처 치료기'는 있을 수 있다. 이는 단순히, 대자연에게는 특수 상처 치료기를 만드는 것보다는 (상당히) 보편적인 상처 치료기를 만드는 것이 싸게 먹히기 때문이다.(G. Williams 1966, pp. 86-87; see also Sober 1981b, pp. 106 ff.) 인지 메커니즘이 얼마나 보편적인 것인지 또는 그것이 문화적 발전을 통해 만들어질 수 있는 것인지는 언제나 열려 있는 경험적 문제이다.

를 잘못 적용한 것이다. 영어에서는 "murder"를 뜻하는 일반적 용어로 "kill(죽이다)"이 있는데, 그것처럼 "rape(강간)"를 뜻하는 일반적인 용어가 있다면, 사회생물학자들은 덜 부담스러운 용어를 사용할 수 있을 테고, 또 비인간 동물의 강제적 교미를 말하는 데 "강간"이라는 단어를 사용하는 것은 정말로 터무니없는 일이 될 것이다. 그렇지만 그런 용어는 없다.

그렇다면 "강제적 교미forced copulation"(또는 그러한 다른 용어) 대신 짧고 강렬한 용어인 "강간"을 사용하는 것은 심각한 죄일까? 적어도 둔감한 짓이다. 그런데 비판자들은 사회생물학자들이 공통적으로 사용하는, 인간의 삶에서 나온 다른 용어들에 대해서도 불평하는가? 거미에게는 성적인 "카니발리즘cannibalism(식인 풍습/동족 포식)"이 있고(암컷은 수정을 마칠 때까지 기다렸다가 수컷을 죽여서 먹는다), "레즈비언" 갈매기도 있다(암컷 커플이 여러 계절에 걸쳐 계속 짝을 이루면서 영역을 지키고 알 위에 앉아 있는 임무를 나눠 맡는다). "동성애자" 벌레들도 있고, "바람을 피우는" 새도 있다. 적어도 한 비평가, 이를테면 제인 랭카스터 Jane Lancaster(1975)는 실제로 "하렘harem"이라는 단어, 즉 한 마리의 수컷에 의해 지켜지고 또 그 수컷과만 교미하는—코끼리바다물범 같은—암컷들의 집단을 말할 때 쓰는 이 용어에 반대한다. 그녀는 "한수컷 집단one-male group"이라는 용어를 추천한다. 왜냐하면 이 암컷들은 "수정을 제외하고는 사실상 자급자족"(Fausto-Sterling 1985, p. 181n.)하기 때문이다. 내가 보기에 인간의 의도적인 "카니발리즘"은 거미가 다른 거미에게 할 수 있는 그 어떤 행위보다 훨씬 더 끔찍하지만, 거미학자가 그 용어를 사용하길 원한다면 나 자신은 반대하지는 않는다. 그 문제에 대해 더 생각해보자. 유순한 용어들은 어떤가(G. Williams 1988)? 비판자들은 "구애 의식"이나 "경고음"이라는 용어에도, 또는 비인간 어미를 지칭하는 데 '어머니'라는 용어를 쓰는 것에도 반대하는가?

파우스토스털링은 "강간"이라는 용어를 사용했다고 자신이 비판한 사회생물학자들이 인간의 강간과 다른 종의 강간이 다르다고 주장할 만큼 조심스러웠다는 것을 알고 있었다. 그는 실즈와 실즈Shields and Shields(1983, p. 193)에서 다음을 인용한다.

> 궁극적으로는, 어쩌면 강간이 남성들의 생물학적 적합도를 증가시키기에 남성이 강간을 하는 것일 수도 있다. 그리고 강간은, 적어도 부분적으로는 생식의 기능을 할 수 있다. 그러나 꽤 정확한 의미에서, 그들이 강간하는 것은, 페미니스트들이 제시하는 것처럼, 그들이 화났거나 적개심을 품었기 때문인 것으로 보인다.

위의 인용문은 강간에 대해 파우스토스털링이 필요로 하는 것만큼 강력한 성토—과학 논문의 맥락에서는 굳이 말할 필요도 없다고 생각되는 어떤 것—는 아니지만, 인간의 강간을 모든 생물학적 "정당화"에서 확고하게 분리시킨다. 그것은 파우스토스털링의 추가 고발을 터무니없는 것으로 만든다. 그녀는 책임을, 강간 사건들에서 피고 측 변호인들의 다양한 변론들을 돕는 이 사회생물학자들에게 돌린다. 변호인들은 "참을 수 없는 신체적 충동"에 주목하거나 의뢰인의 행동을 묘사함으로써—"강간치고는 비교적 가벼운 강간이었습니다"—의뢰인들이 비교적 쉽게 처벌을 면하게 만든다. 그런데 이런 주장들이 일반적으로 사회생물학과, 또는 그녀가 특별히 논의하고 있는 논문들과 무슨 상관이 있을까? 이 변호사들이 자신들의 주장을 지지할 권위의 원천으로 사회생물학자들을 인용하거나 그들의 존재를 알고 있다고 믿을 이유를 그녀는 전혀 제공하지 않는다. 이와 똑같게 공정성을 발휘한다면, 그녀는 그런 오심誤審에 관해 셰익스피어 연구자 무리들을 비난할 수 있을 것이다. 오랜 시간 글을 쓰면서도 셰익스피어의 희곡에 가끔 등장하는 강간에 대한 관대한 묘사에 관해 의심의 여지없이 충분히 비난하지 않았다는 이유로 말이다. 확실히 이 방식으로는 문제를 현명하게 숙고하도록 촉진할 수 없다. 감정이 고조되고 문제는 아주 심각하다. 그리고 이것이 바로 과학자들과 철학자들이 대의라는 명분 뒤에 숨어 진실을 오용하거나 서로를 매도하지 않도록 조심해야 하는 더 큰 이유다.

그렇다면 "자연화된" 윤리학에 좀 더 긍정적으로 접근하는 것은 어떤 것일까? 다음 장에서 몇 가지 예비 제안을 할 것이다.

16장: 다윈주의적 사고가 집—우리가 사는 곳—에 가까워지면 가까워질수록[22] 감정은 더욱 고조되고 수사학이 분석을 집어삼키는 경향이 있다. 그러나 홉스에서 시작하고 니체를 지나 현재에 이른 사회생물학자들은 윤리적 규범에 대한 진화적 분석만이 윤리적 규범의 기원—과 변화—을 제대로 이해할 수 있게 해준다는 것을 알게 되었다. 탐욕스러운 환원주의자들은 이 새로운 영역 안에 그들의 통상적인 첫 번째 장애물을 조치하였으나, 복잡성의 옹호자들에 의해 적절한 시기에 그 기세가 누그러졌다. 우리는 이러한 오류들로부터 배울 수 있다. 그러니 오류에서 등을 돌릴 필요는 없다.

17장: 우리가 연합된, 시간에 쫓기면서 발견법적으로 윤리적 참을 탐구하는 존재라는 사실은 윤리학에 어떤 영향을 줄까? 공리주의와 칸트 윤리학 사이를 계속 왔다 갔다 하는 진자 운동을 검토함으로써 좀 더 현실적인 노선, 즉 다윈주의 노선을 따라 윤리학을 재설계하기 위한 몇 가지 원칙을 제안한다.

---

22 [옮긴이] 원문은 "closer and closer to home"이며, '점점 더 확실해진다'는 뜻이 있다. 그러나 여기서는 줄표 안의 말을 살리기 위해 완전히 직역하였다.

17장

도덕성을 다시 설계하기[1]

Redesigning Morality

1. 윤리학은 자연화될 수 있는가?

그러므로 마침내 인간은 획득된, 그리고 어쩌면 유전된 습관을 통해 자신의 더 끈질긴 충동에 따르는 것이 자신에게 가장 좋다는 것을 느끼게 된다. 명령조의 단어 ought는 단지 행동 규칙의 존재를 의식하고 있다는 것에 대한 암시인 것처럼 보인다. 그것이 어떻게 기원했든 간에.

—찰스 다윈 《인간의 유래와 성선택》(제2판, 1874), p. 486

1 이 장의 내용은 나의 이전 글(1988b)에서 발췌한 것이다. 거기에 이 문제가 더 자세하게 개진되어 있다.

인간의 문화, 특히 종교는 윤리적 교훈들의 보고이다. 여기에는 황금률과 십계명, 한 그리스인이 말한 "너 자신을 알라"에서부터 모든 방식의 구체적 명령과 금지, 금기, 의례가 총망라되어 있다. 플라톤 이래로 철학자들은 이러한 명령들을 합리적으로 방어 가능한 하나의 보편적 윤리체계로 조직하려고 노력했으나, 지금까지 합의에 근접한 그 어떤 것도 성취되지 못하고 있다. 수학과 물리학은 모든 곳의 모든 사람에게 동일하지만, 윤리학은 아직 그와 유사한 반성적 평형으로 정착되지 않았다.[2] 왜 그러지 못했는가? 그 목표가 환상에 불과한가? 도덕은 단지 주관적 취향의 (그리고 정치 권력의) 문제에 불과한가? 발견 가능하고 입증 가능한 윤리적 참들은 없는가? 강제된 움직임이나 '좋은 요령'은 없는가? 윤리학 이론의 위대한 체계들은 최고의 합리적 조사 방법들에 의해 건설되고 비판되고 옹호되고 개정되고 확장되었으며, 인간의 추론으

---

2 수학과 물리학은 전 우주에서 동일하며 원칙적으로는 외계인(그런 존재가 있다면)에 의해, 그들의 사회적 계층이나 정치적 성향, 젠더(그들에게 젠더가 있다면!)에 관계없이, 그리고 그들이 사소한 실수를 했든 아니든 상관없이, 발견될 수도 있다는 것을 유념할 가치가 있다. 내가 이를 언급하는 것은, 과학사회학의 일부 학파—나는 느슨하게 말했다—에서 흘러나와 여러분이 들었을 수도 있을 최근의 헛소리들을 물리치기 위해서다. 존 패트릭 디긴스John Patrick Diggins 같은 현명한 사상가가 그 헛소리의 주문에 사로잡혀 쓴 글을 읽으면 실망을 금치 못하게 된다.

> 마스덴Marsden 씨가 지적했듯, 과거에는 과학이 그러한 논쟁들의 중재자가 될 것이라고 가정되었지만, 오늘날의 과학은 철학적으로 세상을 아는 것보다는 말로 세상을 묘사하는 또 다른 방식이라고 단순히 일축되고 있다. 최근 종교는 과학적 자격이 부족하다는 이유로 캠퍼스에서 축출되었다. 그러나 이제는 그 기준(과학) 자체가 자격을 잃었기 때문에 왜 종교가 캠퍼스에서의 자리를 회복할 수 없는지 마스덴 씨는 궁금해한다. 그런 문제를 제기했다는 점에서 그는 옳다. [Diggins 1994]

좋은 과학의 객관성과 정확성을 인정하는 것은 "과학주의"가 아니다. 나폴레옹이 한때 프랑스에서 정권을 잡았고 홀로코스트가 실제로 일어났음을 인정하는 것이 역사 숭배가 아닌 것처럼 말이다. 사실을 두려워하는 이들은 사실을 발견하는 이들의 신용을 떨어뜨리려고 영원히 노력할 것이다.

로 탄생한 이러한 인공물들에는 문화의 가장 장엄한 창조물의 일부가 있다. 하지만, 그것들을 주의 깊게 연구한 모든 이들의 무난한 만장일치에는 아직 도출되지 못하고 있다.

아마도 우리는, 위대한 설계 과정(이 과정이 지금껏 생산해낸 산물에는 윤리학자들도 포함된다)의 한계라고 보았던 것들에 대해 반성적으로 숙고함으로써 윤리 이론의 전망과 위상에 관한 일부 단서들을 얻을 수 있을 것이다. 어쩌면 우리는 이렇게 물을 수도 있다. 설계공간 내의 모든 실제적 탐사 과정들과 마찬가지로 윤리적 의사결정도 어느 정도 근시안적이고 시간의 압박을 받는 것이어야만 한다는 사실에서 도출되는 것은 무엇인가?

다윈이 《종의 기원》을 출판하고 얼마 지나지 않아, 빅토리아 시대의 또 다른 저명인사 존 스튜어트 밀John Stuart Mill은 보편적 윤리 이론에 대한 그의 시도를 담은 책 《공리주의Utilitarianism》(1861)를 출판했다. 다윈은 이 책을 흥미롭게 읽었고, 이 "유명한 작품"에 대한 반응을 《인간의 유래와 성선택》(1871)에 실었다. 다윈은 도덕적 감정이 선천적인지 후천적인지에 대한 밀의 입장에 당혹스러워했고, 밀에게 "전체 주제에 대해 다소 혼란스러움이 있다"고 조언했던 밀의 아들 윌리엄에게서 도움을 얻었다.(R. Richards 1987, p. 209n.) 그러나 그러한 몇 가지 불일치점을 제외하면, 다윈과 밀은 그들의 자연주의 안으로 (정확하게) 통합되는 것으로 보였다—그리고 당연한 수순으로, 스카이후크 옹호자들로부터 맹비난을 받았다. 그중 가장 두드러진 인물로는 세인트 조지 미바트St. George Mivar가 있는데, 그는 다음과 같이 선언했다.

> …… 사람들은 필연적으로 지고하고 절대적인 권위와 함께 **정당하게** 복종을 요구하는 절대적이고 불변하는 규칙에 대한 의식을 지니고 있다. 다시 말해, 판단하는 마음 안에 윤리적 이상理想의 존재를 암시하는 지성적인 판단들이 형성된다는 것이다. 〔Mivart 1871, p. 79〕

그런 맹렬한 비난에 대한 다윈의 반응 중 하나가 이 절의 맨 앞에 인용되어 있는데, 그보다 낫게 반응하기는 아마도 불가능할 것이다. 그러나 더 많은 신중한 비판도 있었고, 밀을 더 자주 화나게 하는 것도 하나 있었다: "효용 옹호자들은 종종 '행동에 앞서, 어떤 행동 방침이 일반적인 행복에 미치는 영향을 계산하고 저울질할 시간이 없다'와 같은 반대 의견에 답변할 것을 요구받는다." 밀의 반응은 매우 격렬했다.

> 사람들은 이 주제에서 실천적으로 중요한 다른 문제들에 대해서는 말하지도 듣지도 않을 것이면서 이 주제에 대해 일종의 헛소리를 하는 것을 정말로 멈추어야 한다. 항해력을 다 계산할 때까지 항해사들이 기다리기 힘들다는 이유로 항해술이 천문학에 기반을 두지 않았다고 주장하는 사람은 아무도 없다. 인간은 이성적이고 합리적인 생물이기 때문에, 계산을 하여 준비를 마친 후 바다로 나간다. 그리고 모든 합리적인 생물은 옳고 그름에 관한 공통된 질문들뿐 아니라 지혜와 어리석음에 관한 훨씬 더 어렵고 많은 문제들에 대해서도 마음을 정하고 생명의 바다로 나간다. 그리고 선견지명이 인간의 자질인 한, 이런 일이 계속될 것으로 추정된다. 〔Mill 1861, p. 31.〕

이 고고한 반박은 많은—아마도 대부분의—윤리 이론가들의 지지를 받았지만, 사실 그것은 비판적인 관심의 맹습 아래서 점차 넓어지고 있는 균열을 종잇장으로 덮어놓은 것에 불과했다. 반대자들은 윤리적 사고 체계가 **작동한다고 가정되었다**는 기묘한 오해를 하고 있었고, 밀의 체계가—기껏해야—매우 비현실적이라는 것에 주목했다. 여기에는 이의가 없었다. 밀 역시 공리주의가 실용적이어야만 함에도 그렇게 실용적이지 않다고 주장했다. 공리주의의 진정한 역할은 무대 전면에 드러난 진정한 도덕적 추론자들의 사고 습관을 무대 뒤에서 정당화하는 것이다. 그러나 윤리 이론을 위한 배경 역할(공리주의만이 그것을 추구한 것은 아니다)은 잘못 정의되고 불안정한 것으로 증명되었다. 윤리적 사고 체계는 얼마나 실용적이어야 하는가? 윤리 이론은 무엇을 위한 것인가? 이 문제에 관해서는 암묵적 의견 차이가 있었고 심지어는 주창자들의 의식도 꽤 많이 잘못되어 있었기에, 이후의 토론에서 결론을 얻기가 한층 어려워졌다.

대개 철학자들은 우리 모두가 유한하고 잘 잊으므로 판단을 서둘러야 한다는 외면 불가능한 사실을, 설비—철학자들은 바로 이것의 청사진을 기술하고 있다—내에 실제로 존재하지만 관계없는 마찰 요소로 고려함으로써 실시간 의사결정의 실천적 문제들을 무시하는 것에 만족해왔다. 마치 두 학제가 있어서, 그중 하나는 적절한 윤리학, 즉 모든 상황에서 이상적인 행위자가 해야 할 일들의 판단 기준이 될 원리들을 결정하는 과제를 수행하고, 다른 하나는 '도덕적 응급처치 매뉴얼'이나 '철학 의사가 올 때까지 무엇을 해야 하는가' 같은 덜 흥미롭고 "단지 실용적인" 부분을 맡아, 미리 준비된 대략적인 용어로 시간의 압박을 받는 "온라인" 의사결정을 할 수 있게 해주기라도 하는 양 말이다.

실천적으로 철학자들은 우리가 중요한 고려사항들—우리가 정말로 간과해선 안 될 고려사항들—을 간과하고 우리 생각을 개인별로 특이한—도덕적으로 방어할 수 없는—100가지 방식으로 편향시킨다는 것을 인정하고 있다. 그러나 **원리적으로는**, 우리가 해야만 하는 것은 이상적 이론(이런저런 이상적인 이론)이 우리에게 해야만 한다고 말하는 바로 그것들이다. 철학자들은 어리석지 않게도, 그 이상적 이론이 무엇인지를 상세히 설명하는 데 집중해왔다. 이상화를 통한 의도적 과도단순화의 이론적 결실들은 철학에서는 물론이고 그 어떤 과학 분야에서도 부정되어서는 안 된다. 지저분하고 독특한 요소들로 가득 찬 현실은, 곧바로 받아들일 수 있는 이론을 세우기에는 너무 복잡하다. 오히려 논제는, (모든 이상화는 전략적 선택이기 때문에) 어떤 이상화가 정말로 도덕성의 본성에 빛을 비추어줄 수 있고 또 어떤 이상화가 우리에게 그저 여흥용의 다른 동화를 떠맡길 것인가 하는 것이다.

윤리 이론이 실제로 얼마나 비실용적인지는 쉽게 잊히곤 하지만, 우리는 밀이 당대의 기술에서 끌어와 사용한 은유에 무엇이 함축되어 있는지를 성찰함으로써 진실을 생생하게 만들 수 있다. 《항해력》은 천체들의 위치와 운동을 계산하여 얻은 표들을 엮어 만든 책으로, 매년 새로 계산되어 출판된다. 이 책을 보면 다음 해의 태양과 달, 행성들, 주요 길잡이 별들의 천구 내 위치를 **1초 간격**으로 쉽고 빠르고 정확하게 알 수 있다. 항해를 위한 기대치들을 매년 생성하게 해주는 이 《항해력》이라는 원천이 지니는 정확성과 확실성은, 과학적 체계에 의해 적절하게 훈련되고 **충분히 체계적인 주제에 집중된** 인간 선견지명의 위력을 보여주는 고무적인 사례이며, 지금도 이 점에는 변함이 없다. 이러한 사고 체계의 결실들로 무장한 합리적인 선원은 항해에 관해 적절한 지식을 갖춘 상태에서 실시간 결정을 내릴 수 있는 본인의 기량에 자신감을 가지고 과감하게 앞으로 나아갈 수 있다. 천문학자들이 고안한 실용적 방법들은 실제로 효과가 있다.

공리주의자들이 일반 대중에게 제공할 수 있는 이와 유사한 것이 있는가? 밀은 처음에는 그렇다고 말하는 것처럼 보인다. 오늘날 우리는 수십 가지의 첨단 시스템들—비용-편익 분석 컴퓨터 기반 전문가 시스템 등—을 대표하여 만들어지는 부풀려진 주장들에 익숙하며, 오늘날의 관점에서 보면 탁월한 광고 한 조각에 밀이 참여하고 있다고 가정할 수도 있을 것이다. 공리주의가 도덕적 행위자에게 멍청이도 할 수 있을 만큼 완벽한 '의사결정 지원'을 제공할 수 있음을 알리는 광고 말이다. ("우리가 여러분을 위해 어려운 계산을 해냈습니다! 여러분은 간단한 공식들의 빈칸을 채우기만 하면 됩니다!")

공리주의의 창시자 제러미 벤담Jeremy Bentham은 분명히 모든 선장이 외운 실용적인 천문항법 체계처럼, 쉽게 외워지는 연상음mnemonic jingle 같은 "쾌락 계산법felicific calculus"을 확실히 열망했다.

강하고, 오래 지속되고, 빨리 느낄 수 있고, 생산적이고 순수한—
즐거움에서의 이런 표지들이, 고통에서는 지속이.
사적인 것이 그대의 목적이라면 그런 즐거움이 찾아오리.
공적인 것이라면, 그것들을 넓히고 연장시키라.
〔Bentham 1789, ch. IV.〕

벤담은 쾌활하게 탐욕스러운 환원주의자였고—여러분은 아마도, 그를 그 시대의 B. F. 스키너라고 부를 수도 있겠다—그리고 이 실용성의 신화는 애초에 공리주의 수사학의 일부였다. 그러나 밀의 논의에서 우리는, 이상을 향한 상아탑 쪽으로 퇴각하기 시작하는 것을 이미 보고 있다. 그 이상은 '원리적으로는' 계산 가능하지만 실천적으로는 그렇지 않다.

예를 들어 밀의 아이디어는, 일상 도덕의 설교들과 경험칙들—사람들이 바쁜 검토 과정에서 실제로 고려한 공식들—중 최고의 것이 완전하고 고되고 체계적인 공리주의적 방법으로부터 공식적인 지지를 받는다는 (또는 원칙적으로 받을 것이라는) 것이다. 실제로 그랬던 대로 평균적인 합리적 행위자들이 문화적 기억 안에 축적된 많은 인생 경험에 기반하여 이 공식들에 배치해 놓은 믿음은 그 이론으로부터 형식적으로 도출됨으로써 ("원리적으로는") 정당화될 수 있다. 그러나 지금까지는 그러한 도출이 이루어지지 않았다.[3]

그 이유를 알기는 어렵지 않다. 극단적인 상황이 주어진다 해도 공리주의자들이 (또는 어떤 다른 "결과주의적" 이론이) 요구하는 포괄적 비용-편익 분석을 위한 **실현 가능한 알고리즘**이 있을 가능성은 낮다. 왜?

---

3 아마 이 분야에서 "결과"에 가장 근접한 것은 액설로드(1984)가 팃포탯을 파생시킨 일일 것이다. 그러나 액설로드 본인이 지적한 것과 같이, 그 규칙의 증명 가능한 미덕은 단지 간헐적으로—그리고 논란 있는 방식으로—만 실현되는 조건들을 가정한다. 특히, "미래의 그림자"는 "충분히 위대"해야 한다는 것은 합리적인 사람들이 무한정 반대할 조건으로 보인다.

우리가 '스리마일섬Three Mile Island 효과'라고 부르는 것 때문이다. 스리마일섬의 원자력 발전소에서 일어난 노심 용융meltdown은 일어났어야만 하는 좋은 일이었는가, 아니면 나쁜 일이었는가?[4] 만약, 당신이 어떤 행동 방침을 계획할 때 확률 p의 결과로 노심 용융을 만났다면, 당신은 거기에 가중치를 주어야 하는가? 그것은 당신이 회피하려고 노력해야 하는 부정적인 결과인가, 아니면 신중하게 육성되어야 하는 긍정적인 결과인가?[5] 우리는 아직 말할 수 없다. 그리고 특정한 장기적 결과가 우리에게 답을 줄 수 있을지마저 명확하지 않다. (이는 측정이 충분히 **정밀하게** 이루어지지 않아서 생기는 문제가 아니다. 우리는 결과에 할당할 값의 **부호**를 +로 할지 -로 할지조차 결정할 수 없다.)

---

4 [옮긴이] 스리마일섬 노심 용융은 1979년 3월 28일에 일어난, 미국 상업 원자력산업 역사상 가장 심각한 사고이다. 열 교환기에 물 공급이 중단되면서 노심 온도가 5000도 이상 올라가서 핵연료봉이 녹아내리고 다섯 겹의 보호벽 중 네 번째 것까지 손상되었다. 그러나 다행히도 마지막 보호벽에 손상이 가기 전에 용융 사태가 해결되었고, 방사성 물질도 경미한 양만 방출되었다. 발전소 부근 주민들의 피폭량은 흉부 엑스선 촬영 2~3회 분과 비슷할 정도여서 가시적 피해가 발생하지는 않았고 생태계에도 즉각적으로 큰 문제를 일으키진 않았다. 게다가 원자로 조종 인력에 대한 체계적인 교육 절차가 개선되고 강화되어 후속 보완 조치가 이루어지는 계기가 되었으며, 이런 개선 사항들은 우리나라 원자력 발전소 건설에도 적용되었다. 그러나 이 사고는 한편으로는 원자력 발전이 얼마나 위험한 것인지를 전 세계에 알려준 사건이기도 하며, 이로 인해 미국의 원자력 발전소 건설 계획이 모두 중단되기도 했다.

5 스리마일섬 사고가 어떻게 좋은 것일 수 있을까? 스리마일섬 사고는 '거의-재앙near-catastrophe', 즉 재앙에 매우 가깝지만 재앙은 아닌 것이 됨으로써, 훨씬 나쁜 사고—예를 들면 체르노빌—를 만날 수 있는 길에서 멀어지도록 경보를 울렸다. 확실히 많은 사람이 그러한 사건이 일어나길 열렬히 **소망하고** 있었고 또 그들이 조치를 취할 수 있는 지위에 있었다면, 그것을 보장할 조치가 취해졌을 것이다. 제인 폰다Jane Fonda로 하여금 영화 〈차이나 신드롬The China Syndrome〉(가상의 핵 발전소에서 일어나는 '거의-재앙' 이야기)을 만들게 한 것과 똑같은 도덕적 추론이, 다소 다른 상황에 놓인 누군가에게는 스리마일섬을 만들게 할 수도 있다.
[옮긴이] 영화 〈차이나 신드롬〉은 1979년 미국에서 개봉되었다. 영화 제목인 '차이나 신드롬'은, 원자로 노심이 녹아내리면 그 엄청난 열 때문에 원자로가 서 있는 땅도 녹고 지구 반대편의 중국까지 갈 기세로 용융이 일어날 것이라는 뜻으로, 당시 미국에서 실제로 통용되던 말이다. 영화가 개봉되고 몇 주 후에 정말로 스리마일섬 발전소에서 노심 용융이 일어나, '사고를 예언한 영화'로 알려지며 큰 화제가 되었다.

우리가 여기서 직면한 문제와 컴퓨터 체스 프로그램 설계자들이 직면하고 있는 문제들을 비교해보자. 혹자는 윤리적 의사결정 기법에서의 실시간 압박 문제에 대응하는 방법은 체스의 시간 압박에 대응하는 방법인 발견법적 '탐색-가지치기 기법'이라고 가정할 것이다. 하지만 인생에는 체크메이트도 없고, 긍정적이든 부정적이든 우리가 최종적인 결과를 얻을 지점도 없다. 그런 지점이 있다면 역행 분석을 통해 우리가 취했던 경로들을 따라 놓여 있던 대안들의 실제 값들을 계산할 수 있을 텐데 말이다. 위치에 대한 가중치를 결정하려면 그전에 얼마나 깊이 탐색해보아야 할까? 체스에서는, 5플라이ply[6]에서는 긍정적으로 보이는 것이 7플라이에서는 재앙으로 보일 수 있다. 체스 경기자는 예상되는 움직임을 잘못 평가할 수 있는데, 그 문제를 최소화(확실하게는 아니지만)하는, 발견법적 탐색 절차들을 조율할 방법이 있다. 예상되는 기물 포획은 목표로 삼아야 할 강력하게 긍정적인 미래인가, 아니면 상대방을 위한 멋진 희생의 시작인가? **정지의 원칙**principle of quiescence이 이 문제를 해결하는 데 도움을 줄 것이다. 평정을 되찾으면 보드가 어떻게 보일지 확인하기 위해, 잡고 잡히는 몇 차례의 광풍이 지난 후의 몇 수를 언제나 찾아보는 것이다. 그러나 실제 생활에서는 이에 상응하는 신뢰할 만한 원칙이 없다. 스리마일섬은 10년 이상의 강화와 정지(1980년부터 시작되었다) 시기를 지냈지만, 우리는 아직도 그것을 그저 일어난 좋은 일로 간주해야 할지 아니면 모든 것을 고려해봐야 하는 나쁜 일(결국엔 긍정적인 영향을 미쳤다는 이유에서)로 간주해야 할지 알 수 없다.

그런 교착 상태에 대한 안정적이고 설득력 있는 해결책이 없다는 의심은, 결과주의(회의론자들에게 이는 주식 시장에서 말해지는 "낮을 때

6 [옮긴이] 체스에서 '플라이'란 한쪽의 행마 한 번을 뜻한다. 따라서 두 사람이 한 수씩 주고받았다면 2플라이가 된다. 그리고 체스 프로그램에서는 프로그램의 엔진이 몇 수 앞을 내다볼 것인가를, 즉 프로그램의 탐색 깊이를 뜻하는 말로도 쓰인다. 1플라이로 맞춰져 있다면 그 프로그램은 한 수 앞만 계산하게 되어 있는 것이므로, 초보자가 경기하기에 적합할 것이다.

사고 높을 때 팔아라"라는 공허한 조언의 뻔하디 뻔한 버전처럼 보였다. 원리상으로는 훌륭한 생각이지만 따라야 할 충고로서는 체계적 쓸모가 없는 것 말이다[7])에 대한 비판이라는 거칠고 불안한 표면 아래에 오랫동안 숨어 있었다.

그러므로 공리주의자들은 (모든) 대안들의 기대효용을 계산하여 구체적인 도덕적 선택들을 결정할 실제 관행을 전혀 구축하지 않았을 뿐 아니라(원래 우리를 반대하던 이들이 지적했듯이, 시간이 없다), 부분적 결과들의 안정적인 "오프라인" **파생물**(밀이 말했듯, "랜드마크와 방향 표지판")도 획득하지 못하여, "실질적 관심사"에 대처해야 하는 사람들이 즉각 활용할 수 있는 지침을 전혀 제공하지 못했다.

그렇다면, 공리주의자들의 주요 경쟁자인 다양한 종류의 칸트주의자들은 어떤가? 그들의 수사학 역시 실용성에 경의를 표했다—주로 공리주의자들의 비 실용성을 고발하는 형식으로 말이다.[8] 그럼 칸트주의자들은 실행 불가능한 결과 계산 대신 그 자리에 무엇을 넣는가? 정언명령Categorical Imperative에 대한 칸트(1785)의 형식화 중 하나에서 언급된 것과 같은 이런저런 종류의 격언 추종(종종 규칙 숭배라고 조롱받는다)이 들어간다. 이를테면, '당신이 어떤 격언을 따라 행동하는 동시에 그것이 보편 법칙이 되어야만 한다고 바랄 수 있다면, 그런 격언에 따라서만 행

---

7 주디스 자비스 톰슨Judith Jarvis Thomson은 (1986년 11월 8일 앤아버에서 〈도덕적 응급처치 매뉴얼The Moral First Aid Manual〉을 논평하며) "낮을 때 사서 높을 때 팔아라" 혹은 "위해를 가하기보다는 좋은 일을 많이 하라"는 충고가 완전히 공허하지는 않다는 반대 의견을 개진했다. 그녀에 의하면, 둘 다 궁극적인 목표에 관해 무언가가 전제된다. 왜냐하면 전자는 돈을 잃으려는 사람에게는 나쁜 조언이 될 테고, 후자는 모든 심성의 사람들의 궁극적 이해관계에 호소하지 않을 테니까 말이다. 나도 찬성한다. 예를 들어 후자는《펜잔스의 해적Pirates of Penzance》에 나오는, "의무의 노예"라 자칭하는 프레더릭에게 해적왕이 해주는 조언—"어이, 젊은이. 늘 의무를 다하라고. 그러다 보면 기회가 올 테니!"—과 경쟁할 만하다. 두 슬로건 모두 그렇게 공허하진 않다.

동하라'는 것 말이다. 일반적으로 칸트주의의 의사결정은 모든 작업을 수행하면서 다소 다른 이상화—현실과는 다른 방향으로 벗어남—를 드러내 보인다. 예를 들어, 어떤 데우스 엑스 마키나, 즉 당신의 귀에 제안을 속삭여줄 재주 좋은 의례의 달인이 대기하고 있지 않은 한, '정언명령'의 리트머스 시험대 위로 격언들을 올려놓기 전에 당신의 심사숙고한 행동들을 있게 한 "격언maxims"의 범위를 제한할 방법을 어떻게 구체화해야 하는지가 결코 명확하지 않다. 후보가 될 격언들은 무궁무진하게 공급되고 있는 것처럼 보인다.

확실히, 윤리적 문제들을 위한 빈칸 채우기 의사결정 절차에 대한 벤담주의의 진기한 희망은, 세련된 공리주의자들에게도 이질적이지만 현대 칸트주의자들의 정신에도 이질적이다. 진정한 도덕적 사고는 통찰과 상상력을 필요로 하며 공식들을 아무 생각 없이 적용하기만 해서는 달성되지 않는다는 것에 모든 철학자가 동의하는 것으로 보인다. 밀 본인이 대단히 격분하며 말했듯이,(1871, p. 31) "보편적인 어리석음이 그것과 결합되었다고 가정한다면, 그 어떤 윤리적 표준도 잘 작동하지 않는다는 것을 전혀 어렵지 않게 증명할 수 있다." 이 약간의 수사법은 그

---

8 공리주의가 실용적으로는 가볍디 가볍다고 주장하며 특별히 활기차고 명확하게 공리주의를 공격한 칸트주의자로는 오노라 오닐Onora O'Neill(1980)을 들 수 있다. 그녀는 똑같은 정보로 무장한 두 공리주의자 개릿 하딘과 피터 싱어Peter Singer가 기근 구제라는 절박한 도덕적 딜레마에 대해 어떻게 서로 반대되는 충고에 도달하는지를 보여준다. 하딘은 기근 피해자들을 먹이려는 근시안적 노력을 막기 위해 과감한 조치를 취해야 한다는 쪽으로 나아갔고, 싱어는 오늘날의 기근 피해자들에게 식량을 제공하기 위해 과감한 조치를 취해야 한다는 쪽으로 나아갔다. 자세한 내용은 오닐(1986)의 논의를 참고하라. 독립적인 비평가 버나드 윌리엄스(1973, p. 137)는 다음과 같이 주장했다: 공리주의는 사람들의 선호에 관해 가정된 경험적 정보를 엄청나게 많이 요구하는데, 그 정보는 대부분 이용 불가능할 뿐 아니라 개념적 어려움에 가려져 있기까지 하다. 그러나 그것은 기술적 또는 실천적 난관이라는 관점에서 볼 수 있으며, 공리주의는 마음의 틀에 호소한다. 그 마음의 틀 안에서는 기술적 어려움이, 심지어는 극복할 수 없는 기술적 난관까지도 도덕적 불확실성보다 선호된다. 그쪽이 의심의 여지 없이 덜 두렵기 때문이다. (그 마음의 틀은 사실 심각하게 어리석다.)

의 초기 비유와는 다소 상충하는 부분이 있는데, 실용적 항해술 체계에 대한 타당한 주장들 중 하나는 그 어떤 명청이라도 그것들을 마스터할 수 있다는 것에 대한 것이기 때문이다.

나는 이것이 충격적인 고발이 되길 절대 원하지 않는다. 그저 상당히 명백한 것을 상기시키고자 할 뿐이다. 현실 세계의 도덕적 문제들에 대해 외따로 존재하는 흥미로운 윤리체계가, 간접적으로라도, **계산적으로 다루기 쉽게** 만들어진 적이 없다는 것 말이다. 따라서 특정한 정책들과 제도들, 관행들 및 행동들에 찬성하는 공리주의(그리고 칸트주의와 계약주의)의 **논증들**이 결코 부족하지 않았음에도, 이 모든 것들은 '다른 모든 조건이 같다면'이라는 절節과 이상화 가정들에 대한 타당성 주장들 plausibility claims에 의해 단단하게 속박되어 있다. **모든 것들을 실제로 다 고려**하려고 하면 조합적 계산 폭발의 위협을—이론에 의하면 반드시—만나게 되는데, 위와 같은 위험 회피 조항들은 이런 위협을 극복하기 위해 고안된 것이다. 그리고 그것들은 모두—파생물이 아닌—논증으로서 논쟁거리들을 안고 있다. (그렇다고 해서, 그들 중 어떤 것도 궁극적으로 건전할 수 없었다는 뜻은 아니다.)

실제 도덕적 추론에 한몫하고 있는 어려움들을 더 잘 이해하기 위해, 작은 도덕적 문제 하나를 상정하고 우리가 그에 대해 무엇을 하는지 한번 살펴보자. 몇몇 세부 사항은 생경하겠지만, 내가 사례로 설정한 문제의 구조 자체는 상당히 익숙할 것이다.

2. 경쟁 심사하기

어느 날, 당신이 속해 있는 철학과가 막대한 유산 집행 주체로 선정되었다. 이제 당신은 공개 경쟁을 통해 나라의 철학 분야에서 가장 전도 유망한 대학원생을 선발하여, 그 학생에게 12년간 연구비를 지급해야 한다. 당신은 그 상의 존재와 수상을 위한 조건들을《철학 논집the Journal of Philosophy》에 정식으로 발표한다.[9] 그리고 경악스럽게도, 마감일까지 당신은 자격을 갖춘 25만 명의 지원자가 제출한 긴 서류 일체와 저작 초록과 추천서를 받는다. 얼른 계산해보니, 수상 발표 시한까지 모든 후보의 모든 자료를 평가하는 의무를 이행한다면 학과의 주된 교육 임무 수행에 심각한 방해가 될 뿐 아니라, 수상 기금 자체도 파산하여—일단 관리 비용이 들어가고, 심사를 위해서는 심사 자격을 갖춘 평가자들을 추가로 고용해야만 한다—평가에 들어간 모든 노력이 무용지물이 될 것이라는 확신이 든다.

무엇을 해야 **할까**? 그렇게 많은 일이 몰릴 줄 알았다면 당신은 더 엄격한 자격 조건을 두었겠지만, 그러기엔 이미 늦었다. 25만 명의 후보자 모두 동등하게 고려될 권리가 있고, 당신이 장학금 쟁탈전을 집행하기로 동의했으므로 당신에게는 가장 훌륭한 후보자를 선택할 의무가 있다고 우리는 가정할 것이다. (나는 이 형식화에서 권리와 의무 측면에서 어떤 선결문제도 요구하지 않으려고 한다. 그것이 당신에게 차이를 만들 경우, 당신이 낸 경쟁 공고에 쓰여 있는 조건들을 위반하는 것에 따른 전반적 비효율성 측면에서 문제의 설정을 재구성하라. 내 요점은, 당신의 윤리적 신념이 무엇이건 당신은 곤경에 처하게 되리라는 것이다.) 책을 계속 읽어 나가기 전에, 잠시 시간을 들여 충분히 생각하고 이 문제에 대한 여러분만의 해결책을 구상해보시라. (기술적인 수정에 환상적 요소가 들어가지 않아야 한다. 명심하시라.)

나는 내 동료들과 학생들에게도 이 문제를 낸 적이 있다. 짧은 탐색

9 [옮긴이] 가공의 학술지가 아니라, 1904년에 창립된, 철학 분야에서 가장 유명하고 영향력이 큰 실제 학술지 중 하나다.

의 시간을 거친 후, 나는 그들이 여러 전략이 섞인 이런저런 버전들에 집중하는 경향을 보임을 알게 되었다.

(1) 쉽게 확인할 수 있고 아무런 문제가 되지 않는 몇 가지 우수성 기준을 선택한다: 학점 평균, 수강한 철학 과목의 수, 서류의 무게(너무 가벼운 것과 너무 무거운 것을 버림) 같은 것을 이용하여 첫 번째 탈락자들을 만든다.
(2) (1)을 통과하고 남은 후보자들을 대상으로 추첨을 실시하여 세심하게 살펴볼 수 있는 수—이를테면 50명 또는 100명 정도—의 결승 진출자만 남도록 무작위로 인원을 줄인다.
(3) (2)에서 남은 서류를 위원회가 신중하게 심사하고, 자신이 생각하는 승자에게 투표한다.

이 절차가 최고의 후보를 찾게 해줄 가능성이 매우 낮다는 것에는 의심의 여지가 없다. 사실, 법정에서 하루가 주어진다면, 상당수의 낙선자가 배심원들에게 자신이 우승자보다 명백히 우월하다는 것을 확신시킬 공산도 있다. 그래도 당신은 반박하고 싶어 할 테지만 그것은 힘든 일이다. 당신은 최선을 다했다. 물론 당신이 소송에서 질 가능성이 상당하지만, 일할 당시에는 그보다 더 나은 결정을 할 수 없었다고 느꼈을 수도 있다. 그리고 그 느낌은 옳다.

이 사례는 실시간 의사결정에 편재하는 특성들을 확대해서 느린 동작으로 보여주기 위해 의도된 것이다. 첫째, 할당된 시간 내에 "모든 것을 고려"하는 것에 따른 단순한 물리적 불가능성이 있다. "모든 것"이 **이 세상의 모든 사항 하나하나 전부**를 의미하거나, 심지어는 **이 세상 모든 사람**을 의미할 필요는 없다. 그저 **심사할 수 있게 준비된 25만 건의 문서** 내의 모든 것을 의미한다. 당신에게는 즉시 이용 가능한 모든 정보가 있다. 추가 조사를 위한 더 이상의 이야기는 필요하지 않다. 둘째, 분명한 이류二流의 탈락 규칙이 무자비하고 단호하게 사용된다. 학점 평균은 아마도 **서류의 무게**보다는 그나마 나은 기준이고, 성명의 **성에 있는 글자 수**보다는 분명히 우수한 기준이지만, 그렇다고 그것이 거의 유일하게 완벽한 가능성의 지표라고 생각하는 사람은 없다. 적용의 용이성과 신뢰성 사이에는 일종의 트레이드-오프가 있고, **어느 정도** 신뢰할 수 있으면서도 쉽게 적용할 수 있는 기준을 아무도 **재빨리** 생각해낼 수 없다면, (1)의 단계를 없애고 모든 후보자를 대상으로 바로 추첨을 진행하는 편이 나을 것이다. 셋째, 추첨은 업무의 일부를 포기하고 뭔가 다른 것—자연 또는 우연—이 잠시 업무를 대신함으로써 당신의 통제권이 부분적으로 포기된다는 것을 보여주지만, 그 결과는 여전히 당신 책임이라는 것도 보여준다. (이것이 무서운 부분이다.) 넷째, 당신이 손대지 않은 그 과정의 결과물로부터 무언가 받아들여질 만한 것을 구하려고 노력하는 단계가 있다. 작업을 과도단순화시켜서, 당신은 자기 모니터링의 메타 수준 과정에 의지하여 당신의 최종 산물을 어느 정도 수정하거나 재규격화하거나 개선할 수 있다. 다섯째, 당신이 했어야 할 일에 대한 사후 비판과 사후 지혜에 대한 끝없는 취약성이 있지만, 저지른 것은 되돌릴 수 없다. 당신은 결과를 그대로 두고, 다른 일들을 계속한다. 인생은 짧다.

방금 설명한 의사결정 과정은 허버트 사이먼(1957, 1959)이 처음으로 명시적으로 분석한 근본적 패턴의 예로, 그는 여기에 "만족화satisficing"라는 이름을 붙였다. 우리가 하위 결정과 하위-하위 결정들, 그리고 그 하위의 하위 …… 결정들로, 과정이 보이지 않을 때까지 추적해 내려갈 때, 패턴이 프랙탈 곡선처럼 어떻게 자기 반복되는지에 주목하라. 이 딜레마에 대처할 방법을 숙고하기 위해 소집된 부서 회의에서, (a) 모든 사람이 제안을 쏟아낸다. 할당된 두 시간 안에 현명하게 논의할 수 있는 것보다 많은 양을 말이다. 그래서 (b) 의장이 다소 독단적으로 몇몇 회원들을 인정하지 않기로 한다. 물론 그들에게도 매우 좋은 아이디어가 있을 수 있다. 그 후 (c) 무질서한 난투극 같은 짧은 "토론"—모두가 알 수 있듯이, 이런 난상토론에서는 내용보다는 타이밍과 목청, 음색이 더 중요하게 작용할 수 있다—이 끝나면 (d) 의장은 자신에게 인상적이었던 몇 가지 흥미로운 부분들을 골라낸 뒤 그것들을 가동 준비가 된 요점들로 요약하고, 그것들의 강점과 약점에 대해 다소 정돈된 방식으로 토론하고, 그 후 투표를 진행한다. 회의 후엔 (e) 더 나은 탈락 규칙들이 선택될 수 있었다고, 그랬다면 결승 진출자를 200명으로 늘려서 채점할 수 있는 시간이 생겼을 것이라고 (또는 20명으로 제한했어야 했다고, 등등) 생각하는 사람들이 나온다. 그렇지만 이미 저지른 일은 되돌릴 수 없다. 그들은 동료들이 내린 차적suboptimal의 의사결정과 화합하는 방법이라는 중요한 교훈을 배웠고, 따라서, 몇 분 또는 몇 시간 동안 현명한 사후 통찰을 즐기다가 이내 포기한다.

"하지만 **내가** 그것을 떨어뜨**렸어야 했나**?" 당신은 자신에게 묻는다. 마치 난상토론 중에 의장이 당신에게 말을 시키지 않았을 때 스스로 물었던 것처럼. 그 순간 당신의 머리는 (a) 사람들이 당신의 의견을 들어야 한다고 주장해야 하는 이유들로, 그리고 그와 경쟁하는 이유들, 즉 동료들에 조용히 동조해야 하는 이유들로 버글거리고 있었다. 그리고 이 모든 것들은 다른 사람들이 말하는 것들을 따르려는 당신의 시도와 경쟁하고 있었다—당신은 처리할 수 있는 것보다 더 많은 정보를 접하고 있다. 그래서 (b) 당신은 신속하게, 임의적으로, 그리고 아무 생각 없이 그것 중 일부를 차단했고, 이는 가장 중요한 고려사항이 무시될 수도 있는 위험을 무릅쓰는 일이다. 그러고 난 후, (c) 당신은 당신의 생각들을 **제어**하려는 시도를 포기했다. 당신은 메타제어를 포기하고, 한동안 그것들이 끌고갈 수 있는 곳으로 당신의 생각이 끌려가도록 내버려두었다. 잠시 후 (d) 당신은 어떻게든 제어를 재개했고, 난상토론에서 뽑어져 나온 재료들의 개선과 정리를 시도했으며, 그것을 포기하는(떨어뜨리는) 결단을 내렸다. 그로 인해 (e) 순간적인 아픔으로 고통받고 후회도 잠시 느끼지만, 당신은 현명한 사람이므로 이런 것들도 이내 대수롭지 않게 무시했다.

그리고 당신은 그 덧없고 모호한 작은 궁금증("내가 그것을 떨어뜨렸어야 했나?")을 정확히 어떻게 떨쳐버리려고 했는가? 여기서 그 과정들은 내성introspection의 맨눈으로는 볼 수 없다. 그러나 지각과 언어 이해처럼 신속하고 무의식적으로 이루어지는 과정들 **안에서의** "의사결정"과 "문제 해결"이라는 인지과학 모형을 본다면, 우리는 발견법적 탐색과 문제 해결의 다양한 모형 안에서 지금 우리가 차지하고 있는 단계와 유사한, 구미가 당기는 더 많은 것들을 볼 수 있다.[10]

이 책에서 반복하고 또 반복해서 보았듯이, 시간의 압박을 받는 의사결정은 **끝까지 내내** 그렇다. 만족화는 의사결정을 하는 행위자의 고정된 생물학적 설계의 과거까지, 즉 대자연이 우리를 비롯한 유기체들을 설계할 때 설정된 설계의 "의사결정"까지 거슬러 올라간다. 이 구조의 생물학적, 물리학적, 그리고 문화적 징후들 사이에 다소 비임의적인 구분선이 있을 수 있지만, 구조들—그리고 그것의 위력과 약점들—은 기본적으로 동일하다. 그뿐만 아니라, "검토"의 특정 내용들이 아마도 전체 과정에서 어느 한 수준에 고정되지 않고 다른 수준으로 이동할 수도 있을 것이다. 예를 들어, 적절한 자극을 받은 사람은 가상적으로 잠재적인 고려사항들을 떠올릴 수 있고, 그것을 부상시켜 자기 의식적 형식화와 이해가 가능해지게 할 수도 있다—그것은 "직감"이 된다. 그러고 나서 그것을 표현하여 다른 이들도 그것을 고려할 수 있게 한다. 다른 방향으로 들어가면, 위원회에서 영속적으로 언급되고 토론되는 행동

10 물론 다섯 단계의 시간적 순서를 제안하는 것이 필수적인 것은 아니다. 무작위로 탐험되는 탐색 트리들의 임의적 가지치기, 결과들의 부분적이고 최적이 아닌 것들에 의한 결정 촉발, 그리고 사후 비판 억제라는 활동들은 처음의 예에서 내가 윤곽을 그려 놓은 시간 순서를 그대로 따를 필요가 없다. 이 수준에서의 과정은 내가 전작(1991a)에서 인간 의식의 '다중 초고 모형Multiple Drafts Model'을 다루며 설명한 것이다.

의 이유가 결국 "말할—적어도 소리 내어 말할—필요도 없이" 분명해질 수 있지만, 집단과 개인들 모두의 사고 형태를 더 잠재적인 기반(또는 기반들)에서부터 형성하는 일은 계속된다. 도널드 캠벨(1975)과 리처드 도킨스(1976, 11장)가 논증했듯이. 문화적 제도들은 때때로 자연선택에 의해 이루어진 "의사결정"의 수정 또는 보완으로 해석될 수 있다.

만족화의 근본성—그것이 모든 진정한, 도덕적이고 신중하며 경제적이고 또는 심지어 진화적이기까지 한 의사결정의 **기본** 구조라는 사실—은, 친숙하고도 다루기 힘든 골칫거리, 즉 그것이 여러 방면에서 이론을 몹시 괴롭힌다는 주장을 낳는다. 우선. 이 구조가 기본적이라는 주장만으로 그것이 최선이라는 결론이 필연적으로 도출될 수 있는 것은 아니지만, 그 결론은 분명하게 제시되며 또 유혹적이기도 하다는 것에 주목하라. 우리가 도덕적 **문제**를 보고 그 문제—**좋은**good(정당화된, 옹호가능한, 건전한) 후보자 평가 과정을 설계하는 문제—를 **풀기** 위해 이 탐구를 시작했음을 기억하라. 우리가 설계한 체계가, 주어진 제약조건들 아래서 가능한 한 좋은 것이라고 우리가 판단한다고 가정하자. (완벽하진 않지만) 대체로 합리적인 행위자들—우리—의 집단은 그것이 그 과정을 설계하는 올바른 길이라고 판단한다. 그리고 우리가 선택한 특성들에는 선택의 이유가 있다.

이 계보를 고려할 때, 우리는 그것이 최적의 설계—가능한 한 최선의 설계—라고 선언하는 대담함을 발휘할 수 있다. 이 명백한 오만함은 내가 문제를 설정하자마자 내게 귀속되었을 수 있다. 왜냐고? 생각해보라. **우리**가 어떻게 **사실 안에서** 특정한 도덕적 의사결정을 할 수 있는지를 조사함으로써 **모두가** 어떻게 도덕적 결정을 **해야만 하는지**를 알아보자고 내가 제안하지 않았던가? 우리는 속도를 결정할 권한이 있는 존재인가? 자, 그럼 또 우리는 다른 누구를 믿어야 하는가? 우리가 우리 자신의 좋은 판단에 의지할 수 없다면, 우리는 시작조차 할 수 없을 것으로 보인다.

그러므로, 우리가 무엇을 어떻게 생각하고 있느냐는, 우리가 무엇을 어떻게 생각해야 하는가에 대한, 즉 합리성의 원칙에 대한 증거이다. 이것은 그 자체로 합리성에 대한 방법론적 원칙이다. 그것을 (사실fact과 규범norm을 합한 신조어를 써서) **팩터놈 원칙**Factunorm Principle이라 부르자. 우리는 무엇을 또는 어떻게 생각해야만 하는지를 결정하려고 할 때마다 팩터놈 원칙을 (암묵적으로) 수용하고 있다. 우리는 바로 그 시도 안에서 생각해야 하기 때문이다. 그리고 거기서 우리가 무엇을 또 어떻게 생각하는 것이 정확한가를—그래서 무엇을 어떻게 생각해야만 하는가를 위한 증거임을—생각할 수 없다면, 우리는 우리가 무엇을 또는 어떻게 생각해야만 하는지를 결정할 수 없다. 〔Wertheimer 1974, pp. 110-11; Goodman 1965, p. 63 도 보라.〕

최적성 주장들은 흔히 증발해 없어지게 되어 있다. 그러나 그것이 우리의 한계 안에서 **우리가** 생각해낼 수 있는 최고의 해법이라는 것을 겸손하게 인정하는 데에는 대담함이 필요 없다. 때때로 발생하는 실수가 있는데, 그것은 바로 이상적 합리성을 평가할 수 있는 단일한 (최선의 또는 최고의) 관점이 있거나 반드시 있어야만 한다고 가정하는 것이다. 이상적으로 합리적인 행위자도, 곤경 해결에 가장 강력하고 가장 효과적인 어떤 결정적 고려사항을 정말 필요할 때 제대로 기억할 수 없다는, 너무나도 인간적인 문제를 겪을까? 이론적 단순화를 위해 우리가 상상한 이상적 행위자가 그런 장애들에 면역이 있다고 규정한다면, 우리는 그런 문제들에 대처할 이상적 방식이 어때야 하는가라는 질문을 하지 않게 될 것이다.

그런 활동은 모두 특정한 특성들—"한계"—은 고정되어 있고 다른 특성들은 가변적이라는 것을 전제로 한다. 그리고 후자는 전자를 최대한 수용할 수 있도록 최선의 조치를 통해 조정되어야 한다. 그러나 사람은 언제나 관점을 바꿀 수 있고, 추정되는 가변적 특성들 중 하나에 대해, 그것이 실제로는 한 위치에 고정되어 있는 것인지 아닌지—수용되어야 할 제약인지 아닌지—물을 수 있다. 그뿐 아니라 고정된 각 특성에 관해, 그것이 어쨌든 변경하고 싶어질 수 있는 것인지 아닌지도 물어볼 수 있다. 어쩌면 현 상황에서는 그것이 잘하는 일일 수도 있을 것이다. 이 문제를 다루려면 검토 중인 특성의 타당성을 평가해야 하며, 그러기 위해서는 깊숙이 숨은 특성들을 고정된 것으로 간주해야 한다. 여기에도 아르키메데스 점은 없다. **도덕적 응급처치 매뉴얼**을 읽는 독자들을 **완전한** 멍청이라고 우리가 가정한다면 우리의 임무는 불가능해진다. 반면에 그들을 성인聖人이라고 가정한다면, 임무가 너무 쉬워져서 전혀 빛을 발할 수 없게 될 것이다.

이는 죄수의 딜레마에 대한 이론적 논의에서의 합리성에 관한 까다로운 가정들에서도 생생하게 드러난다. 게임 참가자가 성인聖人이라고 가정할 자격이 당신에게 있다면 아무 문제가 없다. 성인들은 결국 언제나 협력하니까. 근시안적 얼간이들은 언제나 배신하기 때문에 희망이 없다. 그럼 "이상적으로 합리적인" 게임 참가자는 무엇을 해야 할까? 아마도, 일부 사람들이 말하는 것처럼, 그는 자신을 이상적으로 합리적인 참가자가 아닌, 그보다는 좀 덜한 사람으로 변모시키는 메타 전략을 채택함으로써 합리성을 이해한다—마주칠 가능성이 있다는 것을 그 자신이 알고 있는, 이상적으로 합리적이지는 않은 참가자들에 대응하기 위해. 그런데, 그렇다면 그 새 경기자는 어떤 면에서 이상적으로 합리적이지는 않은 경기자**일까**? 이상적 합리성이 무엇인지 충분히 신중하게 숙고함으로써 이 불안정성을 없앨 수 있으리라고 가정하는 것은 잘못이다. 그것은 **정말로** 팡글로스의 오류이다. (이 노선을 따라 추가적으로 반영된 것들을 알고 싶다면 기버드Gibbard[1985]와 스터전Sturgeon[1985]의 논의를 보라.)

3. 도덕적 응급처치 매뉴얼

그렇다면, 우리의 도덕적 의사결정이 돌이킬 수 없게 발견법적이고 시간의 압박을 받는 것이며 또 근시안적인 것이라면, 어떻게 우리는 그 도덕적 의사결정을 규제하길, 아니면 최소한 개선이라도 하길 바랄 수 있을까? 부서 회의에서 일어나는 일과 우리 내부에서 일어나는 일 사이의 유사점을 기반으로 하여, 우리는 메타 문제들이 무엇인지, 그리고 그것들을 어떻게 처리할 수 있는지 알 수 있다. 우리는 "기민하고" "현명한" 사고방식—또는, 달리 말해, 나중에 돌이켜보며 후회하지 않을 방향으로 우리의 주의를 균형 잡히게 (절대 틀리지 않는 것은 아니라 해도) 이끌어줄 동료들—을 가질 필요가 있다. 그들이 서로의 복제품이라면 모두가 똑같은 고려사항을 제기하고 싶어 할 것이므로 둘 이상의 동료를 가지는 것은 의미가 없다. 반면에, 각각이 다소 편협하고 서로 다른 특정 이익집단을 보호하는 데 몰두하고 있다면 우리는 그들 각각을 전문가라 가정하고 동료로 삼을 수 있을 것이다.(Minsky 1985)

자, 그럼 동료들의 불협화음은 어떻게 방지할 수 있을까? 우리에게는 다소의 **대화 중단자**conversation-stopper가 필요하다. 필요할 때 적절한 고려사항들을 만들어줄 고려사항-생성자도 필요하지만, 고려사항-생성자-진압자도 필요하다. 우리에겐 동료들의 성찰과 연설을 임의로 중단시키고 현재 토론의 특정 내용과는 무관하게 논의를 종료시킬 몇 가지 계책이 필요하다. 그냥 **매직 워드**magic word를[11] 외치면 왜 안 될까? 매직 워드들은 인공지능 프로그램에서는 제어-전환기control-shifter로 잘 작동

11 [옮긴이] 영어 회화에서는 'please'를 일컫는 경우가 많다. 그리고 프로그래밍에서는 본문에 있는 것처럼 동작을 전환시키는 여러 가지 명령어를 가리킨다. 그러나 야구 등에서 '매직 워드'는, 입 밖으로 내뱉으면 틀림없이 퇴장당할 만한 말을 가리키기도 한다.

한다. 그러나 여기서 우리는 지성적인 동료들을 통제하는 것에 관해 이야기하고 있고, 그들은 매직 워드에 결코 민감하게 반응하지 않을 것이다. 마치 후최면 암시에 걸려 있기라도 한 것처럼 말이다. 이는, 좋은 동료들은 전문가들의 편협함에 의해 부과되는 한계 내에서 반성적이고 합리적이며 열린 마음을 가질 것이라는 뜻이다. 우리를 구성하는 가장 단순한 메커니즘이 **탄도학적** 지향계라면, 앞 장에서 내가 주장했듯이, 우리의 가장 정교한 하위 체계는, 우리의 실제 동료들과 마찬가지로, **무한정으로 유도 가능한** 지향계이다. 그 지향계들은 더 이상의 반성을 방해하면서 그들의 합리성에 호소할 무언가와 충돌할 필요가 있다.

이런 사람들이 **끊임없이** 철학적 이야기를 하고 우리를 끊임없이 제1 원리로 다시 불러대고, 겉보기에 (그리고 실제로도) 상당히 자의적인 원칙을 위한 정당성을 요구하는 것은 전혀 도움이 되지 않을 것이다. 그런 무자비한 정밀 조사로부터 자의적이고 다소 이류인 대화 중단자를 보호할 수 있는 것은 무엇일까? 대화 중단자에 대한 토론과 재고를 금지하는 메타정책? 그러나 우리 동료들은 이렇게 묻고 싶어 할 것이다. **그것은** 현명한 정책인가? 정당화될 수 있는 정책인가? 물론, 확실히, 그것이 언제나 최선의 결과를 낳는 것은 아니고 …… 기타 등등.

이것은 양쪽 모두에 함정이 있는 미묘한 균형의 문제다. 한쪽에서는, 우리는 해결책에 **더 많은 합리성이 들어가 있고** 더 많은 규칙이 있고 더 많은 정당화가 있으리라고 생각하는 오류를 피해야 하는데, 그런 요구에는 끝이 없기 때문이다. 어느 정책이든 의문이 제기될 **수도 있으므로**, 논제에 대한 난폭하고 비합리적인 중단을 제공하지 않는 한, 우리는 성과 없이 나선을 무한히 빙빙 도는 의사결정 과정을 설계하게 될 것이다. 다른 쪽에서는, 우리가 구성되는—또는 구성되어야 하는—방식에 대한 무조건적인 사실에 불과한 것은 추가적 반성에 의해 무효화될 수 있는 범위를 전적으로 벗어날 수 없다.[12]

이러한 설계 문제에 대해 안정적인 하나의 해결책이 있으리라는 기대는 할 수 없다. 오히려 불확실하고 일시적인 다양한 평형점이 존재한다. 그러한 평형점들엔 대화 중단자들이 함께하며, 그 대화 중단자들은 독단을 지지하는, 진주층처럼 겹겹이 쌓인 방어적 층에 부착되어 그 층을 더욱 두텁게 하는 경향이 있다. 이때 독단들은 그 자체로는 장기간의 정밀 조사를 견딜 수 없지만, 고맙게도, 고려를 피하고 종료시키는 데 도움이 되는 역할을 한다. 다음은 몇 가지 유망한 예들이다.

"하지만 그건 득보다 실이 더 많을 거야."
"하지만 그건 살인 행위가 될 거야."
"하지만 그건 약속 파기가 될 거야."
"하지만 그건 누군가를 단지 수단으로 사용하는 게 될 거야."
"하지만 그건 누군가의 권리를 침해할 거야."

한때 벤담은 "자연적이고 불가침적인 권리"를 "애들이나 하는 헛소리nonsense upon stilts"라고 무례하게 일축한 적이 있었다. 그리고 이제 우리는 아마도 그가 옳았다는 대답을 할 수도 있을 것이다. 어쩌면 권리에 대해 이야기하는 것이 정말로 애들이나 하는 헛소리**일** 수 있지만, 그것은 좋은—오로지 그것이 기둥stilts 위에 있기 때문에, 그리고 오로지 메타 반성을 넘어 계속 상승할 수 있는 "정치적" 힘을 갖게 되었기 때문에 좋은—헛소리다. 그리고 무한정은 아니지만, 통상적으로 "그 정도면 충분하다"고 생각되는—자신이 설득력 있음을 재천명하는—대화 중단자,

---

12 스티븐 화이트Stephen White(1988)는 "우리에겐 선택의 여지가 없다"는, 우리 삶의 방식에 관한 잔인한 사실에서 "우리의 반응적 태도들"의 정당화를 요구하는 것을 중단시키려는 스트로슨Strawson의 유명한 시도(1962)에 대해 논한다. 그는 이 대화 중단자가 정당화(화이트가 기발하게 간접적인 방식으로 제공하는)에 대한 추가 요구를 거부할 수 없다는 것을 보여준다. 윤리적 의사결정의 실천적 문제에 대한 보완적 (그리고 계몽적) 접근법에 대해서는 거트Gert의 논의(1973)를 참고하라.

즉 제1 원리이다.

그렇다면 적어도 우리처럼 설계된 행위자들에게는 특정 종류의 "규칙 숭배"가 좋은 것이라고 보일 수도 있다. 그러나 그것이 좋은 것은, 특정한 규칙이나 규칙들의 집합, 즉 아마도 가장 좋거나, 언제나 옳은 답을 산출하는 무언가가 있기 때문이 아니라, (어느 정도) 효과적인 규칙은 지니되 전혀 효과가 없는 규칙은 지니지 않기 때문이다.

하지만 우리가 정말로 "숭배"를 의미하지 않는 한, 이것이 그것의 전부일 수는 없다. 이를테면, 단지 규칙들이 있기 때문에, 또는 규칙들을 **지지하거나 수용**하기 때문에 바치는 합리성 없는 충성은 전혀 설계 해법이 아니다. 그리고 심지어는 좋은 의도를 갖고 있다는 것도 그 자체로는 올바른 행동을 보장하기에 충분하지 않다. 행위자는 적절한 모든 것을 찾아서 사용해야만 한다. 그의 신념을 꿰뚫도록 설계된, 반대쪽의 합리적 도전에도 불구하고 말이다.

규칙을 가지면서 그것의 힘을 인식하는 것만으로는 불충분하다. 그리고 때로는 행위자가 더 적은 것을 가질 때 형편이 더 나아지는 경우도 있다. 더글러스 호프스태터는 그가 "반향적 의심reverberant doubt"이라 부른 현상에 주목한다. 이 현상은 가장 이상화된 이론적 논의에서는 존재하지 않는 것으로 규정되어 있다. 호프스태터가 "늑대의 딜레마"라고 부른 "명백한" 비非 딜레마는, 반향적 의심의 가능성과 시간의 흐름만으로도 심각한 딜레마로 바뀐다.

> 고등학교 졸업반에서 당신을 포함하여 20명이 선발되었다고 상상해 보자. 당신은 당신 외의 누가 선택되었는지 모른다. 당신이 알고 있는 것은 20명 모두 중앙 컴퓨터에 연결되어 있다는 것이다. 각각의 피험자는 작은 방 안의 의자에 앉아 빈 벽에 있는 버튼 하나와 마주하고 있다. 버튼을 누를지 말지를 결정할 시간 10분이 주어진다. 시간이 종료되면 버튼에 10초간 불이 들어오고, 불이 들어와 있는 동

안 당신은 버튼을 누를 수도 있고 누르지 않을 수도 있다. 피험자들의 모든 응답이 중앙 컴퓨터로 전송되고 1분 후에 결과가 나온다. 다행스럽게도, 결과는 좋을 수밖에 없다. 버튼을 누르면, 아무 조건 없이 100달러를 받을 수 있기 때문이다. **아무도** 버튼을 누르지 않는다면 **모든 사람**이 1000달러를 받게 될 것이다. 버튼을 누른 사람이 한 명이라도 있다면, 안 누른 사람들은 아무것도 얻지 못할 것이다. 〔Hofstadter 1985, pp. 752-53〕

물론 당신은 버튼을 누르지 않는다. 맞는가? 하지만 한 사람이 조금 지나치게 조심스럽거나 의심스러워했고, 그래서 결국 그것이 명백한 것인지 궁금해하기 시작한다면 어떻게 될까? 모든 사람은 이것이 실낱같은 가능성이라는 것을 용납해야 하며, 모든 사람이 그렇게 생각하고 있다는 것을 인식해야 한다. 호프스태터가 주목했듯이,(p. 753) 이 상황은 "의심의 가장 작은 깜빡임이 증폭되어 가장 심각한 의심의 눈사태가 되어버린, 그런 상황이다. …… 그리고 그것에 있어 성가신 것들 중 하나는, 당신이 더 똑똑할수록 더 빨리 그리고 더 명확하게 그 두려움이 무엇인지 알게 된다는 것이다. 마음씨 좋고 느긋한 사람들은 만장일치로 버튼을 안 누르고 큰 보상을 얻을 가능성이 더 높다. 모두 고집스럽게, 재귀적으로, 반향적으로 사고하는 예리한 논리학자들보다 말이다."[13]

이처럼, 곤경의 상태들이 다 드러나 있는 세계에 직면했을 때, 우리는 좀 오래된 종교의 매력을 인식할 수 있다. 행위자(신도)들이 아무런 의심 없이 종교의 독단에 따라 행동하게 만듦으로써, 과도한 합리주의가 제아무리 교묘하게 침입한들 신도들은 아무 영향도 못 받게 해주니

---

13 로버트 액설로드는 나에게 호프스태터가 "늑대의 딜레마"라고 부른 것이 장자크 루소의 《인간 불평등 기원론Discours sur l'origine et les fondements de l'inégalité parmi les hommes》(1755)에 나오는 '사슴 사냥 우화'와 형식적으로 동일하다고 이야기한 적이 있다. 예상과 어려움에 대한 추가적 논의는 내 글(1988b)을 참고하라.

까 말이다. 사실, 그런 일종의 습관적 상태 같은 것을 만들어내는 일은 **도덕적 응급처치 매뉴얼**의 목표 중 하나다. 우리 상상 속에서 그 응급처치 매뉴얼은 '충고에 주의를 기울이는 합리적인 청중에게 주는 조언'이라는 틀로 여겨지고 있다. 하지만 그럼에도, 한편으로 그것은 "운영체계"—단순히 행위자들이 다루는 "데이터"(수용이나 신념의 내용들)뿐만이 아니라—의 변화라는 효과를 거두지 않는 한 목적에 다다를 수 없는 것으로 여겨질 수도 있다. 이런 특수한 작업을 성공시키려면 표적이 되는 청중의 유형을 한 치의 오차도 없이 정확하게 파악해야만 할 것이다.

그렇다면, 서로 다른 유형의 청중에게 효과적인 여러 종류의 **도덕적 응급처치 매뉴얼**이 있을 수 있다. 이는 두 가지 이유에서 철학자들에게 불쾌한 전망을 열어놓는다. 첫째, 그것은 그들의 엄격한 학문적 취향과는 반대되며, 수사학을 비롯한, 부분적이고 불순하게 합리적인 설득 수단들에 더 많은 관심을 가지게 할 이유가 있음을 시사한다: '윤리학자가 자신의 성찰을 다루기 위해 상정할 수 있는 이상적으로 합리적인 청중'이라는 것은 여전히 의심스러울 만큼 효과적인 이상화이다. 그리고 둘째이자 더 중요한 것은, 버나드 윌리엄스(1985, p. 101)가 사회의 "투명성"—"윤리적 단체들은, 그것들이 어떻게 작동하는지에 대해 잘못 이해하고 있는 지역사회 구성원들에 의존하여 작동해서는 안 된다"—이라고 부르는 이상이, 우리가 정치적으로 접근할 수 없는 이상임이 시사된다는 것이다. 엘리트주의를 만드는 것 및 윌리엄스(p. 108)가 "총독관저 공리주의Government House utilitarianism"라고 부르는 관점과 같은 체계적으로 표리부동한 교리들을 보면, 지금의 우리라는 존재에서 지금 우리가 되고 싶어 하는 존재를 향해 가는 합리적이고 투명한 길을 찾는 것은 극도의 행운이 있어야 가능한 것임을 알게 될 수도 있을 것이다—이것은 결국 경험적으로 열려 있는 가능성이다. 그 경관은 험준하고, 오늘날 우리가 우리를 발견하는 곳에서부터 가장 높은 봉우리까지 도달하는 것이 불가능할 수도 있다.

그럼에도 불구하고, 다양한 버전의 **도덕적 응급처치 매뉴얼** 작성 과정을 통해, 도덕적 행위자의 **실천적** 설계를 재고해보면 전통적 윤리 이론들이 손짓하며 불러들이는 몇 가지 현상들을 이해할 수 있게 될 것이다. 우선, 우리는 현재 우리의 도덕적 위치—지금 이 순간의 당신의 위치와 나의 위치를 뜻한다—를 이해하기 시작할 수도 있을 것이다. 여기 당신은 나의 책을 읽는 데 몇 시간을 할애하고 있다. (그리고 나도 의심의 여지없이 비슷한 일을 하고 있다.) 우리 둘 다 이럴 시간에 구호 단체 옥스팜에 성금을 보내거나 펜타곤 앞에서 피켓 시위를 하거나 상원의원과 하원의원들에게 다양한 문제에 대한 편지를 써야 하지 않을까? 당신은 실제 세계와의 관계에서 약간의 안식 시간(책을 좀 읽기 위해 실세계와 "오프라인"이 될 수 있는 기간)을 가질 때가 무르익었다고 결정할 때, 계산을 기반으로 하여 의식적으로 판단했는가? 아니면 당신의 판단(결정) 과정—이 용어가 그것에 대한 너무 거창한 이름이 아니라면—은, 다행히도 현재의 "기본" 원칙들—당신이 다소 어려운 책을 읽는 데 할애하는 기간을 포함하여 당신의 개인적 삶에 대한 현재의 잠재적인, 그러나 당신을 자극할 수 있는 대부분의 방해를 거의 무시할 수 있음을 사실상 보장하는—을 변경하지 **않기**로 하는 문제에 더 가까웠는가?

그렇다면, 그것 자체는 한탄스러운 특징인가, 아니면 우리 같은 유한한 존재는 그것 없이 뭔가를 한다는 것을 생각조차 할 수 없는 그런 것인가? 대부분의 윤리체계가 침착하게 통과할 수 있는 전통적인 벤치 테스트[14]를 생각해보자: 당신이 자신의 일에 신경을 쓰며 걷던 중에 물에 빠진 사람이 도와달라고 외치는 소리를 들으면 당신은 무엇을 해야 할까? 이는 쉬운 문제이고, 편리하게도 경계가 정해져 있고, 이미 **틀이 잘 짜인** 국소적 의사결정이다. 어려운 문제는 이것이다: 우리가 어떻게 여

---

14 [옮긴이] 엔진 등의 장치를 검사할 때, 그것이 들어갈 기기에 실제로 장착하지 않고 제조 공장 내에서 센서 등을 활용하여 시험하는 것을 말한다.

기에서 거기로 갈 수 있는가? **우리는** 어떻게 실제의 곤경으로부터 상대적으로 행복하며 단도직입적으로 결정할 수 있는 곤경으로 가는 경로를 **정당한 근거**에 따라 찾을 수 있을까? 무엇보다 중요한 문제는, 일상생활에서 우리의 일에 필사적으로 매달리는 동안, 우리가 돕는 방법에 대한 방대한 정보로 가득 찬, 도움을 요청하는 수많은 소리를 듣는다는 것으로 보인다. 누가 됐든 그 불협화음을 도대체 어떻게 우선적으로 처리할 수 있을까? 모든 것을 고려하고 기대효용을 저울질하고 최대화를 시도하는 체계적인 과정에 의해서가 아니다. 칸트주의 격언의 체계적인 생성과 시험에 의한 것도 아니다—그런 과정에서는 고려해야 할 것이 너무 많다.

그렇지만 우리는 여기에서 거기까지 정말로 간다. 우리 중 몇몇은 오랜 시간에 걸친 그런 우유부단함 때문에 무력해져 있다. 대체로 우리는 이 의사결정 문제를 풀어야 한다. 완전히 "옹호의 여지가 없는" 기본값들의 집합을 허용함으로써, 우리의 현재 프로젝트들을 제외한 모든 것들에 주의를 빼앗기지 않으면서 말이다. 대부분의 가중치가 부여된 임의적이고 검사되지 않은 대화 중단자가 있는, 허겁지겁 이루어지는 발견법이 될 수밖에 없는 과정에 의해서만 그러한 기본값들에 교란이 발생할 수 있다.

물론 그 경쟁의 장은 단계적 확대를 장려한다. 우리의 주의력 용량은 엄격하게 제한되어 있으므로, 다른 사람들—그들은 우리가 그들이 가장 선호하는 고려사항을 고려하길 바란다—이 처한 문제는 본질적으로 광고에, 또는 선의를 지닌 사람들의 관심을 끄는 방법에 달려 있다. 이러한 밈들 사이의 경쟁은. 정치라는 넓은 스케일의 경쟁의 장에서 보든, 개인적 숙고라는 근접 스케일의 경쟁의 장에서 보든, 동일한 문제다. 주목의 감독자 또는 도덕적 상상 습관의 형성자로서, 그리고 최고의 메타밈으로서의 윤리적 토론의 전통적 공식들의 역할은 추가로 정밀 조사를 해볼 만한 가치가 있는 주제다.

17장: 다윈의 위험한 아이디어라는 관점에서 검토해보면, 윤리적 의사결정에서 우리가 올바른 행동을 할 수 있게 하는 공식이나 알고리즘을 발견할 수 있다는 희망을 거의 얻을 수 없다. 하지만 그것이 절망의 원인이 되는 것은 아니다. 우리는 우리 자신을 설계하고 재설계할 마음 도구들을 지니고 있으며, 우리 자신과 타인을 위해 우리가 생성한 문제들에 대한 더 나은 해결책을 끊임없이 찾고 있다.

18장: 우리는 설계공간 안에서의 우리 여정의 끝에 다다랐다. 우리가 발견한 것들을 찬찬히 잘 살펴보고 우리가 여기서 어디로 가야 할지 숙고한다.

18장

아이디어의 미래

The Future of an Idea

1. 생물 다양성에 찬사를 보내며

신은 디테일에 있다.

—루트비히 미스 판 데어 로에 1959

요한 제바스티안 바흐는 〈마태수난곡Matthäuspassion〉을 작곡하는 데 얼마나 걸렸을까? 초기 버전은 1727년 또는 1729년에 연주되었지만 지금 우리가 듣는 버전은 그보다 10년 후의 것이며, 그 10년 사이에 많은 개정판이 만들어졌다. 그럼 바흐가 만들어지는 데는 얼마나 걸렸을까? 그는 첫 번째 버전이 연주되었을 때 42년 동안의 생존이라는 혜택을 누리고 있었고, 나중 버전이 완성되었을 때는 반세기 이상의 생존이라는 혜택을 누리고 있었다. 기독교가 없었다면 바흐든 누구든 〈마태수난곡〉

을 상상조차 할 수 없었을 텐데, 그 기독교가 만들어지는 데는 얼마나 걸렸을까? 대략 2000년 정도다. 그렇다면 기독교가 탄생할 수 있는 사회적·문화적인 맥락이 만들어지는 데는 얼마나 걸렸을까? 100만 년에서 300만 년 정도일 것인데, 그 값은 인류 문화의 탄생기를 언제로 판단하느냐에 달려 있다. *호모 사피엔스*가 만들어지는 데는 얼마나 걸렸을까? 30억 년에서 40억 년 정도가 걸렸고, 이는 데이지, 스네일다터,[1] 흰긴수염고래, 점박이올빼미가 만들어지는 데 걸린 시간과 거의 같다. 모두 다 수십억 년에 걸친 **대체 불가능한** 설계 작업의 결과다.

우리는 과학과 예술의 가장 훌륭한 작품들, 그리고 생물권의 영광들 사이의 유사성을 직관적으로 옳게 이해한다. 놀라운 설계를 지닌 것들이 우주에 어떻게 그렇게 많이 존재할 수 있었는지에 대한 설명이 필요하다고 생각했다는 점에서는 페일리가 옳았다. 다윈의 위험한 아이디어는 그들 모두가 하나의 나무, 즉 생명의 나무의 열매로서 존재하며 그 하나하나를 산출한 과정들이 근본적으로 같다는 것이었다. 대자연이 보여주는 창조적 재능은 많은 미시 재능micro-genius—근시안적이거나 눈멀었고 무목적적이지만 좋은 (더 나은) 것에 대한 최소한의 인식은 가능한—으로 분해될 수 있다. 마찬가지로, 바흐의 천재성 역시 미시 재능의 많은 행동들, 즉 뇌 상태들 사이의 기계적 이행, 생성과 시험, 폐기와 수정, 재시험 등의 많은 것들로 분해될 수 있다. 그렇다면 바흐의 뇌는 잘 알려진 '타자기 앞의 원숭이들' 같은 것일까? 그렇지 않다. 왜냐하면 바흐의 뇌는 천많은 대안들을 만들어내는 대신, 가능성들의 없작은 부분집합만을 생성했기 때문이다. 그의 천재성은 (당신이 천재성을 측정하고 싶어 한다면) 그가 생성한 후보들, 즉 그가 창조한 특정 부분집합의 탁월함으로 측정될 수 있다. 어떻게 그는, 절망적인 설계를 초래하는 천많게 광대한 이웃 영역들(그 영역을 탐험하고 싶은가? 그럼 피아노 앞에 앉

1 [옮긴이] 길이가 10센티미터 정도 되는 민물고기로, 멸종위기종이다.

아서 30분 동안 좋은 새 멜로디를 작곡하려고 해보라)을 전혀 고려조차 하지 않고, 설계공간에서 그렇게 효율적으로 속도를 낼 수 있었을까? 바흐의 뇌는 음악을 작곡하기 위한 발견법적 프로그램으로서 정교하고 절묘하게 설계되었고, 그 설계의 업적은 세 가지 측면으로 나뉘어 공유되어야 한다. 유전자의 측면에서 보면 그는 운이 좋았고(그는 유명한 음악가 가문에서 태어났다), 밈의 측면에서 보아도 운이 좋았다. 당시 현존했던 음악 밈들로 뇌를 가득 채울 수 있는 문화적 환경에서 태어났으니까. 그리고 의심의 여지없이, 그의 인생의 다른 많은 순간에도 운이 좋았다. 이런저런 우연적이지만 좋은 융합의 수혜자가 되었기 때문이다. 이 모든 우발성이 겹쳐져, 설계공간에서 다른 그 어떤 탈것도 탐험하지 못했던 일부 영역을 수월하게 탐험할 수 있는 아주 독특한 탈것이 생겨난 것이다. 음악을 탐구할 때 우리 앞에 수백 년이 놓여 있든 수천 년이 놓여 있든, 설계공간의 그 천많게 광대한 범위에서 중요한 위치를 차지하는 경로를 정하는 데 우리는 결코 성공하지 못할 것이다. 바흐가 소중한 것은, 그의 뇌 안에 천재성의 물건인 마법 진주, 즉 스카이후크가 있었기 때문이 아니라, 그가 완전히 특유한 크레인 구조—크레인으로 만들어진 크레인으로 만들어진 크레인으로 만들어진 크레인—를 지니고 있었거나 바흐 자체가 그런 크레인이었기 때문이다.

바흐처럼, 생명의 나무의 나머지 부분들의 창조는 천많은 가능성들의 없작은 부분집합만을 탐험했다는 점에서 타자기 앞의 원숭이들과는 다르다. 탐험 효율화가 계속하여 이루어졌으며, 그것들은 수 이언에 걸쳐 들어올림을 가속시킨 크레인들이었다. 이제 우리의 기술은 설계공간의 모든 부분에 대한 우리의 탐험을 가속할 수 있게 만들어주고 있다. (유전자 접합 기술뿐 아니라, 예를 들어, 워드 프로세싱과 전자 메일 없이는 결코 쓸 수 없었을 이 책을 포함하여, 상상할 수 있는 모든 것에서, 컴퓨터의 도움을 받은 설계들이 있다.) 그러나 우리는 우리의 유한성에서, 좀 더 정확히 말하자면, 현실성에 매여 있는 상태에서 절대로 벗어날 수 없을 것이다. 바벨의 도서관은 유한하지만 천많게 광대하고, 우리는 결코 그 안의 모든 경이들을 다 탐험할 수는 없을 것이다. 왜냐하면 우리는 매 지점에서 우리가 구축해온 기반 위에 크레인 같은 것을 지어야 하기 때문이다.

탐욕스러운 환원주의에 보편적으로 존재하는 위험에 대한 경각심을 가지고, 우리는 우리가 가치를 두고 있는 것들 중 얼마나 많은 것이 '피설계성designedness'의 측면에서 설명될 수 있는지를 고려할 수 있을 것이다. 여기 작은 직관펌프가 하나 있으니, 펌프질을 한번 해보자: 어떤 이가 아이스캔디 막대 수천 개로 에펠탑 모형을 만드는 프로젝트를 수행 중이라고 하자. 이때 프로젝트의 완성물을 파괴하는 것과 아이스캔디 막대의 공급을 막는 것 중 어느 쪽이 더 나쁠까? 모든 것은 프로젝트의 목표에 달려 있다. 그 사람이 설계와 재설계, 건설과 재건설을 즐긴다면, 막대의 공급을 막는 것이 더 나쁜 짓이다. 하지만 그가 완성 자체를 즐기는 사람이라면, 어렵사리 얻은 설계의 산물을 파괴하는 것이 더 나쁜 짓이다. 콘도르를 죽이는 것이 왜 소를 죽이는 것보다 훨씬 나쁜가? (당신이 소를 죽이는 것이 얼마나 나쁘다고 생각하든, 일단 우리는 멸종 위기에 있는 콘도르를 죽이는 것이 훨씬 나쁘다는 데 동의한다. 콘도르가 멸종한다면 우리의 실제(현실의) 설계 저장소에서의 손실이 훨씬 클 것이기 때문이다.) 소를 죽이는 것이 왜 조개를 죽이는 것보다 더 나쁜가? 삼나무를 죽이는 것이 왜 같은 질량의 조류algae를 죽이는 것보다 더 나쁜가? 우리는 왜 영화, 음악 녹음, 악보, 책 등의 고충실도 복사본을 서둘러 만드는 것일까? 레오나르도 다 빈치의 〈최후의 만찬〉은 그것을 보존하기 위한 수 세기의 노력에도 불구하고 (때로는 그 노력 때문에) 밀라노의 한 벽면에서 슬프게도 부식되어가고 있다. 30년 전쯤의 모습이 찍힌 오래된 사진들을 모두 파괴하는 것이 현재의 "원본" 구조의 일부를 파괴하는 것만큼 나쁜 이유는 무엇일까?

이 질문들에는 논란의 여지가 없는 명확한 답들이 존재하지 않는다. 설계공간 관점이 가치에 대한 모든 것을 설명해주는 것은 확실히 아니지만, 적어도 우리가 하나의 관점으로 가치관을 통일하고자 시도할 때 어떤 일이 발생하는지를 볼 수 있게는 해준다. 설계공간 관점은, 한편으로는 독특함이나 개성이 "본질적으로" 가치가 있다는 우리의 직관을 설명하는 데 도움이 된다. 그리고 다른 한편으로는, 우리로 하여금 사람들이 말하는 모든 공약 불가능성을 입증하게 해준다. 한 사람의 생명과 〈모나리자Mona Lisa〉 중 어느 것이 더 가치 있는가? 많은 사람이 그림을 지키기 위해 자신의 목숨을 바칠 것이며, 상황이 급박해지면 그것을 위해 **다른 누군가의 목숨**을 희생시킬 것이다. (루브르 박물관 경비원들은 무장을 했는가? 그들은 필요할 경우 어떤 조치를 할 것인가?) 점박이 올빼미를 구하는 것이 수천 명의 삶에 영향을 줄 기회를 박탈할 만큼의 가치가 있는가? (다시 한번, 소급적 효과들이 크게 다가온다: 어떤 사람이 벌목꾼이 되기 위해 지금까지의 인생을 투자했는데 이제 와서 우리가 그가 벌목꾼이 될 기회를 앗아간다면, 우리는 하룻밤 새에 그의 인생이 무가치한 채권이라도 되는 양—사실, 더 확실하게 말하자면 그것도 안 되는 양—그의 투자를 평가절하해버리는 것이다.)

인간의 삶은 어느 "시점"에서 시작하거나 끝날까? 다윈주의의 관점은 생명의 과정에서 "중요한 것"을 말해주는 표지, 즉 도약을 **발견**할 희망이 왜 전혀 없는지를 오해의 여지없이 선명히 볼 수 있게 해준다. 우리는 선을 그어야 한다: 우리에게는 많은 중요한 도덕적 목적을 위한 삶과 죽음의 정의가 필요하다. 이 근본적으로 자의적인 시도들을 빙 둘러 방어하는, 진주처럼 빛나는 독단의 층들은 우리에게 익숙하며, 끊임없는 수리를 필요로 한다. 우리는 어디에 선을 그어야 하는지 알려줄 꼭꼭 숨어 있던 사실을 과학이나 종교 중 하나가 드러내줄 것이라는 환상을 버려야 한다. 종의 탄생을 알려주는 "자연스러운" 방식이 없는 것만큼이나, 인간 "영혼"의 탄생을 알려주는 "자연스러운" 방식도 없다. 그리고, 많은 전통들이 주장하는 것과는 반대로, 인간의 삶이 그 말미에 지니게 되는 가치에는 점진성이 있다는 직관을 실로 우리 모두가 공유한다고 나는 생각한다. 대부분의 인간 배아는 엄마도 모르는 사이에 자연 유산된다. 이는 다행스러운 일이다. 이들은 대부분 테라타terata이고, 살아가는 것이 거의 불가능한 절망적 괴물이기 때문이다. 이는 끔찍한 악인가? 이런 배아들을 낙태시킨 몸을 가진 어머니들은 무의식적인 과실치사죄를 범하고 있는 것인가? 물론 그렇지 않다. 아주 심한 장애가 있는 기형아를 살리기 위해 "영웅적" 조치를 하는 것과, 그러한 기형아가 최대한 빠르고 고통 없이 죽게 하는 폭력을 가하는, 똑같이 (비록 알려지진 않지만) "영웅적인" 조치를 하는 것 중 무엇이 더 나쁜가? 나는 다윈주의적 사고가 그러한 질문들에 답을 준다고 제안하는 것이 아니다. 나는 이런 문제를 풀고자 하는 (도덕적 알고리즘을 찾고자 하는) 전통적 희망이 왜 버려졌는지를 이해하는 데 다윈주의적 사고가 도움을 준다고 제안하는 것이다. 우리는 이런 구식 해결책이 불가피해 보이는 것처럼 만드는 신화들을 버려야만 한다. 다시 말해, 우리는 성장할 필요가 있다.

보존할 가치가 있는 귀중한 인공물들 중에는 전체 문화 그 자체가 있다. 이 행성에서는 지금도 수천 개의 서로 다른 언어가 매일 사용되고 있지만, 그 수는 빠르게 감소하고 있다.(Diamond 1992, Hale et al. 1992) 한 언어가 멸종한다는 것은 한 종이 멸종하는 것과 같은 유형의 손실이며, 그 사라지는 언어가 담지하고 있는 문화를 생각하면, 손실의 양은 더 커진다. 그렇지만 여기서 다시 한번 우리는 공약 불가능성에, 그리고 쉬운 답이 없는 상황에 직면한다.

나는 내가 소중하게 여기는 노래로 이 책을 시작했고, 희망은 "영원히" 살아남을 것이다. 나는 내 손자가 그 노래를 배우고 그것을 그의 손자에게 물려주길 바라지만, 그와 동시에 그 노래에서 너무도 가슴 뭉클하게 표현된 교리들은 나 자신도 믿지 않을뿐더러, 내 손자도 정말로 믿지 않길 바란다. 그것들은 너무 단순하다. 그리고 그것들은, 한마디로, 틀렸다. 올림푸스 산의 많은 남녀 신들에 대한 고대 그리스의 교리들만큼이나 틀렸다. 당신은 문자 그대로의 의인화된 신을 믿는가? 믿지 않는다면, 당신은 그 노래가 아름다우며 위안이 되는 거짓이라는 데에 동의해야만 한다. 그럼에도 불구하고 그 단순한 노래는 가치 있는 밈일까? 나는 확실히 그렇다고 생각한다. 그것은 우리 유산의 그리 대단치는 않지만 아름다운 부분이며, 보존되어야 할 보물이다. 그러나 우리는 호랑이가 아직 생겨날 수 없었을 때와 마찬가지로, 호랑이가 동물원을 비롯한 보호구역 외에서는 더는 생존할 수 없는 시간이 다가오고 있음을 직시해야 한다. 우리 문화유산에 있는 많은 보물들도 마찬가지다.

웨일스어는 콘도르처럼 인위적인 수단에 의해 살아남아 있다. 우리는 이 보물들이 번성했던 문화적 세계의 **모든** 특성들을 보존할 수는 없다. 그리고 그러길 바라지도 않을 것이다. 많은 위대한 예술 작품들이 성장할 비옥한 토양이 형성되기까지는 억압적인 정치적·사회적 체계들이 필요했고, 그 안에는 많은 악—노예제도와 전제주의(이것들은 때때로 "계몽되었을" 수도 있다), 부자와 빈자 간의 터무니없는 생활 수준 차이—이 가득 차 있었다. 그리고 엄청난 양의 무지도 있었다. 무지는 많은 탁월한 것들을 위한 필요조건이다. 크리스마스에 산타클로스가 어떤 선물을 가져왔는지를 발견하는 유치한 기쁨은 무지가 상실되면서 아이들 한 명 한 명의 마음속에서 멸종되어야만 하는 종이다. 그 아이가 성장하여 어른이 된 후 그 즐거움을 자신의 아이에게 전달할 수 있지만, 그것이 그 가치보다 오래 살아남기 시작하는 시점도 인식해야만 한다.

내가 표현하고 있는 관점에는 분명한 조상이 있다. 철학자 조지 산타야나George Santayana는 가톨릭 무신론자였다. 그런 것을 상상할 수 있다면 말이다. 버트런드 러셀에 의하면(1945, p. 811), 윌리엄 제임스는 산타야나의 아이디어를 "완벽하게 썩은 것"이라고 비난한 적이 있으며, 우리는 왜 일부 사람들이 그가 채택한 유형의 심미주의에 불쾌해하는지 알 수 있다: 그는 종교적 유산의 모든 형식들과 의식들, 부속물들에 깊이 감탄했으나 믿음은 부족했기 때문이다. 산타야나의 위치는 그에 어울리게 희화화되었다: "신은 없다. 그리고 마리아는 그분의 어머니이다." 그렇지만 우리 중 얼마나 많은 이들이 유산을 사랑하고 그 가치를 확고하게 납득하고 있으면서도 그것의 진실성에 대한 확신은 전혀 유지할 수 없는, 바로 그 진퇴양난에 빠져 있을까? 우리는 어려운 선택에 직면해 있다. 우리는 그것을 소중하게 여기기 때문에, 그것이 다소 위태롭고 "변질된" 상태로라도—교회와 대성당과 유대교 회당은 독실한 믿음을 지닌 많은 신자들을 위해 지어졌지만, 지금은 문화 박물관이 되어가는 중이다—보존되기를 간절히 염원한다. 런던탑에서 그림처럼 고풍스럽게 경비를 서고 있는 호위병들의 역할과 다음 교황 선출을 위해 소집되어 장중한 의상을 입고 행진하는 추기경들의 역할 사이에는 정말로 큰 차이가 없다. 둘 모두 현재 생존을 이어가고는 있지만, 그렇게 하지 않으면 사라져버릴 전통이고 의례이며 예배 형식이자 상징들이다.

하지만 이 모든 신조에 근본주의적 신앙의 어마어마한 부활이 있지 않았던가? 그렇다. 불행하게도 그런 일이 있었다. 그리고 나는 이 행성에서, 모든 종 중에서 근본주의 광신도보다 우리에게 더 위험한 세력들은 없다고 생각한다. 개신교, 가톨릭, 유대교, 이슬람교, 힌두교, 불교뿐 아니라, 셀 수 없는 작은 종교들에서도 이런 현상은 나타난다. 여기 과학과 종교 간의 갈등이 존재하는가? 확실히 존재한다.

다윈의 위험한 아이디어는 장기적으로는 그러한 밈들에게 유독할 수 있는 밈권(마치 일반적으로 문명이 거대한 야생 포유류들에게 유독한 것처럼) 내에서 조건들을 형성하는 데 도움을 준다. 코끼리를 지키자! 그래, 물론 그래야만 한다. 그러나 **모든 수단을 동원해서는** 아니다. 예를 들어 아프리카 사람들에게 19세기의 삶을 강요하는 방식을 사용해서는 안 된다. 이것은 쓸모없는 비교가 아니다. 아프리카에서 거대한 야생동물 보호구역들을 조성할 때 종종 인간 개체군에 혼란—그리고 궁극적인 파괴—이 야기되어왔다. (이 부작용의 오싹한 비전은 이크족Ik의 운명에 대한 콜린 턴불Colin Turnbull의 1972년 저작을 참고하라.) 우리가 **어떤**

대가를 치르더라도 코끼리를 위해 오염되지 않은 자연 그대로의 환경을 보존해야 한다고 생각하는 사람들은, 미국을 물소들이 돌아다니고 사슴과 영양이 뛰노는[2] 자연 그대로의 환경으로 되돌리는 비용에 대해서도 심사숙고해야 한다. 우리는 합의점을 찾아야 한다.

나는 킹 제임스King James 버전의 성경을 좋아한다. 하지만 나 자신의 정신은 '있는 그대로의 신'으로부터는 움츠러든다. 작은 동물원 우리 안에서 신경질적으로 왔다 갔다 하는 사자를 보면 마음이 침울해지는 것과 같은 방식으로 말이다. 안다, 알아. 사자는 아름답지만 위험하다. 사자를 자유롭게 돌아다니게 한다면 사자가 나를 죽일 것이다. 안전을 기하려면 사자를 울타리 안에 가두어야 한다. 마찬가지로, 안전을 위해서는 종교도—절대적으로 필요할 때는—울타리 안에 넣어두어야 한다. 우리는 이슬람교에서 여성의 지위에 대해서는 말할 것도 없고, 로마가톨릭교회와 모르몬교에서 여성에게 허락된 이류의 지위를, 그리고 할례를 여성에게 강요할 수 없다. 산테리아Santeria 종파—요루바Yoruba족의 전통과 로마가톨릭의 요소를 통합한 아프리카계 카리브해 사람들의 종교—의 동물 희생 의례를 금지하는 플로리다 법이 위헌이라고 선언한 최근의 대법원 판결은 우리 중 적어도 많은 이들에게 하나의 기준이 된다. 그런 의례들은 많은 사람에게 불쾌함을 주지만, 종교적 전통이라는 보호 덮개는 우리의 관용을 얻어낸다. 이러한 전통을 존중하는 편이 현명하다. 그것은 결국, 생물권에 대한 존중의 일부일 뿐이다.

침례교도들을 지키자! 그래, 물론 그래야만 한다. 그러나 **모든 수단을 동원해서는** 아니다. 침례교도를 지킨다는 말이 아이들에게 자연계에 대한 오정보를 고의적으로 제공하는 것을 용인한다는 의미라면 우리는 그래서는 안 된다. 최근의 여론 조사에 따르면, 미국인의 48퍼센트가

---

2 [옮긴이] 원문은 "the buffaloes roam and the deer and the antelope play"로, 잘 알려진 미국 민요 〈언덕 위의 집Home on the Range〉 가사의 일부이다.

성경의 《창세기》가 말 그대로 진실이라고 믿고 있다. 그리고 70퍼센트의 미국인은 "창조과학"도 진화와 함께 학교에서 가르쳐야 한다고 믿는다. 최근의 일부 저술가는, 부모들이 자기 아이들이 배우지 않길 바라는 자료들을 "선택"할 수 있게 하는 정책을 추천했다. 진화는 학교에서 가르쳐야 하는가? 산수는 학교에서 가르쳐야 하는가? 역사는? 아이들에게 오정보를 주는 것은 끔찍한 범죄이다.

신앙은 생물 종과 마찬가지로, 환경이 바뀌면 진화하거나 멸종할 수밖에 없다. 어느 경우든 순탄한 과정은 아니다. 우리는 기독교의 모든 아종들에서 밈의 전쟁—여성도 서품을 받아야 하는가? 라틴어를 쓰는 예배로 돌아가야 하는가?—을 본다. 그리고 유대교와 이슬람교의 다양한 변종에서도 같은 현상들이 관찰된다. 우리에겐 밈에 대한 존중과 자기 보호를 위한 신중함이 비슷한 정도로 혼합되어 있어야 한다. 이는 이미 수용된 관행이지만, 우리는 그것의 영향으로부터 우리의 주의를 돌리는 경향이 있다. 우리는 종교의 자유를 설교하지만, 딱 어느 정도까지만이다. 당신의 종교가 노예제도나 여성 학대, 유아 살해 등을 옹호하거나, 살만 루슈디Salman Rushdie[3]에게 모욕당했다는 이유로 그의 목에 현상금을 건다면, 당신의 종교에는 존중받을 수 없는 특성이 있는 것이다. 그런 종교는 우리 모두를 위험에 빠뜨린다.

야생에 회색곰과 늑대가 사는 것은 좋은 일이다. 그들은 더는 위협적인 존재가 아니다. 그들은 우리의 작은 지혜로 우리와 평화롭게 공존할 수 있다. 이와 같은 정책은 우리의 정치적 관용과 종교적 자유 안에서도 식별될 수 있다. 당신은 공공의 위협이 되지 않는 한에서, 원하는 종교적 신념을 자유롭게 보존하거나 창조할 수 있다. 우리 모두는 지구

---

3 [옮긴이] 인도 출생의 영국 소설가이다. 1988년에 출판된 《악마의 시The Satanic Verses》에서 무함마드를 불경스럽게 묘사했다는 이유로 이슬람 시아파의 호메이니는 그의 처형을 명령했고, 그가 영국의 보호 아래 숨어 살자, 그에게 300만 달러의 현상금을 걸었다.

에 함께 살고 있고, 우리는 다소의 협상을 배워야만 한다. 후터파의 밈은, 외부인을 파괴하는 것의 이점에 대한 그 어떤 밈도 포함하지 않는다는 면에서 "똑똑"하다. 그들의 밈에 그런 것들이 들어 있었다면 우리는 그들과 싸워야 했을 것이다. 우리가 후터파를 용인하는 것은 그들이 자신들에게만 해를 가하기 때문이다. 그 자녀들의 학교 교육에 좀 더 개방적인 태도를 강요할 권리가 우리에게 있다고 주장할 수 있음에도 말이다. 다른 종교적 밈들은 그렇게 유순하지 않다. 메시지는 분명하다: 수용하지 않을 사람들, 성질을 누그러뜨리지 않을 사람들, 자신들의 유산 중 가장 순수하고 야생형에 가까운 변종만이 살아남아야 한다고 주장하는 사람들을 우리는 어쩔 수 없이, 마지못해, 울타리 안에 가두거나 무장 해제시켜야 할 것이며, 우리는 그들이 전쟁까지 불사하며 지키고자 하는 밈을 무력화시키기 위해 최선을 다할 것이다. 노예제도는 용인의 한계를 벗어난 것이다. 아동 학대도 용인의 한계를 벗어난 것이다. 차별 역시 용인의 한계를 벗어난 것이다. 자신들의 종교를 모독한 사람에게 사형 선고를 내리는 것(그리고 그것을 수행하는 사람들에게 현상금이나 보상금을 거는 것)은 용인의 한계를 벗어난 것이다. 그런 것은 문명화된 것이 아니며, 냉혹한 살인에 대한 모든 다른 선동과 똑같은 것이라서, 종교의 자유라는 이름으로 조금이라도 더 존중해줄 필요가 없다.[4]

우리 중 만족스럽고 심지어 흥미롭기까지 한 삶을 사는 이들은 사회적 혜택을 받지 못한 세계—그리고 우리 세계의 정말로 암울한 지역들—의 사람들이 이런저런 이름의 광신도로 변하는 것을 보고 충격을 받을 일이 거의 없다. 당신은 오늘날 당신이 세상에 대해 아는 것을 알고 있으면서도 의미 없는 가난한 삶에 얌전히 만족할 수 있는가? 정보권infosphere의 기술 덕분에 최근에는 당신이 (많은 왜곡과 함께) 알고 있는 것을 전 세계 사람들이 대략적으로 알게 되는 일이 가능해졌다. 광신적인 것이 이치에 맞지 않게 되는 환경을 모든 사람에게 제공할 수 있게 될 때까지, 우리는 점점 더 많은 것을 요구할 수 있다. 그러나 우리는 광신적인 것을 받아들일 필요도 없고 존중할 필요도 없다. 다윈주의 의학(Williams and Nesse 1991)에서 약간의 조언을 얻음으로써, 우리는 모든 문화에서 가치 있는 것을 보존하기 위한 조치를 취할 수 있다. 각 문화의 모든 약점을 살아 있지 못하게 (또는 치명적이지 않은 것으로) 만들면서 말이다.

우리는 스파르타인들의 호전성이 되살아나길 원하지 않으면서도 그것을 제대로 인식할 수 있다. 그리고 마야인들이 자행한 잔학 행위의 체계에, 그러한 관행의 소멸을 단 한 순간도 안타까워하지 않으면서도, 놀라워할 수 있다. 오래된 문화 유물들은 후대를 위해 지켜져야 하지만, 그것을 지키는 것은 출입 금지구역—독재 민족국가 또는 종교국가—이 아니라 학문이어야 한다. 고전 그리스어와 라틴어는 더는 살아 있는 언어가 아니지만, 학문은 고대 그리스와 로마의 예술과 문학을 보존해왔다. 14세기, 이탈리아의 페트라르카Petrarch는 자신의 개인 서재에 소장하고 있던 그리스 철학 책들을 자랑했다. 그는 그것을 읽을 수 없었다. 그가 살던 세계에서는 고대 그리스에 대한 지식이 거의 사라졌기 때문이다. 그러나 그는 그 책들의 가치를 알았고, 그 비밀을 풀어줄 지식

---

4 많은, 정말 많은 무슬림이 이에 동의하며, 우리는 그들의 말을 들어야 할 뿐 아니라 그들을 보호하고 지원하기 위해 할 수 있는 일들을 해야 한다. 그런 이들은 자신이 소중히 여기는 전통을 더 나은 것으로, 그리고 윤리적으로 방어될 수 있는 것으로 고쳐보고자 내부에서 용감하게 노력하고 있기 때문이다. 이는 다문화주의의 메시지이지—또는, 오히려 그래야만 하지—비유럽 국가들 및 종교들의 고위 관리들에 의해 제기되는 악랄하고 무지한 교리들을 "존중"하자는 오만하고 교활한 인종차별적 초관용주의가 아니다. 누군가는 아랍과 무슬림 작가들이 쓴 에세이집《루슈디를 위하여》(Braziller, 1994)에 관한 단어를 퍼뜨리는 것부터 시작할 수도 있을 것이다. 많은 사람이 루슈디를 비판하지만, 아야톨라가 선언한 입에 담기도 힘든 비도덕적 "파트와fatwa" 사형 선고에 대해서는 모두가 한목소리로 비난한다. 루슈디(1994)는 또 한번 우리의 관심을 끌었는데, 그가 대단한 용기로 표현의 자유를 옹호하며 작성한 선언문에 162명의 이란 지식인이 서명한 것이었다. 우리 모두 그들과 손을 잡고 위험을 분산시키자. [옮긴이] 파트와는 이슬람 법에 의한 명령이나 결정을 의미하며, 아야톨라는 이란 이슬람 시아파의 지도자를 가리키는 명칭이다.

을 복원하고자 분투했다.

과학이 있기 훨씬 전에, 심지어 철학이 있기도 훨씬 전에 종교가 있었다. 종교들은 많은 목적에 봉사했다. (모든 종교들이 직간접적으로 봉사했던 단 하나의 목적, 즉 하나의 최고선을 찾는 것은 탐욕스러운 환원주의의 실수가 될 것이다.) 종교들은 많은 사람에게 영감을 주어, 헤아릴 수 없을 정도로 많은 경이로움이 추가된 세계에서의 삶을 영위할 수 있게 해주었고, 더 많은 사람에게 영감을 주어 그들이 주어진 환경 안에서 더 의미 있고 덜 고통스러운 삶을 살 수 있게 해주었다. 이는 아마도 종교가 없었다면 불가능했을 것이다. 피터르 브뤼헐Pieter Breughel의 그림 〈추락하는 이카루스가 있는 풍경Landschaft mit dem Sturz des Ikarus〉을 보면 전경에는 작은 언덕 위의 쟁기꾼과 말이 있고, 배경의 바다에는 멋진 범선이 떠 있다. 그리고 그 범선 앞에 거의 눈에 잘 안 띌 만큼 작게 그려진 흰 두 다리가 작은 물보라와 함께 바닷물 속으로 사라져가고 있다. 이 그림에서 영감을 받은 W. H. 오든W. H. Auden은 내가 가장 좋아하는 시를 썼다.

미술관 MUSÉE DES BEAUX ARTS

고통에 대해 결코 틀리지 않았다,
옛 거장들은. 그들은 얼마나 잘 이해하고 있었던가,
인간에게 고통이 차지하는 위치를. 다른 누군가 밥을 먹거나
창문을 열거나 그저 멍하니 걷고 있을 때 고통이 어찌 일어나는지를.
노인들이 경건하고도 열정적인 마음으로
기적 같은 탄생을 기다리고 있을 때, 숲 가장자리 연못 위에서
스케이트를 타며 특히 그 일이 일어나기를 원치 않는
아이들이 있다는 것을.
그들은 결코 잊지 않았다

끔찍한 순교조차도 일어날 수밖에 없다는 사실을,
개들이 개 같은 삶을 살아가고 고문하는 이의 말이
애꿎은 제 엉덩이를 나무에 비벼대는
길모퉁이 지저분한 곳에서.

예를 들어 브뤼헐의 〈이카루스〉를 보자.
모든 것이 그 재앙을 얼마나 유유히 외면하고 있는가. 농부는
첨벙하는 소리와 그 고독한 비명을 들었겠지만
그에게는 그것이 중요한 실패가 아니었다. 태양은
늘 그렇듯 초록빛 바다 속으로 사라지는 흰 다리에
비쳤고, 대단히 놀라운 광경인
하늘에서 떨어지는 소년을 틀림없이 보았을 호화로운 여객선은
목적지가 있어 멈추지 않고 고요하게 항해했다.[5]

그것이 우리의 세계이고, 그 안에 있는 고통은 중요하다. 그런 것이 있긴 하다면 말이다. 종교는, 그것이 없었다면 영광이나 모험 없이 홀로 삶을 살아갔을 사람들에게 소속감과 우정에서 오는 편안함을 가져다주었다. 전성기에 종교들은 사람들의 주의를 사랑으로 이끌었고, 종교가 아니었으면 사랑을 볼 수 없었을 사람들에게 그것을 현실로 만들어주었으며, 태도를 고결하게 만들었고, 세계의 고난에 시달리는 영혼들에 새로운 활력을 불어넣었다. 종교들이 성취한 또 다른 것은, (이것이 종교들의 존재 이유가 되지 않고서도) 그것들이 *호모 사피엔스*를 매우 오랫동안, 충분히 문명화시켜왔다는 것이다. 우주에서의 우리의 위치를 체계적이고 정확하게 숙고하는 방법을 배우기에 충분하도록 말이다. 종교로

5 [옮긴이] 이 부분은《월간 우리 시》2021년 5월 395호에 실린 여국현의 번역을 그대로 가져왔다.

부터 배울 것은 더 많다. 확실히, 현대 세계에서 멸종 위기에 처한 문화들 안에는 진가를 인정받지 못한 진실들, 즉 수 이언의 고유한 역사를 통해 세부 사항들을 축적해온 설계들이 묻혀 있다. 우리는 그것들이 사라지기 전에 그것들을 기록하고 연구할 수 있게 조치해야 한다. 공룡의 유전체처럼, 그것들도 일단 사라지고 나면 회복이 사실상 불가능하기 때문이다.

우리가 어떤 밈을 학문적으로 배려하며 존중—그러나 숭배하지는 않고—한다 해도, 그 밈을 진심으로 구현하고 있는 사람들이 우리의 태도에 만족하리라고 기대해서는 안 된다. 오히려 그들 중 많은 사람은 우리가 자기들의 견해를 따라 열정적으로 개종하는 것 외의 다른 모든 움직임들을 위협으로, 그것도 참을 수 없는 위협으로 간주할 것이다. 우리는 그런 대립이 야기하는 고통을 과소평가해서는 안 된다. 자신들의 유산에서 자신이 사랑하는 특성들이 축소 또는 증발되는 것을 지켜보거나 그렇게 만드는 작업에 참여하는 것은 오직 우리 종만이 경험할 수 있는 고통이며, 그보다 더 끔찍한 고통은 거의 없을 것이 확실하다. 그러나 우리에게는 합리적인 대안이 없으며, 자신들이 다른 사람들과 평화롭게 공존할 수 없다는 관점을 가진 사람들이 있다면, 우리는 최선을 다해 그들을 격리해야 할 것이다. 고통과 피해를 최소화하면서, 그리고 수용 가능해 보이게 될 한두 가지 경로를 항상 열어놓으려고 노력하면서.

당신이 자녀에게 그들이 신의 도구라고 가르치고 싶다면, 그들이 신의 '소총'이라고 가르치는 데까지는 나아가지 않는 것이 좋다. 거기까지 나아간다면 우리는 당신에게 단호히 맞서야 할 것이다. 당신의 교리에는 영광도 없고, 특별한 권리도 없으며, 본질적이고 양도할 수 없을 만큼 가치 있는 요소도 없다. 당신이 자녀에게 거짓들—지구는 평평하다, "인간"은 자연선택에 의한 진화의 산물이 아니다—을 가르치겠다고 고집한다면, 최소한, 발언의 자유를 지닌 우리가 당신의 가르침이 거짓을 확산시킨다고 거리낌 없이 묘사하고 그 결과물을 기회 닿는 대로 당신의 자녀에게 보여주려 노력하리라는 것도 각오해야 한다. 우리 미래의 웰빙—지구상 우리 모두의 웰빙—은 우리 후손을 어떻게 교육하느냐에 달려 있다.

그렇다면, 우리의 종교적 전통들의 모든 영광은 무엇인가? 언어, 예술, 의상, 의례, 기념물과 마찬가지로, 종교적 전통들도 확실히 보존되어야 한다. 동물원은 이제 점점 더, 멸종 위기에 처한 종들의 2급 피난처로 여겨지고 있지만, 적어도 그것들은 피난처이긴 하고, 그들이 보존하고 있는 것은 대체될 수 없는 것이다. 이는 복잡한 밈과 그것들의 표현형적 발현들에서도 참이다. 뉴잉글랜드의 많은 훌륭한 교회들은 유지비가 많이 들고, 또 파괴될 위험에 처해 있다. 우리는 이 교회들을 세속화하여 박물관으로 바꾸거나 다른 용도로 개조해야만 할까? 후자의 운명이 적어도 파괴보다는 선호되어야 한다. 많은 신자들이 잔인한 선택에 직면해 있다. 그들의 예배당은 그 화려함을 유지하는 데 비용이 너무 많이 들기 때문에, 십일조로 얻은 자금 중 가난한 이들을 도울 돈은 거의 남아 있지 않다. 가톨릭교회는 수 세기 동안 이 문제에 직면해왔고, 내 생각에, 방어 가능한 입장을 취해왔지만 명백하게 그런 것은 아니다: 교회가 교구의 가난한 사람들에게 더 많은 식량과 더 나은 주거지를 제공하는 대신 촛대를 도금하는 데 재산을 쓴다면, 그들은 삶을 한층 더 가치 있게 만드는 것에 대해 다른 시각을 갖고 있는 것이다. 우리 쪽 사람들은, 말해지길, 약간의 음식보다는 예배드릴 화려한 장소에서 더 많은 이득을 얻는다. 이러한 비용-편익 분석이 터무니없다고 생각하는 무신론자나 불가지론자는 여기서 잠시 멈추어 숙고해보아야 할 것이다. 박물관, 교향악단, 도서관, 과학 연구소 등을 위한 모든 자선과 정부 지원을 가장 가난한 이들에게 돌려서, 그들에게 더 많은 식량과 더 나은 생활 환경을 제공하는 움직임을 자신들이 지원할지를 말이다. 살 가치가 있는 인간의 삶이라는 것은 논란의 여지가 없는 척도로 측정될 수 있는 것이 아니며 그것이 바로 인간 삶의 영광이다.

그리고 거기에 마찰이 있다. 누군가는 궁금해할 것이다. 만일 종교가 문화 보호구역 안에, 도서관 안에, 콘서트 안에, 시위 안에 보존된다면 어떤 일이 일어날까? 그런 일은 이미 일어나고 있다. 관광객은 아메리카 원주민 부족의 춤을 보러 모여든다. 관객에게 그것은 확실히 존중받으며 다뤄지고 있는 전통문화, 즉 종교적 의식인 것이다. 그러나 적어도 강력하며 보행도 가능한 단계에서 멸종 직전에 놓인 밈 복합체의 예도 있다. 그런 것들은 관리인 덕분에 간신히 살아 있을 뿐, 스스로 생존할 수 없는 것이 되어버렸다. 다윈의 위험한 아이디어는 우리에게 이런 저런 의문들을 제기하는데, 그 대가로 우리에게 무언가를 제공하기도 하는가?

3장에서 나는, 인간 마음의 반성적 힘은 "무마음적이고 무목적적인 힘들의 사소한 세부 사항도, 사소한 부산물도, 대수롭지 않은 부산물도" 될 수 없다고 선언하는 물리학자 폴 데이비스의 말을 인용하며, 어떤 것이 무마음적이고 무목적적인 힘들의 부산물이라는 점이 그것이 중요한 것이 될 수 없게 하는 결격사유가 아니라고 주장했다. 그리고 나는, 중요한 **모든 것**은 바로 그런 산물임을 다윈이 우리에게 보여주었다고 주장했다. 스피노자는 일종의 범신론을 주장하면서, 그가 생각하는 가장 높은 존재를 '신 즉 자연(신 또는 자연)'이라고 불렀다. 범신론에는 많은 종류가 있지만, 그것들은 대개 신이 어떻게 자연 전체에 분포되어 있는지에 대한 설득력 있는 **설명**을 제대로 내놓지 못하고 있다. 7장에 나왔던, 다윈이 우리에게 제공했던 것 하나를 다시 살펴보자: 그것은 자연 전체에 걸친 설계 분포 안에 있으며, 설계는 생명의 나무 안에서 전적으로 독특하고 대체 불가능한 피조물을 창조하고 있다. 그리고 그 창조물은 설계공간의 헤아릴 수 없는 범위 안에 있는 현실의 패턴이다. 또한 그 실제 패턴은 많은 세부적인 면에서 볼 때 결코 정확하게 복제될 수 없다. 설계 작업이란 무엇인가? 그것은 우연과 필연의 경이로운 결혼으로, 한 번에 수조 군데에서, 그리고 수조 가지 수준에서 일어난다. 어떤 기적이 그런 일을 야기했는가? 그 어떤 기적도 없었다. 그저 때가 무르익어 일어나게 된 일일 뿐이다. 어떤 면에서는, 생명의 나무가 스스로를 창조했다고 말할 수도 있겠다. 기적적이고 순간적인 굉음과 함께 창조된 것이 아니라, 수십억 년에 걸쳐 천천히, 아주 천천히.

이 생명의 나무는 숭배의 대상인가? 기도와 두려움의 대상인가? 아마도 아닐 것이다. 그렇지만 그것은 **정말로** 담쟁이덩굴과 하늘을 그토록 푸르게 만들어주었으니, 아마도 내가 사랑하는 노래가 결국에는 진실을 말해줄 것이다. 생명의 나무는 완벽한 것도 아니고 시간적으로나 공간적으로나 무한한 것도 아니지만 실제적인 것이며, 안셀름Anselm[6]이 말했던 "그 누구의 상상도 넘어서는 큰 존재"가 아니라면, 그것은 분명히 우리가 그것의 세부 사항에 합당할 만큼 세세하게 상상할 수 있는 그 어떤 것보다 훨씬 더 거대한 존재임이 확실하다. 신성한 것이 있는가? 나는, 니체와 함께, 그렇다고 말한다. 생명의 나무에 기도할 수는 없지만, 나는 그것의 장엄함을 긍정하는 입장에 설 수 있다. 이 세상은 신성하다.

2. 만능산: 취급 주의

여기까지 왔다면 다윈의 아이디어가 눈에 띄는 모든 것의 핵심에 직접 접근할 수 있는 만능 용매라는 것을 부인할 수 없다. 문제는 이것

---

6 [옮긴이] 이탈리아 출신 기독교 신학자이자 철학자이다. 우리나라에서는 보통 라틴어 이름인 '안셀무스'라고 불린다. 영국의 캔터베리 대주교(1093~1109년)를 지냈고, 스콜라철학의 창시자로 알려져 있다.

이다. 그것은 무엇을 남기는가? 나는 그것이 모든 것을 통과하고 나면, 우리의 가장 중요한 아이디어들의 더 강력하고 더 건전한 버전들이 남겨진다는 것을 보여주려고 노력해왔다. 전통적 세부 사항들 중 일부는 소멸되고, 또 일부에는 유감스러운 손실이 있겠지만, 그 나머지를 위해서는 오히려 속 시원한 이별이 될 것이다. 남겨진 것들은 증축되기에 충분하다.

다윈의 위험한 생각의 진화와 동반된 격동적인 논쟁들의 모든 단계에서, 두려움에서 비롯된 저항이 존재해왔다. "당신들은 **이걸 절대** 설명하지 못할 거요!" 그리고 그 도전은 받아들여져 왔다. "자, 나를 보시지!" 논쟁에서 반대자들은 승리를 위해 엄청난 감정적 투자를 했음에도 불구하고—실제로는, 그리고 부분적으로는 그런 투자를 했기 때문에—그림은 더욱더 명확해져갔다. 우리는 이제 다윈주의적 알고리즘이 무엇인지를 다윈이 꿈꾸었던 것보다 **훨씬** 더 잘 알게 되었다. 대담한 역설계는 수십억 년 전 이 행성에서 정확히 무슨 일이 일어났는지에 관한 경쟁자들의 주장을 확신을 가지고 평가할 수 있는 지점까지 우리를 데려다주었다. 과거의 우리는 생명과 의식의 "기적들"은 설명될 수 없는 것이라고 확신했다. 그렇지만 지금 그것들은 그때 우리가 상상했던 것보다 훨씬 더 나은 것으로 밝혀졌다.

이 책에서 표현된 아이디어들은 시작에 불과하다. 이 책은 다윈주의적 사고에 대한 입문서이고, 따라서 다윈의 아이디어의 전체적 형태에 대한 더 나은 이해를 제공하기 위해 세부 사항들을 계속해서 희생시킬 수밖에 없었다. 그러나 미스 반 데어 로에가 말했듯이, 신은 디테일에 있다. 나는 당신 안의 열정에 불을 붙이길 희망하지만, 그와 함께 조심할 것도 강력히 권고한다. 나는 나 자신의 당혹스러운 경험을 통해 알게 되었다. 자세히 들여다보면 증발해버리고 마는, 그러나 놀랍도록 설득력 있는 다윈주의적 설명을 지어내는 것이 얼마나 쉬운지를. 다윈의 위험한 아이디어의 진정으로 위험한 측면은 그것에 유혹적인 힘이 있다는 것이다. 근본적 아이디어들의 이류 버전들은 계속 우리를 괴롭히고 있으므로, 우리는 진행 과정에서 서로를 수정하며 계속 엄중하게 감시해야 한다. 실수를 피하는 유일한 방법은 이미 저지른 실수로부터 배우는 것이다.

세계의 민속 문화에서 많은 모습으로 나타나는 밈에는 '처음에는 무서워서 적으로 오인했지만 알고 보니 친구였다'는 것이 있다. 이 이야기에서 가장 잘 알려진 종 중 하나는 "미녀와 야수"다. 반대편에서 균형을 잡아주는 이야기로는 "양의 탈을 쓴 늑대"가 있다. 자, 당신은 다윈주의에 대한 평결을 표현할 때 어느 밈을 사용하고 싶은가? 다윈주의는 실로 양의 탈을 쓴 늑대일까? 그렇다면 일단 그것을 거부하고, 계속 싸우면서 정말로 위험한 다윈의 아이디어의 유혹을 더욱 철저하게 경계해야 한다. 아니면, 결국 다윈의 아이디어는 우리가 소중히 하는 가치를 보존하고 설명하는 우리의 시도에 필요한 것으로 밝혀졌을까? 나는 변론을 종료하며 이렇게 주장한다. 알고 보니 야수는 미녀의 친구였고 그 자체로도 정말로 상당히 아름답다고. 그대, 이 법정의 판사가 되시라.

Tell Me Why

1. Tell me why the stars do shine,
2. Be - cause God made the stars to shine,
Tell me why the i—vy twines,
Be - cause God made the i—vy twine,
Tell me why the sky's so blue.
Be - cause God made the sky so blue.
Then I will tell you just why I love you.
Be - cause God made you, that's why I love you.

참고문헌

Abbott, E. A. 1884. *Flatland: A Romance in Many Dimensions*. Reprint ed., Oxford: Blackwell, 1962.

Alexander, Richard D. 1987. *The Biology of Moral Systems*. New York: de Gruyter.

Arab And Muslim Writers. 1994. *For Rushdie*. New York: Braziller.

Arbib, Michael, 1964. *Brains, Machines, and Mathematics*. New York: McGraw-Hill.

______. 1989. *The Metaphorical Brain 2: Neural Networks and Beyond*. New York: Wiley.

Arrhenius, S. 1908. *Worlds in the Making*. New York: Harper & Row.

Ashby, Ross. 1960. *Design for a Brain*. New York: Wiley.

Austin, J. L. 1961. "A Plea for Excuses." In J. L. Austin, *Philosophical Papers*. Oxford: The Clarendon Press, pp. 123-52.

Axelrod, Robert. 1984. *The Evolution of Cooperation*. New York: Basic Books.

Axelrod, Robert, and Hamilton, William. 1981. "The Evolution of Cooperation." *Science*, vol. 211, pp. 1390-96.

Ayala, Francisco J. 1982. "Beyond Darwinism? The Challenge of Macroevolution to the Synthetic Theory of Evolution." In Peter D. Asquith and Thomas Nickels, eds., *PSA 1982* (Philosophy of Science Association), vol. 2, pp. 275-91. Reprinted in Ruse 1989.

Ayers, M. 1968. *The Refutation of Determinism: An Essay in Philosophical Logic*. London: Methuen,

Babbage, Charles. 1838. *Ninth Bridgewater Treatise: A Fragment*. London: Murray.

Bak, Per; Flyvbjerg, Henrik; And Sneppen, Kim. 1994. "Can We Model Darwin?" *New Scientist*, March 12, pp. 36-39.

Baldwin, J. M. 1896. "A New Factor in Evolution." American Naturalist, vol. 30, pp. 441-51, 536-53.

Ball, John A. 1984. "Memes as Replicators." *Ethology and Sociobiology*, vol. 5, pp. 145-61.

Barkow, Jerome H.; Cosmides, Leda; and Tooby, John. 1992. *The Adapted Mind: Evolutionary Psychology and the Generation of Culture*. Oxford: Oxford University Press,

Barlow, George W., and Silverberg, James, eds. 1980. *Sociobiology: Beyond Nature/Nurture?* AAAS Selected Symposium. Boulder, Col.: Westview.

Baron-Cohen, Simon. 1995. *Mindblindness and the Language of the Eyes: An Essay in Evolutionary Psychology*. Cambridge, Mass.: MIT Press.

Barrett, P. H.; Gautrey, P. J.; Herbert, S.; Kohn, D.; and Smith, S., eds. 1987, *Charles*

Darwin's Notebooks, 1836-44. Cambridge: British Museum(Natural History)/ Cambridge University Press.

Barrow, J. And Tipler, F. 1988. *The Anthropic Cosmological Principle.* Oxford: Oxford University Press.

Bateson, William. 1909. "Heredity and Variation in Modern Lights." In A C. Seward, ed., *Darwin and Modern Science.* Cambridge: Cambridge University Press, pp. 85-101.

Bedau, Mark. 1991. "Can Biological Teleology Be Naturalized?" *Journal of Philosophy*, vol. 88, pp. 647-57.

Bentham, Jeremy. 1789. *Introduction to the Principles of Morals and Legislation.* Oxford: Oxford University Press.

Bethell, Tom. 1976. "Darwin's Mistake." *Harper's Magazine*, February, pp. 70-75. Bickerton, Derek. 1993. "The Snail Wars" (review of Gould 1993d). *New York Times Book Review*, January 3. p. 5.

Bonner, John Tyler. 1980. *The Evolution of Culture in Animals.* Princeton: Princeton University Press.

Borges, Jorge Luis. 1962. "The Library of Babel." In *Labyrinths: Selected Stories and Other Writings.* New York: New Directions. ("La Biblioteca de Babel," 1941. In *El jardin de los senderos que se bifurcan*, published as part of *Ficciones* [Buenos Aires: Emece Editores, 1956].)

______. 1993. "Poem About Quantity." Trans. Robert Mezey. *New York Review of Books*, June 2-4, p. 35.

Brandon, Robert. 1978. "Adaptation and Evolutionary Theory." *Studies in the History and Philosophy of Science*, vol. 9. pp. 181-206.

Breuer, Reinhard. 1991. *The Anthropic Principle: Man as the Focal Point of Nature.* Boston: Birkhäuser.

Briggs, Derek E. G., Fortey, Richard A.; and Wills, Matthew A. 1989. "Morphological Disparity in the Cambrian." *Science*, vol 256, pp. 1670-73.

Brooks, Rooney. 1991. "Intelligence Without Representation." *Artificial Intelligence Journal*, vol. 47. pp. 139-59.

Brumbaugh, Robert M., and Wells, Rulon. 1968. *The Plato Manuscripts: A New Index.* New Haven: Yale University Press.

Buss, Lao W. 1987. *The Evolution of Individuality.* Princeton: Princeton University Press.

Cairns-Smith, Graham. 1982. *Genetic Takeover.* Cambridge: Cambridge University Press.

______. 1985. *Seven Clues to the Origin of Life.* Cambridge: Cambridge University Press.

Calvin, William. 1986. *The River That Flous Uphill: A Journey from the Big Bang to the Big Brain.* San Francisco: Sierra Club.

______. 1987. "The Brain as a Darwin Machine." *Nature*, vol. 330, pp. 33-34.

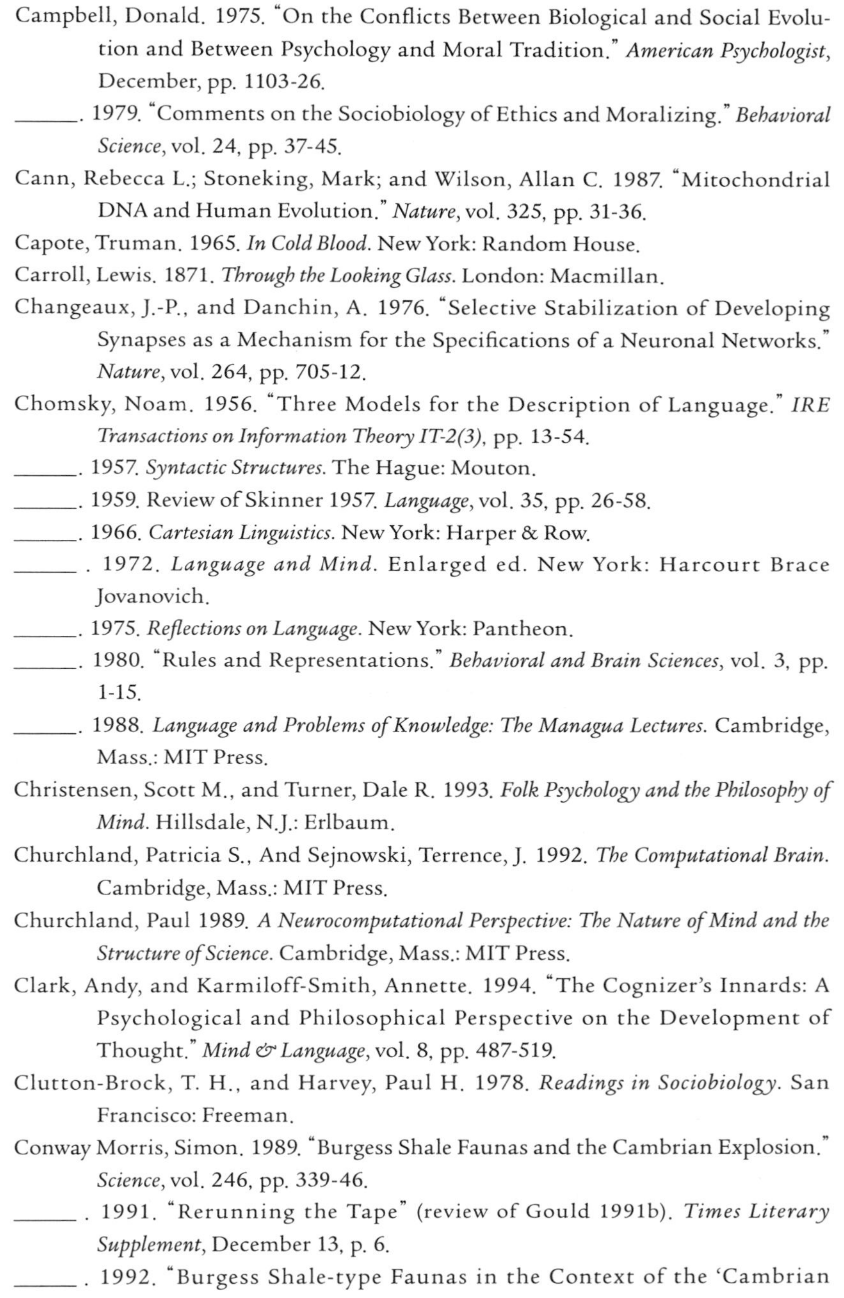

Campbell, Donald. 1975. "On the Conflicts Between Biological and Social Evolution and Between Psychology and Moral Tradition." *American Psychologist*, December, pp. 1103-26.

______. 1979. "Comments on the Sociobiology of Ethics and Moralizing." *Behavioral Science*, vol. 24, pp. 37-45.

Cann, Rebecca L.; Stoneking, Mark; and Wilson, Allan C. 1987. "Mitochondrial DNA and Human Evolution." *Nature*, vol. 325, pp. 31-36.

Capote, Truman. 1965. *In Cold Blood*. New York: Random House.

Carroll, Lewis. 1871. *Through the Looking Glass*. London: Macmillan.

Changeaux, J.-P., and Danchin, A. 1976. "Selective Stabilization of Developing Synapses as a Mechanism for the Specifications of a Neuronal Networks." *Nature*, vol. 264, pp. 705-12.

Chomsky, Noam. 1956. "Three Models for the Description of Language." *IRE Transactions on Information Theory IT-2(3)*, pp. 13-54.

______. 1957. *Syntactic Structures*. The Hague: Mouton.

______. 1959. Review of Skinner 1957. *Language*, vol. 35, pp. 26-58.

______. 1966. *Cartesian Linguistics*. New York: Harper & Row.

______. 1972. *Language and Mind*. Enlarged ed. New York: Harcourt Brace Jovanovich.

______. 1975. *Reflections on Language*. New York: Pantheon.

______. 1980. "Rules and Representations." *Behavioral and Brain Sciences*, vol. 3, pp. 1-15.

______. 1988. *Language and Problems of Knowledge: The Managua Lectures*. Cambridge, Mass.: MIT Press.

Christensen, Scott M., and Turner, Dale R. 1993. *Folk Psychology and the Philosophy of Mind*. Hillsdale, N.J.: Erlbaum.

Churchland, Patricia S., And Sejnowski, Terrence, J. 1992. *The Computational Brain*. Cambridge, Mass.: MIT Press.

Churchland, Paul 1989. *A Neurocomputational Perspective: The Nature of Mind and the Structure of Science*. Cambridge, Mass.: MIT Press.

Clark, Andy, and Karmiloff-Smith, Annette. 1994. "The Cognizer's Innards: A Psychological and Philosophical Perspective on the Development of Thought." *Mind & Language*, vol. 8, pp. 487-519.

Clutton-Brock, T. H., and Harvey, Paul H. 1978. *Readings in Sociobiology*. San Francisco: Freeman.

Conway Morris, Simon. 1989. "Burgess Shale Faunas and the Cambrian Explosion." *Science*, vol. 246, pp. 339-46.

______. 1991. "Rerunning the Tape" (review of Gould 1991b). *Times Literary Supplement*, December 13, p. 6.

______. 1992. "Burgess Shale-type Faunas in the Context of the 'Cambrian

Explosion': A Review." *Journal of the Geological Society*, London, vol. 149, pp. 631-36.

Coon, C. S.; Garn, S. M., and Birdsell, J. B. 1950. *Races*. Springfield, Ohio: C. Thomas.

Cosmides, Leda, and Tooby, John. 1989, "Evolutionary Psychology and the Generation of Culture," pt. II, "Case Study: A Computational Theory of Social Exchange." *Ethology and Sociobiology*, vol. 10, pp. 51-97.

Crichton, Michael. 1990. *Jurassic Park*. New York: Knopf.

Crick, Francis H. C. 1968. "The Origin of the Genetic Code," *Journal of Molecular Biology*, vol. 38, p 367

______. 1981. *Life Itself: Its Origin and Nature*. New York: Simon & Schuster.

Crick, Francis, and Orgel, Lesuir E. 1973. "Directed Panspermia." *Icarus*, vol 19, pp. 341-46.

Cronin, Helena, 1991. *The Ant and the Peacock*. Cambridge: Cambridge University Press.

Cummins, Robert. 1975. "Functional Analysis." *Journal of Philosophy*, vol. 72, pp. 741-64. Reprinted in Sober 1984b.

Daly, Martin. 1991. "Natural Selection Doesn't Have Goals, but It's the Reason Organisms Do" (commentary on P. J. H. Schoemaker. "The Quest for Optimality: A Positive Heuristic of Science?"). *Behaviorial and Brain Sciences*, vol. 14, pp. 219-20.

Danto, Arthur. 1965. *Nietzsche as Philosopher*. New York: Macmillan.

Darwin, Charles, 1859. *On the Origin of Species by Means of Natural Selection*. London: Murray.

______. 1862. *On the Various Contrivances by Which Orchids Are Fertilised by Insects*. London: Murray. 2nd ed., 1877. (2nd ed. reprint, Chicago: University of Chicago Press. 1984.)

______. 1871. *The Descent of Man, and Selection in Relation to Sex*. London: Murray. 2nd ed., 1874.

Darwin, Francis. 1911. *The Life and Letters of Charles Darwin*, 2 vols. New York: Appleton. (Originally published in 1887, in 3 vols.. by Murray in London.)

David, Paul. 1985. "Clio and the Economics of QWERTY." *American Economic Review*, vol. 75, pp. 332-37.

Davies, Paul. 1992. *The Mind of God*. New York: Simon & Schuster.

Dawkins, Richard. 1976. *The Selfish Gene*. Oxford: Oxford University Press. (See also revised ed., Dawkins 1989a.)

______. 1981. "In Defence of Selfish Genes." *Philosophy*, vol. 54, pp. 556-73.

______. 1982. *The Extended Phenotype: The Gene as the Unit of Selection*. Oxford and San Francisco: Freeman.

______. 1983a. "Universal Darwinism." In D. S. Bendall, ed., *Evolution from Molecules to Men*. (Cambridge: Cambridge University Press), pp. 403-25.

______. 1983b. "Adaptationism Was Always Predictive and Needed No Defense" (commentary on Dennett 1983). *Behavioral and Brain Sciences*, vol. 6, pp. 360-61.

______. 1986a. *The Blind Watchmaker*. London: Longmans.

______. 1986b. "Sociobiology: The New Storm in a Teacup." In Steven Rose and Lisa Appignanese, eds., *Science and Beyond* (Oxford: Blackwell), pp. 61-78.

______. 1989a. *The Selfish Gene* (2nd ed.) Oxford: Oxford University Press.

______. 1989b. "The Evolution of Evolvability." In C. Langton, ed., *Artificial Life*, vol. I (Redwood City, Calif.: Addison-Wesley), pp. 201-20.

______. 1990. Review of Gould 1989a. *Sunday Telegraph* (London), February 25.

______. 1993. "Viruses of the Mind." In Bo Dahlbom, ed., *Dennett and His Critics* (Oxford: Blackwell), pp. 13-27.

Delius, Juan. 1991. "The Nature of Culture." In M. S. Dawkins, T. R. Halliday, and R. Dawkins, eds., *The Tinbergen Legacy* (London: Chapman & Hall), pp. 75-99.

Demus, Orto. 1984. *The Mosaics of San Marco in Venice*, 4 vols. Chicago: University of Chicago Press.

Dennett, Daniel C. 1968. "Machine Traces and Protocol Statements." *Behavioral Science*, vol. 13, pp. 155-61.

______. 1969. *Content and Consciousness*. London: Routledge & Kegan Paul.

______. 1970. "The Abilities of Men and Machines." Presented at American Philosophical Association Eastern Division Meeting, December. Published in Dennett 1978, pp. 256-66.

______. 1971. "Intentional Systems." *Journal of Philosophy*, vol. 68, pp. 87-106.

______. 1972. Review of Lucas 1970. *Journal of Philosophy*, vol. 69, pp. 527-31.

______. 1975. "Why the Law of Effect Will Not Go Away." *Journal of the Theory of Social Behaviour*, vol. 5, pp. 179-87. Reprinted in Dennett 1978.

______. 1978. *Brainstorms*. Cambridge, Mass.: MIT Press/A Bradford Book.

______. 1980. "Passing the Buck to Biology." *Behavioral and Brain Sciences*, vol. 3, p. 19.

______. 1981. "Three Kinds of Intentional Psychology." In R. Healey, ed., *Reduction, Time and Reality* (Cambridge: Cambridge University Press), pp. 37-61.

______. 1983. "Intentional Systems in Cognitive Ethology: The 'Panglossian Paradigm' Defended." *Behavioral and Brain Sciences*, vol. 6, pp. 343-90.

______. 1984. *Elbow Room: The Varieties of Free Will Worth Wanting*. Cambridge, Mass.: MIT Press.

______. 1985. "Can Machines Think?" In M. Shafto, ed., *How We Know* (San Francisco: Harper & Row), pp. 121-45.

______. 1987a. "The Logical Geography of Computational Approaches: A View from the East Pole." In M. Brand and M. Harnish, eds., *Problems in the Representation of Knowledge* (Tucson: University of Arizona Press), pp. 59-79.

______. 1987b. *The Intentional Stance*. Cambridge, Mass.: MIT Press/A Bradford Book.
______. 1988a. "When Philosophers Encounter Artificial Intelligence." *Daedalus*, vol. 117, pp. 283-95.
______. 1988b. "The Moral First Aid Manual." In Sterling M. McMurrin, ed., *Tanner Lectures on Human Values*, vol. VIII (Salt Lake City: University of Utah Press), pp. 120-47.
______. 1989a. Review of Robert J. Richards 1987. *Philosophy of Science*, vol. 56, no. 3, pp. 540-43.
______. 1989b. "Murmurs in the Cathedral" (review of Penrose 1989). *Times Literary Supplement*, September 26-October 5, pp. 1066-68.
______. 1990a. "Teaching an Old Dog New Tricks" (commentary on Schull 1990). *Behavioral and Brain Sciences*, vol. 13, pp. 76-77.
______. 1990b. "The Interpretation of Texts, People, and Other Artifacts." *Philosophy and Phenomenological Research*, vol. 50, pp. 177-94.
1990c. "Memes and the Exploitation of Imagination." *Journal of Aesthetics and Art Criticism*, vol. 48, pp. 127-35.
______. 1991a. *Consciousness Explained*. Boston: Little, Brown.
______. 1991b. "Real Patterns." *Journal of Philosophy*, vol. 87, pp. 27-51.
______. 1991c. "Granny's Campaign for Safe Science." In B. Loewer and G. Rey. eds., *Meaning in Mind: Fodor and His Critics* (Oxford: Blackwell), pp. 87- 94.
______. 1991d. "The Brain and Its Boundaries" (review of McGinn 1991). *Times Literary Supplement*, May 10, 1991 (corrected by erratum notice on May 24, P. 29).
______. 1991e. "Ways of Establishing Harmony." In B. McLaughlin, ed., *Dretske and His Critics* (Oxford: Blackwell); also (slightly revised) in E. Villanueva, ed., *Information, Semantics, and Epistemology*, Sociedad Filosofica Ibero-Americana (Mexico) (Oxford: Blackwell).
______. 1992. "La Compréhension artisanale." French translation of "Do-It-Yourself Understanding." In Denis Fisette, ed., *Daniel C. Dennett et les Stratégies Intentionnelles*, Lekton, vol. 11, winter, pp. 27-52.
______. 1993a. "Down with School! Up with Logoland!" (review of Papert 1993). *New Scientist*, November 6, pp. 45-46.
______. 1993b. "Confusion over Evolution: An Exchange." *New York Review of Books*, January 14, 1993, pp. 43-44.
______. 1993c. Review of John Searle 1992. *Journal of Philosophy*, vol. 90, pp. 193-205.
______. 1993d. "Living on the Edge." *Inquiry*, vol. 36, pp. 135-59.
______. 1994a. "Cognitive Science as Reverse Engineering: Several Meanings of 'Top-down' and 'Bottom-up.'" In D. Prawitz, B. Skyrms, and D. Westerståhl, eds., *Proceedings of the 9th International Congress of Logic,*

Methodology and Philosophy of Science (Amsterdam: North-Holland).
______. 1994b. "Language and Intelligence." In Jean Khalfa, ed., *What Is Intelligence?* Cambridge: Cambridge University Press, pp. 161-78.
______. 1994c. "Labeling and Learning" (commentary on Clark and Karmiloff-Smith 1994). *Mind and Language*, vol. 8, pp. 540-48.
______. 1994d. "E Pluribus Unum?" *Behavioral and Brain Sciences*, vol. 17, pp. 617-18.
______. 1994e. "The Practical Requirements for Making a Conscious Robot." *Proceedings of the Royal Society*.
Dennett, Daniel C., And Haugeland, John, 1987. "Intentionality." In Gregory 1987, pp. 383-86.
Denton, Michael. 1985. *Evolution: A Theory in Crisis*. London: Burnett.
Descartes, René. 1637. *Discourse on Method*.
Desmond, Adrian, and Moore, James. 1991. *Darwin*. London: Michael Joseph.
Deltsch, D. 1985. "Quantum Theory, the Church-Turing Principle and the Universal Quantum Computer." *Proceedings of the Royal Society*, vol. A400, pp. 97-117.
De Vries, Peter. 1953. *The Vale of Laughter*. Boston: Little, Brown.
Dewdney, A. K. 1984. *The Planiverse*. New York: Poseidon.
Dewey, John. 1910. *The Influence of Darwin on Philosophy*. New York: Holt, 1910. Reprint ed., Bloomington: Indiana University Press, 1965.
Diamond, Jared. 1991. "The Saltshaker's Curse." *Natural History*, October, pp. 20-26.
______. 1992. *The Third Chimpanzee: The Evolution and Future of the Human Animal*. New York: HarperCollins.
Diderot, Denis. 1749. *Letter on the Blind, for the Use of Those Who See*. Trans. and excerpted in J. Kemp, ed., *Diderot: Interpreter of Nature* (London: Lawrence and Wishart, 1937).
Dietrich, Michael. 1992. "Macromutation." In Keller and Lloyd 1992, pp. 194-201.
Diggins, John Patrick. 1994. Review of Marsden, *The Soul of the American University*. *New York Times Book Review*, April 17, p. 25.
Dobzhansky, Theodosius. 1973. "Nothing in Biology Makes Sense Except in the Light of Evolution." *American Biology Teacher*, vol. 35, pp. 125-29.
Donald, Merlin. 1991. *Origins of the Modern Mind: Three Stages in the Evolution of Culture and Cognition*. Cambridge, Mass.: Harvard University Press.
Doouttle, W. F., And Sapienza, C. 1980. "Selfish Genes, the Phenotype Paradigm and Genome Evolution." *Nature*, vol. 284, pp. 601-3.
Dretske, Fred. 1986. "Misrepresentation." In R. Bogdan, ed., *Belief*. Oxford: Oxford University Pres.
Dreyfus, Hubert. 1965. "Alchemy and Artificial Intelligence." RAND Technical Report P-3244, December 1965.
______. 1972. *What Computers Can't Do: The Limits of Artificial Intelligence*. New York: Harper & Row. Revised ed., 1979.

Dyson, Freeman. 1979. *Disturbing the Universe*. New York: Harper & Row.

Eccles, John. 1953. *The Neurophysiological Basis of Mind*. Oxford: Clarendon.

Eckert, Scott A. 1992. "Bound for Deep Water." *Natural History*, March, pp. 28-35.

Edelman, Gerald. 1987. *Neural Darwinism*. New York: Basic Books.

______. 1992. *Bright Air, Brilliant Fire*. New York: Basic Books.

Edwards, Paul. 1965. "Professor Tillich's Confusions." *Mind*, vol. 74, pp. 192-214.

Eigen, Manfred. 1976. "Wie entsteht Information? Prinzipien der Selbstorganisation in der Biologic." *Berichtete der Bunsengesellschaft für Physikalische Chemie*, vol. 80. p. 1059.

______. 1983. "Self-Replication and Molecular Evolution." In D. S. Bendall, ed., *Evolution from Molecules to Men* (Cambridge: Cambridge University Press), pp. 105-30.

______. 1992. *Steps Towards Life*. Oxford: Oxford University Press.

Eigen, M. and Winkler-Oswallisch, R. 1975. *Das Spiel*. Munich. (English trans., *Laus of the Game* [New York: Knopf, 1981]).

Eigen. M., And Schuster, P. 1977, "The Hypercycle: A Principle of Natural Self-Organization. Part A: Emergence of the Hypercycle." *Naturwissenschaften*, vol. 6-4, pp. 541-65.

Eldredge, Niles. 1983. "A la recherche du Docteur Pangloss" (commentary on Dennett 1983). *Behavioral and Brain Sciences*, vol. 6, pp. 361-62.

______. 1985. *Time Frames: The Rethinking of Darwinian Evolution and the Theory of Punctuated Equilibria*. New York: Simon & Schuster.

______. 1989. *Macroevolutionary Dynamics: Species, Niches and Adaptive Peaks*. New York: McGraw-Hill.

Eldredge, Niles, and Goru, S. J. 1972. "Punctuated Equilibria: An Alternative to Phyletic Gradualism." In T. J. M. Schopf, ed., *Models in Paleobiology* (San Francisco: Freeman, Cooper and Company), pp. 82-115. Reprinted in Eldredge 1985, pp. 193-223.

Ellegård, Alvar. 1956 "The Darwinian Theory and the Argument from Design," *Lychnos*, pp. 173-92.

______. 1958. *Darwin and the General Reader*. Goteborg: Goteborg University Press.

Ellestrand, Norman. 1983. "Why Are Juveniles Smaller Than Their Parents?" *Evolution*, vol. 13, pp 1091-94.

Elus, R. J., and van der Vies, S. M. 1991. "Molecular Chaperones." *Annual Review of Biochemistry*, vol. 60, pp. 321-47.

Elsasser, Walter. 1958. *The Physical Foundations of Biology*. Oxford: Oxford University Press.

______. 1966. *Atom and Organism*. Princeton: Princeton University Press.

Engels, W. R. 1992. "The Origin of P Elements in Drosonphila melanogaster." *BioEssays*, vol 14, pp. 681-86.

Ereshersky, Marc, ed. 1992. *The Units of Evolution: Essays on the Nature of Species*. Cambridge, Mass.: MIT Press/A Bradford Book.

Eshel, I. 1984. "Arc Intragenetic Conflicts Common in Nature? Do They Represent an Important Factor in Evolution?" *Journal of Theoretical Biology*, vol. 108, pp. 159-62.

______. 1985. "Evolutionary Genetic Stability of Mendelian Segregation and the Role of Free Recombination in the Chromosomal System." *American Naturalist*, vol. 125, pp. 412-20.

Fausto-Sterling, Anne. 1985. *Myths of Gender. Biological Theories About Women and Men*. New York: Basic Books. (2nd ed., 1992.)

Feduccia, Alan. 1993. "Evidence from Claw Geometry Indicating Arboreal Habits of Archeopteryx." *Science*, vol. 259, pp. 790-93.

Feigenbaum, E. A., And Feldman, J. 1964. *Computers and Thought*. New York: McGraw-Hill.

Feynman, Richard. 1988. *What do YOU Care What Other People Think?* New York: Bantam.

Fisher, Dan. 1975. "Swimming and Burrowing in Limulus and Mesolimulus." *Fossils and Strata*, vol. 4, pp. 281-90.

Fisher, R. A. 1930. *The Genetical Theory of Natural Selection*. Oxford: Clarendon.

Fitchen, John. 1961. *The Construction of Gothic Cathedrals*. Oxford: Clarendon.

______. 1986. *Building Construction Before Mechanization*. Cambridge, Mass.: MIT Press.

Fodor, Jerry. 1975. *The Language of Thought*. Hassocks, Sussex: Harvester.

______. 1980. "Methodological Solipsism Considered as a Research Strategy in Cognitive Psychology." *Behavioral and Brain Sciences*, vol. 3, pp. 63-110.

______. 1983. *The Modularity of Mind*. Cambridge, Mass.: MIT Press.

______. 1987. *Psychosemantics*. Cambridge, Mass.: MIT Press.

______. 1990. *A Theory of Content and Other Essays*. Cambridge, Mass.: MIT.

______. 1992. "The Big Idea: Can There Be a Science of Mind?" *Times Literary Supplement*, July 3, p. 5.

Foote, Mike. 1992. "Cambrian and Recent Morphological Disparity" (response to Briggs et al. 1989). *Science*, vol. 256, p. 1670.

Forbes, Graeme. 1983. "Thisness and Vagueness," *Synthese*, vol. 54, pp. 235-59.

______. 1984. "Two Solutions to Chisholm's Paradox." *Philosophical Studies*, vol. 46, pp. 171-87.

Fox, S. W., and Dose, K. 1972. *Molecular Evolution and the Origin of Life*. San Francisco: Freeman.

Futuyma, Douglas. 1982, *Science on Trial: The Case for Evolution*. New York: Pantheon.

Gabbey, Allan. 1993. "Descartes, Newton and Mechanics: The Disciplinary Turn." *Tufts Philosophy Colloquium*, November 12.

Galilei, Galileo. 1632. *Dialogue Concerning the Two Chief World Systems*. Florence.

Gardner, Martin. 1970. "Mathematical Games." *Scientific American*, October, vol. 223, 120-23.

______. 1971. "Mathematical Games." *Scientific American*, vol. 224, February, pp. 112-17.

______. 1986. "WAP, SAP, PAP and FAP." *New York Review of Books*, May 8 (Reprinted with a postscript in Martin Gardner, Gardner's Whys and Wherefores Chicago: University of Chicago Press, 1989.)

Gauthier, David. 1986. *Morals by Agreement*. New York: Oxford University Press.

Gee, Henry. 1992. "Something Completely Different." *Nature*, vol. 358, pp. 456-57.

Gert, Bernard, 1973. *The Moral Rules*. New York: Harper Torchbook. Original ed., New York: Harper & Row, 1966.

Ghiselin, M. 1983. "Lloyd Morgan's Canon in Evolutionary Context." *Behavioral and Brain Sciences*, vol. 6, pp. 362-63.

Gibbard, Alan. 1985. "Moral Judgment and the Acceptance of Norms," and "Reply to Sturgeon." *Ethics*, vol. 96, pp. 5-41.

Gilkey, Langdon, 1985. *Creationism on Trial: Evolution and God at Little Rock*. San Francisco: Harper & Row.

Gille, Bertrand. 1966. *Engineers of the Renaissance*. Cambridge, Mass.: MIT Press.

Gingerich, Philip. 1983. "Rate of Evolution: Effects of Time and Temporal Scaling." *Science*, vol. 222, pp. 159-61.

______. 1984. Reply to Gould 1983c. *Science*, vol. 226, pp. 995-96.

Gjertsen, Derek. 1989. *Science and Philosophy: Past and Present*. London: Penguin.

Gödel, Kurt. 1931. "Über Formal Unentscheidbare Sätze der Principia Mathematica und Verwandter System, 1." *Monatshefte für Mathematik und Physik*. vol. 38, pp. 173-98. Tran. and published, with some discussion, as *On Formally Undecidable Propositions* (New York: Basic Books, 1962).

Godfrey-Smith, Peter. 1993. "Spencerian Explanation and Constructivism." MIT Philosophy Colloquium, November 5.

Goldschmidt, Richard B. 1933. "Some Aspects of Evolution." *Science*, vol. 78, pp. 539-47.

______. 1940. *The Material Basis of Evolution*. Seattle: University of Washing. ton Press.

Goodman, Nelson, 1965. *Fact, Fiction and Forecast*. 2nd ed. New York: Bobbs-Merrill.

Goodwin, Brian. 1986. "Is Biology an Historical Science?" In Steven Rose and Lisa Appignanese, eds., *Science and Beyond* (Oxford: Blackwell), pp. 47-60.

Gould, Stephen Jay. 1977a. *Ever Since Darwin*. New York: Norton.

______. 1977b. *Ontogeny and Phylogeny*. Cambridge: Belknap.

______. 1980a. *The Panda's Thumb*. New York: Norton.

______. 1980b. "Is a New and General Theory of Evolution Emerging?" *Paleobiology*,

vol. 6, pp. 119-30.
______. 1980c. "Sociobiology and the Theory of Natural Selection." *American Association for the Advancement of Science Symposia*, vol. 35, pp. 257-69. Reprinted in Ruse 1989.
______. 1980d. "The Evolutionary Biology of Constraint." *Daedalus*, vol. 109, pp. 39-52.
______. 1981. *The Mismeasure of Man*. New York: Norton.
______. 1982a. "Darwinism and the Expansion of Evolutionary Theory." *Science*, vol. 216, pp. 380-87. Reprinted in Ruse 1989.
______. 1982b. "The Uses of Heresy: An Introduction to Richard Goldschmidt's The Material Basis of Evolution." In R. Goldschmidt, *The Material Basis of Evolution* (reprinted ed.. New Haven: Yale University Press).
______. 1982c. "The Meaning of Punctuated Equilibrium, and Its Role in Validating a Hierarchical Approach to Macroevolution." In R. Milkman, ed., *Perspectives on Evolution* (Sunderland, Mass.: Sinauer), pp. 83-104.
______. 1982d. "Change in Developmental Timing as a Mechanism of Macroevolution." In J. T. Bonner, ed., *Evolution and Development*, Dahlem Kon. ferenzen (Berlin, Heidelberg, New York: Springer-Verlag).
______. 1983a. "The Hardening of the Modern Synthesis." In M. Grene, ed., *Dimensions of Darwinism*. Cambridge: Cambridge University Press, pp. 71-93.
______. 1983b. *Hen's Teeth and Horse's Toes*. New York: Norton.
______. 1983c. "Smooth Curve of Evolutionary Rate: A Psychological and Mathematical Artifact." *Science*, vol. 226, pp. 994-95.
______. 1985. *The Flamingo's Smile*. New York: Norton.
______. 1987. "Darwinism Defined: The Difference Between Fact and Theory." *Discover*, January pp. 64-70.
______. 1989a. *Wonderful Life: The Burgess Shale and the Nature of History*. New York: Norton.
______. 1989b. "Tires to Sandals." *Natural History*, April, pp. 8-15.
______. 1990. *The Individual in Darwin's World*. Edinburgh: Edinburgh University Press. (This is a direct transcription, "by Ian Wall, Ian Rolfe and Simon Gage of the City of Edinburgh District Council," of what was obviously a largely extemporaneous talk.)
______. 1991a. "The Panda's Thumb of Technology." In Gould 1991b, pp. 59-75.
______. 1991b. *Bully for Brontosaurus*. New York: Norton.
______. 1992a. "The Confusion over Evolution." *New York Review of Books*, November 19, pp. 47-54.
______. 1992b. "Life in a Punctuation." *Natural History*, vol. 101. October, pp. 10-21.
______. 1993a. "Fulfilling the Spandrels of World and Mind." In Selzer 1993, pp. 310-36.

______. ed. 1993b. *The Book of Life*. New York: Norton.
______. 1993c. "Cordelia's Dilemma." *Natural History*, vol. 103, February, pp. 10-19..
______. 1993d. *Eight Little Piggies*. New York: Norton.
______. 1993e. "Confusion over Evolution: An Exchange." *New York Review of Books*, January 14, pp. 43-44.
Gould, S. J., and Eldredge, N. 1993. "Punctuated Equilibrium Comes of Age." *Nature*, vol. 366, pp. 223-27.
Gould, S. J., and Lewontin, R. 1979. "The Spandrels of San Marco and the Panglossian Paradigm: A Critique of the Adaptationist Programme." *Proceedings of the Royal Society*, vol. B205, pp. 581-98.
Gould, S. J., and Vrba, Elizabetit. 1981. "Exaptation: A Missing Term in the Science of Form." *Paleobiology*, vol. 8, pp. 4-15.
Greenwood, John D., ed. 1991. *The Future of Folk Psychology: Intentionality and Cognitive Science*. Cambridge: Cambridge University Press.
Gregory, R. L. 1981. *Mind in Science: A History of Explanations in Psychology and Physics*. Cambridge: Cambridge University Press.
______. ed. 1987. *The Oxford Companion to the Mind*. Oxford: Oxford University Press.
Grice, H. P. 1957. "Meaning." *Philosophical Review*, vol. 66, pp. 377-88.
______. 1969. "Utterer's Meaning and Intentions." *Philosophical Review*, vol. 78, pp. 147-77.
Grossberg, Stephen. 1976. "Adaptive Pattern Classification and Universal Recoding: Part 1. Parallel Development and Coding of Neural Feature Detectors." *Biological Cybernetics*, vol. 23, pp. 121-34.
Hadamard, Jacques. 1949. *The Psychology of Inventing in the Mathematical Field*. Princeton: Princeton University Press.
Haig, David. 1992. "Genomic Imprinting and the Theory of Parent-Offspring Conflict." *Developmental Biology*, vol. 3, pp. 153-60.
______. 1993. "Genetic Conflicts in Human Pregnancy." *Quarterly Review of Biology*, vol. 68, pp. 495-532.
Haig, David, And Grafen, A. 1991. "Genetic Scrambling as a Defence Against Meiotic Drive." *Journal of Theoretical Biology*, vol. 153, pp. 531-58.
Haig, David, and Graham, Chris. 1991. "Genomic Imprinting and the Strange Case of the Insulin-like Growth Factor II Receptor." *Cell*, vol. 64, pp. 1045-46.
Haig, David, and Westoby, M. 1989. "Parent-specific Gene Expression and the Triploid Endosperm." *American Naturalist*, vol. 134, pp. 147-55.
Hale, Ken, et al. 1992. "Endangered Languages." *Language*, vol. 68, pp. 1-42.
Hamilton, William. 1964. "The Genetical Evolution of Social Behavior," pts. I and II. *Journal of Theoretical Biology*, vol. 7. pp. 1-16, 17-52.
Hardin, Garrett. 1964. "The Art of Publishing Obscurely." In G. Hardin, ed, *Population, Evolution and Birth Control: A Collection of Controversial Readings*

(San Francisco: Freeman), pp. 116-19.
______. 1968. "The Tragedy of the Commons." *Science*, vol. 162, pp. 1243-48.
Hardy, Auster., 1960. "Was Man More Aquatic in the Past?" *New Scientist*, pp. 642-45.
Haugeland, John. 1985. *Artificial Intelligence: The Very Idea*. Cambridge, Mass.: MIT Press.
Hawking, Stephen W. 1988. *A Brief History of Time*. New York: Bantam.
Hebb, Donald. 1949. *The Organization of Behavior*. New York: Wiley.
Hinton, Geoffrey E., and Nowland, S. J. 1987. "How Learning Can Guide Evolution." In *Complex Systems*, vol. I. Technical report CMU-CS-86-128. Carnegie-Mellon University, pp. 495-502.
Hobbes, Thomas. 1651. *Leviathan*. London: Crooke.
Hodges, Andrew. 1983. *Alan Turing: The Enigma*. New York: Simon & Schuster.
Hofstadter, Douglas. 1979. *Gödel Escher Bach*. New York: Basic Books.
______. 1985. *Metamagical Themas: Questing for the Essence of Mind and Pattern*. New York: Basic Books.
Hofstadter, Douglas R., and Dennett, Daniel C. 1981. *The Mind's I*. New York: Basic Books.
Holland, John. 1975. *Adaptation in Natural and Artificial Systems*. Ann Arbor: University of Michigan Press.
______. 1992. "Complex Adaptive Systems." *Daedalus*, Winter, p. 25.
Hollingdale, R. J. 1965. *Nietzsche: The Man and His Philosophy*. London: Routledge & Kegan Paul.
Houck, Marilyn A.; Clark, Jonathan B.; Peterson, Kenneth R.; and Kidwell, Margaret G. 1991. "Possible Horizontal Transfer of Drosophila Genes by the Mite Proctolaelaps Regalis." *Science*, vol. 253, pp. 1125-29.
Houston, Alasdair. 1990. "Matching, Maximizing, and Melioration as Alternative Descriptions of Behaviour." In J. A. Meyer and S. Wilson, eds., *From Animals to Animals*. Cambridge, Mass.: MIT Press, pp. 498-509.
Hoy, David. 1986. "Nietzsche, Hume, and the Genealogical Method." In Y. Yovel, ed., *Nietzsche as Affirmative Thinker* (Dordrecht: Martinus Nijhoff), pp. 20-38.
Hoyle, Fred. 1964. *Of Men and Galaxies*. Seattle: University of Washington Press.
Hoyle, Fred, and Wickramasinghe, Chandra. 1981, *Evolution from Space*. London: Dent.
Hrdy, Sarah Blaffer. 1977. *The Langurs of Abu: Female and Male Strategies of Reproduction*. Cambridge, Mass.: Harvard University Press.
Hull, David. 1980. "Individuality and Selection." *Annual Review of Ecology and Systematics*, vol. 11, pp. 311-32.
______. 1982. "The Naked Meme." In H. C. Plotkin, ed., *Learning, Development and Culture* (New York: Wiley), pp. 273-327.
Hume, David. 1739. *A Treatise of Human Nature*. Ed. L. A. Selby-Bigge. Oxford:

Clarendon, 1964.
______. 1779. *Dialogues Concerning Natural Religion*. London.
Humphrey, Nicholas. 1976. "The Social Function of Intellect." In P. P. G. Bateson and R. A. Hinde, eds., *Growing Points in Ethology* (Cambridge: Cambridge University Press), pp. 303-17.
______. 1983. "The Adaptiveness of Mentalism?" *Behavioral and Brain Sciences*, vol. 3, p. 366.
______. 1986. *The Inner Eye*. London: Faber & Faber.
______. 1987. "Scientific Shakespeare." *Guardian* (London), August 26.
Isack, H. A., and Reyer, H.-U. 1989. "Honeyguides and Honey Gatherers: Interspecific Communication in a Symbiotic Relationship." *Science*, vol. 243, pp. 1343-46.
Israel, David. 1987. *The Role of Propositional Objects of Belief in Action*. CSLI Monograph Report no. CSLI-87-72. Palo Alto: Stanford University Press.
Jackendoff, Ray. 1987. *Consciousness and the Computational Mind*. Cambridge, Mass.: MIT Press/A Bradford Book.
______. 1993. *Patterns in the Mind: Language and Human Nature*. London: Harvester Wheatsheaf.
Jacob, François. 1982. *The Possible and the Actual*. Seattle: University of Washington Press.
______. 1983. "Molecular Tinkering in Evolution." In D. S. Bendall, ed., *Evolution from Molecules to Men* (Cambridge: Cambridge University Press). pp. 131-44.
James, William. 1880. *Lecture Notes 1880-1897*. (The quoted passage is from Sills and Merton 1991.)
Jaynes, Julian. 1976. *The Origins of Consciousness in the Breakdown of the Bicameral Mind*. Boston: Houghton Mifflin.
Jones, Steve. 1993. "A Slower Kind of Bang" (review of E. O. Wilson, The Diversity of Life). *London Review of Books*, April, p. 20.
Kant, Immanuel. 1785. *Grundlegung zur Metaphysik der Sitten*. (The quoted passage is from the translation of H. J. Paton, *Groundwork of the Metaphysic of Morals* [New York: Harper & Row, 1964].)
Kauffman, Stuart. 1993. *The Origins of Order. Self-Organization and Selection in Evolution*. New York: Oxford University Press.
Kaufmann, Walter. 1950. *Nietzsche: Philosopher, Psychologist, Antichrist*. Princeton: Princeton University Press. Reprint ed., New York: Meridian paperback, 1956.
Keil, Frank, C. 1992. "The Origins of an Autonomous Biology." In M. Gunnar and M. Maratsos, eds., *Modularity and Constraints in Language and Cognition: The Minnesota Symposia on Child Psychology*, vol. 25. Hillsdale, N.J.: Erlbaum, pp. 103-37.

Keller, Evelyn Fox, and Lloyd, Elisabeth A., eds. 1992. *Keywords in Evolutionary Biology*. Cambridge, Mass.: Harvard University Press.

King's College Sociobiology Group. 1982. *Current Problems in Sociobiology*. Cambridge: Cambridge University Press.

Kipling, Rudyard. 1912. *Just So Stories*. Reprint ed., Garden City, N.Y.: Doubleday, 1952.

Kirkpatrick, S.; Gelatt, C. D.; and Vecchi, M. P. 1983. "Optimization by Simulated Annealing." *Science*, vol. 220, pp. 671-80.

Kitcher, Philip. 1982. *Abusing Science*. Cambridge, Mass.: MIT Press.

______. 1984. "Species." *Philosophy of Science*, vol. 51, pp. 308-33.

______. 1985a. "Darwin's Achievement." In N. Rescher, ed., *Reason and Rationality in Science* (Lanham, Md.: University Press of America), pp. 127-89.

______. 1985b. *Vaulting Ambition*. Cambridge, Mass.: MIT Press.

______. 1993. "The Evolution of Human Altruism." *Journal of Philosophy*, vol. 90, pp. 497-516.

Krautheimer, Richard. 1981. *Early Christian and Byzantine Architecture*. 3rd ed. London: Penguin.

Krebs, John R., and Dawkins, Richard. 1984. "Animal Signals: Mind-Reading and Manipulation." In J. R. Krebs and N. B. Davies, eds., *Behavioural Ecology: An Evolutionary Approach*, 2nd ed. (Oxford: Blackwell), pp. 380-402.

Kippers, Bernd-Olaf. 1990. *Information and the Origin of Life*. Cambridge, Mass.: MIT Press.

Lancaster, Jane. 1975. *Primate Behavior and the Emergence of Human Culture*. New York: Holt, Rinehart and Winston.

Landman, Otto E. 1991. "The Inheritance of Acquired Characteristics." *Annual Review of Genetics*, vol. 25, pp. 1-20.

______. 1993. "Inheritance of Acquired Characteristics." *Scientific American*, March, p. 150.

Langton, Christopher; Taylor, Charles; Farmer, J. Doyne; and Rasmussen, Steen. 1992. *Artificial Life II*. Redwood City, Calif.: Addison-Wesley.

Leibniz, Gottfried Wilhelm, 1710. *Theodicy (Essais de Théodicée sur la bonté de Dieu, la liberté de l'homme et l'origine du mal)*, Amsterdam. (George Martin Duncan translation, 1908.)

Leigh, E. G. 1971. *Adaptation and Diversity*. San Francisco: Freeman, Cooper and Company.

Lenat, Douglas B., and Guha, R. V. 1990. *Building Large Knowledge-based Systems: Representation and Inference in the CYC Project*. Reading, Mass.: Addison-Wesley.

Leslie, Alan. 1992. "Pretense, Autism and the Theory-of-Mind Module." Current Directions in Psychological *Science*, vol. I, pp. 18-21.

Leslie, John. 1989. *Universes*, London: Routledge & Kegan Paul.
Lettvin, J. Y.; Maturana, U.; McCulloch, W.; and Pitis, W. 1959. "What the Frog's Eye Tells the Frog's Brain." In *Proceedings of the IRE*, pp. 1940-51.
Levi, Primo. 1984. *The Periodic Table*. New York: Schocken.
Lévi-Strauss, Claude. 1966. *The Savage Mind*. Chicago: University of Chicago Press.
Lewin, Roger. 1992. *Complexity: Life at the Edge of Chaos*. New York: Macmillan.
Lewis, DaviD. 1986. *Philosophical Papers*, vol 2. Oxford: Oxford University Press.
Lewontin, Richard. 1980. "Adaptation." *The Encyclopedia Einaudi*. Milan: Einaudi.
______. 1983. "Elementary Errors About Evolution" (commentary on Dennett 1983). *Behavioral and Brain Sciences*, vol. 6, pp. 367-68.
______. 1987. "The Shape of Optimality." In John Dupré, ed., *The Latest on the Best: Essays on Evolution and Optimality*. Cambridge, Mass.: MIT Press.
Lewontin, Richard; Rose, Steven; and Kamin, Leon. 1984. *Not in our Genes: Biology, Ideology and Human Nature*. New York: Pantheon.
Linnaeus, Carolus. 1751. *Philosophia Botanica*.
Lloyd, M., and Dybas, H. S. 1966. "The Periodical Cicada Problem." *Evolution*, vol. 20, pp. 132-49.
Locke, John. 1690. *Essay Concerning Human Understanding*. London.
Lord, Albert. 1960. *The Singer of Tales*. Cambridge, Mass.: Harvard University Press.
Lorenz, Konrad. 1973. *Die Rückseite des Spiegels*. Munich: R. Piper. Verlag. (English trans. by Ronald Taylor, *Behind the Mirror* [New York: Harcourt Brace Jovanovich, 1977].)
Lovejoy, Arthur O. 1936. *The Great Chain of Being: A Study of the History of an Idea*. New York: Harper & Row.
Lucas, J. R. 1961. "Minds, Machines, and Gödel." *Philosophy*, vol. 36, pp. 1-12.
______. 1970. *The Freedom of the Will*. Oxford: Oxford University Press.
MacKenzie, Robert Beverley, 1868. *The Darwinian Theory of the Transmutation of Species Examined* (published anonymously "By a Graduate of the University of Cambridge"). Nisbet & Co. (Quoted in a review, Athenaeum, no. 2102, February 8, p. 217.)
Malthus, Thomas, 1798. *Essay on the Principle of Population*.
Margolis, Howard. 1987. *Patterns. Thinking and Cognition*. Chicago: University of Chicago Press.
Margulis, Lynn. 1981. *Symbiosis in Cell Evolution*. San Francisco: Freeman.
Margius, Lynn, and Sagan, Dorion. 1986 *Microcosmos*. New York: Simon & Schuster.
______. 1987. "Bacterial Bedfellows." *Natural History*, vol. 96, March, pp. 26-33.
Marks, Jonathan. 1993. Review of Diamond 1992. *Journal of Human Evolution*, vol. 24, pp. 69-73.
______. 1993b. "Scientific Misconduct: Where 'Just Say No' Fails" (multiple book review). *American Scientist*, vol. 81, July-August, pp. 380-82.

Martin, J.; Mayhew, M.; Langer, T.; and Harti, F. U. 1993. "The Reaction Cycle of GroEL and GroES in Chaperonin-assisted Protein Folding." *Nature*, vol. 366. pp. 228-33.
Masserman, Jules H.; Wechkin, Stanley; and Terris, William. 1964. "'Altruistic' Behavior in Rhesus Monkeys." *American Journal of Psychiatry*, vol. 121, pp. 584-85.
Matthew, Patrick. 1831. *Naval Timber and Arboriculture.*
______. 1860. *Letter to editor*, Gardener Chronicle, April 7.
Maynard Smith, John. 1958. *The Theory of Evolution*. Cambridge: Cambridge University Press. (Canto ed. 1993.)
______. 1972. *On Evolution*. Edinburgh: Edinburgh University Press.
______. 1974. "The Theory of Games and the Evolution of Animal Conflict." *Journal of Theoretical Biology*, vol. 47, pp. 209-21.
______. 1978. *The Evolution of Sex*. Cambridge: Cambridge University Press.
______. 1979. "Hypercycles and the Origin of Life." *Nature*, vol. 280, pp. 445-46. Reprinted in Maynard Smith 1982, pp. 34-38.
______. 1981. "Symbolism and Chance." In J. Agassi and R. S. Cohen, eds., *Scientific Philosophy Today* (Hingham, Mass: Kluwer). Reprinted in Maynard Smith 1988, pp. 15-21.
______. 1982. *Evolution Now: A Century After Darwin*. San Francisco: Freeman.
______. 1983. "Adaptation and Satisficing" (commentary on Dennett 1983). *Behavioral and Brain Sciences*, vol. 6, pp. 70-71.
______. 1986. "Structuralism Versus Selection—Is Darwinism Enough?" In Steven Rose and Lisa Appignanesi, eds. *Science and Beyond* (Oxford: Black- well), pp. 39-46.
______. 1988. *Games, Sex and Evolution*. London: Harvester. (Also published under the title *Did Darwin Get it Right?*)
______. 1990. "What Can't the Computer Do?" (review of Penrose 1989). *New York Review of Books*, March 15, pp. 21-25.
______. 1991. "Dinosaur Dilemmas." *New York Review of Books*, April 25, pp. 5-7.
______. 1992. "Taking a Chance on Evolution." *New York Review of Books*, May 14, pp. 234-36.
Mayr, Ernst, 1960. "The Emergence of Evolutionary Novelties." In Sol Tax, ed., *Evolution after Darwin*, vol. 1 (Chicago: University of Chicago Press), pp. 349-80.
______. 1982. *The Growth of Biological Thought*. Cambridge, Mass.: Harvard University Press.
______. 1983. "How to Carry Out the Adaptationist Program." *American Naturalist*, vol. 121, pp. 324-34.
Mazlish, Bruce, 1993. *The Fourth Discontinuity: The Co-evolution of Humans and*

Machines. New Haven: Yale University Press.

McCulloch, W. S., and Pitts, W. 1943. "A Logical Calculus of the Ideas Immanent in Nervous Activity." *Bulletin of Mathematical Biophysics*, vol. 5, pp. 115-33.

McGinn, Colin. 1991. *The Problem of Consciousness*. Oxford: Blackwell.

______. 1993. "In and Out of the Mind" (review of Hilary Putnam, Renewing Philosophy). *London Review of Books*, December 2, pp. 30-31.

McLaughun, Brian, ed. 1991. *Dretske and His Critics*. Oxford: Blackwell.

McShea, Daniel W. 1993. "Arguments, Tests, and the Burgess Shale-A Commentary on the Debate." *Paleobiology*, vol. 9, pp. 339-402.

Medawar, Peter. 1977. "Unnatural Science." The *New York Review of Books*, February 3, pp. 13-18.

______. 1982. *Pluto's Republic*. Oxford: Oxford University Press.

Metropolis, Nicholas. 1992. "The Age of Computing: A Personal Memoir." *Daedalus*, Winter, pp. 119-30.

Midgley, Mary. 1979. "Gene-Juggling." *Philosophy*, vol. 54, pp. 439-58.

______. 1983. "Selfish Genes and Social Darwinism." *Philosophy*, vol. 58, pp. 365-77.

Mill, John Stuart. 1861. *Utilitarianism*. Originally published in Fraser's Magazine; reprinted 1863.

Miller, George A. 1956. "The Magical Number Seven, Plus or Minus Two." *Psychological Review*, vol. 63, pp. 81-97.

______. 1979. "A Very Personal History." MIT Cognitive Science Center Occasional Paper #1, a talk to the Cognitive Science Workshop, June 1, 1979.

Millikan, Ruth. 1984. *Language, Thought and Other Biological Categories*. Cambridge, Mass.: MIT Press.

______. 1993. *White Queen Psychology and Other Essays for Alice*. Cambridge, Mass.: MIT Press.

Minsky. Marvin, 1985a. "Why Intelligent Aliens Will Be Intelligible." In E. Regis, ed., *Extraterrestrials* (Cambridge: Cambridge University Press), pp. 117-28.

______. 1985b. *The Society of Mind*. New York: Simon & Schuster.

Minsky, Marvin, and Papert, Seymour. 1969. *Perceptrons*. Cambridge, Mass.: MIT Press.

Mivart, St. George. 1871. "Darwin's Descent of Man." *Quarterly Review*, vol. 131, pp. 47-90.

Monod, Jacques. 1971. *Chance and Necessity*. New York: Knopf. Vintage paperback. 1972. (Originally published in France as *Le Hasard et la nécessité* [Paris: Editions du Seuil, 1970].)

Moore, G. E. 1903. *Principia Ethica*. Cambridge: Cambridge University Press.

Morgan, Elaine. 1982. *The Aquatic Ape*. London: Souvenir.

______. 1990. *The Scars of Evolution: What Our Bodies Tell Us About Human Origins*. London: Souvenir.

Muir, John. 1972. *Original Sanscrit Texts and the Origin and History of the People of India, Their Religion and Institutions*. Delhi: Oriental. Originally published 1868-73, London: Trubner.

Murray, James D. 1989. *Mathematical Biology*. New York: Springer-Verlag.

Nehamas, Alexander. 1980. "The Eternal Recurrence." *Philosophical Review*, vol. 89, pp. 331-56.

Nelgebauer, Otto. 1989. "A Babylonian Lunar Ephemeris from Roman Egypt." In E. Leichtz, M. de J. Ellis, and P. Gerardi, eds., *A Scientific Humanist. Studies in Honor of Abraham Sachs* (Philadelphia: The University Museum [Distributed by the Samuel North Kramer Fund]), pp. 301-4.

Newell, Allen, and Simon, Herbert. 1956. "The Logic Theory Machine." *IRE Trans actions on Information Theory IT-2(3)*, pp. 61-79.

______. 1964. "GPS: A Program That Simulates Human Thought." In Feigenbaum and Feldman 1964.

Newton, Isaac. 1726. *Philosophiae Naturalis Principia Mathematica*.

Nietzsche, Friedrich. 1881. *Daybreak: Thoughts on the Prejudices of Morality*. (Trans. R. J. Hollingdale (Cambridge: Cambridge University Press, 1982].)

______. 1882. *Die fröliche Wissenschaft (The Gay Science)*. (Trans. Walter Kaufmann [New York: Vintage, 1974).)

______. 1885. *Beyond Good and Evil*. (Trans. Walter Kaufmann [New York: Vintage, 1966].)

______. 1887. *On the Genealogy of Morals*. (Trans. Walter Kaufmann [New York: Vintage, 1967].)

______. 1889. *Ecce Homo*. (Trans. Walter Kaufmann [New York: Vintage, 1968].)

______. 1901. *The Will to Power*. (Trans. Walter Kaufmann and R. J. Hollingdale [New York: Vintage, 1968].)

Nowak, Martin, and Simund, Karl. 1993. "A Strategy of Win-Stay, Lose-Shift That Outperforms Tit-for-Tat in the Prisoner's Dilemma Game." *Nature*, vol. 364, pp. 56-58.

Nozick, Robert. 1981. *Philosophical Explanation*. Cambridge, Mass.: Belknap/Harvard University Press.

O'Neill, Onora. 1980. "The Perplexities of Famine Relief." In Tom Regan, ed., *Matters of Life and Death* (New York: Random House), pp. 26-48.

______. 1986. *Faces of Hunger*. Boston: Allen & Unwin, 1986.

Orgel, Leslie E., and Crick, Francis. 1980. "Selfish DNA: The Ultimate Parasite." *Nature*, vol. 284, pp. 604-607.

Otero, Carlos P. 1990. "The Emergence of Homo Loquens and the Laws of Physics." *Behavioral and Brain Sciences*, vol. 13, pp. 747-50.

Pagels, Heinz. 1985. "A Cozy Cosmology." *The Sciences*, March/April, pp. 34-39.

______ . 1988. *The Dreams of Reason: The Computer and the Rise of the Sciences of*

Complexity. New York: Simon & Schuster.

Paley, William. 1803. *Natural Theology: or, Evidences of the Existence and Attributes of the Deity, Collected from the Appearances of Nature*. 5th ed. London: Faulder.

Papert, Seymour. 1980. *Mindstorms: Children, Computers and Powerful Ideas*. New York: Basic Books.

______. 1993. *The Children's Machine: Rethinking School in the Age of the Computer*. New York: Basic Books.

Papineau, David. 1987. *Reality and Representation*. Oxford: Blackwell.

Parfit, Derek. 1984. *Reasons and Persons*. Oxford: Clarendon.

Parsons, William Barclay. 1939. *Engineers and Engineering in the Renaissance*. Reprint ed., Cambridge, Mass: MIT Press, 1967.

Peacocke, Cristopher. 1992. *A Study of Concepts*. Cambridge, Mass.: MIT Press.

Peckham, Morse, ed. 1959. *The Origin of Species by Charles Darwin: A Variorum Text*. Pittsburgh: University of Pennsylvania Press.

Penrose, Roger. 1989. *The Emperor's New Mind Concerning Computers, Minds, and the Laws of Physics*. Oxford: Oxford University Press.

______. 1990. "The Nonalgorithmic Mind." *Behavioral and Brain Sciences*, vol. 13, pp. 692-705.

______. 1991. "Setting the Scene: The Claim and the Issues." Wolfson Lecture, January 15.

______. 1993. "Nature's Biggest Secret" (review of Weinberg 1992). *New York Review of Books*, October 21, pp 78-82.

Piattelli-Palmarini, Massimo. 1989. "Evolution, Selection, and Cognition: From 'Learning' to Parameter Setting in Biology and the Study of Language." *Cognition*, vol. 31, pp. 1-44.

Pinker, Steven. 1994. *The Language Instinct*. New York: Morrow.

Pinker, Steven, and Bloom, Paul. 1990. "Natural Language and Natural Selection." *Behavioral and Brain Sciences*, vol. 13, pp. 707-84.

Pittendrigh, Colin. 1958. "Adaptation, Natural Selection, and Behavior." In A. Roc and G. G. Simpson, eds., *Behavior and Evolution* (New Haven: Yale University Press), pp. 390-416.

Poe, Edgar Allan. 1836. "Maelzel's Chess-Player." *Southern Literary Messenger*. Reprinted in Edgar Allan Poe. *Edgar Allan Poe: Essays and Reviews* (New York: Library of America, 1984), pp. 1253-76.

______. 1836b. *Southern Literary Messenger*, suppl., July 1836. Reprinted in J. M. Walker, ed., *Edgar Allan Poe: The Critical Heritage* (New York: Routledge & Kegan Paul, 1986), pp. 89-90.

Popper, Karl, and Eccles, John. 1977. *The Self and Its Brain*. Berlin, London: Springer-Verlag.

Poundstone, William. 1985. *The Recursive Universe: Cosmic Complexity and the Limits of*

Scientific Knowledge. New York: Morrow.
______. 1992. *Prisoner's Dilemma: John von Neumann, Game Theory, and the Puzzle of the Bomb*. New York: Doubleday Anchor.
Premack, David. 1986. *Gavagai! Or the Future History of the Animal Language Controversy*. Cambridge, Mass.: MIT Press.
Putnam, Hilary. 1975. *Mind, Language and Reality*. Philosophical Papers, vol. II. Cambridge: Cambridge University Press.
______. 1987. *The Faces of Realism*. LaSalle, III.: Open Court.
Quine, W. V. O. 1953. "On What There Is." In *From a Logical Point of View* (Cambridge, Mass.: Harvard University Press), pp. 1-19.
______. 1960. *Word and Object*. Cambridge, Mass.: Harvard University Press.
______. 1969. "Natural Kinds." In *Ontological Relativity* (New York: Columbia University Press), pp. 114-38.
______. 1987. *Quiddities: An Intermittently Philosophical Dictionary*. Cambridge, Mass.: Harvard University Press.
Rachels, James. 1991. *Created from Animals: The Moral Implications of Darwinism*. Oxford: Oxford University Press.
Rawls, John. 1971. *A Theory of Justice*. Cambridge, Mass.: Harvard University Press.
Ray, Thomas S. 1992. "An Approach to the Synthesis of Life." In C. G. Langton, C. Taylor, J. D. Farmer, and S. Rasmussen, eds., *Artificial Life II* (Redwood City. Calif.: Addison-Wesley), pp. 371-408.
Raymo, Chet. 1988. "Mysterious Sleep." *Boston Globe*, September 19.
Raymond, Eric S. 1993. *The New Hacker's Dictionary*. Cambridge, Mass.: MIT Press.
Rée, Paul. 1877. *Origin of the Moral Sensations*. (*Der Ursprung der Moralischen Empfindungen* [Chemnitz: E. Schmeitzner].)
Richard, Mark. 1992. *Propositional Attitudes*. Cambridge: Cambridge University Press.
Richards, Graham. 1991. "The Refutation That Never Was: The Reception of the Aquatic Ape Theory, 1972-1987." In Roede et al. 1991, pp. 115-26.
Richards, Robert J. 1987. *Darwin and the Emergence of Evolutionary Theories of Mind and Behavior*. Chicago: University of Chicago Press.
Ridley, Mark. 1985. *The Problems of Evolution*. Oxford: Oxford University Press.
______. 1993. *Evolution*. Boston: Blackwell.
Ridley, Matt. 1993. *The Red Queen: Sex and the Evolution of Human Nature*. New York: Macmillan.
Robb, Christina. 1991. "How & Why." *Boston Globe*, August 5, p. 38.
Robbins, Tom. 1976. *Even Cowgirls Get the Blues*. New York: Bantam.
Roede, Machteld; Wind, Jan; Patrick, John M.; and Reynolds, Vernon, eds. 1991. *The Aquatic Ape: Fact or Fiction*. London: Souvenir.
Rosenblatt, Frank. 1962. *Principles of Neurodynamics*. New York: Spartan.

Rousseau, Jean-Jacques. 1755. *Discourse on the Origin and Foundations of Inequality Among Men*. Amsterdam: Ray.

Rumelhart, D. 1989. "The Architecture of Mind: A Connectionist Approach." In M. Posner, ed., *Foundations of Cognitive Science* (Cambridge, Mass.: MIT Press), pp. 133-59.

Ruse, Michael 1985. *Sociobiology: Sense or Nonsense?* 2nd ed. Dordrecht: Reidel.

______. ed. 1989. *Philosophy of Biology*. London: Macmillan.

Ruse, Michael, and Wilson, Edward O. 1985. "The Evolution of Ethics." *New Scientist*, vol. 17, October, pp. 50-52. Reprinted in Ruse 1989.

Rushdie, Salman. 1994. "Born in Bombay" (letter). *London Review of Books*, April 7, p. 4. (See also Arab and Muslim Writers, 1994.)

Russell, Bertrand. 1945. *A History of Western Philosophy*. New York: Simon & Schuster.

Ruthen, Russell. 1993. "Adapting to Complexity." *Scientific American*, January, p. 138.

Samuel, A. L. 1964. "Some Studies in Machine Learning Using the Game of Checkers." Reprinted in Feigenbaum and Feldman 1964, pp. 71-105. Originally published in *IBM Journal of Research and Development*, July 1959, vol. 3, pp. 211-29.

Schelling, Thomas. 1960. *The Strategy of Conflict*. Cambridge, Mass.: Harvard University Press.

Schiffer, Stephen. 1987. *Remnants of Meaning*. Cambridge, Mass.: MIT Press.

Schopf, J. William. 1993. "Microfossils of the Early Archean Apex Chert: New Evidence of the Antiquity of Life." *Science*, vol. 260, pp. 640-46.

SchrÖdinger, Ernst. 1967. *What Is Life?* Cambridge: Cambridge University Press.

Schull, Jonathan. 1990. "Are Species Intelligent?" *Behavioral and Brain Sciences*, vol. 13, pp. 63-108.

Searle, John. 1980. "Minds, Brains and Programs." *Behavioral and Brain Sciences*, vol. 3, pp. 417-58.

______. 1985. *Minds, Brains and Science*. Cambridge, Mass.: Harvard University Press.

______. 1992. *The Rediscovery of the Mind*. Cambridge, Mass.: MIT Press.

Sellars, Wilfrid. 1963. *Science, Perception and Reality*. London: Routledge & Kegan Paul.

Selzer, Jack ed. 1993. *Understanding Scientific Prose*. Madison, Wisc.: University of Wisconsin Press.

Shea, B. T. 1977. "Eskimo Cranofacial Morphology, Cold Stress and the Maxillary Sinus." *American Journal of Physical Anthropology*, vol. 47, pp. 289—300.

Sherman, Paul W.; Jarvis, Jennifer U. M.; and Alxander, Richard D. 1991. *The Biology of the Naked Mole-Rat*. Princeton: Princeton University Press.

Shields, W. M., and Shields, L. M. 1983. "Forcible Rape: An Evolutionary Perspective." *Ethology and Sociobiology*, vol. 4, pp. 115—36.

Sibley, C. C., and Ahlquist, J. E. 1984. "The Phylogeny of the Hominoid Primates, as

Indicated by DNA-DNA Hybridization." *Journal of Molecular Evolution*, vol. 20, pp. 2–15.

Sigmund, Karl. 1993. *Games of Life: Explorations in Ecology, Evolution, and Behaviour.* Oxford: Oxford University Press.

Sills, David L., and Robert K. Merton, eds. 1991. *The Macmillan Book of Social Science Quotations*. New York: Macmillan.

Simon, Herbert. 1957. *Models of Man*. New York: Wiley.

______. 1959. "Theories of Decision-Makingin Economics and Behavioral Science." *American Economic Review*, vol. 49, pp. 253-83.

______. 1969. *The Sciences of the Artificial*. Cambridge, Mass.: MIT Press.

Simon, Herbert A., and Kaplan Craig. 1989. "Foundations of Cognitive Science." In M. Posner, ed., *Foundations of Cognitive Science* (Cambridge, Mass.: MIT Press), pp. 1–47.

Simon, Herbert, and Newell, Allen. 1958. "Heuristic Problem Solving: The Next Advance in Operations Research." *Operations Research*, vol. 6, pp. 1–10.

Singer, Peter. 1981. *The Expanding Circle: Ethics and Sociobiology*. Oxford: Clarendon.

Skinner, B. F. 1953. *Science and Human Behavior.* New York: Macmillan.

______. 1957. *Verbal Behavior.* New York: Appleton-Century-Crofts.

______. 1971. *Beyond Freedom and Dignity*. New York: Knopf.

Skyrms Brian. 1993. "Justice and Commitment"(preprint).

______. 1994a. "Sex and Justice." *Journal of Philosophy*, vol. 91, pp. 305–20.

______. 1994b. "Darwin Meets The Logic of Decision: Correlation in Evolutionary Game Theory." *Philosophy of Science*, December, pp. 503-28.

Smolensky, Paul. 1983. "On the Proper Treatment of Connectionism." *Behavioral and Brain Sciences*, vol. 11, pp. 1-74.

Smolin, Lee. 1992. "Did the Universe Evolve?" *Classical and Quantum Gravity*, vol. 9, pp. 173–91.

Snow, C. P. 1963. *The Two Cultures, and a Second Look*. Cambridge: Cambridge University Press.

Sober, Elliot. 1981a. "Holism, Individualism, and Units of Selection." *PSA* 1980 (Philosophy of Science Association), vol. 2, pp. 93–121.

______. 1981b. "The Evolution of Rationality." *Synthese*, vol. 46, pp. 95-120.

______. 1984a. *The Nature of Selection: Evolutionary Theory in Philosophical Focus*. Cambridge, Mass.: MIT Press.

______. ed., 1984b. *Conceptual Issues in Evolutionary Biology*. Cambridge, Mass.: MIT Press.

______. 1988. *Reconstructing the Past*. Cambridge, Mass.: MIT Press.

______. ed. 1994. *Conceptual Issues in Evolutionary Biology.* 2nd ed. Cambridge, Mass.: MIT Press.

Spncer, Herbert. 1870. *The Principles of Psychology*. 2nd ed. London: Williams &

Norgate.
Sperber, Dan. 1985. "Anthropology and Psychology: Towards an Epidemiology of Representations." *Man*, vol. 20, pp. 73–89.
______. 1990. "The Epidemiology of Beliefs." In C. Fraser and G. Gaskell, eds., *The Social Psychological Study of Widespread Beliefs* (Oxford: Clarendon), pp. 25–44.
______ . In press. "The Modularity of Thought and the Epidemiology of Representations." In Lawrence A. Hirschfeld and Susan A. Gelman, eds., *Mapping the Mind: Domain Specificity in Cognition and Culture* (Cambridge: Cambridge University Press).
Sperber, Dan, and Wilson, Deirdre. 1986. *Relevance: A Theory of Communication*. Cambridge, Mass.: Harvard University Press.
Stanley, Steven M. 1981. *The New Evolutionary Timetable: Fossils, Genes, and the Origin of Species*. New York: Basic Books.
Sterelny, Kim. 1988. Review of Dawkins 1986a. *Australasian Journal of Philosophy*, vol. 66, pp. 421–26.
______. 1992. "Punctuated Equilibrium and Macroevolution." In P. Griffiths, ed., *Trees of Life* (Norwell, Mass.: Kluwer), pp. 41–63.
______. 1994. Review of Ereshefsky, 1992, in *Philosophical Books*, vol. 35, pp. 9–29.
Sterelny, K., and Kitcher, P. 1988. "The Return of the Gene." *Journal of Philosophy*, vol. 85, pp. 339–60.
Stetter, Karl O.; Huber, R.; Blochl, E.; Kurr, M.; Eden, R. D.; Fielder, M.; Cash, H.; and Vance, I. 1993. "Hyperthermophilic Archaea Are Thriving in Deep North Sea and Alaskan Oil Reservoirs." *Nature*, vol. 565, p. 743.
Stewart, Ian, and Golubitsky, Martin. 1992. *Fearful Symmetry: Is God a Geometer?* Oxford: Blackwell.
Stove, David. 1992. "A New Religion." *Philosophy*, vol. 27, pp. 233–40.
Strawson, P. F. 1962. "Freedom and Resentment." *Proceedings of the British Academy*, vol. 48, pp. 118-39.
Sturgeon, Nicholas. 1985. "Moral Judgment and Norms." *Ethics*, vol. 96, pp. 5–41.
Symons, Donald. 1983. "FLOAT: A New Paradigmf or Human Evolution." In George M. Scherr, ed., *The Best of the Journal of Irreproducible Results* (New York: Workman).
______. 1992. "On the Use and Misuse of Darwinism in the Study of Human Behavior." In Barkow, Cosmides, and Tooby 1992, pp. 137-62.
Tait, P. G. 1880. "Prof. Tait on the Formula of Evolution" *Nature*, vol. 23. pp 80-82.
Teilhard de Chardin, Pierre. 1959. *The Phenomenon of Man*. New York: Harper Brothers.
Thompson, D'Arcy W. 1917. *On Growth and Form*. Cambridge: Cambridge University Press.
Tooby, John, and Cosmides, Leda. 1992. "The Psychological Foundations of

Culture." In Barkow, Cosmides, and Tooby 1992, pp. 19-136.
Trivers, Robert, 1971, "The Evolution of Reciprocal Altruism." *Quarterly Review of Biology*, vol. 4, pp. 35-57.
______. 1972. "Parental Investment and Sexual Selection." In B. Campbell. ed.. *Sexual Selection and the Descent of Man* (Chicago: Aldine), pp. 136-79.
______. 1985. *Social Evolution*. Menlo Park, Calif.: Benjamin/Cummings.
Tudge, Colin. 1993. "Taking the Pulse of Evolution," *New Scientist*, July 24, pp. 32-36.
Turing, Alan. 1946. *ACE Reports of 1946 and Other Papers*. Ed. B. E. Carpenter and R. W. Doran. Cambridge, Mass.: MIT Press.
______. 1950. "Computing Machinery and Intelligence." *Mind*, vol. 59, pp 433-60.
______. 1952. "The Chemical Basis of Morphogenesis." *Philosophical Transactions of the Royal Society of London*, vol. B237, pp 37-72.
Turnbull, Colin, 1972. *The Mountain People*. New York: Simon & Schuster.
Ulam, Stanislaw. 1976. *Adventures of a Mathematician*. New York: Scribner's.
Unger, Peter. 1990. Identity. *Consciousness and Value*. New York: Oxford University Press.
Uttley. A. M. 1979. *Information Transmission in the Nervous System*. London: Academic.
van Inwagen, Peter. 1993a. *Metaphysics*. Oxford: Oxford University Press.
______. 1993b. "Critical Study" (of Unger 1990) *Nous*, vol. 27. pp. 373-39.
Vermeij, Geerat J. 1987. *Evolution and Escalation*. Princeton: Princeton University Press.
von Frisch, K. 1967. *A Biologist Remembers*. Oxford: Pergamon.
von Neumann, John. 1966. *Theory of Self-reproducing Automata*. Posthumously ed. Arthur Burks. Champaign-Urbana: University of Illinois Press.
von Neumann, John, and Morgenstern, Oskar. 1944. *Theory of Games and Economic Behavior*. Princeton: Princeton University Press.
Vrba, Elizabeth. 1985. "Environment and Evolution: Alternative Causes of Temporal Distribution of Evolutionary Events." *Suid-Afrikaanse Tydskif Wetens*. vol. 81, pp 229-36.
Wang, Hao. 1974. *From Mathematics to Philosophy*. London: Routledge & Kegan Paul.
______. 1993. "On Physicalism and Algorithmism." *Philosophia Mathematica*, Series 3, vol. 1, pp. 97-138.
Wason, Peter. 1969. "Regression in Reasoning." *British Journal of Psychology*, vol. 60, pp. 471-80.
Waters, C. Kenneth. 1990. "Why the Antireductionist Consensus Won't Survive the Case of Classical Mendelian Genetics." *PSA 1990* (Philosophy of Science Association), vol. 1, pp. 125-39. Reprinted in Sober 1994, pp. 401-17.
Wechkin, Stanley; Masserman, Jules H.; and Terris, William. 1964. "Shock to a Conspecific as an Aversive Stimulus." Psychonomic *Science*, vol. 1, pp. 47-48.
Weinberg, Steven. 1992. *Dreams of a Final Theory*. New York: Pantheon.

Weismann, August. 1893. *The Germ Plasm: A Theory of Heredity*. English trans. London: Scott.

Wertheimer, Roger. 1974. "Philosophy on Humanity." In R. L. Perkins, ed., *Abortion: Pro and Con* (Cambridge, Mass.: Schenkman).

Wheeler, John Archibald, 1974. "Beyond the End of Time." In Martin Rees, Remo Ruffini, and John Archibald Wheeler, *Black Holes, Gravitational Waves and Cosmology: An Introduction to Current Research* (New York: Gordon and Breach).

White, Stephen L. 1988. "Self-Deception and Responsibility for the Self." In B. McLaughlin and A. Rorty, eds., *Perspectives on Self-Deception* (Berkeley: University of California Press).

______. 1991. *The Unity of the Self.* Cambridge, Mass.: MIT Press.

______. "Constraints on an Evolutionary Explanation of Morality." Unpublished manuscript.

Whitfield, Philip. 1993. *From So Simple a Beginning: The Book of Evolution*. New York: Macmillan.

Wilberforce, Samuel. 1860. "Is Mr Darwin a Christian?" (review of Origin, published anonymously). *Quarterly Review*, vol. 108, July, pp. 225-64.

Williams, Bernard. 1973. "A Critique of Utilitarianism." In J. J. C. Smart and Bernard Williams, *Utilitarianism: For and Against* (Cambridge: Cambridge University Press), pp. 77-150.

______. 1983. "Evolution, Ethics, and the Representation Problem." In D. S. Bendall, ed., *Evolution from Molecules to Men* (Cambridge: Cambridge University Press), pp. 555-66.

______. 1985. *Ethics and the Limits of Philosophy*. Cambridge, Mass.: Harvard University Press.

Williams, George C. 1966. *Adaptation and Natural Selection*. Princeton: Princeton University Press.

______. 1985. "A Defense of Reductionism in Evolutionary Biology." *Oxford Surveys in Evolutionary Biology*, vol. 2, pp. 1-27.

______. 1988. "Huxley's Evolution and Ethics in Sociobiological Perspective." *Zygon*, vol. 23. pp. 383-407.

______. 1992. *Natural Selection: Domains, Levels, and Challenges*. Oxford: Oxford University Press.

Williams, George C., and Nesse, Randolph. 1991. "The Dawn of Darwinian Medicine." *Quarterly Review of Biology*, vol. 66, pp. 1-22.

Wilson, David Sloan, and Sober, Elliot. 1994. "Re-introducing Group Selection to the Human Behavior Sciences." *Behavioral and Brain Sciences*, vol. 17. pp. 585-608.

Wilson, E. O. 1971. *The Insect Societies*. Cambridge, Mass. Harvard University Press.

______. 1975. *Sociobiology: The New Synthesis*. Cambridge: Harvard University Press.

______. 1978. *On Human Nature*. Cambridge, Mass.: Harvard University Press.

Wimsatt, William. 1980. "Reductionist Research Strategies and Their Biases in the Unit of Selection Controversy." In T. Nickles, ed., *Scientific Discovery: Case Studies* (Hingham, Mass.: Kluwer), pp. 213-39.

______. 1981. "Units of Selection and the Structure of the Multi-Level Genome." In P. Asquith and R. Geire, eds., *PSA 1980* vol. 2, pp. 122-83.

______. 1986. "Developmental Constraints. Generative Entrenchment, and the Innate-acquired Distinction." In W. Bechtel, ed., *Integrating Scientific Disciplines* (Dordrecht: Martinus-Nijhoff), pp. 185-208.

Wimsatt, William, and Beardsley, Monroe. "The Intentional Fallacy." In *The Verbal Icon: Studies in the Meaning of Poetry*. Lexington: University of Kentucky Press, 1954.

Wittgenstein, Ludwig. 1922. *Tractatus Logico-philosophicus*. London: Routledge & Kegan Paul.

Wright, Robert. 1990. "The Intelligence Test" (review of Gould 1989a). *New Republic*, January 29, pp. 28-36.

Wright, Sewall. 1931. "Evolution in Mendelian Populations" *Genetics*, vol. 16, p. 97.

______. 1932. "The Roles of Mutation, Inbreeding, Crossbreeding and Selection in Evolution." *Proceedings of the XI International Congress of Genetics*, vol. 1, pp. 356-66.

______. 1967. "Comments on the Preliminary Working Papers of Eden and Waddington." In P. S. Moorehead and M. M. Kaplan, eds., *Mathematical Challenges to the Neo-Darwinian Interpretation of Evolution*, Wistar Institute Symposia, monograph no. 5. Philadelphia: Wistar Institute Press.

Young, J. Z. 1965. *A Model of the Brain*. Oxford: Clarendon.

Zahavi, A. 1987. "The Theory of Signal Selection and Some of Its Implications." In V. P. Delfino, ed., *International Symposium on Biological Evolution*, Bari, 9-14 April 1985 (Bari, Italy: Adriatici Editrici), pp. 305-27.

찾아보기

ㄴ

ㄷ

ㄹ

ㅁ

ㅂ

ㅅ

ㅇ

ㅈ

ㅊ

ㅋ

ㅌ

ㅍ

ㅎ

다윈의 위험한 생각

초판 1쇄 발행 2025년 3월 17일
초판 3쇄 발행 2025년 5월 9일

지은이 대니얼 C. 데닛
옮긴이 신광복
기획 김은수
책임편집 정일웅
디자인 주수현 정진혁

펴낸곳 (주)바다출판사
주소 서울시 마포구 성지1길 30 3층
전화 02-322-3885(편집) 02-322-3575(마케팅)
팩스 02-322-3858
이메일 badabooks@daum.net
홈페이지 www.badabooks.co.kr

ISBN 979-11-6689-316-2 93400